西门子 S7-1500 PLC 从入门到精通

陈忠平　刘桂林　陈建忠　刘静　编著

中国电力出版社
CHINA ELECTRIC POWER PRESS

内 容 提 要

本书从实际工程应用出发，详细讲解了西门子 S7-1500 系列 PLC 的基础与实际应用等方面的内容。本书共有 9 章，主要介绍了 PLC 的基础知识、S7-1500 PLC 控制系统的硬件组成、S7-1500 PLC 编程基础、S7-1500 PLC 指令系统的使用及应用实例、S7-1500 PLC 的用户程序结构、S7-1500 PLC 数字量顺序控制编程及 SCL 编程、S7-1500 的模拟量功能与 PID 控制、S7-1500 PLC 的通信功能、PLC 控制系统设计及实例等内容。

本书语言通俗易懂，实例的实用性和针对性较强，特别适合初学者使用，对有一定 PLC 基础知识的读者也会有很大帮助。本书既可作为电气控制领域技术人员的自学教材，也可作为高职高专院校、成人高校、本科院校的电气工程、自动化、机电一体化、计算机控制等专业的参考书。

图书在版编目（CIP）数据

西门子 S7-1500 PLC 从入门到精通/陈忠平等编著．—北京：中国电力出版社，2023.1

ISBN 978-7-5198-6925-0

Ⅰ.①西…　Ⅱ.①陈…　Ⅲ.①PLC 技术—程序设计　Ⅳ.①TM571.61

中国版本图书馆 CIP 数据核字（2022）第 123677 号

出版发行：中国电力出版社
地　　址：北京市东城区北京站西街 19 号（邮政编码 100005）
网　　址：http：//www.cepp.sgcc.com.cn
责任编辑：刘　炽（484241246@qq.com）
责任校对：黄　蓓　朱丽芳　马　宁
装帧设计：王红柳
责任印制：杨晓东

印　　刷：望都天宇星书刊印刷有限公司
版　　次：2023 年 1 月第一版
印　　次：2023 年 1 月北京第一次印刷
开　　本：787 毫米×1092 毫米　16 开本
印　　张：38.75
字　　数：810 千字
印　　数：0001—2000 册
定　　价：128.00 元

前　　言

可编程逻辑控制器（Programmable Logic Controller，PLC）是以微处理器为基础，综合了计算机技术、自动控制技术和通信技术发展起来的一种通用工业自动控制装置。自20世纪60年代推出第1台PLC至今，PLC的发展非常迅猛，已成为工控领域中最重要、应用最广的控制设备之一。

在编写过程中编者注重题材的取舍，使本书具有以下特点：

(1) 以PLC的应用技术为重点，淡化原理，注重实用，以项目、案例为线索进行内容的编排；

(2) 本书定位于面向自动控制的应用层面，从示范工程到应用层，工程实例丰富，着重培养读者的动手能力，使读者容易跟上新技术的发展；

(3) 本书的大部分实例取材于实际工程项目或其中的某个环节，对读者从事PLC应用和工程设计具有较大的实践指导意义。

全书共分9章，第1章讲述了PLC的定义、发展历程与趋势、功能、特点与主要性能指标、应用和分类、PLC的硬件组成及工作原理；第2章介绍了S7-1500 PLC的电源模块、CPU模块、I/O模块、通信与工艺模块、分布式模块以及硬件安装和接线等内容；第3章先简单介绍了PLC的编程语言种类、数据类型与寻址方式，然后详细讲述了TIA Portal（博途）编程软件的使用，最后又讲解了S7-PLCSIM仿真软件的使用；第4章介绍了S7-1500的基本指令、扩展指令，并通过实例讲解了基本指令的使用方法；第5章介绍了S7-1500 PLC的用户程序结构及编程方法，数据块、组织块、函数和函数块的使用方法；第6章先介绍梯形图的翻译设计方法与经验设计法、顺序控制设计法与顺序功能图，再讲解了S7-1500 PLC顺序控制语言S7-Graph，并通过多个实例讲述了S7-Graph在单序列、选择序列、并行序列中顺序控制的应用，最后还讲解了SCL编程语言；第7章介绍了模拟量的基本概念、S7-1500系列的模拟量扩展模块、模拟量控制的使用、PID控制与应用等内容；第8章介绍了通信基础知识、S7-1500 PLC的串行通信、S7-1500 PLC的PROFIBUS通信、S7-1500 PLC的PROFINET通信、开放式用户通信内容；第9章讲解了PLC控制系统的设计方法，通过实例讲解了PLC在传统继电控制系统中的应用、PLC控制的应用设计实例。

参加本书编写工作的有湖南工程职业技术学院陈忠平、刘桂林、陈建忠、刘静，湖南涉外经济学院高金定和廖亦凡，衡阳技师学院胡彦伦，湖南航天机电设备与特种材料研究所刘琼等。全书由湖南工程职业技术学院龚亮副教授主审。由于编者知识水平和经验的局限性，书中难免有错漏之处，敬请广大读者批评指正。

编著者

目　录

前言
第 1 章　PLC 基础知识 …… 1
1.1　PLC 的产生与发展 …… 1
1.1.1　PLC 的产生 …… 1
1.1.2　PLC 的发展历史与趋势 …… 2
1.2　PLC 的功能特点与应用分类 …… 4
1.2.1　PLC 的功能与特点 …… 4
1.2.2　PLC 的主要性能指标 …… 5
1.2.3　PLC 的应用和分类 …… 6
1.3　PLC 的硬件组成和工作原理 …… 8
1.3.1　PLC 的硬件组成 …… 8
1.3.2　PLC 的工作原理 …… 14
1.3.3　PLC 的立即输入、输出功能 …… 16
1.4　西门子 PLC 简介 …… 16
1.4.1　西门子 PLC 的发展 …… 16
1.4.2　西门子 PLC 的产品类型 …… 17
第 2 章　S7-1500 PLC 控制系统的硬件组成 …… 20
2.1　S7-1500 PLC 的电源模块 …… 20
2.1.1　S7-1500 PLC 的系统电源模块 …… 20
2.1.2　S7-1500 PLC 的负载电源模块 …… 21
2.1.3　S7-1500 PLC 的系统电源模块选择示例 …… 21
2.1.4　供电平衡计算 …… 24
2.2　S7-1500 PLC 的 CPU 模块 …… 24
2.2.1　CPU 模块的分类及主要性能 …… 24
2.2.2　CPU 模块的外形结构及部件 …… 27
2.2.3　CPU 模块的工作模式 …… 30
2.3　S7-1500 PLC 的 I/O 模块 …… 30
2.3.1　模块特性及其宽度的划分 …… 31
2.3.2　数字量 I/O 模块 …… 31
2.3.3　模拟量 I/O 模块 …… 38
2.4　通信与工艺模块 …… 40
2.4.1　通信模块 …… 40
2.4.2　工艺模块 …… 42
2.5　分布式模块 …… 44

2.5.1 ET 200MP 分布式模块 …… 44
2.5.2 ET 200SP 分布式模块 …… 45
2.6 S7-1500 PLC 的安装与接线 …… 45
2.6.1 PLC 安装和接线注意事项 …… 45
2.6.2 S7-1500 PLC 的硬件安装 …… 47
2.6.3 S7-1500 PLC 的接线 …… 50
第3章 S7-1500 PLC编程基础 …… 53
3.1 PLC 编程语言简介 …… 53
3.1.1 PLC 编程语言的国际标准 …… 53
3.1.2 LAD 梯形图 …… 54
3.1.3 STL 语句表 …… 57
3.1.4 SFC 顺序功能图 …… 57
3.1.5 FBD 功能块图 …… 58
3.1.6 STEP 7 的其他编程语言 …… 59
3.2 S7-1500 PLC 的数制与数据类型 …… 60
3.2.1 数据长度与数制 …… 60
3.2.2 基本数据类型 …… 62
3.2.3 复杂数据类型 …… 67
3.2.4 指针与用户自定义数据类型 …… 68
3.2.5 参数类型 …… 69
3.2.6 系统数据类型 …… 70
3.2.7 硬件数据类型 …… 71
3.3 S7-1500 PLC 的存储区与寻址方式 …… 72
3.3.1 S7-1500 PLC 的存储系统 …… 72
3.3.2 S7-1500 PLC 存储器范围及特性 …… 73
3.3.3 寻址方式 …… 77
3.4 TIA Portal（博途）软件的使用 …… 82
3.4.1 TIA Portal 软件视图结构及新建项目的内容与步骤 …… 82
3.4.2 新建 TIA Portal 项目 …… 84
3.4.3 硬件组态与配置 …… 85
3.4.4 变量表的定义 …… 98
3.4.5 梯形图程序的输入 …… 101
3.4.6 项目编译与下载 …… 103
3.4.7 打印与归档 …… 106
3.5 程序调试与仿真 …… 108
3.5.1 程序信息 …… 108
3.5.2 交叉引用 …… 108
3.5.3 比较项目数据 …… 109
3.5.4 使用监控表与强制表进行调试 …… 110

3.5.5 使用 S7-PLCSIM 软件进行仿真 …… 115
3.6 安装支持包和 GSD 文件 …… 118
3.6.1 安装支持包 …… 118
3.6.2 安装 GSD 文件 …… 120
第 4 章 S7-1500 PLC 的指令系统 …… 122
4.1 S7-1500 PLC 基本指令 …… 122
4.1.1 位逻辑运算指令 …… 122
4.1.2 定时器操作指令 …… 133
4.1.3 计数器操作指令 …… 156
4.1.4 移动操作指令 …… 171
4.1.5 比较操作指令 …… 178
4.1.6 转换操作指令 …… 184
4.1.7 数学函数指令 …… 191
4.1.8 字逻辑运算指令 …… 204
4.1.9 移位和循环指令 …… 215
4.1.10 程序控制类指令 …… 225
4.2 扩展指令 …… 231
4.2.1 日期和时间指令 …… 231
4.2.2 字符串和字符指令 …… 241
4.2.3 过程映像指令 …… 262
第 5 章 S7-1500 PLC 的用户程序结构 …… 268
5.1 S7-1500 PLC 的程序及块结构 …… 268
5.1.1 S7-1500 PLC 的程序分类 …… 268
5.1.2 TIA Portal 软件中程序的编程方法 …… 268
5.1.3 S7-1500 PLC 的块结构 …… 269
5.2 数据块 …… 270
5.2.1 数据块的分类 …… 271
5.2.2 数据块的生成 …… 271
5.2.3 数据块的应用 …… 274
5.3 S7-1500 PLC 组织块 …… 280
5.3.1 组织块的构成、分类与中断 …… 280
5.3.2 主程序循环组织块 …… 283
5.3.3 时间中断组织块 …… 284
5.3.4 延时中断组织块 …… 290
5.3.5 循环中断组织块 …… 294
5.3.6 硬件中断组织块 …… 303
5.3.7 启动组织块 …… 306
5.4 S7-1500 PLC 函数和函数块 …… 311
5.4.1 接口区 …… 312

5.4.2 生成与调用函数 …… 313
5.4.3 函数的应用 …… 313
5.4.4 生成与调用函数块 …… 319
5.4.5 函数块的应用 …… 319
第6章 S7-1500 PLC数字量顺序控制编程及SCL编程 …… 327
6.1 梯形图设计方法 …… 327
6.1.1 翻译法设计梯形图 …… 327
6.1.2 经验法设计梯形图 …… 332
6.2 顺序控制设计法与顺序功能图 …… 336
6.2.1 步与动作 …… 337
6.2.2 有向连接与转换 …… 338
6.2.3 顺序功能图的基本结构 …… 338
6.2.4 常见的顺序控制编写梯形图程序的实例 …… 339
6.3 顺序功能图语言 S7-Graph …… 348
6.3.1 S7-Graph 程序结构 …… 348
6.3.2 S7-Graph 编辑界面的介绍 …… 349
6.3.3 S7-Graph 的显示模式 …… 351
6.3.4 S7-Graph 中的步与动作 …… 356
6.3.5 S7-Graph 函数块的接口参数 …… 359
6.3.6 S7-Graph 的应用实例 …… 364
6.4 SCL 编程语言 …… 401
6.4.1 SCL 程序编辑器 …… 401
6.4.2 SCL 编程语言基础 …… 403
6.4.3 SCL 的寻址 …… 410
6.4.4 SCL 程序控制语句 …… 415
第7章 S7-1500 PLC的模拟量功能与PID控制 …… 425
7.1 模拟量控制概述 …… 425
7.1.1 模拟量控制简介 …… 425
7.1.2 模拟值的表示及精度 …… 426
7.1.3 模拟量的输入/输出方法 …… 429
7.2 S7-1500 系列的模拟量功能 …… 431
7.2.1 S7-1500 系列 PLC 模拟量扩展模块 …… 431
7.2.2 S7-1500 系列 PLC 模拟量模块的接线 …… 432
7.2.3 S7-1500 系列 PLC 模拟量模块的参数设置 …… 442
7.2.4 S7-1500 系列 PLC 模拟量模块的应用 …… 448
7.3 PID 闭环控制 …… 452
7.3.1 模拟量闭环控制系统的组成 …… 452
7.3.2 PID 控制器 …… 453
7.3.3 PID_Compact 指令及使用 …… 454

7.3.4 PID控制的应用 …… 460
第8章 S7-1500 PLC的通信功能 …… 469
8.1 通信基础知识 …… 469
8.1.1 通信的基本概念 …… 469
8.1.2 通信传输介质 …… 470
8.1.3 网络拓扑结构 …… 471
8.1.4 网络通信标准 …… 472
8.1.5 SIMATIC通信网络概述 …… 478
8.2 S7-1500 PLC的串行通信 …… 480
8.2.1 串行通信接口类型及连接方式 …… 480
8.2.2 自由口协议通信 …… 482
8.2.3 Modbus RTU协议通信 …… 496
8.3 PROFIBUS通信 …… 511
8.3.1 PROFIBUS现场总线概述 …… 511
8.3.2 PROFIBUS-DP网络的主站与从站 …… 512
8.3.3 PROFIBUS网络配置方案 …… 514
8.3.4 PROFIBUS-DP接口 …… 515
8.3.5 PROFIBUS网络的参数分配 …… 515
8.3.6 PROFIBUS网络诊断 …… 520
8.3.7 PROFIBUS通信应用举例 …… 521
8.4 PROFINET通信 …… 523
8.4.1 PROFINET简介 …… 524
8.4.2 构建PROFINET网络 …… 527
8.4.3 PROFINET网络参数分配 …… 529
8.4.4 PROFINET网络诊断 …… 534
8.4.5 PROFINET通信应用举例 …… 539
8.5 开放式用户通信 …… 541
8.5.1 开放式用户通信概述 …… 541
8.5.2 开放式用户通信的指令 …… 542
8.5.3 开放式用户通信应用举例 …… 546
第9章 PLC控制系统设计及实例 …… 555
9.1 PLC控制系统的设计 …… 555
9.1.1 PLC控制系统的设计原则和内容 …… 555
9.1.2 PLC控制系统的设计步骤 …… 556
9.1.3 PLC硬件系统设计 …… 557
9.1.4 PLC软件系统设计 …… 560
9.2 PLC在传统继电控制中的应用 …… 561
9.2.1 PLC在异步电动机降压启动控制中的应用 …… 561
9.2.2 PLC在异步电动机限位往返控制中的应用 …… 566

9.2.3 PLC 在异步电动机制动控制中的应用 …… 571
9.2.4 PLC 在异步电动机多速控制中的应用 …… 573
9.3 PLC 控制的应用设计实例 …… 579
9.3.1 PLC 在三相步进电动机控制中的应用设计 …… 579
9.3.2 PLC 在多台电动机的顺启逆停控制中的应用设计 …… 587
9.3.3 PLC 在送料小车自动行程控制中的应用设计 …… 593
9.3.4 PLC 在全自动洗衣机模拟控制中的应用设计 …… 598
参考文献 …… 607

第 1 章　PLC 基础知识

可编程控制器是结合继电-接触器控制和计算机技术而不断发展完善的一种自动控制装置，具有编程简单、使用方便、通用性强、可靠性高等优点，在自动控制领域的应用十分广泛。本书以西门子 SIMATIC S7-1500 PLC 为例介绍可编程控制器的基本结构、工作原理、指令系统、程序设计、应用控制等内容。

1.1　PLC 的产生与发展

可编程控制器是在继电器控制和计算机控制的基础上开发出来的，并逐渐发展为以微处理器为基础，综合计算机技术、自动控制技术和通信技术等现代科技为一体的新型工业自动控制装置。

早期的可编程控制器主要用于代替继电器实现逻辑控制，所以称为可编程逻辑控制器（Programmable Logic Controller，PLC）。近年来，随着微电子技术和计算机技术的迅猛发展，可编程逻辑控制器不仅能实现逻辑控制，还具有数据处理及通信等功能，故称为可编程控制器（Programmable Controller，PC）。但由于个人计算机（Personal Computer，PC）也简称为 PC，为了不使两者混淆，人们仍习惯地用 PLC 作为可编程控制器的缩写，并沿用至今。

国际电工委员会（International Electrotechnical Commision，IEC）在 1985 年颁布的标准中，对可编程控制器作如下定义："可编程控制器是一种专为工业环境下应用而设计的数字运算操作的电子系统。它采用可编写程序的存储器，在其内部存储执行逻辑运算、顺序控制、定时、计数和算术运算等操作指令，并通过数字式、模拟式的输入和输出，控制各种机械或生产过程。可编程控制器及其有关设备，都应按易于与工业控制系统形成一个整体、易于扩展其功能的原则设计。"由此可见，PLC 是一种由用户自己编程的通用的控制装置，用户可根据不同的使用场合、不同的控制需要，对它编制不同的控制程序。

1.1.1　PLC 的产生

20 世纪 20 年代起，人们把各种继电器、定时器、接触器及其触点按一定的逻辑关系连接起来组成传统的继电-接触器控制系统，来控制各种机械设备。由于其结构简单，在一定范围内能满足控制要求，故使用面广，在工业控制领域中一直占有主导地位。

随着工业技术的发展，设备和生产过程越来越复杂。若采用传统继电-接触器控制复杂系统，需使用成百上千个各式各样的继电器。对于复杂的控制系统，继电器控制系统存在可靠性差和灵活性差等缺点。

20 世纪 60 年代，工业生产流水线的自动控制系统基本上都由传统的继电-接触器构成。当时，汽车的每一次改型都直接导致继电器控制装置的重新设计和安装。随着生产的发展，汽车型号更新的周期越来越短，这样，继电器控制装置就需要经常重新设计和安装，十分费时、费工、费料，甚至阻碍了更新周期的缩短。为了改变这一现状，美国通用汽车公司（GM）期望找到一种新的方法，尽可能减少重新设计继电器控制系统和重新接线的工作，以降低成本、缩短周期。GM 设想将计算机通用、灵活、功能完备等优点和继电器控制系统的简单易懂、价格便宜等优点结合起来，制成一种通用控制装置。该装置要求满足以下 10 项技术指标：

（1）编程简单，可现场修改程序。

（2）维护方便，采用模块化结构。

（3）可靠性高于继电-接触器控制装置。

（4）体积小于继电-接触器控制装置。

（5）成本可与继电-接触器控制装置竞争。

（6）可将数据直接输入计算机。

（7）输入为交流 115V（美国标准系列电压值）。

（8）输出为交流 115V、2A 以上，能直接驱动电磁阀、交流接触器、小功率电动机等。

（9）通用性强，能扩展。

（10）能存储程序，存储器容量至少能扩展到 4KB。

美国数字设备公司（DEC）根据 GM 招标的技术要求，于 1969 年成功研制出世界第一台可编程控制器 PDP-14，用它代替传统的继电器控制系统，并在美国通用汽车公司（GM）的汽车自动装配线上试用成功。其后，日本、德国等相继引入这项新技术，PLC 由此迅速发展起来。

1.1.2 PLC 的发展历史与趋势

PLC 从 1969 年问世至今，大致经历了五次更新换代，已成为一种最重要、最普及、应用范围最广的工业控制器。

1. PLC 的发展历史

（1）第一代：1969～1972 年。第一代的 PLC 称为可编程逻辑控制器，主要是作为继电-接触器控制装置的替代物而出现的，其功能单一，只是执行原先由继电器完成的顺序控制、定时、计数等功能，将继电器的“硬接线”控制方式改为“软接线”方式。中央处理器（CPU）由中、小规模集成电路组成，存储器为磁芯存储器。典型产品有 DEC 的 PDP-14、PDP14/L；日本富士电机公司的 USC-4000；日本欧姆龙公司（OMRON）的 SCY-022；北辰电机公司的 HOSC-20；日本横河电机公司的 YODIC-S 等。

（2）第二代：1973～1975 年。第二代的 PLC 已开始使用微处理器作为 CPU，存储器采用 EPROM 半导体技术，功能有所增加，能够实现数字运算、传送、比较等功能，并初步具备自诊断功能，可靠性也有一定的提高。典型产品有莫迪康公司的 Modicon 184、

284、384；美国通用电气公司（GE）的 LOGISTROT；德国西门子公司（SIEMENS）的 SIMATIC S3、S4 系列；日本富士电机公司的 SC 系列等。

第一代和第二代的 PLC 又称为早期 PLC，在这一时期采用了广大电气工程技术人员所熟悉的继电-接触器控制线路方式，即梯形图，并作为 PLC 特有的编程语言一直沿用至今。

(3) 第三代：1976～1983 年。第三代 PLC 又称为中期 PLC，在这一时期 PLC 进入了大发展阶段，美国、德国、日本各有多个厂家生产 PLC。这个时期的产品中 CPU 已采用 8 位和 16 位微处理器，部分产品的 CPU 还采用多个微处理器结构，这使 PLC 的功能增强、工作速度加快、能进行多种复杂的数学运算、体积减小、可靠性提高、成本下降。

在硬件方面，除保持原有的开关模块外，还增加模拟量模块、远程输入/输出（I/O）控制模块、扩大存储容量、增加各种逻辑线圈的数量；在软件方面，除保持原有的逻辑运算、计时、计数功能外，还增加了算术运算、数据处理和传送、通信、自诊断等功能。

典型产品有美国 GOULD 公司的 M84、484、584、684、884；美国德州仪器公司（TI）的 PM550、510、520、530；SIEMENS 的 SIMATIC S5 系列；日本三菱公司（MITSUBISHI）的 MELPLAC-50、550；日本富士电机公司的 MICREX 等。

(4) 第四代：1983 年～20 世纪 90 年代中期。在这一时期，由于超大规模集成电路技术的迅速发展，CPU 采用了 16 位微处理器，内存容量更大。为了进一步提高 PLC 的处理速度，各制造商还研制了专用逻辑处理芯片。PLC 在软、硬件功能上都有巨大变化：联网通信能力增强，可将多台 PLC 连接起来，可构成功能完善的分布式控制系统，实现资源共享；外设多样化，可配置阴极射线管（CRT）和打印机等。

(5) 第五代：20 世纪 90 年代中期至今。近期 PLC 使用 16 位和 32 位微处理器，运算速度更快，功能更强，具有更强的数学运算和大批量的数据处理能力；出现了智能化模块，可以实现各种复杂系统的控制；编程语言除了可使用传统的梯形图、流程图外，还可使用高级编程语言。

2. PLC 的发展趋势

近年来，PLC 发展更加迅猛。展望未来，PLC 主要朝以下方向进行发展：

(1) 向简易经济超小型和高速度、大容量、高性能的大型 PLC 发展。单片机技术的发展，使 PLC 的结构更加紧凑、体积进一步减小、价格降低、可靠性不断提高，可广泛取代传统的继电-接触器控制系统。简易经济超小型 PLC 主要用于单机控制和规模较小的控制线系统。大型 PLC 一般为多处理器系统，由字处理器、位处理器和浮点处理器等组成，具有较大的存储功能和较强的 I/O 接口。如有的机型扫描速度高达 0.1ms/KB，可处理几万个开关量 I/O 信号和多个模拟量 I/O 信号，用户存储器空间达几十兆。

(2) 过程控制功能增强。随着 PLC 技术的发展，已出现了模拟量 I/O 模块和专门用于模拟量闭环控制（过程控制）的智能比例-微分-积分（Proportional Integral Derivative，PID）模块。现代 PLC 模拟量控制除采用闭环控制指令和智能 PID 模块外，有的还采用模糊控制、自适应控制和参数自整定功能，以缩短调试时间、提高控制精度。

(3) 向智能化、模块化发展。智能 I/O 模块就是以微处理器和存储器为基础的微型计算机系统，具有很强的信息处理能力和控制功能。它们的 CPU 与 PLC 的主 CPU 并行工作，占用主 CPU 的时间很少，有利于提高 PLC 系统的运行速度和信息处理速度，有时还可完成主 CPU 难以兼顾的功能，以提高 PLC 的适应性和可靠性。

（4）向网络通信方向发展。PLC 通过网络接口，可级联不同类型的 PLC 和计算机，从而组成控制范围很大的局部网络，便于分散与集中控制。PLC 通信能力的增强，使设备之间的通信能够自动周期性地进行，而不需要用户为通信进行编程。

（5）向软件化发展。编程软件可以控制 PLC 系统中各框架各个插槽上模块的型号、模块参数、各串行通信接口的参数等硬件结构和参数。在屏幕上可以直接生成和编辑 PLC 梯形图、指令表、功能图和顺序控制功能程序，还可以实现不同编程语言的相互转换。

1.2 PLC 的功能特点与应用分类

1.2.1 PLC 的功能与特点

1. PLC 的基本功能

PLC 具有逻辑控制、定时控制、计数控制、步进控制、数据处理、模/数（A/D）和数/模（D/A）转换、通信联网、监控等基本功能。

（1）逻辑控制功能。逻辑控制又称为顺序控制或条件控制，它是 PLC 应用最广泛的领域。逻辑控制功能实际上就是位处理功能，使用 PLC 的“与”（AND）、“或”（OR）、“非”（NOT）等逻辑指令，取代继电器触点的串联、并联及其他各种逻辑连接，进行开关控制。

（2）定时控制功能。PLC 的定时控制，类似于继电-接触器控制领域中的时间继电器控制。在 PLC 中有许多可供用户使用的定时器，这些定时器的定时时间可由用户根据需要进行设定。PLC 执行时根据用户定义时间长短进行相应的限时或延时控制。

（3）计数控制功能。PLC 为用户提供了多个计数器，PLC 的计数器类似于单片机中的计数器，其计数初值可由用户根据需求进行设定。执行程序时，PLC 对某个控制信号状态的改变次数（如某个开关的动合次数）进行计数，当计数到设定值时，发出相应指令以完成某项任务。

（4）步进控制功能。步进控制（又称为顺序控制）功能是指在多道加工工序中，使用步进指令控制在完成一道工序后，PLC 自动进行下一道工序。

（5）数据处理功能。PLC 一般具有数据处理功能，可进行算术运算、数据比较、数据传送、数据移位、数据转换、编码、译码等操作。中、大型 PLC 还可完成开方、PID 运算、浮点运算等操作。

（6）A/D、D/A 转换功能。有些 PLC 通过 A/D、D/A 模块完成模拟量和数字量之间的转换、模拟量的控制和调节等操作。

（7）通信联网功能。PLC 通信联网功能是利用通信技术，进行多台 PLC 间的同位连接、PLC 与计算机连接，以实现远程 I/O 控制或数据交换。可构成集中管理、分散控制的分布式控制系统，以完成较大规模的复杂控制。

（8）监控功能。监控功能是指利用编程器或监视器对 PLC 系统各部分的运行状态、进程、系统中出现的异常情况进行报警和记录，甚至自动终止运行。通常小型低档 PLC

利用编程器监视运行状态；中档以上的 PLC 使用 CRT 接口，从屏幕上了解系统的工作状况。

2. PLC 的主要特点

PLC 之所以广泛应用于各种工业控制领域中，是因为它与传统的继电-接触器系统相比具有以下显著的特点。

(1) 可靠性高，抗干扰能力强。继电-接触器控制系统使用大量的机械触点，连接线路比较繁杂，且触点通断时有可能产生电弧，造成机械磨损，会影响其寿命，可靠性差。PLC 中采用现代大规模集成电路，比机械触点继电器的可靠性要高。在硬件和软件设计中都采用了先进技术以提高可靠性和抗干扰能力。例如，用软件代替传统继电-接触器控制系统中的中间继电器和时间继电器，只剩下少量的输入/输出硬件，将触点因接触不良造成的故障大大减小，提高了可靠性；所有 I/O 接口电路采用光电隔离，使工业现场的外电路与 PLC 内部电路进行电气隔离；增加自诊断、纠错等功能，使其在恶劣工业生产现场的可靠性、抗干扰能力提高。

(2) 灵活性好，扩展性强。继电-接触器控制系统是由继电器等低压电器采用硬件接线实现的，连接线路比较繁杂，每个继电器的触点数目有限。当控制系统功能改变时，需改变线路的连接，所以继电-接触器控制系统的灵活性、扩展性差。而在由 PLC 构成的控制系统中，只需在 PLC 的端子上接入相应的控制线即可，可减少接线。当控制系统功能改变时，有时只需编程器在线或离线修改程序，就能实现其控制要求。PLC 内部有非常大量的编程元件，能进行逻辑判断、数据处理、PID 调节和数据通信功能，可以实现非常复杂的控制功能，若元件不够，只需加上相应的扩展单元即可，因此 PLC 控制系统的灵活性好、扩展性强。

(3) 控制速度快，稳定性强。继电-接触器控制系统是依靠触点的机械动作来实现控制的，其触点的动断速度一般在几十毫秒，影响控制速度，有时还会出现抖动现象。PLC 控制系统是由程序指令控制半导体电路来实现的，响应速度快，一般仅在很短的微秒内即可执行一条用户指令，PLC 内部有严格的同步，不会出现抖动现象。

(4) 延时调整方便，精度较高。继电-接触器控制系统的延时控制是通过时间继电器来完成的，而时间继电器的延时调整不方便，且易受环境温度和湿度的影响，延时精度不高。PLC 控制系统的延时是通过内部时间元件来完成的，不受环境温度和湿度的影响，定时元件的延时时间只需改变定时参数即可，因此其定时精度较高。

(5) 系统设计安装快，维修方便。继电-接触器实现一项控制工程，其设计、施工、调试必须依次进行，周期长，维修比较麻烦。PLC 使用软件编程取代继电-接触器中的硬件接线而实现相应功能，使安装接线的工作量减小，现场施工与控制程序的设计还可同时进行，周期短，调试快。PLC 具有完善的自诊断、履历情报存储及监视功能，对于其内部工作状态、通信状态、异常状态和 I/O 点的状态均有显示，若控制系统有故障，工作人员可通过它迅速查出故障原因，及时排除故障。

1.2.2 PLC 的主要性能指标

PLC 的性能指标较多，在此主要介绍与组成 PLC 控制系统的关系较直接的几个。

(1) 编程语言及指令功能。梯形图语言、助记符语言在 PLC 中较为常见。梯形图语言一般都在计算机屏幕上编辑，使用起来简单方便。助记符语言与计算机编程序相似，对有编制程序基础的工程技术人员来说，学习助记符会容易一些，只要理解各个指令的含义，就可以像做计算机程序一样写 PLC 的控制程序。如果两种语言都会使用更好，因为它们之间可以互相转换。PLC 实际上只认识助记符语言，梯形图语言需要转换成助记符语言后，存入 PLC 的存储器中。

现在功能语言的使用量有上升趋势。编程语言中还有一个内容是指令的功能。衡量指令功能的强弱可看两个方面：一是指令条数的多少；二是指令中综合性指令的多少。一条综合性指令一般就能完成一项专门操作。用户编制的程序完成的控制任务，取决于 PLC 指令的多少，指令功能越多，编程越简单和方便，完成一定的控制任务越容易。

(2) 输入/输出（I/O）点数。I/O 点数是指 PLC 面板上输入和输出的端子个数，即点数，它是衡量 PLC 性能的重要指标。I/O 点数越多，外部可接的输入和输出的元器件就越多，控制规模就越大。因此国际上根据 I/O 点数的多少而将 PLC 分为大型机、中型机、小型或微型机。

(3) 存储容量。存储容量在此是指用户程序存储器的存储空间的大小，它决定了 PLC 可容纳的用户程序的长短。一般以字为单位进行计算，2 个字节构成 1 个字，1024 个字节为 1KB。中、小型 PLC 的存储容量一般在 8KB 以下，大型 PLC 的存储容量有的可达几兆字节，也有的 PLC 用户存储容量以编程的步数来表示，每编一条语句为一步。

(4) 扫描速度。扫描速度是指 PLC 执行用户程序的速度，它也是衡量 PLC 性能的一个重要指标，一般以每扫描 1KB 的用户程序所需时间的长短来衡量扫描速度。例如，20ms/KB 表示扫描 1KB 的用户程序所需的时间为 20ms。

(5) 内部元件的种类和数量。在编写 PLC 程序时，需使用大量的内部元件，如辅助继电器、计时器、计数器、移位寄存器等进行存放变量、中间结果、时间等状态，因此这些内部元件的种类和数量越多，表示 PLC 的存储和处理各种信息的能力越强。

(6) 可扩展性。在现代工业生产中，PLC 的可扩展性也显得非常重要，主要包括 I/O 点数的扩展、存储容量的扩展、联网功能的扩展、可扩展的模块数。

1.2.3 PLC 的应用和分类

1. PLC 的应用

以前，PLC 由于制造成本较高，其应用受到一定的影响。随着微电子技术的发展，PLC 的制造成本不断下降，PLC 的功能也大大增强，因此 PLC 目前已广泛应用于冶金、石油、化工、建材、机械制造、电力、汽车、造纸、纺织、环保等行业。从应用类型看，其应用范围大致归纳以下几种。

(1) 逻辑控制。PLC 可进行“与”“或”“非”等逻辑运算，使用触点和电路的串、并联代替继电-接触器系统进行组合逻辑控制、定时控制、计数控制与顺序逻辑控制。这是 PLC 应用最基本、最广泛的领域。

(2) 运动控制。大多数 PLC 具有拖动步进电动机或伺服电动机的单轴或多轴位置的专用运动控制模块，灵活运用指令，使运动控制与顺序逻辑控制有机结合在一起，广泛用于各种机械设备，如对各种机床、装配机械、机械手等进行运动控制。

(3) 过程控制。现代中、大型 PLC 都具有多路模拟量 I/O 模块和 PID 控制功能，有的小型 PLC 也具有模拟量 I/O 模块。PLC 可接收到温度、压力、流量等连续变化的模拟量，通过这些模块实现模拟量和数字量的 A/D 或 D/A 转换，并对被控模拟量进行闭环 PID 控制。这一控制功能广泛应用于锅炉、反应堆、水处理、酿酒等方面。

(4) 数据处理。现代 PLC 具有数学运算（如矩阵运算、函数运算、逻辑运算等）、数据传送、转换、排序、查表、位操作等功能，可进行数据采集、分析、处理，同时可通过通信功能将数据传送给别的智能装置，如 PLC 对计算机数值控制 CNC 设备进行数据处理。

(5) 通信联网控制。PLC 通信包括 PLC 与 PLC、PLC 与上位机（如计算机）、PLC 与其他智能设备之间的通信。PLC 通过同轴电缆、双绞线等设备与计算机进行信息交换，可构成“集中管理、分散控制”的分布式控制系统，以满足工厂自动化（FA）系统、柔性制造系统（FMS）、集散控制系统（DCS）等发展的需要。

2. PLC 的分类

PLC 种类繁多，性能规格不一，通常根据其结构形式、性能高低、控制规模等方面进行分类。

(1) 按结构形式进行分类。根据 PLC 的硬件结构形式，将 PLC 分为整体式、模块式和混合式三类。

整体式 PLC 是将电源、CPU、I/O 接口等部件集中配置在一个箱体内，形成一个整体，通常将其称为主机或基本单元。采用这种结构的 PLC 具有结构紧凑、体积小、质量轻、价格较低、安装方便等特点，但主机的 I/O 点数固定，使用不太灵活。一般小型或超小型的 PLC 通常采用整体式结构，如 SIEMENS 生产的 S7-200 系列 PLC 就是采用整体式结构。

模块式 PLC 又称为积木式 PLC，它是将 PLC 各组成部分以独立模块的形式分开，如 CPU 模块、输入模块、输出模块、电源模块有各种功能模块。模块式 PLC 由框架或基板和各种模块组成，将模块插在带有插槽的基板上，组装在一个机架内。采用这种结构的 PLC 具有配置灵活、装配方便、便于扩展和维修等特点。大、中型 PLC 一般采用模块式结构。

混合式 PLC 是将整体式的结构紧凑、体积小、安装方便和模块式的配置灵活、装配方便等优点结合起来的一种新型结构 PLC。例如，台达公司生产的 SX 系列 PLC 就是采用这种结构的小型 PLC，SIEMENS 生产的 S7-300 系列 PLC 是采用这种结构的中型 PLC。

(2) 按性能高低进行分类。根据性能的高低，将 PLC 分为低档 PLC、中档 PLC 和高档 PLC 这三类。

低档 PLC 具有基本控制和一般逻辑运算、计时、计数等基本功能，有的还具有少量模拟量输入/输出、算术运算、数据传送和比较、通信等功能。这类 PLC 只适合于小规模的简单控制，在联网中一般作为从机使用。

中档 PLC 有较强的控制功能和运算能力，它不仅能完成一般的逻辑运算，还能完成比较复杂的三角函数、指数和 PID 运算，工作速度比较快，能控制多个输入/输出模块。中档 PLC 可完成小型和较大规模的控制任务，在联网中不仅可作从机，还可作主机，如 S7-300 就属于中档 PLC。

高档 PLC 有强大的控制和运算能力，不仅能完成逻辑运算、三角函数、指数、PID 运算，还能进行复杂的矩阵运算、制表和表格传送操作，可完成中型和大规模的控制任务，在联网中一般作主机，如 SIEMENS 生产的 S7-400 就属于高档 PLC。

（3）按控制规模进行分类。根据 PLC 控制器的 I/O 总点数的多少，将 PLC 分为小型机、中型机和大型机。

I/O 总点数在 256 点以下的 PLC 称为小型机，如 S7-200 系列 PLC。小型 PLC 通常用来代替传统继电-接触器控制，在单机或小规模生产过程中使用，它能执行逻辑运算、定时、计数、算术运算、数据处理和传送、高速处理、中断、联网通信及各种应用指令。I/O 总点数等于或小于 64 点的称为超小型或微型 PLC。

I/O 总点数在 256～2048 点的 PLC 称为中型机，如 S7-300 系列 PLC。中型 PLC 采用模块化结构，根据实际需求，用户将相应的特殊功能模块组合在一起，使其具有数字计算、PID 调节、查表等功能，同时相应的辅助继电器增多，定时、计数范围扩大，功能更强，扫描速度更快，适用于较复杂系统的逻辑控制和闭环过程控制。

I/O 总点数在 2048 点以上的 PLC 称为大型机，如 S7-400 系列 PLC，其中 I/O 总点数超过 8192 点的称为超大型 PLC 机。大型 PLC 具有逻辑和算术运算、模拟调节、联网通信、监视、记录、打印、中断控制、远程控制及智能控制等功能。目前有些大型 PLC 使用 32 位处理器，多 CPU 并行工作，具有大容量的存储器，使其扫描速度高速化，存储容量大大加强。

1.3 PLC 的硬件组成和工作原理

PLC 是微型计算机技术与机电控制技术相结合的产物，是一种以微处理器为核心，用于电气控制的特殊计算机，因此 PLC 的组成与微型计算机类似，由硬件系统和软件系统组成。

1.3.1 PLC 的硬件组成

硬件系统就如人的躯体，PLC 的硬件系统主要由中央处理器（CPU）、存储器、输入/输出（I/O）接口、电源、通信接口、扩展接口等单元部件组成。整体式 PLC 的硬件组成如图 1-1 所示，模块式 PLC 的硬件组成如图 1-2 所示。

1. 中央处理器（CPU）

PLC 的中央处理器与一般的计算机控制系统一样，由运算器和控制器构成，是整个系统的核心，类似于人类的大脑和神经中枢。它是 PLC 的运算、控制中心，用来实现逻辑和算术运算，并对全机进行控制，按 PLC 中系统程序赋予的功能，有条不紊地指挥 PLC 进行工作。它主要完成以下任务：

（1）控制从编程器、上位计算机和其他外部设备键入的用户程序数据的接收和存储。

（2）用扫描方式通过输入单元接收现场输入信号，并存入指定的映像寄存器或数据寄存器。

（3）诊断电源和 PLC 内部电路的工作故障和编程中的语法错误等。

（4）PLC 进入运行状态后，执行相应工作：①从存储器逐条读取用户指令，经过命

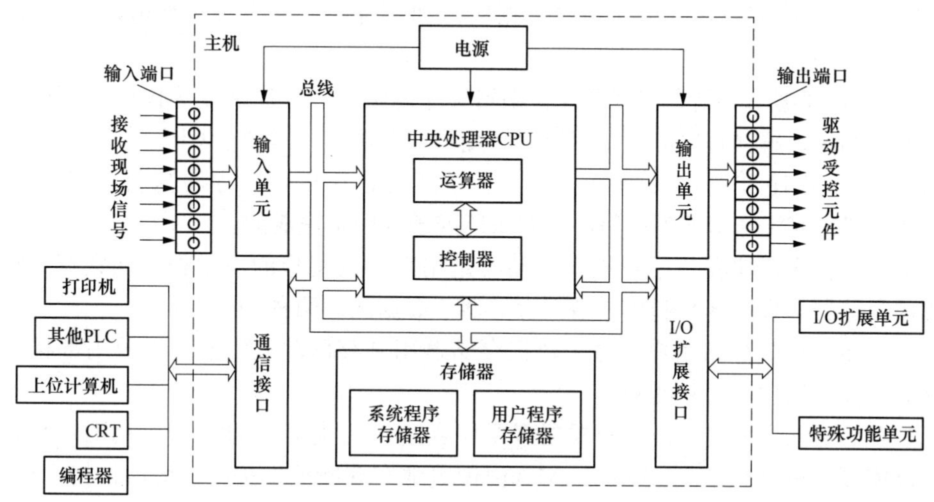

图 1-1　整体式 PLC 的硬件组成

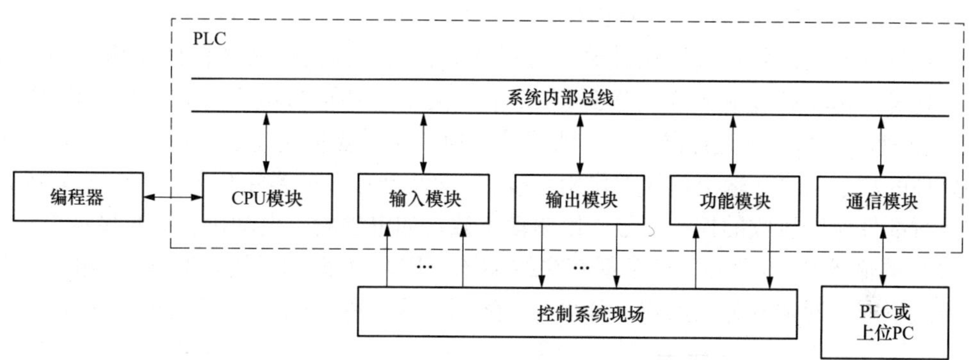

图 1-2　模块式 PLC 的硬件组成

令解释后，按指令规定的任务产生相应的控制信号去启闭相关控制电路，通俗讲就是执行用户程序，产生相应的控制信号。②进行数据处理，分时、分渠道执行数据存取、传送、组合、比较、变换等动作，完成用户程序中规定的逻辑运算或算术运算等任务。③根据运算结果，更新有关标志位的状态和输出寄存器的内容，再由输入映像寄存器或数据寄存器的内容，实现输出控制、制表、打印、数据通信等。

2. 存储器

PLC 中存储器的功能与普通微机系统的存储器的结构类似，它由系统程序存储器和用户程序存储器等部分构成。

（1）系统程序存储器。系统程序存储器是用 EPROM 或 E^2PROM 来存储厂家编写的系统程序，系统程序是指控制和完成 PLC 各种功能的程序，相当于单片机的监控程序或微机的操作系统，在很大程度上它决定该系列 PLC 的性能与质量，用户无法更改或调用。系统程序有系统管理程序、用户程序编辑和指令解释程序、标准子程序和调用管理程序这 3 种类型。

1）系统管理程序：由它决定系统的工作节拍，包括 PLC 运行管理（各种操作的时间分配安排)、存储空间管理（生成用户数据区）和系统自诊断管理（如电源、系统出错，程序语法、句法检验等)。

2）用户程序编辑和指令解释程序：编辑程序能将用户程序转变为内码形式以便于程序的修改、调试。解释程序能将编程语言转变为机器语言，以便于 CPU 操作运行。

3）标准子程序和调用管理程序：为了提高运行速度，在程序执行中某些信息处理（I/O 处理）或特殊运算等都是通过调用标准子程序来完成的。

（2）用户程序存储器。用户程序存储器是用来存放用户的应用程序和数据，它包括用户程序存储器（程序区）和用户数据存储器（数据区）两种。

程序存储器用以存储用户程序。数据存储器用来存储输入、输出以及内部接点和线圈的状态以及特殊功能要求的数据。

用户存储器的内容可以由用户根据需要任意读/写、修改、增删。常用的用户存储器形式有高密度、低功耗的 CMOS RAM（由锂电池实现断电保护，一般能保持 5～10 年，经常带负载运行也可保持 2～5 年)、EPROM 和 E^2PROM 三种。

3. 输入/输出单元（I/O 单元）

输入/输出单元又称为输入/输出模块，它是 PLC 与工业生产设备或工业过程连接的接口。现场的输入信号，如按钮开关、行程开关、限位开关以及各传感器输出的开关量或模拟量等，都要通过输入模块送到 PLC 中。由于这些信号电平各式各样，而 PLC 的 CPU 所处理的信息只能是标准电平，所以输入模块还需要将这些信号转换成 CPU 能够接受和处理的数字信号。输出模块的作用是接收 CPU 处理过的数字信号，并把它转换成现场的执行部件所能接收的控制信号，以驱动负载，如电磁阀、电动机、灯光显示等。

PLC 的输入/输出单元上通常都有接线端子，PLC 类型的不同，其输入/输出单元的接线方式不同，通常分为汇点式、分组式和隔离式这 3 种接线方式，如图 1-3 所示。

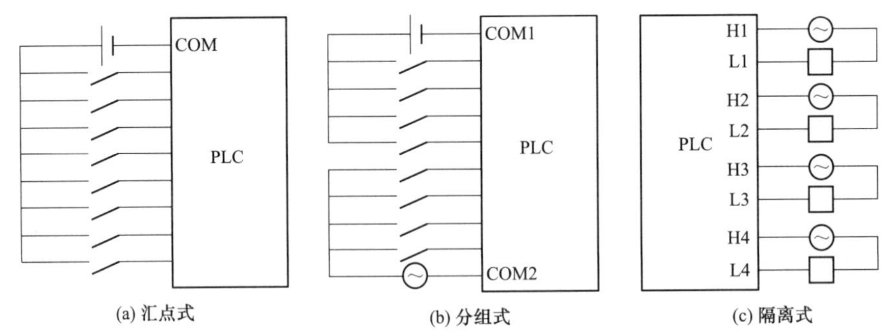

图 1-3　输入/输出单元 3 种接线方式

输入/输出单元分别只有 1 个公共端 COM 的称为汇点式，其输入或输出点共用一个电源；分组式是指将输入/输出端子分为若干组，每组的 I/O 电路有一个公共点共用一个电源，组与组之间的电路隔开；隔离式是指具有公共端子的各组输入/输出点之间互相隔离，可各自使用独立的电源。

PLC 提供了各种操作电平和具有驱动能力的输入/输出模块供用户选择，如数字量输入/输出模块、模拟量输入/输出模块。这些模块又分为直流与交流型、电压与电流型等。

（1）数字量输入模块。数字量输入模块又称为开关量输入模块，它是将工业现场的开关量信号转换为标准信号传送给 CPU，并保证信息的正确和控制器不受其干扰。它一般是采用光电耦合电路与现场输入信号相连，这样可以防止使用环境中的强电干扰进入 PLC。光电耦合电路的核心是光电耦合器，其结构由发光二极管和光电三极管构成。现场输入信号的电源可由用户提供，直流输入信号的电源也可由 PLC 自身提供。数字量输入模块根据使用电源的不同分为直流输入模块（直流 12V 或 24V）和交流输入（交流 100～120V 或 200～240V）模块两种。

1）直流输入模块。当外部检测开关接点接入的是直流电压时，需使用直流输入模块进行信号的检测。下面以某一输入点的直流输入模块进行讲解。

直流输入模块的原理电路如图 1-4 所示。外部检测开关 S 的一端接外部直流电源（直流 12V 或 24V），S 的另一端与 PLC 输入模块的一个信号输入端子相连，外部直流电源的另一端接 PLC 输入模块的公共端 COM。虚线框内的是 PLC 内部输入电路，R1 为限流电阻；R2 和 C 构成滤波电路，抑制输入信号中的高频干扰；LED 为发光二极管。当 S 闭合后，直流电源经 R1、R2、C 的分压、滤波后形成 3V 左右的稳定电压供给光电隔离 VLC 耦合器，LED 显示某一输入点有无信号输入。光电隔离 VLC 耦合器另一侧的光电三极管接通，此时 A 点为高电平，内部＋5V 电压经 R3 和滤波器形成适合 CPU 所需的标准信号送入内部电路中。

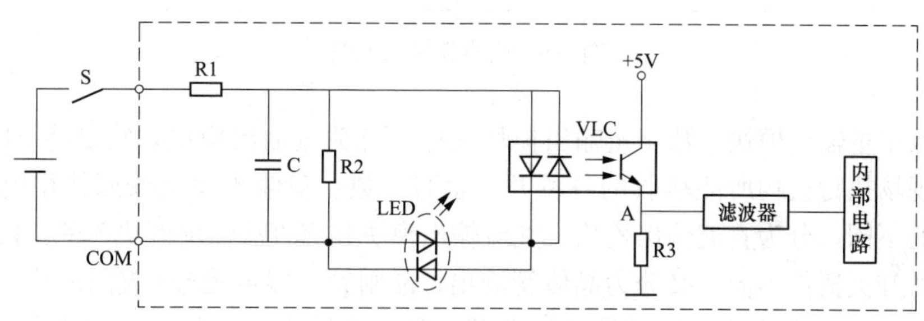

图 1-4　直流输入电路

内部电路中的锁存器将送入的信号暂存，CPU 执行相应的指令后，通过地址信号和控制信号读取锁存器中的数据信号。

当输入电源由 PLC 内部提供时，外部电源断开，将现场检测开关的公共接点直接与 PLC 输入模块的公共输入点 COM 相连即可。

2）交流输入模块。当外部检测开关接点加入的是交流电压时，需使用交流输入模块进行信号的检测。

交流输入模块的原理电路如图 1-5 所示。外部检测开关 S 的一端接外部交流电源（交流 100～120V 或 200～240V），S 的另一端与 PLC 的输入模块的一个信号输入端子相连，外部交流电源的另一端接 PLC 输入模块的公共端 COM。虚线框内的是 PLC 内部输入电路，R1 和 R2 构成分压电路，C 为隔直电容，用来滤掉输入电路中的直流成分，对交流来说相当于短路；LED 为发光二极管。当 S 闭合时，PLC 可输入交流电源，其工作原理与直流输入电路类似。

3）交直流输入模块。当外部检测开关接点加入的是交或直流电压时，需使用交直流输入模块进行信号的检测，如图 1-6 所示。从图中看出，其内部电路与直流输入电路类

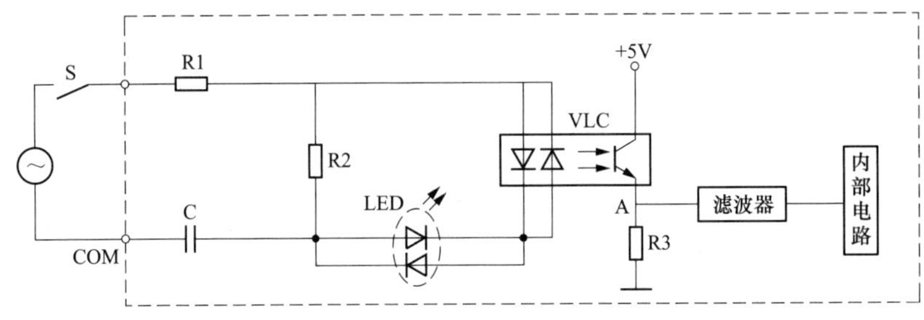

图 1-5　交流输入电路

似，只不过交直流输入电路的外接电源除直流电源外，还可用 12～24V 的交流电源。

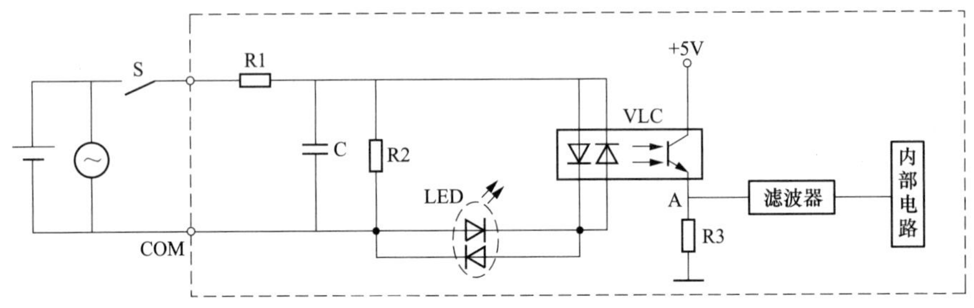

图 1-6　交直流输入电路

（2）数字量输出模块。数字量输出模块又称为开关量输出模块，它是将 PLC 内部信号转换成现场执行机构所能接收的各种开关信号。数字量输出模块按照使用电源（即用户电源）的不同，分为直流输出模块、交流输出模块和交直流输出模块 3 种。按照输出电路所使用的开关器件不同，又分为晶体管输出、晶闸管（即可控硅）输出和继电器输出，其中晶体管输出方式的模块只能带直流负载；晶闸管输出方式的模块只能带交流负载；继电器输出方式的模块既可带交流也可带直流的负载。

1）直流输出模块（晶体管输出方式）。PLC 某 I/O 点直流输出模块电路如图 1-7 所示，虚线框内表示 PLC 的内部结构。它由 VLC 光电隔离耦合器件、LED 二极管显示、VT 输出电路、VD 稳压管、FU 熔断器等组成。当某端需输出时，CPU 控制锁存器的对应位为 1，通过内部电路控制 VLC 输出，晶体管 VT 导通输出，相应的负载接通，同时输出指示灯 LED 亮，表示该输出端有输出。当某端不需要输出时，锁存器相应位为 0，VLC 光电隔离耦合器没有输出，VT 晶体管截止，使负载失电，此时 LED 指示灯熄灭，

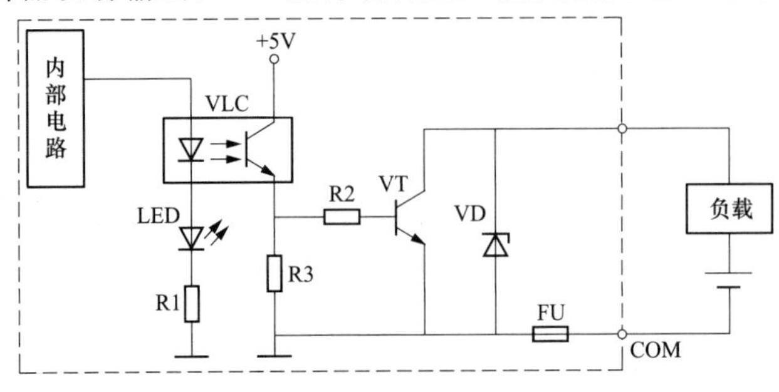

图 1-7　晶体管输出电路

负载所需直流电源由用户提供。

2）交流输出模块（晶闸管输出方式）。PLC某I/O点交流输出模块电路如图1-8所示，虚线框内表示PLC的内部结构。图中双向晶闸管（光控晶闸管）为输出开关器件，由它和发光二极管组成的固态继电器T有良好的光电隔离作用；电阻R2和C构成了高频滤波电路，减少高频信号的干扰；浪涌吸收器起限幅作用，将晶闸管上的电压限制在600V以下；负载所需交流电源由用户提供。当某端需输出时，CPU控制锁存器的对应位为1，通过内部电路控制T导通，相应的负载接通，同时输出指示灯LED亮，表示该输出端有输出。

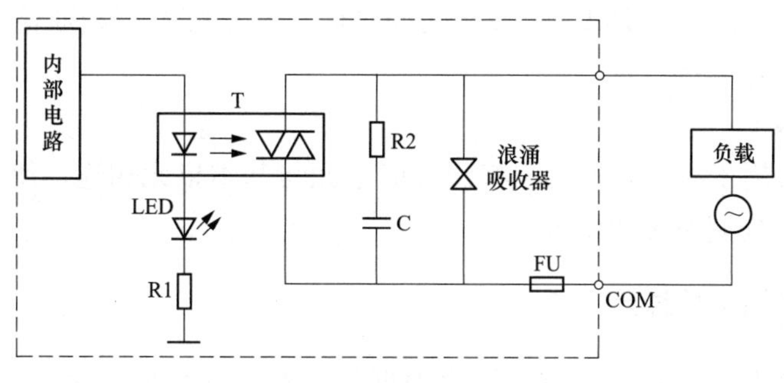

图1-8　晶闸管输出电路

3）交直流输出模块（继电器输出方式）。PLC某I/O点交直流输出模块电路如图1-9所示，它的输出驱动是K继电器。K继电器既是输出开关，又是隔离器件；R2和C构成灭弧电路。当某端需输出时，CPU控制锁存器的对应位为1，通过内部电路控制K吸合，相应的负载接通，同时输出指示灯LED亮，表示该输出端有输出。负载所需交直流电源由用户提供。

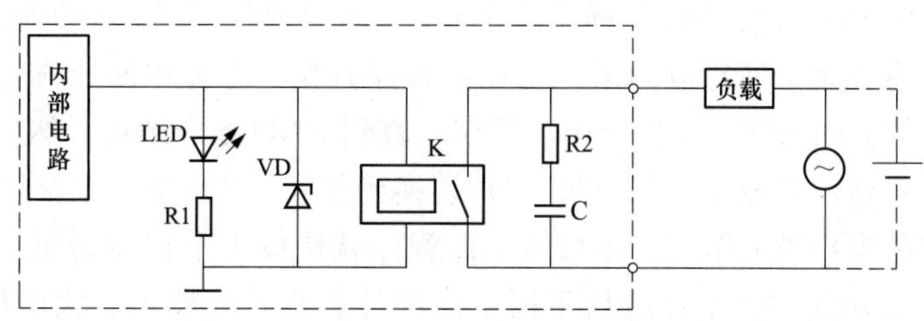

图1-9　继电器输出电路

通过上述分析可知，为防止干扰和保证PLC不受外界强电的侵袭，I/O单元都采用了电气隔离技术。晶体管只能用于直流输出模块，它具有动作频率高、响应速度快、驱动负载能力小的特点；晶闸管只能用于交流输出模块，它具有响应速度快、驱动负载能力不大的特点；继电器既能用于直流又能用于交流输出模块，它的驱动负载能力强，但动作频率和响应速度慢。

（3）模拟量输入模块。模拟量输入模块是将输入的模拟量如电流、电压、温度、压力等转换成PLC的CPU可接收的数字量。在PLC中将模拟量转换成数字量的模块又称为A/D模块。

（4）模拟量输出模块。模拟量输出模块是将输出的数字量转换成外部设备可接收的模拟量，这样的模块在 PLC 中又称为 D/A 模块。

4. 电源单元

PLC 的电源单元通常是将 220V 的单相交流电转换成 CPU、存储器等电路工作所需的直流电，它是整个 PLC 系统的能源供给中心，电源的好坏直接影响 PLC 的稳定性和可靠性。小型整体式 PLC 内部有一个高质量的开关稳压电源，为 CPU、存储器、I/O 单元提供 5V 直流电源，还可为外部输入单元提供 24V 直流电源。

5. 通信接口

为了实现微机与 PLC、PLC 与 PLC 间的对话，PLC 配有多种通信接口，如打印机、上位计算机、编程器等接口。

6. I/O 扩展接口

I/O 扩展接口用于将扩展单元或特殊功能单元与基本单元相连，使 PLC 的配置更加灵活，以满足不同控制系统的要求。

1.3.2 PLC 的工作原理

PLC 是一种存储程序的控制器。用户根据某一对象的具体控制要求，编制好控制程序后，用编程器将程序输入到 PLC（或用计算机下载到 PLC）的用户程序存储中的寄存。PLC 的控制功能就是通过运行用户程序来实现的。

PLC 虽然以微处理器为核心，具有微型计算机的许多特点，但它的工作方式却与微型计算机有很大不同。微型计算机一般采用等待命令或中断的工作方式，如常见的键盘扫描方式或 I/O 扫描方式，当有键按下或 I/O 动作时，则转入相应的子程序或中断服务程序；若无键按下，则继续扫描等待。微型计算机运行程序时，一旦执行 END 指令，程序运行便结束。而 PLC 采用循环扫描的工作方式，即“顺序扫描，不断循环”。

PLC 从 0 号存储地址所存放的第 1 条用户程序开始，在无中断或跳转的情况下，按存储地址号递增的方向顺序逐条执行用户程序，直到 END 指令结束。然后再从头开始执行，周而复始，直到停机或从运行（RUN）切换到停止（STOP）工作状态。PLC 的这种执行程序方式称为扫描工作式。每扫描 1 次程序就构成 1 个扫描周期。另外，PLC 对输入、输出信号的处理与微型计算机不同。微型计算机是对输入、输出信号实时处理，而 PLC 是对输入、输出信号集中批处理。其运行和信号处理示意如图 1-10 所示。

PLC 采用集中采样、集中输出的工作方式，减少了外界干扰的影响。PLC 的循环扫描工作过程分为输入扫描、程序执行和输出刷新三个阶段，如图 1-11 所示。

1. 输入扫描阶段

PLC 在开始执行程序前，首先扫描输入模块的输入端子，按顺序将所有输入信号读入到寄存器（即输入状态的输入映像寄存器）中，此过程称为输入扫描。PLC 在运行程序时，所需的输入信号不是现时取输入端子上的信息，而是取输入映像寄存器中的信息。在本工作周期内这个采样结果的内容不会改变，输入状态的变化只在下一个扫描周期输入扫描阶段才被刷新。此阶段的扫描速度很快，其扫描时间取决于 CPU 的时钟速度。

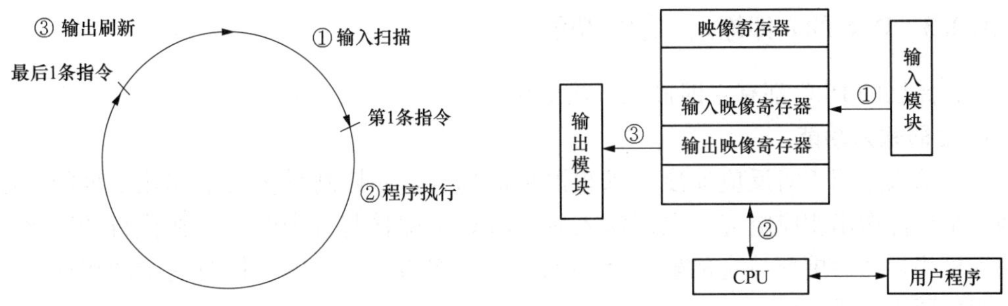

图 1-10　PLC 内部运行和信号处理示意图

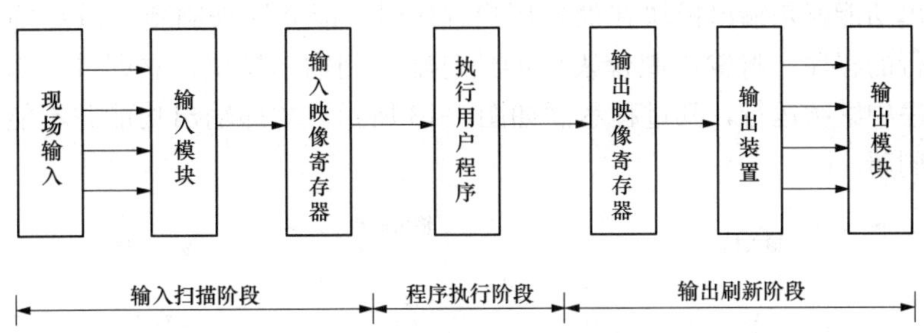

图 1-11　PLC 的循环扫描工作过程

2. 程序执行阶段

PLC 完成输入扫描工作后，从 0 号存储地址按顺序对用户程序进行扫描执行，如果程序用梯形图表示，则总是按先上后下、先左后右的顺序进行。当遇到程序跳转指令时，则根据跳转条件是否满足来决定程序的跳转地址。当指令中涉及输入、输出状态时，PLC 从输入映像寄存将上一阶段采样的输入端子状态读出，从元件映像寄存器中读出对应元件的当前状态，并根据用户程序进行相应运算，然后将运算结果再存入元件寄存器中，元件映像寄存器的内容随着程序的执行而发生改变。此阶段的扫描时间取决于程序的长度、复杂程度和 CPU 的功能。

3. 输出刷新阶段

当所有指令执行完后，进入输出刷新阶段。此时，PLC 将输出映像寄存器中所有与输出有关的输出继电器的状态转存到输出锁存器中，并通过一定的方式输出，驱动外部负载。此阶段的扫描时间取决于输出模块的数量。

上述三个阶段就是 PLC 的软件处理过程，可以认为就是程序扫描时间。扫描时间通常由三个因素决定：一是 CPU 的时钟速度，越高档的 CPU，时钟速度越高，扫描时间越短；二是 I/O 模块的数量，模块数量越少，扫描时间越短；三是程序的长度，程序长度越短，扫描时间越短。一般的 PLC 执行容量为 1KB 的程序需要的扫描时间为 1～10ms。

PLC 工作过程除了上述三个主要阶段外，还要完成内部处理、通信处理等工作。在内部处理阶段，PLC 检查 CPU 模块内部的硬件是否正常，将监控定时器复位，以及完成一些别的内部工作。在通信服务阶段，PLC 与其他带微处理器的智能装置实现通信。

1.3.3 PLC 的立即输入、输出功能

比较高档的 PLC 都有立即输入、输出功能。

1. 立即输入功能

立即输入适用于对反应速度要求很严格的场合，如控制系统要求在几毫秒的情况下立即对某事件做出相应响应。立即输入时，PLC 立即挂起（中断）正在执行的程序，扫描输入模块，然后更新特定的输入状态到输入映像表，最后继续执行剩余的程序，其过程示意如图 1-12 所示。

2. 立即输出功能

立即输出功能就是输出模块在处理用户程序时，能立即被刷新。PLC 临时挂起（中断）正在执行的程序，将输出映像表中的信息输出到输出模块，立即进行输出刷新，然后再回到程序中继续运行，其过程示意如图 1-13 所示。立即输出功能并不能对所有的输出模块进行刷新。

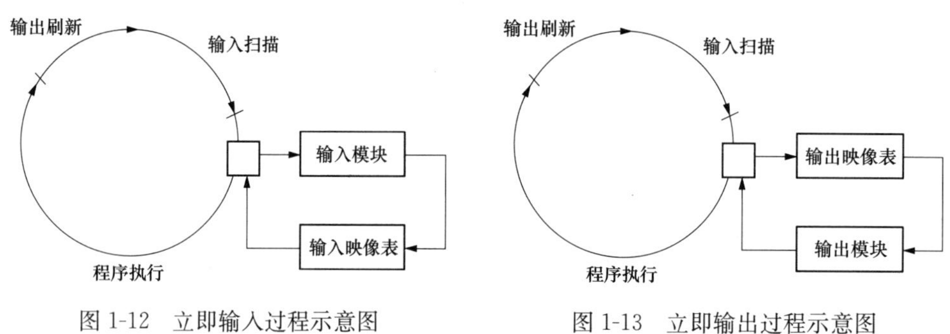

图 1-12　立即输入过程示意图　　图 1-13　立即输出过程示意图

1.4 西门子 PLC 简介

1.4.1 西门子 PLC 的发展

在全球 PLC 制造商中，根据美国自动化研究公司（Automation Research Corp，ARC）调查，五家世界 PLC 领导厂家分别为西门子公司（SIEMENS）、Allen-Bradley 公司（A-B）、施耐德公司（Schneider）、三菱公司（MITSUBISHI）、欧姆龙公司（OMRON），他们的销售额约占全球总销售额的 2/3。

S7-1500 是 SIEMENS 的产品之一，其注册商标为 SIMATIC。SIEMENS 的产品最早是于 1975 年投放市场的 SIMATIC S3，它实际上是带有简单操作接口的二进制控制器。在 1979 年，S3 系统被 SIMATIC S5 所取代，该系统广泛使用微处理器。20 世纪 80 年代初，S5 系统进一步升级，产生 U 系列 PLC，较常用的机型有 S5-90U、95U、100U、115U、135U、155U。1994 年 4 月，S7 系列诞生，它具有更国际化、更高性能等级、安装空间更小、更良好的 WINDOWS 用户界面等优势，它包括小型 PLC S7-200、中型 PLC S7-300 和大型 PLC S7-400。1996 年，在过程控制领域，西门子公司又提出 PCS7（过程控制系统 7）的概念，将其优势的 WINCC（与 WINDOWS 兼容的操作界面）、

PROFIBUS（工业现场总线）、COROS（监控系统）、SINEC（西门子工业网络）及控制技术融为一体。现在，西门子公司又提出全集成自动化系统（Totally Integrated Automation，TIA）概念，将PLC技术融于全部自动化领域。

1.4.2 西门子PLC的产品类型

经过多年的发展演绎，SIEMENS最新的SIMATIC PLC产品类型可以归结为SIMATIC S7、M7、C7和WinAC等几大系列。

M7-300/400采用与S7-300/400相同的结构，它可以作为CPU或功能模块使用。具有AT兼容计算机的功能，其显著特点是具有AT兼容计算机功能，使用S7-300/400的编程软件STEP7和可选的M7软件包，可以用C、C++或CFC（连续功能图）等语言来编程。M7适用于需要处理数据量大，对数据管理、显示和实时性有较高要求的系统使用。

C7由S7-300PLC、HMI（人机接口）操作面板、I/O、通信和过程监控系统组成。整个控制系统结构紧凑，面向用户配置/编程、数据管理与通信集成于一体，具有很高的性价比。

WinAC是在个人计算机上实现PLC功能，突破了传统PLC开放性差、硬件昂贵等桎梏，WinAC具有良好的开放性和灵活性，可以很方便地集成第三方的软件和硬件。

现今应用最为广泛的S7系列PLC是德国SIEMENS在S5系列PLC基础上，于1995年陆续推出的性能价格比较高的PLC系统。

西门子S7系列PLC体积小、速度快、标准化，具有网络通信能力，功能更强，可靠性更高。S7系列PLC产品可分为微型PLC（如S7-200），小规模性能要求的PLC（如S7-300）和中、高性能要求的PLC（如S7-400）等，其定位及主要性能见表1-1。

表1-1　　S7系列PLC控制器的定位

序号	控制器	定位	主要性能
1	LOGO!	低端独立自动化系统中简单的开关量解决方案和智能逻辑控制器	适用于简单自动化控制，可作为时间继电器、计数器和辅助接触器的替代开关设备。采用模块化设计，柔性应用。有数字量、模拟量和通信模块，具有用户界面友好，配置简单的特点
2	S7-200	低端的离散自动化系统和独立自动系统中使用的紧凑型逻辑控制器模块	采用整体式设计，其CPU集成I/O，具有实时处理能力，带有高速计数器、报警输入和中断
3	S7-300	中端的离散自动化系统中使用的控制器模块	采用模块式设计，具有通用型应用和丰富的CPU模块种类，由于使用MMC存储程序和数据，系统免维护
4	S7-400	高端的离散自动化系统中使用的控制器模块	采用模块式设计，具有特别高的通信和处理能力，其定点加法或乘法指令执行速度最快可达0.03μs，支持热插拔和在线I/O配置，避免重启，具备等时模块，可以通过PROFIBUS控制高速机器
5	S7-200 SMART	低端的离散自动化系统和独立自动化系统中使用的紧凑型逻辑控制器模块，是S7-200的升级版本	采用整体式设计，其结构紧凑、组态灵活、指令丰富、功能强大、可靠性高，具有体积小、运算速度快、性价比高、易于扩展等特点，适用于自动化工程中的各种应用场合

续表

序号	控制器	定位	主要性能
6	S7-1200	中低端的离散自动化系统和独立自动化系统中使用的小型控制器模块	采用模块式设计，CPU 模块集成了 PROFINET 接口，具有强大的计数、测量、闭环控制及运动控制功能，在直观高效的 STEP 7 Basic 项目系统中可直接组态控制器和 HMI
7	S7-1500	中高端系统	S7-1500 控制器除了包含多种创新技术之外，还设定了新标准，最大程度提高了生产效率。无论是小型设备还是对速度和准确性要求较高的复杂设备装置，都一一适用。S7-1500 PLC 无缝集成到 TIA Portal（博途）中，极大提高了项目组态的效率

S7-200 PLC 是超小型化的 PLC，由于其具有紧凑的设计、良好的扩展性、低廉的价格和强大的指令系统，它能适用于各行各业，各种场合中的自动检测、监测及控制等。S7-200 PLC 的强大功能使其无论单机运行，还是连成网络都能实现复杂的控制功能。

S7-300 PLC 是模块化的小型 PLC 系统，能满足中等性能要求的应用。各种单独的模块之间可进行广泛组合构成不同要求的系统。与 S7-200 PLC 比较，S7-300 PLC 采用模块化结构，具备高速（0.6～0.1μs）的指令运算速度；用浮点数运算比较有效地实现了更为复杂的算术运算；一个带标准用户接口的软件工具方便用户给所有模块进行参数赋值；方便的人机界面服务已经集成在 S7-300 操作系统内，人机对话的编程要求大大减少。SIMATIC 人机界面（HMI）从 S7-300 中取得数据，S7-300 按用户指定的刷新速度传送这些数据。S7-300 操作系统自动地处理数据的传送；CPU 的智能化诊断系统连续监控系统的功能是否正常、记录错误和特殊系统事件（如超时、模块更换等）；多级口令保护可以使用户高度、有效地保护其技术机密，防止未经允许的复制和修改；S7-300 PLC 设有操作方式选择开关，操作方式选择开关像钥匙一样可以拔出，当钥匙拔出时，就不能改变操作方式，这样就可防止非法删除或改写用户程序。S7-300 PLC 具备强大的通信功能，可通过编程软件 Step 7 的用户界面提供通信组态功能，这使得组态非常容易、简单。S7-300 PLC 具有多种不同的通信接口，并通过多种通信处理器来连接 AS-I 总线接口和工业以太网总线系统；串行通信处理器用来连接点到点的通信系统；多点接口（MPI）集成在 CPU 中，用于同时连接编程器、个人计算机（PC）、人机界面系统及其他 SIMATIC S7/M7/C7 等自动化控制系统。

S7-400 PLC 是用于中、高档性能范围的 PLC。该系列 PLC 采用模块化无风扇的设计，可靠耐用，同时可以选用多种级别（功能逐步升级）的 CPU，并配有多种通用功能的模板，这使用户能根据需要组合成不同的专用系统。当控制系统规模扩大或升级时，只要适当地增加一些模板，便能使系统升级且充分满足需要。

S7-200 SMART 是 SIEMENS 于 2012 年推出的专门针对我国市场的高性价比微型 PLC，可作为国内广泛使用的 S7-200 PLC 的替代产品。S7-200 SMART 的 CPU 内可安装一块多种型号的信号板，配置较灵活，保留了 S7-200 的 RS-485 接口，集成了一个以太网接口，还可以用信号板扩展一个 RS-485/RS-232 接口。用户通过集成的以太网接口，可以用 1 根以太网线，实现程序的下载和监控，也能实现与其他 CPU 模块、触摸屏和计算机的通信和组网。S7-200 SMART 的编程语言、指令系统、监控方法和 S7-200 兼容。与 S7-200 的编程软件 STEP 7-Micro/Win 相比，S7-200 SMART 的编程软件融入了新颖的带状菜单和移动式窗口设计，先进的程序结构和强大的向导功能，使其编程效率更高。S7-200 SMART 软件自带 Modbus RTU 指令库和 USS 协议指令库，而 S7-200 需要用户安装这些库。

S7-200 SMART 主要应用于小型单机项目，而 S7-1200 定位于中低端小型 PLC 产品线，可应用于中型单机项目或一般的联网项目。S7-1200 是 SIEMENS 于 2009 年推出的一款紧凑型、模块化的 PLC。S7-1200 的硬件由紧凑模块化结构组成，其系统 I/O 点数、内存容量均比 S7-200 多出 30%，充分满足市场对小型 PLC 的需求，可作为 S7-200 和 S7-300 之间的替代产品。S7-1200 具有集成的 PROFINET 接口，可用于编程、HMI 通信和 PLC 间的通信。S7-1200 带有 6 个高速计数器，可用于高速计数和测量。S7-1200 集成了 4 个高速脉冲输出，可用于步进电动机或伺服驱动器的速度和位置控制。S7-1200 提供了多达 16 个带自动调节功能的 PID 控制回路，用于简单的闭环过程控制。

S7-1500 PLC 是对 S7-300/400 PLC 进行进一步开发、于 2013 年推出的一种模块化控制系统。它缩短了程序扫描周期，其 CPU 位指令的处理时间最短可达 1ns；集成运动控制，可最多控制 128 轴；CPU 配置显示面板，通过该显示面板可设置操作密码、CPU 的 IP 地址等。S7-1500 PLC 配置标准的通信接口是 PROFINET 接口，取消了 S7-300/400 标准配置的 MPI 接口，此外 S7-1500 PLC 在少数的 CPU 上配置了 PROFIBUS-DP 接口（用户如需进行 PROFIBUS-DP 通信，则需要配置该通信模块）。

第2章　S7-1500 PLC控制系统的硬件组成

SIMATIC S7-1500 PLC是在S7-300/400 PLC的基础上进一步开发的自动系统，其硬件系统主要包括本机模块和分布式模块（如ET 200SP和ET 200MP）。本机模块包括电源模块、CPU模块、I/O模块（又称信号模块）、通信模块和工艺模块，这些模块安装在同一根导轨（又称机架）上，通过背板总线进行相互连接。

2.1　S7-1500 PLC的电源模块

S7-1500 PLC中有两种不同的电源模块：系统电源模块（Power Supply，PS）和负载电源模块（Power Module，PM）。

2.1.1　S7-1500 PLC的系统电源模块

系统电源模块PS是具有诊断功能的电源模块，可通过U形连接器连接到背板总线上，由背板总线向SIMATIC S7-1500 PLC及分布式I/O ET200MP提供内部所需的系统电压。这种系统电压将为模块电子元件和LED指示灯供电。当CPU模块、PROFIBUS通信模块、Ethernet通信模块、PtP通信模块或者接口模块IM 155-5等模块没有连接到DC 24V电源上时，系统电源可为这些模块供电。

目前，系统电源模块PS主要有4种规格，其主要技术参数见表2-1。PS 60W DC 24/48/60V HF系统电源模块，可为S7-1500背板总线和CPU附加保持性存储器提供操作电压，能够在“断电”时提供足够的能量，以供CPU保持整个数据区。

表2-1　系统电源模块PS的主要技术参数

型号	PS 25W DC 24V	PS 60W DC 24/48/60V	PS 60W DC 24/48/60V HF	PS 60W AC/DC 120/230V
订货号	6ES7 505-0KA00-0AB0	6ES7 505-0RA00-0AB0	6ES7 505-0RB00-0AB0	6ES7 507-0RA00-0AB0
额定输入电压	DC 24V	DC 24/48/60V	DC 24/48/60V	DC 120/230V AC 120/230V
直流电压上限	静态28.8V 动态30.2V	静态72V 动态75.5V	静态72V 动态75.5V	300V
直流电压下限	静态19.2V 动态18.5V	静态19.2V 动态18.5V	静态19.2V 动态18.5V	88V

续表

型号	PS 25W DC 24V	PS 60W DC 24/48/60V	PS 60W DC 24/48/60V HF	PS 60W AC/DC 120/230V
额定输入电流	DC 24V 额定电流 1.3A	DC 24V 额定电流 3A DC 48V 额定电流 1.5A DC 60V 额定电流 1.2A	DC 24V 额定电流 3A DC 48V 额定电流 1.5A DC 60V 额定电流 1.2A	DC 120V 额定电流 0.6A DC 230V 额定电流 0.3A AC 120V 额定电流 0.6A AC 120V 额定电流 0.34A
短路保护	有	有	有	有
背板总线输入功率	25W	60W	60W	60W
与背板总线电气隔离	√	√	√	√
诊断错误中断	√	√	√	√
CPU 中数据备份的能量缓冲	—	—	最高 20MB 保持性	—

2.1.2　S7-1500 PLC 的负载电源模块

负载电源模块 PM 用于负载供电，通常是 AC 120/230V 输入、DC 24V 输出，通过外部接线为模块（如 CPU 模块、I/O 模块等）、传感器和执行器提供高效、稳定、可靠的 DC 24V 工作电源。负载电源模块 PM 不能通过背板总线向 S7-1500 PLC 以及分布式 I/O ET200MP 供电，所以也可以不安装在机架上，可以不在 TIA Portal 软件中配置。

目前，负载电源模块 PM 有两种规格，其主要技术参数见表 2-2。

表 2-2　负载电源模块 PM 的主要技术参数

型号	PM 70W AC 120/230V	PM 190W AC 120/230V
订货号	6EP1332-4BA00	6EP1332-4BA00
额定输入电压	AC 120/230V，具有自动切换功能	AC 120/230V，具有自动切换功能
输入电压范围	85～132V/170～264V	85～132V/170～264V
输出电压	DC 24V	DC 24V
额定输出电流	3A	8A
功耗	72W	194W

2.1.3　S7-1500 PLC 的系统电源模块选择示例

可以根据现场电压类型和其他模块的功率损耗灵活地选择系统电源模块 PS。SIMATICS7-1500 导轨和分布式 I/O ET 200MP 使用相同的方式进行配置。在 1 根导轨上包括系统电源模块 PS、CPU 模块或接口模块 IM 155-5 在内，最多可安装 32 个模块，其中系统电源模块 PS 最多可安装 3 个。S7-1500 PLC 的系统电源模块 PS 可以向背板总线供电，CPU 或接口模块 IM 155-5 也可以向背板总线供电，这样配置更加灵活，下面通过几个示例进行详细讲解。

1. 机架上没有系统电源模块 PS

如图 2-1 所示，机架（导轨_0）上没有安装系统电源模块 PS，CPU 模块或接口模块 IM 155-5 的电源由负载电源模块 PM 或者其他 DC 24V 提供，CPU 模块或接口模块 IM 155-5 再向背板总线供电，但其功率有限（功率具体数值与 CPU 或接口模块的型号有关），且最多只能连接 12 个模块（与模块种类有关）。如果需要连接更多的模块，则要安装系统电源模块 PS。

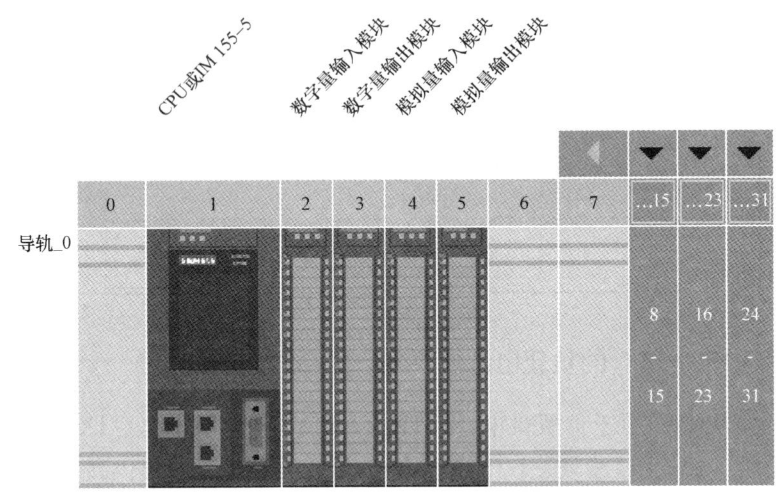

图 2-1　机架上没有系统电源模块 PS

2. 系统电源模块 PS 安装在 CPU 模块或接口模块 IM 155-5 的左边

如图 2-2 所示，机架（导轨_0）上安装系统电源模块 PS，且系统电源模块 PS 位于 CPU 模块或接口模块 IM 155-5 的左边。根据 CPU/IM 155-5 电源端子与 DC 24V 电源是否连接，可分两种情况：第一种情况是 CPU/IM 155-5 电源端子没有连接 DC 24V 电源，CPU 模块和 I/O 模块都消耗系统电源模块 PS 的功率；第二种情况是 CPU/IM 155-5 电源端子连接 DC 24V 电源，与系统电源模块 PS 一起向背板总线供电，这样向背板总线提供

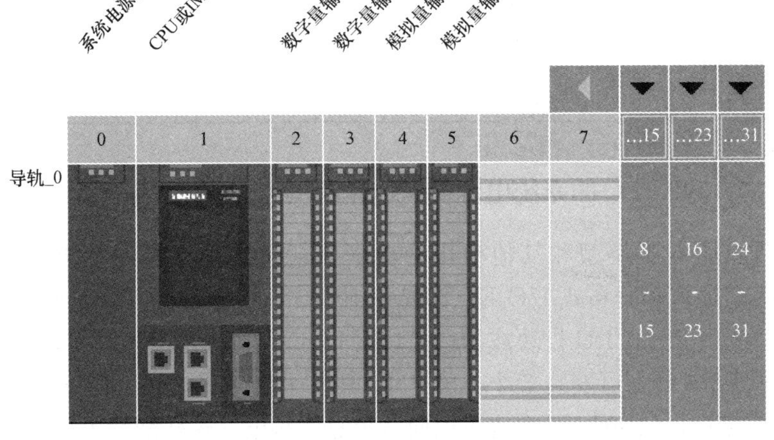

图 2-2　系统电源模块 PS 安装在 CPU 模块或接口模块 IM 155-5 的左边

的总功率就是系统电源模块 PS 与 CPU/IM 155-5 模块的输出功率总和，所以第二种情况下可以连接更多的模块。

3. 系统电源模块 PS 安装在 CPU 模块或接口模块 IM 155-5 的右边

如图 2-3 所示，机架（导轨_0）上安装系统电源模块 PS，但系统电源模块 PS 位于 CPU 模块或接口模块 IM 155-5 的右边。由于系统电源模块 PS 内部带有反向二极管，CPU/IM 155-5 的供电会被系统电源模块 PS 隔断，系统电源模块 PS 将向背板总线提供电源。这种情况下，必须为 CPU/IM 155-5 提供 DC 24V 电源。这样的配置方式虽然没有错误，但是没有什么意义。如果 CPU/IM 155-5 后面连接模块，功率不够时可以通过系统电源模块 PS 扩展，这样的配置与“系统电源模块 PS 安装在 CPU 模块或接口模块 IM 155-5 的左边”的配置功能相同。

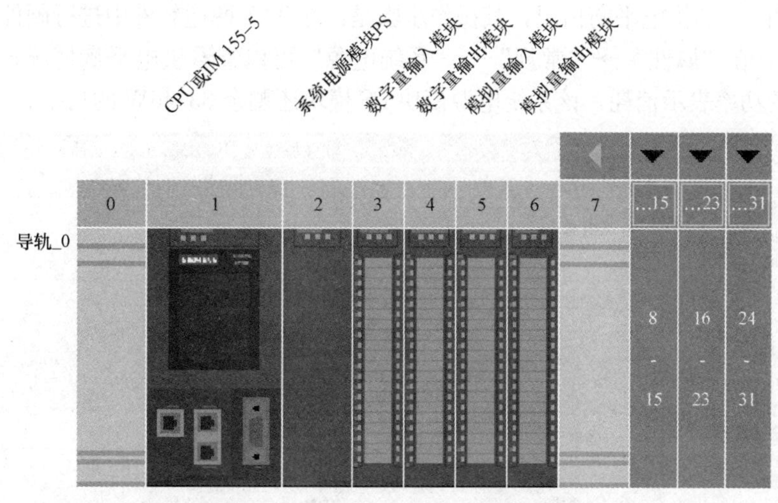

图 2-3　系统电源模块 PS 安装在 CPU 模块或接口模块 IM 155-5 的右边

4. 插入多个系统电源模块 PS

如图 2-4 所示，机架（导轨_0）上安装了两个系统电源模块 PS，可通过系统电源模

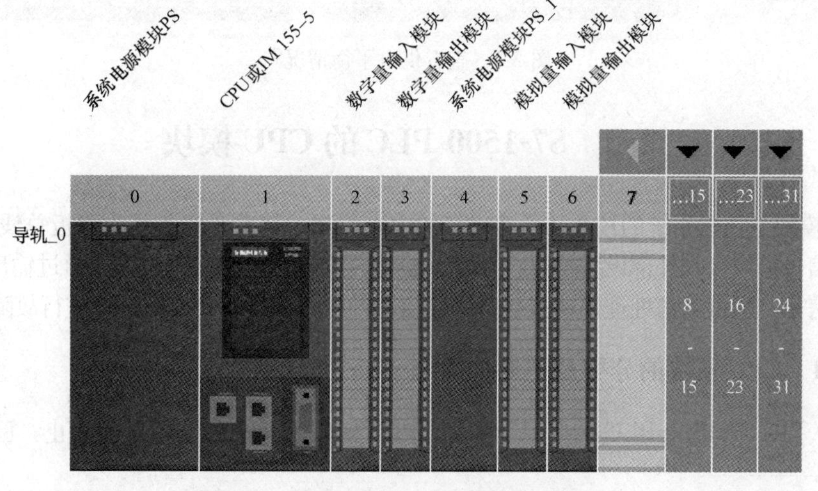

图 2-4　插入多个系统电源模块 PS

块内部的反向二极管来划分不同的电源段。插槽 0～3 的供电方式与系统电源模块 PS 安装在 CPU/IM155-5 左边的方式相同。插槽 4 的系统电源模块 PS 为插槽 5、6 的模拟量 I/O 模块供电。

2.1.4 供电平衡计算

为了确保背板总线可为各模块提供充足的电量，供电平衡计算需要比较模块的供电电量和所需电量。包含 CPU/IM 155-5 模块在内的所有系统电源提供的供电量必须大于或等于从模块获取的电量。为了使相关配置和其中所用的模块正常运行，每个所使用的电源段的供电平衡值必须为正数，即输送到电源段的功率必须大于各模块消耗的功率。通常，供电平衡的计算可以在 TIA 博途软件进行硬件组态时，软件自动计算后，用户可以执行操作进行查看。例如，查看图 2-2 的供电平衡情况，其操作步骤是：在 TIA 博途软件中进行硬件组态时，双击 CPU 模块，在“属性”→“常规”→“系统电源”可以查看供电平衡情况，如图 2-5 所示。图中负的功率表示消耗，该系统电源模块 PS 模块还剩余 33.45W 的功率。

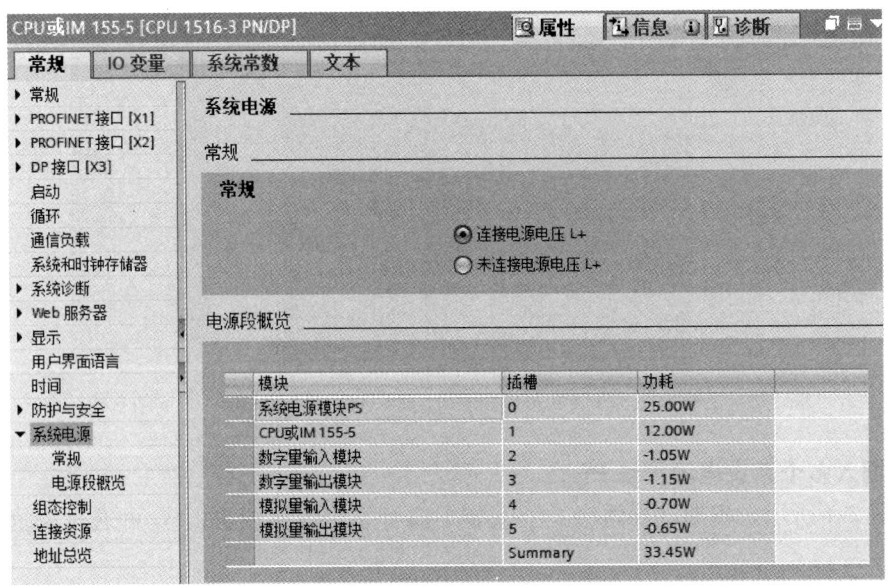

图 2-5 查看供电平衡情况[❶]

2.2 S7-1500 PLC 的 CPU 模块

CPU 模块是控制系统的核心，负责系统的中央控制，其主要任务是为背板总线提供电源；通过输入信号模块接收外部设备信息；存储、检查、校验、执行用户程序；通过输出信号模块送出控制信号；通过通信处理模块或自身的通信部件与其他设备交换数据；进行故障诊断等。

2.2.1 CPU 模块的分类及主要性能

SIMATIC S7-1500 PLC 的 CPU 模块最初只发布了 3 种型号，目前为止，已包含了从

❶ 本书图 2-5 等均为系统截图，未做修改。

CPU 1511～CPU 1518 的 20 多种型号，CPU 模块性能按照序号由低到高逐渐增强。性能指标主要根据 CPU 模块的内存空间、计算速度、通信资源和编程资源等进行区别。

20 多种型号的 CPU 模块，按功能的不同可分为标准 CPU 模块（如 CPU 1511-1PN）、紧凑型 CPU 模块（如 CPU 1512C-1PN）、工艺型 CPU 模块（如 CPU 1515T-2PN）、故障安全型 CPU 模块（如 CPU 1518F-4PN/DP）等。

从 CPU 型号名称可以看出其集成通信接口的个数和类型，例如，CPU 1511-1PN 表示 CPU 1511 集成 1 个 PN（PROFINET）通信接口，在硬件配置时显示为带有两个 RJ45 接口的交换机；CPU 1516-3 PN/DP 表示 CPU 1516 集成一个 DP（PROFIBUS-DP，仅支持主站）接口、两个 PN 接口（一个 PN 接口支持 PROFINET I/O，另一个 PN 接口支持 PROFINET 基本功能，如 S7、TCP 等协议，但是不支持 PROFINET I/O）。

SIMATIC S7-1500 PLC 的 CPU 模块不支持 MPI 接口，因为通过集成的 PN 接口即可进行编程调试。与计算机连接时也不需要额外的适配器，使用 PC 上的以太网接口就可以直接连接 CPU。此外，PN 接口还支持 PLC 与 PLC、PLC 与 HMI（人机界面）之间的通信，已完全覆盖多点接口（Multi Point Interface，MPI）接口的功能。同样，PROFIBUS-DP 接口也被 PROFINET 接口逐渐替代。相比 PROFIBUS，PROFINET 接口可以连接更多的 I/O 站点，具有通信数据量大、速度更快、站点的更新时间可手动调节等优势。一个 PN 接口既可以作为 I/O 控制器（类似 PROFIBUS-DP 主站），又可以作为 I/O 设备（类型 PROFIBUS-DP 从站）。在 CPU 1516 及以上的 CPU 模块还集成 DP 接口，这主要是考虑到设备集成、兼容和改造等实际需求。

1. 标准型 CPU 模块

标准型 CPU 模块最为常用，可实现计算、逻辑处理、定时、通信等 CPU 的基本功能。目前，已推出的产品分别是 CPU 1511-1PN、CPU 1513-1PN、CPU 1515-2PN、CPU 1516-3PN/DP、CPU 1517-3PN/DP、CPU 1518-4PN/DP、CPU 1518-4PN/DP ODK、CPU 1518-4PN/DP MFP 等。

CPU 1511-1PN、CPU 1513-1PN 和 CPU 1515-2PN 只集成 PROFINET 或以太网通信口，没有集成 PROFIBUS-DP 通信口，但可以扩展 PROFIBUS-DP 通信模块。

CPU 1516-3PN/DP、CPU 1517-3PN/DP、CPU 1518-4PN/DP、CPU 1518-4PN/DP ODK、CPU 1518-4PN/DP MFP 除了集成 PROFINET 或以太网通信口外，还集成 PROFIBUS-DP 通信口。

标准型 CPU 模块的主要性能见表 2-3。

表 2-3　　标准型 CPU 模块的主要性能

CPU	性能特性	PROFIBUS-DP 接口	PROFINET I/O RT/IRT 接口	PROFINET I/O 接口	PROFINET 端口数量	工作存储器	位操作处理时间
CPU 1511-1PN	适用于中小型应用的标准型 CPU	无	1	无	2	1.15MB	60ns
CPU 1513-1PN	适用于中等应用的标准型 CPU	无	1	无	2	1.8MB	40ns
CPU 1515-2PN	适用于大中应用的标准型 CPU	无	1	1	3	3.5MB	30ns

续表

CPU	性能特性	PROFIBUS-DP 接口	PROFINET I/O RT/IRT 接口	PROFINET I/O 接口	PROFINET 端口数量	工作存储器	位操作处理时间
CPU 1516-3PN/DP	适用于高端应用和通信任务的标准型 CPU	1	1	1	3	6MB	10ns
CPU 1517-3PN/DP	适用于高端应用和通信任务的标准型 CPU	1	1	1	3	10MB	2ns
CPU 1518-4PN/DP CPU 1518-4PN/DP ODK CPU 1518-4PN/DP MFP	适用于高端应用、高要求通信任务和超短响应时间的标准型 CPU	1	1	1	4	24MB	1ns

2. 紧凑型 CPU 模块

紧凑型 CPU 模块基于标准型控制器，集成了数字量 I/O、模拟量 I/O 和高达 400kHz（4 倍频）的高速计数功能，还可以如标准型控制器一样扩展 25mm 和 35mm 的 I/O 模块。目前紧凑型 CPU 模块只有 2 个型号，分别是 CPU 1511C-1PN 和 CPU 1512C-1PN，它们的主要性能见表 2-4。

表 2-4　　紧凑型 CPU 模块的主要性能

CPU	性能特性	PROFIBUS-DP 接口	PROFINET I/O RT/IRT 接口	PROFINET I/O 接口	PROFINET 基本功能	工作存储器	位操作处理时间
CPU 1511C-1PN	适用于中小型应用的紧凑型 CPU	无	1	无	无	1. 175MB	60ns
CPU 1512C-1PN	适用于中等应用的紧凑型 CPU	无	1	无	无	1. 25MB	48ns

3. 工艺型 CPU 模块

工艺型 CPU 模块可以通过对象控制速度轴、定位轴、同步轴、外部编码器、凸轮、凸轮轨迹和测量输入，支持标准 Motion Control（运动控制）功能。目前推出的工艺型 CPU 模块主要有 CPU 1511T-1PN、CPU 1515T-2PN、CPU 1516T-3PN/DP 和 CPU 1517T-3PN/DP，它们的主要性能见表 2-5。

表 2-5　　工艺型 CPU 模块的主要性能

CPU	性能特性	PROFIBUS-DP 接口	PROFINET I/O RT/IRT 接口	PROFINET I/O 接口	PROFINET 基本功能	工作存储器	位操作处理时间
CPU 1511T-1PN	适用于中小型应用的工艺型 CPU	无	1	无	无	1. 225MB	60ns
CPU 1515T-2PN	适用于大中型应用的工艺型 CPU	无	1	1	无	3. 75MB	30ns

续表

CPU	性能特性	PROFIBUS-DP 接口	PROFINET I/O RT/IRT 接口	PROFINET I/O 接口	PROFINET 基本功能	工作存储器	位操作处理时间
CPU 1516T-3PN/DP	适用于高端应用和通信任务的工艺型 CPU	1	1	1	无	6.5MB	10ns
CPU1517T-3PN/DP	适用于高端应用和通信任务的工艺型 CPU	1	1	1	无	11MB	2ns

4. 故障安全型 CPU 模块

SIMATIC S7-1500F 故障安全模块是 S7-1500 PLC 家族中的一员，它除了拥有 S7-1500 所有特点外，还集成了安全功能，支持到 SIL3 安全完整性等级，将安全技术轻松地和标准自动化无缝集成在一起。故障安全控制系统要求系统的完整性，除要求 CPU 模块具有故障安全功能外，还要求输入、输出模块以及 PROFIBUS/PROFINET 通信都具有故障安全功能。

SIMATIC S7-1500F 故障安全 CPU 模块有 CPU 1511F-1PN、CPU 1513F-1PN、CPU 1515F-2PN、CPU 1516F-3PN/DP、CPU 1517F-3PN/DP、CPU 1518F-4PN/DP 和 CPU 1518F-4PN/DP MFP，它们的主要性能见表 2-6。

表 2-6　　故障安全型 CPU 模块的主要性能

CPU	性能特性	PROFIBUS-DP 接口	PROFINET I/O RT/IRT 接口	PROFINET I/O 接口	PROFINET 端口数量	工作存储器	位操作处理时间
CPU 1511F-1PN	适用于中小型应用的故障安全型 CPU	无	1	无	2	1.225MB	60ns
CPU 1513F-1PN	适用于中等应用的故障安全型 CPU	无	1	无	2	1.95MB	40ns
CPU 1515F-2PN	适用于大中应用的故障安全型 CPU	无	1	1	3	3.75MB	30ns
CPU 1516F-3PN/DP	适用于高端应用和通信任务的故障安全型 CPU	1	1	1	3	6.5MB	10ns
CPU 1517F-3PN/DP	适用于高端应用和通信任务的故障安全型 CPU	1	1	1	3	11MB	2ns
CPU 1518F-4PN/DP	适用于高端应用、高要求通信任务和超短响应时间的故障安全型 CPU	1	1	1	4	26MB	1ns

2.2.2　CPU 模块的外形结构及部件

S7-1500 PLC 的 CPU 模块外形结构大同小异，如 CPU 1513-1 PN 模块的实物外形如

图 2-6 所示。S7-1500 PLC 的 CPU 模块都配有显示面板，如图 2-7 所示。显示面板可以拆卸，将 CPU 模块的显示面板拆下后，其前视图如图 2-8 所示，后视图如图 2-9 所示。

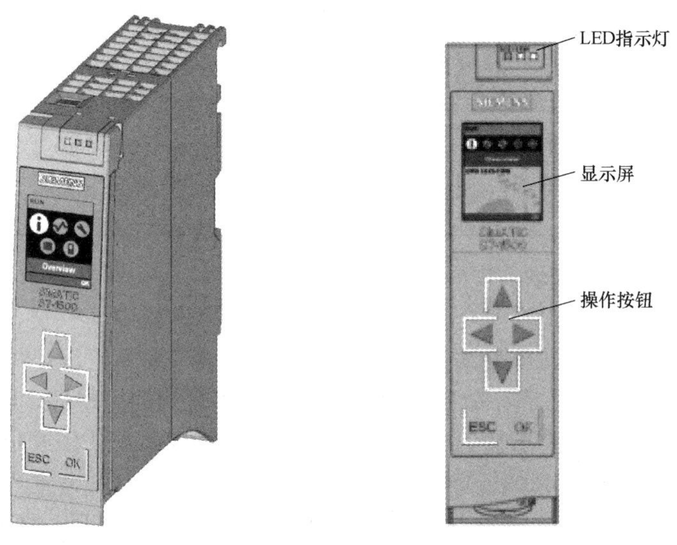

图 2-6　CPU 1513-1 PN 实物外形图　　　图 2-7　CPU 1513-1 PN 的显示面板

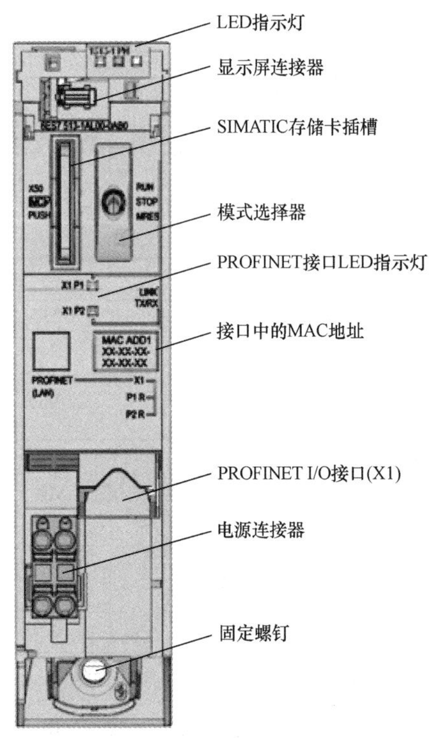

图 2-8　不带前面板的 CPU 模块前视图

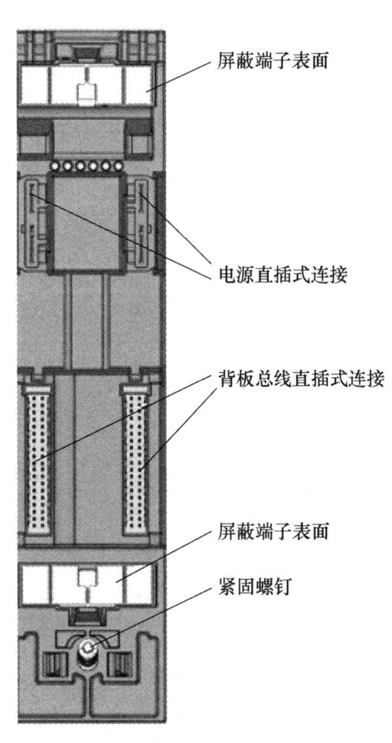

图 2-9　CPU 模块后视图

显示屏显示 CPU 信息，S7-1500 CPU 可以脱离显示屏运行，显示屏也可以在运行期间插拔，而不影响 PLC 的运行。操作按钮与显示屏配合使用，可以查看 CPU 内部的故障、设置 IP 地址等。在工厂调试过程中，可直接在显示面板上更改 CPU 的 IP 地址，这样可大量节省时间成本。维修时，通过快速访问诊断报警，显著减少工厂停工时间。

1. LED 指示灯

从图 2-7 和图 2-8 中可以看出，CPU 1513-1 PN 模块的显示面板有 3 只 LED 指示灯，分别为 RUN/STOP LED（运行/停止）指示灯、ERROR LED（错误）指示灯和 MAINT LED（维护）指示灯。这 3 只 LED 指示灯，也是当前工作模式和诊断状态 LED 指示灯，其含义见表 2-7。

表 2-7　　当前工作模式和诊断状态的 LED 指示灯的含义

RUN/STOP LED	ERROR LED	MAINT LED	含　义
指示灯熄灭	指示灯熄灭	指示灯熄灭	CPU 电源缺失或不足
指示灯熄灭	红色指示灯闪烁	指示灯熄灭	发生错误
绿色指示灯点亮	指示灯熄灭	指示灯熄灭	CPU 处于运行（RUN）模式
绿色指示灯点亮	红色指示灯闪烁	指示灯熄灭	诊断事件未解决
绿色指示灯点亮	指示灯熄灭	黄色指示灯点亮	①设备要求维护，必须在短时间内检查/更换受影响的硬件； ②激活强制功能； ③PROFIenergy 暂停
绿色指示灯点亮	指示灯熄灭	黄色指示灯闪烁	①设备要求维护，必须在短时间内检查/更换受影响的硬件； ②组态错误
黄色指示灯点亮	指示灯熄灭	黄色指示灯闪烁	固件更新已完成
黄色指示灯点亮	指示灯熄灭	指示灯熄灭	CPU 处于停机（STOP）模式
黄色指示灯点亮	红色指示灯闪烁	黄色指示灯闪烁	①SIMATIC 存储卡中的程序出错； ②CPU 故障
黄色指示灯闪烁	指示灯熄灭	指示灯熄灭	①CPU 在停机（STOP）模式时，将执行内部活动，如 STOP 之后启动； ②从 SIMATIC 存储卡下载用户程序
黄色/绿色指示灯闪烁	指示灯熄灭	指示灯熄灭	启动（从 RUN 转为 STOP）
黄色/绿色指示灯闪烁	红色指示灯闪烁	黄色指示灯闪烁	①启动（CPU 正在启动）； ②启动、插入模块时测试 LED 指示灯； ③LED 指示灯闪烁测试

2. SIMATIC 存储卡插槽

在 SIMATIC 存储卡插槽中可插入 RAM 卡和 Flash EPROM（闪存卡）这两种类型的存储卡，RAM 卡用来扩展 CPU 装载存储器；Flash EPROM（闪存卡）用来存储用户程序和数据，它也扩展了 CPU 装载存储器。

3. 模式选择器

将 CPU 模块的显示面板拆下后，其前视图面板上有一个模式选择器开关，可进行 CPU 工作模式选择。

4. PROFINET 接口 LED 指示灯

PROFINET 接口的每个端口都配有一个 LINK RX/TX LED 指示灯，分别为端口 X1 P1 的 LINK RX/TX LED 指示灯、端口 X1 P2 的 LINK RX/TX LED 指示灯，表 2-8 列出

了 CPU 1513-1 PN 端口各 LED 指示灯的含义。

表 2-8　　　　CPU 1513-1 PN 端口各 LED 指示灯的含义

LINK TX/RX LED 指示灯	含　义
指示灯熄灭	①PROFINET 设备的 PROFINET 接口与通信伙伴之间没有以太网连接； ②当前未通过 PROFINET 接口收发任何数据； ③没有 LINK 连接
绿色指示灯闪烁	正在执行“LED 指示灯闪烁测试”
绿色指示灯点亮	PROFINET 设备的 PROFINET 接口与通信伙伴之间进行以太网连接
黄色指示灯闪烁	当前正通过 PROFINET 设备的 PROFINET 接口从以太网上的通信伙伴接收/发送数据

5. 接口中的 MAC 地址

CPU 1513-1 PN 带有一个双端口的 PROFINET 接口，PROFINET 接口本身有一个 MAC 地址，两个 PROFINET 端口也各自有相应的 MAC 地址，所以 CPU 1513-1 PN 总共有 3 个 MAC 地址。这些 MAC 地址的编号范围连续，第一个和最后一个 MAC 地址使用激光雕刻在各 CPU 1513-1 PN 右侧的铭牌上。

2.2.3　CPU 模块的工作模式

CPU 模块的工作模式有 3 种（RUN、STOP、MRES），这些工作模式的意义如表 2-9 所示。CPU 模块前面的当前工作模式和诊断状态的 LED 指示灯显示 CPU 模块的当前工作状态。

表 2-9　　　　工作模式的含义

工作模式	含义	功能描述
RUN	运行模式	在此模式下，CPU 模块执行用户程序，可以通过编程软件读出用户程序，但是不能修改用户程序
STOP	停机模式	在此模式下，CPU 模块不执行用户程序，通过编程软件可以读出和修改用户程序
MRES	CPU 存储器复位模式	模式选择开关从 STOP 状态拨向 MRES 模式位置时，可以复位存储器，使 CPU 回到初始状态。工作存储器、RAM 装载存储器中的用户程序和地址区被清除，全部存储器位、定时器、计数器和数据块均被删除，即复位为零，包括有保持功能的数据。CPU 检测硬件，初始化硬件和系统程序的参数，系统参数、CPU 和模块的参数被恢复为默认设置，MPI（多点接口）的参数被保留。如果有 Flash 存储卡，CPU 在复位后将它里面的用户程序和系统参数复制到工作存储区

2.3　S7-1500 PLC 的 I/O 模块

SIMATIC S7-1500 的 I/O（Input/Output）模块又称为信号模块（Signal Module，SM），它们可用作控制器与控制设备之间的接口，可以使不同的过程信号电平与 CPU 模块的内部信号电平相匹配。

2.3.1　模块特性及其宽度的划分

模块型号的末尾标明了模块的特性，如 BA(Basic) 为基本型，ST(Standard) 为标准型，HF(High Feature) 为高性能型，HS(High Speed) 为高速型。相同类型的模块具有不同的特性，例如，DI 16×DC24VDC BA 和 DI 16×DC24VDC HF 都属于 16 点的数字量输入模块，但是它们的特性不同。

基本型的模块，其价格便宜，功能简单，需要组态的参数少，没有诊断功能。标准型的模块，其价格适中，有诊断功能，需要对模块或组进行参数化，通用模块可以连接多种类型的传感器，输入间允许的最大共模电压是 10/20V。高性能型的模块，其价格适中，功能复杂，可以对通道进行参数化，支持通道级诊断，通用模块可以连接多种类型的传感器，输入间允许较高的共模电压。高速型的模块，用于高速处理，有等时同步功能，具有最短的输入延时时间和最短的转换时间等特性。

为了优化项目 I/O 点数的配置，SIMATIC S7-1500/ET 200MP 模块宽度有 25mm 和 35mm 两种。25mm 宽度的模块自带前连接器，接线方式为弹簧压接。35mm 宽的模块的前连接器需要单独订货，统一采用 40 针前连接器，接线方式为螺钉连接或弹簧连接。

2.3.2　数字量 I/O 模块

数字量 I/O 模块包括数字量输入模块（DI）、数字量输出模块（DQ）、数字量输入/输出混合模块（DI/DQ）。

1. 数字量输入模块

数字量输入模块 DI 又称为开关量输入模块，用于连接外部的机械触点和电子数字式传感器，可以将外部数字量信号的电平转换成 S7-1500 CPU 模块可以接收的信号电平，其外形如图 2-10 所示。SIMATIC S7-1500 PLC 的数字量输入模块型号以 SM521 开头，“5”表示 SIMATIC S7-1500 系列，“2”表示数字量，“1”表示输入类型。

图 2-10　数字量输入模块外形

数字量输入模块的输入电路中一般设有 RC 滤波电路，以防止由于输入触点抖动或外部干扰脉冲引起的错误输入信号，其输入电流通常为几毫安。现场传来的外部数字进入模块后，通过数字量输入模块中的光电隔离和滤波后才送入输入缓冲器等待 CPU 采样。采样时，信号经过背板总线进入到输入映像区。

S7-1500 PLC 的数字量输入模块根据使用电源的不同，分为数字量直流输入模块（直流 24V）和数字量交流输入模块（交流 230V）两种；根据输入点数的不同，分为 16 点输入和 32 点输入。数字量输入模块有两种宽度：一种为 35mm 的标准型，另一种为 25mm 的紧凑型。35mm、25mm 宽数字量输入模块的主要技术参数见表 2-10 和表 2-11。DI 模块型号中的 SRC 为源型输入，无 SRC 的为漏型输入。

表 2-10　　数字量输入模块（35mm 宽）的主要技术参数

DI 模块型号	16DI，DC 24V HF	16DI，DC 24V SRC BA	16DI，AC 230V BA	32DI，DC 24V SRC HF
订货号	6ES7 521-1BH00-0AB0	6ES7 521-1BH50-0AA0	6ES7 521-1FH00-0AA0	6ES7 521-1BL00-0AB0
输入点数	16	16	16	32
尺寸（$W \times H \times D$）	35mm×147mm×129mm			
额定电源电压	DC 24V（20.4～28.8V）	DC 24V	AC 230V；120/230V；60/50Hz	DC 24V（20.4～28.8V）
典型功耗	2.6W	2.8W	4.9W	4.2W
输入延时（在输入额定电压时）	0.05～20ms	3ms	25ms	0.05～20ms
硬件中断	√	—	—	√
诊断中断	√	—	—	√
等时同步模式	√	—	—	√

表 2-11　　数字量输入模块（25mm 宽）的主要技术参数

DI 模块型号	16DI，DC 24V BA 紧凑型	32DI，DC 24V BA 紧凑型
订货号	6ES7 521-1BH10-0AA0	6ES7 521-1BL00-0AA0
输入点数	16	32
尺寸（$W \times H \times D$）	25mm×147mm×129mm	
额定电源电压	DC 24V(20.4～28.8V)	DC 24V(20.4～28.8V)
典型功耗	1.8W	3W
输入延时（在输入额定电压时）	1.2～4.8ms	1.2～4.8ms
硬件中断	—	—
诊断中断	—	—
等时同步模式	—	—

直流输入模块（6ES7 521-1BH00-0AB0）属于高性能数字量输入模块，其内部框图及端子分配如图 2-11 所示。从图中可以看出，该模块有 16 个输入通道（CH0～CH15），即 16 个输入点，这些通道地址分配给输入字节 a 和字节 b。16 个数字量输入点为漏型输入（即输入为高电平有效），以 16 个为一组进行电气隔离。其中通道 0（CH0）和通道 1（CH1）除了可作为普通数字量输入点外，还可作为计数器输入端。L＋接 DC 24V 电源电压，M 接地。

直流输入模块（6ES7 521-1BH50-0AA0）属于基本型数字量输入模块，其内部框图及端子分配如图 2-12 所示。该模块有 16 个输入通道（CH0～CH15），即 16 个普通的数字量输入点，这些通道地址分配给输入字节 a 和字节 b。16 个数字量输入点为源型输入（即输入为低电平有效），以 16 个为一组进行电气隔离。

交流输入模块（6ES7 521-1FH00-0AA0）属于基本型数字量输入模块，其内部框图及端子分配如图 2-13 所示。该模块有 16 个输入通道（CH0～CH15），即 16 个普通的数字量输入点，并以 4 个为一组进行电气隔离。xN 为公共端子（即公共端子 8、18、28、38），与交流电源的中性线 N 相连接。

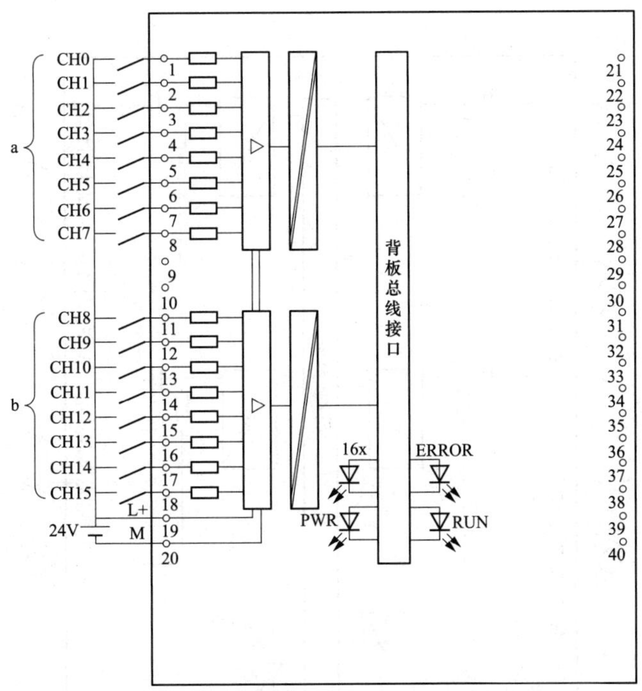

图 2-11　6ES7 521-1BH00-0AB0 的内部框图及端子分配

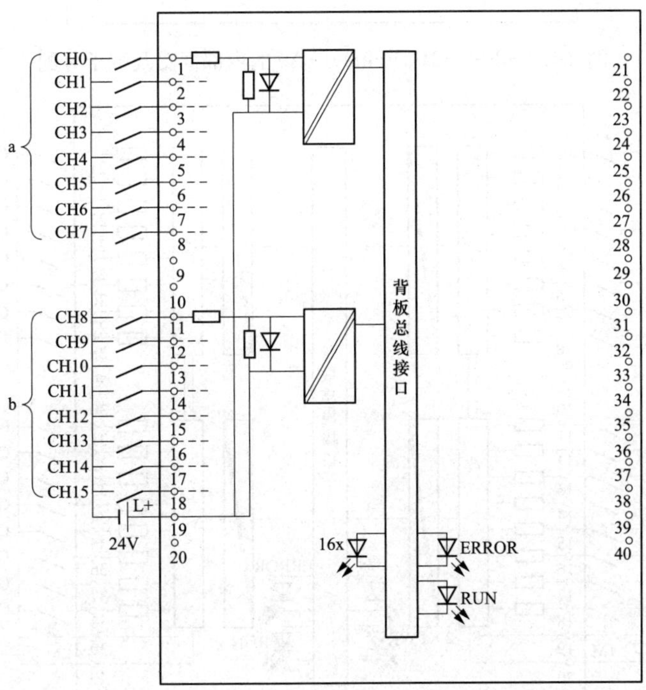

图 2-12　6ES7 521-1BH50-0AA0 的内部框图及端子分配

直流输入模块（6ES7 521-1BL00-0AB0）属于高性能数字量输入模块，其内部框图及端子分配如图 2-14 所示。从图中可以看出，该模块有 32 个输入通道（CH0～CH31），即 32 个输入点，这些通道地址分配给输入字节 a～字节 d。32 个数字量输入点为漏型输入

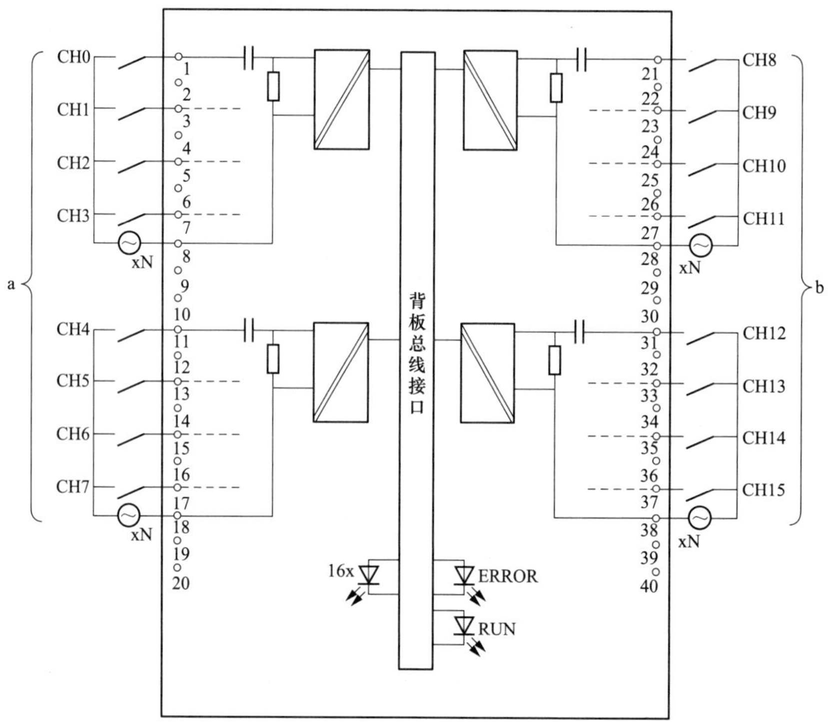

图 2-13　6ES7 521-1FH00-0AA0 的内部框图及端子分配

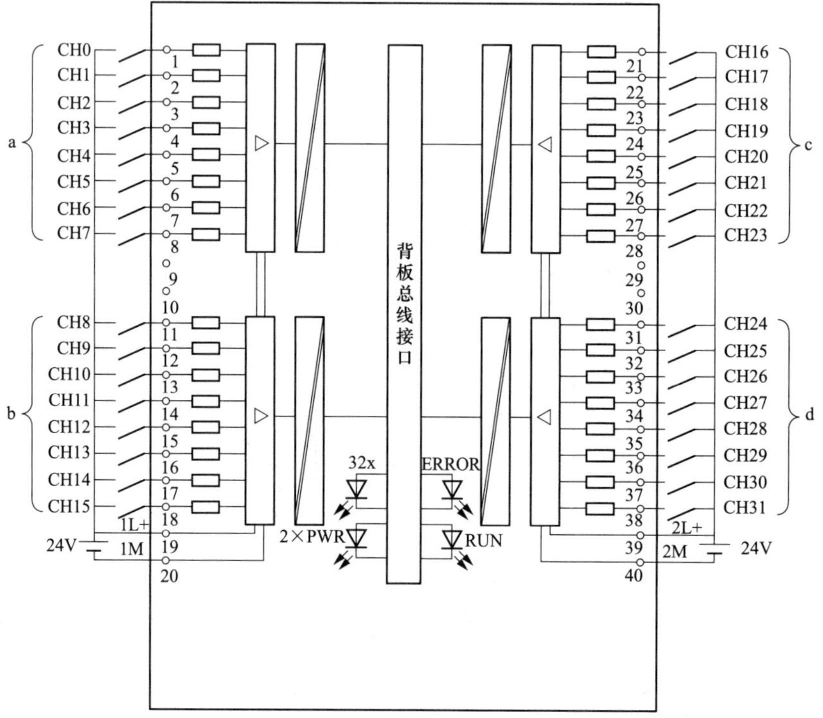

图 2-14　6ES7 521-1BL00-0AB0 的内部框图及端子分配

(即输入为高电平有效)，以 16 个为一组进行电气隔离。其中通道 0 (CH0) 和通道 1 (CH1) 除了可作为普通数字量输入点外，还可作为计数器输入端。1L+、2L+接 DC 24V 电源电压；1M 和 2M 接地。

2. 数字量输出模块

数字量输出模块 DQ 是将 S7-1500 CPU 模块内部信号转换成现场执行机构所要求的各种开关信号。该模块用于驱动电磁阀、接触器、小功率电动机、灯和电动机启动器等负载，其外形如图 2-15 所示。SIMATIC S7-1500 PLC 的数字量输出模块型号以 SM522 开头，“5”表示 SIMATIC S7-1500 系列，第一个“2”表示数字量，第二个“2”表示输出类型。

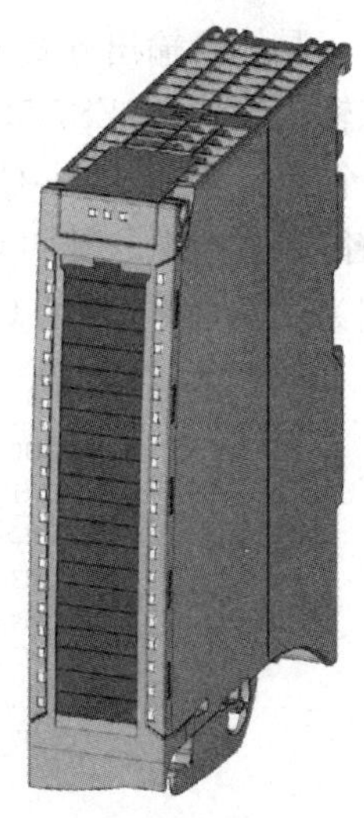

图 2-15　数字量输出模块外形

根据负载回路使用的电源不同，它分为直流输出模块、交流输出模块和交直流两用输出模块。根据输出开关器件的种类不同，它又分为晶体管输出方式、晶闸管输出方式和继电器输出方式。数字量输出模块也有两种宽度：一种为 35mm 的标准型，另一种为 25mm 的紧凑型，它们主要技术参数见表 2-12 和表 2-13。

表 2-12　数字量输出模块（35mm 宽）的主要技术参数

DQ 模块型号	8DQ，AC 230V/2A 标准型	8DQ，AC 230V/5A 标准型	8DQ，AC 230V/2A 高性能型	16DQ，DC 24V/0.5A 标准型
订货号	6ES7 522-5FF00-0AB0	6ES7 522-5HF00-0AB0	6ES7 522-1BF00-0AB0	6ES7 522-1BH00-0AB0
输入点数	8	8	8	16
尺寸（$W\times H\times D$）	35mm×147mm×129mm			
额定电源电压	AC 120/230V 60/50Hz	AC 120/230V 60/50Hz	DC 24V(20.4～28.8V)	DC 24V(20.4～28.8V)
典型功耗	10.8W	5W	5.6W	2W
输出类型	晶闸管	继电器	晶体管	晶体管
短路保护	—	—	√；电子计时	√；电子计时
诊断中断	—	√	√	√
等时同步模式	—	—	—	√

表 2-13　数字量输出模块（25mm 宽）的主要技术参数

DQ 模块型号	16DQ，DC 24V/0.5A 紧凑型	32DQ，DC 24V/0.5A 紧凑型
订货号	6ES7 522-1BH00-0AA0	6ES7 522-1BL10-0AA0
输入点数	16	32
尺寸（$W\times H\times D$）	25mm×147mm×129mm	
额定电源电压	DC 24V(20.4～28.8V)	DC 24V(20.4～28.8V)
典型功耗	1.8W	3.8W
输出类型	晶体管	晶体管
短路保护	√	√
诊断中断	—	—
等时同步模式	—	—

晶体管输出方式的数字量模块，只能接直流负载，响应速度最快。晶体管输出的直流输出模块（6ES7 522-1BF00-0AB0），其内部框图及端子分配如图 2-16 所示。该模块有 8 个输出点（CH0～CH7），4 个点为 1 组，输出信号为高电平，即 PNP 输出，负载电源只能是直流电。其中 CH0～CH3 为第 1 组，公共端为 1M；CH4～CH7 为第 2 组，公共端为 2M。该模块的 CH0 和 CH4 还可选用作为脉宽调制（PWM）输出。

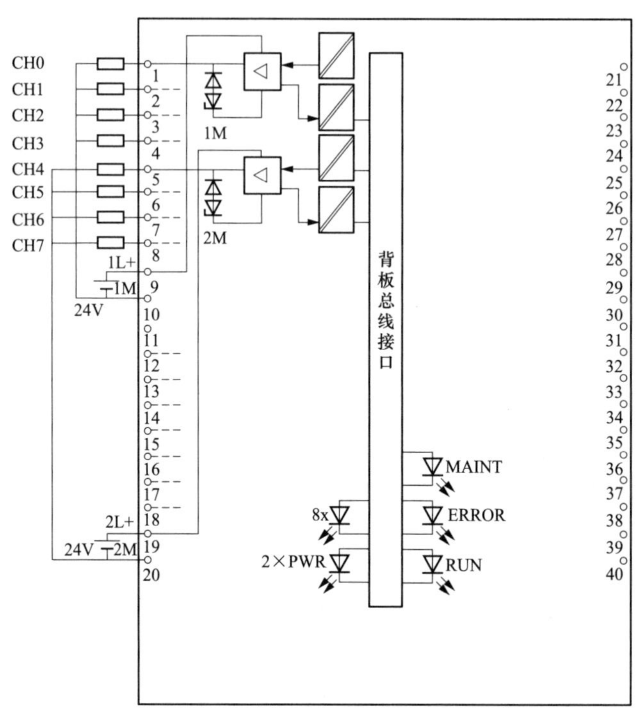

图 2-16　6ES7 522-1BF00-0AB0 的内部框图及端子分配

晶闸管输出方式属于交流输出模块，只能接交流负载，响应速度较快，应用较少。晶闸管输出的交流输出模块（6ES7 522-5FF00-0AB0），其内部框图及端子分配如图 2-17 所示。该模块有 8 个输出点（CH0～CH7），每个点为 1 组，输出信号为交流信号，即负载电源只能是交流电。

继电器输出方式属于交直流两用模块，可直接驱动交流或直流负载，其响应速度最慢，但应用最广泛。继电器输出方式的数字量输出模块（6ES7 522-5FH00-0AB0），其内部框图及端子分配如图 2-18 所示。该模块有 8 个输出点（CH0～CH7），每个点为 1 组，输出信号为继电器的开关触点，所以其负载电源可以是直流电或交流电，通常交流电压不超过 230V。

3. 数字量输入/输出混合模块

数字量输入/输出混合模块（DI/DQ）就是一个模块上既有数字量输入点又有数字量输出点。SIMATIC S7-1500 PLC 的数字量输入/输出模块型号以 SM523 开头，“5”表示 SIMATIC S7-1500 系列，“2”表示数字量，“3”表示输入/输出类型。典型的数字量输入/输出混合模块（6ES7 523-1BL00-0AA0）为 16 点输入/16 点输出，25mm 宽。16 点直流输入（CH0～CH15），高电平信号有效，即 PNP 型输入。其主要技术参数见表 2-14。

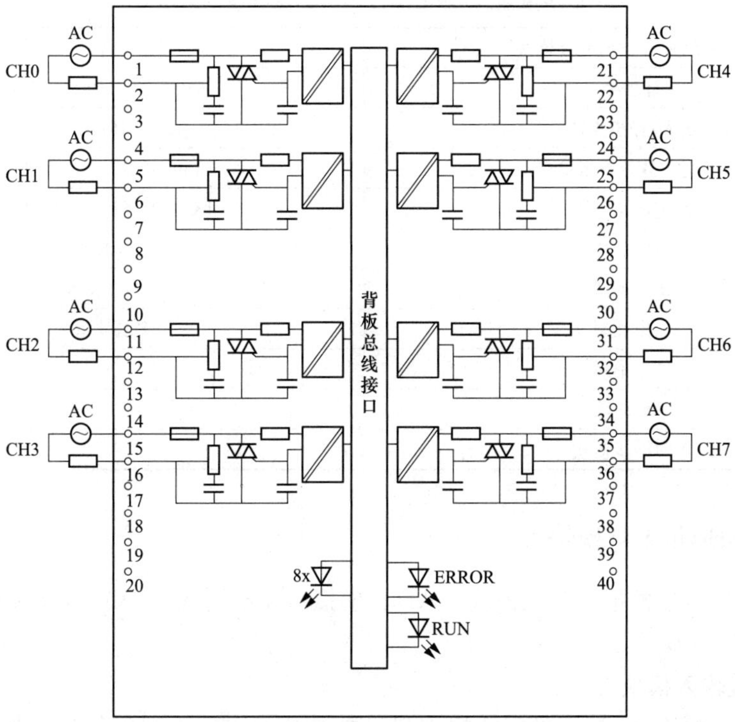

图 2-17　6ES7 522-5FF00-0AB0 的内部框图及端子分配

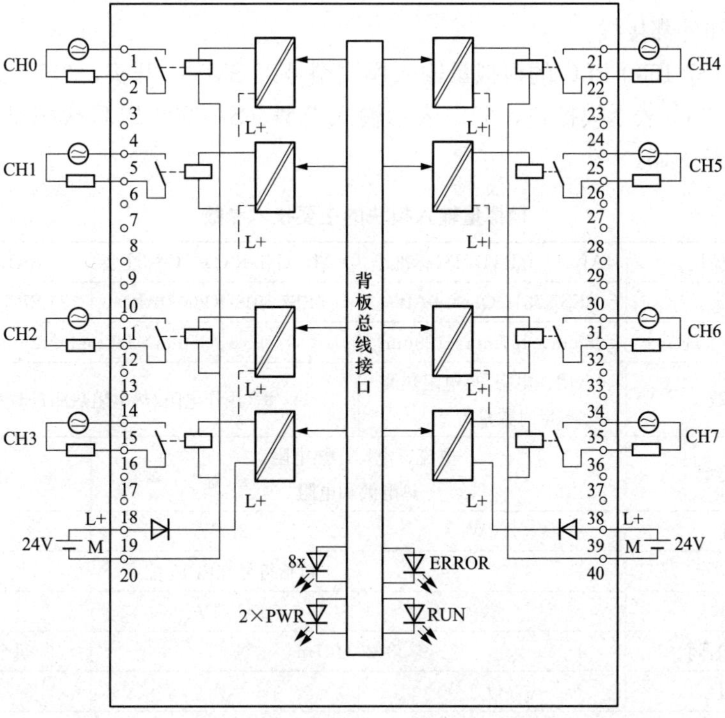

图 2-18　6ES7 522-5FH00-0AB0 的内部框图及端子分配

表 2-14　　数字量输入/输出混合模块的主要技术参数

数字量输入/输出混合模块	16DQ，DC 24V/0.5A 紧凑型
订货号	6ES7 523-1BL00-0AA0
输入/输出点数	16/16
尺寸（$W \times H \times D$）	25mm×147mm×129mm
额定电源电压	DC 24V（20.4～28.8V）
典型功耗	3.45W
输入类型	漏型输入
输出类型	晶体管
硬件中断	—
诊断中断	—
等时同步模式	—

2.3.3　模拟量 I/O 模块

模拟量模块包括模拟量输入模块（AI）、模拟量输出模块（AQ）和模拟量输入/输出混合模块（AI/AQ）。

1. 模拟量输入模块

模拟量输入模块 AI 是将采集的模拟量（如电压、电流、温度等）转换成 CPU 模块能识别的数字量的模块。SIMATIC S7-1500 PLC 标准型模拟量输入模块为多功能测量模块，具有多种量程。每个通道的测量类型和范围可以任意选择，不需要量程卡，只需要改变硬件配置和外部接线。

SIMATIC S7-1500 PLC 的模拟量输入模块型号以 SM531 开头，“5”表示 SIMATIC S7-1500 系列，“3”表示模拟量，“1”表示输入类型。S7-1500 PLC 模拟量输入模块的主要技术参数见表 2-15。

表 2-15　　模拟量输入模块的主要技术参数

模拟量输入模块	4AI，U/I/RTD/TC 标准型	8AI，U/I/RTD/TC 标准型	8AI，U/I 高速型
订货号	6ES7 531-7QD00-0AB0	6ES7 531-7KF00-0AB0	6ES7 531-7NF10-0AB0
尺寸（$W \times H \times D$）	25mm×147mm×129mm	35mm×147mm×129mm	
输入通道数	4（用作电阻/热电阻热测量时数量为 2）	8（用作电阻/热电阻热测量时数量为 4）	
输入信号类型	电流、电压、热电阻、热电偶和电阻		电流和电压
典型功耗	2.3W	2.7W	3.4W
分辨率	包括符号在内 16 位		
额定电源电压	DC 24V		
各通道转换时间	9/23/27/107ms		每个通道 125μs
诊断警报	√	√	√
过程警报	—	√	√
等时同步模式	—	—	√

2. 模拟量输出模块

模拟量输出模块 AQ 是将 CPU 模块传来的数字量转换成模拟量（电流和电压信号）的模块，一般用于控制阀门的开度或者变频器频率给定等。模拟量输出模块只有电压和电流两种输出信号类型。SIMATIC S7-1500 PLC 的模拟量输出模块型号以 SM532 开头，“5”表示 SIMATIC S7-1500 系列，“3”表示模拟量，“2”表示输出类型。S7-1500 PLC 模拟量输出模块的主要技术参数见表 2-16。

表 2-16　　模拟量输出模块的主要技术参数

模拟量输出模块	2AQ，U/I 标准型	4AQ，U/I 标准型	8AQ，U/I 高速型
订货号	6ES7 532-5NB00-0AB0	6ES7 532-5HD00-0AB0	6ES7 532-5HF00-0AB0
尺寸（$W\times H\times D$）	25mm×147mm×129mm	35mm×147mm×129mm	35mm×147mm×129mm
输出通道数	2	4	8
输出信号类型	电流、电压		
典型功耗	2.7W	4W	7W
分辨率	包括符号在内 16 位		
额定电源电压	DC 24V		
各通道转换时间	0.5ms	0.5ms	50μs
诊断警报	√	√	√
过程警报	—	—	—
等时同步模式	—	—	√

3. 模拟量输入/输出混合模块

模拟量输入/输出混合模块就是在一个模块上既有模拟量输入通道又有模拟量输出通道。SIMATIC S7-1500 PLC 的模拟量输入/输出模块型号以 SM534 开头，“5”表示 SIMATIC S7-1500 系列，“3”表示模拟量，“4”表示输入/输出类型。目前，S7-1500 PLC 模拟量输入/输出混合模块只有一种 25mm 宽的模块，其主要技术参数见表 2-17。

表 2-17　　模拟量输入/输出混合模块的主要技术参数

模拟量输入/输出混合模块		4AI，U/I/RTD/TC 标准型/2AQ，U/I 标准型
订货号		6ES7 534-7QE00-0AB0
输入通道	通道数	4（用作电阻/热电阻测量时数量为 2）
	信号类型	电流、电压、热电阻、热电偶或电阻
	分辨率	16 位
	每通道转换时间	9/23/27/107ms
输出通道	通道数	2
	信号类型	电流或电压
	分辨率	16 位
	每通道转换时间	0.5ms
典型功耗		3.3W
尺寸（$W\times H\times D$）		25mm×147mm×129mm

续表

模拟量输入/输出混合模块	4AI，U/I/RTD/TC 标准型/2AQ，U/I 标准型
诊断警报	√
过程警报	—
等时同步模式	—

2.4 通信与工艺模块

2.4.1 通信模块

SIMATIC S7-1500 系列可以通过通信模块使多个相对独立的站点连成网络并建立通信关系。每一个 SIMATIC S7-1500 CPU 都集成了 PN 接口，可以进行主站间、主从站以及编程调试的通信。在 PROFIBUS 的通信中，一些通信服务或协议由于太烦琐、速度慢以及通信量小等原因，已被取消或替代。

SIMATIC S7-1500 系统的通信模块可以分为 3 类：点对点通信模块、PROFIBUS 通信模块和 PROFINET/Ethernet 通信模块。

1. 点对点通信模块

点对点通信也就是使用 RS-232、RS-422 或 RS-485 物理接口进行通信。点对点通信模块可以连接数据读卡器或特殊传感器，可以集中使用，也可以在分布式 ET 200MP I/O 系统中使用。可以使用 3946（R）、Modbus RTU 或 USS 协议，以及基于自由口的 ASCII 协议。它有 CM PtP RS-232 基本型和高性能型、CM PtP RS-422/485 基本型和高性能型这 4 种模块，它们的技术参数见表 2-18。

表 2-18　点对点通信模块技术参数

点对点通信模块	CM PtP RS-232 BA	CM PtP RS-422/485 BA	CM PtP RS-232 HF	CM PtP RS-422/485 HF
订货号	6ES7 540-1AD00-0AA0	6ES7 540-1AB00-0AA0	6ES7 540-1AD00-0AB0	6ES7 540-1AB00-0AB0
接口	RS-232	RS-422/485	RS-232	RS-422/485
数据传输速率	300～19200bit/s		300～115200bit/s	
最大帧长度	1KB		4KB	
诊断中断	√	√	√	√
硬件中断	×	×	×	×
等时同步模式	×	×	×	×
支持的协议驱动	Freeport 协议 3964(R)		Freeport 协议 3964(R) Modbus RTU 主站 Modbus RTU 从站	

2. PROFIBUS 通信模块

目前，只有 CPU 1516、CPU 1517 和 CPU 1518 集成了 DP 接口，使用集成的 DP 接口进行 PROFIBUS 通信，这些 CPU 只能作为主站。对于没有集成 DP 接口的 CPU 模块，若要进行 PROFIBUS 通信，CPU 模块需要外接 PROFIBUS 通信模块。PROFIBUS 模块 CM 1542-5 可以作为 PROFIBUS-DP 主站和从站，有 PG/OP 通信功能，可以使用 S7 通信协议，两种订货号的模块分别可以连接 32 个和 125 个从站。PROFIBUS 通信模块的类型以及主要技术参数见表 2-19。

表 2-19　PROFIBUS 通信模块技术参数

PROFIBUS 通信模块	CP 1542-5	CM 1542-5	CPU 集成的 DP 接口
订货号	6GK7 542-5FX00-0XE0	6GK7 542-5DX00-0XE0	
接口	RS-485		
数据传输速率	9600bit/s～12Mbit/s		
诊断中断（从站）	√		
硬件中断（从站）	√		
支持的协议驱动	DPV1 主站/从站 S7 通信 PG/OP 通信	DPV1 主站/从站 S7 通信 PG/OP 通信	DPV1 主站/从站 S7 通信 PG/OP 通信
可连接 DP 从站个数	32	125	—

3. PROFINET/Ethernet 通信模块

PROFINET 模块 CP 1542-1 是可以连接 128 个 I/O 设备的 I/O 控制器，有实时通信（RT）、等时实时通信（IRT）、介质冗余（MRP）、网络时间协议（NTP）和诊断功能，可以作 Web 服务器。CP 1543-1 是带有安全功能的以太网模块，在安全方面支持基于防火墙的访问保护、VPN、FTPS Server/Client 和 SNMP V1、V3PROFINET/Ethernet。通信模块的类型以及主要技术参数见表 2-20。

表 2-20　PROFINET/Ethernet 通信模块技术参数

PROFINET/ETHERNET 通信模块	CP 1543-1	CM 1542-1	CPU 集成的 PN 接口（不包括 CPU 1515/1516/1517/1518 第二个以太网接口参数）
订货号	6GK7 543-1AX00-0XE0	6GK7 542-1AX00-0XE0	
接口	RJ45		
数据传输速率	10/100/1000Mbit/s	10/100Mbit/s	
诊断中断（从站）	√		
硬件中断（从站）	×	√	
功能和支持的协议	TCP/IP、ISO、UDP、MODBUS TCP、S7 通信、IP 广播/组播、信息安全、诊断 SNMPV1/V3、DHCP、FTP 客户/服务器、E_Mail、IPV4/IPV6	TCP/IP、ISO-on-TCP、UDP、MODBUS TCP、S7 通信、IP 广播/组播（集成接口除外）、SNMPV1	
支持 PROFINET	×	√	
PROFINET I/O 控制器	×	√	
PROFINET I/O 设备	×	√	
可连接 PN 设备个数	×	128，其中最多 64 台 IRT 设备	与 CPU 类型有关，最大 512，其中最多 64 台 IRT 设备

2.4.2 工艺模块

S7-1500 PLC 具有多种工艺模块，包括高速计数和位置检测模块、基于时间的 I/O 模块以及 PTO 脉冲输出模块等。

1. S7-1500 PLC 高速计数/位置检测模块

S7-1500 PLC 的高速计数/位置检测模块具有硬件级信号处理功能，可对各种传感器进行快速计数、测量和位置记录等操作。可在 S7-1500 CPU 集中操作，也可在 ET 200MP I/O 中进行分布式操作。在 S7-1500 PLC 中，TM Count 为计数模块，TM PosInput 为位置检测模块，它们的主要技术参数见表 2-21。

表 2-21　高速计数/位置检测模块的主要技术参数

高速计数/位置检测模块	TM Count 2×24V	TM PosInput 2
订货号	6SE7 550-1AA00-0AB0	6SE7 551-1AB00-0AB0
可连接的编码器	增量型编码器，24V 非对称，带/不带方向信号的脉冲编码器，上升沿/下降沿脉冲编码器	RS-422 增量型编码器（5V 差分信号），带/不带方向信号的脉冲编码器，上升沿/下降沿脉冲编码器，绝对值编码器 SSI
最大计数频率	200kHz；4 倍频计数方式时为 800kHz	1MHz，4 倍频计数方式时为 4MHz
计数功能	2 个计数器	2 个计数器
比较器	√	√
数字量输入（DI）	6；每个计数器通道 3 点 DI	4；每个计数器通道 2 点 DI
数字量输出（DQ）	4；每个计数通道 2 点 DQ	4；每个计数通道 2 点 DQ
测量功能	频率，周期，速度	频率，周期，速度
位置检测	绝对位置和相对位置	绝对位置和相对位置
等时同步模式	√	√
诊断中断	√	√
硬件中断	√	√

2. S7-1500 PLC 基于时间的 I/O 模块

基于时间的 I/O 模块可以读取数字量输入信号的上升沿和下降沿，也可以精确时间控制数字量输出，具有过采样、脉宽调制、计数等功能，适用于确定响应时间的控制、电子凸轮控制、长度检测、脉宽调制以及计数等应用场合。其主要技术参数见表 2-22。

表 2-22　基于时间的 I/O 模块主要技术参数

订货号		6SE7 552-1AA00-0AB0
数字量输入	最多输入通道数	8 通道，取决于参数设置
	最多带有时间戳输入个数	8 个
	最多计数器个数	4 个
	最多增量型计数器个数	4 个
	最多输入过采样个数	8 个

续表

订货号		6SE7 552-1AA00-0AB0
数字量输出	最多输出通道数	16 通道，取决于参数设置
	最多带有时间戳输出个数	16 个
	最多 PWM 个数	16 个
	最多输出过采样个数	16 个
编码器	增量编码器（非对称）	24V
	最大输入频率	50kHz
	最大计数频率	200kHz
中断/诊断	硬件中断	√
	诊断中断	√
	诊断功能	√

3. S7-1500 PLC PTO 脉冲输出模块

S7-1500 PLC PTO 为 4 通道脉冲输出模块，它可以控制带有 PTI 接口（脉冲串输入）的驱动装置，即使用它可以连接不具备 PROFINET 接口的不太复杂的驱动装置，如伺服电机和步进电机等。开环控制和运动控制在 CPU 中进行，通过相应模块将控制数据转换为数字量信号。其主要技术参数见表 2-23。

表 2-23　　PTO 脉冲输出模块主要技术参数

订货号		6SE7 553-1AA00-0AB0
数字量输入	最多输入通道数	12，每通道 3 个，包括 1 个 DIQ
	同步功能	√
	测量输入	√
	驱动使能	√
	最多输入过采样个数	8 通道
数字量输出	最多输出通道数	12，每通道 3 个，包括 1 个 DIQ
	电流灌入	√；推挽式 DQn. 0 和 DQn. 1
	电流输出	√
	可配置输出	√
	控制数字量输入	√
PTO 信号接口	24V 非对称	√；200kHz，DQn. 0 和 DQn. 1
	RS-422 对称	√；1MHz
	TTL（5V）非对称	√；200kHz
PTO 信号类型	脉冲和方向	√
	向上计数，向下计数	√
	增量型编码器（A、B 相差）	√
	增量型编码器（A、B 相差，4 倍评估）	√
中断/诊断	硬件中断	—
	诊断中断	√
	诊断功能	√，通道级

2.5 分布式模块

ET 200 分布式系统可以满足不同工业应用领域的不同要求，无论是有控制柜的方案，还是环境恶劣无控制柜环境的应用；无论是 PROFIBUS DP 现场总线，还是基于工业以太网的 PROFINET 现场总线，SIMATIC ET 200 产品家族都可以满足要求。

西门子传统的分布式模块如 ET 200L、ET 200M、ET 200R、ET 200eco、ET 200s、ET 200isp、ET 200X、ET 200pro 等分布式设备，通常直接连接现场设备，并通过 PROFIBUS 网络作为 S7-300/400 PLC 的从站构成 PLC 控制系统。而 S7-1500 PLC 支持的分布式模块为 ET 200MP 和 ET 200SP。与 S7-300/400 的分布式模块相比，ET 200MP 和 ET 200SP 的功能更加强大。

2.5.1 ET 200MP 分布式模块

ET 200MP 是一种模块化、可扩展且高度灵活的分布式系统，通过现场总线（PROFINET 或 PROFIBUS）将过程信号连接到中央控制器。ET 200MP 模块包含 IM 接口模块和 I/O 模块，其中 IM 接口模块将 ET 200MP 连接到 PROFINET 或 PROFIBUS 总线，与 S7-1500 PLC 通信，实现 S7-1500 PLC 扩展。ET 200MP 模块的 I/O 模块与 S7-1500 PLC 本机上的 I/O 模块通用。ET 200MP 的 IM 接口模块的主要技术参数见表 2-24。

表 2-24　　ET 200MP 的 IM 接口模块的主要技术参数

接口模块	IM 155-5 PN 标准型	IM 155-5 PN 高性能型	IM 155-5 DP 标准型
订货号	6SE7 155-5AA00-0AB0	6SE7 155-5AA00-0AC0	6SE7 155-5BA00-0AB0
电源电压	DC 24V（20.4～28.8V）		
支持等时同步模式	√（最短周期 250μs）		
通信方式	PROFINET IO		PROFIBUS-DP
接口类型	2×RJ45（共享一个 IP 地址，集成交换机功能）		RS-485，DP 接头
支持 I/O 模块数量	30		12
基于 S7-400H 的系统冗余	—	PROFINET 系统冗余	—
共享设备	√；2 个 I/O 控制器	√；4 个 I/O 控制器	—
支持等时同步实时通信（IRT）、优先化启动	√	√	—
支持介质冗余：MRP、MRPD	√	√	—
SNMP	√	√	—
LLDP	√	√	—
硬件中断	√	√	√
诊断中断	√	√	√
诊断功能	√	√	√

2.5.2　ET 200SP分布式模块

SIMATIC ET 200SP是新一代分布式I/O系统，具有体积小、使用灵活及性能突出等特点。与ET 200S相比，模块更加紧凑，单个模块最多支持16通道；模块与基座的组装更加方便，直插式端子使接线更加轻松；各个负载电动势组的形成无需PM-E电源模块；支持热拔插，在运行中可以更换模块。

ET 200SP安装于标准DIN导轨，一个站点基本配置包括支持PROFINET或PROFIBUS的IM通信接口模块、各种I/O模块，功能模块及所对应的基准单元和最右侧用于完成配置的服务模块。

每个ET 200SP接口通信模块最多可扩展32或64个模块，其IM接口模块的主要技术参数见表2-25。

表2-25　　ET 200SP的IM接口模块的主要技术参数

接口模块	IM 155-6 PN 基本型	IM 155-6 PN 标准型	IM 155-6 PN 高性能型	IM 155-6 PN 高速型	IM 155-6 DP 高性能型
电源电压	DC 24V	DC 24V	DC 24V	DC 24V	DC 24V
典型功耗（W）	1.7	1.9	2.4	2.4	1.5
通信方式	PROFINET I/O	PROFINET I/O	PROFINET I/O	PROFINET I/O	PROFINET DP
总线连接	集成2×RJ45	总线适配器	总线适配器	总线适配器	PROFIBUS DP接头
支持模块数量	12	32	64	30	32
Profisafe故障安全	—	√	√	√	√
S7-400冗余系统	—	—	PROFINET冗余	—	可以通过Y-Link
扩展连接ET 200AL	—	√	√	—	√
PROFINET RT/IRT	√/—	√/√	√/√	√/√	—
PROFINET共享设备	—	√	√	√	√
中断/诊断功能/状态显示	√	√	√	√	√

ET 200SP的I/O模块非常丰富，包括数字量输入模块、数字量输出模块、模拟量输入模块、模拟量输出模块、工艺模块和通信模块等。

2.6　S7-1500 PLC的安装与接线

2.6.1　PLC安装和接线注意事项

1. PLC安装注意事项

（1）安装环境要求。为保证PLC工作的可靠性，尽可能地延长其使用寿命，在安装时一定要注意周围的环境，其安装场合应该满足以下几点：

1）环境温度：工作时，0～55℃；保存时，－20～70℃。

2）环境相对湿度：35%～85%（不结露）。对于Q系列PLC为5%～95%RH-2级。

3）不能受太阳光直接照射或水的溅射。

4）周围无腐蚀和易燃的气体，如氯化氢、硫化氢等。

5）周围无大量的金属微粒、灰尘、导电粉尘、油雾、烟雾、盐雾等。

6）避免频繁或连续的振动：直接用螺钉安装，保证振动频率为 57～150Hz，1G（9.8m/s²）；DIN 导轨安装时，保证振动频率为 57～150Hz，0.5G(4.9m/s²)。

7）超过 15g（重力加速度）的冲击。

8）耐干扰能力：1000V（峰峰值），1μs 幅度，30～100Hz。

（2）安装注意事项。除满足以上环境条件外，安装时还应注意以下几点：

1）PLC 的所有单元必须在断电时安装和拆卸。

2）为防止静电对 PLC 组件的影响，在接触 PLC 前，先用手接触某一接地的金属物体，以释放人体所带的静电。

3）注意 PLC 机体周围的通风和散热条件，切勿将导线头、铁屑等杂物通过通风窗落入机体内。

2. 接线注意事项

在进行接线时应注意以下事项。

（1）PLC 应远离强干扰源，如电焊机、大功率硅整流装置和大型动力设备，不能与高压电器安装在同一个开关柜内。

（2）动力线、控制线以及 PLC 的电源线和 I/O 线应该分别配线，隔离变压器与 PLC 和 I/O 之间应采用双绞线连接。将 PLC 的 I/O 线和大功率线分开走线，如果必须在同一线槽内，分开捆扎交流线、直流线。如果条件允许，最好分槽走线，这不仅能使其有尽可能大的空间距离，还能将干扰降到最低限位，如图 2-19 所示。

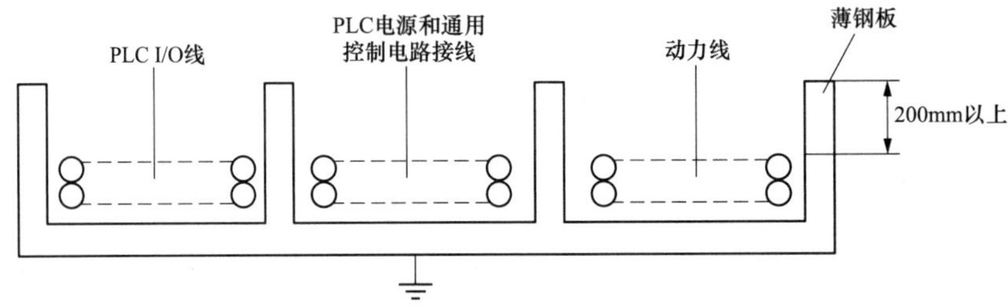

图 2-19　在同一电缆沟内铺设 I/O 接线和动力电缆

（3）PLC 的输入与输出最好分开走线，开关量与模拟量也要分开敷设。模拟量信号的传送应采用屏蔽线，屏蔽层应一端或两端接地，接地电阻应小于屏蔽层电阻的 1/10。

（4）交流输出线和直流输出线不要用同一根电缆，输出线应尽量远离高压线和动力线，避免并行。

（5）I/O 端的接线。

1）输入接线。输入接线一般不要太长，但如果环境干扰较小，电压降不大时，输入接线可适当长些。尽可能采用动合触点形式连接到输入端，使编制的梯形图与继电器原理图一致，便于阅读。

2）输出接线。输出端接线分为独立输出和公共输出。在不同组中，可采用不同类型和电压等级的输出电压，但在同一组中的输出只能用同一类型、同一电压等级的电源。由于 PLC 的输出元件被封装在印制电路板上，并且连接至端子板，若将连接输出元件的负载短路，将烧毁印制电路板，导致整个 PLC 的损坏。采用继电器输出时，所承受的电感性负载的大小，会影响到继电器的使用寿命，因此，使用电感性负载时应合理选择或加隔离继电器。PLC 的输出负载可能产生干扰，因此要采取措施加以控制，如直流输出的续流管保持、交流输出的阻容吸收电路，晶体管及双向晶闸管输出的旁路电阻保持。

2.6.2　S7-1500 PLC 的硬件安装

SIMATIC S7-1500 PLC 自动化系统在安装前应依照安装清单检查是否准备好系统所有的硬件，并按照配置要求安装导轨、电源、CPU 或接口模块以及 I/O 模块等硬件设备。

1. 硬件配置

(1) SIMATIC S7-1500 PLC 本机系统的硬件配置。

SIMATIC S7-1500 PLC 本机系统采用单排配置，所有模块都安装在同一根铝型材导轨上，这些模块通过 U 型连接器连接在一起，形成一个自装配的背板总线。

在 1 根导轨上最多可配置 32 个模块（包括电源模块、CPU 模块、接口模块 IM 155-5 等），这些模块分别占用插槽 0～31，如图 2-20 所示。通常在 CPU 模块左侧配置 1 块系统电源模块 PS 或负载电源模块 PM，CPU 的右侧配置最多 30 个模块，每个模块占用 1 个插槽。系统允许最多配置 3 个系统电源模块 PS，一个系统电源模块 PS 配置到 CPU 模块的左侧，其他两个系统电源模块 PS 配置在 CPU 模块的右侧，并占用了相应的插槽。PROFINET/Ethernet 和 PROFIBUS 通信模块最多配置 4～8 个，具体数量依据型号而定。

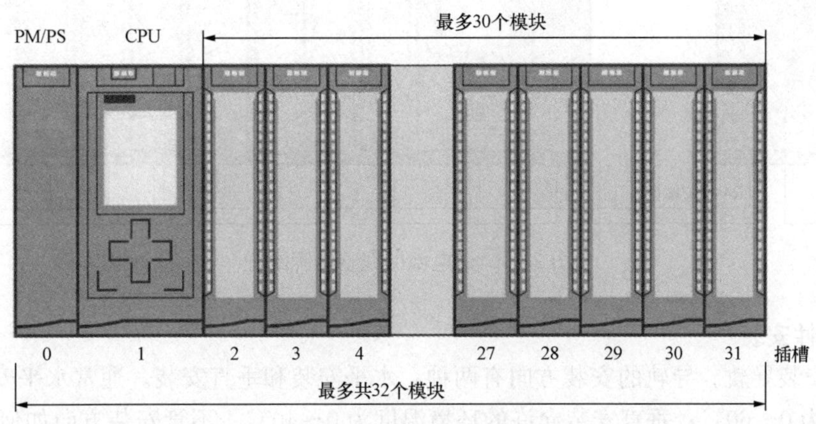

图 2-20　S7-1500 PLC 本机系统模块配置

(2) 带 PROFINET 接口模块的 ET 200MP 分布式 I/O 系统的硬件配置。带 PROFINET 接口模块的 ET 200MP 分布式 I/O 系统的硬件配置与 SIMATIC S7-1500 PLC 本机系统的硬件配置方法类似，其配置方法如图 2-21 所示。在 1 根导轨上最多可配置 32 个模块，最多可配置 3 个系统电源模块 PS，其中一个插入 IM 接口模块（IM 155-PN ST 或 IM 155-5 PN HF）的左侧，其他两个可插入接口模块的右侧，每个电源模块占一个槽位。

(3) 带 PROFIBUS 接口模块的 ET 200MP 分布式 I/O 系统的硬件配置。带 PROFIBUS 接口模块的 ET 200MP 分布式 I/O 系统最多可配置 13 个模块，其配置方法如图 2-22

所示。接口模块 IM 位于第 2 槽，数字量 I/O 模块、模拟量 I/O 模块、工艺模块、通信模块等位于 3～14 槽，最多可配置 12 个。

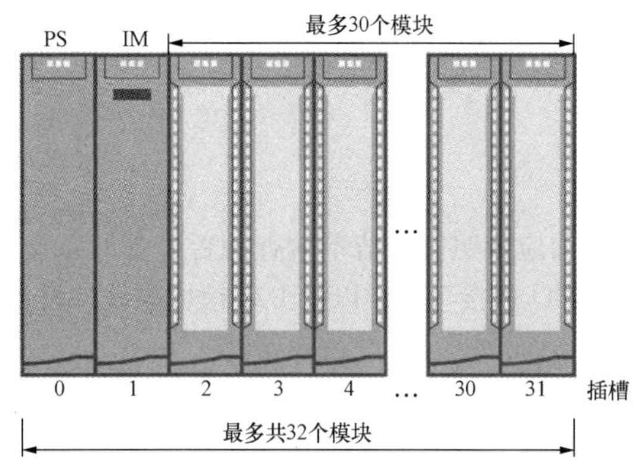

图 2-21　带 PROFINET 接口模块的 ET 200MP 分布式 I/O 系统的硬件配置

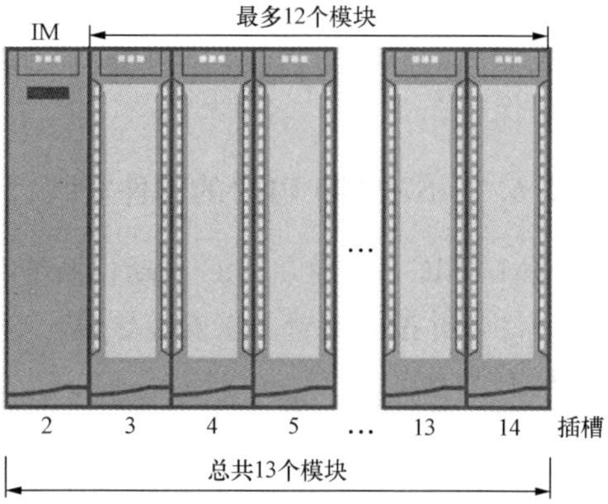

图 2-22　带 PROFIBUS 接口模块的 ET 200MP 分布式 I/O 系统的硬件配置

一个带电源的完整系统配置如图 2-23 所示。

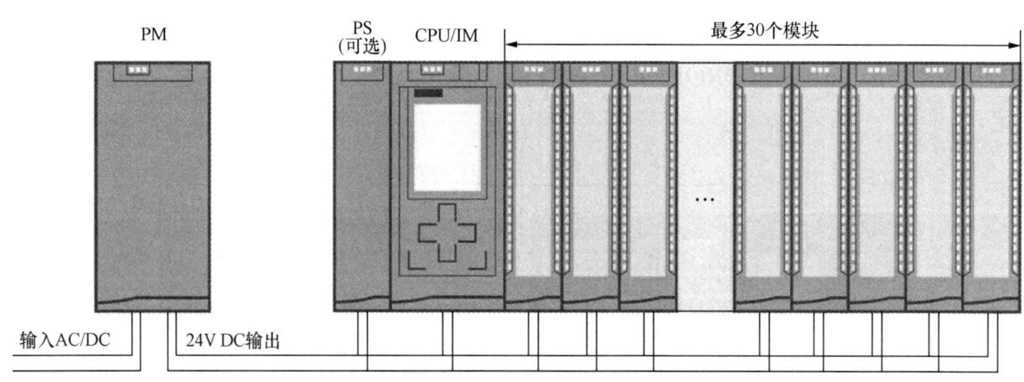

图 2-23　带电源的完整系统配置

2. 硬件安装

（1）安装导轨。导轨的安装方向有两种：水平安装和垂直安装。通常水平安装允许的环境温度为 0～60℃；垂直安装允许的环境温度为 0～40℃。不管安装方向如何，CPU 和电源模块通常安装在导轨的左侧（水平）或底部（垂直）。

安装导轨时，应留有足够的空间用于安装模块和散热，例如模块上沿至少应有 33mm 的空间，如图 2-24 所示。在导轨和安装表面（接地金属板或设备安装板）之间会产生一个低阻抗连接。如果安装表面已涂漆或经阳极氧化处理，应使用合适的接触剂或接触垫片以减少接触阻抗。

（2）安装模块。固定好导轨后，在导轨上安装模块时，应从导轨的左边开始，先安装电源模块，再安装 CPU 模块，最后按照接口模块、功能模块、通信模块、信号模块的顺序进行安装。模块的安装步骤如图 2-25 所示。

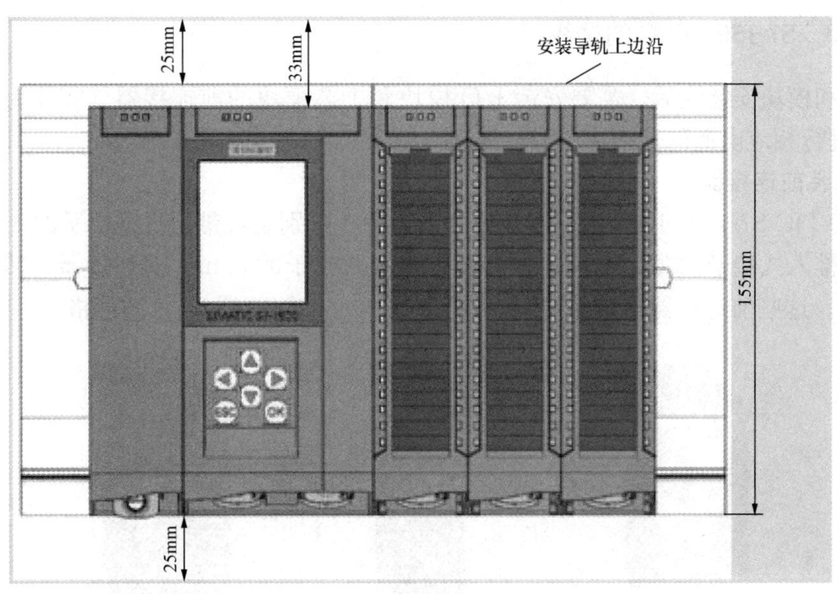

图 2-24　S7-1500 PLC 的安装间隙

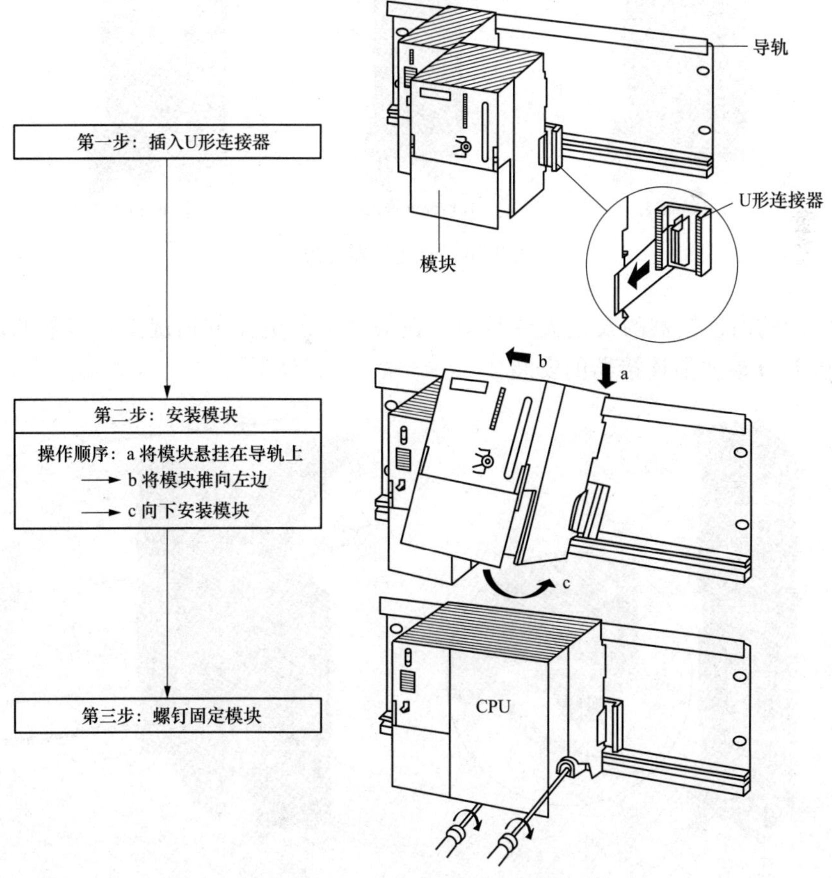

图 2-25　模块的安装步骤

2.6.3 S7-1500 PLC 的接线

导轨和模块安装完后，需要安装 I/O 模块和工艺模块的前连接器（实际为接线端子排），并进行相应电源的连接，最后接线。

1. 安装前连接器

SIMATIC S7-1500 PLC 的前连接器分为 3 种，分别是：带螺钉型端子的 35mm 前连接器、带推入式端子的 25mm 前连接器和带推入式端子的 35mm 前连接器，其外形如图 2-26 所示。这些前连接器都是 40 针，不同于 S7-300 前连接器 20 针的规格。

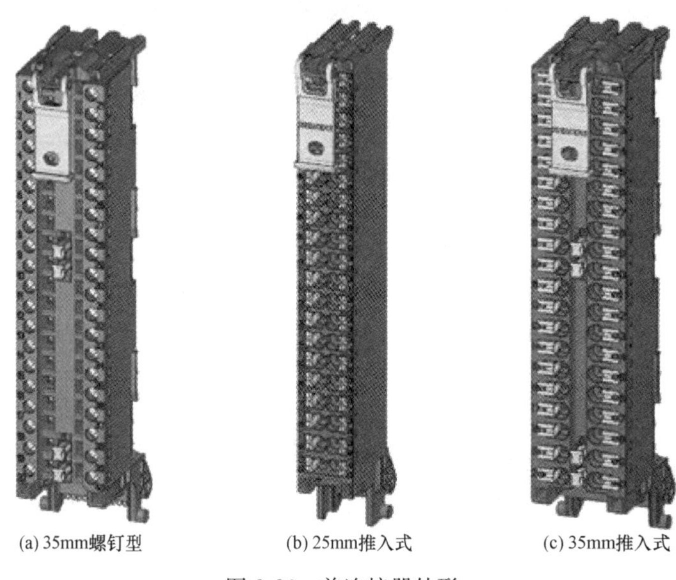

图 2-26 前连接器外形

不同模块的前连接器的安装大致类似，在关闭负载电流的情况下，可参照图 2-27 所示步骤进行 I/O 模块前连接器的安装。

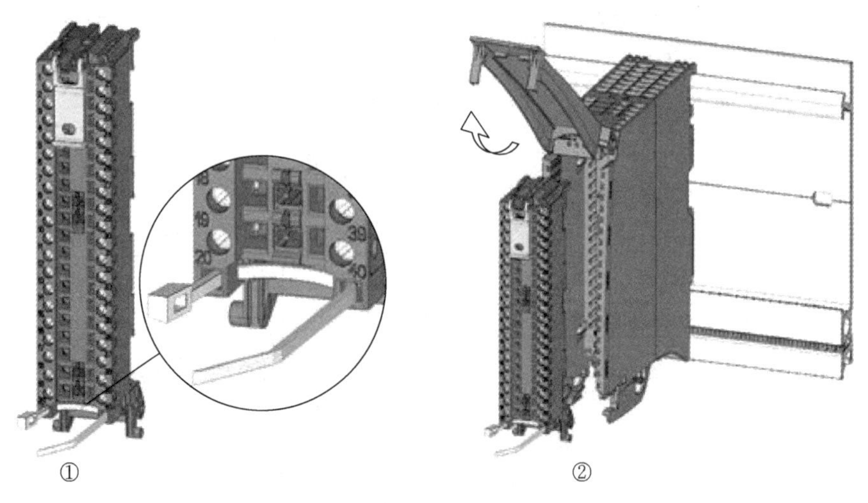

图 2-27 安装前连接器（一）

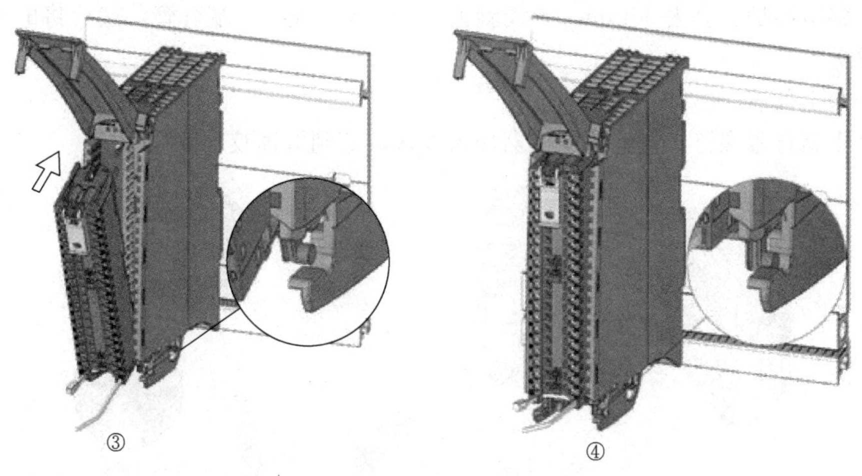

图 2-27　安装前连接器（二）

（1）将电缆束上附带的电缆固定夹放置在前连接器上。

（2）向上旋转已接线的 I/O 模块前盖直至锁定。

（3）将前连接器接入预接线位置，需将前连接器挂到 I/O 模块底部，然后将其上旋转直至前连接器锁上。

（4）在此位置，前连接器仍然从 I/O 模块中凸出。但是，前连接器和 I/O 模块尚未进行电气连接。通过预接线位置，可以对前连接器进行接线。

2. 连接电源电压

CPU 模块、接口模块的前部或下方有一个 4 孔连接插头的电缆连接器，在关闭电源的情况下，可对电缆连接器进行接线，以实现 CPU 模块、接口模块与电源电压的连接，如图 2-28 所示。这样，即使拔出电源模块，也可通过电缆连接器对 CPU 模块、接口模块进行回路电源电压不间断供电。

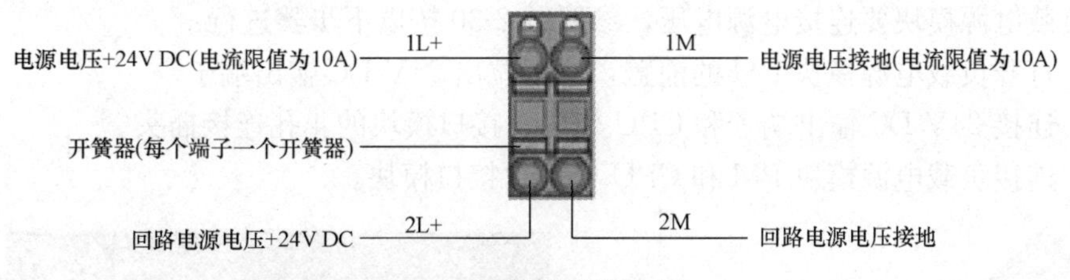

图 2-28　连接电源电压

3. 连接系统电源模块和负载电源模块

系统电源模块 PS 和负载电源模块 PM 在交付时已安装电源连接器，这两种模块通过电源连接器可以连接电源电压。要连接电源电压时，参照图 2-29 按以下步骤进行：

（1）向上旋转模块前盖直至锁定，再按下电源连接器的解锁按钮，从模块前侧拆下电源连接器。

（2）拧松连接器前部的螺钉，这将松开外壳滑锁和电缆夹。如果有螺钉仍处于拧紧状态，则无法卸下连接器的外壳。

（3）使用适当的工具拔出连接器外盖。

（4）将电缆护套剥去 35mm，导线剥去 7～8mm，连接末端套管，然后将电线连接到电缆连接器上。

（5）合上外盖。

（6）重新拧紧螺钉，将电源连接器插入模块，直到滑锁咬合就位。

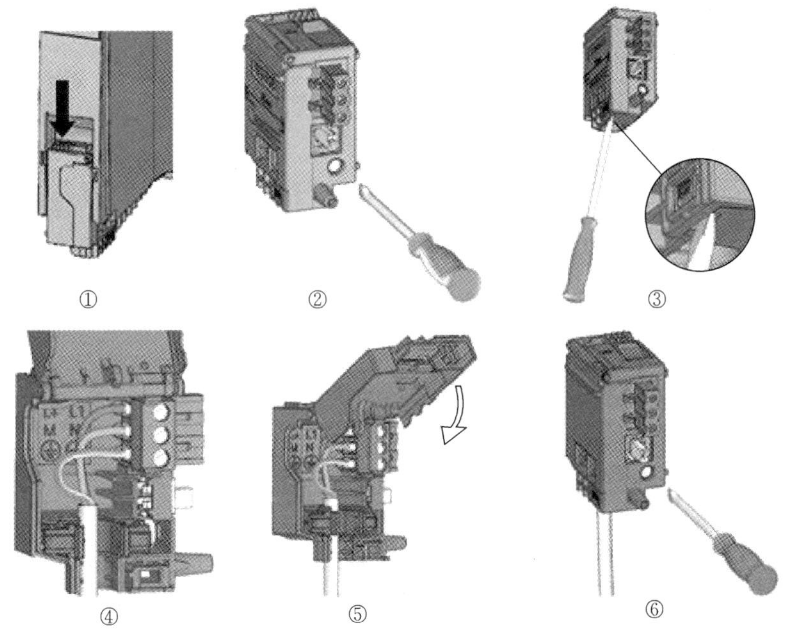

图 2-29　电源电压连接到电源模块和负载电源模块

4. 连接 CPU 模块、接口模块和负载电源模块

负载电源模块 PM 有一个位于底部前盖后的直插式 24V DC 输出端子，通过该端子，可以将电源电压电缆连接到 CPU 模块与接口模块。在关断电源情况下，CPU 模块、接口模块和负载电源模块要连接电源电压，参照图 2-30 按以下步骤进行：

（1）打开负载电源模块 PM 的前盖，向下拉出 24V DC 输出端子。

（2）连接 24V DC 输出端子和 CPU 模块、接口模块的 4 孔连接插头。

（3）连接负载电源模块 PM 和 CPU 模块、接口模块。

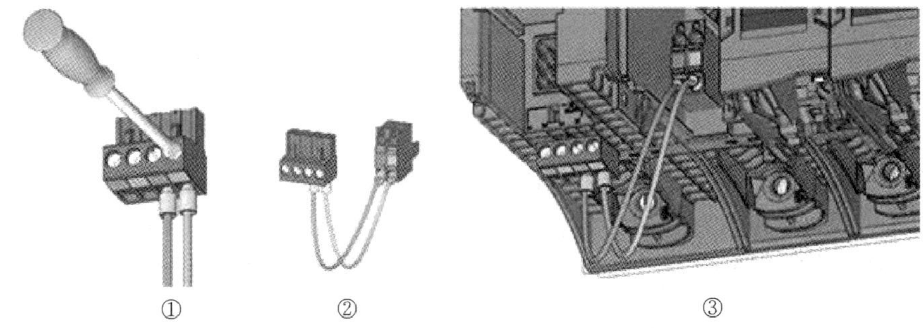

图 2-30　CPU 模块、接口模块和负载电源模块连接电源电压

之后的工作是与现场设备的接线，接线按照电工接线规范完成即可。

第 3 章　S7-1500 PLC 编程基础

软件系统就如人的灵魂，PLC 的软件系统是 PLC 所使用的各种程序集合。为了实现某一控制功能，需要在某一特定环境中使用某种语言编写相应指令来完成，本章主要讲述西门子 PLC 的编程语言、数制与数据类型及编程软件使用。

3.1　PLC 编程语言简介

PLC 是专为工业控制而开发的装置，其主要使用者是工厂广大电气技术人员，为了适应他们的传统习惯和掌握能力，PLC 通常采用面向控制过程、面向问题的“自然语言”进行编程。S7-1500 系列 PLC 是在 TIA 博途中进行程序的编写，该软件支持的编程语言非常丰富，有梯形图、语句表（又称指令表或助记符）、顺序功能流程图、功能块图等，用户可选择一种语言或混合使用多种语言，通过上位机编写具有一定功能的指令。

3.1.1　PLC 编程语言的国际标准

基于微处理器的 PLC 自 1968 年问世以来，已取得迅速的发展，成为工业自动化领域应用最广泛的控制设备。当形形色色的 PLC 涌入市场时，国际电工委员会（IEC）及时地于 1993 年制定了 IEC 1131 标准以引导 PLC 健康发展。

IEC 1131 标准分为 IEC 1131-1～IEC 1131-5，共 5 个部分：IEC 1131-1 为一般信息，即对通用逻辑编程做了一般性介绍并讨论了逻辑编程的基本概念、术语和定义；IEC 1131-2 为装配和测试需要，从机械和电气两部分介绍了逻辑编程对硬件设备的要求和测试需要；IEC 1131-3 为编程语言的标准，它吸取了多种编程语言的长处，并制定了 5 种标准语言；IEC 1131-4 为用户指导，提供了有关选择、安装、维护的信息资料和用户指导手册；IEC 1131-5 为通信规范，规定了逻辑控制设备与其他装置的通信联系规范。

IEC 1131 标准是由来自欧洲、北美及日本的工业界和学术界的专家通力合作的产物，在 IEC 1131-3 中，专家们首先规定了控制逻辑编程中的语法、语义和显示，然后从现有编程语言中挑选了 5 种，并对其进行了部分修改，使其成为目前通用的语言。在这 5 种语言中，有 3 种是图形化语言，2 种是文本化语言。图形化语言有梯形图（Ladder Programming，LAD）、顺序功能图（Sequential Function Chart，SFC）、功能块图（Function Block Diagram，FBD），文本化语言有指令表（Instruction List，IL）和结构文本（Structured text，ST）。IEC 并不要求每种产品都运行这 5 种语言，可以只运行其中的一种或几种，但均必须符合标准。在实际组态时，可以在同一项目中运用多种编程语言，相互嵌套，以供用户选择最简单的方式生成控制策略。

正是由于 IEC 1131-3 标准的公布，许多 PLC 制造厂先后推出符合这一标准的 PLC 产品。A-B 属于罗克韦尔公司（Rockwell），其许多 PLC 产品都带符合 IEC 1131-3 标准中结构文本的软件选项。施耐德公司的 Modicon TSX Quantum PLC 产品可采用符合 IEC 1131-3 标准的 Concept 软件包，它在支持 Modicon 984 梯形图的同时，也遵循 IEC 1131-3 标准的 5 种编程语言。SIEMENS 的 SIMATIC S7-1500 PLC 的编译环境为 TIA 博途，该软件中的编程语言符合 IEC 1131-3 标准。

3.1.2 LAD 梯形图

梯形图（Ladder Programming，LAD）语言是使用的最多的图形编程语言，被称为 PLC 的第一编程语言。LAD 是在继电-接触器控制系统原理图的基础上演变而来的一种图形语言，它和继电-接触器控制系统原理图很相似，如图 3-1 所示。梯形图具有直观易懂的优点，很容易被工厂电气技术人员掌握，特别适用于开关量逻辑控制，它常被称为电路或程序，梯形图的设计称为编程。

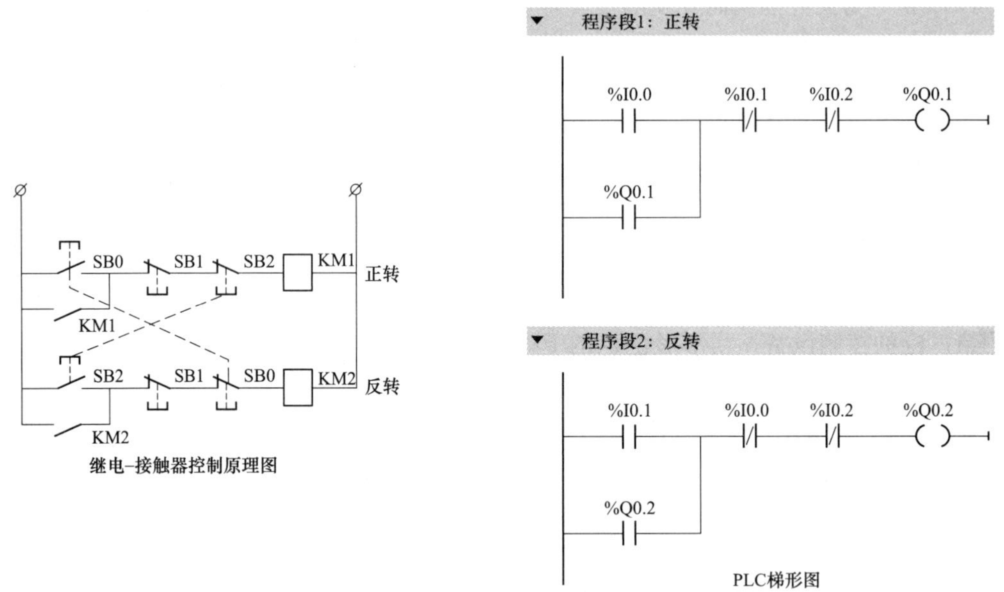

图 3-1　同一功能的两种不同图形

1. 梯形图相关概念

在梯形图编程中，用到软继电器、能流和梯形图的逻辑解算这 3 个基本概念。

（1）软继电器。PLC 梯形图中的某些编程元件沿用了继电器的这一名称，如输入继电器、输出继电器、内部辅助继电器等，但是它们必须不是真实的物理继电器，而是一些存储单元（软继电器），每一软继电器与 PLC 存储器中映像寄存器的一个存储单元相对应。梯形图中采用类似于了诸如继电-接触器中的触点和线圈符号，如表 3-1 所示。

表 3-1　符号对照表

	物理继电器	PLC 继电器
线圈		—(　)—
动合触点		—| |—
动断触点		—|/|—

存储单元如果为“1”状态，则表示梯形图中对应软继电器的线圈“通电”，其动合触点接通，动断触点断开，这种状态是该软继电器的“1”或“ON”状态。如果该存储单元为“0”状态，对应软继电器的线圈和触点的状态与上述的相反，该软继电器为“0”或“OFF”状态。使用中，常将这些“软继电器”称为编程元件。

PLC 梯形图与继电-接触器控制原理图的设计思想一致，它沿用继电-接触器控制电路元件符号，只有少数不同，信号输入、信息处理及输出控制的功能也大体相同。但两者还是有一定的区别：①继电-接触器控制电路由真正的物理继电器等部分组成，而梯形图没有真正的继电器，是由软继电器组成；②继电-接触器控制系统得电工作时，相应的继电器触头会产生物理动断操作，而梯形图中软继电器处于周期循环扫描接通之中；③继电-接触器系统的触点数目有限，而梯形图中的软触点有多个；④继电-接触器系统的功能单一，编程不灵活，而梯形图的设计和编程灵活多变；⑤继电-接触器系统可同步执行多项工作，而 PLC 梯形图只能采用扫描方式由上而下按顺序执行指令并进行相应工作。

（2）能流。在梯形图中有一个假想的“概念电流”或“能流”（Power Flow）从左向右流动，这一方向与执行用户程序时的逻辑运算的顺序是一致的。能流只能从左向右流动。利用能流这一概念，可以帮助我们更好地理解和分析梯形图。图 3-2（a）不符合能流只能从左向右流动的原则，因此应改为如图 3-2（b）所示的梯形图。

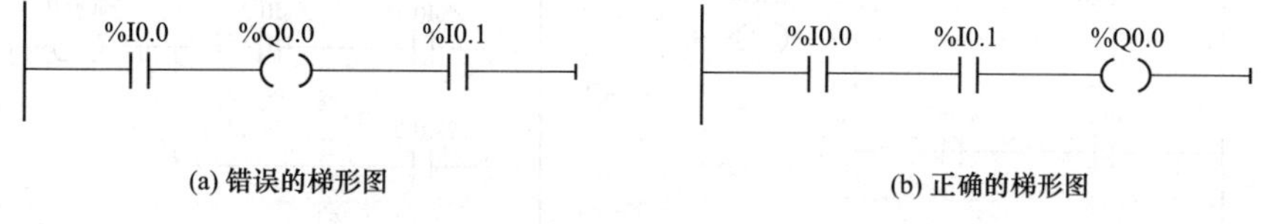

(a) 错误的梯形图　　(b) 正确的梯形图

图 3-2　母线梯形图

梯形图的两侧垂直公共线称为公共母线（Bus Bar），左侧母线对应于继电-接触器控制系统中的“相线”，右侧母线对应于继电-接触器控制系统中的“中性线”，一般右侧母线可省略。在分析梯形图的逻辑关系时，为了借用继电器电路图的分析方法，可以想象左右两侧母线（左母线和右母线）之间有一个左正右负的直流电源电压，母线之间有“能流”从左向右流动。

（3）梯形图的逻辑解算。根据梯形图中各触点的状态和逻辑关系，求出与图中各线圈对应的编程元件的状态，称为梯形图的逻辑解算。梯形图中逻辑解算是按从左到右、从上到下的顺序进行的。解算的结果，可以马上被后面的逻辑解算所利用。逻辑解算是根据输入映象寄存器中的值，而不是根据解算瞬时外部输入触点的状态来进行的。

2. 梯形图的编程规则

尽管梯形图与继电-接触器电路图在结构形式、元件符号及逻辑控制功能等方面类似，但在编程时，梯形图需遵循一定的规则，具体如下。

(1) 从上到下，从左到右的方法编写程序。编写 PLC 梯形图时，应按从上到下、从左到右的顺序放置连接元件。在 TIA 博途中，与每个输出线圈相连的全部支路形成 1 个逻辑行即 1 个程序段，每个程序段起于左母线，最后终于输出线圈，同时还要注意输出线圈的右边不能有任何触点，输出线圈的左边必须有触点，如图 3-3 所示。

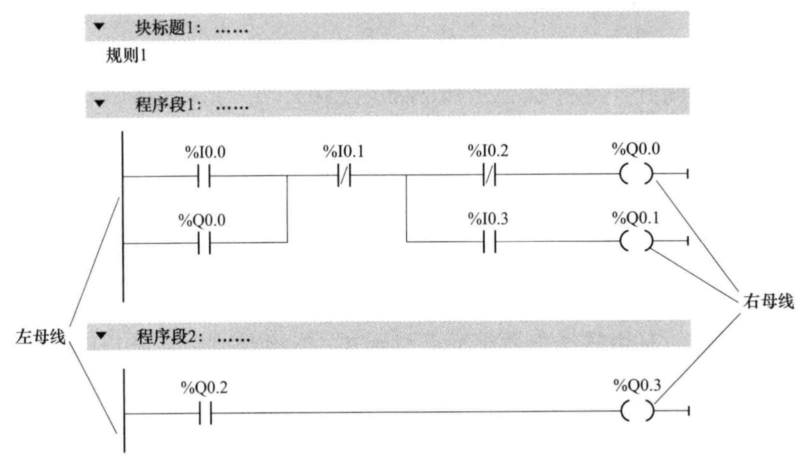

图 3-3　梯形图绘制规则 1

(2) 串联触点多的电路应尽量放在上部。在每个程序段（每一个逻辑行）中，当几条支路并联时，串联触点多的应尽量放在上面，如图 3-4 所示。

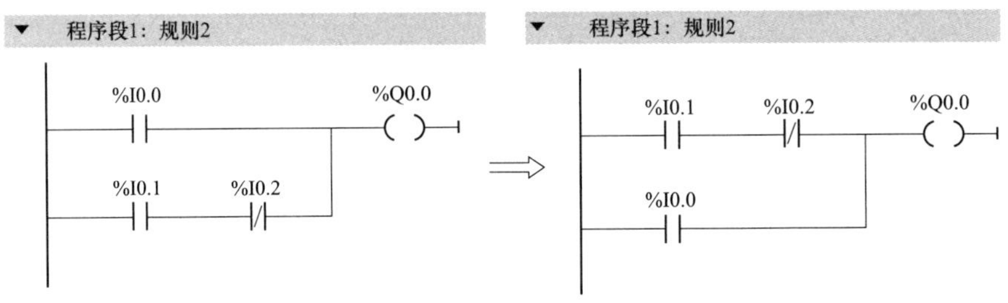

图 3-4　梯形图绘制规则 2

(3) 并联触点多的电路应尽量靠近左母线。几条支路串联时，并联触点多的应尽量靠近左母线，这样可适当减少程序步数，如图 3-5 所示。

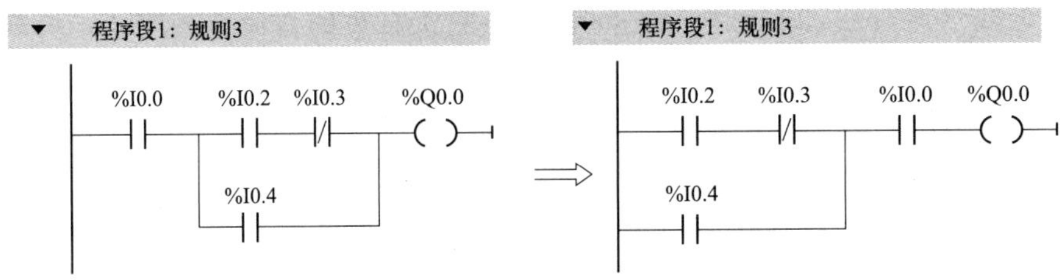

图 3-5　梯形图绘制规则 3

（4）垂直方向不能有触点。在垂直方向的线上不能有触点，否则形成不能编程的梯形图，因此需重新安排，如图 3-6 所示。

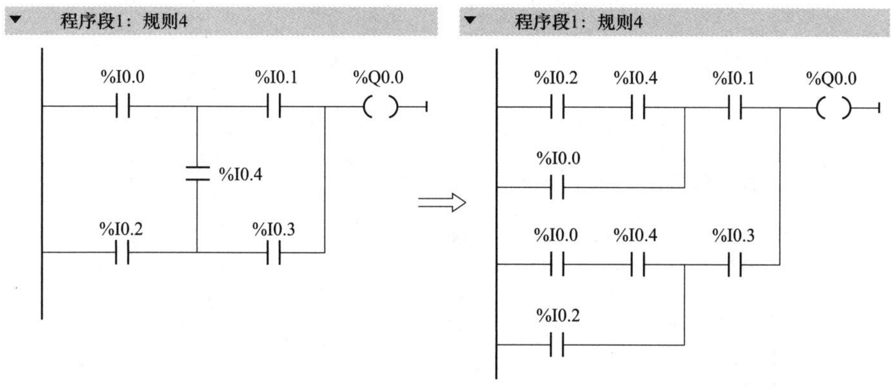

图 3-6　梯形图绘制规则 4

（5）触点不能放在线圈的右侧。不能将触点放在线圈的右侧，只能放在线圈的左侧，对于多重输出的，还须将触点多的电路放在下面，如图 3-7 所示。

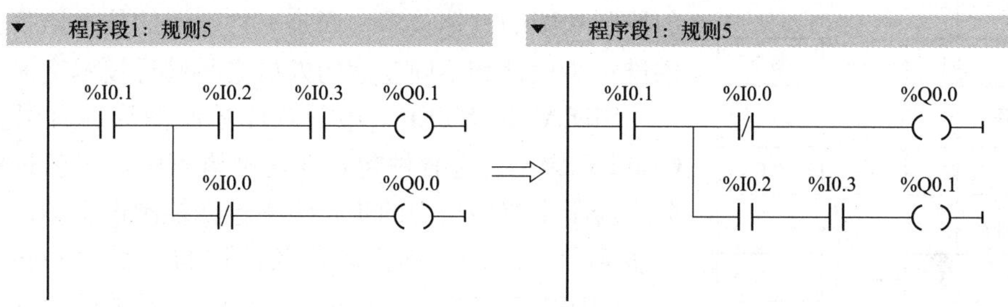

图 3-7　梯形图绘制规则 5

3.1.3　STL 语句表

语句表（Statement List，STL），又称指令表或助记符。它是通过指令助记符控制程序要求的，类似于计算机汇编语言。不同厂家的 PLC 所采用的指令集不同，所以对于同一个梯形图，书写的语句表指令形式也不尽相同。

一条典型指令往往由助记符和操作数或操作数地址组成，助记符是指使用容易记忆的字符代表 PLC 某种操作功能。语句表与梯形图有一定的对应关系，如图 3-8 所示，分别采用梯形图和语句表来实现电动机正反转控制的功能。

3.1.4　SFC 顺序功能图

顺序功能流程图（Sequential Function Chart，SFC）又称状态转移图，它是描述控制系统的控制过程、功能和特性的一种图形，这种图形又称为“功能图”。顺序功能流程图中的功能框并不涉及所描述的控制功能的具体技术，而是只表示整个控制过程中一个个的“状态”，这种“状态”又称“功能”或“步”，如图 3-9 所示。

顺序功能图编程法可将一个复杂的控制过程分解为一些具体的工作状态，把这些具

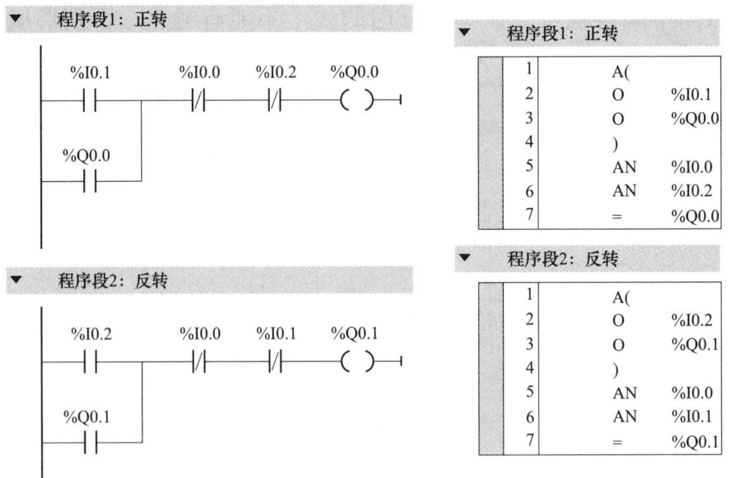

图 3-8 采用梯形图和语句表实现电动机正反转控制程序

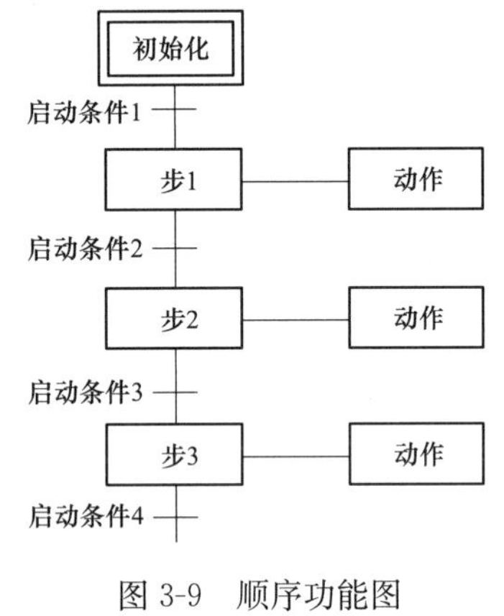

图 3-9 顺序功能图

体的功能分别处理后，再按照一定的顺序控制要求，将这些具体的状态组合成整体的控制程序，它并不涉及所描述的控制功能的具体技术，而是一种通用的技术语言，可以供进一步设计和不同专业的人员之间进行技术交流之用。

SIMATIC STEP 7 中的顺序控制图形编程语言（S7 Graph）属于可选软件包，在这种语言中，工艺过程被划分为若干个顺序出现的步，步中包含控制输出的动作，从一步到另一步的转换由转换条件控制。用 Graph 表达复杂的顺序控制过程非常清晰，用于编程及故障诊断更为有效，使 PLC 程序的结构更为易读，它特别适合于生产制造过程。S7 Graph 具有丰富的图形、窗口和缩放功能。系统化的结构和清晰的组织显示使 S7 Graph 对于顺序过程的控制更加有效。

3.1.5 FBD 功能块图

功能块图（Function Block Diagram，FBD）又称逻辑盒指令，它是一种类似于数字逻辑门电路的 PLC 图形编程语言。控制逻辑常用“与”“或”“非”3 种逻辑功能进行表达，每种功能都有一个算法。运算功能由方框图内的符号确定，方框图的左边为逻辑运算的输入变量，右边为输出变量，没有像梯形图那样的母线、触点和线圈。图 3-10 所示

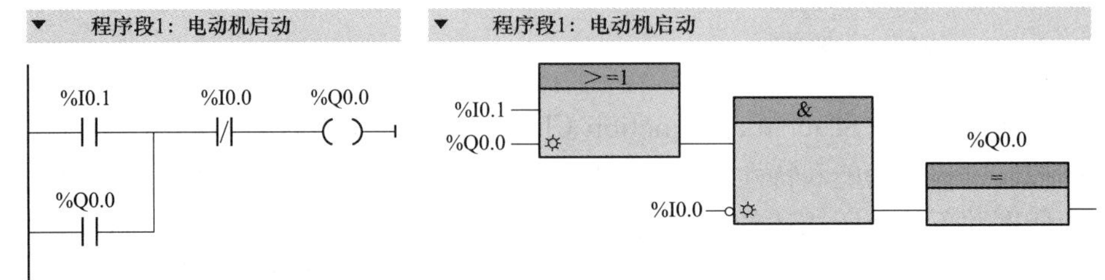

图 3-10 梯形图和功能块图表示的电动机启动电路

为 PLC 梯形图和功能块图表示的电动机启动电路。

SIEMENS 的“LOGO”系列微型 PLC 使用功能块图编程，除此之外，国内很少使用此语言。功能块图语言适合熟悉数字电路的用户使用。

3.1.6　STEP 7 的其他编程语言

梯形图、语句表、顺序功能图、功能块图等编程语言在一般的 PLC 编程软件都支持。SIEMENS 推出的 TIA 博途中的编程语言非常丰富，除了支持上述编程语言外，还支持一些其他的编程语言，如结构化控制语言、S7 HiGraph 编程语言、S7 CFC 编程语言等。

1. 结构化控制语言

结构文本（Structured Text，ST）是为 IEC 61131-3 标准创建的一种专用高级编程语言，STEP 7 的 S7 SCL 结构化控制语言是 IEC 61131-3 标准高级文本语言。S7 SCL 的语言结构与编程语言 Pascal 和 C 相似，与梯形图相比，它能实现更复杂的数学运算，而编写的程序非常简洁和紧凑。S7 SCL 适合于复杂的公式计算和最优化算法或管理大量的数据等。所以 S7 SCL 适用于数据处理场合，特别适合习惯使用高级编程语言的人使用。

S7 SCL 程序是用自由编辑方式编辑器中 SCL 源文件生成。例如定义的一个功能块 FB20 的某段子程序如下：

```
FUNCTION_BLOCK FB20
VAR_INPUT
ENDVAL：          INT；
END_VAR
VAR_IN_OUT
IQ1：             REAL；
END_VAR
VAR
INDEX：           INT；
END_VAR
BEGIN
CONTROL：=FALSE；
FOR INDEX：=1 TO ENDVAL DO
  IQ1：=IQ1 * 2；
    IF IQ1>10000 THEN
      CONTROL=TRUE
    END_IF
END_FOR
END_FUNCTION_BLOCK
```

2. S7 HiGraph 编程语言

SIMATIC STEP 7 中的 S7 HiGraph 图形编程语言属于可选软件包，它用状态图（State Graph）来描述异步、非顺序过程的编程。系统被分解为几个功能单元，每个单元呈现不同的状态，各功能单元的同步信息可以在图形之间交换。需要为不同状态之间的切换定义转换条件，用类似于语句表的语言描述状态的动作和状态之间的转换条件。S7 HiGraph 适合于异步非顺序过程的编程。

可为每个功能单元创建一个描述功能单元响应的图，各图组合起来就构成了设备图。图之间可进行通信，以对功能单元进行同步。通过合理安排的功能单元的状态转换视图，可使用户能够进行系统编程并简化调试。

S7 GRAPH 与 S7 HiGraph 之间的区别为：S7 HiGraph 每一时刻仅获取一个状态（在 S7 GRAPH 的“步”中）。

3. S7 CFC 编程语言

SIMATICSTEP 7 中的连续功能图（Continuous Function Chart，CFC）是用图形的方式连接程序库，而程序库是以块的形式提供各种功能，它包括从简单的逻辑操作到复杂的闭环和开环控制等领域。编程时，将这些块复制到图中并用线连接起来即可。

不需要用户掌握详细的编程知识和 PLC 的专门知识，只要具有行业所必须的工艺技术方面的知识，就可以用 CFC 来编程。CFC 适用于连续过程控制的编程。

3.2 S7-1500 PLC 的数制与数据类型

3.2.1 数据长度与数制

1. 数据长度

计算机中使用的都是二进制数，在 PLC 中，通常使用位、字节、字、双字来表示数据，它们占用的连续位数称为数据长度。

位（Bit）指二进制的一位，它是最基本的存储单位，只有“0”或“1”两种状态。在 PLC 中，一个位可对应一个继电器，继电器线圈得电时，相应位的状态为“1”；继电器线圈失电或断开时，其对应位的状态为“0”。8 位二进制数构成一个字节（Byte），其中第 7 位为最高位（MSB），第 0 位为最低位（LSB）。两个字节构成一个字（Word），在 PLC 中字又称为通道（CH），一个字含 16 位，即一个通道（CH）由 16 个继电器组成。两个字构成一个汉字，即双字（Double Word），在 PLC 中它由 32 个继电器组成。

2. 数制

数制也称计数制，是用一组固定的符号和统一的规则来表示数值的方法。如在计数过程中采用进位的方法，则称为进位计数制。进位计数制有数位、基数、位权三个要素。数位，指数码在一个数中所处的位置。基数，指在某种进位计数制中，数位上所能使用的数码的个数，例如，十进制数的基数是 10，二进制的基数是 2。位权，指在某种进位计数制中，数位所代表的大小，对于一个 R 进制数（即基数为 R），若数位记作 j，则位权可记作 R^j。

人们通常采用的数制有十进制、二进制、八进制和十六进制。在 S7-1500 系列 PLC 中使用的数制主要是二进制、十进制、十六进制。

（1）十进制数。十进制数有两个特点：①数值部分用 10 个不同的数字符号 0、1、2、3、4、5、6、7、8、9 来表示；②逢十进一。

例：123.45

小数点左边第一位代表个位，3 在左边 1 位上，它代表的数值是 3×10^{0}，1 在小数点左面 3 位上，代表的是 1×10^{2}，5 在小数点右面 2 位上，代表的是 5×10^{-2}。

$123.45=1\times10^{2}+2\times10^{1}+3\times10^{0}+4\times10^{-1}+5\times10^{-2}$

一般对任意一个正的十进制数 S，可表示为：

$$S=K_{n-1}(10)^{n-1}+K_{n-2}(10)^{n-2}+\cdots\cdots K_{0}(10)^{0}+K_{-1}(10)^{-1}+ K_{-2}(10)^{-2}+\cdots\cdots+K_{-m}(10)^{-m}$$

其中：K_j 是 0、1……9 中任意一个，由 S 决定，K_j 为权系数；m、n 为正整数；10 称为计数制的基数；$(10)^j$ 称为权值。

（2）二进制数。BIN 即为二进制数，它是由 0 和 1 组成的数据，PLC 的指令只能处理二进制数。它有两个特点：①数值部分用 2 个不同的数字符号 0、1 来表示；②逢二进一。

二进制数化为十进制数，通过按权展开相加法。

例：$1101.11\text{B}=1\times2^{3}+1\times2^{2}+0\times2^{1}+1\times2^{0}+1\times2^{-1}+1\times2^{-2}$

$=8+4+0+1+0.5+0.25$

$=13.75$

任意二进制数 N 可表示为：

$$N=\pm(K_{n-1}\times2^{n-1}+K_{n-2}\times2^{n-2}+\cdots\cdots K_{0}\times2^{0}+K_{-1}\times2^{-1}+ K_{-2}\times2^{-2}+\cdots\cdots+K_{-m}\times2^{-m})$$

其中：K_j 只能取 0、1；m、n 为正整数；2 是二进制的基数。

（3）八进制数。八进制数有两个特点：①数值部分用 8 个不同的数字符号 0、1、3、4、5、6、7 来表示；②逢八进一。

任意八进制数 N 可表示为：

$$N=\pm(K_{n-1}\times8^{n-1}+K_{n-2}\times8^{n-2}+\cdots\cdots K_{0}\times8^{0}+K_{-1}\times8^{-1}+ K_{-2}\times8^{-2}+\cdots\cdots+K_{-m}\times8^{-m})$$

其中：K_j 只能取 0、1、3、4、5、6、7；m、n 为正整数；8 是基数。

因为 $8^{1}=2^{3}$，所以 1 位八制数相当于 3 位二进制数，根据这个对应关系，二进制与八进制间的转换方法为从小数点向左向右每 3 位分为一组，不足 3 位者以 0 补足 3 位。

（4）十六进制数。十六进制数有两个特点：①数值部分用 16 个不同的数字符号 0、1、2、3、4、5、6、7、8、9、A、B、C、D、E、F 来表示，这里的 A、B、C、D、E、F 分别对应十进制数字中的 10、11、12、13、14、15；②逢十六进一。

任意十六进制数 N 可表示为：

$$N=\pm(K_{n-1}\times16^{n-1}+K_{n-2}\times16^{n-2}+\cdots\cdots K_{0}\times16^{0}+K_{-1}\times16^{-1}+ K_{-2}\times16^{-2}+\cdots\cdots+K_{-m}\times16^{-m})$$

其中：k_j 只能取 0、1、2、3、4、5、6、7、8、9、A、B、C、D、E、F；m、n 为正整数；16 是基数。

因为 $16^{1}=2^{4}$，所以 1 位十六制数相当于 4 位二进制数，根据这个对应关系，二进制数转换为十六进制数的转换方法为从小数点向左向右每 4 位分为一组，不足 4 位者以 0 补足 4 位。十六进制数转换为二进制数的转换方法为从左到右将待转换的十六制数中的每个数依次用 4 位二进制数表示。

3.2.2 基本数据类型

数据类型决定了数据的属性，如要表示元素的相关地址及其值的允许范围等，数据类型也决定了所采用的操作数。在 S7-1500 系列 PLC 中，所使用的数据类型主要包括：基本数据类型、复杂数据类型、用户自定义数据类型、指针类型、参数类型、系统数据类型、硬件数据类型等。

基本数据类型是根据 IEC 1131-3（国际电工委员会制定的 PLC 编程语言标准）来定义的，对于 S7-1500 系列 PLC 而言，每个基本数据类型具有固定的长度且不超过 64 位。

基本数据类型最为常用，可细分为位数据类型、整数数据类型、浮点数类型、字符数据类型、定时器数据类型及日期和时间数据类型。每一种数据类型都具备关键字、数据长度、取值范围和常数表达格式等属性。

1. 位数据类型

S7-1500 系列 PLC 中的位数据类型包括布尔型（Bool）、字节型（Byte）、字型（Word）、双字型（DWord）和长字型（LWord），如表 3-2 所示。注意，在 TIA 博途软件中，关键字不区分大小写，如 Byte 和 BYTE 都是合法的，不必严格区分。

表 3-2　　位数据类型

关键字	长度/bit(位)	取值范围	输入值示例
Bool	1	0～1	TRUE，FALSE，0，1
Byte	8	B#16#00～B#16#FF	B#16#3C，B#16#FA
Word	16	W#16#0000～ W#16#FFFF	W#16#4AB9，W#16#EBCD
DWord	32	DW#16#0000_0000～ DW#16#FFFFFFFF	DW#16#9AC8DE2C
LWord	64	LW#16#0000_0000_0000_0000～ LW 16#FFFF_FFFF_FFFF_FFFF	LW#16#12349876A1B2F3D4

（1）布尔型（Bool）。布尔型又称位（Bit）类型，它只有 TRUE/FALSE（真/假）这两个取值，对应二进制数的“1”和“0”。

位存储单元的地址由字节地址和位地址组成，例如 I2.5 中的“I”表示过程输入映像区域标识符，“2”表示字节地址，“5”表示位地址，这种存取方式称为“字节.位”寻址方式。

（2）字节（Byte）。字节数据长度为 8 位，一个字节等于 8 位（Bit0～Bit7），其中 Bit0 为最低位，Bit7 位为最高位。例如：IB0 包括（I0.0～I0.7）、QB0（包括 Q0.0～Q0.7）、MB0、VB0 等。字节的数据格式为“B#16#”，其中“B”代表 Byte，表示数据长度为一个字节（8 位）；“#16#”表示十六进制，取值范围 B#16#00～ B#16#FF（十进制的 0～255）。

（3）字（Word）。字数据长度为 16 位，它用来表示一个无符号数，可由相邻的两字节（Byte）组成一个字。例如，IW0 是由 IB0 和 IB1 组成的，其中“I”是区域标识符，“W”表示字，“0”是字的起始字节。需要注意的是，字的起始字节（如该例中的“0”）都必须是偶数。字的取值范围为 W#16#0000～W#16#FFFF（即十进制的 0～65535）。在编程时要注意，如果已经用了 IW0，如再用 IB0 或 IB1 要特别小心。

(4) 双字（Double Word）。双字的数据长度为32位，它也可用来表示一个无符号数，可由相邻的两个字（Word）组成一个双字或相邻的四个字节（Byte）组成一个双字。例如，MD100是由MW100和MW102组成的，其中“M”是内部存储器标志位存储区区域标识符，“D”表示双字，“100”是双字的起始字节。需要注意的是，双字的起始字节（如该例中的“100”）和字一样，必须是偶数。双字的取值范围为DW＃16＃0000_0000～DW＃16＃FFFF_FFFF（即十进制的0～4294967295）。在编程时要注意，如果已经用了MD100，如再用MW100或MW102要特别小心。

(5) 长字（Long Word）。长字的数据长度为64位，其取值范围为LW＃16＃0000_0000_0000_0000～DW＃16＃FFFF_FFFF_FFFF_FFFF。该类型的数据无法比较大小，只能处理一些与LINT（32位有符号长整型）和ULINT（64位无符号长整型）数据类型处理的相同的十进制数据。

以上的字节、字和双字数据类型均为无符号数，即只有正数，没有负数。位、字节、字和双字的相互关系如表3-3所示。

表3-3　位、字节、字与双字之间的关系（以部分输出映象存储器为例）

<table>
<tr><td colspan="4">双字</td><td colspan="2">字</td><td></td><td></td><td></td><td></td><td></td><td></td><td></td><td></td><td></td></tr>
<tr><td></td><td></td><td></td><td rowspan="4">QD0</td><td></td><td rowspan="2">QW0</td><td>QB0</td><td>Q0.7</td><td>Q0.6</td><td>Q0.5</td><td>Q0.4</td><td>Q0.3</td><td>Q0.2</td><td>Q0.1</td><td>Q0.0</td></tr>
<tr><td></td><td></td><td rowspan="4">QD1</td><td rowspan="2">QW1</td><td>QB1</td><td>Q1.7</td><td>Q1.6</td><td>Q1.5</td><td>Q1.4</td><td>Q1.3</td><td>Q1.2</td><td>Q1.1</td><td>Q1.0</td></tr>
<tr><td></td><td rowspan="4">QD2</td><td rowspan="2">QW2</td><td>QB2</td><td>Q2.7</td><td>Q2.6</td><td>Q2.5</td><td>Q2.4</td><td>Q2.3</td><td>Q2.2</td><td>Q2.1</td><td>Q2.0</td></tr>
<tr><td rowspan="4">QD3</td><td rowspan="2">QW3</td><td>QB3</td><td>Q3.7</td><td>Q3.6</td><td>Q3.5</td><td>Q3.4</td><td>Q3.3</td><td>Q3.2</td><td>Q3.1</td><td>Q3.0</td></tr>
<tr><td rowspan="4">QD4</td><td rowspan="2">QW4</td><td>QB4</td><td>Q4.7</td><td>Q4.6</td><td>Q4.5</td><td>Q4.4</td><td>Q4.3</td><td>Q4.2</td><td>Q4.1</td><td>Q4.0</td></tr>
<tr><td rowspan="4">QD5</td><td rowspan="2">QW5</td><td>QB5</td><td>Q5.7</td><td>Q5.6</td><td>Q5.5</td><td>Q5.4</td><td>Q5.3</td><td>Q5.2</td><td>Q5.1</td><td>Q5.0</td></tr>
<tr><td rowspan="4">QD6</td><td rowspan="2">QW6</td><td>QB6</td><td>Q6.7</td><td>Q6.6</td><td>Q6.5</td><td>Q6.4</td><td>Q6.3</td><td>Q6.2</td><td>Q6.1</td><td>Q6.0</td></tr>
<tr><td rowspan="4">QD7</td><td rowspan="2">QW7</td><td>QB7</td><td>Q7.7</td><td>Q7.6</td><td>Q7.5</td><td>Q7.4</td><td>Q7.3</td><td>Q7.2</td><td>Q7.1</td><td>Q7.0</td></tr>
<tr><td rowspan="4">QD8</td><td rowspan="2">QW8</td><td>QB8</td><td>Q8.7</td><td>Q8.6</td><td>Q8.5</td><td>Q8.4</td><td>Q8.3</td><td>Q8.2</td><td>Q8.1</td><td>Q8.0</td></tr>
<tr><td rowspan="4">QD9</td><td rowspan="2">QW9</td><td>QB9</td><td>Q9.7</td><td>Q9.6</td><td>Q9.5</td><td>Q9.4</td><td>Q9.3</td><td>Q9.2</td><td>Q9.1</td><td>Q9.0</td></tr>
<tr><td rowspan="4">QD10</td><td rowspan="2">QW10</td><td>QB10</td><td>Q10.7</td><td>Q10.6</td><td>Q10.5</td><td>Q10.4</td><td>Q10.3</td><td>Q10.2</td><td>Q10.1</td><td>Q10.0</td></tr>
<tr><td rowspan="4">QD11</td><td rowspan="2">QW11</td><td>QB11</td><td>Q11.7</td><td>Q11.6</td><td>Q11.5</td><td>Q11.4</td><td>Q11.3</td><td>Q11.2</td><td>Q11.1</td><td>Q11.0</td></tr>
<tr><td rowspan="4">QD12</td><td rowspan="2">QW12</td><td>QB12</td><td>Q12.7</td><td>Q12.6</td><td>Q12.5</td><td>Q12.4</td><td>Q12.3</td><td>Q12.2</td><td>Q12.1</td><td>Q12.0</td></tr>
<tr><td></td><td rowspan="2">QW13</td><td>QB13</td><td>Q13.7</td><td>Q13.6</td><td>Q13.5</td><td>Q13.4</td><td>Q13.3</td><td>Q13.2</td><td>Q13.1</td><td>Q13.0</td></tr>
<tr><td></td><td></td><td rowspan="2">QW14</td><td>QB14</td><td>Q14.7</td><td>Q14.6</td><td>Q14.5</td><td>Q14.4</td><td>Q14.3</td><td>Q14.2</td><td>Q14.1</td><td>Q14.0</td></tr>
<tr><td></td><td></td><td></td><td></td><td>QB15</td><td>Q15.7</td><td>Q15.6</td><td>Q15.5</td><td>Q15.4</td><td>Q15.3</td><td>Q15.2</td><td>Q15.1</td><td>Q15.0</td></tr>
</table>

2. 整数数据类型

整数数据类型根据数据的长短可分为短整型、整型、双整型和长整型；根据符号的不同，可分为有符号整数和无符号整数。有符号整数包括：有符号短整型（SInt）、有符号整型（Int）、有符号双整型（DInt）、有符号长整型（LInt）。无符号整数包括：无符号短整型（USInt）、无符号整型（UInt）、无符号双整型（UDInt）、无符号长整型（ULInt）。整数数据类型如表3-4所示。

表 3-4　　　　整数数据类型

关键字	长度（位）	取值范围	输入值示例
SInt	8	十进制数范围为：－128～＋127；十六进制数仅表示正数，其范围为 16＃00～16＃7F	16＃3C，＋36
USInt	8	16＃00～16＃FF（即 0～255）	16＃4E，56
Int	16	十进制数范围为－32768～＋32767；十六进制数仅表示正数，其范围为 16＃0000～16＃7FFF	16＃79AC，＋6258
UInt	16	16＃0000～16＃FFFF（即 0～65535）	16＃A74B，12563
DInt	32	十进制数范围为－2147483648～＋2147483647；十六进制数仅表示正数，其范围为 16＃0000_0000～16＃7FFF_FFFF	＋135980
UDInt	32	16＃0000_0000～16＃FFFF_FFFF（即 0～4294967295）	4041352187
LInt	64	十进制数范围为－9223372036854775808～＋9223372036854775807；十六进制数仅表示正数，其范围为 16＃0000_0000_0000_0000～16＃7FFF_FFFF_FFFF_FFFF	＋154896325562369
ULInt	64	16＃0000_0000_0000_0000～16＃FFFF_FFFF_FFFF_FFFF（即 0～18446744073709551615）	158258365258479

（1）短整型。短整型的数据长度为 8 位，它分为符号位短整型（SInt）和无符号位短整型（USInt）。对于符号位短整型而言，其最高位为符号位，如果最高位为“1”则表示负数，为“0”则表示正数。使用二进制数、八进制数和十六进制数时，SInt 仅能表示正数，范围为 16＃00～16＃7F；使用十进制数时，SInt 可以表示正数或负数，数值范围为－128～＋127。无符号位短整型 USInt 可以表示正数或负数，数值范围为 16＃00～16＃FF（即 0～255）。

（2）整型。整型的数据长度为 16 位，它分为符号位整型（Int）和无符号位整型（UInt）。对于符号位整型而言，其最高位为符号位，如果最高位为“1”则表示负数，为“0”则表示正数。使用二进制数、八进制数和十六进制数时，Int 仅能表示正数，范围为 16＃0000～16＃7FFF；使用十进制数时，Int 可以表示正数或负数，数值范围为－32768～＋327677。无符号位整型 UInt 可以表示正数或负数，数值范围为 16＃0000～16＃FFFF（即 0～65535）。

（3）双整型。双整型的数据长度为 32 位，它分为符号位双整型（DInt）和无符号位双整型（UDInt）。对于符号位双整型而言，其最高位为符号位，如果最高位为“1”则表示负数，为“0”则表示正数。

（4）长整型。长整型的数据长度为 64 位，它分为符号位长整型（LInt）和无符号位长整型（ULInt）。对于符号位长整型而言，其最高位为符号位，如果最高位为“1”则表示负数，为“0”则表示正数。

3. 浮点数类型

对于 S7-1500 系列 PLC 而言，支持两种浮点数类型：32 位的单精度浮点数 Real 和

64 位的双精度浮点数 LReal，如表 3-5 所示。

表 3-5　　浮点数类型

关键字	长度（位）	取值范围	输入值示例
Real	32	+1.175495e−38～+3.402823e+38（正数） −1.175495e−38～−3.402823e+38（负数）	1.0e-5
LReal	64	+2.2250738585072014e−308～+1.7976931348623158e+308（正数） −1.7976931348623158e+308～−2.2250738585072014e−308（负数）	2.3e−24

（1）单精度浮点数（Real）。单精度浮点数又称为实数，为 32 位，可以用来表示小数。Real 由符号位、指数 e 和尾数 3 部分构成，其存储结构如图 3-11 所示。例如 $123.4=1.234\times10^2$。

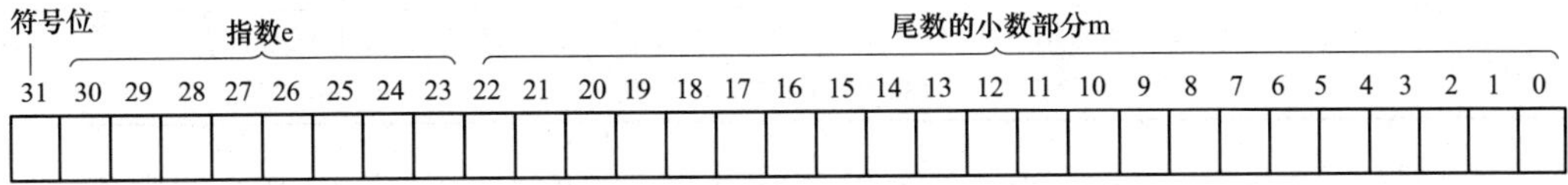

图 3-11　Real 存储结构

根据 ANSI/IEEE 标准，单精度浮点数可以表示为 $1.m\times2^e$ 的形式。其中指数 e 为 8 位正整数（0≤e≤255）。在 ANSI/IEEE 标准中单精度浮点数占用一个双字（32 位）。因为规定尾数的整数部分总是为 1，只保留尾数的小数部分 m（0～22 位）。浮点数的表示范围为 $\pm1.175495\times10^{-38}\sim\pm3.402823\times10^{+38}$。

（2）双精度浮点数（LReal）。双精度浮点数又称为长实数（Long Real），为 64 位。LReal 同样由符号位、指数 e 和尾数 3 部分构成，其存储结构如图 3-12 所示。

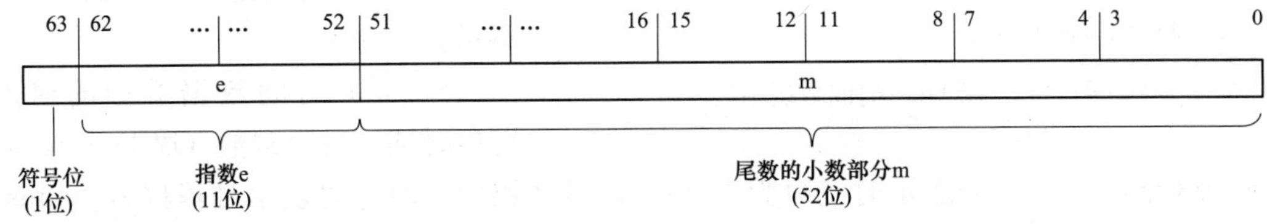

图 3-12　LReal 存储结构

双精度浮点数可以表示为 $1.m\times2^e$ 的形式。其中指数 e 为 11 位正整数（0≤e≤2047）。尾数的整数部分总是为 1，只保留尾数的小数部分 m（0～51 位）。

4. 字符数据类型

字符数据类型包括字符（Char）和宽字符（WChar），如表 3-6 所示。

表 3-6　　字符数据类型

关键字	长度（位）	取值范围	输入值示例
Char	8	ASCII 字符集	'A'
WChar	16	Unicode 字符集，取值范围 $0000～$D7FF	WCHAR#'a'

字符（Char）数据的长度为 8 位，占用一个字节（Byte）的存储空间。它是将单个字

符采用 ASCII 码（美国标准交换信息码）进行存储。

宽字符（WChar）数据的长度为 16 位，占用两个字符的存储空间。它是将扩展字符集中的单个字符以 Unicode 编码格式进行存储。控制字符在输入时，以美元符号 $ 表示。

5. 定时器数据类型

定时器数据类型主要包括时间（Time）、S5 时间（S5Time）和长时间（LTime）数据类型，如表 3-7 所示。

表 3-7　　定时器数据类型

关键字	长度（位）	取值范围	输入值示例
Time	32	T#-24D_20H_31M_23S_648MS～+24D_20H_31M_23S_647MS	T#10D_12H_45M_23S_123MS
S5Time	16	S5T#0MS～S5T#2H_46M_30S_0MS	S5T#10S
LTime	64	LT#-106751d_23h_47m_16s_854ms_775us_808ns～LT#+106751d_23h_47m_16s_854ms_775us_807ns	LT#11350d_20h_25m_14s_830ms_652us_315ns

（1）时间（Time）。Time 为有符号的持续时间，长度为 32 位，时基为固定值 1ms，数据类型为双整数，所表示的时间值为整数值乘以时基。格式为 T#aaD_bbH_ccM_ddS_eeeMS，其中 aa 为天数（天数前可加符号位），bb 为小时，cc 为分钟，dd 为秒，eee 为毫秒。根据双整数最大值为 2 147 483 647，乘以时基 1ms，可以算出，Time 时间的最大值为 T#24D_20H_31M_23S_648MS。

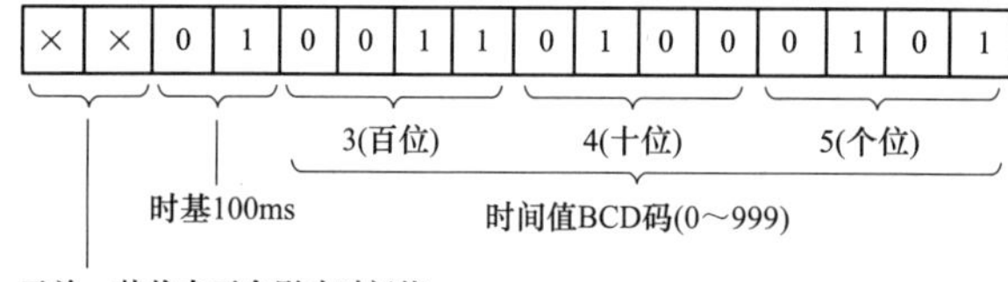

图 3-13　S5Time 时间数据结构

（2）S5 时间（S5Time）。S5Time 时间长度为 16 位，包括时基和时间常数两部分，时间常数采用 BCD 码。S5Time 时间数据类型结构如图 3-13 所示。

S5Time 时间数据类型的时间值=时基×时间常数（BCD 码），其中时基代码为“00”时表示时基数为 10ms；时基代码为“01”时表示时基数为 100ms；时基代码为“10”时表示时基数为 1s；时基代码为“11”时表示时基数为 10s。所以图 3-13 所示的 S5Time 时间=100ms×345=34s500ms。

预装时间时，采用的格式为 S5T#aH_bbM_ccS_ddMS。其中 a 为小时，bb 为分钟，cc 为秒，dd 为毫秒。由时间存储的格式可以计算出，采用这种格式可以预装的时间最大值为 9990s，也就是说 S5TIME 时间数据的取值范围为 S5T#10ms～S5T#2H_46M_30S_0MS。S5Time 的默认时间精度为 10ms。

（3）长时间（LTime）。LTime 时间长度为 64 位，其时间单位为 ns。格式为 T#aaD_bbH_ccM_ddS_eeeMS_fffUS_gggNS，其中 aa 为天数（天数前可加符号位），bb 为小时，cc 为分钟，dd 为秒，eee 为毫秒，fff 为微秒，ggg 为纳秒。在实际使用时，可不使用完整的格式，例如 LT#5H20S 也是有效的时间数值。

6. 日期和时间数据类型

日期和时间数据类型包括日期（Date）、日时间（TOD）、长日时间（LTOD），如表

3-8 所示。

表 3-8　　日期和时间数据类型

关键字	长度（字节）	取值范围	输入值示例
Date	2	D#1990-01-01～D#2169-06-06	D#2020-05-20
TOD	4	TOD#00:00:00.000 ～ TOD#23:59:59.999	TOD#15:14:30.400
LTOD	8	LTOD#00:00:00.000000000～LTOD#23:59:59.999999999	LTOD#15:20:32.400_365_215

（1）日期（Date）。日期数据长度为 2 字节（16 位），数据类型为无符号整数，以 1 日为单位，日期从 1990 年 1 月 1 日开始至 2169 年 6 月 6 日。1990 年 1 月 1 日对应的整数为 0，日期每增加 1 天，对应的整数值加 1，如 30 对应 1990 年 1 月 29 日。日期格式为 D#_年_月_日，例如 2009 年 8 月 1 日表示为 D#2009_8_1。

（2）日时间（TOD）。日时间（Time_of_ Day，TOD）存储从当天 0:00 开始的毫秒数，数据长度为 4 字节（32 位），数据类型为无符号整数。

（3）长日时间（LTOD）。长日时间（LTime_of_Day）存储从当天 0:00 开始的纳秒数，数据长度为 8 字节（64 位），数据类型为无符号整数。

3.2.3　复杂数据类型

复杂数据类型是一类由其他数据类型组合而成的，或者长度超过 32 位的数据类型。S7-1500 系列 PLC 的复杂数据类型有以下 7 种。

1. 日期时间数据类型（Data_and_Time，DT）

日期时间数据类型的长度为 8 字节，包括的信息有年、月、日、小时、分钟、秒和毫秒。取值范围为 DT#1990-01-01-00:00:00.000～DT#2089-12-31-23:59:59.999。例如：DT#2020-05-15-12:30:15.200 为 2020 年 5 月 15 日 12 时 30 分 15.2 秒。

2. 日期长时间数据类型（Data_and_Time，LDT）

日期长时间数据类型的长度为 8 字节，包括的信息有年、月、日、小时、分钟、秒和纳秒。取值范围为 LDT#1970-01-01-00:00:00.000000000～LDT#2262-04-11-23:47:16.854775807。

3. 长日期时间数据类型（DTL）

长日期时间数据类型的长度为 12 字节，以预定义结构存储日期和时间信息，其包括的信息有年、月、日、小时、分钟、秒和纳秒。取值范围为 DTL#1970-01-01-00:00:00.0～DTL#2262-04-11-23:47:16.854775807。

4. 字符串数据类型（String）

字节串数据类型的操作数在一个字符串中存储多个字符，它的前两个字节用于存储字符串长度的信息，因此一个字符串类型的数据最多可包含 254 个字符。其常数表达方式由两个单引号包括的字符串，例如‘Simatic S7-1500’。用户在定义字符串变量时，也可以限定它的最大长度，如 String [16]，则该变量最多只能包含 16 个字符。

5. 宽字符串数据类型（WString）

宽字符串数据类型的操作数存储一个字符串中多个数据类型为 WChar 的 Unicode 字

符。如果不指定长度，则字符串的长度为预置的 254 个字符。在字符串中，可使用所有 Unicode 格式的字符。这意味着也可在字符串中使用中文字符。

6. 数组类型（Array）

将一组同一类型的数据组合在一起组成一个单位就是数组。一个数组的最大维数为 6 维，数据中的元素可以是基本数据类型，也可以是复合数据类型，但不包括数组类型本身。数据组中每一维的下标取值范围是－32768～32767。但是下标的下限必须小于上限，例如 1…2、－15…－4 都是合法的下标定义。定义一个数组时，需要指明数组的元素类型、维数和每一维的下标范围，例如 Array[1…3，1…5，1…6]of Int 定义了一个元素为整数型，大小为 3×5×6 的三维数组。可以用变量名加上下标来引用数组中的某一个元素，如 a[3，4，5]。

7. 结构类型（Struct）

Struct 数据类型是一种元素数量固定但数据类型不同的数据结构，通常用于定义一组相关数据。在结构中，可嵌套 Struct 或 Array 数据类型的元素，但是不能在 Struct 变量中嵌套结构。Struct 变量始终以具有偶地址的一个字节开始，并占用直至下一个字限制的内存。例如电动机的一组数据可以按如下方式定义：

```
Motor：STRUCT
   Speed：INT
   Current：REAL
END_ STRUCT
```

3.2.4 指针与用户自定义数据类型

1. 指针类型

S7-1500 系列 PLC 支持 Pointer、Any 和 Variant 这 3 种指针类型。

（1）Pointer。Pointer 类型的参数是一个可指向特定变量的指针，它在存储器中占用 6 个字节地址，其指针结构如图 3-14 所示。

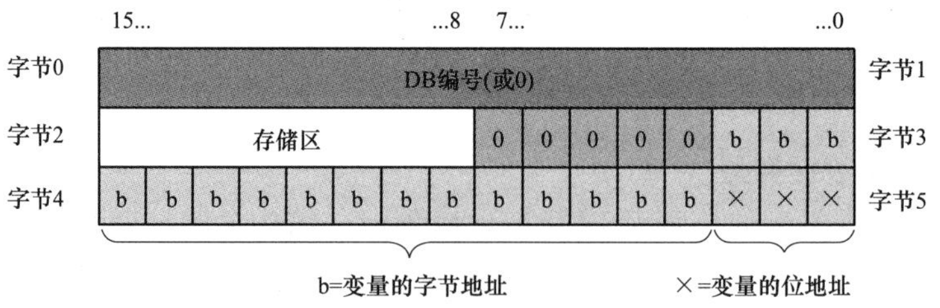

图 3-14 Pointer 指针结构

根据相关信息，可以使用 Pointer 类型声明 4 种类型的指针：内部区域指针、跨区域指针、DB 数据块指针和零指针。内部区域指针存储变量的地址信息，如 P＃20.0；跨区域指针存储变量的存储区域和地址信息，如 P＃M20.0；DB 数据块指针，可以指向数据块变量，该指针除了存储变量的存储区域和地址信息外，还存储数据块的编号，如 P＃DB10.DBX20.0；零指针可以指出缺少值，该缺少值可以表示值不存在或为未知值，如P＃0.0。

（2）Any。Any 类型的参数指向数据区的起始位置，并指定其长度，它在存储器中占用 10 个字节地址，其指针结构如图 3-15 所示。

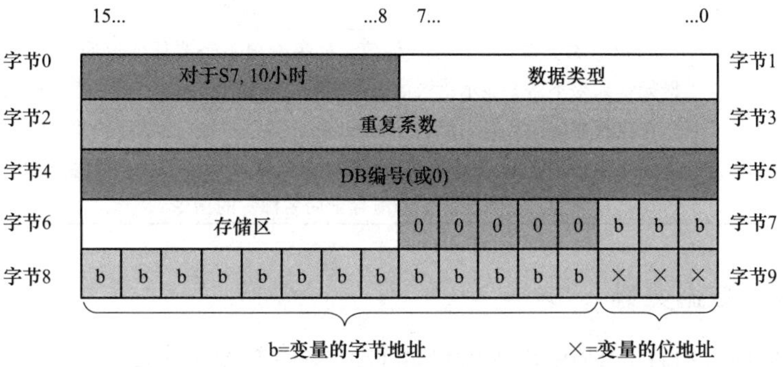

图 3-15　Any 指针结构

根据相关信息，可以使用 Any 类型声明 6 种类型信息：数据区元素的数据类型、系统区元素数的重复系数、包含数据区元素声明的 DB 数据块编号、CPU 中存储数据区元素的存储区、通过 Any 指针确定数据区起始位置的数据起始地址和零指针。

（3）Variant。Variant 数据类型的参数是一个指针或引用，可指向各种不同数据类型的变量。Variant 指针无法指向实例，所以不能指向多重实例或多重实例的 Array。Variant 指针可以是基本数据类型（如 Int 或 Real）的对象。还可以是 String、DTL、Struct 类型的 Array、UDT、UDT 类型的 Array。Variant 指针可以识别结构，并指向各个结构元素。Variant 数据类型的操作数不占用背景数据块或工作存储器中的空间，但是将占用 CPU 上的存储空间。

2. 用户自定义数据类型（UDT）

UDT（User-Defined Data Types）是一种复杂的用户自定义数据类型，用于声明一个变量。这种数据类型是一个由多个不同数据类型元素组成的数据结构。其中，各元素可源自其他 UDT 和 Array，也可直接使用关键字 Struct 声明为一个结构。与 Struct 不同的是，UDT 是一个模板，可以用来定义其他变量。

3.2.5　参数类型

参数类型是为在逻辑块之间传递参数的形式参数定义的数据类型，它还可以是 PLC 数据类型。参数数据类型及其用途如表 3-9 所示。

表 3-9　　参数数据类型及其用途

参数类型	长度（位）	用途说明
Timer	16	可用于指定在被调用代码块中所使用的定时器。如果使用 Timer 参数类型的形参，那么相关的实参必须是定时器
Counter	16	可用于指定在被调用代码块中使用的计数器。如果使用 Counter 参数类型的形参，那么相关的实参必须是计数器
Block_FC	16	可用于指定在被调用代码块中用作输入的块。 参数的声明决定所要使用的块类型（如 FB、FC、DB）。 如果使用 Block 参数类型的形参，则将指定一个块地址作为实参
Block_FB	16	
Block_DB	16	
Block_SDB	16	

续表

参数类型	长度（位）	用途说明
Void	—	Void 参数类型不会保存任何值。如果输出不需要任何返回值，则使用此参数类型。例如，如果不需要显示错误信息，则可以在输出 Status 中指定 Void 参数类型
Parameter	—	在执行相应输入时，可通过 Parameter 数据类型，使用程序块中的局部变量符号调用该程序块中包含的“GetSymbolName：读取输入参数处的变量名称”和“GetSymbol-Path：查询输入参数分配中的组合全局名称”的指令

3.2.6 系统数据类型

系统数据类型（SDT）是由系统提供并具有预定义的结构，它只能用于特定指令。系统数据类型的结构由固定数目的可具有各种数据类型的元素构成，使用时用户不能更改系统数据类型的结构。系统数据类型及其用途如表 3-10 所示。

表 3-10　　系统数据类型及其用途

参数类型	长度（位）	用途说明
IEC_Timer	16	声明有 PT、ET、IN 和 Q 参数的定时器结构。时间值为 TIME 数据类型。例如，此数据类型可用于“TP”“TOF”“TON”“TONR”“RT”和“PT”指令
IEC_LTimer	32	声明有 PT、ET、IN 和 Q 参数的定时器结构。时间值为 LTIME 数据类型。例如，此数据类型可用于“TP”“TOF”“TON”“TONR”“RT”和“PT”指令
IEC_SCOUNTER	3	计数值为 SINT 数据类型的计数器结构。例如，此数据类型用于“CTU”“CTD”和“CTUD”指令
IEC_USCOUNTER	3	计数值为 USINT 数据类型的计数器结构。例如，此数据类型用于“CTU”“CTD”和“CTUD”指令
IEC_COUNTER	6	计数值为 INT 数据类型的计数器结构。例如，此数据类型用于“CTU”“CTD”和“CTUD”指令
IEC_UCOUNTER	6	计数值为 UINT 数据类型的计数器结构。例如，此数据类型用于“CTU”“CTD”和“CTUD”指令
IEC_DCOUNTER	12	计数值为 DINT 数据类型的计数器结构。例如，此数据类型用于“CTU”“CTD”和“CTUD”指令
IEC_UDCOUNTER	12	计数值为 UDINT 数据类型的计数器结构。例如，此数据类型用于“CTU”“CTD”和“CTUD”指令
IEC_LCOUNTER	24	计数值为 UDINT 数据类型的计数器结构。例如，此数据类型用于“CTU”“CTD”和“CTUD”指令
IEC_ULCOUNTER	24	计数值为 UDINT 数据类型的计数器结构。例如，此数据类型用于“CTU”“CTD”和“CTUD”指令
ERROR_STRUCT	28	编程错误信息或 I/O 访问错误信息的结构。例如，此数据类型用于“GET_ERROR”指令
CREF	8	数据类型 ERROR_STRUCT 的组成，在其中保存有关块地址的信息
NREF	8	数据类型 ERROR_STRUCT 的组成，在其中保存有关操作数的信息

续表

参数类型	长度（位）	用途说明
VREF	12	用于存储 VARIANT 指针。这种数据类型通常用于 S7-1200/1500 Motion Control 指令中
SSL_HEADER	4	指定在读取系统状态列表期间保存有关数据记录信息的数据结构。例如，此数据类型用于“RDSYSST”指令
CONDITIONS	52	用户自定义的数据结构，定义数据接收的开始和结束条件。例如，此数据类型用于“RCV_CFG”指令
TADDR_Param	8	指定用来存储那些通过 UDP 实现开放用户通信的连接说明的数据块结构。例如，此数据类型用于“TUSEND”和“TURSV”指令
TCON_Param	64	指定用来存储那些通过工业以太网（PROFINET）实现开放用户通信的连接说明的数据块结构。例如，此数据类型用于“TSEND”和“TRSV”指令
HSC_Period	12	使用扩展的高速计数器，指定时间段测量的数据块结构。此数据类型用于“CTRL_HSC_EXT”指令

3.2.7　硬件数据类型

硬件数据类型由 CPU 提供，可用硬件数据类型的数目取决于 CPU。根据硬件配置中设置的模块存储特定硬件数据类型的常量。在用户程序中插入用于控制或激活已组态模块的指令时，可将这些可用常量用作参数。硬件数据类型及其用途如表 3-11 所示。

表 3-11　　硬件数据类型及其用途

参数类型	基本数据类型	用途说明
REMOTE	Any	用于指定远程 CPU 的地址。例如，此数据类型可用于“PUT”和“GET”指令
HW_ANY	UInt	任何硬件组件（如模块）的标识
HW_DEVICE	HW_Any	DP 从站/PROFINET IO 设备的标识
HW_DPMASTER	HW_Interface	DP 主站的标识
HW_DPSLAVE	HW_Device	DP 从站的标识
HW_IO	HW_Any	CPU 或接口的标识号。该编号在 CPU 或硬件配置接口的属性中自动分配和存储
HW_IOSYSTEM	HW_Any	PN/IO 系统或 DP 主站系统的标识
HW_SUBMODULE	HW_IO	重要硬件组件的标识
HW_MODULE	HW_IO	模块标识
HW_INTERFACE	HW_SUBMODULE	接口组件的标识
HW_IEPORT	HW_SUBMODULE	端口的标识（PN/IO）
HW_HSC	HW_SUBMODULE	高速计数器的标识。例如，此数据类型可用于“CTRL_HSC”和“CTRL_HSC_EXT”指令
HW_PWM	HW_SUBMODULE	脉冲宽度调制标识。例如，此数据类型用于“CTRL_PWM”指令
HW_PTO	HW_SUBMODULE	脉冲编码器标识。该数据类型用于运动控制
EVENT_ANY	AOM_IDENT	用于标识任意事件

续表

参数类型	基本数据类型	用途说明
EVENT_ATT	EVENT_Any	用于指定动态分配给 OB 的事件。例如，此数据类型可用于“ATTACH”和“DETACH”指令
EVENT_HWINT	EVENT_ATT	用于指定硬件中断事件
OB_ANY	INT	用于指定任意组织块
OB_DELAY	OB_Any	用于指定发生延时中断时调用的组织块。例如，此数据类型可用于“SRT_DINT”和“CAN_DINT”指令
OB_TOD	OB_Any	指定时间中断 OB 的数量。例如，此数据类型用于“SET_TINT”“CAN_TINT”“ACT_TINT”和“QRY_TINT”指令
OB_CYCLIC	OB_Any	用于指定发生看门狗中断时调用的组织块
OB_ATT	OB_Any	用于指定动态分配给事件的组织块。例如，此数据类型可用于“ATTACH”和“DETACH”指令
OB_PCYCLE	OB_Any	用于指定分配给“循环程序”事件类别事件的组织块
OB_HWINT	OB_Any	用于指定发生硬件中断时调用的组织块
OB_DIAG	OB_Any	用于指定发生诊断中断时调用的组织块
OB_TIMEERROR	OB_Any	用于指定发生时间错误时调用的组织块
OB_STARTUP	OB_Any	用于指定发生启动事件时调用的组织块
PORT	HW_SUBMODULE	用于指定通信端口。该数据类型用于点对点通信
RTM	UInt	用于指定运行小时计数器值。例如，此数据类型用于“RTM”指令
PIP	UInt	用于创建和连接“同步循环”OB。该数据类型可用于 SFC 26、27、126 和 127 中
CONN_ANY	Word	用于指定任意连接
CONN_PRG	CONN_ANY	用于指定通过 UDP 进行开放式通信的连接
CONN_OUC	CONN_ANY	用于指定通过工业以太网（PROFINET）进行开放式通信的连接
CONN_R_ID	DWord	S7 通信块上 R_ID 参数的数据类型
DB_ANY	UInt	DB 的标识（名称或编号）。数据类型“DB_ANY”在“Temp”区域中的长度为 0
DB_WWW	DB_ANY	通过 Web 应用生成的 DB 的数量（例如，“WWW”指令）。数据类型“DB_WWW”在“Temp”区域中的长度为 0
DB_DYN	DB_ANY	用户程序生成的 DB 编号

3.3 S7-1500 PLC 的存储区与寻址方式

3.3.1 S7-1500 PLC 的存储系统

CPU 存储区，又称为存储器。S7-1500 PLC 存储区分为 3 个区域：装载存储器、工作存储器和系统存储区，如图 3-16 所示。

1. 装载存储器（Load Memory）

装载存储器是一种非易失性存储器，用来存储不包含符号地址和注释的用户程序和附加的系统数据，例如存储组态信息、连接及模块参数等。将这些对象装载到 CPU 时，会首先存储到装载存储器中。对于 S7-1500 PLC 而言，装载存储器位于 SIMATIC 存储卡上，所以在运行 CPU 之前必须先插入 SIMATIC 存储卡。

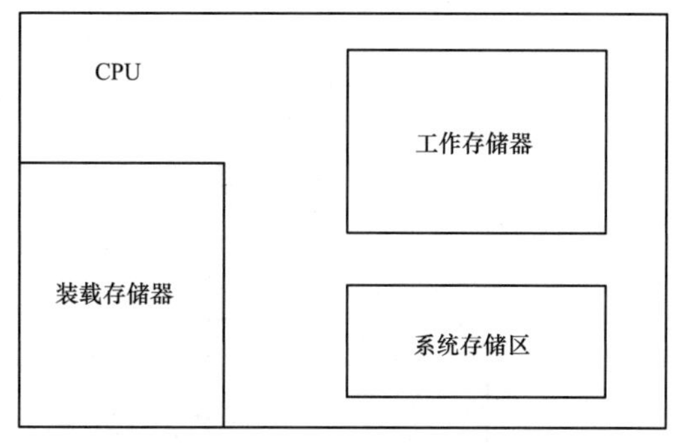

图 3-16　S7-1500 PLC 存储区的组织结构

2. 工作存储器

工作存储器也是一种非易失性存储器，用于运行程序指令，并处理用户程序数据，例如全局数据块、背景数据块等。工作存储器占用 CPU 模块中的部分 RAM，它是集成的高速存取的 RAM 存储器，不能被扩展。为了保证程序执行的快速性和不过多地占用工作存储器，只有与程序执行有关的块被装入工作存储器中。

3. 系统存储区（System Memory）

系统存储区是 CPU 为用户程序提供的存储器组件，不能被扩展。系统存储区根据功能的不同，被划分为若干个地址区域，用户程序指令可以在相应的地址区内对数据直接寻址。系统存储区的常用地址区域有：过程映像输入/输出（I/Q）、直接访问外设 I/O（PI/PQ）地址、内部存储器标志位存储区（M）、定时器（T）、计数器（C）、局域数据（L）、地址寄存器（AR）、数据块地址存储器（DB、DI）、状态字寄存器等。此外，还包括块堆栈（B 堆栈）、中断堆栈（I 堆栈）等。

3.3.2　S7-1500 PLC 存储器范围及特性

1. 过程映像输入/输出（I/Q）

当用户程序寻址输入（I）和输出（O）地址区时，不能查询数字量信号模板的信号状态。相反，它将访问系统存储器的一个存储区域。这一存储区域称为过程映像，该过程映像被分为两部分：输入的过程映像（PI）和输出的过程映像（PQ）。

一个循环内刷新过程映像的操作步骤如图 3-17 所示，在每个循环扫描开始时，CPU 读取数字量输入模块的输入信号的状态，并将它们存入过程映像输入区（Process Image Input，PII）中；在循环扫描中，用户程序计算输出值，并将它们存入过程映像输出区（Process Image Output，PIQ）中。在循环扫描结束时，将过程映像输出区中内容写入数字量输出模块。

用户程序访问 PLC 的输入（I）和输出（O）地址区时，不是去读写数字信号模块内的信号状态，而是访问 CPU 中的过程映像区。

I 和 Q 均可以按位、字节、字和双字来存取，例如 I0.1、IB0、IW0、ID0 等。

与直接 I/O 访问相比，过程映像访问可以提供一个始终一致的过程信号映像，以用于循环程序执行过程中的 CPU。如果在程序执行过程中输入模板上的信号状态发生变化，过程映像中的信号状态保持不变，直到下一个循环过程映像再次刷新。另外，由于过程映像被保存在 CPU 的系统存储器中，访问速度比直接访问信号模板显著加快。

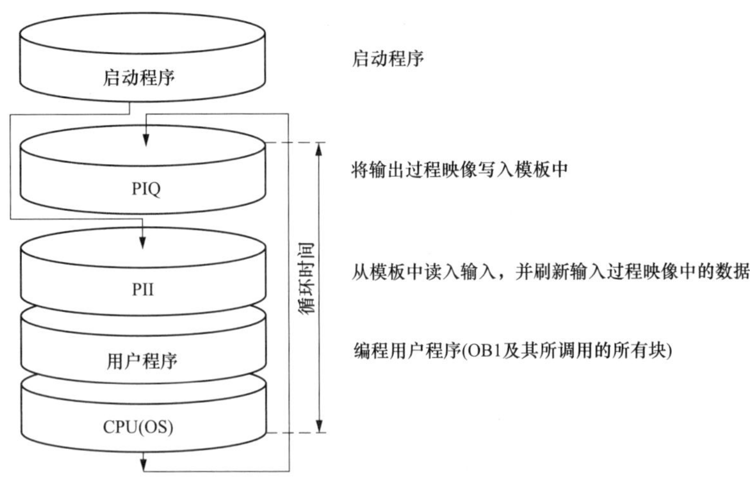

图 3-17　一个循环内刷新过程映像的操作步骤

输入过程映像在用户程序中的标识符为“I”，是 PLC 接收外部输入数字量信号的窗口。输入端可以外接动合或动断触点，也可以接多个触点组成的串并联电路。PLC 将外部电路的通/断状态读入并存储输入过程映像中，外部输入电路接通时，对应的输入过程映像为 ON(1 状态)；外部输入电路断开时，对应的输入过程映像为 OFF（0 状态）。在梯形图中，可以多次使用输入过程映像的动合或动断触点。

输出过程映像在用户程序中的标识符为“Q”，在循环结束时，CPU 将输出过程映像的数据传送给输出模块，再由输出模块驱动外部负载。如果梯形图中 Q0.0 的线圈“通电”，继电器型输出模块中对应的硬件继电器的动合触点闭合，使接在 Q0.0 对应的输出端子的外部负载工作。输出模块中的每一硬件继电器仅有一对动合触点，但是在梯形图中，每一个输出位的动合触点和动断触点都可以使用多次。

2. 直接访问外设 I/O（PI/PQ）地址

如果将模块插入到站点中，默认情况下其逻辑地址将位于 SIMATIC S7-1500 CPU 的过程映像区中。在过程映像区更新期间，CPU 会自动处理模块和过程映像区之间的数据交换。

如果希望程序直接访问模块，则可以使用 PI/PQ 指令来实现。通过访问外设 I/O 存储区（PI 和 PQ），用户可以不经过过程映像输入和过程映像输出，直接访问本地的和分布式的输入模块（例如接收模拟量输入信号）和输出模块（例如产生模拟量输出信号）。如果在程序中使用外部输入参数，则在执行程序相应指令时将直接读取指定输入模块的状态。如果使用外部输出参数，则在执行程序相应指令时将直接把计算结果写到指定输出模块上，而不需要等到输出刷新这一过程。可以看到，使用外设输入/输出存储区可以跟输入/输出模块进行实时数据交换，因此在处理连续变化的模拟量时，一般要使用外部输入/输出这一存储区域。

3. 内部存储器标志位存储区（M）

在逻辑运算中，经常需要一些辅助继电器，其功能与传统的继电器控制线路中的中间继电器相同。辅助继电器与外部没有任何直接联系，不能驱动任何负载。每个辅助继电器对应位存储区的一个基本单元，它可以由所有的编程元件的触点来驱动，其状态也可以多次使用。在 S7-1500 中，有时也称辅助继电器为位存储区的内部存储标志位。

内部存储器标志位在用户编程时，通常用来保存控制逻辑的中间操作状态或其他信息。内部存储器标志位通常以“位”为单位使用，采用“字节．位”的编址方式，每 1 位相当于 1 个中间继电器，S7-1500 的辅助继电器的数量为 16384 个字节。内部存储器标志位除了以“位”为单位使用外，还可以用字节、字、双字为单位使用。

4. 定时器（T）

定时器相当于传统的继电器控制线路中的时间继电器，用于实现或监控时间序列。定时器是由位和字组成的复合存储单元，定时器的触点状态通常使用位存储单元表示，字存储单元用于存储定时器的定时时间值（0～999）。时间值 9 可以用二进制或 BCD 码的方式读取。在 CPU 的存储器中，有一个区域是专为定时器保留的，此存储区为每个定时器地址保留一个 16 位的字。

定时器按照精度分为 4 种：10ms、100ms、1s 和 10s；按照定时方式可分 5 种：脉冲 S5 定时器（SP）、扩展脉冲 S5 定时器（SE）、接通延时定时器（SD）、保持型接通延时定时器（SS）、断开延时定时器（SF）。

每个定时器由时基和定时值组成，其数据格式如图 3-18 所示。定时器的定时时间等于时基与定时值（1～999）的乘积，当定时器运行时，定时值不断减 1，直至减为 0，定时值减到 0 表示定时时间到，定时器触点动作。S7-1500 的时基与定时范围如表 3-12 所示。

表 3-12　　S7-1500 的时基与定时范围

时基	时基的二进制代码	分辨率	定时范围
10ms	0　0	0.01	10ms～9.99s
100ms	0　1	0.1	100ms～1min39s999ms
1s	1　0	1	1s～16min39s
10s	1　1	10	10s～2h46min30s

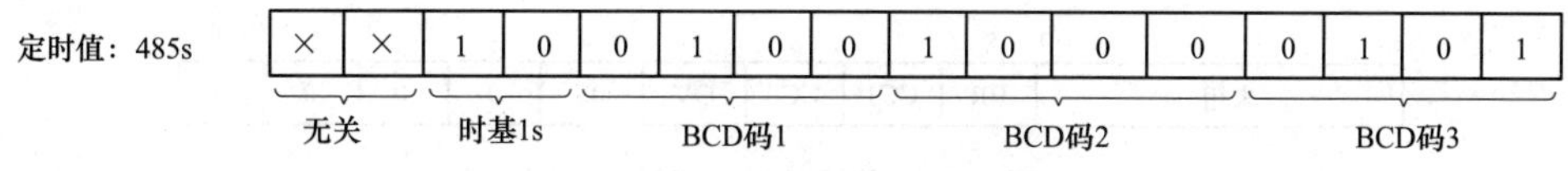

图 3-18　定时器定时值的数据格式

5. 计数器（C）

计数器用于累计其计数脉冲上升沿的次数。计数器是由位和字组成的复合存储单元，计数器的触点状态用位存储单元表示，字存储单元用于存储计数器的当前计数值（0～999）。计数值可以用二进制或 BCD 码方式读取。在 CPU 的存储器中，有一个区域是专为计数器保留的，此存储区为每个计数器地址保留一个 16 位的字。

计数器的计数方式有加计数器、减计数器和加减计数器。加计数器是从 0 或预置的初始值开始。当计数器的计数值达到上限 999 时，停止累加。减计数是从预置的初始值开始，当计数器的计数值达到 0 时，将不再减少。

在对计数器设定预置值时，累加器 1 的低位字中的内容（预置值）作为计数器的初始值装入计数器的字存储器中，计数器中的计数值是在初始值的基础上进行增加或减少的。计数值的数据格式如图 3-19 所示。

图 3-19　计数器计数值的数据格式

6. 局域数据（L）

局域数据是特定块的本地数据，在处理该块时其状态临时存储在该块的临时堆栈（L 堆栈）中，当完成处理关闭该块后，其数据不能再被访问。其出现在块中的形式有形式参数、静态数据和临时数据。

7. 地址寄存器（AR）

地址寄存器是专门用于寻址的一个特殊指针区域，S7-1500 的地址寄存器共有两个：AR1 和 AR2，每个 32 位。地址寄存器的内容加上偏移量形成地址指针，地址指针指向的是存储器单元，存储器单元可以是位、字节、字或双字。

8. 数据块地址存储器（DB、DI）

CPU 中的数据块分为共享数据块（DB）和背景数据块（DI）。共享数据块不能分配给任何一个逻辑块。它包含设备或机器所需的值，并且可以在程序中的任何位置直接调用。DBX、DBB、DBW 和 DBD 分别表示共享数据块的位、字节、字和双字，对共享数据块可以按位、字节、字或双字存取。背景数据块是直接分配给逻辑块的数据块，如功能块。它包含存储在变量声明表中的功能块的数据。DIX、DIB、DIW 和 DID 分别表示背景数据块的位、字节、字和双字，对背景数据块可以按位、字节、字或双字存取。

9. 状态字寄存器

状态字寄存器是 CPU 存储器中的一个 16 位寄存器，用于存储 CPU 执行指令的状态。状态字的结构如图 3-20 所示，虽然它是一个 16 位的寄存器，但是只使用了 5 个位。状态字的某些位用于决定某些指令是否执行和以什么样的方式执行，执行指令时可能改变状态字中的某些位，用位逻辑指令和字逻辑指令可以访问和检测它们。

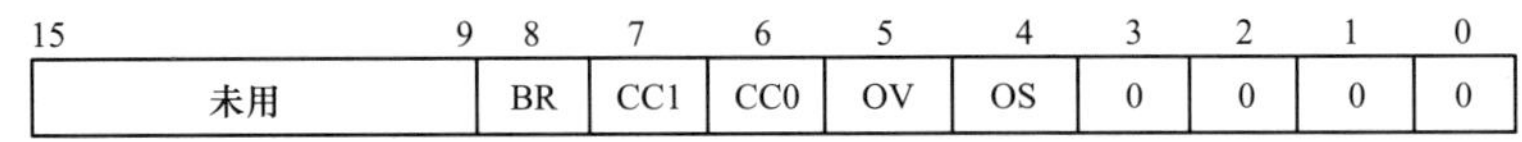

图 3-20　状态字寄存器的结构

（1）溢出位（OV）。状态字的第 4 位称为溢出位，如果算术运算或浮点数比较指令执行时出现错误（例如溢出、非法操作和不规范的格式），溢出位被置为“1”。后面的同类指令执行结果正常时该位被清零。

（2）溢出状态保持位（OS）。状态字的第 5 位称为溢出状态保持位，它保存了 OV 位，用于指明前面的指令执行过程中是否产生错误。只有 JOS（OS＝1 时跳转）指令、块调用指令和块结束指令，才能复位 OS 位。

（3）条件码 1（CC1）和条件码 0（CC0）。状态字的第 7 位和第 6 位分别称为条件码 1 和条件码 0。这两位综合起来用于表示在累加器 1 中产生的算术运算或逻辑运算的结果与 0 的大小关系、比较指令的执行结果或移位指令的移出位状态。

（4）二进制结果位（BR）。状态字的第 8 位称为二进制结果位，它将字处理程序与位处理联系起来，在一段既有位操作又有字操作结果的程序中，用于表示字操作结果是否正确。将 BR 位加入程序后，无论字操作结果如何，都不会造成二进制逻辑链中断。在梯形图的方框指令中，BR 位与 ENO 有对应关系，用于表明方框指令是否被正确招行：如果执行出现了错误，BR 位为 0，ENO 也为 0；如果功能被正确招行，BR 位为 1，ENO 也为 1。

10. 累加器（ACC）

32 位累加器用于处理字节、字或双字的寄存器。S7-1500 CPU 中有两个累加器：ACCU1 和 ACCU2。可以把操作数送入累加器，并在累加器中进行运算和处理，保存在 ACCU1 中的运算结果可以传送到存储区。处理 8 位和 16 位数据时，数据可以按“字节”“字”或“双字”的方式存放在累加器的低端（右对齐）。“字节”“字”或“双字”的数据处理指令绝大部分都是通过累加器来完成的。

3.3.3　寻址方式

操作数是指令操作或运算的对象，一般情况下，指令的操作数位于 PLC 的存储器中。操作数由操作数标识符和标识参数组成，操作数标识符告诉 CPU 操作数存放在存储器的哪个区域及操作数的位数；标识参数则进一步说明操作数在该存储区域的具体位置。寻址方式，即对数据存储区进行读写访问的方式。S7-1500 的寻址方式可分为立即寻址、直接寻址和间接寻址。

1. 立即寻址

数据在指令中以常数形式出现，取出指令的同时也就取出了操作数据，这种寻址方式称为立即数寻址方式。常数可分为字节、字、双字型数据。CPU 以二进制方式存储常数，指令中还可用十进制、十六进制、ASCII 码或浮点数等来表示。有些指令的操作数是唯一的，为简化起见，并在指令中写出，如 SET、CLR 等指令。表 3-13 是立即寻址的例子。下面是使用立即寻址的程序实例：

```
SET                 //把 RLO 置 1
OW   W#16#253       //将常数 W#16#253 与 ASCI I“或”运算
L    1521           //将常数 1521 装入 ACCU1（累加器 1）
L    “9C73”         //把 ASCII 码字符 9C73 装入 ACCU1
L    C#253          //把 BCD 码常数 253（计数值）装入 ACCU1
AW   W#16#3C2A      //将常数 W#16#3C2A 与 ACCU1 的低位，运算结果在 AC-
                      CU1 的低字中
```

表 3-13　　立即寻址举例

不同形式的立即数		举　例	说　明
二进制常数	8 位	L　2#1100_1001	将 8 位二进制数 1100_1001 装入 ACCU1 中
	16 位	L　2#1001_0110_0010_1010	将 16 位二进制数 1001_0110_0010_1010 装入 ACCU1 中
	32 位	L　2#1010_1011_1100_0110_1011_1010_0110_1001	将 32 位二进制数 1010——1011_1100_0110_1011_1010_0110_1001 装入 ACCU1 中

续表

不同形式的立即数		举　例	说　明
十进制常数	8位	L　239	将十进制数239装入ACCU1中
	16位	L　−3116	将整数−3116装入ACCU1中
	32位	L　L#−1234	将双整数−1234装入ACCU1中
十六进制常数	8位	L　B#16#AC	将字节数据AC装入ACCU1中
	16位	L　W#16#3A4D	将字数据3A4D装入ACCU1中
	32位	L　DW#16#143C_9DA4	将双字数据143C_9DA4装入ACCU1中
浮点数		L　−3.1213456	将浮点数−3.1213456装入ACCU1中
ASCII字符常数		L 'STEP'	将ASCII字符STEP7装入ACCU1中
时间	S5TIME	L　S5T#2H_30M_28S	将S5T#2H_30M_28S时间装入ACCU1中
	TIME	L　T#12D_12H_25M_28S_123MS	将T#12D_12H_25M_28S_123MS时间装入ACCU1中
	DATE	L　D#2009_8_28	将D#2009_8_28日期装入ACCU1中
	TOD	L　TOD#12:23:28.590	将TOD#12:23:28.5 90时间装入ACCU1中
计数值常数		L　C#234	将计数值234装入ACCU1中
区域指针常数		L　P#10.0	将内部区域指针装入ACCU1中
		L　P#Q15.0	将交叉区域指针装入ACCU1中
2字节无符号数		L　B#（132，56）	装入2字节无符号常数
4字节无符号数		L　B#（24，18，87，34）	装入4字节无符号常数

2. 直接寻址

直接寻址在指令中直接给出存储器或寄存器的区域、长度和位置。在STEP 7中可采用绝对地址寻址和符号地址寻址这两种方式对存储区直接进行访问，即直接寻址。

绝对地址寻址是直接指定所访问的存储区域、访问形式及地址数据。STEP 7对于各存储区域（计数器和定时器除外）基本上可采取4种方式直接寻址：位寻址、字节寻址、字寻址、双字寻址。

（1）位寻址。存储器的最小组成部分是位（Bit），位寻址是最小存储单元的寻址方式。寻址时，采用结构：区域标识符＋字节地址＋位地址。

例如：Q2.5

"Q"表示过程映像输出区域标识符；"2"表示第2个字节，字节地址从0开始，最大值由该存储区的大小决定；"5"表示位地址为5，位地址的取值范围是0～7。

（2）字节寻址。字节寻址，可用来访问一个8位的存储区域。寻址时，采用结构：区域标识符＋字节的关键字（B）＋字节地址。

例如：MB0

"M"表示内部存储器标志位存储区；"B"表示字节Byte；"0"表示第0个字节，它包含8个位，其中最低位（LSB）的位地址为M0.0，最高位（MSB）的位地址为M0.7，其结构如图 3-21 所示。

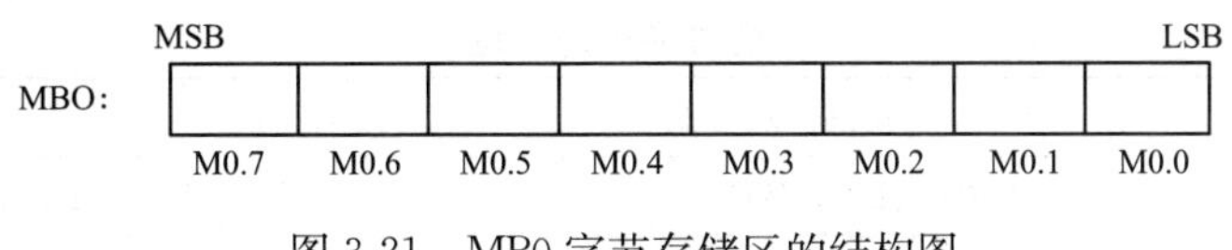

图 3-21　MB0 字节存储区的结构图

（3）字寻址。字寻址，可用来访问一个 16 位的存储区域，即两个连续字节的存储区域。寻址时，采用结构：区域标识符＋字的关键字（W）＋第一字节地址。

例如：IW3

“I”表示过程映像输入区域标识符；“W”表示字（Word）；“3”表示从第 3 个字节开始的连续两个字节的存储区域，即 IB3 和 IB4，其结构如图 3-22 所示。

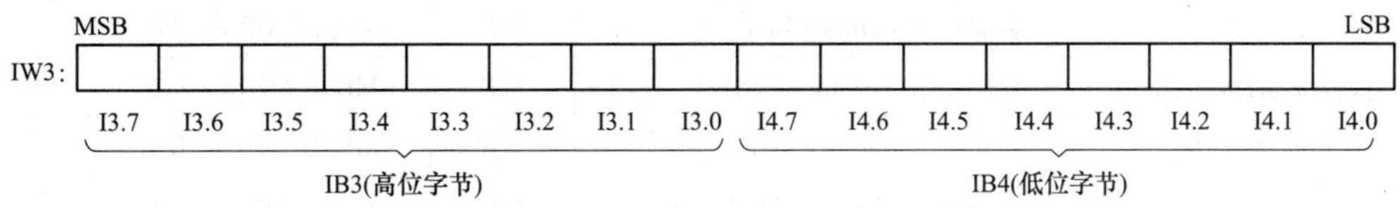

图 3-22　IW3 字存储区的结构图

使用字寻址时，应注意以下两点：

第一，字中包含两个字节，但在访问时只指明一个字节数，而且只指明数值较低的两个数。例如 QW10 包括 QB10 和 QB11，而不是 QB9 和 QB10。

第二，两个字节中按照从高到低的排列是数值较低的字节为高位，而数值较高的字节为低位，这一点可能与某些习惯不同。例如 IW3 中，IB3 为高位字节，IB4 为低位字节；QW20 中 QB20 为高位，QB21 为低位。

（4）双字寻址。双字寻址，可用来访问一个 32 位的存储区域，即四个连续字节的存储区域。寻址时，采用结构：区域标识符＋双字的关键字（D）＋第一字节地址。

例如：LD 10

“L”表示局域数据暂存区标识符；“D”表示双字（Double Word）；“10”表示从第 10 个字节开始的连续四个字节的存储区域，即 LB10、LB11、LB12 和 LB13，其结构如图 3-23 所示。

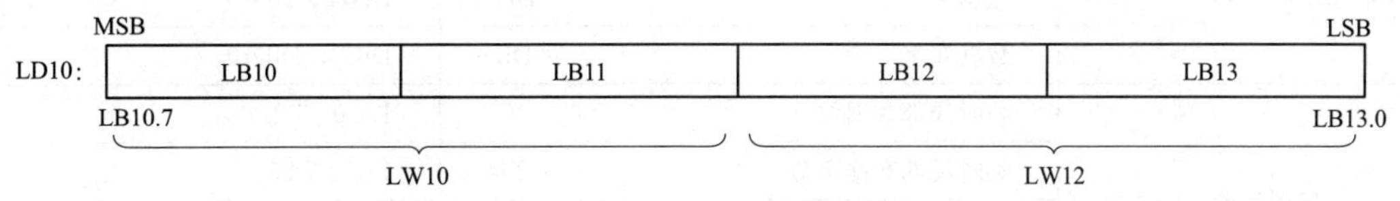

图 3-23　LD10 双字存储区的结构图

双字的结构与字的结构类似，但在编写程序进行寻址时，应尽量避免地址重叠情况的发生。例如 MW20 和 MW21，由于都包含了 MB21，所以在使用时，要统一用偶数或奇数，且要进行加 4 寻址。

西门子 STEP 7 中绝对寻址的地址如表 3-14 所示。

表 3-14　　绝对寻址的地址

区域名称	访问区域方式	关键字	举例
过程映像输入区（I）	位访问（Input Bit）	I	I1.4，I2.7，I4.5
	字节访问（Input Byte）	IB	IB10，IB21，IB100
	字访问（Input Word）	IW	IW2，IW10，IW24
	双字访问（Input Double Word）	ID	ID0，ID5，ID13
过程映像输出区（Q）	位访问（Quite Bit）	Q	Q0.2，Q1.7，Q6.3
	字节访问（Quite Byte）	QB	QB4，QB30，QB60
	字访问（Quite Word）	QW	QW3，QW12，QW20
	双字访问（Quite Double Word）	QD	QD6，QD12，QD9
内部存储器标志位存储区（M）	存储位（Memory Bit）	M	M0.4，M2.3，M5.6
	存储字节（Memory Byte）	MB	MB0，MB12，MB20
	存储字（Memory Word）	MW	MW2，MW5，MW10
	存储双字（Memory Double Word）	MD	MD0，MD4，MD10
外设输入（PI）	外设输入字节	PIB	PIB2
	外设输入字	PIW	PIW4
	外设输入双字	PID	PID0
外设输出（PQ）	外设输出字节	PQB	PQB0
	外设输出字	PQW	PQW4
	外设输出双字	PQD	PQD2
定时器（T）	定时器	T	T0，T3，T40
计数器（C）	计数器	C	C2，C5，C125
共享数据块（DB，使用“OPN DB”打开）	数据位	DBX	DBX0.0，DBX10.6
	数据字节	DBB	DBB1，DBB3
	数据字	DBW	DBW0，DBW10
	数据双字	DBD	DBD0，DBD10
背景数据块（DI，使用“OPN DI”打开）	数据位	DIX	DIX0.0，DIX1.5
	数据字节	DIB	DIB0，DIB10
	数据字	DIW	DIW2，DIW6
	数据双字	DID	DID0，DID10
局部数据（L）	临时局部数据位	L	L0.0，L2.7
	临时局部数据字节	LB	LB2，LB5
	临时局部数据字	LW	LW0，LW10
	临时局部数据双字	LD	LD3，LD7

注意：外设输入/输出存储区没有位寻址访问方式。另外，在访问数据块时，如果没有预先打开数据块，需采用数据块号加地址的方法。例如，DB20.DBX30.5 是指数据块号为 20 的、第 30 个字节的、第 5 位的位地址。

3. 间接寻址

采用间接寻址时，只有当程序执行时，用于读或写数值的地址才得以确定。使用间接寻址，可实现每次运行该程序语句时使用不同的操作数，从而减少程序语句，使程序更灵活。

对于 S7-1500 PLC，所有的编程语言都可以通过指针、数组元素的间接索引等方式进行间接寻址。当然，不同的语言也支持特定的间接寻址方式，例如在 STL 编程语言中，可以直接通过地址寄存器寻址操作数。

（1）通过指针间接寻址。对于 S7-1500 PLC 支持通过 Pointer、Any 和 Variant 这 3 种指针类型进行间接寻址。表 3-15 为声明各种 Pointer 指针类型的格式，表 3-16 为声明各种 Any 指针类型的格式，表 3-17 为声明各种 Variant 指针类型的格式。

表 3-15　声明各种 Pointer 指针类型的格式

指针表示方式	格式	输入值示例	说明
符号寻址	P#Byte. Bit	“MyTag”	内部区域指针
	P#OperandArea Byte. Bit	“MyTag”	跨区域指针
	P#Data_block. Data_operand	“MyDB”．“MyTag”	DB 指针
	P#零值	—	零指针
绝对地址寻址	P#Byte. Bit	P#30. 0	内部区域指针
	P#OperandArea Byte. Bit	P#M30. 0	跨区域指针
	P#Data_block. Data_operand	P#DB20. DBX30. 0	DB 指针
	P#零值	P#0. 0，ZERO	零指针

表 3-16　声明各种 Any 指针类型的格式

指针表示方式	格式	输入值示例	说明
符号寻址	P#DataBlock. MemoryArea DataAddress Type Number	“MyDB”. StructTag. Initial Components	全局 DB11 中从 DBW20 开始带有 10 个字（Int 类型）的区域
	P#MemoryArea DataAddress Type Number	“MyMarkerTag”	以 MB20 开始包含 4 个字节的区域
		“MyTag”	输入 I1. 0
	P#零值	—	零值
绝对地址寻址	P#DataBlock. Memory Area Data Address Type Number	P#DB11. DBX20. 0 INT 10	全局 DB11 中从 DBW20 开始带有 10 个字（Int 类型）的区域
	P#MemoryArea DataAddress Type Number	P#M20. 0 BYTE 10	以 MB20 开始包含 10 个字节的区域
		P#I2. 0 BOOL 1	输入 I2. 0
	P#零值	P#0. 0 VOID 0，ZERO	零值

表 3-17　　声明各种 Variant 指针类型的格式

指针表示方式	格式	输入值示例	说明
符号寻址	操作数	“TagResult”	MW10 存储区
	数据块名称．操作数名称．元素	“Data_TIA_Portal”．StructVariable. FirstComponent	全局 DB10 中从 DBW10 开始带有 12 个字（Int 类型）的区域
绝对地址寻址	操作数	%MW10	MW10 存储区
	数据块编号．操作数 类型 长度	P#DB10. DBX10. 0 INT 12	全局 DB10 中从 DBW10 开始带有 12 个字（Int 类型）的区域
	P#零值	P#0. 0 VOID，ZERO	零值

（2）Array 元素的间接索引。要寻址 Array 元素，可以指定整型数据类型的变量并指定常量作为下标。在此，只能使用最长 32 位的整数。使用变量时，可在运行过程对索引进行计算。例如，在程序循环中，每次循环都使用不同的下标。

对于一维数组 Array 的间接索引格式为“<Data block>”.<ARRAY>[“i”]；对于二维数组 Array 的间接索引格式为“<Data block>”.<ARRAY>[“i”,“j”]。其中<Data block>为数据块名称，<ARRAY>为数组变量名称，“i”和“j”为用作指针的整型变量。

（3）间接寻址 String 的各字符。要寻址 String 或 WString 的各字符，可以将常量和变量指定为下标。该变量必须为整型数据类型。使用变量时，则可在运行过程中对索引进行计算。例如，在程序循环中，每次循环都使用不同的下标。

用于 String 的间接索引的格式为“<Data block>”.<STRING>[“i”]；用于 WString 的间接索引的格式为“<Data block>”.<WSTRING>[“i”]。

3.4　TIA Portal（博途）软件的使用

TIA 博途（Totally Integrated Automation Portal，TIA Portal）由 SIEMENS 推出，是面向工业自动化领域的新一代工程软件。该软件具有容易使用、面向对象、直观的用户界面、组态取代了编程、统一的数据库、超强的功能、编程语言符合 ICE 1131-3、基于 Windows 操作系统的特点。本节将以 TIA Portal V15 版本为例，讲述该软件的使用。

3.4.1　TIA Portal 软件视图结构及新建项目的内容与步骤

在 Windows 系统中，用鼠标双击桌面上“TIA Portal V15”图标，或鼠标单击“开始”→“所有程序”→“Siemens Automation”→“TIA Portal V15”即可启动 TIA 博途软件。TIA 博途软件有两种视图：一种是面向任务的 TIA Portal 视图，另一种是包含项目各组件的项目视图。

1. TIA Portal 视图

默认情况下，启动 TIA 博途软件后为面向任务的 TIA Portal 视图界面，如图 3-24 所示。在 TIA Portal 视图中，它主要分为左、中、右 3 个区。左区为 TIA Portal 任务区，显示启动、设备与网络、PLC 编程、运行控制 & 技术、可视化以及在线与诊断等自动化任务，用户可以快速选择要执行的任务。中区为操作区，提供了在所选 TIA Portal 任务中可使用的操作，如打开现有项目、创建新项目、移植项目等。右区为选择窗口，该窗口的内容取决于所选的 TIA Portal 任务和操作。

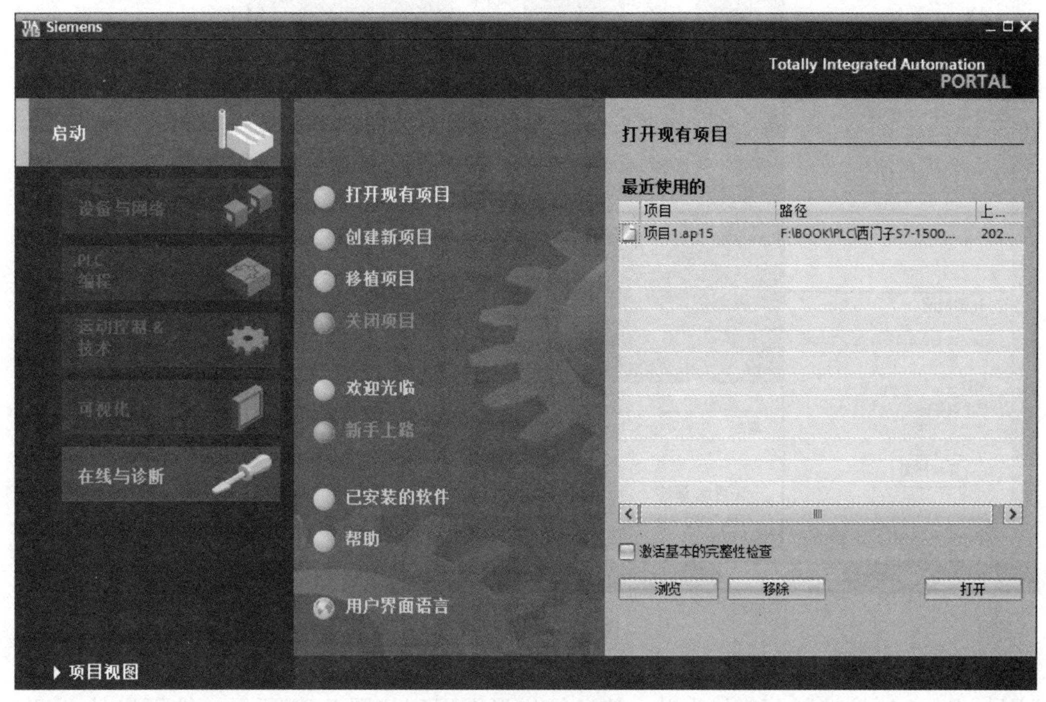

图 3-24　TIA Portal 视图

2. 项目视图

项目视图是项目所有组件的结构化视图。在 TIA Portal 视图中，单击左下角的“项目视图”按钮，将 Portal 视图切换至如图 3-25 所示的项目视图。在项目视图中，主要包括菜单栏、工具条、项目树、详细视图、任务栏、监视窗口、工作区、任务卡等。

菜单栏中包括工作所需的全部命令。工具条由图标（或工具按钮）组成，这些图标以快捷方式作为经常使用的菜单命令，可用鼠标点击执行。用户使用项目树可以访问所有组件和项目数据，在项目树中可执行的任务有添加组件、编辑现有组件、扫描和修改现有组件的属性。工作区中显示的是为进行编辑而打开的对象，这些对象包括编辑器和视图、表格等，例如选择了项目树下的某一对象时，工作区将显示出该对象的编辑器或窗口。监视窗口显示有关所选或已执行动作的其他信息。在详细视图中，将显示所选对象的特定内容。任务卡将可以操作的功能进行分类显示，使软件的使用更加方便。可用的任务卡取决于所编辑或选择的对象，对于较复杂的任务卡会划分多个空格，这些窗格可以折叠和重新打开。

3. 新建项目的内容

本章以“两台电动机同时启动，第二台延时停止”控制系统为例，介绍怎样用 TIA Portal V15 软件完成一个新建的项目。假设控制两台三相异步电动机的停止按钮 SB1 与 I0. 0 连接，启动按钮 SB2 与 I0. 1 连接，KM1 线圈与 Q0. 0 连接控制 M1 电动机，KM2

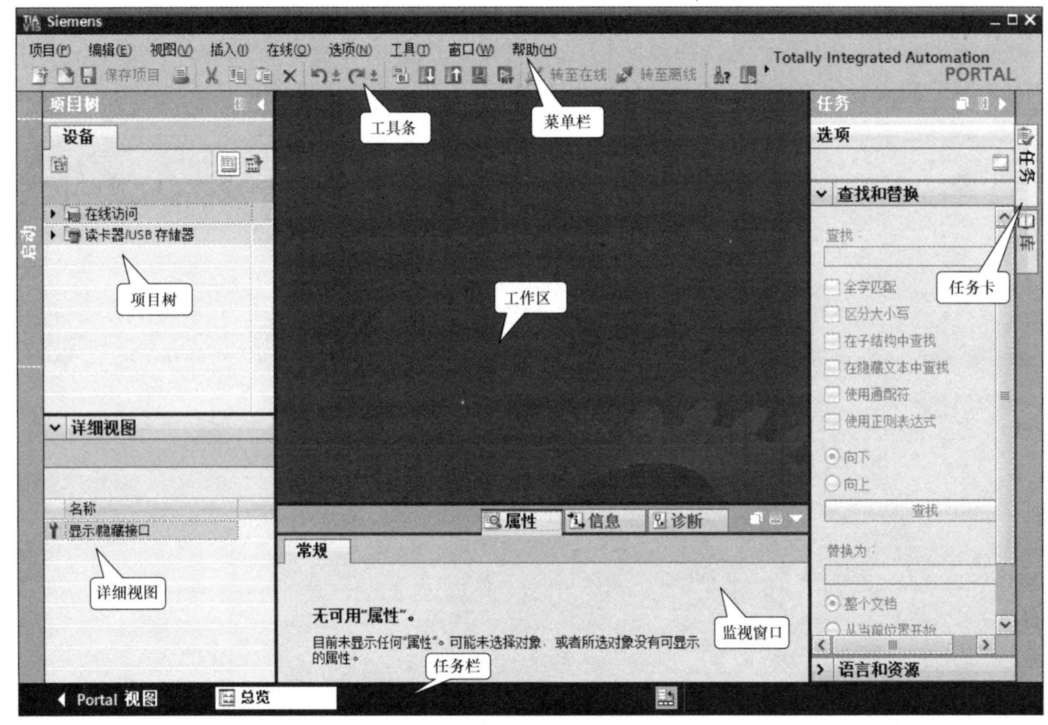

图 3-25 项目视图

线圈与 Q0.1 连接控制 M2 电动机。其运行梯形图程序如图 3-26 所示，按下启动 SB2 按钮后，Q0.0 为 ON，KM1 线圈得电使 M1 电动机启动。同时 Q0.0 动合触点也闭合，辅助继电器 M2.0 线圈得电自锁，M2.0 动合触点闭合，Q0.1 线圈得电，M2 电动机也同时启动。当按下停止按钮 SB1 时，I0.1 动断触点断开，Q0.0 线圈失电，M1 电动机停止，Q0.0 动断触点闭合，T0 得电延时，10s 后 T0 动断触点断开，M2.0 线圈失电，M2.0 动合触点断开，Q0.1 线圈失电，M2 电动机停止。

4. 新建项目步骤

使用 TIA Portal V15 可以创建新的项目，然后在项目中才能创建 S7 程序（包括梯形图程序、语句表等），创建一个自动化解决方案的新项目，其步骤通常如图 3-27 所示。

3.4.2 新建 TIA Portal 项目

启动 TIA 博途软件后，可以使用以下方法新建项目。

方法 1：在 Portal 视图中，选中"启动"→"创建新项目"，在"项目名称"中输入新建的项目名称（如"两台电机控制"），在"路径"中选择合适的项目保存路径，如图 3-28 所示。设置好后，点击"创建"按钮，即可创建新的项目。

方法 2：在项目视图中，执行菜单命令"项目"→"新建"或者单击工具栏中"新建项目"图标，将弹出"创建新项目"对话框，在此对话框中输入项目名称及设置保存路径，如图 3-29 所示，然后点击"创建"按钮，即可创建新的项目。

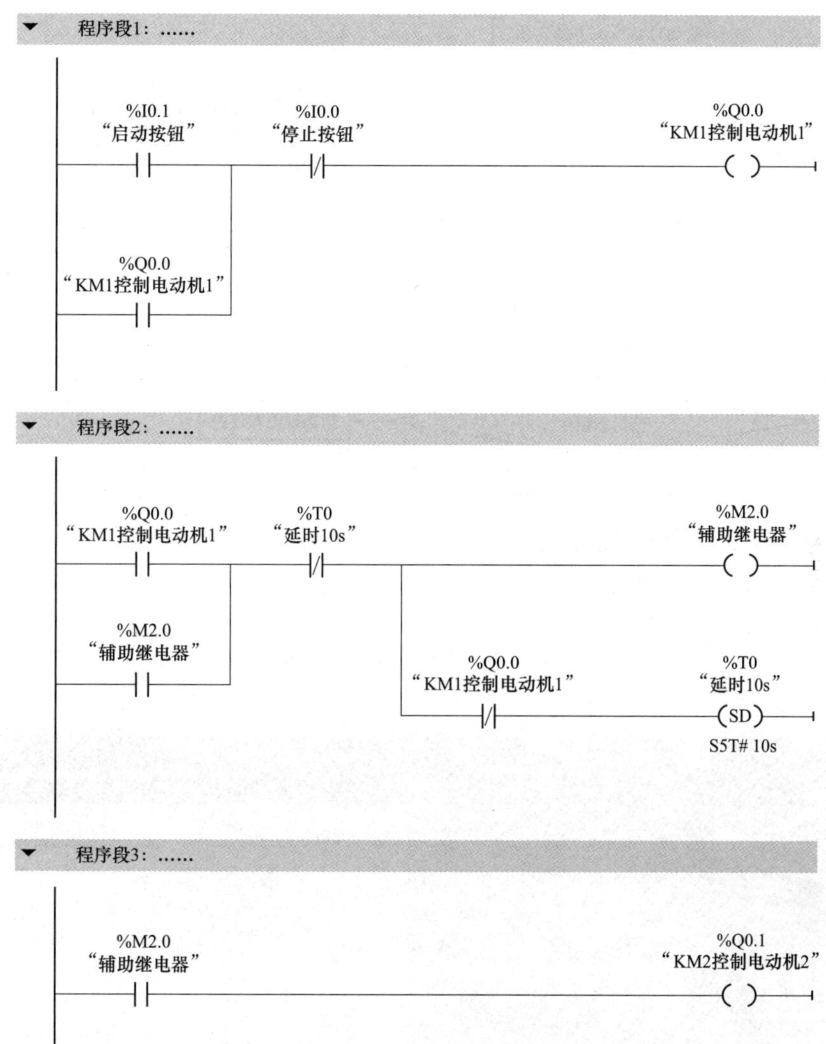

图 3-26　两台电动机控制的梯形图程序

3.4.3　硬件组态与配置

1. 硬件组态

硬件组态的任务就是在 TIA Portal 中生成一个与实际的硬件系统完全相同的系统。在 TIA Portal 软件中，硬件组态包括 CPU 模块、电源模块、信号模块等硬件设备的组态，以及 CPU 模块、信号模块相关参数的配置。项目视图是 TIA Portal 软件的硬件组态和编程的主窗口，下面以项目视图为例，讲解组态设备的相关操作。

(1) 添加 CPU 模块。在项目树的"设备"栏中，双击"添加新设备"，将弹出"添加新设备"对话框，如图 3-30 所示。可以修改设备名称，也可保持系统默认名称。然后根据需求选择合适的控制器设备，即 CPU 模块。本例的 CPU 模块型号为 CPU 1516-3 PN/DP，订货号为 6ES7 516-3AN00-0AB0。勾选"打开设备视图"，单击"确定"按钮，完成 CPU 模块的添加，并打开设备视图，如图 3-31 所示。从图 3-31 中可以看出，在导轨

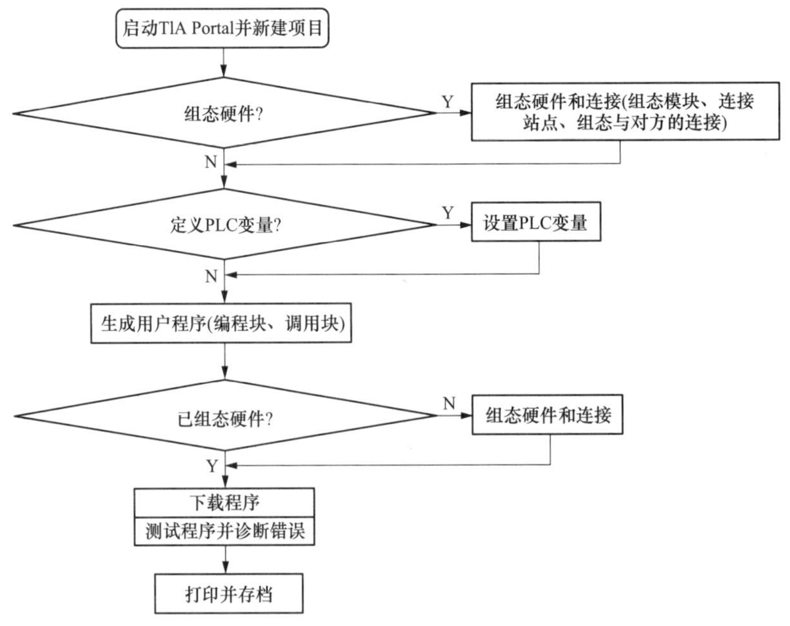

图 3-27　创建新项目的步骤

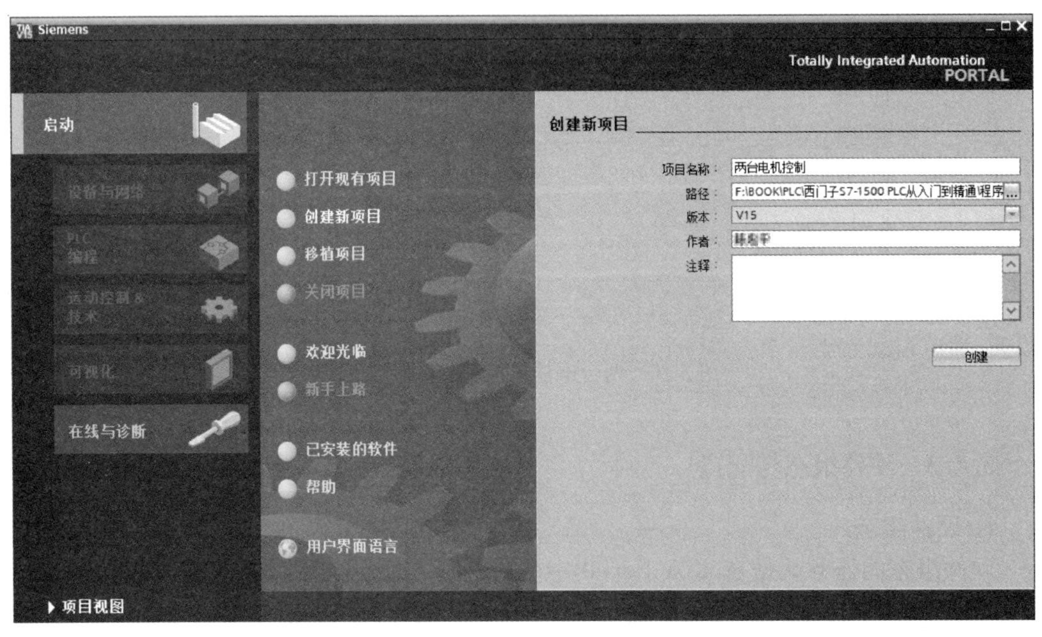

图 3-28　在 TIA Portal 视图中新建项目

0（即机架）的插槽 1 中已添加了 CPU 模块。

(2) 添加电源模块。导轨_0 上的插槽 0 可以放入负载电源模块 PM 或者系统电源模块 PS。由于负载电源 PM 不带有背板总线接口，所以也可以不进行设备组态。如果将一个系统电源模块 PS 插入 CPU 的左侧，则该模块可以与 CPU 模块一起为导轨中的右侧设备供电。若需要添加系统电源模块，则在导轨_0 上先点击插槽 0，将其选中，然后在右侧

创建新项目

项目名称：两台电机控制

路径：F:\BOOK\PLC\西门子S7-1500 PLC从入门到精通\程序

版本：V15

作者：陈忠平

注释：

创建　取消

图 3-29　创建新项目对话框

图 3-30　选择 CPU 模块

“硬件目录”中找到 PS，并双击合适的系统电源模块即可。本例的系统电源模块为 PS 60W 24/48/60VDC，订货号为 6ES7 505-0RA00-0AB0，如图 3-32 所示。

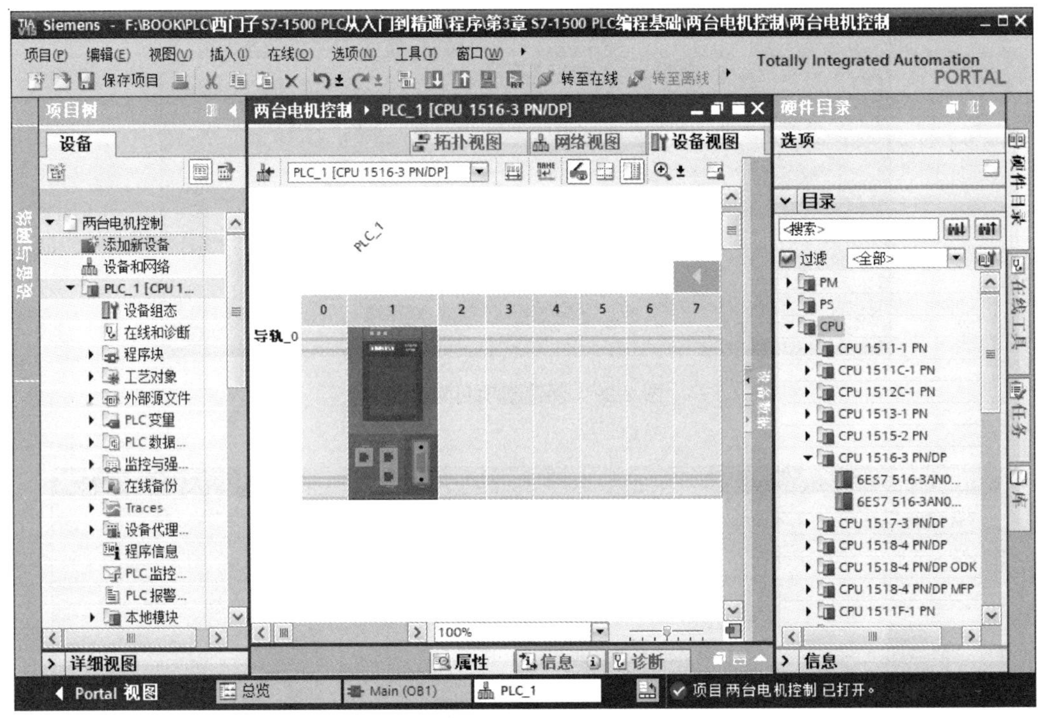

图 3-31　已添加 CPU 模块

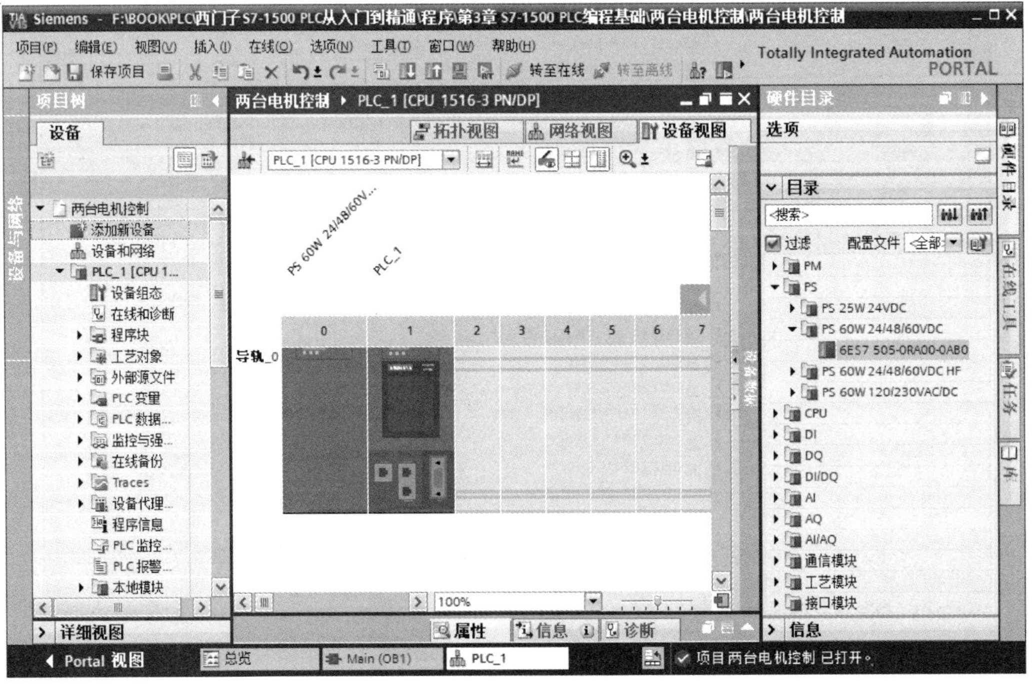

图 3-32　添加电源模块

（3）添加 I/O 模块。导轨从 2 号槽起，可以依次添加 I/O 模块或者通信模块等，由于目前导轨不带有源背板总线，相邻模块间不能有空槽位。在本例中，由于只使用了数字量的输入、输出，所以在此只讲述数字量输入模块和数字量输出模块的添加，其他模块的添加方法类似。

1）添加数字量输入模块。若需要添加数字量输入模块，则在导轨_0 上先点击插槽 2，将其进行选中，然后在右侧“硬件目录”中找到 DI，选择合适的数字量输入模块并双击该模块即可。本例的数字量输入模块为 DI 16×24V DC BA，订货号为 6ES7 521-1BH10-0AA0，如图 3-33 所示。

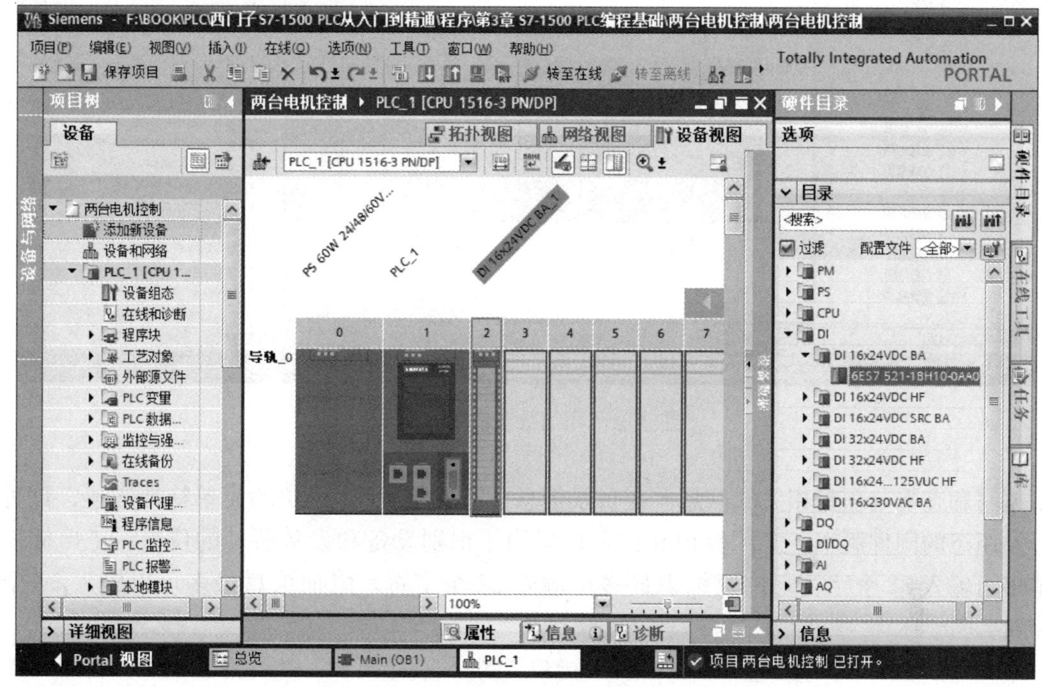

图 3-33　添加数字量输入模块

2）添加数字量输出模块。若需要添加数字量输出模块，则在导轨_0 上先点击插槽 3，将其进行选中，然后在右侧“硬件目录”中找到 DQ，选择合适的数字量输出模块并双击该模块即可。本例的数字量输出模块为 DQ 16×24V DC/0.5A BA，订货号为 6ES7 522-1BH10-0AA0，如图 3-34 所示。

2. 硬件配置

硬件添加好后，应对这些模块进行相应的配置。

(1) CPU 模块的参数配置。导轨上选中 CPU 模块，在 TIA Portal 软件底部的监视窗口中显示 CPU 模块的属性视图。CPU 模块的设置主要有“常规”“IO 变量”“系统常数”“文本”四大选项，其中 CPU 模块的参数配置是在“常规”中进行操作，在此可以配置 CPU 模块的各种参数，如 CPU 的启动特性、通信接口等。“IO 变量”“系统常数”“文本”随着“常规”的设置而生成。

1）常规。单击属性视图中的“常规”选项卡，该选项卡中显示了 CPU 模块的项目信息、目录信息、标识与维护及校验等相关内容，如图 3-35 所示。用户可以在项目信息

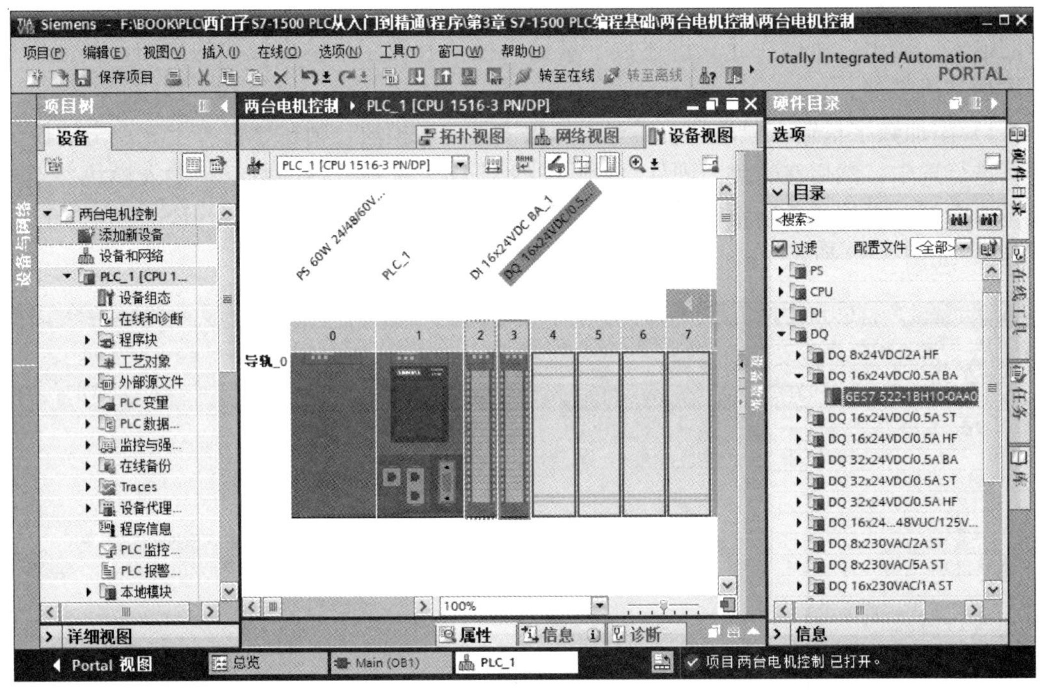

图 3-34　添加数字量输出模块

下编写和查看与项目相关的信息。在目录信息下查看该 CPU 模块的简单特性描述、订货号及组态的固件版本。工厂标识和位置标识用于识别设备和设备所处的位置，工厂标识最多可输入 32 个字符，位置标识最多可输入 22 个字符，附加信息最多可以输入 54 个字符。

2）PROFINET 接口。PROFINET 接口［X1］表示 CPU 模块集成的第 1 个 PROFEINT 接口，在 CPU 的显示屏中有标识符用于识别。PROFINET 接口包括常规、以太网地址、时间同步、操作模式、高级选项、Web 服务器访问等内容。PROFINET 接口［X2］表示 CPU 模块集成的第 2 个 PROFEINT 接口，其设置方法与 PROFINET 接口［X1］类似，在此以 PROFINET 接口［X1］为例讲述以太网地址的设置。

在 PROFINET 接口［X1］选项卡中，单击“以太网地址”标签，可以创建新网络、设置 IP 地址参数等，如图 3-36 所示。在“接口连接到”中，单击“添加新子网”按钮，可以为该接口添加新的以太网网络，新添加的以太网的子网名称默认为“PN/IE_1”。在“IP 协议”中，用户可以根据实际情况设置 IPv4 的 IP 地址和子网掩码，其默认 IPv4 地址为“192.168.0.1”，默认子网掩码为“255.255.255.0”。如果该 PLC 需要和其他不是处于同一子网的设备进行通信，则需要勾选“使用路由器”选项，并输入路由器（网关）的 IP 地址。如果选择了“在设备中直接设定 IP 地址”，表示不在硬件组态中设置 IP 地址，而是使用函数“T_CONFIG”或者显示屏等方式分配 IP 地址。在“PROFINET”中，选中“在设备中直接设定 PROFINET 设备名称”选项，则 CPU 模块用于 PROFINET IO 通信时，不在硬件组态中组态设备名，而是通过函数“T_CONFIG”或者显示屏等方式分配设备名。选中“自动生成 PROFINET 设备名称”，则 TIA Portal 根

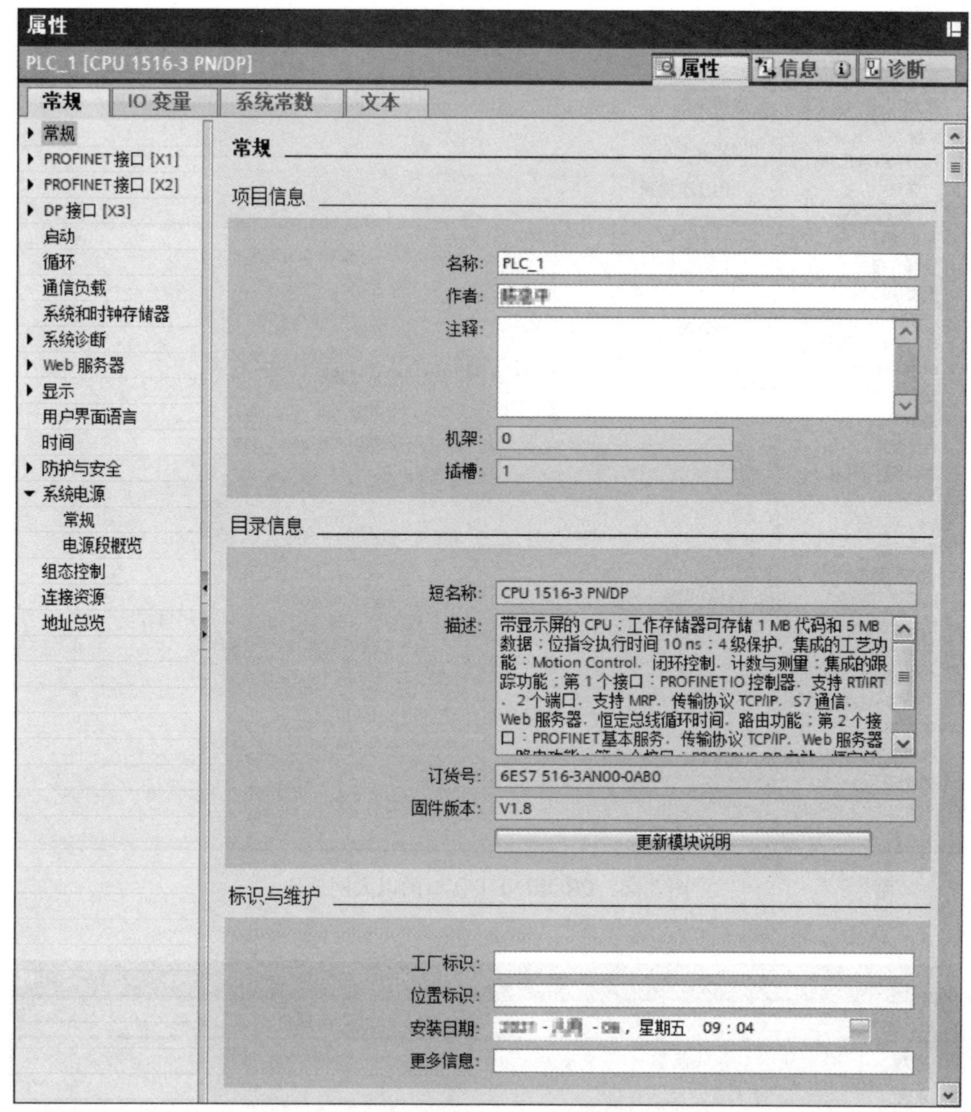

图 3-35　CPU 模块常规信息

据接口的名称自动生成 PROFINET 设备名称。未选中“自动生成 PROFINET 设备名称”，则可以由用户设定 PROFINET 设备名。“转换的名称”，表示此 PROFINET 设备名称转换为符合 DNS 惯例的名称，用户不能修改。“设备编号”表示 PROFINET IO 设备的编号。

3）DP 接口。DP 接口用于 PROFIBUS-DP 通信的接口，DP 接口包括常规、PROFIBUS 地址、操作模式、时间同步等内容。PROFIBUS-DP 采用主/从式通信模式，通信前需要对连接到的网络名称、主站或从站的地址、传输率等进行设置，这些参数可以在 PROFIBUS 地址中进行操作，如图 3-37 所示。

4）启动。单击属性视图中的“启动”选项卡，弹出如图 3-38 所示的“启动”参数设置界面。

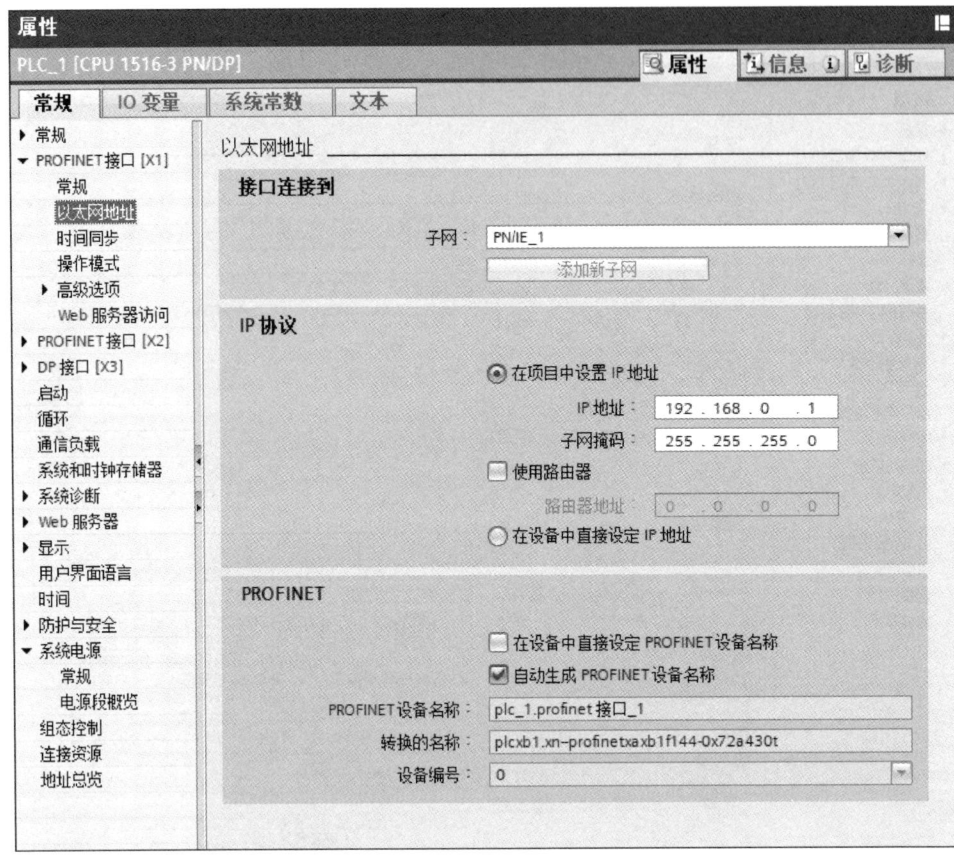

图 3-36　PROFINET 接口的以太网地址

图 3-37　DP 地址的设置

“上电后启动”下拉列表中有 3 个选项：未重启（仍处于 STOP 模式）、暖启动-RUN、暖启动-断开电源之前的操作模式。默认选项为“暖启动-断开电源之前的操作模式”，在此模式下，CPU 上电后，会进入到断电之前的运行模式，如 CPU 运行时通过 TIA 博途的“在线工具”将其停止，那么断电再上电之后，CPU 仍处于 STOP 状态。选择“未重启（仍处于 STOP 模式）”时，CPU 上电后处于 STOP 模式。选择“暖启动-RUN”时，CPU 上电后进入到暖启动和运行模式。用户如果将 CPU 模块上的模式开关置为“STOP”，即使选择“暖启动-RUN”，但 CPU 不会执行启动模式，也不会进入运行模式。

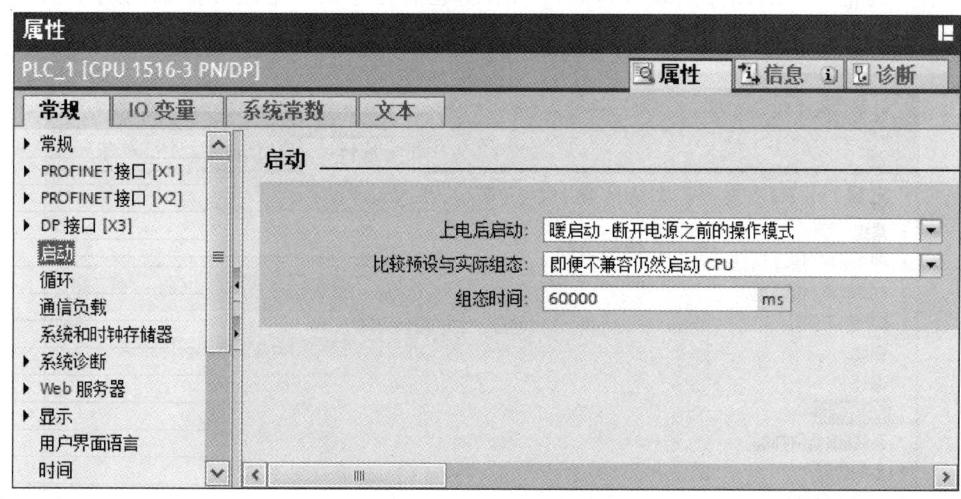

图 3-38　“启动”参数设置界面

5）循环与通信负载的设置。单击属性视图中的“循环”选项卡，弹出如图 3-39 的界面，在该界面中设置与 CPU 循环扫描相关的参数。“最大循环时间”是设定程序循环扫

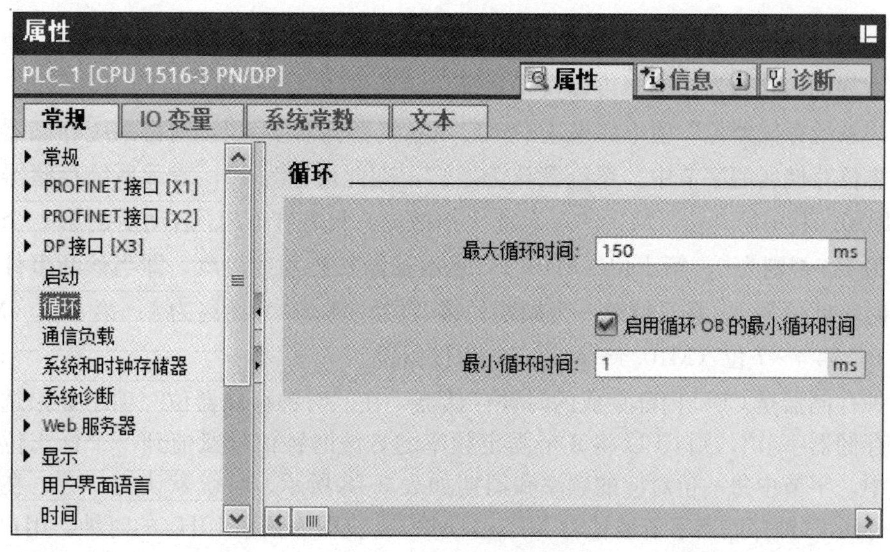

图 3-39　“循环”参数设置

描的监控时间，如果超过了这个时间，在没有下载 OB80 的情况下，CPU 会进入停机状态。通信处理、连续调用中断（故障）、CPU 程序故障等都会增加 CPU 的扫描时间。在有些应用中需要设定 CPU 最小的扫描时间，此时可在“最小循环时间”项中进行设置。如果实际扫描时间小于设定的最小时间，CPU 将等待，直到达到最小扫描时间后才进行下一个扫描周期。

单击属性视图中的“通信负载”选项卡，弹出如图 3-40 所示界面。CPU 间的通信以及调试时程序的下载等操作将影响 CPU 的扫描时间。如果 CPU 始终有足够的通信任务要处理，“通信产生的循环负载”参数可以限制通信任务在一个循环扫描周期中所占的比例，以确保 CPU 的扫描周期中的通信负载小于设定的比例。

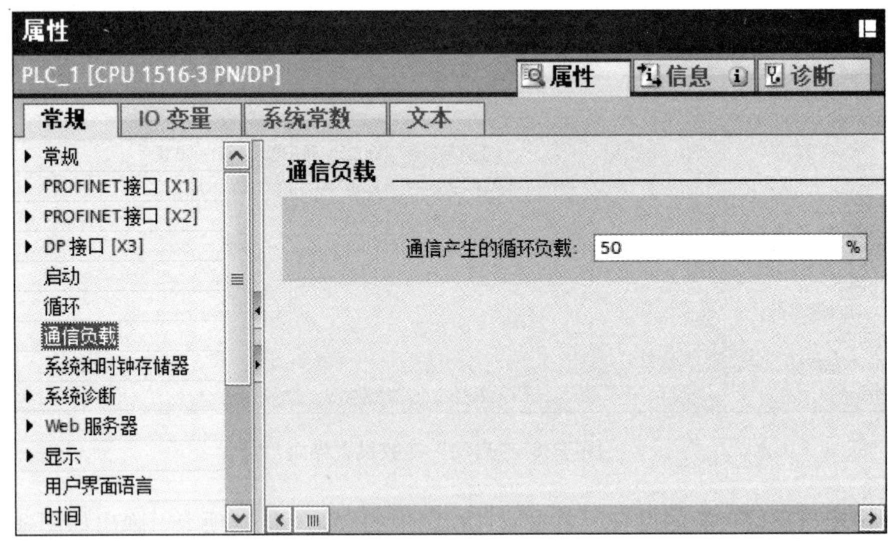

图 3-40 “通信负载”参数设置界面

6）系统和时钟存储器。单击属性视图中的“系统和时钟存储器”选项卡，弹出如图 3-41 所示界面。在该对话框中可以设置系统存储器位和时钟存储器位的相关参数。

在“系统存储器位”项中如果选中“启用系统存储器字节”，则将系统存储器赋值到一个标志位存储区的字节中。系统默认为“1”，在此设置为 10，表示系统存储器字节地址为 MB10。其中第 0 位（M10.0）为首次扫描位，只有在 CPU 启动后的第 1 个程序循环中值为 1，否则为 0；第 1 位（M10.1）表示诊断状态发生更改，即当诊断事件到来或者离开时，此位为 1，且只持续一个周期；第 2 位（M10.2）始终为 1；第 3 位（M10.3）始终为 0；第 4～7 位（M10.4～M10.7）为保留位。

时钟存储器是 CPU 内部集成的时钟存储器，在“时钟存储器位”项中如果选中“启用时钟存储器字节”，则 CPU 将 8 个固定频率的方波时钟信号赋值到一个标志位存储区的字节中。字节中每一位对应的频率和周期如表 3-18 所示。系统默认为“0”，在此设置为 20，表示时钟存储器字节地址为 MB20，M20.0 位即为频率 10Hz 的时钟。用户也可以指定其他的存储字节地址。

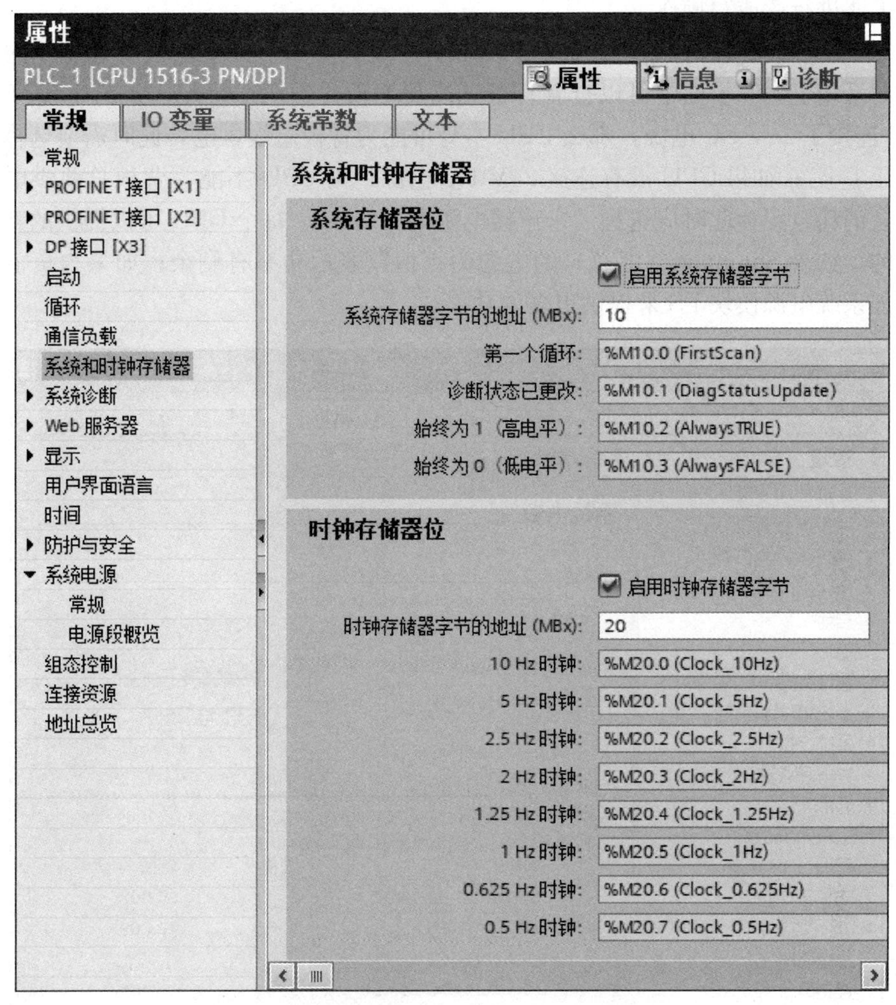

图 3-41　“系统和时钟存储器”参数设置

表 3-18　　**时钟存储器**

时钟存储器的位	7	6	5	4	3	2	1	0
频率（Hz）	0.5	0.625	1	1.25	2	2.5	5	10
周期（s）	2	1.6	1	0.8	0.5	0.4	0.2	0.1

7）显示、防护与安全。单击属性视图中的“显示”选项卡，将进入 SIMATIC S7-1500 PLC 的显示器参数化界面。在该界面中可以设置 CPU 显示器的相关参数，例如常规、自动更新、密码、监控表和用户自定义徽标。

防护与安全的功能是设置 CPU 的读或者写保护以及访问密码。S7-1500 CPU 模块提供了 4 个访问级别：1 个无保护和 3 个密码保护。完全访问权限（即无保护，CPU 默认设置），用户不需要输入密码，总是允许进行读写访问；读访问权限只能进行只读访问，无法更改 CPU 上的任何数据，也无法装载任何块或组态；HMI 访问只能读不能写；选择“不能访问”（即完全保护）时，对于“可访问设备”区域或项目中已切换到在线状态的设备，无法进行读或写操作。

8）系统电源与组态控制。TIA Portal 软件自动计算每一个模块在背板总线的功率损耗。在“系统电源”界面中可以查看背板总线功率损耗的详细情况，如图 3-42 所示。如果 CPU 连接了 24V DC 电源，那么 CPU 本身可能为背板总线供电，此时需要选择“连接电源电压 L+”；如果 CPU 没有连接 24V DC 电源，则 CPU 不能为背板总线供电，同时本身也会消耗电源，此时应选择“未连接电源电压 L+”。每个 CPU 可以提供的功率大小是有限的，如果 Summary（汇总）的电源为正值，表示功率有剩余；如果为负值，表示需要增加系统电源模块 PS 来提供更多的功率。

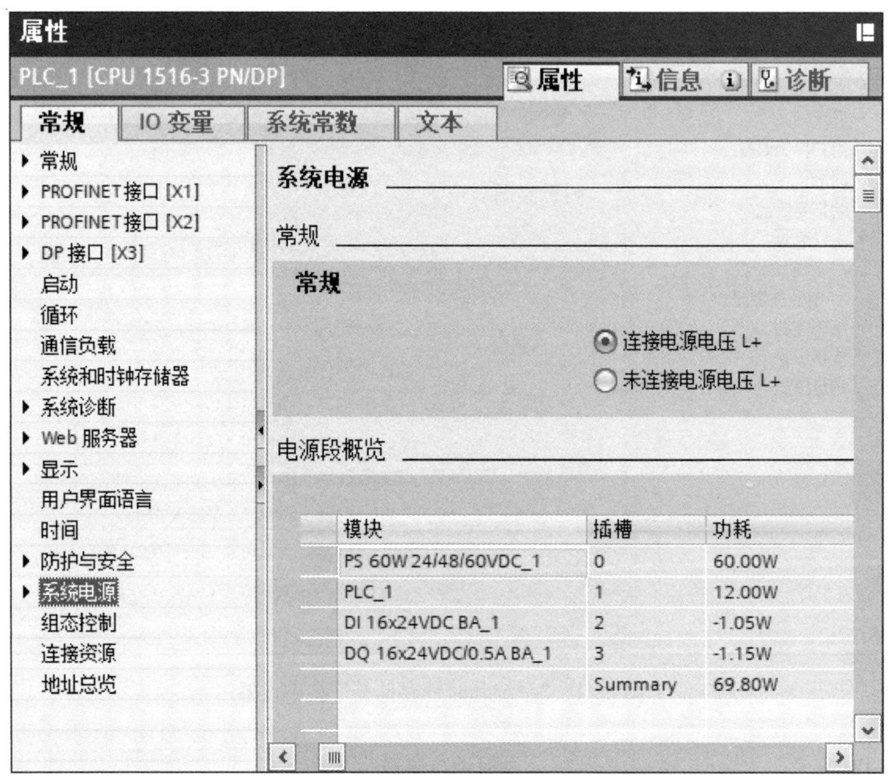

图 3-42　系统电源

“组态控制”用于设置用户是否可以通过编写程序的方式对硬件设备重新进行组态。

9）连接资源与地址总览。每个连接都需要一定的连接资源，用于相应设备上的端点和转换点（例如 CP、CM）。可用的连接资源数取决于所使用的 CPU/CP/CM 模块类型。图 3-43 所示为“连接资源”界面中连接资源情况，如 PG 通信的最大站资源为 4 个。

CPU 的地址总览显示已经配置的所有模块的类型（是输入还是输出）、起始地址、结束地址、模块简介、所属的过程映像分区（如有配置）、归属总线系统（DP、PN）、机架、插槽等信息，给用户提供了一个详细的地址总览，如图 3-44 所示。

（2）数字量输入模块的参数配置。在 TIA Portal 软件中，可以对 I/O 模块的参数进行配置，如数字量输入模块、数字量输出模块、模拟量输入模块、模拟量输出模块的常

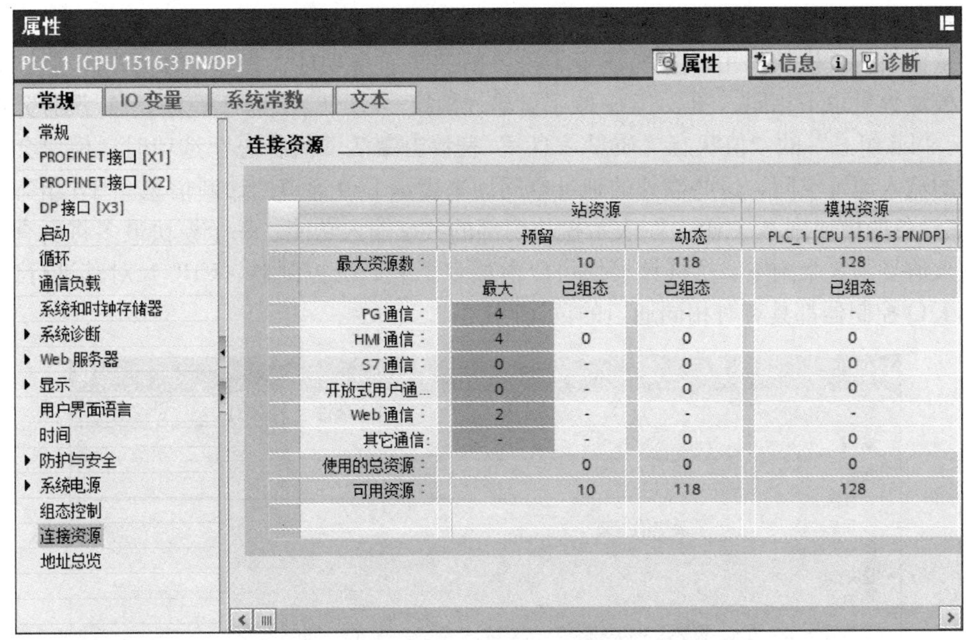

图 3-43　“连接资源”界面

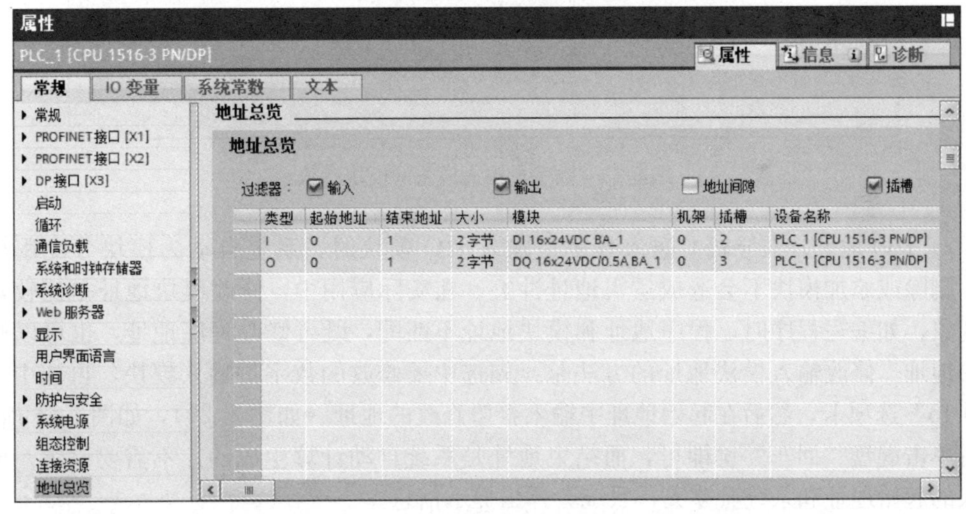

图 3-44　“地址总览”界面

规信息，各通道的诊断组态信息，以及 I/O 地址的分配等。各信号模块的参数因模块型号不同，可能会有所不一样，在此仍以“两台电机控制”中所组态的 I/O 模块为例，讲述数字量输入模块参数配置的相关内容。

同 CPU 模块一样，数字量输入模块的设置主要也有“常规”“IO 变量”“系统常数”“文本”四大选项，其中数字量输入模块的参数配置是在“常规”中进行操作，在此可以配置数字量输入模块的各种参数，如模块参数、输入端口等。“IO 变量”“系统常数”“文本”随着“常规”的设置而生成。

1）模块参数。在“常规”选项中包含了“启动”选项，表示当组态硬件和实际硬件不一致时，硬件是否启动。“DI 组态”的“子模块的组态”功能可以将模块分成 2 个 8 路数字量输入的子模块，用以实现基于子模块的共享设备功能。模块种类不同，能够分成的子模块数量也不相同。图 3-45 中数字量输入模块（DI 16×24V DC BA_1）没有分成子模块。“DI 组态”的“值状态（质量信息）”表示当激活“值状态”选项时，模块会占用额外的输入地址空间，这些额外的地址空间用来表示 I/O 通道的诊断信息。“DI 组态”的“共享设备的模块副本（MSI）”表示模块内部的共享输入功能。一个模块最多将所有通道的输入值复制 3 个副本，这样该模块可以由最多 4 个 I/O 控制器（CPU）对其进行访问，每个 I/O 控制器都具有对相同通道的读访问权限。

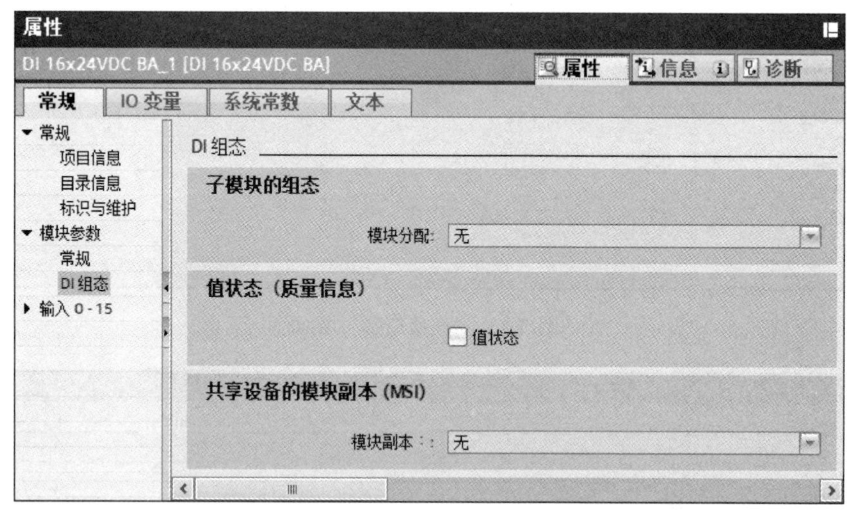

图 3-45　数字量输入模块的模块参数

2）I/O 地址。在导轨上插入数字量输入 I/O 模块时，系统自动为模块分配逻辑地址，删除或添加模块不会造成逻辑地址冲突。在实际应用中，修改模块地址是比较常见的现象，如编写程序时，程序地址和模块地址不匹配，既可修改程序地址，也可以修改模块地址。修改输入模块地址的方法是：先选中要修改的数字量输入模块，再选中“输入 0-15”选项卡，然后在起始地址中输入希望修改的地址（如输入 20），如图 3-46 所示，最后单击键盘“回车”键即可，而结束地址是系统自动计算生成的，不需要设置。如果输入的起始地址和系统有冲突，系统会弹出提示信息。

(3) 数字量输出模块的参数配置。

数字量输出模块的模块参数包括常规和 DQ 组态两项，如图 3-47 所示。从图中可以看出，这两项的功能与输入模块类似，这里不再描述。

数字量输出模块的输出参数包括常规与 I/O 地址，如图 3-48 所示。常规项中显示模块的名称，而 I/O 地址中的输出地址其设置与输入模块类似，这里也不再描述。

3.4.4 变量表的定义

在 TIA Portal 软件中，用户可定义两类符号：全局符号和局部符号。全局符号利用变量表（Tag table）来定义，可以在用户项目的所有程序块中使用；局部符号是在程序块的变量声明表中定义，只能在该程序块中使用。

属性
DI 16x24VDC BA_1 [DI 16x24VDC BA]
属性
信息
诊断
常规
IO 变量
系统常数
文本
常规
项目信息
目录信息
标识与维护
模块参数
常规
DI 组态
输入 0 - 15
常规
输入
I/O 地址
输入 0 - 15
常规
名称:
DI 16x24VDC BA_1
注释:
输入
常规
模块故障
模块故障时的输入值:
输入值 0
I/O 地址
输入地址
起始地址:
0
.0
结束地址:
1
.7
组织块:
--- (自动更新)
过程映像:
自动更新

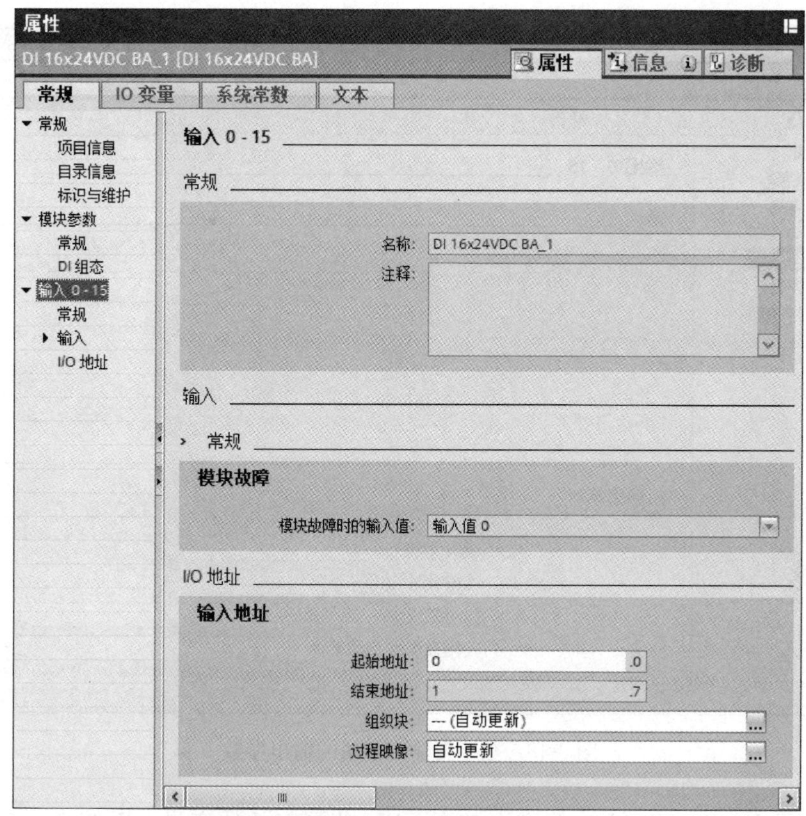

图 3-46　数字量输入模块的输入参数

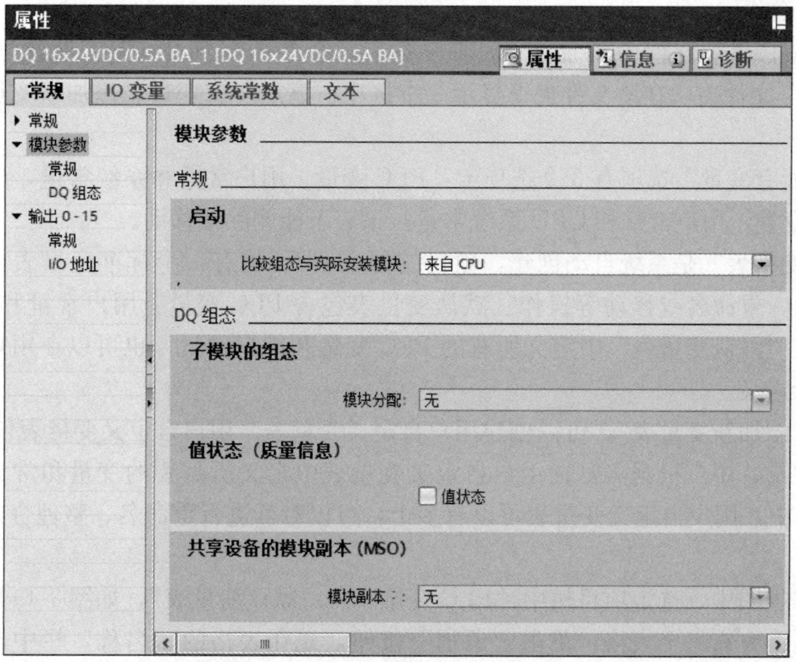

属性
DQ 16x24VDC/0.5A BA_1 [DQ 16x24VDC/0.5A BA]
属性
信息
诊断
常规
IO 变量
系统常数
文本
常规
模块参数
常规
DQ 组态
输出 0 - 15
常规
I/O 地址
模块参数
常规
启动
比较组态与实际安装模块:
来自 CPU
DQ 组态
子模块的组态
模块分配:
无
值状态（质量信息）
值状态
共享设备的模块副本 (MSO)
模块副本：:
无

图 3-47　数字量输出模块的模块参数

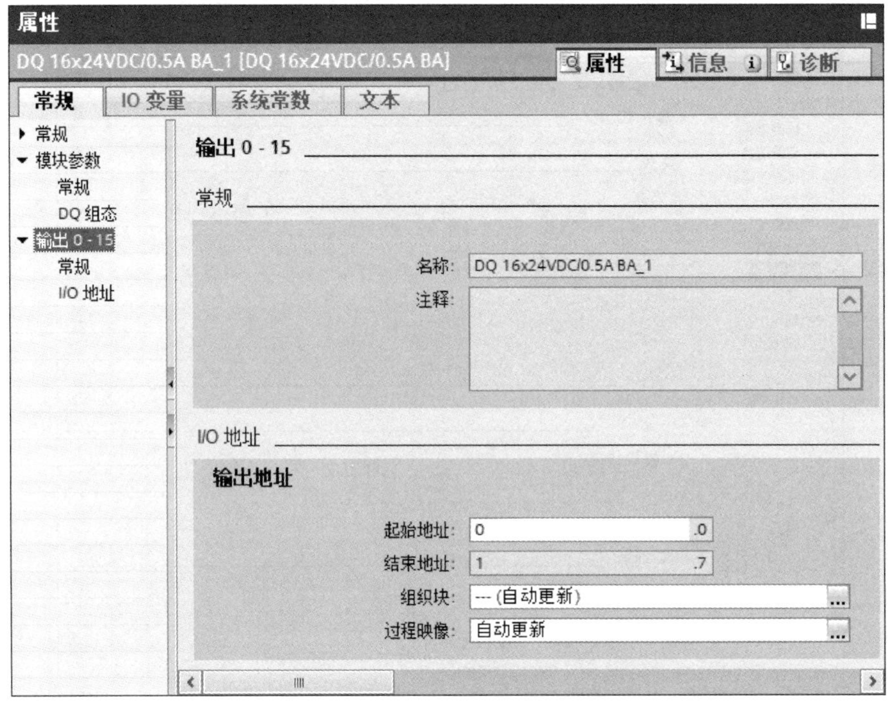

图 3-48 数字量输出模块的输出参数

PLC 变量表（Tag Table）包含在整个 CPU 范围有效的变量。系统会为项目中使用的每个 CPU 自动创建一个 PLC 变量表，用户也可以创建其他变量表，用于对变量和常量进行归类与分组。

在 TIA Portal 软件中添加了 CPU 设备后，会在项目树中 CPU 设备下出现一个“PLC 变量”文件夹，在该文件夹下显示 3 个选项：显示所有变量、添加新变量表、默认变量表。

“显示所有变量”选项有 3 个选项卡：PLC 变量、用户常量和系统常量，分别显示全部的 PLC 变量、用户常量和 CPU 系统常量。该表不能删除或移动。

“默认变量表”是系统自动创建，项目的每个 CPU 均有一个标准变量表。用户对该表进行删除、重命名或移动等操作。默认变量表包含 PLC 变量、用户常量和系统常量。用户可以在“默认变量表”中定义所有的 PLC 变量和用户常量，也可以在用户自定义变量表中进行定义。

双击“添加新变量表”，可以创建用户自定义变量表。用户自定义变量表包含 PLC 变量和应用常量，用户根据需要在用户自定义变量表中定义所需要的变量和常量。在 TIA Portal 软件中，用户自定义变量表可以有多个，可以对其进行重命名、整理合并为组或删除等操作。

在项目视图中，选定项目树中“PLC 变量”→“默认变量表”，如图 3-49 所示，在项目视图的右上方有一个表格，单击“添加”按钮，先在表格的“名称”栏中输入“停止按钮”，在“地址”栏中输入“I0.0”，这样符号“停止按钮”在寻址时，就代表“I0.0”。用同样的方法将其他的变量名称与地址变量进行定义。

图 3-49　定义 PLC 变量

3.4.5　梯形图程序的输入

在项目视图中，选定项目树中“程序块”→“Main［OB1］”，打开主程序，按以下流程进行梯形图程序的输入。

1. 程序段 1 的输入

第一步：动合触点 I0.1 的输入步骤。首先将光标移至程序段 1 中需要输入指令的位置，单击编辑窗口右侧“指令树”中“基本指令”→“位逻辑运算”，在-| |-上双击鼠标左键输入指令；或者在“工具栏”中选择动合触点-| |-。然后单击“<??.?>”，并输入地址 I0.1。

第二步：串联动断触点 I0.0 的输入步骤。首先将光标移至程序段 1 中 %I0.1 -| |- 的右侧，单击编辑窗口右侧“指令树”中“基本指令”→“位逻辑运算”，在-|/|-上双击鼠标左键输入指令；或者在“工具栏”中选择动断触点-|/|-。然后单击“<??.?>”，并输入地址 I0.0。

第三步：并联动合触点 Q0.0 的输入步骤。首先将光标移至程序段 1 中 %I0.1 -| |- 的下方，在“工具栏”中点击↦向下连线，再单击编辑窗口右侧“指令树”中“基本指令”→

“位逻辑运算”，并在-|/|-上双击鼠标左键输入指令；或者在“工具栏”中点击“触点”选择-|/|-。然后单击“＜?? .? ＞”并输入地址：Q0.0。最后单击选中%Q0.0 -| |-且点击⬏向上连线。

第四步：输出线圈 Q0.0 的输入步骤。首先将光标移至程序段 1 中的%I0.0 -|/|-右侧，单击编辑窗口右侧“指令树”中“基本指令”→“位逻辑运算”，在-| |-上双击鼠标左键输入指令；或者在“工具栏”中点击“线圈”选择-| |-。然后单击“＜?? .? ＞”，并输入地址 Q0.0。

2. 程序段 2 的输入

第一步：动合触点 Q0.0 的输入步骤。首先将光标移至程序段 2 中需要输入指令的位置，单击编辑窗口右侧“指令树”中“基本指令”→“位逻辑运算”，在-|/|-上双击鼠标左键输入指令；或者在“工具栏”中选择动合触点-|/|-。然后单击“＜?? .? ＞”，并输入地址 Q0.0。

第二步：串联定时器 T0 动断触点的输入步骤。首先将光标移至程序段 2 中%Q0.0 -| |-的右侧，单击编辑窗口右侧“指令树”中“基本指令”→“位逻辑运算”，在-|/|-上双击鼠标左键输入指令；或者在“工具栏”中点击“触点”选择-|/|-。然后单击“＜?? .? ＞”，并输入地址 T0。

第三步：并联动合触点 M2.0 的输入步骤。首先将光标移至程序段 2 中%Q0.0 -| |-的下方，在“工具栏”中点击↪向下连线，再单击编辑窗口右侧“指令树”中“基本指令”→“位逻辑运算”，并在-|/|-上双击鼠标左键输入指令；或者在“工具栏”中点击“触点”选择-|/|-。然后单击“＜?? .? ＞”，并输入地址 M2.0。最后单击选中%M2.0 -| |-且点击⬏向上连线。

第四步：输出线圈 M2.0 的输入步骤。首先将光标移至程序段 2 中的%T0 -|/|-右侧，单击“指令树”的“位逻辑”左侧的加号，在-| |-上双击鼠标左键输入指令；或者在“工具栏”中点击“线圈”选择-| |-。然后单击“＜?? .? ＞”，并输入地址 M2.0。

第五步：串联动断触点 Q0.0 的输入步骤。首先将光标移至程序段 2 中的%T0 -|/|-右侧，在“工具栏”中点击↪向下连线，再单击编辑窗口右侧“指令树”中“基本指令”→“位逻辑运算”，并在-|/|-上双击鼠标左键输入指令；或者在“工具栏”中点击“触点”选择-|/|-。然后单击“＜?? .? ＞”，并输入地址 Q0.0。

第六步：定时器指令 T0 的输入步骤。首先将光标移至程序段 2 中%Q0.0 -| |-右侧，在“工具栏”中点击↪向下连线。再单击编辑窗口右侧“指令树”中“基本指令”→“定时器操作”→“原有”，并在 -(SD) 上双击鼠标左键输入指令。最后在 SD 的上方将“＜?? .? ＞”改为“T0”，SD 的下方将“＜?? .? ＞”改为“S5T＃10S”。

3. 程序段 3 的输入

第一步：动合触点 M2.0 的输入步骤。首先将光标移至程序段 3 中需要输入指令的位置，单击编辑窗口右侧“指令树”中“基本指令”→“位逻辑运算”，在-| |-上双击鼠标左键输入指令；或者在“工具栏”中选择动合触点-|/|-。然后单击“＜?? .? ＞”，并输入地址 M2.0。

第二步：输出线圈 Q0.1 的输入步骤。首先将光标移至程序段 3 中的 %M2.0 ┤├ 右侧，单击“指令树”的“位逻辑”左侧的加号，在 ┤├ 上双击鼠标左键输入指令；或者在“工具栏”中点击“线圈”选择 ┤├。然后单击“<?? .? >”，并输入地址 Q0.1。

输入完毕后保存的完整梯形图主程序如图 3-50 所示。

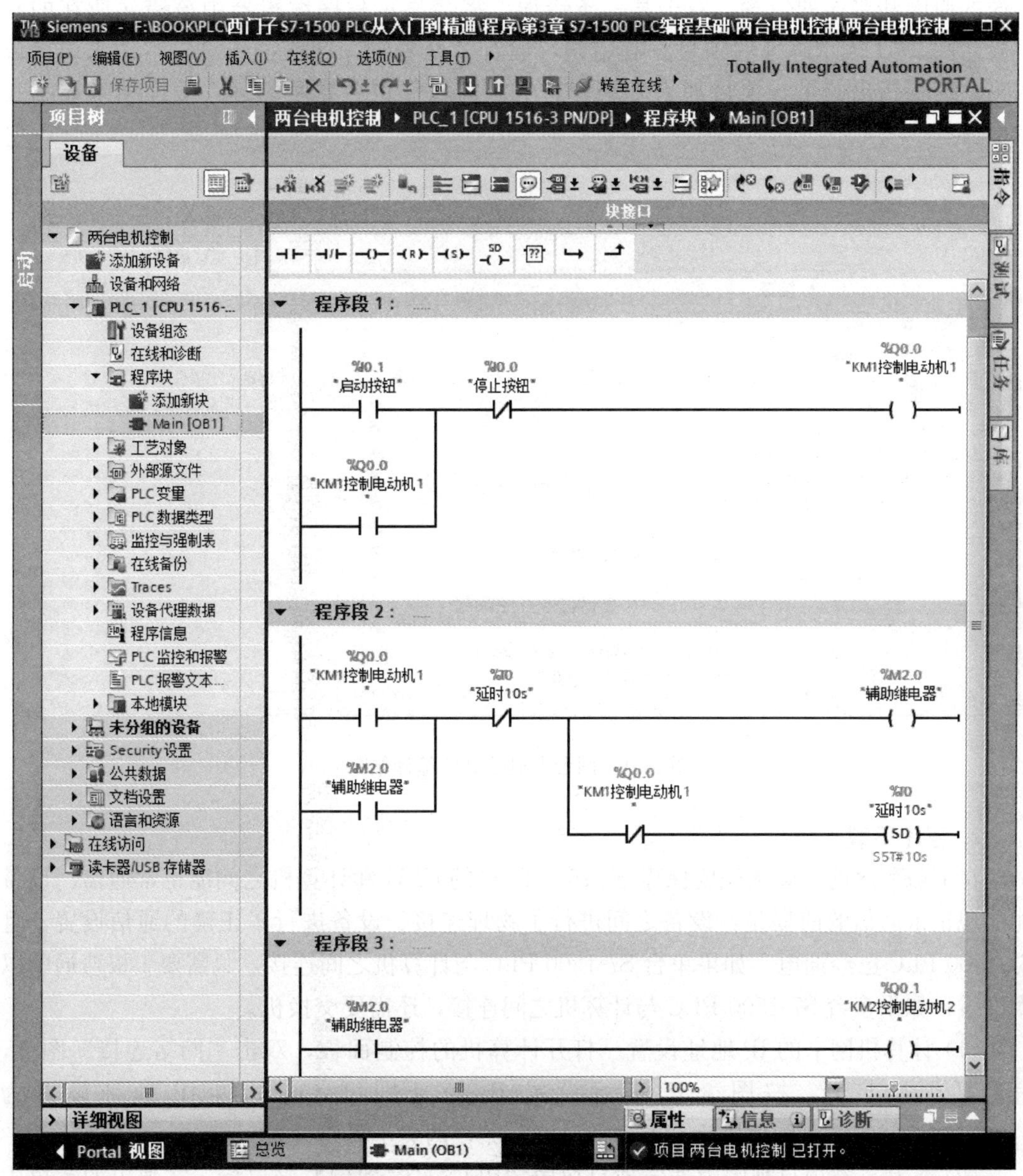

图 3-50　完整的梯形图主程序

3.4.6　项目编译与下载

在 TIA Portal 软件中，完成了硬件组态，输入完程序后可对项目进行编译与下载操作。

1. 项目编译

在 TIA Portal 软件中，打开已编写好的项目程序，并在项目视图中选定项目树中“PLC_1”，然后右击鼠标，在弹出的菜单中选择“编译”，或执行菜单命令“编辑”→“编译”，即可对项目进行编译。编译后在输出窗口显示程序中语法错误的个数，每条错误的原因和错误的位置。双击某一条错误，将会显示程序编辑器中该错误所在的程序段。图 3-51 表示编译后项目没有错误，但有 2 处警告，这些警告对于本例来说可以忽略。需要指出的是，项目如果未编译，下载前软件也会自动编译，编译结果显示在输出窗口。

信息

属性 | 信息 | 诊断

常规 | 交叉引用 | 编译 | 语法

显示所有消息

编译完成（错误：0；警告：2）

!	路径	说明	转至	?	错误	警告	时间
	PLC_1		↗		0	2	4:13:51
	硬件配置		↗		0	2	4:13:55
	S71500/ET200MP statio...		↗		0	2	4:14:00
	导轨_0		↗		0	2	4:14:00
	PLC_1		↗		0	2	4:14:00
	PLC_1		↗		0	1	4:14:00
		PLC_1 不包含组态的保护等级	↗				4:14:00
	CPU 显示_1		↗		0	1	4:14:00
		该 S7-1500 CPU 显示屏不带任何密码保护。	↗				4:14:00
	程序块		↗		0	0	4:14:05
		未编译任何块。所有块都是最新版本的。					4:14:05
		编译完成（错误：0；警告：2）					4:14:06

图 3-51　两台电机控制的编译结果

2. 程序下载

在下载程序前，必须先要保障 S7-1500 PLC 的 CPU 和计算机之间能正常通信。设备能实现正常通信的前提是：设备之间进行了物理连接、设备进行了正确的通信设置，且 S7-1500 PLC 已经通电。如果单台 S7-1500 PLC 与计算机之间连接，只需要 1 根普通的以太网线；如果多台 S7-1500 PLC 与计算机之间连接，还需要交换机。

（1）计算机网卡的 IP 地址设置。打开计算机的控制面板，双击“网络连接”图标，其对话框会打开，按图 3-52 进行设置 IP 地址即可。这里的 IP 地址设置为“192.168.0.20”，子网掩码为“255.255.255.0”，网关不需要设置。

（2）下载。在项目视图中选定项目树中“PLC_1”，然后右击鼠标，在弹出的菜单中选择“下载到设备”，或执行菜单命令“在线”→“下载到设备”，将弹出图 3-53 所示的对话框。在此对话框中将“PG/PC 接口的类型”选择为“PN/IE”，将“PG/PC 接口”选择为“Realtek PCle GBE Family Controller”，将“接口/子网的连接”选择为“插槽‘1×1’处的方向”。注意“PG/PC 接口”是网卡的型号，不同的计算机可能不同，应根据实际情况进行选择，此外，初学者若选择无线网卡，也容易造成通信失败。

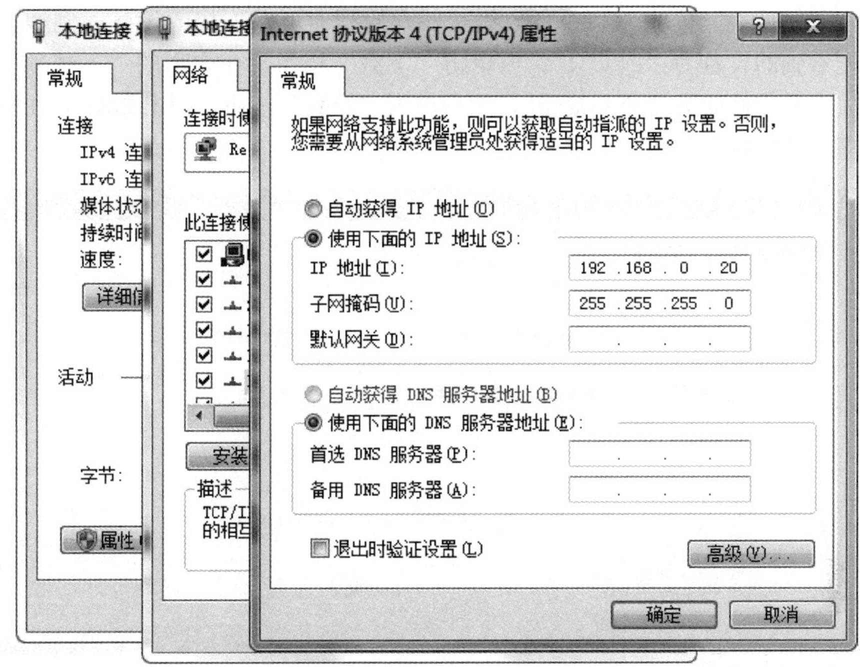

图 3-52　计算机网卡的 IP 地址设置

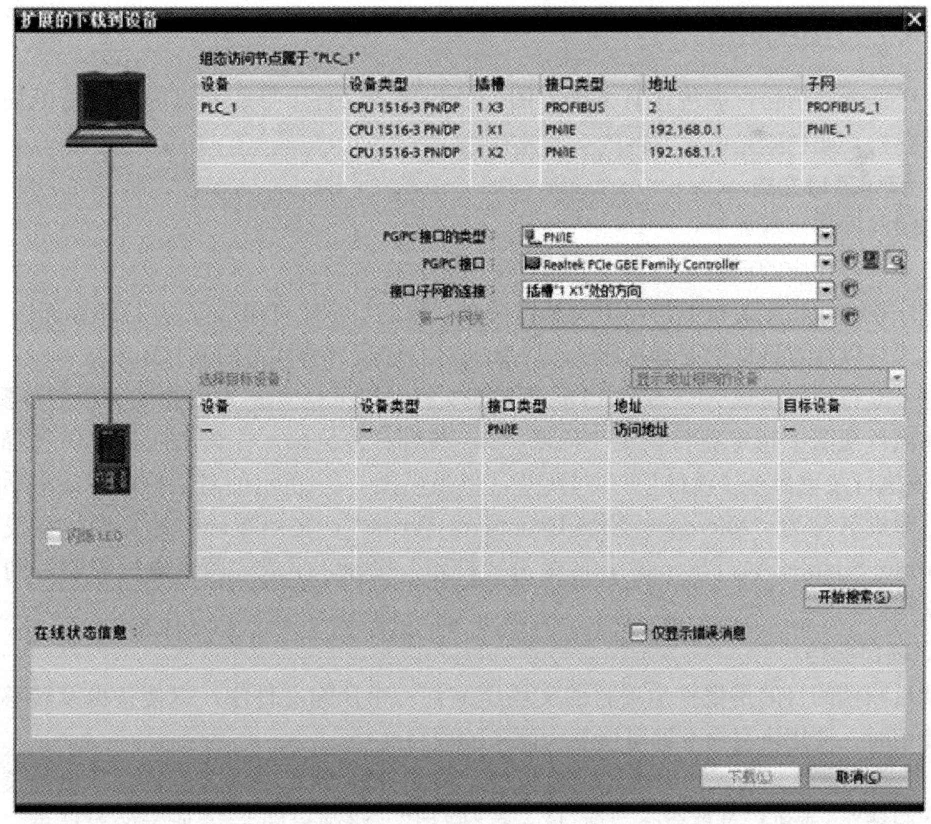

图 3-53　“下载到设备”对话框

单击“开始搜索”按钮，TIA Portal 软件开始搜索可以连接的设备，例如“两台电机控制”搜索到的设备为“PLC_1”。再单击“下载”按钮，在弹出的“下载预览”对话框中把第 1 个动作修改为“全部接受”，然后单击“装载”按钮，弹出如图 3-54 所示对话框，最后单击“完成”按钮，下载完成。

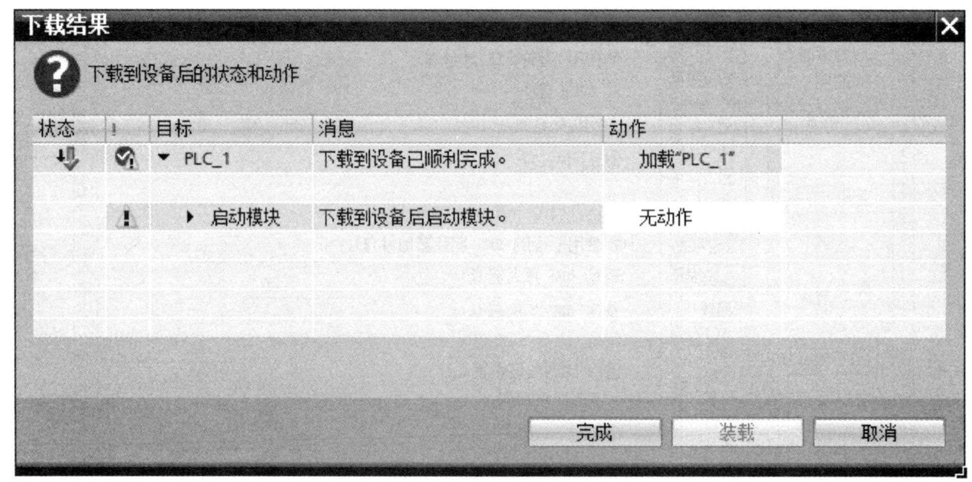

图 3-54 “下载结果”对话框

3.4.7 打印与归档

一个完善的项目，应包含有文字、图表及程序的文件。打印的目的是进行纸面上的交流及存档，归档则是电子方面的交流及存档。

1. 打印项目文档

打印的操作步骤如下：

(1) 打开相应的项目对象，在屏幕上显示要打印的信息。

(2) 在应用程序窗口中，使用菜单栏命令“项目”→“打印”，打开打印界面。

(3) 可以在对话框中更改打印选项，如选择打印机、打印范围和打印份数等。

也可以将程序生成 XPS 或者 PDF 格式的文档，以下是生成 XPS 格式文档的步骤。

在项目视图中选定项目树中“PLC_1”，然后右击鼠标，在弹出的菜单中选择“打印”，或执行菜单命令“项目”→“打印”，将弹出图 3-55 所示的对话框。在此对话框中设置打印机名称为“Microsoft XPS Document Writer”，文档布局中的文档信息设置为“DocuInfo_Simple_A4_Portrait”，再单击“打印”按钮，生成“两台电机控制”的 XPS 格式文档。

2. 项目归档

项目归档的目的是把整个项目的文档压缩到一个压缩文件中，以便备份及转移。当需要使用时，使用恢复命令即可恢复为原来的项目文档。

(1) 归档。在项目视图中选定项目树中“PLC_1”，然后右击鼠标，在弹出的菜单中选择“归档”，或执行菜单命令“项目”→“归档”，将弹出图 3-56 所示的对话框。在此对话框中，可以设置归档文件的名称及保存的路径。设置完后，单击“归档”按钮，将

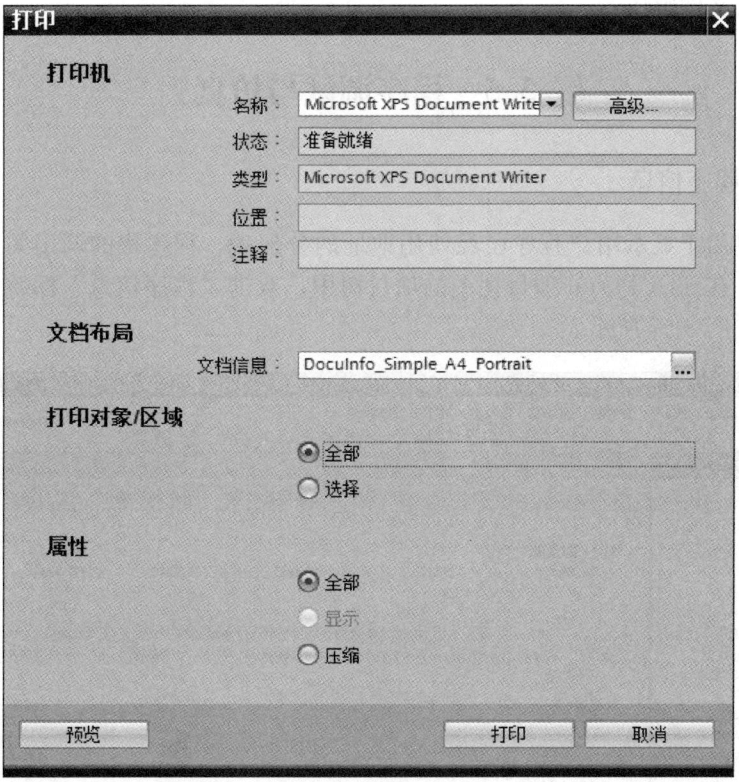

图 3-55 “打印”对话框

生成一个后缀名为“. ZAP15”的压缩文件。然后打开相应的文件夹，在此文件夹中可看到刚才已压缩的项目文档。

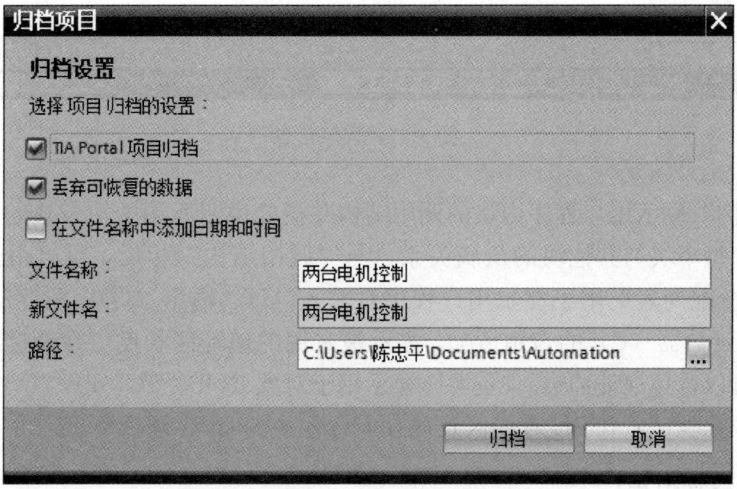

图 3-56 “归档项目”对话框

(2) 恢复。在项目视图中执行菜单命令“项目”→“恢复”，打开准备解压的压缩文件，选中需要的解压文件，点击“确定”按钮，在弹出的对话框中选择合适的解压保存路径即可进行文件解压。

3.5 程序调试与仿真

3.5.1 程序信息

程序信息用于显示用户程序已经使用地址的分配表、程序块的调用关系、从属结构和资源信息。在 TIA Portal 项目视图的项目树中，双击“程序信息”标签，将弹出程序信息视图，如图 3-57 所示。

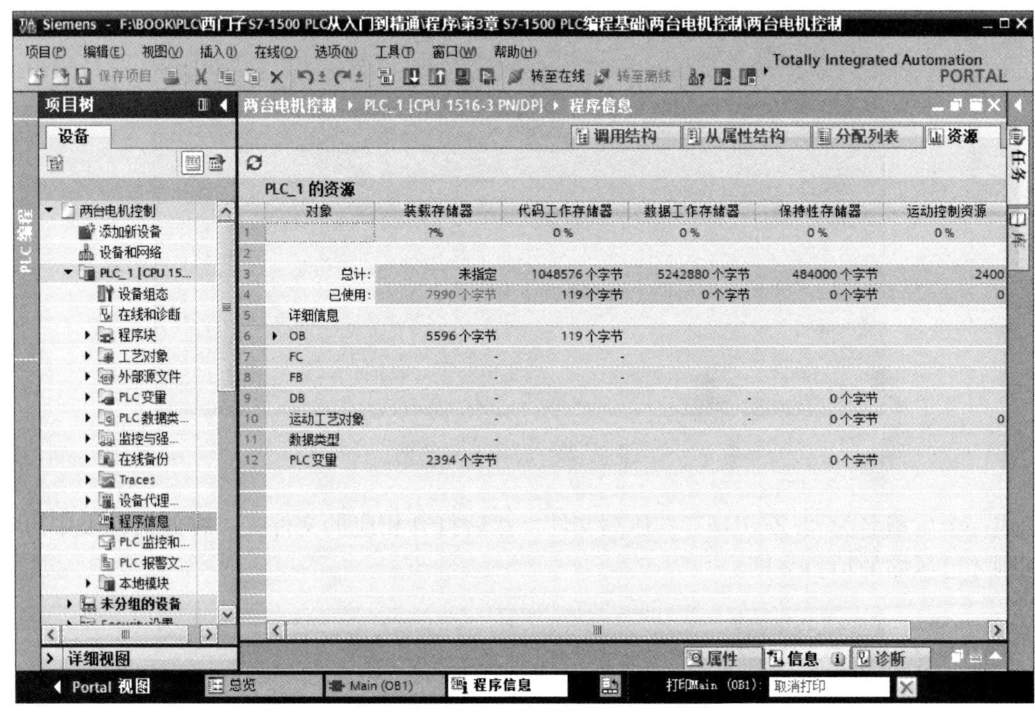

图 3-57　程序信息

“调用结构”显示用户程序内块的调用结构并概要说明所用的块及块的关系。从属结构显示程序中每个块与其他块的从属关系，与“调用结构”相反，可以很快看出其上一级的层次。“分配列表”用于显示用户程序对输入（I）、输出（Q）、位存储器（M）、定时器（T）和计数器（C）的占用情况，显示被占用的地址区长度。在调试程序时，查看分配列表，可以避免地址冲突。“资源”显示用于对象（OB、FC、FB、DB、PLC 变量和用户自定义数据类型）、CPU 存储区及现有 I/O 模块的 CPU 硬件资源。

3.5.2 交叉引用

交叉引用列表提供用户程序中操作数和变量的使用概况。

(1) 交叉引用的总览。创建和更改程序时，保留已使用的操作数、变量和块调用的总览。在 TIA Portal 软件项目视图的工具栏中，执行命令“工具”→“交叉引用”，将弹出交叉引用列表，如图 3-58 所示。

（2）从交叉引用的跳转。从交叉引用可直接跳转到操作数和变量的使用位置。双击图 3-58 所示的“辅助继电器”下的@Main ▶ NW3，则会自动跳转到程序段 3 的“辅助继电器”M2.0 的位置。

两台电机控制 ▸ PLC_1 [CPU 1516-3 PN/DP] ▸ 交叉引用

显示所有对象

对象	引用位置	引用类型	作为	访问	地址	类型	设备	路径
▼ Main					%OB1	LAD-组织...	PLC_1	程序块
▼ KM1控制电动机1					%Q0.0	Bool	PLC_1	PLC变量\默认变量表
	@Main ▸ NW1	使用		只读				
	@Main ▸ NW1	使用		写入				
	@Main ▸ NW2	使用		只读				
	@Main ▸ NW2	使用		只读				
▼ KM2控制电动机2					%Q0.1	Bool	PLC_1	PLC变量\默认变量表
	@Main ▸ NW3	使用		写入				
▼ 辅助继电器					%M2.0	Bool	PLC_1	PLC变量\默认变量表
	@Main ▸ NW2	使用		只读				
	@Main ▸ NW2	使用		写入				
	@Main ▸ NW3	使用		只读				
▼ 启动按钮					%I0.1	Bool	PLC_1	PLC变量\默认变量表
	@Main ▸ NW1	使用		只读				
▼ 停止按钮					%I0.0	Bool	PLC_1	PLC变量\默认变量表
	@Main ▸ NW1	使用		只读				
▼ 延时10s					%T0	Timer	PLC_1	PLC变量\默认变量表
	@Main ▸ NW2	使用		只读				
	@Main ▸ NW2	使用		写入				

图 3-58　交叉引用列表

3.5.3　比较项目数据

比较功能可用于比较项目中具有相同标识对象的差异，可分为离线/在线和离线/离线两种比较方式，它们的比较结果符号如表 3-19 所示。

表 3-19　　比较结果符号

	符号	含　义		符号	含　义
离线/离线比较		实际程序	在线/离线比较		文件夹包含在线和离线版本不同的对象
		版本比较			比较结果未果
		文件夹包含版本比较存在不同的对象			对象的在线和离线版本相同
		离线/离线比较的结果未果			对象的在线和离线版本不同
		比较对象的版本相同			对象仅离线存在
		比较对象的版本不同			对象仅在线存在
		对象仅存在于输出程序中			
		对象仅存在于比较版本中			

如果需要获得详细的在线和离线比较信息，可以在项目视图的项目树中，右击项目的站点（如“PLC_1”），在弹出的菜单中执行“比较”→“离线/在线”，即可进行比较，如图 3-59 所示。

图 3-59　离线/在线比较

3.5.4　使用监控表与强制表进行调试

1. 用监控表进行调试

硬件接线完成后，需要对所接线的输入和输出设备进行测试，即 I/O 设备测试。I/O 设备的测试可以使用 TIA Portal 软件提供的监控表实现。TIA Portal 软件中监控表的功能相当于经典 STEP 7 软件中变量表的功能。

监控表（Watch Table）又称为监视表，可以显示用户程序的所有变量的当前值，也可以将特定值分配给用户程序或 CPU 中的各个变量。使用这两项功能可以检查 I/O 设备的接线情况。

（1）创建监控表。在 TIA Portal 软件中添加了 CPU 设备后，会在项目树中 CPU 设备下出现一个“监控与强制表”文件夹。双击该文件夹下的“添加新监控表”，即可创建新的监控表，默认名称为“监控表_1”，如图 3-60 所示。

在监控表中输入要监控的变量，创建监控表完成，如图 3-61 所示。

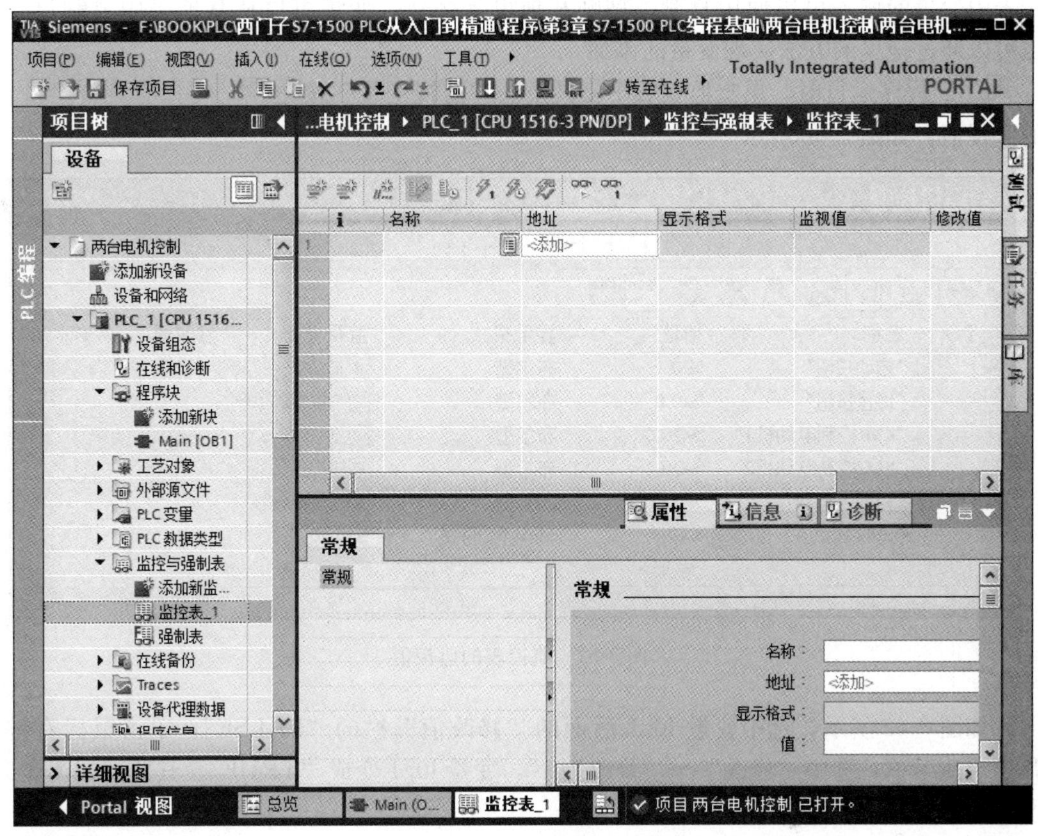

图 3-60　创建新的监控表

...空制 ▸ PLC_1 [CPU 1516-3 PN/DP] ▸ 监控与强制表 ▸ 监控表_1

	i	名称	地址	显示格式	监视值	修改值
1		"启动按钮"	%I0.1	布尔型		
2		"停止按钮"	%I0.0	布尔型		
3		"KM1控制电动机1"	%Q0.0	布尔型		
4		"KM2控制电动机2"	%Q0.1	布尔型		
5		"辅助继电器"	%M2.0	布尔型		
6		"延时10s"	%T0	SIMATIC 时间		
7			<添加>			

图 3-61　在监控表中定义要监控的变量

（2）监控表的 I/O 测试。在监控表中，对数据的编辑功能与 EXCEL 表类似，所以监控表中变量的输入可以使用复制、粘贴和拖曳等操作，变量可以从其他表中复制过来，也可以通过拖曳的方法实现变量的添加。

CPU 程序运行时，单击监控表中工具条的“监视变量”按钮，可以看到 6 个变量的监视值，如图 3-62 所示。

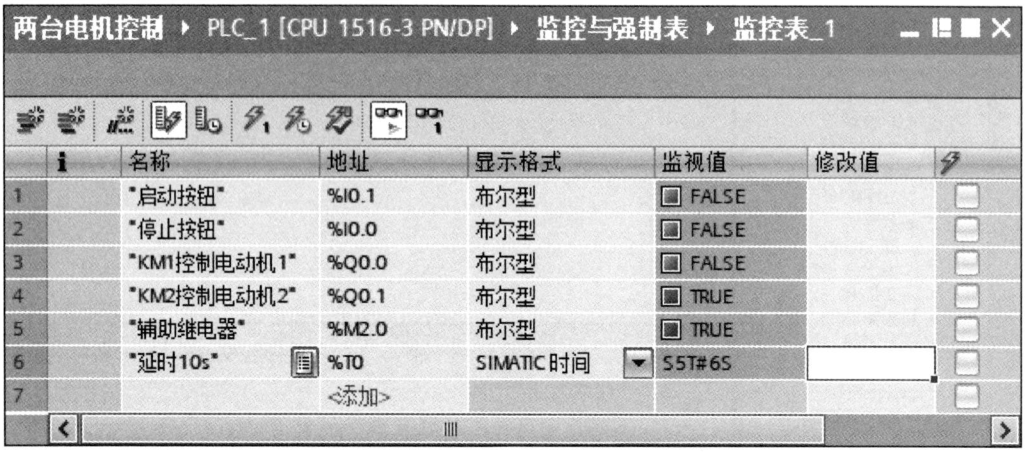

两台电机控制 ▸ PLC_1 [CPU 1516-3 PN/DP] ▸ 监控与强制表 ▸ 监控表_1

	i	名称	地址	显示格式	监视值	修改值	
1		"启动按钮"	%I0.1	布尔型	FALSE		
2		"停止按钮"	%I0.0	布尔型	FALSE		
3		"KM1控制电动机1"	%Q0.0	布尔型	FALSE		
4		"KM2控制电动机2"	%Q0.1	布尔型	TRUE		
5		"辅助继电器"	%M2.0	布尔型	TRUE		
6		"延时10s"	%T0	SIMATIC 时间	S5T#6S		
7			<添加>				

图 3-62 监控表的监控值

如图 3-63 所示，选中变量 I0.1 后面的“修改值”栏的“FALSE”，单击鼠标右键，弹出快捷菜单，选中“修改”→“修改为 1”，变量 I0.1 变成“TRUE”，其监控如图 3-64 所示。

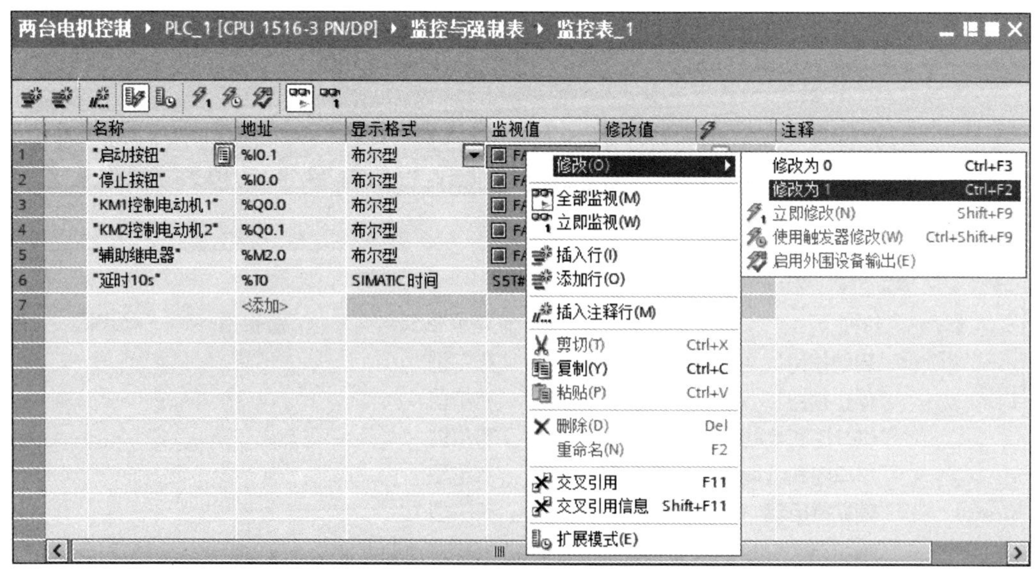

图 3-63 修改监控表中 I0.1 的值

2. 用强制表进行调试

使用强制表给用户程序中的各个变量分配固定值，该操作称为“强制”。在强制表中可以进行监视变量及强制变量的操作。

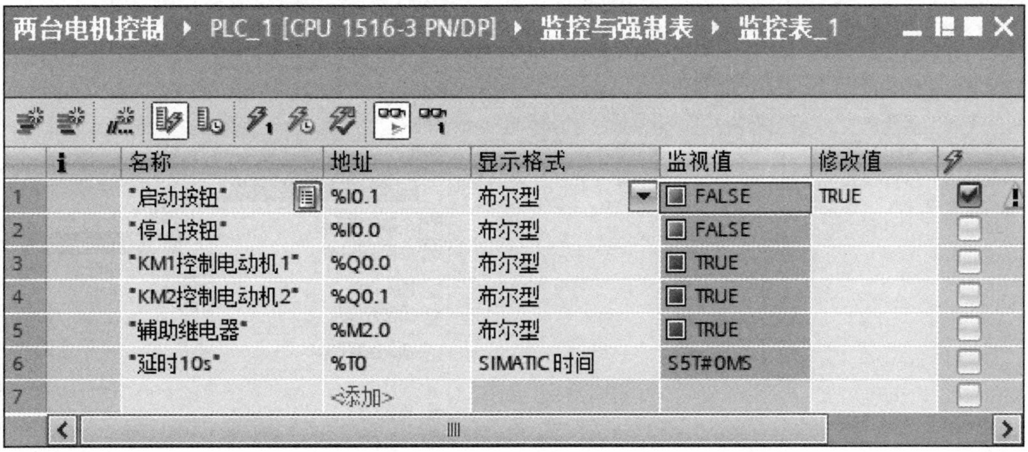

两台电机控制 ▸ PLC_1 [CPU 1516-3 PN/DP] ▸ 监控与强制表 ▸ 监控表_1

	i	名称	地址	显示格式	监视值	修改值	
1		"启动按钮"	%I0.1	布尔型	FALSE	TRUE	☑
2		"停止按钮"	%I0.0	布尔型	FALSE		☐
3		"KM1控制电动机1"	%Q0.0	布尔型	TRUE		☐
4		"KM2控制电动机2"	%Q0.1	布尔型	TRUE		☐
5		"辅助继电器"	%M2.0	布尔型	TRUE		☐
6		"延时10s"	%T0	SIMATIC 时间	S5T#0MS		☐
7			<添加>				☐

图 3-64　监控表中 I0.1 修改后的值

在强制表中可监视的变量包括：输入存储器、输出存储器、位存储器和数据块的内容，此外还可监视输入的内容。通过使用或不使用触发条件来监视变量，这些监视变量可以在 PG/PC 上显示用户程序或 CPU 中各变量的当前值。

变量表可强制的变量包括：外设输入和外设输出。通过强制变量可以为用户程序的各个 I/O 变量分配固定值。

在 TIA Portal 软件中添加了 CPU 设备后，会在项目树中 CPU 设备下出现一个“监控与强制表”文件夹。双击该文件夹下的“强制表”，即可将其打开，然后输入要强制的变量，如图 3-65 所示。

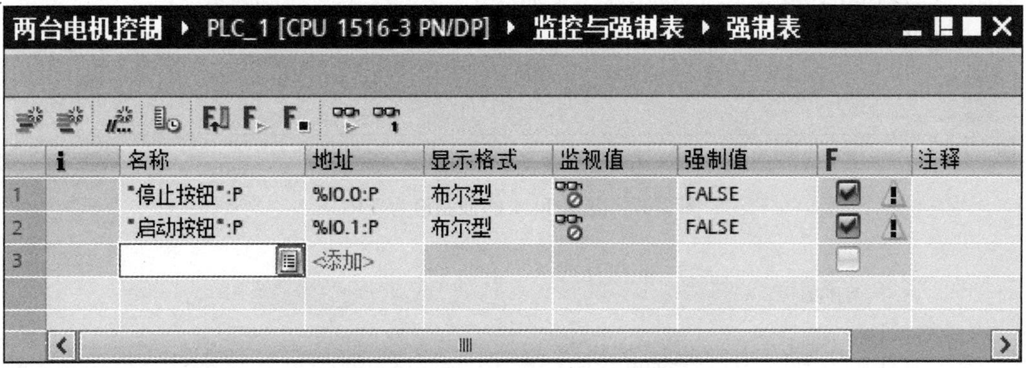

两台电机控制 ▸ PLC_1 [CPU 1516-3 PN/DP] ▸ 监控与强制表 ▸ 强制表

	i	名称	地址	显示格式	监视值	强制值	F	注释
1		"停止按钮":P	%I0.0:P	布尔型		FALSE	☑	
2		"启动按钮":P	%I0.1:P	布尔型		FALSE	☑	
3			<添加>				☐	

图 3-65　在强制表中输入强制变量

CPU 程序运行时，如图 3-66 所示，选中变量 I0.1 的“强制值”栏中的“TURE”，单击鼠标的右键，弹出快捷菜单，单击“强制”→“强制为 1”命令。然后弹出强制为“1”的对话框，在此对话框中单击“是”按钮后，强制表如图 3-67 所示，在变量 I0.1 的第 1 列出现 F 标识，其强制值显示为 TURE。CPU 模块的“MAINT”指示灯变为黄色，程序运行效果如图 3-68 所示。

图 3-66　将变量 I0.1 强制为“1”

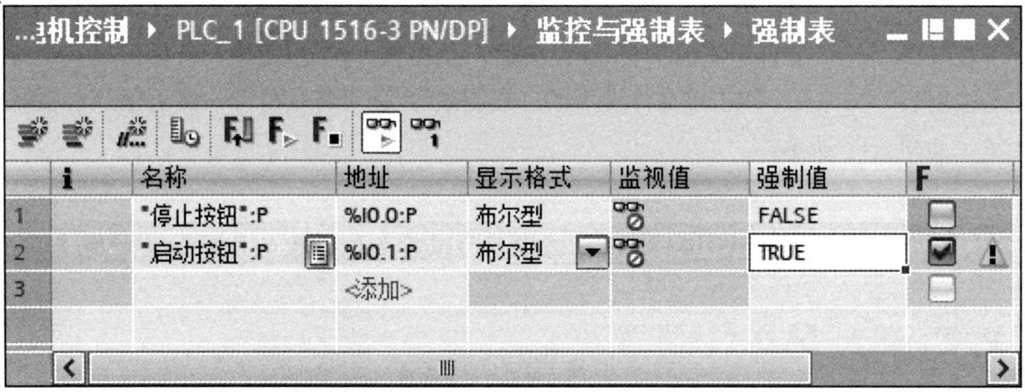

...电机控制 ▸ PLC_1 [CPU 1516-3 PN/DP] ▸ 监控与强制表 ▸ 强制表

	i	名称	地址	显示格式	监视值	强制值	F
1		"停止按钮":P	%I0.0:P	布尔型		FALSE	☐
2		"启动按钮":P	%I0.1:P	布尔型		TRUE	☑
3			<添加>				☐

图 3-67　变量 I0.1 的强制值为 TRUE

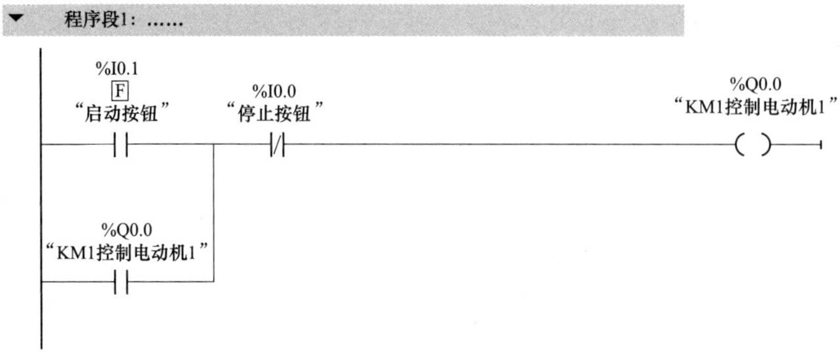

▼ 程序段1：……

%I0.1
F
“启动按钮”

%I0.0
“停止按钮”

%Q0.0
“KM1控制电动机1”

%Q0.0
“KM1控制电动机1”

图 3-68　CPU 程序的运行效果（一）

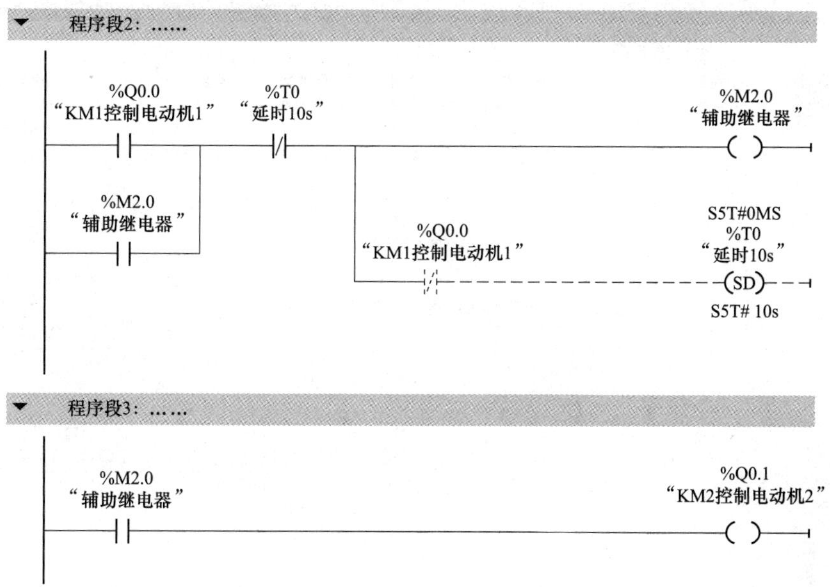

图 3-68　CPU 程序的运行效果（二）

单击工具栏中的“停止所选地址的强制”按钮，停止所有的强制输出，“MAINT”指示灯变为绿色。

3.5.5　使用 S7-PLCSIM 软件进行仿真

西门子 S7-PLCSIM 仿真软件是 TIA Portal 软件的可选软件工具，安装后集成在 TIA Portal 软件中。它不需任何 S7 硬件（CPU 或信号模块），能够在 PG/PC 上模拟 S7-1200、S7-1500 系列部分型号 CPU 中用户程序的执行过程，可以在开发阶段发现和排除错误，非常适合前期的项目测试。

S7-PLCSIM 进行仿真时操作比较简单，下面以“两台电机控制”为例讲述其使用方法。

（1）开启仿真。首先在 TIA Portal 软件打开已创建的“两台电机控制”项目，并在项目视图中选定项目树中的“PLC_1”，然后右击鼠标，在弹出的菜单中选择“开始仿真”，或执行菜单命令“在线”→“仿真”→“启动”，即可开启 S7-PLCSIM 仿真。

（2）装载程序。开启 S7-PLCSIM 仿真时，弹出“扩展的下载到设备”对话框，在此对话框中将“接口/子网的连接”选择为“插槽‘1×1’处的方向”，再点击“开始搜索”按钮，TIA Portal 软件开始搜索可以连接的设备，并显示相应的在线状态信息，如图 3-69 所示。然后单击“下载”按钮，将弹出图 3-70 所示的“下载预览”对话框。在此对话框中单击“装载”按钮，将实现程序的装载。

（3）强制变量。点击项目树中“监控与强制表”文件夹下的“强制表”，将打开“强制表”。在此强制表的地址中分别输入变量“I0.0”和“I0.1”，并将 I0.1 的强制值设为“TRUE”，然后点击启动强制图标，使 I0.1 强制为 ON，最后点击全部监视图标。

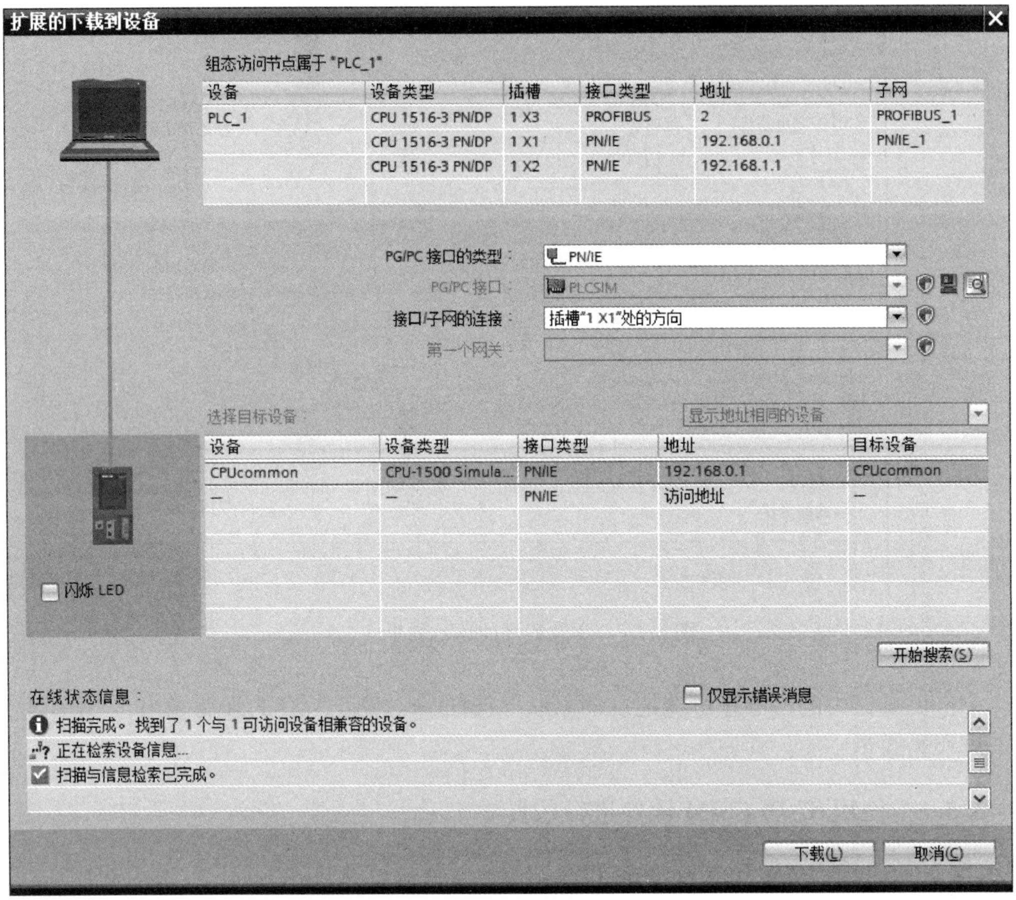

扩展的下载到设备
组态访问节点属于"PLC_1"
设备 设备类型 插槽 接口类型 地址 子网
PLC_1 CPU 1516-3 PN/DP 1 X3 PROFIBUS 2 PROFIBUS_1
CPU 1516-3 PN/DP 1 X1 PN/IE 192.168.0.1 PN/IE_1
CPU 1516-3 PN/DP 1 X2 PN/IE 192.168.1.1
PG/PC 接口的类型：PN/IE
PG/PC 接口：PLCSIM
接口/子网的连接：插槽"1 X1"处的方向
第一个网关：
选择目标设备：
显示地址相同的设备
设备 设备类型 接口类型 地址 目标设备
CPUcommon CPU-1500 Simula... PN/IE 192.168.0.1 CPUcommon
— — PN/IE 访问地址 —
闪烁 LED
开始搜索(S)
在线状态信息：
仅显示错误消息
扫描完成。找到了 1 个与 1 可访问设备相兼容的设备。
正在检索设备信息...
扫描与信息检索已完成。
下载(L)
取消(C)

图 3-69 “扩展的下载到设备”对话框

下载预览
下载前检查
状态 ! 目标 消息 动作
PLC_1 下载准备就绪。 加载"PLC_1"
仿真模块 将在仿真 PLC 中进行下载。
软件 将软件下载到设备 一致性下载
附加说明 项目设置和 PLC 编程设置之间存在差异。 全部覆盖
文本库 将所有报警文本和文本列表文本下载到设备中 一致性下载到设备中
刷新
完成
装载
取消

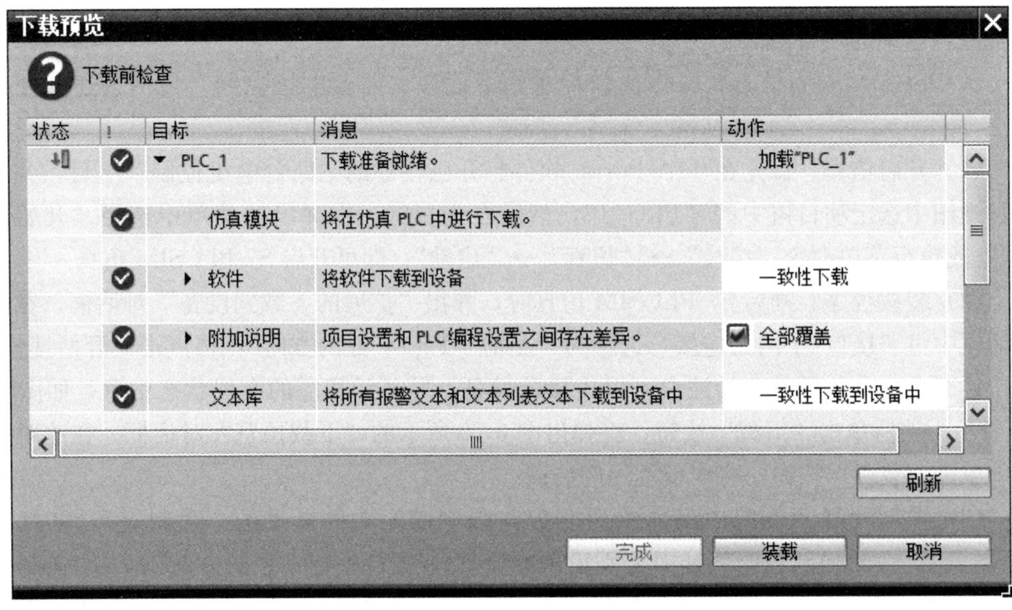

图 3-70 “下载预览”对话框

（4）监视运行。点击项目树中“程序块”下的“Main[OB1]”，切换到主程序窗口，然后点击全部监视图标，同时使 S7-PLCSIM 处于“RUN”状态，即可观看两台电机的运行情况。再将 I0.0 强制为 ON，I0.1 强制为 OFF，然后点击启动强制图标，即可观看“两台电机控制”的停机仿真效果，如图 3-71 所示。从图中可以看出，当停止按钮闭合后，Q0.0 线圈立即失电电动机 1 停止运行，而定时器 T0 进行 10s 的倒计时。如果倒计时的当前值为 0，则 Q0.1 线圈将失电，从而使两台电动机都停止。

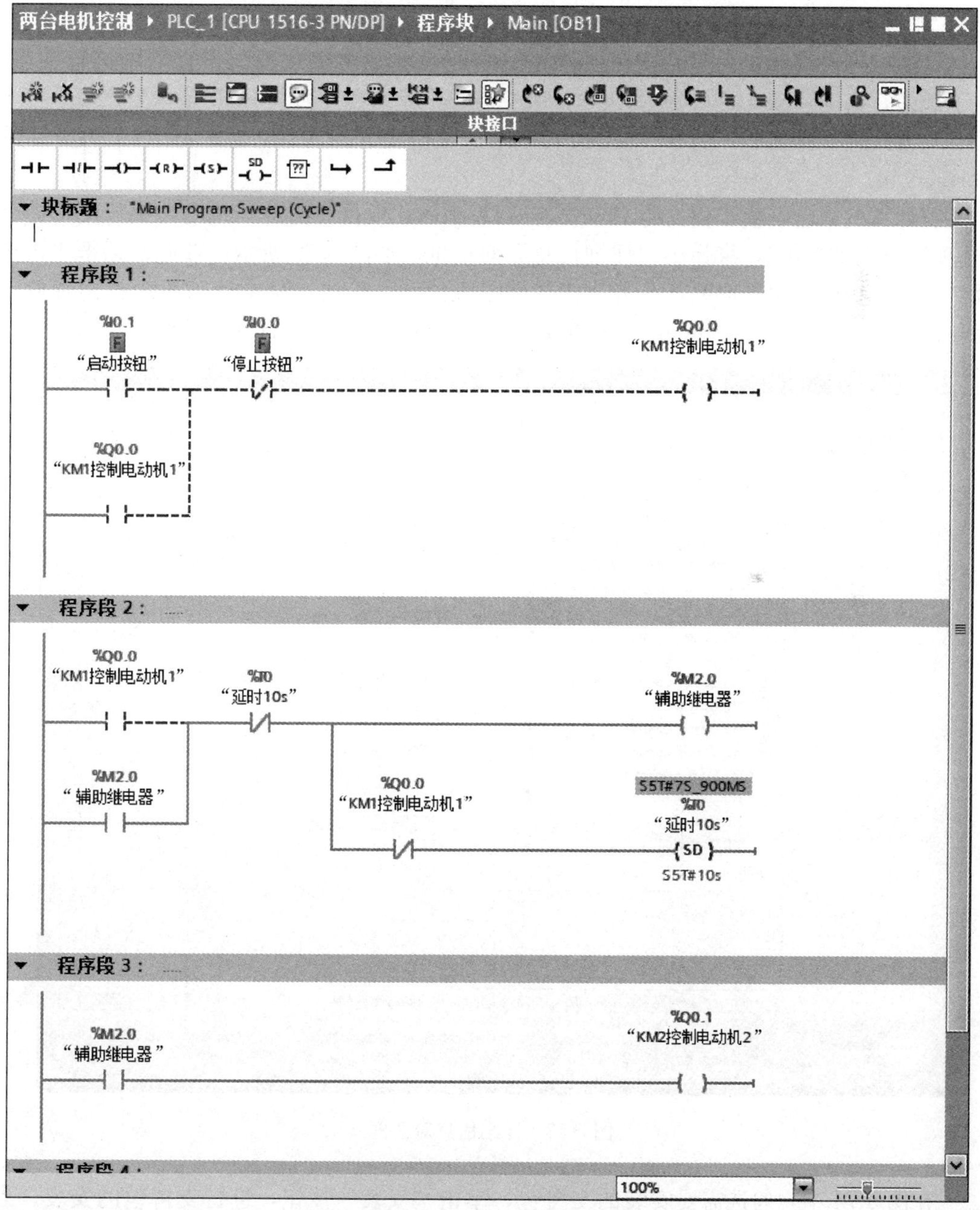

图 3-71　“两台电机控制”的停机仿真效果

3.6　安装支持包和 GSD 文件

3.6.1　安装支持包

SIEMENS 的 PLC 模块进行固体升级或者推出了新型号模块后，如果 TIA Portal 软件没有及时升级，那么将不支持这些新的模块（即使勉强支持了，也会有警告信息弹出），所以用户最好安装最新的支持包。

HSP（硬件支持包）是特定于 TIA Portal 的版本，可以从西门子官网中进行下载。在下载前，必须注意 HSP 的版本要与 TIA Portal 版本要一致。HSP 是以“.isp［版本号］”方式进行命名的，例如“*.isp15”对应 TIA Portal V15，“*.isp14”对应 TIA Portal V14。

若计算机中已下载了相关的 HSP，在 TIA Portal 项目视图的菜单中，执行菜单命令“选项”→“支持包”，将弹出“详细信息”对话框，如图 3-72 所示。在此对话框中，选择“安装支持软件包”选项，点击“从文件系统添加”按钮，从本计算机中找到存放支持包的位置（如图 3-73 所示），选中需要安装的支持包，单击“打开”按钮。

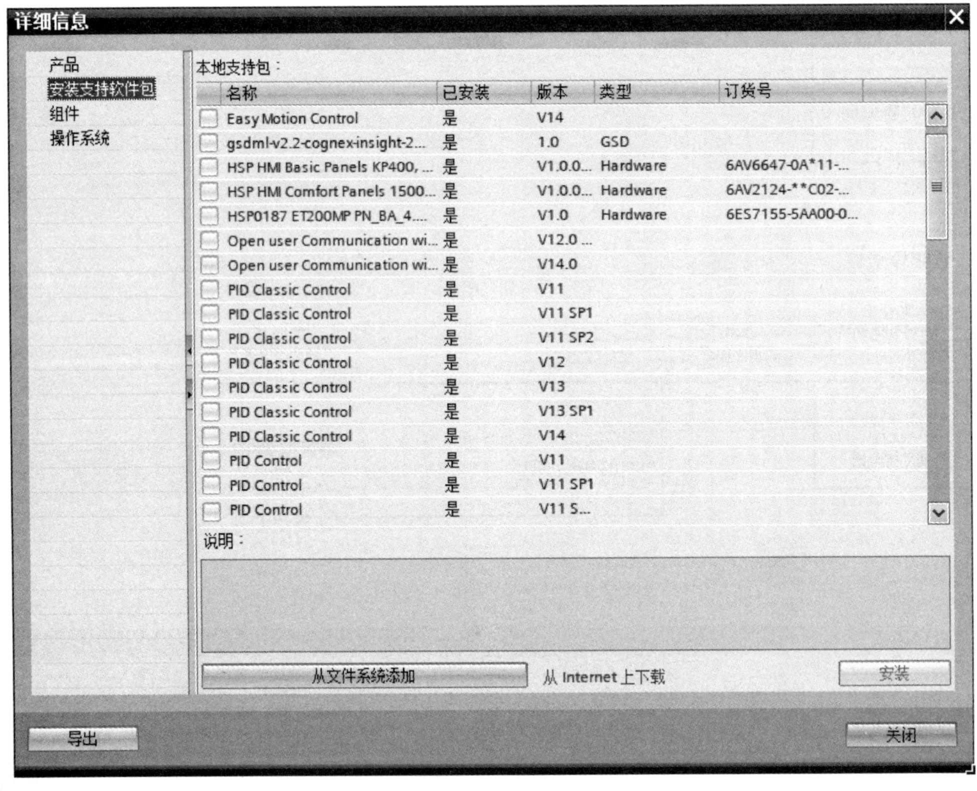

图 3-72　详细信息对话框

在图 3-74 中，勾选需要安装的支持包，单击“安装”按钮，进行支持包的安装。当支持包安装完成后，弹出图 3-75 的对话框，单击“完成”按钮，TIA Portal 软件开始更新硬件目录，之后新安装的硬件就可以在硬件目录中找到。

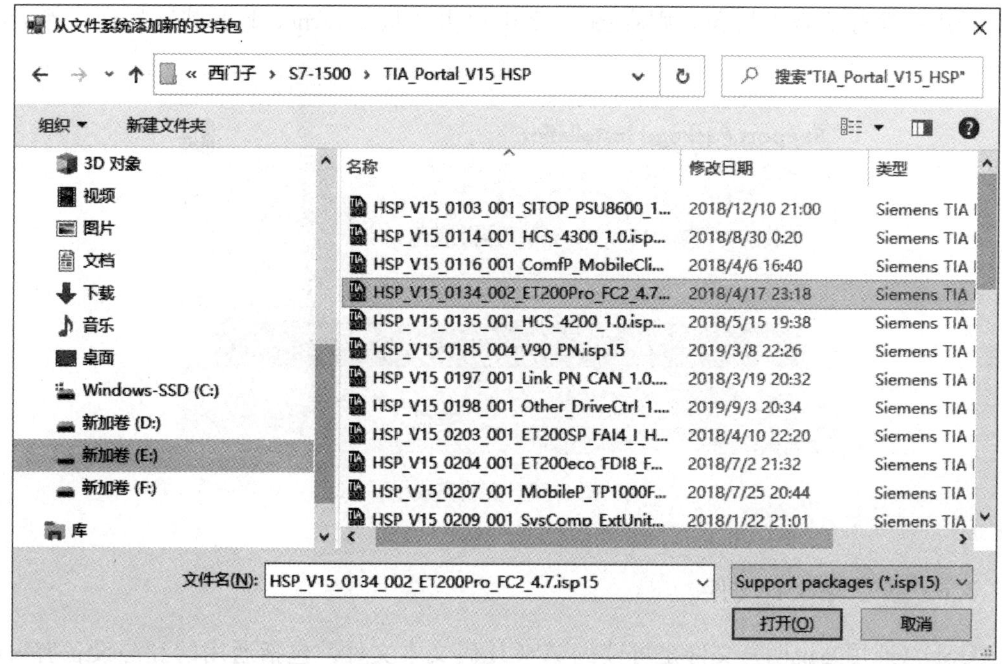

图 3-73　打开支持包

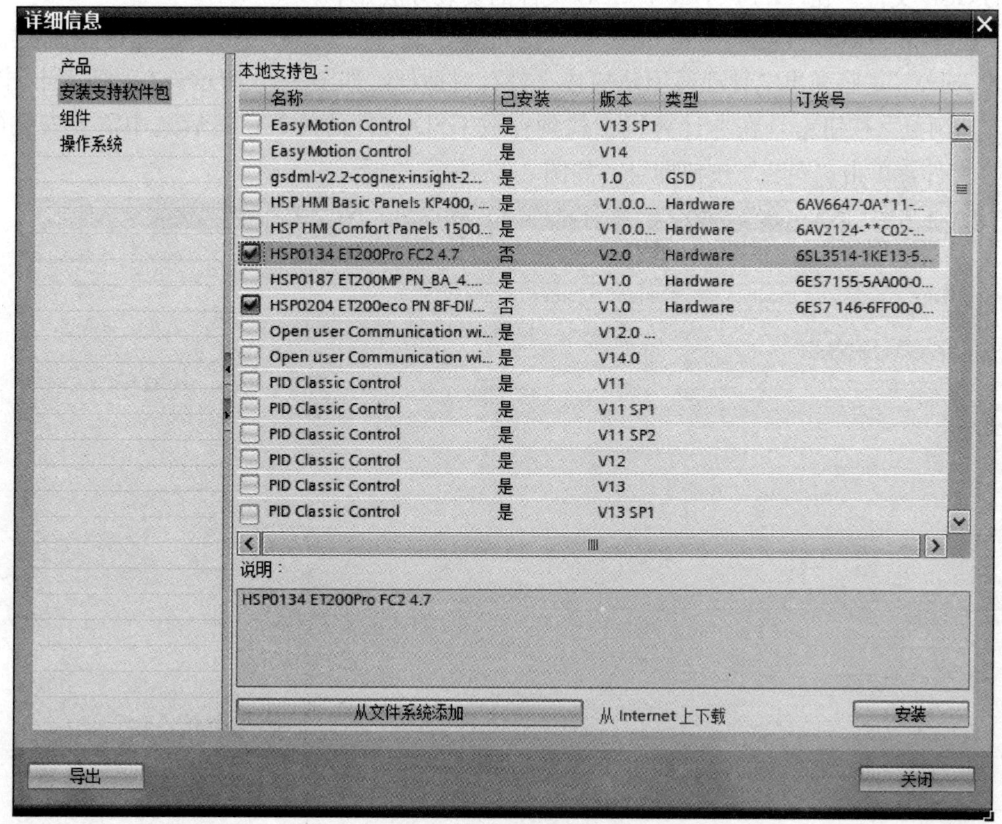

图 3-74　选中需安装的支持包

若用户没有下载支持包，则在图 3-72 中单击“从 Internet 上下载”按钮，然后再安装。

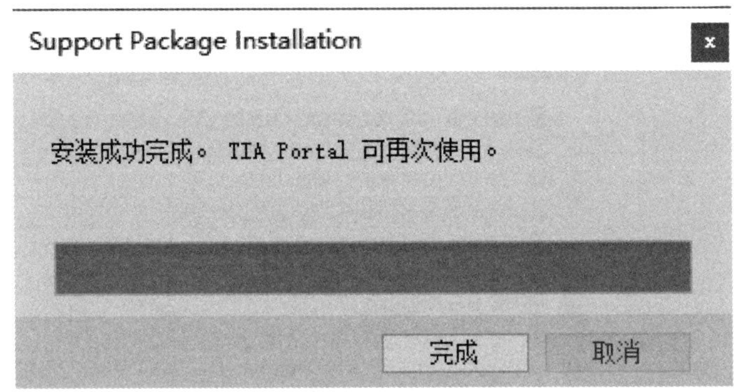

图 3-75 安装完成

3.6.2 安装 GSD 文件

GSD（通用站说明）文件是可读的 ASCII 码文本文件，包括通用的和与设备有关的通信的技术规范。在 TIA Portal 项目中需要配置第三方设备时，一般需要安装第三方设备的 GSD 文件。在 TIA Portal 中 GSD 文件的安装方法如下。

在 TIA Portal 项目视图的菜单中，执行菜单命令“选项”→“管理通用描述文件（GSD）”，将弹出“管理通用站描述文件”对话框，如图 3-76 所示。在此对话框中，单击“浏览”按钮，在本计算机中找到存放 GSD 文件的位置，然后选中需要安装的 GSD 文件，单击“安装”按钮即可，如图 3-77 所示。

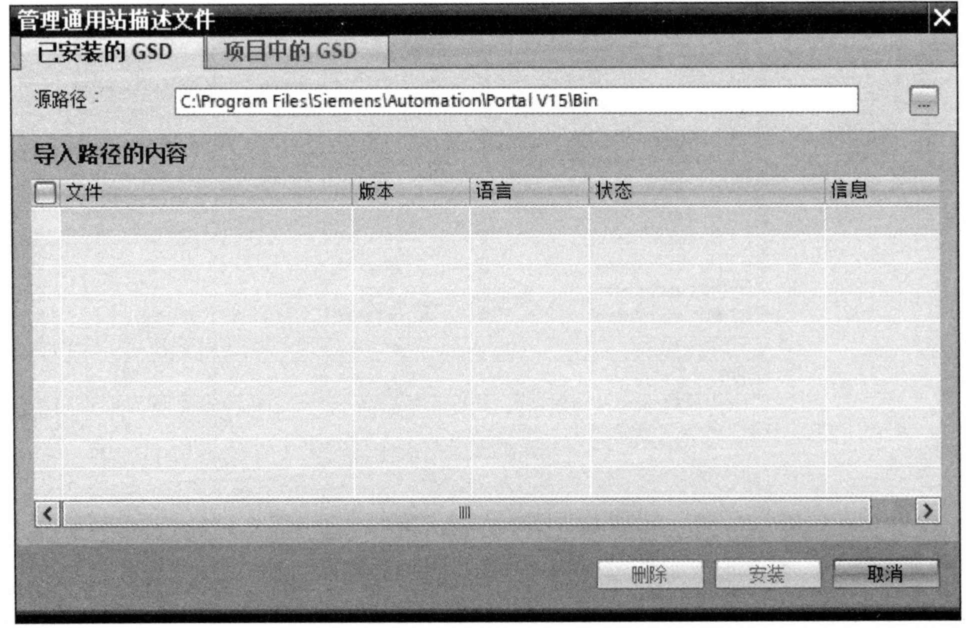

图 3-76 “管理通用站描述文件”对话框

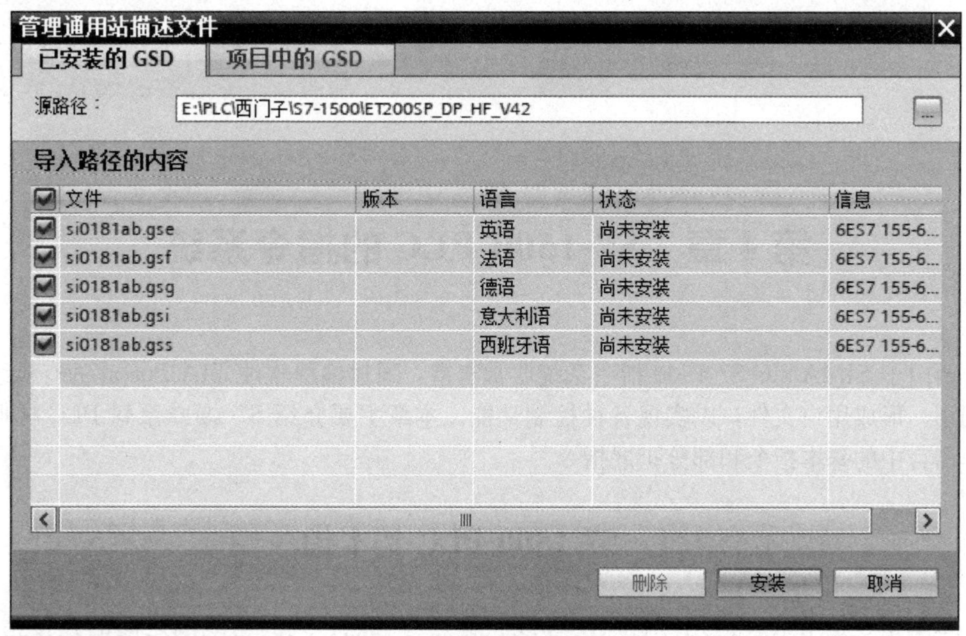

图 3-77　安装 GSD 文件

当 GSD 文件安装完成后，TIA Portal 开始更新硬件目录，之后新安装的 GSD 文件就可以在硬件目录中找到。

注意，西门子的 GSD 文件可以在西门子官网上免费下载，而第三方的 GSD 文件则由第三方公司提供。

第 4 章　S7-1500 PLC 的指令系统

西门子 SIMATIC S7-1500 指令系统非常丰富，通过编程软件 TIA Portal 的有机组织和调用，形成用户文件，以实现各种控制功能。本章主要介绍 S7-1500 系列 PLC 梯形图编程语言中的基本指令和部分扩展指令。

4.1　S7-1500 PLC 基本指令

基本指令是用来表达元件触点与母线、触点与触点、线圈与线圈之间的连接指令。S7-1500 PLC 的基本指令包括了位逻辑运算指令、定时器操作指令、计数器操作指令、移动操作指令、比较操作指令、数学函数指令、字逻辑运算指令、移位和循环指令、转换操作指令等。

4.1.1　位逻辑运算指令

位逻辑运算指令是 PLC 中常用的基本指令，用于二进制数的逻辑运算，其指令如表 4-1 所示。从表中可以看出位逻辑运算指令包含了触点和线圈两大类，触点又分为动合触点和动断触点两种形式。对触点与线圈而言，“1”表示动作或通电，“0”表示未动作或未通电。

表 4-1　位逻辑运算指令

指　令	功　能	指　令	功　能
─┤├─	动合触点（地址）	─(S)─	置位输出
─┤/├─	动断触点（地址）	─(R)─	复位输出
─┤NOT├─	取反 RLO 触点	─┤P├─	扫描操作数的信号上升沿
─(　)─	输出线圈	─┤N├─	扫描操作数的信号下降沿
─(/)─	反向输出线圈	─(P)─	在信号上升沿置位操作数
─(SET_BF)─	置位位域	─(N)─	在信号下降沿置位操作数
─(RESET_BF)─	复位位域		

续表

指　令	功　能	指　令	功　能
SR：S、R1 → Q	置位/复位触发器	P_TRIG：CLK → Q	扫描 RLO 的信号上升沿
RS：R、S1 → Q	复位/置位触发器	N_TRIG：CLK → Q	扫描 RLO 的信号下降沿
R_TRIG：EN、CLK → ENO、Q	检测信号上升沿	F_TRIG：EN、CLK → ENO、Q	检查信号下降沿

1. 动合触点与动断触点

动合触点对应的位操作数为 1 状态时，该触点闭合；触点符号中间的“/”表示动断触点，其对应的位操作数为 0 状态时，该触点闭合。两条触点指令中位操作数的数据类型为 BOOL 型，其存储区是 I、Q、M、L、D、T、C 的位。两个触点串联将进行逻辑“与”运算，两个触点并联将进行逻辑“或”运算。

2. 线圈指令

输出线圈指令像继电器逻辑图中的线圈一样作用。如果有能流流过线圈（RLO=1），则输出线圈得电，其相应的动合触点闭合，动断触点断开；如果没有能流流过线圈（RLO=0），则输出线圈失电，其相应的动合触点断开，动断触点闭合。

线圈符号中间有“/”表示反向输出线圈指令，如果有能流流过线圈（RLO=1），则取反输出线圈失电，其相应的动合触点断开，动断触点闭合；如果没有能流流过线圈（RLO=0），则取反输出线圈得电，其相应的动合触点闭合，动断触点断开。

【例 4-1】 两台电动机点动控制。在某一控制系统中，SB1 为停止按钮，SB2、SB3 分别为点动按钮 1 与点动按钮 2，当 SB2 按下时电动机 M1 启动，此时再按下 SB3，电动机 M2 启动而电动机 M1 仍然工作，如果按下 SB1，则两个电动机都停止工作，试用 PLC 实现其控制功能。

【分析】 SB1、SB2、SB3 分别与 PLC 的数字量输入模块 SM521（DI 16×24V DC BA，订货号 6ES7 521-1BH10-0AA0）的端子 I0.0、I0.1、I0.2 连接。电动机 M1、电动机 M2 分别由 KM1、KM2 控制，KM1、KM2 的线圈分别与 PLC 的数字量输出模块 SM522（DQ 16×230V AC/1A ST，订货号 6ES7 522-5FF00-0AB0）的端子 Q0.0 和 Q0.1 连接。PLC 的 I/O 接线（又称为外部接线图）如图 4-1 所示，PLC 控制程序如表

4-2 所示。

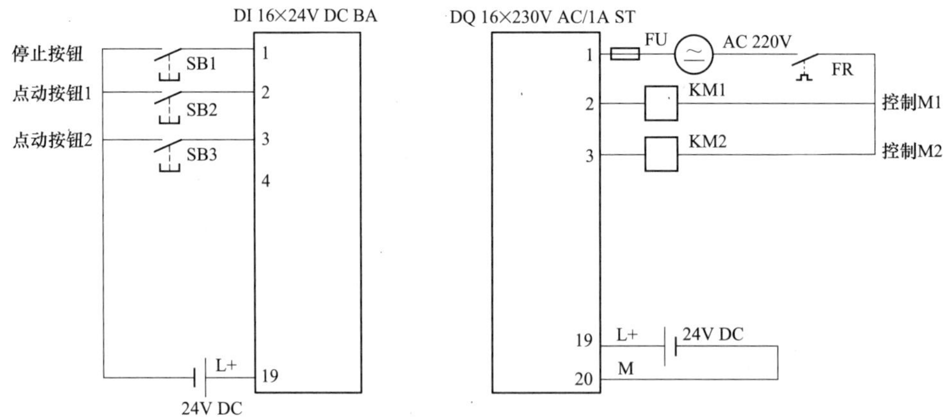

图 4-1　两台电动机点动控制的 I/O 接线图

表 4-2　　两台电动机点动控制的 PLC 程序

程序段	LAD
程序段 1	%I0.1 “点动按钮1” —| |— %I0.0 “停止按钮” —|/|— %Q0.0 “KM1控制电动机1” —( )— %I0.2 “点动按钮2” —| |— %Q0.1 “KM2控制电动机2” —( )—

3. 取反 RLO 触点

位逻辑运算的结果（Result of Logic Operation，RLO），触点符号中间有“NOT”表示为取反 RLO，它用来转换能流输入逻辑状态。如果有能流流入取反 RLO 触点，该触点输入端的 RLO 为 1 状态，反之为 0 状态。

如果没有能流流入取反 RLO 触点，则有能流输出；如果有能流输入取反 RLO 触点，则没有能流输出。通俗来说，如果取反 RLO 触点输入端的逻辑为 1，经过取反 RLO 触点后，其触点输出端逻辑为 0；如果取反 RLO 触点输入端的逻辑为 0，经过取反 RLO 触点后，其触点输出端逻辑为 1。

【例 4-2】　取反 RLO 触点指令的使用程序如表 4-3 所示。在输入 I0.0 与 I0.1 的信号状态同时为“1”或者在输入 I0.2 的信号状态为“1”且输入 I0.3 的信号状态为“0”时，输出 Q0.0 为“0”，否则 Q0.0 输出为“1”。

表 4-3　　取反 RLO 触点指令的使用程序

程序段	LAD
程序段 1	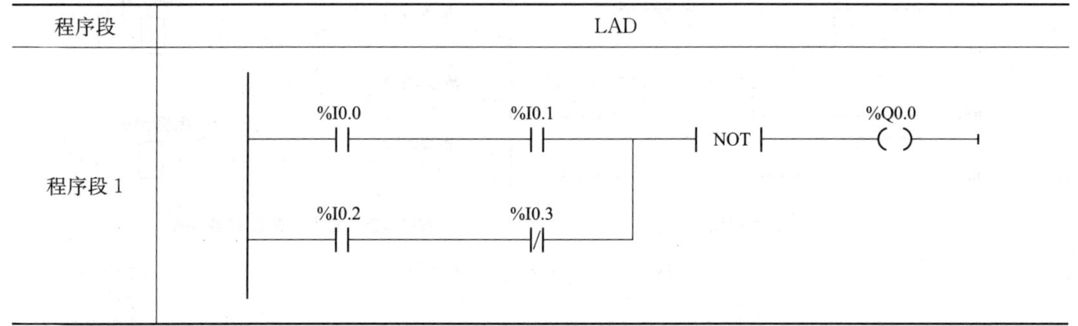

4. 置位、复位输出

置位输出（Set，S）是将指定的位操作数置位（变为“1”并保持）。

复位输出（Reset，R）是将指定的位操作数复位（变为“0”并保持）。

两条指令的数据类型为 BOOL（布尔）型，其存储区是 I、Q、M、L、D 的位。如果 S 和 R 操作同一位操作数时，则书写在后的指令有效。如果同一操作数的 S 线圈和 R 线圈同时断电，则指定操作数的信号状态保持不变。

【例 4-3】 置位、复位输出指令的使用程序如表 4-4 所示。当 I0.0 动合触点闭合时，程序段 1 中的 S 指令将 Q0.0 线圈置位输出为 1，并保持为 1（若无复位信号）；当 I0.1 闭合时，程序段 2 中的 R 指令将 Q0.0 线圈复位输出为 0，并保持为 0（若无置位信号）。该程序的操作时序如图 4-2（a）所示，相当于继电-接触器的电路如图 4-2（b）所示。

表 4-4　　置位、复位输出指令的使用程序

程序段	LAD
程序段 1	%I0.0 —| |— …… %Q0.0 —(S)—
程序段 2	%I0.1 —| |— …… %Q0.0 —(R)—

5. 置位位域指令和复位位域

SET_BF（Set Bit Field）是将指定地址开始的连续若干个位地址置位（变为“1”并保持）。

RESET_BF（Reset Bit Field）是将指定地址开始的连续若干个位地址复位（变为“0”并保持）。

这两条指令有两个操作数，其中指令下方的为操作数 1，用来指定要置位或复位的位数；指令上方的为操作数 2，用来指定要置位或复位的起始地址。操作数 1 的数据类型为 UINT，其存储区为常数；操作数 2 的数据类型为 BOOL 型，存储区为 I、Q、M、DB 或 IDB 等。

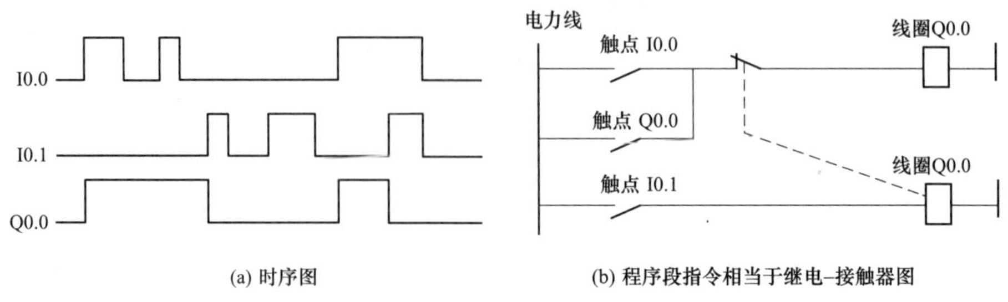

(a) 时序图　　(b) 程序段指令相当于继电–接触器图

图 4-2　例 4-3 相应的图形

【例 4-4】 置位位域指令和复位位域指令的使用程序如表 4-5 所示。当 I0.0 动合触点闭合时，程序段 1 中的 SET_BF 将 Q0.0 起始的连续 8 位全部置位，即 Q0.0～Q0.7（QB0）线圈全部置位输出为 1，并保持（若无复位信号）；当 I0.1 闭合时，程序段 2 中的 RESET_BF 指令将 Q0.0 起始的连续 6 位全部清 0，即 Q0.0～Q0.5 线圈复位输出为 0，并保持为 0（若无置位信号）。

表 4-5　置位位域指令和复位位域指令的使用程序

程序段	LAD
程序段 1	%I0.0 ─┤├─ %Q0.0 (SET_BF) 8
程序段 2	%I0.1 ─┤├─ %Q0.0 (RESET_BF) 6

6. 双稳态触发器指令

在 SIMATIC S7-1500 PLC 中的双稳态触发器包含 SR 置位/复位触发器和 RS 复位/置位触发器，它们都有相应的置位/复位双重功能。

SR 置位/复位触发器指令是复位优先，根据置位（S）和复位（R1）的信号状态，置位或复位指定操作数的位。如果 S 的信号状态为 1 且输入 R1 的信号状态为 0，则将指定的操作数置位为 1；如果 S 的信号状态为 0 且输入 R1 的信号状态为 1，则将指定的操作数复位为 0。当置位（S）和复位（R1）同时为 1 时，则不会执行该指令，操作数的信号状态保持不变。

RS 复位/置位触发器指令是置位优先，根据复位（R）和置位（S1）的信号状态，复位或置位指定操作数的位。如果 R 的信号状态为 1 且输入 S1 的信号状态为 0，则将指定的操作数复位为 0；如果 R 的信号状态为 0 且输入 S1 的信号状态为 1，则将指定的操作数置位为 1。当置位（S1）和复位（R）同时为 1 时，则不会执行该指令，操作数的信号状态保持不变。

【例 4-5】 双稳态触发器指令的使用如表 4-6 所示。当 I0.0 的输入信号状态为“1”，

I0.1 的输入信号状态为“0”时，则存储位 M0.0 将被复位，Q0.0、Q0.1 均输出为“0”。相反，如果 I0.0 的输入信号状态为“0”，输入 I0.1 的输入信号状态为“1”，则存储位 M0.0 将被置位，Q0.0、Q0.1 均输出为“1”。如果 I0.0 和 I0.1 这两个输入信号状态均为“0”或均为“1”，则无变化。当 I0.2 的输入信号状态为“1”，I0.3 的输入信号状态为“0”时，则存储位 M0.1 将被置位，Q0.2、Q0.3 均输出为“1”。相反，如果 I0.2 的输入信号状态为“0”，I0.3 的输入信号状态为“1”，则存储位 M0.1 将被复位，Q0.2、Q0.3 均输出为“0”。如果两个信号状态均为“0”或均为“1”，则无变化。

表 4-6　　双稳态触发器指令的使用程序

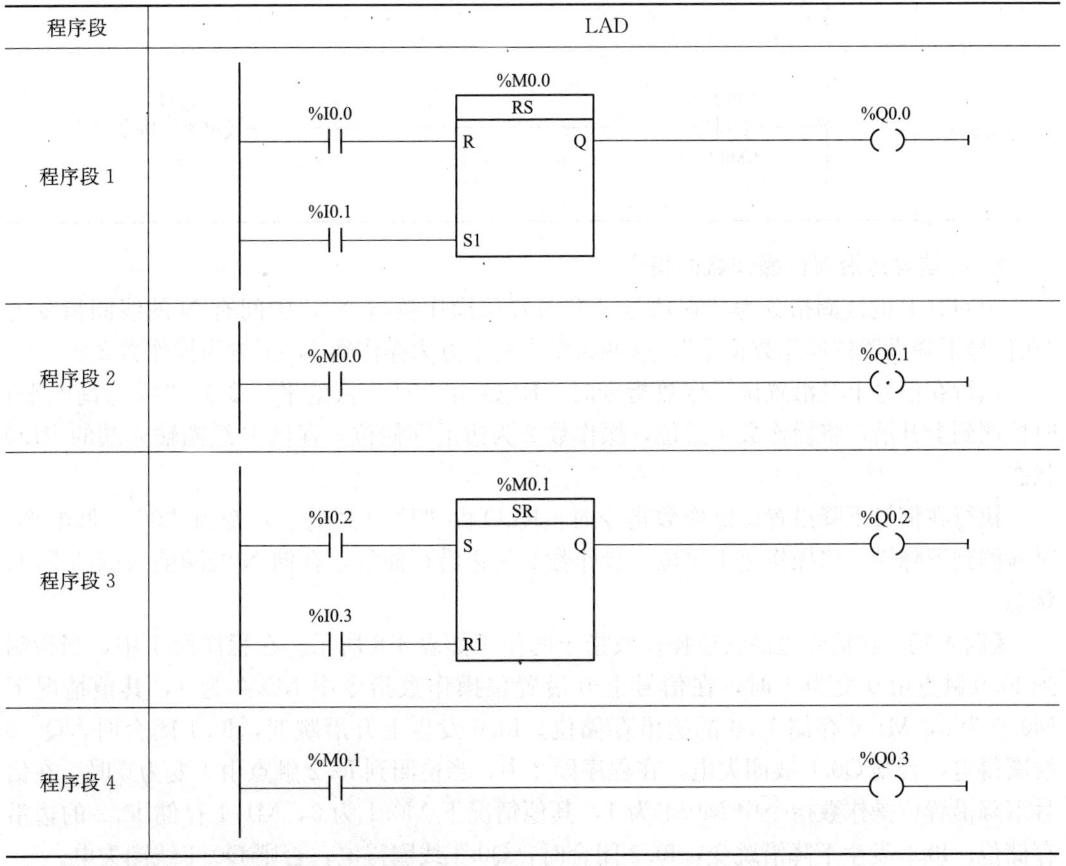

7. 扫描操作数信号边沿指令

中间有 P 的触点指令为“扫描操作数的信号上升沿指令”，该指令的上方为操作数 1，下方为操作数 2。如果操作数 1 发生上升沿跳变（即由 0 状态变为 1 状态），则该触点接通一个扫描周期。操作数 2 用来存储上一次扫描循环时操作数 1 的状态，通过比较操作数 1 的当前状态和上一次循环的状态来检测信号的边沿。

中间有 N 的触点指令为“扫描操作数的信号下降沿指令”，该指令的上方为操作数 1，下方为操作数 2。如果操作数 1 发生下降沿跳变（即由 1 状态变为 0 状态），则该触点接通一个扫描周期。操作数 2 用来存储上一次扫描循环时操作数 1 的状态，通过比较操作数 1 的当前状态和上一次循环的状态来检测信号的边沿。

【例 4-6】 扫描操作数信号边沿指令的使用如表 4-7 所示。在程序段 1 中，当 I0.1 发生上升沿跳变时，M0.0 存储 I0.1 上一次的状态，SET_BF 指令执行 1 次，Q0.0～Q0.4 这 5 个线圈得电；在程序段 2 中，当 I0.2 发生下降沿跳变时，M0.1 存储 I0.2 的上一次状态，RESET_BF 指令执行 1 次，Q0.2～Q0.4 这 3 个线圈失电。

表 4-7　　扫描操作数信号边沿指令的使用程序

程序段	LAD
程序段 1	 %I0.1 -|P|- %M0.0 —— %Q0.0 (SET_BF) 5
程序段 2	 %I0.2 -|N|- %M0.1 —— %Q0.2 (RESET_BF) 3

8. 在信号边沿置位操作数的指令

中间有 P 的线圈指令为“在信号上升沿置位操作数指令”，中间有 N 的线圈指令为“在信号下降沿置位操作数指令”，这两条指令的上方为操作数 1，下方为操作数 2。

执行在信号上升沿置位操作数指令时，RLO 由“0”（低电平）变为“1”（高电平）时检测到上升沿，将操作数 1 置位，操作数 2 为边沿存储位，存储 P 线圈输入端的 RLO 状态。

执行在信号下降沿置位操作数指令时，RLO 由“1”（高电平）变为“0”（低电平）时检测到下降沿，将操作数 1 置位，操作数 2 为边沿存储位，存储 N 线圈输入端的 RLO 状态。

【例 4-7】 在信号边沿置位操作数指令的使用如表 4-8 所示。在程序段 1 中，当检测到 I0.0 触点由 0 变为 1 时，在信号上升沿置位操作数指令中 M0.0 为 1，其他情况下 M0.0 为 0，M1.0 存储 I0.0 的边沿存储位。I0.0 发生上升沿跳变，I0.1 闭合时，Q0.0 线圈得电，否则 Q0.0 线圈失电。在程序段 2 中，当检测到 I0.2 触点由 1 变为 0 时，在信号下降沿置位操作数指令中 M0.1 为 1，其他情况下 M0.1 为 0，M1.1 存储 I0.2 的边沿存储位。I0.2 发生下降沿跳变，I0.3 闭合时，Q0.1 线圈得电，否则 Q0.1 线圈失电。

表 4-8　　在信号边沿置位操作数的指令的使用程序

程序段	LAD
程序段 1	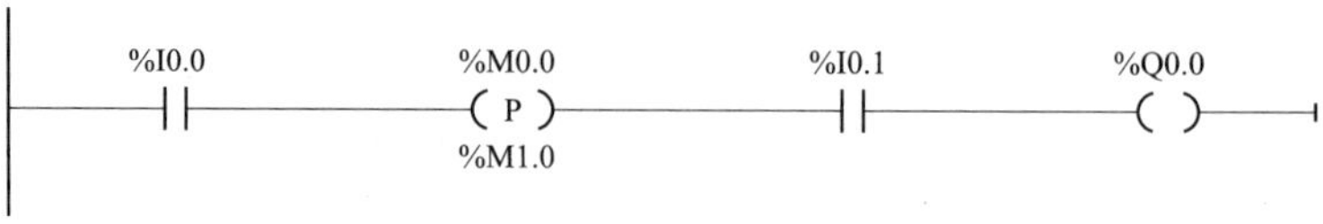 %I0.0 -| |- —— %M0.0 (P) %M1.0 —— %I0.1 -| |- —— %Q0.0 ( )
程序段 2	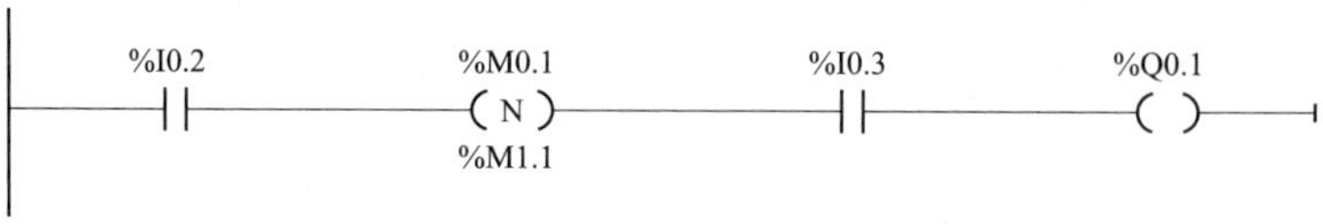 %I0.2 -| |- —— %M0.1 (N) %M1.1 —— %I0.3 -| |- —— %Q0.1 ( )

9. 扫描 RLO 的信号边沿指令

P_TRIG 和 N_TRIG 为扫描 RLO 的信号边沿指令，这两条指令的下方都有一个操作数，为边沿存储位，此外，还有一个 CLK 输入端和一个 Q 输出端。P_TRING 指令比较 CLK 输入端的 RLO 的当前信号状态与保存在操作数中一次查询的信号状态，如果该指令检测到 RLO 从“0”变为“1”，则说明出现了一个信号上升沿，该指令的输出端 Q 变为“1”，且只保持一个循环扫描周期。N_TRING 指令与 P_TRING 指令类似，当 RLO 从“1”变为“0”，说明出现了一个信号下降沿，该指令的输出端 Q 变为“1”，且只保持一个循环扫描周期。

【例 4-8】　扫描 RLO 的信号边沿指令在故障信息显示电路中的应用。在某系统中如果发生故障时，故障输入信号 I0.0 为 ON 状态，Q0.0 控制的指示灯以 2Hz 的频率闪烁。当操作人员按复位按钮 I0.1 后，如果故障已经消失，指示灯会熄灭。

【分析】　使用扫描 RLO 的信号边沿指令编写的程序如表 4-9 所示。在 CPU 模块的参数配置中将时钟存储器字节的地址设置为 MB20（其设置见 3.4.3 节 CPU 模块的参数配置），M20.3 将提供 2Hz 的时钟脉冲。系统发生故障时，I0.0 触点闭合 1 次，将辅助继电器 M1.0 线圈置位，M1.0 触点闭合，Q0.0 控制的指示灯以 2Hz 的频率进行闪烁。当故障排除时，I0.1 触点闭合 1 次，将 M1.0 线圈复位，M1.0 触点断开，Q0.0 控制的指示灯熄灭，其时序如图 4-3 所示。

表 4-9　扫描 RLO 的信号边沿指令在故障报警中的应用程序

程序段	LAD
程序段 1	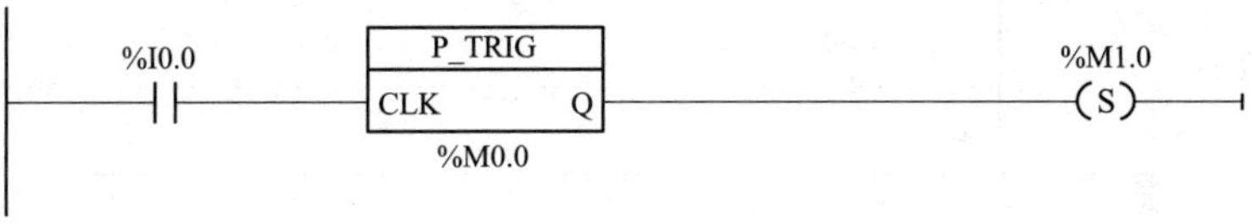 %I0.0 —| |— [P_TRIG: CLK → Q, %M0.0] —— %M1.0 —(S)—
程序段 2	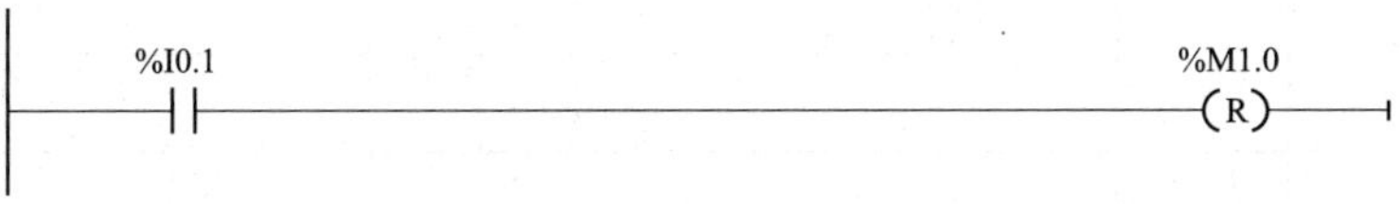 %I0.1 —| |— —— %M1.0 —(R)—
程序段 3	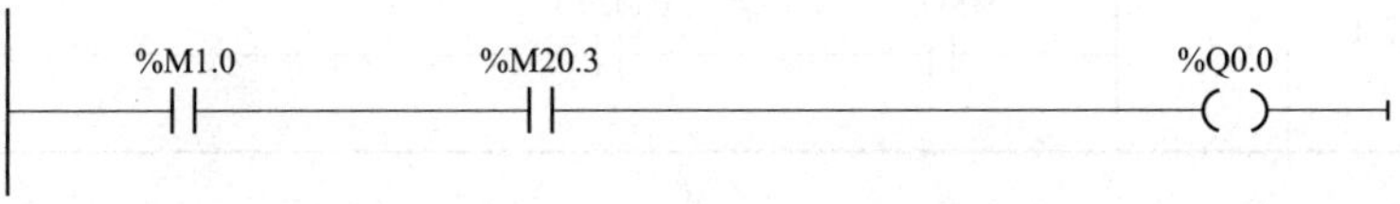 %M1.0 —| |— %M20.3 —| |— —— %Q0.0 —( )—

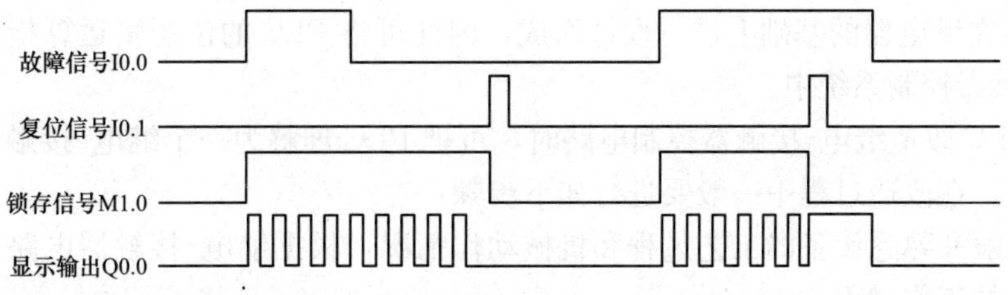

故障信号I0.0
复位信号I0.1
锁存信号M1.0
显示输出Q0.0

图 4-3　故障信息显示电路的时序图

10. 检测信号边沿指令

R_TRIG 和 F_TRIG 是检测信号边沿信号指令，它们都是函数块，在调用时应为它们指定背景数据块。这两条指令都有一个 CLK 输入端和一个 Q 输出端，将输入 CLK 处的当前 RLO 与保存在指定数据块中的上次查询的 RLO 进行比较。R_TRIG 指令检测到 RLO 从“0”变为“1”，则说明出现了一个信号上升沿，背景数据块中变量的信号状态将置位为“1”，同时 Q 输出端输出为“1”，并保持一个循环扫描周期。F_TRIG 指令检测到 RLO 从“1”变为“0”，背景数据块中变量的信号状态将置位为“1”，同时 Q 输出端输出为“1”，并保持一个循环扫描周期。

【例 4-9】 使用检测信号边沿指令实现例 4-8 控制功能。

【分析】 使用检测信号边沿指令实现例 4-8 控制功能时，可以在表 4-9 所示的程序上进行以下修改。在程序段 1 中，I0.0 直接与 R_TRIG 指令的 CLK 端连接，M0.0 与 R_TRIG 指令的 Q 端连接；在程序段 2 中，M0.0 动合触点连接置位指令，将 M1.0 线圈置位；程序段 3 和程序段 4 分别与表 4-9 的程序段 2、程序段 3 相同。此外，在表 4-9 的基础上，可以使用线圈自锁取代线圈置位的方式来记录 R_TRIG 指令 Q 端的输出状态，其程序如表 4-10 所示。

表 4-10　　检测信号边沿指令在故障信息显示电路中的应用程序

程序段	LAD
程序段 1	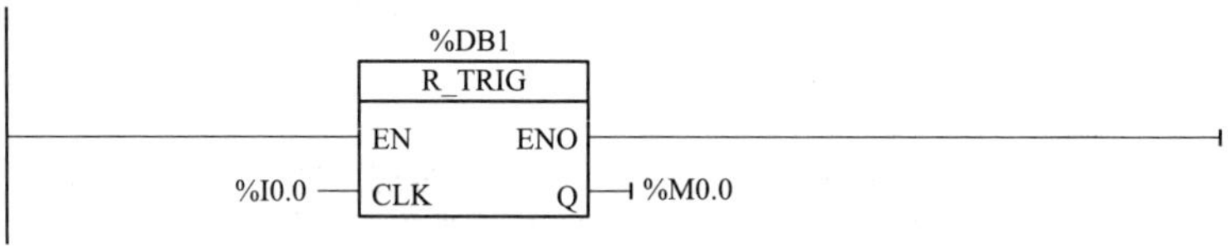 %DB1 R_TRIG：EN、ENO；%I0.0 — CLK，Q — %M0.0
程序段 2	 %M0.0 ─┤├─ ……（S）%M0.1
程序段 3	 %I0.1 ─┤├─ ……（R）%M0.1
程序段 4	 %M0.1 ─┤├─ %M20.3 ─┤├─ ……（ ）%Q0.0

11. 位逻辑运算指令的应用

PLC 是在继电器的基础上进行设计而成，因此可将 PLC 的位逻辑运算指令应用到改造继电-接触器控制系统中。

使用 PLC 改造继电-接触器控制电路时，可把 PLC 理解为一个继电-接触器控制系统中的控制箱。在改造过程中一般要进行如下步骤：

（1）了解和熟悉设备的工艺过程和机械动作情况，根据继电-接触器电路图分析和掌握控制系统的工作过程。

（2）确定继电-接触器的输入信号和输出负载，将它们与 PLC 中的输入/输出映像寄存器的元件进行对应，写出 PLC 的 I/O 端子分配表，并画出 PLC 的 I/O 接线图。

（3）根据上控制系统工作过程，参照继电-接触器电路图和 PLC 的 I/O 接线图编写 PLC 相应程序。

【例 4-10】 将图 4-4 所示的单向运行继电-接触器控制的三相异步电动机控制系统改造成 S7-1500 系列 PLC 的控制系统。

【分析】 从图 4-4 可以看出，此系统为电动机的“点动＋长动”控制系统，SB1 为停止按钮，SB2 为长动按钮，SB3 为点动按钮。当 SB2 没有按下，而按下 SB3 时，电动机进行短时间的点动运行。当 SB2 按下时，不管 SB3 是否按下，三相异步电动机进行长时间的运行。

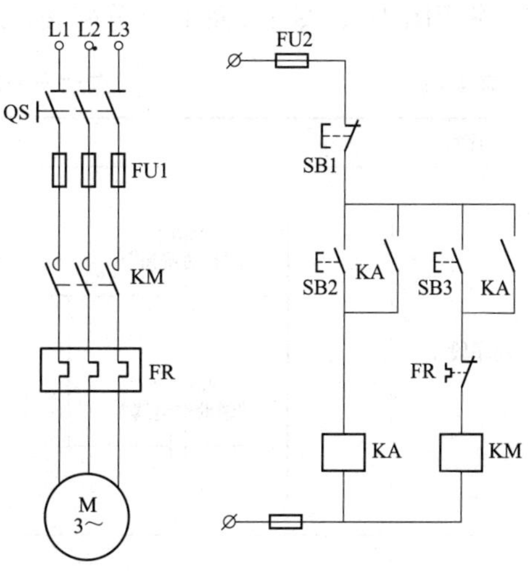

图 4-4　三相异步电动机控制

将图 4-4 所示的控制系统改造 PLC 控制时，确定输入/输出点数，如表 4-11 所示。FR、SB1、SB2、SB3 为外部输入信号，分别与 PLC 的数字量输入模块 SM521（DI 16×24V DC BA，订货号 6ES7 521-1BH10-0AA0）的端子 I0.0、I0.1、I0.2、I0.3 连接；KA 为中间继电器，对应 PLC 中内部辅助寄存器的 M；KM 为继电-接触器控制系统的接触器，与 PLC 的数字量输出模块 SM522（DQ 16×230V AC/1A ST，订货号 6ES7 522-5FF00-0AB0）的端子 Q0.0 连接。对应 PLC 的 I/O 接线图（又称为外部接线图），如图 4-5 所示。

表 4-11　　PLC 的 I/O 分配表

输入（I）			输出（O）		
功能	元件	PLC 地址	功能	元件	PLC 地址
过载保护	FR	I0.0	电动机控制	KM	Q0.0
停止按钮	SB1	I0.1			
长动按钮	SB2	I0.2			
点动按钮	SB3	I0.3			

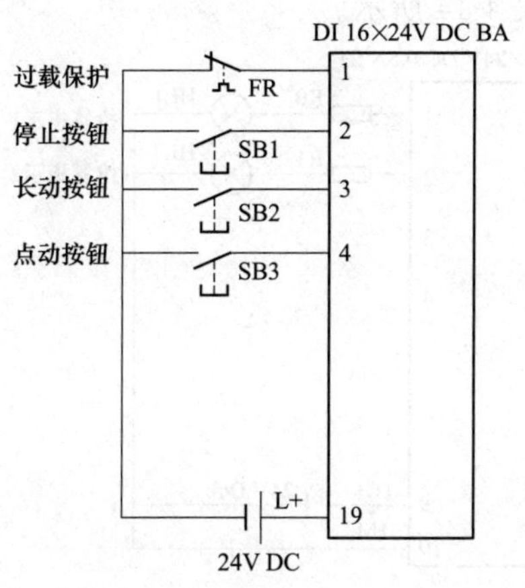

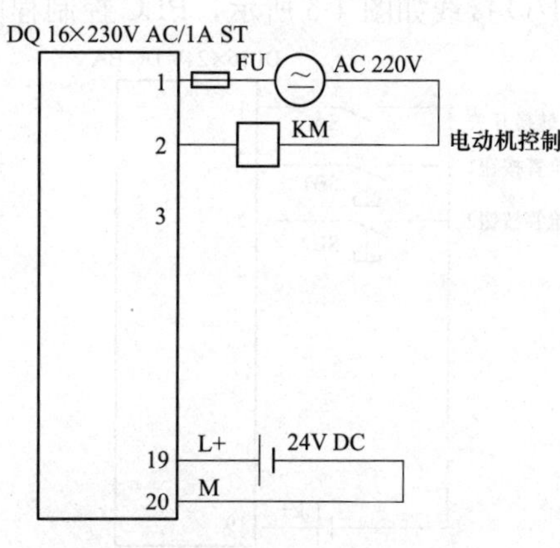

图 4-5　点动＋长动控制的 I/O 接线图

参照图 4-3、图 4-5 及 I/O 分配表，编写 PLC 控制程序如表 4-12 所示。

表 4-12　　点动＋长动的 PLC 控制程序

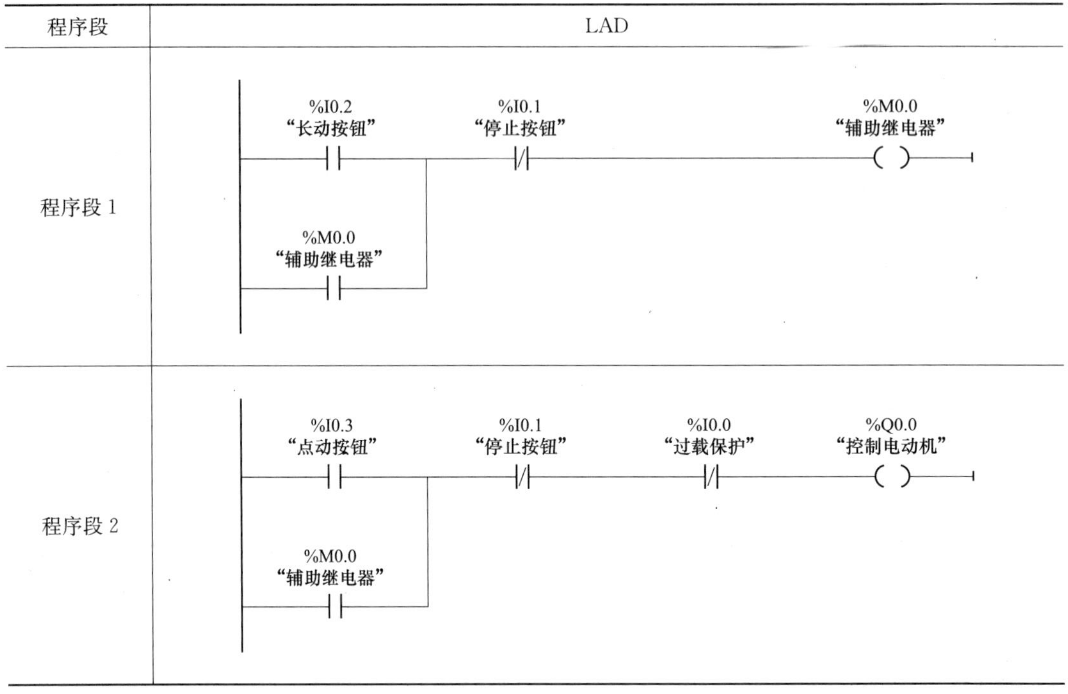

程序段	LAD
程序段 1	%I0.2 “长动按钮”；%I0.1 “停止按钮”；%M0.0 “辅助继电器”；%M0.0 “辅助继电器”
程序段 2	%I0.3 “点动按钮”；%I0.1 “停止按钮”；%I0.0 “过载保护”；%Q0.0 “控制电动机”；%M0.0 “辅助继电器”

【例 4-11】 在两人抢答系统中，当主持人允许抢答时，先按下抢答按钮的人进行回答，且他的指示灯亮，主持人可随时叫停回答。试用 PLC 程序实现此功能。

【分析】 设主持人用转换开关 SA 来设定允许/停止状态，甲的抢答按钮 SB1，乙的抢答按钮 SB2，抢答指示灯为 HL1、HL2。SA、SB1、SB2 分别与 PLC 的数字量输入模块 SM521（DI 16×24V DC BA ，订货号 6ES7 521-1BH10-0AA0）的端子 I0.0、I0.1、I0.2 连接；HL1、HL2 分别与 PLC 的数字量输出模块 SM522（DQ 16×24V DC/0.5A BA，订货号 6ES7 522-1BH10-0AA0）的端子 Q0.0 和 Q0.1 连接，I/O 分配如表 4-13 所示，其 I/O 接线如图 4-6 所示，PLC 控制程序如表 4-14 所示。

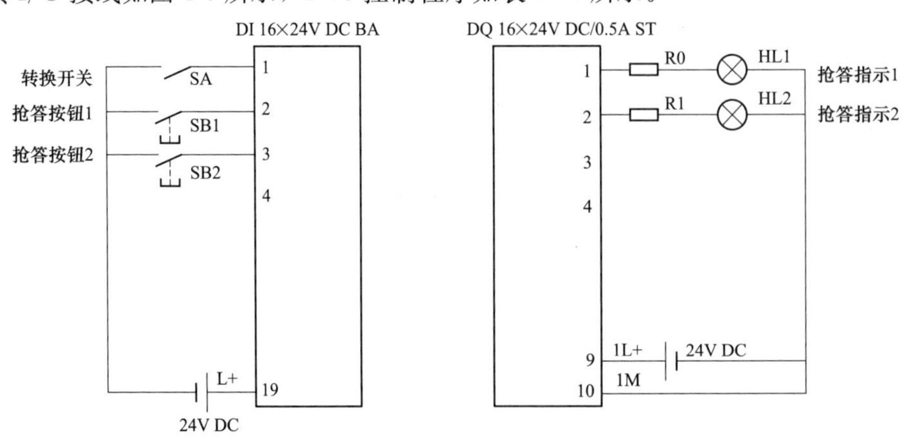

图 4-6　两人抢答 PLC 的 I/O 接线图

表 4-13　　两人抢答 PLC 的 I/O 分配表

输入（I）			输出（O）		
功能	元件	PLC 地址	功能	元件	PLC 地址
转换开关	SA	I0.0	抢答指示 1	HL1	Q0.0
抢答按钮 1	SB1	I0.1	抢答指示 2	HL2	Q0.1
抢答按钮 2	SB2	I0.2			

表 4-14　　两人抢答 PLC 控制程序

程序段	LAD
程序段 1	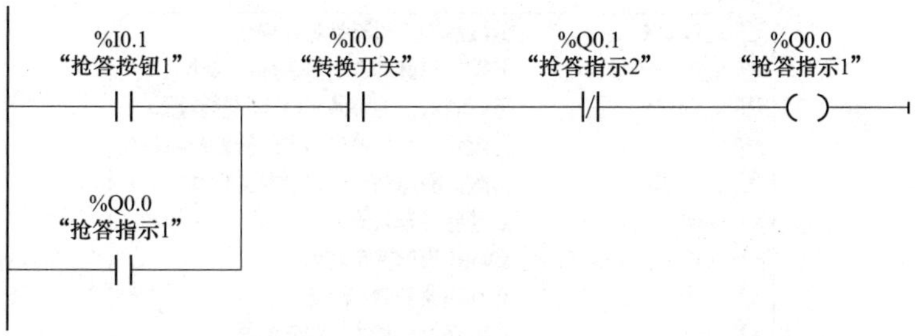 %I0.1 “抢答按钮1”　%I0.0 “转换开关”　%Q0.1 “抢答指示2”　%Q0.0 “抢答指示1” %Q0.0 “抢答指示1”
程序段 2	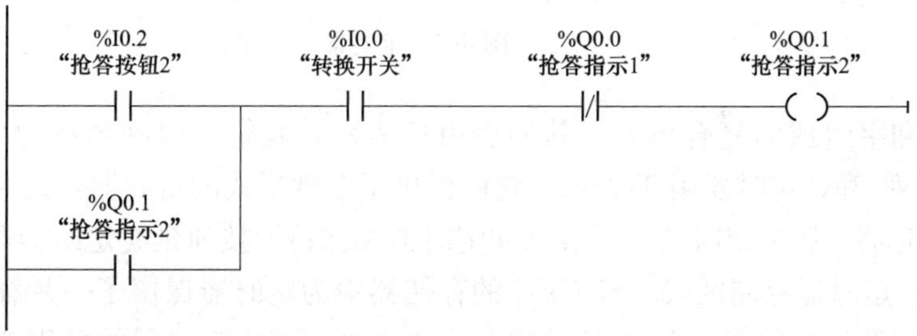 %I0.2 “抢答按钮2”　%I0.0 “转换开关”　%Q0.0 “抢答指示1”　%Q0.1 “抢答指示2” %Q0.1 “抢答指示2”

4.1.2　定时器操作指令

在传统继电器-交流接触器控制系统中一般使用延时继电器进行定时，通过调节延时调节螺钉来设定延时时间的长短。在 PLC 控制系统中通过内部软延时继电器-定时器来进行定时操作。PLC 内部定时器是 PLC 中最常用的元器件之一，用好、用对定时器对 PLC 程序的设计非常重要。S7-1500 PLC 支持传统的 SIMATIC 定时器和集成在 CPU 操作系统中的 IEC 定时器，SIMATIC 定时器中的 STL（指令表）指令与 LAD（梯形图）指令不能完全对应。在经典的 STEP 7 软件中，SIMATIC 定时器放在指令树下的定时器指令中，IEC 定时器放在库函数中。而在 TIA Portal 软件中，则将这两类指令都放在“指令”任务卡下“基本指令”目录的“定时器操作”指令中，例如图 4-7 所示的 LAD 中的定时器指令集。

1. SIMATIC 定时器指令概述

PLC 中的 SIMATIC 定时器相当于传统继电器-交流接触器控制系统中的时间继电器，

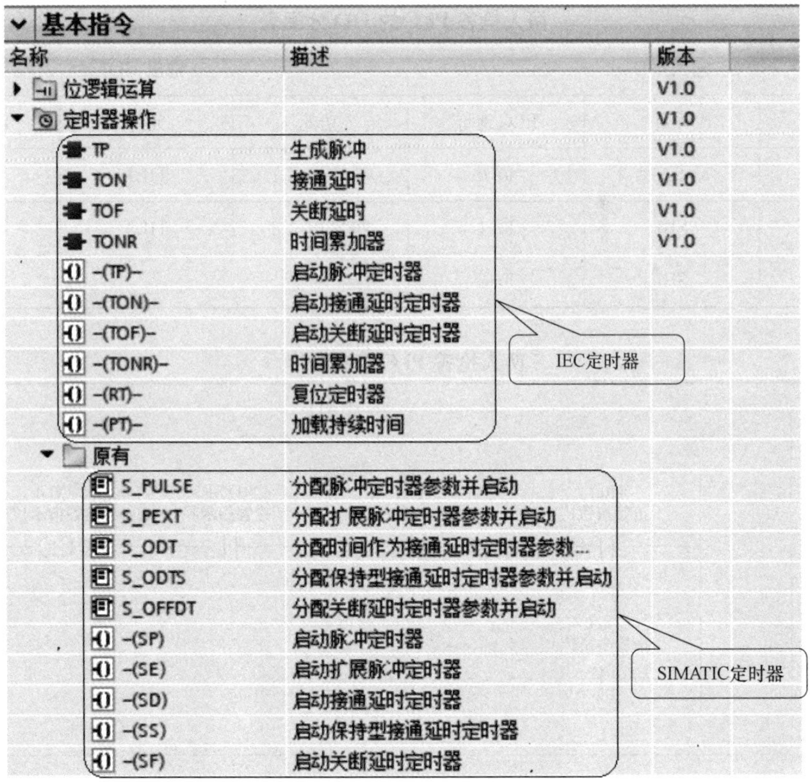

图 4-7 定时器指令集

它由位和字组成的复合单元，其触点由位表示，其定时时间值存储在字存储器中。S7-1500 系列 PLC 定时器用 T 表示，它们提供了多种形式的定时器：延时接通定时器、延时断开定时器、脉冲定时器、扩展脉冲定时器和保持型接通延时定时器等。

（1）定时器存储区域。S7 CPU 的存储器中为定时器保留了一片存储区，该存储区为每一定时器地址保留一个 16 位的字和一个二进制位。定时器的字用来存放当前的定时时间值，定时器触点的状态由它的位的状态来决定。用定时器地址（T 和定时器号，例如 T2）来存取它的时间值和定时器位，带位操作数的指令存取定时器位，带字操作的指令存取定时器的时间值。下列功能可以访问定时器存储区：

1）定时器指令。

2）利用时钟定时刷新定时器字。这是 CPU 在 RUN 模式下的功能，按时基规定的时间间隔递减所给定的时间值，一直到时间值等于“0”。

（2）定时器字的表示方法。用户使用的定时器字由 3 位 BCD 码时间值（0～999）的时基组成，如图 4-8 所示。时基是时间基准的简称，时间值以指定的时基为单位。定时器字的 0～9 位包含二进制码的时间值。时间值按单位个数给出，时间刷新按时基规定的时间间隔对时间值递减一个时间单位。时间值逐渐连续减少，直至等于“0”。

可以使用以下格式将时间预置值装入累加器 1 的低位字：

1）十六进制数 W＃16＃txyz，其中的 t 为时基，即时间间隔或分辨率；xyz 为 BCD 码格式的时间值。

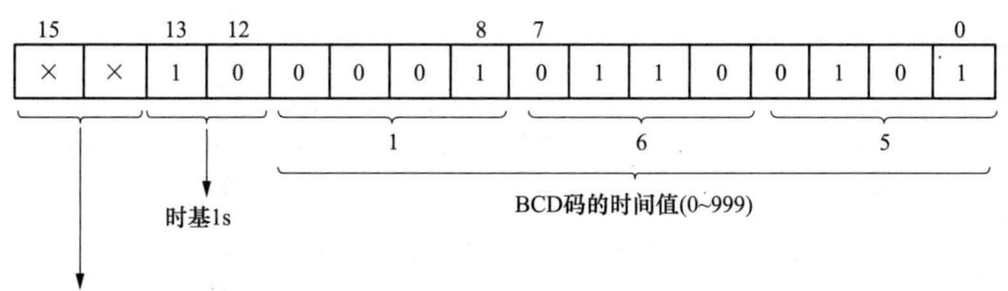

图 4-8　定时器字

2）S5T＃aH_bM_cS_dMS，其中 H 表示小时；M 为分钟；S 为秒；MS 为毫秒，a、b、c、d 为用户设置的值。可输入的最大时间为 9999s 或 2H_46M_30S（2 小时 46 分 30 秒）。

（3）时基。定时器字的第 12 位和第 13 位用于时基，时基代码为二进制码。时基定义了时间值递减的单位时间间隔，最小时基为 10ms；最大时基为 10s。时基与二进制码的对照如表 4-15 所示。

表 4-15　时基与二进制码的对照表

时基	二进制码	时基	二进制码
10ms	00	1s	10
100ms	01	10s	11

时基反映了定时器的分辨率，时基越小分辨率越高，可定时的时间越短，时基越大分辨率越低，可定时的时间越长。但是定时的时间不能越过 2H_46M_30S（2 小时 46 分 30 秒）。对于较高的时间值（例如 2h30ms）而言，如果分辨率过高将被截尾为有效分辨率。S5TIME 的通用格式具有表 4-16 所示的范围和分辨率。

表 4-16　S5TIME 的通用格式具有的范围和分辨率

分辨率	范围	分辨率	范围
0.01s	10ms～9s990ms	1s	1s～16min39s
0.1s	100ms～1min39s900ms	10s	10s～2h46min30s

（4）正确选择定时器。S7-1500 系列 PLC 有脉冲定时器、延时脉冲定时器、延时接通定时器、保持型接通延时定时器和延时断开定时器这 5 种类型的定时器，各类型及说明如表 4-17 所示。

表 4-17　定时器的类型及说明

定时器	说　明
脉冲定时器	输出信号为“1”的最长时间等于编程设定的时间值 t。如果输入信号变为“0”，则输出为“0”
延时脉冲定时器	不管输入信号为“1”的时间有多长，输出信号为“1”的时间长度等于编程设定的时间值
延时接通定时器	只有当编程设定的时间已经结束并且输入信号仍为“1”时，输出信号才从“0”变为“1”

续表

定时器	说　明
保持型延时接通定时器	只有当编程设定的时间已经结束时，输出信号才从“0”变为“1”，而与输入信号为“1”的时间长短无关
延时断开定时器	当输入信号变为“1”或定时器在运行时，输出信号变为“1”。当输入信号从“1”变为“0”时，定时器启动

2. SIMATIC 定时器指令

对于 SIMATIC 定时器而言，在 CPU 的系统存储器中有专门的存储区域，每个定时器均占用一个 16 位的字单元存储定时器时间，还占用一个位单元存储定时器的状态。SIMATIC 定时器开始定时时，定时器的当前值从预设时间值每隔一个时基减“1”，减至“0”则认为定时时间到。

S_PULSE、S_PEXT、S_ODT、S_ODTS、S_OFFDT 这些指令是属于带有参数的定时器指令；-(SP)-、-(SE)-、-(SD)-、-(SS)-、-(SF)-属于带有线圈的定时器指令。实质上，带有线圈的定时器指令相对于带有参数的定时器指令为简化类型指令。例如-(SP)-与 S_PULSE，在 S_PULSE 指令中带有复位以及当前时间值等参数，而-(SP)-指令比较简单。

S_PULSE、S_PEXT、S_ODT、S_ODTS、S_OFFDT 这几条 SIMATIC 定时器指令均有 S、TV、R、BI、BCD 和 Q 等参数，其上方为定时器编号。S 为定时器启动端，TV 为预设时间值输入端，R 为定时器复位端，BI、BCD 为剩余时间常数值输出端的两种数据格式，Q 为定时器状态输出端。定时器计时时，其当前时间值表示的是计时剩余时间，在输出 BI 处以二进制编码格式（无时基信息）输出，在输出 BCD 处以 BCD 编码格式（含时基信息，格式同 S5TIME）输出。

-(SP)-、-(SE)-、-(SD)-、-(SS)-、-(SF)-这些指令与 S_PULSE、S_PEXT、S_ODT、S_ODTS、S_OFFDT 指令相比少了定时器复位端 R、剩余时间常数值输出端 BI 和 BCD 及定时器状态输出端 Q，但是其指令上方同样为定时器编号，指令下方为预设时间值。可以通过触点指令查询定时器输出端 Q 的信号状态，通过复位输出指令实现定时器复位，通过“L”指令查询定时器二进制编码格式的当前时间值，通过“LC”指令查询定时器 BCD 编码格式的当前时间值。

(1) S_PULSE 分配脉冲定时器指令。S_PULSE 指令功能与 TP 指令相同，可以输出一个脉冲，脉宽由预设时间决定。当输入端 S 的逻辑运算结果（RLO）的信号状态从 0 变为 1（上升沿跳变）时，启动定时器开始计时，同时 Q 输出为 1。当计时时间达到预设的持续时间 TV 后计时结束。如果输入 S 的信号状态在已设定的持续时间计时结束之前变为 0，则定时器停止，Q 端输出的信号状态变为 0。如果定时器正在计时且输入端 R 的信号状态变为 1，则当前时间值和时间基准 Q 输出也将设置为 0。

【例 4-12】 S_PULSE 指令的使用如表 4-18 所示。如果输入端 I0.0 的信号状态从“0”变为“1”（RLO 出现上升沿），则启动定时器 T0。只要 I0.0 为“1”，则定时器从设定的时间值（S5T#8s）开始执行倒计时。如果在定时器结束之前，I0.0 的信号状态从“1”变为“0”，则定时器停止运行。当定时器正在运行时，如果 I0.1 的信号状态“0”变为“1”，则定时器复位。只要定时器在运行，定时器动合触点（即 T0）就闭合，同时输出为 1（即 Q0.0 输出为 1），直至达到所设置的定时时间。

表 4-18　　　　S_PULSE 指令的使用

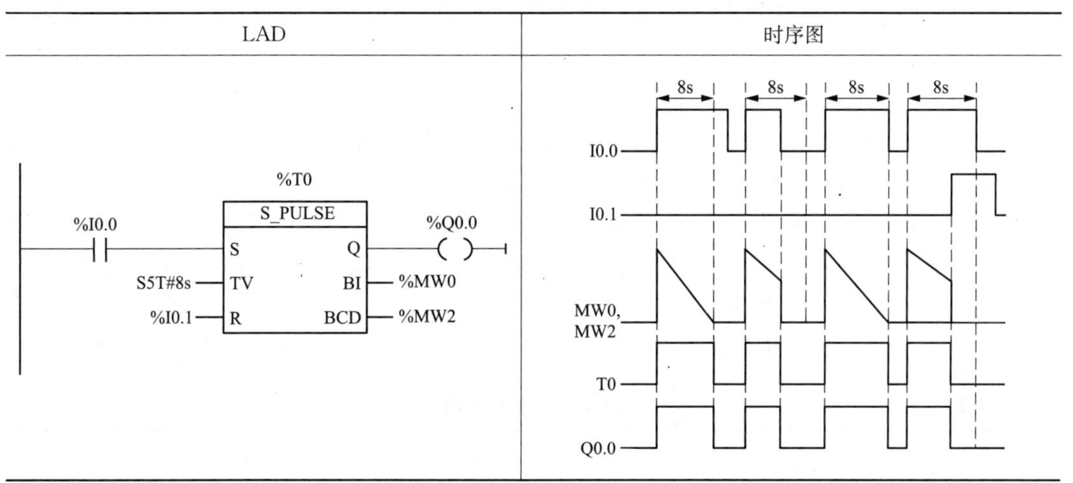

(2) S_PEXT 分配扩展脉冲定时器指令。S_PEXT 指令的功能与 S_PULSE 类似，可以输出一个脉冲，且脉宽由预设时间决定，不同的是该指令在输入端 S 的逻辑运算结果（RLO）的信号状态 0 变为 1（上升沿跳变）时，启动定时器开始计时，在计时期间，如果 S 端的 RLO 变为 0，不影响该定时器的定时状态。当复位输入端 R 的信号状态变为“1”时，将复位定时器的当前值和输出端 Q 的信号状态。

【例 4-13】 S_PEXT 指令的使用如表 4-19 所示。如果输入端 I0.0 的信号状态从“0”变为“1”(RLO 出现上升沿跳变)，则启动定时器 T0。定时器按设定的 8s(S5T＃8s) 进行倒计时，而不管输入端 S(I0.0) 上是否出现下降沿。如果在定时器结束之前，I0.0 的信号状态从“0”变为“1”，则定时器重新启动。如果 I0.1 的信号状态从“0”变为“1”，则定时器复位。在定时器运行期间，只要剩余时间不为 0，其定时器动合触点（即 T0）就闭合，同时输出为 1（即 Q0.0 输出为 1），直至达到所设置的定时时间。定时器复位，则定时器的动合触点断开，同时输出为 0，剩余时间清零。

表 4-19　　　　S_PEXT 指令的使用

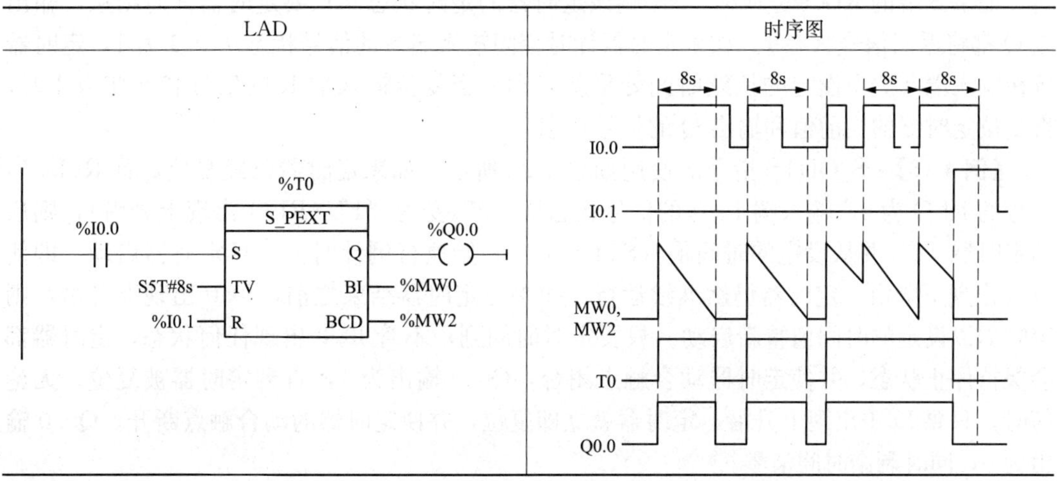

(3) S_ODT 分配接通延时定时器指令。S_ODT 指令功能与 TON 指令类似，当输入端 S 的逻辑运算结果（RLO）的信号状态 0 变为 1（上升沿跳变）时，启动定时器。如果定时器正常计时结束且输入端 S 的信号状态仍为 1，则输出端 Q 将返回信号状态 1。如果定时器运行期间输入端 S 的信号状态从 1 变为 0，定时器将停止；如果正常计时结束后输入端 S 的信号状态从 1 变为 0，输出端 Q 的信号状态将复位为 0。当复位输入端 R 的信号状态变为 1 时，将复位定时器的当前值和输出端 Q 的信号状态。

【例 4-14】 S_ODT 指令的使用如表 4-20 所示。如果输入端 I0.0 的信号状态从“0”变为“1”(RLO 出现上升沿)，则启动定时器 T0 按设定的 8s（S5T＃8s）进行倒计时。如果在定时结束之前，输入 I0.0 的信号状态仍为“1”，则输出 Q0.0 为“1”。如果输入 I0.0 的信号状态从“1”变为“0”，则定时器停止运行，Q0.0 为“0”。如果 I0.1 的信号状态从“0”变为“1”，不管定时器是否正在运行，定时器复位，Q0.0 为“0”。

表 4-20　　S_ODT 指令的使用

LAD	时序图
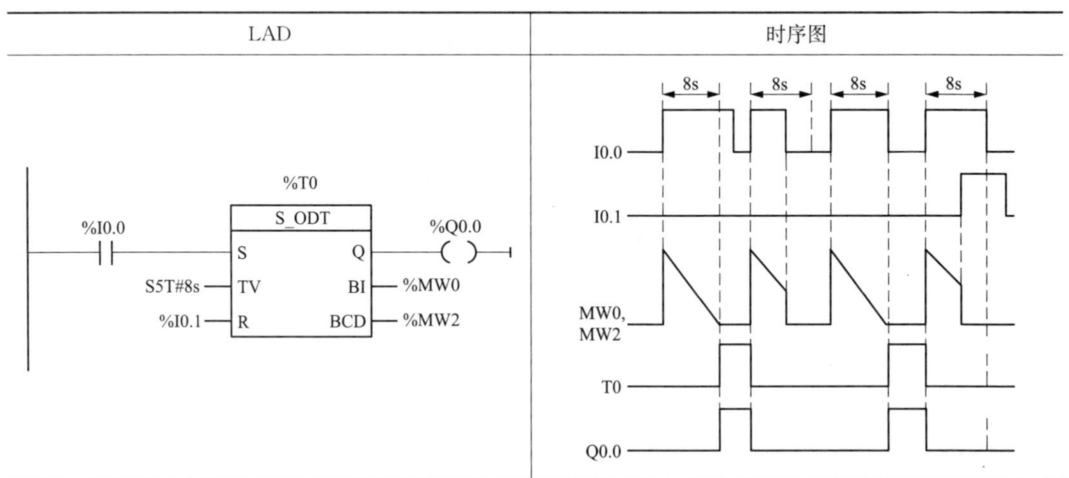	

(4) S_ODTS 分配保持型接通延时定时器指令。S_ODTS 指令的功能与 S_ODT 指令类似，可以输出一个脉冲，脉宽由预设时间决定，不同的是该指令在 S 端的逻辑运算结果（RLO）的信号状态从 0 变为 1（上升沿跳变）时，启动定时器开始计时，在计时期间，如果 S 端的 RLO 变为 0，不影响该定时器的定时状态。只要定时器计时结束，输出端 Q 都将返回信号状态 1。如果定时器计时期间输入端 S 的信号状态从 0 变为 1，定时器将在输入端 TV 中设定的持续时间处重新启动。当复位输入端 R 的信号状态变为 1 时，将复位定时器的当前值和输出 Q 的信号状态。

【例 4-15】 S_ODTS 指令的使用如表 4-21 所示。如果定时器已经复位，且 R(I0.1) 信号的 RLO 为 0，输入端 I0.0 的信号状态从“0”变为“1”(RLO 出现上升沿)，则启动定时器 T0，并从设定的时间值（S5T＃8s）开始执行倒计时。一旦定时器启动，即使 I0.0 出现下降沿，定时器仍然继续运行。如果在定时器结束之前，I0.0 出现上升沿，则定时器以设定的时间值重新启动。只要定时时间到，不管 I0.0 出现任何状态，定时器都会保持停止状态，并使定时器动合触点闭合，Q0.0 输出为 1，直到定时器被复位。无论何时，只要 I0.1 出现上升沿，定时器就立即复位，并使定时器的动合触点断开，Q0.0 输出为 0，同时剩余时间清零。

表 4-21　　S_ODTS 指令的使用

LAD	时序图

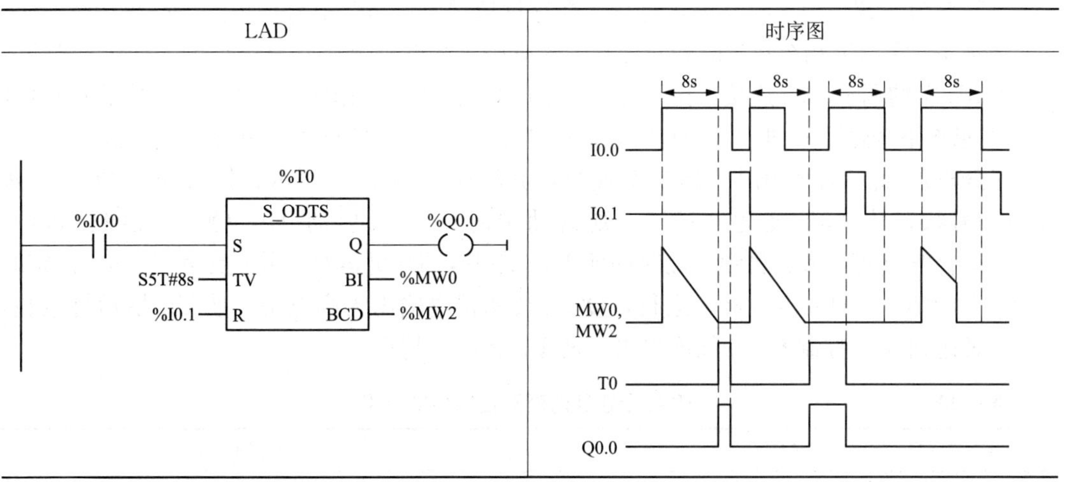

（5）S_OFFDT 分配断电延时定时器指令。S_OFFDT 指令功能与 TOF 指令类似，当输入端 S 从 0 变为 1 后使 Q 输出为 1，当 S 从 1 变为 0 后开始计时，时间达到后复位 Q 输出。如果定时器运行期间 S 的信号状态从 0 变为 1，定时器将停止工作，只有在检测到输入 S 的信号下降沿后，才会重新启动定时器。当复位输入端 R 的信号状态变为 1 时，将复位定时器的当前值和输出端 Q 的信号状态。

【例 4-16】 S_OFFDT 指令的使用如表 4-22 所示。如果 R 信号（I0.1）的 RLO 位为 0，且 S 信号（I0.0）的 RLO 出现下降沿，则定时器启动，并从设定时间值（S5T＃8s）开始执行倒计时，定时时间到，则定时器的动合触点断开，Q0.0 输出为 0。在定时器运行期间，如果 R 信号（I0.1）的 RLO 出现上升沿，则定时器立即复位，并使定时器的动合触点断开，Q0.0 输出为 0，同时剩余时间清零。在 S 信号的 RLO 为 1 或定时器运行期间，定时器动合触点闭合，Q0.0 输出为 1。

表 4-22　　S_OFFDT 指令的使用

LAD	时序图

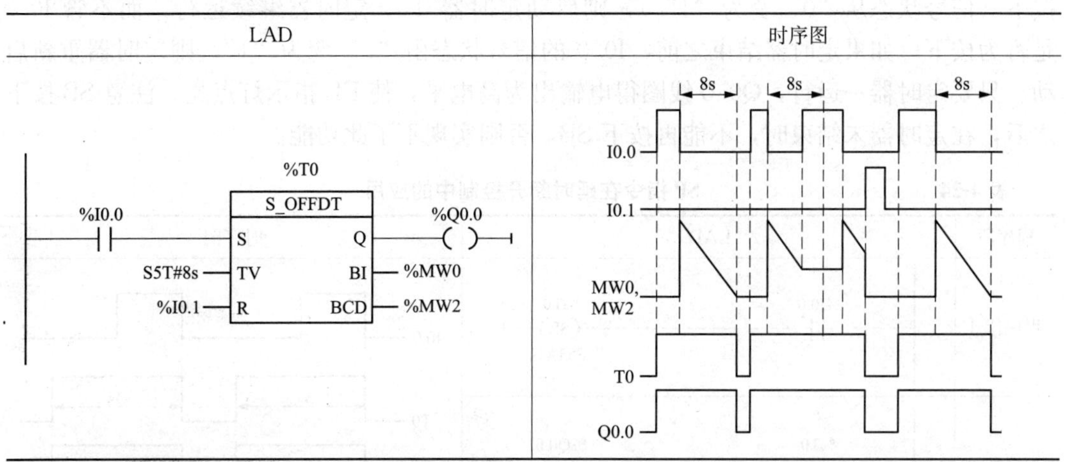

（6）—(SE)—启动脉冲定时器指令。—(SE)—指令用于在 RLO 状态出现上升沿时，启动指定的具有预设时间值的定时器。只要 RLO 为正（“1”），定时器就按设定的时间运行。

只要定时器一运行，该定时器的信号状态就为“1”。如果在规定时间值过去之前，RLO 从“1”变为“0”，则定时器停止运行。在这种情况下，“1”信号扫描产生结果“0”。

【例 4-17】 SP 指令在延时断开控制中的应用。假设轻触开关 SB 与 PLC 的数字量输入模块 SM521 的端子 I0.0 连接，指示灯 EL 与 PLC 的数字量输出模块 SM522 的端子 Q0.0 连接，要求按下轻触开关 SB（I0.0）后，指示灯亮（Q0.0），延时 3s 后指示灯自动熄灭。

【分析】 此程序使用 SP 指令实现时，其程序如表 4-23 所示。如果输入端 I0.0 按下（信号状态从“0”变为“1”），则启动定时器 T0。启动 T0，Q0.0 线圈就得电，Q0.0 动合触点闭合形成自锁，此时即使 I0.0 断开，T0 仍运行，并连续运行 3s（设定时间为 S5T#3s）。只要定时器一运行，Q0.0 线圈得电输出为高电平，使 EL 指示灯点亮。T0 延时达到 3s，控制 Q0.0 线圈失电，使 EL 指示灯熄灭。

表 4-23　　SP 指令在延时断开控制中的应用

LAD	时序图

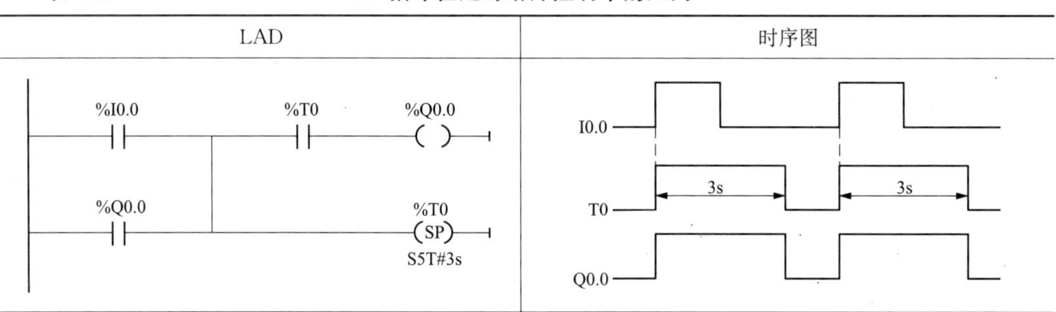

（7）-(SE)-启动扩展脉冲定时器指令。-(SE)-指令用于在 RLO 状态出现上升沿时，启动指定的具有预设时间值的定时器。即使在未达到设定时间之前 RLO 变为“0”，定时器仍按设定的时间运行。只要定时器一运行，该定时器的信号状态就为“1”。当定时器正在运行时，如果 RLO 从“0”变为“1”，则定时器以预置时间值重新启动（“重新触发”）。

【例 4-18】 使用 SE 指令实现例 4-17 的控制功能。

【分析】 使用 SE 指令实现例 4-17 的控制，其程序如表 4-24 所示。如果输入端 I0.0 按下（信号状态从“0”变为“1”），则启动定时器 T0。定时器继续运行，而不管 I0.0 是否为按下，如果定时器结束之前，I0.0 的信号状态由“0”变为“1”，则定时器重新启动。只要定时器一运行，Q0.0 线圈得电输出为高电平，使 EL 指示灯点亮。注意 SB 按下之后，在定时器未结束时，不能再按下 SB，否则实现不了此功能。

表 4-24　　SP 指令在延时断开控制中的应用

程序段	LAD	时序图
程序段 1	%I0.0 —| |— %T0 —(SE)— S5T#3s	I0.0 / T0 (3s, 3s) / Q0.0
程序段 2	%T0 —| |— %Q0.0 —( )—	

（8）-(SD)-启动接通延时定时器指令。-(SD)-启动接通延时定时器指令用于在 RLO 状态出现上升沿时，启动指定的具有给定时间值（＜时间值＞）的定时器。当＜时间值＞已经结束，未出现错误且 RLO 仍为“1”，则该定时器的信号状态为“1”。当定时器运行时，如果 RLO 从“1”变为“0”，则定时器复位。在这种情况下，“1”信号扫描产生结果“0”。

【例 4-19】 SD 指令在灯开关联锁控制电路中的应用。假设关灯按钮 SB1、开灯按钮 SB2 分别与 PLC 的数字量输入模块 SM521 的端子 I0.0 和 I0.1 连接，指示灯 EL 与 PLC 的数字量输出模块 SM522 的端子 Q4.0 连接，要求按下 SB2（I0.1）后，指示灯亮（Q0.0），按下关灯按钮 SB1（I0.0）延时 10s 后指示灯自动熄灭。

【分析】 此程序使用 SD 指令实现控制时，其程序如表 4-25 所示。程序段 1 中，当 SB2 按下时，Q0.0 线圈自锁输出为 ON，控制指示灯 EL 点亮。程序段 2 中，当 SB1 按下时，辅助继电器 M0.0 线圈自锁输出为 ON，同时 T0 开始延时。当 T0 延时达 10s（设置值为 S5T＃10S）时，T0 动断触点断开，使得程序段 1 中的 Q0.0 线圈失电并解除自锁，指示灯 EL 熄灭，同时程序段 2 中，Q0.0 动合触点打开，M0.0 线圈也失电并解除自锁。

表 4-25　　SD 指令在灯开关联锁控制电路中的应用程序

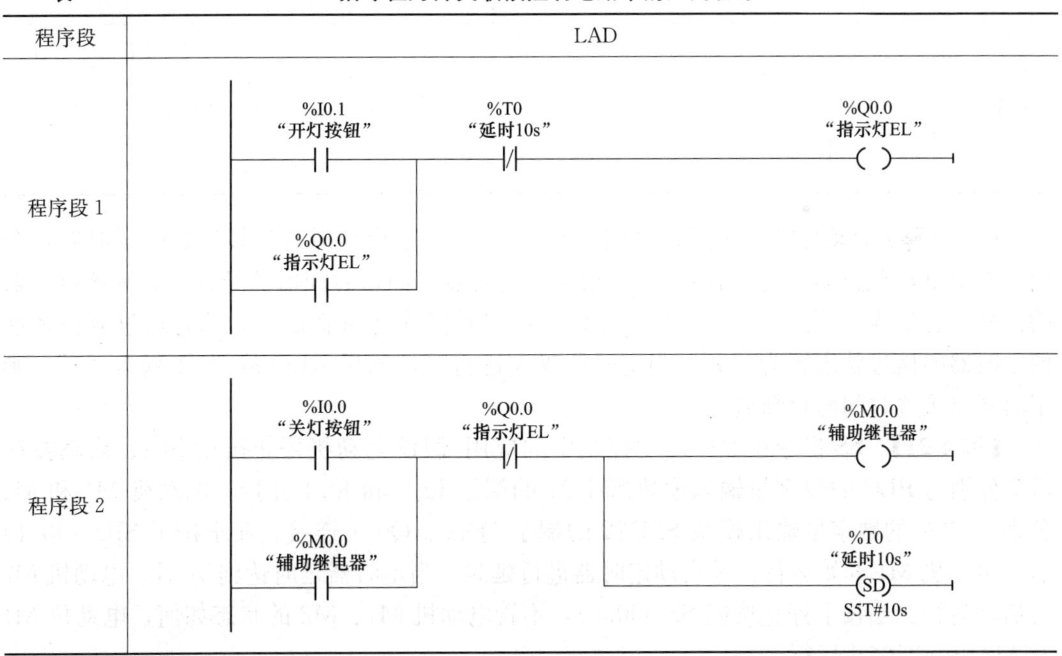

【例 4-20】 使用 SD 指令实现一个 2s 的闪烁控制。

【分析】 使用两个定时器可构成任意占空比周期性信号输出。在本例中，2s 闪烁灯，即灯光闪烁周期为 2s，可让定时器 T0 产生 1s 的定时，T1 产生 1s 的定时。若 I01 接通时，Q0.0 接通，同时定时器 T0 开始定时，1s 后，T0 动合触点接通，动断触点断开，则 Q0.0 断开同时定时器 T1 开始定时，1s 后，T1 动断触点断开，则定时器 T0、T1 被复位，其触点恢复常态，从而使动断触点 T1 重新接通，第二个输出周期开始。其程序如表 4-26 所示，若要改变闪光的频率，只要改变两个定时器的时间常数即可。

表 4-26　　使用SD指令实现一个2s的闪烁控制程序

程序段	LAD
程序段 1	%I0.1 -| |- （并联 %M0.0 -| |-）—— %I0.0 -|/|- —— %M0.0 -( )-
程序段 2	%M0.0 -| |- —— %T1 -|/|- —— %T0 -(SD)- S5T#1s
程序段 3	%M0.0 -| |- —— %T0 -|/|- —— %Q0.0 -( )-
程序段 4	%T0 -| |- —— %T1 -(SD)- S5T#1s

（9）-(SS)-启动保持型接通延时定时器指令。-(SS)-启动保持型接通延时定时器指令用于在RLO状态出现上升沿时，启动指定的定时器。如果时间值已经过去，则该定时器的信号状态就为“1”。只有在定时器复位后，定时器才能重新启动。只有通过复位才能使定时器的信号状态置为“0”。当定时器正在运行时，如果RLO从“0”变为“1”，则定时器以预置时间值重新启动。

【例4-21】 SS指令在顺序启动控制中的应用。假设电动机停止按钮SB1、启动按钮SB2分别与PLC的数字量输入模块SM521的端子I0.0和I0.1连接，电动机M1和M2分别与PLC的数字量输出模块SM522的端子Q0.0、Q0.1连接。要求按下SB2（I0.1）后，电动机M1开始运行，并启动定时器进行延时。当定时器延时达到3s后，电动机M2也启动运行。当按下停止按钮SB1(I0.0)，不管电动机M1、M2的状态如何，电动机M1和M2将立即停止运行。

【分析】 此程序使用SS指令实现控制时，其程序如表4-27所示。程序段1中，当SB2按下时，Q0.0线圈自锁输出为ON，控制电动机M1立即运行。程序段2中，Q0.0动合触点闭合一次，T0开始延时。当T0延时达到3s（设置值为S5T＃3s）时，T0动断触点断开，使得程序段3中的Q0.1线圈得电，从而使电动机M2启动运行，以实现顺序电动机的顺序启动控制。当按下停止按钮SB1时，I0.0动断触点断开，使程序段1中的Q0.0线圈失电并解除自锁，电动机M1停止运行。按下停止按钮SB1时，I0.0动合触点闭合，在程序段4中将T0进行复位。T0复位，则程序段中Q0.1线圈失电，电动机M2

立即停止运行。注意，在 Q0.0 运行后，若 T0 延时未达 3s（即 M2 电动机未启动），按下停止按钮 SB1 时，I0.0 动合触点闭合，T0 将被复位，其定时当前值将恢复为 0，使得再次 M1 启动时，仍需 3s 后 M2 电动机才能启动。

表 4-27　　SS 指令在顺序启动控制中的应用程序

程序段	LAD
程序段 1	%I0.1 "启动按钮" ─┤ ├─ ∥ %Q0.0 "M1电动机" ─┤ ├─ ─ %I0.0 "停止按钮" ─┤/├─ ─ %Q0.0 "M1电动机" ─( )─
程序段 2	%Q0.0 "M1电动机" ─┤ ├─ ─ %T0 "延时3s" ─(SS)─ S5T#3s
程序段 3	%T0 "延时3s" ─┤ ├─ ─ %Q0.1 "M2电动机" ─( )─
程序段 4	%I0.0 "停止按钮" ─┤ ├─ ─ %T0 "延时3s" ─(R)─

（10）-(SF)-启动断开延时定时器指令。-(SF)-指令用于在 RLO 状态出现下降沿时，启动指定的定时器。当 RLO 为“1”时，或在 <时间值> 间隔内只要定时器运行，该定时器就为“1”。当定时器运行时，如果 RLO 从“0”变为“1”，则定时器复位。如果 RLO 从“1”变为“0”，则总是重新启动定时器。

【例 4-22】 SF 指令在顺启逆停控制中的应用。假设电动机停止按钮 SB1、启动按钮 SB2 分别与 PLC 的数字量输入模块 SM521 的端子 I0.0 和 I0.1 连接，电动机 M1 和 M2 分别与 PLC 的数字量输出模块 SM522 的端子 Q0.0、Q0.1 连接。要求按下 SB2（I0.1）后，电动机 M1 开始运行，并启动定时器进行延时。当定时器延时达到 3s 后，电动机 M2 也启动运行。当按下停止按钮 SB1，电动机 M2 立即停止运行，M1 电动机延时 2s 后才停止运行。

【分析】 此程序使用 SF 指令实现控制时，其程序如表 4-28 所示。由于 T1 为断开延时定时器，所以在程序段 1 中，初始状态下 T1 的动合触点处于闭合状态。按下启动按钮

SB2 时，程序段 1 中的 M0.0 线圈得电并自锁。M0.0 线圈得电，使程序段 2 中的 T0 进行延时，同时 Q0.0 线圈得电输出，控制电动机 M1 运行。当 T0 延时达到 3s 时，程序段 3 中的 T0 动合触点闭合使 Q0.1 线圈得电输出，控制电动机 M2 运行。按下停止按钮 SB1 时，程序段 4 中 I0.0 动合触点闭合，将 T0 复位，使程序段 3 中的 Q0.1 线圈失电，M2 电动机立即停止运行，同时 T0 的当前定时值为 0。按下停止按钮 SB1 时，程序段 5 中的 I0.0 动断触点断开，使 T1 进行断开延时。当 T1 延时达到 2s，程序段 1 中的 T1 动合触点动作，使 M0.0 线圈失电，从而控制程序段 2 中的 Q0.0 线圈失电，M1 电动机停止运行。

表 4-28　　SF 指令在顺启逆停控制中的应用程序

程序段	LAD
程序段 1	%I0.1 “启动按钮” ┤├ 　%T1 “延时2s” ┤├ 　%M0.0 “辅助继电器” ( ) %M0.0 “辅助继电器” ┤├
程序段 2	%M0.0 “辅助继电器” ┤├ 　%T0 “延时3s” (SS) S5T#3s %Q0.0 “M1电动机” ( )
程序段 3	%T0 “延时3s” ┤├ 　%Q0.1 “M2电动机” ( )
程序段 4	%I0.0 “停止按钮” ┤├ 　%T0 “延时3s” (R)
程序段 5	%I0.0 “停止按钮” ┤/├ 　%T1 “延时2s” (SF) S5T#2s

3. IEC 定时器指令

IEC 定时器集成在 CPU 的操作系统中，占用 CPU 的工作存储器资源，数量与工作存储器大小有关。相对 SIMATIC 定时器而言，IEC 定时器可设定的时间远远大于 SIMATIC 定时器可设定的时间。

SIMATIC 定时器是从 S5 系列开始使用，而 IEC 定时器在 S7-300/400 PLC 中才开始使用，但是必须带有背景数据块，类型也较少。在 S7-1500 PLC 中，增加了 IEC 定时器的类型，应用多重背景数据块，与 HMI 之间的数据转换也比较方便。在 S7-1500 PLC 中 IEC 定时器指令包括 TP 生成脉冲定时器指令、TON 通电延时定时器指令、TONR 通电延时保持型定时器指令、TOF 断电延时定时器指令等。在程序中，每次调用 IEC 定时器指令时，都需要指定一个背景数据块，背景数据块的相关知识请参阅 5.2 节的相关内容。

（1）TP 生成脉冲定时器指令。TP 指令可以输出一个脉冲，脉宽由预设时间决定。该指令有 IN、PT、ET 和 Q 等参数，各参数说明如表 4-29 所示。

表 4-29　TP 生成脉冲定时器指令参数

梯形图指令符号	参数	数据类型	说　明
TP Time IN　Q PT　ET	IN	BOOL	启动定时器
	PT	TIME、LTIME	脉冲的持续时间，其值必须为正数
	ET	TIME、LTIME	当前定时器的值
	Q	BOOL	脉冲输出

当输入参数 IN 的逻辑运算结果（RLO）从 0 变为 1（信号上升沿）时，启动该指令并开始计时。计时时间由预设时间参数 PT 设定，同时输出参数 Q 的状态在预设时间内保持为 1，即 Q 输出一个宽度为预设时间 PT 的脉冲。在计时时间内，即使检测到 RLO 新的信号上升沿，输出 Q 的信号状态也不会受到影响。

可以在输出参数 ET 处查询到当前时间值，该时间值从 T＃0s 开始，在达到持续时间 PT 后保持不变。如果达到已组态的持续时间 PT，并且输入 IN 的信号状态为 0，则输出 ET 将复位为 0。TP 指令的时序如图 4-9 所示。

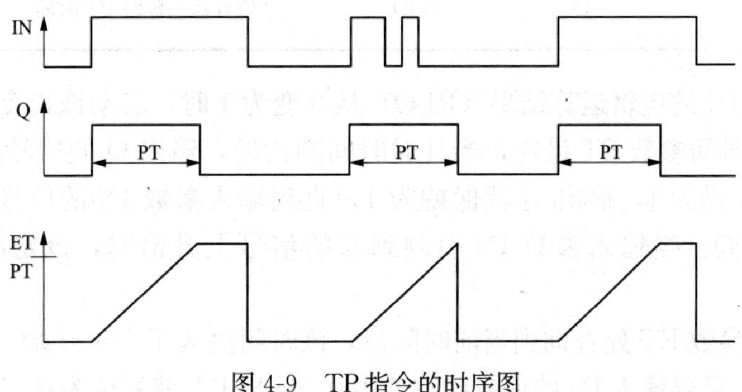

图 4-9　TP 指令的时序图

【例 4-23】 TP 指令在路灯控制中的应用。假设路灯感应开关与 PLC 的数字量输入模块 SM521 的端子 I0.0 连接，路灯与 PLC 的数字量输出模块 SM522 的端子 Q0.0 连接，要求路灯感应开关感应到路灯下附近有人时，路灯马上点亮，3s 后路灯自动熄灭。

【分析】 此程序使用 TP 指令实现时，其程序如表 4-30 所示。如果输入端 I0.0 按下（信号状态从“0”变为“1”），则启动定时器开始延时，同时指令的 Q 端输出为高电平，使得 Q0.0 线圈得电，从而使路灯点亮。定时器延时达 3s 后，指令的 Q 端输出为低电平，Q0.0 线圈失电，从而使路灯自动熄灭。表中%DB1（符号为 IEC_Timer_0_DB）是用户指定的存储该 IEC 定时器的背景数据块，在调用该定时器指令时，由 TIA Portal 自动生成。

表 4-30　　TP 指令在路灯控制中的应用

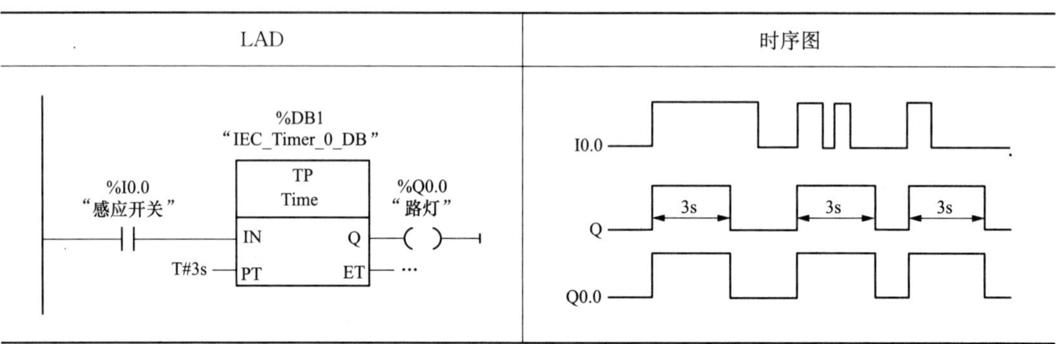

（2）TON 通电延时定时器指令。通电延时型定时器指令 TON 用于单一间隔的定时，该指令有 IN、PT、ET 和 Q 等参数，各参数说明如表 4-31 所示。

表 4-31　　TON 通电延时定时器指令参数

梯形图指令符号	参数	数据类型	说　明
TON Time IN　Q PT　ET	IN	BOOL	启动定时器
	PT	TIME、LTIME	通电延时的持续时间，其值必须为正数
	ET	TIME、LTIME	当前定时器的值
	Q	BOOL	信号状态延时 PT 时间

当输入参数 IN 的逻辑运算结果（RLO）从 0 变为 1 时，启动该指令并开始计时。计时的时间由预设时间参数 PT 设定，当计时时间到达后，输出 Q 的信号状态为 1。此时，只要输入参数 IN 仍为 1，输出 Q 就保持为 1，直到输入参数 IN 的信号状态从 1 变为 0 时，将复位输出 Q。当输入参数 IN 检测到新的信号上升沿时，该定时器功能将再次启动。

可以在输出参数 ET 处查询到当前时间值，该时间值从 T＃0s 开始，在达到持续时间 PT 后保持不变。只要输入 IN 的信号状态变为 0，输出 ET 就复位为 0。TON 指令的时序如图 4-10 所示。

【例 4-24】 TON 指令在顺启逆停控制中的应用，要求使用 TON 指令实现例 4-22 的控制功能。

【分析】 要实现电动机的顺启逆停控制，可以使用一个 TON 指令进行顺序启动控

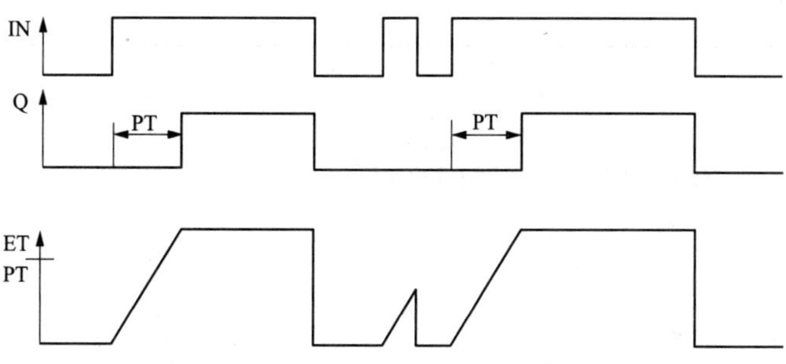

图 4-10　TON 指令的时序图

制，再使用另一个 TON 指令进行逆停控制，其程序编写如表 4-32 所示。按下启动按钮 SB2 时，程序段 1 中的 M0.0 线圈得电并自锁。M0.0 线圈得电，程序段 2 中的 TON 指令进行延时，同时 Q0.0 线圈得电输出，控制电动机 M1 运行。当延时达到 3s 时，程序段 2 中 TON 指令的 Q 输出为 ON，使 Q0.1 线圈得电输出，控制电动机 M2 运行。按下停止按钮 SB1 时，程序段 3 中 M0.1 线圈得电并自锁，程序段 2 中的 M0.1 动断触点断开，使得 Q0.1 线圈失电，M2 电动机停止运行。同时，程序段 3 中的 TON 指令也进行延时。当延时达到 2s 时，M0.2 线圈得电，两个 M0.2 动断触点断开，其中程序段 1 中的 M0.2 触点断开，M0.0 线圈失电并解除自锁，从而使得 M1 电动机停止运行且程序段 2 中的 TON 指令复位。程序段 3 中的 M0.2 触点断开使得程序段 3 中的 TON 指令也复位，为下轮的顺启逆搏控制做好准备。

表 4-32　　TON 指令在顺启逆停控制中的应用程序

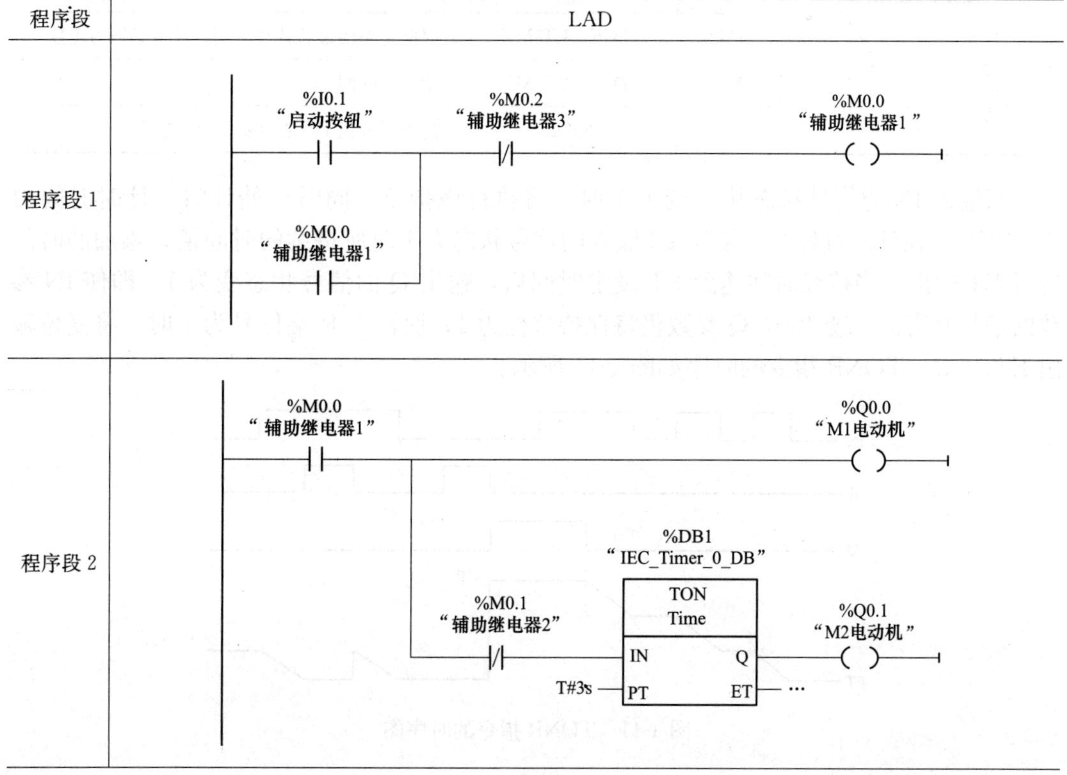

续表

程序段	LAD
程序段 3	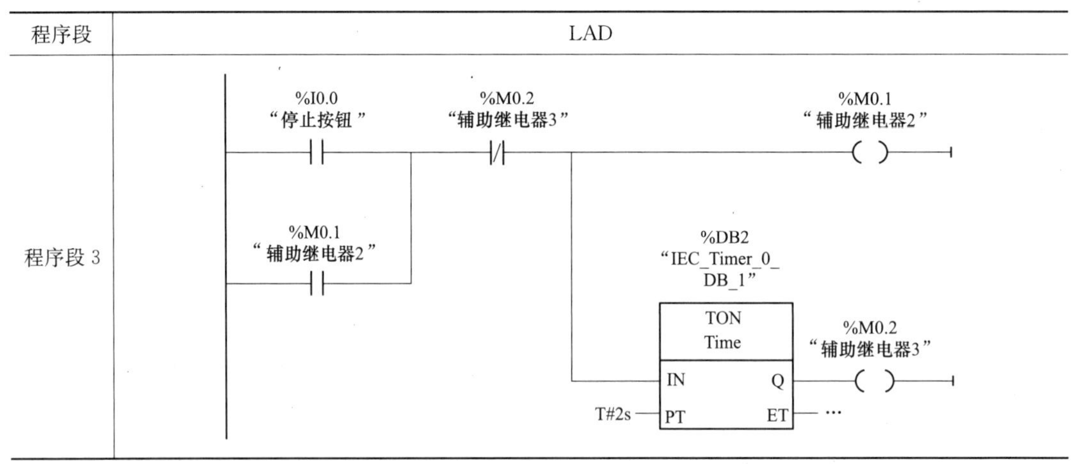

（3）TONR 通电延时保持型定时器指令。通电延时保持型定时器指令用于多次间隔的累计定时，其构成和工作原理与接通延时型定时器类似，不同之处在于通电延时保持型定时器在 IN 端为 0 时，当前值将被保持，当 IN 有效时，在原保持值上继续递增。该指令有 IN、R、PT、ET 和 Q 等参数，各参数说明如表 4-33 所示。

表 4-33　　TONR 通电延时保持型定时器指令参数

梯形图指令符号	参数	数据类型	说　明
TONR Time IN　Q R　ET PT	IN	BOOL	启动定时器
	R	BOOL	复位定时器
	PT	TIME、LTIME	时间记录的最长持续时间，其值必须为正数
	ET	TIME、LTIME	累计的时间
	Q	BOOL	超出时间值 PT 之后要置位的输出

当输入 IN 的信号状态从 0 变为 1 时，将执行该指令，同时开始计时（计时时间由 PT 设定）。在计时过程中，累加 IN 输入的信号状态为 1 时所持续的时间值，累加的时间通过 ET 输出。当持续时间达到 PT 设定时间后，输出 Q 的信号状态变为 1。即使 IN 参数的信号状态从 1 变为 0，Q 参数仍将保持置位为 1；而输入 R 端信号为 1 时，将复位输出 ET 和 Q。TONR 指令的时序如图 4-11 所示。

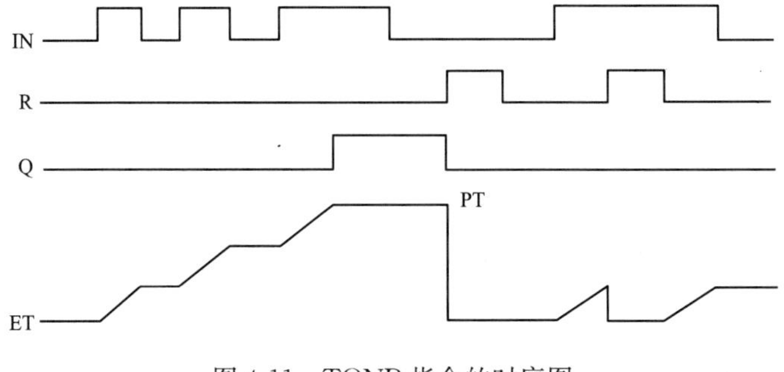

图 4-11　TONR 指令的时序图

【例 4-25】 TONR 指令的使用如表 4-34 所示。按下启动按钮 SB2（I0.1）的时间累计和大于或等于 20s（即 I0.1 闭合 1 次或者多次闭合时间累计和大于或等于 20s），Q0.0 输出为 ON 启动电动机运行。在时间累计过程中或已累计达到 20s，只要按下停止按钮 SB1（I0.0），定时器复位。表中%DB1（符号为 IEC_Timer_0_DB）是用户指定的存储该 IEC 定时器的数据块。

表 4-34　　TONR 指令的使用

LAD	时序图

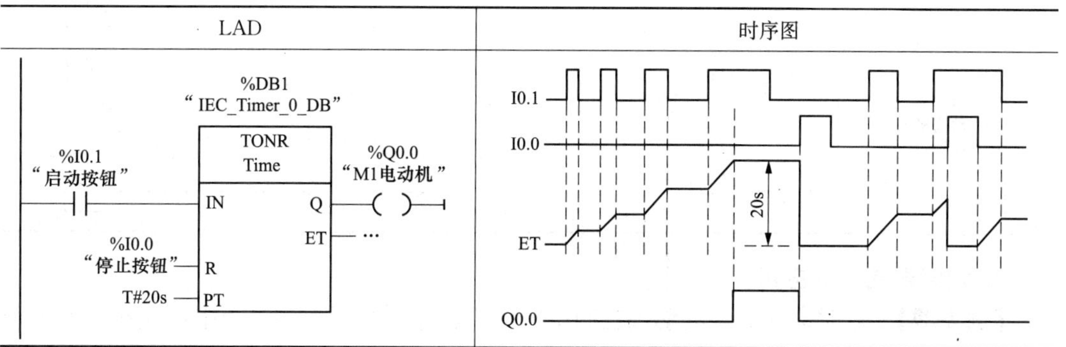

(4) TOF 断电延时定时器指令。断电延时型定时器指令 TOF 用于断开或故障事件后的单一间隔定时，该指令有 IN、PT、ET 和 Q 等参数，各参数说明如表 4-35 所示。

表 4-35　　TOF 断电延时定时器指令参数

梯形图指令符号	参数	数据类型	说　明
TOF Time IN　Q PT　ET	IN	BOOL	启动定时器
	PT	TIME、LTIME	电延时的持续时间，其值必须为正数
	ET	TIME、LTIME	当前定时器的值
	Q	BOOL	信号状态延时 PT 时间

当输入 IN 的信号状态由 1 变为 0 时，将执行该指令，同时开始计时（计时时间由 PT 设定）。当计时时间到达后，输出 Q 变为 0。如果输入 IN 的信号状态在计时结束之前再次变为 1，则复位定时器，而输出 Q 的信号状态仍为 1。

可以在输出参数 ET 处查询到当前时间值，该时间值从 T＃0s 开始，在达到 PT 时间值时结束。当持续时间 PT 计时结束后，在输入 IN 变回 1 之前，ET 输出仍保持置位为当前值。在持续时间 PT 计时结束之前，如果输入 IN 的信号状态切换为 1，则将输出复位为 T＃0s。TOF 指令的时序如图 4-12 所示。

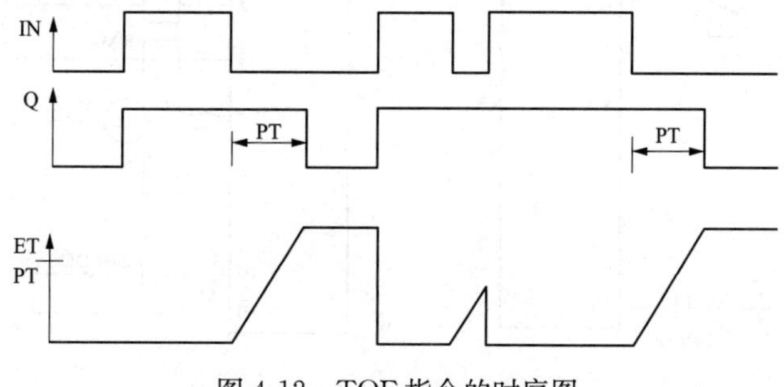

图 4-12　TOF 指令的时序图

【例 4-26】 TOF 指令的使用程序如表 4-36 所示。按下启动按钮 SB2（I0.1），I0.1 动合触点闭合，指示灯（Q0.0）点亮。松开启动按钮 SB2（I0.1），I0.1 动合触点断开，定时器开始延时。当定时器延时达到 20s，指示灯（Q0.0）熄灭。若定时器延时未达到 20s，且 I0.1 动合触点再次闭合时，指示灯（Q0.0）将再次被点亮。

表 4-36　　　　TOF 指令的使用

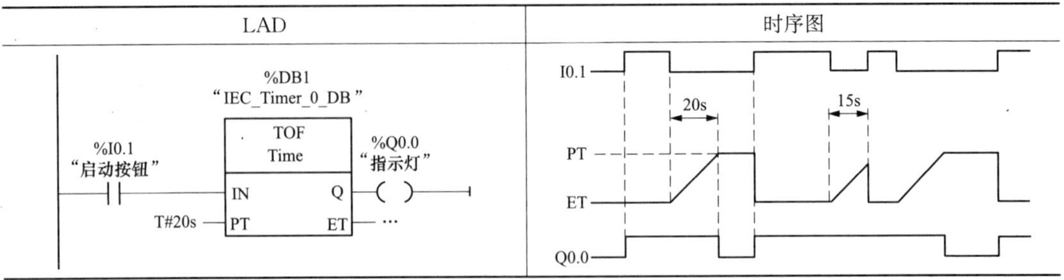

4. 定时器指令的应用

【例 4-27】 定时器在 3 台电动机控制中的应用。某电动机控制系统中，连接 3 台电动机，要求实现电动机的顺序定时启动，同时停止控制。当按下启动按钮 SB2，第 1 台电动机 M1 运行，延时 5s 后第 2 台电动机 M2 运行，再延时 8s 后第 3 台电动机 M3 运行。全部启动后，按下停止按钮 SB1，3 台电动机同时停止。

分析：假设停止按钮 SB1、启动按钮 SB2 分别与 PLC 的数字量输入模块 SM521（DI 16×24V DC BA）的端子 I0.0 和 I0.1 连接；控制电动机 M1、M2 和 M3 的 3 个交流接触器线圈 KM1、KM2、KM3 分别与 PLC 的数字量输出模块 SM522（DQ 16×230V AC/1A ST）的端子 Q0.0、Q0.1 和 Q0.2 相连。则本例需 2 个输入点和 3 个输出点，输入/输出分配表如表 4-37 所示，其 I/O 接线如图 4-13 所示。

表 4-37　　　　3 台电动机控制的输入/输出分配表

输　入			输　出		
功能	元件	PLC 地址	功能	元件	PLC 地址
停止按钮	SB1	I0.0	接触器 1，控制 M1	KM1	Q0.0
启动按钮	SB2	I0.1	接触器 2，控制 M2	KM2	Q0.1
			接触器 3，控制 M3	KM3	Q0.2

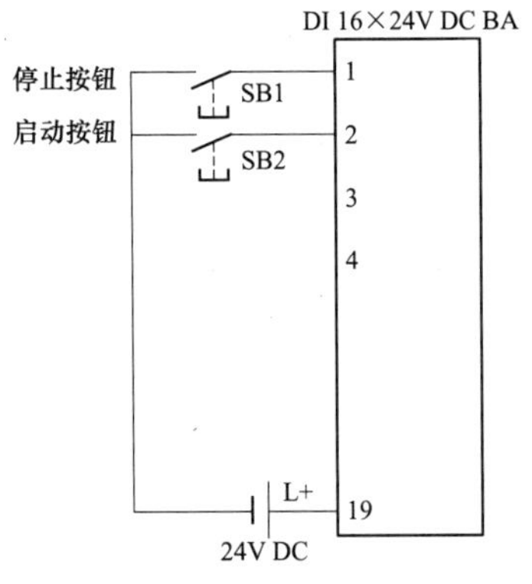

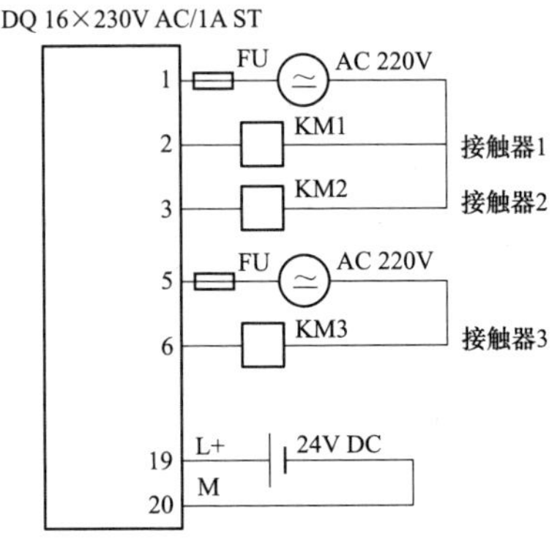

图 4-13　3 台电动机控制的 I/O 接线图

本例可使用两个定时器（如 T0 和 T1）分别实现延时 5s 和延时 8s 控制，编写的程序及动作时序如表 4-38 所示。按下启动按钮 SB2，I0.1 动合触点闭合，Q0.0 线圈先得电并自锁，M1 电动机启动，同时定时器 T0 线圈得电延时。当 T0 延时 5s 后，T0 动合触点闭合，使得 Q0.1 线圈得电，M2 电动机启动，同时定时器 T1 线圈得电延时，其仿真效果如图 4-14 所示。当 T1 延时 8s 后，T1 动合触点闭合，使得 Q0.2 线圈得电，M3 电动机启动，这样 3 台电动机按顺序启动了。按下停止按钮 SB1，I0.0 动断触点断开，Q0.0 线圈失电，M1 电动机停止，同时 T0 线圈失电，Q0.1 线圈失电，M2 电动机停止，T1 线圈也失电，从而 Q0.2 线圈失电，M3 电动机停止。

表 4-38　　定时器在 3 台电动机控制中的应用程序

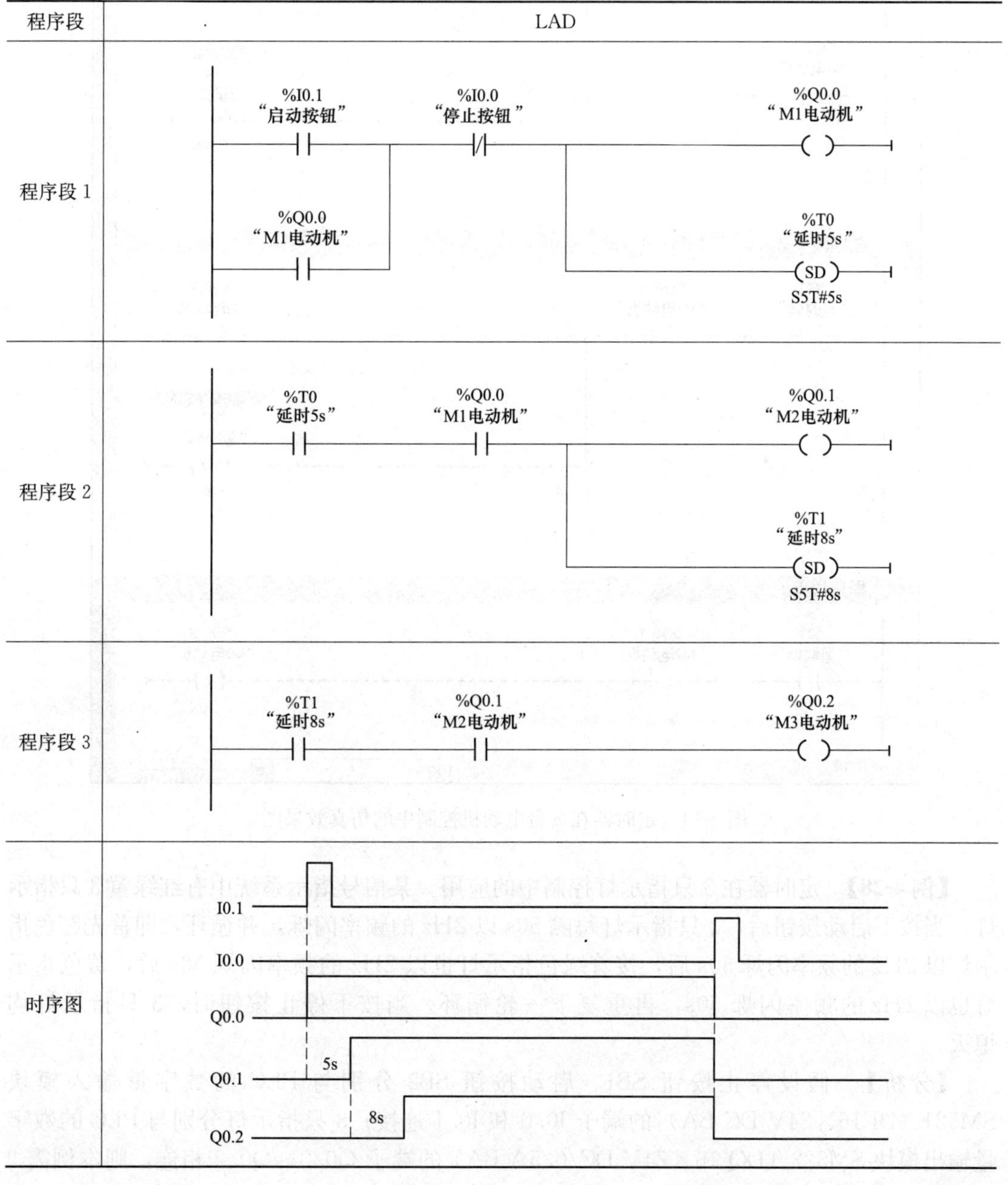

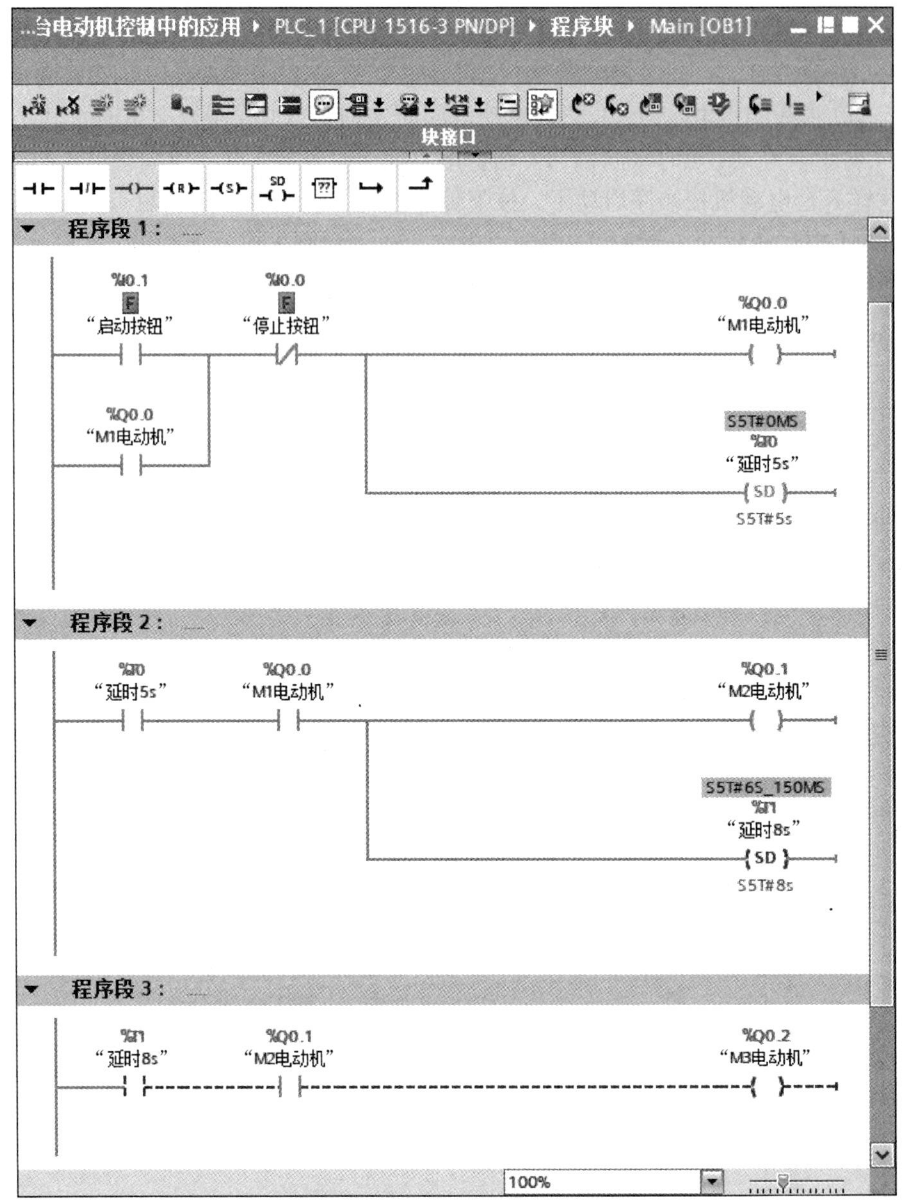

图 4-14　定时器在 3 台电动机控制中的仿真效果图

【例 4-28】 定时器在 3 只指示灯控制中的应用。某信号指示系统中有红绿黄 3 只指示灯，当按下启动按钮后，3 只指示灯每隔 50s 以 2Hz 的频率闪烁，并循环，即首先红色指示灯以 2Hz 的频率闪烁 50s 后，接着绿色指示灯也以 2Hz 的频率闪烁 50s 后，黄色指示灯也以 2Hz 的频率闪烁 50s，再重复下一轮循环。当按下停止按钮时，3 只指示灯均熄灭。

【分析】 假设停止按钮 SB1、启动按钮 SB2 分别与 PLC 的数字量输入模块 SM521（DI 16×24V DC BA）的端子 I0.0 和 I0.1 连接；3 只指示灯分别与 PLC 的数字量输出模块 SM522（DQ 16×24V DC/0.5A BA）的端子 Q0.0～Q0.2 相连，则本例需 2

个输入点和 3 个输出点，输入/输出分配表如表 4-39 所示，其 I/O 接线如图 4-15 所示。

表 4-39　　　　3 只指示灯控制的输入/输出分配表

输　入			输　出		
功能	元件	PLC 地址	功能	元件	PLC 地址
停止按钮，停止显示	SB1	I0.0	控制红色指示灯	HL1	Q0.0
启动按钮，启动显示	SB2	I0.1	控制绿色指示灯	HL2	Q0.1
			控制黄色指示灯	HL3	Q0.2

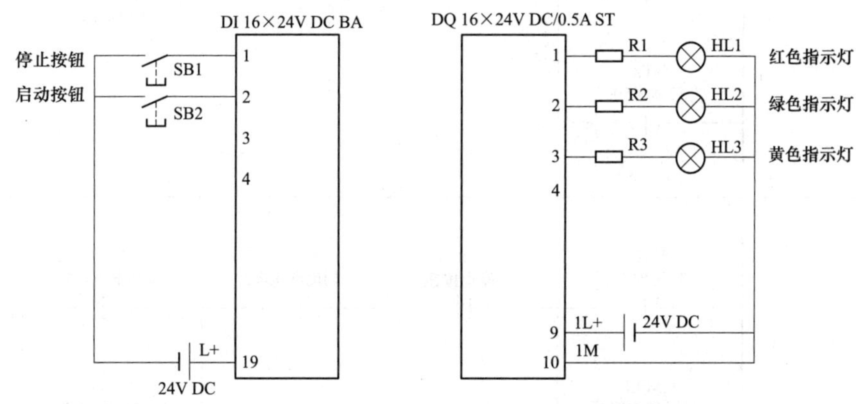

图 4-15　3 只指示灯控制的 I/O 接线图

本例可使用 3 个定时器实现 3 只指示灯的 50s 延时控制，在 CPU 模块的参数配置时将时钟存储器字节的地址设置为 MB20（其设置见 3.4.3 节 CPU 模块的参数配置），M20.3 将提供 2Hz 的时钟脉冲，编写的程序如表 4-40 所示。按下启动按钮 SB2，I0.1 动合触点闭合，M0.0 线圈得电并自锁，同时 T0 开始延时。当 T0 延时达 50s 后，T0 动合触点闭合，同时 M0.1 线圈得电并自锁，并启动 T1 进行延时，而 M0.1 动断触点断开，使 M0.0 线圈失电。当 T1 延时达 50s 后，T1 动合触点闭合，同时 M0.2 线圈得电并自锁，并启动 T2 进行延时，而 M0.2 动断触点断开，使 M0.1 线圈失电。当 T2 延时达 50s 后，T2 动合触点闭合，使得 M0.0 线圈又 1 次得电并自锁，并启动 T0 进行延时，而 M0.0 动断触点断开，使 M0.2 线圈失电。程序段 4～程序段 6 为闪烁控制，例如当 M0.1 线圈得电时，程序段 5 中的 M0.1 动合触点闭合，而 M20.3 输出 2Hz 的频率，使得与 Q0.1 连接的绿色指示灯以 2Hz 的频率闪烁，其仿真效果如图 4-16 所示。

表 4-40　　　　定时器在 3 台电动机控制中的应用程序

程序段	LAD
程序段 1	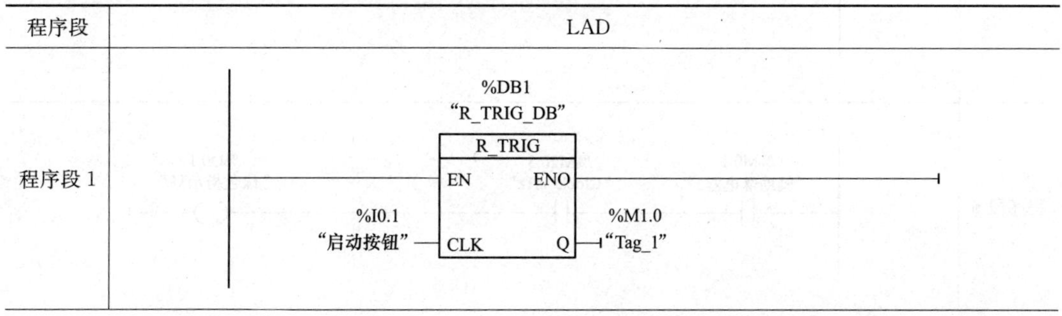

续表

程序段	LAD
程序段 2	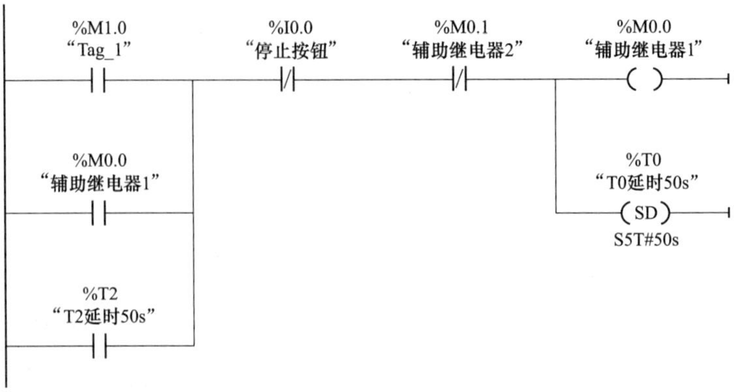 %M1.0 "Tag_1" %I0.0 "停止按钮" %M0.1 "辅助继电器2" %M0.0 "辅助继电器1" %M0.0 "辅助继电器1" %T0 "T0延时50s" SD S5T#50s %T2 "T2延时50s"
程序段 3	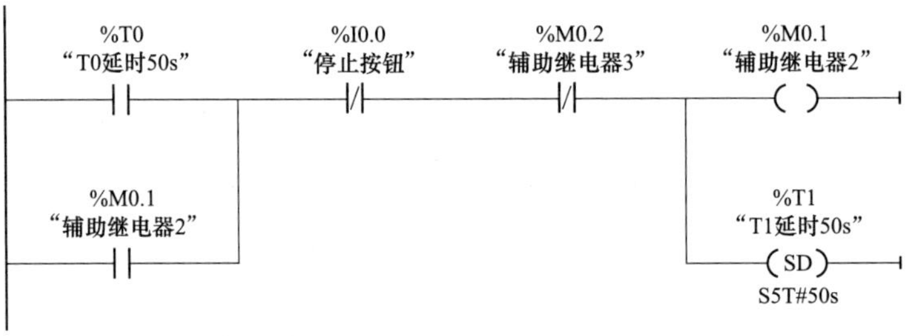 %T0 "T0延时50s" %I0.0 "停止按钮" %M0.2 "辅助继电器3" %M0.1 "辅助继电器2" %M0.1 "辅助继电器2" %T1 "T1延时50s" SD S5T#50s
程序段 4	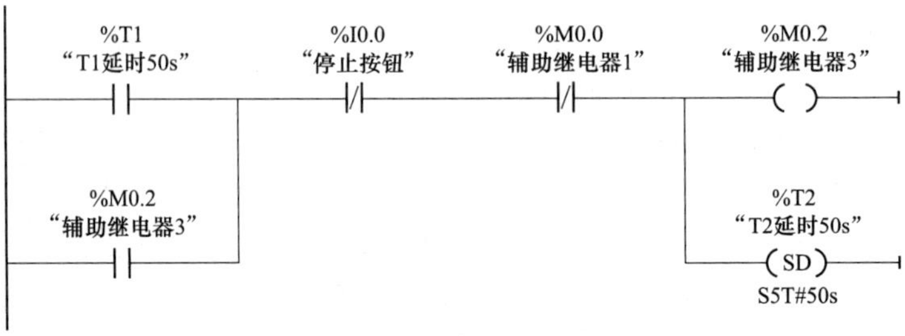 %T1 "T1延时50s" %I0.0 "停止按钮" %M0.0 "辅助继电器1" %M0.2 "辅助继电器3" %M0.2 "辅助继电器3" %T2 "T2延时50s" SD S5T#50s
程序段 5	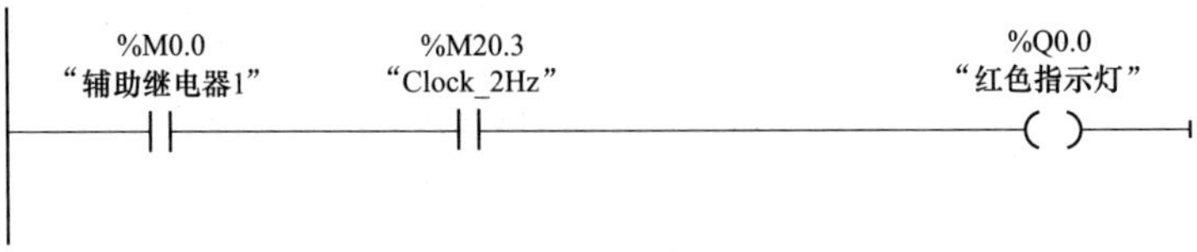 %M0.0 "辅助继电器1" %M20.3 "Clock_2Hz" %Q0.0 "红色指示灯"
程序段 6	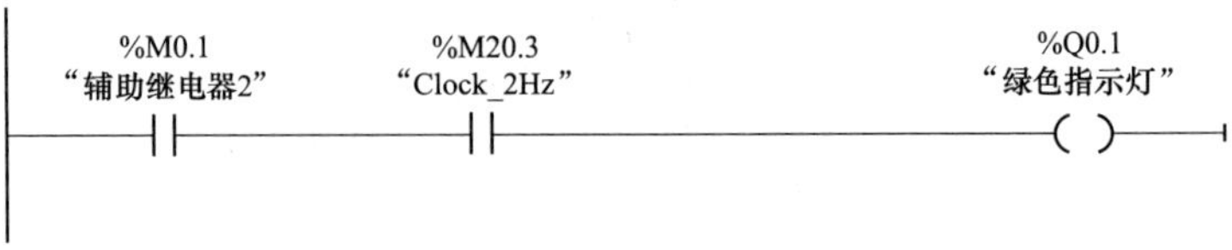 %M0.1 "辅助继电器2" %M20.3 "Clock_2Hz" %Q0.1 "绿色指示灯"

续表

程序段	LAD
程序段 7	%M0.2 "辅助继电器3" —| |— %M20.3 "Clock_2Hz" —| |— %Q0.2 "黄色指示灯" —( )—

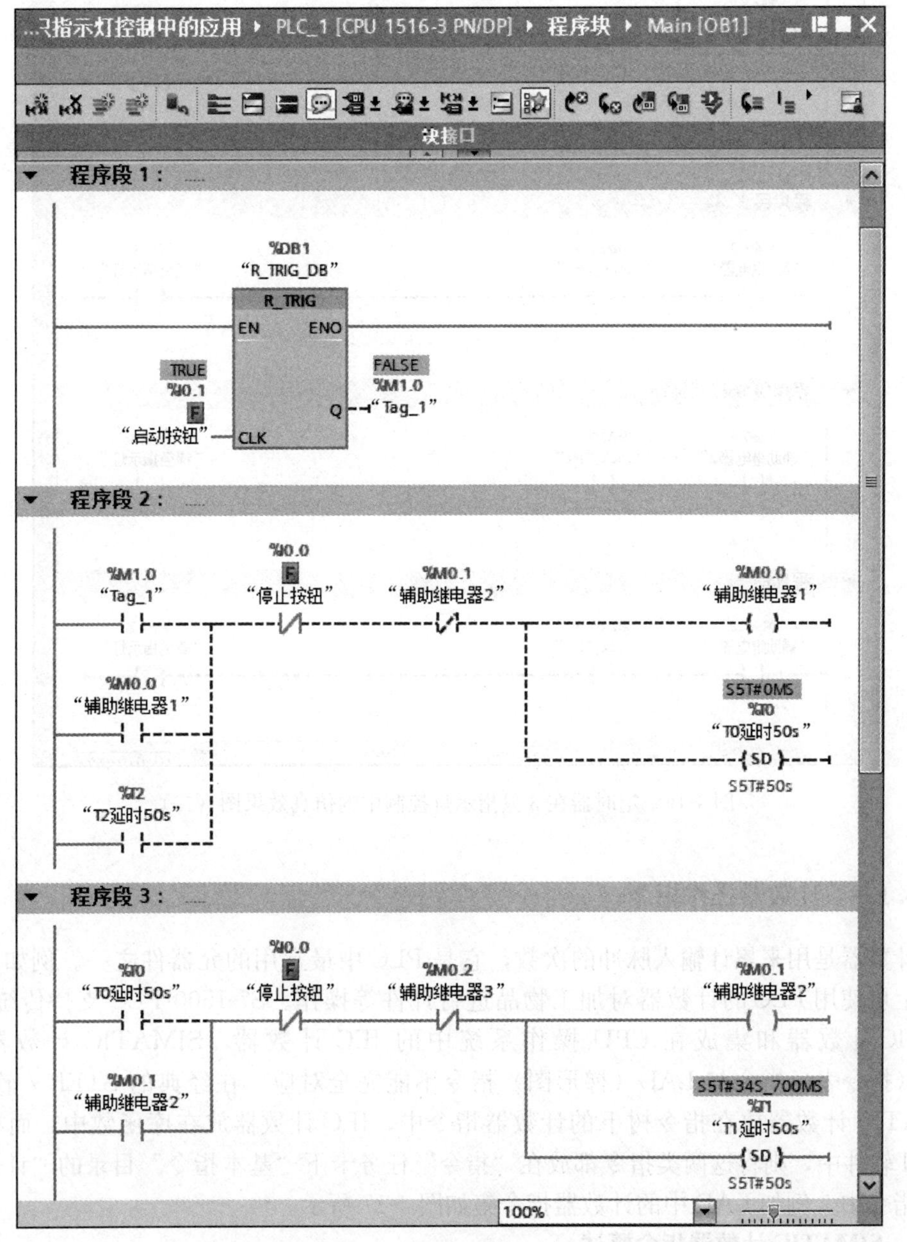

图 4-16　定时器在 3 只指示灯控制中的仿真效果图（一）

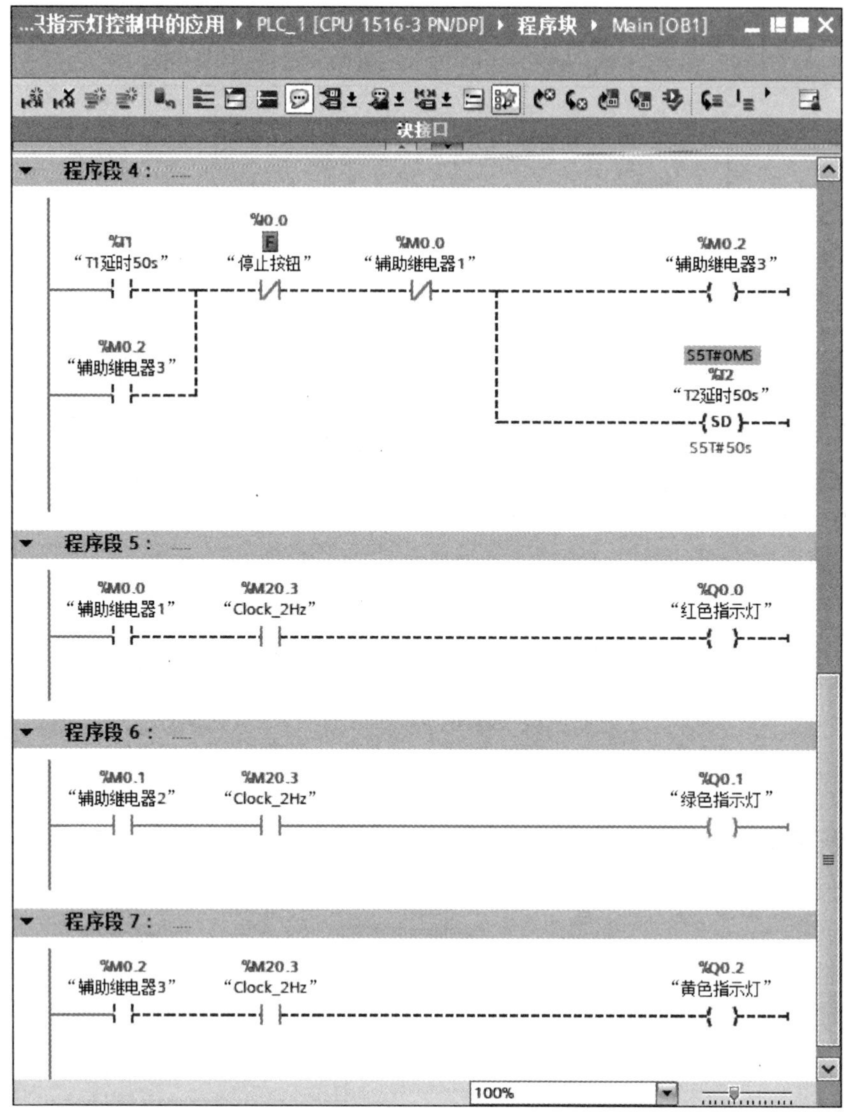

图 4-16　定时器在 3 只指示灯控制中的仿真效果图（二）

4.1.3　计数器操作指令

计数器是用来累计输入脉冲的次数，它是 PLC 中最常用的元器件之一。例如，在生产线上可使用 PLC 的计数器对加工物品进行计件等操作。S7-1500 PLC 支持传统的 SIMATIC 计数器和集成在 CPU 操作系统中的 IEC 计数器，SIMATIC 计数器中的 STL（指令表）指令与 LAD（梯形图）指令不能完全对应。在经典的 STEP 7 软件中，SIMATIC 计数器放在指令树下的计数器指令中，IEC 计数器放在库函数中。而在 TIA Portal 软件中，则将这两类指令都放在“指令”任务卡下“基本指令”目录的“计数器操作”指令中，例如 LAD 中的计数器指令集如图 4-17 所示。

1. SIMATIC 计数器指令概述

计数器编程时要预置计数初值，在运行过程中当计数器的输入条件满足时，当前值

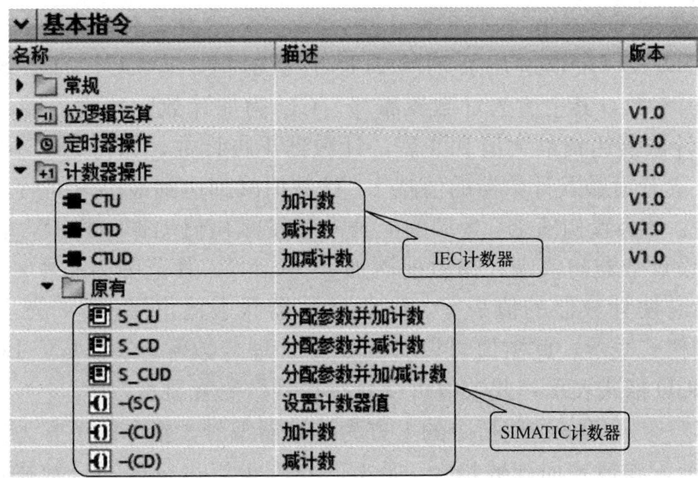

图 4-17　计数器指令集

按一定的单位从预置值开始执行加或减计数。

(1) 计数器存储区域。在 CPU 存储区中留有一块计数器区域，该存储区为每一计数器保留一个 16 位的字和一个二进制位。计数器的字用于存放它的当前计数值，计数器触点的状态由它的位的状态来决定。用计数器地址（C 和计数器号，例如 C3）来存取当前计数值和计数器位，带位操作数的指令存取计数器位，带字操作数的指令存取计数器的计数值。计数器指令是访问计数器存储区的唯一功能。

(2) 计数器字的表示方法。计数器字可以使用 BCD 码或二进制数来表示，如图 4-18 所示。使用 BCD 码表示的计数器字的 0～11 位是计数值的 BCD 码，计数值的范围是 0～999。图中表示的计数值为 156，用格式 C＃156 表示 BCD 码。二进制数表示的计数器字只使用了 0～9 位。

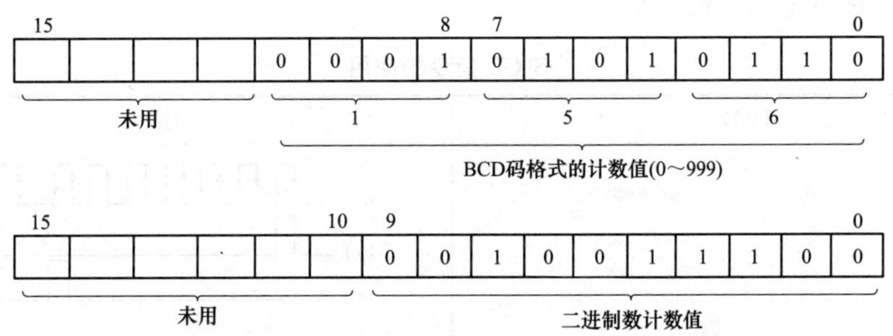

图 4-18　计数器字

2. SIMATIC 计数器指令

SIMATIC 计数器指令有：S_CU（分配参数并加计数）指令、S_CD（分配参数并减计数）指令、S_CUD（分配参数并加/减计数）指令、-(SC)-设置计数器值指令、-(CU)-（加计数）指令、-(CD)-（减计数）指令。

S_CU、S_CD、S_CUD 这些指令是属于带有参数的计数器指令；-(SC)-、-(CU)-、-(CD)-属于带有线圈的计数器指令。实质上，带有线圈的计数器指令相对于带有参数的计数器指令为简化类型指令。

S_CU、S_CD、S_CUD 这几条 SIMATIC 计数器指令有 CU、CD、S、PV、R、Q、CV、CV_BCD 等参数，其上方为计数器编号。CU 为加计数脉冲输入端，上升沿触发计数器的值加 1，计数值达到最大值 999 后，计数器不再计数，保持 999 不变。CD 为减计数脉冲输入端，上升沿触发计数器的值减 1，计数值减到达到最小值 0 后，计数器不再计数，保持 0 不变。S 为置初值端，S 端的上升沿触发赋初值动作，将 PV 端的初值送给计数器。PV 为预设计数器初值端，初值前需加上“C＃”，其范围为 C＃0～C＃999。R 为清零端，上升沿时使计数器的值清零。Q 为计数器状态输出端。CV 为当前计数值输出端，以十六进制格式表示，此数值可以参与数据处理与数学运算。CV_BCD 为当前计数值输出端，以 BCD 格式表示，此数值可以直接送到数码管显示。

-(SC)-、-(CU)-、-(CD)-这些指令的上方为计数器编号，指令的下方为预设计数值。

(1) S_CU 分配参数并加计数指令。S_CU 指令可以进行递增计数操作，当输入 CU 的信号状态从 0 变为 1 时，当前计数器值将加 1。当前计数值在输出 CV 处输出十六进制值，在输出 CV_BCD 处输出 BCD 码值。如果计数值达到 999 后，停止增加。达到上限后，即使出现信号上升沿，计数值也不再递增。输入端 S 出现上升沿时使用输入端 PV 上的数值预置。如果在输入端 R 上的信号状态为“1”，则计数器复位，计数值被置为“0”。如果计数值大于“0”，则输出 Q 上的信号状态为“1”；如果计数值等于“0”，则输出 Q 上的信号状态为“0”。

【例 4-29】 S_CU 指令的使用如表 4-41 所示。PLC 一上电，将 I0.0 触点闭合 1 次时，计数器的 Q 输出为高电平。如果 I0.1 的输入信号发生由“0”到“1”（即上升沿）的跳变时，将计数初值 996 装入 C0 中。I0.0 每发生一次上升沿跳变，则 C0 的当前计数值加 1。若装入了计数初值 996，则从 996 开始进行加 1 计数；如果没有加载计数初值 996，则当前计数值从 0 开始进行加 1 计数。当计数达到 999 后，即使 I0.0 再次发生上升沿跳变，其当前计数值仍保持为 999。当 I0.2 发生上升沿跳变时，C0 当前计数值立即复位为 0，且计数器的 Q 输出为低电平。

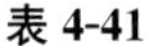

表 4-41　　S_CU 指令的使用

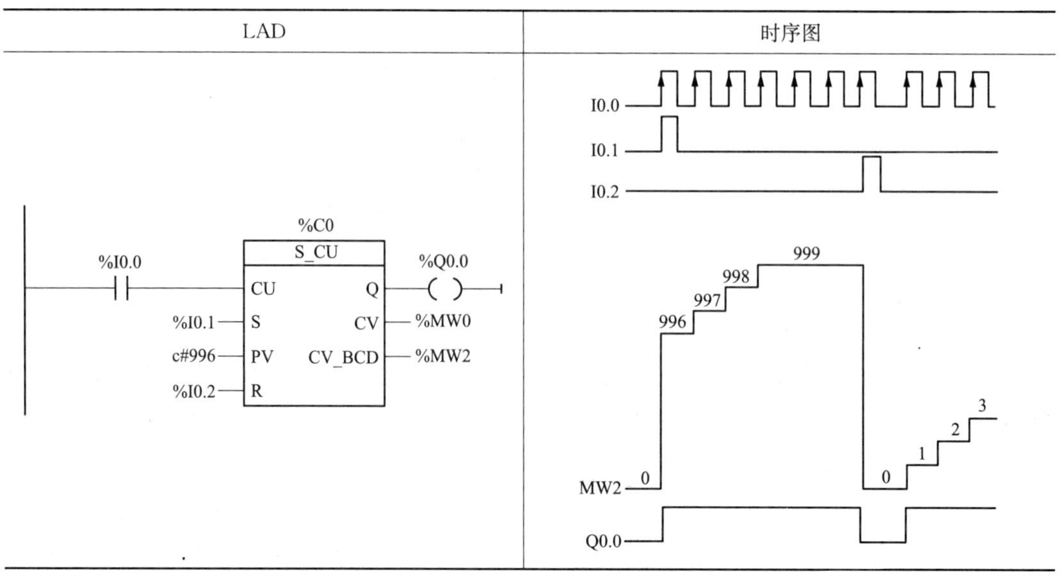

(2) S_CD 分配参数并减计数指令。S_CD 指令可以进行递减计数操作，当输入 CD 的信号状态从 0 变为 1 时，当前计数器值将减 1。当前计数值在输出 CV 处输出十六进制值，在输出 CV_BCD 处输出 BCD 码值。如果计数值达到 0 后，将停止递减。达到下限值 0，即使出现信号上升沿，计数值也不再递减。输入端 S 出现上升沿时使用输入端 PV 上的数值预置。如果在输入端 R 上的信号状态为“1”，则计数器复位，计数值被置为“0”。如果计数值大于“0”，则输出 Q 上的信号状态为“1”；如果计数值等于“0”，则输出 Q 上的信号状态为“0”。

【例 4-30】 S_CD 指令的使用如表 4-42 所示。如表 I0.1 从“0”变为“1”，计数器使用预置值“5”。如果 I0.0 的信号状态从“0”变为“1”，计数器 C0 的值将减“1”。C0 的值等于“0”除外。如果 C0 不等于“0”，则 Q4.0 为“1”。I0.2 的信号状态从“0”变为“1”，计数器 C0 将被复位。

表 4-42　　S_CD 指令的使用

LAD	时序图

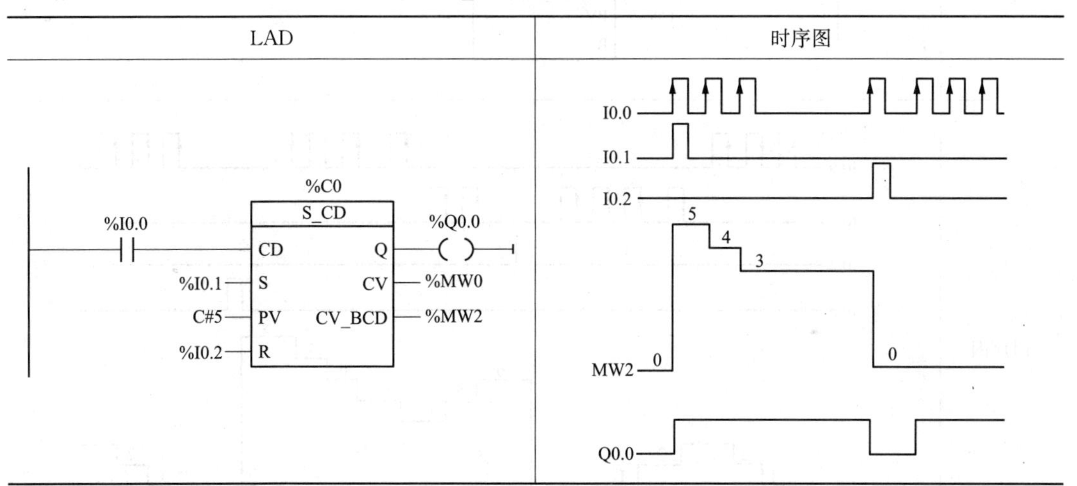

(3) S_CUD 分配参数并加/减计数指令。S_CUD 指令可以进行递增或递减计数操作，当输入 CU 的信号状态从 0 变为 1 时，当前计数器值将加 1；当输入 CD 的信号状态从 0 变为 1 时，当前计数器值将减 1。如果在一个程序周期内输入 CU 和 CD 都出现上升沿，计数值将保持不变。当前计数值在输出 CV 处输出十六进制值，在输出 CV_BCD 处输出 BCD 码值。

进行递增操作时，当计数值达到 999 后，停止增加。达到上限后，即使出现信号上升沿，计数值也不再递增。进行递减操作时，当计数值达到下限值 0，计数值也不会再递减。

输入端 S 出现上升沿时使用输入端 PV 上的数值预置。如果计数器已置位，并且输入 CU 或 CD 处的 RLO 为 1，那么即使没有检测到信号沿变化，计数器也会在下一个扫描周期内相应地进行计数。如果输入端 R 上的信号状态为“1”，计数器复位，计数值被置为“0”。只要 R 输入的信号状态为 1，输入 CU、CD 和 S 信号状态的处理就不会影响该计数值。

【例 4-31】 S_CUD 指令的使用如表 4-43 所示。如果 I0.2 从“0”变为“1”，将计数

器的预置值设置为“6”。如果 I0.0 的信号状态从“0”变为“1”，计数器 C0 的当前计数值将加“1”。当 C0 的当前值达到“999”时，即使 I0.0 发生“0”到“1”的跳变，其当前计数值仍保持为“999”。如果 I0.1 从“0”变为“1”，C0 的当前计数值将减“1”。当 C0 的当前值达到“0”时，即使 I0.1 发生“0”到“1”的跳变，其当前计数值仍保持为“0”。如果 C0 当前计数值不等于“0”，则 Q0.0 为“1”。

表 4-43　　S_CUD 指令的使用

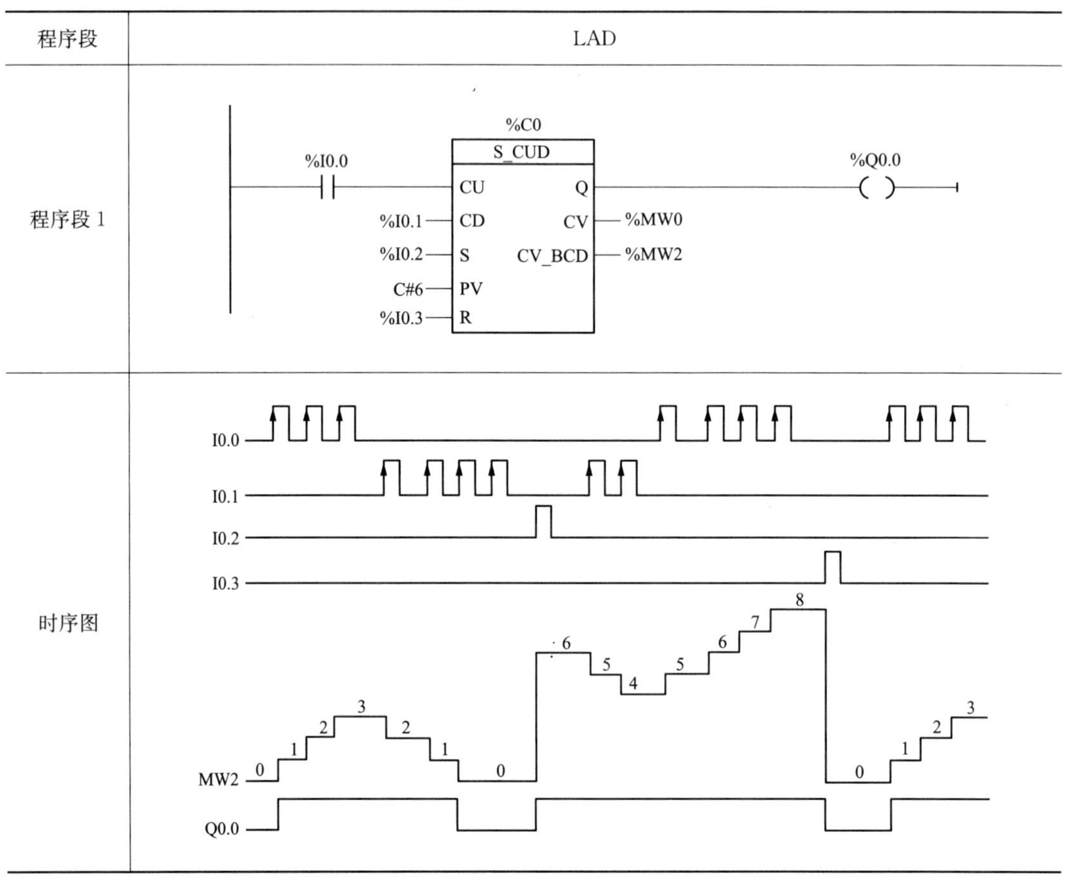

（4）—(SC)—设置计数器值指令。—(SC)—计数器置初值指令只有在 RLO 出现上升沿时才执行。同时，将预置值传送到指定的计数器。

（5）—(CU)—加计数指令。—(CU)—加计数器指令在 RLO 出现上升沿且计数器的值小于“999”时，使指定计数器的值加“1”。如果在 RLO 没有出现上升沿，或计数器的值已经为“999”，则计数器的值保持不变。

【例 4-32】 CU 指令的使用如表 4-44 所示。在程序段 1 中，如果 I0.0 的输入信号发生由“0”到“1”（即上升沿）的跳变时，将计数初值 998 装入 C0 中。在程序段 2 中，当 I0.1 的输入信号发生由“0”到“1”（即上升沿）的跳变时，C0 当前计数值加 1。当加到最大值 999 后，即使 I0.1 再发生上升沿跳变，当前值也不再累加并保持为 999。在程序段 3 中，如果 I0.2 的输入信号发生上升沿跳变，则 C0 的当前值复位为 0。只要进行了 1 次加计数操作，程序段 4 中 Q0.0 线圈就得电，除非 C0 被复位。

表 4-44　CU 指令的使用

程序段	LAD
程序段 1	%I0.0 常开触点 —— %C0 (SC) C#998
程序段 2	%I0.1 常开触点 —— %C0 (CU)
程序段 3	%I0.2 常开触点 —— %C0 (R)
程序段 4	%C0 常开触点 —— %Q0.0 ( )

(6) -(CD)-减计数指令。-(CD)-减计数器线圈指令在 RLO 出现上升沿且计数器的值大于“0”时，使指定计数器的值减“1”。如果在 RLO 没有出现上升沿，或计数器的值已经为“0”，则计数器的值保持不变。

【例 4-33】 CD 指令的使用如表 4-45 所示。在程序段 1 中，当 I0.0 的输入信号发生由“0”到“1”（即上升沿）的跳变时，将计数初值 5 装入 C0 中。在程序段 2 中，当 I0.1 的输入信号发生由“0”到“1”（即上升沿）的跳变时，C0 当前计数值减 1。当减到 0 后，即使 I0.1 再发生上升沿跳变，当前值也不再递减。在程序段 3 中，如果 I0.2 的输入信号发生上升沿跳变，则 C0 的当前值复位为 0。只要 C0 当前值大于 0，且进行了 1 次减计数操作，程序段 4 中 Q0.0 线圈就得电，除非 C0 被复位。

表 4-45　CD 指令的使用

程序段	LAD
程序段 1	%I0.0 常开触点 —— %C0 (SC) C#5
程序段 2	%I0.1 常开触点 —— %C0 (CD)

续表

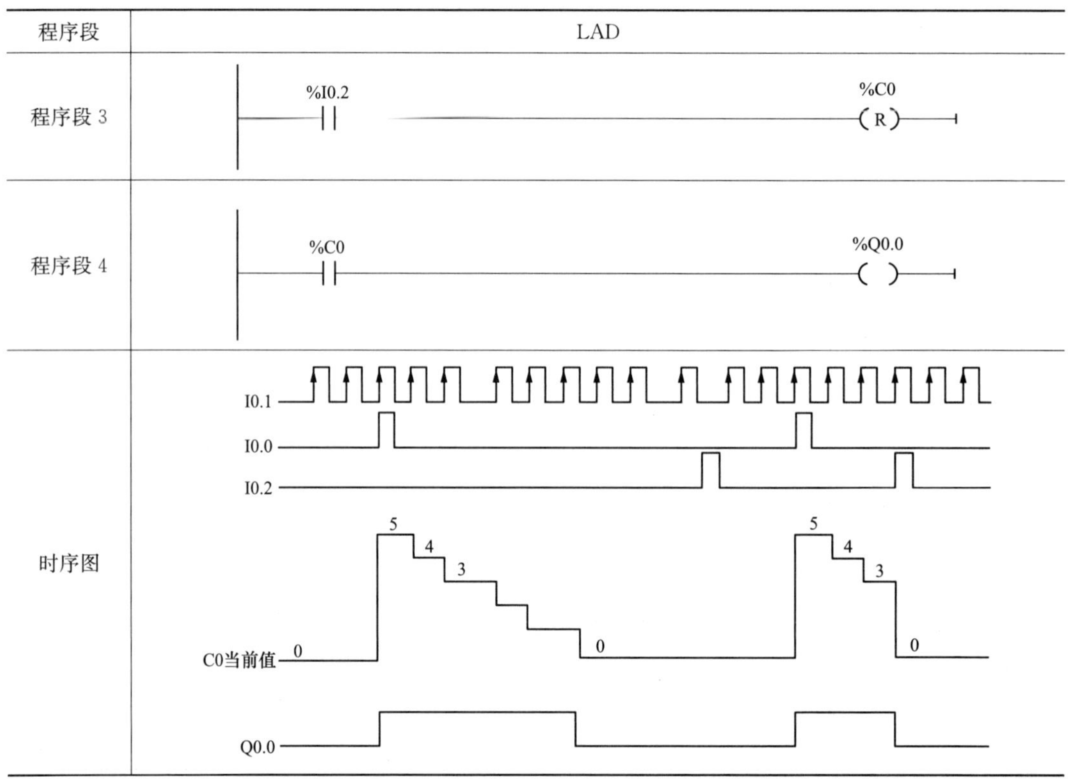

3. IEC 计数器指令

西门子 PLC 的计数器数量有限，当大型项目中计数器不够用时，则可以使用 IEC 计数器。IEC 计数器集成在 CPU 的操作系统中，占用 CPU 的工作存储器资源。在 S7-1500 PLC 中 IEC 计数器指令包括 CTU 加计数指令、CTD 减计数指令、CTUD 加减计数指令。在程序中，每次调用 IEC 计数器指令时，都需要指定一个背景数据块，背景数据块的相关知识请参阅 5.2 节的相关内容。

（1）CTU 加计数指令。使用加计数指令 CTU，可以递增输出 CV 的值，该指令有 CU、R、PV、Q 和 CV 等参数，各参数说明如表 4-46 所示。

表 4-46　　S_CU 加计数指令参数

梯形图指令符号	参数	数据类型	说明
CTU Int CU　Q R　CV PV	CU	BOOL	加计数输入
	R	BOOL	复位输入
	PV	整数	置位输出 Q 的目标值
	Q	BOOL	计数器状态
	CV	整数，CHAR、WCHAR、DATE	当前计数器值

当输入 CU 的信号状态由 0 变为 1 时，当前计数值加 1 并存储在输出 CV 中。第 1 次执行该指令时，将输出 CV 处的当前计数值置为 0。每检测到 CU 的一个上升沿，计数值都会递增，直至达到 CV 指定数据类型的上限。达到上限，输入 CU 的信号状态将不会再

影响该指令。

输出 Q 的信号状态由参数 PV 决定，如果当前计数值大于或等于 PV 的值，则将输出 Q 的信号状态置为 1。在其他任何情况下，输出 Q 的信号状态均为 0。输入 R 的信号状态变为 1 时，输出 CV 的值被复位，Q 的信号状态被复位。

【例 4-34】 CTU 加计数指令的使用如表 4-47 所示。I0.0 为加计数脉冲输入端，I0.1 为复位输入端，计数器的计数次数设置为 4。当输入端 I0.0 的信号状态每发生一次从“0”变为“1”的上升沿跳变时，当前计数值加 1。如果当前计数器值大于或等于预置值“4”，则 Q0.0 输出为“1”，否则输出为“0”。当 I0.1 信号状态变为“1”时，计数器复位，使得当前计数器值变为 0，同时 Q0.0 输出为“0”。

表 4-47　　　　CTU 加计数指令的使用

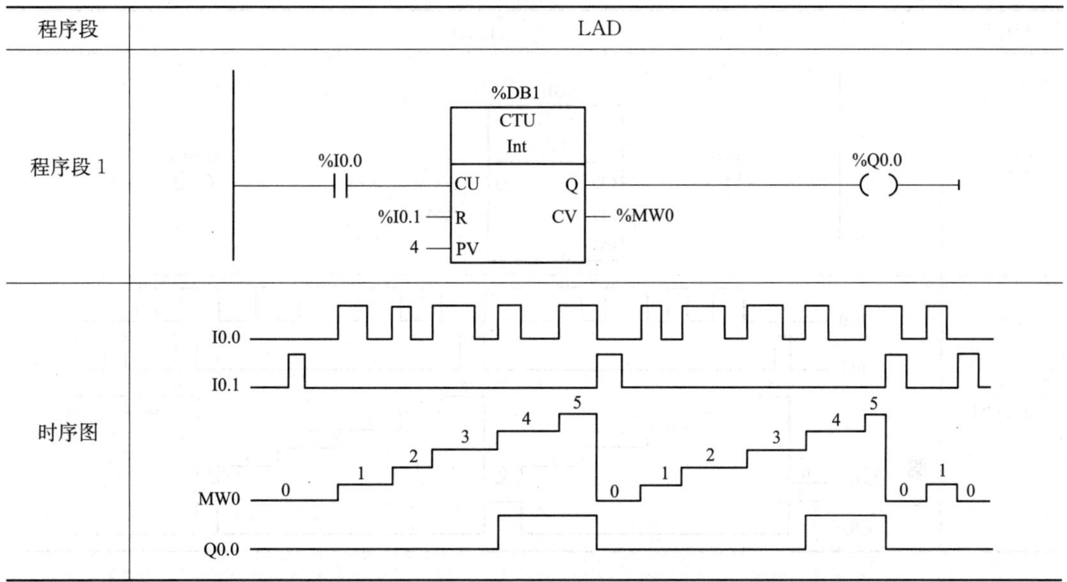

(2) CTD 减计数指令。使用减计数指令 CTD，可以递减输出 CV 的值，该指令有 CD、LD、PV、Q 和 CV 等参数，各参数说明如表 4-48 所示。

当输入 CD 的信号状态由 0 变为 1 时，当前计数值减 1 并存储在输出 LD 中。第 1 次执行该指令时，将输出 CV 处的当前计数值置为 0。每检测到 CU 的一个上升沿，计数值都会递减，直至达到 CV 指定数据类型的下限。达到下限，输入 CD 的信号状态将不会再影响该指令。

表 4-48　　　　CTD 减计数指令参数

梯形图指令符号	参数	数据类型	说　明
CTD Int（CD、LD、PV；Q、CV）	CD	BOOL	减计数输入
	LD	BOOL	装载输入
	PV	整数	置位输出 Q 的目标值
	Q	BOOL	计数器状态
	CV	整数、CHAR、WCHAR、DATE	当前计数器值

输出 Q 的信号状态由参数 PV 决定，如果当前计数值小于或等于 0，则将输出 Q 的信号状态置为 1。在其他任何情况下，输出 Q 的信号状态均为 0。输入 LD 的信号状态变为 1 时，将输出 CV 的值设置为参数 PV 的值。只要输入 LD 的信号状态仍为 1，输入 CD 的信号状态就不会影响该指令。

【例 4-35】 CTD 减计数指令的使用如表 4-49 所示。I0.0 为减计数脉冲输入端，I0.1 为装载数据输入端，计数器的计数次数设置为 5。当输入端 I0.0 的信号状态每发生 1 次从“0”变为“1”的上升沿跳变时，当前计数值减 1。若当前计数器值小于或等于“0”，Q0.0 输出为“1”，否则输出为“0”。当 I0.1 信号状态变为“1”时，计数器置数，使得当前计数器值变为 5。

表 4-49　　CTD 减计数指令的使用

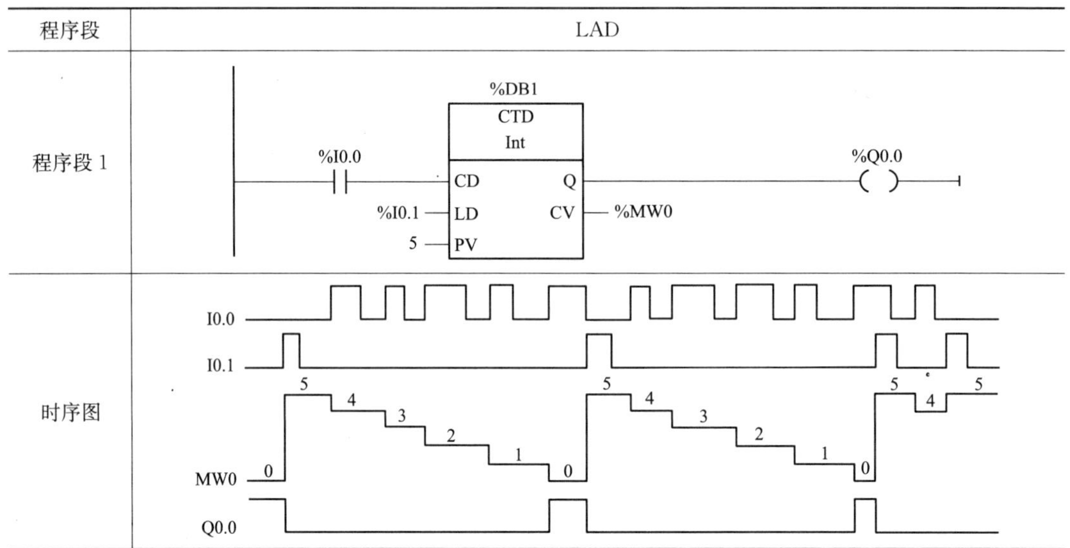

程序段	LAD
程序段 1	
时序图	

(3) CTUD 加减计数指令。使用加减计数指令 CTUD，可以递增或递减输出 CV 的值，该指令有 CU、CD、R、LD、PV、QU、QD 和 CV 等参数，各参数说明如表 4-50 所示。

当 CU 的逻辑运算结果（RLO）从“0”变为“1”（信号上升沿）时，当前计数值加 1 并存储在参数 CV 中；当 CD 的逻辑运算结果（RLO）从“0”变为“1”（信号上升沿）时，当前计数值减 1 并存储在参数 CV 中。

进行加计数操作时，每检测到一个信号上升沿，计数器值就会递增 1，直到达到输出 CV 中所指定数据类型的上限。达到上限时，停止递增，输入 CU 的信号状态将不再影响该指令。进行减计数操作时，检测到一个信号上升沿，计数器值就会递减 1，直到达到输出 CV 中所指定数据类型的下限。达到下限时，停止递减，输入 CD 的信号状态将不再影响该指令。

当输入 R 的信号状态从“0”变为“1”时，输出 CV 的值被复位为“0”。当输入 LD 的信号状态从“0”变为“1”时，输出 CV 的值被设置为参数 PV 的值。

如果当前计数器值大于或等于参数 PV 的值，则输出 QU 的信号状态为“1”，否则 QU 的信号状态为“0”。如果当前计数器值小或等于 0，则输出 QD 的信号状态为“1”，否则 QD 的信号状态为“0”。

表 4-50　　　　　　　　　　　CTUD 加减计数指令参数

梯形图指令符号	参数	数据类型	说　明
CTUD Int: CU, CD, R, LD, PV / QU, QD, CV	CU	BOOL	加计数输入
	CD	BOOL	减计数输入
	R	BOOL	复位输入
	LD	BOOL	装载输入
	PV	整数	置位输出 QU 的目标值/置位输出 CV 中的值
	QU	BOOL	加计数器状态
	QD	BOOL	减计数器状态
	CV	整数、CHAR、WCHAR、DATE	当前计数器值

【例 4-36】 CTUD 加减计数指令的使用如表 4-51 所示。I0.0 为加计数脉冲输入端，I0.1 为减计数脉冲输入端，I0.2 为复位输入端，I0.3 为装载输入端，计数器的计数次数设置为 4。当输入端 I0.0 的信号状态每发生 1 次从“0”变为“1”的上升沿跳变时，当前计数值加 1。如果当前计数器值大于或等于“4”，则 Q0.0 输出为“1”，否则输出为“0”。当输入端 I0.1 的信号状态每发生 1 次从“0”变为“1”的上升沿跳变时，当前计数值减 1。如果当前计数器值小于或等于“0”，则 Q0.1 输出为“1”，否则输出为“0”。当 I0.2 信号状态变为“1”时，计数器复位，使得当前计数器值变为 0，同时 Q0.0 输出为“0”。当 I0.3 信号状态变为“1”时，计数器置数，使得当前计数器值变为 4。

表 4-51　　　　　　　　　　　CTUD 减计数指令的使用

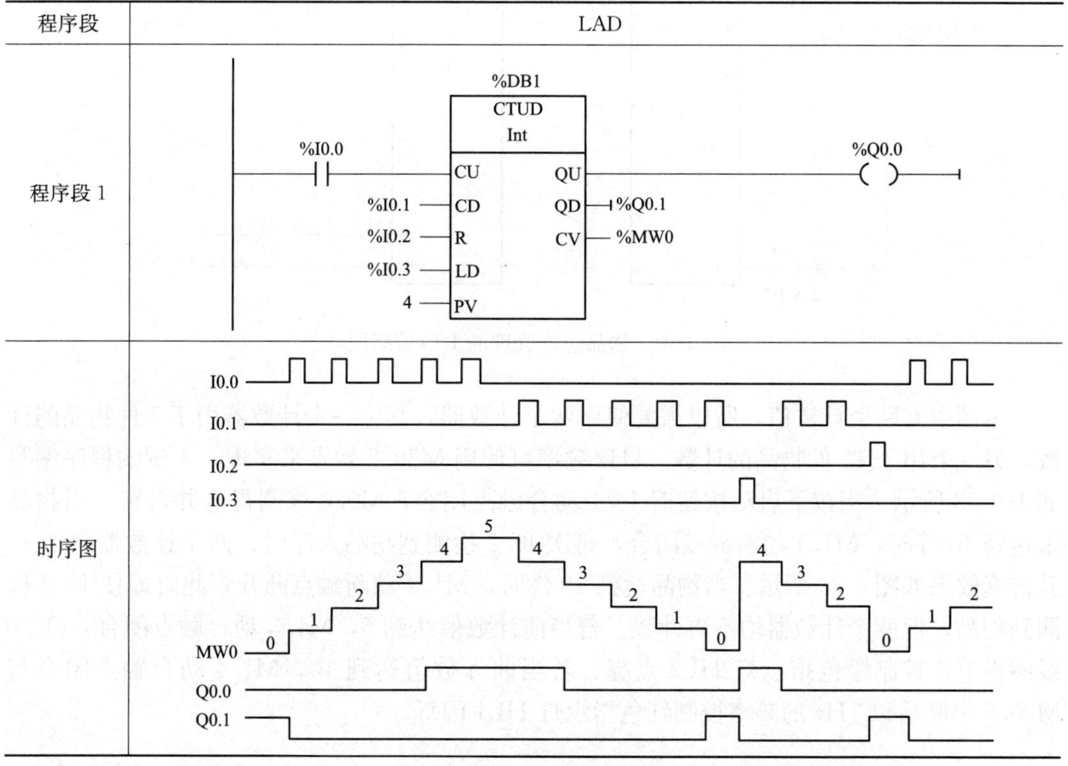

4. 计数器指令的应用

【例 4-37】 计数器在物品进库管理中的应用。某物品进库管理系统中，当光电传感器检测到有 5 件物品进库时，绿色指示灯 HL2 点亮；当检测到有 10 件物品时，红色指示灯 HL1 以 1Hz 的频率进行闪烁。

【分析】 用光电传感器来检测物品是否进库，若每来 1 件物品，产生 1 个脉冲信号送入 PLC 中进行计数。启动按钮 SB2 与 I0.1 连接，停止按钮 SB1 与 I0.0 连接，光电传感器信号通过 I0.2 输入 PLC 中，因此本系统需要使用 3 个输入点和 2 个输出点，输入/输出分配表如表 4-52 所示，其 I/O 接线如图 4-19 所示。

表 4-52　物品进库管理的输入/输出分配表

输入			输出		
功能	元件	PLC 地址	功能	元件	PLC 地址
停止按钮，停止指示	SB1	I0.0	控制红色指示灯	HL1	Q0.0
启动按钮，启动指示	SB2	I0.1	控制绿色指示灯	HL2	Q0.1
光电传感器，物品入库	S1	I0.2			

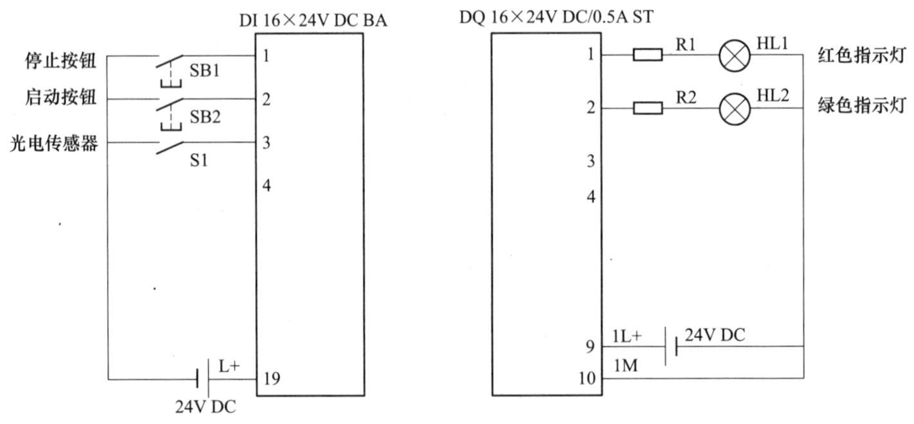

图 4-19　物品进库管理的 I/O 接线图

本例中有两个计数值，所以需要使用两个计数器，其中一个计数器用于 5 件物品的计数，另一个用于 10 件物品的计数。1Hz 频率可使用 M20.5 触点来实现，本例的程序编写如表 4-53 所示。当按下启动按钮时 I0.1 动合触点闭合，M0.0 线圈得电并自锁。当物品未达到 10 件时，M1.4 动断触点闭合，每次 I0.2 检测到物品入库时，两个计数器都加 1，其仿真效果如图 4-20 所示。当物品达到 10 件时，M1.4 动断触点断开，此时即使 I0.2 检测到物品，但两个计数器均不再计数。若当前计数值达到 5，M1.3 动合触点闭合，Q0.0 线圈得电，控制绿色指示灯 HL2 点亮。若当前计数值达到 10，M1.4 动合触点闭合与 M20.5 串联后以 1Hz 的频率控制红色指示灯 HL1 闪烁。

表 4-53　　物品进库管理程序

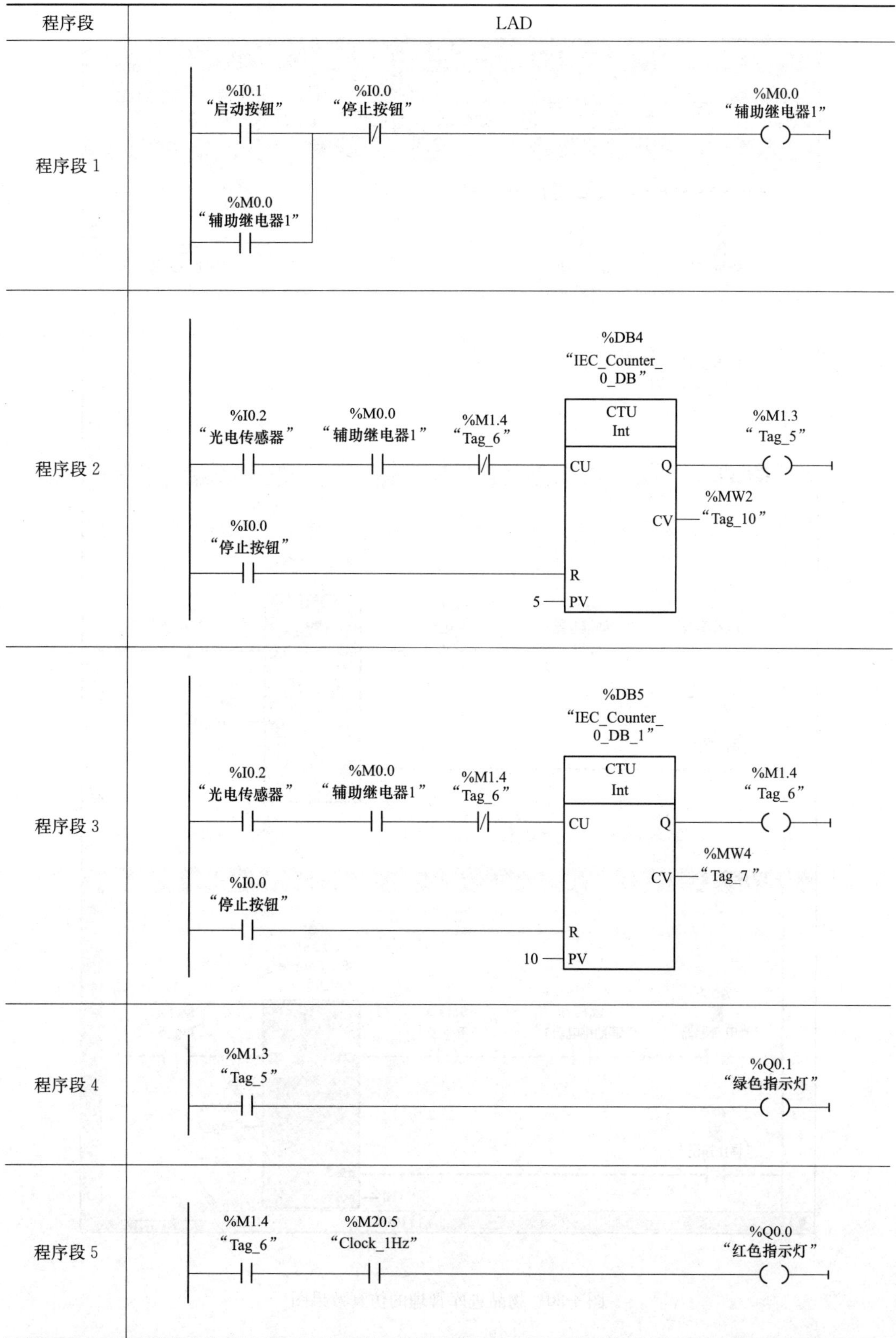

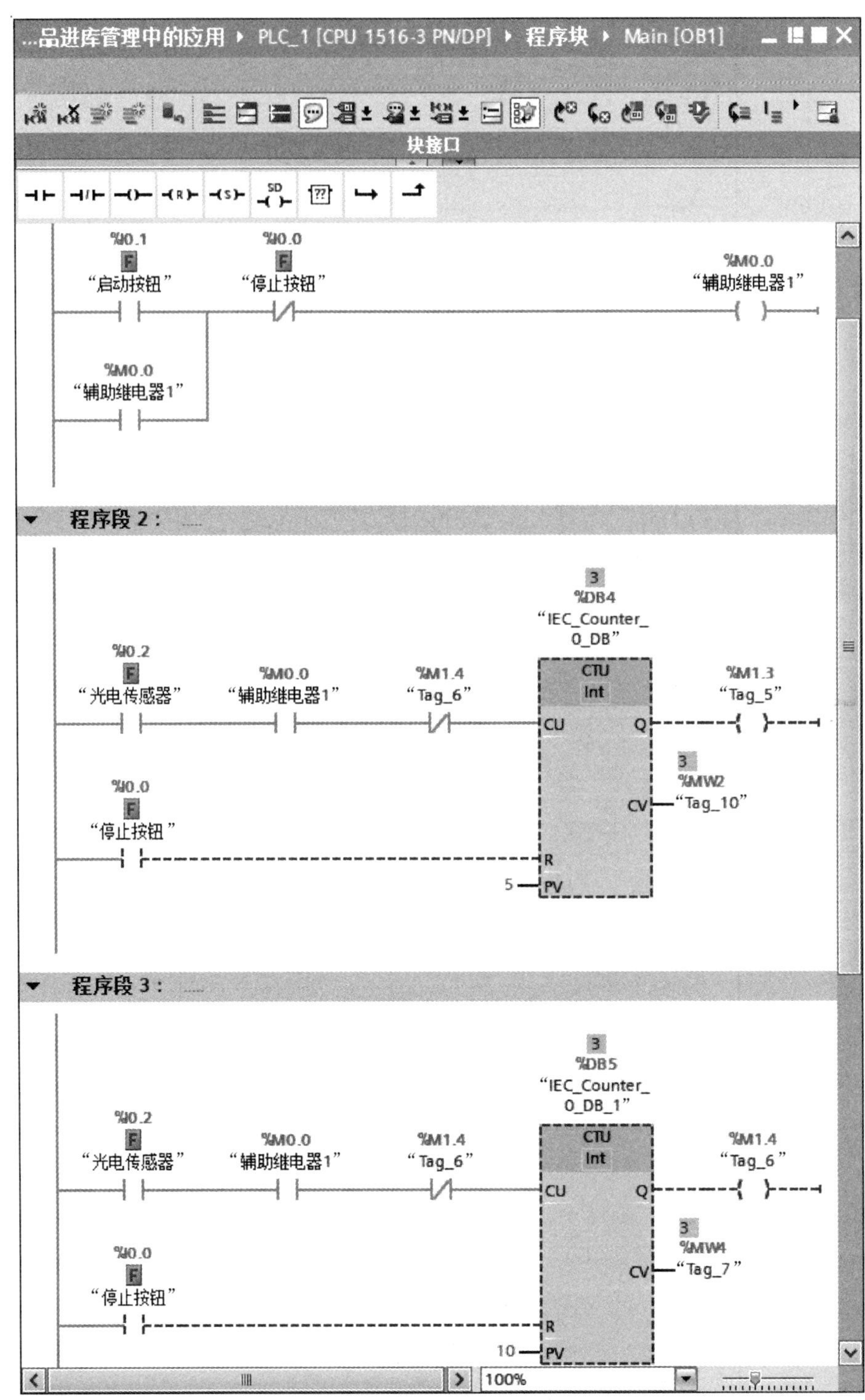

图 4-20　物品进库管理的仿真效果图

【例 4-38】 计数器在超载报警中的应用。为了确保交通安全，客车不能超载。当乘客超过 30 人时，报警灯进行闪烁，提示司机已超载。

【分析】 可以在前后车门各设置一个光电传感器，用来检测是否有乘客从前门上车或从后门下车。若有乘客上车，则光电传感器 S1 输入 1 个脉冲用于加计数；若有乘客下车，则光电传感器 S2 输入 1 个脉冲用于减计数。启动按钮 SB2 与 I0.1 连接，停止按钮 SB1 与 I0.0 连接，光电传感器信号 S1、S2 通过 I0.2、I0.3 输入 PLC 中，因此本系统需要使用 4 个输入点和 1 个输出点，输入/输出分配表如表 4-54 所示，其 I/O 接线如图 4-21 所示。

表 4-54　　超载报警的输入/输出分配表

输入			输出		
功能	元件	PLC 地址	功能	元件	PLC 地址
停止按钮，停止指示	SB1	I0.0	超载报警	HL1	Q0.0
启动按钮，启动指示	SB2	I0.1			
光电传感器 1，乘客上车	S1	I0.2			
光电传感器 2，乘客下车	S2	I0.3			

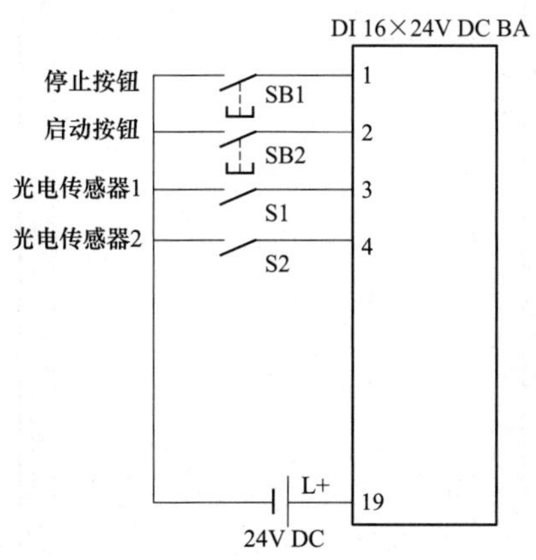

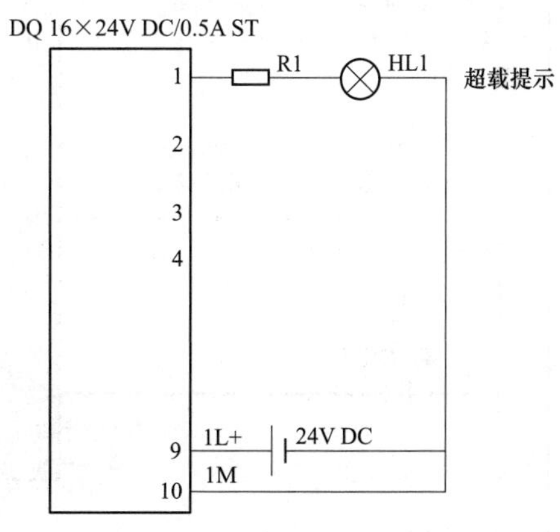

图 4-21　超载报警的 I/O 接线图

本例可使用加/减计数器（如 CTUD）来实现乘客上车或下车后客车中人数的统计，报警灯的闪烁频率可由 M20.5 来实现，本例的程序编写如表 4-55 所示。当按下启动按钮时 I0.1 动合触点闭合，M0.0 线圈得电并自锁。S1 每检测到有 1 名乘客上车时，计数器加 1 计数；S2 每检测到有 1 名乘客下车时，计数器减 1 计数，其仿真效果如图 4-22 所示。若计数器的当前计数值达到 31，即超过 30 名乘客时，M1.0 的动合触点闭合，与 M20.5 串联后以 1Hz 的频率控制指示灯 HL1 闪烁。

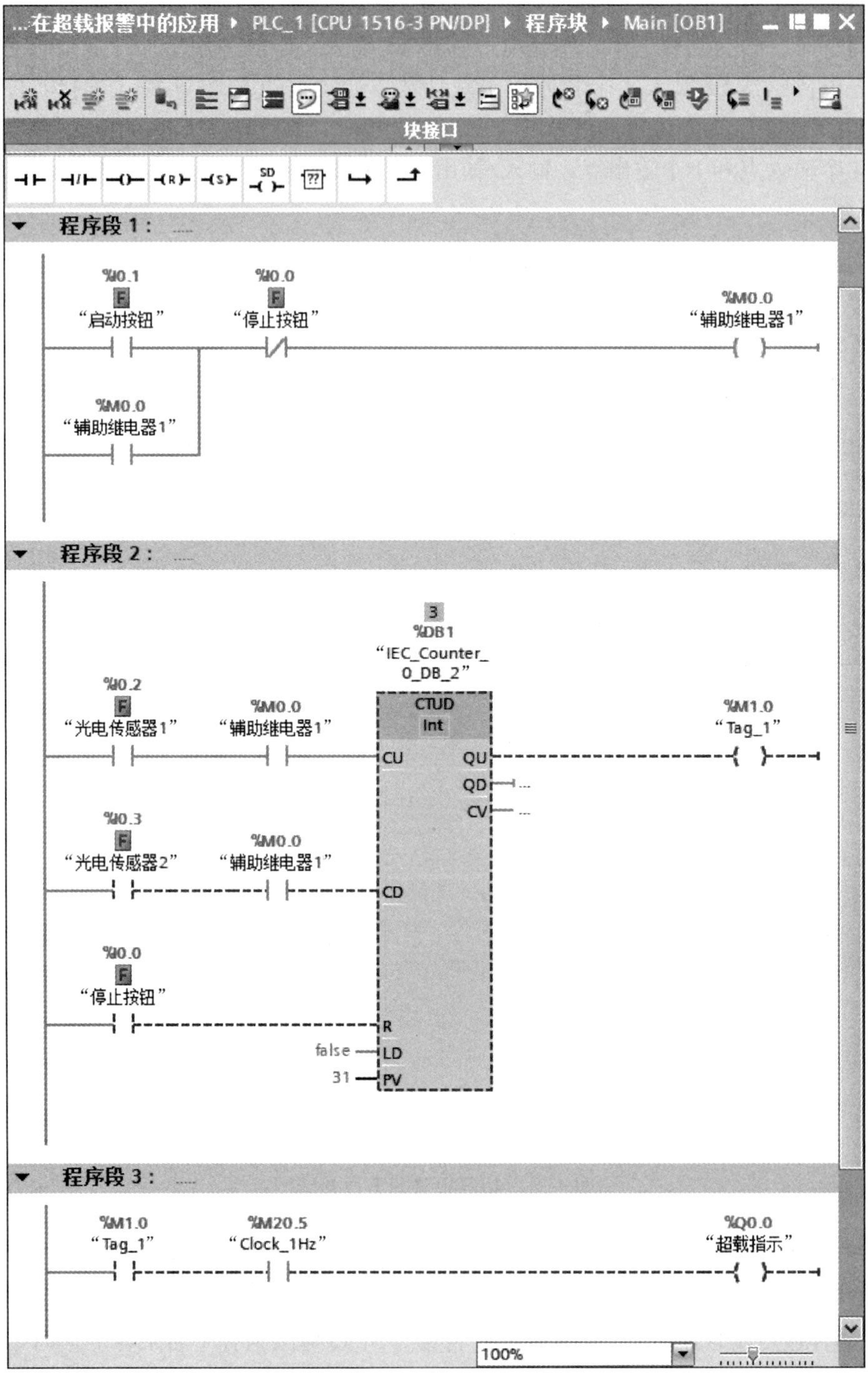

图 4-22　超载报警的仿真效果图

表 4-55　　　　超载报警程序

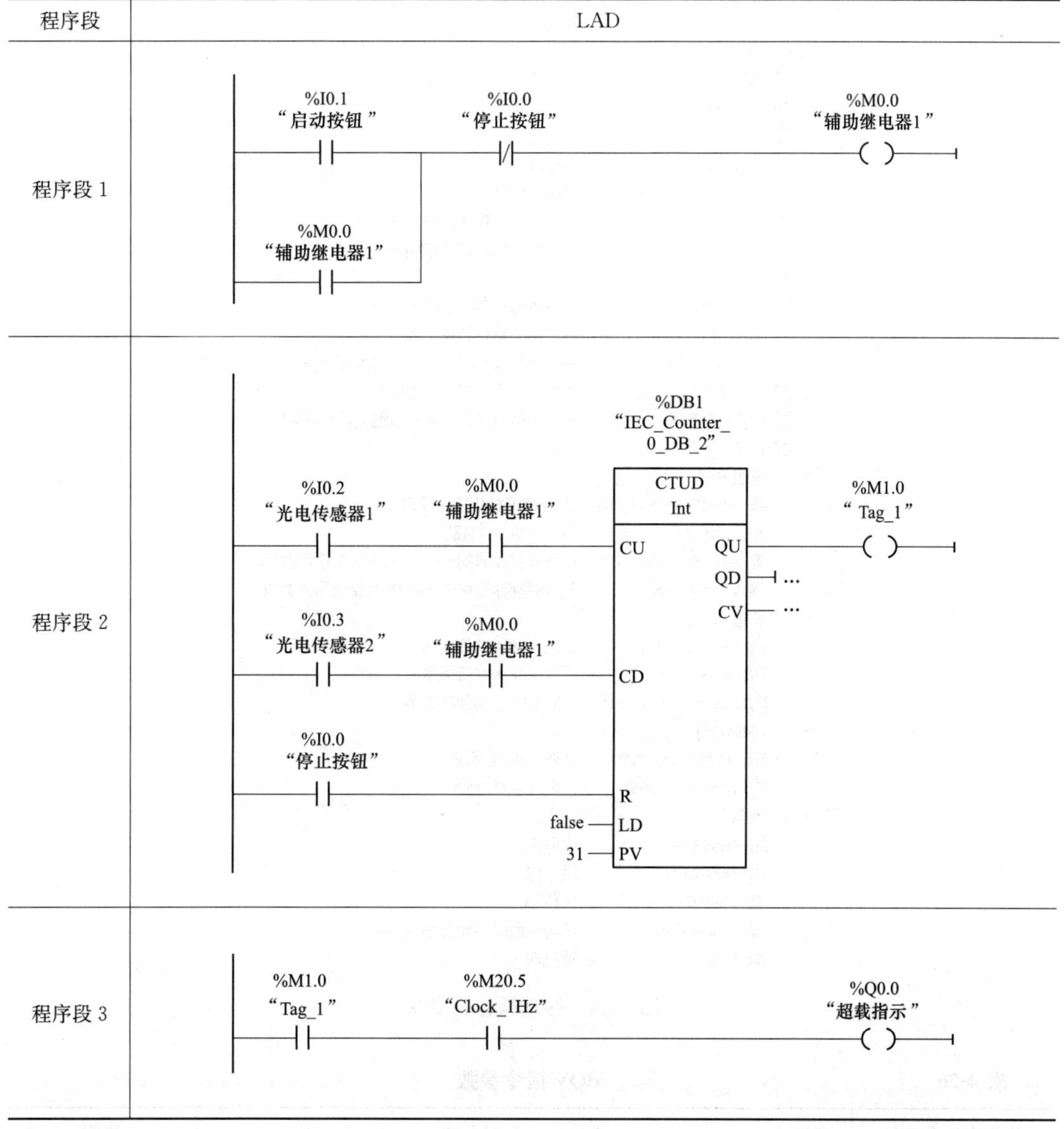

4.1.4　移动操作指令

移动指令是用于将输入端（源区域）的值复制到输出端（目的区域）指定的地址中。与 SIMATIC S7-300/400 PLC 相比，SIMATIC S7-1500 PLC 的移动操作指令更加丰富，有移动值、序列化和取消序列化、存储区移动和交换等指令，还有专门针对数组 DB 和 Variant 变量的移动操作指令，当然也支持经典 STEP 7 所支持的移动操作指令，如图 4-23 所示。在此讲解一些常用的移动操作指令。

（1）移动值指令 MOVE。移动值指令（MOVE）可以将 IN 输入处操作数中的内容传送给 OUT 输出的操作数中。该指令有 EN、IN、ENO 和 OUT 等参数，各参数说明如表 4-56 所示。

基本指令	
名称	描述
移动操作	
MOVE	移动值
Deserialize	反序列化
Serialize	序列化
MOVE_BLK	移动块
MOVE_BLK_VARIANT	存储区移动
UMOVE_BLK	不可中断的存储区移动
?=	尝试将 VARIANT 指定给一个引用
FILL_BLK	填充块
UFILL_BLK	不可中断的存储区填充
SCATTER	将位序列解析为单个位
SCATTER_BLK	将 ARRAY 型位序列中的元素解析为单个位
GATHER	将单个位组合成一个位序列
GATHER_BLK	将单个位组合成 ARRAY 型位序列中的多...
SWAP	交换
数组 DB	
ReadFromArrayDB	从 ARRAY 数据块中读取
WriteToArrayDB	写入 ARRAY 数据块
ReadFromArrayDBL	从装载存储器的 ARRAY 数据块中读取数据
WriteToArrayDBL	向装载存储器中的 ARRAY 数据块写入数据
变量	
VariantGet	读出 VARIANT 变量值
VariantPut	写入 VARIANT 变量值
CountOfElements	获取 ARRAY 元素的数量
ARRAY[*]	
LOWER_BOUND	读取 ARRAY 下限
UPPER_BOUND	读取 ARRAY 上限
原有	
FieldRead	读取域
FieldWrite	写入域
BLKMOV	块移动
UBLKMOV	不可中断的存储区移动
FILL	填充块

图 4-23　移动操作指令集

表 4-56　　MOV 指令参数

梯形图指令符号	参数	数据类型	说明
MOVE	EN	BOOL	允许输入
	ENO	BOOL	允许输出
	IN	位字符串、整数、浮点数、定时器、日期时间、CHAR、WCHAR、STRUCT、ARRAY、TIMER、COUNTER	源数值

使用 MOVE 指令，可以将 IN 输入的源数值传送到 OUT 指定的地址单元。通过鼠标单击指令框中的星号“*”，可以增加输出地址单元（如 OUT2、OUT3 等）。如果输入 IN 数据类型的位长度低于输出 OUT 数据类型的位长度，则目标值的高位会被改写为 0。如果输入 IN 数据类型的位长度超出输出 OUT 数据类型的位长度，则目标值的高位会被丢失。

【例 4-39】 MOVE 指令的使用如表 4-57 所示。PLC 一上电，程序段 1 中 M10.0 触点闭合 1 次，将 W＃16＃ABCD 传送给 MW0（MW0 由 MB0 和 MB1 构成），传送后 MB0 的内容为 16＃AB，MB1 的内容为 16＃CD。程序段 2 中的 M10.2 触点总处于闭合状态，将 IB0（IB0 由 I0.0～I0.7 构成）的状态传送给 QB0。在程序段 3 中，当 I0.0 触点闭合时，先将立即数 0 传送到 QB1 中，使 QB1 内容清零，同时将十进制数 1234（对应的十六进制数为 16＃4D2）送入 MW2（MW2 由 MB2 和 MB3）中，传送后 MB2 的内容为 16＃4，MB3 的内容为 16＃D2。注意，表中的 M10.0 和 M10.2 触点功能是在 CPU 模块的参数配置时将系统存储器字节的地址设置为 MB10（其设置见 3.4.3 节 CPU 模块的参数配置）才会有的。

表 4-57　　MOVE 指令的使用程序

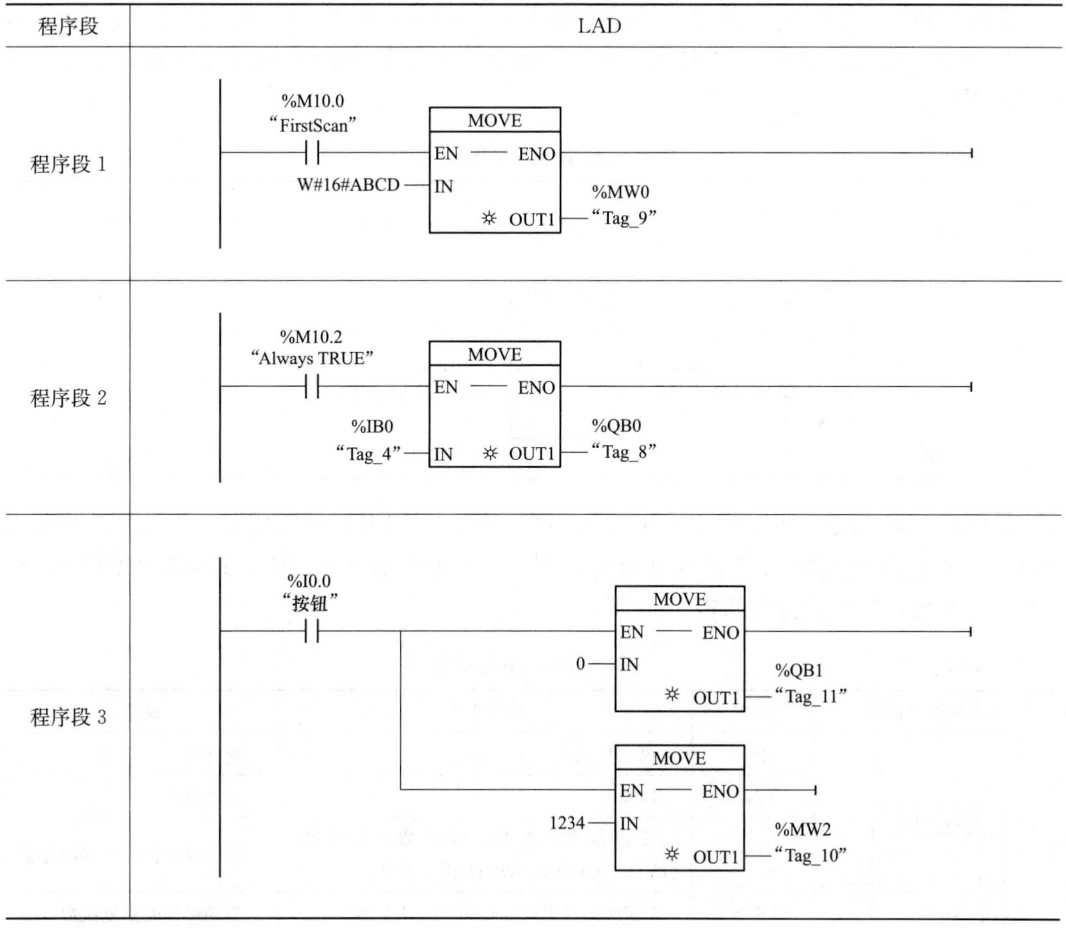

（2）移动块指令 MOVE_BLK。移动块指令（MOVE_BLK）可以将一个存储区（源区域）的数据移动到另一个存储区（目标区域）中。该指令有 EN、IN、ENO、COUNT 和 OUT 等参数，各参数说明如表 4-58 所示。

执行 MOVE_BLK 指令，将 IN 端起始区域的 n 个元素（n 由 COUNT 指定）传送到 OUT 端的目的起始区域中。EN 的信号状态为 0 或者移动的元素个数超出输入 IN 或输出 OUT 所能容纳的数据量时，ENO 输出为 0。

表 4-58　　MOV_BLK 指令参数

梯形图指令符号	参数	数据类型	说　明
MOVE_BLK EN —— ENO IN　OUT COUNT	EN	BOOL	允许输入
	ENO	BOOL	允许输出
	IN	二进制数、整数、浮点数、定时器、DATE、CHAR、WCHAR、TOD	待复制源区域中的首个元素
	COUNT	USINT、UINT、UDINT	要从源区域移动到目标区域的元素个数
	OUT	二进制数、整数、浮点数、定时器、DATE、CHAR、WCHAR、TOD	源区域内容要复制到目标区域中的首个元素

【例 4-40】 MOVE_BLK 指令的使用如表 4-59 所示，PLC 一上电，执行 1 次 MOVE_BLK 指令，将数组 Array1 中从第 2 个元素起的 3 个元素传送到 Array2 中第 3 个元素起的数组中。

表 4-59　　MOVE_BLK 指令的使用程序

程序段	LAD
程序段 1	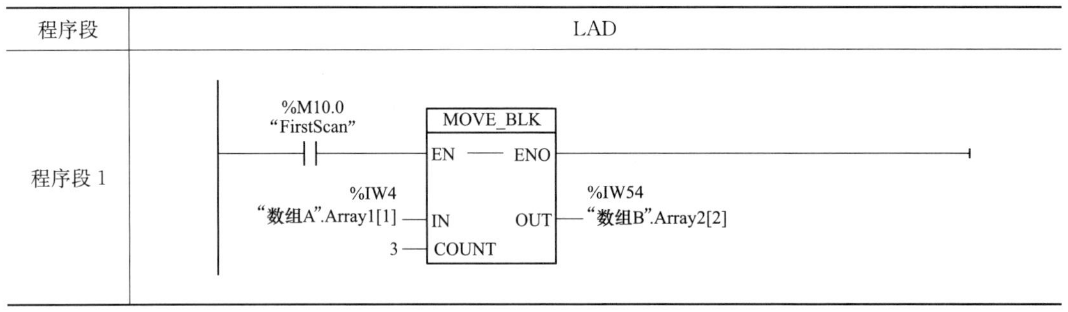

(3) 填充块指令 FILL_BLK。填充块指令（FILL_BLK）可以用 IN 输入的值填充到由 OUT 指定地址起始的存储区（目标区域）。该指令有 EN、IN、ENO、COUNT 和 OUT 等参数，各参数说明如表 4-60 所示。

表 4-60　　FILL_BLK 指令参数

梯形图指令符号	参数	数据类型	说明
FILL_BLK EN —— ENO IN　OUT COUNT	EN	BOOL	允许输入
	ENO	BOOL	允许输出
	IN	二进制数、整数、浮点数、定时器、DATE、CHAR、WCHAR、TOD	用于填充目标范围的元素
	COUNT	USINT、UINT、UDINT、ULINT	移动操作的重复次数
	OUT	二进制数、整数、浮点数、定时器、DATE、CHAR、WCHAR、TOD	目标区域中填充的起始地址

执行 FILL_BLK 指令时，将 IN 端的数值传送到 OUT 端的目的起始区域中，传送到 OUT 端的区域范围由 COUNT 指定。EN 的信号状态为 0 或者移动的元素个数超出输出 OUT 所能容纳的数据量时 ENO 输出为 0。

【例 4-41】 FILL_BLK 指令的使用如表 4-61 所示，PLC 一上电，执行 1 次 FILL_

BLK 指令，将十六进制立即数 16＃ABCD 传送到数组 Array1 中从第 1 个元素起连续 4 个单元的数组中。

表 4-61　　　　FILL_BLK 指令的使用程序

程序段	LAD
程序段 1	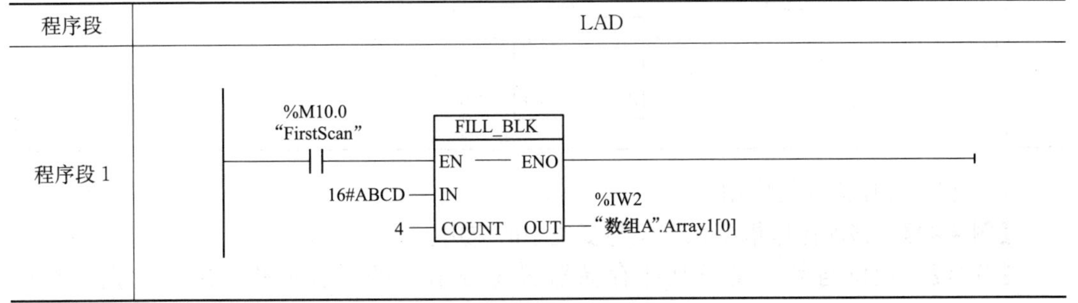

(4) 交换指令 SWAP。交换指令（SWAP）是改变输入 IN 中字节的顺序，并由 OUT 输出。该指令有 EN、IN、ENO 和 OUT 等参数，各参数说明如表 4-62 所示。

表 4-62　　　　SWAP 指令参数

梯形图指令符号	参数	数据类型	说明
SWAP ??? EN — ENO IN OUT	EN	BOOL	允许输入
	ENO	BOOL	允许输出
	IN	WORD、DWORD、LWORD	要交换其字节的操作数
	OUT	WORD、DWORD、LWORD	输出交换结果

执行 SWAP 指令时，将 IN 端输入的字节顺序发生改变，然后传送到 OUT 端。可以从指令框的"???"下拉列表中选择该指令的数据类型，指令类型可指令 WORD、DWORD 和 LWORD。

【例 4-42】 SAWP 指令在 LED 指示灯中的应用。假设数字量输出模块 SM522 的 QB0 和 QB1 外接 16 只发光二极管，每隔 1s，高 8 位的 LED 与低 8 位的 LED 实现互闪，其程序编写如表 4-63 所示。在程序段 1 中，PLC 一上电，将初始值 16＃FF 送入 QW0，由于 QW0 包含 QB0 和 QB1 这两个字节，且 QB0 为高 8 位，QB1 为低 8 位，所以执行传送指令后，QB1 为 16＃FF，QB0 为 16＃00。在程序段 2 中，由于 M20.5 为 1Hz 的时钟脉冲信号，则每隔 1s，执行 SWAP 指令将 QB0 和 QB1 中的内容交换，从而实现了高 8 位（QB0）的 LED 与低 8 位（QB1）的 LED 互闪。

表 4-63　　　　SWAP 指令在 LED 指示灯的中应用程序

程序段	LAD
程序段 1	%M10.0 "FirstScan" MOVE EN — ENO 16#FF — IN %QW0 ✲ OUT1 — "Tag_12"

续表

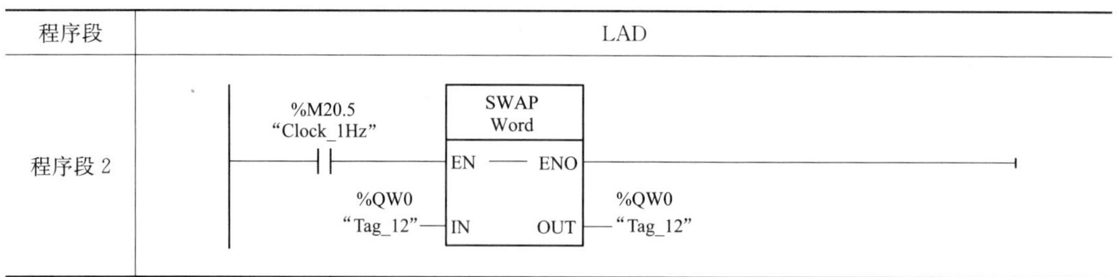

（5）移动操作指令的应用。

【例 4-43】 移动操作指令在置位与复位中的应用。

【分析】 置位与复位是对某些存储器置 1 或清零的一种操作。用移动操作指令（MOVE）实现置 1 与清零，与用 S、R 指令实现置 1 或清零的效果是一致的。将 Q0.0 置 1，则送数据 1 给 QB0 即可；要将该位清零时，则送数据 0 给 QB0。传送指令在置位与复位中的应用及动作时序如表 4-64 所示，程序中传送的数据均为二进制。在程序中所有的赋值 CPU 模块一上电，程序段 1 中的 M10.0 触点闭合 1 次，然后将断开，此时将 Q0.2 连续 3 位置 1。只有 I0.0 和 I0.1 同时为 ON 时，Q1.0 才为 ON；只要 I0.0 和 I0.1 同时接通，Q0.0 就会置 1，Q0.2～Q0.4 复位为 0。执行一次置位和复位操作后，当 I0.0 或 I0.1 断开时，Q0.0 保持为 1，Q0.2～Q0.4 也保持为 0。

表 4-64　　移动操作指令在置位与复位中的应用指令

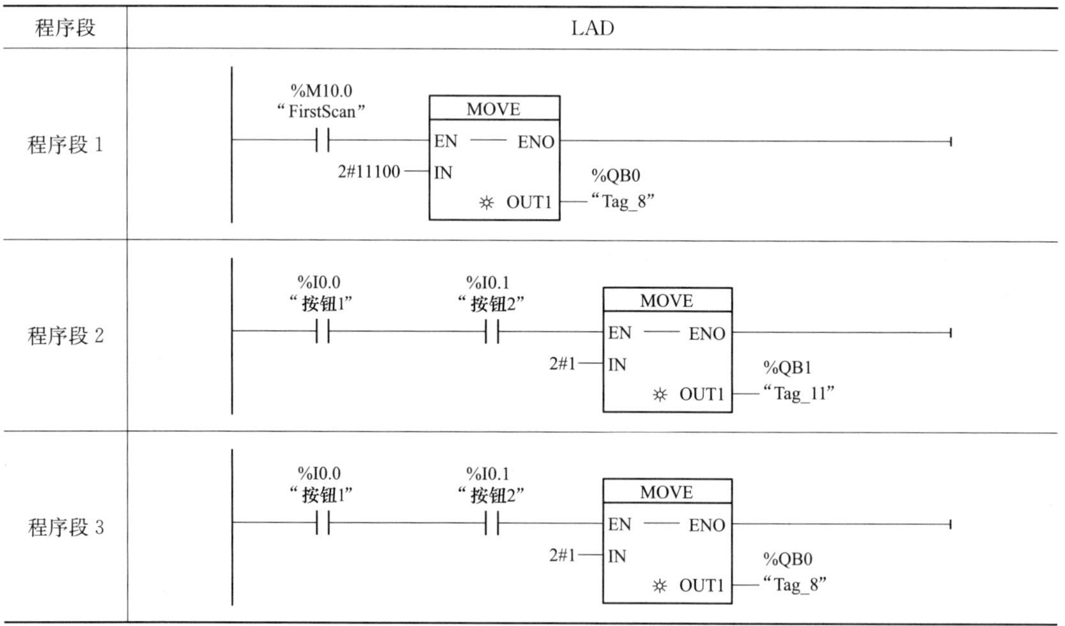

【例 4-44】 移动操作指令在两级传送带启停控制中的应用。两级传送带启动控制，如图 4-24 所示。当按下启动按钮 SB1 时，I0.0 触点接通，电动机 M1 启动，A 传送带运行使货物向右运行。当货物到达 A 传送带的右端点时，触碰行程开关使 I0.1 触点接通，电动机 M2 启动，B 传送带运行。当货物传送到 B 传送带并触碰行程开关使 I0.2 触点接通时，电动机 M1 停止，A 传送带停止工作。当货物到达 B 传送带的右端点时，触碰行程

开关使 I0.3 触点接通，电动机 M2 停止，B 传送带停止工作。

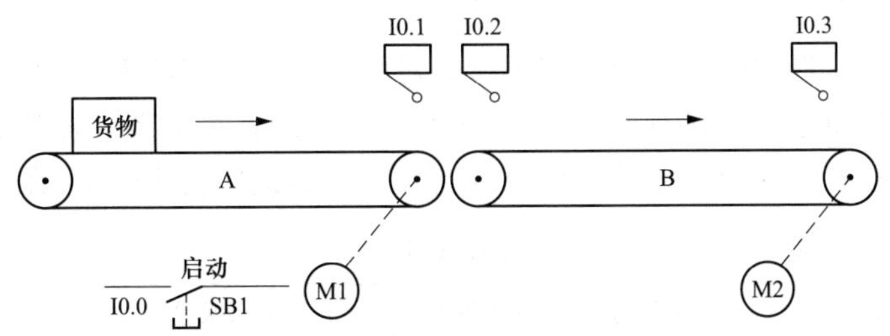

图 4-24　两级传送带启动控制

【分析】 使用数据传送指令实现此功能，设计的程序如表 4-65 所示。在程序段 1 中，按下启动按钮 SB1 时，I0.0 动合触点闭合 1 次，将立即数 1 送入 QB0，使 Q0.0 线圈输出为 1，控制电动机 M1 运行。在程序段 2 中，货物触碰行程开关使 I0.1 动合触点接通 1 次，将立即数 1 送入 QB1，使 Q1.0 线圈输出为 1，控制电动机 M2 运行。在程序段 3 中，货物触碰行程开关使 I0.2 动合触点接通 1 次，将立即数 0 送入 QB0，使 Q0.0 线圈输出为 0，控制电动机 M1 停止工作。在程序段 4 中，货物触碰行程开关使 I0.3 动合触点接通 1 次，将立即数 0 送入 QB1，使 Q1.0 线圈输出为 0，控制电动机 M2 停止工作。

表 4-65　　移动操作指令实现两级传送带启停控制的应用程序

程序段	LAD
程序段 1	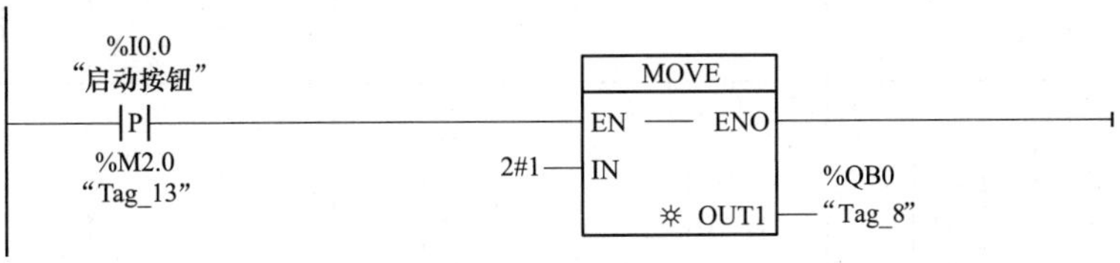 %I0.0 “启动按钮” |P| %M2.0 “Tag_13” MOVE EN — ENO 2#1 — IN ※ OUT1 — %QB0 “Tag_8”
程序段 2	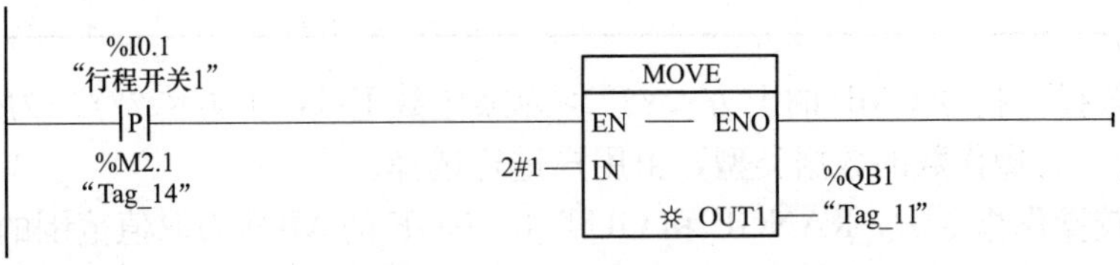 %I0.1 “行程开关1” |P| %M2.1 “Tag_14” MOVE EN — ENO 2#1 — IN ※ OUT1 — %QB1 “Tag_11”
程序段 3	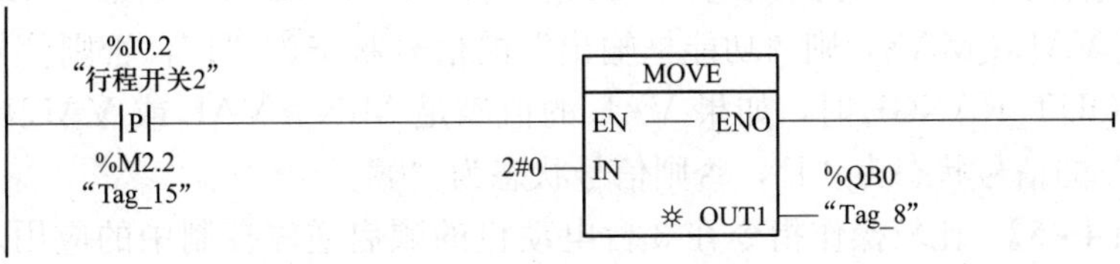 %I0.2 “行程开关2” |P| %M2.2 “Tag_15” MOVE EN — ENO 2#0 — IN ※ OUT1 — %QB0 “Tag_8”
程序段 4	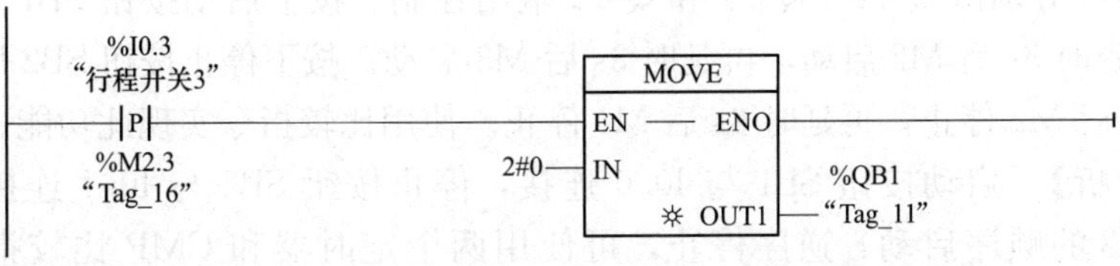 %I0.3 “行程开关3” |P| %M2.3 “Tag_16” MOVE EN — ENO 2#0 — IN ※ OUT1 — %QB1 “Tag_11”

4.1.5 比较操作指令

比较操作指令是根据所选择的比较类型，对两个操作数 IN1 和 IN2 进行大小的比较。TIA Portal 软件提供了丰富的比较指令，以满足用户的各种需要，操作数的数据类型可以是整数、双整数、实数等。比较操作指令的梯形图形式如表 4-66 所示。

表 4-66　　比较操作指令

比较关系	梯形图指令符号	比较关系	梯形图指令符号	比较关系	梯形图指令符号
等于 （CMP==）	<???> == ??? <???>	小于或等于 （CMP＜=）	<???> <= ??? <???>	值在范围内 （IN_RANGE）	IN_RANGE ??? MIN VAL MAX
不等于 （CMP＜＞）	<???> <> ??? <???>	大于 （CMP＞）	<???> > ??? <???>	值在范围外 （OUT_RANGE）	OUT_RANGE ??? MIN VAL MAX
大于或等于 （CMP＞=）	<???> >= ??? <???>	小于 （CMP＜）	<???> < ??? <???>		

比较操作指令 CMP 的上方＜???＞为操作数 IN1，下方＜???＞为操作数 IN2，中间的＜???＞为操作数的数据类型，由用户进行选择。

比较操作指令 IN_RANGE 和 OUT_RANGE 的 MIN 为取值范围的下限，MAX 为取值范围的上限，VAL 为比较值。执行指令 IN_RANGE 时，如果 VAL 的值满足 MIN≤VAL 或 VAL≤MAX，则“功能框输出”的信号状态为“1”，否则信号状态为“0”。执行指令 OUT_RANGE 时，如果 VAL 的值满足 MIN＞VAL 或 VAL＞MAX，则“功能框输出”的信号状态为“1”，否则信号状态为“0”。

【例 4-45】 比较操作指令在 3 台电动机的顺启逆停控制中的应用。3 台电动机 M1、M2 和 M3 分别由 Q0.0、Q0.1 和 Q0.2 输出控制。按下启动按钮 SB1 后，首先 M1 直接启动，延时 3s 后 M2 启动，再延时 3s 后 M3 启动。按下停止按钮 SB2 后，M3 直接停止，延时 2s 后 M2 停止，再延时 3s 后 M1 停止。使用比较指令实现此功能。

【分析】 启动按钮 SB1 与 I0.0 连接，停止按钮 SB2 与 I0.1 连接，要实现电动机 M1～M3 的顺序启动、逆序停止，可使用两个定时器和 CMP 比较指令来实现。一个 TON（DB1）作为顺序启动延时定时器，另一个 TON（DB2）作为逆序停止延时定时器，编写程序如表 4-67 所示。程序段 1 中，按下启动按钮 SB1 时，程序段 1 中的 I0.0 动合触点闭合，M0.0 线圈得电并自锁。M0.0 线圈得电，使得程序段 3 中的 M0.0 动合触点闭合，TON 指令开始延时（MD2 存放当前计时值），同时 Q0.0 线圈得电，电动机 M1 直接启动。当 TON 延时达 3s（MD2 大于或等于 T＃3s）时，程序段 5 中的 Q0.1 线圈得电，使电动机 M2 延时 3s 后启动。当 TON 延时达 6s（M1.0 线圈得电）时，程序段 6 中 M1.0 动合触点闭合，使 Q0.2 线圈得电，电动机 M3 延时 6s 后启动，同时程序段 2 中的 M1.0 动合触点闭合，为电动机的停止做准备。当 3 台电动机全部启动后，按下停止按钮 SB2，程序段 2 中的 M0.1 线圈得电自锁。M0.1 线圈得电，使得程序段 4 中的 TON 进行延时（MD6 存放当前计时值），同时程序段 6 中的 M0.1 动断触点断开，电动机 M3 直接停止。当 TON 延时达 2s（MD6 大于或等于 T＃2s）时，程序段 7 中的 M0.2 线圈得电，从而使程序段 5 中的 M0.2 动断触点断开，Q0.1 线圈失电，电动机 M2 停止运行。当 TON 延时达 5s（M1.1 线圈得电）时，程序段 3 中的 M1.1 动断触点断开，电动机 M1 停止运行，同时程序段 1 中的 M1.1 动断触点也断开，使 M0.0 线圈失电，各元件恢复为初始状态。

表 4-67　　比较操作指令在 3 台电动机的顺启逆停控制中的应用程序

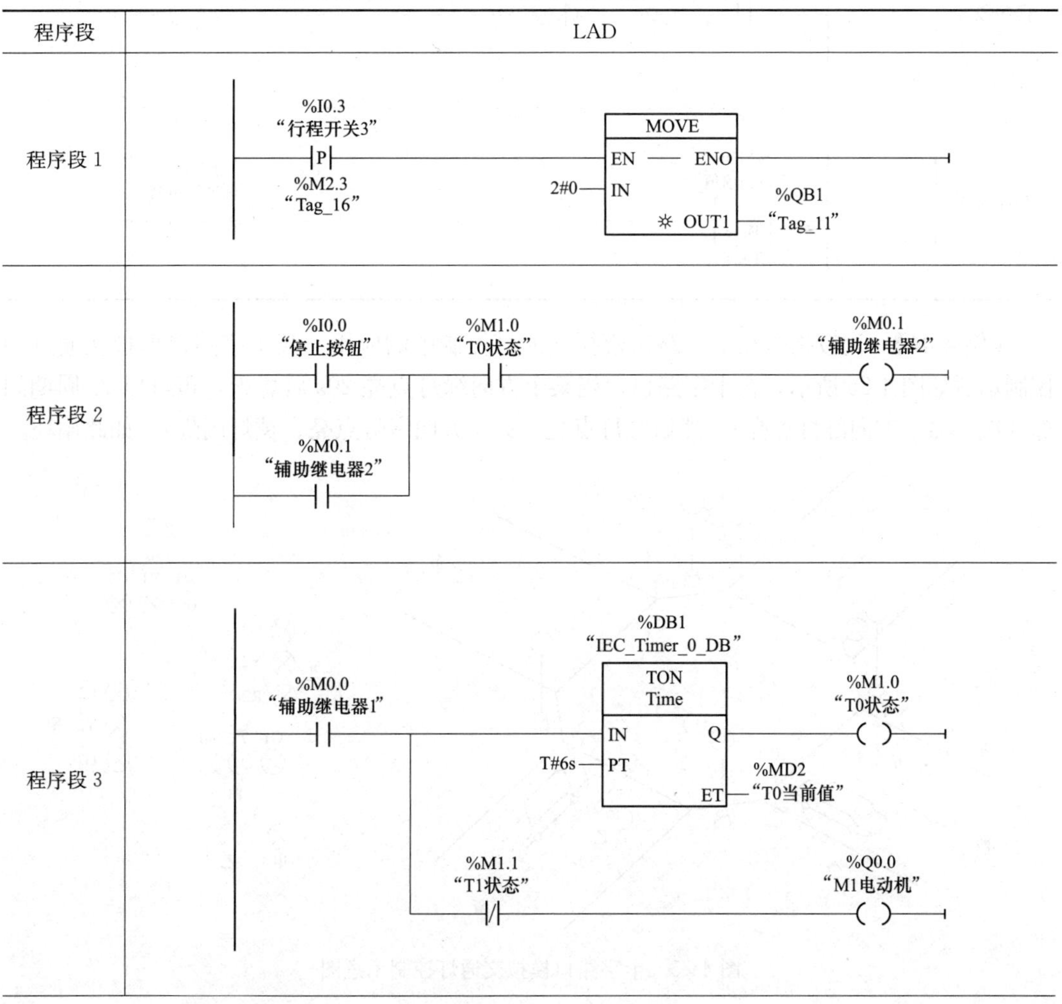

续表

程序段	LAD
程序段 4	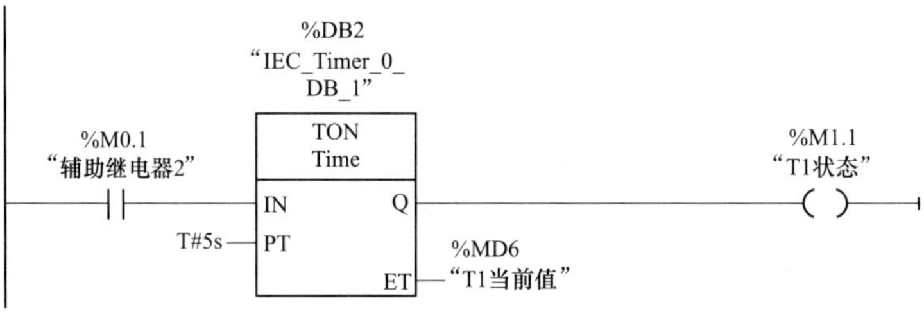 %DB2 “IEC_Timer_0_DB_1” TON Time %M0.1 “辅助继电器2” —┤├— IN　Q —( )— %M1.1 “T1状态” T#5s — PT ET — %MD6 “T1当前值”
程序段 5	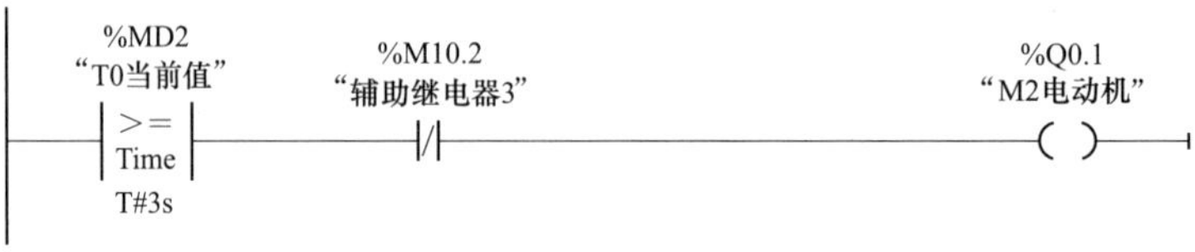 %MD2 “T0当前值” ┤>= Time├ T#3s —— %M10.2 “辅助继电器3” ┤/├ —— ( ) %Q0.1 “M2电动机”
程序段 6	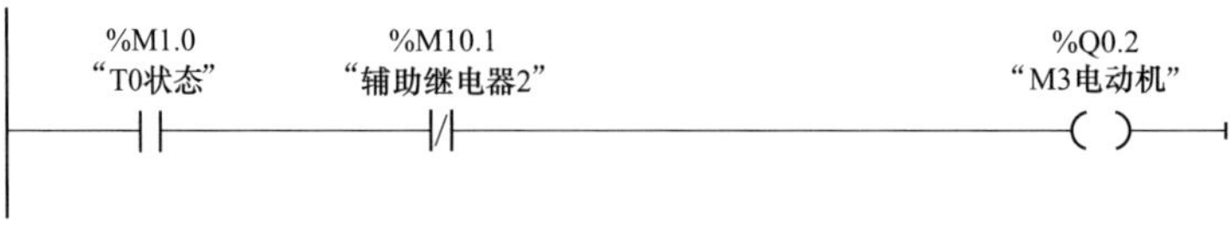 %M1.0 “T0状态” ┤├ —— %M10.1 “辅助继电器2” ┤/├ —— ( ) %Q0.2 “M3电动机”
程序段 7	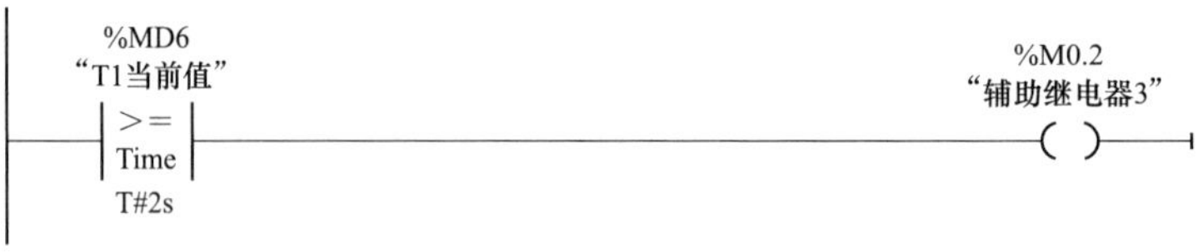 %MD6 “T1当前值” ┤>= Time├ T#2s —— ( ) %M0.2 “辅助继电器3”

【例 4-46】 比较指令在十字路口模拟交通灯控制中的应用。某十字路口模拟交通灯的控制示意如图 4-25 所示，在十字路口，当某个方向绿灯点亮 20s 后熄灭，黄灯以 2s 周期闪烁 3 次（另一方向红灯点亮），然后红灯点亮（另一方向绿灯点亮、黄灯闪烁），如此循环。

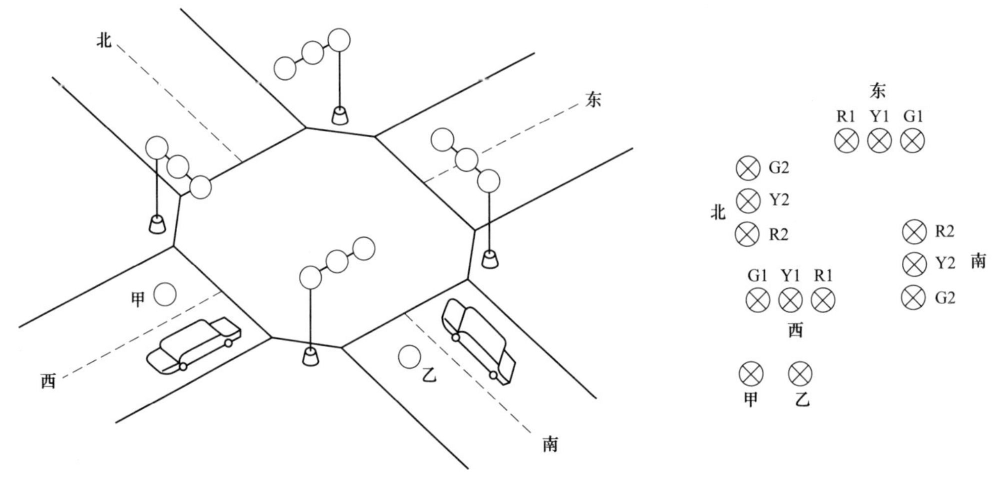

图 4-25　十字路口模拟交通灯控制示意图

【分析】 根据题意可知，PLC 实现十字路口模拟交通灯控制时，应有 2 个输入、8 个输出，分别由 SM521 和 SM522 与相应 I/O 连接，其 I/O 分配如表 4-68 所示，其 I/O 接线如图 4-26 所示。

按某个方向顺序点亮绿灯、黄灯、红灯，可以采用 M20.5 作为 1s 的时钟脉冲由计数器进行计时，通过比较计数器当前计数值驱动交通灯显示，编写程序如表 4-69 所示。程序段 1 中，当按下启动按钮时，M0.0 线圈得电并自锁。程序段 2 中，通过 M20.5 每隔 1s 使计数器计数 1 次，其最大计数值为 50。当计数器的计数值达到 50 次时，程序段 3 中的 M0.1 线圈得电，从而使程序段 2 中的计数器复位。程序段 4 为东西方向的绿灯显示及甲车通行控制；程序段 5 为东西方向的黄灯显示控制，黄灯闪烁 3 次，通过 3 次数值比较而实现；程序段 6 为东西方向的红灯显示控制；程序段 7 为南北方向的红灯显示控制；程序段 8 为南北方向的绿灯显示以及乙车通行控制；程序段 9 为南北方向的黄灯显示控制。

表 4-68　十字路口模拟交通灯 I/O 分配表

输入（I）			输出（O）		
功能	元件	PLC 地址	功能	元件	PLC 地址
停止按钮	SB1	I0.0	东西方向绿灯 G1	HL1	Q0.0
启动按钮	SB2	I0.1	东西方向黄灯 Y1	HL2	Q0.1
			东西方向红灯 R1	HL3	Q0.2
			南北方向绿灯 G2	HL4	Q0.3
			南北方向黄灯 Y2	HL5	Q0.4
			南北方向红灯 R2	HL6	Q0.5
			甲车通行	HL7	Q0.6
			乙车通信	HL8	Q0.7

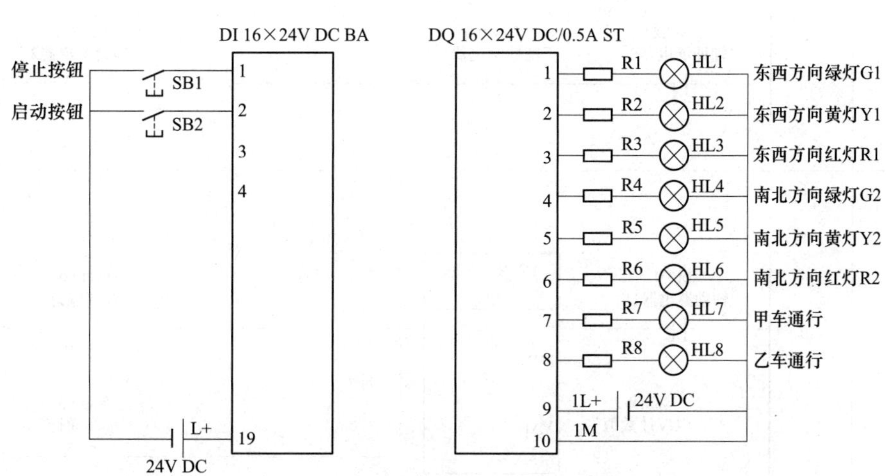

图 4-26　十字路口模拟交通灯 I/O 接线图

表 4-69　　十字路口模拟交通灯程序

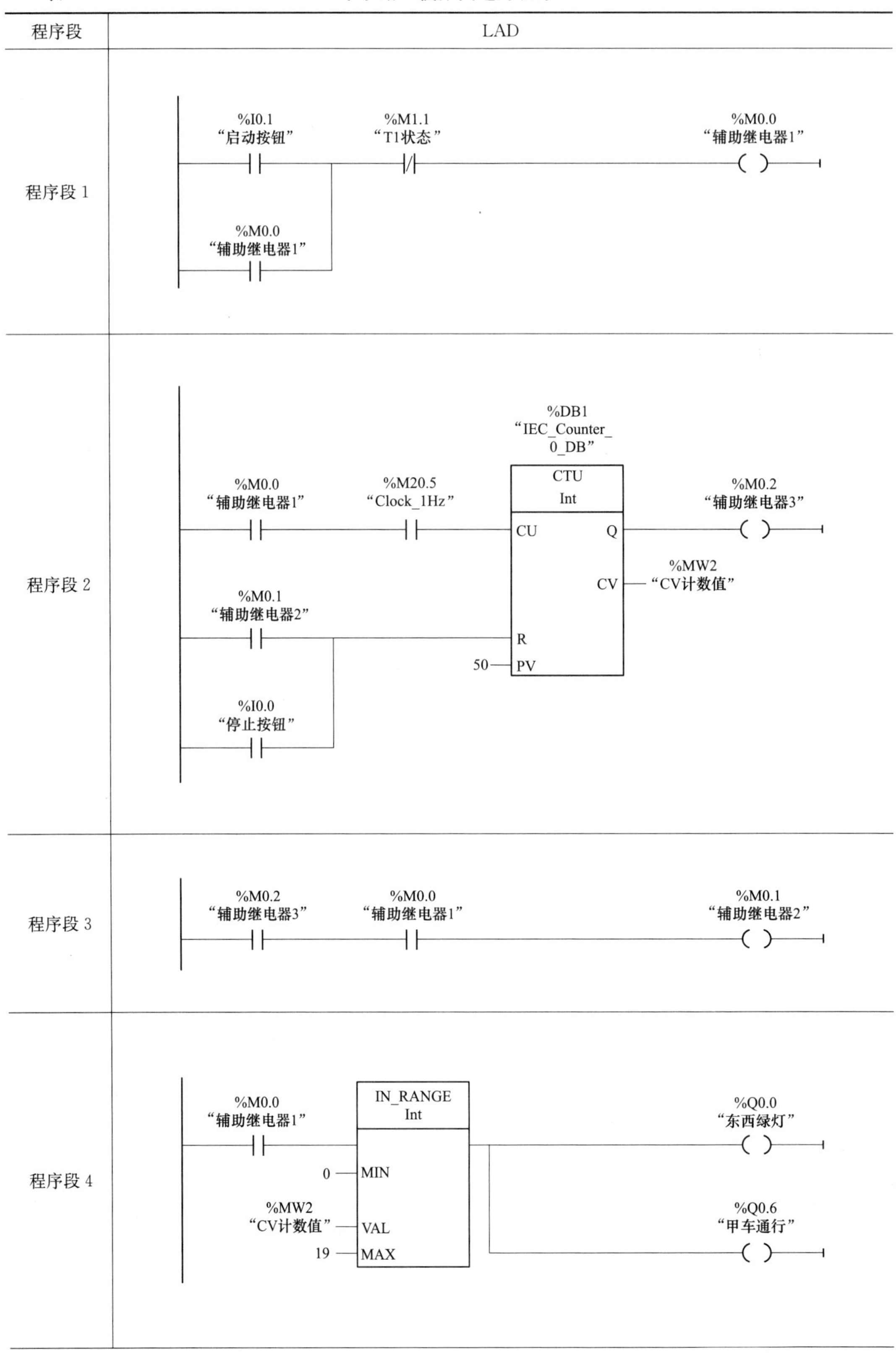

续表

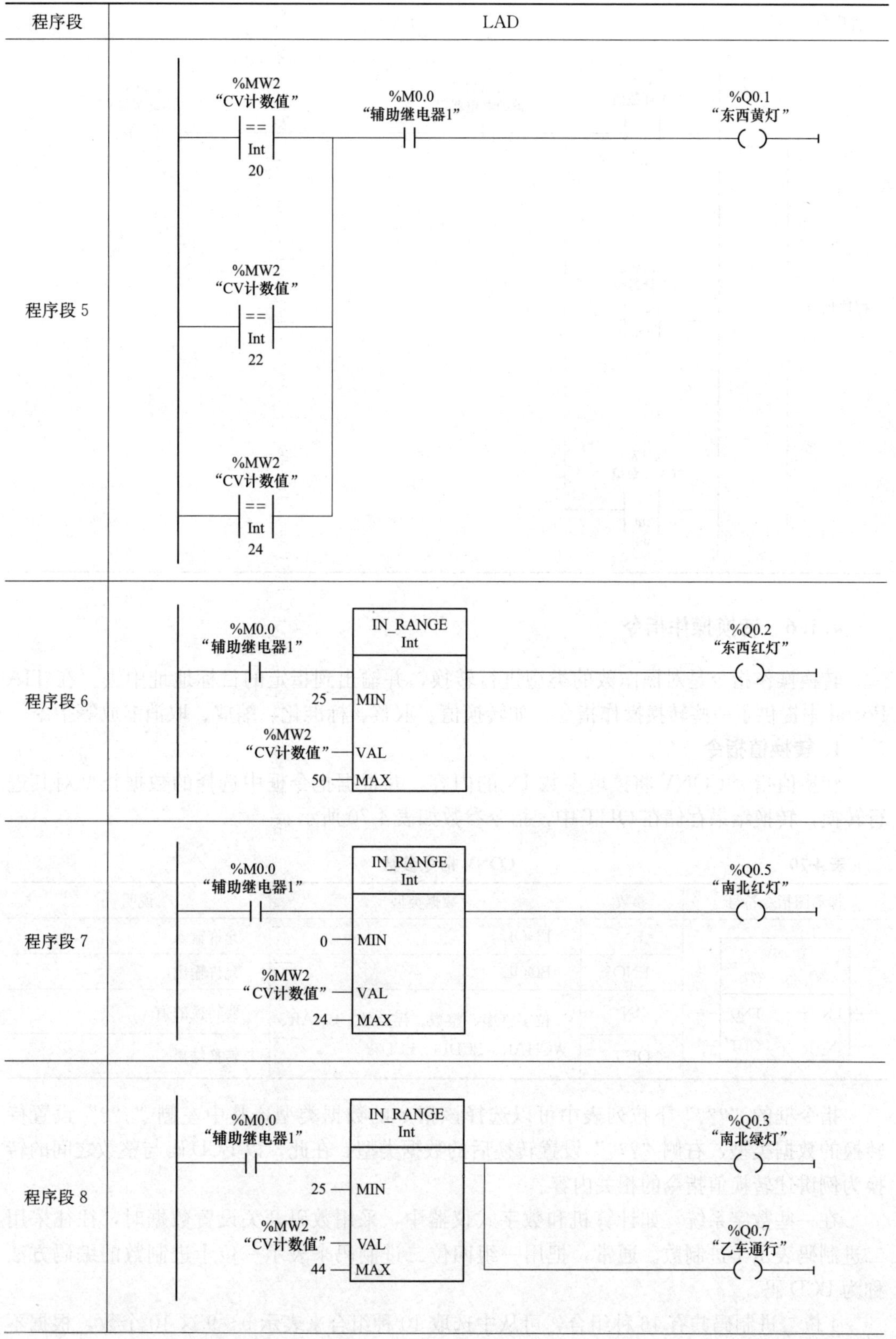
程序段
LAD
程序段 5
%MW2
“CV计数值”
==
Int
20
%M0.0
“辅助继电器1”
%Q0.1
“东西黄灯”
%MW2
“CV计数值”
==
Int
22
%MW2
“CV计数值”
==
Int
24
程序段 6
%M0.0
“辅助继电器1”
IN_RANGE
Int
25
MIN
%MW2
“CV计数值”
VAL
50
MAX
%Q0.2
“东西红灯”
程序段 7
%M0.0
“辅助继电器1”
IN_RANGE
Int
0
MIN
%MW2
“CV计数值”
VAL
24
MAX
%Q0.5
“南北红灯”
程序段 8
%M0.0
“辅助继电器1”
IN_RANGE
Int
25
MIN
%MW2
“CV计数值”
VAL
44
MAX
%Q0.3
“南北绿灯”
%Q0.7
“乙车通行”

续表

程序段	LAD
程序段 9	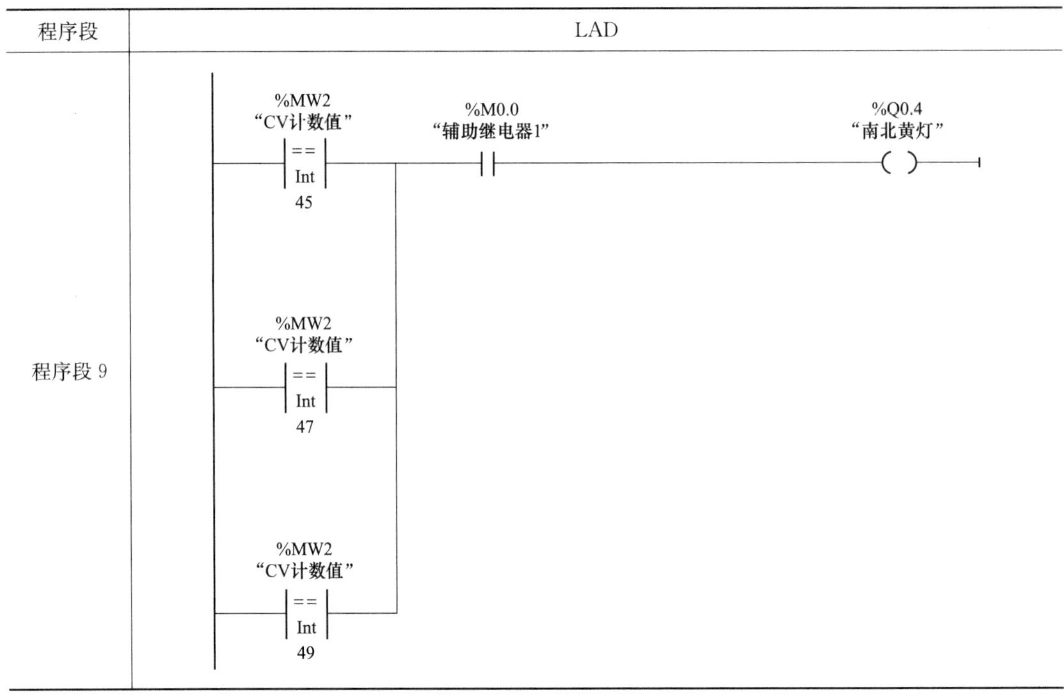

4.1.6　转换操作指令

转换操作指令是对操作数的类型进行转换，并输出到指定的目标地址中去。在 TIA Portal 中提供了一些转换操作指令，如转换值、取整、标准化、缩放、取消缩放等指令。

1. 转换值指令

转换值指令 CONV 将读取参数 IN 的内容，并根据指令框中选择的数据类型对其进行转换，转换结果存储在 OUT 中，指令参数如表 4-70 所示。

表 4-70　　CONV 指令参数

梯形图指令符号	参数	数据类型	说明
CONV ??? to ??? EN — ENO IN OUT	EN	BOOL	允许输入
	ENO	BOOL	允许输出
	IN	位字符串、整数、浮点数、CHAR、WCHAR、BCD16、BCD32	要转换的值
	OUT		转换结果

指令框的“???”下拉列表中可以选择该指令的数据类型，其中左侧“???”设置待转换的数据类型，右侧“???”设置转换后的数据类型。在此，以 BCD 码与整数之间的转换为例讲述转换值指令的相关内容。

在一些数字系统，如计算机和数字式仪器中，采用数码开关设置数据时，往往采用二进制码表示十进制数。通常，把用一组四位二进制码来表示一位十进制数的编码方法称为 BCD 码。

4 位二进制码共有 16 种组合，可从中选取 10 种组合来表示 0～9 这 10 个数，根据不同的选取方法，可以编制出多种 BCD 码，其中 8421BCD 码最为常用。十进制数与 8421BCD 码的对应关系如表 4-71 所示。例如，十进制数 1234 化成 8421BCD 码为 0001001000110100。

表 4-71　　十进制数与 8421BCD 码对应表

十进制数	0	1	2	3	4	5	6	7	8	9
BCD 码	0000	0001	0010	0011	0100	0101	0110	0111	1000	1001

【例 4-47】 转换值指令 CONV 的使用程序如表 4-72 所示。PLC 一上电，M10.0 触点闭合 1 次，将 3 个不同的立即数传送到相应的存储单元中。当 I0.0 触点闭合时，执行 CONV 指令，将 MW0 中的 16 位 BCD 码（W＃16＃678）转换为 16 位整数，结果（678）送入 MW30 中，其转换过程如图 4-27（a）所示；当 I0.1 触点闭合时，执行 CONV 指令，将 MW2 中的 16 位整数（－869）转换为 16 位 BCD，结果（16＃F869）送入 MW32 中，其转换过程如图 4-27（b）所示；当 I0.2 触点闭合时，执行 CONV 指令，将 MD4 中的 32 位 BCD 码值（16＃00253498）转换为 32 位整数，结果（16＃0003DE3A）送入 MD34 中，其转换过程如图 4-28（c）所示。

表 4-72　　转换值指令 CONV 的使用程序

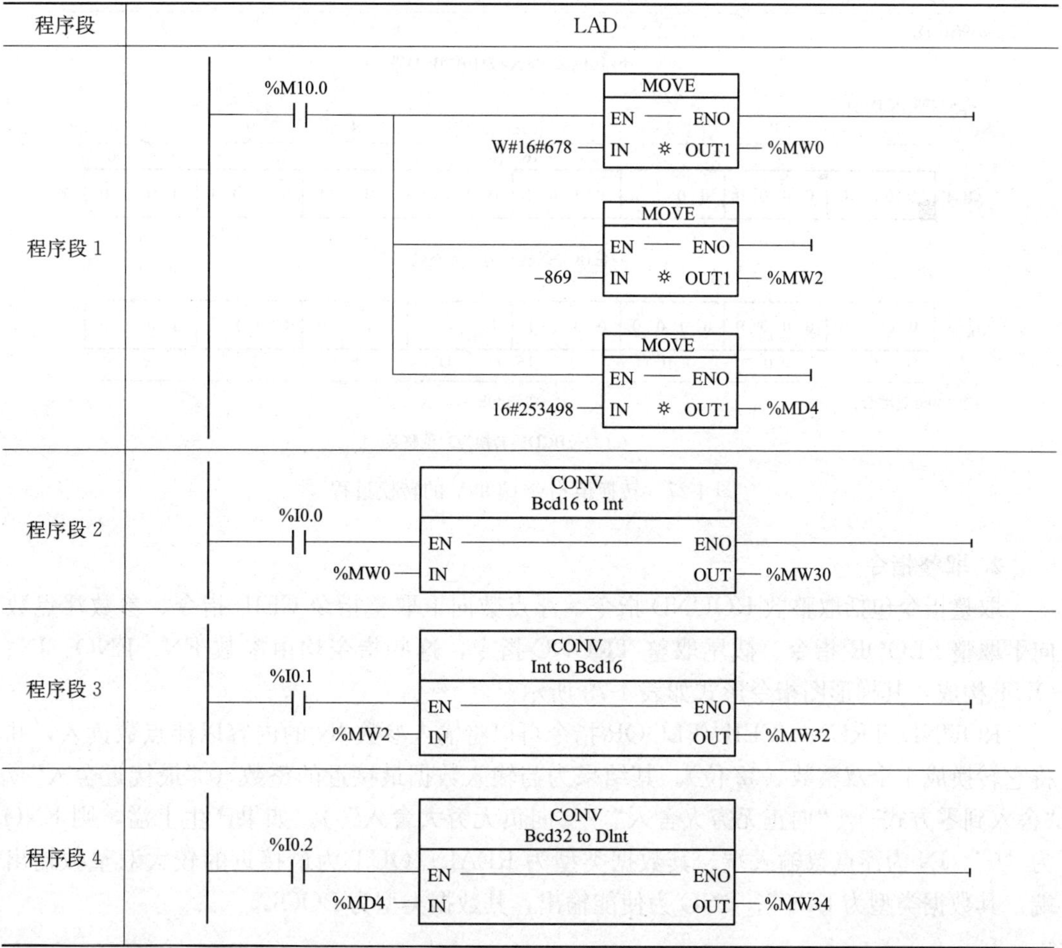

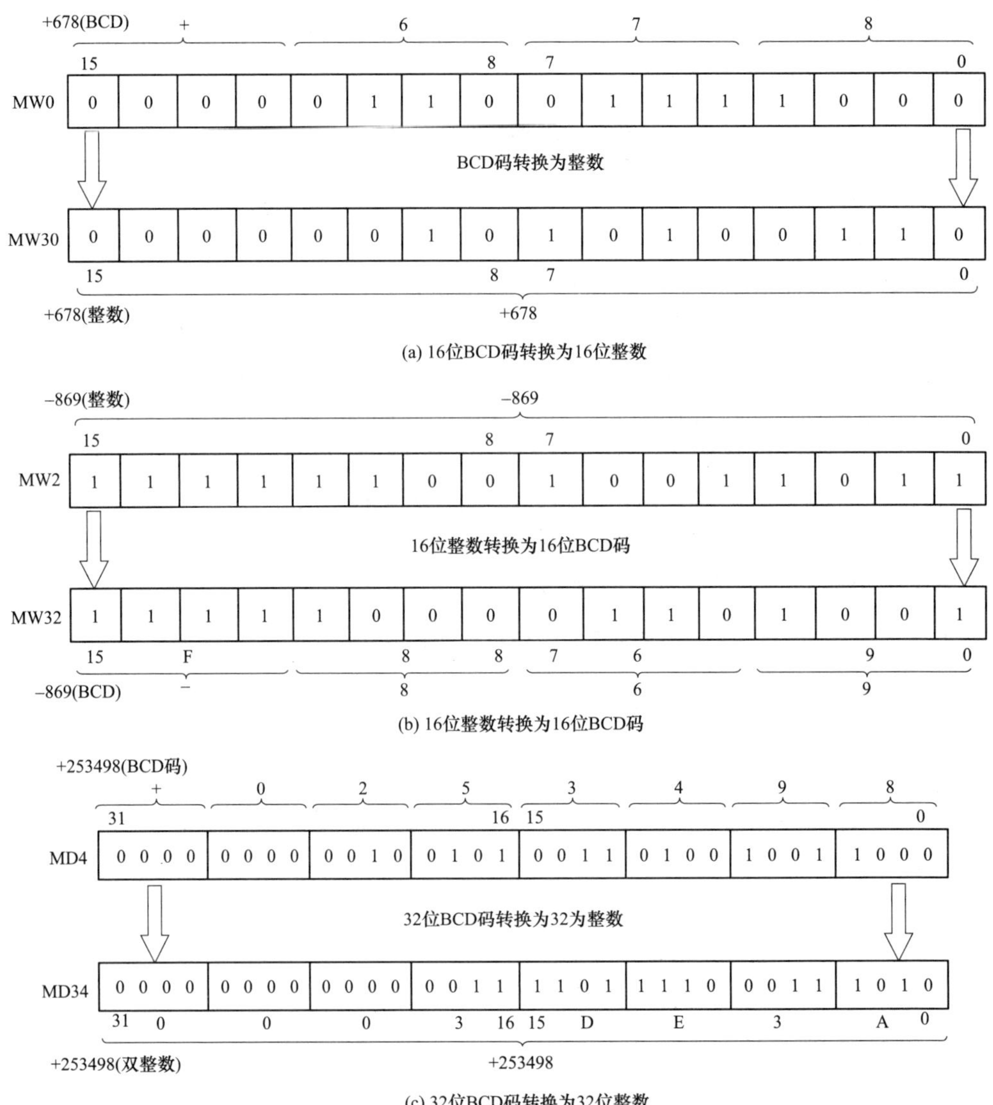

图 4-27　转换值指令 CONV 的转换过程

2. 取整指令

取整指令包括取整数 ROUND 指令、浮点数向上取整指令 CEIL 指令、参数浮点数向下取整 FLOOR 指令、截尾取整 TRUNC 指令，这些指令均由参数 EN、ENO、IN、OUT 构成，其梯形图指令形式如表 4-73 所示。

ROUND/TRUNC/CEIL/FLOOR 指令可以将输入参数 IN 的内容以浮点数读入，并将它转换成 1 个双整数（32 位）。其结果为与输入数据最接近的整数（“最接近舍入”/“舍入到零方式”/“向正无穷大舍入”/“向负无穷大舍入”）。如果产生上溢，则 ENO 为“0”。IN 为浮点数输入端，其数据类型为 REAL；OUT 为最接近的较大双整数输出端，其数据类型为 DINT；ENO 为使能输出，其数据类型为 BOOL。

表 4-73　取整指令

指令	梯形图指令符号	指令	梯形图指令符号
取整数	ROUND ??? to ??? EN — ENO IN OUT	浮点数向上取整	CEIL ??? to ??? EN — ENO IN OUT
截尾取整	TRUNC ??? to ??? EN — ENO IN OUT	浮点数向下取整	FLOOR ??? to ??? EN — ENO IN OUT

【例 4-48】 取整指令的使用如表 4-74 所示。PLC 一上电，M10.0 触点闭合 1 次，将实数 8.63 送入 MD0 中；在程序段 2 中，当 I0.0 触点闭合时，将实数 8.63 进行取整（四舍五入），其结果 9 送入 MD4 中；在程序段 3 中，当 I0.1 触点闭合时，将实数 8.63 去掉小数部分进行取整操作，结果 8 送入 MD20 中；在程序段 4 中，当 I0.2 触点闭合时，将实数 7.641 向上取整，结果 8 送入 MD30 中；在程序段 5 中，当 I0.3 触点闭合时，将实数 8.63 向下取整，结果 8 送入 MD40 中。

表 4-74　取整指令的使用程序

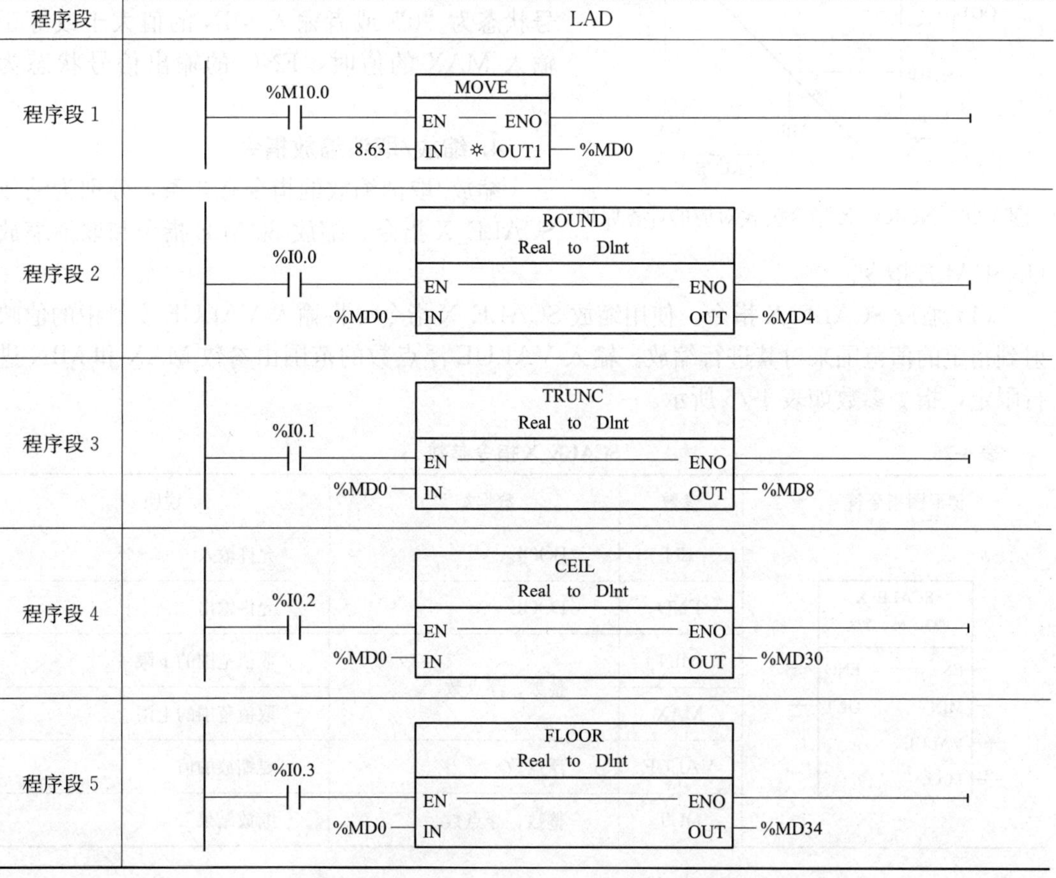

3. 标准化指令

使用标准化指令 NORM_X 可将输入 VALUE 变量中的值映射到线性标尺，对其进行标准化。输入 VALUE 值的范围由参数 MAX 和 MIN 进行限定，指令参数如表 4-75 所示。

表 4-75　　NORM_X 指令参数

梯形图指令符号	参数	数据类型	说明
NORM_X ??? to ??? EN — ENO MIN OUT VALUE MAX	EN	BOOL	允许输入
	ENO	BOOL	允许输出
	MIN	整数、浮点数	取值范围的下限
	VALUE		要标准化的值
	MAX		取值范围的上限
	OUT	浮点数	标准化结果

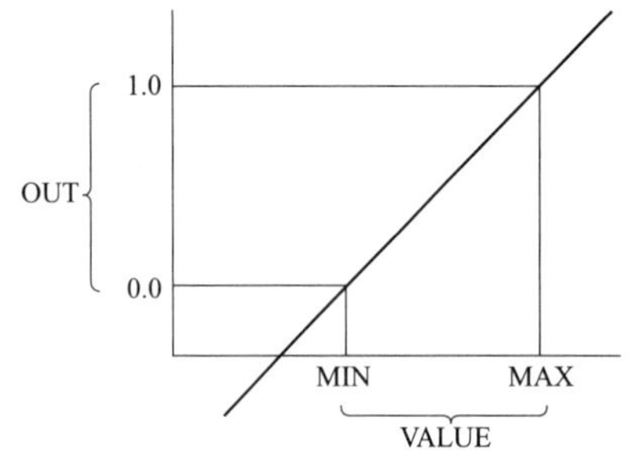

图 4-28　NORM_X 指令公式对应的计算原理

标准化指令 NORM_X 的计算公式为 OUT=（VALUE－MIN）/（MAX－MIN），其对应的计算原理如图 4-28 所示。若 EN 的信号状态为“0”或者输入 MIN 的值大于或等于输入 MAX 的值时，ENO 的输出信号状态为“0”。

4. 缩放/取消缩放指令

缩放/取消缩放的指令有 3 条，分别为缩放 SCALE_X 指令、缩放 SCALE 指令和取消缩放 UNSCALE 指令。

（1）缩放 SCALE_X 指令。使用缩放 SCALE_X 指令可将输入 VALUE 变量中的值映射到指定的值范围来对其进行缩放。输入 VALUE 浮点数的范围由参数 MAX 和 MIN 进行限定，指令参数如表 4-76 所示。

表 4-76　　SCALE_X 指令参数

梯形图指令符号	参数	数据类型	说明
SCALE_X ??? to ??? EN — ENO MIN OUT VALUE MAX	EN	BOOL	允许输入
	ENO	BOOL	允许输出
	MIN	整数、浮点数	取值范围的下限
	MAX		取值范围的上限
	VALUE	浮点数	要缩放的值
	OUT	整数、浮点数	缩放结果

缩放 SCALE_X 的计算公式为 OUT＝[VALUE＊(MAX－MIN)]＋MIN，其对应的计算原理如图 4-29 所示。若 EN 的信号状态为“0”或者输入 MIN 的值大于或等于输入 MAX 的值时，ENO 的输出信号状态为“0”。

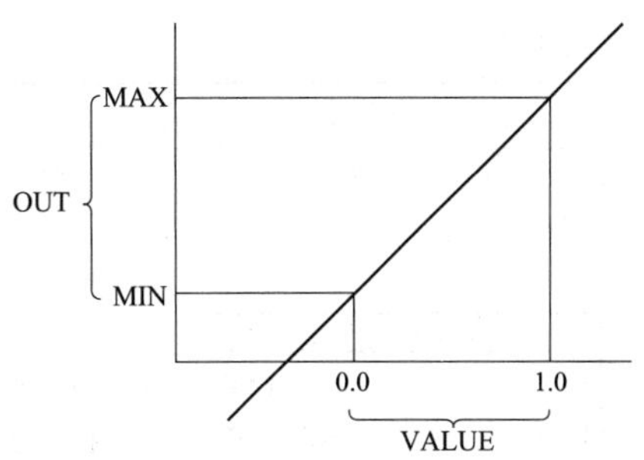

图 4-29　SCALE_X 指令公式对应的计算原理图

(2) 缩放 SCALE 指令。使用缩放 SCALE 指令可将参数 IN 上的整数转换为浮点数，该浮点数在上下限值之间的物理单位内进行缩放。通过参数 LO_LIM 和 HI_LIM 来指定缩放输入值取值范围的下限和上限，指令参数如表 4-77 所示。

表 4-77　SCALE 指令参数

梯形图指令符号	参数	数据类型	说明
SCALE EN　ENO IN　RET_VAL HI_LIM　OUT LO_LIM BIPOLAR	EN	BOOL	允许输入
	ENO	BOOL	允许输出
	IN	整数	要缩放的输入值
	HI_LIM	浮点数	取值范围的上限
	LO_LIM		取值范围的下限
	BIPOLAR	BOOL	对 IN 参数极性的选择：1 代表双极性；0 代表单极性
	RET_VAL	WORD	错误信息，0000 表示无错误，0008 表示 IN 值大于常数 K2 或小于 K1

缩放 SCALE 的计算公式为 OUT＝[((FLOAT(IN)－K1)/(K2－K1))＊(HI_LIM－LO_LIM)]＋LO_LIM，参数 BIPOLAR 的信号状态决定常量 K1 和 K2 的值。如果 BIPO－LAR＝1，假设参数 IN 的值为双极性且取值范围为－27648～＋27648，则常数 K1 的值为－27648.0，而常数 K2 的值为＋27648.0；如果 BIPOLAR＝0，假设参数 IN 的值为单极性且取值范围为 0～27648，则常数 K1 的值为 0.0，而常数 K2 的值为 27648.0。

如果参数 IN 的值大于常数 K2 的值，则将指令的结果设置为上限值（HI_LIM），RET_VAL 输出一个错误信息；如果参数 IN 的值小于常数 K1 的值，则将指令的结果设置为下限值（LO_LIM），RET_VAL 输出一个错误信息。如果指定的下限值大于上限值（LO_LIM>HI_LIM），则结果将对输入值进行反向缩放。

(3) 取消缩放 UNSCALE 指令。使用取消缩放 UNSCALE 指令，将在上限和下限之间以物理单位为增量对参数 IN 中的浮点数进行取消缩放，并将其转换为整数。通过参数 LO_LIM 和 HI_LIM 来指定取消缩放输入值范围的下限和上限，指令参数如表 4-78 所示。

表 4-78　　UNSCALE 指令参数

梯形图指令符号	参数	数据类型	说明
UNSCALE EN　ENO IN　RET_VAL HI_LIM　OUT LO_LIM BIPOLAR	EN	BOOL	允许输入
	ENO	BOOL	允许输出
	IN	浮点数	待取消缩放并转换为整数的输入值
	HI_LIM	浮点数	取值范围的上限
	LO_LIM		取值范围的下限
	BIPOLAR	BOOL	对 IN 参数极性的选择：1 代表双极性；0 代表单极性
	RET_VAL	WORD	错误信息，0000 表示无错误，0008 表示 IN 值大于常数 K2 或小于 K1
	OUT	整数	取消缩放结果

取消缩放 UNSCALE 的计算公式为 OUT＝[((IN－LO_LIM)/(HI_LIM－LO_LIM))*(K2－K1)]＋K1，参数 BIPOLAR 的信号状态决定常量 K1 和 K2 的值。如果 BIPOLAR＝1，假设参数 IN 的值为双极性且取值范围为－27648～＋27648，则常数 K1 的值为－27648.0，而常数 K2 的值为＋27648.0；如果 BIPOLAR＝0，假设参数 IN 的值为单极性且取值范围为 0～27648，则常数 K1 的值为 0.0，而常数 K2 的值为 27648.0。

当参数 IN 的值超出 HI_LIM 和 LO_LIM 定义的限制时，会输出错误。如果指定的下限值大于上限值（LO_LIM>HI_LIM），则结果将对输入值进行反向缩放。

【例 4-49】 转换指令在温度转换中的应用。假设 S7-1500 PLC 的模拟量输入 IW2 为温度信号，0～100℃对应 0～10V 电压，对应于 PLC 内部 0～27648 的数，求 IW2 对应的实际整数温度值，并由 4 个数码管（带译码电路）显示该值。

【分析】 本例需先将温度值转换为整数值，然后将整数转换为 16 位的 BCD 码即可。温度值转换成整数的公式：$T=\frac{IW2-0}{27648-0}\times(100-0)+0$。16 位 BCD 码中每 4 位 BCD 码连接 1 个带译码电路的数码管，则可实现实际整数温度值的显示。编写程序如表 4-79 所示，程序段 1 和程序段 2 将温度值转换成 16 位整数送入 MW0，程序段 3 将 MW0 中的整数转换成 16 位 BCD 码并送入 QW0。由于 S7-1500 PLC 连接了数字量输出模块，其输出地址为 QW0，而数字量输出模块又与 4 个数码管（带译码电路）连接，这样就实现了温度的转换显示。

表 4-79　　转换指令在温度转换中的应用程序

程序段	LAD
程序段 1	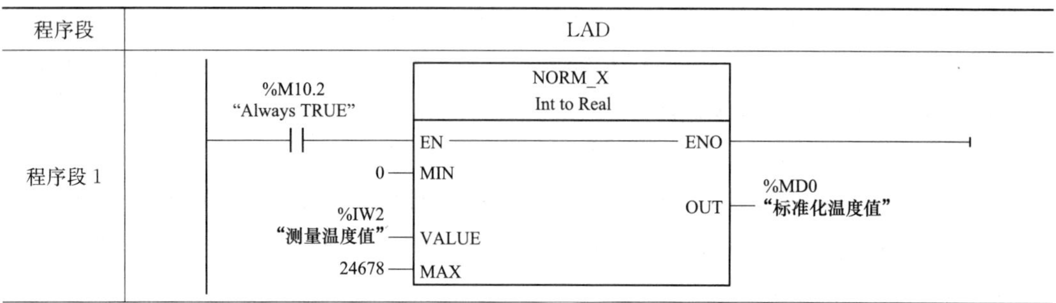

续表

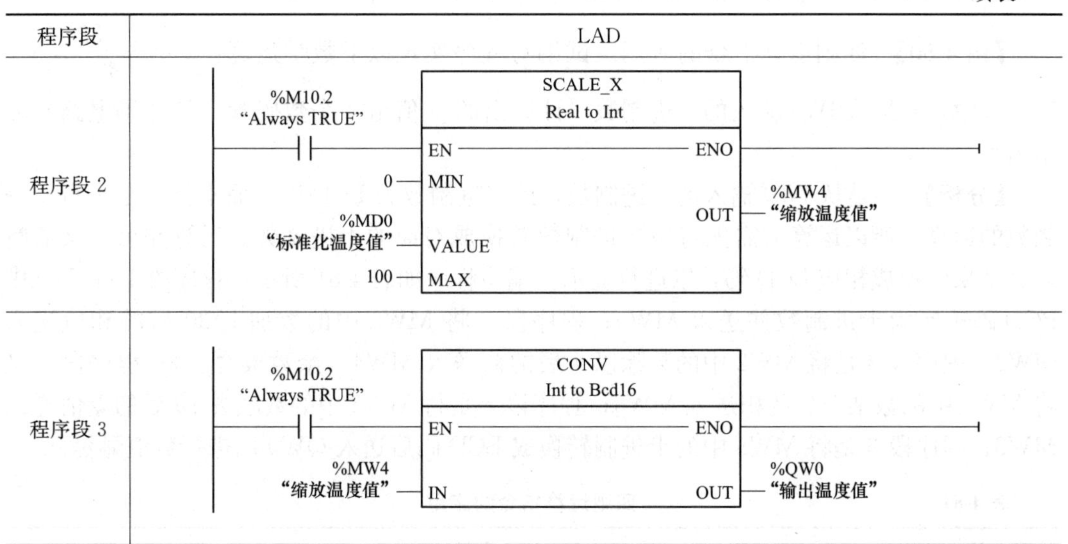

4.1.7　数学函数指令

PLC 普遍具有较强的运算功能，其中数学运算类指令是实现运算的主体。S7-1500 PLC 的数学函数类指令可对整数或浮点数实现四则运算、数学函数运算和其他常用数学运算。

1. 四则运算指令

四则运算包含加法、减法、乘法、除法操作。为完成这些操作，在 S7-1500 PLC 中提供相应的四则运算指令，如表 4-80 所示。

表 4-80　　四则运算指令

指令	梯形图指令符号	指令	梯形图指令符号
加法指令	ADD Auto (???) EN — ENO IN1　OUT IN2 ✲	乘法指令	MUL Auto (???) EN — ENO IN1　OUT IN2 ✲
减法指令	SUB Auto (???) EN — ENO IN1　OUT IN2	除法指令	DIV Auto (???) EN — ENO IN1　OUT IN2

四则运算指令可对整数、浮点数等进行操作，点击指令框的“Auto (???)”下拉列表可以选择指令的数据类型。IN1 和 IN2 为源操作数，可以输入需要运算的数据，OUT 为目的操作数，存放运算的结果。加法指令和乘法指令，点击指令框中的星号可以扩展输入数目，即添加源操作数。减法指令的操作是 IN1-IN2，结果存放 OUT 中；除法指令

是 IN1 除以 IN2，产生的整数商或实数商存放 OUT 中，不保留余数。

【例 4-50】 四则运算指令的应用。试编写程序实现以下数学运算：$y=\frac{x+30}{4}\times 5-10$，式中，$x$ 是从 IW0 输入的二进制数，计算出的 y 值由 4 个数码管（带译码电路）显示出来。

【分析】 x 是从 IW0 输入的二进制数，此二进制数为 BCD 码，而本例中是进行十进制数的运算，所以运算前需先将该二进制数转换成对应的十进制数。运算完后，又需将运算结果转换成相应 BCD 码，以进行显示。编写程序如表 4-81 所示，程序段 1 将 IW0 中 BCD 码转换为十进制数并送入 MW0；程序段 2 将 MW0 中的数加上 30 后的和值送入 MW2；程序段 3 是将 MW2 中的数除以 4 后的商送入 MW4（余数被舍去）；程序段 4 是将 MW4 中的数乘 5 后的积送入 MW6；程序段 5 是将 MW6 中的数减去 10 后的差值送入 MW8；程序段 6 是将 MW8 中的十进制转换成 BCD 码后送入 QW0 以进行数值显示。

表 4-81　　四则运算指令的应用

程序段	LAD
程序段 1	%M10.2 "Always TRUE" —┤├— CONV Bcd16 to Int：EN — ENO；%IW0 "Tag_11" — IN；OUT — %MW0 "暂存转换值"
程序段 2	%M10.2 "Always TRUE" —┤├— ADD Int：EN — ENO；%MW0 "暂存转换值" — IN1；+30 — IN2 ✲；OUT — %MW2 "暂存加结果"
程序段 3	%M10.2 "Always TRUE" —┤├— DIV Int：EN — ENO；%MW2 "暂存加结果" — IN1；4 — IN2；OUT — %MW4 "暂存除结果"
程序段 4	%M10.2 "Always TRUE" —┤├— MUL Int：EN — ENO；%MW4 "暂存除结果" — IN1；5 — IN2 ✲；OUT — %MW6 "暂存乘结果"

续表

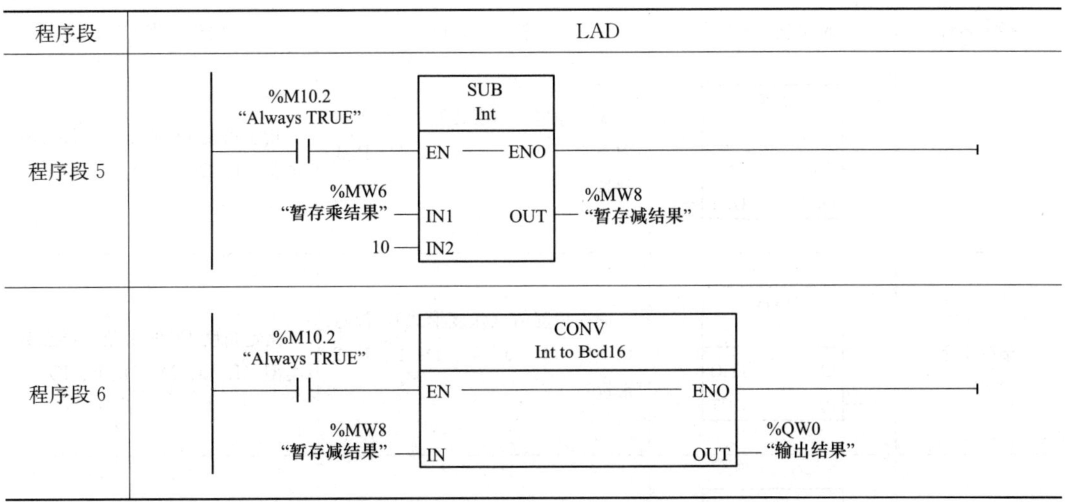

程序段	LAD
程序段 5	%M10.2 "Always TRUE" ─┤├─ SUB Int: EN ── ENO; %MW6 "暂存乘结果" ─ IN1; 10 ─ IN2; OUT ─ %MW8 "暂存减结果"
程序段 6	%M10.2 "Always TRUE" ─┤├─ CONV Int to Bcd16: EN ── ENO; %MW8 "暂存减结果" ─ IN; OUT ─ %QW0 "输出结果"

2. 数学函数运算指令

在 S7-1500 系列 PLC 中的数学函数运算指令包括求平方、平方根、自然对数、自然指数、三角函数指令（正弦、余弦、正切）和反三角函数指令（反正弦、反余弦、反正切）等，这些常用的数学函数指令实质是浮点数函数指令，其指令参数如表 4-82 所示。点击表中各指令框的“???”下拉列表，可以选择该指令的数据类型（Real 或 LReal）。EN 为指令的允许输入端；ENO 为指令的允许输出端。

表 4-82　　数学函数运算指令参数

指令名称	梯形图指令符号	输入数据 IN	输出数据 OUT
平方指令	SQR ??? EN ── ENO IN OUT	输入值，浮点数类型（I、Q、M、D、L、P 或常量）	输入值 IN 的平方，浮点数类型（I、Q、M、D、L、P）
平方根指令	SQRT ??? EN ── ENO IN OUT	输入值，浮点数类型（I、Q、M、D、L、P 或常量）	输入值 IN 的平方根，浮点数类型（I、Q、M、D、L、P）
自然对数指令	LN ??? EN ── ENO IN OUT	输入值，浮点数类型（I、Q、M、D、L、P 或常量）	输入值 IN 的自然对数，浮点数类型（I、Q、M、D、L、P）
自然指数指令	EXP ??? EN ── ENO IN OUT	输入值，浮点数类型（I、Q、M、D、L、P 或常量）	输入值 IN 的指数值，浮点数类型（I、Q、M、D、L、P）

续表

指令名称	梯形图指令符号	输入数据 IN	输出数据 OUT
正弦指令	SIN ??? EN ENO IN OUT	输入角度值（弧度形式），浮点数类型（I、Q、M、D、L、P 或常量）	指定角度 IN 的正弦，浮点数类型（I、Q、M、D、L、P）
余弦指令	COS ??? EN ENO IN OUT	输入角度值（弧度形式），浮点数类型（I、Q、M、D、L、P 或常量）	指定角度 IN 的余弦，浮点数类型（I、Q、M、D、L、P）
正切指令	TAN ??? EN ENO IN OUT	输入角度值（弧度形式），浮点数类型（I、Q、M、D、L、P 或常量）	指定角度 IN 的正切，浮点数类型（I、Q、M、D、L、P）
反正弦指令	ASIN ??? EN ENO IN OUT	输入正弦值，浮点数类型（I、Q、M、D、L、P 或常量）	指定正弦值 IN 的角度值（弧度形式），浮点数类型（I、Q、M、D、L、P）
反余弦指令	ACOS ??? EN ENO IN OUT	输入余弦值，浮点数类型（I、Q、M、D、L、P 或常量）	指定余弦值 IN 的角度值（弧度形式），浮点数类型（I、Q、M、D、L、P）
反正切指令	ATAN ??? EN ENO IN OUT	输入正切值，浮点数类型（I、Q、M、D、L、P 或常量）	指定正切值 IN 的角度值（弧度形式），浮点数类型（I、Q、M、D、L、P）

（1）平方指令 SQR 与平方根 SQRT 指令。平方指令（Square，SQR）是计算输入的正实数 IN 的平方值，产生 1 个实数结果由 OUT 指定输出。

平方根指令（Square Root，SQRT）是将输入的正实数 IN 取平方根，产生 1 个实数结果由 OUT 指定输出。

【例 4-51】 平方指令和平方根指令的使用程序如表 4-83 所示。PLC 一上电，程序段 1 中执行 SQR 指令，求出 45.2 的平方值，其结果（2043.04）由 MD0 输出；程序段 2 中执行 SQRT 指令，求出 64.0 的平方根值，其结果（8.0）由 MD4 输出。

表 4-83　　平方指令和平方根指令的使用程序

程序段	LAD
程序段 1	%M10.2 "Always TRUE" —┤ ├— SQR Real (EN — ENO)；45.2 — IN；OUT — %MD0 "平方值"
程序段 2	%M10.2 "Always TRUE" —┤ ├— SQRT Real (EN — ENO)；64.0 — IN；OUT — %MD4 "平方根值"

（2）自然对数指令 LN 与自然指数指令 EXP。自然对数指令（Natural Logarithm，LN）是将输入实数 IN 取自然对数，产生 1 个实数结果由 OUT 输出。若求以 10 为低的常数自然对数 lg$x$，用自然对数值除以 2.302585 即可实现。

自然指数指令（Natural Exponential，EXP）是将输入的实数 IN 取以 e 为底的指数，产生 1 个实数结果由 OUT 输出。自然对数与自然指数指令相结合，可实现以任意数为底，任意数为指数的计算。

【例 4-52】 用 PLC 自然对数和自然指数指令实现 6 的 3 次方运算。

【分析】 求 6 的 3 次方用自然对数与指数表示为 6^3＝EXP(3×LN(6))，若用 PLC 自然对数和自然指数表示，则程序如表 4-84 所示。程序段 1 将整数 3 和 6 转换为实数并存入 MD0 和 MD30 中；程序段 2 执行自然对数指令 LN，求 6 的自然对数，结果（1.791759）存入 MD34 中；程序段 3 执行实数乘法指令 * R，求得 3×LN（6），结果（5.375278）存入 MD38 中；程序段 4 执行自然指数指令，以求得最终结果（216.0）存入 MD42 中。注意，本例中的相关指令属于浮点数运算，所以在输入程序前，应将 MD0、MD4、MD34、MD38 和 MD42 的数据类型设置为 Real 型，否则执行完程序后其结果会有误。

表 4-84　　用 PLC 自然对数和自然指数指令实现 6 的 3 次方运算

程序段	LAD
程序段 1	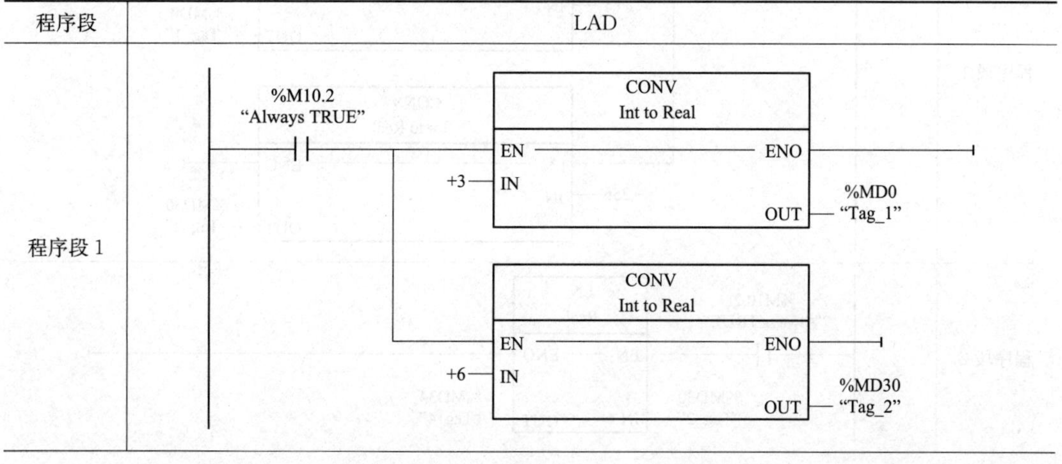

续表

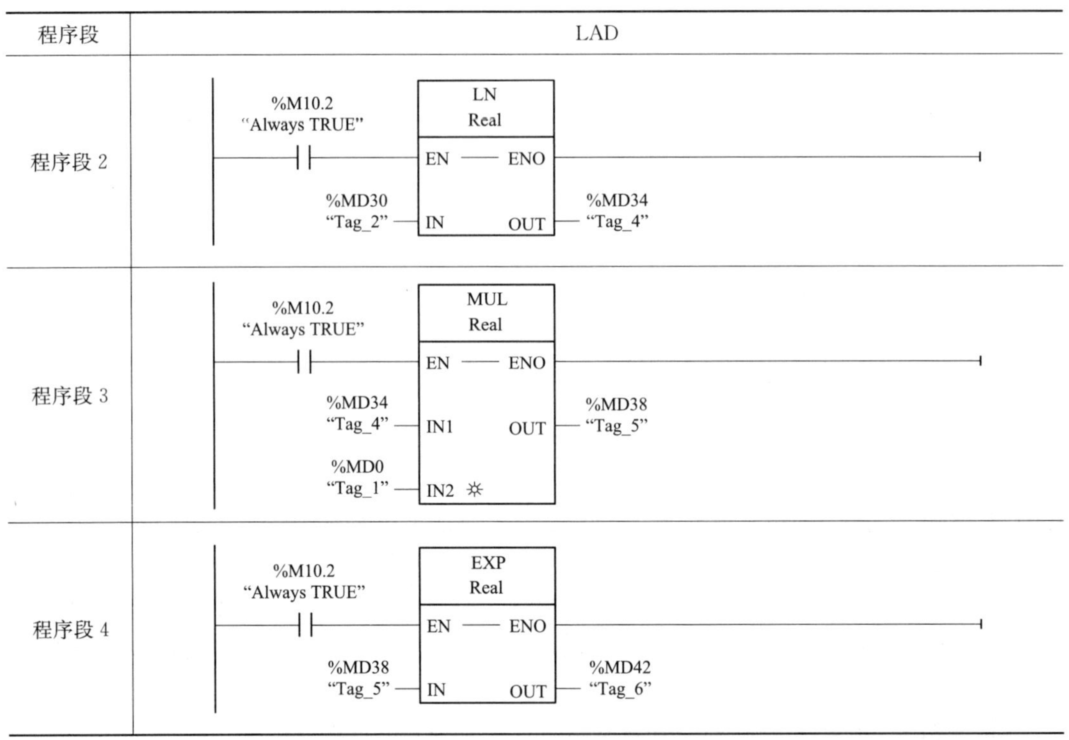

【例 4-53】 用 PLC 自然对数和自然指数指令求 256 的 3 次方根运算。

【分析】 求 512 的 3 次方根用自然对数与指数表示为 $256^{1/3}$＝EXP（LN（256）÷3），若用 PLC 自然对数和自然指数表示，可在表 4-84 的基础上将乘 3 改成除以 3 即可，计算结果 6.3496 送入 MD42 中，程序如表 4-85 所示。

表 4-85　　256 的 3 次方根运算程序

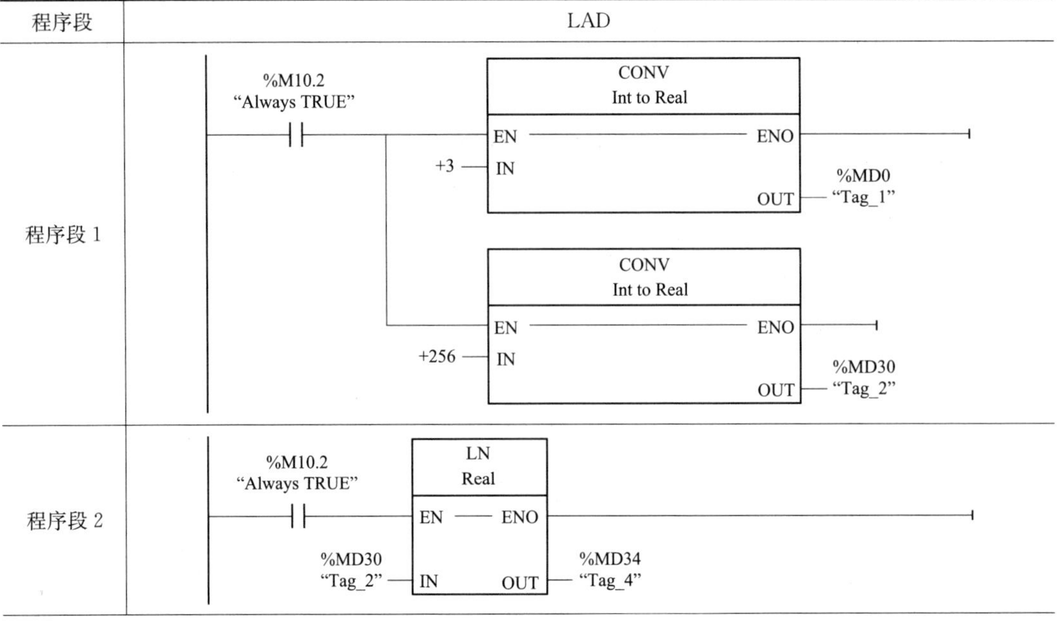

续表

程序段	LAD
程序段 3	%M10.2 "Always TRUE"; DIV Real: EN — ENO; %MD34 "Tag_4" — IN1; OUT — %MD38 "Tag_5"; %MD0 "Tag_1" — IN2 ✲
程序段 4	%M10.2 "Always TRUE"; EXP Real: EN — ENO; %MD38 "Tag_5" — IN; OUT — %MD42 "Tag_6"

（3）三角函数和反三角函数指令。在 S7-1500 系列 PLC 中的三角函数指令主要包括正弦指令 SIN、余弦指令 COS、正切指令 TAN，这些指令分别是对输入实数的角度取正弦、余弦或正切值。

反三角函数指令主要包括反正弦指令 ASIN、反余弦指令 SACOS 和反正切指令 ATAN。这些指令分别是对输入实数的弧度取反正弦、反余弦或反正切的角度值。

三角函数和反三角函数指令中的角度均以弧度为单位的浮点数。如果输入值是以度为单位的浮点数，使用三角函数和反三角函数指令之前应先将角度值乘以 π/180，转换为弧度值。

【例 4-54】 三角函数指令的使用如表 4-86 所示，PLC 一上电时，分别计算 sin40°和 cos45°的值，结果分别存入 MD4 和 MD12 单元中。

表 4-86　　三角函数指令的使用程序

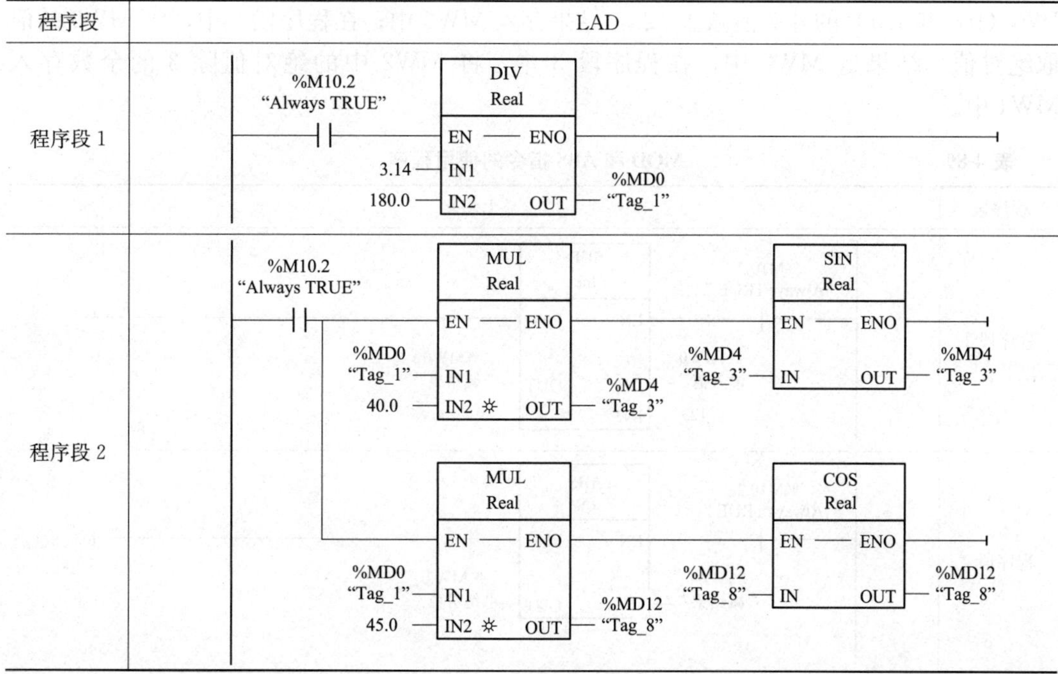

程序段	LAD
程序段 1	%M10.2 "Always TRUE"; DIV Real: EN — ENO; 3.14 — IN1; 180.0 — IN2; OUT — %MD0 "Tag_1"
程序段 2	%M10.2 "Always TRUE"; MUL Real: EN — ENO; %MD0 "Tag_1" — IN1; 40.0 — IN2 ✲; OUT — %MD4 "Tag_3"; SIN Real: EN — ENO; %MD4 "Tag_3" — IN; OUT — %MD4 "Tag_3"; MUL Real: EN — ENO; %MD0 "Tag_1" — IN1; 45.0 — IN2 ✲; OUT — %MD12 "Tag_8"; COS Real: EN — ENO; %MD12 "Tag_8" — IN; OUT — %MD12 "Tag_8"

3. 其他常用数学运算指令

S7-1500 系列 PLC 还支持一些其他常用数学运算指令，如取余指令 MOD、取绝对值指令 ABS、递增指令 INC、递减指令 DEC、取最大值指令 MAX、取最小值指令 MIN、设置限值指令 LIMIT 等。

（1）取余指令 MOD。执行取余指令 MOD，将输入端 IN1 整除输入端 IN2 后的余数由 OUT 输出，其指令参数如表 4-87 所示。

表 4-87　　取余指令参数

梯形图指令符号	参数	数据类型	说明
MOD Auto (???) EN — ENO IN1　OUT IN2	EN	BOOL	允许输入
	ENO	BOOL	允许输出
	IN1	整数	被除数
	IN2		除数
	OUT	整数	除法的余数

（2）取绝对值指令 ABS。执行取绝对值指令 ABS，对输入端 IN 求绝对值并将结果送入 OUT 中，其指令参数如表 4-88 所示。

表 4-88　　取绝对值指令参数

梯形图指令符号	参数	数据类型	说明
ABS ??? EN — ENO IN　OUT	EN	BOOL	允许输入
	ENO	BOOL	允许输出
	IN	整数、浮点数	输入值
	OUT	整数、浮点数	输入值的绝对值

【例 4-55】 MOD 和 ABS 指令的使用程序如表 4-89 所示，在程序段 1 中，将 IW0（IB0 和 IB1）的开关值减去 123，结果存入 MW0 中；在程序段 2 中，将 MW0 的值取绝对值，结果送 MW2 中；在程序段 3 中，将 MW2 中的绝对值除 3 的余数存入 MW4 中。

表 4-89　　MOD 和 ABS 指令的使用程序

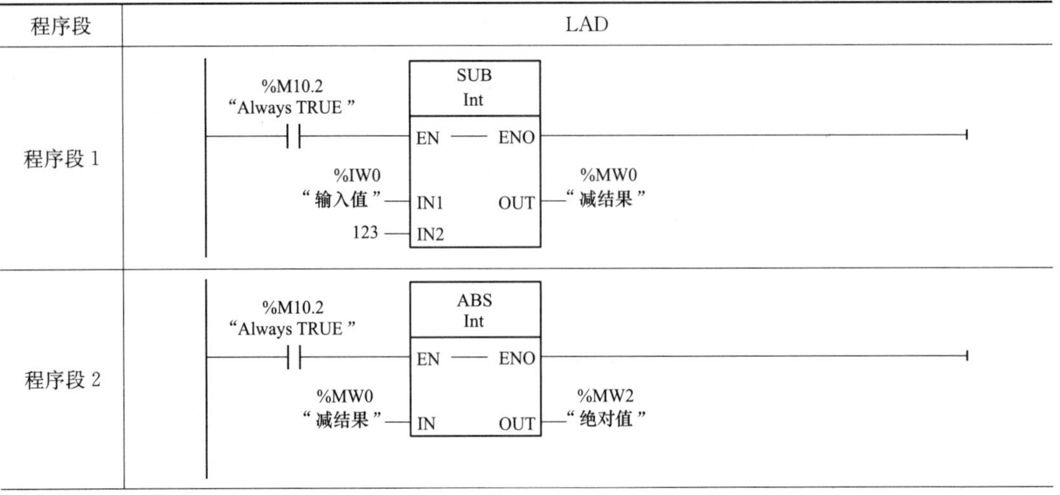

续表

程序段	LAD
程序段 3	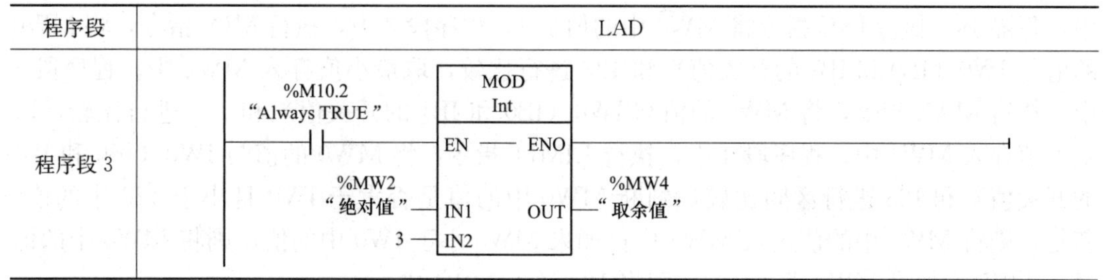

（3）递增指令 INC 与递减指令 DEC。对于 S7-1500 系列 PLC 而言，在 LAD 中的递增（Increment）和递减（Decrement）指令是对 IN 中的无符号整数或者有符号整数自动加 1 或减 1，并把数据结果存放到 OUT，IN 和 OUT 为同一存储单元。

（4）取最大值指令 MAX 与取最小值指令 MIN。取最大值指令 MAX 是比较所有输入值，并将最大的值写入输出 OUT 中；取最小值指令 MIN 是比较所有输入值，并将最小的值写入输出 OUT 中，这两条指令参数如表 4-90 所示。

表 4-90　　MAX 和 MIN 的指令参数

指令名称	梯形图指令符号	IN1	IN2	IN3	OUT
取最大值指令	MIN ??? EN — END IN1 OUT IN2 IN3 ✲	第 1 个输入值（整数、浮点数）	第 2 个输入值（整数、浮点数）	第 3 个输入值（整数、浮点数）	输出最大值
取最小值指令	MAX ??? EN — END IN1 OUT IN2 IN3 ✲				输出最小值

（5）设置限值指令 LIMIT。使用设置限值指令 LIMIT，将输入 IN 的值限制在输入 MN 与 MX 的值范围内。如果 IN 输入的值满足条件 MN⩽IN⩽MX，则 OUT 以 IN 的值输出；如果不满足该条件且输入值 IN 小于下限 MN，则 OUT 以 MN 的值输出；如果超出上限 MX，则 OUT 以 MX 的值输出，指令参数如表 4-91 所示。

表 4-91　　设置限值指令 LIMIT 的指令参数

梯形图指令符号	参数	数据类型	说明
LIMIT ??? EN — END MN OUT IN MX	EN	BOOL	允许输入
	ENO	BOOL	允许输出
	MN	整数、浮点数	下限值
	IN	整数、浮点数	输入值
	MX	整数、浮点数	上限值
	OUT	整数、浮点数	输出结果

【例 4-56】 INC、MIN、MAX、LIMIT 指令的使用程序如表 4-92 所示，在程序段 1 中，每隔 1s，执行 INC 指令将 MW0 中的值加 1；程序段 2 中，执行 MIN 指令，将 MW0 的值与 IW0（IB0 和 IB1 的开关值）和 123 进行比较，取最小值存入 MW2 中；程序段 3 中，执行 MAX 指令，将 MW0 的值与 IW0（IB0 和 IB1 的开关值）和 123 进行比较，取最大值存入 MW4 中；程序段 4 中，执行 LIMIT 指令，将 MW0 的值与 IW0（IB0 和 IB1 的开关值）和 123 进行区间比较，判断 MW0 中的值是否大于 IW0 且小于 123 中的值，若是，则将 MW0 中的值送入 MW4 中；如果 MW0 小于 IW0 中的值，则将 MW0 中的值送入 MW4；如果 MW0 大于 123，则将 123 送入 MW4 中。

表 4-92　INC、MIN、MAX、LIMIT 指令的使用程序

程序段	LAD
程序段 1	%M20.5 "Clock_1Hz" ─┤├─ EN ── ENO INC Int %MW0 "加1结果" ─ IN/OUT
程序段 2	%M10.2 "Always TRUE" ─┤├─ EN ── ENO MIN Int %IW0 "输入值" ─ IN1　　OUT ─ %MW2 "最小值" %MW0 "加1结果" ─ IN2 123 ─ IN3 ✲
程序段 3	%M10.2 "Always TRUE" ─┤├─ EN ── ENO MAX Int %IW0 "输入值" ─ IN1　　OUT ─ %MW4 "最大值" %MW0 "加1结果" ─ IN2 123 ─ IN3 ✲
程序段 4	%M10.2 "Always TRUE" ─┤├─ EN ── ENO LIMIT Int %IW0 "输入值" ─ MN　　OUT ─ %MW6 "区间值" %MW0 "加1结果" ─ IN 123 ─ MX

4. 数学函数指令的应用

【例 4-57】 数学函数指令在 7 挡加热控制中的应用。某加热系统有 7 个挡位可调，功率大小分别是 0.5、1、1.5、2、2.5、3、3.5kW，由 1 个功率选择按钮 SB2 和 1 个停止按钮 SB1 控制。第 1 次按下 SB2 选择功率第 1 挡，第 2 次按下 SB2 选择功率第 2 挡……第 8 次按下 SB2 或按下 SB1 时，停止加热。

【分析】 根据题意可知，PLC 实现 7 挡加热控制时，可外接 SM522 输出模块的 3 个端子来完成，比如选择 1 挡时，Q0.0 线圈输出为 ON，控制加热元件 1 进行加热，从而实现 0.5kW 的加热；选择 2 挡时，Q0.1 线圈输出为 ON，控制加热元件 2 进行加热，从而实现 1kW 的加热；选择 3 挡时，Q0.0 和 Q0.1 这两个线圈均输出为 ON，控制加热元件 1 和加热元件 2 进行加热，从而实现 1.5kW 的加热……选择 7 挡时，Q0.0、Q0.1 和 Q0.2 这 3 个线圈均输出为 ON，控制 3 个加热元件同时加热，从而实现 3.5kW 的加热。所以，本例的硬件控制可由 2 个输入、3 个输出来完成，I/O 分配如表 4-93 所示，其 I/O 接线如图 4-30 所示。

表 4-93　　7 挡加热控制的 I/O 分配表

输入（I）			输出（O）		
功能	元件	PLC 地址	功能	元件	PLC 地址
停止按钮，停止加热	SB1	I0.0	接触器 1，加热控制 1	KM1	Q0.0
挡位选择按钮，7 挡选择	SB2	I0.1	接触器 2，加热控制 2	KM2	Q0.1
			接触器 3，加热控制 3	KM3	Q02

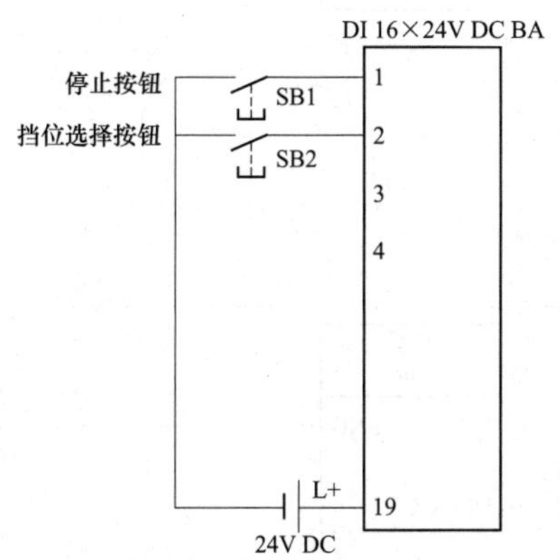

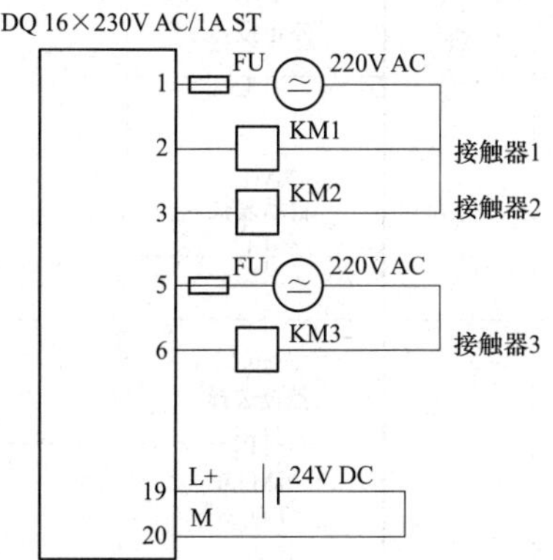

图 4-30　7 挡加热控制的 I/O 接线图

挡位选择按钮每按下 1 次，MB1 的内容加 1，其挡位选择控制如表 4-94 所示。从该表中可以看出，可由 MB1 的 M1.0 至 M1.2 位来控制 Q0.0～Q0.2 线圈的输出情况，而 M1.3 可作为加热停止控制。MB1 的内容为零，意味着 Q0.0～Q0.2 线圈输出为低电平，即加热停止。CPU 模块一上电，MB1 的内容应清零，按下停止加热按钮时 MB1 的内容也应清零，因此 SM0.1、I0.0 和 M1.3 可作为 MB1 清零的使能信号。MB1 的内容每次加 1，可由递增指令来实现。因此，本例编写的程序如表 4-95 所示。

表 4-94　　加热挡位选择控制

SB2 按下次数	辅助继电器 MB1 的存储位				输出功率（kW）
	M1.3	M1.2	M1.1	M1.0	
0	0	0	0	0	0
1	0	0	0	1	0.5
2	0	0	1	0	1

续表

SB2 按下次数	辅助继电器 MB1 的存储位				输出功率（kW）
	M1.3	M1.2	M1.1	M1.0	
3	0	0	1	1	1.5
4	0	1	0	0	2
5	0	1	0	1	2.5
6	0	1	1	0	3
7	0	1	1	1	3.5
8	1	0	0	0	0

表 4-95　　　　7 挡加热控制的应用程序

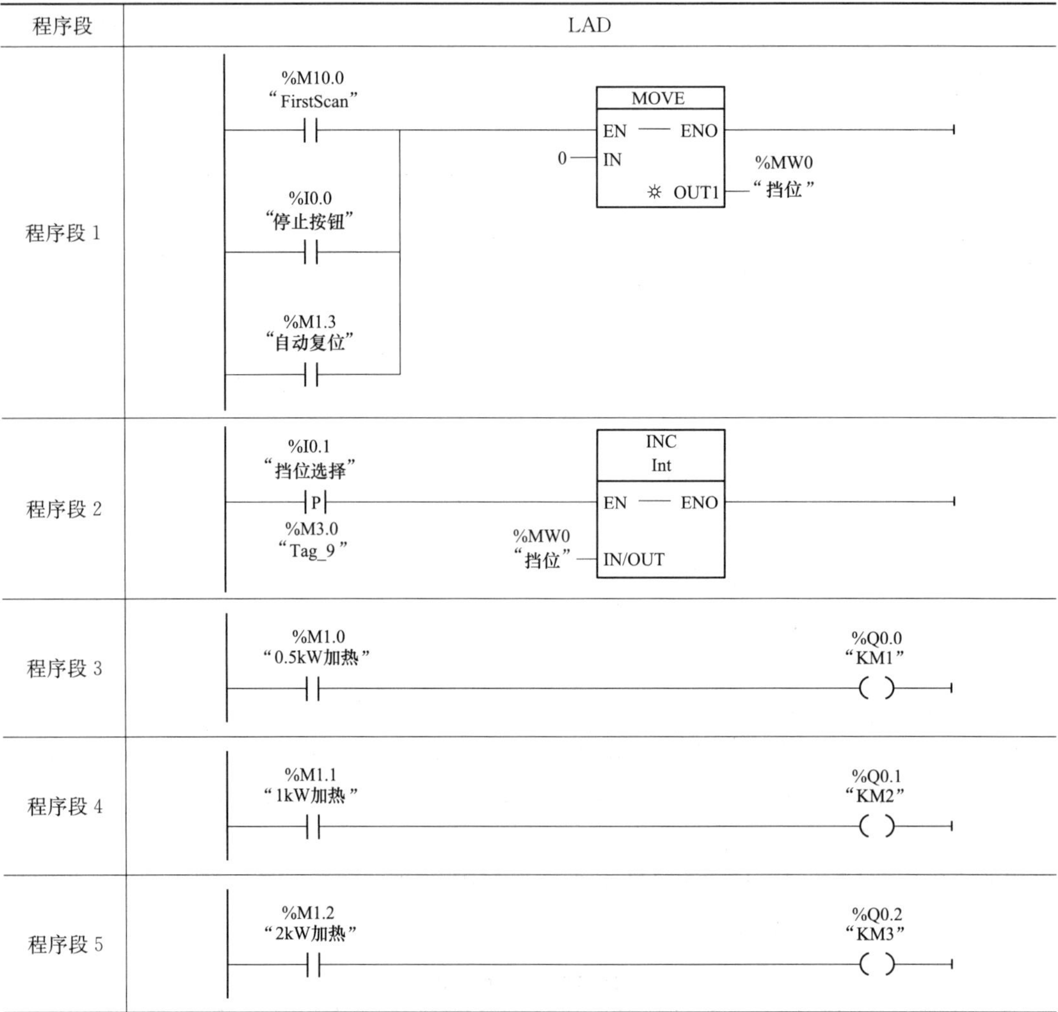

程序段 1 用于挡位值复位控制，PLC 一上电，M10.0 触点闭合 1 次，将 MW0 复位。按下停止按钮 SB1 时，I0.0 触点闭合将 MW0 复位。当选择挡位达到 8 次时，M1.3 触点闭合，也将 MW0 复位。

程序段 2 用于挡位选择控制，每按 1 次挡位选择开关，MW0 中的值加 1。程序段 3～

程序段 5 是根据所选挡位控制相应的发热元件进行加热，例如选择第 3 挡时，Q0.0 和 Q0.1 线圈得电，实现 1.5kW 的加热控制，其程序仿真效果如图 4-31 所示。

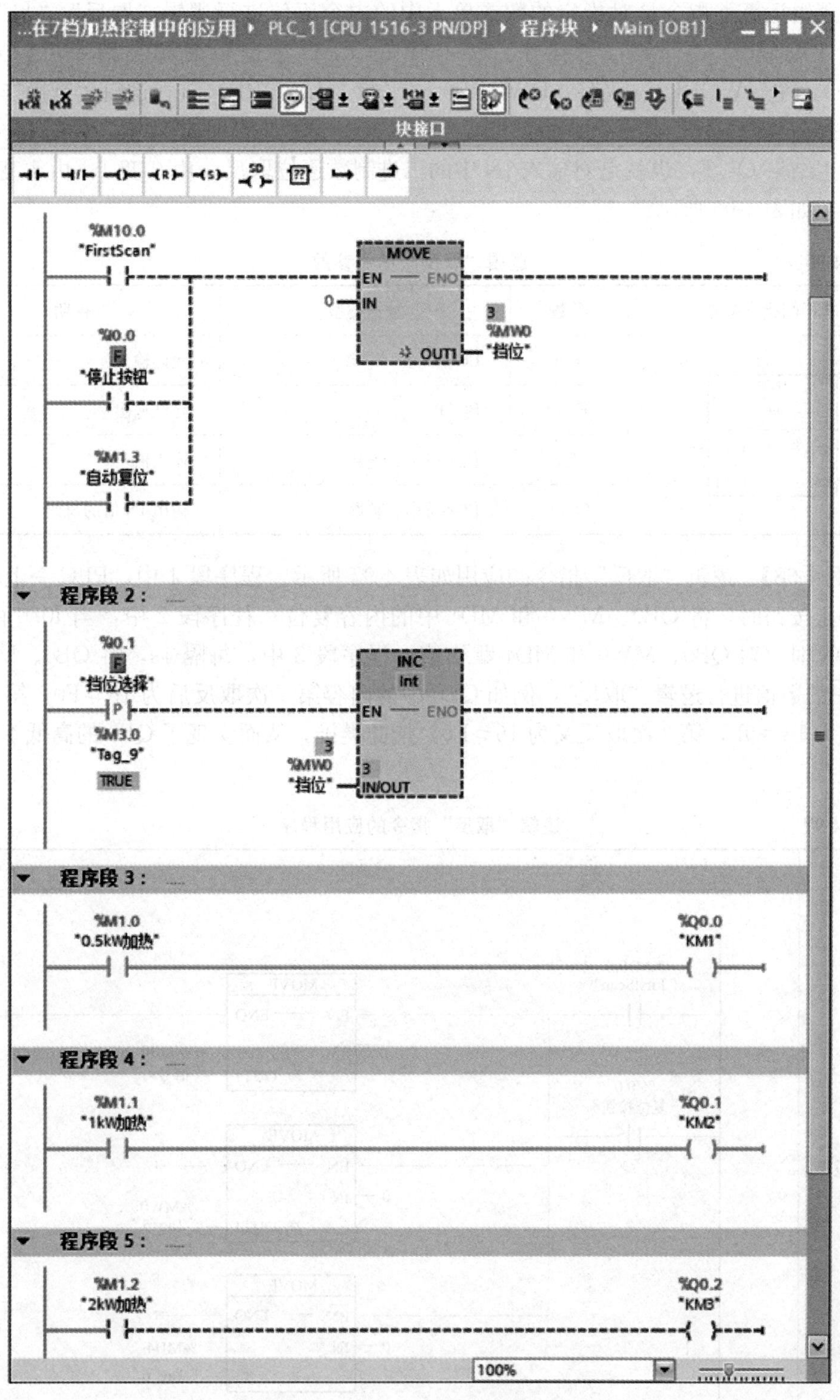

图 4-31　7 挡加热控制的仿真效果图

4.1.8 字逻辑运算指令

字逻辑运算类指令是对指定的数或单元中的内容逐位进行逻辑“取反”“与”“或”“异或”“编码” “译码”等操作。S7-1500 的 LAD 字逻辑运算类指令可以对字节（BYTE）、字（WORD）、双字（DWORD）或长字（LWORD）进行逻辑运算操作。

（1）逻辑“取反”指令。逻辑“取反”（Invert）指令 INV，是对输入数据 IN 按位取反，产生结果 OUT，也就是对输入 IN 中的二进制数逐位取反，由 0 变 1，由 1 变 0，其指令参数如表 4-96 所示。

表 4-96　逻辑“取反”指令参数

梯形图指令符号	参数	数据类型	说明
INV ??? EN — ENO IN OUT	EN	BOOL	允许输入
	ENO	BOOL	允许输出
	IN	位字符串、整数	输入值
	OUT	位字符串、整数	输出 IN 值的反码

【例 4-58】 逻辑“取反”指令的应用如表 4-97 所示。程序段 1 中，PLC 一上电或者按下停止按钮时，将 QB0、MW0 和 MD4 中的内容复位；程序段 2 中，当 I0.0 由 OFF 变为 ON 时，对 QB0、MW0 和 MD4 赋初值。程序段 3 中，每隔 1s，将 QB0、MW0 和 MD4 中的数值进行逻辑“取反”，例如 QB0 中的内容第 1 次取反后为 16＃F0，第 2 次取反恢复为 16＃0F，第 3 次取反又为 16＃F0，依此类推，从而实现了 QB0 的高低 4 位互闪的效果。

表 4-97　逻辑“取反”指令的应用程序

程序段	LAD
程序段 1	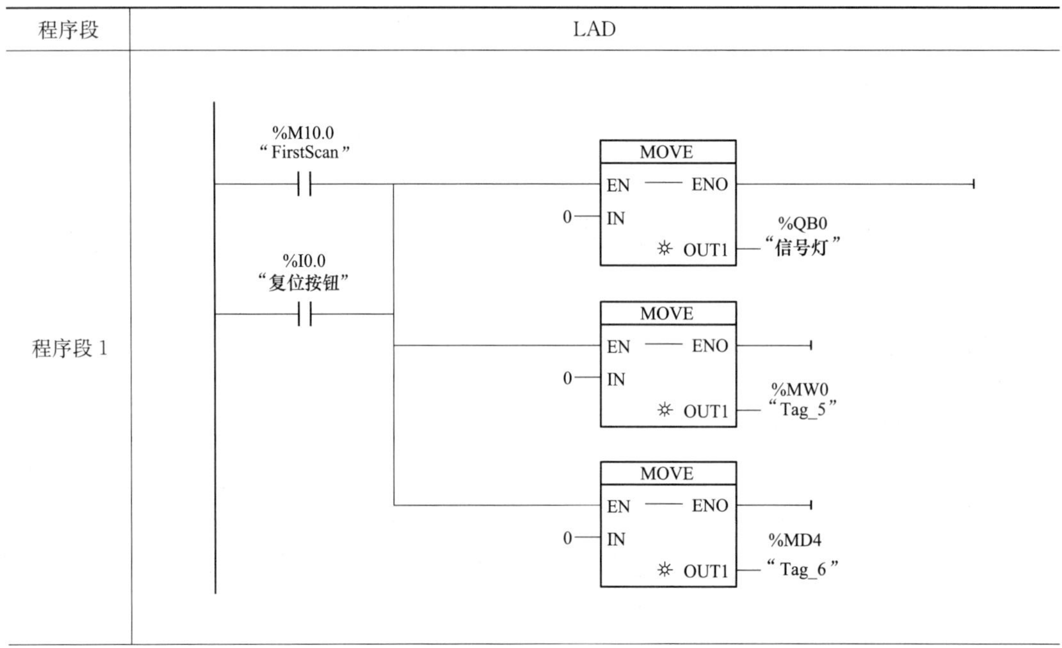

续表

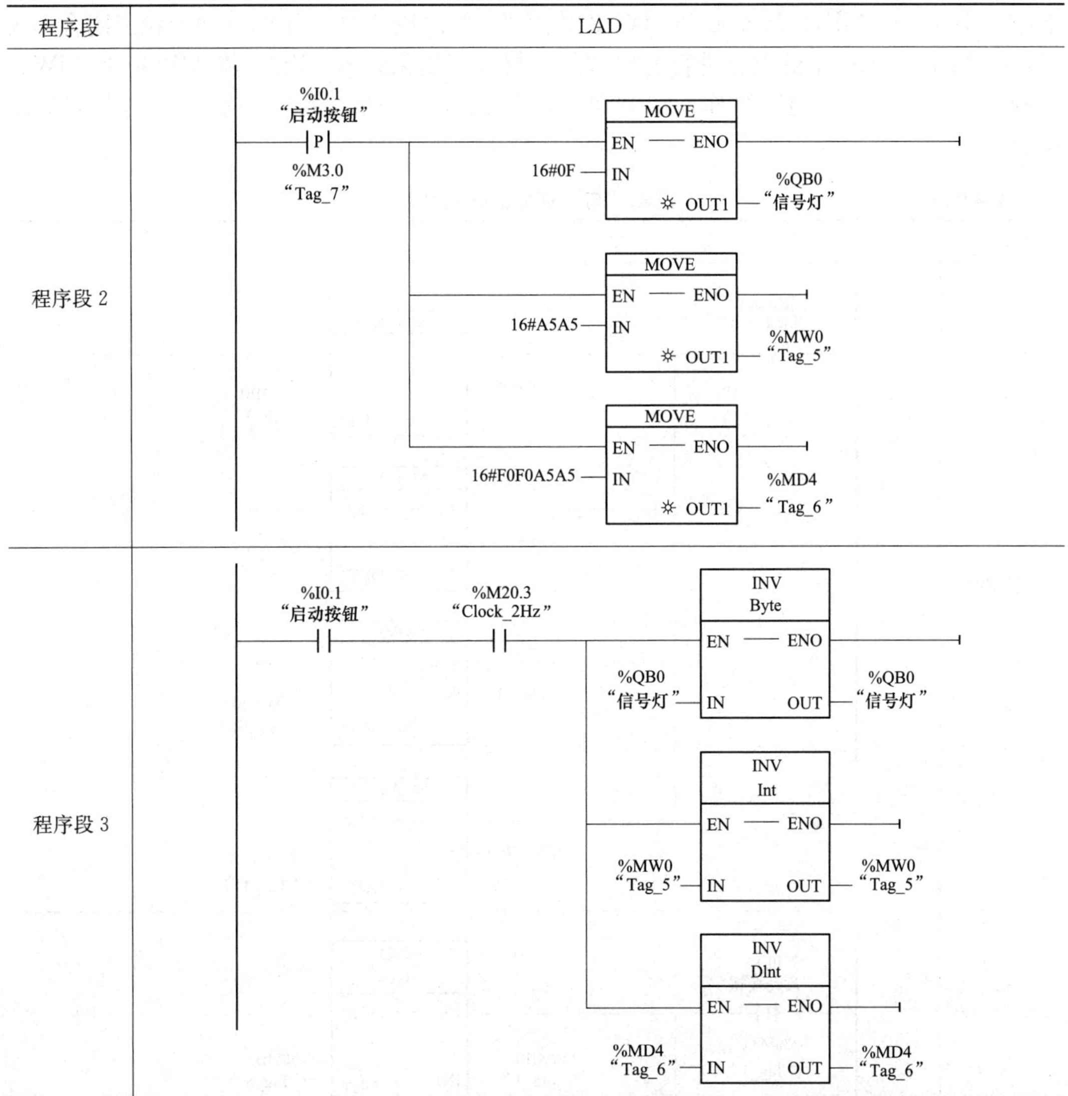

（2）逻辑“与”指令。逻辑“与”（Logic And）指令 AND，是对两个输入数据 IN1、IN2 按位进行“与”操作，产生结果 OUT。逻辑“与”时，若两个操作数的同一位都为 1，则该位逻辑结果为 1，否则为 0，其指令参数如表 4-98 所示。

表 4-98　　逻辑“与”指令参数

梯形图指令符号	参数	数据类型	说明
AND ??? EN — ENO IN1 OUT IN2 ※	EN	BOOL	允许输入
	ENO	BOOL	允许输出
	IN1	位字符串、整数	逻辑运算的第 1 个值
	IN2	位字符串、整数	逻辑运算的第 2 个值
	OUT	位字符串、整数	逻辑“与”运算结果

【例 4-59】 逻辑“与”指令的使用及运算过程如表 4-99 所示。程序段 1 中，PLC 一上电，将 MB0、MB1、MW30 和 MW32 赋初值；程序段 2 中，当 I0.0 动合触点闭合 1 次时，将 MB0、MB1 中的内容进行逻辑“与”操作，结果送入 MB2，将 MW30 和 MW32 中的内容进行逻辑“与”操作，结果送入 MW34 中。表中“&”为逻辑“与”的运算符号。

表 4-99　　逻辑“与”指令的使用程序

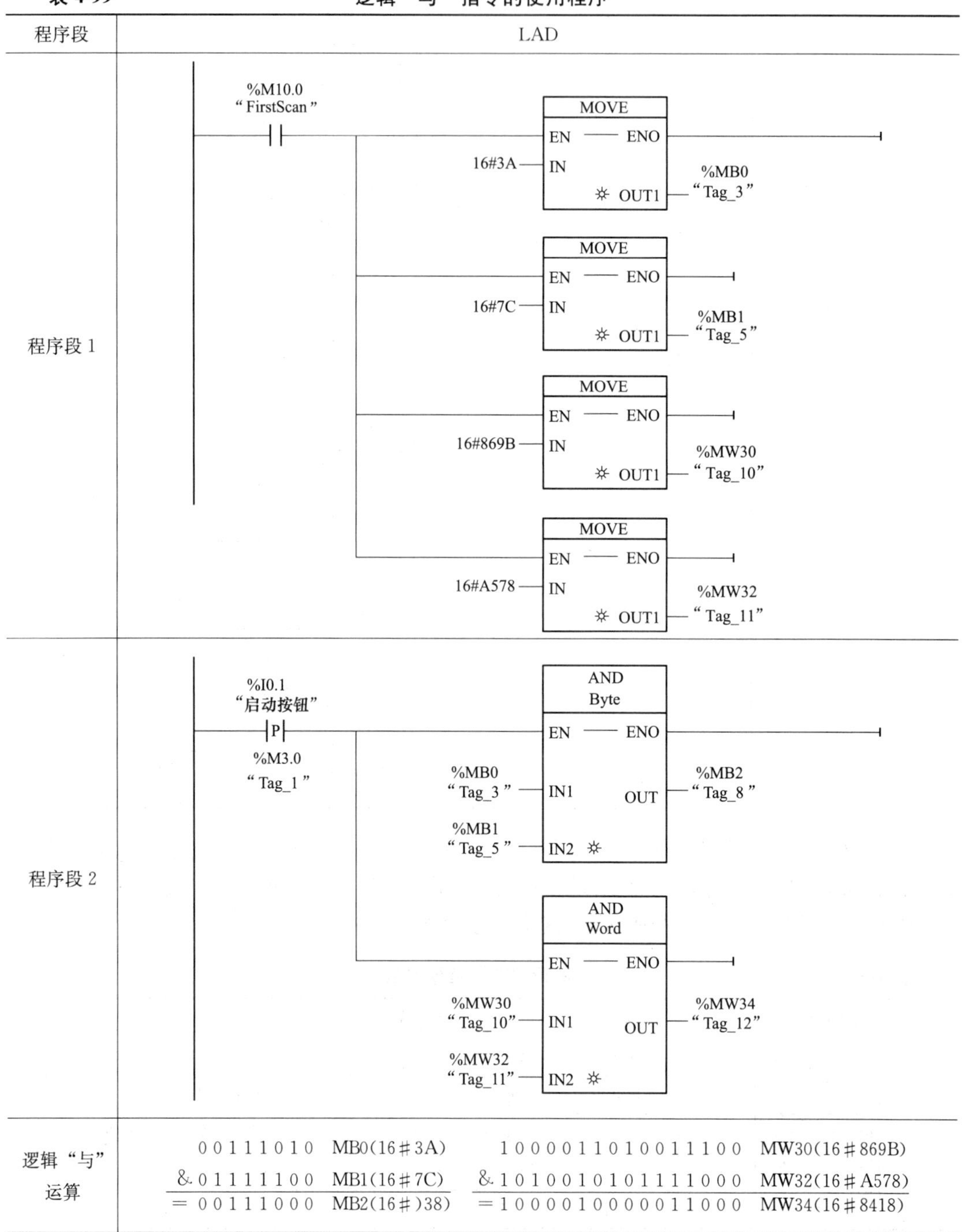

(3) 逻辑“或”指令。逻辑“或”(Logic Or) 指令 OR，是对两个输入数据 IN1、IN2 按位进行“或”操作，产生结果 OUT。逻辑“或”时，只需两个操作数的同一位中 1 位为 1，则该位逻辑结果为 1，其指令参数如表 4-100 所示。

表 4-100　　　　逻辑“或”指令参数

梯形图指令符号	参数	数据类型	说明
OR ??? EN — ENO IN1 OUT IN2 ☼	EN	BOOL	允许输入
	ENO	BOOL	允许输出
	IN1	位字符串、整数	逻辑运算的第 1 个值
	IN2	位字符串、整数	逻辑运算的第 2 个值
	OUT	位字符串、整数	逻辑“或”运算结果

【例 4-60】 逻辑“或”指令的使用及运算过程如表 4-101 所示。程序段 1 中，PLC 一上电，将 MB0、MB1、MW30 和 MW32 赋初值；程序段 2 中，当 I0.0 动合触点闭合 1 次时，将 MB0、MB1 中的内容进行逻辑“或”操作，结果送入 MB2，将 MW30 和 MW32 中的内容进行逻辑“或”操作，结果送入 MW34 中。表中“|”为逻辑“或”的运算符号。

表 4-101　　　　逻辑“或”指令的应用程序

程序段	LAD
程序段 1	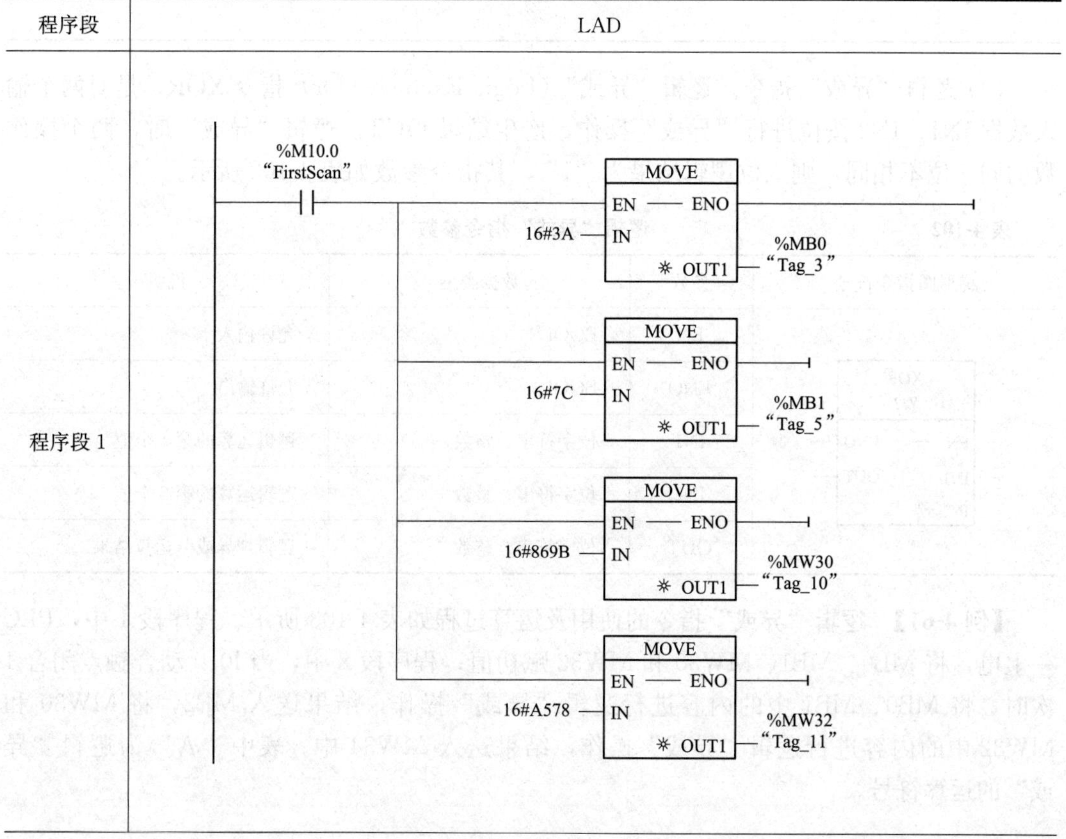

续表

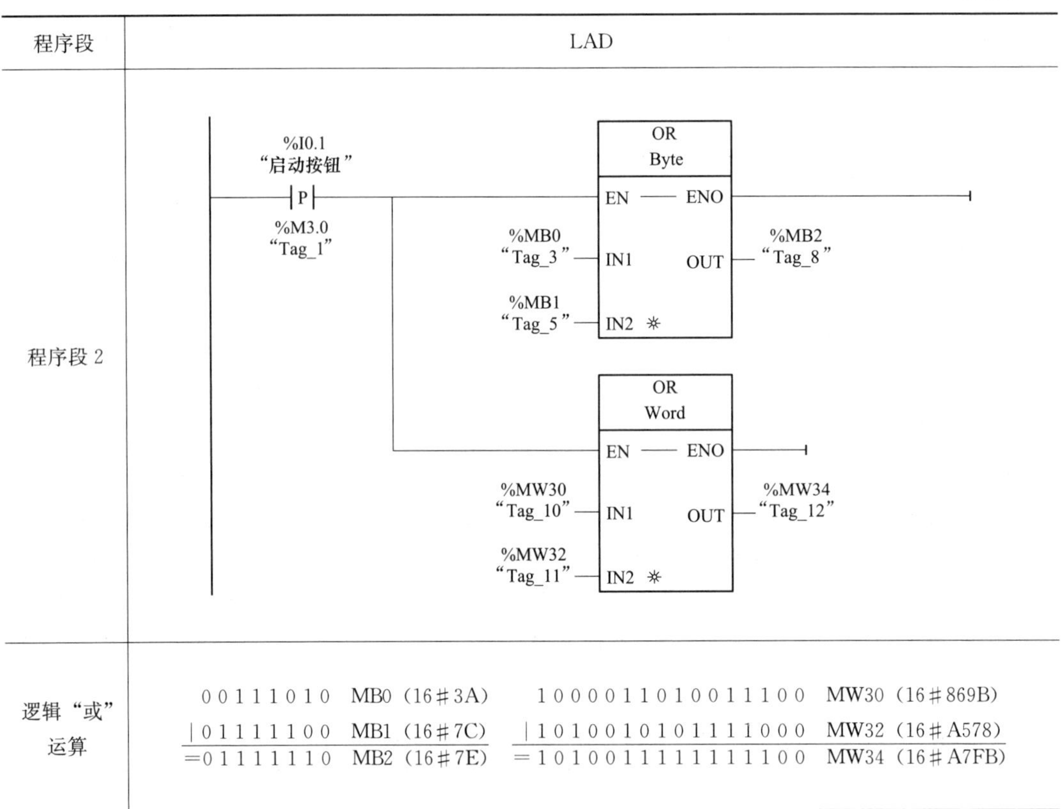

程序段	LAD
程序段 2	
逻辑"或"运算	0 0 1 1 1 0 1 0　MB0（16#3A） | 0 1 1 1 1 1 0 0　MB1（16#7C） =0 1 1 1 1 1 1 0　MB2（16#7E） 1 0 0 0 0 1 1 0 1 0 0 1 1 1 0 0　MW30（16#869B） | 1 0 1 0 0 1 0 1 0 1 1 1 1 0 0 0　MW32（16#A578） =1 0 1 0 0 1 1 1 1 1 1 1 1 1 0 0　MW34（16#A7FB）

（4）逻辑"异或"指令。逻辑"异或"（Logic Exclusive Or）指令 XOR，是对两个输入数据 IN1、IN2 按位进行"异或"操作，产生结果 OUT。逻辑"异或"时，两个操作数的同一位不相同，则该位逻辑结果为"1"，其指令参数如表 4-102 所示。

表 4-102　　逻辑"异或"指令参数

梯形图指令符号	参数	数据类型	说明
XOR ??? EN — ENO IN1　OUT IN2 ※	EN	BOOL	允许输入
	ENO	BOOL	允许输出
	IN1	位字符串、整数	逻辑运算的第 1 个值
	IN2	位字符串、整数	逻辑运算的第 2 个值
	OUT	位字符串、整数	逻辑"异或"运算结果

【例 4-61】 逻辑"异或"指令的使用及运算过程如表 4-103 所示。程序段 1 中，PLC 一上电，将 MB0、MB1、MW30 和 MW32 赋初值；程序段 2 中，当 I0.0 动合触点闭合 1 次时，将 MB0、MB1 中的内容进行逻辑"异或"操作，结果送入 MB2，将 MW30 和 MW32 中的内容进行逻辑"异或"操作，结果送入 MW34 中。表中"∧"为逻辑"异或"的运算符号。

表 4-103　　逻辑"异或"指令的应用程序

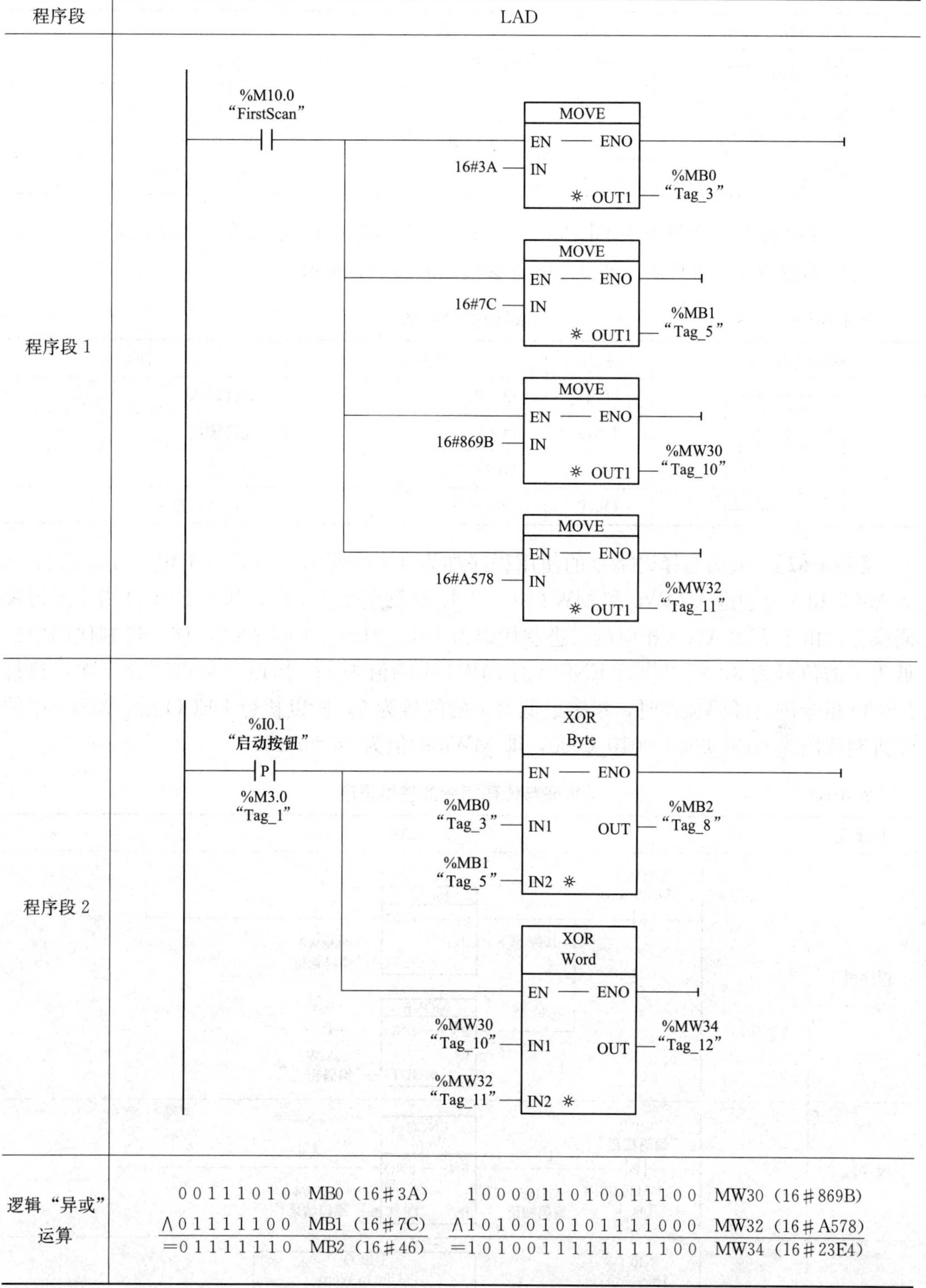

程序段	LAD
程序段 1	
程序段 2	
逻辑"异或"运算	00111010　MB0（16#3A）　　1000011010011100　MW30（16#869B） ∧01111100　MB1（16#7C）　　∧1010010101111000　MW32（16#A578） =01111110　MB2（16#46）　　=1010001111111100　MW34（16#23E4）

（5）编码指令。编码指令 ENCO（Encode）是将输入 IN 的字型数据中为 1 的最低有效位的位号写入输出 OUT 中，指令参数如表 4-104 所示。

表 4-104　　　　编码指令参数

梯形图指令符号	参数	数据类型	说明
ENCO ??? EN — ENO IN　OUT	EN	BOOL	允许输入
	ENO	BOOL	允许输出
	IN	位字符串	输入值
	OUT	INT	输出编码结果

（6）译码指令。译码指令 DECO（Decode）是将输入 IN 的位号输出到 OUT 所指定单元对应的位置 1，而其他位清 0，指令参数如表 4-105 所示。

表 4-105　　　　译码指令参数

梯形图指令符号	参数	数据类型	说明
DECO UInt to ??? EN — ENO IN　OUT	EN	BOOL	允许输入
	ENO	BOOL	允许输出
	IN	UINT	输入值
	OUT	位字符串	输出译码结果

【例 4-62】 编码与译码指令的使用程序如表 4-106 所示。PLC 一上电，立即将数 16＃A5C8 和 5 分别送入 MW0 和 MW2 中。若 I0.0 触点闭合 1 次，执行 ENCO 指令进行编码操作，由于 16＃A5C8 相应的二进制代码为 1010_0101_1100_1000，该二进制代码中最低为 1 的位号为 3，所以执行 ENCO 后 MW4 中的值为 3；当 I0.1 触点闭合 1 次，执行 DECO 指令进行译码操作时，指定最低为 1 的位号为 5，所以执行 DECO 后，MW6 中的二进制代码为 0000_0000_0010_0000，即 MW6 的值为 16＃0020。

表 4-106　　　　编码与译码指令的使用程序

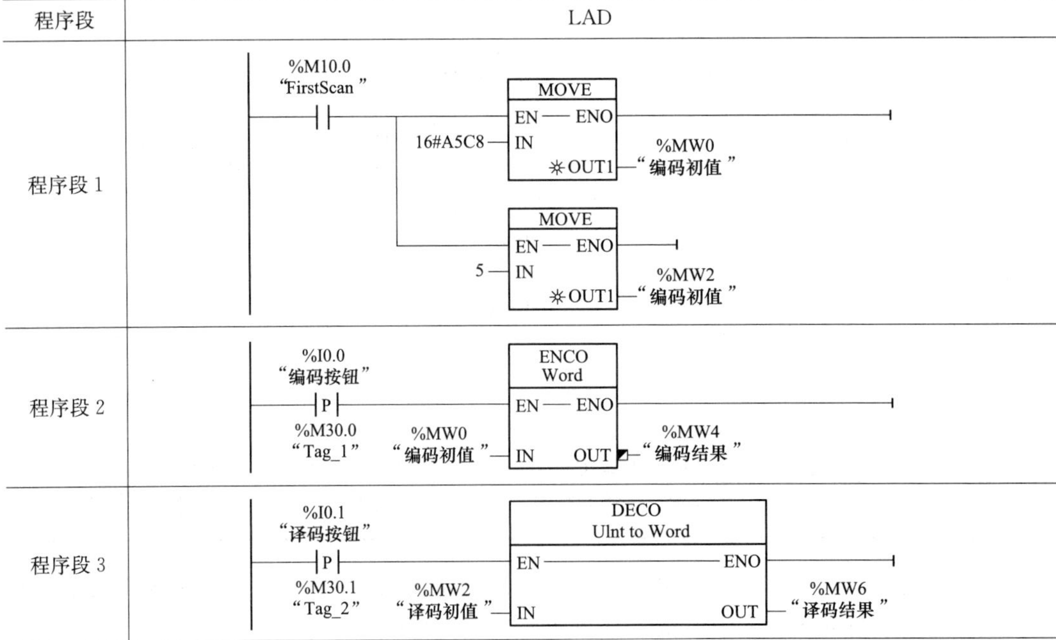

续表

程序段	LAD
指令执行过程	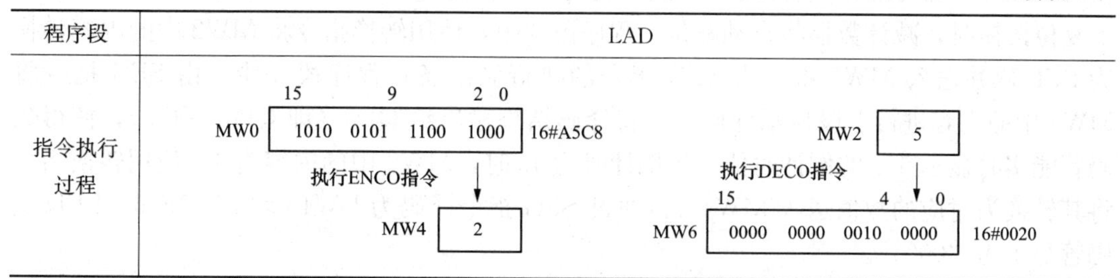

（7）七段显示译码指令。七段显示译码指令 SEG（Segment）是将输入字 IN 的 4 个十六进制数都转换成七段显示的等价位模式，并送到输出字节 OUT。七段显示器的 abcdefg（D0～D6）段分别对应输出字节的第 0 ～ 6 位，当输出字节的某位为 1 时，其对应的段显示；输出字节的某位为 0 时，其对应的段不亮。字符显示与各段的关系如表 4-107 所示。例如要显示数字“2”时，D0、D1、D3、D4、D6 为 1，其余为 0。

表 4-107　　字符显示与各段关系

IN	段显示	. g f e d c b a	IN	段显示	. g f e d c b a
0	0	0 0 1 1 1 1 1 1	8	8	0 1 1 1 1 1 1 1
1	1	0 0 0 0 0 1 1 0	9	9	0 1 1 0 0 1 1 1
2	2	0 1 0 1 1 0 1 1	A	A	0 1 1 1 0 1 1 1
3	3	0 1 0 0 1 1 1 1	B	b	0 1 1 1 1 1 0 0
4	4	0 1 1 0 0 1 1 0	C	C	0 0 1 1 1 0 0 1
5	5	0 1 1 0 1 1 0 1	D	d	0 1 0 1 1 1 1 0
6	6	0 1 1 1 1 1 0 1	E	E	0 1 1 1 1 0 0 1
7	7	0 0 0 0 0 1 1 1	F	F	0 1 1 1 0 0 0 1

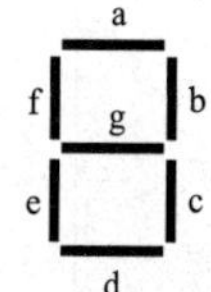

七段显示译码指令的参数如表 4-108 所示。

表 4-108　　七段显示译码指令参数

梯形图指令符号	参数	数据类型	说明
SEG EN　ENO IN　OUT	EN	BOOL	允许输入
	ENO	BOOL	允许输出
	IN	字	输入显示值
	OUT	双字	输出显示译码值

【例 4-63】 七段显示译码指令在 59s 倒计时中的应用。若 PLC 的 I0.0 外接复位按钮 SB1，I0.1 外接启动按钮 SB2，I0.2 外接暂停按钮 SB3，QB0～QB3 外接 4 位 LED 共阴极数码管，要求按下启动按钮时，共阴极数码管进行 59s 倒计时显示，按下暂停按钮时，秒表显示的时间不变，按下复位按钮时，停止倒计时。

【分析】 可以使用减计数器对 1Hz 的脉冲进行递减计数，再将减计数器中的整数转换为相应七段显示数值即可，编写的程序如表 4-109 所示。程序段 1 中，按下启动按钮时，M0.0 线圈得电，为倒计时做好准备。程序段 2 中，M0.0 触点闭合且未按下暂停按钮时，减计数器每隔 1s 进行减 1 计数，当前计时值送入 MW2 中。当减计数为 0 或者按下复位按钮时，减计数器将自动复位。程序段 3 中，使用转换指令将 MW2 中的内容转换为 BCD 码并送入 MW4 中，为 SEG 指令的执行做准备；程序段 4 中，由 SEG 指令将 MW4 中的内容进行七段显示译码，并将译码结果输出给 QD0（即 QB0～QB3），使得数码管能实时显示 59s 的倒计时值。当倒计时为 4s 时，MW2 中的内容为 4，使用转换指令将其转换为对应的数值送入 MW4，再通过 SEG 指令译码为 DW16＃3F3F3F66，LED 数码管显示为“0004”。

表 4-109　　七段显示译码指令在 59s 倒计时中的应用程序

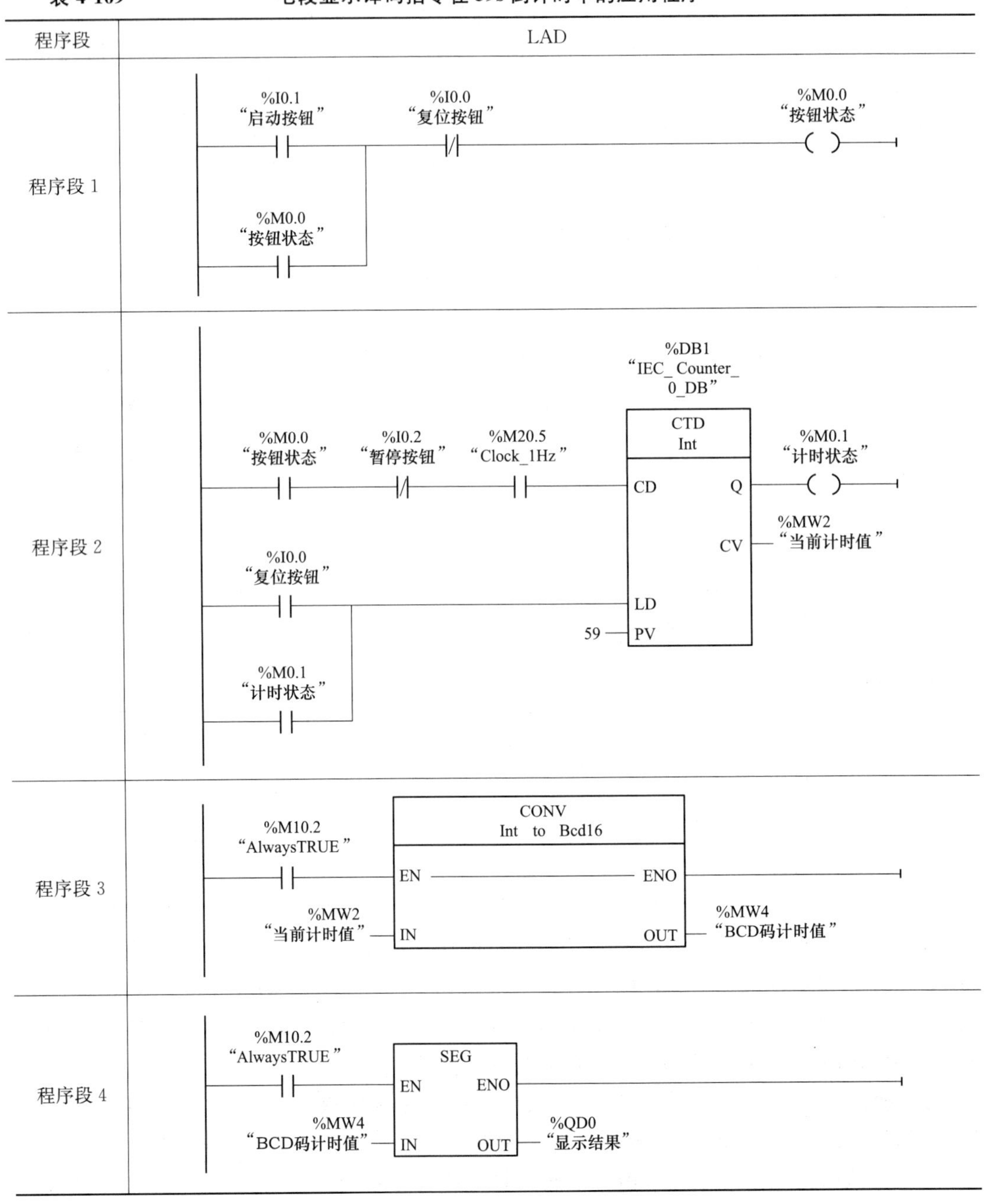

（8）字逻辑运算指令的应用。

【例 4-64】 字逻辑运算指令在表决器中的应用。在某表决器中有 3 位裁判及若干个表决对象，裁判需对每个表决对象做出评价，看是过关还是淘汰。当主持人按下评价按钮时，3 位裁判均按下 1 键，表示表决对象过关；否则表决对象淘汰。过关绿灯亮，淘汰红灯亮。

【分析】 根据题意，列出表决器的 I/O 分配如表 4-110 所示。进行表决时，首先将每位裁判的表决情况送入相应的辅助寄存器中（例如 A 裁判的表决结果送入 MB30），然后将辅助寄存器中的内容进行逻辑“与”操作，只有逻辑结果为“1”才表示表决对象过关，编写程序如表 4-111 所示。

表 4-110　　表决器的 I/O 分配表

输　入			输　出		
功能	元件	PLC 地址	功能	元件	PLC 地址
主持人复位按钮	SB1	I0.0	过关绿灯	HL1	Q0.0
主持人评价按钮	SB2	I0.1	淘汰红灯	HL2	Q0.1
A 裁判 1 键	SB3	I0.2			
A 裁判 0 键	SB4	I0.3			
B 裁判 1 键	SB5	I0.4			
B 裁判 0 键	SB6	I0.5			
C 裁判 1 键	SB7	I0.6			
C 裁判 0 键	SB8	I0.7			

表 4-111　　字逻辑运算指令在表决器中的应用程序

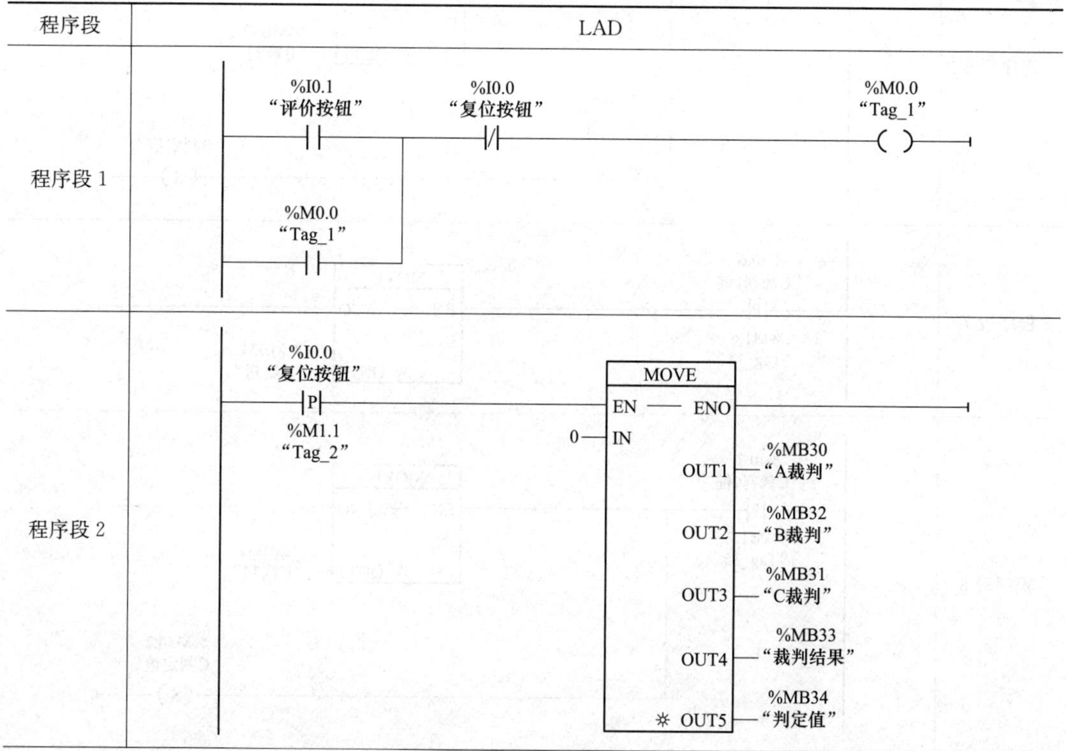

续表

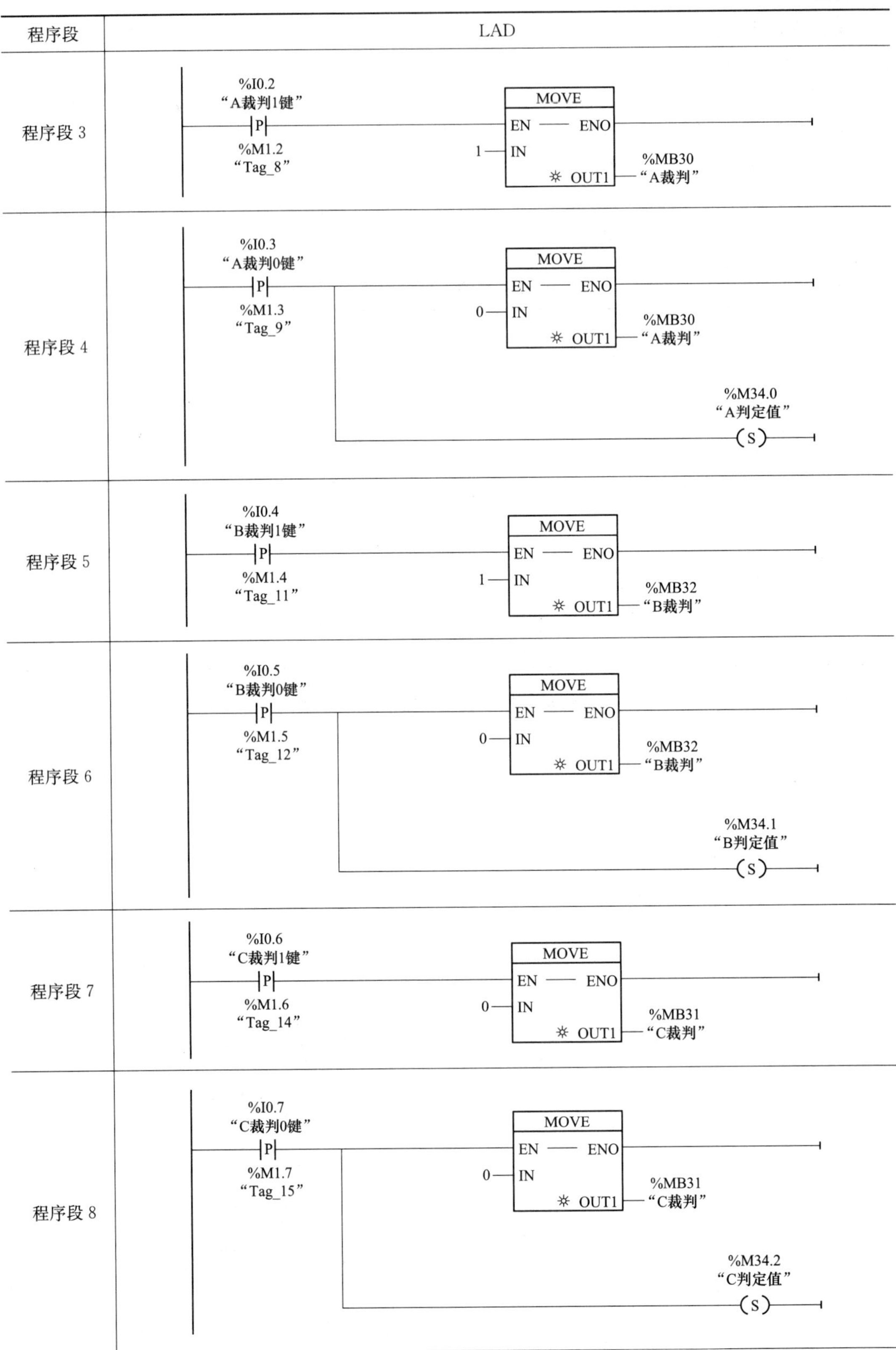
程序段
LAD
程序段 3
%I0.2
“A裁判1键”
P
%M1.2
“Tag_8”
MOVE
EN
ENO
1
IN
OUT1
%MB30
“A裁判”
程序段 4
%I0.3
“A裁判0键”
P
%M1.3
“Tag_9”
MOVE
EN
ENO
0
IN
OUT1
%MB30
“A裁判”
%M34.0
“A判定值”
S
程序段 5
%I0.4
“B裁判1键”
P
%M1.4
“Tag_11”
MOVE
EN
ENO
1
IN
OUT1
%MB32
“B裁判”
程序段 6
%I0.5
“B裁判0键”
P
%M1.5
“Tag_12”
MOVE
EN
ENO
0
IN
OUT1
%MB32
“B裁判”
%M34.1
“B判定值”
S
程序段 7
%I0.6
“C裁判1键”
P
%M1.6
“Tag_14”
MOVE
EN
ENO
0
IN
OUT1
%MB31
“C裁判”
程序段 8
%I0.7
“C裁判0键”
P
%M1.7
“Tag_15”
MOVE
EN
ENO
0
IN
OUT1
%MB31
“C裁判”
%M34.2
“C判定值”
S

续表

程序段	LAD
程序段 9	%M0.0 "Tag_1" —| |— AND Byte（EN — ENO）；%MB30 "A裁判" — IN1；%MB32 "B裁判" — IN2；%MB31 "C裁判" — IN3 ※；OUT — %MB33 "裁判结果"
程序段 10	%M0.0 "Tag_1" —| |— %MB33 "裁判结果" | == Byte | 1 —— %Q0.0 "过关绿灯" —( )—
程序段 11	%M34.0 "A判定值" —| |—、%M34.1 "B判定值" —| |—、%M34.2 "C判定值" —| |—（并联）—— %M0.0 "Tag_1" —| |— %MB33 "裁判结果" | <> Byte | 1 —— %Q0.1 "淘汰红灯" —( )—

程序段 1 为启保停控制电路，当主持人按下评价按钮时，I0.1 动合触点闭合，M0.0 线圈得电并自锁。程序段 2 为复位控制电路，当主持人按下复位按钮时，I0.0 动合触点闭合，将相关的辅助寄存器复位。程序段 3、程序段 4 为 A 裁判表决情况，裁判 A 按下 1 键时，将“1”送入 MB30 中；裁判 A 按下 0 键时，将“0”送入 MB30 中，同时将 M34.0 置 1。程序段 5、程序段 6 为 B 裁判表决情况，裁判 B 按下 1 键时，将“1”送入 MB31 中；裁判 B 按下 0 键时，将“0”送入 MB31 中，同时将 M34.1 置 1。程序段 7、程序段 8 为 C 裁判表决情况，裁判 C 按下 1 键时，将“1”送入 MB32 中；裁判 C 按下 0 键时，将“0”送入 MB32 中，同时将 M34.2 置 1。程序段 9 将各位裁判的表决结果进行逻辑“与”操作，只有 3 位裁判的表决结果均为“1”，MB33 的内容为“1”，否则 MB33 的内容为“0”。程序段 10 为过关绿灯控制，当 MB33 的内容为“1”时，Q0.0 线圈输出为“1”，控制 HL1 点亮。程序段 11 为淘汰红灯控制，当 MB33 的内容为“0”时，即只要有 1 位裁判表决结果为“0”时，Q0.1 线圈输出为“1”，控制 HL2 点亮。

4.1.9　移位和循环指令

移位控制指令是 PLC 控制系统中比较常用的指令之一，在程序中可以方便地实现某些运算，也可以用于取出数据中的有效位数字。S7-1500 系列 PLC 的移位控制类指令主要有移位指令和循环移位指令。

1. 移位指令

移位指令是将输入 IN 中的数据向左或向右逐位移动，根据移位方向的不同可分为左移位指令和右移位指令。

（1）左移位指令。左移位指令是将输入端 IN 指定的数据左移 N 位，结果存入 OUT 中，左移 N 位相当于乘 2^N。左移位指令参数如表 4-112 所示，如果参数 N 的值为 0，则将输入 IN 的值复制到输出 OUT 的操作数。执行指令时，左侧移出位舍弃，右侧空出的位用“0”进行填充。

表 4-112　　左移位指令参数

梯形图指令符号	参数	数据类型	说明
SHL ??? EN ENO IN OUT N	EN	BOOL	允许输入
	ENO	BOOL	允许输出
	IN	位字符串、整数	要移位的值
	N	正整数	待移位的位数
	OUT	位字符串、整数	左移位输出

（2）右移位指令。右移位指令 SHR 是将输入端 IN 指定的数据右移 N 位，结果存入 OUT 中，右移 N 位相当于除以 2^N。右移位指令参数如表 4-113 所示，如果参数 N 的值为 0，则将输入 IN 的值复制到输出 OUT 的操作数中。执行指令时，若 IN 为无符号数值，左侧空出的位用“0”进行填充；若 IN 为有符号数值，左侧空出的位用“符号位”进行填充。

表 4-113　　右移位指令参数

梯形图指令符号	参数	数据类型	说明
SHR ??? EN ENO IN OUT N	EN	BOOL	允许输入
	ENO	BOOL	允许输出
	IN	位字符串、整数	要移位的值
	N	正整数	待移位的位数
	OUT	位字符串、整数	右移位输出

【例 4-65】 移位指令的使用如表 4-114 所示。在程序段 1 中，PLC 一上电，分别将两个 8 位的字节数值送入 MB0 和 MB1 中，两个 16 位的数值送入 MW4 和 MW6 中。在程序段 2 中，I0.0 动合触点每闭合 1 次时，执行 1 次左移指令，将 MB0 中的内容左移 2 位，MW4 中的内容左移 3 位；在程序段 3 中，I0.1 动合触点每闭合 1 次时，执行 1 次右移指令，将 MB1 中的内容右移 3 位，MW4 中的内容右移 2 位。每执行 1 次左移指令时，MB0 中数值的高 2 位先舍去，其余位向左移 2 位，然后最低 2 位用 0 填充；MW4 中数值的高 3 位先舍去，其余位向左移 3 位，然后最低的 3 位用 0 进行填充。每执行 1 次右移指令时，MB1 中数值的低 3 位先舍去，其余位向右移 3 位，最高的 3 位用 0 填充；MW6 中的数值的低 2 位先舍去，其余位向右移 2 位，然后最高的 2 位用 0 进行填充。

表 4-114　　移位指令的使用程序

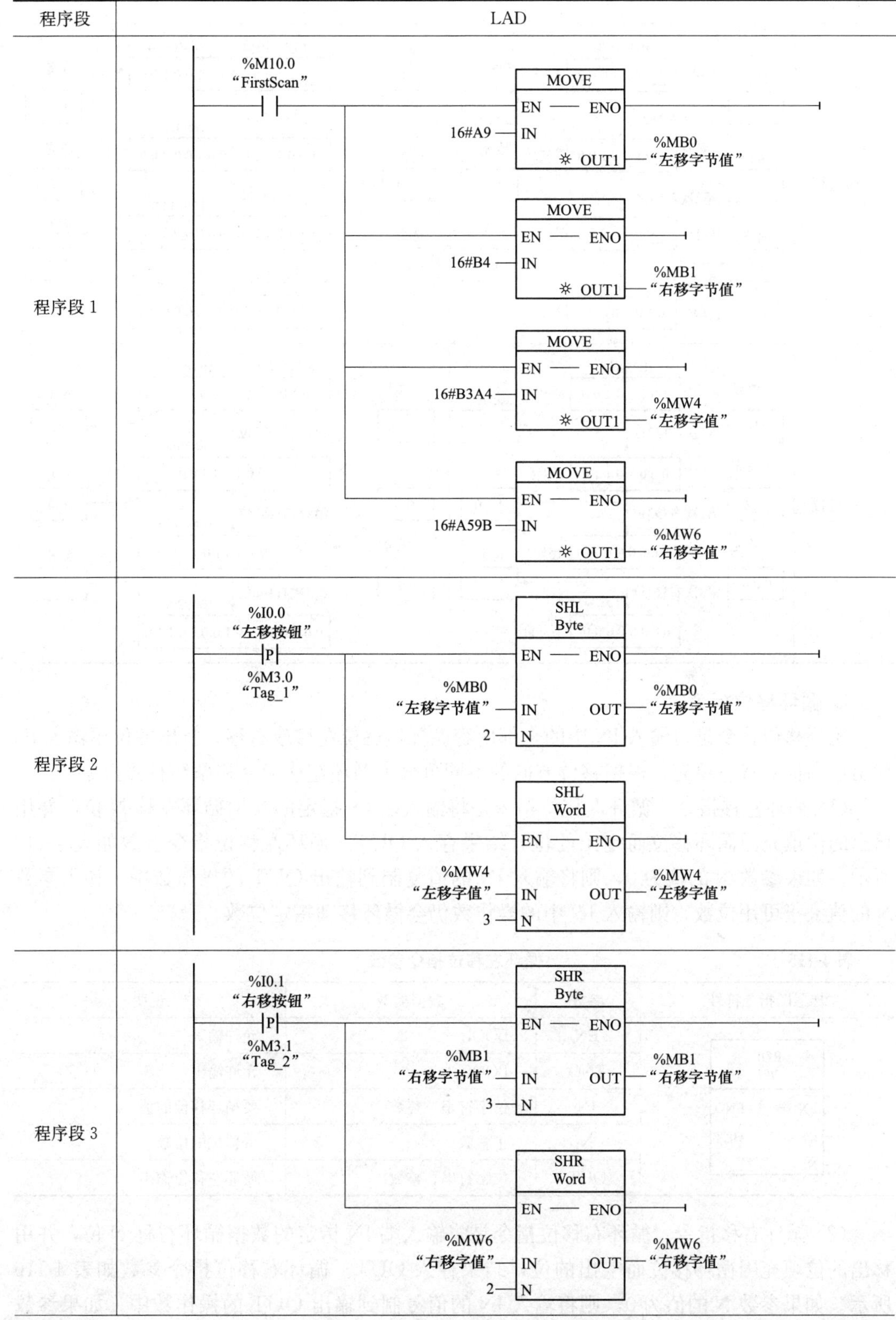

续表

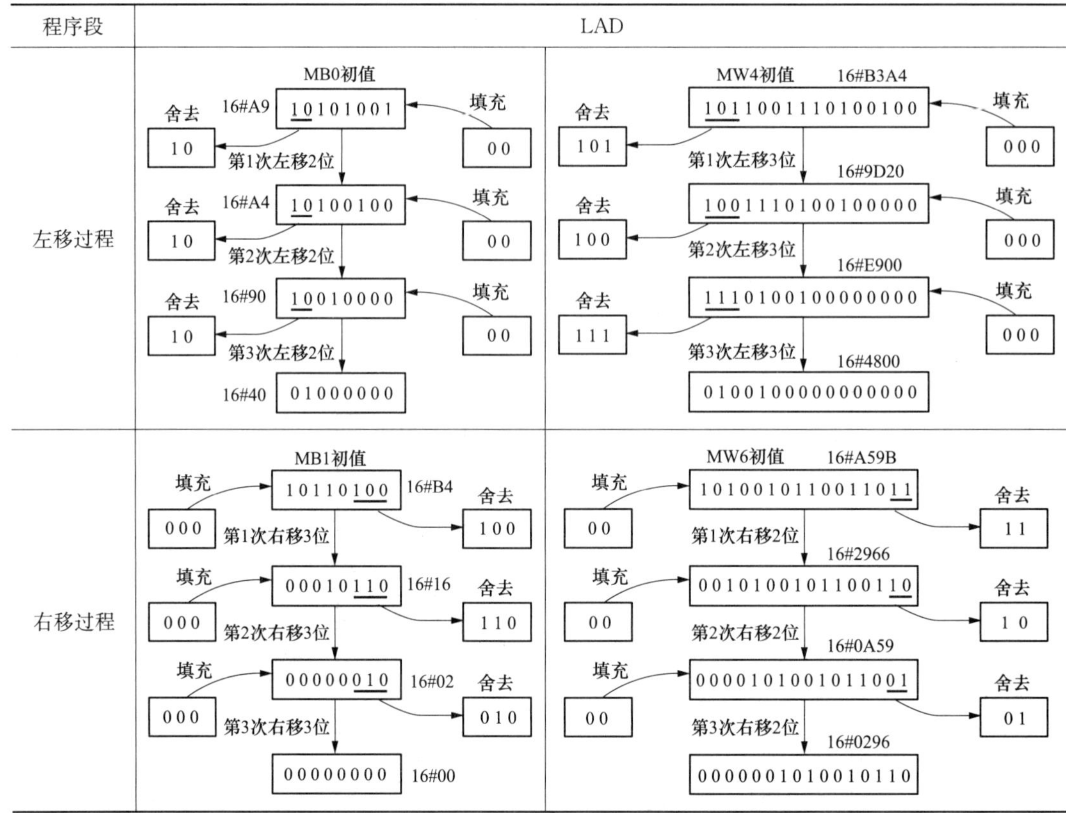

2. 循环移位指令

循环移位指令是将输入 IN 中的全部内容循环地逐位左移或右移，空出的位用输入 IN 移出位的信号状态填充，根据移位方向的不同可分为循环左移指令和循环右移指令。

(1) 循环左移指令。循环左移位指令是将输入端 IN 指定的数据循环左移 N 位，并用移出的位填充因循环移位而空出的位，结果存入 OUT。循环左移位指令参数如表 4-115 所示。如果参数 N 的值为 0，则将输入 IN 的值复制到输出 OUT 的操作数中；如果参数 N 的值大于可用位数，则输入 IN 中的操作数仍会循环移动指定位数。

表 4-115　　　　循环左移位指令参数

梯形图指令符号	参数	数据类型	说明
ROL ??? EN — ENO IN　OUT N	EN	BOOL	允许输入
	ENO	BOOL	允许输出
	IN	位字符串、整数	要循环移位的值
	N	正整数	待移位的位数
	OUT	位字符串、整数	循环左移位输出

(2) 循环右移指令。循环右移位指令是将输入端 IN 指定的数据循环右移 N 位，并用移出的位填充因循环移位而空出的位，结果存入 OUT。循环右移位指令参数如表 4-116 所示。如果参数 N 的值为 0，则将输入 IN 的值复制到输出 OUT 的操作数中；如果参数

N 的值大于可用位数，则输入 IN 中的操作数仍会循环移动指定位数。

表 4-116　　循环右移位指令参数

LAD	参数	数据类型	说明
ROR ??? EN — ENO IN　OUT N	EN	BOOL	允许输入
	ENO	BOOL	允许输出
	IN	位字符串、整数	要循环移位的值
	N	正整数	待移位的位数
	OUT	位字符串、整数	循环右移位输出

【例 4-66】 循环移位指令的使用如表 4-117 所示。在程序段 1 中，PLC 一上电，分别将两个 8 位的字节数值送入 MB0 和 MB1 中，两个 16 位的数值送入 MW4 和 MW6 中。在程序段 2 中，I0.0 动合触点每闭合 1 次时，执行 1 次循环左移指令，将 MB0 中的内容循环左移 2 位，MW4 中的内容循环左移 3 位；在程序段 3 中，I0.1 动合触点每闭合 1 次时，执行 1 次循环右移指令，将 MB1 中的内容循环右移 3 位，MW4 中的内容循环右移 2 位。每执行 1 次循环左移指令时，MB0 中数值的高 2 位先移出并添加到 MB0 的最低 2 位，然后其余位向左移 2 位；MW4 中数值的高 3 位先移出并添加到 MW4 的最低 3 位，然后其余位向左移 3 位。每执行 1 次循环右移指令时，MB1 中数值的低 3 位先移出并添加到 MB1 的最高 3 位，然后其余位向右移 3 位；MW6 中的数值的低 2 位先移出并添加到 MW6 的最高 2 位，然后其余位向右移 2 位。

表 4-117　　移位指令的使用程序

程序段	LAD
程序段 1	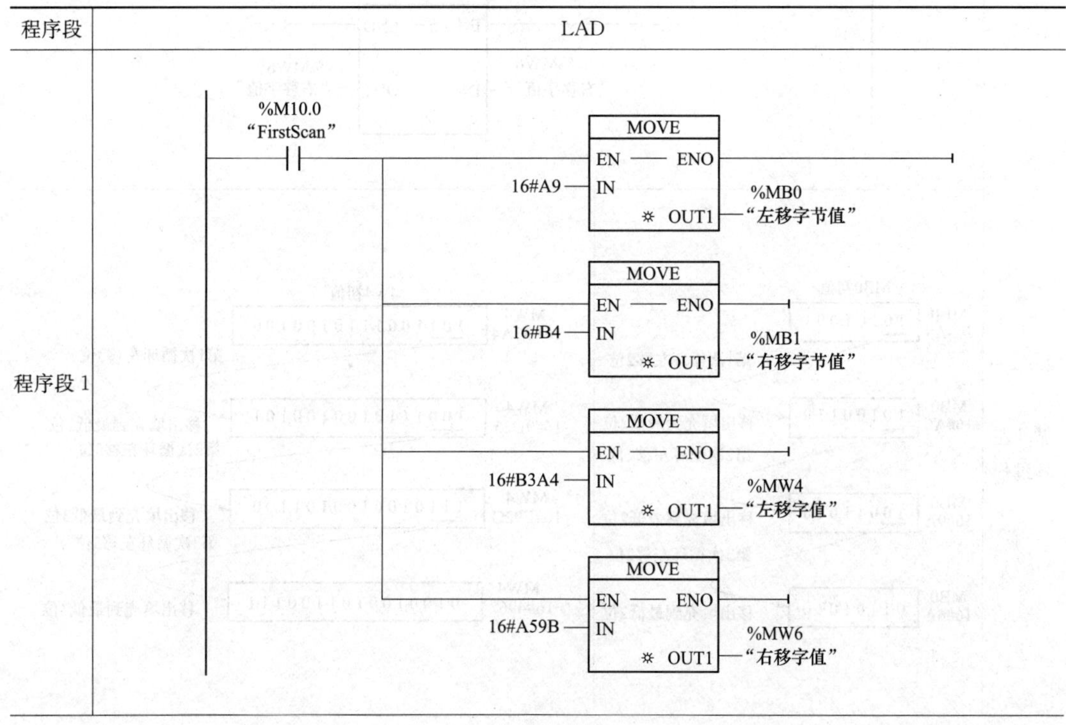

续表

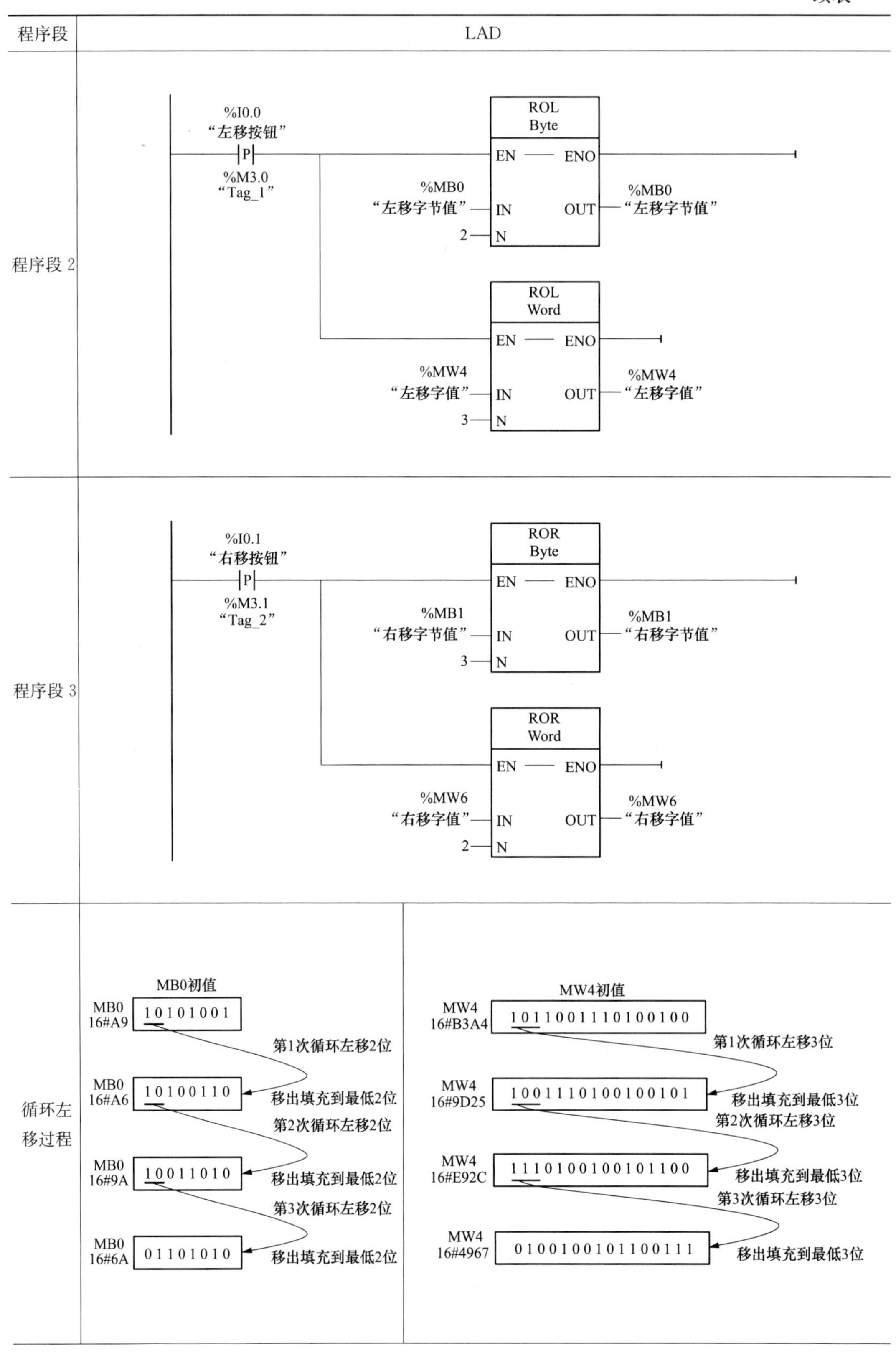

程序段
LAD
程序段 2
%I0.0
"左移按钮"
P
%M3.0
"Tag_1"
ROL
Byte
EN ENO
%MB0
"左移字节值" IN
OUT
%MB0
"左移字节值"
2 N
ROL
Word
EN ENO
%MW4
"左移字值" IN
OUT
%MW4
"左移字值"
3 N
程序段 3
%I0.1
"右移按钮"
P
%M3.1
"Tag_2"
ROR
Byte
EN ENO
%MB1
"右移字节值" IN
OUT
%MB1
"右移字节值"
3 N
ROR
Word
EN ENO
%MW6
"右移字值" IN
OUT
%MW6
"右移字值"
2 N
循环左移过程
MB0初值
MB0 16#A9 10101001
第1次循环左移2位
MB0 16#A6 10100110
移出填充到最低2位
第2次循环左移2位
MB0 16#9A 10011010
移出填充到最低2位
第3次循环左移2位
MB0 16#6A 01101010
移出填充到最低2位
MW4初值
MW4 16#B3A4 1011001110100100
第1次循环左移3位
MW4 16#9D25 1001110100100101
移出填充到最低3位
第2次循环左移3位
MW4 16#E92C 1110100100101100
移出填充到最低3位
第3次循环左移3位
MW4 16#4967 0100100101100111
移出填充到最低3位

续表

程序段	LAD
循环右移过程	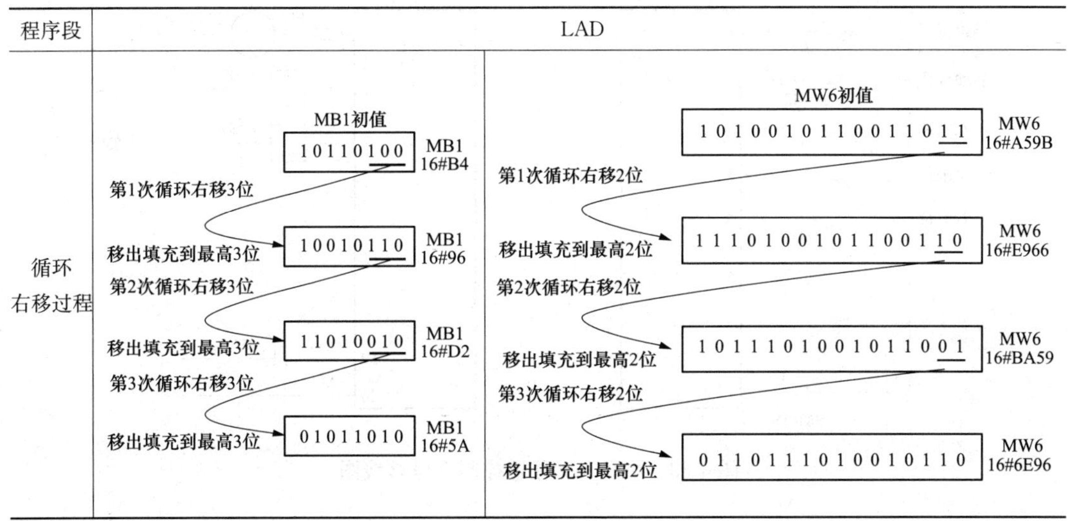

3. 移位和循环指令的应用

【例 4-67】 使用 SHL 指令实现小车自动往返控制。设小车初始状态停止在最左端，按下启动按钮 SB2 将按图 4-32 所示的轨迹运行；再次按下启动按钮 SB2，小车又开始新一轮运动。

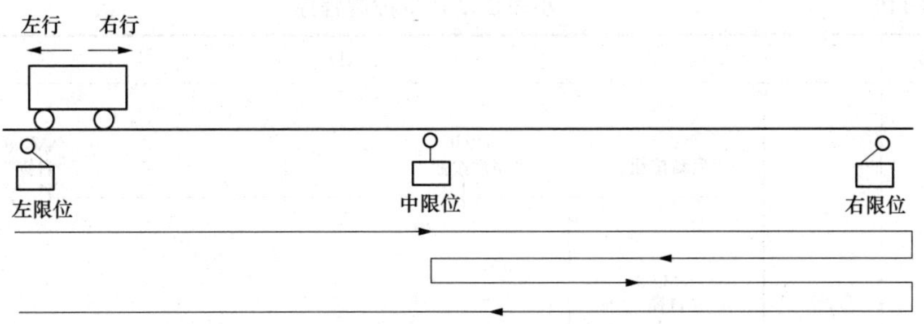

图 4-32　小车自动往返运行示意图

【分析】 根据题意可知，小车自动往返控制应有 5 个输入和 2 个输出，I/O 分配如表 4-118 所示，其 I/O 接线如图 4-33 所示。

表 4-118　　小车自动往返控制 I/O 分配表

输入（I）			输出（O）		
功能	元件	PLC 地址	功能	元件	PLC 地址
停止按钮	SB1	I0.0	小车右行	KM1	Q0.0
启动按钮	SB2	I0.1	小车左行	KM2	Q0.1
左限位	SQ1	I0.2			
中限位	SQ2	I0.3			
右限位	SQ3	I0.4			

使用左移位指令 SHL 实现此功能时，编写的程序如表 4-119 所示。程序段 1 为小车

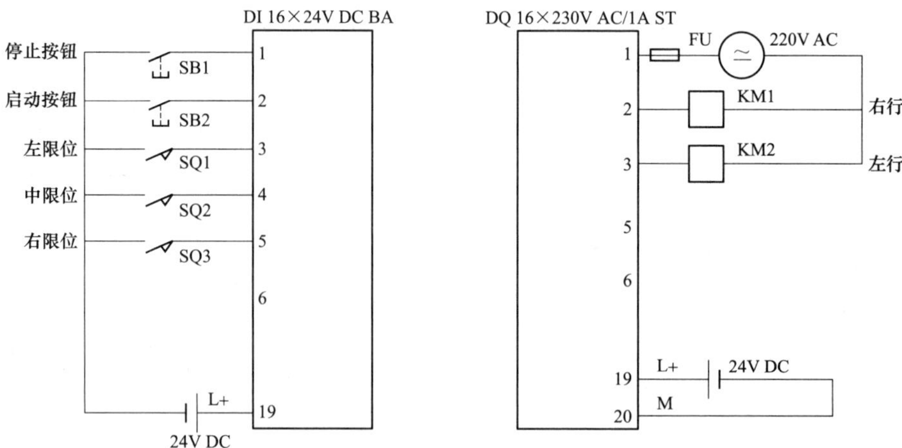

图 4-33　小车自动往返控制 I/O 接线图

的启动与停止控制。程序段 2 中当小车启动运行或每个循环结束时，将 MB0 清零。程序段 3 中 M0.1～M0.4 为 0 时，将 M0.0 置 1，为左移位指令重新赋移位初值。程序段 4 中，移位脉冲每满足 1 次，移位指令将 MB0 的值都会左移 1 次。程序段 5 为右行输出控制。程序段 6 为左行输出控制。

表 4-119　　小车自动往返控制程序

程序段	LAD
程序段 1	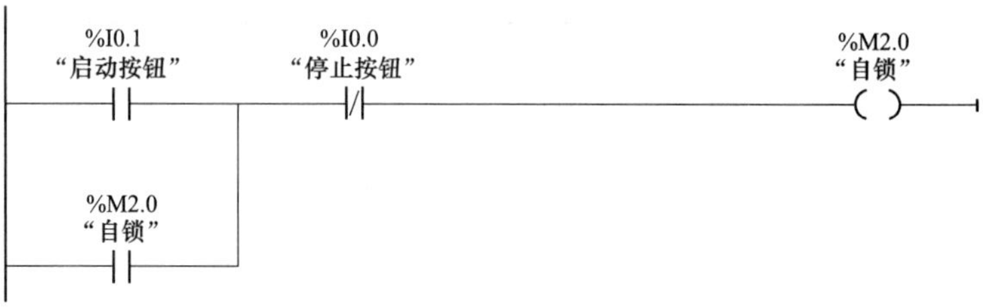 %I0.1 “启动按钮” ⊣ ⊢ 并联 %M2.0 “自锁” ⊣ ⊢；串联 %I0.0 “停止按钮” ⊣/⊢；输出 %M2.0 “自锁” ( )
程序段 2	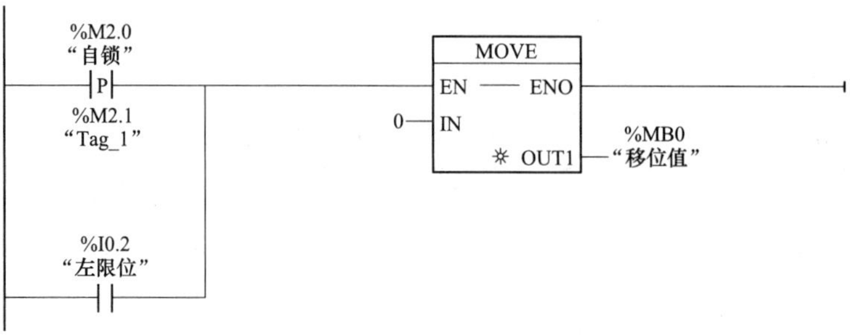 %M2.0 “自锁” ⊣P⊢ %M2.1 “Tag_1” 并联 %I0.2 “左限位” ⊣ ⊢；MOVE：EN — ENO，0 — IN，※ OUT1 — %MB0 “移位值”
程序段 3	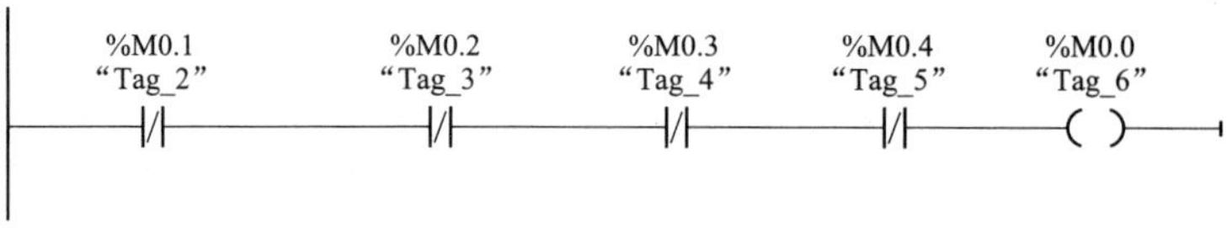 %M0.1 “Tag_2” ⊣/⊢ %M0.2 “Tag_3” ⊣/⊢ %M0.3 “Tag_4” ⊣/⊢ %M0.4 “Tag_5” ⊣/⊢ %M0.0 “Tag_6” ( )

续表

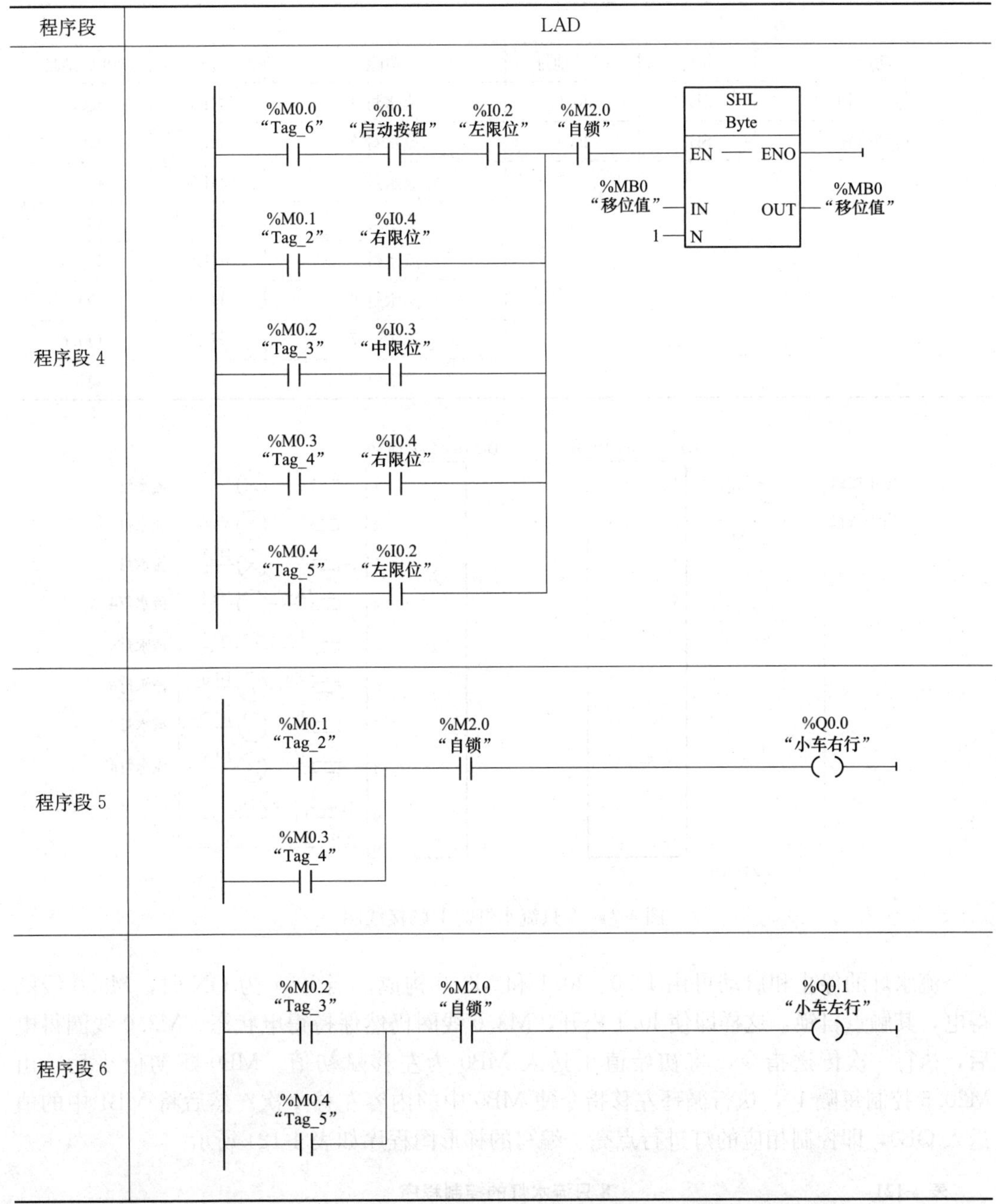

【例 4-68】 循环移位指令在流水灯控制系统中的应用。假设 PLC 的输入端子 I0. 0 和 I0. 1 分别外接停止按钮和启动按钮；PLC 的输出端子 QB0 外接流水灯 HL1～HL8。要求按下启动按钮后，流水灯开始从 Q0. 0 到 Q0. 7 每隔 1s 依次左移点亮，当 Q0. 7 点亮后，流水灯又开始从 Q0. 0 到 Q0. 7 每隔 1s 依次左移点亮，循环进行。

【分析】 根据题意可知，PLC 实现流水灯控制时，应有 2 个输入和 8 个输出，I/O 分配如表 4-120 所示，其 I/O 接线如图 4-34 所示。

表 4-120　　PLC 实现流水灯控制的 I/O 分配表

输入			输出		
功能	元件	PLC 地址	功能	元件	PLC 地址
停止按钮	SB1	I0.0	流水灯 1	HL1	Q0.0
启动按钮	SB2	I0.1	流水灯 2	HL2	Q0.1
			流水灯 3	HL3	Q0.2
			流水灯 4	HL4	Q0.3
			流水灯 5	HL5	Q0.4
			流水灯 6	HL6	Q0.5
			流水灯 7	HL7	Q0.6
			流水灯 8	HL8	Q0.7

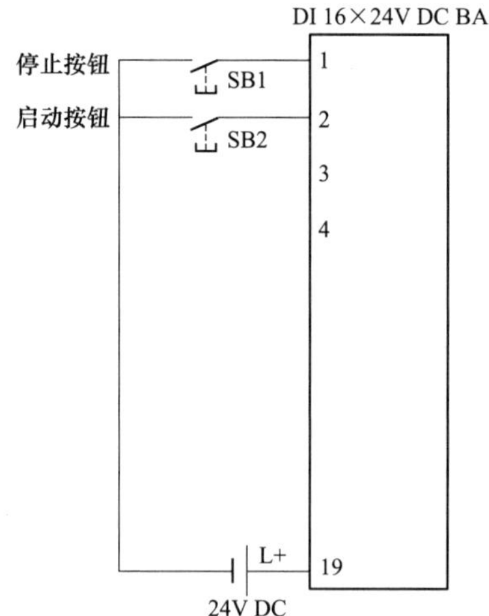

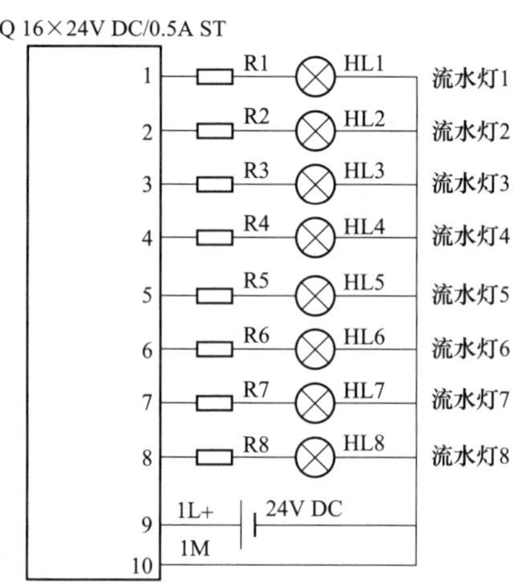

图 4-34　8 只流水灯的 I/O 接线图

流水灯的停止和启动可由 I0.0、I0.1 和 M3.0 构成。当 I0.1 为 ON 时，M3.0 线圈得电，其触点自锁，这样即使 I0.1 松开，M3.0 线圈仍然保持得电状态。M3.0 线圈得电后，执行一次传送指令，将初始值 1 送入 MB0 为左移赋初值。MB0 赋初值 1 后，由 M20.5 控制每隔 1s，执行循环左移指令使 MB0 中的内容左移 1 次。然后将 MB1 中的值送入 QB0，即控制相应的灯进行点亮。编写的梯形图程序如表 4-121 所示。

表 4-121　　8 只流水灯的控制程序

程序段	LAD
程序段 1	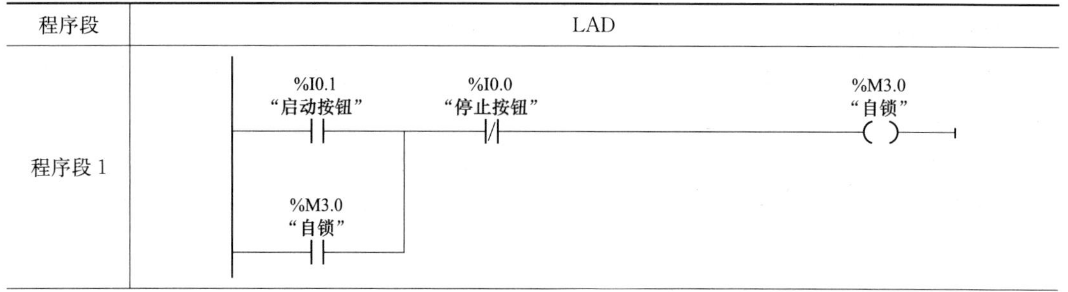

续表

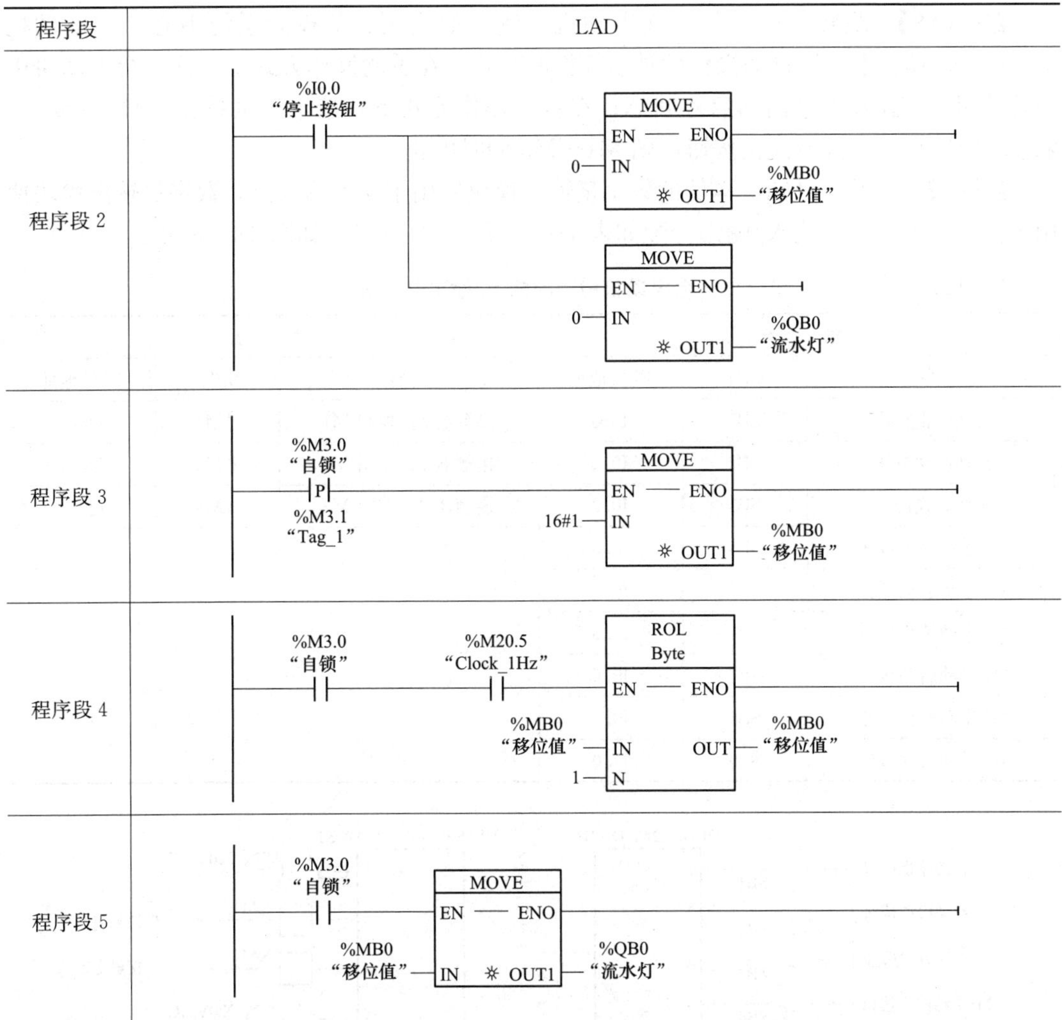

4.1.10　程序控制类指令

程序控制类指令主要控制程序结构和程序的执行。在 LAD 中，程序控制类指令主要包括 JMP 跳转、JMPN 若非跳转、LABLE 跳转标号、JMP_LIST 定义跳转、SWITCH 跳转分支、RET 返回等指令。

1. 跳转指令与标号指令

跳转指令有两条：JMP 跳转和 JMPN 跳转。如果 JMP 跳转指令输入的逻辑运算结果 RLO 为“1”，可以中断正在执行的程序段，跳转到同一程序 LABLE 指定的标号处执行，否则将继续执行下一段程序段。如果 JMPN 跳转指令输入的逻辑运算结果 RLO 为“0”，可以中断正在执行的程序段，跳转到同一程序 LABLE 指定的标号处执行，否则将继续执行下一段程序段。

LABLE 是一个跳转指令目的地的标识符。第一个字符必须是字母表中的一个字母，其他字符可以是字母，也可以是数字（例如 LP1）。对于 JMP 或 JMPN 指令必须有一个跳转标号（LABLE）。

【例 4-69】 跳转与标号指令在电动机控制中的应用。某控制系统中有 3 台电动机 M1～M3，具有手动和自动操作两种启停控制方式。在手动操作方式下，这 3 台电动机由各自的启停按钮控制它们的启停状态；在自动操作方式下，按下启动按钮，M1～M3 每隔 10s 依次启动，按下停止按钮，则 M1～M3 同时停止。

【分析】 从题意可知，本例的数字量输入模块使用了 9 个输入点，数字量输出模块使用了 3 个输出点，其输入/输出分配如表 4-122 所示，I/O 接线如图 4-35 所示。

表 4-122　　3 台电动机控制的输入/输出分配表

输　入			输　出		
功能	元件	PLC 地址	功能	元件	PLC 地址
自动停止按钮	SB1	I0.0	接触器 1，控制 M1	KM1	Q0.0
自动启动按钮	SB2	I0.1	接触器 2，控制 M2	KM2	Q0.1
操作方式选择	SB3	I0.2	接触器 3，控制 M3	KM3	Q0.2
M1 手动停止按钮	SB4	I0.3			
M1 手动启动按钮	SB5	I0.4			
M2 手动停止按钮	SB6	I0.5			
M2 手动启动按钮	SB7	I0.6			
M3 手动停止按钮	SB8	I0.7			
M3 手动启动按钮	SB9	I1.0			

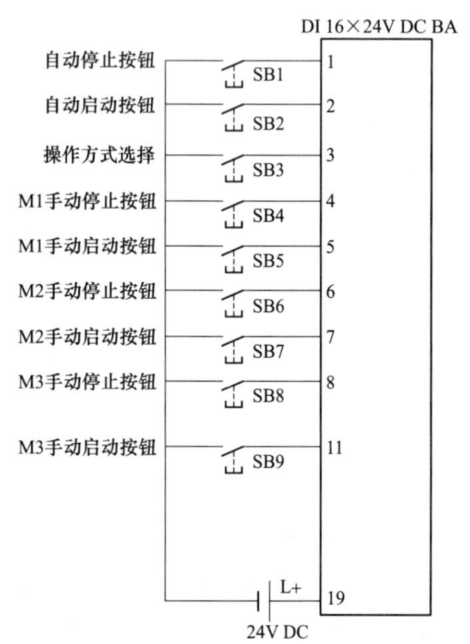

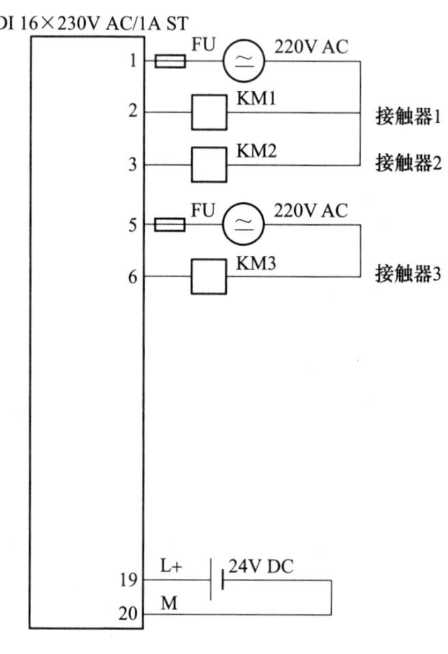

图 4-35　3 台电动机控制的 I/O 接线图

从控制要求可以看出，需要在程序中体现两种可以任意选择的控制方式，所以运用跳转与标号指令可完成任务操作。当操作方式选择开关闭合时，I0.2 动合触点为 ON，跳过手动程序不执行；I0.2 动断触点断开，选择自动方式的程序段执行。而操作方式选择开关断开时的情况与此相反，跳过自动方式程序段不执行，选择手动方式程序段执行。编写程序如表 4-123 所示。

表 4-123　　　　　跳转与标号指令在电动机控制中的应用程序

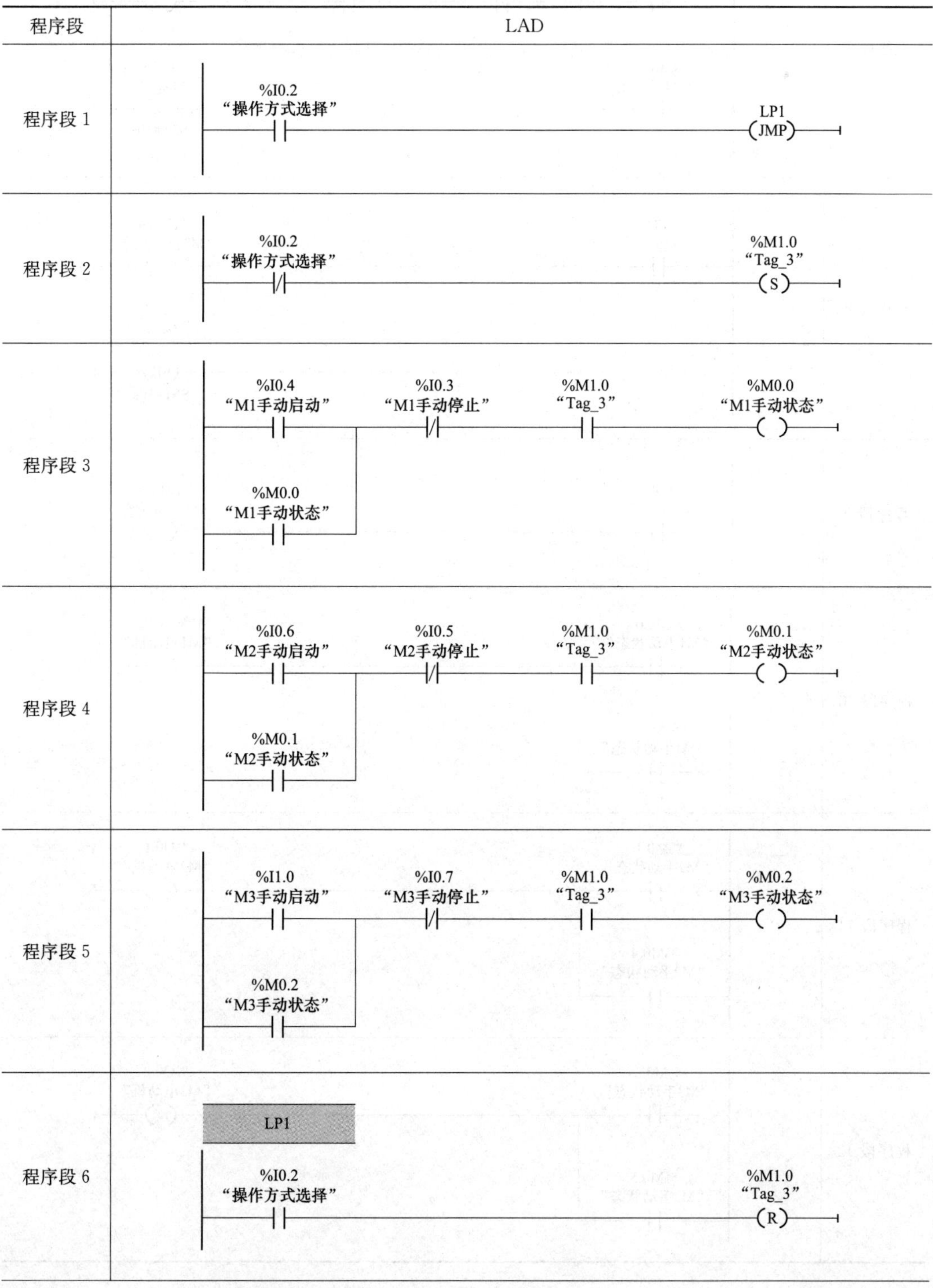

续表

程序段	LAD
程序段 7	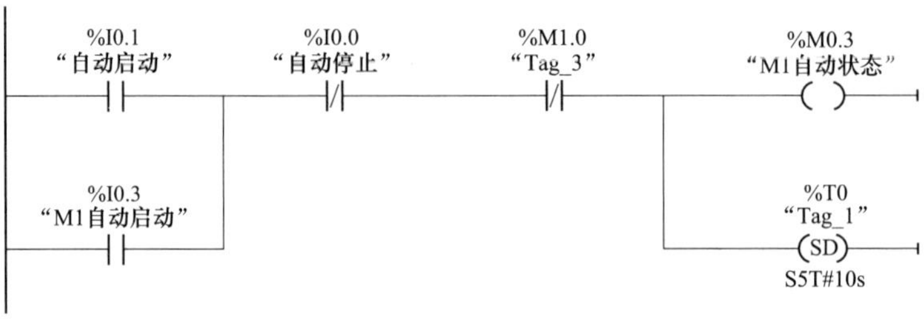 %I0.1 “自动启动” ┤├ (并联 %I0.3 “M1自动启动” ┤├) — %I0.0 “自动停止” ┤/├ — %M1.0 “Tag_3” ┤/├ — %M0.3 “M1自动状态” ( ); %T0 “Tag_1” (SD) S5T#10s
程序段 8	 %T0 “Tag_1” ┤├ — %M0.4 “M2自动状态” ( ); %T1 “Tag_2” (SD) S5T#10s
程序段 9	 %T1 “Tag_2” ┤├ — %M0.5 “M3自动状态” ( )
程序段 10	%M0.0 “M1手动状态” ┤├ (并联 %M0.3 “M1手动状态” ┤├) — %Q0.0 “M1电动机” ( )
程序段 11	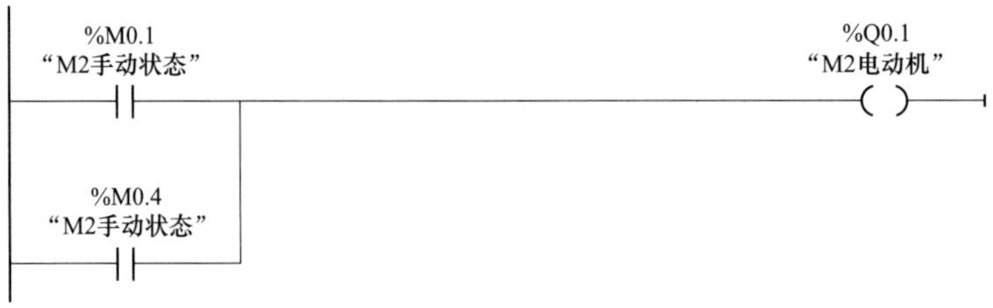 %M0.1 “M2手动状态” ┤├ (并联 %M0.4 “M2手动状态” ┤├) — %Q0.1 “M2电动机” ( )
程序段 12	 %M0.2 “M3手动状态” ┤├ (并联 %M0.5 “M3手动状态” ┤├) — %Q0.2 “M3电动机” ( )

2. JMP_LIST 定义跳转列表指令

使用 JMP_LIST 指令可以定义多个有条件跳转，并继续执行由参数 K 值指定的程序段中的程序，该指令有 EN、K、DEST0、DEST1、DESTn 等参数，各参数说明如表 4-124 所示。

表 4-124　JMP_LIST 定义跳转列表指令参数

梯形图指令符号	参数	数据类型	说明
JMP_LIST EN　DEST0 K　DEST1 ※　DEST2	EN	BOOL	使能输入
	K	UINT	指定输出的编号及要执行的跳转
	DEST0	—	第 1 个跳转标号
	DEST1	—	第 2 个跳转标号
	DESTn	—	第 $n+1$ 个跳转标号

JMP_LIST 指令可以使用（LABEL）来定义跳转，跳转标号可以在指令框的输出指定，例如在指令中点击黄色的星号即可添加跳转（DEST）。参数 K 指定输出编号，程序将从跳转标号处继续执行，如果 K 值大于可用的输出编号，则继续执行块中下一个程序段中的程序。

【例 4-70】 JMP_LIST 指令的使用如表 4-125 所示。PLC 一上电，将根据 MW0 的内容进行相应的跳转。如果 MW0＝“DEST0”，则跳转到 LP1 标号的程序段处（即程序段 2）执行程序；如果 MW0＝“DEST1”，则跳转到 LP2 标号的程序段处（即程序段 3）执行程序；如果 MW0＝“DEST3”，则跳转到 LP3 标号的程序段处（即程序段 4）执行程序；如果 MW0＝“DEST4”，则跳转到 LP4 标号的程序段处（即程序段 5）执行程序。

表 4-125　JMP_LIST 指令的使用程序

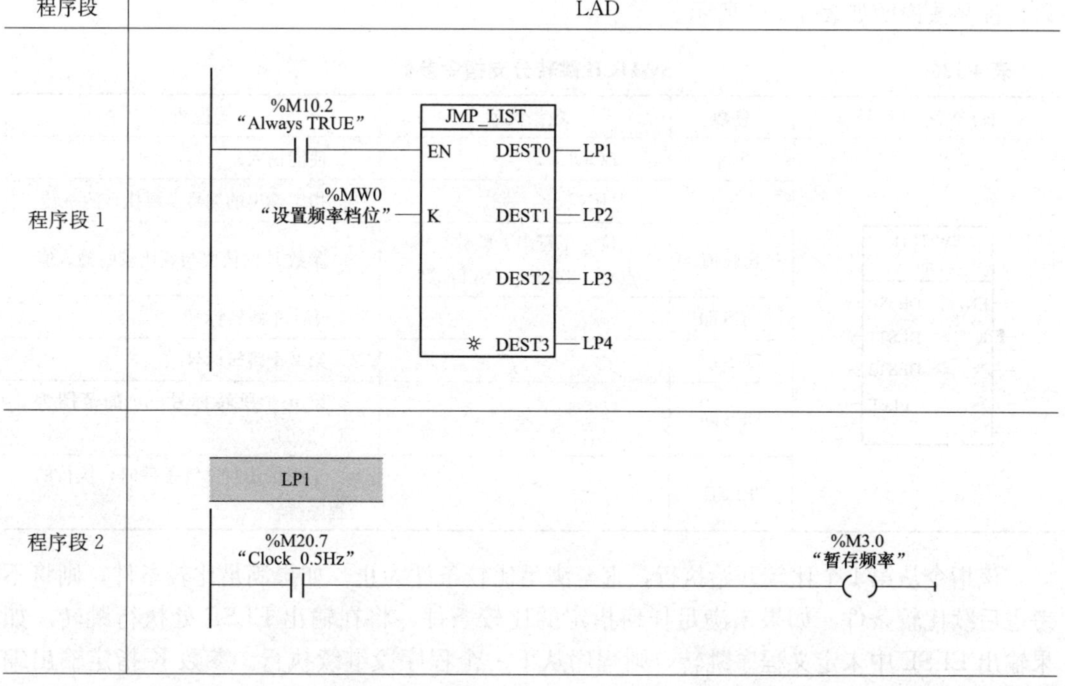

续表

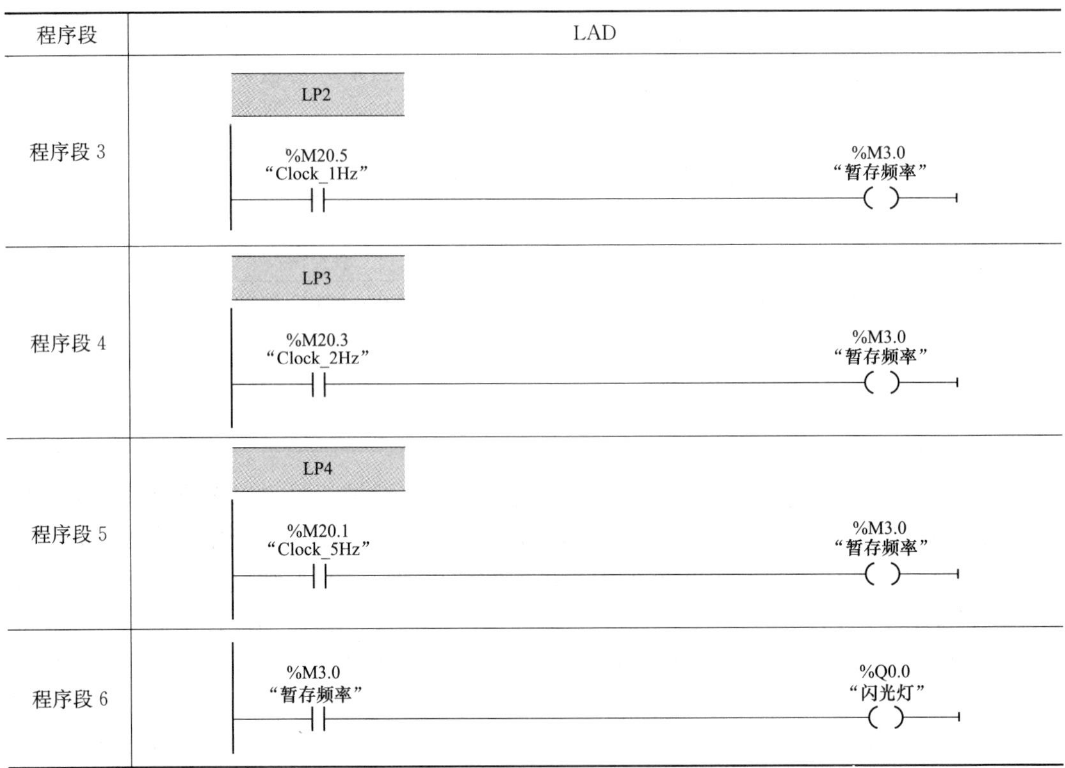

程序段	LAD
程序段 3	LP2 %M20.5 "Clock_1Hz" —| |— %M3.0 "暂存频率" —( )—
程序段 4	LP3 %M20.3 "Clock_2Hz" —| |— %M3.0 "暂存频率" —( )—
程序段 5	LP4 %M20.1 "Clock_5Hz" —| |— %M3.0 "暂存频率" —( )—
程序段 6	%M3.0 "暂存频率" —| |— %Q0.0 "闪光灯" —( )—

3. SWITCH 跳转分支指令

使用跳转分支指令 SWITCH，可以根据一个或多个比较指令的结果，定义要执行的多个程序跳转。该指令有 EN、K、<比较值>、DEST0、DEST1、DESTn、ELSE 等参数，各参数说明如表 4-126 所示。

表 4-126　　　SWITCH 跳转分支指令参数

梯形图指令符号	参数	数据类型	说明
SWITCH LInt EN　DEST0 K　DEST1 ==　DEST2 <　ELSE >	EN	BOOL	使能输入
	K	UINT	指定输出的编号及要执行的跳转
	<比较值>	位、字符串、整数、浮点数、TIME、DATE 等	参数 K 的值要与其比较的输入值
	DEST0	—	第 1 个跳转标号
	DEST1	—	第 2 个跳转标号
	DESTn	—	第 n 个跳转标号（n 的范围为 2～256）
	ELSE	—	不满足任何比较条件时，执行的程序跳转

该指令从第 1 个比较开始执行，直至满足比较条件为止。如果满足比较条件，则将不考虑后续比较条件。如果未满足任何指定的比较条件，将在输出 ELSE 处执行跳转。如果输出 ELSE 中未定义程序跳转，则程序从下一个程序段继续执行。参数 K 指定输出编

号，程序将从跳转标号处继续执行，如果 K 值大于可用的输出编号，则继续执行块中下一个程序段中的程序。

【例 4-71】 SWITCH 指令的使用如表 4-127 所示。PLC 一上电，将根据 MW0 的内容进行相应的跳转。如果 MW0 等于 5，则跳转到 LP1 标号的程序段处（即程序段 2）执行程序；如果 MW0 小于 4，则跳转到 LP2 标号的程序段处（即程序段 3）执行程序；如果 MW0 大于 6，则跳转到 LP3 标号的程序段处（即程序段 4）执行程序；否则跳转到 LP4 标号的程序段处（即程序段 5）执行程序。

4.2 扩 展 指 令

S7-1500 PLC 除了基本指令外，还包含了一些扩展指令，如日期和时间指令、字符与字符串指令、过程映像指令、分布式 I/O 指令、PROFIenergy 指令、模块化参数分配指令、中断指令等。这些扩展指令通常与系统功能有关，本节只介绍日期和时间指令、字符与字符串指令、过程映像指令，中断指令将在第 5 章进行介绍，其余扩展指令可参考系统手册。

4.2.1 日期和时间指令

日期和时间指令用于时间的比较、时间运算以及设定 CPU 的运行时钟等功能。

1. 时间比较指令

时间比较指令 T_COMP 用于对“定时器”或“日期和时间”两个变量（IN1 和 IN2）的内容进行比较，指令参数如表 4-127 所示。时间比较操作可以从“EQ”下拉列表中选择该指令的比较操作，如表 4-128 所示。

表 4-127　时间比较指令参数表

梯形图指令符号	参数	数据类型	说明
T_COMP ??? EQ EN　ENO IN1　OUT IN2	EN	BOOL	允许输入
	ENO	BOOL	允许输出
	IN1	DATE、TIME、LTIME、TOD、LTOD、DT、LDT、DTL、S5TIME	待比较的第 1 个数值
	IN2		待比较的第 2 个数值
	OUT	BOOL	返回比较结果

表 4-128　时间比较指令的比较操作

比较操作	说　明
EQ	如果参数 IN1 和 IN2 的时间点相同，则 OUT 输出的信号状态为“1”
NE	如果参数 IN1 和 IN2 的时间点不相同，则 OUT 输出的信号状态为“1”
GE	如果参数 IN1 的时间点大于（晚于）或等于 IN2 的时间点，则 OUT 输出的信号状态为“1”
LE	如果参数 IN1 的时间点小于（早于）或等于 IN2 的时间点，则 OUT 输出的信号状态为“1”
GT	如果参数 IN1 的时间点大于（晚于）IN2 的时间点，则 OUT 输出的信号状态为“1”
LT	如果参数 IN1 的时间点小于（早于）IN2 的时间点，则 OUT 输出的信号状态为“1”

【例 4-72】 时间比较指令的使用程序如表 4-129 所示。PLC 一上电，将 MD4 复位。按下启动按钮时 I0.1 触点闭合，M0.0 线圈得电并自锁，使得程序段 3 中的系统开始计时，并将当前计时值存入 MD4 中。程序段 4～程序段 8 进行时间比较，在程序段 4 中，当当前计时值 MD4 小于 2min 时，M0.1 线圈得电，使得程序段 5 中的 HL2 指示以 2Hz 频率进行闪烁；在程序段 6 中，当当前计时值 MD4 等于 5min 时，HL3 指示灯点亮；在程序段 7 中，当当前计时值 MD4 大于 8min 时，HL4 指示灯点亮；在程序段 8 中，当当前计时值 MD4 大于 12min 时，M0.2 线圈得电。M0.2 线圈得电，使得程序段 2 中的 MD4 进行复位。

表 4-129　　　　时间比较指令的使用程序

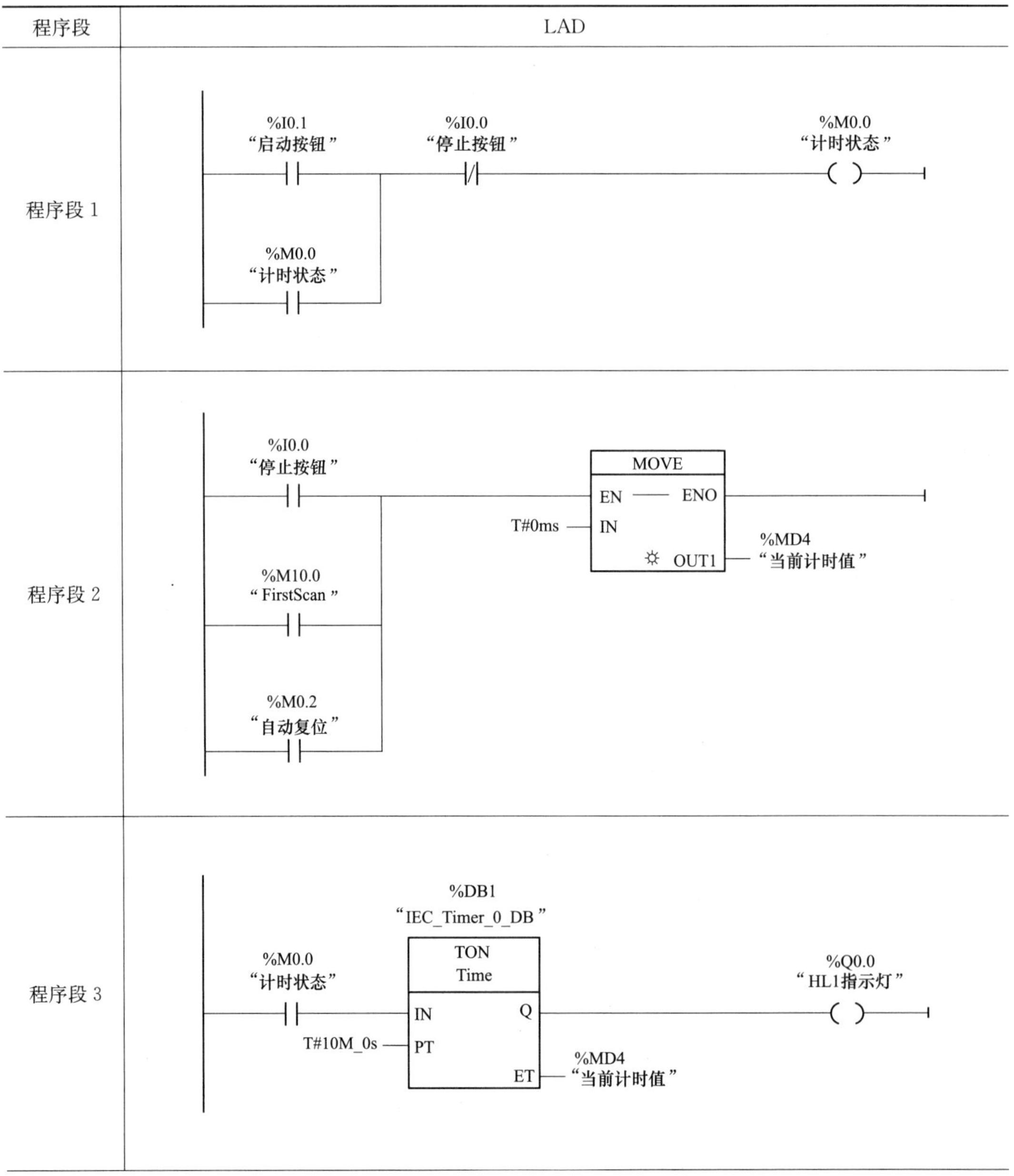

续表

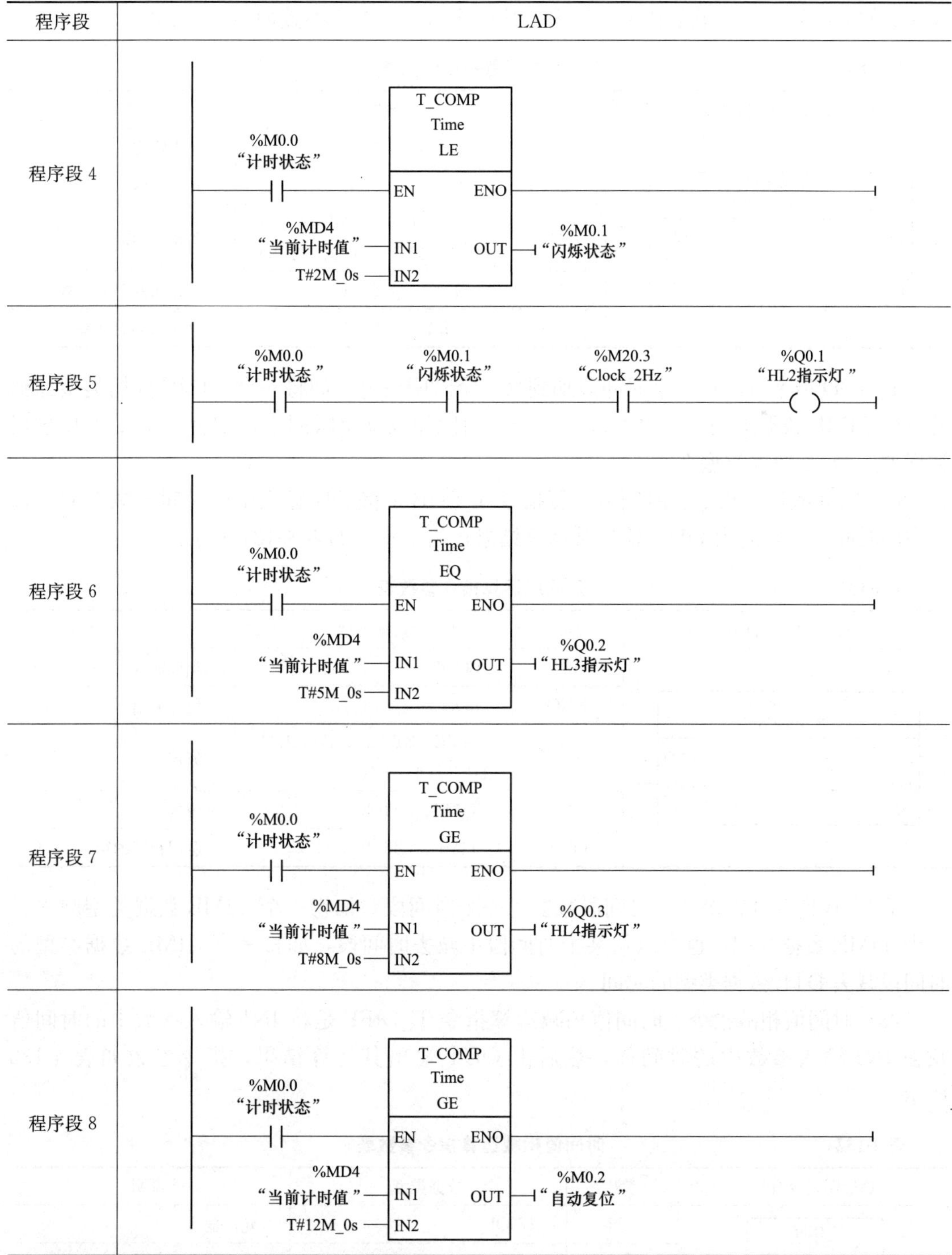

2. 时间运算指令

为支持 S7-1500 PLC 进行时间运算操作，在扩展指令中提供了一些时间运算指令，如时间加运算指令 T_ADD，时间减运算指令 T_SUB、时间值相减指令 T_DIFF 和组合时间指令 T_COMBINE 等。

（1）时间加运算指令。时间加运算指令 T_ADD 是将 IN1 输入中的时间信息加到 IN2 输入中的时间信息上，然后由 OUT 输出其运算结果，指令参数如表 4-130 所示。

表 4-130　　　　时间加运算指令参数表

梯形图指令符号	参数	数据类型	说明
T_ADD ??? PLUS ??? EN　ENO IN1　OUT IN2	EN	BOOL	允许输入
	ENO	BOOL	允许输出
	IN1	TIME、LTIME 、DT、DTL、LDT、TOD、LTOD	要相加的第 1 个数
	IN2	TIME、LTIME	要相加的第 2 个数
	OUT	TIME、LTIME	返回相加的结果

T_ADD 指令可以将一个时间段加到另一个时间段上，如将一个 TIME 数据类型加到另一个 TIME 数据类型上，也可以将一个时间段加到某个时间上，如将一个 TIME 数据类型加到 DTL 数据类型上。

（2）时间减运算指令。时间减运算指令 T_SUB 是将 IN1 输入中的时间值减去 IN2 输入中的时间值，然后由 OUT 输出其运算结果，指令参数如表 4-131 所示。

表 4-131　　　　时间减运算指令参数表

梯形图指令符号	参数	数据类型	说明
T_SUB ??? MINUS ??? EN　ENO IN1　OUT IN2	EN	BOOL	允许输入
	ENO	BOOL	允许输出
	IN1	TIME、LTIME 、DT、DTL、LDT、TOD、LTOD	被减数
	IN2	TIME、LTIME	减数
	OUT	TIME、LTIME	返回相减的结果

T_SUB 指令可以将一个时间段减去另一个时间段，如将一个 TIME 数据类型减去另一个 TIME 数据类型，也可以从某个时间段中减去时间段，如将一个 TIME 数据类型的时间段减去 DTL 数据类型的时间。

（3）时间值相减指令。时间值相减运算指令 T_DIFF 是将 IN1 输入参数中的时间值减去 IN2 输入参数中的时间值，然后由 OUT 输出其运算结果，指令参数如表 4-132 所示。

表 4-132　　　　时间值相减运算指令参数表

梯形图指令符号	参数	数据类型	说明
T_DIFF ??? TO ??? EN　ENO IN1　OUT IN2	EN	BOOL	允许输入
	ENO	BOOL	允许输出
	IN1	DTL、DATE、DT、TOD	被减数
	IN2		减数
	OUT	TIME、LTIME、INT	返回相减的结果

执行 T_DIFF 指令时，如果 IN2 输入参数中的时间值大于 IN1 输入参数中的时间值，则 OUT 输出参数中将输出一个负数结果。如果减法运算的结果超出 TIME 值范围，则使能输出 ENO 的值为“0”。

（4）组合时间指令。组合时间指令 T_COMBINE 用于合并日期值和时间值，并生成一个合并日期时间值，其指令参数如表 4-133 所示。

表 4-133　　　　组合时间指令参数表

梯形图指令符号	参数	数据类型	说明
T_COMBINE ??? TO ??? EN　ENO IN1　OUT IN2	EN	BOOL	允许输入
	ENO	BOOL	允许输出
	IN1	DATE	日期的输入变量
	IN2	TOD、LTOD	时间的输入变量
	OUT	DT、DTL、LDT	日期和时间的返回值

【例 4-73】 时间运算指令的使用程序如表 4-134 所示。在程序段 1 中，按下启动按钮时 I0.1 触点闭合，M0.0 线圈得电并自锁。M0.0 线圈得电，程序段 2 中的 M0.0 触点闭合，系统开始计时，并将当前计时值存入 MD4 中。如果计时超过 10min，Q0.0 线圈得电。在程序段 3 中，将 TON 的当前计时值 MD4 与 T＃25s 进行时间加运算操作，结果送入 MD30 中；在程序段 4 中，将 TON 的当前计时值 MD4 减去 T＃12M_15s，结果送入 MD34 中；在程序段 5 中，将 TOD＃20:57:34 减去 TOD＃2:12:36，求得时间差值送入 MD40 中。

表 4-134　　　　时间运算指令的使用程序

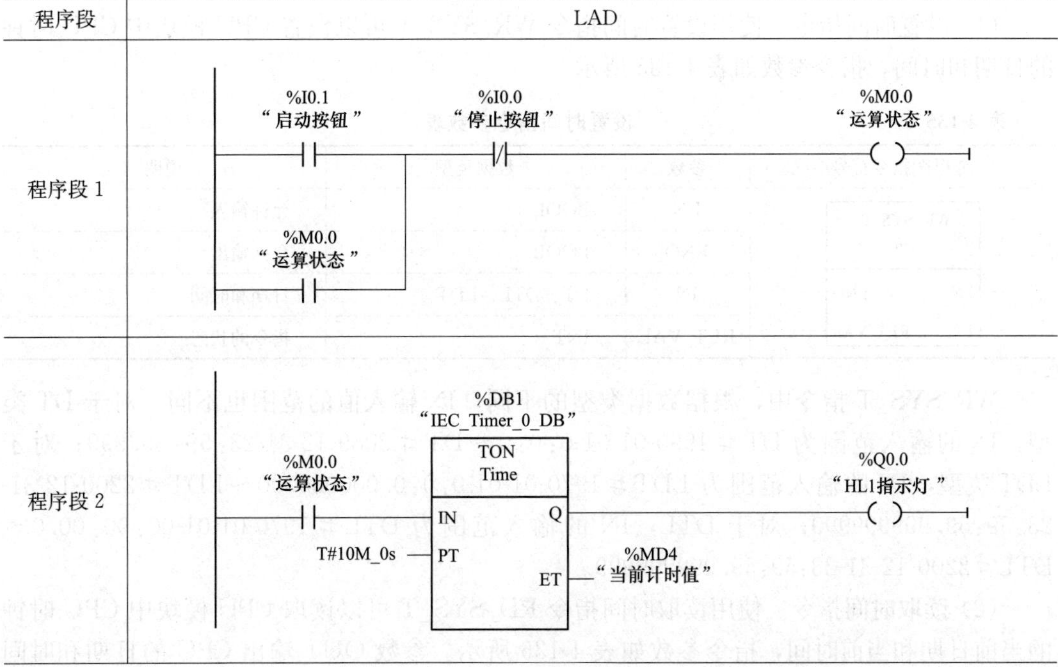

续表

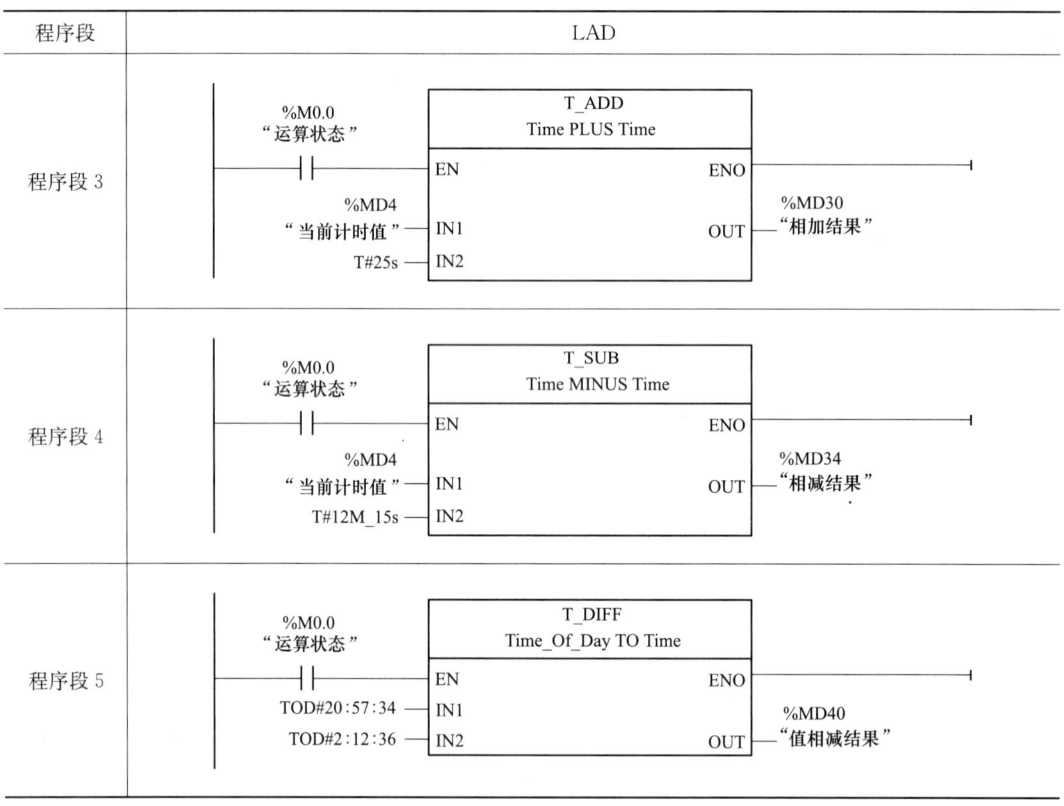

3. 时钟函数指令

时钟函数指令包括设置时间指令 WR_SYS_T、读取时间指令 RD_SYS_T、设置本地时间指令 WR_LOC_T、读取本地时间指令 RD_LOC_T、读取系统时间指令等。

（1）设置时间指令。使用设置时间指令 WR_SYS_T 可以设置 CPU 模块中 CPU 时钟的日期和时间，指令参数如表 4-135 所示。

表 4-135　　设置时间指令参数表

梯形图指令符号	参数	数据类型	说明
WR_SYS_T ??? EN　ENO IN　RET_VAL	EN	BOOL	允许输入
	ENO	BOOL	允许输出
	IN	DT、DTL、LDT	日期和时间
	RET_VAL	INT	指令的状态

WR_SYS_T 指令中，根据数据类型的不同，IN 输入值的范围也不同。对于 DT 类型，IN 的输入范围为 DT＃1990-01-01-0：0：0～DT＃2089-12-31-23：59：59.999；对于 LDT 类型，IN 的输入范围为 LDT＃1970-01-01-0：0：0.000000000～LDT＃2200-12-31-23：59：59.999999999；对于 DTL，IN 的输入范围为 DTL＃1970-01-01-00：00：00.0～DTL＃2200-12-31-23：59：59.999999999。

（2）读取时间指令。使用读取时间指令 RD_SYS_T 可以读取 CPU 模块中 CPU 时钟的当前日期和当前时间，指令参数如表 4-136 所示。参数 OUT 输出 CPU 的日期和时间信息中不包含有关本地时区或夏令时的信息。

表 4-136　　　　RD_SYS_T 读取时间指令参数表

梯形图指令符号	参数	数据类型	说明
RD_SYS_T ??? EN ENO RET_VAL OUT	EN	BOOL	允许输入
	ENO	BOOL	允许输出
	RET_VAL	INT	指令的状态
	OUT	DT、DTL、LDT	CPU 的日期和时间

（3）读取系统时间指令。使用读取系统时间指令 TIME_TCK 可以读取 CPU 模块中 CPU 系统时间，指令参数如表 4-137 所示。该系统时间是一个时间计数器，从 0 开始计数，直到最大值 2147483647ms。发生溢出时，系统时间将重新从 0 开始计数。系统时间的时间刻度和精度均为 1ms，而且系统时间受 CPU 操作模式的影响。

表 4-137　　　　RD_SYS_T 读取系统时间指令参数表

梯形图指令符号	参数	数据类型	说明
TIME_TCK EN ENO RET_VAL	EN	BOOL	允许输入
	ENO	BOOL	允许输出
	RET_VAL	TIME	读取的系统时间

（4）设置本地时间指令。使用设置本地时间指令 WR_LOC_T，可以通过 LOCTIME 参数输入 CPU 时钟的日期和时间以作为本地时间，指令参数如表 4-138 所示。

表 4-138　　　　设置本地时间指令参数表

梯形图指令符号	参数	数据类型	说明
WR_LOC_T ??? EN ENO LOCTIME Ret_Val DST	EN	BOOL	允许输入
	ENO	BOOL	允许输出
	LOCITIME	DTL、LDT	本地时间
	DST	BOOL	TURE（夏令时）或 FALSE（标准时间）
	RET_VAL	INT	指令的状态

WR_LOC_T 指令中，根据数据类型的不同，LOCTIME 输入值的范围也不同。对于 DTL 类型，LOCTIME 的输入范围为 DTL＃1970-01-01-0：0：0～DTL＃2200-12-31-23：59:59.999999999；对于 LDT 类型，其输入范围为 LDT＃1970-01-01-0：0：0.000000000～LDT＃2200-12-31-23:59:59.999999999。

（5）读取本地时间指令。使用读取本地时间指令 RD_LOC_T，可以从 CPU 时钟读取当前本地时间，并将此时间在 OUT 中输出，指令参数如表 4-139 所示。在输出本地时间时，会用到夏令时和标准时间的时区和开始时间（已在 CPU 时钟的组态中设置）的相关信息。

表 4-139　　读取本地时间指令参数表

梯形图指令符号	参数	数据类型	说明
RD_LOC_T ??? EN ENO RET_VAL OUT	EN	BOOL	允许输入
	ENO	BOOL	允许输出
	RET_VAL	INT	指令的状态
	OUT	DT、DTL、LDT	输出本地时间

4. 日期和时间指令的应用

【例 4-74】 日期和时间在 3 台电动机顺启同停中的应用。CPU 模块上电 3min 后，HL 指示灯闪烁，表示允许电动机启动。当按下启动按钮 SB2（I0.1）后，每隔 5s 顺序启动一台电动机，直至 3 台电动机（Q0.1～Q0.3）全部启动。3 台电动机全部启动后运行 1h 后，全部自动停止。当停止 2h 后，3 台电动机又按顺序自动重启。在运行过程中，当按下停止按钮 SB1（I0.0）时，3 台电动机应同时停止运行。

【分析】 根据控制要求可知，CPU 模块上电 3min 后，HL 指示灯闪烁，这需要使用读取系统时间指令 TIME_TCK 来实现。3 台电动机是按时间顺序启动的，所以当 CPU 模块上电 3min 后，按下启动按钮 SB2（I0.0），使用定时器进行延时，然后通过 T_COMP 指令将定时器的当前定时值与相应的时间进行比较，从而可以实现顺序启动控制要求。3 台电动机的自动停止可通过时间减运算指令 T_SUB 和 T_COMP 指令来实现。当相减结果达到 1.5h，M0.2 线圈得电，一方面控制电动机停止运行，另一方面准备重启。当 CPU 模块再延时 2h 后，M0.4 线圈得电，使得电动机能够自动重启。

程序编写如表 4-140 所示，在程序段 1 中，使用 TIME_TCK 获取系统运行时间，并将时间值存入 MD44 中。在程序段 2 中使用 T_COMP 指令判断 CPU 模块是否运行了 3min，若达到 3min，则 M0.1 线圈得电。程序段 3 为 HL 指示灯闪烁控制，当 CPU 模块运行了 3min（M0.1 动合触点闭合）或电动机准备重启（M0.3 动合触点闭合）时，Q0.0 控制 HL 指示灯每隔 0.5s 进行闪烁显示。在程序段 4 中，当 CPU 模块运行了 3min（M0.1 动合触点闭合）且按下启动按钮 SB2（I0.1 动合触点闭合）或者电动机准备自动重启（M0.4 动合触点闭合）时，M0.0 线圈得电，为 3 台电动机的顺序启动做好准备。在程序段 5 中，将 M0.4 线圈复位，为下一轮 3 台电动机的自动重启做好准备。M0.0 线圈得电，使得程序段 6 中的 M0.0 动合触点闭合，启动 TON 指令进行延时。程序段 7～程序段 9 使用 T_COMP 指令将定时器的当前定时值（MD4）与相应的时间进行比较，以控制 3 台电动机的顺序启动。例如，程序段 6 中，当 MD0 中的当前定时值大于或等于 5s 时，Q0.1 线圈得电，第 1 台电动机运行。在程序段 10 中，使用 T_SUB 指令进行时间减运算，其相减结果送入 MD34 中。程序段 11 中，当 MD34 中的内容小于 29min10s 时，表示 3 台电动机已经运行 1h，则 M0.2 线圈得电。M0.2 线圈得电，在程序段 12 中 M0.2 动合触点闭合，M0.3 线圈得电，准备电动机重启；在程序段 1 中 M0.2 动断触点断开，M0.0 线圈失电，从而控制 3 台电动机停止。M0.3 线圈得电，程序段 13 中的 M0.3 动合触点闭合，启动 TON 进行延时，并将当前计时值送入 MD30 中；程序段 3 中的 M0.3 动合触点闭合，使 HL1 闪烁。在程序段 14 中，当 MD30 中的值达到 2H 时，M0.4 线圈得电。M0.4 线圈得电，程序段 15 中的 M0.4 动合触点闭合，将 M0.0～M0.3 线圈复位，为重启运行做准备；程序段 4 中的 M0.4 动合触点闭合，使 M0.0 线圈得电，实现下一轮 3 台电动机的顺启同停控制。

表 4-140　日期和时间在 3 台电动机顺启同停中的应用程序

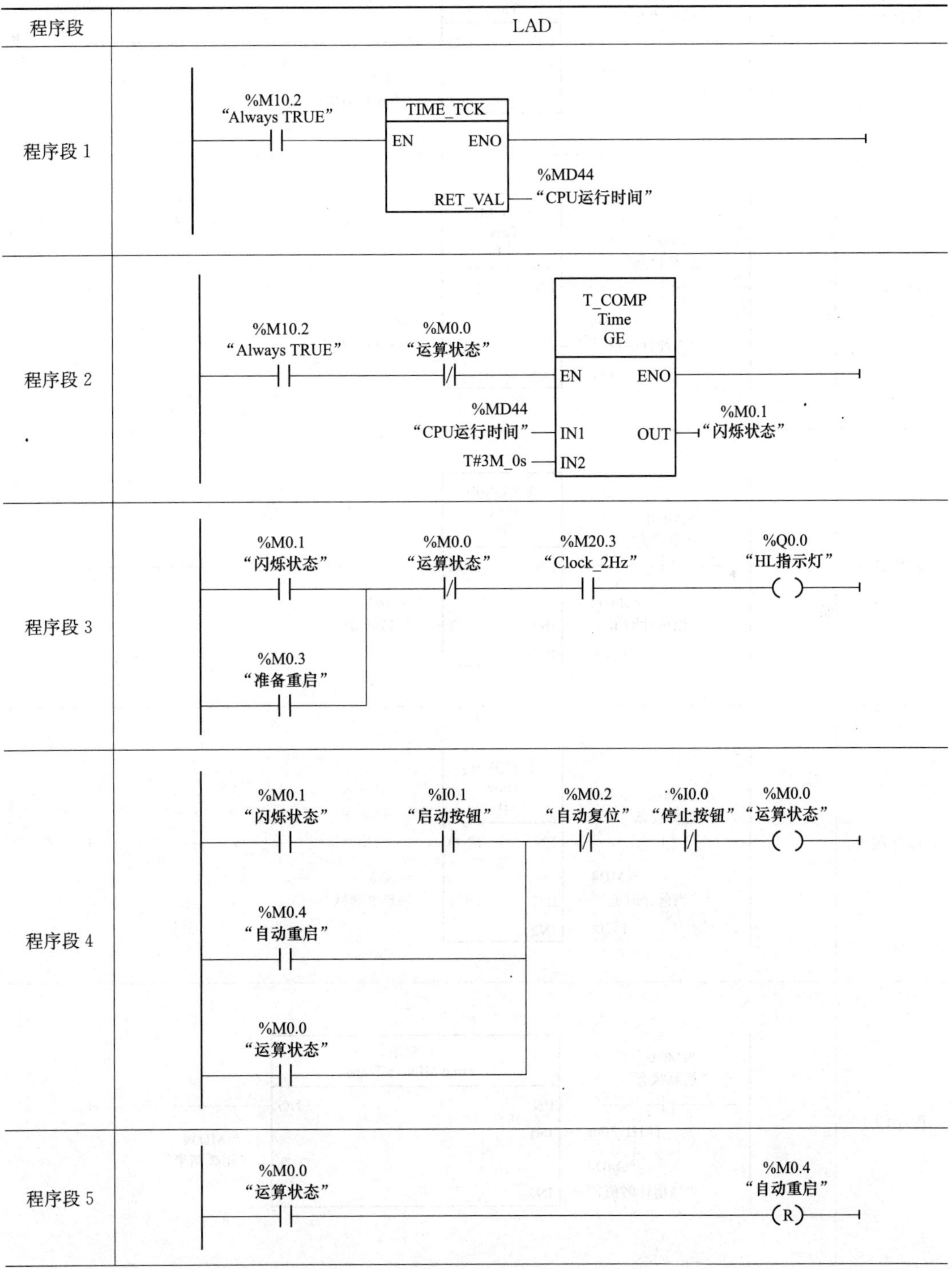

续表

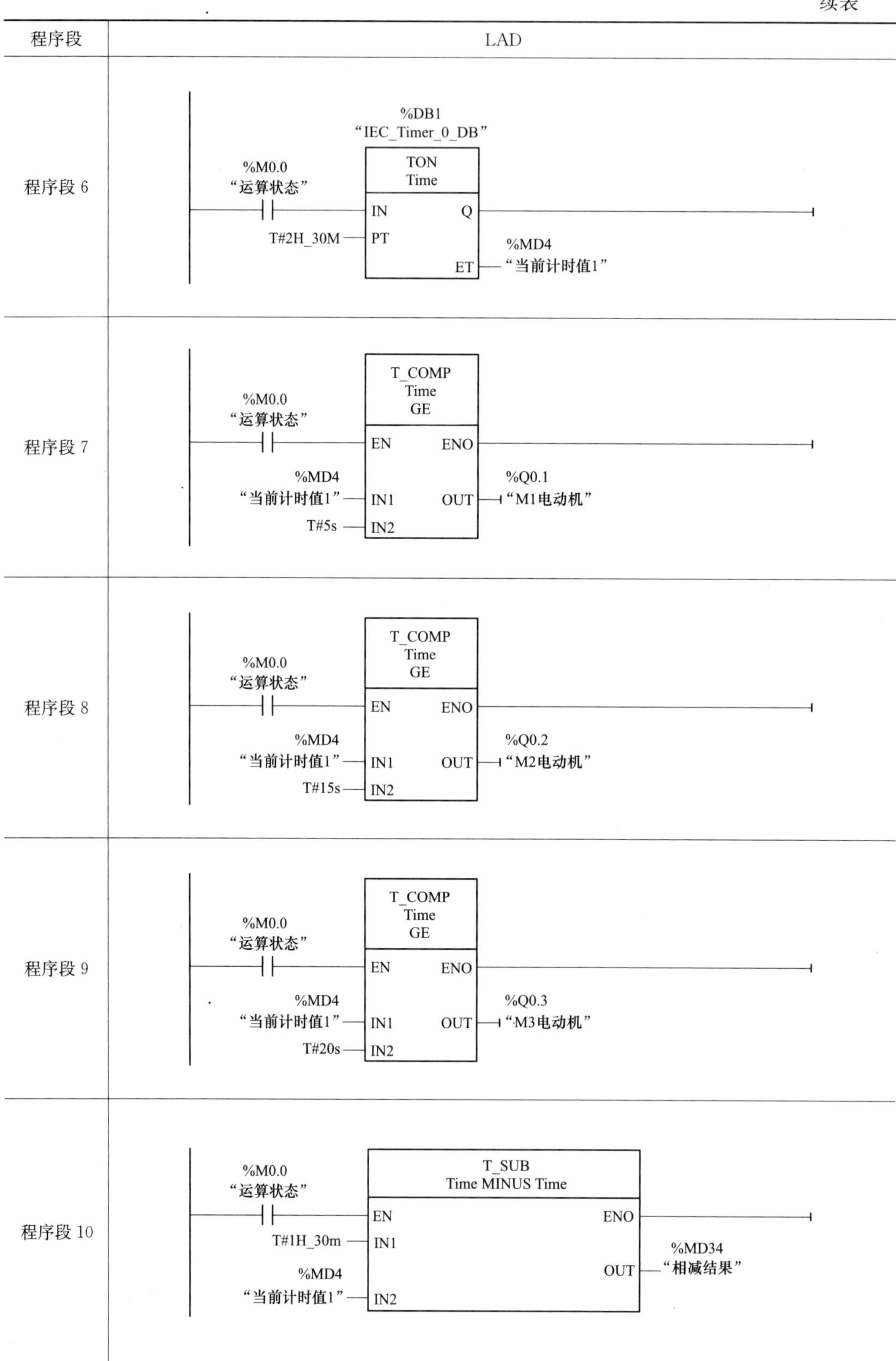

程序段
LAD
程序段 6
%DB1
"IEC_Timer_0_DB"
TON
Time
%M0.0
"运算状态"
IN
Q
T#2H_30M
PT
ET
%MD4
"当前计时值1"
程序段 7
T_COMP
Time
GE
%M0.0
"运算状态"
EN
ENO
%MD4
"当前计时值1"
IN1
OUT
%Q0.1
"M1电动机"
T#5s
IN2
程序段 8
T_COMP
Time
GE
%M0.0
"运算状态"
EN
ENO
%MD4
"当前计时值1"
IN1
OUT
%Q0.2
"M2电动机"
T#15s
IN2
程序段 9
T_COMP
Time
GE
%M0.0
"运算状态"
EN
ENO
%MD4
"当前计时值1"
IN1
OUT
%Q0.3
"M3电动机"
T#20s
IN2
程序段 10
T_SUB
Time MINUS Time
%M0.0
"运算状态"
EN
ENO
T#1H_30m
IN1
%MD34
"相减结果"
OUT
%MD4
"当前计时值1"
IN2

续表

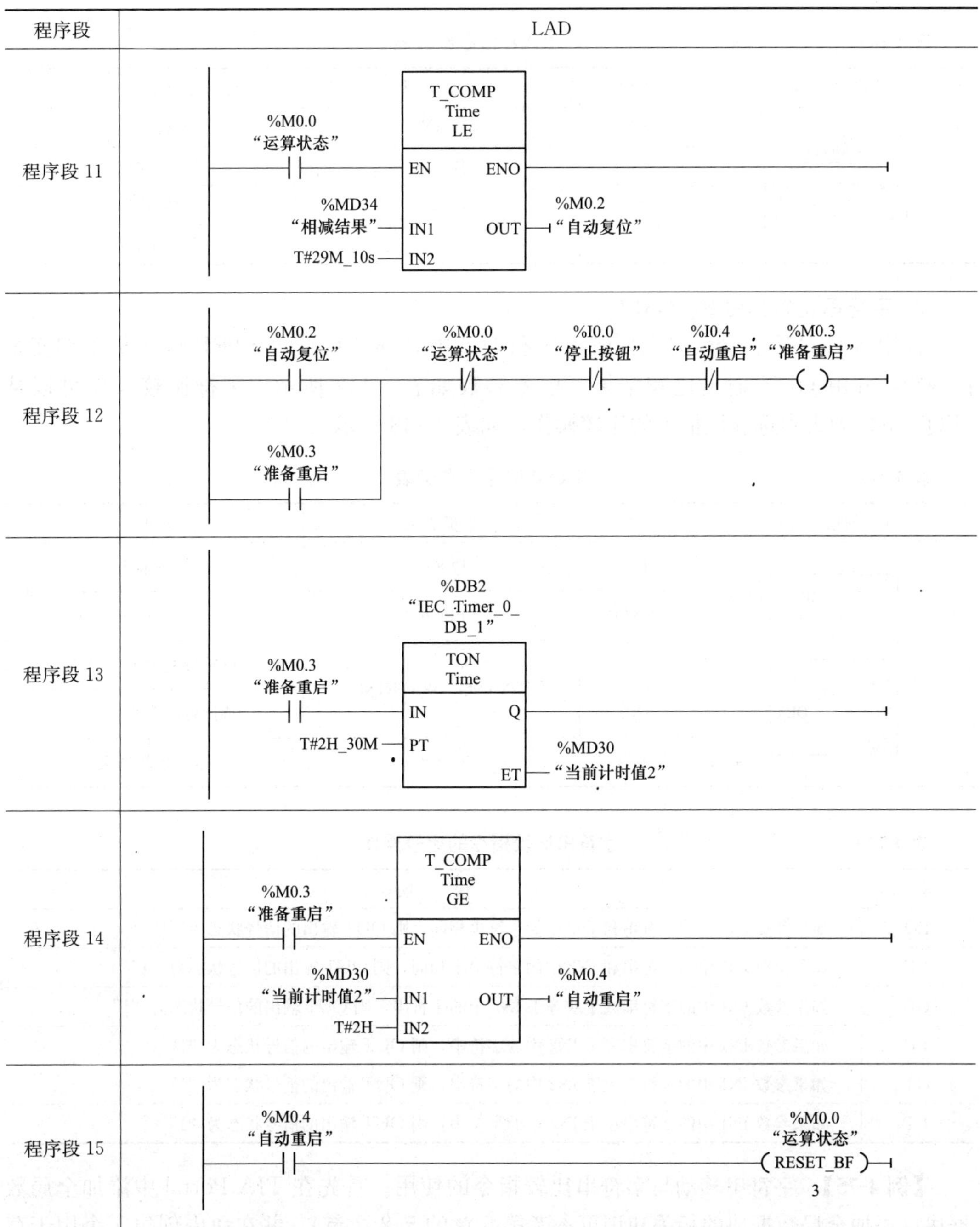

4.2.2　字符串和字符指令

与字符和字符串相关的函数及函数块，包括字符串移动、字符串比较、字符串转换、字符串读取、字符串的查找与替换等相关操作。

1. 字符串移动指令 S_MOVE

使用字符串移动指令 S_MOVE，可以将参数 IN 中字符串的内容传送到 OUT 所指定的存储单元中，指令参数如表 4-141 所示。

表 4-141　　S_MOVE 指令参数表

梯形图指令符号	参数	数据类型	说明
S_MOVE（EN、ENO、IN、OUT）	EN	BOOL	允许输入
	ENO	BOOL	允许输出
	IN	STRING、WSTRING	源字符串
	OUT		目的字符串

2. 字符串比较指令 S_COMP

使用 S_COMP 指令，可以比较 IN1 和 IN2 中 STRING 或 WSTRING 数据类型变量的内容，并由 OUT 输出比较结果，指令参数如表 4-142 所示。字符比较操作可以从“EQ”下拉列表中选择该指令的比较操作，如表 4-143 所示。

表 4-142　　S_COMP 指令参数表

梯形图指令符号	参数	数据类型	说明
S_COMP ??? EQ（EN、ENO、IN1、OUT、IN2）	EN	BOOL	允许输入
	ENO	BOOL	允许输出
	IN1	STRING、WSTRING	待比较的第 1 个变量
	IN2		待比较的第 2 个变量
	OUT	BOOL	返回比较结果

表 4-143　　字符串比较指令的比较操作

比较操作	说　　明
EQ	如果参数 IN1 中的字符串和 IN2 中的字符串相同，则 OUT 输出的信号状态为“1”
NE	如果参数 IN1 中的字符串和 IN2 中的字符串不相同，则 OUT 输出的信号状态为“1”
GE	如果参数 IN1 中的字符串大于或等于 IN2 中的字符串，则 OUT 输出的信号状态为“1”
LE	如果参数 IN1 中的字符串等于 IN2 中的字符串，则 OUT 输出的信号状态为“1”
GT	如果参数 IN1 中的字符串大于 IN2 中的字符串，则 OUT 输出的信号状态为“1”
LT	如果参数 IN1 中的字符串小于 IN2 中的字符串，则 OUT 输出的信号状态为“1”

【例 4-75】 字符串移动与字符串比较指令的使用。首先在 TIA Portal 中添加全局数据块（添加全局数据块的相关知识可参考第 5 章的 5.2.2 节），并在块中创建 4 个用于存储数据的 String 类型变量，如图 4-36 所示。其中前两个变量定义了初始值，而后两个变量的初始值为空。编写字符串比较指令的使用程序如表 4-144 所示。PLC 一上电，在程序段 1 中执行了两条字符串移动指令 S_MOVE，将字符串‘abcd1234’和‘abcdefgh’分别传送给“数据块_1”.StringValuleOUT1 和“数据块_1”.StringValuleOUT2。在程序段 2 中执行了两条字符串比较指令 S_COMP，第一条是将“数据块_1”.ValuleIN1 与“数据块_1”.StringValuleOUT1 进行字符串比较，比较结果为 TRUE，所以 Q0.0 线圈

处于得电状态；第 2 条是将“数据块_1”.ValuleIN2 与“数据块_1”.StringValuleOUT2 进行字符串比较，比较结果为 False，所以 Q0.1 线圈处于失电状态。在仿真状态下，数据块的监视值如图 4-37 所示。

数据块_1

		名称	数据类型	起始值
1		▼ Static		
2		■ StringValueIN1	String	'abc1234'
3		■ StringValueIN2	String	'abcdefg'
4		■ StringValueOut1	String	''
5		■ StringValueOut2	String	''

图 4-36　例 4-75 数据块中创建 4 个 String 变量

表 4-144　　字符串移动与字符串比较指令的使用程序

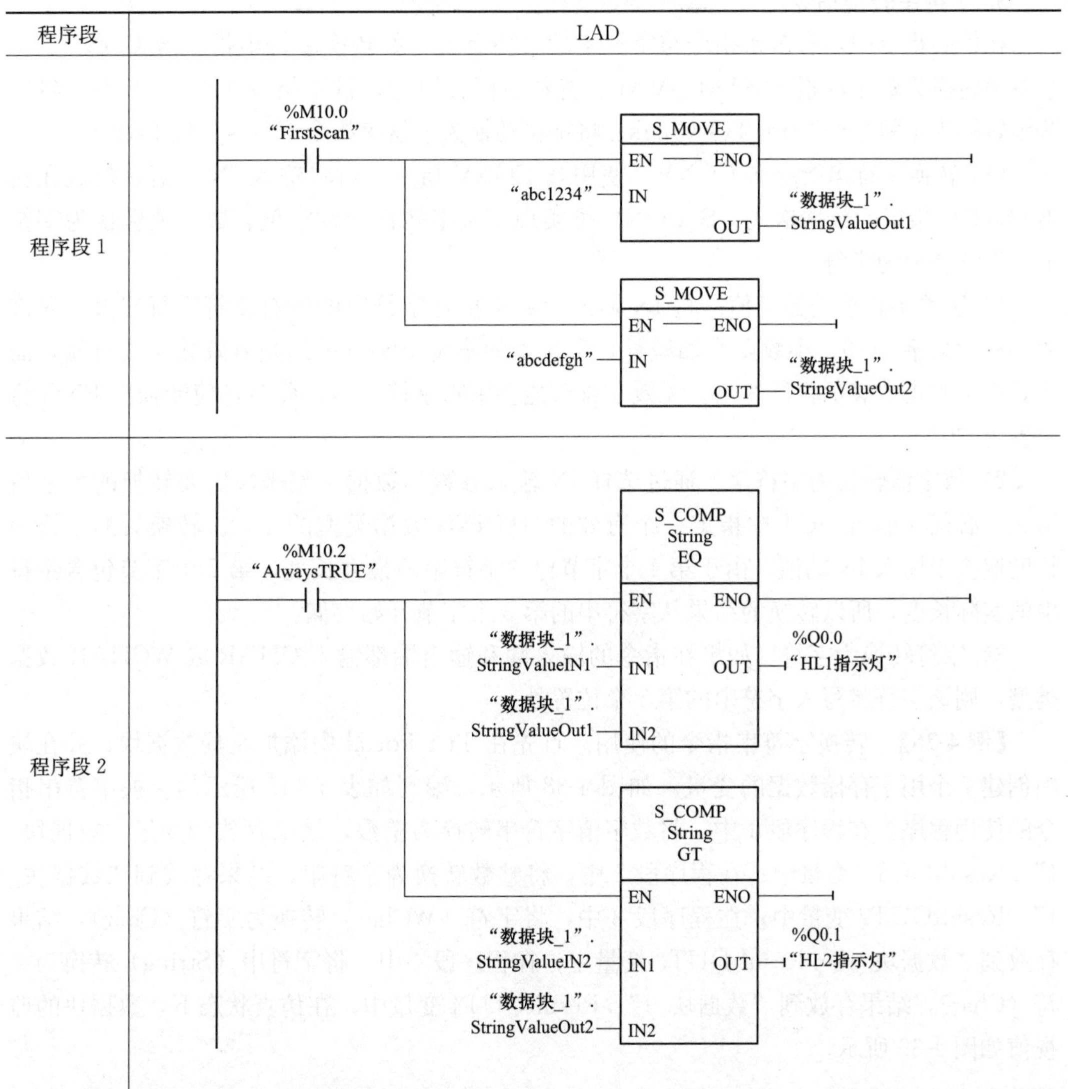

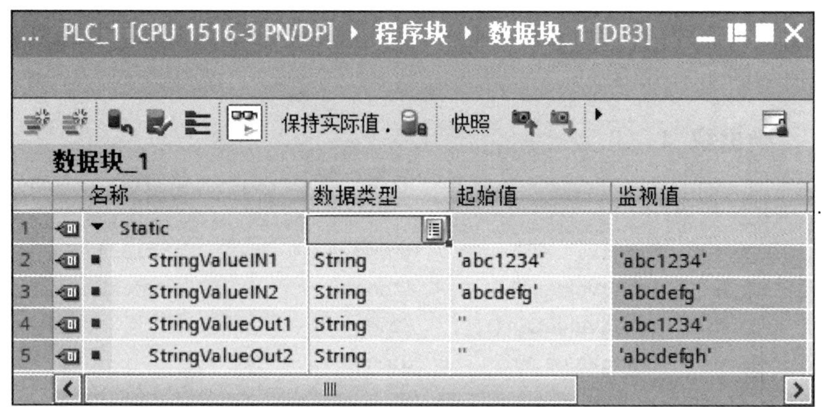

图 4-37　例 4-75 数据块的监视值

3. 字符串转换指令

在扩展指令中，有多条指令与字符串的转换有关，如转换字符串指令 S_CONV、将字符串转换为数字值指令 STRG_VAL、将数字值转换为字符串指令 VAL_STRG、将字符串转换为字符指令 Strg_TO_Chars、将字符转换为字符串指令 Chars_TO_Strg。

（1）转换字符串指令 S_CONV。使用 S_CONV 指令，可将输入 IN 的值转换成在输出 OUT 中指定的数据格式。S_CONV 可实现字符串转换为数字值、数字值转换为字符串、字符转换为字符。

1）字符串转换为数字值。将 IN 输入参数中指定字符串的所有字符进行转换。允许的字符为数字 0～9、小数点及加减号。字符串的第 1 个字符可以是有效数字或符号，而前导空格和指数表示将被忽略。无效字符可能会中断字符转换，此时，使能输出 ENO 将设置为“0”。

2）数字值转换为字符串。通过选择 IN 输入参数的数据类型来决定要转换的数字值格式。必须在输出 OUT 中指定一个有效的 STRING 数据类型的变量。转换后的字符串长度取决于输入 IN 的值。由于第 1 个字节包含字符串的最大长度，第 2 个字节包含字符串的实际长度，所以转换的结果从字符串的第 3 个字节开始存储。

3）字符转换为字符。如果在指令的输入端和输出端都输入 CHAR 或 WCHAR 数据类型，则该字符将写入字符串的第 1 个位置处。

【例 4-76】 转换字符串指令的使用。首先在 TIA Portal 中添加全局数据块，并在块中创建 7 个用于存储数据的变量，如图 4-38 所示。编写如表 4-145 所示的转换字符串指令的使用程序。在程序段 1 中，将数字值字符串转换为整数，结果存放到变量“数据块_1”.ResultOUT1 变量中；在程序段 2 中，将整数转换为字符串，结果存放到“数据块_1”.ResultOUT2 变量中；在程序段 3 中，将字符（WChar）转换为字符（Char），结果存放到“数据块_1”.ResultOUT3 变量中；在程序段 4 中，将字符串（String）转换为字符（Char），结果存放到“数据块_1”.ResultOUT4 变量中。在仿真状态下，数据块的监视值如图 4-39 所示。

数据块_1

		名称	数据类型	起始值
1		▼ Static		
2		■ StringValueIn	String	'abc1234'
3		■ InData	Int	8721
4		■ CharIn	WChar	WCHAR#'a'
5		■ ResultOut1	Int	0
6		■ ResultOut2	String	''
7		■ ResultOut3	Char	' '
8		■ ResultOut4	Char	' '

图 4-38　例 4-76 数据块中创建 7 个变量

表 4-145　　**转换字符串指令的使用程序**

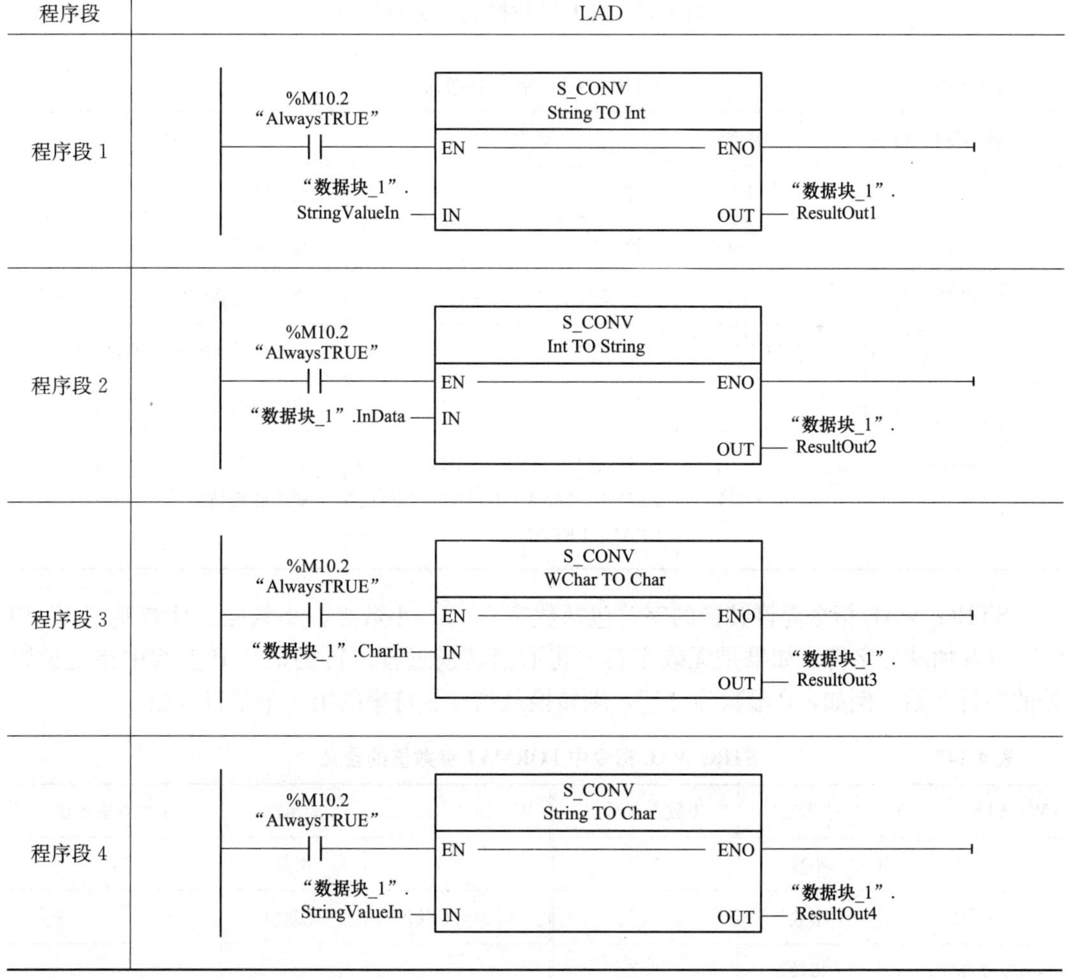

(2) 将字符串转换为数字值指令 STRG_VAL。使用 STRG_VAL 指令，可将 IN 中输入的字符串转换为整数或浮点数，并由 OUT 输出，指令格式如表 4-146 所示。

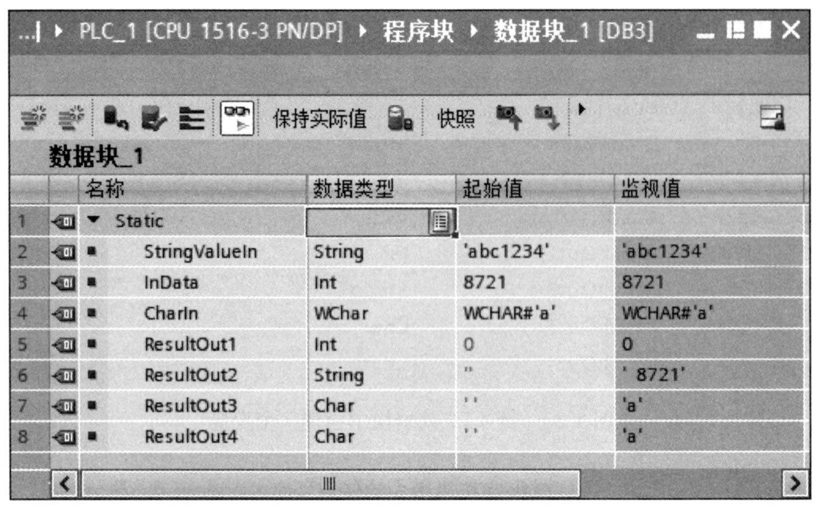

图 4-39　例 4-76 数据块的监视值

表 4-146　　　　STRG_VAL 指令参数表

梯形图指令符号	参数	数据类型	说明
STRG_VAL ??? TO ??? EN　ENO IN　OUT FORMAT P	EN	BOOL	允许输入
	ENO	BOOL	允许输出
	IN	STRING、WSTRING	要转换的数字字符串
	FORMAT	WORD	字符的输入格式（见表 4-147）
	P	UINT	要转换的第 1 个字符的引用
	OUT	USINT、SINT、UINT、INT、UDINT、DINT、ULINT、LINT、REAL、LREAL	输出转换结果

STRG_VAL 指令允许转换的字符包括数字 0～9、小数点、小数撇、计数制“E”和“e”以及加减号字符，如果是无效字符，将取消转换过程。转换是从 P 参数中指定位置处的字符开始。例如，P 参数为“1”，则转换从指定字符串的第 1 个字符开始。

表 4-147　　　　STRG_VAL 指令中 FORMAT 参数值的含义

W#16#（....）	表示法	小数点表示法	W#16#（....）	表示法	小数点表示法
0000	小数	“.”	0003	指数	“,”
0001	小数	“,”	0004～FFFF	无效值	
0002	指数	“.”			

(3) 将数字值转换为字符串指令 VAL_STRG。使用 VAL_STRG 指令，可以将整数值、无符号整数值或浮点值转换为相应的字符串，指令参数如表 4-148 所示。

表 4-148　　VAL_STRG 指令参数表

梯形图指令符号	参数	数据类型	说明
VAL_STRG ??? TO ??? EN　ENO IN　OUT SIZE PREC FORMAT P	EN	BOOL	允许输入
	ENO	BOOL	允许输出
	IN	USINT、SINT、UINT、INT、UDINT、DINT、ULINT、LINT、REAL、LREAL	要转换的数字字符串
	SIZE	USINT	字符位数
	PREC	USINT	小数位数
	FORMAT	WORD	字符的输出格式（见表 4-149）
	P	UINT	开始写入结果的字符
	OUT	STRING、WSTRING	输出转换结果

VAL_STRG 指令 P 参数指定从字符串中的哪个字符开始写入结果，例如，P 参数为“2”，则从字符串的第 2 个字符开始保存转换值。SIZE 参数指定待写入字符串的字符数，如果输出值比指定长度短，则结果将以右对齐方式写入字符串。PREC 参数定义转换浮点数时保留的小数位数。

表 4-149　　VAL_STRG 指令中 FORMAT 参数值的含义

W#16#（....）	表示法	符号	小数点表示法
0000	小数	“-”	“.”
0001	小数	“-”	“,”
0002	指数	“-”	“.”
0003	指数	“-”	“,”
0004	小数	“+”和“-”	“.”
0005	小数	“+”和“-”	“,”
0006	指数	“+”和“-”	“.”
0007	指数	“+”和“-”	“,”
0008～FFFF	无效值		

【例 4-77】 STRG_VAL 与 VAL_STRG 指令的使用。首先在 TIA Portal 中添加全局数据块，并在块中创建 7 个用于存储数据的变量，如图 4-40 所示。

编写 STRG_VAL 与 VAL_STRG 的使用程序如表 4-150 所示。在程序段 1 中执行 STRG_VAL 指令，将字符串转换为整数，结果存放“数据块_1”.ResultOUT1 变量中；在程序段 2 中执行 STRG_VAL 指令，将字符串转换为实数，结果存放“数据块_1”

数据块_1

		名称	数据类型	起始值
1		▼ Static		
2		■ StringValueIn	String	'123456'
3		■ IntValueIn	Int	8721
4		■ RealValueIn	Real	1234.56
5		■ ResultOut1	Int	0
6		■ ResultOut2	Real	0.0
7		■ ResultOut3	String	''
8		■ ResultOut4	String	''

图 4-40　例 4-77 数据块中创建 7 个变量

.ResultOUT2 变量中；在程序段 3 中执行 VAL_STRG 指令，将整数转换为字符串，结果存放“数据块_1”.ResultOUT3 变量中；在程序段 4 中执行 VAL_STRG 指令，将实数转换为字符串，结果存放“数据块_1”.ResultOUT4 变量中。在仿真状态下，数据块的监视值如图 4-41 所示。

表 4-150　　STRG_VAL 与 VAL_STRG 指令的使用程序

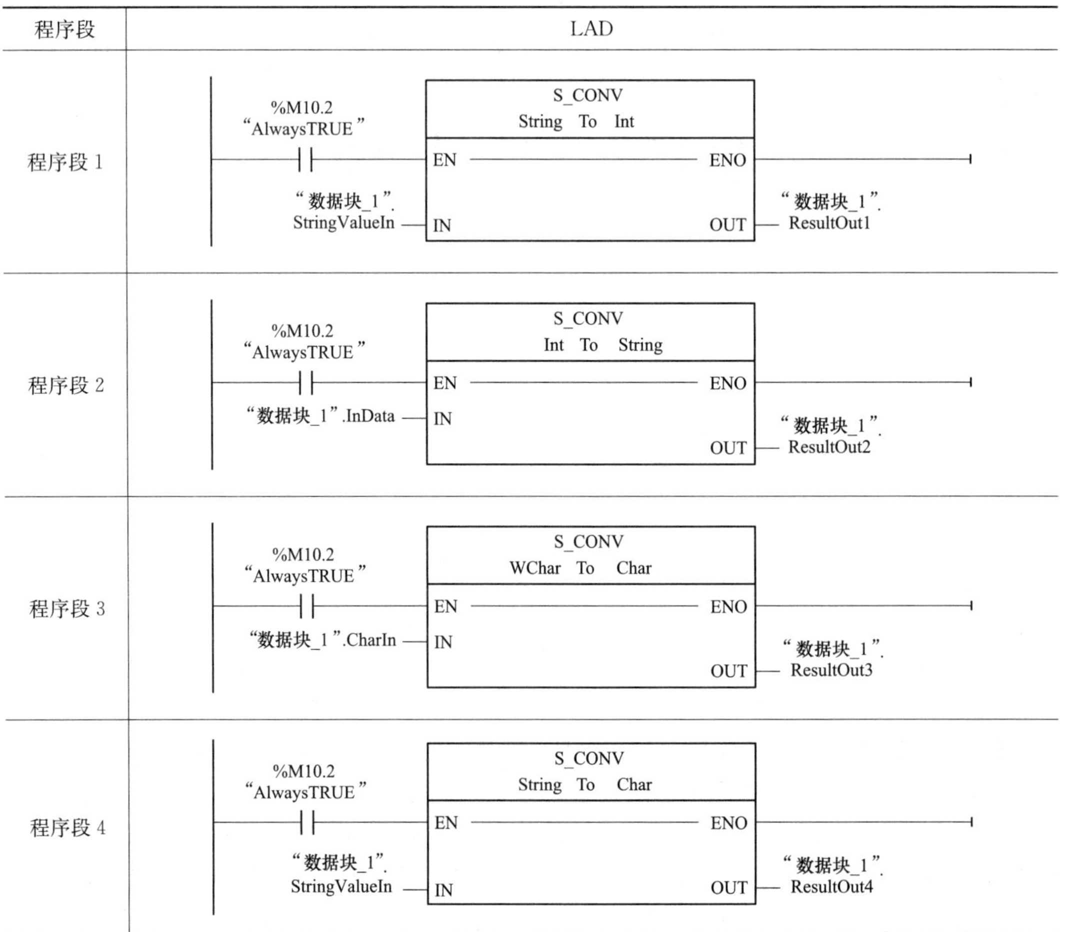

程序段	LAD
程序段 1	%M10.2 “AlwaysTRUE”；S_CONV String To Int；EN / ENO；“数据块_1”.StringValueIn — IN；OUT — “数据块_1”.ResultOut1
程序段 2	%M10.2 “AlwaysTRUE”；S_CONV Int To String；EN / ENO；“数据块_1”.InData — IN；OUT — “数据块_1”.ResultOut2
程序段 3	%M10.2 “AlwaysTRUE”；S_CONV WChar To Char；EN / ENO；“数据块_1”.CharIn — IN；OUT — “数据块_1”.ResultOut3
程序段 4	%M10.2 “AlwaysTRUE”；S_CONV String To Char；EN / ENO；“数据块_1”.StringValueIn — IN；OUT — “数据块_1”.ResultOut4

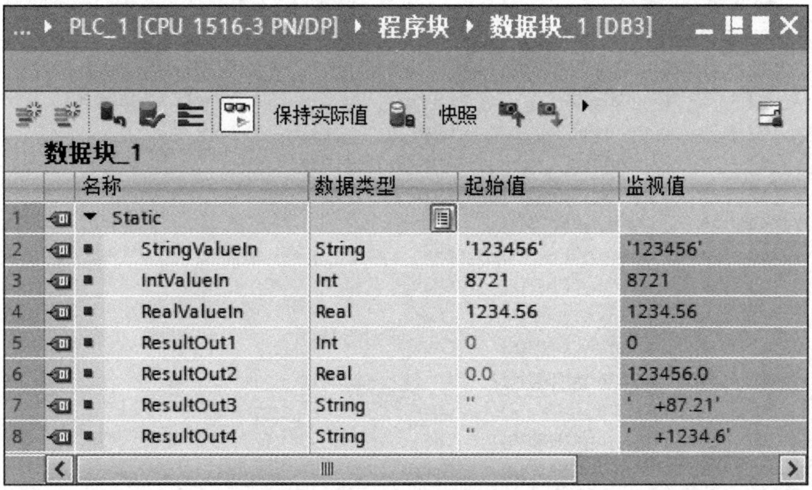

... ▸ PLC_1 [CPU 1516-3 PN/DP] ▸ 程序块 ▸ 数据块_1 [DB3]

保持实际值　快照

数据块_1

	名称	数据类型	起始值	监视值
1	▼ Static			
2	StringValueIn	String	'123456'	'123456'
3	IntValueIn	Int	8721	8721
4	RealValueIn	Real	1234.56	1234.56
5	ResultOut1	Int	0	0
6	ResultOut2	Real	0.0	123456.0
7	ResultOut3	String	''	' +87.21'
8	ResultOut4	String	''	' +1234.6'

图 4-41　例 4-77 数据块的监视值

（4）将字符串转换为字符数组指令 Strg_TO_Chars。使用 Strg_TO_Chars 指令，可将数据类型为 STRING 的字符串复制到数组（Array of CHAR 或 Array of BYTE）中，或将数据类型为 WSTRING 的字符串复制到数组（Array of WCHAR 或 Array of WORD）中。该操作只能复制 ASCII 字符，指令参数如表 4-151 所示。

表 4-151　　Strg_TO_Chars 指令参数表

梯形图指令符号	参数	数据类型	说明
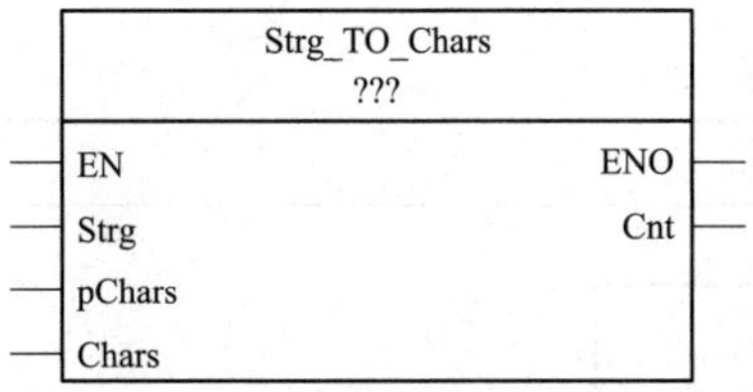 Strg_TO_Chars ??? EN　ENO Strg　Cnt pChars Chars	EN	BOOL	允许输入
	ENO	BOOL	允许输出
	Strg	STRING、WSTRING	要复制的字符串对象
	pChars	DINT	指定存入数组中的起始位置
	Chars	VARIANT	将字符复制到指定数组中
	Cnt	UINT	指定复制的字符数

Strg_TO_Chars 指令的 pChars 参数指定存入数组中的起始位置，若从第 4 个位置开始写入数组中，则 pChars 应设置为 3。Cnt 参数指定要复制的字符数，若为 0 表示复制所有字符。如果字符串中包含了“＄00”或 W＃16＃0000 字符，不会影响复制操作的执行。

【例 4-78】 Strg_TO_Chars 指令的使用。首先在 TIA Portal 中添加全局数据块，并在块中创建 4 个参数变量，其中字符数组 MyArrayCHARS 定义 20 个字符元素，如图 4-42 所示。

编写 Strg_TO_Chars 指令的使用程序如表 4-152 所示。在程序段 1 中执行 Strg_TO_Chars 指令，将数据块预置变量 StringValueIn 中的字符串复制到字符数组 MyArray-CHARS 中。指定字符数组从第 4 个字符位置（pointerCHARS=3）开始存储。在仿真状态下，数据块的监视值如图 4-43 所示。

数据块_1

	名称	数据类型	起始值
1	▼ Static		
2	StringValueIn	String	'SIMATIC S7-1500 PLC'
3	pointerCHARS	DInt	3
4	▼ MyArraryCHARS	Array[0..19] of Char	
5	MyArraryCHARS[0]	Char	' '
6	MyArraryCHARS[1]	Char	' '
7	MyArraryCHARS[2]	Char	' '
8	MyArraryCHARS[3]	Char	' '
9	MyArraryCHARS[4]	Char	' '
10	MyArraryCHARS[5]	Char	' '
11	MyArraryCHARS[6]	Char	' '
12	MyArraryCHARS[7]	Char	' '
13	MyArraryCHARS[8]	Char	' '
14	MyArraryCHARS[9]	Char	' '
15	MyArraryCHARS[10]	Char	' '
16	MyArraryCHARS[11]	Char	' '
17	MyArraryCHARS[12]	Char	' '
18	MyArraryCHARS[13]	Char	' '
19	MyArraryCHARS[14]	Char	' '
20	MyArraryCHARS[15]	Char	' '
21	MyArraryCHARS[16]	Char	' '
22	MyArraryCHARS[17]	Char	' '
23	MyArraryCHARS[18]	Char	' '
24	MyArraryCHARS[19]	Char	' '
25	countCHARS	UInt	0

图 4-42 例 4-78 数据块中创建的参数变量

表 4-152 Strg_TO_Chars 指令的使用程序

程序段	LAD
程序段 1	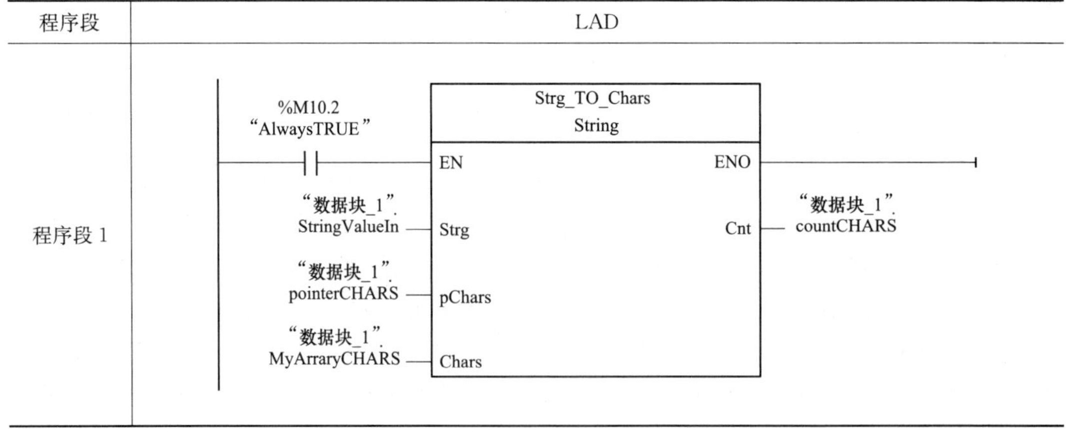

（5）将字符数组转换为字符串指令 Chars_TO_Strg。使用 Chars_TO_Strg 指令，可以将字符串从数组（Array of CHAR 或 Array of BYTE）中复制到数据类型为 STRING 的字符串中，或将字符串从数组（Array of WCHAR 或 Array of WORD）中复制到数据类型为 WSTRING 的字符串中。该操作只能复制 ASCII 字符，指令参数如表 4-153 所示。

…Chars指令的使用 ▸ PLC_1 [CPU 1516-3 PN/DP] ▸ 程序块 ▸ 数据块_1 [DB3]

保持实际值　快照　将快照值复制到起始值中

数据块_1

	名称	数据类型	起始值	监视值
1	▼ Static			
2	StringValueIn	String	'SIMATIC S7-1500 PLC'	'SIMATIC S7-1500 PLC'
3	pointerCHARS	DInt	3	3
4	▼ MyArraryCHARS	Array[0..19] of Char		
5	MyArraryCHARS[0]	Char	' '	' '
6	MyArraryCHARS[1]	Char	' '	' '
7	MyArraryCHARS[2]	Char	' '	' '
8	MyArraryCHARS[3]	Char	' '	'S'
9	MyArraryCHARS[4]	Char	' '	'I'
10	MyArraryCHARS[5]	Char	' '	'M'
11	MyArraryCHARS[6]	Char	' '	'A'
12	MyArraryCHARS[7]	Char	' '	'T'
13	MyArraryCHARS[8]	Char	' '	'I'
14	MyArraryCHARS[9]	Char	' '	'C'
15	MyArraryCHARS[10]	Char	' '	' '
16	MyArraryCHARS[11]	Char	' '	'S'
17	MyArraryCHARS[12]	Char	' '	'7'
18	MyArraryCHARS[13]	Char	' '	'-'
19	MyArraryCHARS[14]	Char	' '	'1'
20	MyArraryCHARS[15]	Char	' '	'5'
21	MyArraryCHARS[16]	Char	' '	'0'
22	MyArraryCHARS[17]	Char	' '	'0'
23	MyArraryCHARS[18]	Char	' '	' '
24	MyArraryCHARS[19]	Char	' '	'P'
25	countCHARS	UInt	0	17

图 4-43　例 4-78 数据块的监视值

表 4-153　　　　Chars_TO_Strg 指令参数表

梯形图指令符号	参数	数据类型	说明
Chars_TO_Strg ??? EN　ENO Chars　Strg pChars Cnt	EN	BOOL	允许输入
	ENO	BOOL	允许输出
	Chars	VARIANT	要复制的字符数组对象
	pChars	DINT	指定从字符数组中复制字符的起始位置
	Cnt	UINT	指定复制的字符数
	Strg	STRING、WSTRING	将字符数组复制到指定字符串中

Chars_TO_Strg 指令的 pChars 参数指定从字符数组中复制字符的起始位置，若从第 4 个位置开始复制数组中的字符，则 pChars 应设置为 3。Cnt 参数指定要复制的字符数，若为 0 表示复制所有字符。

【例 4-79】 Chars_TO_Strg 指令的使用。首先在 TIA Portal 中添加全局数据块，并

在块中创建 4 个参数变量，其中字符数组 InputArrayCHARS 定义字符串‘SIMATIC S7-1500 PLC’，如图 4-44 所示。

数据块_1

	名称	数据类型	起始值
1	▼ Static		
2	▼ CharsValueIn	Array[0..19] of Char	
3	CharsValueIn[0]	Char	'S'
4	CharsValueIn[1]	Char	'I'
5	CharsValueIn[2]	Char	'M'
6	CharsValueIn[3]	Char	'A'
7	CharsValueIn[4]	Char	'T'
8	CharsValueIn[5]	Char	'I'
9	CharsValueIn[6]	Char	'C'
10	CharsValueIn[7]	Char	' '
11	CharsValueIn[8]	Char	'S'
12	CharsValueIn[9]	Char	'7'
13	CharsValueIn[10]	Char	'-'
14	CharsValueIn[11]	Char	'1'
15	CharsValueIn[12]	Char	'5'
16	CharsValueIn[13]	Char	'0'
17	CharsValueIn[14]	Char	'0'
18	CharsValueIn[15]	Char	' '
19	CharsValueIn[16]	Char	'P'
20	CharsValueIn[17]	Char	'L'
21	CharsValueIn[18]	Char	'C'
22	CharsValueIn[19]	Char	' '
23	pointerCHARS	DInt	3
24	countCHARS	UInt	0
25	ResultOut	String	''

图 4-44 例 4-79 数据块中创建的参数变量

编写 Chars_TO_ Strg 指令的使用程序如表 4-154 所示。在程序段 1 中执行 Chars_TO_ Strg 指令，将数据块字符数组变量 CharValueIn 中的字符串‘SIMATIC S7-1500 PLC’复制到字符串 ResultOUT 中。指定字符数组从第 4 个字符位置（pointerCHARS=3）开始复制。在仿真状态下，数据块的监视值如图 4-45 所示。

表 4-154　　Chars_TO_Strg 指令的使用程序

程序段	LAD
程序段 1	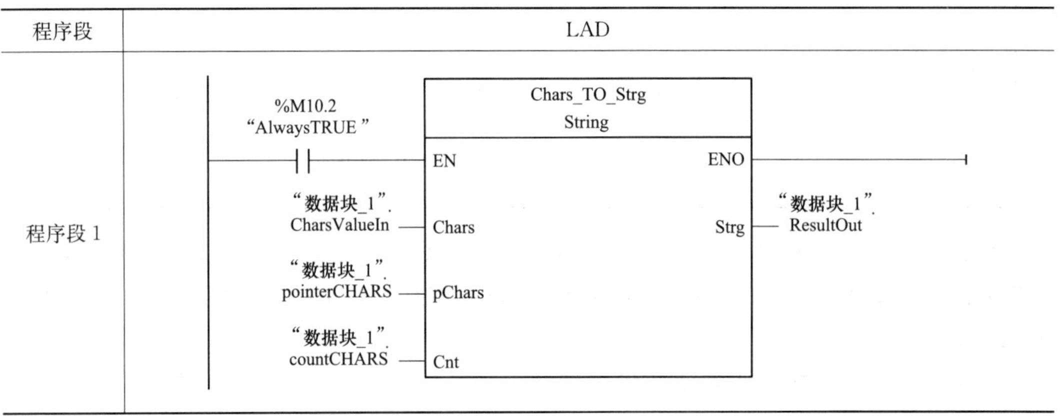

...用 ▸ PLC_1 [CPU 1516-3 PN/DP] ▸ 程序块 ▸ 数据块_1 [DB3]

保持实际值　快照

数据块_1

	名称	数据类型	起始值	监视值
1	▼ Static			
2	▼ CharsValueIn	Array[0..19] of Char		
3	CharsValueIn[0]	Char	'S'	'S'
4	CharsValueIn[1]	Char	'I'	'I'
5	CharsValueIn[2]	Char	'M'	'M'
6	CharsValueIn[3]	Char	'A'	'A'
7	CharsValueIn[4]	Char	'T'	'T'
8	CharsValueIn[5]	Char	'I'	'I'
9	CharsValueIn[6]	Char	'C'	'C'
10	CharsValueIn[7]	Char	' '	' '
11	CharsValueIn[8]	Char	'S'	'S'
12	CharsValueIn[9]	Char	'7'	'7'
13	CharsValueIn[10]	Char	'-'	'-'
14	CharsValueIn[11]	Char	'1'	'1'
15	CharsValueIn[12]	Char	'5'	'5'
16	CharsValueIn[13]	Char	'0'	'0'
17	CharsValueIn[14]	Char	'0'	'0'
18	CharsValueIn[15]	Char	' '	' '
19	CharsValueIn[16]	Char	'P'	'P'
20	CharsValueIn[17]	Char	'L'	'L'
21	CharsValueIn[18]	Char	'C'	'C'
22	CharsValueIn[19]	Char	' '	' '
23	pointerCHARS	DInt	3	3
24	countCHARS	UInt	0	0
25	ResultOut	String	''	'ATIC S7-1500 PLC '

图 4-45　例 4-79 数据块的监视值

4. 字符串与十六进制数的转换指令

在扩展指令中，有两条 ASCII 码字符串与十六进制数间的转换指令，分别是将 ASCII 码字符串转换成十六进制数指令 ATH 和将十六进制数转换成 ASCII 码字符串指令 HTA。

(1) 将 ASCII 码字符串转换成十六进制数指令 ATH。使用 ATH 指令可以将 IN 输入参数中指定的 ASCII 字符串转换为十六进制数，转换结果输出到 OUT 中，其指令参数如表 4-155 所示。此指令只能将数字 0～9、大写字母 A～F 以及小写字母 a～f 相应的 ASCII 码字符转换为十六进制数，其他字符的 ASCII 码都转换为 0。由于 ASCII 字符为 8 位，而十六进制数只有 4 位，所以输出字长度仅为输入字长度的一半。ASCII 字符将按照读取时的顺序装换并保存在输出中。如果 ASCII 字符数为奇数，则最后转换的十六进制数右侧的半个字节将以“0”进行填充。

表 4-155　　ATH 指令参数表

梯形图指令符号	参数	数据类型	说明
ATH: EN, IN, N → ENO, RET_VAL, OUT	EN	BOOL	允许输入
	ENO	BOOL	允许输出
	IN	VARIANT	指向 ASCII 字符串的指针
	N	INT	待转换的 ASCII 字符数
	RET_VAL	WORD	指令的状态
	OUT	VARIANT	保存十六进制数结果

（2）将十六进制数转换成 ASCII 码字符串指令 HTA。使用 HTA 指令，可以将 IN 输入中指定的十六进制数转换为 ASCII 字符串，转换结果存储在 OUT 参数指定的地址中，其指令参数如表 4-156 所示。

表 4-156　　HTA 指令参数表

梯形图指令符号	参数	数据类型	说明
HTA: EN, IN, N → ENO, RET_VAL, OUT	EN	BOOL	允许输入
	ENO	BOOL	允许输出
	IN	VARIANT	十六进制数的起始地址
	N	UINT	待转换的十六进制字节数
	RET_VAL	WORD	指令的状态
	OUT	VARIANT	结果的存储地址

【例 4-80】 字符串与十六进制数的转换指令的使用。首先在 TIA Portal 中添加全局数据块，并在块中创建多个参数变量，并设置相应的起始值，如图 4-46 所示。

编写字符串与十六进制数转换指令的使用程序如表 4-157 所示。在程序段 1 中执行 ATH 指令后，将数据块字符串变量 ATH_IN1 中的字符串‘967854’转换 4 个（ATN_N1=4）ASCII 字符，结果‘9678’以字符串的形式存入 ATH_OUT1 中。在程序段 2 中执行 ATH 指令后，将数据块数组 ATH_IN2 中的字节内容 16＃46、16＃78、16＃9B 转换 3 个（ATN_N1=4）ASCII 字符，结果以字的形式存入 ATH_OUT2 中。程序段 3 中执行 HTA 指令后，将以字为单位的十六进制数 16＃2345 相应 ASCII 字符转换为十六进制数，结果以字符数组形式存储 HTA_OUT1 中。在程序段 4 中执行 HTA 指令后，将以字为单位数组中的 ASCII 字符转换为十六进制数，结果以字符串形式存储 HTA_OUT2 中。在仿真状态下，数据块的监视值如图 4-47 所示。

数据块_1

	名称	数据类型	起始值
1	▼ Static		
2	ATH_In1	String	'967854'
3	ATH_n1	Int	4
4	ATH_Ret1	Word	16#0
5	ATH_Out1	String	''
6	▼ ATH_In2	Array[0..2] of Byte	
7	ATH_In2[0]	Byte	16#46
8	ATH_In2[1]	Byte	16#78
9	ATH_In2[2]	Byte	16#9B
10	ATH_n2	Int	3
11	ATH_Ret2	Word	16#0
12	ATH_Out2	Word	16#0
13	HTA_In1	Word	16#2345
14	HTA_n1	UInt	2
15	HTA_Ret1	Word	16#0
16	▼ HTA_Out1	Array[0..3] of Char	
17	HTA_Out1[0]	Char	' '
18	HTA_Out1[1]	Char	' '
19	HTA_Out1[2]	Char	' '
20	HTA_Out1[3]	Char	' '
21	▼ HTA_In2	Array[0..3] of Char	
22	HTA_In2[0]	Char	' '
23	HTA_In2[1]	Char	' '
24	HTA_In2[2]	Char	' '
25	HTA_In2[3]	Char	' '
26	HTA_n2	UInt	3
27	HTA_Ret2	Word	16#0
28	HTA_Out2	String	''

图 4-46　例 4-80 数据块中创建参数变量

表 4-157　　字符串与十六进制数的转换指令的使用程序

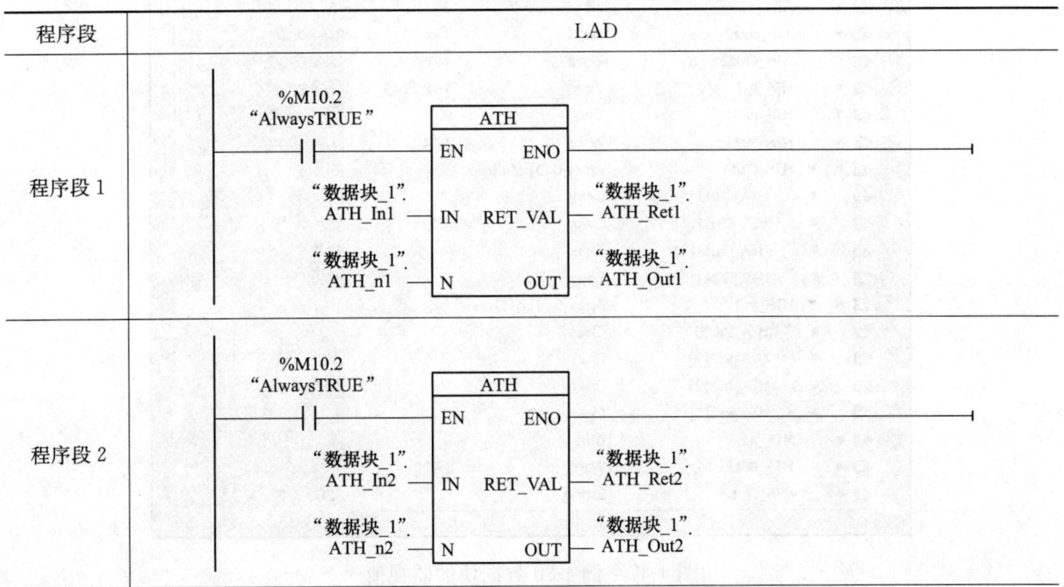

续表

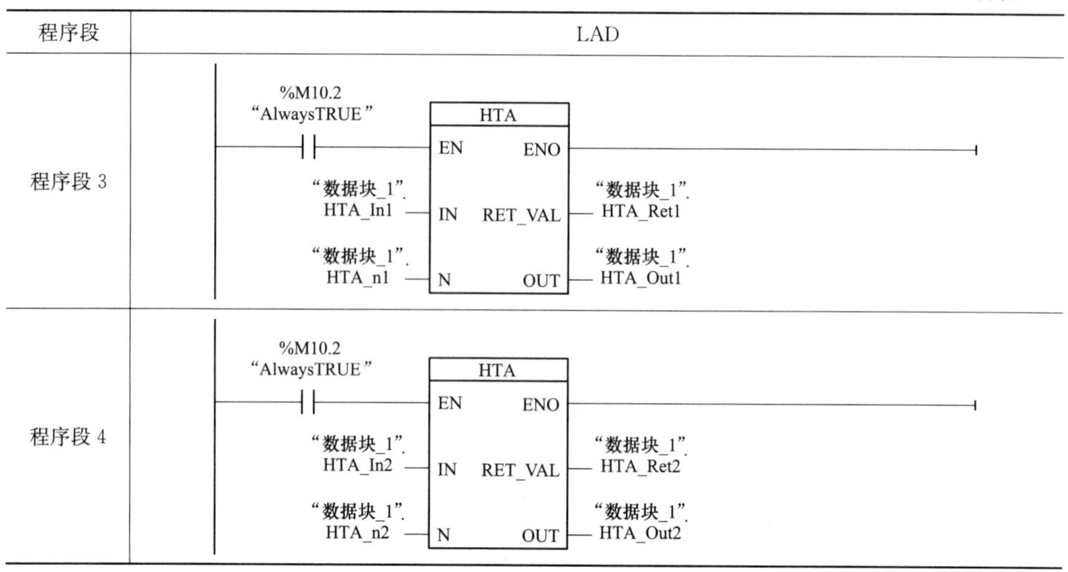

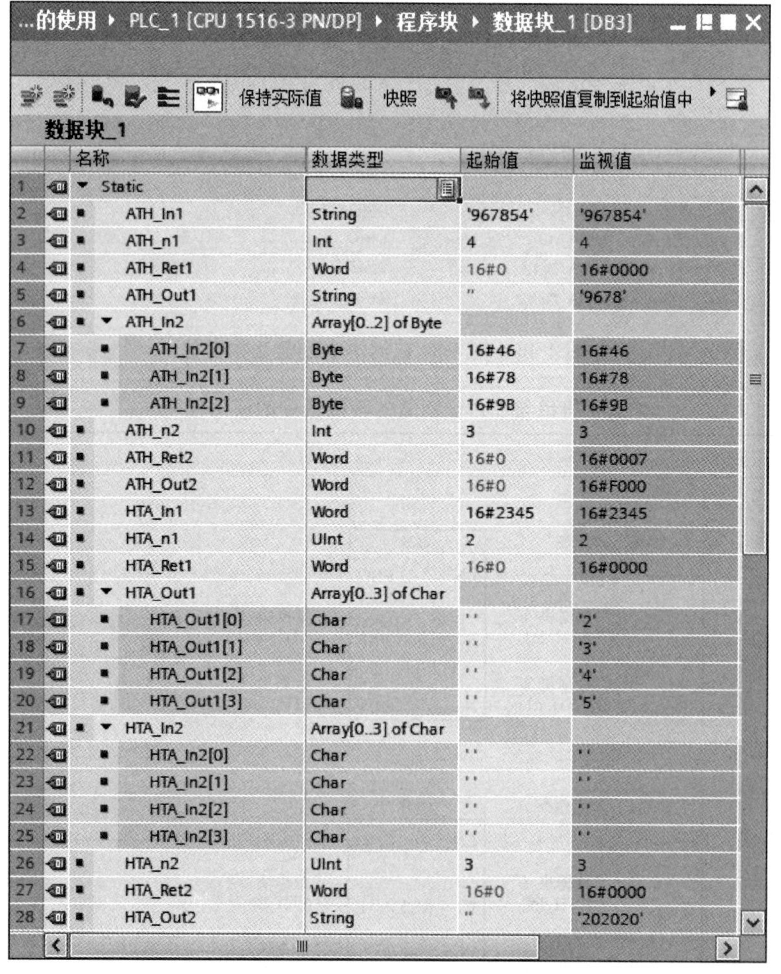

	名称	数据类型	起始值	监视值
1	▼ Static			
2	ATH_In1	String	'967854'	'967854'
3	ATH_n1	Int	4	4
4	ATH_Ret1	Word	16#0	16#0000
5	ATH_Out1	String	''	'9678'
6	▼ ATH_In2	Array[0..2] of Byte		
7	ATH_In2[0]	Byte	16#46	16#46
8	ATH_In2[1]	Byte	16#78	16#78
9	ATH_In2[2]	Byte	16#9B	16#9B
10	ATH_n2	Int	3	3
11	ATH_Ret2	Word	16#0	16#0007
12	ATH_Out2	Word	16#0	16#F000
13	HTA_In1	Word	16#2345	16#2345
14	HTA_n1	UInt	2	2
15	HTA_Ret1	Word	16#0	16#0000
16	▼ HTA_Out1	Array[0..3] of Char		
17	HTA_Out1[0]	Char	' '	'2'
18	HTA_Out1[1]	Char	' '	'3'
19	HTA_Out1[2]	Char	' '	'4'
20	HTA_Out1[3]	Char	' '	'5'
21	▼ HTA_In2	Array[0..3] of Char		
22	HTA_In2[0]	Char	' '	' '
23	HTA_In2[1]	Char	' '	' '
24	HTA_In2[2]	Char	' '	' '
25	HTA_In2[3]	Char	' '	' '
26	HTA_n2	UInt	3	3
27	HTA_Ret2	Word	16#0	16#0000
28	HTA_Out2	String	''	'202020'

图 4-47　例 4-80 数据块的监视值

5. 字符串读取指令

字符串读取指令有 3 条，分别是读取字符串中的左侧字符指令 LEFT、读取字符串中的右侧字符指令 RIGHT 和读取字符串中的中间字符指令 MID。

使用 LEFT 指令读取输入参数 IN 中字符串的第 1 个字符开始的部分字符串，其读取字符个数由参数 L 决定，读取的字符以字符串格式由 OUT 输出。

使用 RITHT 指令读取输入参数 IN 中字符串的右侧开始的部分字符串，其读取字符个数由参数 L 决定，读取的字符以字符串格式由 OUT 输出。

使用 MID 指令读取输入参数 IN 中部分字符串，由参数 P 指定要读取的第 1 个字符的开始位置，读取字符个数由参数 L 决定，读取的字符以字符串格式由 OUT 输出。

字符串读取指令的主要参数如表 4-158 所示。

表 4-158　　字符串读取指令的主要参数

参数	声明	数据类型	说明
IN	Input	STRING、WSTRING	要读取的字符串
L	Input	BYTE、INT、SINT、USINT	要读取的字符个数
P	Input	BYTE、INT、SINT、USINT	要读取的第 1 个字符的位置
OUT	Return	STRING、WSTRING	存储读取部分的字符串

LEFT 和 RIGHT 指令没有参数 P，其余参数这 3 条指令均有。对于 LEFT 和 RIGHT 指令而言，如果要读取的字符数大于字符串的当前长度，则 OUT 将 IN 中的字符串作为输出结果。如果 L 参数包含“0”或输入值为空字符串，则 OUT 输出空字符串；如果 L 中的值为负数，则 OUT 也输出空字符串。对于 MID 指令而言，如果要读取的字符数量超过 IN 输入参数中字符串的当前长度，则读取以 P 字符串开始直到字符串结尾处的字符串；如果 P 参数中指定的字符位置超出 IN 字符串的当前长度，则 OUT 将输出空字符串；如果 P 或 L 中的值为负数，则 OUT 也输出空字符串。字符串读取的 3 条指令在执行过程中，若发生错误且可写入 OUT 输出参数，则输出空字符串。

【例 4-81】 字符串读取指令的使用。首先在 TIA Portal 中添加全局数据块，并在块中创建多个参数变量，并设置相应的起始值，如图 4-48 所示。

数据块_1

	名称	数据类型	起始值
1	▼ Static		
2	StringValueIn	String	'Hello S7-1500 PLC'
3	Left_L	Int	5
4	Right_L	Int	3
5	Mid_L	Int	7
6	Mid_P	Int	6
7	ResultOut1	String	''
8	ResultOut2	String	''
9	ResultOut3	String	''

图 4-48　例 4-81 数据块中创建参数变量

编写字符串读取指令的使用程序如表 4-159 所示。在程序段 1 中执行 LEFT 指令，将数据块字符串变量 StringValueIN 中字符串‘Hello S7-1500 PLC’从左侧开始读取连续的 5（Left_L＝5）个字符，结果‘Hello’送入 ReslutOUT1 中；在程序段 2 中执行 RIGHT 指令，将数据块字符串变量 StringValueIN 中字符串‘ Hello S7-1500 PLC ’从右侧开始读取连续的 3（Right_L=3）个字符，结果‘PLC’送入 ReslutOUT2 中；在程序段 3 中执行 MID 指令，将数据块字符串变量 StringValueIN 中字符串‘ Hello S7-1500 PLC ’从左侧开始第 6（Mid_P＝6）个字符开始连续读取 7（Mid_L＝7）个字符，结果‘ S7-150 ’送入 ReslutOUT3 中。在仿真状态下，数据块的监视值如图 4-49 所示。

表 4-159　　字符串读取指令的使用程序

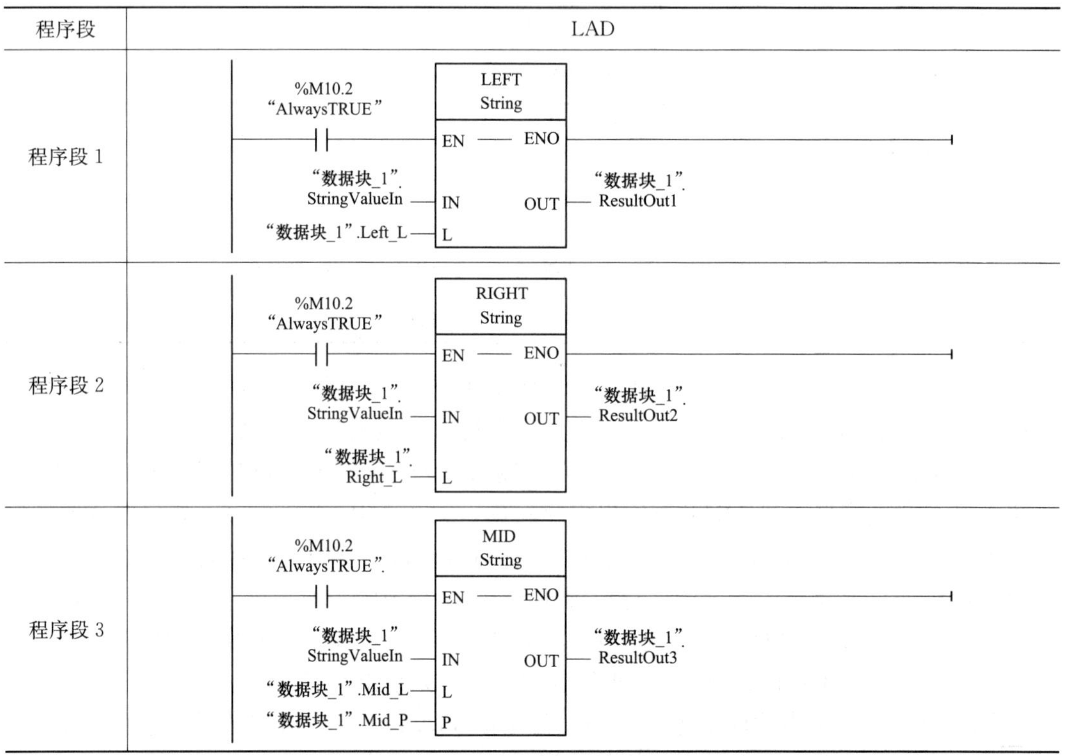

程序段	LAD
程序段 1	%M10.2 "AlwaysTRUE" —┤├— EN；LEFT String；"数据块_1".StringValueIn — IN；"数据块_1".Left_L — L；ENO；OUT — "数据块_1".ResultOut1
程序段 2	%M10.2 "AlwaysTRUE" —┤├— EN；RIGHT String；"数据块_1".StringValueIn — IN；"数据块_1".Right_L — L；ENO；OUT — "数据块_1".ResultOut2
程序段 3	%M10.2 "AlwaysTRUE" —┤├— EN；MID String；"数据块_1".StringValueIn — IN；"数据块_1".Mid_L — L；"数据块_1".Mid_P — P；ENO；OUT — "数据块_1".ResultOut3

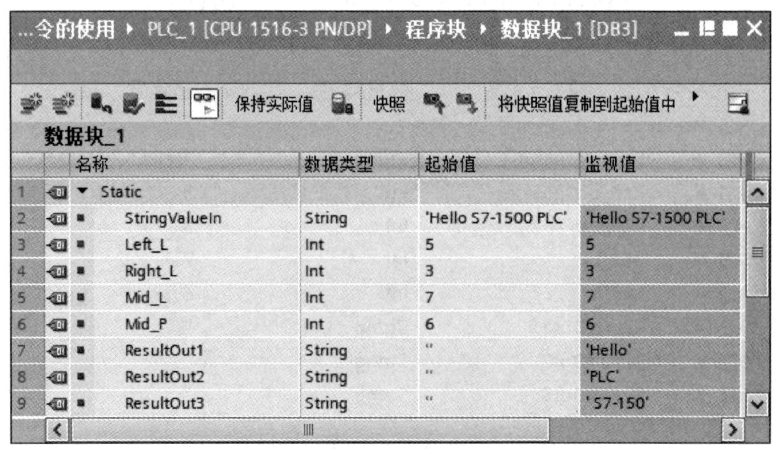

	名称	数据类型	起始值	监视值
1	▼ Static			
2	StringValueIn	String	'Hello S7-1500 PLC'	'Hello S7-1500 PLC'
3	Left_L	Int	5	5
4	Right_L	Int	3	3
5	Mid_L	Int	7	7
6	Mid_P	Int	6	6
7	ResultOut1	String	''	'Hello'
8	ResultOut2	String	''	'PLC'
9	ResultOut3	String	''	' S7-150'

图 4-49　例 4-81 数据块的监视值

6. 字符串查找、插入、删除与替换指令

在 SIMATIC S7-1500 系列 PLC 中，使用扩展指令 FIND、INWERT、DELETE、ERPLACE 可实现对字符串的查找、插入、删除与替换等操作。

（1）在字符串中查找字符指令 FIND。使用 FIND 指令，可以在输入参数 IN1 中的字符串中查找 IN2 指定的字符串第一次出现的所在位置值，然后由 OUT 输出该值的位置，指令参数如表 4-160 所示。

表 4-160　　　　FIND 指令参数表

梯形图指令符号	参数	数据类型	说明
FIND ??? (EN, ENO, IN1, OUT, IN2)	EN	BOOL	允许输入
	ENO	BOOL	允许输出
	IN1	STRING、WSTRING	被查找的字符串
	IN2	STRING、WSTRING	要查找的字符串
	OUT	INT	字符位置

执行 FIND 指令时，在 IN1 字符串中是从左向右开始查找参数 IN2 指定的字符串。若在 IN1 中查找到了 IN2 指定的字符串，OUT 将输出第 1 次出现该字符串的位置值。如果没有查找到，则 OUT 输出为 0。

（2）在字符串中插入字符指令 INSERT。使用 INSERT 指令，将输入参数 IN2 中的字符串插入 IN1 的字符串中，插入的字符串的起始位置由参数 P 指令，插入后形成新的字符串通过 OUT 输出，指令参数如表 4-161 所示。

表 4-161　　　　INSERT 指令参数表

梯形图指令符号	参数	数据类型	说明
INSERT ??? (EN, ENO, IN1, OUT, IN2, P)	EN	BOOL	允许输入
	ENO	BOOL	允许输出
	IN1	STRING、WSTRING	字符串
	IN2	STRING、WSTRING	要插入的字符串
	P	BYTE、INT、SINT、USINT	指定插入起始位置
	OUT	STRING、WSTRING	输出生成的字符串

执行 INSERT 指令时，如果参数 P 中的值超出了 IN1 字符串的当前长度，则 IN2 的字符串将直接添加到 IN1 字符串后。如果参数 P 中的值为负数，则 OUT 输出空字符串。如果生成的字符串的长度大于 OUT 的变量长度，则将生成的字符串限制到可用长度。

（3）删除字符串中的字符指令 DELETE。使用 DELETE 指令，将输入参数 IN 中的字符串删除 L 个字符数，删除字符的起始位置由 P 指定，剩余的部分字符串由 OUT 输出，指令参数如表 4-162 所示。

表 4-162　　　　DELETE 指令参数表

梯形图指令符号	参数	数据类型	说明
DELETE ??? EN — ENO IN　OUT L P	EN	BOOL	允许输入
	ENO	BOOL	允许输出
	IN	STRING、WSTRING	字符串
	L	BYTE、INT、SINT、USINT	指定要删除的字符数
	P	BYTE、INT、SINT、USINT	指定删除的第 1 个字符位置
	OUT	STRING、WSTRING	生成的字符串

执行 DELETE 指令时，如果参数 P 中的值为负数或等于零，则 OUT 输出空字符串。如果参数 P 中的值超出了 IN 字符串的当前长度值或参数 L 的值为 0，则 OUT 输出 IN 中的字符串。如果参数 L 中值超出了 IN 字符串的当前长度值，则将删除从 P 指定位置开始的字符。如果参数 L 中的值为负数，则将输出空字符串。

（4）替换字符串的字符指令 REPLACE。使用 REPLACE 指令，可将 IN1 中的部分字符串由 IN2 中的字符串替换，参数 P 指定要替换的字符起始位置，参数 L 指定要替换的字符个数，替换后生成的新字符串由 OUT 输出，指令参数如表 4-163 所示。

表 4-163　　　　REPLACE 指令参数表

梯形图指令符号	参数	数据类型	说明
REPLACE ??? EN — ENO IN1　OUT IN2 L P	EN	BOOL	允许输入
	ENO	BOOL	允许输出
	IN1	STRING、WSTRING	要替换其中字符的字符串
	IN2	STRING、WSTRING	含有要插入的字符
	L	BYTE、INT、SINT、USINT	要替换的字符数
	P	BYTE、INT、SINT、USINT	要替换的第 1 个字符的位置
	OUT	INT	生成的字符串

执行 REPLACE 指令时，如果参数 P 中的值为负数或等于 0，则 OUT 输出空字符串。如果参数 P 中的值超出了 IN1 字符串的当前长度值，则 IN2 的字符串将直接添加到 IN1 字符串后。如果参数 P 中的值为 1，则 IN 中的字符串将从第 1 个字符开始被替换。如果生成的字符串的长度大于 OUT 的变量长度，则将生成的字符串限制到可用长度。如果参数 L 中的值为负数，则 OUT 输出空字符串。如果参数 L 中的值为 0，则将插入而不是更换字符。

【例 4-82】 字符串查找、插入、删除与替换指令的使用。首先在 TIA Portal 中添加全局数据块，并在块中创建多个参数变量，并设置相应的起始值，如图 4-50 所示。

编写字符串查找、插入、删除与替换指令的使用程序如表 4-164 所示。在程序段 1 中

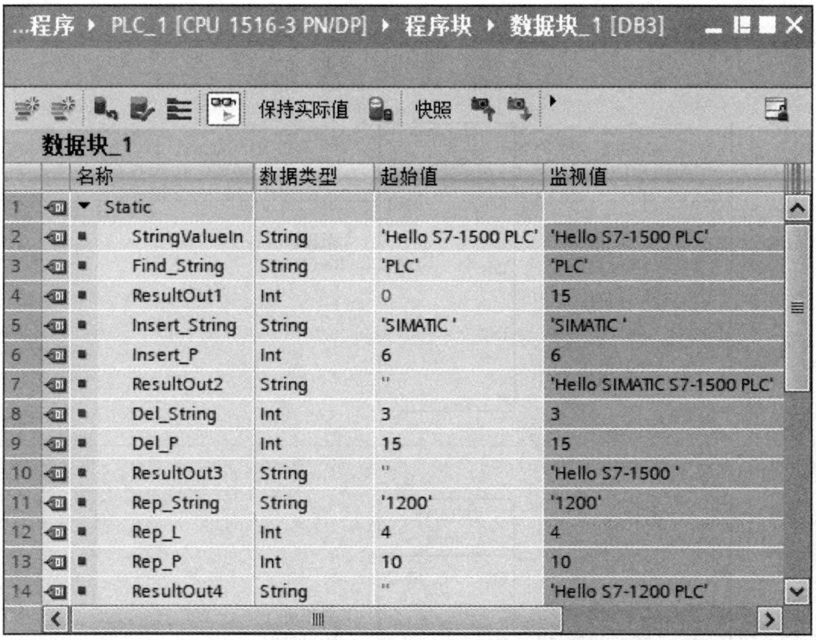

...程序 ▸ PLC_1 [CPU 1516-3 PN/DP] ▸ 程序块 ▸ 数据块_1 [DB3]

保持实际值　快照

数据块_1

	名称	数据类型	起始值	监视值
1	▼ Static			
2	StringValueIn	String	'Hello S7-1500 PLC'	'Hello S7-1500 PLC'
3	Find_String	String	'PLC'	'PLC'
4	ResultOut1	Int	0	15
5	Insert_String	String	'SIMATIC '	'SIMATIC '
6	Insert_P	Int	6	6
7	ResultOut2	String	''	'Hello SIMATIC S7-1500 PLC'
8	Del_String	Int	3	3
9	Del_P	Int	15	15
10	ResultOut3	String	''	'Hello S7-1500 '
11	Rep_String	String	'1200'	'1200'
12	Rep_L	Int	4	4
13	Rep_P	Int	10	10
14	ResultOut4	String	''	'Hello S7-1200 PLC'

图 4-50　例 4-82 数据块中创建参数变量

执行 FIND（查找）指令，将数据块字符串变量 StringValueIN 中字符串‘Hello S7-1500 PLC’从左侧开始查找字符串‘PLC’（Find_String＝‘PLC’），将第 1 次找到位置值 15 送入 ReslutOUT1 中；在程序段 2 中执行 INSERT（插入）指令，在数据块字符串变量 StringValueIN 中字符串‘Hello S7-1500 PLC’插入字符串‘SIMATIC’（Insert_String＝‘SIMATIC’），由于指定的位置值为 6（Insert_P＝6），所以将字符串‘SIMATIC’直接添加到‘Hello’的右侧，形成新的字符串为‘Hello SIMATIC S7-1500 PLC’，并将其由 ReslutOUT2 输出；在程序段 3 中执行 DELETE（删除）指令，将数据块字符串变量 StringValueIN 中字符串‘Hello S7-1500 PLC’从第 15 个字符（Del_P＝15）开始连续删除 3 个字符（Del_String＝3），保留的字符串结果‘Hello S7-1500’由 ReslutOUT3 输出；在程序段 4 中执行 REPLACE（替换）指令，将数据块字符串变量 StringValueIN 中字符串‘Hello S7-1500 PLC’从第 10 个字符（Rep_P＝10）开始连续 4 个字符（Rep_L＝4）替换成字符串‘1200’（Rep_String＝‘1200’），形成新的字符串‘Hello S7-1200 PLC’，并将其由 ReslutOUT4 输出。在仿真状态下，数据块的监视值如图 4-51 所示。

表 4-164　　字符串查找、插入、删除与替换指令的使用程序

程序段	LAD
程序段 1	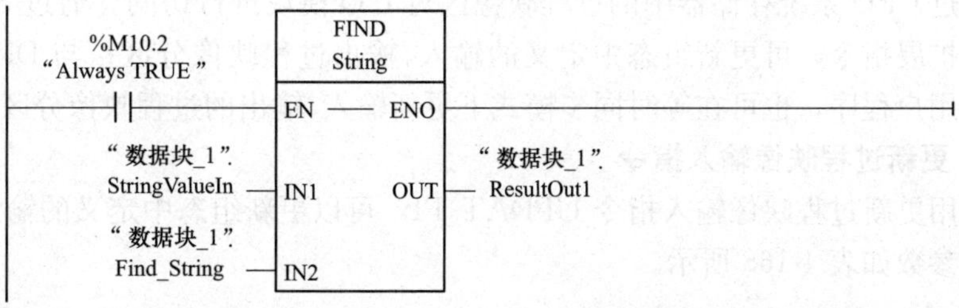 %M10.2 "Always TRUE" —┤├— EN [FIND String] ENO —; "数据块_1".StringValueIn — IN1; OUT — "数据块_1".ResultOut1; "数据块_1".Find_String — IN2

续表

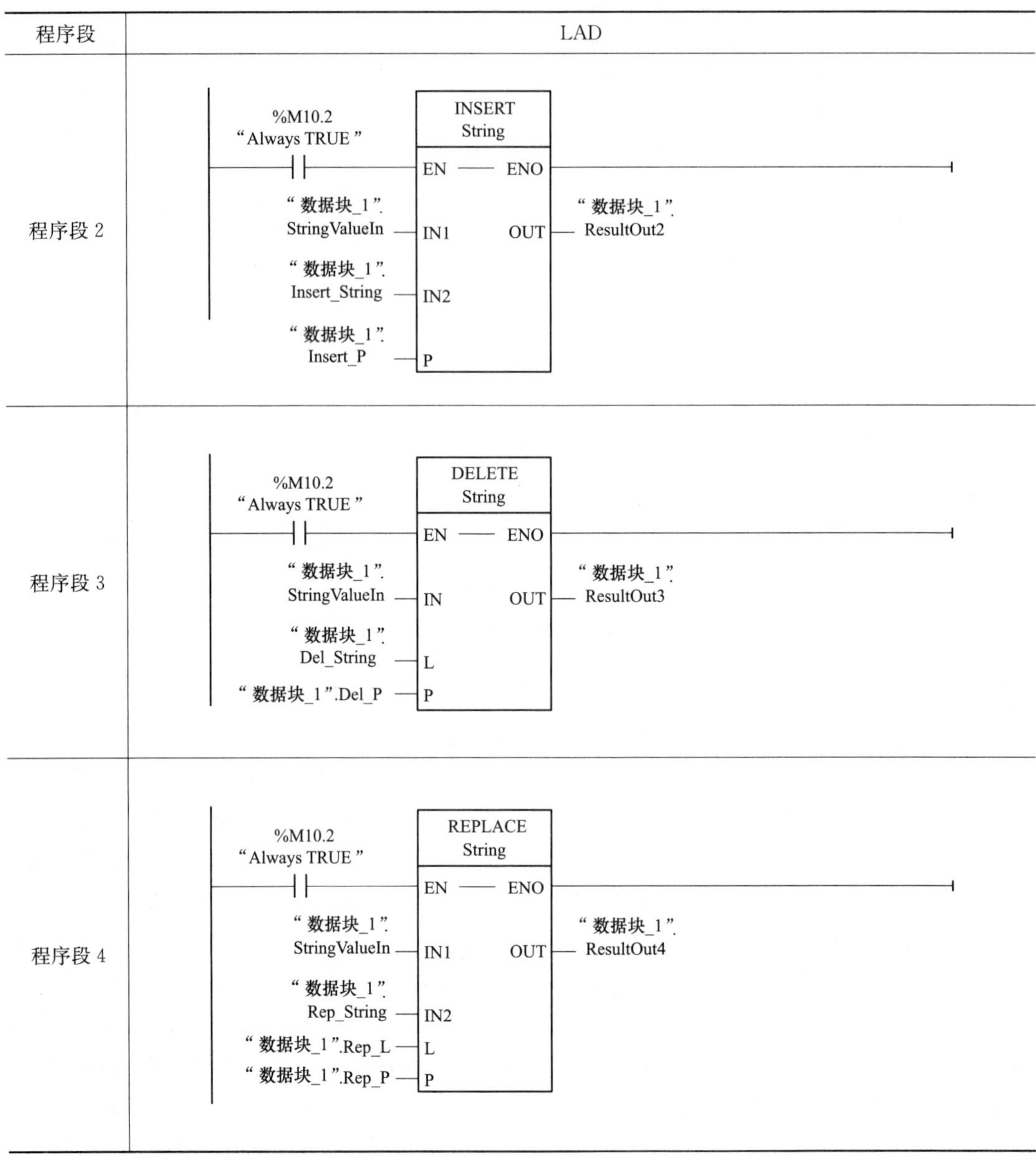

程序段	LAD
程序段 2	%M10.2 "Always TRUE" —INSERT String— EN ENO; "数据块_1".StringValueIn — IN1; OUT — "数据块_1".ResultOut2; "数据块_1".Insert_String — IN2; "数据块_1".Insert_P — P
程序段 3	%M10.2 "Always TRUE" —DELETE String— EN ENO; "数据块_1".StringValueIn — IN; OUT — "数据块_1".ResultOut3; "数据块_1".Del_String — L; "数据块_1".Del_P — P
程序段 4	%M10.2 "Always TRUE" —REPLACE String— EN ENO; "数据块_1".StringValueIn — IN1; OUT — "数据块_1".ResultOut4; "数据块_1".Rep_String — IN2; "数据块_1".Rep_L — L; "数据块_1".Rep_P — P

4.2.3　过程映像指令

用户程序访问输入（I）和输出（Q）信号时，通常不能直接扫描数字量模块的端口，而是通过 CPU 系统存储器中的过程映像区对 I/O 模块进行访问。通过 S7-1500 系列 PLC 的相关扩展指令，可更新组态中定义的输入/输出过程映像分区；与 DP 循环或 PN 循环关联的用户程序，也可在等时同步模式下更新输入/输出的过程映像分区。

1. 更新过程映像输入指令

使用更新过程映像输入指令 UPDAT_PI，可以更新组态中定义的输入过程映像分区，其指令参数如表 4-165 所示。

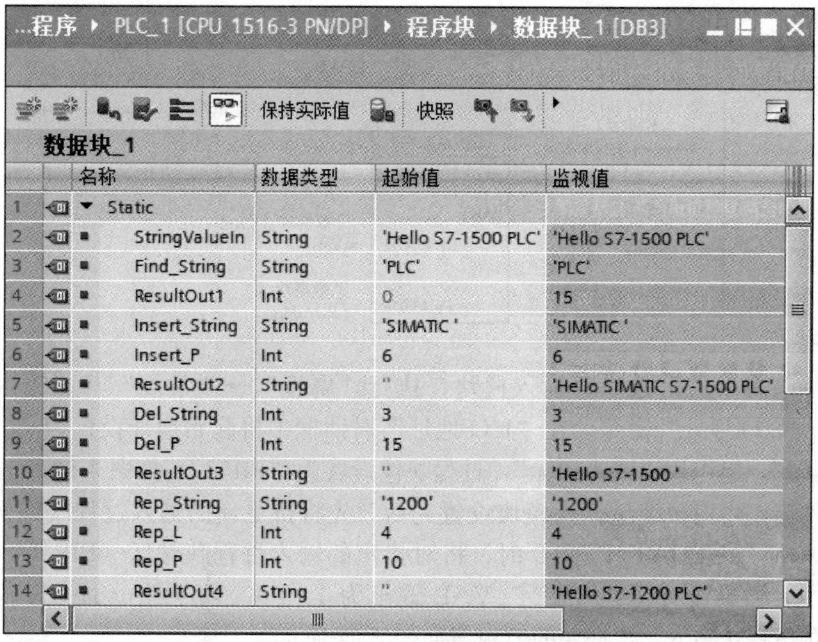

...程序 ▸ PLC_1 [CPU 1516-3 PN/DP] ▸ 程序块 ▸ 数据块_1 [DB3]

保持实际值　快照

数据块_1

	名称	数据类型	起始值	监视值
1	▾ Static			
2	StringValueIn	String	'Hello S7-1500 PLC'	'Hello S7-1500 PLC'
3	Find_String	String	'PLC'	'PLC'
4	ResultOut1	Int	0	15
5	Insert_String	String	'SIMATIC '	'SIMATIC '
6	Insert_P	Int	6	6
7	ResultOut2	String	''	'Hello SIMATIC S7-1500 PLC'
8	Del_String	Int	3	3
9	Del_P	Int	15	15
10	ResultOut3	String	''	'Hello S7-1500 '
11	Rep_String	String	'1200'	'1200'
12	Rep_L	Int	4	4
13	Rep_P	Int	10	10
14	ResultOut4	String	''	'Hello S7-1200 PLC'

图 4-51　例 4-82 数据块的监视值

表 4-165　　UPDAT_PI 指令参数表

梯形图指令符号	参数	数据类型	说明
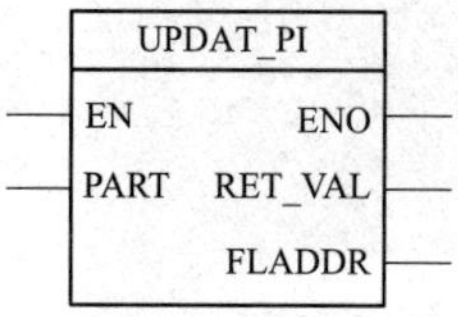 UPDAT_PI EN　ENO PART　RET_VAL FLADDR	EN	BOOL	允许输入
	ENO	BOOL	允许输出
	PART	PIP	待更新的输入过程映像分区的数量
	RET_VAL	INT	错误信息
	FLADDR	WORD	发生访问错误时，造成错误的第 1 个字节的地址

对系统侧过程映像更新时，若组态反复发送 I/O 访问错误信号，则所选过程映像将终止更新。组态分配给输入过程映像分区的所有逻辑地址都不再属于 OB1 输入过程映像分区。OB1 输入过程映像的系统更新以及指定中断 OB 的输入过程映像分区的系统更新与 UPDAT_PI 调用无关。

【例 4-83】 UPDAT_PI 指令的使用。首先在 TIA Portal 中添加全局数据块，并在块中创建 4 个参数变量，并设置相应的起始值，如图 4-52 所示。编写如表 4-166 所示的 UPDAT_PI 指令的使用程序。

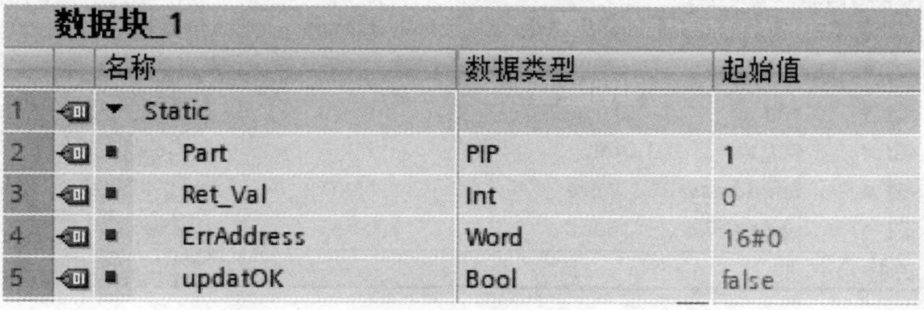

数据块_1

	名称	数据类型	起始值
1	▾ Static		
2	Part	PIP	1
3	Ret_Val	Int	0
4	ErrAddress	Word	16#0
5	updatOK	Bool	false

图 4-52　例 4-83 数据块中创建的参数变量

表 4-166　　**UPDAT_PI 指令的使用程序**

程序段	LAD
程序段 1	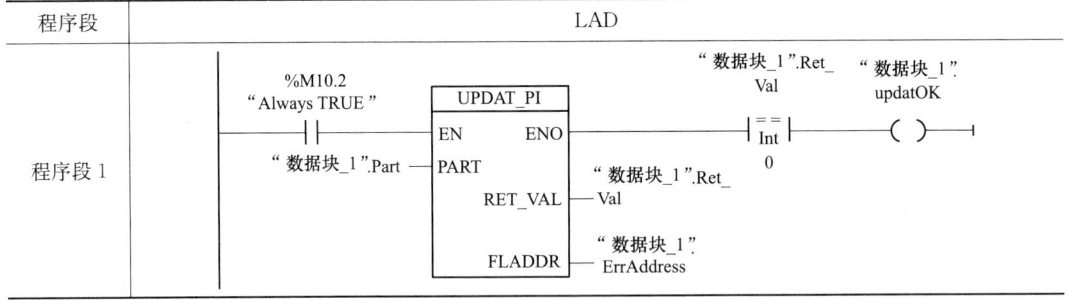

在硬件组态中点击数字量输入模块，执行"属性"→"常规"→"输入 0-15"→"输入"→"I/O 地址"命令，在"I/O 地址"对话框中将起始地址设置为"0"，结束地址设置为"1"，组织块设置为"无"，过程映像设置为"PIP 1"，如图 4-53 所示。

在硬件组态中对数字量输入模块设置完后，先将待更新的输入过程映像区编号存储在 Part 中，执行 UPDAT_PI 指令时，将对指定的输入过程映像区（PIP 1）进行更新。更新过程中，如果没有错误（RET_VAL 输出为 16＃0000），则 updatOK 输出状态为 TRUE。在仿真状态下，数据块的监视值如图 4-54 所示。

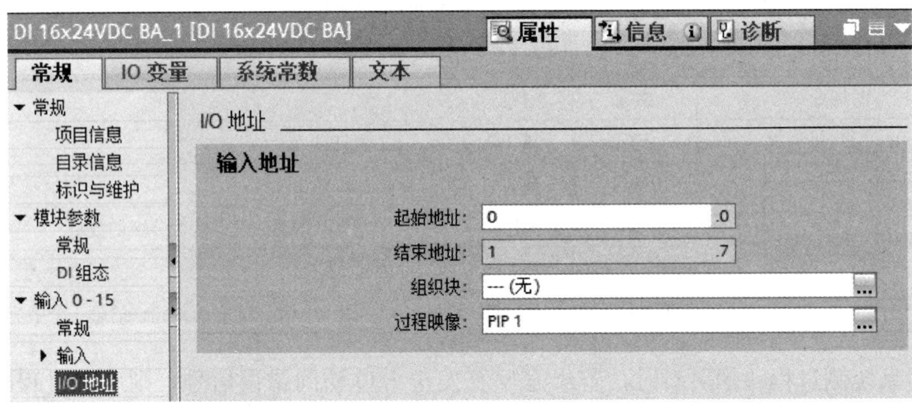

图 4-53　数字输入模块"I/O 地址"对话框的设置

...用 ▸ PLC_1 [CPU 1516-3 PN/DP] ▸ 程序块 ▸ 数据块_1 [DB3]

保持实际值　快照

数据块_1

	名称	数据类型	起始值	监视值
1	▼ Static			
2	▪ Part	PIP	1	1
3	▪ Ret_Val	Int	0	0
4	▪ ErrAddress	Word	16#0	16#0000
5	▪ updatOK	Bool	false	TRUE

图 4-54　例 4-83 数据块的监视值

2. 更新过程映像输出指令

使用更新过程映像输入指令 UPDAT_PO，可以更新组态中定义的输出过程映像分区，将信号状态传送到输出模块，其指令参数如表 4-167 所示。

表 4-167　　　　UPDAT_PO 指令参数表

LAD	参数	数据类型	说明
UPDAT_PO EN　ENO PART　RET_VAL FLADDR	EN	BOOL	允许输入
	ENO	BOOL	允许输出
	PART	PIP	待更新的输出过程映像分区的数量
	RET_VAL	INT	错误信息
	FLADDR	WORD	发生访问错误时，造成错误的第 1 个字节的地址

如果已为所选过程映像分区指定了一致性范围，则将对应的数据作为一致性数据传送到各自的 I/O 模块。组态分配给输出过程映像分区的所有逻辑地址都不再属于 OB1 输出过程映像分区。OB1 输出过程映像和分配给中断 OB 的输出过程映像分区由系统传送到数字量输出模块，更新与 UPDAT_PO 调用无关。

【例 4-84】 UPDAT_PO 指令的使用。首先在 TIA Portal 中添加全局数据块，并在块中创建 4 个参数变量，并设置相应的起始值，如图 4-55 所示。编写如表 4-168 所示的 UPDAT_PO 指令的使用程序。

数据块_1

	名称	数据类型	起始值
1	▼ Static		
2	PO_Part	PIP	1
3	Ret_Val	Int	0
4	ErrAddress	Word	16#0
5	updatOK	Bool	false

图 4-55　例 4-84 数据块中创建参数变量

表 4-168　　　　UPDAT_PO 指令的使用程序

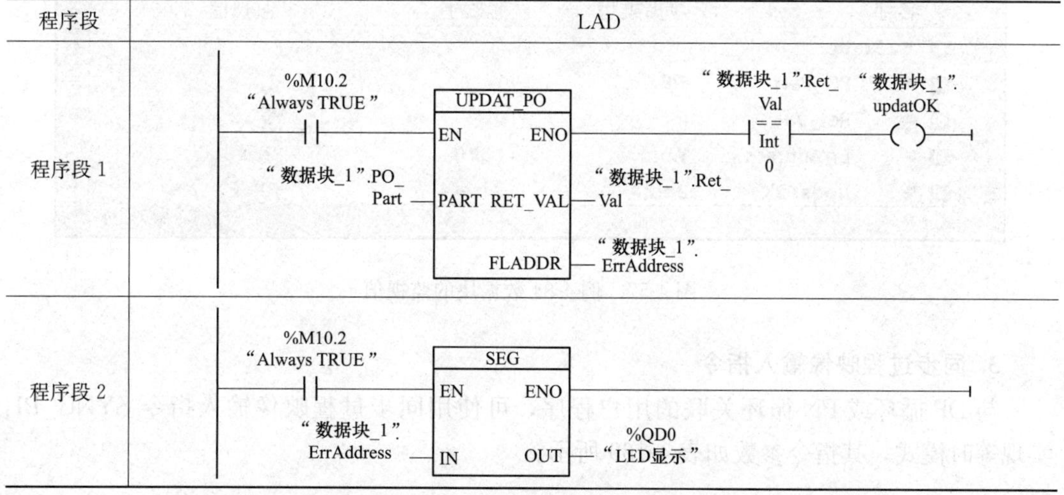

程序段	LAD
程序段 1	%M10.2 "Always TRUE" —┤├— UPDAT_PO (EN, ENO; "数据块_1".PO_Part — PART; RET_VAL — "数据块_1".Ret_Val; FLADDR — "数据块_1".ErrAddress); ENO — "数据块_1".Ret_Val == Int 0 — ( ) "数据块_1".updatOK
程序段 2	%M10.2 "Always TRUE" —┤├— SEG (EN, ENO; "数据块_1".ErrAddress — IN; OUT — %QD0 "LED显示")

在硬件组态中点击数字量输出模块，执行“属性”→“常规”→“输出 0-15”→“I/O 地址”命令，在“I/O 地址”对话框中将起始地址设置为“0”，结束地址设置为“1”，组织块设置为“无”，过程映像设置为“PIP 1”，如图 4-56 所示。

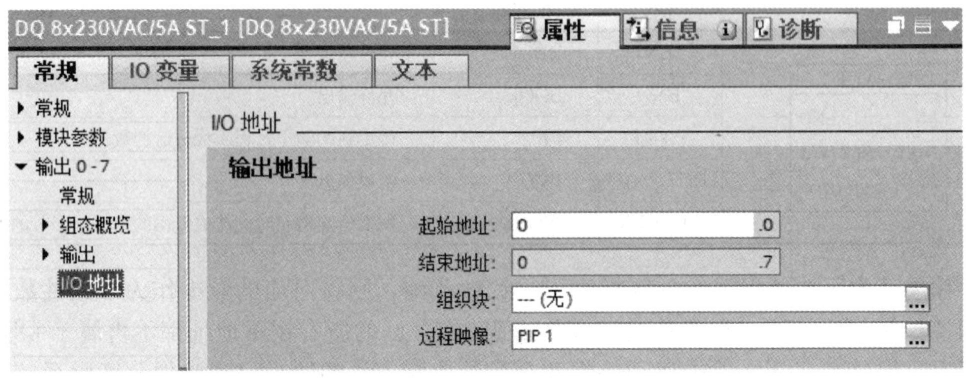

图 4-56　数字输出模块“I/O 地址”对话框的设置

在硬件组态中对数字量输出模块设置完成后，先将待更新的输出过程映像区编号存储在 PO_Part 中，执行 UPDAT_PO 指令时，将对指定的输出过程映像区（PIP 1）进行更新。更新过程中，如果没有错误（RET_VAL 输出为 16＃0000），则 updatOK 输出状态为 TRUE。同时，与 QD0 相连的数码管将显示相应的 RET_VAL 参数代码。在仿真状态下，数据块的监视值如图 4-57 所示。

...用 ▸ PLC_1 [CPU 1516-3 PN/DP] ▸ 程序块 ▸ 数据块_1 [DB3]

保持实际值　快照

数据块_1

	名称	数据类型	起始值	监视值
1	▾ Static			
2	▪ PO_Part	PIP	1	1
3	▪ Ret_Val	Int	0	0
4	▪ ErrAddress	Word	16#0	16#0000
5	▪ updatOK	Bool	false	TRUE

图 4-57　例 4-84 数据块的监视值

3. 同步过程映像输入指令

与 DP 循环或 PN 循环关联的用户程序，可使用同步过程映像输入指令 SYNC_PI，实现等时模式，其指令参数如表 4-169 所示。

表 4-169　　SYNC_PI 指令参数表

LAD	参数	数据类型	说明
SYNC_PI: EN, PART / ENO, RET_VAL, FLADDR	EN	BOOL	允许输入
	ENO	BOOL	允许输出
	PART	PIP	待更新的输入过程映像分区的数量
	RET_VAL	INT	错误信息
	FLADDR	WORD	发生访问错误时，造成错误的第 1 个字节的地址

SYNC_PI 指令可中断，并且仅在 OB61、OB62、OB63 和 OB64 中调用。仅当在配件配置中将受影响的过程映像分区分配给相关的 OB 后，才能在 OB61、OB62、OB63 和 OB64 中调用本指令。使用 SYNC_PI 指令更新的过程映像分区，不能同时使用指令 UPDAT_PI 进行更新。

4. 同步过程映像输出指令

与 DP 循环或 PN 循环关联的用户程序，可使用同步过程映像输出指令 SYNC_PO，实现等时模式，其指令参数如表 4-170 所示。

表 4-170　　SYNC_PO 指令参数表

LAD	参数	数据类型	说明
SYNC_PO: EN, PART / ENO, RET_VAL, FLADDR	EN	BOOL	允许输入
	ENO	BOOL	允许输出
	PART	PIP	待更新的输出过程映像分区的数量
	RET_VAL	INT	错误信息
	FLADDR	WORD	发生访问错误时，造成错误的第 1 个字节的地址

SYNC_PO 指令可中断，并且仅在 OB61、OB62、OB63 和 OB64 中调用。仅当在配件配置中将受影响的过程映像分区分配给相关的 OB 后，才能在 OB61、OB62、OB63 和 OB64 中调用本指令。使用 SYNC_PO 指令更新的过程映像分区，不能同时使用指令 UPDAT_PO 进行更新。

第 5 章　S7-1500 PLC 的用户程序结构

SIMATIC S7-1500 系列 PLC 的程序可由多个程序块构成，如组织块 OB、函数块 FB、函数 FC、数据块 DB 等。本章将介绍这些程序块的相关知识，本章内容的学习，对编写程序至关重要。

5.1　S7-1500 PLC 的程序及块结构

5.1.1　S7-1500 PLC 的程序分类

SIMATIC S7-1500 系列 PLC 的 CPU 中运行的程序分两类：系统程序和用户程序。

系统程序是固化在 CPU 中的程序，它提供了一套系统运行和调试的机制，用于协调 PLC 内部事务，与控制对象特定的任务无关。系统程序主要完成这些工作：处理 PLC 的启动（暖启动和热启动）、刷新输入的过程映像表和输出的过程映像表、调用用户程序、检测并处理错误、检测中断并调用中断程序、管理存储区域、与编程设备和其他通信设备的通信等。

用户程序是为了完成特定的自动化任务，由用户在编程软件中（如 STEP 7）编写的程序，然后下载到 CPU 中。用户程序可以完成这些工作：暖启动和热启动的初始化工作、处理过程数据（数字信号、模拟信号）、对中断的响应、对异常和错误的处理。小型 PLC（如 S7-200 SMART）的用户程序比较简单，不需要分段，而是顺序编制的。大中型 PLC（如 S7-1200/1500）的用户程序很长，也比较复杂，为使用户程序编制简单清晰，可按功能结构或使用目的将用户程序划分成各个程序模块。按模块结构组成的用户程序，每个模块用来解决一个确定的技术功能，使很长的程序编制易于理解，还使得程序的调试和修改变得很容易。

系统程序处理的是底层的系统级任务，它为 PLC 应用搭建了一个平台，提供了一套用户程序的机制；而用户程序则在这个平台上，完成用户自己的自动化任务。

5.1.2　TIA Portal 软件中程序的编程方法

TIA Portal 软件中程序的编程方法有 3 种：线性化编程、模块化编程和结构化编程，如图 5-1 所示。

1. 线性化编程

线性化编程是将整个用户程序放在循环控制组织块 OB1（主程序）中，处理器线性地或顺序地扫描程序的每条指令。这种方法是 PLC 最初所模拟的硬连线继电器梯形逻辑

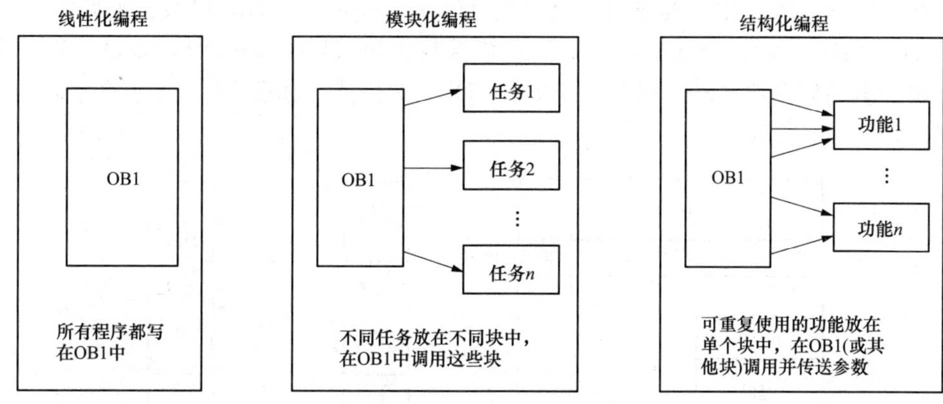

图 5-1　TIA Portal 的 3 种程序编程方法

图模式，这种方式的程序结构简单，不涉及函数块、函数、数据块、局部变量和中断等比较复杂的概念，容易入门。对于许多初学者来说，建议在此编写简单的程序。

由于所有的指令都在一个块中，即使程序中的某些部分在大多数时候并不需要执行，但每个扫描周期都要执行所有的指令，因此没有有效地利用 CPU。此外，如果要求多次执行相同或类似的操作，需要重复编写程序。

2. 模块化编程

模块化编程是将用户程序分别写在一些块中，通常这些块都是不含参数的 FB 或 FC，每个块中包含完成一部分任务的程序，然后在主程序循环组织块 OB1 中按照顺序调用这些 FB 或 FC。

模块化编程的程序被划分为若干个块，易于几个人同时对一个项目编程。由于只是在需要时才调用有关的程序块，CPU 的利用效率大大提高。

3. 结构化编程

结构化编程将复杂的自动化任务分解为能够反映过程的工艺、功能或可以反复使用的小任务，将这些小任务通过用户程序编写一些具有相同控制过程但控制参数不一致的程序段写在某个可分配参数的 FB 或 FC 中，然后在主程序循环组织块中可重复调用该程序块，且调用时可赋予不同的控制参数。

使用结构化编程的方法较前面两种编程方法更先进，适合复杂的控制任务，并支持多人协同编写大型用户程序。结构化编程具有以下优点：

（1）程序的可读性更好、更容易理解。

（2）简化程序的组织。

（3）有利于对常用功能进行标准化，减少重复劳动。

（4）由于可以分别测试各个程序块，查错、修改和调试都更容易。

5.1.3　S7-1500 PLC 的块结构

在 TIA Portal 软件中，用户程序编写的程序和程序所需的数据均放置在块中，使单个程序部件标准化。块是一些独立的程序或者数据单元，通过在块内或块之间类似子程序的调用，可以显著增加 PLC 程序的组织透明性、可理解性，使程序易于修改、查错和调试。在 S7-1500 PLC 中，程序可由组织块（Organization Block，OB）、函数块（Function Block，FB）、函数（Function，FC）、背景数据块（Instance Data Block，DI）和共享数据块即全局数据块（Shared Data Block，DB）等组成，如图 5-2 所示。各块均有相应的功能，如表 5-1 所示。

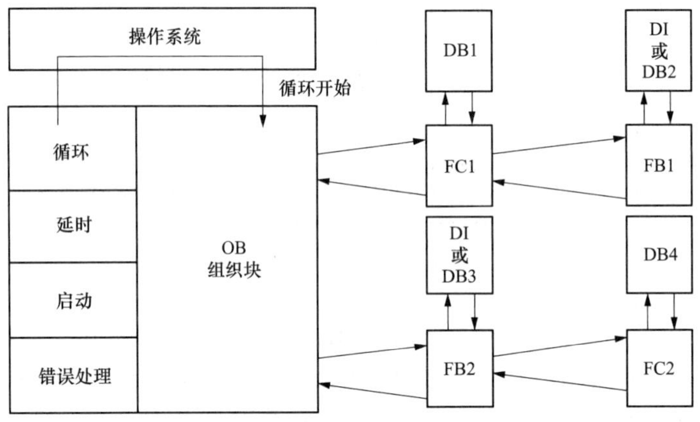

图 5-2 S7-1500 PLC 的块结构

表 5-1 用户程序块

块名称	功能简介	举例	块分类
组织块 OB	操作系统与用户程序的接口，决定用户程序的结构，只能被操作系统调用	OB1、OB100	逻辑块
函数块 FB	由用户编写的包含经常使用的功能的子程序，有专用的存储区（即背景数据块）	FB2	
函数 FC	由用户编写的包含经常使用的功能的子程序，没有专用的存储区	FC4	
背景数据块 DI	用于保存 FB 的输入、输出参数和静态变量，其数据在编译时自动生成	DI10	数据块
共享数据块 DB	用于存储用户数据，除分配给功能块的数据外，还可以供给任何一个块来定义和使用	DB5	

OB1 相当于 S7-200 SMART 系列 PLC 用户程序的主程序，除 OB1 外其他的 OB 相当于 S7-200 SMART 系列 PLC 用户程序的中断程序。FB、FC 相当于 S7-200 SMART 系列 PLC 用户程序的子程序，而 DB 和 DI 相当于 S7-200 SMART 系列 PLC 用户程序的 V 区。

在这些块中，组织块 OB、函数块 FB、函数 FC 都包含有由用户程序根据特定的控制任务而编写的程序代码和各程序需要的数据，因此它们为程序块或逻辑块。背景数据块 DI 和共享数据块 DB 不包含 SIMATIC S7 的指令，用于存放用户数据，因此它们可统称为数据块（Data Block，DB）。

5.2 数 据 块

数据块（Data Block，DB）用来分类存储设备或生产线中变量的值，它也是用来实现各逻辑块之间的数据交换、数据传递和共享数据的重要途径。数据块丰富的数据结构便于提高程序的执行效率和进行数据管理。

新建数据块时，默认状态下是优化的存储方式，且数据块中存储变量的属性是非保持的。数据块占用 CPU 的装载存储区和工作存储区，与标志存储区（M）相比，使用功能相类似，都是全局变量。不同的是，M 数据区的大小在 CPU 技术规范中已经定义，且不可扩展，而数据块存储区由用户定义，最大不能超过数据工作存储区或装载存储区（只存储于装载存储区）。

5.2.1　数据块的分类

如果按功能划分，数据块 DB 可以分为全局数据块、背景数据块和基于用户数据类型（用户定义数据类型、系统数据类型或数组类型）的数据块。

1. 全局数据块

全局数据块（Global Data Block）是为用户提供一个保存程序数据的区域，它不附属于任何逻辑块，所以数据块包含用户程序使用的变量数据。用户可以根据需要设定数据块的大小和数据块内部的数据类型等。在 CPU 允许的条件下，一个程序可创建任意多个 DB，每个 DB 的最大容量为 64KB。

2. 背景数据块

背景数据块（Instance Data Block，DI）是专门指定给某个函数块（FB）使用的数据块，它是 FB 运行时的工作存储区。背景数据块 DI 与函数块 FB 相关联，在创建背景数据块时，必须指定它所属的函数块，而且该函数块必须已经存在。

在调用一个函数块时，既可以为它分配一个已经创建的背景数据块，又可以直接定义一个新的数据块，该数据块将自动生成并作为背景数据块。背景数据块与全局数据块相比，只存储函数块接口数据区相关的数据。函数块的接口数据区决定了它的背景数据块的结构和变量。不能直接修改背景数据块，只能通过对应函数块的接口数据区来修改它。数据块格式随着接口数据区的变化而变化。

3. 数组数据块

数组数据块是一种特殊类型的全局数据块，它包含一个任意数据类型的数组。其数据类型可以是基本数据类型，也可以是 PLC 数据类型的数组。创建数组数据块时，需要输入数组的数据类型和数组的上限。创建完成数组数据块后，可以在其属性中更改数组的上限，但是不能修改数据类型。数组数据块始终启用“优化的块访问”属性，不能进行标准访问，并且为非保持性属性，不能修改为保持性属性。

5.2.2　数据块的生成

1. 全局数据块的生成

全局数据块用于存储程序数据，所以数据块包含用户程序使用的变量数据。一个程序中可以自由创建多个数据块。全局数据块必须事先定义才可以在程序中使用。要添加一个全局数据块，可在 TIA Portal 项目结构窗口的“程序块”中双击“添加新块”，在弹出的添加新块中点击“数据块”，输入数据块的名称，并设置数据块类型为“全局 DB”及数据块编号，如图 5-3 所示。

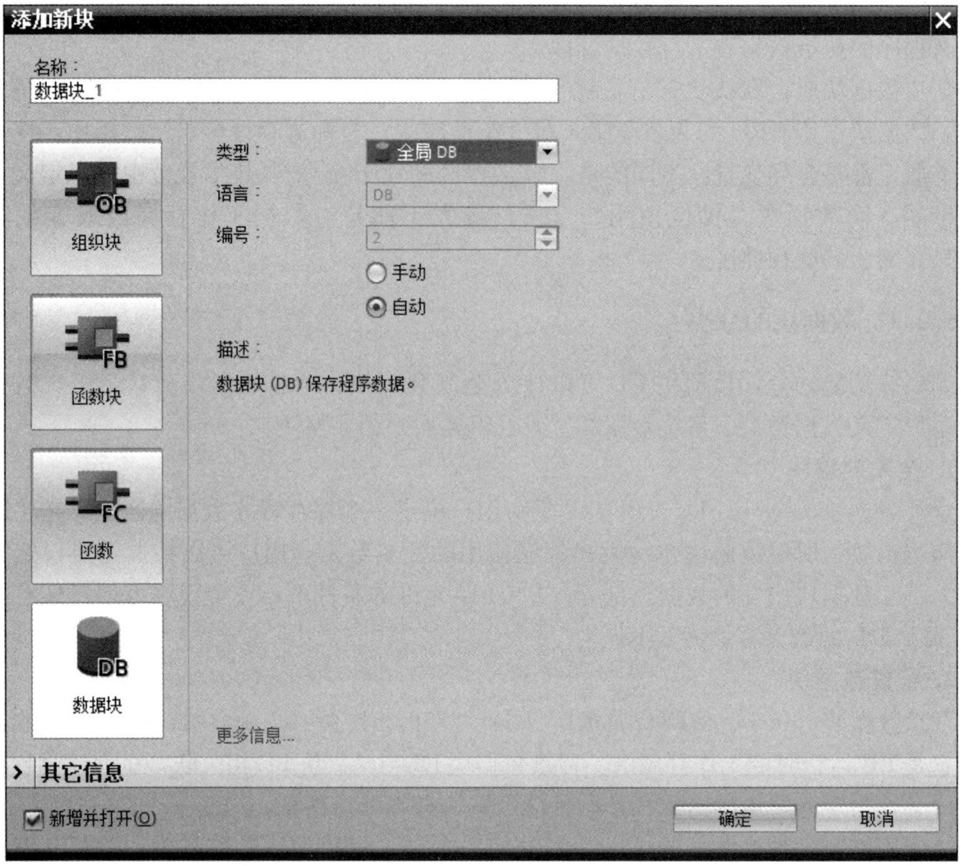

图 5-3　添加全局数据块

添加全局数据块后，在全局数据的属性中可以切换存储方式，如图 5-4 所示。非优化的存储方式与 SIMATIC S7-300/400 兼容，可以使用绝对地址的方式访问该数据块；优化的存储方式只能以符号的方式访问该数据块。

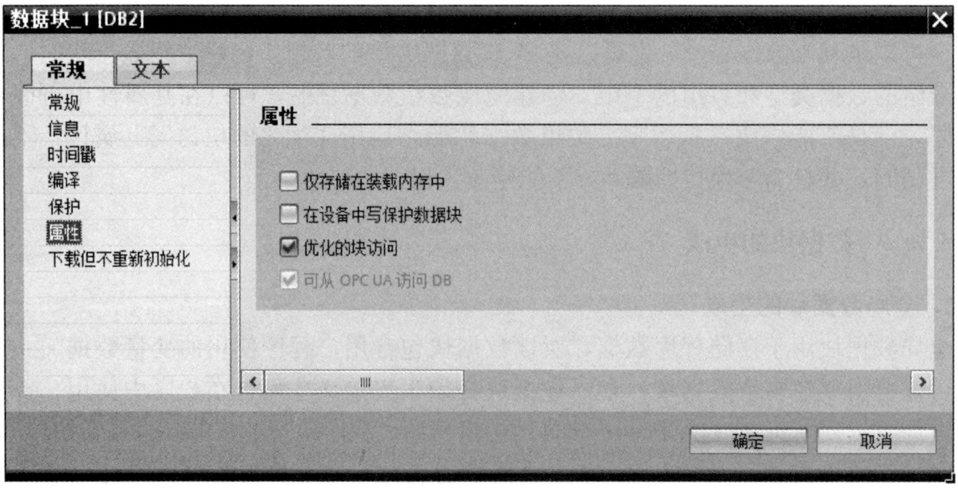

图 5-4　切换全局数据块的存储方式

如果选择“仅存储在装载内存中”选项，全局数据块下载后只存储于 CPU 的装载存储区，即 SIMATIC MC 卡中。如果程序需要访问全局数据块的数据，需要调用指令 READ _ DBL 将装载存储区的数据复制到工作存储区中，或者调用指令 WRIT _ DBL 将数据写入到装载存储区中。如果选择“在设备中写保护数据块”，可以将数据块以只读属性存储。

在 TIA Portal 项目结构窗口的“程序块”中双击已添加的全局数据块，就可以打开数据块，在数据块中可以编辑全局变量的数据类型、起始值及保持性等属性，如图 5-5 所示。数据块默认是非保持的，对于非优化的数据块，整个数据块统一设置保持性属性；对于优化的数据块，可以单独设置每个变量的保持性属性，但对于数组、结构、PLC 数据类型等，不能单独设置其中某个元素的保持性属性。

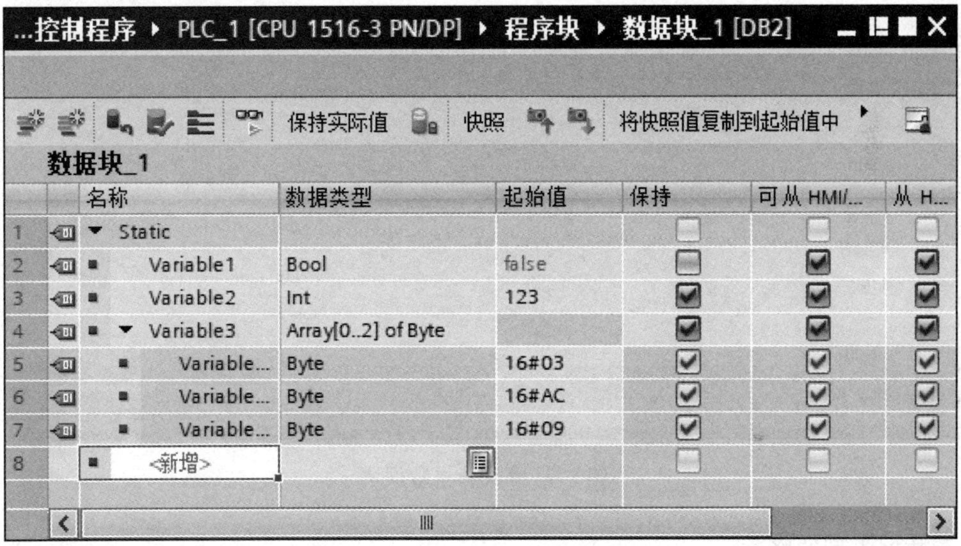

...控制程序 ▸ PLC_1 [CPU 1516-3 PN/DP] ▸ 程序块 ▸ 数据块_1 [DB2]

保持实际值　快照　将快照值复制到起始值中

数据块_1

	名称	数据类型	起始值	保持	可从 HMI/...	从 H...
1	▼ Static					
2	Variable1	Bool	false			
3	Variable2	Int	123			
4	▼ Variable3	Array[0..2] of Byte				
5	Variable...	Byte	16#03			
6	Variable...	Byte	16#AC			
7	Variable...	Byte	16#09			
8	<新增>					

图 5-5　在数据块中定义全局变量

2. 背景数据块的生成

背景数据块与函数块相关联，在生成背景数据时，必须指定它所属的函数块，而且该函数块还必须存在。要添加一个背景数据块，可在 TIA Portal 项目结构窗口的“程序块”中双击“添加新块”，在弹出的添加新块中点击“数据块”，输入数据块的名称，并指定它所属的函数块，如图 5-6 所示。

背景数据块与全局数据块都是全局变量，所以访问方式相同。

3. 数组数据块的生成

数组数据块在 SIMATIC S7-1500 PLC 中较为常用，要添加一个数组数据块，可在 TIA Portal 项目结构窗口的“程序块”中双击“添加新块”，在弹出的添加新块中点击“数据块”，输入数据块的名称，在“类型”中选择“数组 DB”，在“ARRRY 数据类型”中选择需要定义的数组类型，在“数组限值”中指定该数组元素的个数，如图 5-7 所示。

一旦声明好数组数据块后，其数组元素的数据类型不能修改，但是用户可以选择 PLC 数据类型作为数组的数据类型。如果需要修改数组 DB 的元素数据类型，可以先修改 PLC 数据类型里面的元素数据类型，再更新数组数据块，这样就可以间接实现了对数据

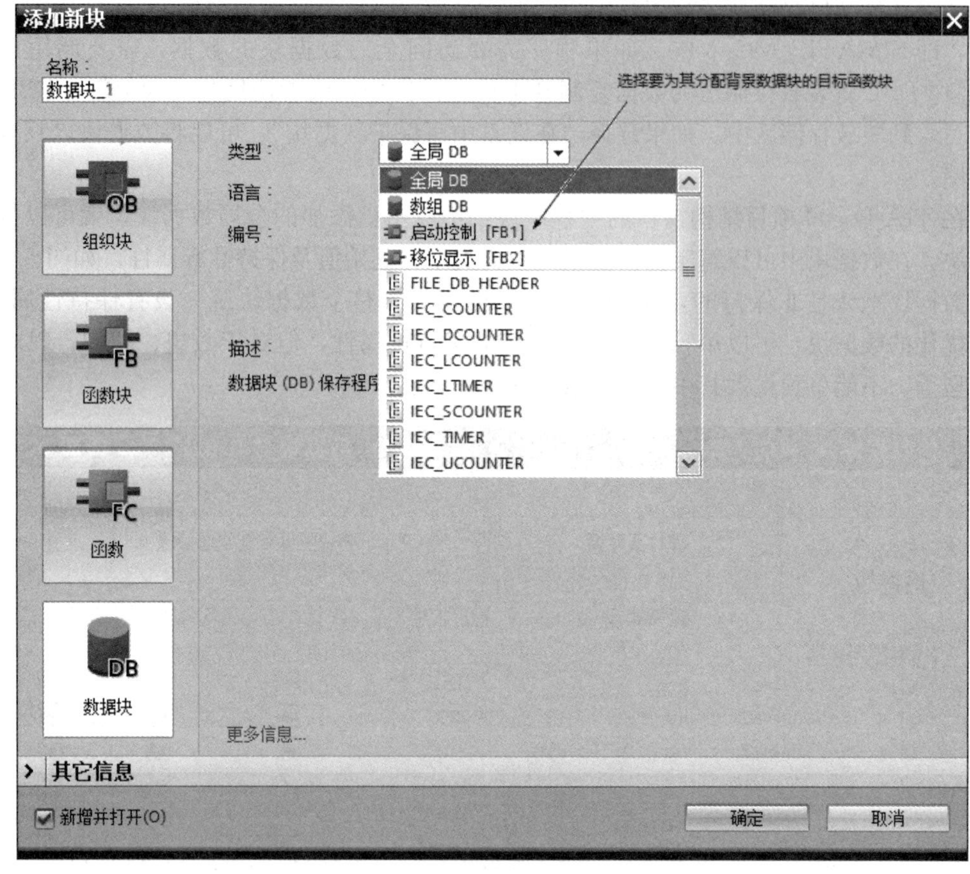

图 5-6　添加背景数据块

块元素数据类型的修改。

在程序中，可以使用函数“ReadFromArrayDB”和“WriteTOArrayDB”等对数组数据块进行类似间接寻址的访问。

5.2.3　数据块的应用

在第 4 章中，每次调用 IEC 定时器和 IEC 计数器指令时，都指定了一个背景数据块，在本章后续的 5.4.5 节函数块 FB 的应用中，调用自定义的函数块时，也需要生成背景数据块，所以在此只讲述全局数据块、数组数据块的应用。

1. 全局数据块的应用

【例 5-1】 全局数据块在圆柱体体积计算中的应用。若某圆柱体的直径为 16mm，高为 8mm，使用全局数据块求该圆柱体的体积，并将结果转换为整数。

【分析】 要实现本例操作，首先在 TIA Portal 中建立项目，接着生成一个全局数据块和变量表，然后在 OB1 中编写求圆柱体体积的程序。圆柱体的体积＝圆半径的平方×$\pi \times h$，编写程序时使用相应的指令完成即可，具体步骤如下：

(1) 建立项目，完成硬件组态。首先在 TIA Portal 中新建一个项目，并添加好电源模块、CPU 模块、数字输入模块和数字输出模块。

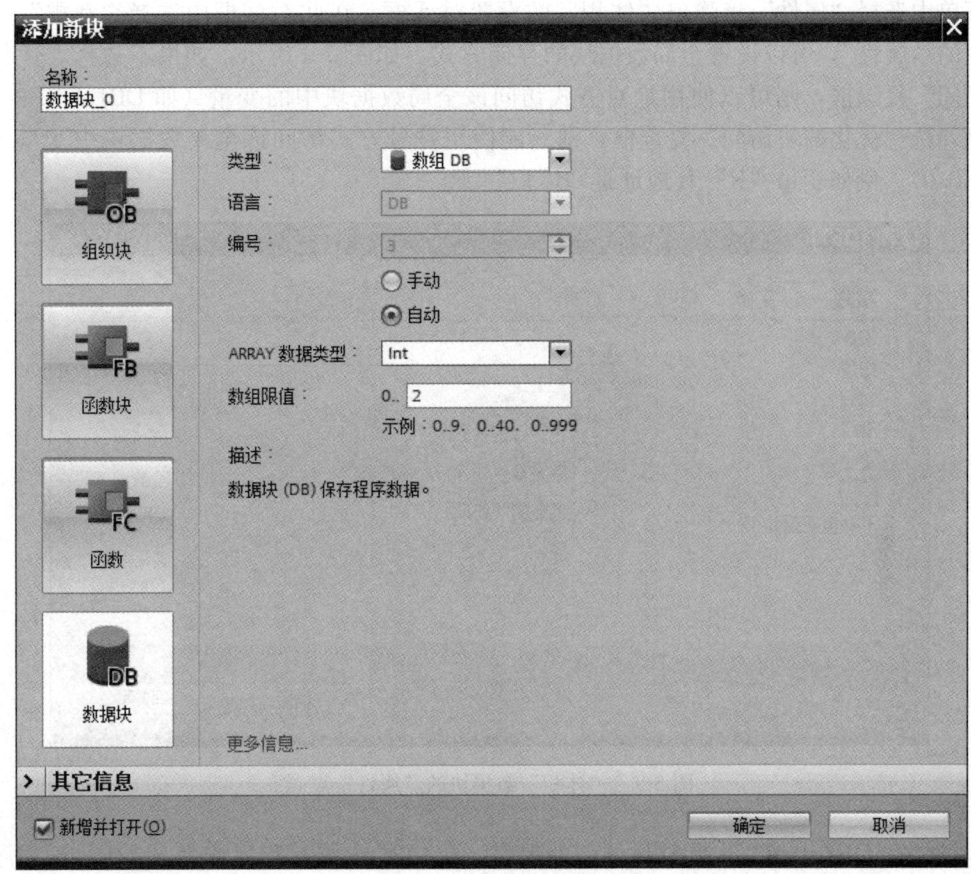

图 5-7 添加数组数据块

(2) 生成一个全局数据块和变量表。

1) 在 TIA Portal 项目结构窗口的“程序块”中双击“添加新块”，在弹出的添加新块中点击“数据块”，输入数据块名称，并设置数据块类型为“全局 DB”及数据块编号为“体积”，然后按下“确定”键即可生成一个“体积”的全局数据块。

2) 生成了全局数据块后，在 TIA Portal 项目结构窗口的“程序块”中双击“体积 [DB1]”，然后在全局数据块的接口数据区中输入相应的变量及其参数，如图 5-8 所示。

体积

	名称	数据类型	起始值	设定值	注释
1	▼ Static				
2	R	Int	0		圆的半径
3	R2	Int	0		半径的平方
4	S	Int	0		圆的面积
5	V	Real	0.0		体积
6	PI	Real	3.14		

图 5-8 “体积”数据块接口区的定义

3) 在 TIA Portal 项目结构窗口的“程序块”中右击“体积 [DB1]”，在弹出的右键菜单中选择“属性”将弹出“体积”的设置对话框。在此对话框中选择“常规”选项卡中的“属性”，可以设置全局数据块的存储方式，如图 5-9 所示。如果不选择“优化的块访问”复选框，则可以使用绝对方式访问该全局数据块中的变量（如 DB1. DBX0. 0）。本例勾选“优化的块访问”复选框，则只能使用符号方式访问该全局数据块中变量（如 DBX0. 0）。例如变量“R”其地址是“体积”. R。

图 5-9　“体积”数据块的“属性”设置

（3）在 OB1 中编写求圆柱体体积的程序。在 OB1 中编写程序如表 5-2 所示。程序段 1 给圆柱体的直径及高赋初值；程序段 2 将直径右移 1 位，即除以 2 求得半径，结果送入“体积”. R；程序段 3 是将半径值乘半径值得到半径值的平方，结果送入“体积”. R2；程序段 4 是半径值的平方乘 PI 值以得到圆的面积，结果送入“体积”. S；程序段 5 是圆的面积乘高值以得到体积，结果送入“体积”. V；程序段 6 是进行四舍五入操作，结果送入 MW4 中。

表 5-2　全局数据块在圆柱体体积计算中的应用程序

程序段	LAD
程序段 1	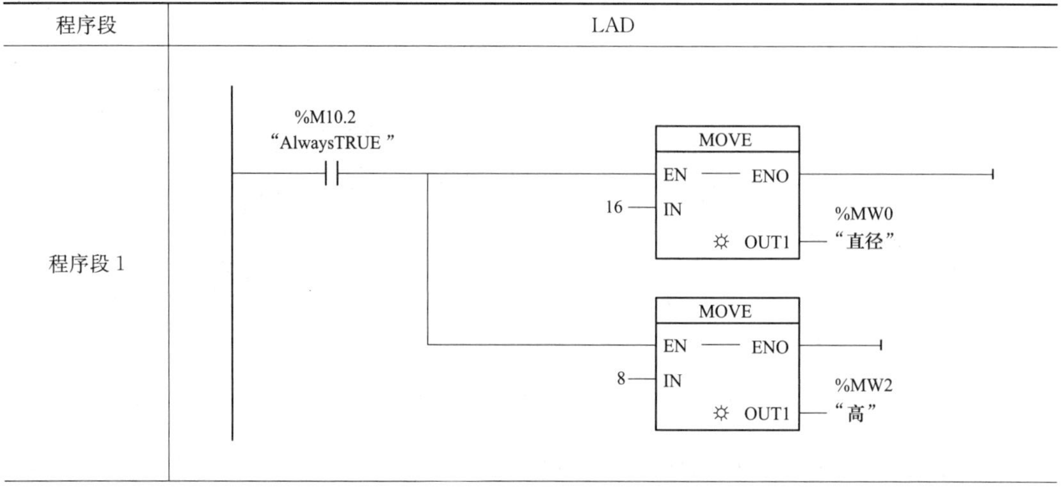

续表

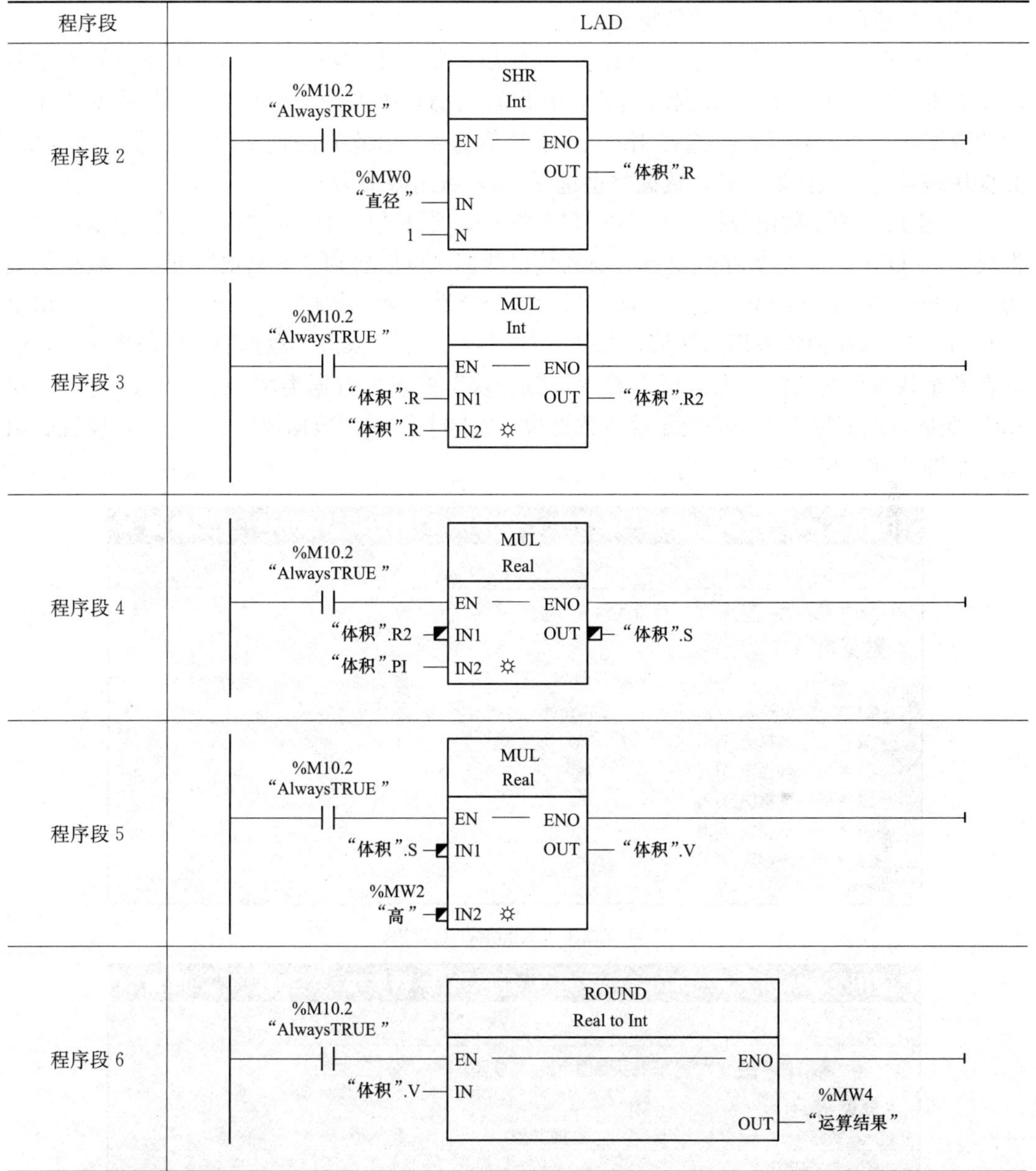

2. 数组数据块的应用

【例 5-2】 数组数据块在数据传送中的应用。使用两个数组数据块分别定义两个整数数组，要求 PLC 一上电，将一些整数送入第 1 个数组数据块中，然后再将该数组中的内容传送到第 2 个数组数据块中。

【分析】 要实现本例操作，首先在 TIA Portal 中建立项目，接着生成两个整数（Int）类型的数组数据块和相应的变量表，然后在 OB1 中编写数组传送程序即可，具体步骤如下：

（1）建立项目，完成硬件组态。首先在 TIA Portal 中新建一个项目，并添加好电源模块、CPU 模块、数字输入模块和数字输出模块。

（2）生成两个整数类型的数组数据块。

1）在 TIA Portal 项目结构窗口的“程序块”中双击“添加新块”，在弹出的添加新块中点击“数据块”，输入数据块名称，并设置数据块类型为“数组 DB”及数据块编号为“数据块 _ 1”，数据类型选择 Int，数组限值为 4。依此方法创建另一个数组数据块，数据块编号为“数据块 _ 2”，数据类型选择 Int，数组限值为 5。

2）生成了两个数组数据块后，在 TIA Portal 项目结构窗口的“程序块”中双击“数据块 _ 1［DB1］”，然后在数组数据块的接口数据区可以看到“数据块”变量，数据类型为“Array［0..4］of Int”变量，该变量含 5 个整数元素“数据块 _ 1［0］”～“数据块 _ 1［4］”，起始值均采用默认值，如图 5-10（a）所示。双击“数据块 _ 2［DB2］”，然后在数组数据块的接口数据区可以看到“数据块”变量，数据类型为“Array［0..5］of Int”变量，该变量含 6 个整数元素“数据块 _ 2［0］”～“数据块 _ 2［5］”，设置起始值，如图 5-10（b）所示。

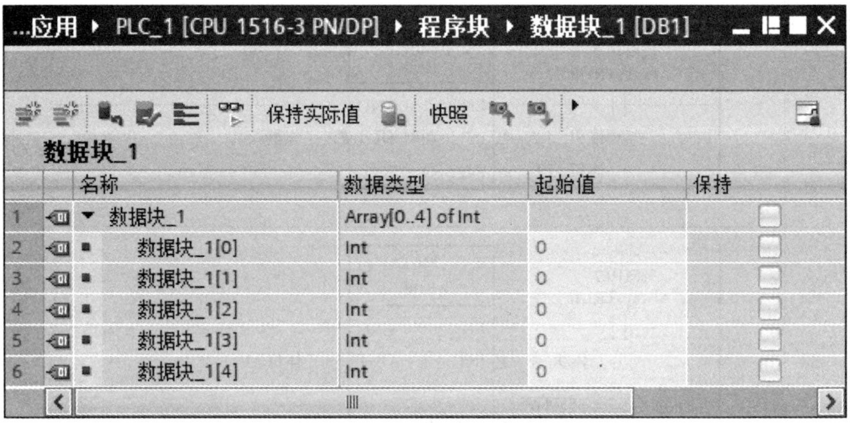

...应用 ▸ PLC_1 [CPU 1516-3 PN/DP] ▸ 程序块 ▸ 数据块_1 [DB1]

保持实际值 快照

数据块_1

	名称	数据类型	起始值	保持
1	▼ 数据块_1	Array[0..4] of Int		
2	数据块_1[0]	Int	0	
3	数据块_1[1]	Int	0	
4	数据块_1[2]	Int	0	
5	数据块_1[3]	Int	0	
6	数据块_1[4]	Int	0	

(a)“数据块_1”数据块接口区的定义

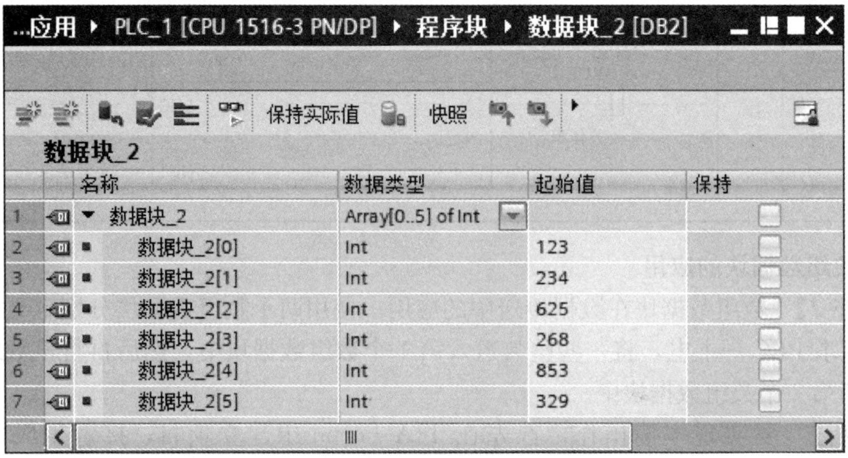

...应用 ▸ PLC_1 [CPU 1516-3 PN/DP] ▸ 程序块 ▸ 数据块_2 [DB2]

保持实际值 快照

数据块_2

	名称	数据类型	起始值	保持
1	▼ 数据块_2	Array[0..5] of Int		
2	数据块_2[0]	Int	123	
3	数据块_2[1]	Int	234	
4	数据块_2[2]	Int	625	
5	数据块_2[3]	Int	268	
6	数据块_2[4]	Int	853	
7	数据块_2[5]	Int	329	

(b)“数据块_2”数据块接口区的定义

图 5-10　两个数据块接口区的定义

（3）在 OB1 中编写数据传送程序。在 OB1 中编写程序如表 5-3 所示。程序段 1 是对“数据块 _ 1”的 5 个整数元素“数据块 _ 1”. THIS［0］～“数据块 _ 1”. THIS［4］赋值；程序段 2 是将“数据块 _ 1”中“数据块 _ 1”. THIS［0］起始的连续 3 个整数元素送入“数据块 _ 2”中“数据块 _ 1”. THIS［1］起始的连续 3 数据单元中，其余的单元值不进行改变，仿真运行结果如图 5-11 所示。

表 5-3　　数组数据块在数据传送中的应用程序

程序段	LAD
程序段 1	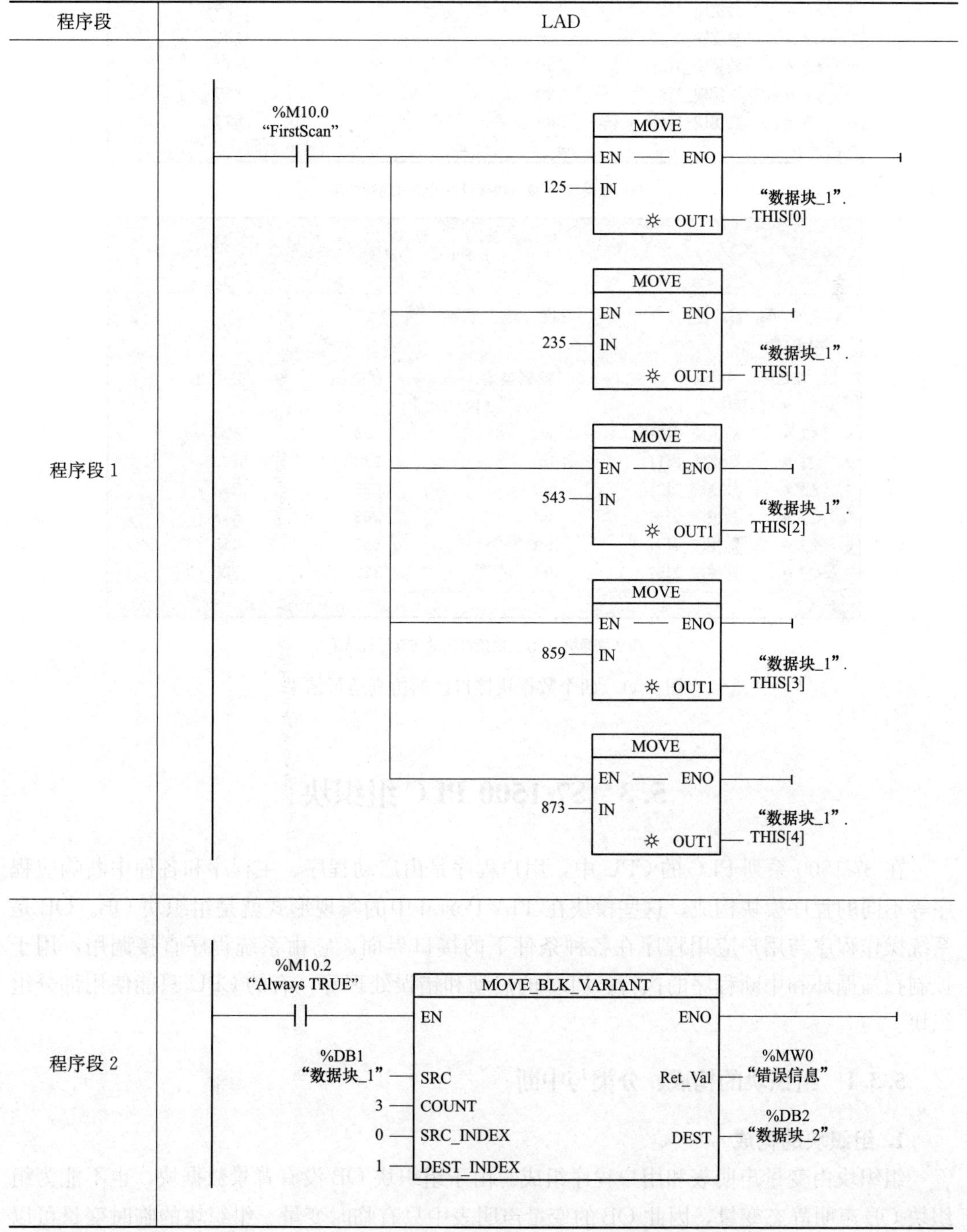
程序段 2	

...应用 ▸ PLC_1 [CPU 1516-3 PN/DP] ▸ 程序块 ▸ 数据块_1 [DB1]

保持实际值 快照

数据块_1

	名称	数据类型	起始值	监视值
1	▾ 数据块_1	Array[0..4] of Int		
2	数据块_1[0]	Int	0	125
3	数据块_1[1]	Int	0	235
4	数据块_1[2]	Int	0	543
5	数据块_1[3]	Int	0	859
6	数据块_1[4]	Int	0	873

(a)“数据块_1”数据块接口区的仿真运行结果

...应用 ▸ PLC_1 [CPU 1516-3 PN/DP] ▸ 程序块 ▸ 数据块_2 [DB2]

保持实际值 快照

数据块_2

	名称	数据类型	起始值	监视值
1	▾ 数据块_2	Array[0..5] of Int		
2	数据块_2[0]	Int	123	123
3	数据块_2[1]	Int	234	125
4	数据块_2[2]	Int	625	235
5	数据块_2[3]	Int	268	543
6	数据块_2[4]	Int	853	853
7	数据块_2[5]	Int	329	329

(b)“数据块_2”数据块接口区的仿真运行结果

图 5 11　两个数据块接口区的仿真运行结果

5.3　S7-1500 PLC 组织块

在 S7-1500 系列 PLC 的 CPU 中，用户程序是由启动程序、主程序和各种中断响应程序等不同的程序模块构成，这些模块在 TIA Portal 中的实现形式就是组织块 OB。OB 是系统操作程序与用户应用程序在各种条件下的接口界面，它由系统程序直接调用，用于控制扫描循环和中断程序的执行、PLC 的启动和错误处理等，有的 CPU 只能使用部分组织块。

5.3.1　组织块的构成、分类与中断

1. 组织块的构成

组织块由变量声明表和用户程序组成。由于组织块 OB 没有背景数据块，也不能为组织块 OB 声明静态变量，因此 OB 的变量声明表中只有临时变量。组织块的临时变量可以

是基本数据类型、复合数据类型或 ANY 数据类型。

当操作系统调用时，每个 OB 提供了 20 字节的变量声明表。声明表中变量的具体内容与组织块的类型有关。用户可以通过 OB 的变量声明表获得与启动 OB 的原因有关的信息，OB 的变量声明表如表 5-4 所示。

表 5-4　　OB 的变量声明表

地址（字节）	内　容
0	事件级别与标识符，例如硬件中断组织块 OB40 为 B＃16＃11，表示硬件中断被激活
1	用代码表示与启动 OB 事件有关的信息
2	优先级，如循环中断组织块 OB36 的中断优先级为 13
3	OB 块号，例如编程错误组织块 OB121 的块号为 121
4～11	附加信息，例如硬件中断组织块 OB40 的第 5 字节为产生中断的模块的类型，16＃54 为输入模块，16＃55 为输出模块；第 6、7 字节组成的字为产生中断的模块的起始地址；第 8～11 字节组成的双字为产生中断的通道号
12～19	启动 OB 的日期和时间（年、月、日、时、分、秒、毫秒与星期）

2. 组织块的分类

组织块 OB 只有系统程序才能调用，操作系统可根据不同的启动事件来调用不同的组织块，因此，用户的主程序必须写在组织块中。

根据条件不同，组织块大致可分为主程序循环执行的程序组织块、时间中断组织块、延时中断组织块、循环中断组织块、硬件中断组织块、同步循环中断组织块、异步错误组织块、同步错误组织块和启动组织块等，如表 5-5 所示。

表 5-5　　组织块 OB 的类型

<table>
<tr><th>OB 类型</th><th>OB 块名称</th><th>启动事件</th><th>中断优先级</th><th>备注</th></tr>
<tr><td>主程序循环</td><td>OB1</td><td>系统启动结束或 OB1 结束</td><td>1</td><td>自由循环</td></tr>
<tr><td rowspan="8">时间中断</td><td>OB10</td><td>日期时钟中断 0</td><td rowspan="8">2</td><td rowspan="8">没有默认日期时间，使用时需设置时间</td></tr>
<tr><td>OB11</td><td>日期时钟中断 1</td></tr>
<tr><td>OB12</td><td>日期时钟中断 2</td></tr>
<tr><td>OB13</td><td>日期时钟中断 3</td></tr>
<tr><td>OB14</td><td>日期时钟中断 4</td></tr>
<tr><td>OB15</td><td>日期时钟中断 5</td></tr>
<tr><td>OB16</td><td>日期时钟中断 6</td></tr>
<tr><td>OB17</td><td>日期时钟中断 7</td></tr>
<tr><td rowspan="4">延时中断</td><td>OB20</td><td>时间延时中断 0</td><td>3</td><td rowspan="4">没有默认延时时间，使用时需设置时间</td></tr>
<tr><td>OB21</td><td>时间延时中断 1</td><td>4</td></tr>
<tr><td>OB22</td><td>时间延时中断 2</td><td>5</td></tr>
<tr><td>OB23</td><td>时间延时中断 3</td><td>6</td></tr>
</table>

续表

<table>
<tr><th>OB 类型</th><th>OB 块名称</th><th>启动事件</th><th>中断优先级</th><th>备注</th></tr>
<tr><td rowspan="9">循环中断</td><td>OB30</td><td>循环中断 0</td><td>7</td><td>默认时间 5s</td></tr>
<tr><td>OB31</td><td>循环中断 1</td><td>8</td><td>默认时间 2s</td></tr>
<tr><td>OB32</td><td>循环中断 2</td><td>9</td><td>默认时间 1s</td></tr>
<tr><td>OB33</td><td>循环中断 3</td><td>10</td><td>默认时间 500ms</td></tr>
<tr><td>OB34</td><td>循环中断 4</td><td>11</td><td>默认时间 200ms</td></tr>
<tr><td>OB35</td><td>循环中断 5</td><td>12</td><td>默认时间 100ms</td></tr>
<tr><td>OB36</td><td>循环中断 6</td><td>13</td><td>默认时间 50ms</td></tr>
<tr><td>OB37</td><td>循环中断 7</td><td>14</td><td>默认时间 20ms</td></tr>
<tr><td>OB38</td><td>循环中断 8</td><td>15</td><td>默认时间 10ms</td></tr>
<tr><td rowspan="8">硬件中断</td><td>OB40</td><td>硬件中断 0</td><td>16</td><td rowspan="8">由模块信号触发</td></tr>
<tr><td>OB41</td><td>硬件中断 1</td><td>17</td></tr>
<tr><td>OB42</td><td>硬件中断 2</td><td>18</td></tr>
<tr><td>OB43</td><td>硬件中断 3</td><td>19</td></tr>
<tr><td>OB44</td><td>硬件中断 4</td><td>20</td></tr>
<tr><td>OB45</td><td>硬件中断 5</td><td>21</td></tr>
<tr><td>OB46</td><td>硬件中断 6</td><td>22</td></tr>
<tr><td>OB47</td><td>硬件中断 7</td><td>23</td></tr>
<tr><td>状态中断</td><td>OB55</td><td>状态中断</td><td rowspan="3">2 或 4</td><td>状态中断</td></tr>
<tr><td>更新中断</td><td>OB56</td><td>更新中断</td><td>更新中断</td></tr>
<tr><td>制造商特定中断</td><td>OB57</td><td>制造商特定中断</td><td>制造商制定中断</td></tr>
<tr><td rowspan="4">同步循环中断</td><td>OB61</td><td>同步循环中断 1</td><td rowspan="4">25</td><td rowspan="4">同步循环中断</td></tr>
<tr><td>OB62</td><td>同步循环中断 2</td></tr>
<tr><td>OB63</td><td>同步循环中断 3</td></tr>
<tr><td>OB64</td><td>同步循环中断 4</td></tr>
<tr><td rowspan="4">异步错误
（硬件或系统错误）</td><td>OB80</td><td>时间错误</td><td>22</td><td>超出最大循环时间</td></tr>
<tr><td>OB82</td><td>诊断错误</td><td>5</td><td>如输入模块短路</td></tr>
<tr><td>OB83</td><td>拆除/插入中断</td><td rowspan="2">6</td><td>移除或插入中央模块</td></tr>
<tr><td>OB86</td><td>机架故障</td><td>扩展设备或 DP 从站错误</td></tr>
<tr><td rowspan="3">启动</td><td>OB100</td><td>暖启动</td><td rowspan="3">1</td><td rowspan="3">当系统启动完毕，按照相应的启动方式执行相应的启动 OB</td></tr>
<tr><td>OB101</td><td>热启动</td></tr>
<tr><td>OB102</td><td>冷启动</td></tr>
<tr><td rowspan="2">同步错误</td><td>OB121</td><td>编程错误</td><td rowspan="2">7</td><td>编程错误</td></tr>
<tr><td>OB122</td><td>访问错误</td><td>I/O 访问错误</td></tr>
</table>

3. 组织块的中断及中断优先级

所谓中断，是指当 CPU 模块执行正常程序时，系统中出现某些急需处理的异常情况和特殊请求，CPU暂时中止现行程序，转去对随机发生的更为紧迫的事件进行处理，处理完毕后，CPU自动返回原来的程序继续执行，此过程称为中断。

能向CPU发出请求的事件称为中断源。PLC的中断源可能来自I/O模块的硬件中断，或是CPU模块内部的软件中断，例如日期时间中断、延时中断、循环中断和编程错误引起的中断。

组织块OB都是事件触发而执行的中断程序块，是按照已分配的优先级来执行的（见表5-5)。用相应的组织块，可以创建在特定的时间执行的特定程序，或者响应特定事件的程序。例如，当CPU的电池发生故障时，S7 CPU的操作系统就可以中断正在处理的OB，发出一个相应的OB启动事件。

所谓中断优先级，也就是组织块OB的优先权，高优先级的OB可以中断低优先级的OB的处理过程。如果同时产生多个中断请求时，那么最先执行优先级最高的组织块OB，然后按照优先级由高至低的顺序执行其他OB。同一优先级可以分配给不同的组织块，具有相同优先级的组织块OB按启动它们的事件出现的先后顺序处理。

5.3.2　主程序循环组织块

打开电源或CPU前面板上的模式选择开关置于RUN时，CPU首先启动程序，在启动组织块处理完毕后，CPU开始处理主程序。

主程序位于主程序循环组织块OB1中，通常，在许多应用中，整个用户程序仅存于OB1中。在OB1中可调用函数块FB或使用函数FC。

OB1中的程序处理完毕后，操作系统传送过程映像输出表到输出模板，然后，CPU立即重新调用OB1，即CPU循环处理OB1。在OB1再开始前，操作系统通过读取当前的输入I/O信号状态来更新过程映像输入表以及接收CPU的任何全局数据。

SIMATIC S7专门有监视运行OB1扫描时间的时间监视器，最大扫描时间的默认为150ms。用户可以设置一个新值，也可以在用户程序中使用“RE _ TRIGR”指令来重新启动时间监视。如果用户程序超出了OB1的最大扫描时间，则操作系统将调用OB80，如果没有发现OB80，则CPU将进入STOP模式。

除了监视最大扫描时间外，还可以保证最小扫描时间。可以为主程序设置合适的处理时间，从而保留一些时间做后台处理。如果已设置最小循环时间，那么操作系统将延迟，达到此时间后才开始另一次OB1。

1. 主程序循环组织块的循环时间设置

启动TIA Portal软件，在“项目树”的“PLC _ 1”中双击“设备组态”，进入PLC _ 1的组态界面。双击CPU模块，或者点选模块之后的执行菜单“编辑”→“属性”，在弹出的“属性”对话框中选择“常规”选项卡，然后点击“循环”，可设置最大循环时间和最小循环时间参数。操作系统在运行期间受监视的所有OB块中，OB1具有最低的处理优先级。

2. 主程序循环组织块的变量声明表

在OB1中系统定义了表5-6所示的变量声明表。

表 5-6　　OB1 的变量声明表

参　数	数据类型	描　述
OB1 _ EV _ CLASS	BYTE	事件类别和标识符：0～3 位＝1 事件等级；4～7 位是标识符，＝1 表示 OB1 激活。例：B＃16＃11 表示中断被激活
OB1 _ SCAN _ 1	BYTE	B＃16＃01：完成暖重启 B＃16＃02：完成热重启 B＃16＃03：完成主循环 B＃16＃04：完成冷重启 B＃16＃05：主站-保留站切换和“停止”上一主站之后新主站 CPU 的首个 OB1 循环
OB1 _ PRIORITY	BYTE	指定的优先等级，默认值为 1
OB1 _ OB _ NUMBR	BYTE	OB 编号（01）
OB1 _ RESERVED _ 1	BYTE	保留
OB1 _ RESERVED _ 2	BYTE	保留
OB1 _ PREV _ CYCLE	INT	上一次扫描周期的运行时间（ms）
OB1 _ MIN _ CYCLE	INT	上一次启动后的最小循环时间（ms）
OB1 _ MAX _ CYCLE	INT	上一次启动后的最大循环时间（ms）
OB1 _ DATE _ TIME	Data _ And _ Time	调用 OB 时的日期和时间

5.3.3　时间中断组织块

在 SIMATIC S7 CPU 中，提供了 8 个日期时钟中断组织块 OB10～OB17。这些块允许用户通过 TIA Portal 编程，在特定日期、时间（如每分钟、每小时、每天、每周、每月、每年）执行一次中断，也可以从设定的日期时间开始，周期性地重复执行中断操作。

1. 时间中断组织块的启动

时间中断只有设置了中断的参数，并且在相应的组织块中有用户程序存在，时间中断才能被执行。如果没有达到这些要求，操作系统将会在诊断缓冲区中产生一个错误信息，并执行异步错误处理（OB80）。

周期的时间中断必须对应一个实际日期，例如设置从 1 月 31 日开始每月执行一次 OB10 是不可能的，因为并不是每个月都有 31 天，在此情况下，只在有 31 天的那些月才能启动它。

时间中断需在 PLC 暖启动或热启动时被激活，而且只能在 PLC 过程结束之后才能执行。如果是暖启动，则必须重新设置日期时间中断。在参数设置时，不能启动没有选中的日期时间中断。

为了启动日期时间中断，首先要设置中断参数，然后再激活它。可以通过下述 3 种方法启动时间中断。

（1）使用 TIA Portal 在时间中断组织块的“属性”中设置并激活时间中断，如图 5-12 所示，自动启动时间中断，此方法最简单。

（2）使用 TIA Portal 在时间中断组织块的“属性”中设置“启动日期”和“时间”，在“执行”文本框内选择“从未”，再通过程序中调用“ACT _ TINT”指令来激活中断。

图 5-12　设置和激活时间中断

（3）通过调用“SET _ TINT”指令设置参数，然后通过在程序中调用“ACT _ TINT”指令激活时间中断。

2. 影响时间中断 OB 的条件

由于时间中断只能以指定的时间间隔发生，因此在执行用户程序期间，某些条件可能影响 OB 操作。表 5-7 列出了一些条件对执行时间中断的影响。

表 5-7　　影响时间中断 OB 的条件

条　件	影响结果
用户程序调用“CAN _ TINT”指令并取消时间中断	操作系统清除了时间中断的启动事件（日期和时间），如果需要执行 OB，必须再次设置启动事件并在再次调用 OB 之前激活它
用户程序试图激活时间中断 OB，但未将 OB 加载到 CPU 中	操作系统调用 OB85，如果 OB85 尚未编程（装载到 CPU 中），则 CPU 将转为 STOP 模式
当同步或更正 CPU 的系统时钟时，用户提前设置了时间并跳过时间 OB 的启动事件日期或时间	操作系统调用 OB80 并对时间 OB 的编号和 OB80 中的启动事件信息进行编程。随后操作系统将运行一次时间 OB，而不管本应执行此 OB 的次数。OB80 的启动事件信息显示了最初跳过时间 OB 时的日期和时间
CPU 通过暖重启或冷重启运行	通过指令组态的所有时间 OB 重新采用指定的组态。如果已为相应 OB 的单次启动组态了时间中断，使用 TIA Portal 对其进行了设置，并将其激活，则当所组态的启动时间为过去的时间（相对于 CPU 的实时时钟）时，会在暖重启或冷重启操作系统后调用一次 OB
当发生下一时间间隔的启动事件时，仍执行时间 OB	操作系统调用 OB80。如果 OB80 没有编程，则 CPU 转为 STOP 模式。如果装载了 OB80，则会首先执行 OB80 和时间中断 OB，然后再执行请求的中断

3. 时间中断组织块的查询

如果要查询设置了哪些日期时间中断，以及这些中断什么时间发生，用户可以调用“QRY _ TINT”指令来进行。“QRY _ TINT”指令的状态字节 STATUS 如表 5-8 所示。

表 5-8　　QRY _ TINT 指令输出的状态字节 STATUS

位	含　义
0	始终为“0”
1	取值为“0”，表示已启用时间中断；取值为“1”，表示已禁用时间中断
2	取值为“0”，表示时间中断未激活；取值为“1”，表示已激活时间中断
3	始终为“0”
4	取值为“0”，表示具有在参数 OB _ NR 中指定的 OB 编号的 OB 不存在；取值为“1”，表示存在编号 OB _ NR 参数所指定的 OB
5	始终为“0”
6	取值为“0”，表示时间中断基于系统时间；取值为“1”，表示已时间中断基于本地时间
7	始终为“0”

4. 时间中断组织块的临时变量表

时间中断组织块 OB10 的临时（TEMP）变量表如表 5-9 所示。

表 5-9　　时间中断组织块 OB10 的临时变量表

参　数	数据类型	描　述
OB10 _ EV _ CLASS	BYTE	事件类别和标识符：0～3 位＝1 事件等级；4～7 位是标识符，＝1 表示 OB1 激活。例：B＃16＃11 表示中断被激活
OB10 _ STRT _ INF	BYTE	B＃16＃11～B＃16＃18：OB10～OB17 的启动请求
OB10 _ PRIORITY	BYTE	指定的优先等级，默认值为 2
OB10 _ OB _ NUMBR	BYTE	OB 编号（10～17）
OB10 _ RESERVED _ 1	BYTE	保留
OB10 _ RESERVED _ 2	BYTE	保留
OB10 _ PERIOD _ EXE	WORD	OB 以指定的时间间隔执行： W＃16＃0000：单次　W＃16＃0201：每分钟一次 W＃16＃0401：每小时一次　W＃16＃1001：每天一次 W＃16＃1201：每周一次　W＃16＃1401：每月一次 W＃16＃1801：每年一次　W＃16＃2001：月末
OB10 _ RESERVED _ 3	INT	保留
OB10 _ RESERVED _ 4	INT	保留
OB10 _ DATE _ TIME	Data _ And _ Time	调用 OB 时的日期和时间

5. 时间中断扩展指令参数

用户可以使用 SET _ TINT、CAN _ TINT、ACT _ TINT 和 QRY _ TINT 等时间中断扩展指令来设置、终止、激活和查询时间中断，这些指令的参数如表 5-10 所示。

表 5-10　　　　时间中断扩展指令的参数表

参数	声明	数据类型	存储区间	参数说明
OB _ NR	INPUT	OB _ TOD	I、Q、M、D、L或常量	时间中断OB的编号（10～17）
SDT	INPUT	DT	D、L或常量	开始日期和开始时间
PERIOD	INPUT	WORD	I、Q、M、D、L或常量	从SDT开始计时的执行时间间隔 W＃16＃0000：单次 W＃16＃0201：每分钟一次 W＃16＃0401：每小时一次 W＃16＃1001：每天一次 W＃16＃1201：每周一次 W＃16＃1401：每月一次 W＃16＃1801：每年一次 W＃16＃2001：月末
RET _ VAL	RETURN	INT	I、Q、M、D、L	如果发生错误，那么RET _ VAL的实际参数将包含错误代码
STATUS	OUTPUT	WORD	I、Q、M、D、L	时间中断的状态

6. 时间中断组织块的应用

【例5-3】 OB10时间中断组织块的应用。从2021年9月10日18时18分18.8秒起，在I0.1的上升沿时启动日期时间中断OB10，在I0.0为1时禁止日期时间中断，每分钟中断1次，每次中断使共阴极数码管显示的数字加1，其显示数字范围为0～99。

【分析】 激活时间中断有3种方法，本例将使用第3种方法进行。首先在TIA Portal中建立项目，再在Main［OB1］中编写相关设置程序，然后在OB10中编写中断程序，具体操作步骤如下：

（1）建立项目并进行硬件组态。首先在TIA Portal中新建一个项目，并添加好电源模块、CPU模块、数字输入模块和数字输出模块以完成硬件组态，如图5-13所示。

（2）在OB1中编写程序。在OB1中编写程序，如表5-11所示。

程序段1，通过QRY _ TINT指令查询输入为端为“10”（表示OB10）的中断状态，其查询的结果送入MW30中，而MW32中保存执行时可能出现的错误代码。

程序段2是I0.1发生上升沿跳变时，通过SET _ TINT和ACT _ TINT指令来设置和激活时间中断。SET _ TINT指令中的SDT端装载OB1中所设置的开始日期和时间值，PERIOD装载W＃16＃201表示中断的执行时间为每分钟，RET _ VAL将系统处于激活状态时的出错代码保存到MW34中。ACT _ TINT指令用于激活时钟中断，OB _ NR端输入为常数10，表示激活OB10的时间中断块，RET _ VAL端将系统处于激活状态时的出错代码保存到MW36中。

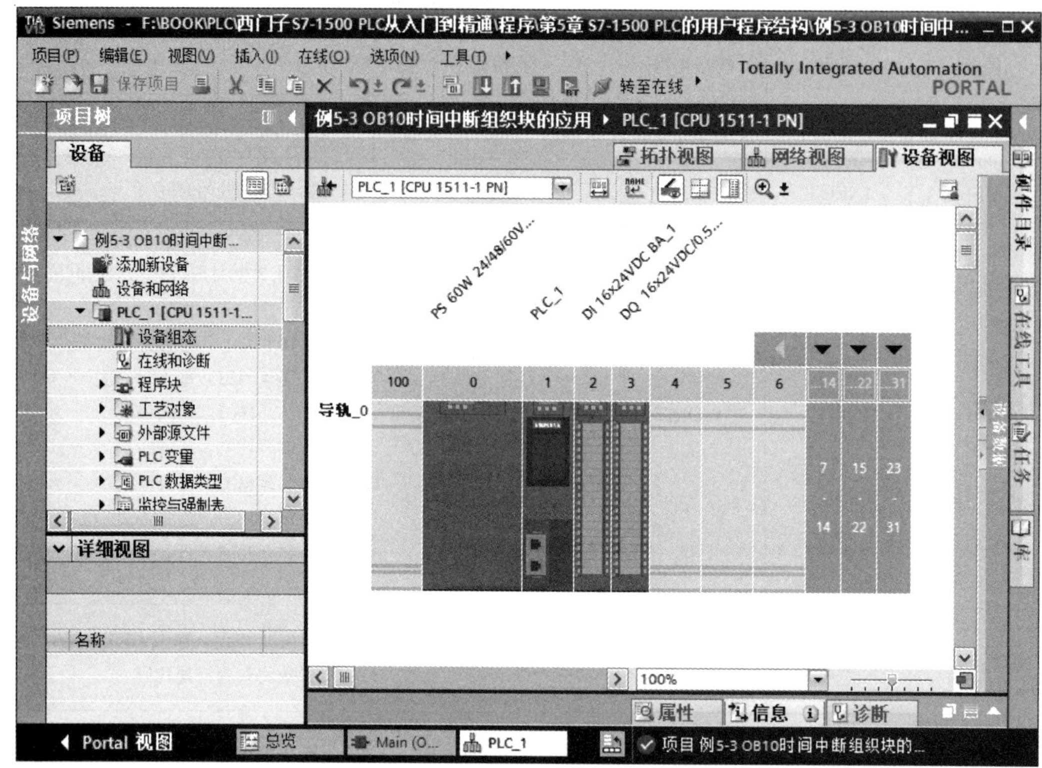

图 5-13　新建项目

表 5-11　　例 5-3 中 OB1 的程序

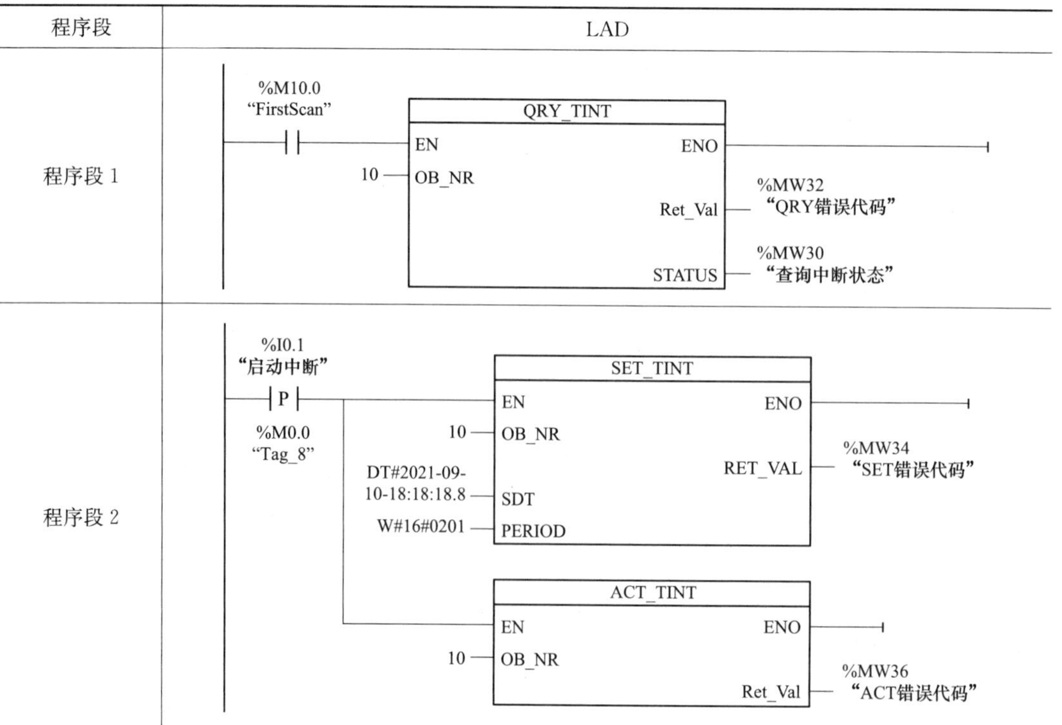

程序段	LAD
程序段 1	%M10.0 “FirstScan” ─┤ ├─ QRY_TINT：EN, ENO；10 ─ OB_NR；Ret_Val ─ %MW32 “QRY错误代码”；STATUS ─ %MW30 “查询中断状态”
程序段 2	%I0.1 “启动中断” ─┤P├─（%M0.0 “Tag_8”）─ SET_TINT：EN, ENO；10 ─ OB_NR；DT#2021-09-10-18:18:18.8 ─ SDT；W#16#0201 ─ PERIOD；RET_VAL ─ %MW34 “SET错误代码” ACT_TINT：EN, ENO；10 ─ OB_NR；Ret_Val ─ %MW36 “ACT错误代码”

续表

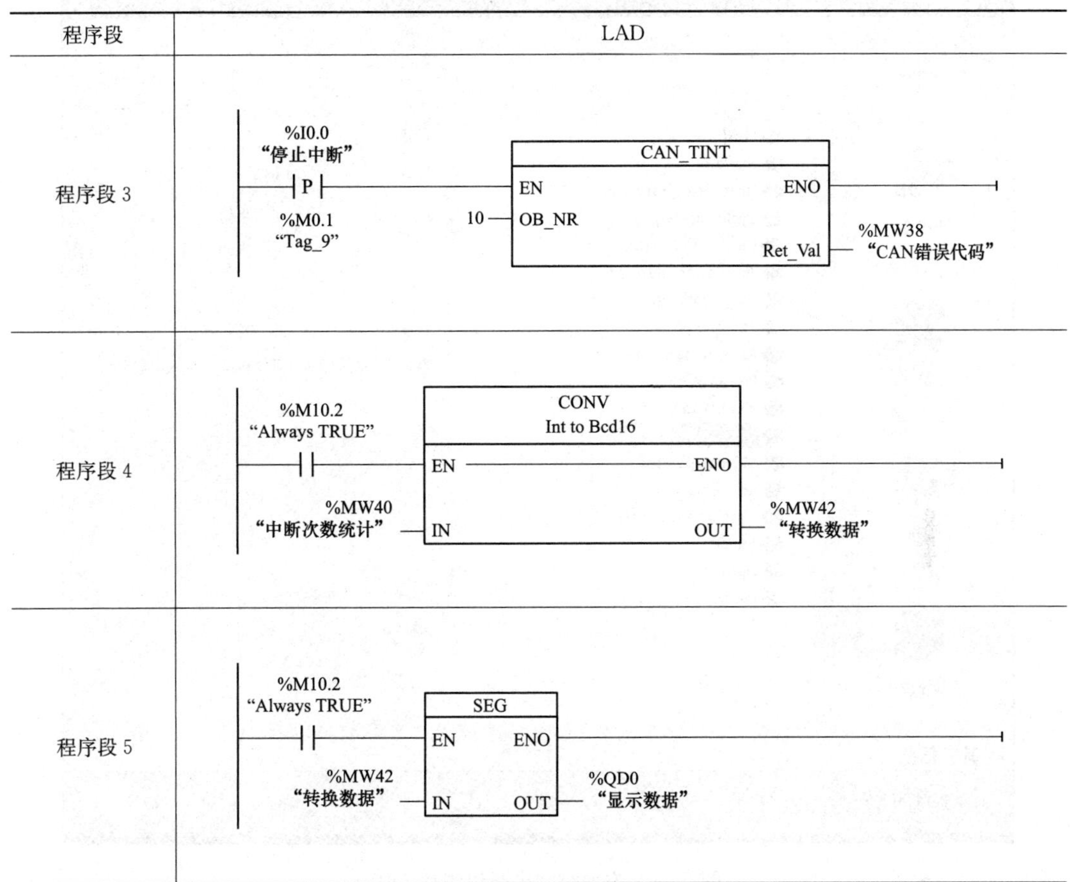

程序段 3 是 I0.0 发生上升沿跳变时，通过 CAN _ TINT 指令用于终止时间中断，其 OB _ NR 端外接常数 10 表示取消的日期时钟组织块为 OB10，其错误代码保存到 MW38 中。

程序段 4 中，使用 CONV 转换指令将 MW40（MW40 为 OB10 中统计中断次数）中的内容转换为 BCD 码并送入 MW42 中，为 SEG 指令的执行做准备。

程序段 5 中，由 SEG 指令将 MW42 中的内容进行七段显示译码，并将译码结果输出给 QD0（即 QB0～QB3），使得数码管能实时显示自 2021 年 9 月 10 日 18 时 18 分 18.8 秒起，I0.0 触点闭合后每隔 1min 的时间中断次数。当已中断了 4 次时，MW40 中的内容为 3，使用转换指令将其转换为对应的数值送入 MW42，再通过 SEG 指令译码为 DW16＃3F3F3F66，LED 数码管显示为“0004”。

（3）添加时间中断组织块 OB10，并书写程序。

1）在 TIA Portal 项目结构窗口的“程序块”中双击“添加新块”，在弹出的添加新块中点击“组织块”，然后选择“Time of day”并按下“确定”键，如图 5-14 所示。

2）在 TIA Portal 项目结构窗口的“程序块”中双击“Time of day［OB10］”，在 OB10 中编写表 5-12 所示的程序，并保存。OB10 每发生 1 次中断时，MW40 中的内容将加 1。

图 5-14　添加时间中断组织块 OB10

表 5-12　　例 5-3 中 OB10 的程序

程序段	LAD
程序段 1	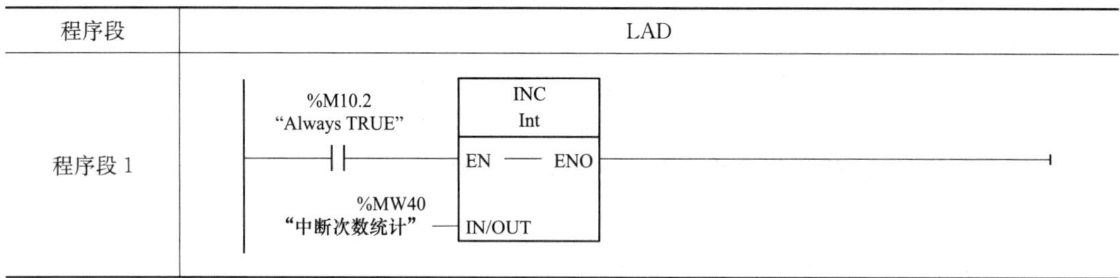

5.3.4　延时中断组织块

PLC 中普通定时器的定时工作与扫描工作方式有关，其定时精度要受到不断变化的扫描周期的影响，使用延时中断组织块可以达到以毫秒为单位的高精度延时。在 SIMATIC S7 CPU 中，提供了 4 个延时中断组织块 OB20～OB23。

1. 延时中断组织块的启动

每个延时中断组织块（OB）都可以通过调用 SRT _ DINT 指令来启动，延时时间在 SRT _ DINT 指令中进行设置。当用户程序调用 SRT _ DINT 指令时，需要提供 OB 编号、延时时间和用户专用的标识符。经过指定的延时时间后，相应的 OB 将会启动。

只有当该中断设置了参数，并且在相应的组织块中有用户程序存在时，延时中断才被执行，否则操作系统会在诊断缓冲区中输入一个错误信息，并执行异步错误处理。

2. 时间延时中断组织块的查询

若想知道究竟哪些延时中断组织块已经启动，可以通过调用 QRY _ DINT 指令访问延时中断组织块状态。QRY _ DINT 指令输出的状态字节 STATUS 如表 5-13 所示。

表 5-13　QRY _ DINT 指令输出的状态字节 STATUS

位	取值	含　义
0	0	取值为“0”，表示处于运行模式；取值为“1”，表示处于启动模块
1	0	取值为“0”，表示已启用延时中断；取值为“1”，表示已禁用延时中断
2	0	取值为“0”，表示延时中断未被激活或已完成；取值为“1”，表示已启用延时中断
3	0	—
4	0	取值为“0”，表示具有在参数 OB _ NR 中指定的 OB 编号的 OB 不存在；取值为“1”，表示存在编号 OB _ NR 参数所指定的 OB
其他位	0	始终为“0”

3. 延时中断组织块的临时变量表

在 OB20～OB23 中系统定义了延时中断 OB 的临时（TEMP）变量，例如延时中断组织块 OB20 的临时变量表如表 5-14 所示。

表 5-14　延时中断组织块 OB20 的临时变量表

参　数	数据类型	描　述
OB20 _ EV _ CLASS	BYTE	事件类别和标识符：0～3 位＝1 事件等级；4～7 位是标识符，＝1 表示 OB1 激活。例：B#16#11 表示中断被激活
OB20 _ STRT _ INF	BYTE	B#16#20～B#16#23：OB20～OB23 的启动请求
OB20 _ PRIORITY	BYTE	优先级，取值为 3（OB20）～6（OB23），S7-1500 CPU 的默认值为 3
OB20 _ OB _ NUMBR	BYTE	OB 编号（20～23）
OB20 _ RESERVED _ 1	BYTE	保留
OB20 _ RESERVED _ 2	BYTE	保留
OB20 _ SIGN	WORD	用户 ID，调用 SRT _ DINT 时输入的参数标记
OB20 _ DTIME	INT	已指定的延时时间（以 ms 为单位）
OB20 _ DATE _ TIME	Data _ And _ Time	调用 OB 时的日期和时间

4. 延时中断扩展指令参数

用户可以使用 SRT _ DINT、CAN _ DINT 和 QRY _ DINT 等延时中断扩展指令来启用、终止和查询延时中断，这些指令的参数如表 5-15 所示。

表 5-15　　　　延时中断扩展指令的参数表

参数	声明	数据类型	存储区间	参数说明
OB _ NR	INPUT	OB _ TOD	I、Q、M、D、L 或常量	延时中断 OB 的编号（20～23）
SDT	INPUT	DT	D、L 或常量	开始日期和开始时间
DTIME	INPUT	TIME	I、Q、M、D、L 或常量	延时值（1～60000ms）
SIGN	INPUT	WORD	I、Q、M、D、L 或常量	调用延时中断 OB 时 OB 的启动事件信息中出现的标识符
RET _ VAL	RETURN	INT	I、Q、M、D、L	如果发生错误，那么 RET _ VAL 的实际参数将包含错误代码
STATUS	OUTPUT	WORD	I、Q、M、D、L	延时中断的状态

5. 延时中断组织块的应用实例

【例 5-4】 OB20 延时中断组织块的应用。在主程序循环块 OB1 中，当 I0.1 发生上升沿跳变时，通过调用 SRT _ DINT 启动延时中断 OB20，20s 后 OB20 被调用，在 OB20 中将与 Q0.0 连接的电动机启动运行。在延时过程中当 I0.0 发生上升跳变时，在 OB1 中用 CAN _ DINT 终止延时中断，OB20 不会再被调用，电动机将停止运行。

【分析】 首先在 TIA Portal 中建立项目，再在 OB1 中编写相关设置程序，最后在 OB20 中编写中断程序，具体操作步骤如下：

（1）建立项目。首先在 TIA Portal 中新建一个项目，并添加好电源模块、CPU 模块、数字输入模块和数字输出模块。

（2）在 OB1 中编写程序。在 OB1 中编写程序如表 5-16 所示。程序段 1 是在 I0.1 发生上升沿跳变时通过 SRT _ DINT 指令来启动延时中断块 OB20。SRT _ DINT 指令的 OB _ NR 输入端为 20，表示延时启动的中断组织块为 OB20，DTIME 输入端为 T＃20s 表示延时启动设置为 20s。

程序段 2 中使用系统功能 QRY _ DINT 指令来查询延时中断组织块 OB20 的状态，并将查询的结果通过 STATUS 端送到 MW30 中。

程序段 3 中，当 I0.1 发生上升沿跳变时，取消延时 OB20 的延时中断，同时将 Q0.0 线圈复位，使得电动机停止运行。

表 5-16　　　　例 5-4 中 OB1 的程序

程序段	LAD
程序段 1	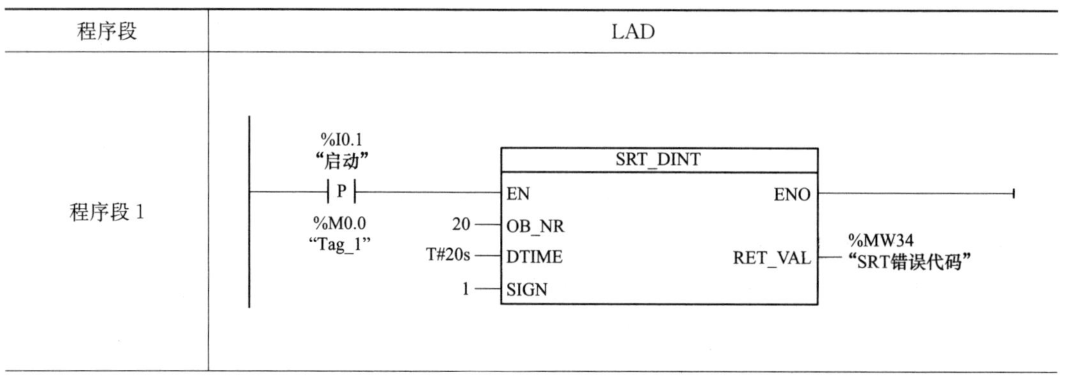

续表

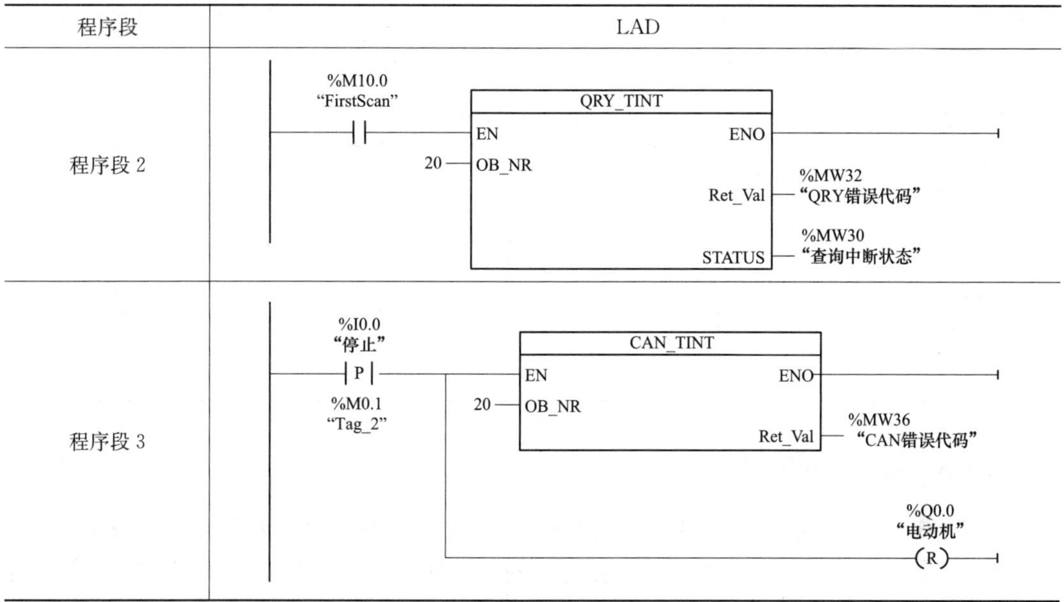

程序段	LAD
程序段 2	%M10.0 “FirstScan” QRY_TINT EN ENO 20 OB_NR Ret_Val %MW32 “QRY错误代码” STATUS %MW30 “查询中断状态”
程序段 3	%I0.0 “停止” P %M0.1 “Tag_2” CAN_TINT EN ENO 20 OB_NR Ret_Val %MW36 “CAN错误代码” %Q0.0 “电动机” R

（3）添加延时中断组织块 OB20，并书写程序。

1）在 TIA Portal 项目结构窗口的“程序块”中双击“添加新块”，在弹出的添加新块中点击“组织块”，然后选择“Time delay interrupt”并按下“确定”键，如图 5-15 所示。

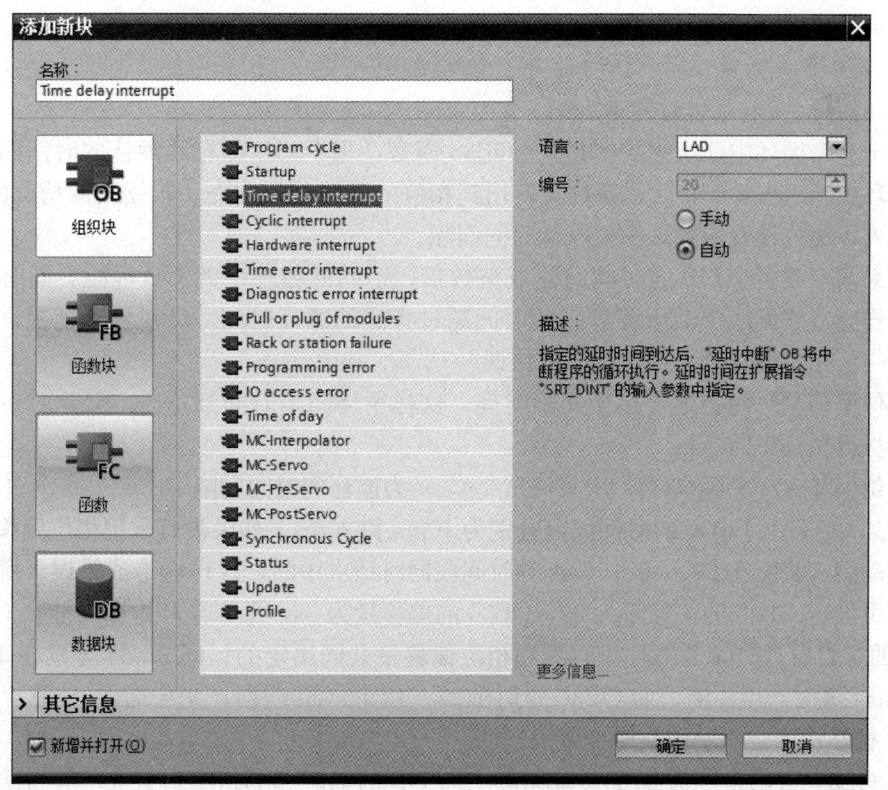

图 5-15　添加延时中断组织块 OB20

2）在 TIA Portal 项目结构窗口的“程序块”中双击“Time delay interrupt [OB20]”，在 OB20 中编写如表 5-17 所示程序并保存。OB20 每发生 1 次中断时，Q0.0 线圈将置为 1，启动电动机运行。

表 5-17　　例 5-4 中 OB20 的程序

程序段	LAD
程序段 1	%M10.2 “Always TRUE” ─┤ ├─ … %Q0.0 “电动机” ─(S)─

5.3.5　循环中断组织块

所谓循环中断就是经过一段固定的时间间隔启动用户程序，而无须执行循环程序。在 SIMATIC S7 CPU 中，提供了 9 个循环中断组织块 OB30～OB38，可用于按一定的时间间隔循环执行中断程序。循环中断按间隔启动，间隔的时间是从 STOP 状态到 RUN 时开始计算。

1. 循环中断组织块的启动

循环中断组织块可通过调用 EN_IRT 指令来启动。为了启动循环中断，用户必须在 TIA Portal 中的循环中断参数块里定义时间间隔。时间间隔必须是 1ms 基本时钟率的整数倍。

时间间隔＝n×基本时钟率 1ms

对于 9 个循环中断组织块 OB30～OB38 而言，每个 OB 都有其默认的时间间隔。当加载循环中断组织块 OB 后，系统会使用其相应的默认时间间隔。根据实际情况的需求，用户也可以通过设置参数来改变默认时间间隔。

如果两个或多个 OB 的时间间隔成整数倍，不同的循环中断 OB 可能会同时请求中断，这样会造成循环中断服务程序的时间超过指定的循环时间。针对这种情况，用户可以定义一个相位偏移量来避免这样的错误。

相位偏移量时间必须要小于间隔时间，这样循环间隔时间到达时，会延时一定的时间后再执行循环中断。

相位偏移＝m×基本时钟率（$0\leqslant m\leqslant n$，n 为循环的时间间隔。）

例如 OB35 和 OB36 的时间间隔分别为 10ms 和 20ms，如果没有采用相位偏移量，两者都启动后，将会在 20、40、60ms 等时间段同时请求中断，这样会造成错误。对于这种情况，可设定 OB35 的偏移量为 0s，OB36 的偏移量为 3s，那么循环中断功能块 OB35 和 OB36 的等距启动时间是由时间间隔和相位偏移量共同决定的，即 OB35 分别在 10、20、30、40ms 等时产生中断，而 OB36 分别在 23、43、63ms 等时产生中断。

2. 循环中断组织块的临时变量表

在 OB30～OB38 中系统定义了循环中断 OB 的临时（TEMP）变量，例如循环中断组织块 OB35 的临时变量表如表 5-18 所示。

表 5-18　　循环中断组织块 OB35 的临时变量表

参　数	数据类型	描　述
OB35 _ EV _ CLASS	BYTE	事件类别和标识符：0～3 位＝1 事件等级；4～7 位是标识符，＝1 表示 OB1 激活。例：B#16#11 表示中断被激活
OB35 _ STRT _ INF	BYTE	B#16#30：特殊标准的循环中断 OB 的启动请求，仅用于 H－CPU；B#16#31～B#16#39：OB30～OB38 的启动请求
OB35 _ PRIORITY	BYTE	优先级，取值为 7（OB30）～15（OB38）
OB35 _ OB _ NUMBR	BYTE	OB 编号（30～38）
OB35 _ RESERVED _ 1	BYTE	保留
OB35 _ RESERVED _ 2	BYTE	保留
OB35 _ PHASE _ OFFSET	WORD	相位偏移（ms）
OB35 _ RESERVED _ 3	INT	保留
OB35 _ EXC _ FREQ	INT	执行的时间间隔（ms）
OB35 _ DATE _ TIME	Data _ And _ Time	调用 OB 时的日期和时间

3. 循环中断相关指令参数

用户可以使用启动中断指令 EN _ IRT 和禁用中断指令 DIS _ IRT 来实现循环中断组织块的控制，参数如表 5-19 所示。

表 5-19　　循环中断相关指令的参数表

参数	声明	数据类型	存储区间	参数说明
OB _ NR	INPUT	OB _ TOD	I、Q、M、D、L 或常量	循环中断 OB 的编号（30～38）
MODE	INPUT	BYTE	I、Q、M、D、L 或常量	指定启用或禁用哪些中断和异步错误事件，该位含义如表 5-20 所示
RET _ VAL	RETURN	INT	I、Q、M、D、L	如果发生错误，那么 RET _ VAL 的实际参数将包含错误代码

表 5-20　　MODE 位的含义

MODE	含　义
0	启用所有新发生的中断和异步错误事件
1	启用属于指定中断类别的新发生事件，可以通过时间中断（OB10）、延时中断（OB20）、循环中断（OB30）、过程中断（OB40）、DPV1 中断（OB50）多处理器中断（OB60）、冗余错误中断（OB70）和异步错误中断（OB80）等方式进行指定来标识中断类别
2	启用指定中断的所有新发生事件

4. 循环中断组织块的应用实例

【例 5-5】 OB35 在艺术彩灯控制中的应用。某艺术彩灯的造型如图 5-16 所示，L1～L12 为不同颜色的彩灯，改变 PLC 的程序，可以改变彩灯造型、显示不同颜色的灯光，使之产生千姿百态、五颜六色的显示效果。

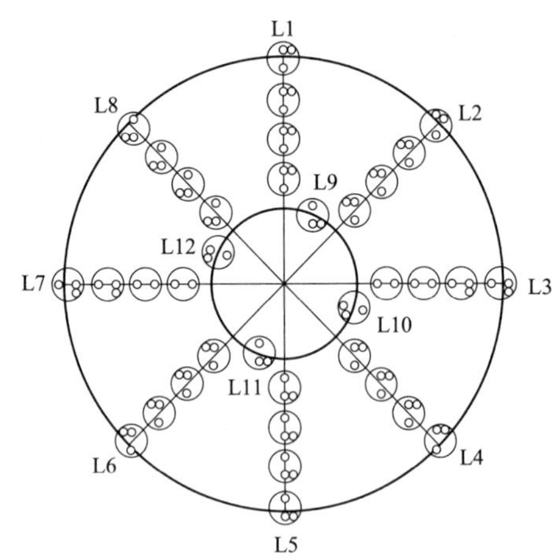

图 5-16　艺术彩灯造型示意图

按下启动按钮 SB2（SB2 与 I0.1 相连）时启动 OB35 对应的循环中断，使 OB35 中的程序用于控制艺术彩灯进行显示。SB1（SB1 与 I0.0 相连）按下时禁止 OB35 对应的循环中断，SB3（SB3 与 I0.2 相连）按下后，艺术彩灯的显示规律如下：L1、L2→L6、L7→L3、L4→L8、L1→L5、L6→L2、L3→L7、L8→L4、L5→L9、L10→L11、L12→L2、L3、L4→L6、L7、L8→L2、L1、L8→L6、L5、L4→L9、L12→L11、L10→L1、L2→L6、L7……如此循环。

【分析】 根据题意可知，实现艺术彩灯控制时，应有 3 个输入、12 个输出，分别由 SM521 和 SM522 与相应 I/O 连接，其 I/O 分配如表 5-21 所示，其 I/O 接线如图 5-17 所示。

表 5-21　　艺术彩灯控制的 I/O 分配表

输入（I）			输出（O）		
功能	元件	PLC 地址	功能	元件	PLC 地址
停止按钮	SB1	I0.0	信号灯 L1	HL1	Q0.0
启动按钮	SB2	I0.1	信号灯 L2	HL2	Q0.1
启动艺术灯	SB3	I0.2	信号灯 L3	HL3	Q0.2
			信号灯 L4	HL4	Q0.3
			信号灯 L5	HL5	Q0.4
			信号灯 L6	HL6	Q0.5
			信号灯 L7	HL7	Q0.6
			信号灯 L8	HL8	Q0.7
			信号灯 L9	HL9	Q1.0
			信号灯 L10	HL10	Q1.1
			信号灯 L11	HL11	Q1.2
			信号灯 L12	HL12	Q1.3

艺术彩灯每轮显示由 16 步完成，这 16 步可以使用字循环移位指令 ROL 每隔 1s 将 MW4 中的内容进行移位来实现，然后将 MW4 中的移位值送入相应的 QW0 中的某些位即可，例如 MW4.0 送入 Q0.0、Q0.1，实现 HL1 和 HL2 灯的显示；MW4.1 送入 Q0.5、Q0.6 实现 HL6 和 HL7 灯的显示。MW4 由 MB4 和 MB5 构成，MB4 是 MW4 的高字节，MB5 为 MW4 中的低字节。为实现 MW4 的循环左移，即 M4.0→M4.7→M5.0→M5.7→M4.0，其左移初值可设置为 16#0080。

在本例中，首先在 TIA Portal 中建立项目，并进行循环中断设置，再在 OB1 中编写相关程序，然后在 OB35 中编写循环中断程序，具体操作步骤如下：

（1）建立项目。首先在 TIA Portal 中新建一个项目，并添加好电源模块、CPU 模

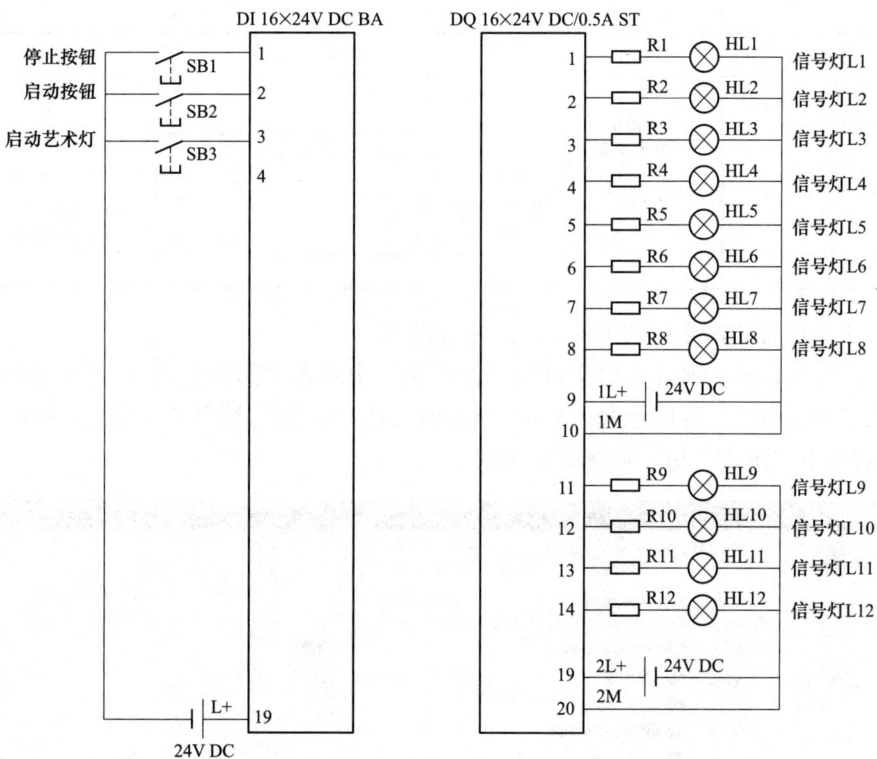

图 5-17　艺术彩灯控制的 I/O 接线图

块、数字输入模块和数字输出模块。

（2）在 OB1 中编写程序。在 OB1 中编写程序如表 5-22 所示。程序段 1 是在 I0.1（SB2 按下）发生上升沿跳变时使用 EN _ IRT 指令来启动循环中断。EN _ IRT 指令的 OB _ NR 端输入为 35，表示启动循环中断组织块为 OB35；MODE 端输入为 B＃16＃2，表示启用 OB35 中断组织块新发生的事件。

程序段 2 是在 I0.0（SB1 按下）发生上升沿跳变时使用 DIS _ IRT 指令来禁止循环中断。DIS _ IRT 指令的 OB _ NR 端输入为 35，表示禁止循环中断组织块为 OB35；MODE 端输入为 B＃16＃2，表示禁止 OB35 中断组织块新发生的事件。

表 5-22　　例 5-5 中 OB1 的程序

程序段	LAD
程序段 1	%I0.1 "启动按钮" -|P|- %M0.0 "Tag_1" → EN_IRT: EN; B#16#2 — MODE; 35 — OB_NR; ENO; RET_VAL — %MW30 "EN_IRT错误代码"

续表

程序段	LAD
程序段 2	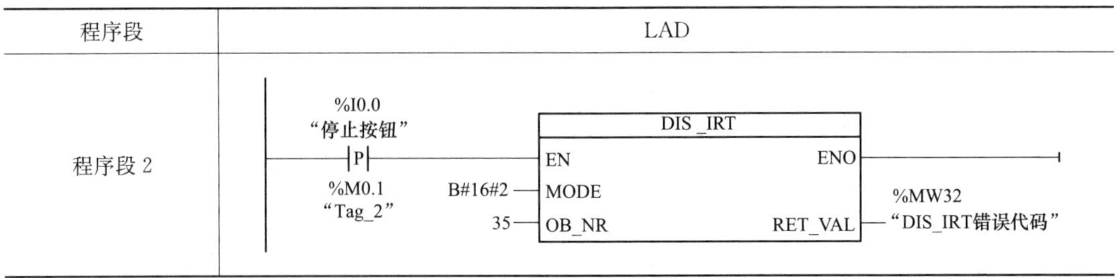

（3）添加循环中断组织块 OB35，并书写程序。

1）在 TIA Portal 项目结构窗口的“程序块”中双击“添加新块”，在弹出的添加新块中点击“组织块”，然后选择“Cyclic interrupt”，并设置循环时间为 1000000us（即 1s），最后按下“确定”键，如图 5-18 所示。

图 5-18　添加循环中断组织块 OB35

2）在 TIA Portal 项目结构窗口的“程序块”中双击“Cyclic interrupt［OB35］”，在 OB35 中编写如表 5-23 所示的程序并保存。SB3 闭合 1 次时，在程序段 1 中给循环左移赋移位初值；若 SB2 按下，启动循环中断 OB35，SB3 闭合 1 次，则每隔 1s 程序段 2 控制 MW4 中的内容循环左移 1 位；程序段 3～程序段 14 是在 MW4 每次移位后，将 MW4 中的移位值送入相应的 QW0（Q0.0～Q1.3）中的某些位以实现艺术彩灯的显示控制。

表 5-23　　例 5-5 中 OB35 的程序

程序段	LAD
程序段 1	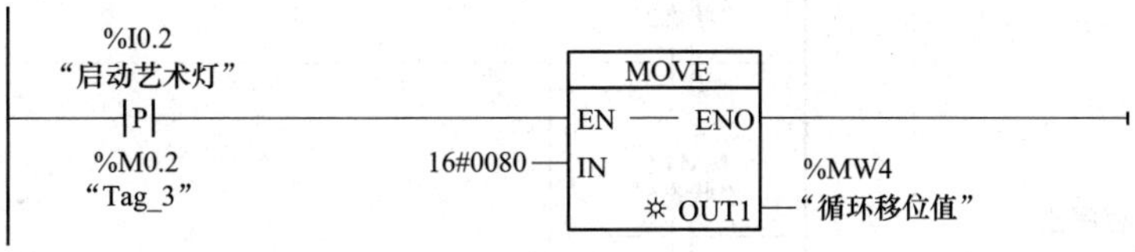 %I0.2 “启动艺术灯” —|P|— %M0.2 “Tag_3”；MOVE：EN — ENO；16#0080 — IN；※ OUT1 — %MW4 “循环移位值”
程序段 2	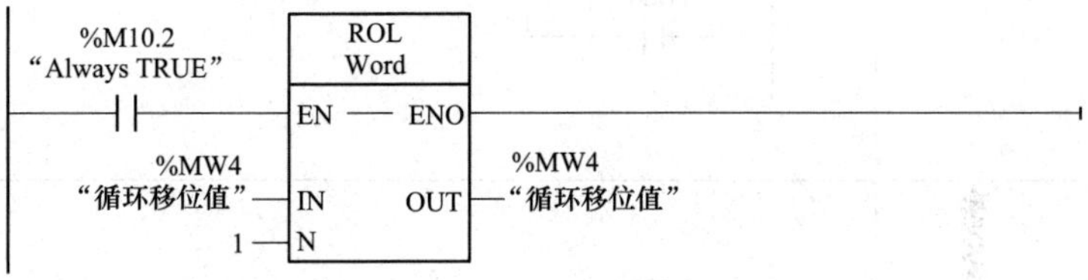 %M10.2 “Always TRUE” —| |—；ROL Word：EN — ENO；%MW4 “循环移位值” — IN；1 — N；OUT — %MW4 “循环移位值”
程序段 3	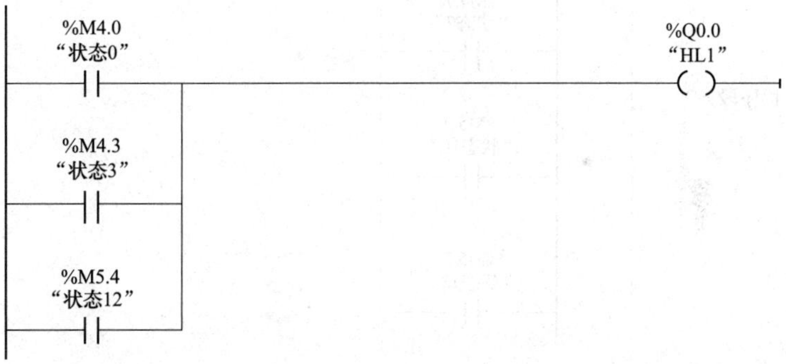 %M4.0 “状态0” —| |—；%M4.3 “状态3” —| |—；%M5.4 “状态12” —| |—（并联）；%Q0.0 “HL1” —( )—
程序段 4	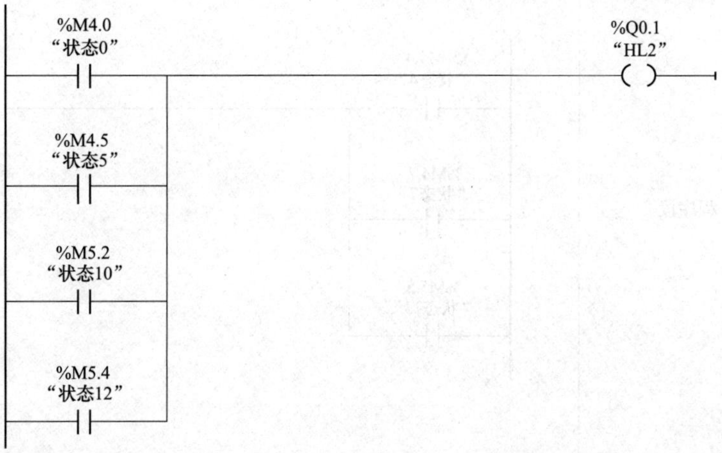 %M4.0 “状态0” —| |—；%M4.5 “状态5” —| |—；%M5.2 “状态10” —| |—；%M5.4 “状态12” —| |—（并联）；%Q0.1 “HL2” —( )—

续表

程序段	LAD
程序段 5	%M4.2 “状态2” ┤├ ; %M4.5 “状态5” ┤├ ; %M5.2 “状态10” ┤├ (并联) → %Q0.2 “HL3” ( )
程序段 6	%M4.2 “状态2” ┤├ ; %M4.7 “状态7” ┤├ ; %M5.2 “状态10” ┤├ ; %M5.5 “状态13” ┤├ (并联) → %Q0.3 “HL4” ( )
程序段 7	%M4.4 “状态4” ┤├ ; %M4.7 “状态7” ┤├ ; %M5.5 “状态13” ┤├ (并联) → %Q0.4 “HL5” ( )

续表

程序段	LAD
程序段 8	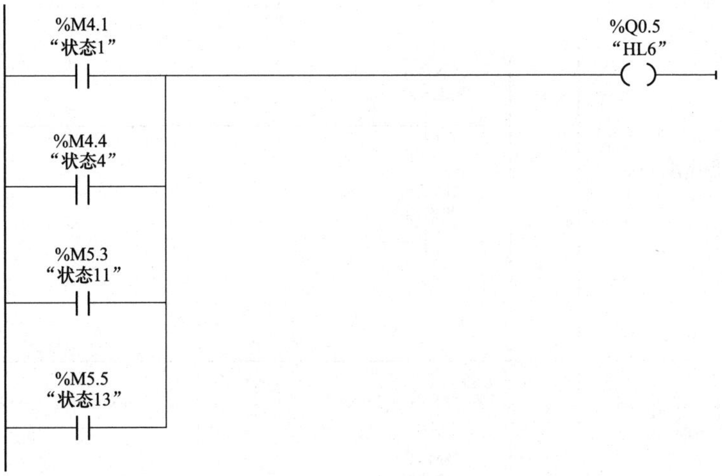 %M4.1 “状态1” %Q0.5 “HL6” %M4.4 “状态4” %M5.3 “状态11” %M5.5 “状态13”
程序段 9	%M4.1 “状态1” %Q0.6 “HL7” %M4.6 “状态6” %M5.3 “状态11”
程序段 10	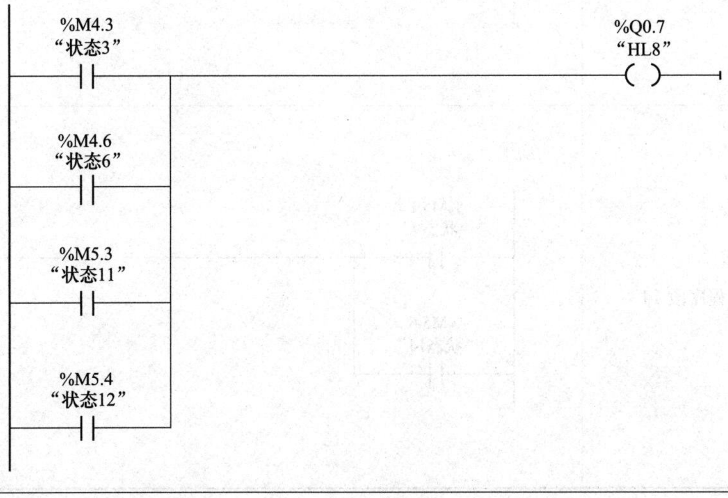 %M4.3 “状态3” %Q0.7 “HL8” %M4.6 “状态6” %M5.3 “状态11” %M5.4 “状态12”

续表

程序段	LAD
程序段 11	%M5.0 “状态8” ; %M5.6 “状态14” ; %Q1.0 “HL9”
程序段 12	%M5.0 “状态8” ; %M5.7 “状态15” ; %Q1.1 “HL10”
程序段 13	%M5.1 “状态9” ; %M5.7 “状态15” ; %Q1.2 “HL11”
程序段 14	 %M5.1 “状态9” ; %M5.6 “状态14” ; %Q1.3 “HL12”

5.3.6　硬件中断组织块

在 SIMATIC S7 CPU 中，提供了多达 8 个硬件中断组织块 OB40～OB47，用于对具有中断能力的数字信号模块（SM）、通信处理器（CP）和功能模块（FM）的信号变化进行快速中断响应。当具有中断能力的信号模块将中断信号传送到 CPU 时，或者当功能模块产生一个中断信号时，将触发硬件中断。

1. 硬件中断组织块的设置

具有硬件中断能力信号模块的每个通道都可以触发一个硬件中断，究竟是哪一个通道在什么条件下产生硬件中断，将执行哪个硬件中断？对于不同的信号模块，设置方法略有不同。

对于具有中断能力的数字量信号模块（SM），可以在 TIA Portal 软件中进行硬件组态时设置硬件中断，也可以使用 WR _ PARM、WR _ DPARM 和 PARM _ MOD 指令为模块的硬件中断设置相应参数以实现硬件中断。

对于具有中断能力的通信处理器（CP）和功能模块（FM），可以使用 TIA Portal 软件在硬件组态时按照向导的对话框设置相应的参数来实现设置中断。

模块触发硬件中断之后，操作系统将自动识别是哪一个槽的模块和模块中哪一个通道产生的硬件中断。硬件中断 OB 执行完后，将发送通道确认信号。

如果正在处理某一中断事件，又出现了同一模块同一通道产生的完全相同的中断事件，新的中断事件将丢失。如果正在处理某一中断信号时同一模块中其他通道或其他模块产生了中断事件，当前已激活的硬件中断执行完后，再处理暂存的中断。

2. 硬件中断组织块的临时变量表

在 OB40～OB47 中系统定义了硬件中断 OB 的临时（TEMP）变量，例如 OB40 的临时变量表如表 5-24 所示。

表 5-24　　硬件中断组织块 OB40 的临时变量表

参　数	数据类型	描　述
OB40 _ EV _ CLASS	BYTE	事件类别和标识符：0～3 位＝1 事件等级；4～7 位是标识符，＝1 表示 OB1 激活。例：B＃16＃11 表示中断被激活
OB40 _ STRT _ INF	BYTE	B＃16＃41：通过中断线 1 中断 B＃16＃42：通过中断线 2 中断（仅限 S7-400） B＃16＃43：通过中断线 3 中断（仅限 S7-400） B＃16＃44：通过中断线 4 中断（仅限 S7-400） B＃16＃45：WinAC 通过 PC 触发的中断
OB40 _ PRIORITY	BYTE	优先级，取值为 16（OB40）～23（OB47），S7-1500 默认为 16
OB40 _ OB _ NUMBR	BYTE	OB 编号（40～47）
OB40 _ RESERVED _ 1	BYTE	保留
OB40 _ IO _ FLAG	BYTE	I/O 标志：输入模块为 B＃16＃54，输出模块为 B＃16＃55
OB40 _ MDL _ ADDR	WORD	触发中断的模块的逻辑起始地址

续表

参　数	数据类型	描　述
OB40 _ POINT _ ADDR	WORD	数字量输入模块内的位地址（第 0 位对应第 1 个输入）可以在给定模块的说明中找到为模块中的通道分配的从 OB40 _ POINT _ ADDR 的起始位。对于 CP 和 FM 是模块的中断状态，与用户程序无关
OB40 _ DATE _ TIME	Data _ And _ Time	调用 OB 时的日期和时间

3. 硬件中断组织块的相关指令

用户编写程序时，可使用 DIS _ IRT、EN _ IRT、DIS _ AIRT 和 EN _ AIRT 指令来禁用或延迟，并重新启用硬件中断。

4. 硬件中断组织块的应用举例

【例 5-6】 OB40 硬件中断组织块的应用。使用 CPU 1511-1 PN（6SE7 511-1AK02-0AB0）外接数字量输入模块 DI 16×24V DC HF（6SE7 521-1BH00-0AB0）、数字量输出模块为 DQ 16×24V DC/0.5A HF（6SE7 522-1BH01-0AB0）。要求：在 I0.1 发生上升沿跳变时激活 QB40 对应的硬件中断，然后 I0.2 每发生 1 次上升沿跳变时硬件中断次数加 1，当 I0.0 发生上升沿跳变时禁止 QB40 对应的硬件中断。

【分析】 首先在 TIA Portal 中建立项目，再在 OB1 中编写相关设置程序，最后在 OB40 中编写中断程序，具体操作步骤如下：

(1) 建立项目。首先在 TIA Portal 中新建一个项目，并添加好电源模块、CPU 模块、数字量输入模块和数字量输出模块。

(2) 在 OB1 中编写程序。在 OB1 中编写程序如表 5-25 所示。程序段 1 是在 I0.1 发生上升沿跳变时通过 EN _ IRT 指令来启动硬件中断。EN _ IRT 指令的 OB _ NR 端输入为 40，表示启动硬件中断组织块为 OB40；MODE 端输入为 B#16#2，表示启用 OB40 中断组织块新发生的事件。

程序段 2 是在 I0.0 发生上升沿跳变时通过 DIS _ IRT 指令来禁止硬件中断。DIS _ IRT 指令的 OB _ NR 端输入为 40，表示禁止硬件中断组织块为 OB40；MODE 端输入为 B#16#2，表示禁止 OB40 中断组织块新发生的事件。

程序段 3 是将累计的硬件中断次数进行转换；程序段 4 是将转换后的数据进行显示，以实现硬件中断次数的显示。

表 5-25　　例 5-6 的 OB1 中程序

程序段	LAD
程序段 1	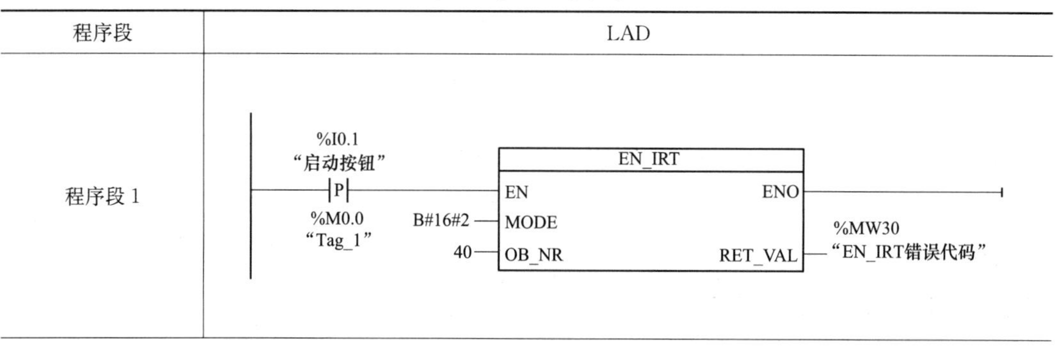

续表

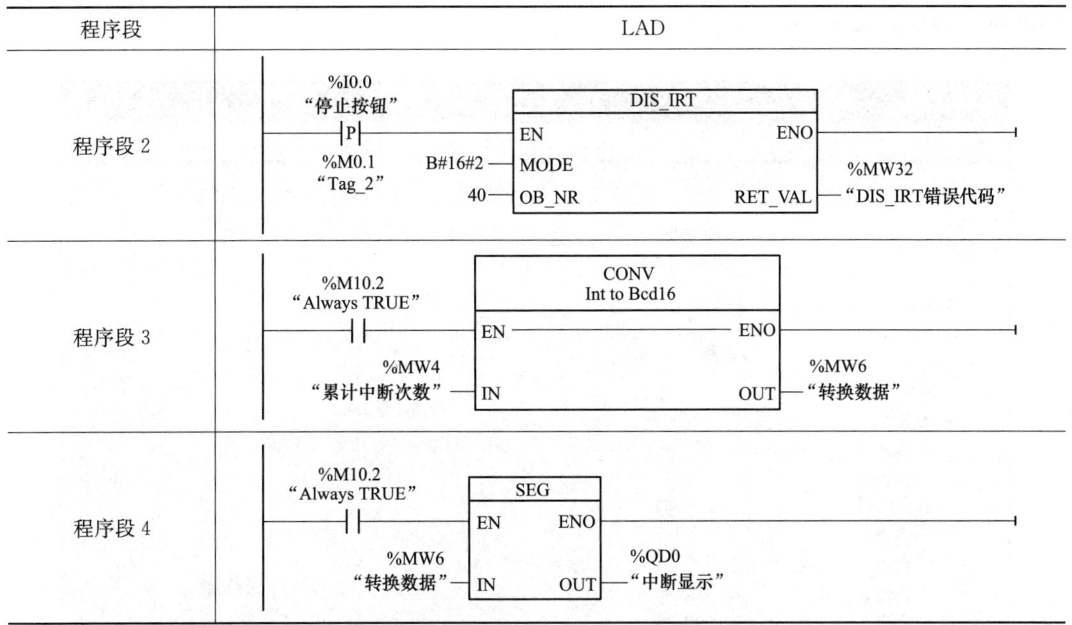

(3) 添加硬件中断组织块 OB40，并书写程序。

1) 在 TIA Portal 项目结构窗口的“程序块”中双击“添加新块”，在弹出的添加新块中点击“组织块”，然后选择“Hardware interrupt”并按下“确定”键，如图 5-19 所示。

图 5-19　添加硬件中断组织块 OB40

2）在 TIA Portal 的“设备组态”界面中单击数字量输入模块，对输入通道 2 的硬件中断进行设置，如图 5-20 所示。

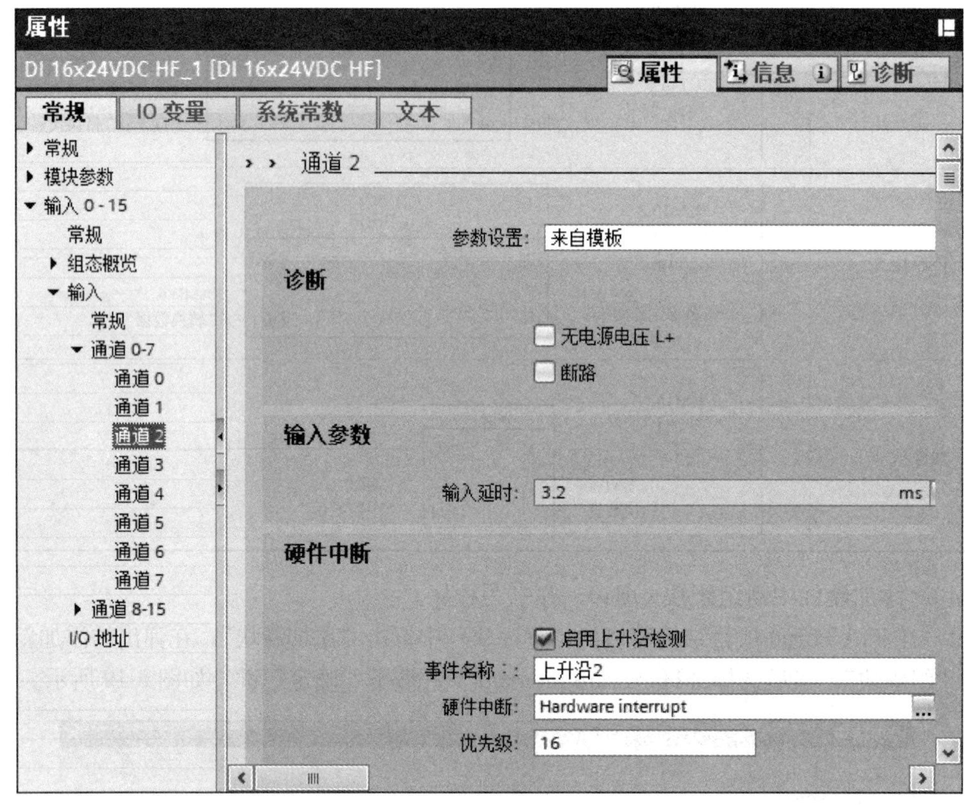

图 5-20　输入通道 2 的硬件中断设置

3）在 TIA Portal 项目结构窗口的“程序块”中双击“Hardware interrupt［OB40］”，在 OB40 中编写如表 5-26 所示的程序，并保存。

表 5-26　　例 5-6 中 OB40 的程序

程序段	LAD
程序段 1	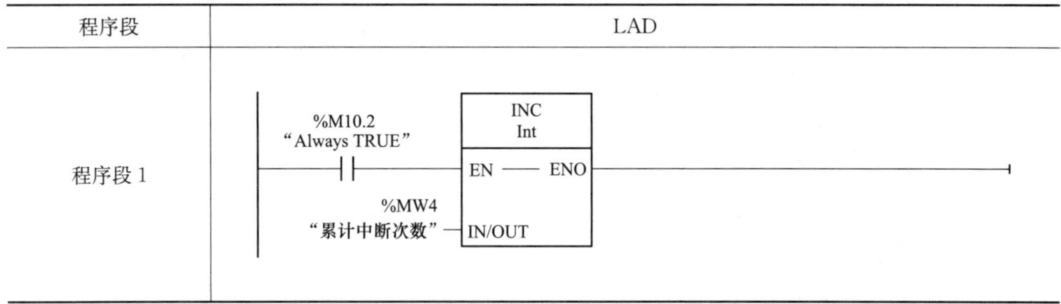

5.3.7　启动组织块

接通 CPU 后，S7-1500 PLC 在开始执行循环用户程序之前先执行启动程序。通过适当编写启动组织块程序，可以在启动程序中为循环程序指定一些初始化变量。对启动组织块的数量没有要求，即可以在用户程序中创建一个或多个启动 OB，或者一个也不创建。启动程序由一个或多个启动 OB 组成。

1. CPU 的启动方式

在 STARTUP 模式下 CPU 有 3 种启动方式：暖启动、热启动和冷启动。

暖启动时，过程映像数据以及非保持的存储器位、定时器和计数器被复位。具有保持功能的存储器位、计数器、计数器和所有数据块将保留原数值。程序将重新开始运行，执行启动 OB 或 OB1。手动暖启动时，将模式选择开关扳到 STOP 位置，“STOP” LED 亮，然后扳到 RUN 或 RUN-P 位置。

在 RUN 状态时，如果电源突然丢失，然后又重新上电，S7-1500 CPU 将被执行一个初始化程序，自动地完成热启动。热启动从上次 RUN 模式结束时被中断之处继续执行，不对计数器等复位。

启动时，过程数据区的所有过程映像数据、存储器位、定时器、计数器的数据块都被复位为零（包括有保持功能的数据）。用户程序将重新开始运行，执行启动 OB 和 OB1。手动冷启动时，将模式开关扳到 STOP 位置，“STOP” LED 亮，再扳到 MRES 位置，“STOP” LED 灭 1s，亮 1s，再灭 1s，然后保持亮，最后将它扳到 RUN 或 RUN-P 位置。

2. 启动组织块的调用

在 STARTUP 模式下，若遇到下列情况，会有相应的 OB 被操作系统调用：暖启动时，操作系统调用 OB100；热启动时，操作系统调用 OB101；冷启动时，操作系统调用 OB102。

3. 启动组织块的临时变量表

启动组织块 OB100、OB101 和 OB102 的临时变量表如表 5-27 所示。在表中“x”表示启动组织块的最后一位（包括 0、1 和 2）。

表 5-27　　启动组织块的临时变量表

参　数	数据类型	描　述
OB10x _ EV _ CLASS	BYTE	事件类别和标识符：B#16#11（表示激活）
OB10x _ STRTUP	BYTE	启动请求：B#16#81 表示手动暖启动请求；B#16#82 表示自动暖启动请求；B#16#83 表示手动热启动请求；B#16#84 表示自动热启动请求；B#16#85 表示手动冷启动请求；B#16#86 表示自动冷启动；B#16#87 表示主站手动冷启动请求；B#16#88 表示主站自动冷启动；B#16#8A 主站手动暖启动请求；B#16#8B 主站自动暖启动请求；B#16#8C 备用手动启动请求；B#16#8C 备用自动启动请求
OB10x _ PRIORITY	BYTE	优先级，默认为 27
OB10x _ OB _ NUMBR	BYTE	OB 编号（100、101 或 102）
OB10x _ RESERVED _ 1	BYTE	备用
OB10x _ RESERVED _ 2	BYTE	备用
OB10x _ STOP	WORD	引起 CPU 停机事件的编号
OB10x _ STRT _ INFO	DWORD	关于当前启动的进一步信息
OB10x _ DATE _ TIME	Data _ And _ Time	调用 OB 时的日期和时间

4. OB100 _ STR _ INFO 和 OB101 _ STR _ INFO 的代码含义

参数 OB100 _ STR _ INFO 和 OB101 _ STR _ INFO 中的信息代码也很重要，这些信息代码的含义如表 5-28 所示。

表 5-28　　参数 OB100 _ STR _ INFO 和 OB101 _ STR _ INFO 中的信息代码

位号	含义	二进制值	说　明
31～24	启动信息	0000xxxx	机架 0（仅 H CPU）
		0100xxxx	机架 1（仅 H CPU）
		1000xxxx	机架 2（仅 H CPU）
		0001xxxx	多值计算（仅 S7-400 CPU）
		0010xxxx	该机架超过一个 CPU 在运行（仅 S7-400 CPU）
		xxxxxxx0	设定和实际组态一致（仅 S7-300）
		xxxxxxx1	设定和实际组态不一致（仅 S7-300）
		xxxxxx0x	设定和实际组态一致
		xxxxxx1x	设定和实际组态不一致
		xxxxx0xx	不是 S7-400H CPU
		xxxxx1xx	是 S7-400H CPU
		xxxx0xxx	在最后 POWER ON 时，时钟不是由电池支持的
		xxx1xxxx	在最后 POWER ON 时，时钟是由电池支持的
23～16	启动刚完成	00000001	根据参数赋值未改变 CPU 上设置的多处理器暖启动（仅 S7-400）
		00000011	方式选择开关触发的暖启动
		00000100	通过 MPI 由命令触发的暖启动
		00000101	根据参数赋值未改变 CPU 上设置的多处理器冷启动（仅 S7-400）
		00000011	方式选择开关触发的冷启动
		00001000	通过 MPI 由命令触发的冷启动
		00001010	根据参数赋值未改变 CPU 上设置的多处理器热启动（仅 S7-400）
		00001011	方式选择开关触发的热启动
		00001100	通过 MPI 由命令触发的热启动
		00010000	有电池支持 POWER ON 之后的自动热启动
		00010001	根据参数赋值有电池支持 POWER ON 之后的冷启动
		00010011	模式选择开关触发的暖启动，最后 POWER ON 时电池支持
		00010100	通过 MPI 由命令触发的暖启动，最后 POWER ON 时有电池支持
		00100000	有电池支持 POWER ON 之后，由系统存储器复位，执行了自动暖启动
		00100001	有电池支持 POWER ON 之后，由系统存储器复位，执行了自动冷启动
		00100011	模式选择开关触发的暖启动，最后 POWER ON 时无电池支持
		00100100	通过 MPI 由命令触发的暖启动，最后 POWER ON 时无电池支持
		10100000	根据参数赋值有电池支持 POWER ON 之后的热启动（仅 S7-400 CPU）

续表

位号	含义	二进制值	说　明
15～12	是否允许自动启动	0000	自动启动非法，需存储器复位
		0001	自动启动非法，需修改参数等
		0111	允许自动暖启动
		1111	允许自动暖/热启动（仅S7-400）
11～8	是否允许手动启动	0000	启动非法，需存储器复位
		0001	启动非法，需修改参数等
		0111	允许暖启动
		1111	允许暖/热启动（仅S7-400）
7～0	最后有效的干涉或POWE ON后自动启动的设置	00000000	无启动
		00000001	根据参数赋值在CPU上的设置无改变的多处理器暖启动（仅S7-400）
		00000011	模式选择开关触发的暖启动
		00000100	通过MPI由命令触发的暖启动
		00000101	根据参数赋值在CPU上的设置无改变的多处理器冷启动（仅S7-400）
		00000111	模式选择开关触发的冷启动
		00001000	通过MPI由命令触发的冷启动
		00001010	根据参数赋值在CPU上的设置无改变的多处理器热启动（仅S7-400）
		00001011	模式选择开关触发的热启动（仅S7-400）
		00001100	通过MPI由命令触发的热启动（仅S7-400）
		00010000	在电池后备POWER ON之后自动暖启动
		00010001	根据参数赋值有电池支持POWER ON之后的冷启动
		00010011	模式选择开关触发的暖启动，最后POWER ON时有电池支持
		00010100	通过MPI由命令触发的暖启动，最后POWER ON时有电池支持
		00100000	有电池支持POWER ON之后自动暖启动（由系统复位存储器）
		00100001	根据参数赋值有电池支持POWER ON之后的冷启动
		00100011	模式选择开关触发的暖启动，最后POWER ON时无电池支持
		00100100	通过MPI由命令触发的暖启动，最后POWER ON时无电池支持
		10100000	根据参数赋值有电池支持POWER ON之后自动热启动（仅S7-400）

5. 启动组织块的应用举例

【例5-7】 启动组织块的应用。使用1个主程序启动块OB1和两个启动组织块（OB100和OB123），其中OB100用于CPU检测系统实时时钟是否丢失，若丢失，则指示灯HL1（HL1与Q0.1相连）亮；OB123用于HL2（HL2与Q0.2相连）闪烁显示控制，当SB3（SB3连接与I0.2）每次闭合时，HL3进行闪烁。在主程序OB1中，当按下启动按钮SB2（SB2连接与I0.1）时，电动机（电动机与Q0.0连接）启动运行；按下停止按钮SB1（SB1连接与I0.0）时，电动机停止运行。

【分析】 首先在TIA Portal中建立项目，再在主程序启动块OB1和两个启动组织块中分别编写相应程序即可，具体操作步骤如下：

(1) 建立项目。首先在 TIA Portal 中新建一个项目，并添加好电源模块、CPU 模块、数字输入模块和数字输出模块。

(2) 在 OB1 中编写程序。在 OB1 中编写程序如表 5-29 所示，当按下启动按钮时，Q0.0 线圈得电，控制电动机启动运行，同时 Q0.0 动合触点闭合，实现电动机的自锁运行；按下停止按钮时，Q0.0 线圈失电，电动机停止运行。

表 5-29　　　　例 5-7 的 OB1 中程序

程序段	LAD
程序段 1	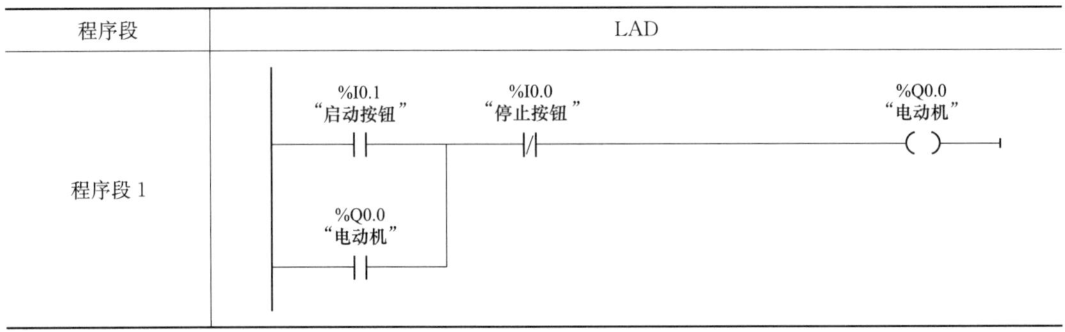

(3) 添加启动组织块 OB100，并书写程序。

1) 在 TIA Portal 项目结构窗口的"程序块"中双击"添加新块"，在弹出的添加新块中点击"组织块"，先选择"Startup"，并设置编号为"100"，然后按下"确定"键，如图 5-21 所示。

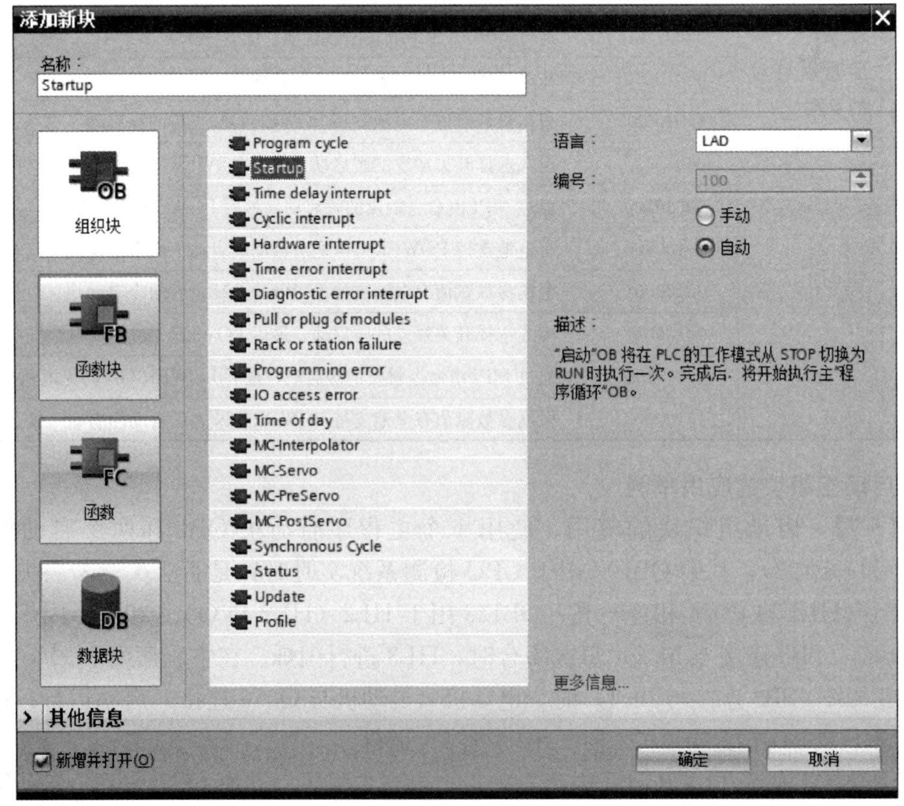

图 5-21　添加启动组织块 OB100

2）在 TIA Portal 项目结构窗口的“程序块”中双击“Startup［OB100］”，在 OB100 中编写如表 5-30 所示程序，并保存。程序中“LostRTC”为实时时钟检测变量，当 S7-1500 PLC 从 STOP 转到 RUN 时，如果 CPU 检测到实时时钟丢失，则与 Q0.1 连接的指示灯点亮。

表 5-30　　例 5-7 中 OB100 程序

程序段	LAD
程序段 1	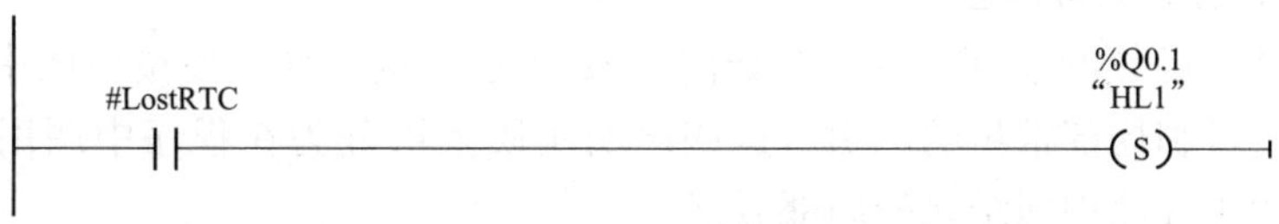 #LostRTC —| |— … %Q0.1 “HL1” —(S)—

（4）添加启动组织块 OB123，并书写程序。

1）在 TIA Portal 项目结构窗口的“程序块”中双击“添加新块”，在弹出的添加新块中点击“组织块”，先选择“Startup”，并设置编号为“123”，然后按下“确定”键即可。

2）在 TIA Portal 项目结构窗口的“程序块”中双击“Startup _ 1［OB123］”，在 OB123 中编写如表 5-31 所示程序，并保存。当 S7-1500 PLC 从 STOP 转到 RUN 时，如果按下闪烁按钮，则与 Q0.2 连接的指示灯 HL2 闪烁。

表 5-31　　例 5-7 中 OB123 程序

程序段	LAD
程序段 1	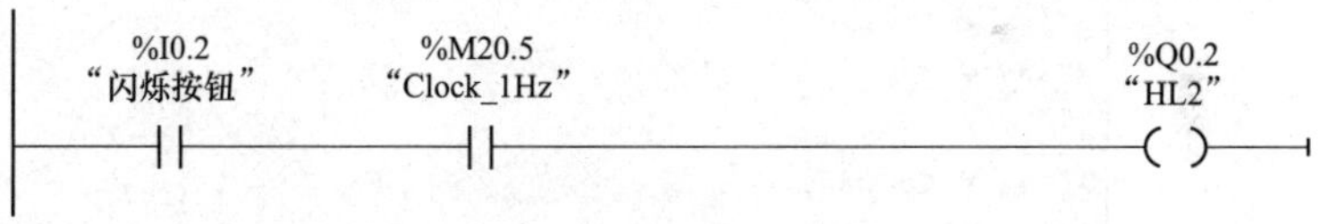 %I0.2 “闪烁按钮” —| |— %M20.5 “Clock_1Hz” —| |— … %Q0.2 “HL2” —( )—

5.4　S7-1500 PLC 函数和函数块

函数 FC 是用户编写的程序块，类似于 C 语言编程里面的子程序，它是不带“存储器”的代码块。S7-1500 系列 PLC 可创建的 FC 编号范围为 1～65535，一个函数最大程序容量与具体的 PLC 类型有关。由于没有可以存储块参数值的存储数据区，在调用函数时，必须给所有形参分配实参。

用户在函数中编写的程序，在其他代码块中调用该函数时将执行此程序。函数 FC 既可以作为子程序使用也可以在程序的不同位置被多次调用。作为子程序使用时，是将相互独立的控制设备分成不同的 FC 编写，统一由 OB 块调用，这样就实现了对整个程序进行结构化划分，便于程序调试及修改，使整个程序的条理性和易读性增强。函数中通常带有形参，通过在程序的不同位置中多次调用，并由实参对形参赋值，可实现对功能类似的设备进行统一编程和控制。

函数块 FB 属于编程者自己编程的块，也是一种带内存的块，块内分配有存储器并存有变量。与函数 FC 相比，调用函数块 FB 时必须要为它分配背景数据块。FB 的输入参数、输出参数、输入/输出参数及静态变量存储在背景数据块中，在执行完函数块后，这些值仍然有效。一个数据块既可以作为一个函数块的背景数据块，又可以作为多个函数块的背景数据块（多重背景数据块）。函数块也可以使用临时变量，临时变量并不存储在背景数据块中。

5.4.1 接口区

1. 函数的接口区

每个函数的前部都有一个如图 5-22 所示的接口区，该接口区中包含了函数中所用的局部变量和局部常量的声明。这些声明实质上可分为在程序中调用时构成块接口的块参数和用于存储中间结果的局部数据。

函数中块参数的类型主要包括 Input（输入参数）、Output（输出参数）、InOut（输入/输出参数）和 Return（返回值）。Input 将数据传递到被调用的块中进行处理；Output 是将函数执行的结果传递到调用的块中；InOut 将数据传递到被调用的块中进行处理，在被调用的块中处理数据后，再将被调用的块中发送的结果存储在相同的变量中；Return 返回到调用块的值 RET _ VAL。

图 5-22 函数的接口区

函数中局部数据的类型主要包括 Temp（临时局部数据）和 Constant（常量）。Temp（临时局部数据）用于存储临时中间结果的变量，只能用于函数内部作为中间变量。临时变量在函数调用时生效，函数执行完成后临时变量区被释放，所以临时变量不能存储中间结果。Constant 声明常量符号名后，程序中可以使用符号代替常量，这使得程序具有可读性且易于维护。

2. 函数块的接口区

与函数 FC 相同，函数块 FB 也有一个接口区，如图 5-23 所示。该接口区中参数的类型主要包括 Input（输入参数）、Output（输出参数）、InOut（输入/输出参数）、Static（静态变量）、Temp（临时局部数据）和 Constant（常量）。Input 将数据传递到被调用的函数块中进行处理；Output 是将函数块执行的结果传递到调用的块中；InOut 将数据传递到被调用的块中进行处理，在被调用的块中处理数据后，再将被调用的块中发送的结果存储在相同的变量中；Static不参与参数传递，用于存储中间过程的值；Temp用于存储临时中间结果的变量，不占用背景数据块空间；Constant声明常量符号名后，程序中可以使用符号代替常量，这使得程序具有可读性且易于维护。

块_1

	名称	数据类型	默认值	保持
1	▼ Input			
2	▪ <新增>			
3	▼ Output			
4	▪ <新增>			
5	▼ InOut			
6	▪ <新增>			
7	▼ Static			
8	▪ <新增>			
9	▼ Temp			
10	▪ <新增>			
11	▼ Constant			
12	▪ <新增>			

图5-23　函数块的接口区

5.4.2　生成与调用函数

函数FC类似于C语言中的函数，用户可以将具有相同控制过程的代码编写在FC中，然后在主程序Main［OB1］中调用。

1. 生成函数

如果控制功能不需要保存它自己的数据，可以用函数FC来编程。在函数的变量接口区中，可以使用的类型为Input、Output、InOut、Temp、Constant和Return。

在TIA Portal项目结构窗口的“程序块”中双击“添加新块”，在弹出的添加新块中点击“函数”，输入函数名称，并设置函数编号，然后按下“确定”键，即可生成函数。然后双击生成的函数，就可进入函数的编辑窗口，在此窗口中可以进行用户程序的编写。

2. 调用函数

函数的调用分为条件调用和无条件调用。用梯形图调用函数时，函数的使能（Enable，EN）输入端有能流流入时执行块，否则不执行。条件调用时，EN端受到触点电路的控制。函数被正确执行时使能输出端（Enable Output，ENO）为1，否则为0。

函数没有背景数据块，不能给函数的局部变量分配初值，所以必须给函数分配实参。TIA Portal为函数提供了一个特殊的输出参数Return（RET_VAL），调用函数时，可以指定一个地址作为实参来存储返回值。

5.4.3　函数的应用

【例5-8】 不使用参数传递的FC函数的应用。假设控制两台三相异步电动机的SB1与I0.0连接，SB2与I0.1连接，KM1线圈与Q0.0连接控制M1电动机，KM2线圈与Q0.1连接控制M2电动机。按下启动SB2按钮后，I0.1触点闭合，Q0.0为ON，KM1线圈得电使得M1电动机启动。同时Q0.0动合触点也闭合，M0.0线圈得电自锁，M0.0

动合触点闭合，Q0.1 线圈得电，M2 电动机也同时启动。当按下停止按钮 SB1 时，I0.0 动断触点断开，Q0.0 线圈失电，M1 电动机停止，Q0.0 动断触点闭合，T0 得电延时，10s 后 T0 动断触点断开，M0.0 线圈失电，M0.0 动合触点断开，Q0.1 线圈失电，M2 电动机停止。要求采用不使用参数传递的 FC 函数，实现电动机控制。

【分析】 不使用参数传递的 FC 函数，也就是在函数的接口数据区中不定义形参变量，使得调用程序与函数之间没有数据交换，只是运行函数中的程序，这样的函数可作为子程序调用。使用子程序可将整个控制程序进行结构化划分，清晰明了，便于设备的调试与维护。

本例不使用参数传递的 FC 函数被调用到 OB1 中时，该 FC 函数只有 EN 和 ENO 端，不能进行参数的传递。为完成任务操作，首先在 TIA Portal 中建立项目、完成硬件组态，然后添加函数 FC 并书写电动机控制程序，最后在组织块 OB1 中调用这个 FC 即可实现控制要求，具体操作步骤如下：

（1）建立项目，完成硬件组态。首先在 TIA Portal 中新建一个项目，并添加好电源模块、CPU 模块、数字输入模块和数字输出模块。

（2）添加函数 FC，并书写电动机控制程序。

1）在 TIA Portal 项目结构窗口的“程序块”中双击“添加新块”，在弹出的添加新块中点击“函数”，输入函数名称为“两台电动机控制”，并设置函数编号为 1、编程语言为 LAD，然后按下“确定”键，如图 5-24 所示。

图 5-24 添加函数 FC1

2）添加函数 FC1 后，在 TIA Portal 项目结构窗口的“程序块”中双击“正反转控制［FC1］”，在 FC1 中编写如表 5-32 所示的程序，并保存。在程序段 1 中，按下启动按钮时，Q0.0 线圈得电，M1 电动机启动运行。M1 电动机运行，程序段 2 中的 Q0.0 动合触点闭合，使得 M0.0 线圈得电。M0.0 线圈得电，程序段 3 中的 M0.0 动合触点闭合，Q0.1 线圈得电，M2 电动机启动运行，这样实现了两台电动机的启动运行。当按下停止按钮时，程序段 1 中的 I0.0 动断触点断开，Q0.0 线圈失电，M1 电动机停止运行。Q0.0 线圈失电，程序段 2 中的 Q0.0 动断触点闭合，启动 T0 进行延时。当 T0 延时达到预设值时，T0 动断触点断开，使 M0.0 线圈失电。M0.0 线圈失电，程序段 3 中的 M0.0 动合触点断开，Q0.1 线圈失电，这样达到 Q0.1 在延时 10s 后才停止运行控制。注意，程序中的绝对地址（例如“启动按钮”）等是在 PLC 变量的默认变量表中对其进行了设置。

表 5-32　　例 5-8 中 FC1 的程序

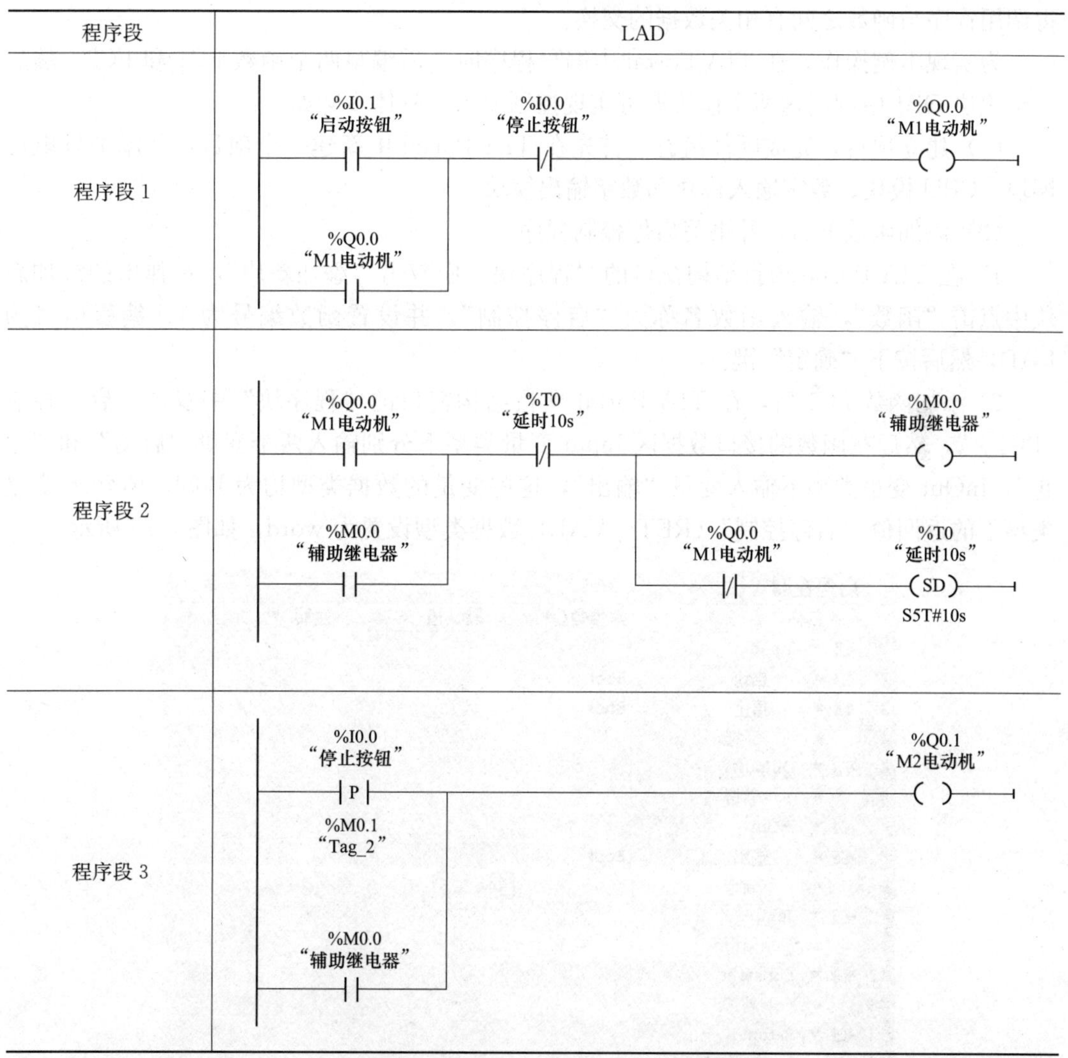

（3）在 OB1 中编写主控制程序。在 OB1 中，拖曳 FC1 到程序段 1 中，其程序如表 5-33 所示。该程序段中直接调用用户自定义的函数 FC1，而此处 FC1 是不带参数传递的。

表 5-33　　　　例 5-8 中 OB1 的程序

程序段	LAD
程序段 1	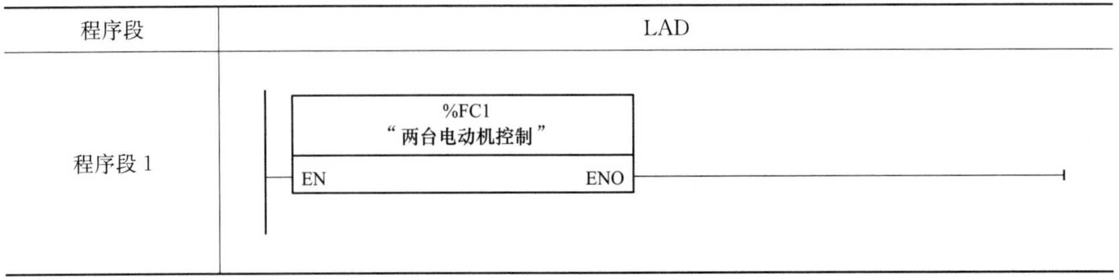

【例 5-9】 使用参数传递的 FC 函数的应用。在某 S7-1500 PLC 控制系统中，要求使用两个带参数传递的 FC 函数以实现启停控制和数据比较功能。

【分析】 使用参数传递的 FC 函数，也就是在函数的接口数据区中定义形参变量，使得调用程序与函数之间有相关数据的交换。

为实现本例操作，在 TIA Portal 中编写程序时，需编写两个函数 FC1 和 FC2，然后在组织块 OB1 中调用这两个模块即可实现控制要求。具体步骤如下：

（1）建立项目，完成硬件组态。首先在 TIA Portal 中新建一个项目，并添加好电源模块、CPU 模块、数字输入模块和数字输出模块。

（2）添加函数 FC1，并书写启停控制程序。

1）在 TIA Portal 项目结构窗口的“程序块”中双击“添加新块”，在弹出的添加新块中点击“函数”，输入函数名称为“启停控制”，并设置函数编号为 1、编程语言为 LAD，然后按下“确定”键。

2）添加函数 FC1 后，在 TIA Portal 项目结构窗口的“程序块”中双击“启停控制［FC1］”，然后在函数的接口数据区 Input 变量类型下分别输入两个变量“启动”和“停止”、InOut 变量类型下输入变量“输出”，这些变量的数据类型均为 Bool，Return 变量类型下的返回值“启停控制”（RET _ VAL）数据类型设置为 word，如图 5-25 所示。

启停控制

	名称	数据类型	默认值	注释
1	▼ Input			
2	■ 启动	Bool		
3	■ 停止	Bool		
4	■ <新增>			
5	▼ Output			
6	■ <新增>			
7	▼ InOut			
8	■ 输出	Bool		
9	■ <新增>			
10	▼ Temp			
11	■ <新增>			
12	▼ Constant			
13	■ <新增>			
14	▼ Return			
15	■ 启停控制	Word		

图 5-25　FC1 函数接口区的定义

3）在 FC1 中编写如表 5-34 所示的程序，并保存。

表 5-34　　例 5-9 中 FC1 的程序

程序段	LAD
程序段 1	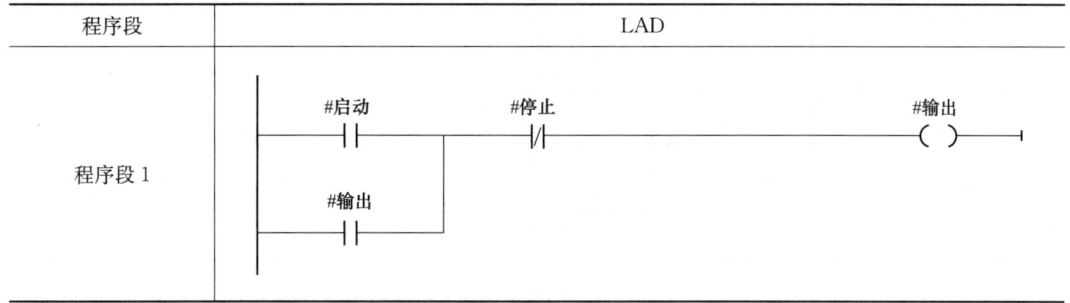

（3）添加 FC2 函数，并书写闪烁控制程序。

1）在 TIA Portal 项目结构窗口的“程序块”中双击“添加新块”，在弹出的添加新块中点击“函数”，输入函数名称为“比较控制”，并设置函数编号为 2、编程语言为 LAD，然后按下“确定”键。

2）添加函数 FC2 后，在 TIA Portal 项目结构窗口的“程序块”中双击“比较控制［FC2］”，然后在函数的接口数据区 Input 变量类型下输入 4 个变量“启动比较”“数值 1”“数值 2”“数值 3”，Output 变量类型下输入 2 变量“最小值”“最大值”，除了变量“启动比较”为 BooL 数据类型外，其余变量的数据类型均为 Int，Return 变量类型下的返回值“闪烁控制”（RET _ VAL）数据类型设置为 word，如图 5-26 所示。注意在 FC2 块中定义局部变量时，变量名不能与 FC1 中的变量名相同，否则程序运行时可能会发生错误。

数值比较

	名称	数据类型	默认值	注释
1	▼ Input			
2	启动比较	Bool		
3	数值1	Int		
4	数值2	Int		
5	数值3	Int		
6	<新增>			
7	▼ Output			
8	最小值	Int		
9	最大值	Int		
10	<新增>			
11	▼ InOut			
12	<新增>			
13	▼ Temp			
14	<新增>			
15	▼ Constant			
16	<新增>			
17	▼ Return			
18	数值比较	Word		

图 5-26　FC2 函数接口区的定义

3）在 FC2 的代码窗口中输入表 5-35 所示的程序段并保存。在程序段 1 中进行 3 个数值的比较，求出最小值；程序段 2 中进行 3 个数值的比较，求出最大值。

表 5-35　　例 5-9 中 FC2 的程序

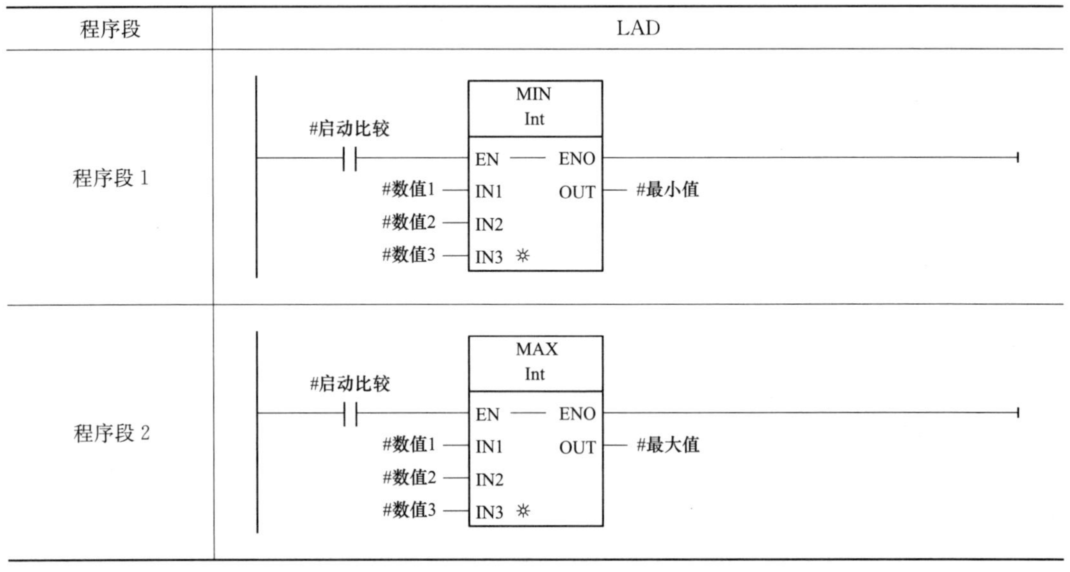

(4) 在 OB1 中编写主控制程序。在 OB1 中，分别拖曳 FC1 和 FC2 到程序段中，并进行相应的参数设置，其程序如表 5-36 所示。该程序段中直接调用用户自定义的函数 FC1 和 FC2，而此处 FC1 和 FC2 是带参数传递的。程序段 1 是实现水泵电动机的启停控制，程序段 2 是实现油泵电动机的启停控制，程序段 3 和 4 是实现数值大小比较，从 3 个输入值中求得最小值和最大值。

表 5-36　　例 5-9 中 OB1 的程序

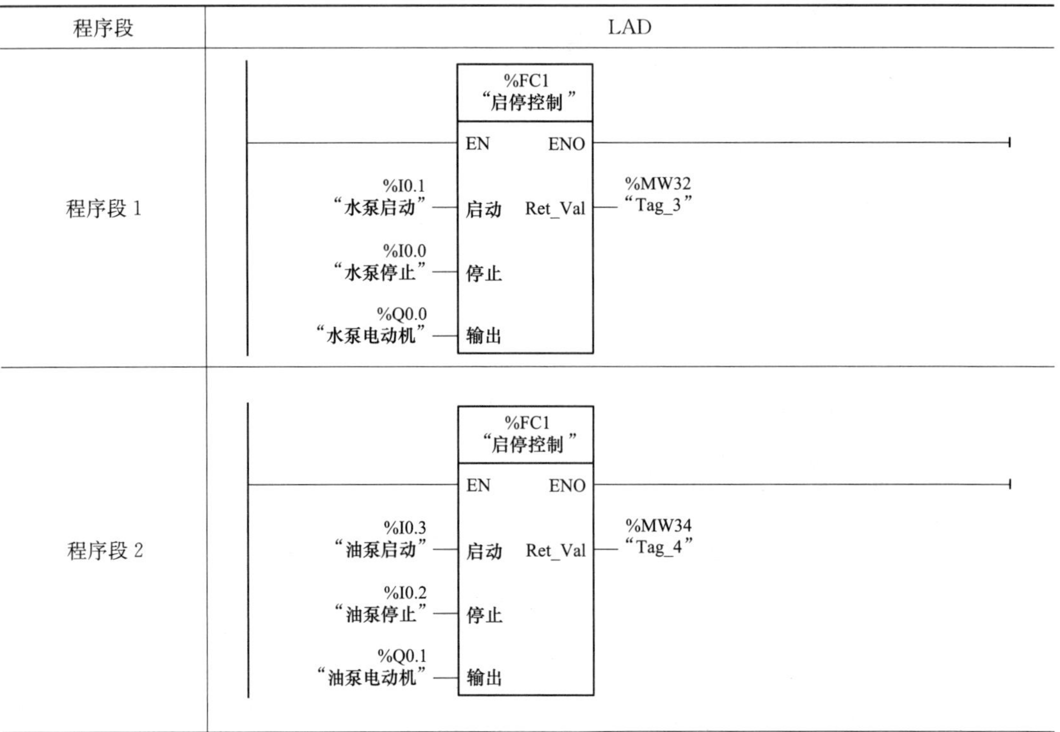

续表

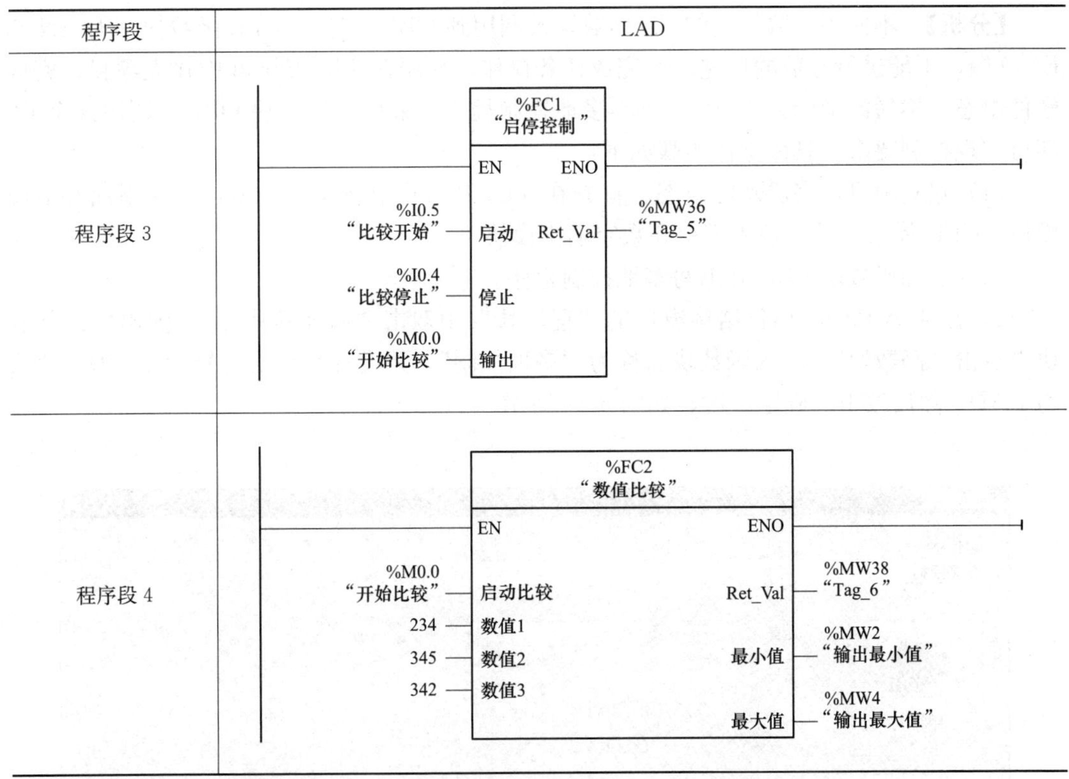

5.4.4　生成与调用函数块

函数块 FB 也类似于 C 语言中的函数，用户可以将具有相同控制过程的代码编写在 FC 中，然后在主程序 Main［OB1］中调用。

1. 函数块的生成

在 TIA Portal 项目结构窗口的“程序块”中双击“添加新块”，在弹出的添加新块中点击“函数块”，输入函数块名称，并设置函数块编号，然后按下“确定”键，即可生成函数块。然后双击生成的函数块，就可进入函数块的编辑窗口，在此窗口中可以进行用户程序的编写。

2. 函数块的调用

函数块的调用分为条件调用和无条件调用。用梯形图调用函数块时，函数块的使能（Enable，EN）输入端有能流流入时执行块，否则不执行。条件调用时，EN 端受到触点电路的控制。函数块被正确执行时使能输出（Enable Output，ENO）为 1，否则为 0。

调用函数块之前，应为它生成一个背景数据块，调用时应指定背景数据块的名称。生成背景数据块时应选择数据块的类型为背景数据块，并设置调用它的函数块的名称。

5.4.5　函数块的应用

【例 5-10】 不使用参数传递的 FB 函数块的应用。在 S7-1500 系列 PLC 系统中，使用

FB 函数块编写多地控制程序，要求不使用参数传递。

【分析】 不使用参数传递的 FB 函数块被调用到 OB1 中时，该 FB 函数块只有 EN 和 ENO 端，不能进行参数的传递。为完成任务操作，首先在 TIA Portal 中建立项目、完成硬件组态，然后添加函数块 FB 并书写多地控制程序，最后在组织块 OB1 中调用这个 FB 即可实现控制要求，具体操作步骤如下：

（1）建立项目，完成硬件组态。首先在 TIA Portal 中新建一个项目，并添加好电源模块、CPU 模块、数字输入模块和数字输出模块。

（2）添加函数块 FB，并书写多地控制程序。

1）在 TIA Portal 项目结构窗口的“程序块”中双击“添加新块”，在弹出的添加新块中点击“函数块”，输入函数块名称为“多地控制”，并设置函数块编号为 1、编程语言为 LAD，然后按下“确定”键，如图 5-27 所示。

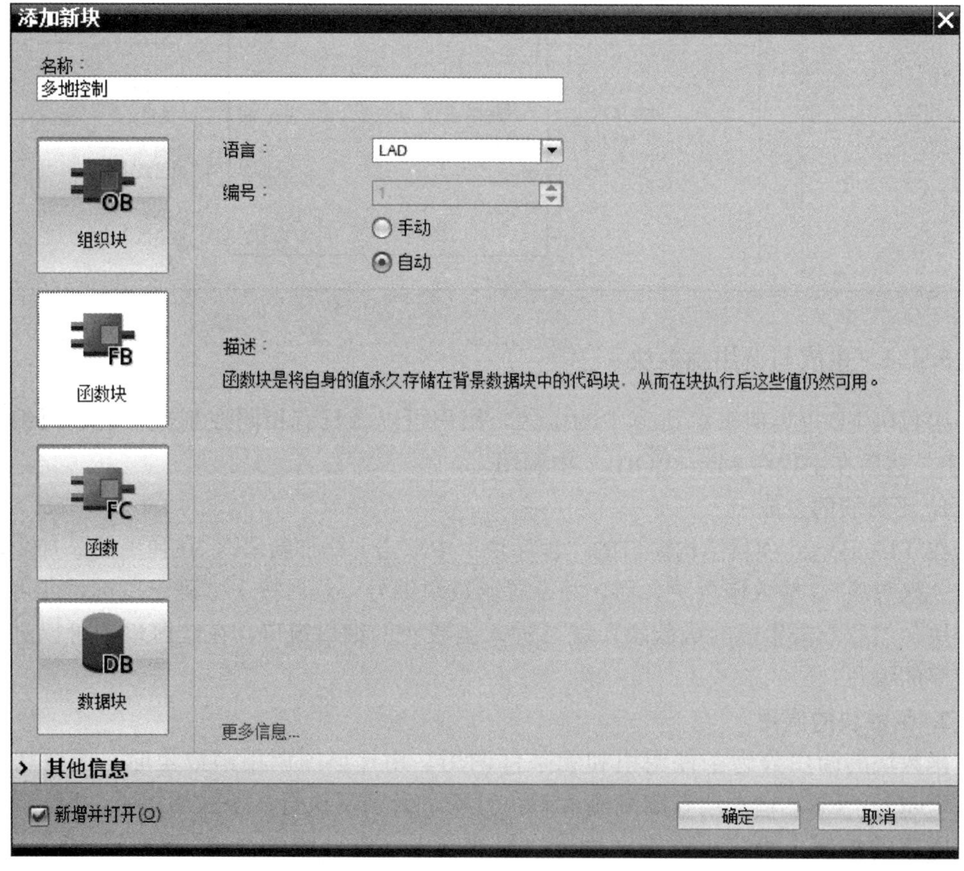

图 5-27　添加函数块 FB1

2）添加函数块 FB1 后，在 TIA Portal 项目结构窗口的“程序块”中双击“多地控制［FB1］”，在 FB1 中编写如表 5-37 所示的程序，并保存。注意，程序中的绝对地址（例如“电动机驱动”）等是在 PLC 变量的默认变量表中对其进行了设置。

表 5-37　　例 5-10 中 FB1 的程序

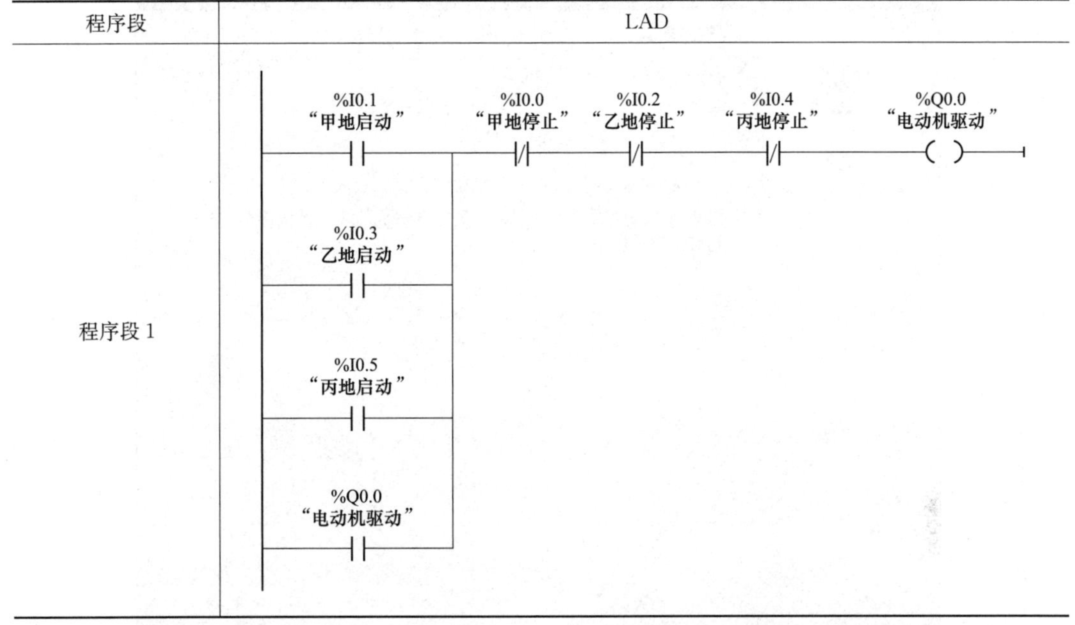

（3）在 OB1 中编写主控制程序。在 OB1 中，拖曳 FB1 到程序段 1 中，其程序如表 5-38 所示。该程序段中直接调用用户自定义的函数块 FB1，而此处 FB1 是不带参数传递的。在拖曳时会弹出图 5-28 所示对话框，在此对话框中输入数据块名称以及设置数据块编号，即可生成 FB1 对应的背景数据块。

表 5-38　　例 5-10 中 OB1 的程序

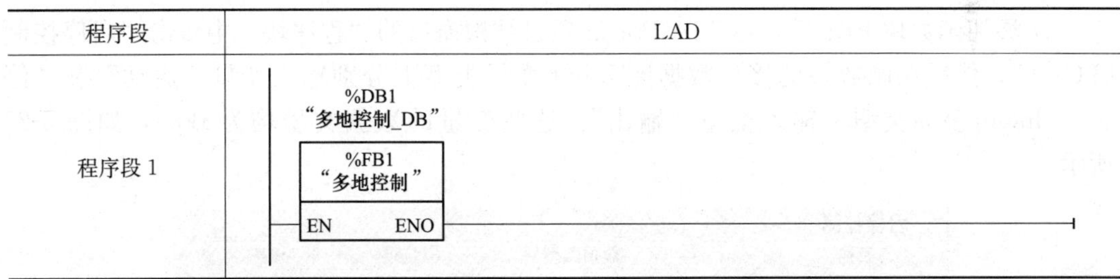

【例 5-11】 带参数传递的 FB 函数块的应用。要求使用两个带参数传递的 FB 函数块实现水泵电动机、油泵电动机的启停控制和水位、油位的报警控制。当水泵电动机或油泵电动机启动后，若发生水位超限或油位超限，超限报警灯根据故障类型以不同频率闪亮（水位超限 1Hz，油位超限 2Hz）；按下故障应答按钮后，如果故障已经排除则相应报警灯熄灭，如果故障依然存在则相应报警灯常亮。

【分析】 在 TIA Portal 中编写程序时，需编写两个函数块 FB1 和 FB2，然后在组织块 OB1 中调用这两个函数块即可实现控制要求。调用时，需生成相应的背景数据块。生成背景数据块后，再在 OB1 中进行相应参数设置即可。具体步骤如下：

（1）建立项目，完成硬件组态。首先在 TIA Portal 中新建一个项目，并在添加好电源模块、CPU 模块和数字输入模块和数字输出模块。

（2）添加 FB1 函数块，并书写启停控制程序。

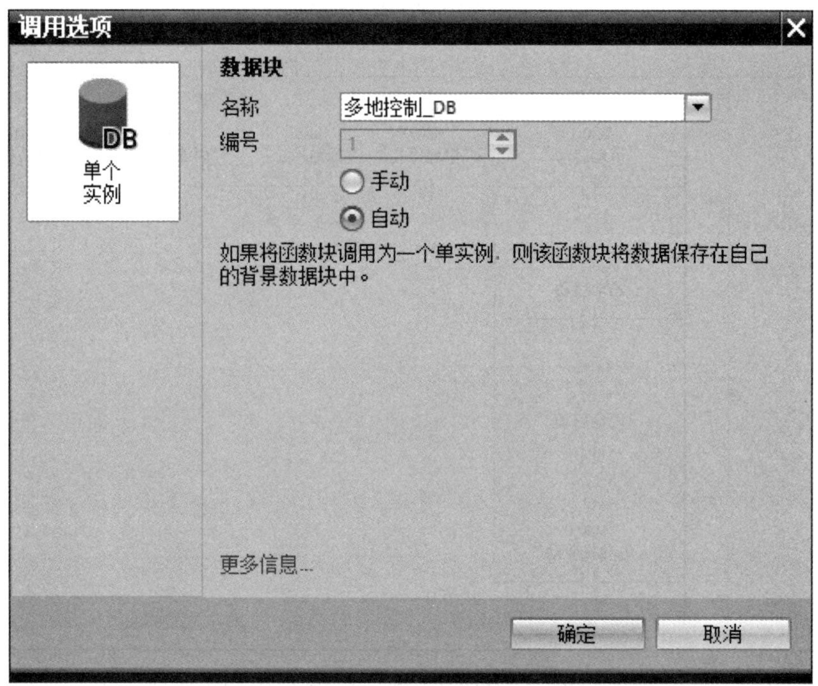

图 5-28　生成 DB 背景数据块对话框

1）在 TIA Portal 项目结构窗口的“程序块”中双击“添加新块”，在弹出的添加新块中点击“函数块”，输入函数块名称为“启停控制”，并设置函数块编号为 1、编程语言为 LAD，然后按下“确定”键。

2）添加函数块 FB1 后，在 TIA Portal 项目结构窗口的“程序块”中双击“启停控制［FC1］”，然后在函数块的接口数据区 Input 变量类型下分别输入变量“启动”和“停止”，InOut 变量类型下输入变量“输出”，这些变量的数据类型均为 Bool，如图 5-29 所示。

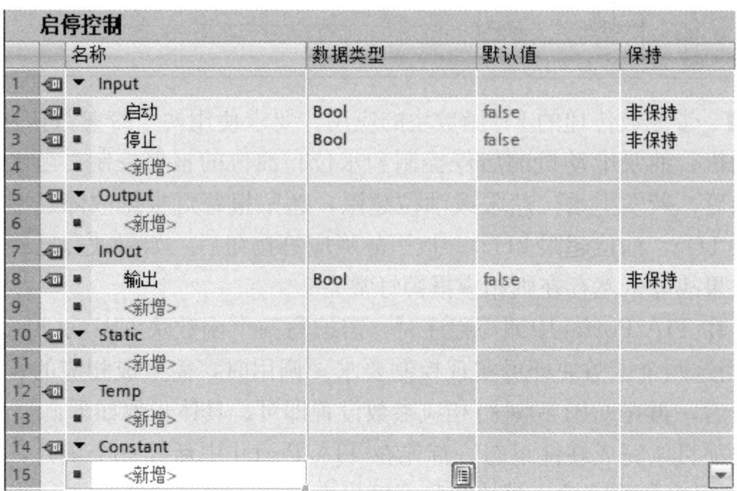

启停控制

	名称	数据类型	默认值	保持
1	▼ Input			
2	■ 启动	Bool	false	非保持
3	■ 停止	Bool	false	非保持
4	■ <新增>			
5	▼ Output			
6	■ <新增>			
7	▼ InOut			
8	■ 输出	Bool	false	非保持
9	■ <新增>			
10	▼ Static			
11	■ <新增>			
12	▼ Temp			
13	■ <新增>			
14	▼ Constant			
15	■ <新增>			

图 5-29　FB1 函数块接口区的定义

3）在 FB1 的代码窗口中输入表 5-39 所示的程序段并保存。

表 5-39　　　　　　　　例 5-11 中 FB1（启停控制）的程序

程序段	LAD
程序段 1	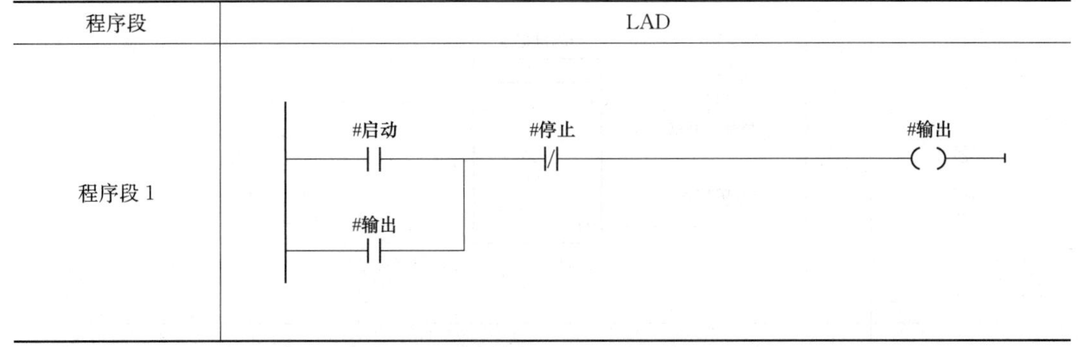

（3）添加 FB2 函数块，并书写报警程序。

1）在 TIA Portal 项目结构窗口的“程序块”中双击“添加新块”，在弹出的添加新块中点击“函数块”，输入函数名称为“报警”，并设置函数块编号为 2、编程语言为 LAD，然后按下“确定”键。

2）添加函数块 FB2 后，在 TIA Portal 项目结构窗口的“程序块”中双击“报警［FB2］”，然后在函数块的接口数据区 Input 变量类型下输入 3 个变量：“故障源”“故障应答”“闪烁频率”，数据类型均为 Bool；Output 变量类型下输入变量“报警灯”，数据类型为 Bool；InOut 变量类型下输入变量“闪烁记录”和“故障上升沿”，数据类型为 Bool，如图 5-30 所示。

报警

	名称	数据类型	默认值	保持
1	▼ Input			
2	故障源	Bool	false	非保持
3	故障应答	Bool	false	非保持
4	闪烁频率	Bool	false	非保持
5	<新增>			
6	▼ Output			
7	报警灯	Bool	false	非保持
8	<新增>			
9	▼ InOut			
10	闪烁记录	Bool	false	非保持
11	故障上升沿	Bool	false	非保持
12	<新增>			
13	▼ Static			
14	<新增>			
15	▼ Temp			
16	<新增>			
17	▼ Constant			
18	<新增>			

图 5-30　FB2 函数块接口区的定义

3）在 FB2 的代码窗口的中输入表 5-40 所示的程序段并保存。

表 5-40　　　　例 5-11 中 FB2（报警）的程序

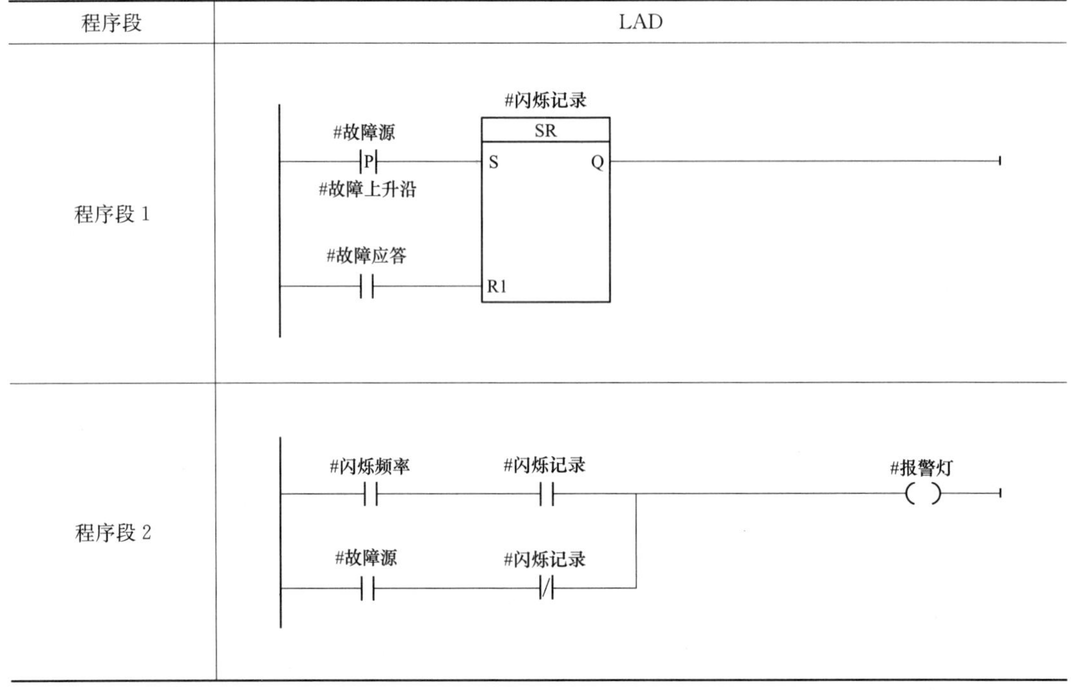

（4）在 OB1 中编写主控制程序。

1）在 OB1 中，分别拖曳 FB1 和 FB2 到程序段中，并进行相应的参数设置，其程序如表 5-41 所示。该程序段中直接调用用户自定义的函数块 FB1 和 FB2，而此处 FB1 和 FB2 是带参数传递的。

2）在拖曳 FB1 和 FB2 过程中，将分别生成两个“启停控制 _ DB［DB1］”背景数据块和两个“报警 _ DB［DB2］”背景数据块。双击背景数据块，可查看详细信息，例如“报警 _ DB［DB3］”的详细信息如图 5-31 所示。

表 5-41　　　　例 5-11 中 OB1 的程序

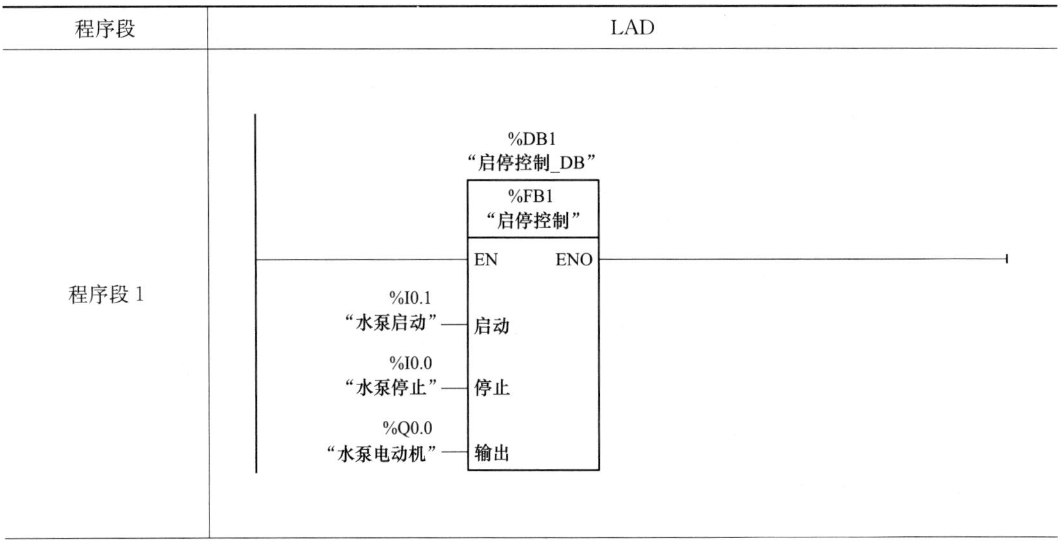

续表

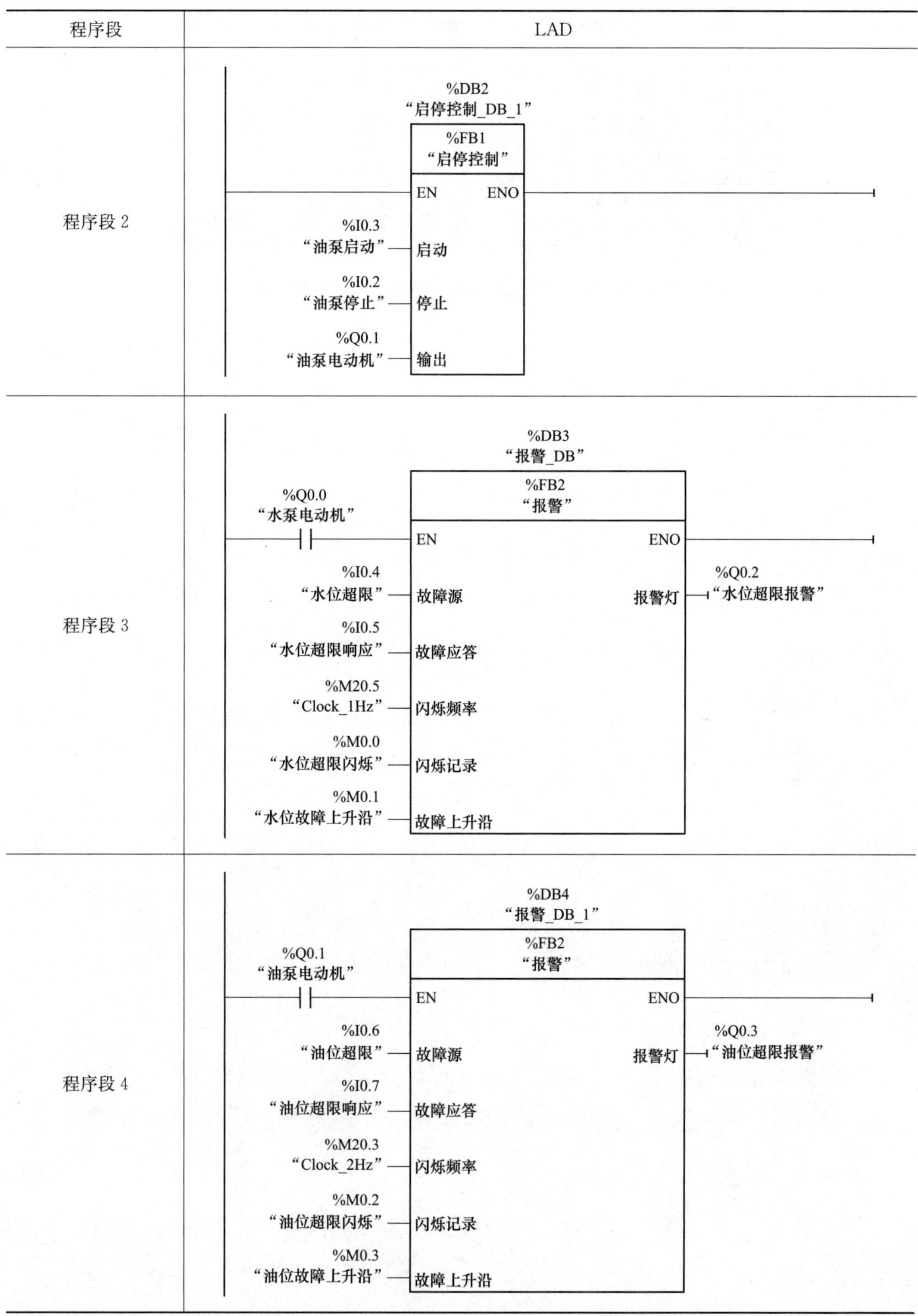

程序段
LAD
程序段 2
%DB2
“启停控制_DB_1”
%FB1
“启停控制”
EN
ENO
%I0.3
“油泵启动”
启动
%I0.2
“油泵停止”
停止
%Q0.1
“油泵电动机”
输出
程序段 3
%DB3
“报警_DB”
%FB2
“报警”
%Q0.0
“水泵电动机”
EN
ENO
%I0.4
“水位超限”
故障源
报警灯
%Q0.2
“水位超限报警”
%I0.5
“水位超限响应”
故障应答
%M20.5
“Clock_1Hz”
闪烁频率
%M0.0
“水位超限闪烁”
闪烁记录
%M0.1
“水位故障上升沿”
故障上升沿
程序段 4
%DB4
“报警_DB_1”
%FB2
“报警”
%Q0.1
“油泵电动机”
EN
ENO
%I0.6
“油位超限”
故障源
报警灯
%Q0.3
“油位超限报警”
%I0.7
“油位超限响应”
故障应答
%M20.3
“Clock_2Hz”
闪烁频率
%M0.2
“油位超限闪烁”
闪烁记录
%M0.3
“油位故障上升沿”
故障上升沿

报警_DB								
	名称	数据类型	起始值	保持	可从 HMI/...	从 H...	在 HMI ...	设定值
1	▼ Input			☐	☐	☐	☐	☐
2	■ 故障源	Bool	false	☐	☑	☑	☑	☐
3	■ 故障应答	Bool	false	☐	☑	☑	☑	☐
4	■ 闪烁频率	Bool	false	☐	☑	☑	☑	☐
5	▼ Output			☐	☐	☐	☐	☐
6	■ 报警灯	Bool	false	☐	☑	☑	☑	☐
7	▼ InOut			☐	☐	☐	☐	☐
8	■ 闪烁记录	Bool	false	☐	☑	☑	☑	☐
9	■ 故障上升沿	Bool	false	☐	☑	☑	☑	☐
10	Static			☐	☐	☐	☐	☐

图 5-31　查看“报警_DB［DB3］”的详细信息

第 6 章　S7-1500 PLC 数字量顺序控制编程及 SCL 编程

数字量控制系统又称为开关量控制系统，传统的继电-接触器控制系统就是典型的数字量控制系统。采用梯形图及顺序功能图编程是 PLC 最基本的编程方式，它采用的是常规控制电路的设计思想，所以广大电气工作者均采用这些方式进行 PLC 系统的设计。SCL 是一种基于 Pascal 的高级编程语言，特别适合数据管理、过程优化、配方管理、数学计算和统计任务等应用领域。

6.1　梯形图设计方法

梯形图的设计方法主要包括根据继电-接触器电路图设计法、经验设计法和顺序控制设计法，本节讲述前两种设计方法。

6.1.1　翻译法设计梯形图

将经过验证的继电-接触器电路直接转换为梯形图，这种方法被称为翻译设计法。实质上也就是 PLC 替代法，其基本思想是：根据表 6-1 所示的继电-接触器控制电路符号与梯形图电路符号的对应情况，将原有电气控制系统输入信号及输出信号作为 PLC 的 I/O 点，原来由继电-接触器硬件完成的逻辑控制功能由 PLC 的软件、梯形图及程序替代完成。下面以三相异步电动机的正反转控制为例，讲述其替代过程。

表 6-1　继电-接触器控制电路符号与梯形图电路符号的对应情况

梯形图电路			继电-接触器电路	
元件	符号	常用地址	元件	符号
动合触点	—┤├—	I、Q、M、T、C	按钮、接触器、时间继电器、中间继电器的动合触点	
动断触点	—┤/├—	I、Q、M、T、C	按钮、接触器、时间继电器、中间继电器的动断触点	
线圈	—( )	Q、M	接触器、中间继电器线圈	

续表

梯形图电路				继电-接触器电路	
元件		符号	常用地址	元件	符号
功能框	定时器	Txxx IN TON PT ???ms	T	时间继电器	
	计数器	Cxxx CU CTU R PV	C	无	无

【例 6-1】 翻译法设计三相异步电动机的正反转。

1. 传统三相异步电动机的正反转控制原理分析

传统继电器-接触器的正反转控制电路原理图如图 6-1 所示。合上隔离开关 QS，按下正向启动按钮 SB2 时，KM1 线圈得电，主触头闭合，电动机正向启动运行。当需反向运行时，按下反向启动按钮，其动断触点打开，切断 KM1 线圈电源，电动机正向运行电源切断，同时 SB3 的动合触点闭合，使 KM2 线圈得电，KM2 的主触头闭合，改变了电动机的电源相序，使电动机反向运行。电动机需要停止运行时，只需按下停止按钮 SB1 即可实现。

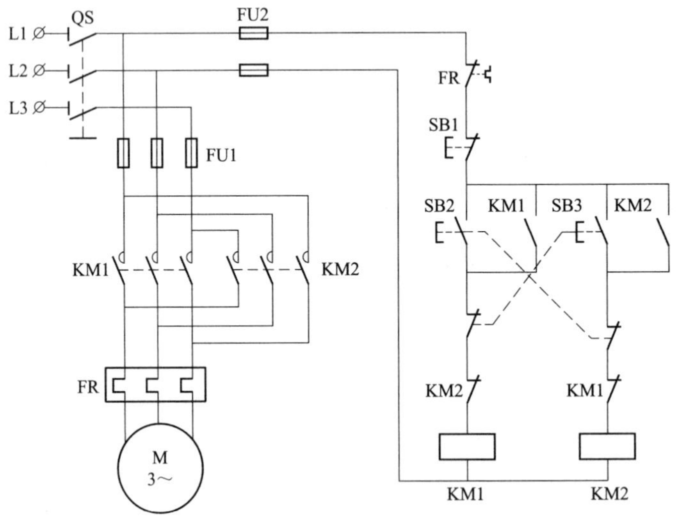

图 6-1 传统继电器-接触器的正反转控制电路原理图

2. 翻译法实现三相异步电动机的正反转控制

通过 PLC 实现三相异步电动机的正反转控制，需要停止按钮 SB1、正转启动按钮 SB2、反转启动按钮 SB3、还需要 PLC、正转接触器 KM1、反转接触器 KM2、三相异步交流电动机 M 和热继电器 FR 等。

PLC 程序采用翻译法实现三相异步电动机的正反转控制时，其转换步骤如下。

(1) 将继电-接触器式正反转控制辅助电路的输入开关逐一改接到 PLC 的相应输入端；辅助电路的线圈逐一改接到 PLC 的相应输出端，其 I/O 分配如表 6-2 所示，因此 CPU 可选用 CPU 1511-1 PN，数字量输入模块为 DI 16×24V DC BA，数字量输出模块为 DQ 16×230V AC/2A ST，所使用的硬件配置如表 6-3 所示，PLC 外部接线如图 6-2 所示。

表 6-2　　正反转控制电路的 I/O 分配表

输入			输出		
功能	元件	PLC 地址	功能	元件	PLC 地址
停止按钮	SB1	I0.0	正转控制接触器	KM1	Q0.0
正转启动按钮	SB2	I0.1	反转控制接触器	KM2	Q0.1
反转启动按钮	SB3	I0.2			
热继电器元件	FR	I0.3			

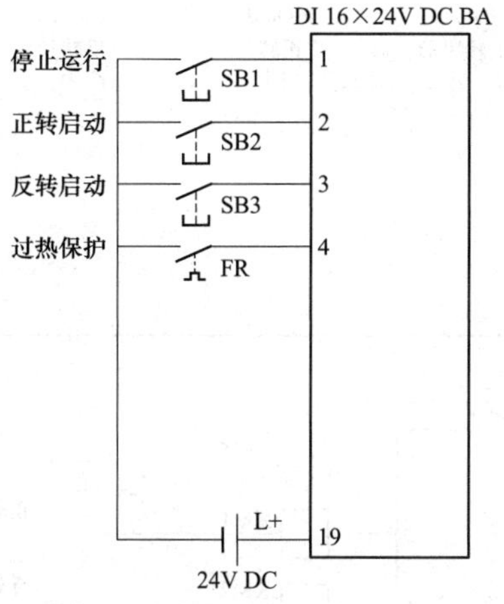

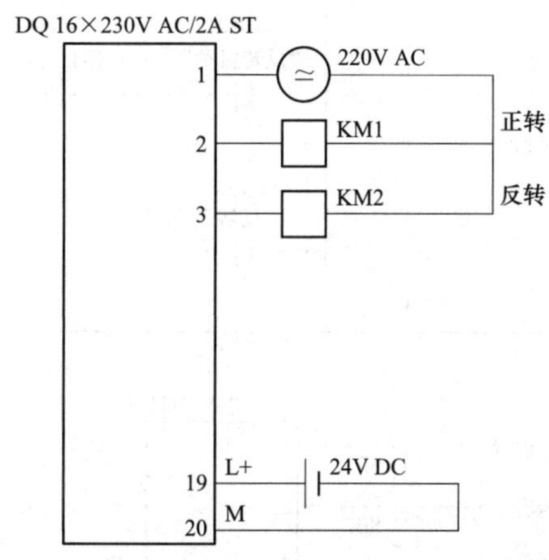

图 6-2　正反转控制的 PLC 外部接线图

表 6-3　　正反转控制的硬件配置表

序号	名称	型号说明	数量
1	CPU	CPU 1511-1 PN（6ES7 511-1AK02-0AB0）	1
2	电源模块	PS 60W 24/48/60V DC（6ES7 505-0RA00-0AB0）	1
3	数字量输入模块	DI 16×24V DC BA（6ES7 521-1BH10-0AA0）	1
4	数字量输出模块	DQ 16×230V AC/2A ST（6ES7 522-5HH00-0AB0）	1

(2) 参照表 6-1，将继电-接触器式正反转控制辅助电路中的触点、线圈逐一转换成 PLC 梯形图虚拟电路中的触点、线圈，并保持连接顺序不变，但要将线圈之右的触点改接到线圈之左。

(3) 检查所得 PLC 梯形图是否满足要求，如果不满足，应做局部修改。

实际上，用户可以对图 6-2 进行优化：可以将 FR 热继电器元件改接到输出，这样节省了一个输入端口；另外 PLC 外部输出电路中还必须对正反转接触器 KM1 与 KM2 进行“硬互锁”，以避免正反转切换时发生短路故障。优先后的 PLC 外部接线如图 6-3 所示，使用翻译法编写的程序如表 6-4 所示。

表 6-4　　翻译法编写的正反转控制程序

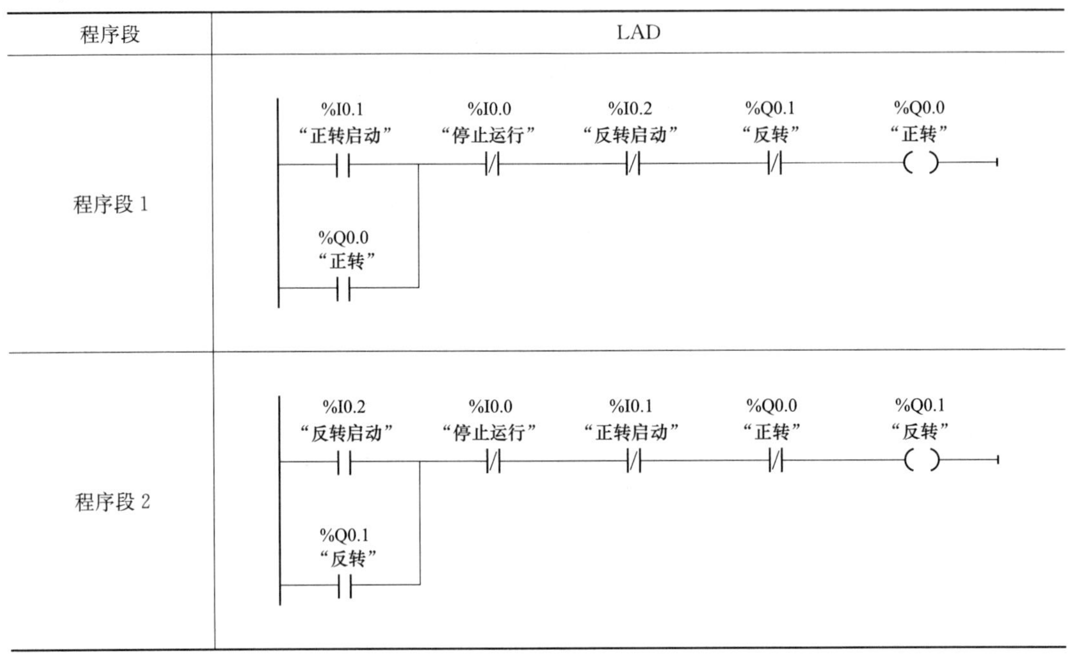

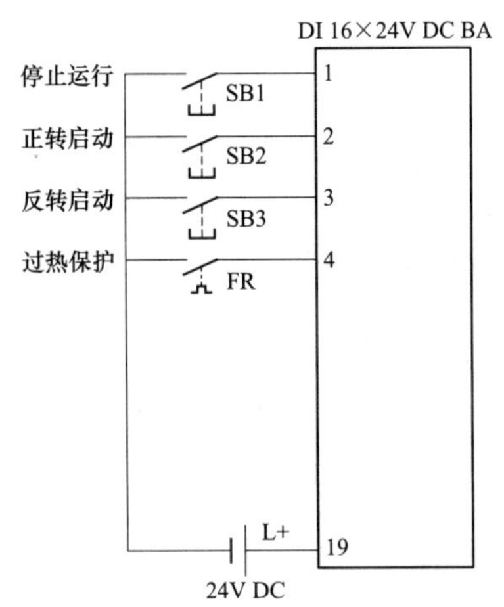

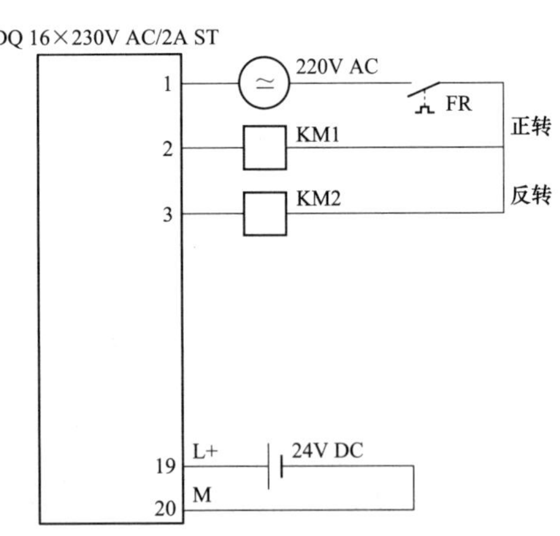

图 6-3　优化后的 PLC 外部接线图

程序段 1 为正向运行控制，按下正转启动按钮 SB2，I0.1 触点闭合，Q0.0 线圈输出，控制 KM1 线圈得电，使电动机正转启动运行，Q0.0 的动合触点闭合，形成自锁。

程序段 2 为反向运行控制，按下反转启动按钮 SB3，I0.2 的动合触点闭合，I0.2 的动断触点打开，使电动机反转启动运行。

不管电动机是在正转还是反转，只要按下停止按钮SB1，I0.0动断触点打开，都将切断电动机的电源，从而实现停车。

3. 程序仿真

（1）启动TIA博途软件，创建一个新的项目，并进行硬件组态，然后按照图表6-4所示输入LAD（梯形图）程序。

（2）执行菜单命令“在线”→“仿真”→“启动”，即可开启S7-PLCSIM仿真。在弹出的“扩展的下载到设备”对话框中将“接口/子网的连接”选择为“插槽‘1×1’处的方向”，再点击“开始搜索”按钮，TIA博途软件开始搜索可以连接的设备，并显示相应的在线状态信息，然后单击“下载”按钮，完成程序的装载。

（3）在主程序窗口，点击全部监视图标，同时使S7-PLCSIM处于“RUN”状态，即可观看程序的运行情况。

（4）刚进入在线仿真状态时，各线圈均处于失电状态，表示没有电动机运行。当I0.1强制为ON后，Q0.0线圈处于得电状态，即电动机处于正转运行，其仿真效果如图6-4所示。将I0.1强制为OFF后，若I0.2未强制为ON，则Q0.0线圈仍然得电，电动机继续正转运行。若I0.2强制为ON，则Q0.0线圈失电，电动机停止正转运行，同时Q0.1线圈得电，使得电动机反转运行。

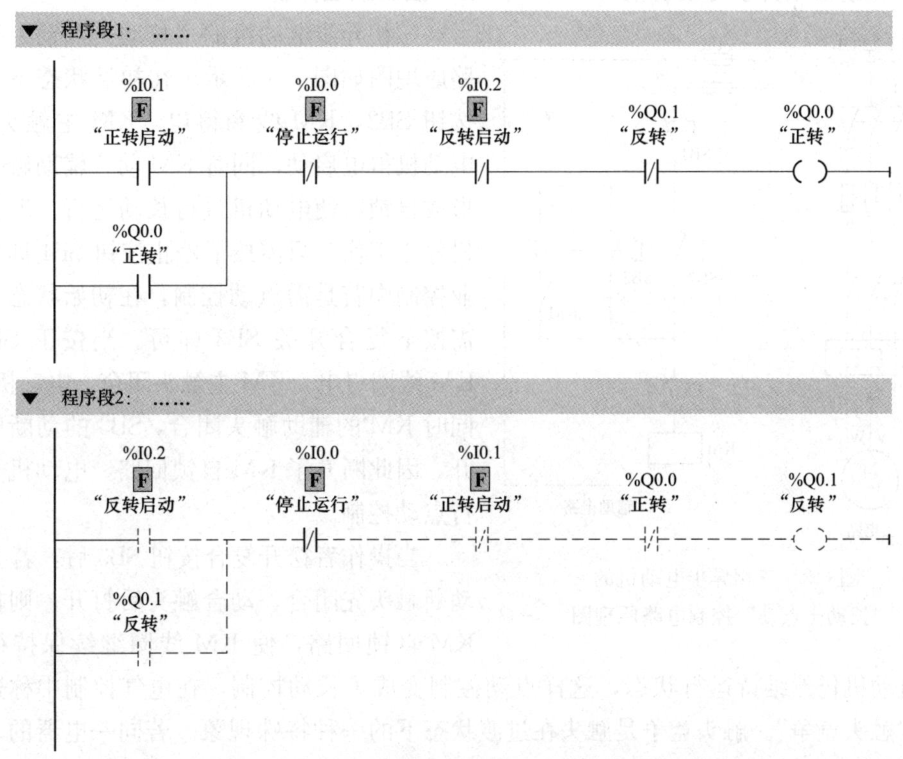

图6-4　正反转控制的仿真运行图

根据继电-接触器电路图，采用翻译法编写PLC梯形图程序，其优点是程序设计方法简单，有现成的电控制线路作为依据，设计周期短。一般在旧设备电气控制系统改造中，不太复杂的控制系统常采用此方法。

6.1.2 经验法设计梯形图

在 PLC 发展初期，沿用了设计继电器电路图的方法来设计梯形图程序，即在已有的典型梯形图上，根据被控对象对控制的要求，不断修改和完善梯形图。有时需要多次反复地调试和修改梯形图，不断地增加中间编程元件的触点，最后才能得到一个较为满意的结果。这种方法没有普遍的规律可以遵循，设计所用的时间、设计的质量与编程者的经验有很大的关系，所以有人将这种设计方法称为经验设计法。

经验设计法要求设计者具有一定的实践经验，掌握较多的典型应用程序的基本环节。根据被控对象对控制系统的具体要求，凭经验选择基本环节，并把它们有机地组合起来。其设计过程是逐步完善的，一般不易获得最佳方案，程序初步设计后，还需反复调试、修改和完善，直至满足被控对象的控制要求。

【例 6-2】 经验法设计三相异步电动机的“长动＋点动”控制。

经验设计法可以用于逻辑关系较简单的梯形图程序设计。电动机“长动＋点动”过程的 PLC 控制是学习 PLC 经验设计梯形图的典型代表。电动机“长动＋点动”过程的控制程序适合采用经验编程法，而且能充分反映经验编程法的特点。

1. 传统三相异步电动机的“长动＋点动”控制原理分析

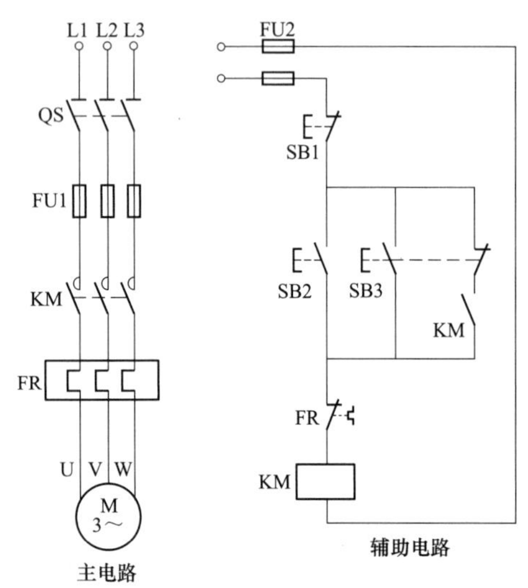

图 6-5 三相异步电动机的“长动＋点动”控制电路原理图

三相异步电动机的“长动＋点动”控制电路原理图如图 6-5 所示。在初始状态下，按下按钮 SB2，KM 线圈得电，KM 主触头闭合，电动机得电启动，同时 KM 动合辅助触头闭合形成自锁，使电动机进行长动运行。若想电动机停止工作，只需按下停止按钮 SB1 即可。工业控制中若是需点动控制，在初始状态下，只需按下复合开关 SB3 即可。当按下 SB3 时，KM 线圈得电，KM 主触头闭合，电动机启动，同时 KM 的辅助触头闭合，SB3 的动断触头打开，因此断开了 KM 自锁回路，电动机只能进行点动控制。

当操作者松开复合按钮 SB3 后，若 SB3 的动断触头先闭合，动合触头后打开，则接通了 KM 自锁回路，使 KM 线圈继续保持得电状态，电动机仍然维持运行状态，这样点动控制变成了长动控制，在电气控制中称这种情况为“触头竞争”。触头竞争是触头在过渡状态下的一种特殊现象。若同一电器的动合和动断触头同时出现在电路的相关部分，当这个电器发生状态变化（接通或断开）时，电器接点状态的变化不是瞬间完成的，还需要一定时间。动合和动断触头有动作先后之别，在吸合和释放过程中，继电器的动合触头和动断触头存在一个同时断开的特殊过程。在设计电路时，如果忽视了上述触头的动态过程，就可能会导致产生破坏电路执行正常工作程序的触头竞争，使电路设计失败。如果已存在这样的竞争，一定要从电器设计和选择上来消除，如电路上采用延时继电器等。

2. 经验法实现三相异步电动机的“长动＋点动”控制

用 PLC 实现对三相异步电动机的“长动＋点动”控制时，需要停止按钮 SB1、长动按钮 SB2、点动按钮 SB3，还需要 PLC、接触器 KM、三相异步交流电动机 M 和热继电器 FR 等。PLC 用于三相异步电动机“长动＋点动”的辅助电路控制，其 I/O 接线如图 6-6 所示。

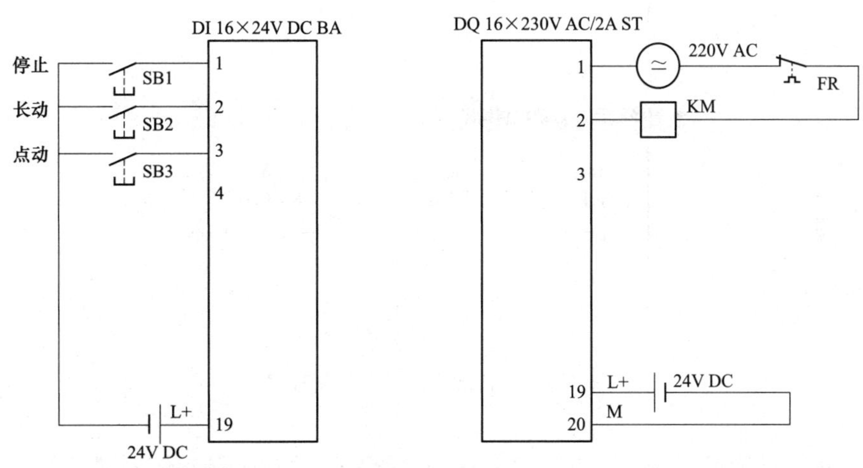

图 6-6　“长动＋点动”控制的 I/O 接线图

用 PLC 实现“长动＋点动”控制时，其控制过程为：当 SB1 按下时，I0.0 的动断触点断开，Q0.0 线圈断电输出状态为 0（OFF），使 KM 线圈断点，从而使电动机停止运行；当 SB2 按下，I0.1 的动合触点闭合，Q0.0 线圈得电输出状态为 1（ON），使 KM 线圈得电，从而使电动机长动运行；当 SB3 按下，I0.2 的动合触点闭合，Q0.0 线圈得电输出状态为 1，使 KM 线圈得电，从而使电动机点动运行。

从 PLC 的控制过程可以看出，可以理解控制程序由长动控制程序和点动控制程序构成，如图 6-7 所示。图中的两个程序段的输出都为 Q0.0 线圈，应避免这种现象存在。试着将这两个程序直接合并，以得到“既能长动、又能点动”的控制程序，如图 6-8 所示。

如果直接按图 6-9 合并，将会产生点动控制不能实现的故障。因为不管是 I0.1 还是 I0.2 动合触点闭合，Q0.0 线圈得电，使 Q0.0 动合触点闭合从而实现了通电自保。

针对这种情况，有两种方法可以解决：一是在 Q0.0 动合触点支路上串联 I0.2 动断触点，另一方法是引入内部辅助继电器触点 M0.0，如图 6-9 所示。在图 6-9 中，既实现了点动控制，又实现了长动控制。长动控制的启动信号到来（I0.1 动合触点闭合），M0.0 通电自保，再由 M0.0 的动合触点传递到 Q0.0，从而实现了三相异步电动机的长动控制。这里的关键是 M0.0 对长动的启动信号自保，而与点动信号无关。点动控制信号

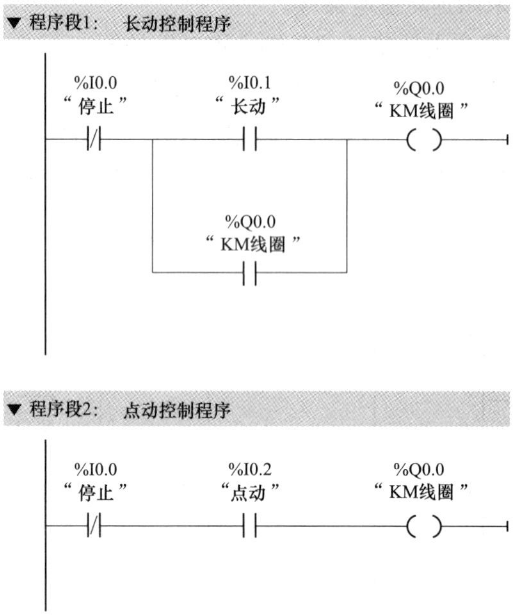

▼ 程序段1：长动控制程序
%I0.0
"停止"
%I0.1
"长动"
%Q0.0
"KM线圈"
%Q0.0
"KM线圈"
▼ 程序段2：点动控制程序
%I0.0
"停止"
%I0.2
"点动"
%Q0.0
"KM线圈"

图 6-7 "长动＋点动"控制程序

▼ 程序段1：长动控制程序
%I0.0
"停止"
%I0.1
"长动"
%Q0.0
"KM线圈"
%Q0.0
"KM线圈"
▼ 程序段2：点动控制程序
%I0.0
"停止"
%I0.2
"点动"
%Q0.0
"KM线圈"
▼ 程序段1：长动+点动控制程序
%I0.0
"停止"
%I0.1
"长动"
%Q0.0
"KM线圈"
%Q0.0
"KM线圈"
%I0.0
"停止"
%I0.2
"点动"

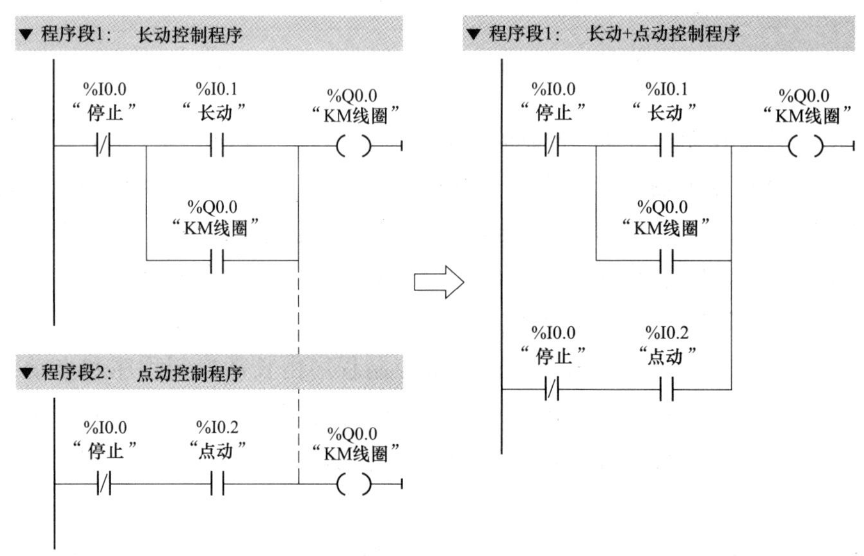

图 6-8 "长动＋点动"控制程序直接合并

直接控制 Q0.0，Q0.0 不应自保，因为点动控制排斥自保。

根据梯形图的设计规则，图 6-9 还需进一步优化，需将 I0.0 动断触点放在并联回路的右侧，且点动控制程序中的 I0.0 动断触点可以省略，因此编写的程序如表 6-5 所示。

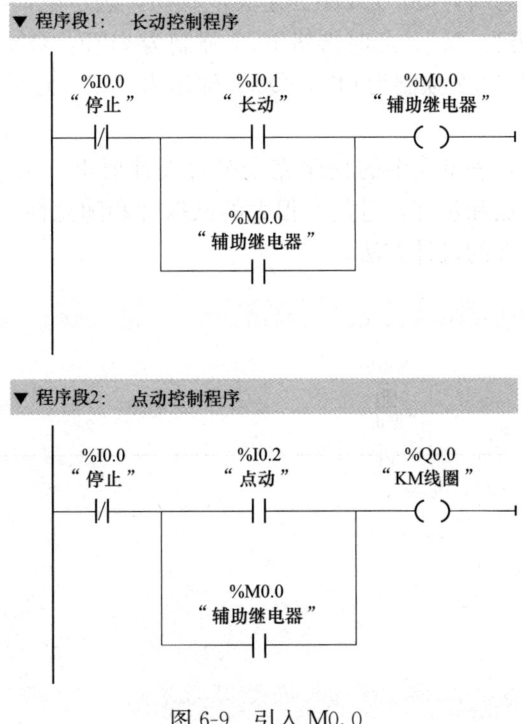

图 6-9　引入 M0.0

表 6-5　　经验法编写的“长动＋点动”控制程序

程序段	LAD
程序段 1	%I0.1 “长动” %I0.0 “停止” %M0.0 “辅助继电器” %M0.0 “辅助继电器”
程序段 2	%I0.2 “点动” %Q0.0 “KM线圈” %M0.0 “辅助继电器”

3. 程序仿真

在 TIA 博途软件中输入程序，并下载程序到 CPU 中，然后执行菜单命令“在线”→“仿真”→“启动”，开启 S7-PLCSIM 仿真，然后点击全部监视图标，使 S7-PLCSIM 处于“RUN”状态，即可观看程序的运行情况。

刚进入在线仿真状态时，Q0.0 线圈处于失电状态，表示电动机没有运行。然后强制 I0.1 为 ON，Q0.0 输出为“1”，此时再将 I0.1 强制为 OFF，Q0.0 仍输出为“1”，仿真效果如图 6-10 所示。将 I0.2 强制为 ON，Q0.0 输出为“1”，此时再将 I0.2 强制为 OFF，Q0.0 输出为“0”。

通过仿真可以看出，表 6-5 中的程序完全符合设计要求。用经验法设计梯形图程序时，没有一套固定的方法和步骤，且具有很大的试探性和随意性。对于不同的控制系统，没有一种通用的容易掌握的设计方法。

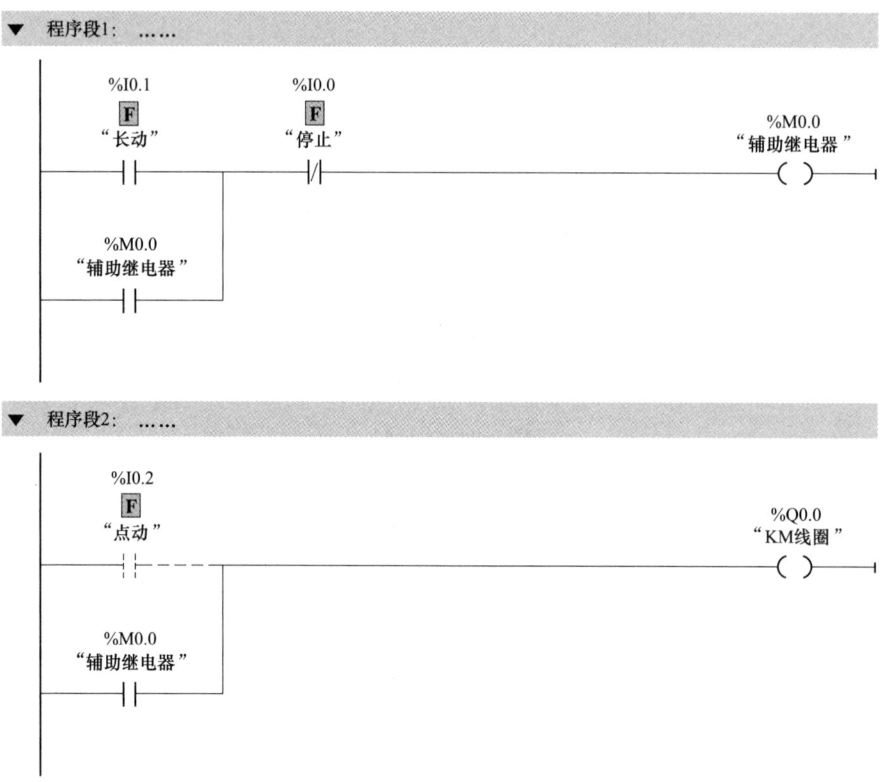

图 6-10 “长动+点动”控制的仿真运行结果

6.2 顺序控制设计法与顺序功能图

在工业控制中存在着大量的顺序控制，如机床的自动加工、自动生产线的自动运行、机械手的动作等，它们都是按照固定的顺序进行动作的。在顺序控制系统中，对于复杂顺序控制程序而言，仅靠基本指令系统编程会很不方便，其梯形图复杂且不直观。针对这种情况，可以使用顺序控制设计法进行相关程序的编写。

所谓顺序控制，就是按照生产工艺预先规定的顺序，在各个输入信号的作用下，根据内部状态和时间的顺序，在生产过程中各个执行机构自动地有秩序地进行操作。使用顺序控制设计法，首先根据系统的工艺过程，画出顺序功能图，然后根据顺序功能图画出梯形图。有的 PLC 编程软件为用户提供了顺序功能（Sequential Function Chart，SFC）

语言，在编程软件中生成顺序功能图后便完成了编程工作。

顺序控制设计法是一种先进的设计方法，很容易被初学者接受，对于有经验的工程师，也能提高设计的效率，程序的调试、修改和阅读也很方便。其设计思想是将系统的一个工作周期划分为若干个顺序相连的阶段，这些阶段称为步（Step），明确每一步所要执行的输出，步与步之间通过指定的条件进行转换，在程序中只需要通过正确连接进行步与步之间的转换，便可以完成系统的全部工作。

顺序控制程序与其他 PLC 程序在执行过程中的最大区别是：SFC 程序在执行程序过程中始终只有处于工作状态的步（称为有效状态或活动步）才能进行逻辑处理与状态输出，而其他状态的步（称为无效状态或非活动步）的全部逻辑指令与输出状态均无效。因此，使用顺序控制进行程序设计时，设计者只需要分别考虑每一步所需要确定的输出，以及步与步之间的转换条件，通过简单的逻辑运算指令就可完成程序的设计。

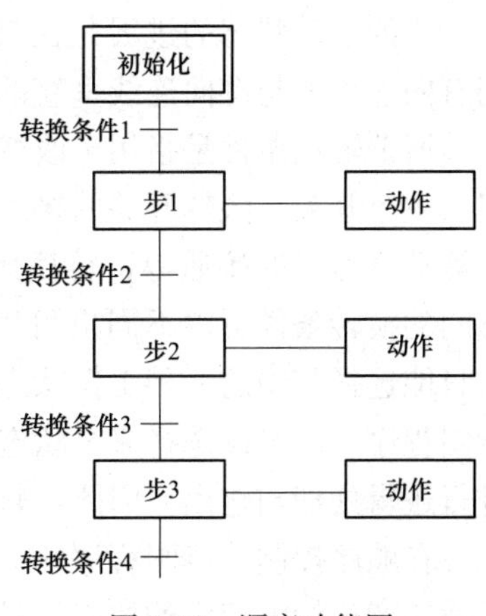

图 6-11　顺序功能图

顺序功能图又称为流程图，它是描述控制系统的控制过程、功能和特性的一种图形，也是设计 PLC 的顺序控制程序的有力工具。顺序功能图并不涉及所描述的控制功能的具体技术，它是一种通用的技术语言，可以进行进一步设计，用来和不同专业的人员之间进行技术交流。

各个 PLC 厂家都开发了相应的顺序功能图，各个国家也都制定了顺序功能图的国家标准，我国于 1986 年颁布了顺序功能图的国家标准。顺序功能图主要由步、有向连线、转换、转换条件和动作（或命令）组成，如图 6-11 所示。

6.2.1　步与动作

1. 步

在顺序控制中步又称为状态，它是指控制对象的某一特定的工作情况。为了区分不同的状态，同时使 PLC 能够控制这些状态，需要对每一状态赋予一定的标记，这一标记称为状态元件。在 S7-200 系列 PLC 中，状态元件通常用顺序控制继电器 S0.0～ S31.7 来表示。

步主要分为初始步、活动步和非活动步。

初始状态一般是系统等待启动命令的相对静止的状态。系统在开始进行自动控制之前，首先应进入规定的初始状态。与系统的初始状态相对应的步称为初始步，初始步用双线框表示，每个顺序控制功能图至少应该有 1 个初始步。

当系统处于某一步所在的阶段时，该步处于活动状态，称为活动步。步处于活动状态时，相应的动作被执行。处于不活动状态的步称为非活动步，其相应的非存储型动作被停止执行。

2. 动作

可以将一个控制系统划分为施控系统和被控系统，对于被控系统而言，动作是某一步是所要完成的操作；对于施控系统而言，在某一步中要向被控系统发出某些命令，这些命令也可称为动作。

6.2.2 有向连接与转换

有向连线就是状态间的连接线，它决定了状态的转换方向与转换途径。在顺序控制功能图程序中的状态一般需要 2 条以上的有向连线进行连接，其中 1 条为输入线，表示转换到本状态的上一级“源状态”，另 1 条为输出线，表示本状态执行转换时的下一级“目标状态”。在顺序功能图程序设计中，对于自上而下的正常转换方向，其连接线一般不需要标记箭头，但是对于自下而上的转换或是向其他方向的转换，必须以箭头标明转换方向。

步的活动状态的进展是由转换的实现来完成的，并与控制过程的发展相对应。转换用有向连线上与有向连线垂直的短划线来表示，转换将相邻两步分隔开。

所谓转换条件是指用于改变 PLC 状态的控制信号，它可以是外部的输入信号，如按钮、主令开关、限位开关的接通/断开等；也可以是 PLC 内部产生的信号，如定时器、计数器动合触点的接通等，转换条件还可能是若干个信号的与、或、非逻辑组合。不同状态间的换转条件可以不同也可以相同，当转换条件各不相同时，顺序控制功能图程序每次只能选择其中的一种工作状态（称为选择分支）。当转换条件完全相同时，顺序控制功能图程序一次可以选择多个状态同时工作（称为并行分支）。只有满足条件的状态，才能进行逻辑处理与输出，因此，转换条件是顺序功能图程序选择工作状态的开关。

在顺序控制功能图程序中，转换条件通过与有向连线垂直的短横线进行标记，并在短横线旁边标上相应的控制信号地址。

6.2.3 顺序功能图的基本结构

在顺序控制功能图程序中，由于控制要求或设计思路的不同，使得步与步之间的连接形式也不同，从而形成了顺序控制功能图程序的 3 种不同的基本结构形式：单序列、选择序列、并行序列。这 3 种序列结构如图 6-12 所示。

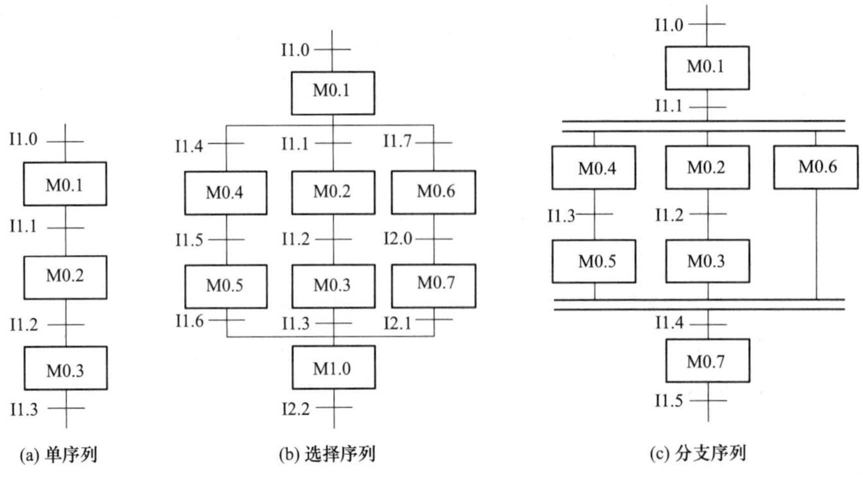

图 6-12　SFC 的 3 种序列结构图

1. 单序列

单序列由一系列相继激活的步组成，每一步的后面仅有一个转换，每一个转换的后面只有一个步，如图 6-12（a）所示。单序列结构的特点如下：

（1）步与步之间采用自上而下的串联连接方式。

（2）状态的转换方向始终是自上而下且固定不变（起始状态与结束状态除外）。

（3）除转换瞬间外，通常仅有 1 个步处于活动状态。基于此，在单序列中可以使用“重复线圈”（如输出线圈、内部辅助继电器等）。

（4）在状态转换的瞬间，存在一个 PLC 循环周期时间的相邻两状态同时工作的情况，因此对于需要进行“互锁”的动作，应在程序中加入“互锁”触点。

（5）在单序列结构的顺序控制功能图程序中，原则上定时器也可以重复使用，但不能在相邻两状态里使用同一定时器。

（6）在单序列结构的顺序控制功能图程序中，只能有一个初始状态。

2. 选择序列

选择序列的开始称为分支，如图 6-12（b）所示，转换符号只能在标在水平连线之下。在图 6-12（b）中，如果步 M0.1 为活动步且转换条件 I1.1 有效，则发生由步 M0.1→步 M0.2 的进展；如果步 M0.1 为活动步且转换条件 I1.4 有效，则发生由步 M0.1→步 M0.4 的进展；如果步 M0.1 为活动步且转换条件 I1.7 有效，则发生由步 M0.1→步 M0.6 的进展。

在步 M0.1 之后选择序列的分支处，每次只允许选择一个序列。选择序列的结束称为合并，几个选择序列合并到一个公共序列时，用与需要重新组合的序列相同数量的转换符号和水平连线来表示，转换符号只允许标在连线之上。

允许选择序列的某一条分支上没有步，但是必须有一个转换，这种结构的选择序列称为跳步序列。跳步序列是一种特殊的选择序列。

3. 并行序列

并行序列的开始称为分支，如图 6-12（c）所示，当转换的实现导致几个序列同时激活时，这些序列称为并行序列。在图 6-12（c）中，当步 M0.1 为活动步时，若转换条件 I1.1 有效，则步 M0.2、步 M0.4 和步 M0.6 均同时变为活动步，同时步 M0.1 变为不活动步。为了强调转换的同步实现，水平连线用双线表示。步 M0.2、步 M0.4 和步 M0.6 被同时激活后，每个序列中活动步的进展将是独立的。在表示同步的水平双线上，只允许有一个转换符号。并行序列用来表示系统的几个同时工作的独立部分的工作情况。

6.2.4　常见的顺序控制编写梯形图程序的实例

有了顺序控制功能图后，用户可以使用不同的方式编写顺序控制梯形图。但是，如果使用的 PLC 类型及型号不同，编写顺序控制梯形图的方式也不完全一样。比如三菱公司的 FX_{2N}系列 PLC 可以使用启保停、步进梯形图指令、移位寄存器和置位/复位指令这 4 种编写方式；西门子 S7-200 SMART 系列 PLC 可以使用启保停、转换中心和顺序控制继电器指令这 3 种编写方式；西门子 S7-1500 系列 PLC 可以使用启保停、转换中心和使用 S7-Graph 这 3 种编写方式；欧姆龙 CP1H 系列 PLC 可以使用启保停、转换中心和顺控指令（步启动/步开始）这 3 种编写方式。

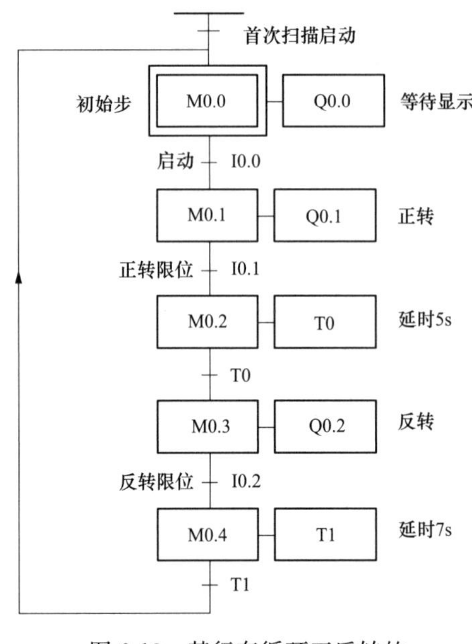

图 6-13 某行车循环正反转的顺序控制功能图

注意，在启保停方式和转换中心方式中，状态寄存器 S 用内部标志寄存器 M 来代替。下面，以某回转工作台控制钻孔为例，简单介绍使用启保停和转换中心这两种方式编写顺序控制梯形图的方法。

某行车循环正反转控制过程是：PLC 一上电或在初始状态下，与 Q0.0 连接的指示灯 HL 点亮。按下启动按钮 SB1（SB1 与 I0.0 连接）时，Q0.1 线圈得电，启动行车正转前进。当行车前进到一定位置时，碰触到正转限位开关 SQ1（SQ1 与 I0.1 连接），行车停止前进，并启动定时器 T0 进行延时。当 T0 延时达到 5s 时，Q0.2 线圈得电，启动行车反转后退。当行车后退到一定位置时，碰触到反转限位开关 SQ2（SQ2 与 I0.2 连接），行车停止后退，并启动定时器 T1 进行延时。当 T1 延时达到 7s 时，回到初始状态。顺序控制功能如图 6-13 所示。

1. 启保停方式编程

启保停电路即启动保持停止电路，它是梯形图设计中应用比较广泛的一种电路。其工作原理：如果输入信号的动合触点接通，则输出信号的线圈得电，同时对输入信号进行“自锁”或“自保持”，这样输入信号的动合触点在接通后可以断开。

（1）启保停方式的顺序控制编程规律。启保停方式的顺序控制编程有一定的规律，例如单序列启保停方式的顺序功能图与梯形图的对应关系，如图 6-14 所示。

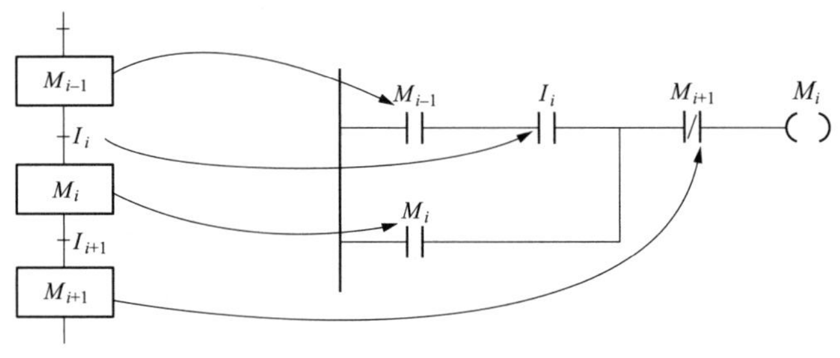

图 6-14 启保停方式的顺序功能图与梯形图的对应关系

在图 6-14 中，M_{i-1}、M_i、M_{i+1}是顺序功能图中的连续 3 步，I_i和 I_{i+1}为转换条件。对于M_i步来说，它的前级步为 M_{i-1}，转换条件为 I_i，要让 M_i步成为活动步，前提是 M_{i-1}必须为活动步，才能让辅助继电器的动合触点 M_{i-1}闭合，当转换条件满足（I_i动合触点闭合）时，M_i步即成为活动步，M_i的自锁触点闭合让本步保持活动状态。

M_{i+1}动断触点断开时，M_i步将成为非活动步，而转换条件为 I_{i+1}的闭合为 M_{i+1}步成为活动步做好准备。

(2) 启保停方式的顺序控制应用实例。启保停方式通用性强，编程容易掌握，一般在原继电-接触器控制系统的 PLC 改造过程中应用较多。

【例 6-3】 启保停方式在某行车循环正反转控制中的应用。

结合图 6-13 和图 6-14 可以看出，M0.0 的一个启动条件为 M0.4 的动合触点和转换条件 T1 的动合触点组成的串联电路；此外 PLC 刚运行时应将初始步 M0.0 激活，否则系统无法工作，所以初始化脉冲 M10.0 为 M0.0 的另一个启动条件，这两个启动条件应并联。为了保证活动状态能持续到下一步活动为止，还需并上 M0.0 的自锁触点。当 M0.0、I0.0 的动合触点同时为 1 时，步 M0.1 变为活动步，M0.0 变为不活动步，因此将 M0.1 的动断触点串入 M0.0 的回路中作为停止条件。此后 M0.1～M0.4 步的梯形图转换与 M0.0 步梯形图的转换一致。表 6-6 是使用启保停方式编写与图 6-13 顺序功能图所对应的程序，在程序中使用了动合触点、动断触点以及输出线圈等。

在 TIA 博途软件中输入程序，并下载程序到 CPU 中，然后执行菜单命令“在线”→“仿真”→“启动”，开启 S7-PLCSIM 仿真，然后点击全部监视图标，使 S7-PLCSIM 处于“RUN”状态，即可观看程序的运行情况。

表 6-6　　启保停方式在某行车循环正反转控制中的应用程序

程序段	LAD
程序段 1	%M0.4 “M0.4步” —| |— %T1 “延时7s” —| |—（并联 %M10.0 “FirstScan” —| |—；并联 %M0.0 “M0.0初始步” —| |—）— %M0.1 “M0.1步” —|/|— %M0.0 “M0.0初始步” —( )—；%Q0.0 “等待显示” —( )—
程序段 2	%M0.0 “M0.0初始步” —| |— %I0.0 “启动” —| |—（并联 %M0.1 “M0.1步” —| |—）— %M0.2 “M0.2步” —|/|— %M0.1 “M0.1步” —( )—；%Q0.1 “正转” —( )—
程序段 3	%M0.1 “M0.1步” —| |— %I0.1 “正转限位” —| |—（并联 %M0.2 “M0.2步” —| |—）— %M0.3 “M0.3步” —|/|— %M0.2 “M0.2步” —( )—；%T0 “延时5s” —(SD)— S5T#5s

续表

程序段	LAD
程序段 4	%M0.2 "M0.2步" —| |— %T0 "延时5s" —| |— %M0.4 "M0.4步" —|/|— %M0.3 "M0.3步" —( )— %M0.3 "M0.3步" —| |—（并联） %Q0.2 "反转" —( )—
程序段 5	%M0.3 "M0.3步" —| |— %I0.2 "反转限位" —| |— %M0.0 "M0.0初始步" —|/|— %M0.4 "M0.4步" —( )— %M0.4 "M0.4步" —| |—（并联） %T1 "延时7s" —(SD)— S5T#7s

刚进入模拟时，M10.0 动合触点闭合 1 次，使 M0.0 线圈得电并自锁，同时 Q0.0 线圈得电，使等待显示指示灯 HL 点亮。将 I0.0 强制为 ON，模拟按下启动按钮，此时 M0.1 和 Q0.1 线圈得电，而 Q0.0 线圈失电。Q0.0 线圈失电，等待显示指示灯 HL 熄灭；Q0.1 线圈得电，模拟行车正转前进，其仿真效果如图 6-15 所示。将 I0.1 强制为 ON，模拟行车已前进到指定位置，此时 M0.2 线圈得电，并启动 T0 进行延时，而 Q0.1 线圈失电。Q0.1 线圈失电，模拟行车停止前进。当 T0 延时达到 5s 时，T0 动合触点闭合，模拟行车已等待 5s，此时 M0.3 和 Q0.2 线圈得电，而 M0.2 线圈失电。Q0.2 线圈得电，模拟行车反转后退。将 I0.2 强制为 ON，模拟行车已后退到指定位置，此时 M0.4 线圈得电，并启动 T1 进行延时，而 Q0.2 线圈失电。Q0.2 线圈失电，模拟行车停止后退。当 T1 延时达到 7s 时，T1 动合触点闭合，模拟行车已等待 7s，此时 M0.0 和 Q0.0 线圈得电，而 M0.4 线圈失电，意味着又回到初始步状态。

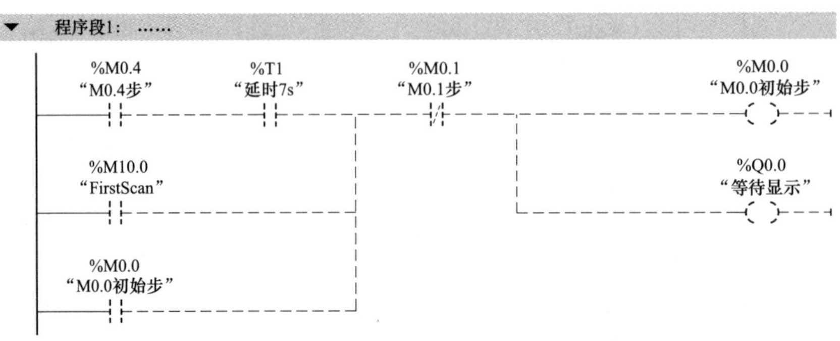

图 6-15　使用启保停方式编写程序的仿真运行效果图（一）

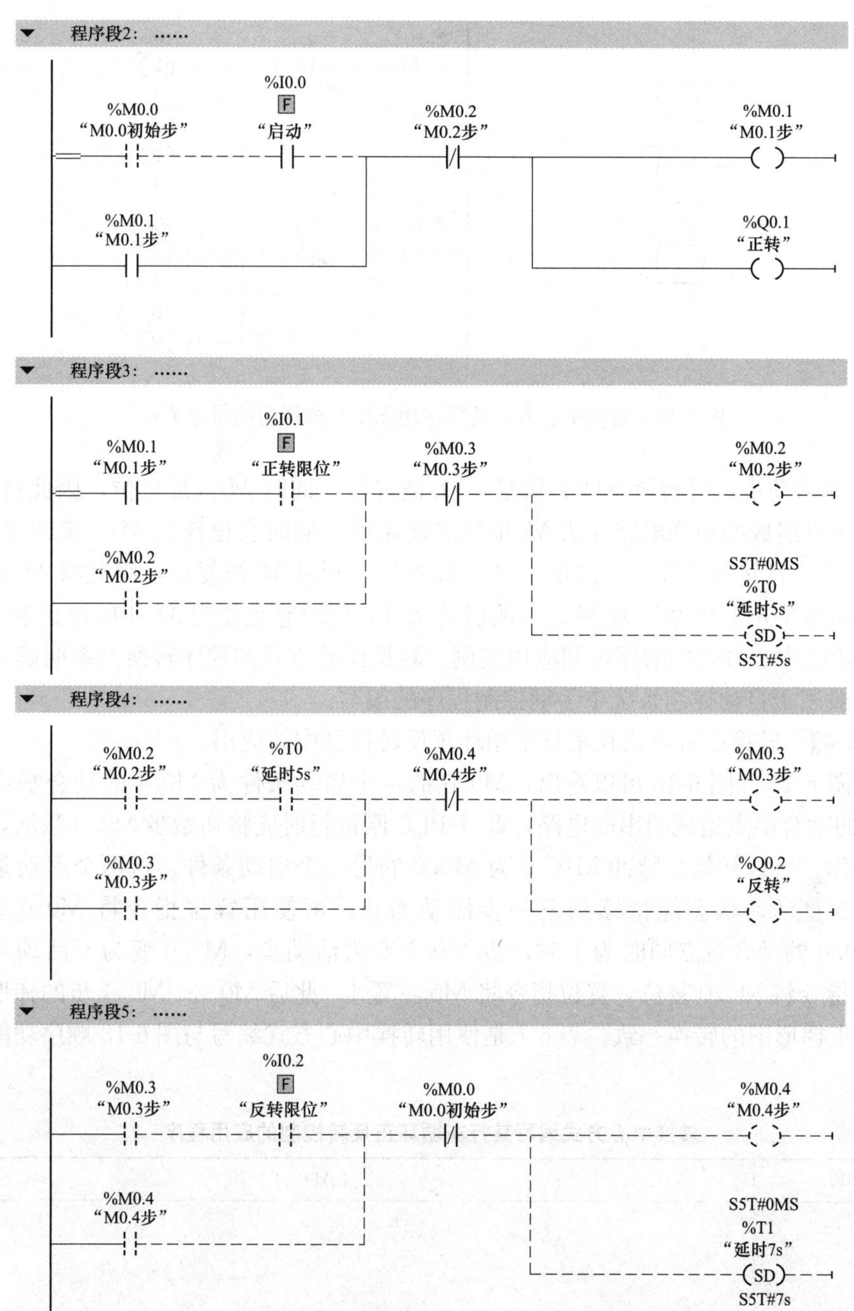

图 6-15　使用启保停方式编写程序的仿真运行效果图（二）

2. 转换中心方式编程

编写转换中心方式的顺序控制程序使用置位和复位指令来进行，置位指令让本步成为活动步，同时使用复位指令关闭上一步。

（1）转换中心方式的顺序控制编程规律。转换中心方式的顺序控制编程也有一定的规律，例如单序列转换中心方式的顺序功能图与梯形图的对应关系，如图 6-16 所示。

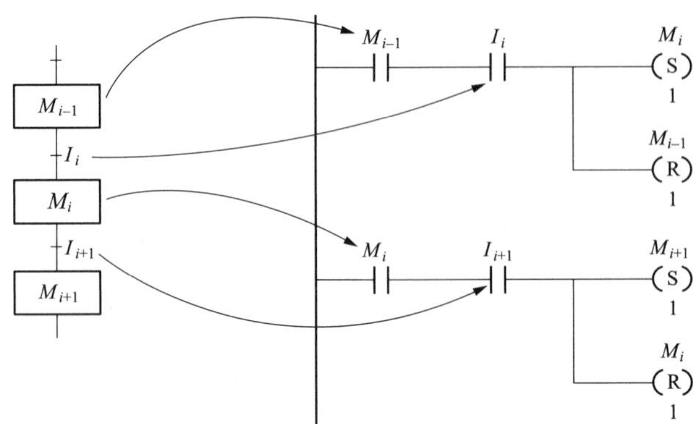

图 6-16　转换中心方式的顺序功能图与梯形图的对应关系

M_{i-1}为活动步，且转换条件 I_i满足，M_i被置位，同时 M_{i-1}被复位，因此将 M_{i-1}和 I_i的动合触点组成的串联电路作为M_i步的启动条件，同时它也作为 M_{i-1}步的停止条件。M_i为活动步，且转换条件 I_{i+1}满足，M_{i+1}被置位，同时 M_i被复位，因此将 M_i和 I_{i+1}的动合触点组成的串联电路作为 M_{i+1}步的启动条件，同时它也作为 M_i步的停止条件。

(2) 转换中心方式的顺序控制应用实例。转换中心方式的顺序转换关系明确，编程易理解，一般用于自动控制系统中手动控制程序的编写。

【例 6-4】 转换中心方式在某行车循环正反转控制中的应用。

结合图 6-13 和图 6-16 可以看出，M0.0 的一个启动条件为 M0.4 的动合触点和转换条件 T1 的动合触点组成的串联电路；此外 PLC 刚运行时应将初始步 M0.0 激活，否则系统无法工作，所以初始化脉冲 M10.0 为 M0.0 的另一个启动条件，这两个启动条件应并联。为了保证活动状态能持续到下一步活动为止，可使用置位指令将 M0.0 置 1。当 M0.0、I0.0 的动合触点同时为 1 时，步 M0.1 变为活动步，M0.0 变为不活动步，因此使用复位指令将 M0.0 复位，置位指令将 M0.1 置 1。此后 M0.2～M0.4 步的梯形图转换与 M0.0 步梯形图的转换一致。表 6-7 是使用转换中心方式编写与图 6-13 顺序功能图所对应的程序。

表 6-7　　转换中心方式编写某行车循环正反转控制的应用程序

程序段	LAD
程序段 1	%M0.4 "M0.4步"　%T1 "延时7s"　%M0.0 "M0.0初始步" (S) %M10.0 "FirstScan"　%M0.4 "M0.4步" (R)

续表

程序段	LAD
程序段 2	%M0.0 "M0.0初始步" ; %I0.0 "启动" ; %M0.1 "M0.1步" (S) ; %M0.0 "M0.0初始步" (R)
程序段 3	%M0.1 "M0.1步" ; %I0.1 "正转限位" ; %M0.2 "M0.2步" (S) ; %M0.1 "M0.1步" (R)
程序段 4	%M0.2 "M0.2步" ; %T0 "延时5s" ; %M0.3 "M0.3步" (S) ; %M0.2 "M0.2 步" (R)
程序段 5	%M0.3 "M0.3步" ; %I0.2 "反转限位" ; %M0.4 "M0.4步" (S) ; %M0.3 "M0.3步" (R)
程序段 6	%M0.0 "M0.0初始步" ; %Q0.0 "等待显示" ( )
程序段 7	%M0.1 "M0.1步" ; %Q0.1 "正转" ( )

续表

程序段	LAD
程序段 8	%M0.2 "M0.2步" —| |— ——(SD)— %T0 "延时5s" S5T#5s
程序段 9	%M0.3 "M0.3步" —| |— ——( )— %Q0.2 "反转"
程序段 10	%M0.4 "M0.4步" —| |— ——(SD)— %T1 "延时7s" S5T#7s

开启 S7-PLCSIM 仿真，刚进入模拟时，M10.0 动合触点闭合 1 次，使 M0.0 线圈置 1，同时 Q0.0 线圈得电，使等待显示指示灯 HL 点亮。将 I0.0 强制为 ON，模拟按下启动按钮，此时 M0.1 线圈置 1，Q0.1 线圈得电，而 M0.0 线圈复位，Q0.0 线圈失电，等待显示指示灯 HL 熄灭。Q0.1 线圈得电，模拟行车正转前进，其仿真效果如图 6-17 所示。将 I0.1 强制为 ON，模拟行车已前进到指定位置，此时 M0.2 线圈置 1，而 M0.2 线圈复位，并启动 T0 进行延时。M0.2 线圈复位，Q0.1 线圈失电，模拟行车停止前进。当 T0 延时达到 5s 时，T0 动合触点闭合，模拟行车已等待 5s，此时 M0.3 线圈置 1，Q0.2 线圈得电，而 M0.2 线圈复位。Q0.2 线圈得电，模拟行车反转后退。将 I0.2 强制为 ON，模拟行车已后退到指定位置，此时 M0.4 线圈置 1，并启动 T1 进行延时，而 M0.3 线圈复位。M0.3 线圈复位，Q0.2 线圈失电，模拟行车停止后退。当 T1 延时达到 7s 时，T1 动合触点闭合，模拟行车已等待 7s，此时 M0.0 线圈置 1，Q0.0 线圈得电，而 M0.4 线圈失电，意味着又回到初始步状态。

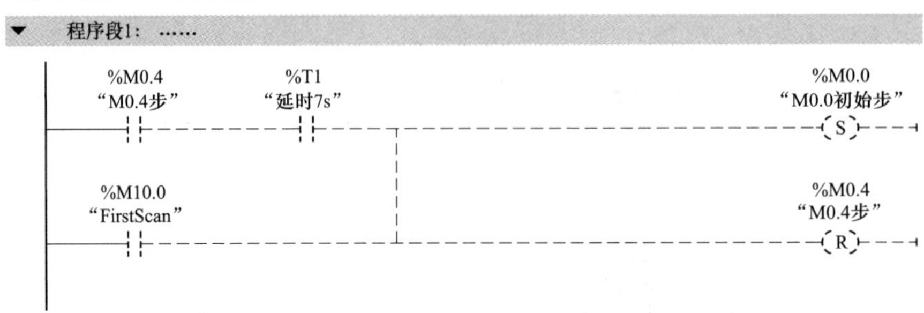

图 6-17　使用转换中心方式编写程序的仿真运行效果图（一）

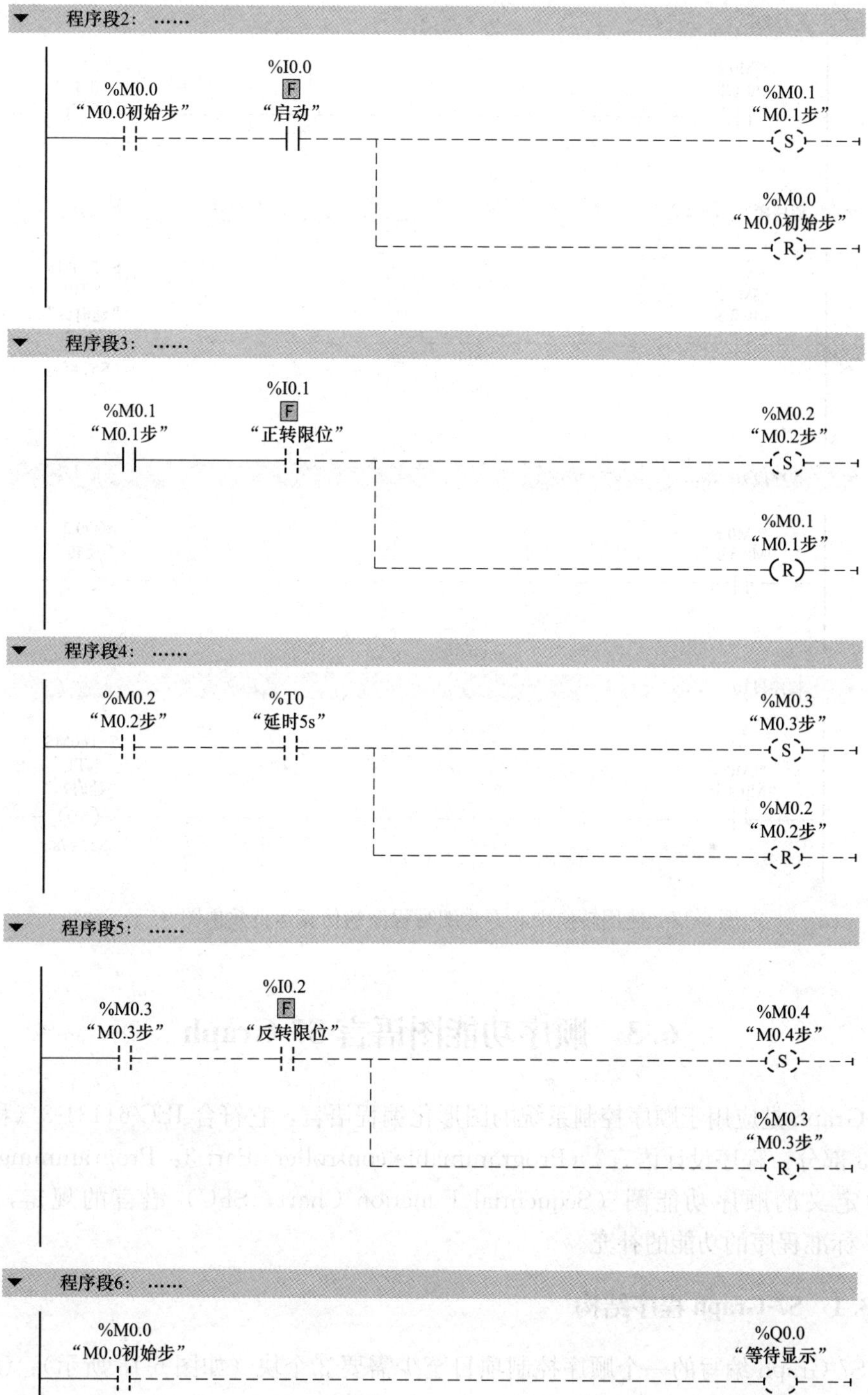

图 6-17　使用转换中心方式编写程序的仿真运行效果图（二）

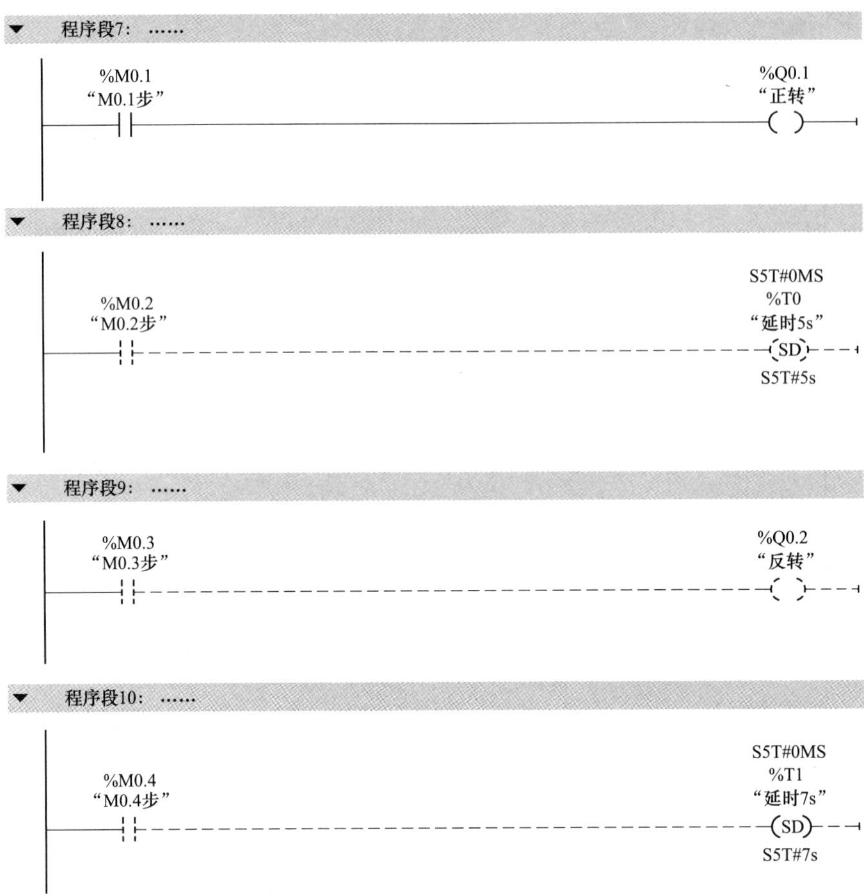

图 6-17　使用转换中心方式编写程序的仿真运行效果图（三）

6.3　顺序功能图语言 S7-Graph

S7-Graph 是应用于顺序控制系统的图形化编程语言，它符合 IEC 61131-3《程序控制器　第 3 部分：程序设计语言》(Programmable controllers-Part 3：Programming languages）中定义的顺序功能图（Sequential Function Chart，SFC）语言的规定，可作为 STEP 7 标准程序的功能的补充。

6.3.1　S7-Graph 程序结构

用 S7-Graph 编写的一个顺序控制项目至少需要 3 个块（如图 6-18 所示)：①一个调用 S7-Graph FB 的块，它可以是组织块（OB)、函数块（FB）或函数（FC)；②一个用来描述顺序控制系统各子任务（步）和相互关系（转换）的 S7-Graph FB，它由一个或多个顺序控制器（Sequencer）组成；③一个指定给 S7-Graph FB 的背景数据块（DB)，它包含了顺序控制系统的参数。

用 S7-Graph 编写的顺序控制功能图程序是由函数块 FB 和数据块 DB 组成，并被主程

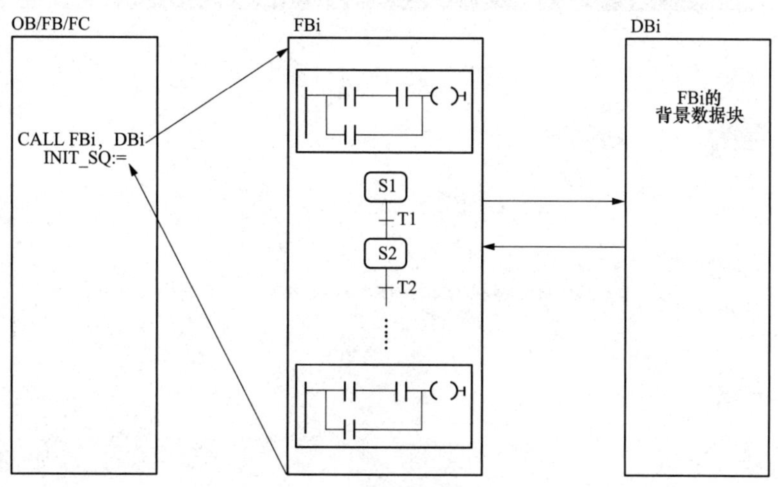

图 6-18　顺序控制系统中的块

序 OB1 调用。函数块 FB 用于执行顺序控制功能图程序的控制功能，包含许多系统定义的参数，并通过参数设置来对整个顺序系统进行控制，从而实现系统的初始化和工作方式的转换等功能；数据块 DB 是顺序控制功能图功能块 FB 的背景数据块，并包含顺序控制功能图程序结构和相关数据。

调用 S7-Graph FB 时，顺序控制器从第 1 步或从初始步开始启动。一个 S7-Graph FB 可以包含多个步，最多可以包含 250 步。在线性顺序控制器中，在初始步之后交错排列着转换和步。一个 S7-Graph FB 中最多可以包含 250 个转换。

除线性时序（每步之后仅有单个步）外，顺序控制器还可以有多个分支。一个顺序控制器最多包含 256 个分支，249 条并行序列的分支和 125 条选择序列的分支。对于每个 PLC 而言，分支数并不是完全相同的，它与 CPU 的型号有关。通常，只能用 20～40 条分支，如果使用的分支数过多，程序的执行时间将会特别长。

可以在路径结束时，在转换之后添加一个跳转（Jump）或一个支路的结束点(Stop)。结束点将正在执行的路径变为不活动的路径。

6.3.2　S7-Graph 编辑界面的介绍

首先在 TIA Portal 中创建一个项目并进行相应的硬件组态，然后在 TIA Portal 项目结构窗口的“程序块”中双击“添加新块”。在弹出的添加新块中点击“函数块”，选择编程语言为“Graph”，并设置块编号，如图 6-19 所示，然后按下“确定”键，即可进入 S7-Graph 编辑窗口界面。

S7-Graph 编辑窗口界面如图 6-20 所示，它主要由导航视图、工具条、块接口区、代码编辑区等构成，相比其他代码程序块多了一个导航视图。S7-Graph 函数块的程序包括前固定指令（也称前永久指令）、顺控器、后固定指令（也称后永久指令）这 3 部分，所以导航视图也包括这 3 个选项。当选择不同选项时，代码编辑区的内容与该选项相对应，用户要以在这 3 个选项所对应的代码编辑区进行相应部分的编程。导航视图还包括报警选

图 6-19　创建 FB 函数块对话框

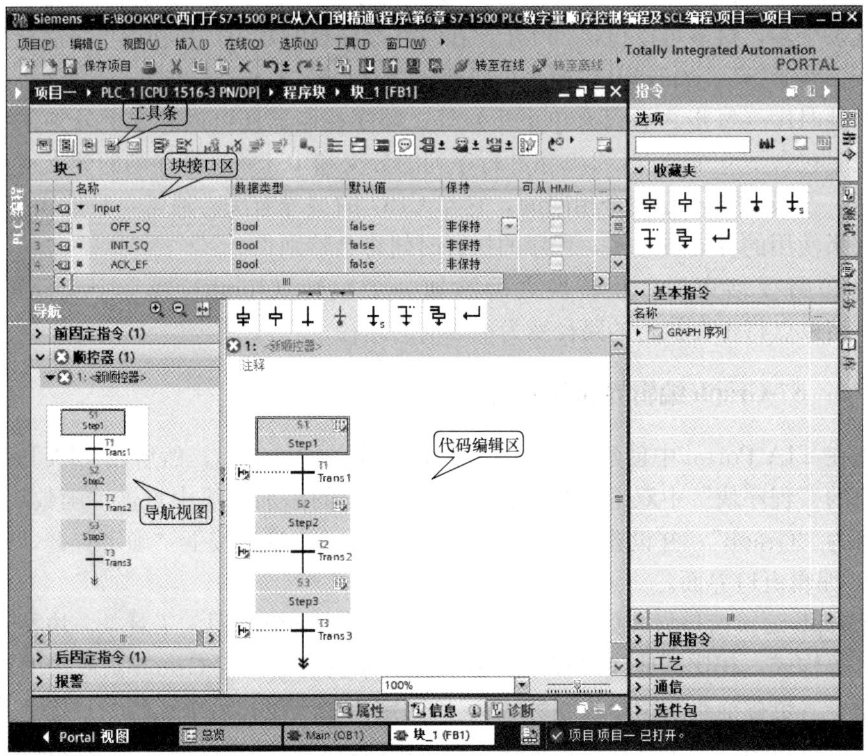

图 6-20　S7-Graph 编辑窗口界面

项，当选择报警选项后，用户可以在对应的代码编辑区进行 S7-Graph 函数块属性设置，如图 6-21 所示。报警属性参数包括启动报警、报警文本、互锁和监控类型、GRAPH 警告类型等选项。此外，导航视图还显示永久指令和顺控程序的图形概览，并通过快捷菜单提供基本处理选项。

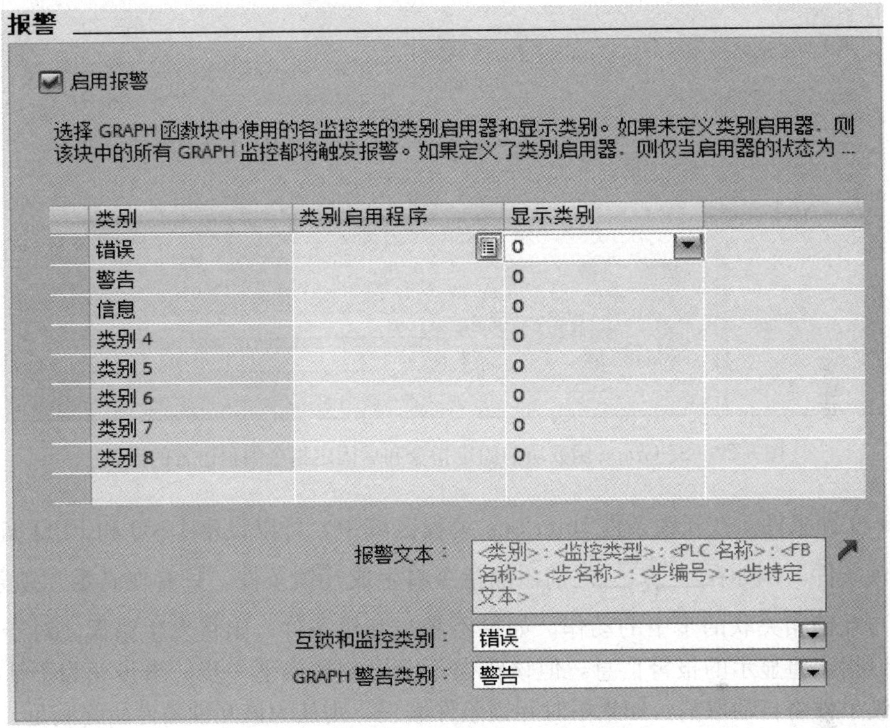

报警

☑ 启用报警

选择 GRAPH 函数块中使用的各监控类的类别启用器和显示类别。如果未定义类别启用器，则该块中的所有 GRAPH 监控都将触发报警。如果定义了类别启用器，则仅当启用器的状态为 ...

类别	类别启用程序	显示类别
错误		0
警告		0
信息		0
类别 4		0
类别 5		0
类别 6		0
类别 7		0
类别 8		0

报警文本：<类别>：<监控类型>：<PLC 名称>：<FB 名称>：<步名称>：<步编号>：<步特定文本>

互锁和监控类别：错误

GRAPH 警告类别：警告

图 6-21　S7-Graph 函数块的报警属性视图

前固定指令和后固定指令的编程语言是 LAD 或 FBD，两者之间可以进行切换。切换的方法可以通过修改 S7-Graph 函数块属性窗口中“常规”条目下“块”区域的“程序段中所用语言”来进行，如图 6-22 所示。也可以在 S7-Graph 函数块监视窗口的“属性”选项卡“常规”条目下“块”区域的“程序段中所用语言”来进行编程语言的切换。

6.3.3　S7-Graph 的显示模式

在 S7-Graph 程序编辑器工具条点击一些工具图标，可以进行显示模式的选择。

在 S7-Graph 程序编辑器工具条中点击和图标，可使控制代码区分别显示前固定指令视图和后固定指令视图。执行 S7-Graph 函数块的程序时，都会先执行 S7-Graph 函数块中的前固定指令，然后执行顺控器中程序，最后再执行后固定指令。

在 S7-Graph 程序编辑器工具条中点击图标，可以显示顺控器视图；点击图标，可以显示单步视图。

1. 单步视图

单步视图显示界面如图 6-23 所示，在此视图中可以对步的互锁条件、监控条件、动作和转换进行编程，此外，还可以指定步的标题和注释。

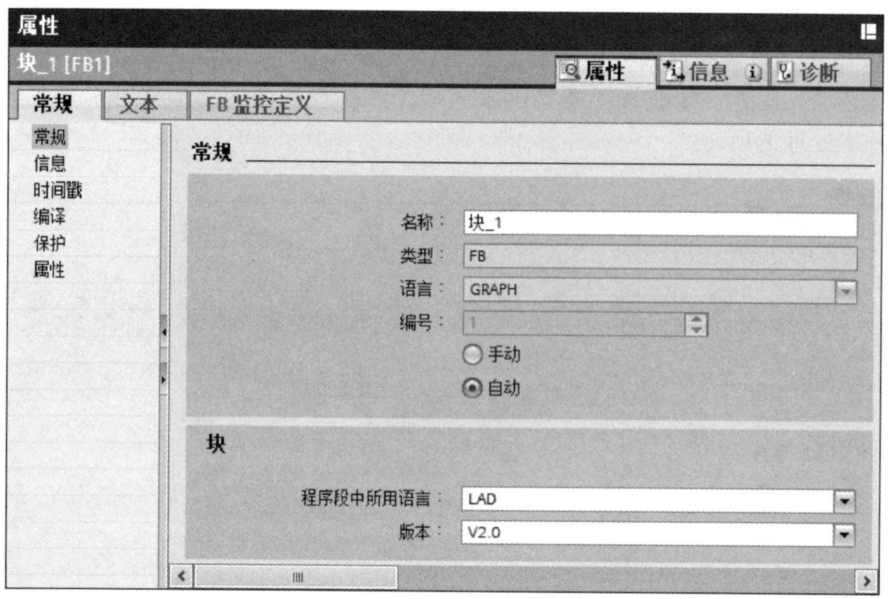

图 6-22　S7-Graph 函数块前固定指令和后固定指令编程语言的设置

（1）互锁条件。在互锁条件 Interlock 编程区域中，可以设定 LAD 和 FBD 编程语言中的互锁条件。例如在 Interlock —(C)— 之前添加指令将生成互锁条件，只有在满足互锁条件时，才执行与互锁相关联的步中的动作。如果不满足互锁条件，则将发生错误。对于这种情况，可以指定将显示的报警信息，但该错误不会影响切换下一步。当步变为不活动状态后，互锁条件将自动取消。如果不对互锁条件编程，则认为该互锁条件始终满足。

（2）监控条件。在监控条件 Supervision 编程区域中，可以设定 LAD 和 FBD 编程语言中已打开步的监控条件。例如在 Supervision —(V)— 之前添加指令生成监控条件，该监控条件将监控整个步，如果满足该条件，则将发生错误，但该步仍然处于活动状态。

（3）动作。动作描述了过程控制的指令，用于修改变量或调用块等。当步变为活动状态时，就会处理设定的动作，这样会在顺序中“自上而下”执行这些步，具体内容将在 6.3.4 节讲述。

（4）转换条件。转换条件用于设置切换到下一步的条件，即顺控程序在满足转换条件时会禁止当前步并切换到后续步，否则当前步仍将处于活动状态。每个转换条件都必须分配一个唯一的名称和编号。在单步视图中，可以使用 LAD 或 FBD 对转换条件进行编程。

不含任何条件的转换条件为空转换条件，在此情况下，顺控程序将直接切换到后续步。

2. 顺控器视图

顺控器视图又称为顺序视图，它是以轻松易读的格式显示顺控程序的结构，并允许添加步、转换条件、跳转、分支和顺序结尾。此外，还可以通过单击鼠标展开步和转换条件，以显示或编辑步的动作和转换条件。

顺控器视图中允许有多个顺控器，可以通过单击 S7-Graph 程序编辑器工具条中的

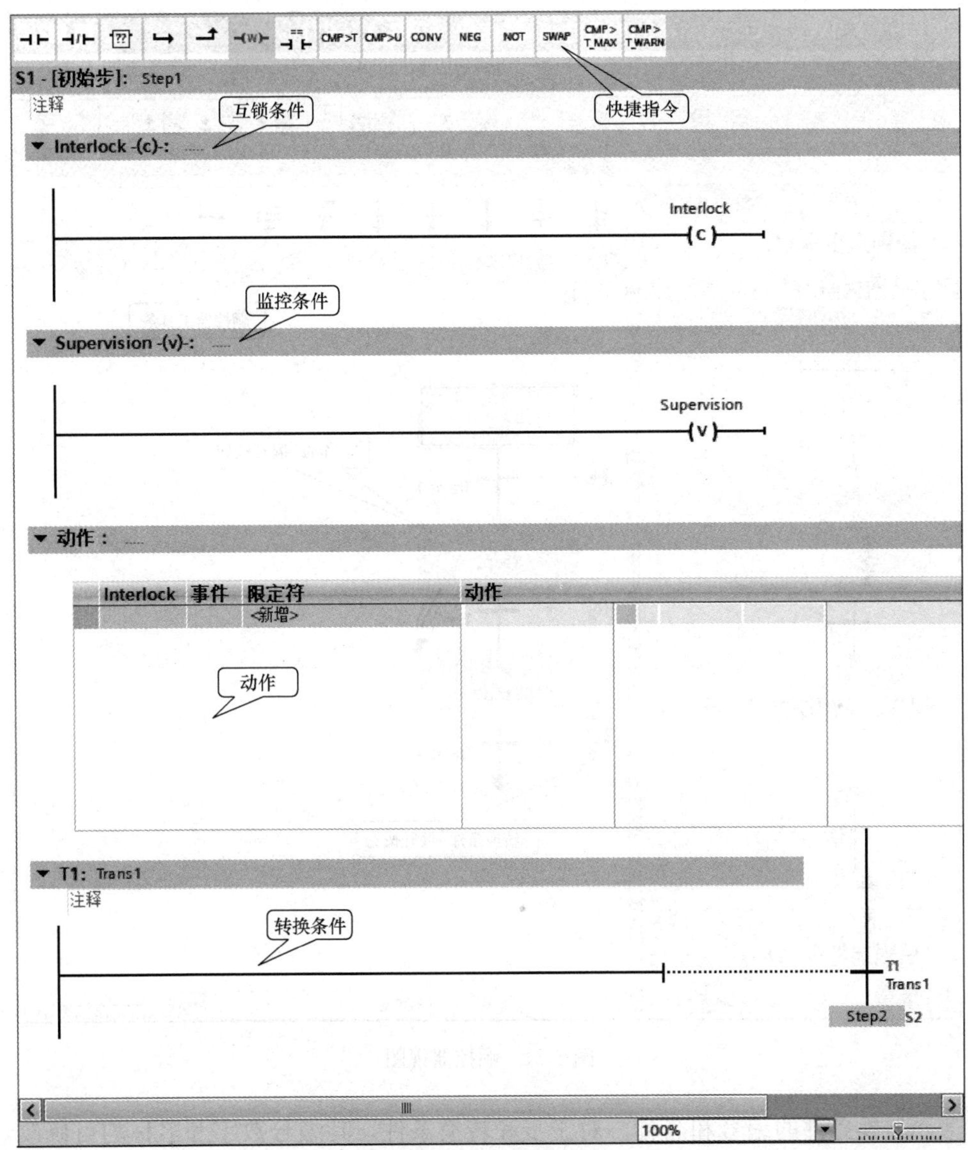

图 6-23　单步视图

或图标来插入新顺控器或者删除当前顺控器。

图 6-24 所示为具有两个顺控器的顺控器视图，在导航视图中选择“1：＜新顺控器＞”,则代码编辑区显示顺控器 1；如果选择“2：＜新顺控器＞”，则代码编辑区显示顺控器 2。在顺控器视图中单击“动作表”展开按钮，则会显示或隐藏该步的动作表，方便用户在顺控器视图中对步的动作进行编程，而不需要切换到单步视图。在顺控器视图中单击“转换条件”展开按钮，则会显示该步切换到下一步的“转移条件”编程窗口，方便用户在顺控器中对转换条件进行编程。单击“转换条件”编程窗口右上角关闭窗口按钮，则可关闭“转换条件”的编程窗口。

图 6-24 中的“S1”和“Step1”分别表示步的编号和步的名称，“T1”和“Trans1”

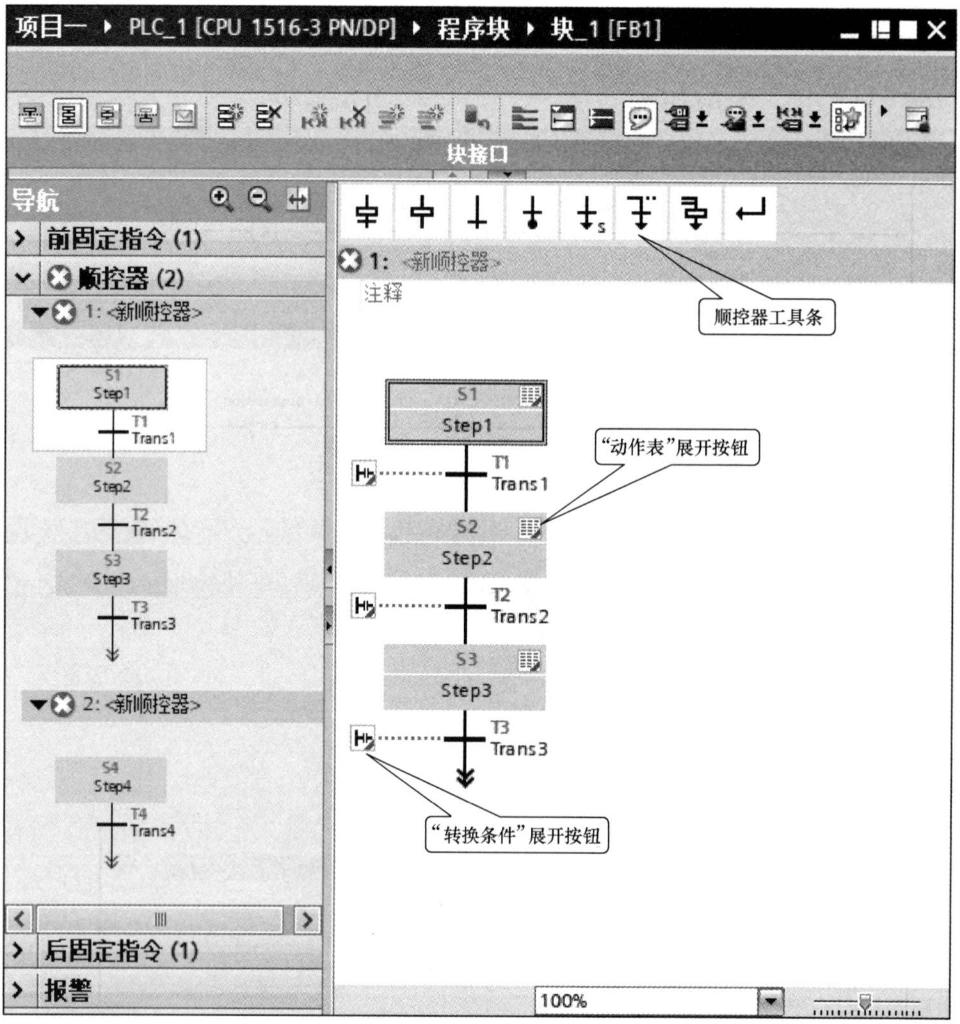

图 6-24　顺控器视图

分别表示转换条件的编号和名称。对于步和转换条件，其编号数字和名称均可修改，但必须保证对顺控器中的每一步和转换条件都分配一个唯一的名称和编号。

顺控器视图顶部为顺控器工具条，如图 6-25 所示。它显示指令任务卡中收藏夹里的指令，为编程提供方便，用户也可以在指令树中找到这些指令。此工具条上的指令可以用来放置步、转换、选择序列和跳步等，其指令含义如表 6-8 所示。

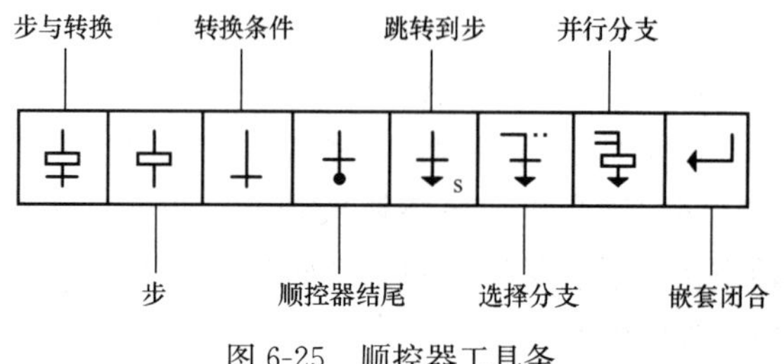

图 6-25　顺控器工具条

表 6-8　　顺控器工具条指令含义

指令	名称	含义
⊕	步与转换	添加新步及其切换至下一步的转换条件
⊓	步	添加新步
┴	转换条件	添加转换条件
┼•	顺控器结尾	当前顺控器的结尾
┼↓s	跳转到步	指定顺控器中的某一步作为当前步的下一步
┬↓	选择分支	添加选择分支的起始步
⊐↓	并行分支	添加并行分支的起始步
↵	嵌套闭合	结束选择分支或并行分支。该指令也可以通过拖曳步或转换条件下的↓到目标位置实现

顺控器的基本结构包括单序列结构、选择序列结构、并行序列结构和循环结构。图 6-26 所示为单序列结构，该结构使用关闭分支指令终止顺控程序，在关闭分支指令前需要一个转换条件。

选择分支可以编程 OR 分支，也就是在步后面插入以转换条件开始的分支。图 6-27 所示为选择序列结构，该结构按照首先所满足的转换条件，执行相应的分支。如果同时满足多个转换条件，则由设置的工作模式来确定执行哪个分支。对于自动或半自动模式，最左边的转换条件拥有最高优先级并执行相应的分支；对于手动模式，得到满足的转换条件拥有最高优先级并执行相应的分支。在一个顺控程序中，最多可以编写 125 个选择分支。

并行分支可以编程 AND 分支，也就是可以使用一个转换激活多个步，然后执行该步中的动作。图 6-28 所示为分支序列结构，该结构始终从一个步开始，在执行完所有分支之后，满足共同转换条件时，各个分支进入下一步。一个顺控程序中最多可编写 249 个并行分支。对于选择分支和并行分支，如果不希望使用跳转或顺序结尾结束分支，则可使用关闭分支指令结束分支。

图 6-29 所示为循环结构，该结构可使用跳转到步指令，插入到主分支、选择分支或并行分支的末尾，可以实现循环结构，从而激活顺控程序的循环处理。在顺控程序中，跳转和跳转到目标使用箭头表示。程序中避免从转换条件跳转到直接前导步，如果需要执行此类跳转，可以插入一个不带任何转换条件的空步。

要执行顺控器，需要激活步。步的激活方式有 3 种：将步定义为初始步、上一个步的转换已完成和步由事件型动作调用。一旦所有的操作都执行完毕，步将再次处于未激活状态。

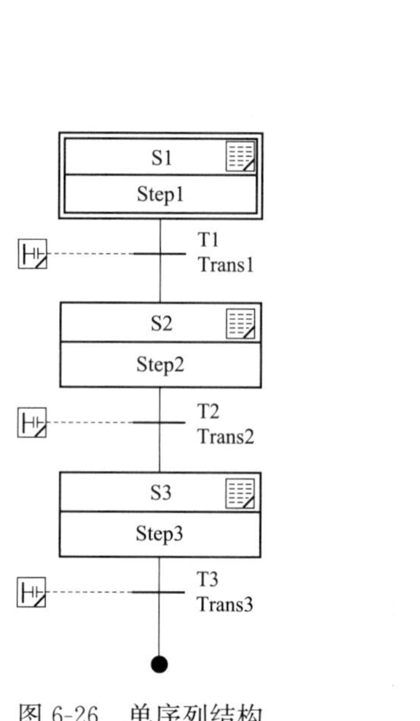

图 6-26　单序列结构

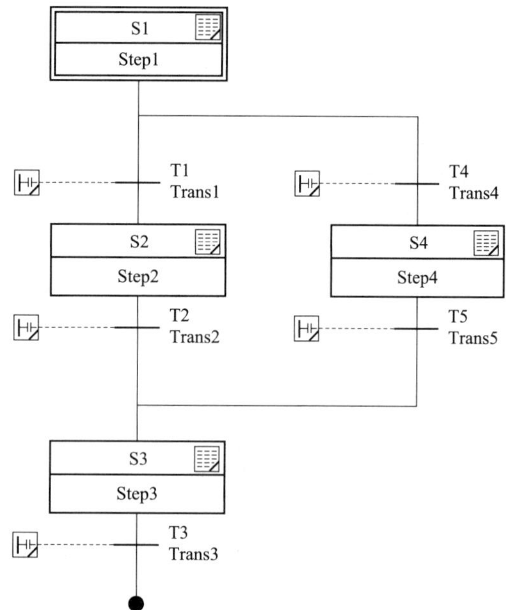

图 6-27　选择序列结构

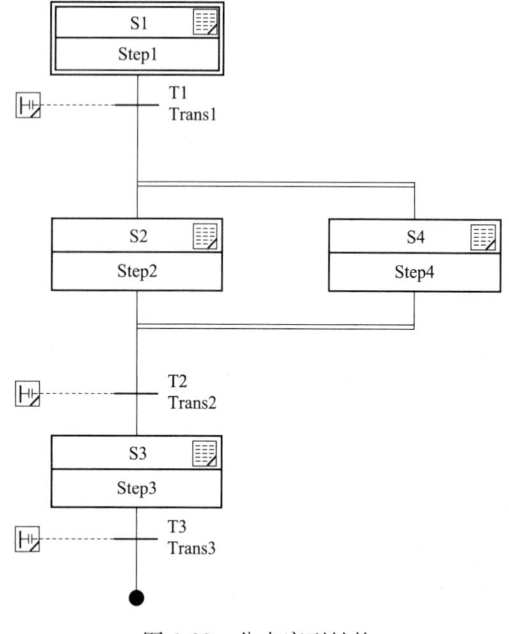

图 6-28　分支序列结构

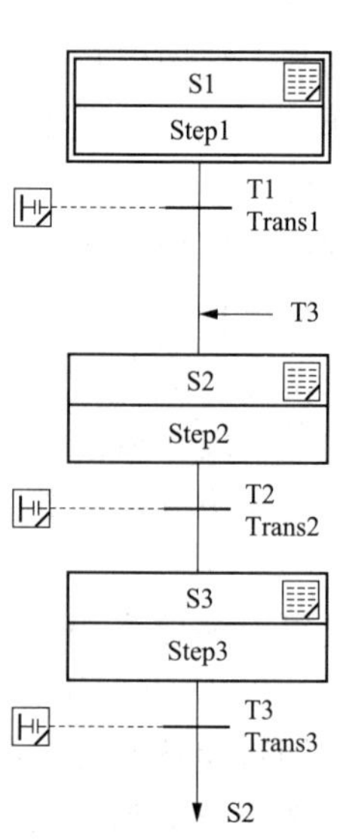

图 6-29　循环结构

6.3.4　S7-Graph 中的步与动作

1. S7-Graph 中的步

一个 S7 Graph 顺序控制器由多个步组成，其中每一步都由步序、步名、转换编号、转换名、转换条件和步的动作等几部分组成，如图 6-30 所示。

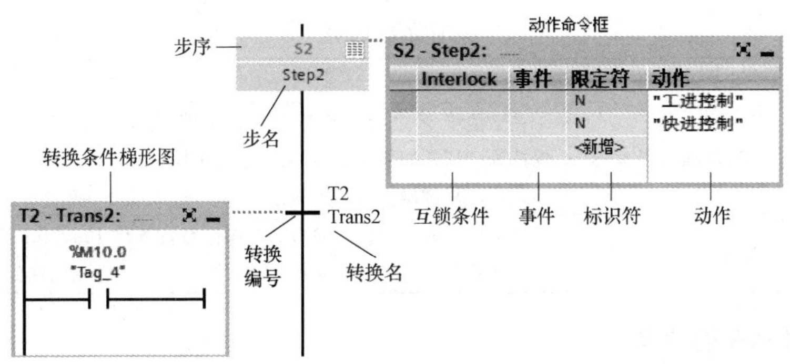

图 6-30　S7 Graph 中步的组成

步的步序、转换编号和步名由系统自动生成，一般不需要更改，如果需要更改，用户可以根据任务而自行定义，但必须唯一；转换条件可用 LAD 或 FBD 指令编辑；步的动作命令框由互锁条件、事件、标识符和动作组成。

互锁条件可以与动作关联，以影响动作的执行；事件将定义动作的执行时间；标识符将定义待执行动作的类型，如复位或置位操作数；动作将确定执行该动作的操作数。在 S7 Graph 中的动作分为标准动作和与事件相关的动作，动作中可以有定时器、计数器和算术运算。

2. 标准动作

一个动作行由命令和地址组成，它右边的方框用来写入命令。对于标准动作而言，可以设置互锁（在命令的后面加“C”）。对于设置了互锁的动作，只能在步处于活动状态和互锁条件满足时，才能被执行；而没有设置互锁的动作，在步处于活动状态时就会被执行。标准的动作行常用命令如表 6-9 所示，其动作示例说明如表 6-10 所示。

表 6-9　　标准的动作行常用命令

标识符	操作数类型	说　明
N	BOOL	当该步为活动步（且互锁条件满足）时，地址输出“1”；当该步为非活动步时，地址输出“0”
S	BOOL	当该步为活动步（且互锁条件满足）时，地址输出“1”并保持（即置位）
R	BOOL	当该步为活动步（且互锁条件满足）时，地址输出“0”并保持（即复位）
D	BOOL 和 TIME/DWORD	当该步为活动步（且互锁条件满足）时，开始延时。延时时间到时，如果步仍然保持为活动步，则该动作输入为“1”；如果该步已变为不活动步时，则该动作输出为“0”。可以将时间指定为一个常量或指定为一个 TIME/DWORD 数据类型的 PLC 变量
L	BOOL 和 TIME/DWORD	用来产生宽度受限的脉冲。当该步为活动步（且互锁条件满足）时，地址输出为“1”并保持一段时间，当该步为非活动步时，地址输出为“0”。可以将时间指定为一个常量或指定为一个 TIME/DWORD 数据类型的 PLC 变量

表 6-10　　动作示例说明

标识符	动作	说　明
D	“MyTag”，T＃3s	在激活步 3s 之后，将“MyTag”操作数置位为“1”，并在步激活期间保持为“1”。如果步激活的持续时间小于 3s，则不适用。在取消激活该步之后，复位操作数（无锁存）
L	“MyTag”，T＃10s	如果激活该步，则“MyTag”操作数将置位 10s，10s 后将复位该操作数（无锁存）。如果步激活的持续时间小于 10s，则操作数也会复位

3. 与事件相关的动作

与事件相关的指令称为事件动作，如“S1 ON C S003”表示当步 1（STEP 1）激活瞬间且互锁条件满足时，则激活步 3。事件是指步、监控信号、互锁信号的状态变化，信息的确认或记录信号被置位。常用的控制动作事件如表 6-11 所示。

表 6-11　　常用的控制动作事件

事件	信号检测	说　明
S1	上升沿	该步已激活
S0	下降沿	该步已取消激活
V1	上升沿	满足监控条件，即发生错误
V0	下降沿	不再满足监控条件，即错误已消除
L0	上升沿	满足互锁条件，即错误已消除
L1	下降沿	不满足互锁条件，即发生错误
A1	上升沿	报警已确认
R1	上升沿	到达的注册

动作命令框里常用的与事件相关的指令除了“D”（延迟）和“L”（脉冲限制）之外，其他的常用指令都可以进行组合使用。可以与事件指令组合使用的常用指令如表 6-12 所示。

表 6-12　　与事件指令组合使用的常用指令（以 S2 步激活事件为例）

指令（符号）		说　明
N（C）	Q0.0	S2 步激活（且满足互锁条件），Q0.0 接通一个周期
S（C）	M10.0	S2 步激活（且满足互锁条件），M10.0 置位（即 M10.0=1）
R（C）	M20.0	S2 步激活（且满足互锁条件），M20.0 复位（即 M20.0=0）
CS（C）	C0，C＃20	S2 步激活（且满足互锁条件），装载 C0 的计数初值 20（范围：0～999）
CU（C）	C2	S2 步激活（且满足互锁条件），C2 加 1（范围：0～999）
CD（C）	C4	S2 步激活（且满足互锁条件），C4 减 1（范围：0～999）
CR（C）	C5	S2 步激活（且满足互锁条件），C5 复位
TD（C）	T0，S5T＃10S	S2 步激活（且满足互锁条件），启动 T0 定时器。定时 10s 后，T0 动合触点闭合。启动后定时器开始计时并且与互锁条件和该步（S2）的状态无关，具有闭锁功能。设定值可以使用变量指定，也可以直接使用 S5 的时间值设定

续表

指令（符号）		说　明
TL（C）	T1，MW7	S2 步激活（且满足互锁条件），启动 T1 以扩展脉冲方式定时，没有闭锁功能。设定值可以使用变量指定，也可以直接使用 S5 的时间值设定
TR（C）	T2	S2 步激活（且满足互锁条件），定时器 T2 复位
N（C）	MW20：=MW24	S2 步激活（且满足互锁条件），将 MW24 的值赋予 MW20。数据类型可以是 8 位、16 位及 32 位
N（C）	MW10：=MW14+IMW16	S2 步激活（且满足互锁条件），将 MW14＋MW16 的和值赋予 MW20。数据类型可以是 8 位、16 位及 32 位
N（C）	A：=函数（B）	S2 步激活瞬间（且满足互锁条件），将 B 按照指定函数运算的结果赋予 A。函数使用 S7 Graph 内置的函数

4. 动作中的计数器与定时器

（1）动作中的计数器。动作中的计数器的执行与指定的事件有关。互锁功能可以用于计数器，具有互锁功能的计数器在互锁条件满足和指定的事件出现时，动作中的计数器才会计数。计数值为 0 时计数器的位变量为 0，计数值不为 0 时计数器的位变量为 1。

事件发生时，计数器指令 CS 将初值装入计数器。CS 指令第 2 个参数是要装入的初值，它可以由 IW、QW、MW、LW、DBW、DIW 来提供，或用常数 C＃0～ C＃999 的形式给出。事件发生时，CU、CD、CR 指令分别使计数值加 1、减 1 或将计数值复位为 0。计数器命令与互锁组合时，事件的 Interlock 中设置为 C。

（2）动作中的定时器。动作中的定时器与计数器的使用方法类似，事件出现时定时器被执行。互锁功能也可以用于定时器。与定时器相关的命令有 TL、TD、TR。

1）TL 命令。TL 为扩展的脉冲定时器命令，该指令的第 2 个参数是定时器定时时间 time，定时器位没有闭锁功能。定时器的定时时间可以由 IW、QW、MW、LW、DBW、DIW 来提供，或用 S5T＃time _ constant 的形式给出，“＃”后面是时间常数值。

一旦事件发生，定时器被启动，启动后将继续定时，而与互锁条件和步是否是活动步无关。在 time 指定的时间内，定时器的位变量为 1，此后变为 0。正在定时的定时器可以被新发生的事件重新启动，重新启动后，在 time 指定的时间内，定时器的位变量为 1。

2）TD 命令。TD 命令用来实现定时器位有闭锁功能的延迟。一旦事件发生，定时器被启动，互锁条件 C 仅仅在定时器被启动的那一时刻起作用。定时器被启动后，将继续定时，而与互锁条件和步的活动性无关。在 time 指定的时间内，定时器的位变量为 0。正在定时的定时器可以被新发生的事件重新启动，重新启动后，在 time 指定的时间内，定时器的位变量为 0；定时时间到时，定时器的位变量为 1。

3）TR 命令。TR 是复位定时器命令，一旦事件发生，定时器立即停止定时，定时器位与定时值被复位为 0。

6.3.5　S7-Graph 函数块的接口参数

在 S7-Graph 编辑器中编写程序后生成的函数块将在 OB1 中被调用。如果在 S7-

Graph 编辑器中设置函数块的接口参数，则 OB1 调用 FB 函数块时，其参数将有所不同。

在 S7-Graph 编辑界面，执行菜单命令“选项”→“设置”，在打开的设置对话框中执行“PLC 编程”→“GRAPH”→“新块的默认设置”，然后在“接口”中可选择相应接口参数，如图 6-31 所示。

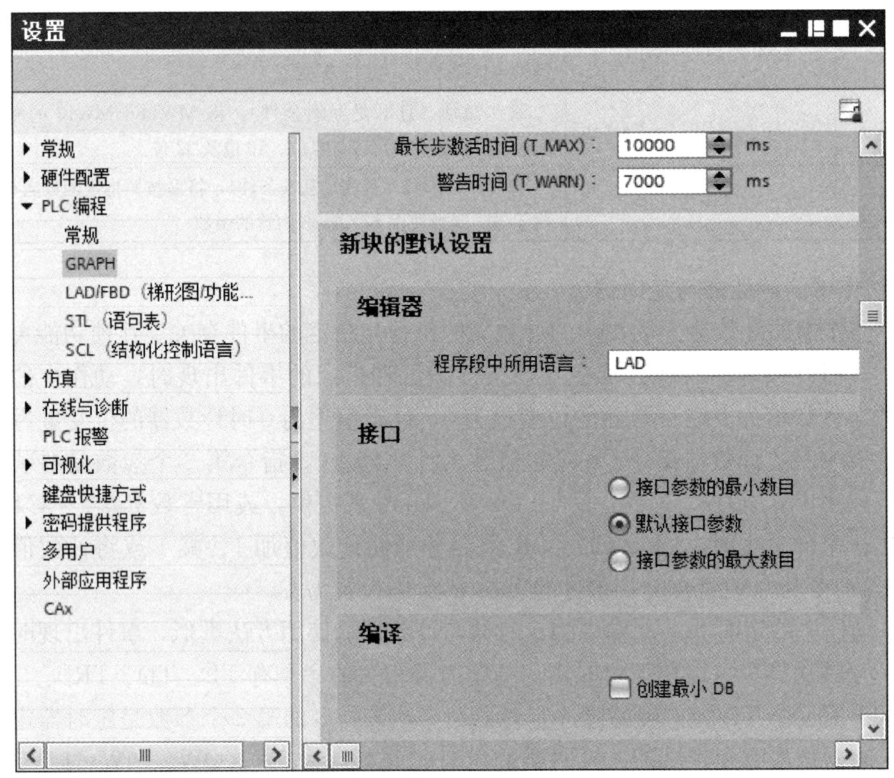

图 6-31 函数块的接口参数选择对话框

1. FB 的接口参数模式

从图 6-31 中可以看出，S7-Graph 中 FB 有 3 种接口参数模式供用户进行选择：接口参数的最小数目、默认接口参数、接口参数的最大数目。

如果选择“接口参数的最小数目”模式，调用 FB 时，FB 只有一个启动参数 INIT_SQ，如图 6-32（a）所示。选择此模式，用户程序（FB）只能运行在自动模式，并且不需要其他的控制及监控功能。

如果选择“默认接口参数”模式，FB 包括默认参数，有多种控制模式及状态信息供用户选择，如图 6-32（b）所示。6.4.6 节中所使用的功能块均采用“默认接口参数”模式。

如果选择“接口参数的最大数目”模式，FB 包括默认参数和扩展参数，有更多的操作控制、调试和监控功能，如图 6-32（c）所示。

2. FB 的接口参数

S7-Graph 函数块的部分接口参数含义如表 6-13 所示。

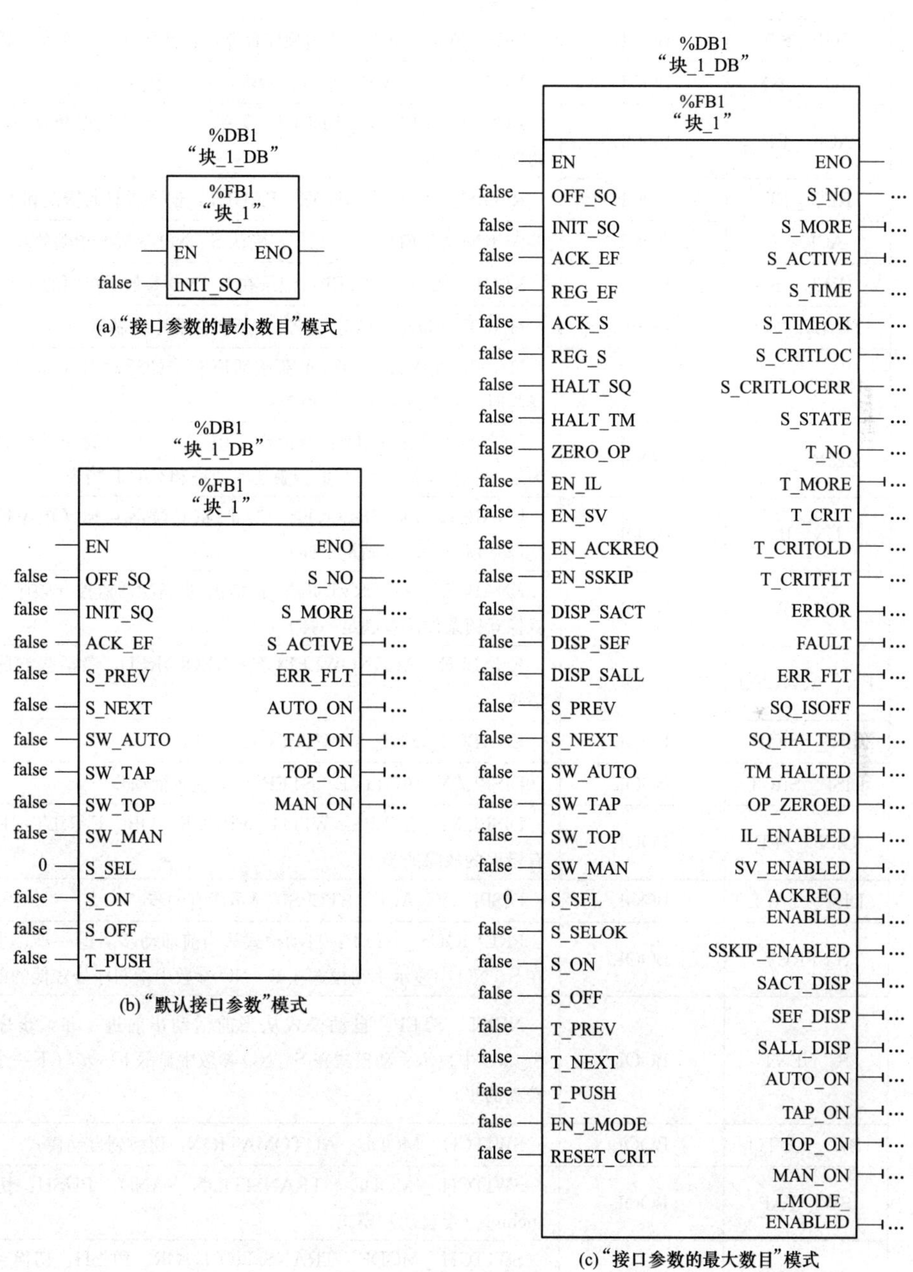

图 6-32　FB 的接口参数模式

表 6-13　　S7-Graph FB 的部分接口参数含义

接口	参数	数据类型	参数含义
输入	EN	BOOL	Enable Input：使能输入，控制 FB 的执行，如果直接连接 EN，将一直执行 FB
	OFF _ SQ	BOOL	OFF _ SQUENCE：关闭顺序控制器，使所有的步变为不活动步
	INIT _ SQ	BOOL	INIT _ SQUENCE：激活初始步，复位顺序控制器
	ACK _ EF	BOOL	ACKNOWLEDGE _ ERROR _ FAULT：确认错误和故障，强制切换到下一步
	REG _ EF	BOOL	REGISTRATE _ ERROR _ FAULT：记录所有的错误和干扰
	ACK _ S	BOOL	ACKNOWLEDGE _ STEP：确认 S _ NO 参数中指明的步
	REG _ S	BOOL	REGISTRATE _ STEP：记录在 S _ NO 参数中指明的步
	HALT _ SQ	BOOL	HALT _ SQUENCE：暂停/重新激活顺序控制器
	HALT _ TM	BOOL	HALT _ TIME：暂停/重新激活所有步的活动时间和顺序控制器与时间有关的命令（L 和 N）
	ZERO _ OP	BOOL	ZERO _ OPERANDS：将活动步中 L、N 和 D 命令的地址复位为 0，并且不执行动作/重新激活的地址和 CALL 指令
	EN _ IL	BOOL	ENABLE _ INTERLOCKS：禁止/重新激活互锁（顺序控制器就像互锁条件没有满足一样）
	EN _ SV	BOOL	ENABLE _ SUPERVISIONS：禁止/重新激活监控（顺序控制器就像互锁条件没有满足一样）
	EN _ ACKREQ	BOOL	ENABLE _ ACKNOWLEDGE _ REQUIRED：激活强制的确认请求
	EN _ SSKIP	BOOL	ENABLE _ STEP _ SKIPPING：激活跳步
	DISP _ SACT	BOOL	DISPLAY _ ACTIVE _ STEPS：只显示活动步
	DISP _ SEF	BOOL	DISPLAY _ STEPS _ WITH _ ERROR _ OR _ FAULT：只显示有错误的故障的步
	DISP _ SALL	BOOL	DISPLAY _ ALL _ STEPS：显示所有的步
	S _ PREV	BOOL	PREVIOUS _ STEP：自动模式从当前活动步后退一步，步序号在 S _ NO 中显示手动模式在 S _ NO 参数中指明序号较低的前一步
	S _ NEXT	BOOL	NEXT _ STEP：自动模式从当前活动步前进一步，步序号在 S _ NO 中显示手动模式在 S _ NO 参数中显示下一步（下一个序号较高的步）
	SW _ AUTO	BOOL	SWITCH _ MODE _ AUTOMATION：切换到自动模式
	SW _ TAP	BOOL	SWITCH _ MODE _ TRANSITION _ AND _ PUSH：切换到 Inching（半自动）模式
	SW _ TOP	BOOL	SWITCH _ MODE _ TRANSITION _ OR _ PUSH：切换到“自动或转向下一步”模式
	SW _ MAN	BOOL	SWITCH _ MODE _ MANUAL：切换到手动模式，不能触发自动执行
	S _ SEL	INT	STEP _ SELECT：选择用于输出参数 S _ ON 的指定的步，手动模式用 S _ ON 和 S _ OFF 激活或禁止步

续表

接口	参数	数据类型	参数含义
输入	S_SELOK	BOOL	STEP_SELECT_OK：将 S_SEL 中的数值用于 S_ON
	S_ON	BOOL	STEP_ON：在手动模式激活显示的步
	S_OFF	BOOL	STEP_OFF：在手动模式使显示的步变为不活动的步
	T_PREV	BOOL	PRVIOUS_TRANSITION：在 T_NO 参数中显示前一个有效的切换
	T_NEXT	BOOL	NEXT_TRANSITION：在 T_NO 参数中显示下一个有效的切换
	T_PUSH	BOOL	PUSH_TRANSITION：条件满足并且在 T_PUSH 的上升沿时，转换实现
输出	ENO	BOOL	Enable Output：使能输出，FB 被执行且没有出错，ENO 为 1，否则为 0
	S_NO	INT	STEP_NUMBER：显示步的编号
	S_MORE	BOOL	MORE_STEPS：激活其他步
	S_ACTIVE	BOOL	STEP_ACTIVE：被显示的步是活动步
	S_TIME	TIME	STEP_TIME：步激活时间
	S_TIMEOK	TIME	STEP_TIME_OK：步激活时间无错误
	S_CRITLOC	DWORD	STEP_CRITERIA：互锁条件位（仅 S7-300/400 或 S7-1500）
	S_CRITLOCERR	DWORD	STEP_CRITERIA_LAST_ERROR：用于 L1 事件的互锁条件位（仅 S7-300/400 或 S7-1500）
	S_CRITSUP	DWORD	STEP_CRITERIA：监控标准位（仅 S7-300/400）
	S_STATE	WORD	STEP_STATE：步的状态位
	T_NO	INT	TRANSITION_NUMBER：有效的转换条件编号
	T_MORE	BOOL	MORE_TRANSITION：显示其他有效转换条件
	T_CRIT	DWORD	TRANSITION_CRITERIA：转换的条件位
	T_CRITOLD	DWORD	T_CRITERIA_LAST_CYCLE：前一周期的转换条件位
	T_CRITFLT	DWORD	T_CRITERIA_LAST_FAULT：事件 V1 的转换条件位
	ERROR	BOOL	INTERLOCK_ERROR：任何一步的互锁错误
	FAULT	BOOL	SUPERVISION_FAULT：任何一步的监控错误
	ERR_FLT	BOOL	IL_ERROR_OR_SV_FAULT：常规故障
	SQ_ISOFF	BOOL	SEQUENCE_IS_OFF：顺序控制器完全停止（没有活动步）
	SQ_HALTED	BOOL	SEQUENCE_IS_HALTED：顺序控制器暂停
	TM_HALTED	BOOL	TIMES_ARE_HALTED：定时器停止
	OP_ZEROED	BOOL	OPERANDS_ARE_ZEROED：地址被复位
	IL_ENABLED	BOOL	INTERLOCK_IS_ENABLED：互锁被使能
	SV_ENABLED	BOOL	SUPERVISION_IS_ENABLED：监控被使能
	SSKIP_ENABLED	BOOL	STEP_SKIPPING_IS_ENABLED：跳步被激活

续表

接口	参数	数据类型	参数含义
输出	ACKREQ _ ENABLED	BOOL	ACKNOWLEDGE _ REQUIRED _ IS _ ENABLE：强制的确认被激活
	SACT _ DISP	BOOL	ACTIVE _ STEPS _ WERE _ DISPLAYED：只显示 S _ NO 参数中激活步的编号
	SEF _ DISP	BOOL	STEPS _ WITH _ ERROR _ FAULT _ WERE _ CVDISPLAYED：在 S _ NO 参数中只显示出错的步和有故障的步
	SALL _ DISP	BOOL	ALL _ STEPS _ WERE _ DISPLAYED：在 S _ NO 参数中显示所有的步
	AUTO _ ON	BOOL	AUTOMATIC _ IS _ ON：显示自动模式
	TAP _ ON	BOOL	T _ AND _ PUSH _ IS _ ON：显示单步自动模式
	TOP _ ON	BOOL	T _ OR _ PUSH _ IS _ ON：显示 SW _ TOP 模式
	MAN _ ON	BOOL	MANUAL _ IS _ ON：显示手动模式

6.3.6 S7-Graph 的应用实例

在 6.3.3 节中讲述了顺控器的基本结构，这些结构可通过 S7-Graph 编写相应的控制程序。

1. 单序列顺序控制的 S7-Graph 应用实例

【例 6-5】 运料小车的 PLC 控制。

(1) 控制要求。某运料小车控制示意图如图 6-33 所示，当小车处于后端时，按下启动按钮 SB1，小车向前运行，行至高端压下行程开关 SQ1，翻斗门打开装货，15s 后，关闭翻斗门，小车向后运行，行至后端，压下行程开关 SQ2，打开小车底门卸货，8s 后底门关闭，完成一次动作。运料小车可进行单周期操作或连续操作。在单周期操作模式下，按下启动按钮后，小车往复运行 1 次后，停在后端等待下次启动。

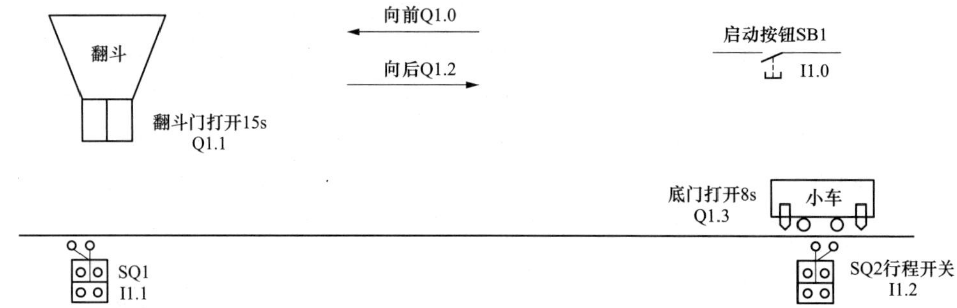

图 6-33 某运料小车控制示意图

(2) 控制分析。本例也属于单序列顺序循环控制，由 5 个步构成，其中步 1 为初始步，步 2 用于小车前行控制，步 3 为翻斗门打开进行装货控制，步 4 用于小车后行控制，步 5 为底门打开进行卸货控制。

(3) I/O 端子资源分配与接线。根据控制要求可知，本例需使用 3 个输入和 4 个输出点，再加上由 OB1 调用 FB1 时使用的一些控制信号端子，因此 CPU 可选用 CPU 1516-3

PN，数字量输入模块为 DI 16×24V DC BA，数字量输出模块为 DQ 16×230V AC/2A ST，I/O 分配如表 6-14 所示，PLC 外部接线如图 6-34 所示。

表 6-14　某运料小车的 I/O 分配表

输入			输出		
功能	元件	对应端子	功能	元件	对应端子
关闭顺控	SB1	I0.0	故障显示	HL1	Q0.0
激活顺控	SB2	I0.1	自动运行显示	HL2	Q0.1
确认故障	SB3	I0.2	半自动运行显示	HL3	Q0.2
自动模式	SB4	I0.3	小车向前运行	KM1	Q1.0
半自动模式	SB5	I0.4	翻斗门打开	YV1	Q1.1
启动顺控	SB6	I0.5	小车后退运行	KM2	Q1.2
启动	SB7	I1.0	底门打开	YV2	Q1.3
前进限位	SQ1	I1.1			
后退限位	SQ2	I1.2			

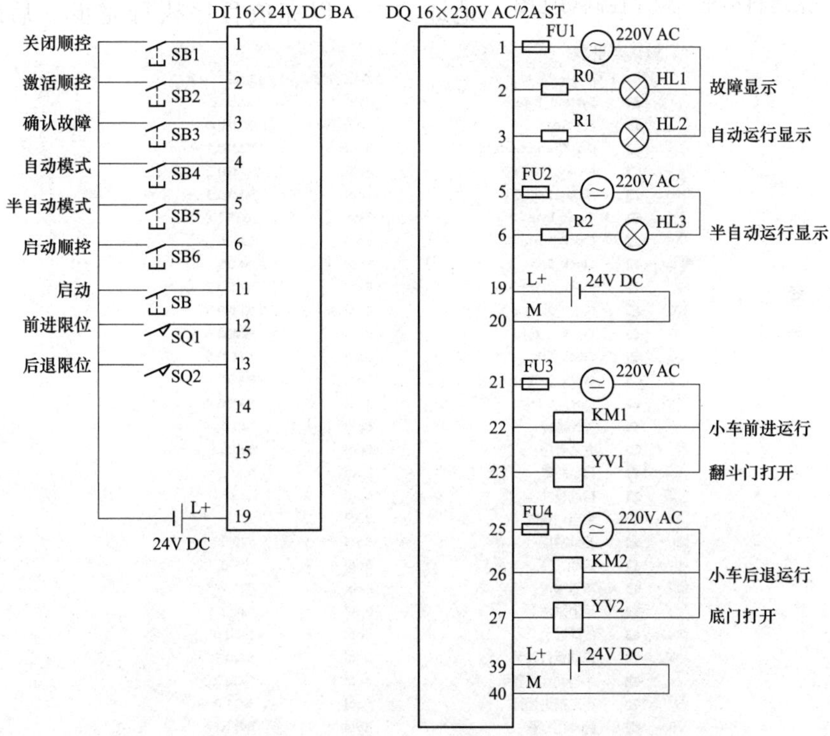

图 6-34　某运料小车的 PLC 外部接线图

（4）编写 PLC 控制程序。根据某运料小车的控制示意图和 PLC 资源配置，设计出某运料小车的顺序控制功能图如图 6-35 所示。使用 S7-Graph 编写某运料小车的 PLC 控制程序时，可按以下步骤进行。

1）创建 S7-Graph 语言的函数块 FB。

① 启动 TIA Portal 软件，创建一个新的项目，并进行硬件组态。

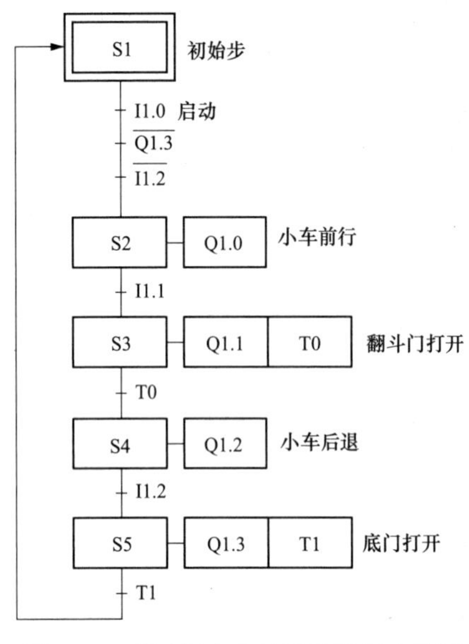

图 6-35　某运料小车的顺序控制功能图

② 在 TIA Portal 项目结构窗口的“程序块”中双击“添加新块”，在弹出的添加新块中点击“函数块”，选择编程语言为“Graph”，并设置块编号。然后按下“确定”键，即可进入 S7-Graph 编辑窗口界面。

2）定义全局变量。在 TIA Portal 项目结构窗口的“PLC 变量”中双击“默认变量表”，进行全局变量表的定义，如图 6-36 所示。

3）插入步与转换。在 S7-Graph 编辑窗口界面的工具栏中，点击图标，切换为“顺控器视图”显示模式，在此模式下通过顺控器工具条的中和↓，可以插入步与转换。用鼠标选中步 5 的跳转（T5），再点击顺控器工具条中的↓s 就可以把跳转指令放到步 5（S5）的跳转指令里，然后选择地址“1”，以完成程序执行完步 5 后跳转到步

默认变量表

	名称	数据类型	地址
1	System_Byte	Byte	%MB10
2	FirstScan	Bool	%M10.0
3	DiagStatusUpdate	Bool	%M10.1
4	AlwaysTRUE	Bool	%M10.2
5	AlwaysFALSE	Bool	%M10.3
6	Clock_Byte	Byte	%MB20
7	Clock_10Hz	Bool	%M20.0
8	Clock_5Hz	Bool	%M20.1
9	Clock_2.5Hz	Bool	%M20.2
10	Clock_2Hz	Bool	%M20.3
11	Clock_1.25Hz	Bool	%M20.4
12	Clock_1Hz	Bool	%M20.5
13	Clock_0.625Hz	Bool	%M20.6
14	Clock_0.5Hz	Bool	%M20.7
15	关闭顺控	Bool	%I0.0
16	激活顺控	Bool	%I0.1
17	确认故障	Bool	%I0.2
18	自动模式	Bool	%I0.3
19	半自动模式	Bool	%I0.4
20	启动顺控	Bool	%I0.5
21	启动	Bool	%I1.0
22	前进限位	Bool	%I1.1
23	后退限位	Bool	%I1.2
24	故障显示	Bool	%Q0.0
25	自动运行显示	Bool	%Q0.1
26	半自动运行显示	Bool	%Q0.2
27	小车前进运行	Bool	%Q1.0
28	翻斗门打开	Bool	%Q1.1
29	小车后退运行	Bool	%Q1.2
30	底门打开	Bool	%Q1.3
31	延时15s	Bool	%M0.0
32	延时8s	Bool	%M0.1

图 6-36　定义某运料小车的全局变量

1（S1），即完成一个动作周期后开始下一个动作周期，以形成 S1～S5 的闭环。插入步与转换如图 6-37 所示。

4）步与动作的编程。点击步右上角图标，可打开动作表，以进行动作的编程。

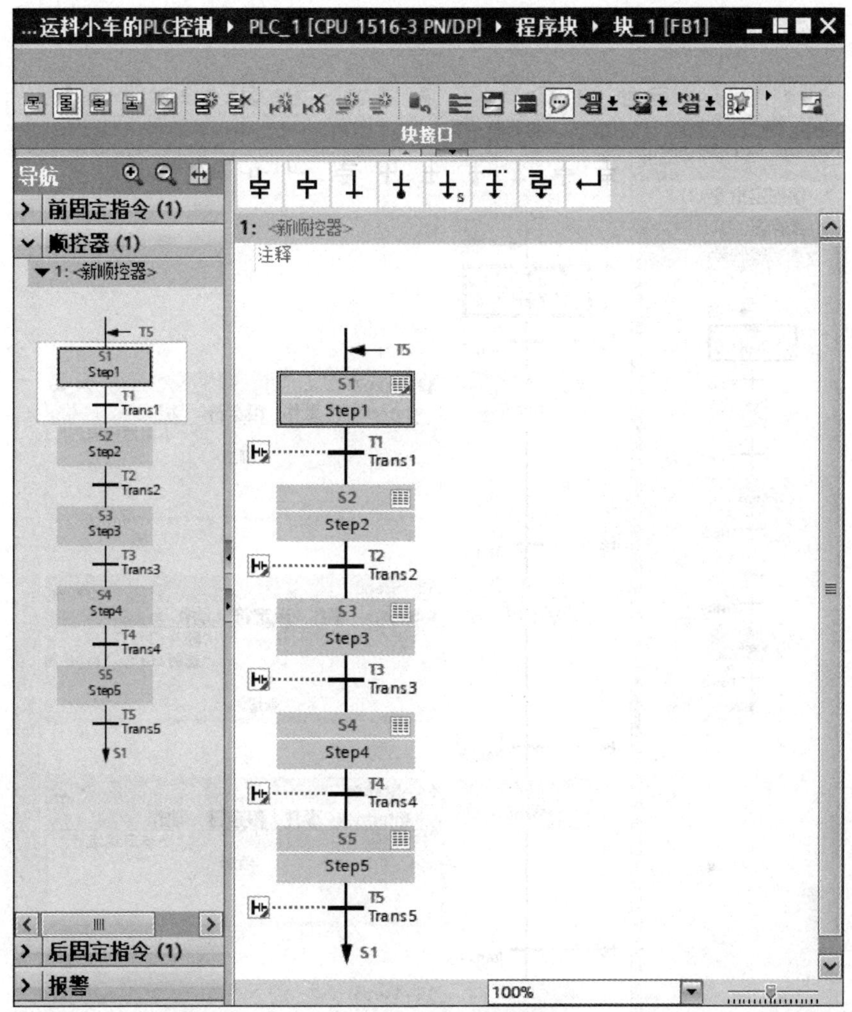

图 6-37　插入步与转换

S1 是初始步，在图 6-37 中没有执行相应动作，因此可不插入动作。在 S2 中插入 1 个命令行，输入命令 N，相应的地址为 Q1.0。在 S3 中插入命令行，先输入命令为 N，地址为 Q1.0，翻斗门打开需要一定时间，所以在 S3 中还需要延时，因此输入命令 D，地址中输入 M0.0，而该命令右下方的方框中输入 T＃15s。在 S4 中插入 1 个命令行，输入命令 N，相应的地址为 Q1.2。在 S5 中插入 1 个命令行，输入命令 N，相应的地址为 Q1.3，底门打开也需要一定的时间，所以在 S5 中还输入命令 D，地址中输入 M0.1，而该命令右下方的方框中输入 T＃8s。至此将各步插入了相应的动作，如图 6-38 所示。

5）对转换条件编程。转换条件可以用梯形图（LAD）或功能块图（FBD）进行表示，在此以梯形图的编辑为例。

① 点击“Trans1”左侧梯形图的母线位置，即虚线与转换相连的转换条件中要放置元件的位置。然后从触点图标工具条中点击两个⊣⊢动合触点和两个⊣/⊢动断触点，并分别输入地址 I1.0、Q1.3、I1.2 和 M0.1，其中 M0.1 与 I1.0 这两个动合触点并联。

② 点击“Trans2”左侧梯形图的母线位置，然后从触点图标工具条中点击⊣⊢动

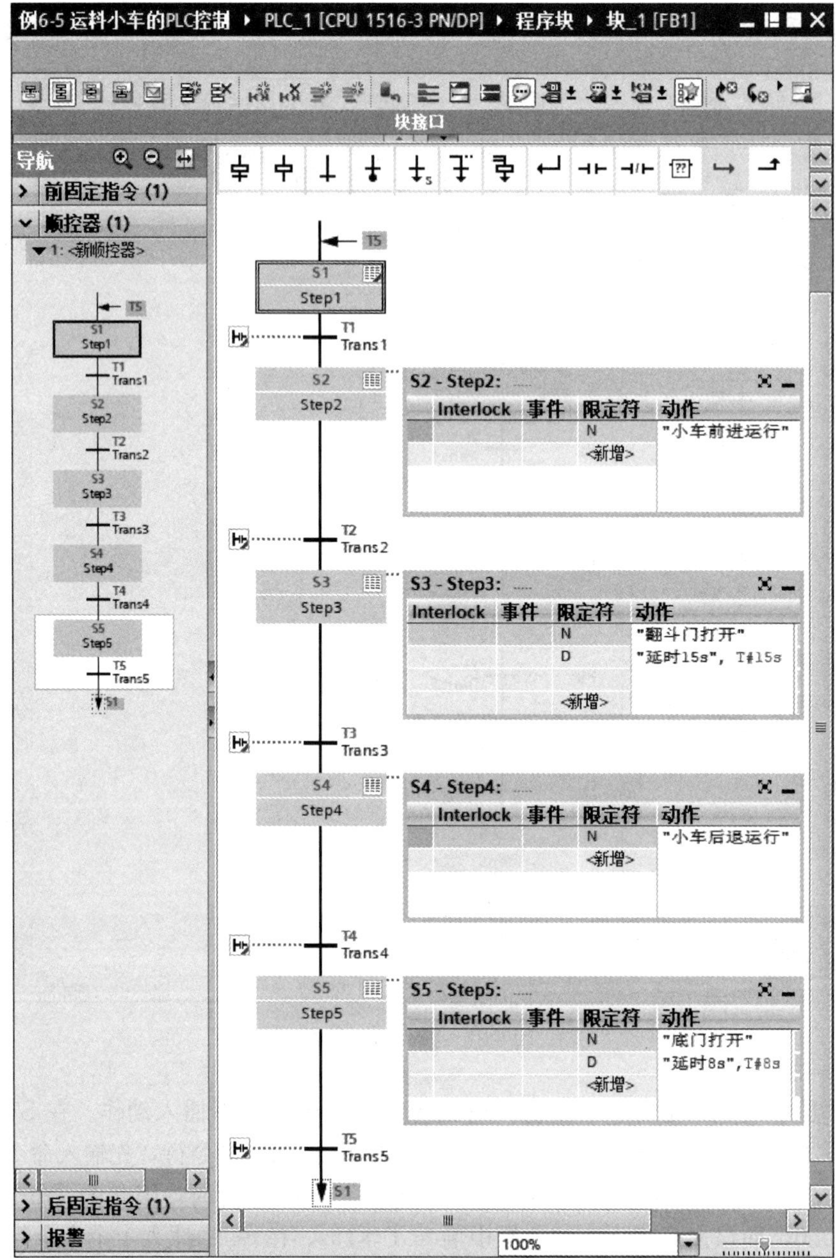

图 6-38 插入动作

合触点，并输入地址 I1.1。

③ 点击“Trans3”左侧梯形图的母线位置，然后从触点图标工具条中点击⊣⊢动合触点，并输入地址 M0.0。

④ 点击“Trans4”左侧梯形图的母线位置，然后从触点图标工具条中点击⊣⊢动合触点，并输入地址 I1.2。

⑤ 点击“Trans5”左侧梯形图的母线位置，然后从触点图标工具条中点击⊣⊢动合触点，并输入地址 M0.1。

至此，编辑好的转换条件如图 6-39 所示，然后将其进行保存。

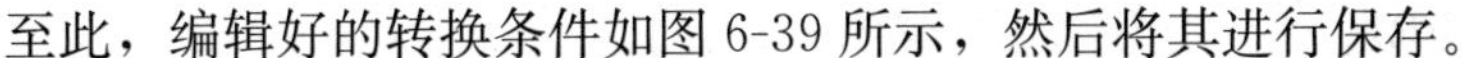

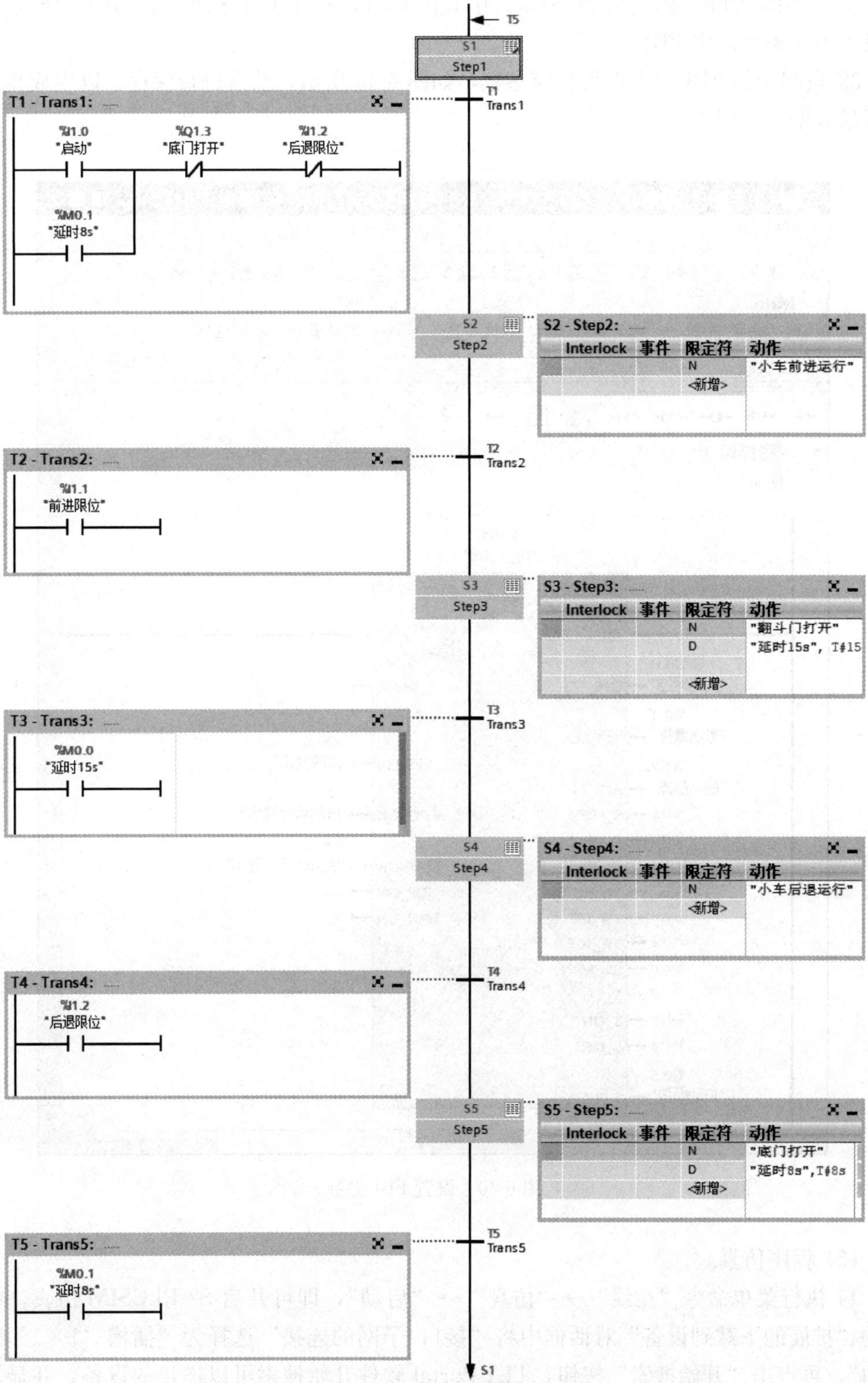

图 6-39　编辑好的转换条件

6）在 OB1 中调用 FB1。

① 在 SIMATIC 管理器的对象窗口中双击 OB1，打开主程序块。在 OB1 功能块的程序段 1 中无条件调用 FB1。

② 在调用的 FB1 块中设置相应参数，如图 6-40 所示。然后进行保存，以生成相对应的背景数据块（DB1）。

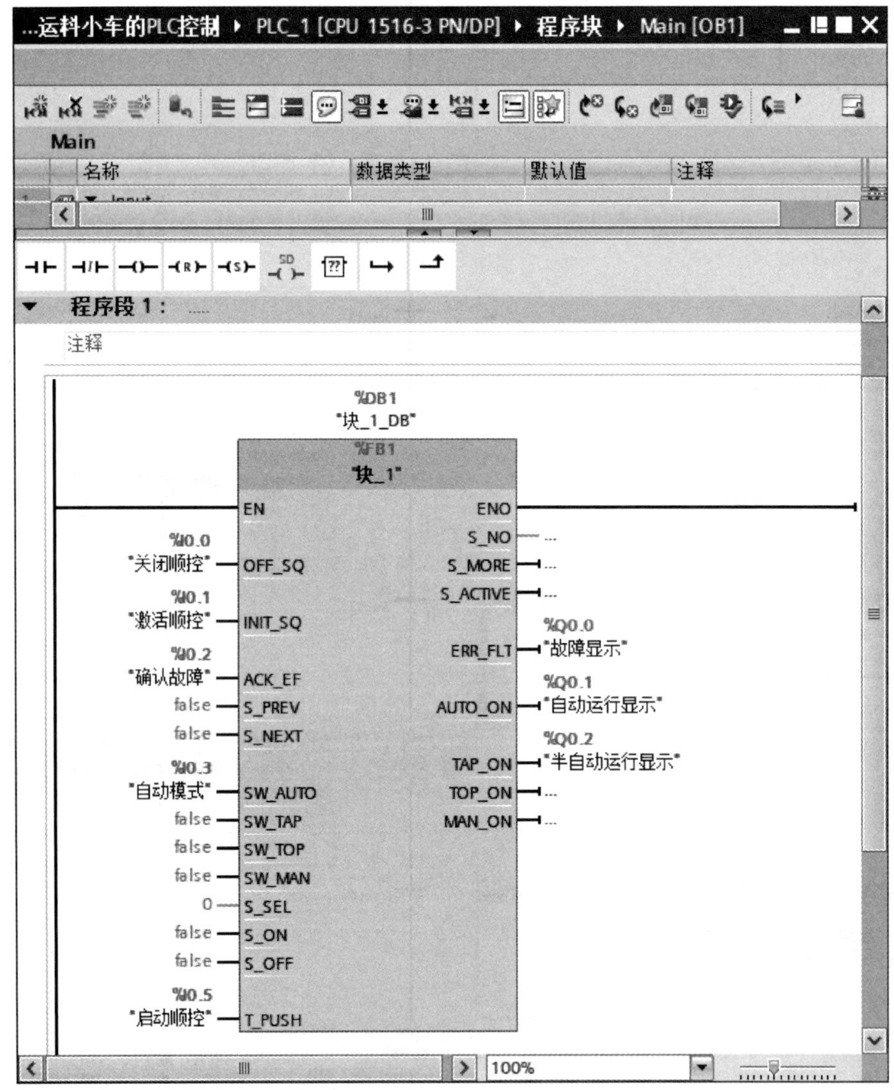

图 6-40　设置 FB1 参数

（5）程序仿真。

1）执行菜单命令“在线”→“仿真”→“启动”，即可开启 S7-PLCSIM 仿真。在弹出的“扩展的下载到设备”对话框中将“接口/子网的连接”选择为“插槽‘1×1’处的方向”，再点击“开始搜索”按钮，TIA Portal 软件开始搜索可以连接的设备，并显示相应的在线状态信息，然后单击“下载”按钮，完成程序的装载。

2）在主程序窗口和 FB1 块窗口中，分别点击全部监视图标，同时使 S7-PLCSIM 处于“RUN”状态，即可观看程序的运行情况。

3）强制一些输入触点（IB0 和 IB1），在监控表中可观看到 QB0 和 QB1 的相应位输出为 TRUE，如图 6-41 所示。

... PLC_1 [CPU 1516-3 PN/DP] ▸ 监控与强制表 ▸ 监控表_1

	i	名称	地址	显示格式	监视值
1		"故障显示"	%Q0.0	布尔型	FALSE
2		"自动运行显示"	%Q0.1	布尔型	TRUE
3		"半自动运行显示"	%Q0.2	布尔型	FALSE
4		"小车前进运行"	%Q1.0	布尔型	TRUE
5		"翻斗门打开"	%Q1.1	布尔型	FALSE
6		"小车后退运行"	%Q1.2	布尔型	FALSE
7		"底门打开"	%Q1.3	布尔型	FALSE

图 6-41　某运料小车运行的监控表

4）在 FB1 的编辑界面中，可观看其各步的运行情况。刚进入在线监控状态时，S1 为活动步，将 I1.0 强制为“1”，S1 恢复为常态，变为非活动步；而 S2 为活动步；Q1.0 输出为 1，模拟运料小车前进运行。当小车达到前进限位处时，将 I1.1 强制为“0”，S2 恢复为常态，变为非活动步；而 S3 为活动步，Q1.1 输出为 1，模拟翻斗门打开，同时启动延时。当延时达 15s 时，M0.0 触点闭合，S3 恢复为常态，变为非活动步；而 S4 为活动步，Q1.2 输出为 1，模拟小车后退运行，监控运行效果如图 6-42 所示。当小车达到后退限位处时，将 I1.2 强制为“1”状态，S4 恢复为常态，变为非活动步；而 S5 为活动步，Q1.3 输出为 1，模拟底门打开，同时启动延时。当延时达到 8s 时，M0.1 动合触点瞬时闭合，使 S5 变为非活动步，S1 为活动步，这样可以继续下一轮循环操作。

【例 6-6】 传送机械手的 PLC 控制。

机械手是工业自动控制领域中经常遇到的一种控制对象。机械手可以完成许多工作，如搬物、装配、切割、喷染等，应用非常广泛。

（1）控制要求。图 6-43 所示为某气动传送机械手的工作示意图，其任务是将工件从 A 点向 B 点移送。气动传送机械手的上升/下降和左行/右行动作分别由两个具有双线圈的两位电磁阀驱动气缸来完成。其中上升与下降对应的电磁阀的线圈分别为 YV1 和 YV2，左行与右行对应的电磁阀的线圈分别为 YV3 和 YV4。当某个电磁阀线圈通电，就一直保持现有的机械动作，直到相对的另一线圈通电为止。另外气动传送机械手的夹紧、松开的动作由只有另一个线圈的两位电磁阀驱动的气缸完成，线圈 YV5 通电夹住工件，线圈 YV5 断电时松开工件。机械手的工作臂都设有上、下限位和左、右限位的位置开关 SQ1、SQ2、SQ3、SQ4，夹紧装置不带限位开关，它是通过一定的延时来表示其夹紧动作的完成。

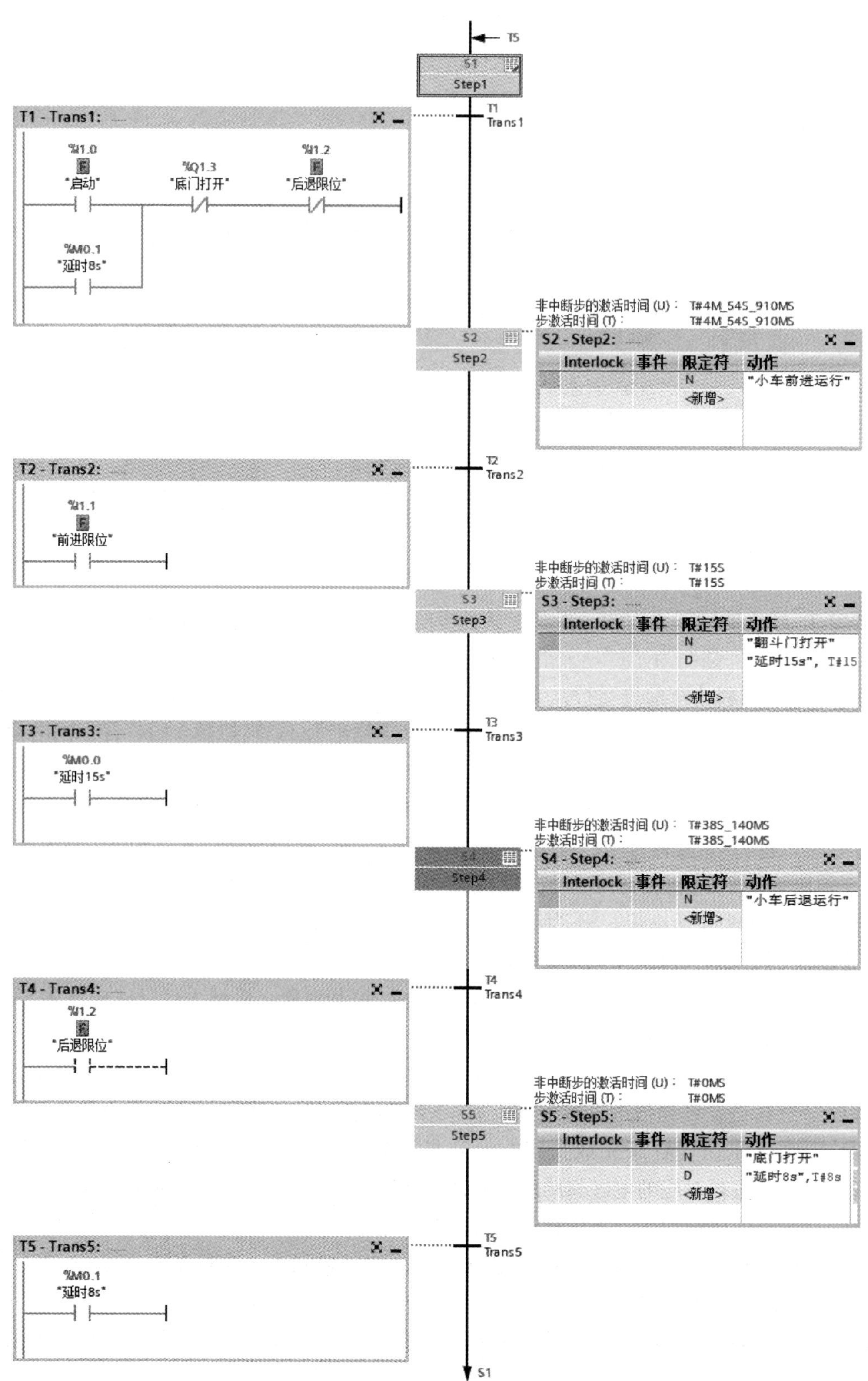

图 6-42　某运料小车的监控运行图

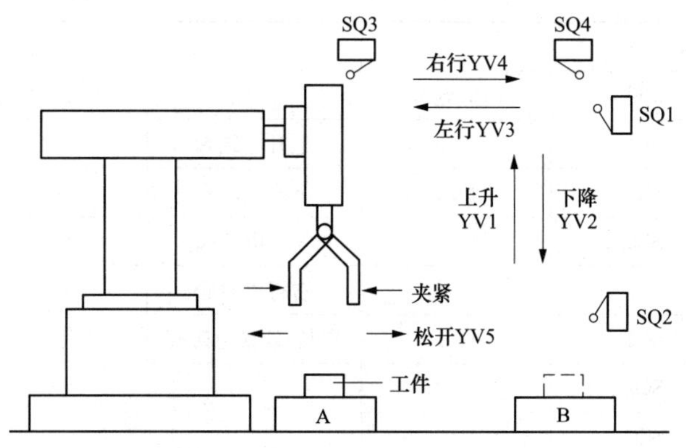

图 6-43　传送机械手工作示意图

(2) 控制分析。从图 6-43 可知，机械手将工件从 A 点移到 B 点再回到原位的过程有 8 步动作，如图 6-44 所示。从原位开始按下启动按钮时，下降电磁阀通电，机械手开始下降。下降到底时，碰到下限位开关，下降电磁阀断电，下降停止；同时接通夹紧电磁阀，机械手夹紧，夹紧后，上升电磁阀开始通电，机械手上升；上升到顶时，碰到上限位开关，上升电磁阀断电，上升停止；同时接通右移电磁阀，机械手右移，右移到位时，碰到右移限位开关，右移电磁阀断电，右移停止。此时，下降电磁阀接通，机械手下降。下降到底时碰到下限位开关，下降电磁阀断电，下降停止；同时夹紧电磁阀断电，机械手放松，放松后，上升电磁阀通电，机械手上升，上升碰到限位开关，上升电磁阀断电，上升停止；同时接通左移电磁阀，机械手左移；左移到原位时，碰到左限位开关，左移电磁阀断电，左移停止。至此机械手经过 8 步动作完成一个循环。

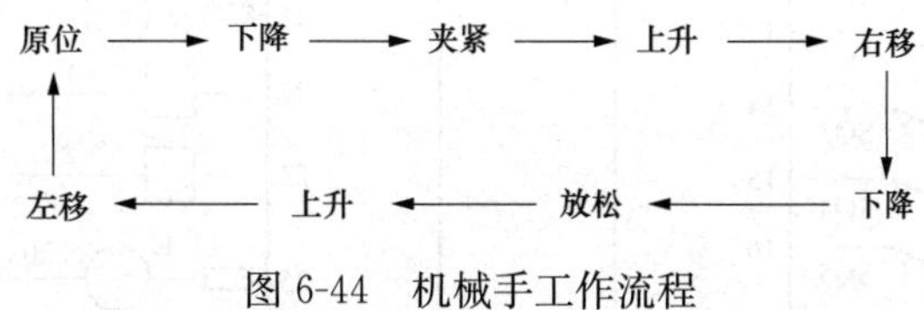

图 6-44　机械手工作流程

(3) I/O 端子资源分配与接线。根据控制要求及控制分析可知，该系统需要 7 个输入和 6 个输出点，再加上由 OB1 调用 FB1 时的一些控制信号端子，因此 CPU 可选用 CPU 1516-3 PN，数字量输入模块为 DI 16×24V DC BA，数字量输出模块为 DQ 16×230V AC/2A ST，I/O 分配如表 6-15 所示，PLC 外部接线如图 6-45 所示。

表 6-15　传送机械手的 I/O 端子分配表

输　入			输　出		
功能	元件	PLC 地址	功能	元件	PLC 地址
关闭顺控	SB1	I0.0	故障显示	HL1	Q0.0
激活顺控	SB2	I0.1	自动运行显示	HL2	Q0.1
确认故障	SB3	I0.2	半自动运行显示	HL3	Q0.2

续表

输入			输出		
功能	元件	PLC 地址	功能	元件	PLC 地址
自动模式	SB4	I0.3	上升电磁阀	YV1	Q1.0
半自动模式	SB5	I0.4	下降电磁阀	YV2	Q1.1
启动顺控	SB6	I0.5	左行电磁阀	YV3	Q1.2
启动/停止按钮	SB7	I1.0	右行电磁阀	YV4	Q1.3
上限位行程开关	SQ1	I1.1	夹紧/放松电磁阀	YV5	Q1.4
下限位行程开关	SQ2	I1.2			
左限位行程开关	SQ3	I1.3			
右限位行程开关	SQ4	I1.4			
工件检测	SQ5	I1.5			

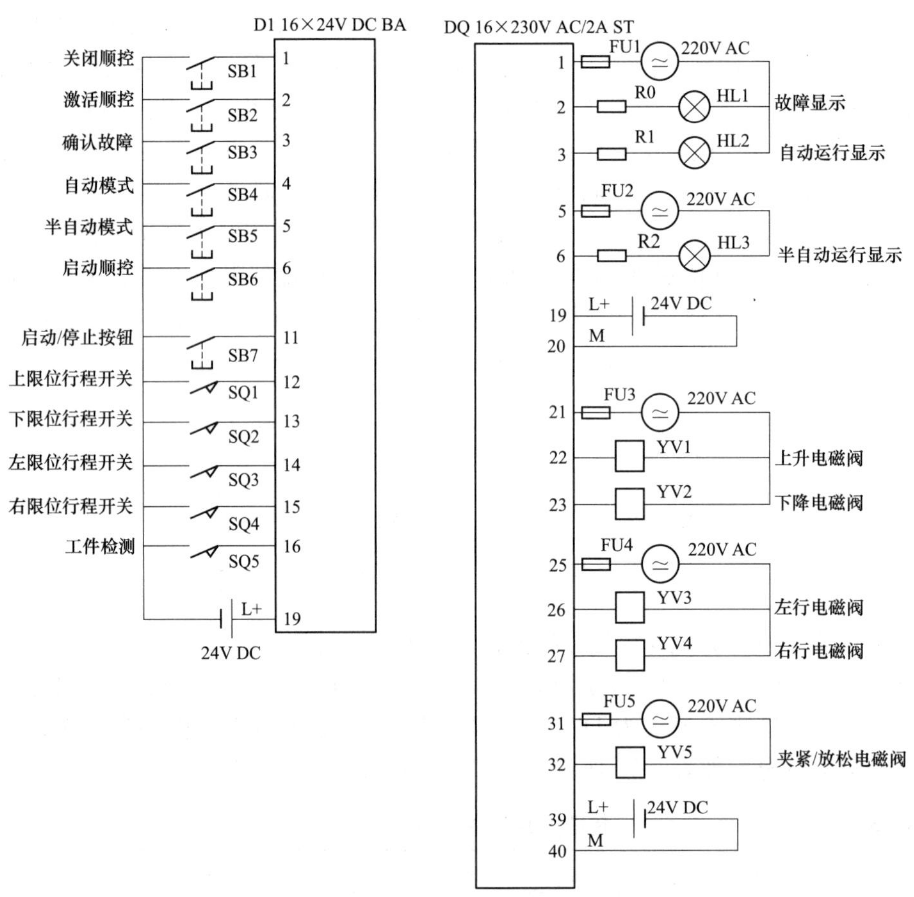

图 6-45　传送机械手的 I/O 接线图

(4) 编写 PLC 控制程序。根据传送机械手的工作流程图和 PLC 资源配置，设计出传送机械手的顺序控制功能图，如图 6-46 所示。使用 S7-Graph 编写传送机械手的 PLC 控制程序时，可按以下步骤进行。

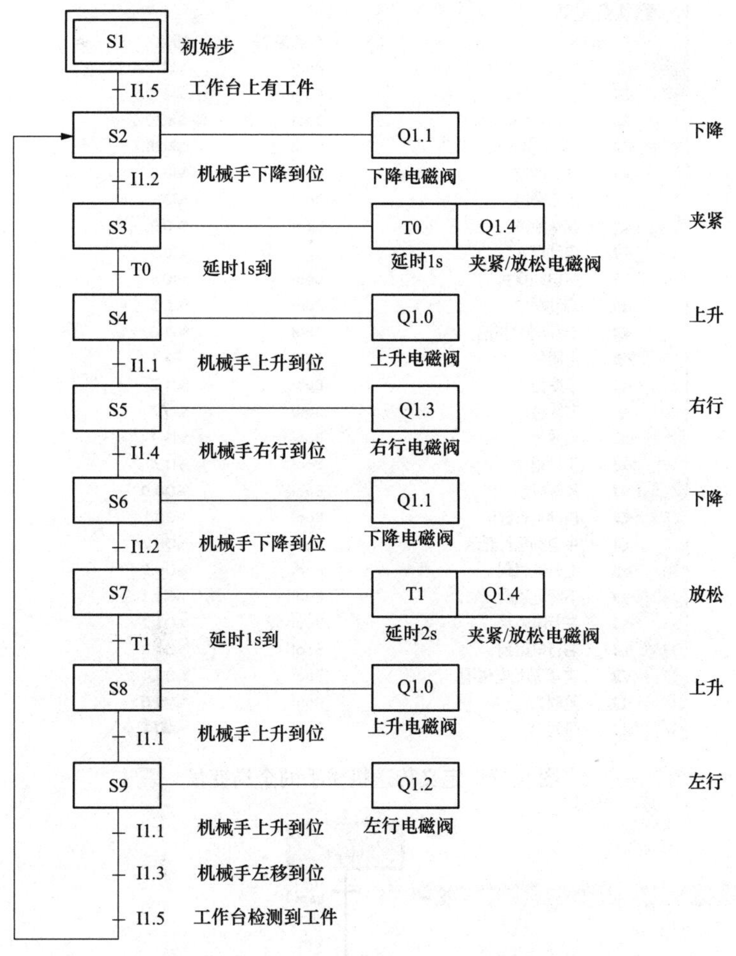

图 6-46　传送机械手的顺控流程图

1）创建 S7-Graph 语言的函数块 FB。

① 启动 TIA Portal 软件，创建一个新的项目，并进行硬件组态。

② 在 TIA Portal 项目结构窗口的“程序块”中双击“添加新块”，在弹出的添加新块中点击“函数块”，选择编程语言为“Graph”，并设置块编号。然后按下“确定”键，即可进入 S7-Graph 编辑窗口界面。

2）定义全局变量。在 TIA Portal 项目结构窗口的“PLC 变量”中双击“默认变量表”，进行全局变量表的定义，如图 6-47 所示。

3）使用 S7 Graph 在 FB1 中编写顺控程序。在 S7-Graph 编辑窗口界面的工具栏中，点击图标，切换为“顺控器视图”显示模式，在此模式中使用 Graph 语言编写如图 6-48 所示的顺控程序，并将其进行保存。

4）在 OB1 中调用 FB1。

① 在 TIA Portal 对象窗口中双击 OB1，打开主程序块。在 OB1 功能块中按表 6-16 所示书写程序。

② 将书写好的程序进行保存，以生成相对应的背景数据块（DB1）。

默认变量表

	名称	数据类型	地址
11	Clock_1.25Hz	Bool	%M20.4
12	Clock_1Hz	Bool	%M20.5
13	Clock_0.625Hz	Bool	%M20.6
14	Clock_0.5Hz	Bool	%M20.7
15	关闭顺控	Bool	%I0.0
16	激活顺控	Bool	%I0.1
17	确认故障	Bool	%I0.2
18	自动模式	Bool	%I0.3
19	半自动模式	Bool	%I0.4
20	启动顺控	Bool	%I0.5
21	启动/停止按钮	Bool	%I1.0
22	上限位	Bool	%I1.1
23	下限位	Bool	%I1.2
24	左限位	Bool	%I1.3
25	右限位	Bool	%I1.4
26	工件检测	Bool	%I1.5
27	故障显示	Bool	%Q0.0
28	自动运行显示	Bool	%Q0.1
29	半自动运行显示	Bool	%Q0.2
30	上升电磁阀	Bool	%Q1.0
31	下降电磁阀	Bool	%Q1.1
32	左行电磁阀	Bool	%Q1.2
33	右行电磁阀	Bool	%Q1.3
34	夹紧/放松电磁阀	Bool	%Q1.4
35	延时1s	Bool	%M0.0
36	延时2s	Bool	%M0.1

图 6-47　定义传送机械手的全局变量

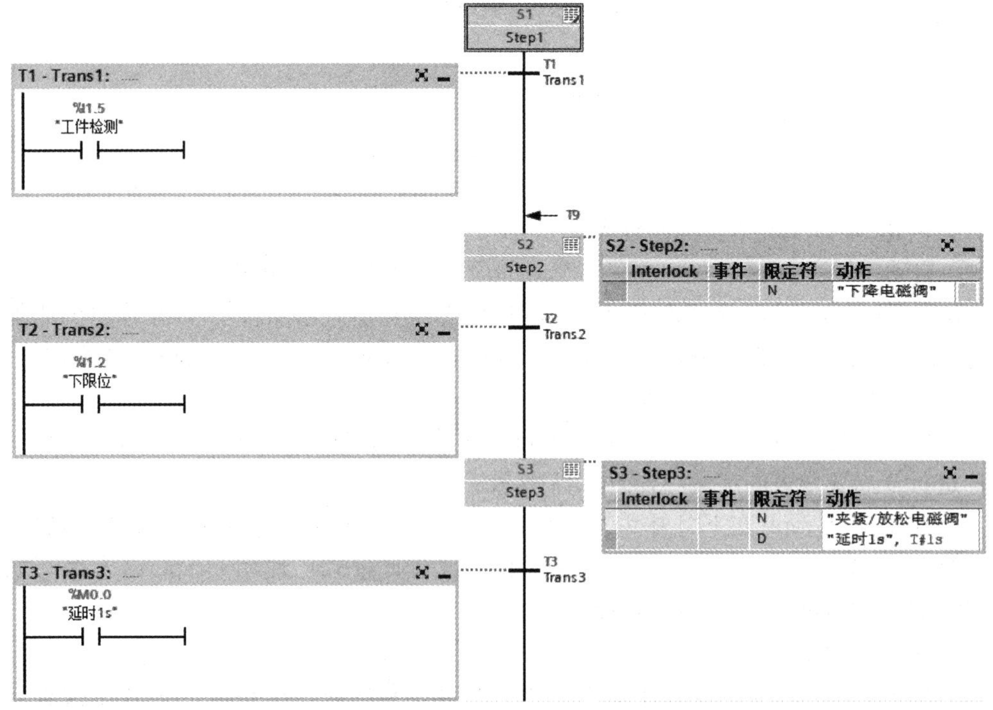

图 6-48　S7-Graph 编写的传送机械手控制程序（一）

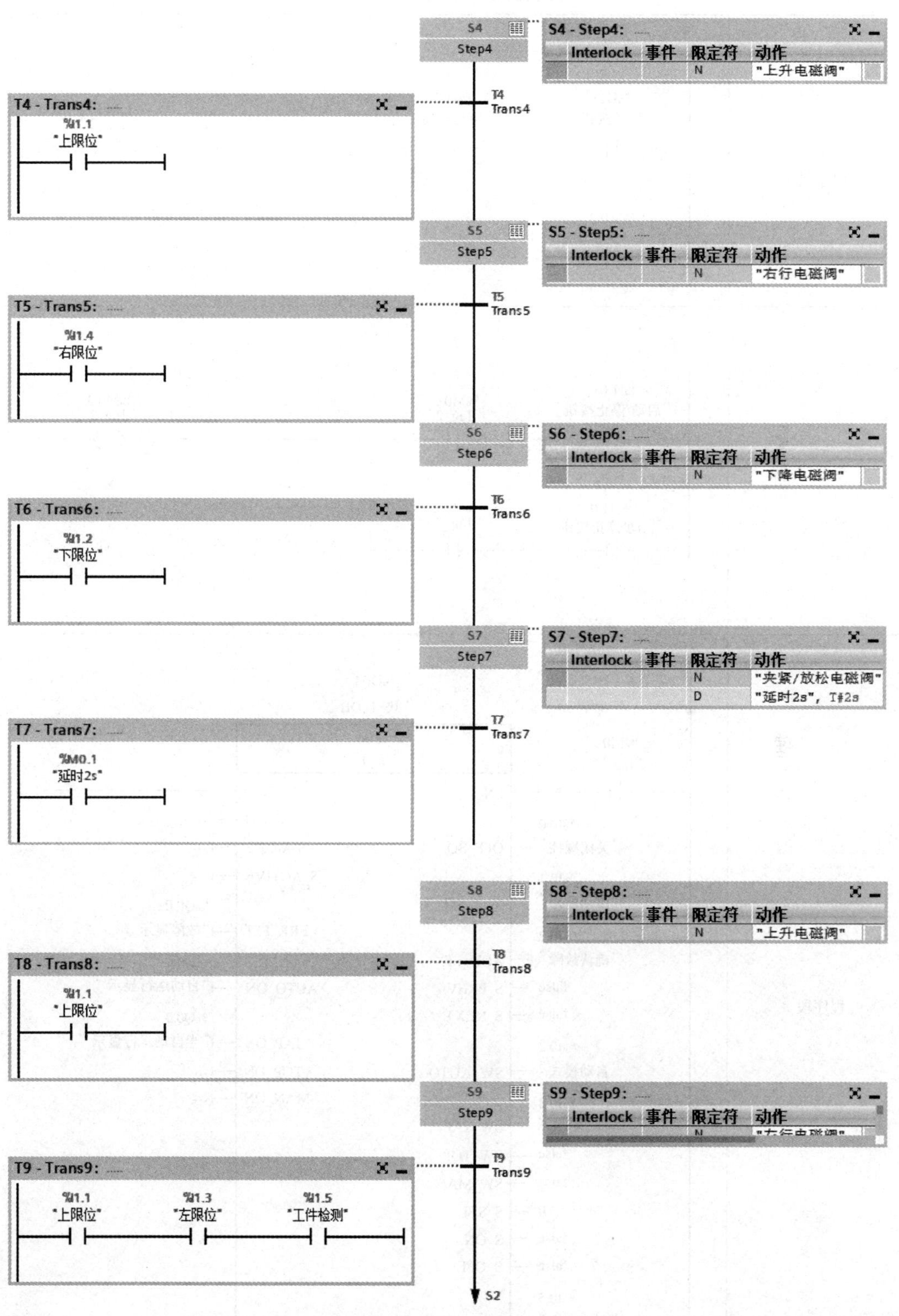

图 6-48　S7-Graph 编写的传送机械手控制程序（二）

表 6-16　　传送机械手 OB1 中的程序

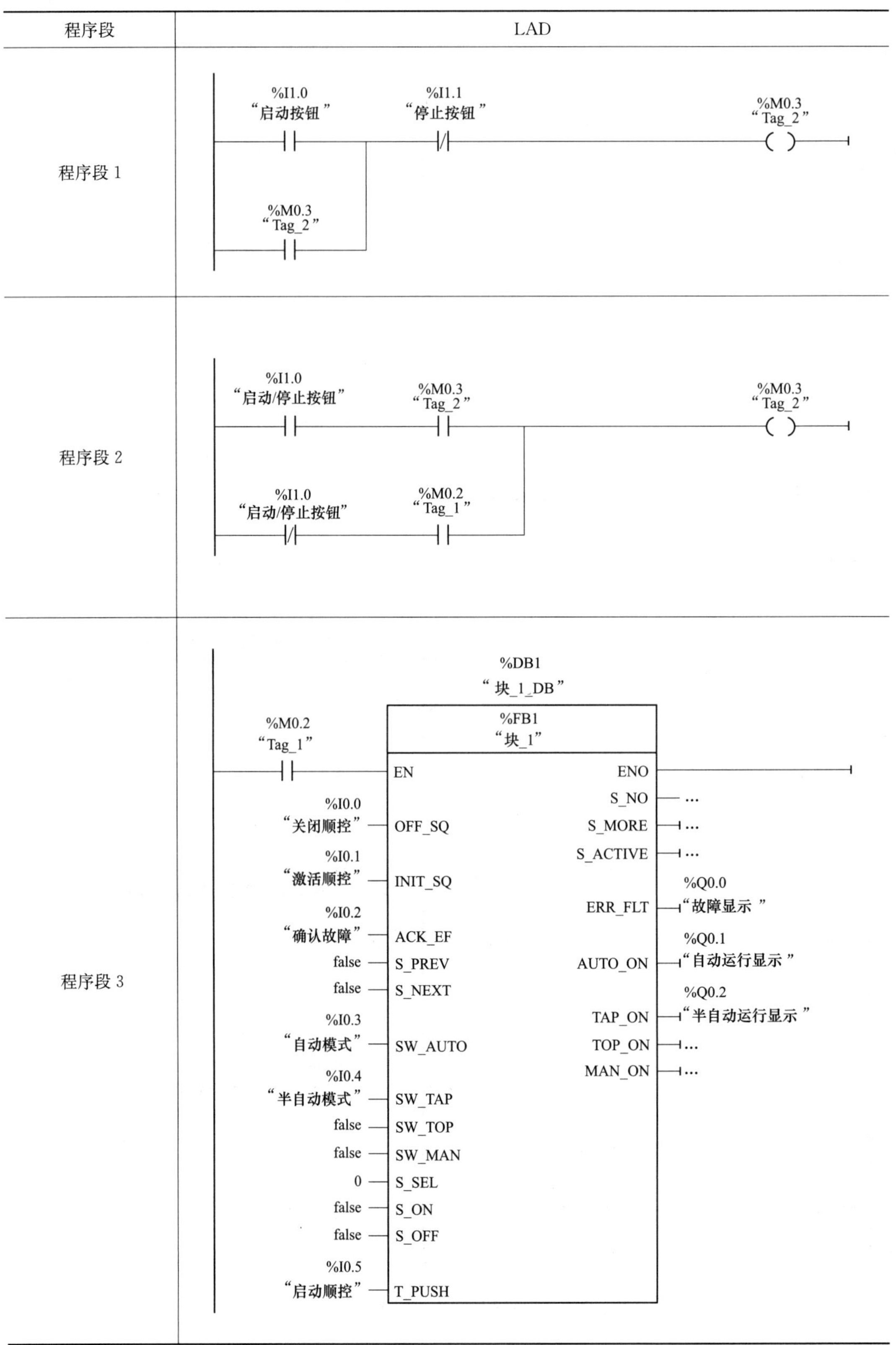

(5) 程序仿真。

1) 执行菜单命令“在线”→“仿真”→“启动”，即可开启 S7-PLCSIM 仿真。在弹出的“扩展的下载到设备”对话框中将“接口/子网的连接”选择为“插槽‘1×1’处的方向”，再点击“开始搜索”按钮，TIA 博途软件开始搜索可以连接的设备，并显示相应的在线状态信息，然后单击“下载”按钮，完成程序的装载。

2) 在主程序窗口和 FB1 块窗口中，分别点击全部监视图标，同时使 S7-PLCSIM 处于“RUN”状态，即可观看程序的运行情况。

3) 强制一些输入触点（IB0 和 IB1），在监控表中可观看到 QB0 和 QB1 的相应位输出为 TRUE。

4) 在 FB1 的编辑界面中，可观看各步的运行情况。刚进入在线监控状态时，S1 为活动步。奇数次设置 I1.0 为 1 时，M0.2 线圈输出为 1；偶数次设置 I1.0 为 1 时，M0.2 线圈输出为 0，这样使用 1 个输入端子即可实现电源的开启与关闭操作。只有当 M0.2 线圈输出为 1 时才能完成程序中所有步的操作，否则执行程序步没有任何意义。当 M0.2 线圈输出为 1、S1 为活动步时，首先进行原位的复位操作，将 Q1.4 线圈复位使机械手处于松开状态。当机械手没有处于上升限定位置及左行限定位置时，Q1.0 和 Q1.2 线圈输出 1。当机械手处于上升限定位置及左行限定位置时，Q1.0 和 Q1.2 线圈输出 0，表示机械手已处于原位初始状态，可以执行机械手的其他操作。此时将 I1.1 和 I1.3 动合触点均设置为 1，如果检测到工件，则将 I1.5 设置为 1，S1 变为非活动步，S2 变为活动步，Q1.1 线圈输出为 1，使机械手执行下降操作。当机械手下降到限定位置时，将 I1.2 设置为 1，S2 变为非活动步，S3 变为活动步，此时 Q1.4 线圈输出 1，执行夹紧操作，并启动 1s 延时。当延时达 1s，S3 变为非活动步，S4 变为活动步，Q1.0 线圈输出为 1，执行上升操作。当上升达到限定位置时，将 I1.1 设置为 1，S4 变为非活动步，S5 变为活动步，Q1.3 线圈输出为 1，执行右移操作，其监控运行如图 6-49 所示。当右移到限定位置时，将 I1.2 设置为 1，S5 变为非活动步，S6 变为活动步，Q1.1 线圈输出为 1，执行下降操作。当下降达到限定位置时，将 I1.2 设置为 1，S6 变为非活动步，S7 变为活动步，Q1.4 线圈输出为 1，执行放松操作，并启动 2s 延时。当延时达到 2s，S7 变为非活动步，S8 变为活动步，Q1.0 线圈输出为 1，执行上升操作。当上升达到限定位置时，将 I1.1 设置为 1，S8 变为非活动步，S9 变为活动步，Q1.2 线圈输出为 1，执行左移操作。当左移到限定位置时，将 I1.3 和 I1.5 这两个动合触点强制为 1，S9 变为非活动步，S2 变为活动步，这样机械手可以重复下一轮的操作。

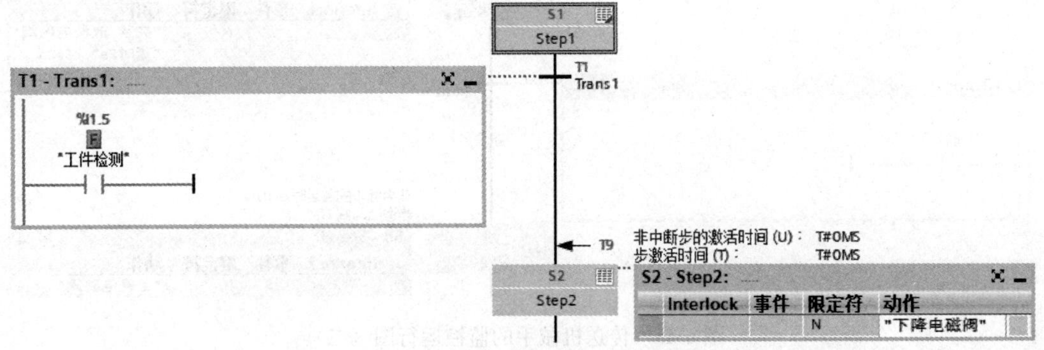

图 6-49　传送机械手的监控运行图（一）

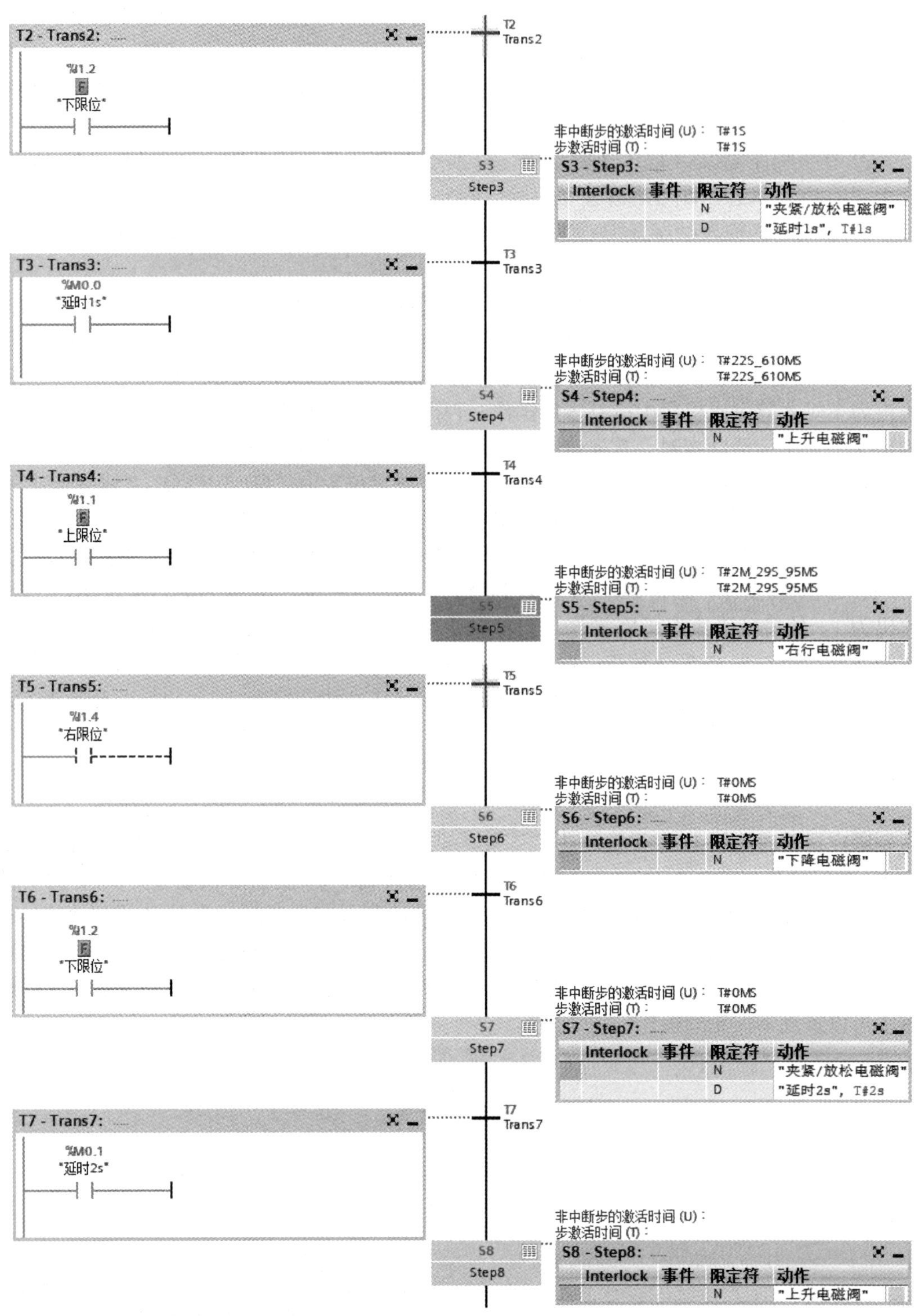

图 6-49　传送机械手的监控运行图（二）

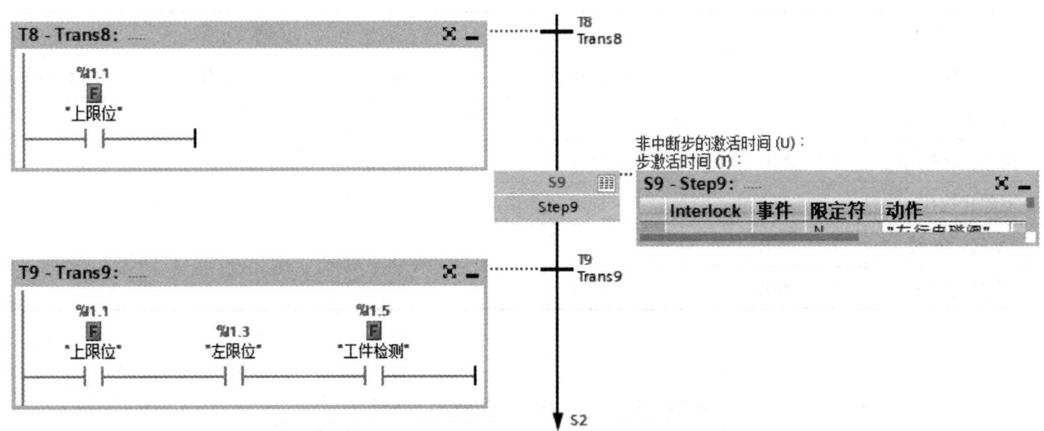

图 6-49　传送机械手的监控运行图（三）

2. 选择序列顺序控制的 S7-Graph 应用实例

【例 6-7】 某加工系统的 PLC 控制。

(1) 控制要求。某加工系统中有 2 台电动机 M0、M1，由 SB7～SB9、SQ1 和 SQ2 进行控制。系统刚通电时，如果按下 SB7（I1.0）向下工进按钮时，M0 电动机工作控制钻头向下工进；如果按下 SB1（I1.1）向上工进按钮时，M0 电动机工作控制钻头向上工进。若 M0 向下工进压到 SQ1（I1.3）下接近开关，或 M0 向上工进压到 SQ2（I1.4）上接近开关时，M1 电动机才能启动以进行零件加工操作。M1 运行时，若按下 SB9（I1.2）停止按钮，则 M1 立即停止运行，系统恢复到刚通电时的状态。

(2) 控制分析。此系统是一个条件选择分支顺序控制系统，如果 I1.0 有效时，选择向下工进；如果 I1.1 有效时，选择向上工进。若向下工进压到接近开关（I1.3），或向上工进压到接近开关（I1.4）时，电动机将进行零件加工操作，因此 I1.0 和 I1.4 可作为两个分支选择控制端。

(3) I/O 端子资源分配与接线。根据控制要求可知，本例需使用 5 个输入和 3 个输出点，再加上由 OB1 调用 FB1 时的一些控制信号端子，因此 CPU 可选用 CPU 1516-3 PN，数字量输入模块为 DI 16×24V DC BA，数字量输出模块为 DQ 16×230V AC/2A ST，I/O 分配如表 6-17 所示，PLC 外部接线如图 6-50 所示。

表 6-17　某加工系统的 I/O 端子分配表

输入			输出		
功能	元件	PLC 地址	功能	元件	PLC 地址
关闭顺控	SB1	I0.0	故障显示	HL1	Q0.0
激活顺控	SB2	I0.1	自动运行显示	HL2	Q0.1
确认故障	SB3	I0.2	半自动运行显示	HL3	Q0.2
自动模式	SB4	I0.3	M0 向下工进	KM1	Q1.0
半自动模式	SB5	I0.4	M0 向上工进	KM2	Q1.1
启动顺控	SB6	I0.5	M1 零件加工	KM3	Q1.2

续表

输　入			输　出		
功能	元件	PLC 地址	功能	元件	PLC 地址
向下工进按钮	SB7	I1.0			
向上工进按钮	SB8	I1.1			
停止按钮	SB9	I1.2			
下接近开关	SQ1	I1.3			
上接近开关	SQ2	I1.4			

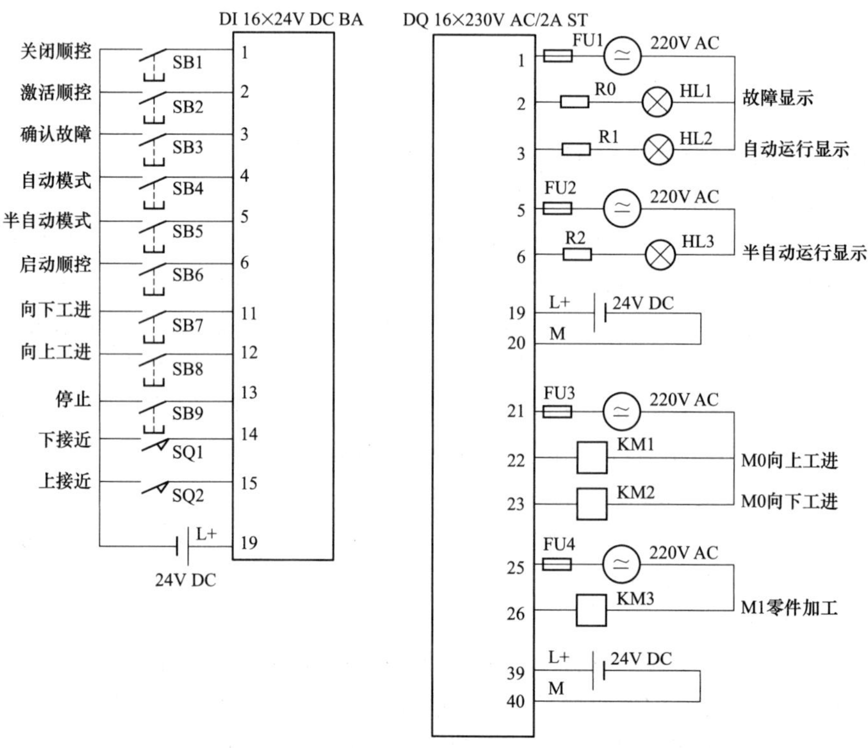

图 6-50　某加工系统的 PLC 外部接线图

（4）编写 PLC 控制程序。根据控制分析和 PLC 资源配置，设计出某加工系统的顺序控制功能图如图 6-51 所示。使用 S7-Graph 编写某加工系统的 PLC 控制程序时，可按以下步骤进行。

1）创建 S7-Graph 语言的函数块 FB。

① 启动 TIA Portal 软件，创建一个新的项目，并进行硬件组态。

② 在 TIA Portal 项目结构窗口的“程序块”中双击“添加新块”，在弹出的添加新块中点击“函数块”，选择编程语言为“Graph”，并设置块编号。然后按下“确定”键，即可进入 S7-Graph 编辑窗口界面。

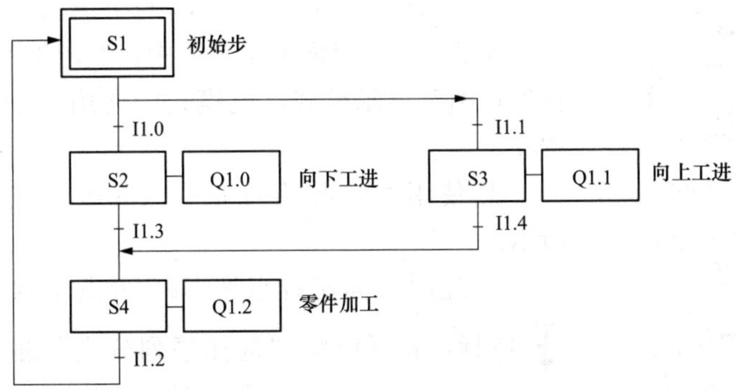

图 6-51　某加工系统的顺控流程图

2）定义全局变量。在 TIA Portal 项目结构窗口的“PLC 变量”中双击“默认变量表”，进行全局变量表的定义，如图 6-52 所示。

默认变量表

	名称	数据类型	地址 ▲
1	关闭顺控	Bool	%I0.0
2	激活顺控	Bool	%I0.1
3	确认故障	Bool	%I0.2
4	自动模式	Bool	%I0.3
5	半自动模式	Bool	%I0.4
6	启动顺控	Bool	%I0.5
7	向下工进按钮	Bool	%I1.0
8	向上工进按钮	Bool	%I1.1
9	停止	Bool	%I1.2
10	下接近	Bool	%I1.3
11	上接近	Bool	%I1.4
12	故障显示	Bool	%Q0.0
13	自动运行显示	Bool	%Q0.1
14	半自动运行显示	Bool	%Q0.2
15	M0向上工进	Bool	%Q1.0
16	M0向下工进	Bool	%Q1.1
17	M1零件加工	Bool	%Q1.2
18	System_Byte	Byte	%MB10
19	FirstScan	Bool	%M10.0
20	DiagStatusUpdate	Bool	%M10.1
21	AlwaysTRUE	Bool	%M10.2
22	AlwaysFALSE	Bool	%M10.3
23	Clock_Byte	Byte	%MB20
24	Clock_10Hz	Bool	%M20.0
25	Clock_5Hz	Bool	%M20.1
26	Clock_2.5Hz	Bool	%M20.2
27	Clock_2Hz	Bool	%M20.3
28	Clock_1.25Hz	Bool	%M20.4
29	Clock_1Hz	Bool	%M20.5
30	Clock_0.625Hz	Bool	%M20.6
31	Clock_0.5Hz	Bool	%M20.7

图 6-52　定义某加工系统的全局变量

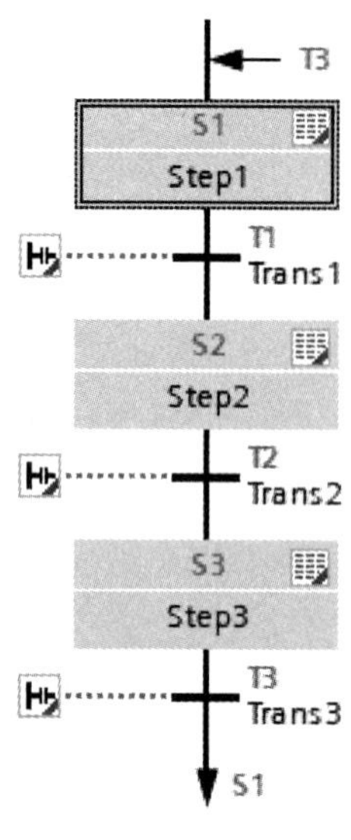

图 6-53　插入 3 步

3）使用 S7 Graph 在 FB1 中编写顺控程序。在 S7-Graph 编辑窗口界面的工具栏中，点击图标，切换为“顺控器视图”显示模式，此模式中使用 Graph 语言编写顺控程序。

① 使用 Graph 语言先插入 3 步顺控程序，如图 6-53 所示。

② 先用鼠标左键点选 S1，再点击顺序器工具条中的图标，就可以将“选择序列分支”插入到顺序控制器中，如图 6-54 所示。

③ 在图 6-54 右侧的选择序列分支上插入 S4，选中 S4，再点击顺控器工具条中的图标，就可以将“嵌套闭合”插入到顺序控制器中，以完成选择序列的合并，如图 6-55 所示。

④ 步与动作的编程。在 Step2 中插入命令行 N Q1.0；在 Step3 中插入命令行 N Q1.2；在 Step4 中插入命令行 N Q1.1。

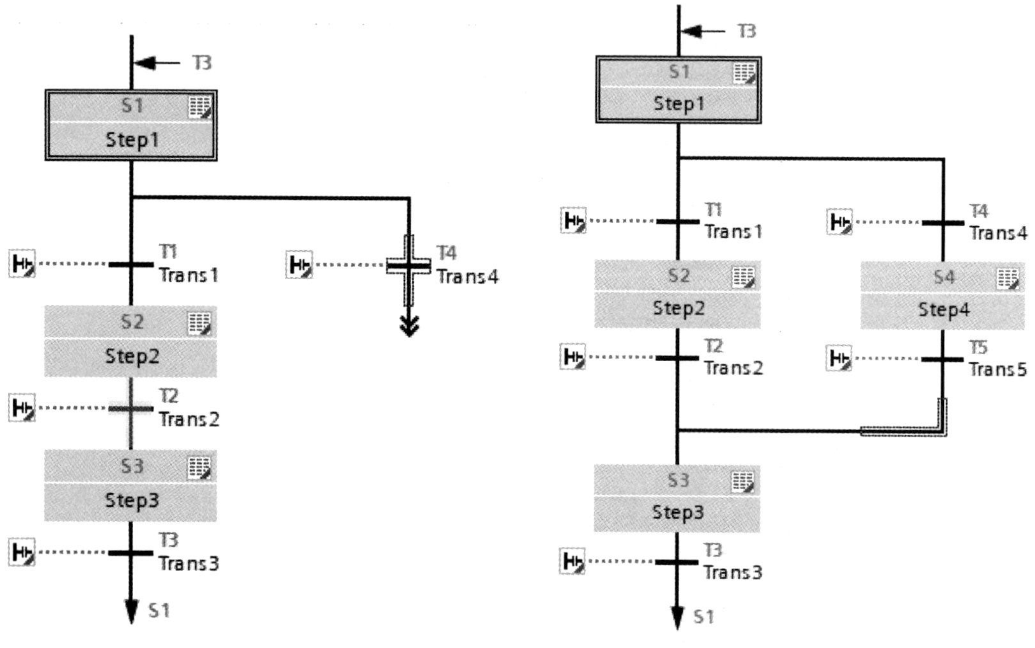

图 6-54　插入“选择序列分支”

图 6-55　选择序列的合并

⑤ 按图 6-56 所示输入各转换条件。

4）在 OB1 中调用 FB1。

① 在 TIA Portal 的对象窗口中双击 OB1，打开主程序块。在 OB1 功能块中按表 6-18 所示书写程序。

② 将书写好的程序进行保存，以生成相对应的背景数据块（DB1）。

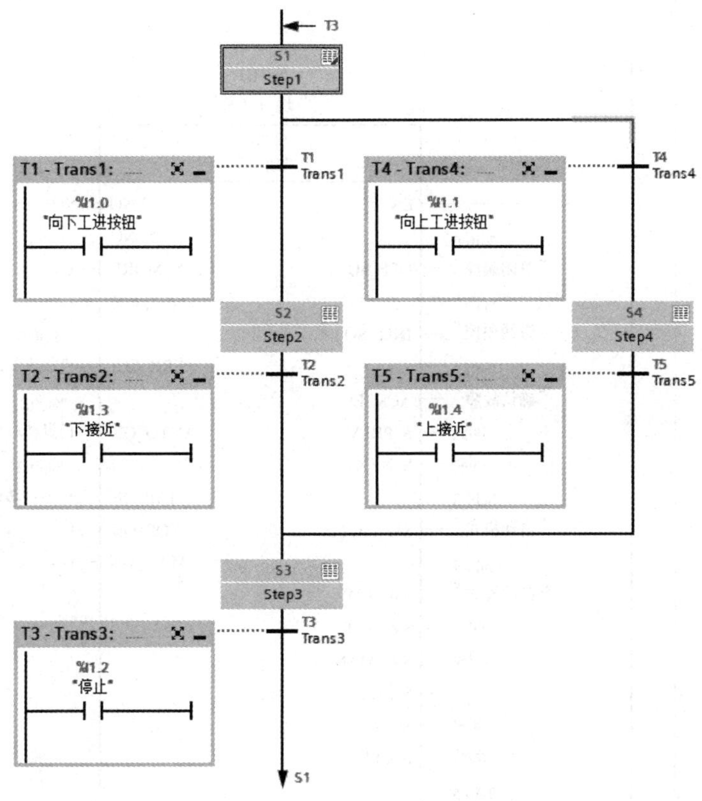

图 6-56　输入转换条件

（5）程序仿真。

1）执行菜单命令“在线”→“仿真”→“启动”，即可开启 S7-PLCSIM 仿真。在弹出的“扩展的下载到设备”对话框中将“接口/子网的连接”选择为“插槽‘1×1’处的方向”，再点击“开始搜索”按钮，TIA 博途软件开始搜索可以连接的设备，并显示相应的在线状态信息，然后单击“下载”按钮，完成程序的装载。

2）在主程序窗口和 FB1 块窗口中，分别点击全部监视图标，同时使 S7-PLCSIM 处于“RUN”状态，即可观看程序的运行情况。

3）强制一些输入触点（IB0 和 IB1），在监控表中可观看到 QB0 和 QB1 的相应位输出为 TRUE。

4）在 FB1 的编辑界面中，可观看各步的运行情况。刚进入在线监控状态时，S1 步为活动步。在 S1 步后有 1 个选择分支，其后续步分别为 S2 步和 S4 步。若按下 SB7 向下工进按钮，则 S2 步为活动步，而 S1 为非活动步，Q1. 0 线圈输出 ON，控制 M0 电动机向下进行工进，其监控效果如图 6-57 所示。向下工进到一定位置时，下接近开关 I1. 3 动作，步 S3 变为活动步，而 S2 变为非活动步，Q1. 2 线圈输出 ON，控制 M1 电动机进行零件加工，加工完成后按下停止按钮，则工序完成。若 S1 为活动步时，按下 SB8 向上工

表 6-18　　某加工系统 OB1 中的程序

程序段	LAD
程序段 1	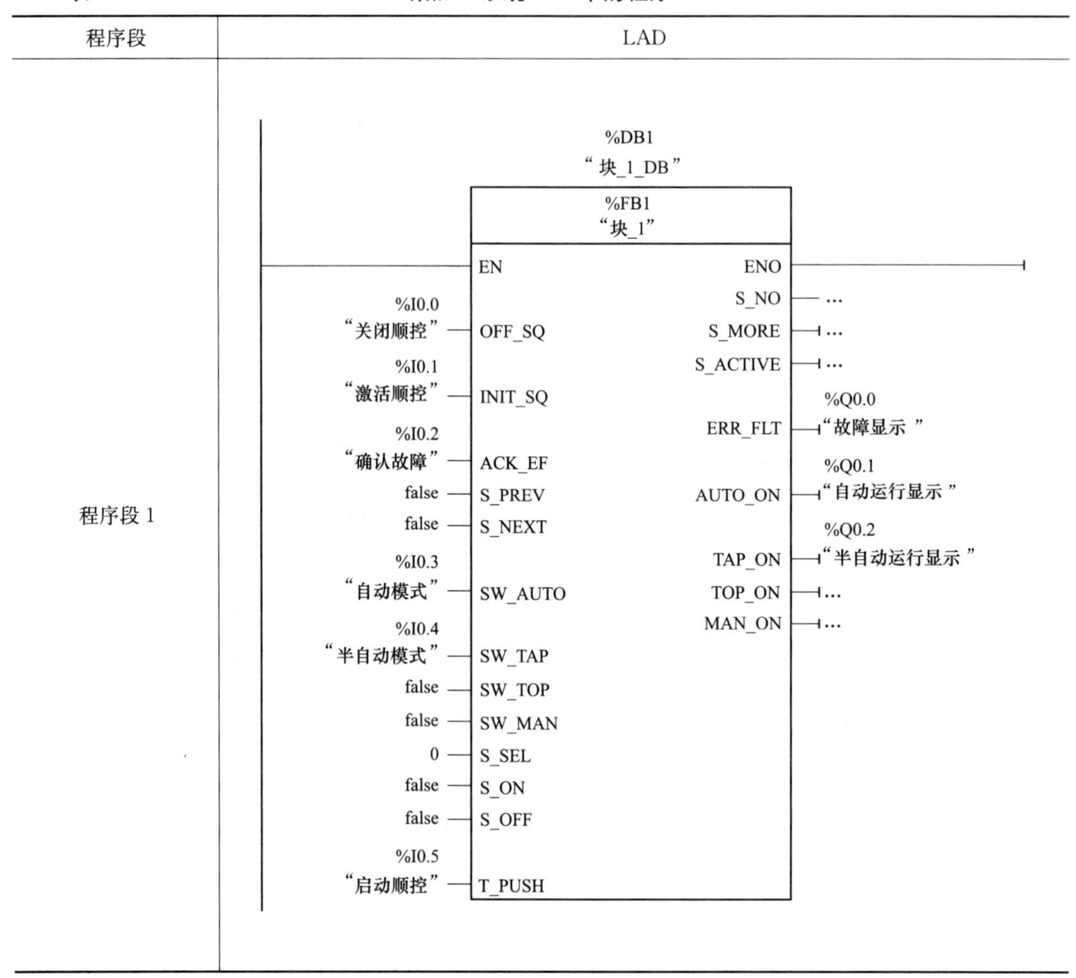

进按钮，则 S4 步为活动步，而 S1 为非活动步，Q1.1 线圈输出 ON，控制 M0 电动机向上进行工进。向上工进到一定位置时，上接近开关 I1.4 动作，步 S3 变为活动步，而 S4 变为非活动步，Q1.2 线圈输出 ON，控制 M1 电动机进行零件加工，加工完成后按下停止按钮，则工序完成。

【例 6-8】 洗车控制系统在 PLC 中的应用。

(1) 控制要求。洗车过程通常包含 3 道工艺：泡沫洗车（Q1.0）、清水冲洗（Q1.1）和风干（Q1.2）。某洗车控制系统具有手动和自动两种方式。如果选择开关（SA）置于“手动”方式，按下启动按钮 SB7，则执行泡沫清洗；按下冲洗按钮 SB9，则执行清水冲洗；按下风干按钮 SB10，则执行风干；按结束按钮 SB11，则结束洗车作业。如果选择开关置于“自动”方式，按下启动按钮 SB7，则自动执行洗车操作。自动洗车流程为：泡沫清洗 20s→清水冲洗 30s→风干 15s→结束→回到待洗状态。洗车过程结束，警铃（Q1.3）发声提示。

(2) 控制分析。此系统明显是一个条件选择分支顺序控制系统，手动和自动各 1 个分支，由选择开关（SA）来决定选择哪一个分支。洗车作业流程包括泡沫清洗、清水冲洗、

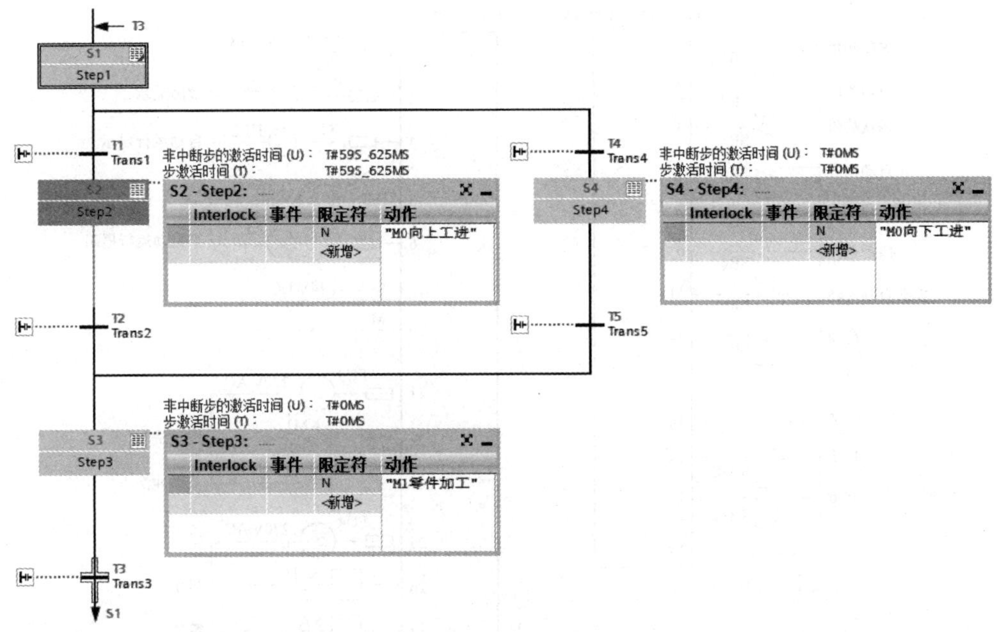

图 6-57　某加工系统的监控运行图

风干 3 个工序，所以在“自动”和“手动”方式下可分别用 3 个步表示。执行完 3 个步后，再进行汇总。汇总执行 1 个步的操作后，再通过判断是否按下结束按钮来决定返回到哪 1 个步。

（3）I/O 端子资源分配与接线。根据控制要求可知，需要 6 个输入和 4 个输出点，再加上由 OB1 调用 FB1 时的一些控制信号端子，因此 CPU 可选用 CPU 1516-3 PN，数字量输入模块为 DI 16×24V DC BA，数字量输出模块为 DQ 16×230V AC/2A ST，I/O 分配如表 6-19 所示，PLC 外部接线如图 6-58 所示。

表 6-19　洗车控制系统的 I/O 端子分配表

输　入			输　出		
功能	元件	PLC 地址	功能	元件	PLC 地址
关闭顺控	SB1	I0.0	故障显示	HL1	Q0.0
激活顺控	SB2	I0.1	自动运行显示	HL2	Q0.1
确认故障	SB3	I0.2	半自动运行显示	HL3	Q0.2
自动模式	SB4	I0.3	控制泡沫洗车电动机	KM1	Q1.0
半自动模式	SB5	I0.4	控制清水冲洗电动机	KM2	Q1.1
启动顺控	SB6	I0.5	控制风干电动机	KM3	Q1.2
手动/自动选择开关	SA	I1.0	控制警铃	KA	Q1.3
启动按钮	SB7	I1.1			
停止按钮	SB8	I1.2			
冲洗按钮	SB9	I1.3			
风干按钮	SB10	I1.4			
结束按钮	SB11	I1.5			

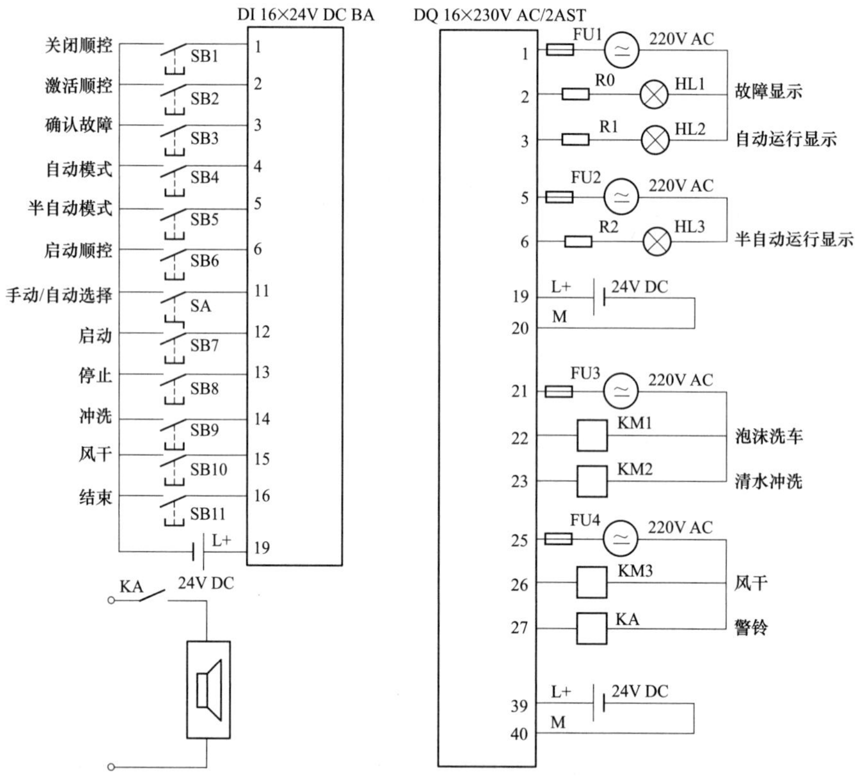

图 6-58　洗车控制系统的 PLC 外部接线图

（4）编写 PLC 控制程序。根据传送机械手的工作流程图和 PLC 资源配置，设计出洗车控制系统的顺序控制功能图，如图 6-59 所示。使用 S7-Graph 编写洗车控制系统的 PLC 程序时，可按以下步骤进行。

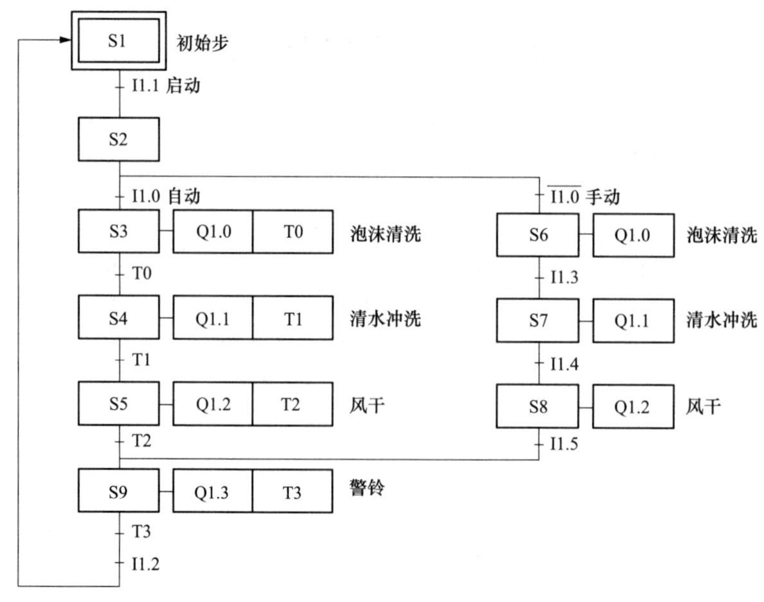

图 6-59　洗车控制系统的顺控流程图

1）创建S7-Graph语言的函数块FB。

① 启动TIA Portal软件，创建一个新的项目，并进行硬件组态。

② 在TIA Portal项目结构窗口的“程序块”中双击“添加新块”，在弹出的添加新块中点击“函数块”，选择编程语言为“Graph”，并设置块编号。然后按下“确定”键，即可进入S7-Graph编辑窗口界面。

2）定义全局变量。在TIA Portal项目结构窗口的“PLC变量”中双击“默认变量表”，进行全局变量表的定义，如图6-60所示。

默认变量表

	名称	数据类型	地址
1	System_Byte	Byte	%MB10
2	FirstScan	Bool	%M10.0
3	DiagStatusUpdate	Bool	%M10.1
4	AlwaysTRUE	Bool	%M10.2
5	AlwaysFALSE	Bool	%M10.3
6	Clock_Byte	Byte	%MB20
7	Clock_10Hz	Bool	%M20.0
8	Clock_5Hz	Bool	%M20.1
9	Clock_2.5Hz	Bool	%M20.2
10	Clock_2Hz	Bool	%M20.3
11	Clock_1.25Hz	Bool	%M20.4
12	Clock_1Hz	Bool	%M20.5
13	Clock_0.625Hz	Bool	%M20.6
14	Clock_0.5Hz	Bool	%M20.7
15	关闭顺控	Bool	%I0.0
16	激活顺控	Bool	%I0.1
17	确认故障	Bool	%I0.2
18	自动模式	Bool	%I0.3
19	半自动模式	Bool	%I0.4
20	启动顺控	Bool	%I0.5
21	手动/自动选择	Bool	%I1.0
22	启动	Bool	%I1.1
23	停止	Bool	%I1.2
24	故障显示	Bool	%Q0.0
25	自动运行显示	Bool	%Q0.1
26	半自动运行显示	Bool	%Q0.2
27	泡沫洗车M1	Bool	%Q1.0
28	清水冲洗M2	Bool	%Q1.1
29	风干M3	Bool	%Q1.2
30	冲洗	Bool	%I1.3
31	风干	Bool	%I1.4
32	结束	Bool	%I1.5
33	警铃	Bool	%Q1.3
34	T0延时20s	Bool	%M0.0
35	T1延时30s	Bool	%M0.1
36	T2延时15s	Bool	%M0.2
37	T3延时5s	Bool	%M0.3

图6-60　定义洗车控制系统的全局变量

3）使用S7 Graph在FB1中编写顺控程序。在S7-Graph编辑窗口界面的工具栏中，点击图图标，切换为“顺控器视图”显示模式，此模式中使用Graph语言编写顺控程序。洗车顺序控制程序如图6-61所示。

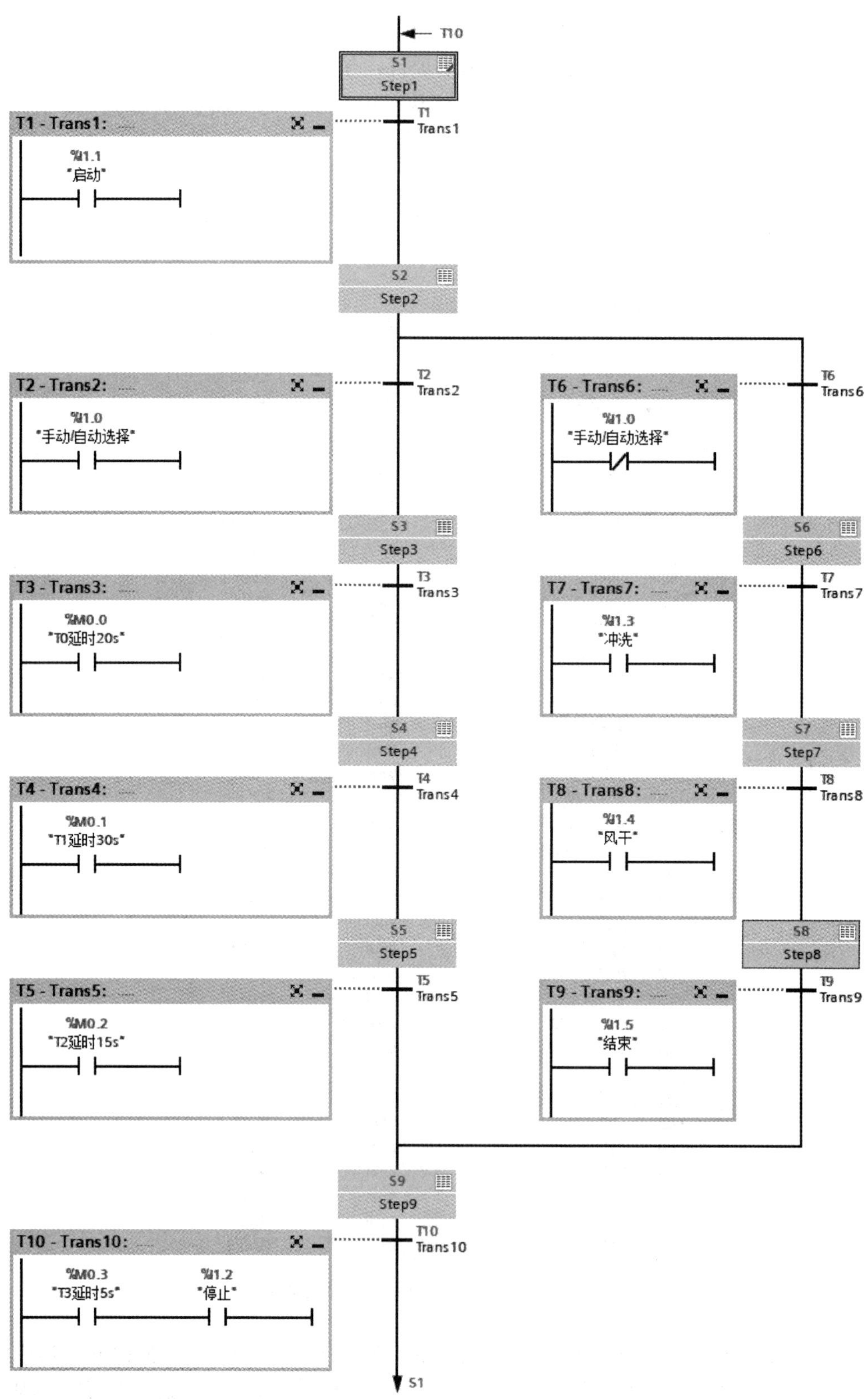

图 6-61　S7-Graph 编写的洗车顺序控制程序

① 参照图 6-59，然后使用 Graph 语言插入 9 步顺控程序。

② 步与动作的编程。在 Step3 中插入命令行 N Q1.0 和 D M0.0，定时时间为 T＃20s；在 Step3 中插入命令行 N Q1.2；在 Step4 中插入命令行 N Q1.1 和 D M0.1，定时时间为 T＃30s；在 Step5 中插入命令行 N Q1.2 和 D M0.2，定时时间为 T＃15s；在 Step6 中插入命令行 N Q1.0；在 Step7 中插入命令行 N Q1.2；在 Step8 中插入命令行 N Q1.3；在 Step9 中插入命令行 N Q1.3 和 D M0.3，定时时间为 T＃5s。

③ 输入各转换条件，以完成洗车控制系统的 S7-Graph 程序。

4）在 OB1 中调用 FB1。

① 在 TIA Portal 的对象窗口中双击 OB1，打开主程序块。在 OB1 功能块中按表 6-20 所示书写程序。

② 将书写好的程序进行保存，以生成相对应的背景数据块（DB1）。

表 6-20　洗车控制系统 OB1 中的程序

程序段	LAD
程序段 1	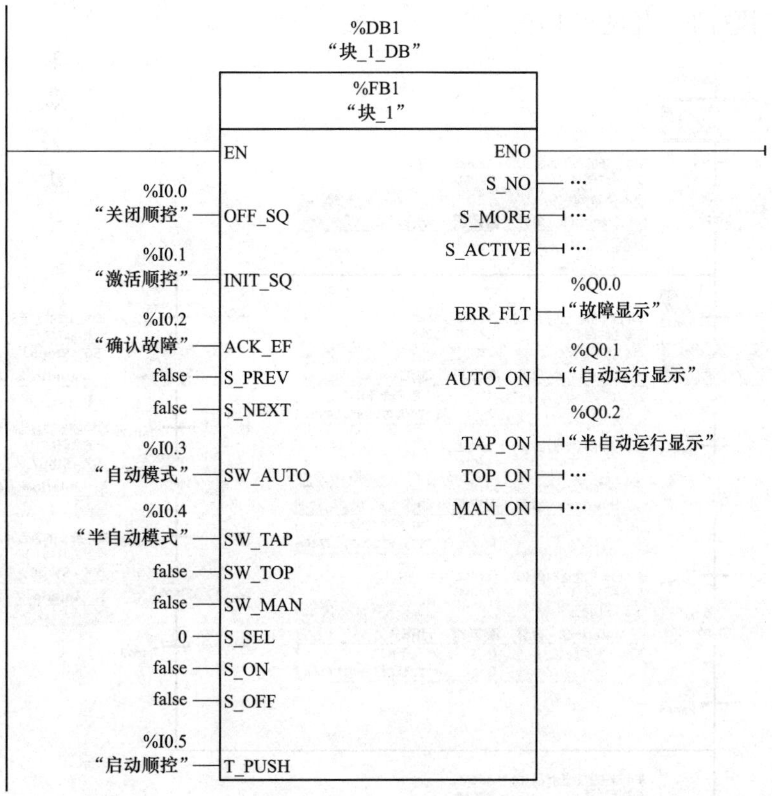 %DB1 “块_1_DB” %FB1 “块_1” EN — ENO S_NO — … %I0.0 “关闭顺控” — OFF_SQ　　S_MORE — … S_ACTIVE — … %I0.1 “激活顺控” — INIT_SQ ERR_FLT — %Q0.0 “故障显示” %I0.2 “确认故障” — ACK_EF AUTO_ON — %Q0.1 “自动运行显示” false — S_PREV false — S_NEXT TAP_ON — %Q0.2 “半自动运行显示” %I0.3 “自动模式” — SW_AUTO　　TOP_ON — … MAN_ON — … %I0.4 “半自动模式” — SW_TAP false — SW_TOP false — SW_MAN 0 — S_SEL false — S_ON false — S_OFF %I0.5 “启动顺控” — T_PUSH

（5）程序仿真。

1）执行菜单命令“在线”→“仿真”→“启动”，即可开启 S7-PLCSIM 仿真。在弹出的“扩展的下载到设备”对话框中将“接口/子网的连接”选择为“插槽‘1×1’处的方向”，再点击“开始搜索”按钮，TIA 博途软件开始搜索可以连接的设备，并显示相应的在线状态信息，然后单击“下载”按钮，完成程序的装载。

2）在主程序窗口和 FB1 块窗口中，分别点击全部监视图标，同时使 S7-PLCSIM 处于“RUN”状态，即可观看程序的运行情况。

3）强制一些输入触点（IB0 和 IB1），在监控表中可观看到 QB0 和 QB1 的相应位输出为 TRUE。

刚进入在线监控状态时，S1 步显示绿色，表示为活动步。按下启动按钮 SB7，I1.1 触点闭合，S2 变为活动步，S1 为非活动步，选择自动模式，即 I1.0 动合触点闭合，I1.0 动断触点断开，S3 变为活动步，S2 为非活动步，此时 M0.0（即 Q1.0）输出为 ON，T0 进行延时，进入泡沫清洗工序，其监控效果如图 6-62 所示。当 T0 延时达到 20s 时，T0 触点闭合，S4 变为活动步，S3 为非活动步，M0.1（即 Q1.1）输出为 ON，T1 进行延时，进入清水冲洗工序。当 T1 延时达到 30s 时，T1 触点闭合，S5 变为活动步，S4 为非活动步，M0.2（即 Q1.2）输出为 ON，T2 进行延时，进入风干工序。当 T2 延时达到 15s 时，T2 触点闭合，S9 变为活动步，S5 为非活动步，Q1.3 输出为 ON，T3 进行延时，发出警铃声，表示 1 次洗车工序完成。当 T3 延时达到 5s 时，如果按下停止按钮 SB8，即 I1.2 动合触点闭合时，S1 变为活动步，S2 为非活动步，此时等待按下启动按钮 SB7 执行下一轮洗车工序。

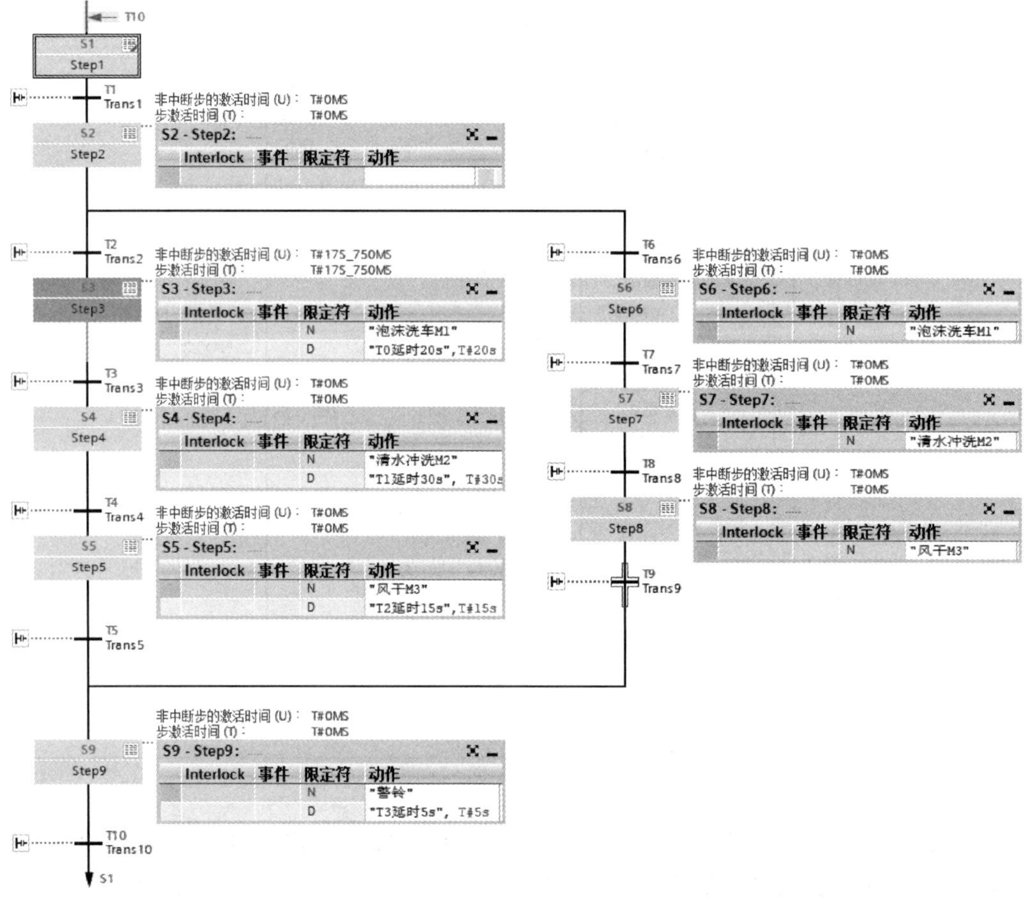

图 6-62 洗车控制系统在自动模式下泡沫洗车监控运行效果图

S2 变为活动步，S1 为非活动步，选择手动模式，即 I1.0 动断触点闭合，I1.0 动合触点断开，S6 变为活动步，S2 为非活动步，此时 Q0.0 输出为 ON，进入泡沫清洗工序。按下冲洗按钮 SB9，I1.3 触点闭合，S7 变为活动步，S6 为非活动步，此时 Q1.1 输出为 ON，进入清水冲洗工序，其监控效果如图 6-63 所示。按下冲洗按钮 SB10，I1.4 触点闭合，S8 变为活动步，S7 为非活动步，此时 Q1.2 输出为 ON，进入风干工序。按下结束按钮 SB11，I1.5 触点闭合，S9 变为活动步，S8 为非活动步，Q1.3 输出为 ON，T3 进行延时，发出警铃声，表示 1 次洗车工序完成。

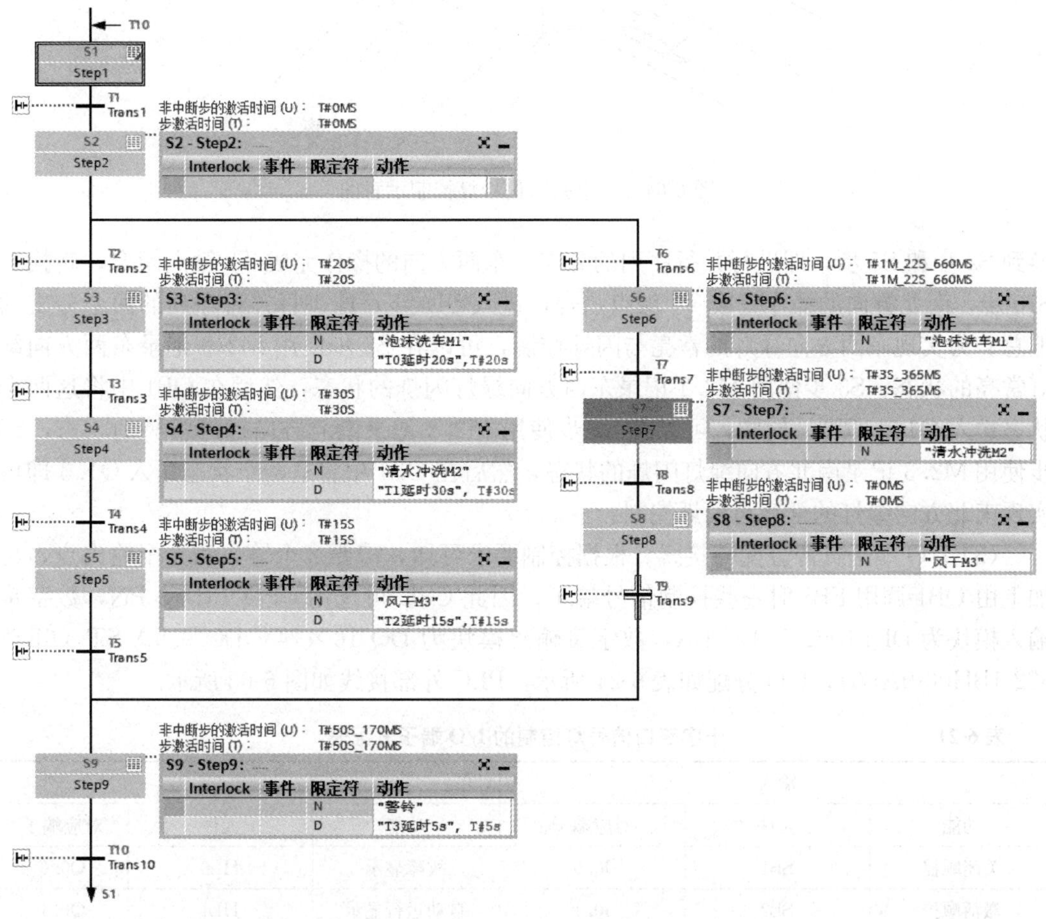

图 6-63　洗车控制系统在手动模式下清水冲洗监控运行效果图

3. 并行序列顺序控制的 S7-Graph 应用实例

【例 6-9】 十字路口信号灯的 PLC 控制。

(1) 控制要求。某十字路口信号灯的控制示意图如图 6-64 所示。按下启动按钮 SB0，东西方向绿灯点亮，绿灯亮 25s 后闪烁 3s，然后黄灯亮 2s 后熄灭，紧接着红灯亮 30s 后再熄灭，再接着绿灯亮……如此循环。在东西绿灯亮的同时，南北红灯亮 30s，接着绿灯点亮，绿灯亮 25s 后闪烁 3s，然后黄灯亮 2s 后熄灭，红灯亮……如此循环。

(2) 控制分析。东西、南北两大方向各灯均按一定的规律进行显示，因此本例是属于并行序列控制，各自均有多个步来完成相应操作。当按下启动按钮时 I1.0 触点闭合，转

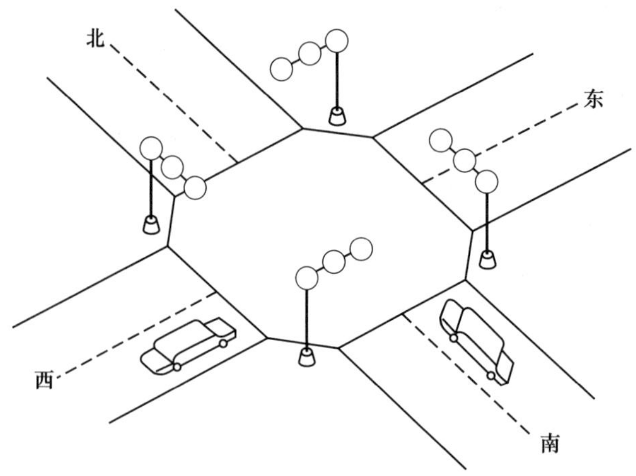

图 6-64　十字路口信号灯控制示意图

换到 S2 步和 S5 步，即进行并行序列的分支。东西方向的操作完成 T3 触点闭合，转换到 S10 步，南北方向的操作完成 T7 触点闭合，进入 S10 步，即进行并行序列的两个分支的汇总。为实现东西方向绿灯的常亮与闪烁控制，可以在 S2 步使用 M2.0 记录东西方向绿灯常亮的状态，S3 步使用 M2.1 记录东西方向绿灯闪烁的状态，然后在 OB1 中将这两个状态送入 Q1.0 即可。同样，可以在 S7 步使用 M2.2 记录南北方向绿灯常亮的状态，S8 步使用 M2.3 记录南北方向绿灯闪烁的状态，然后在 OB1 中将这两个状态送入 Q1.3 即可实现南北方向绿灯的常亮与闪烁控制。

(3) I/O 端子资源分配与接线。根据控制要求可知，需要 2 个输入和 6 个输出点，再加上由 OB1 调用 FB1 时一些控制信号端子，因此 CPU 可选用 CPU 1516-3 PN，数字量输入模块为 DI 16×24V DC BA，数字量输出模块为 DQ 16×24V DC/0.5A ST（6ES7 522-1BH00-0AB0），I/O 分配如表 6-21 所示，PLC 外部接线如图 6-65 所示。

表 6-21　　十字路口信号灯控制的 I/O 端子分配表

输入			输出		
功能	元件	对应端子	功能	元件	对应端子
关闭顺控	SB1	I0.0	故障显示	HL0	Q0.0
激活顺控	SB2	I0.1	自动运行显示	HL1	Q0.1
确认故障	SB3	I0.2	半自动运行显示	HL2	Q0.2
自动模式	SB4	I0.3	东西绿灯	HL3	Q1.0
半自动模式	SB5	I0.4	东西黄灯	HL4	Q1.1
启动顺控	SB6	I0.5	东西红灯	HL5	Q1.2
启动按钮	SB7	I1.0	南北绿灯	HL6	Q1.3
停止按钮	SB8	I1.1	南北黄灯	HL7	Q1.4
			南北红灯	HL8	Q1.5

(4) 编写 PLC 控制程序。根据控制分析和 PLC 资源分配，绘制出十字路口信号灯的顺序控制功能流程图，如图 6-66 所示。使用 S7-Graph 编写十字路口信号灯程序时，可按

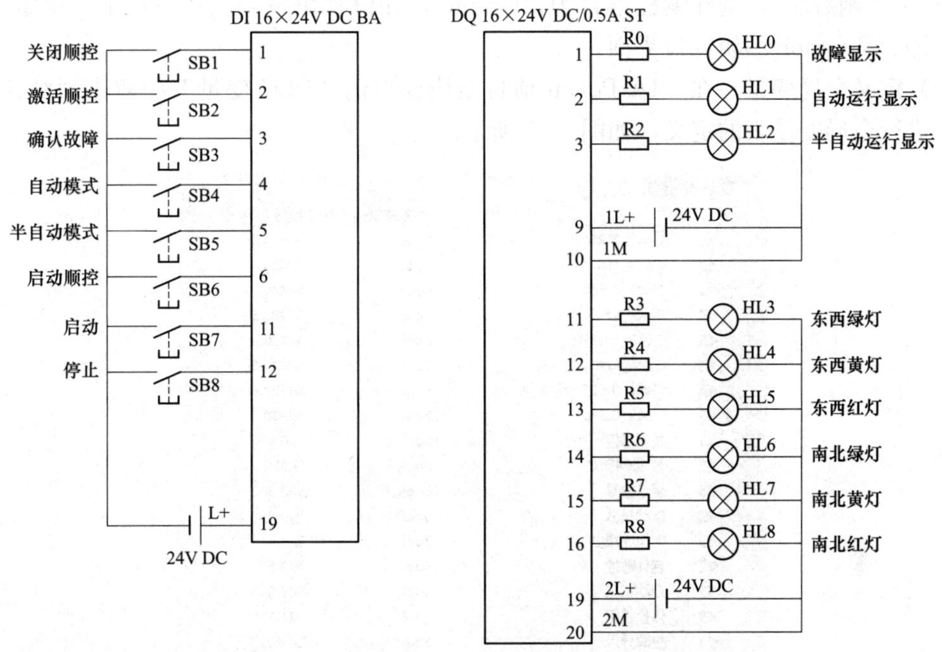

图 6-65　十字路口信号灯控制的 PLC 外部接线图

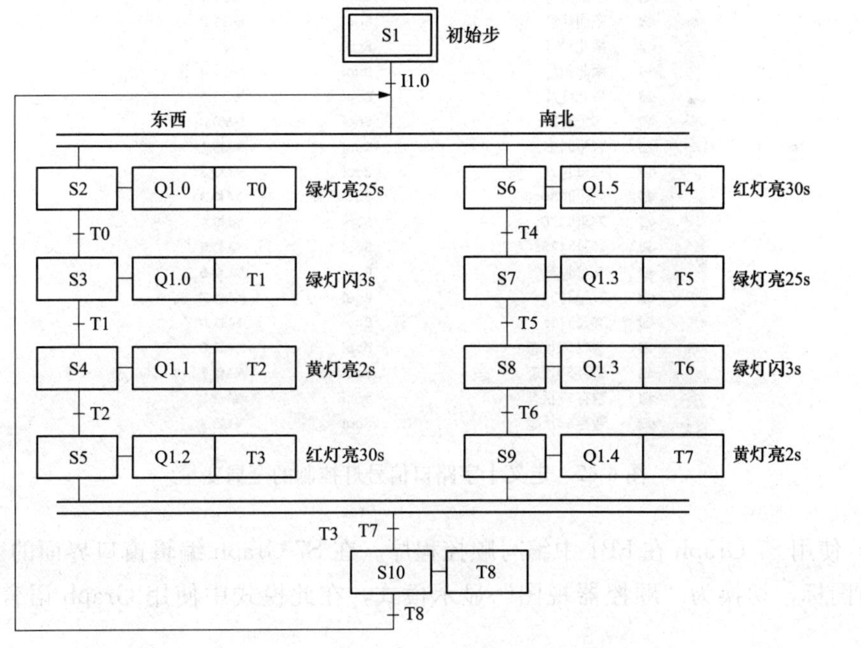

图 6-66　十字路口信号灯控制的顺控流程图

以下步骤进行。

1）创建 S7 Graph 语言的函数块 FB。

① 启动 TIA 博途软件，创建一个新的项目，并进行硬件组态。

② 在 TIA Portal 项目结构窗口的“程序块”中双击“添加新块”，在弹出的添加新

块中点击“函数块”，选择编程语言为“Graph”，并设置块编号。然后按下“确定”键，即可进入 S7-Graph 编辑窗口界面。

2）定义全局变量。在 TIA Portal 项目结构窗口的“PLC 变量”中双击“默认变量表”，进行全局变量表的定义，如图 6-67 所示。

默认变量表

		名称	数据类型	地址
7		Clock_10Hz	Bool	%M20.0
8		Clock_5Hz	Bool	%M20.1
9		Clock_2.5Hz	Bool	%M20.2
10		Clock_2Hz	Bool	%M20.3
11		Clock_1.25Hz	Bool	%M20.4
12		Clock_1Hz	Bool	%M20.5
13		Clock_0.625Hz	Bool	%M20.6
14		Clock_0.5Hz	Bool	%M20.7
15		关闭顺控	Bool	%I0.0
16		激活顺控	Bool	%I0.1
17		确认故障	Bool	%I0.2
18		自动模式	Bool	%I0.3
19		半自动模式	Bool	%I0.4
20		启动顺控	Bool	%I0.5
21		启动按钮	Bool	%I1.0
22		停止按钮	Bool	%I1.1
23		故障显示	Bool	%Q0.0
24		自动运行显示	Bool	%Q0.1
25		半自动运行显示	Bool	%Q0.2
26		东西绿灯	Bool	%Q1.0
27		东西黄灯	Bool	%Q1.1
28		东西红灯	Bool	%Q1.2
29		南北绿灯	Bool	%Q1.3
30		南北黄灯	Bool	%Q1.4
31		南北红灯	Bool	%Q1.5
32		T0延时25s	Bool	%M0.0
33		T1延时3s	Bool	%M0.1
34		T2延时2s	Bool	%M0.2
35		T3延时30s	Bool	%M0.3
36		T4延时30s	Bool	%M0.4
37		T5延时25s	Bool	%M0.5
38		T6延时3s	Bool	%M0.6
39		T7延时2s	Bool	%M0.7
40		T8延时1s	Bool	%M1.0
41		暂存S2状态	Bool	%M2.0
42		暂存S3状态	Bool	%M2.1
43		暂存S7状态	Bool	%M2.2
44		暂存S8状态	Bool	%M2.3

图 6-67　定义十字路口信号灯控制的全局变量

3）使用 S7 Graph 在 FB1 中编写顺控程序。在 S7-Graph 编辑窗口界面的工具栏中，点击图标，切换为“顺控器视图”显示模式，在此模式中使用 Graph 语言编写顺控程序。

① 使用 Graph 语言先插入 6 步顺控程序。

② 先用鼠标左键点选 Step1，再点击顺序器工具条中的图标，就可以将“并行序列分支”插入到顺序控制器中，如图 6-68 所示。

③ 在图 6-68 右侧的并行序列分支上插入 Step6～Step9 后，选中 Step9，再点击顺控器工具条中的图标，就可以将“嵌套闭合”插入到顺序控制器中，以完成并行序列的

合并，如图 6-69 所示。

④ 步与动作的编程。在 Step2 中插入命令行 N M2.0 和 D M0.0，定时时间为 T#25s；在 Step3 中插入命令行 N M2.1 和 D M0.1，定时时间为 T#3s；在 Step4 中插入命令行 N Q1.1 和 D M0.2，定时时间为 T#2s；在 N Q1.1 和 N Q1.3；在 Step5 中插入命令行 N Q1.2 和 D M0.3，定时时间为 T#30s；在 Step6 中插入命令行 N Q1.5 和 D M0.4，定时时间为 T#30s；在 Step7 中插入命令行 N M2.2 和 D M0.5，定时时间为 T#25s；在 Step8 中插入命令行 N M2.3 和 D M0.6，定时时间为 T#3s；在 Step9 中插入命令行 N Q1.4 和 D M0.7，定时时间为 T#2s；在 Step10 中插入命令行 D M1.0，定时时间为 T#1s。

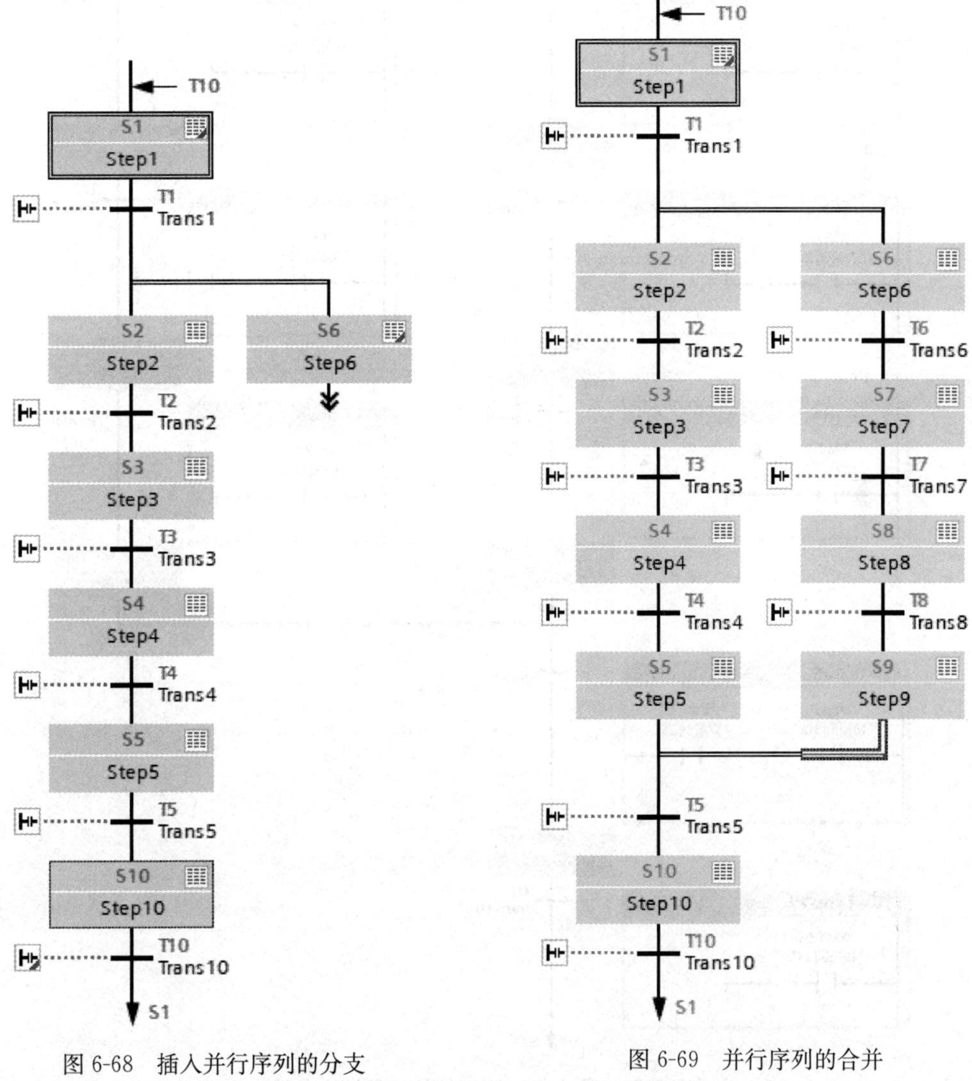

图 6-68　插入并行序列的分支　　　　图 6-69　并行序列的合并

⑤ 按图 6-70 所示输入各转换条件，并将程序进行保存。

4）在 OB1 中调用 FB1。

① 在 TIA Portal 的对象窗口中双击 OB1，打开主程序块。在 OB1 功能块中按表 6-22

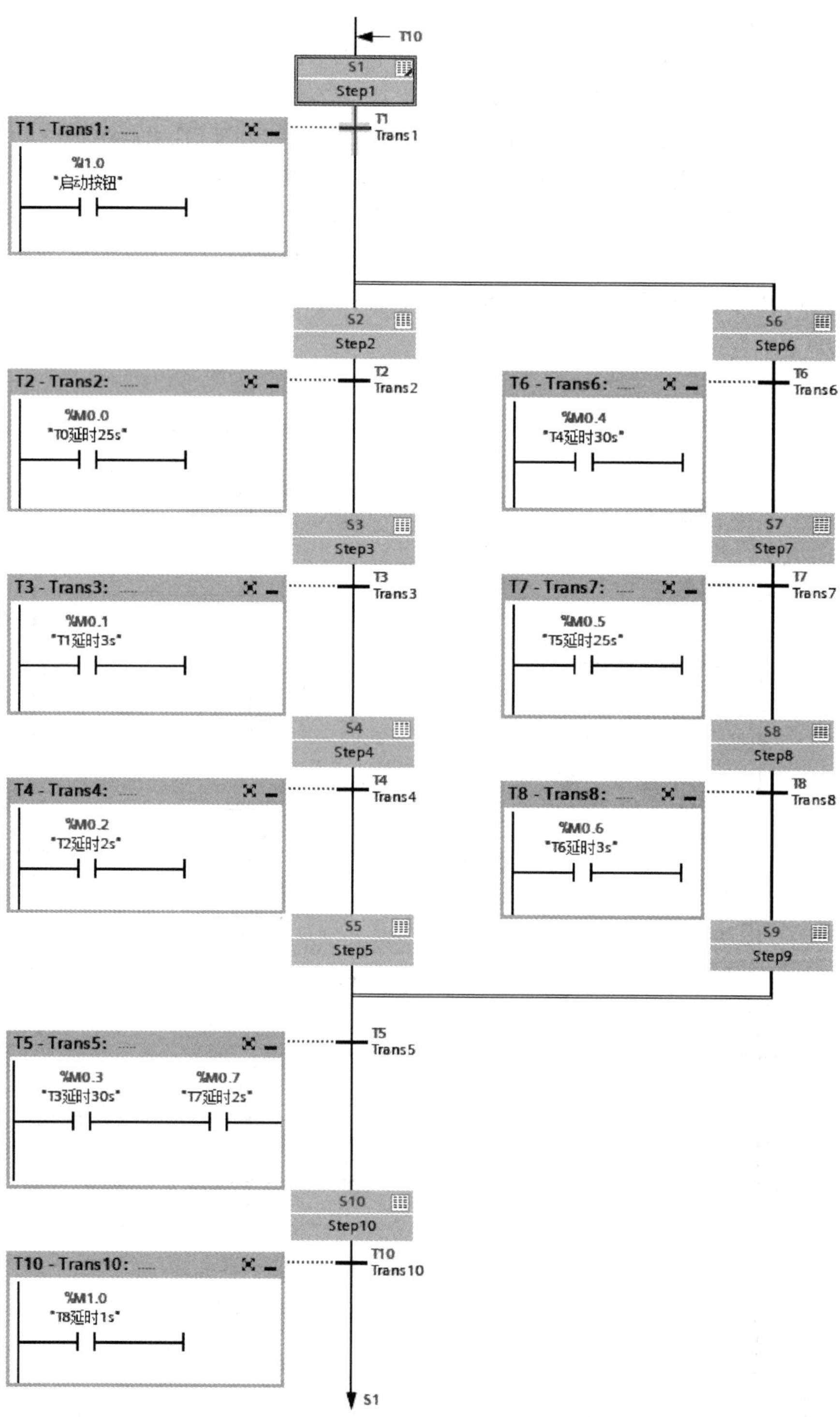

图 6-70　输入十字路口信号灯的转换条件

所示书写程序。

② 将书写好的程序进行保存，以生成相对应的背景数据块（DB1）。

表 6-22　　十字路口信号灯 OB1 中的程序

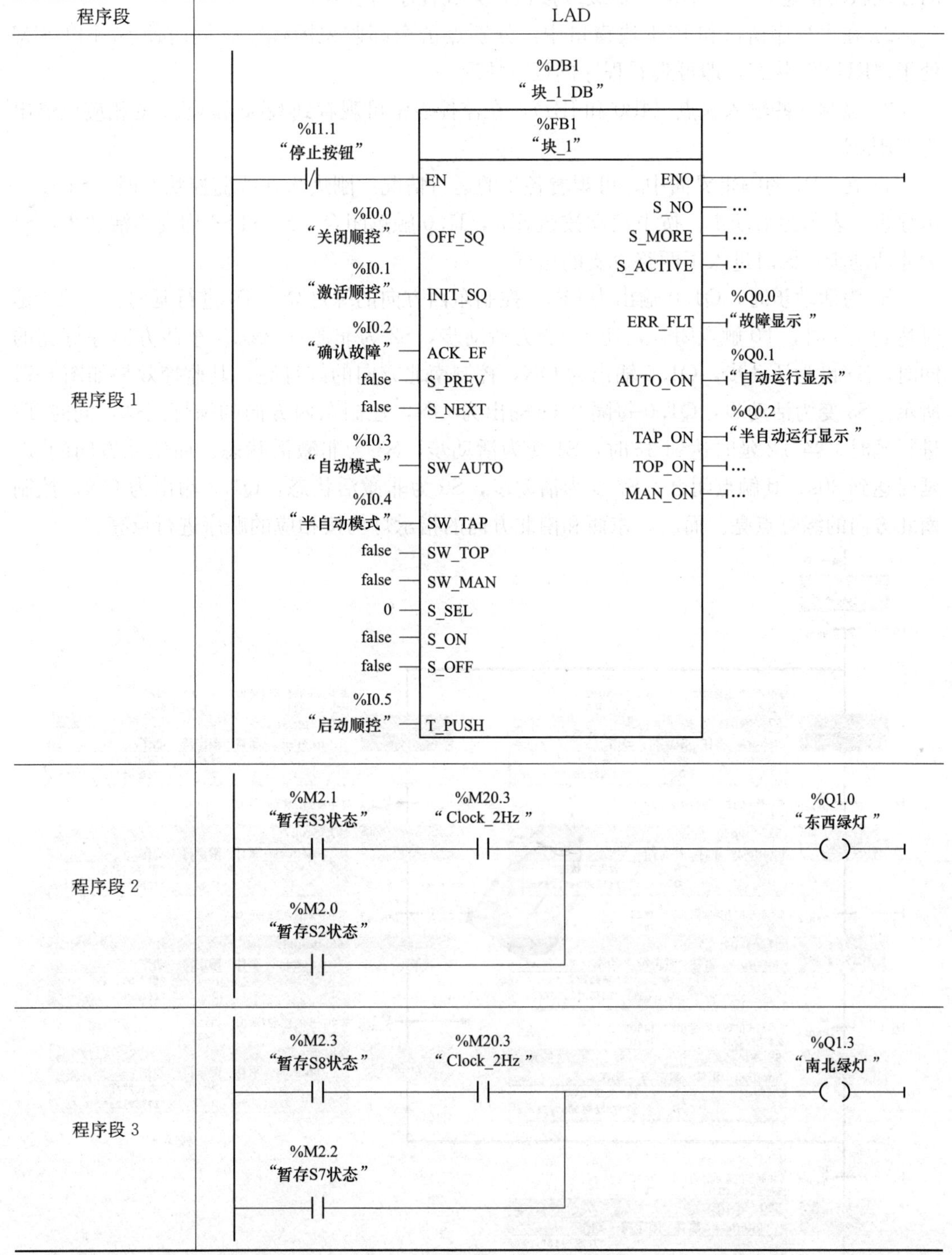

（5）程序仿真。

1）执行菜单命令“在线”→“仿真”→“启动”，即可开启 S7-PLCSIM 仿真。在弹出的“扩展的下载到设备”对话框中将“接口/子网的连接”选择为“插槽‘1×1’处的方向”，再点击“开始搜索”按钮，TIA 博途软件开始搜索可以连接的设备，并显示相应的在线状态信息，然后单击“下载”按钮，完成程序的装载。

2）在主程序窗口和 FB1 块窗口中，分别点击全部监视图标，同时使 S7-PLCSIM 处于“RUN”状态，即可观看程序的运行情况。

3）强制一些输入触点（IB0 和 IB1），在监控表中可观看到 QB0 和 QB1 的相应位输出为 TRUE。

4）在 FB1 的编辑界面中，可观看各步的运行情况。刚进入在线监控状态时，S1 步显示绿色，表示为活动步。按下启动按钮 SB7，I1.0 触点闭合，S2 和 S6 均变为活动步，S1 为非活动步，同时进入了两路分支的运行。

S2 为活动步时，Q1.0 输出为 ON，控制东西方向的绿灯亮，T0 进行延时。当 T0 延时达到 25s 时，T0 触点闭合，使 S3 变为活动步，S2 为非激活状态。东西方向绿灯亮的同时，S6 也为活动步，Q1.5 输出为 ON，控制南北方向的红灯亮，其监控效果如图 6-71 所示。S3 变为活动步，Q1.0 每隔 0.5s 输出为 ON，控制东西方向的绿灯闪烁，同时 T2 进行延时。当 T2 延时达到 3s 时，S4 变为活动步，S3 为非激活状态。而南北方向的 T4 延时达到 30s，其触点闭合，S7 变为活动步，S6 为非激活状态，Q1.3 输出为 ON，控制南北方向的绿灯点亮。而后，东西和南北方向的指示灯均按相应的顺序进行点亮。

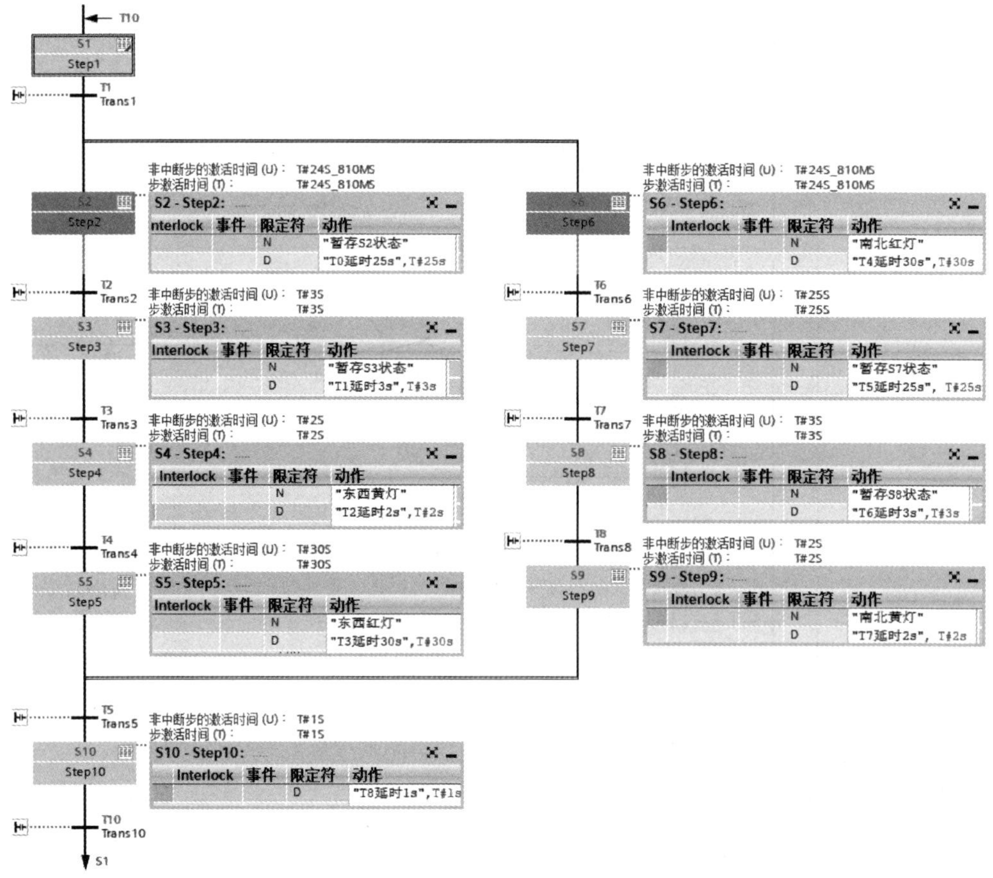

图 6-71 十字路口信号灯的监控运行图

6.4　SCL 编程语言

结构化控制语言（Structured Control Language，SCL）是一种基于 Pascal 的高级编程语言。它是基于国际标准 IEC 61131-3，实现了该标准中定义的结构化文本（Structured Text，ST）语言的 PLCopen 初级水平。

S7-SCL 不仅具有 PLC 的典型元素（例如输入、输出、定时器、计数器和存储器位），而且还具有高级语言的特性，例如循环、选择、分支、数组和高级函数等。

由于 S7-SCL 属于高级语言，所以非常适合复杂的数学计算、数据管理、过程优化、配方管理和统计任务等。

6.4.1　SCL 程序编辑器

1. 添加 SCL 函数块

在 TIA Portal 中双击项目树的“程序块”中的“添加新块”，将弹出“添加新块”对话框，在此对话框中可选择添加组织块、函数块或函数，语言选择“SCL”即可。在此，添加函数块，语言选择“SCL”，如图 6-72 所示。

图 6-72　添加 SCL 函数块

2. SCL 的编辑窗口

在 TIA Portal 中双击项目树的“程序块”中的“块_1［FB1］”，弹出的视图就是已添加的 SCL 函数块编辑器，如图 6-73 所示。图 6-73 中标有①的是接口参数区；标有②的是编辑器中的收藏夹。在标有③的侧栏可以设置书签和断点。标有④的代码区用于对 SCL 程序进行编辑，它包括行号、轮廓视图和代码。标有⑤的是程序运行时指令的输入、输出参数的监控区。

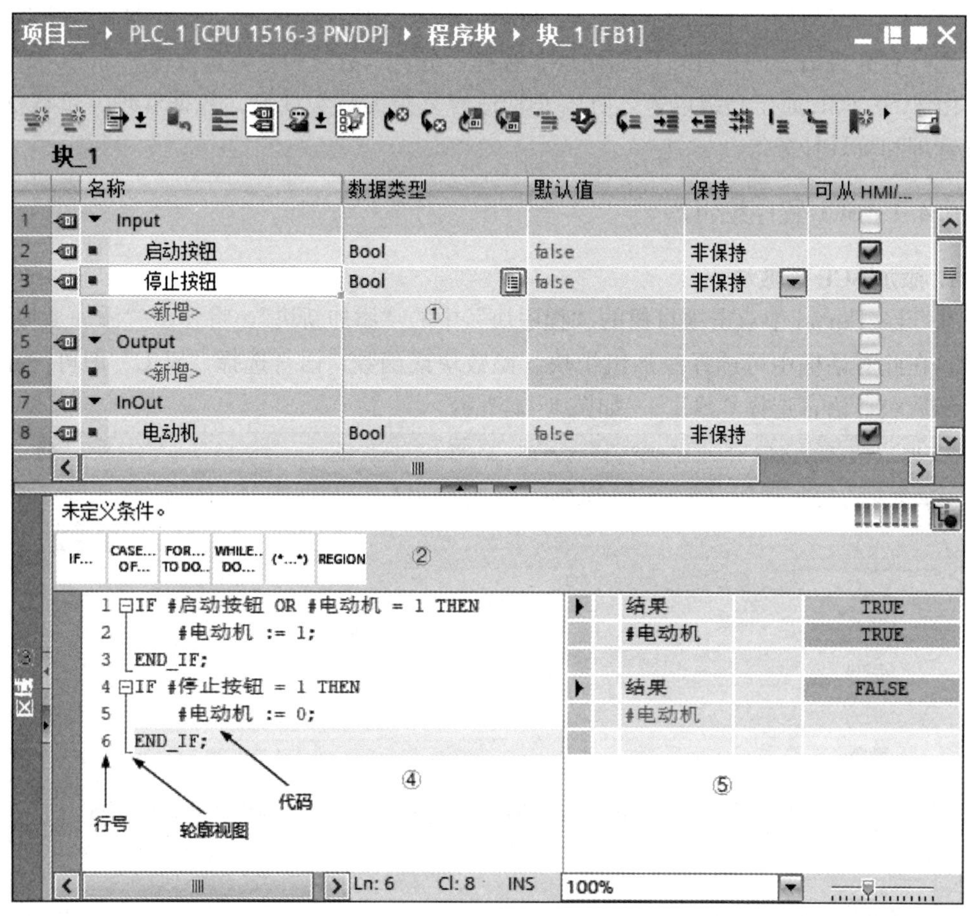

图 6-73　SCL 函数块编辑器

离线状态下，单击程序编辑器工具栏上的按钮，可以在工作区的右边显示或隐藏操作数绝对地址显示区。可以用鼠标拖曳的方法改变代码区和右边监控区边界的位置。

按钮用于导航到特定行，和按钮分别用于缩进文本和减少缩进文本，按钮用于自动格式化所选文本。

3. 脚本和文本编辑器的设置

在 SCL 的编辑界面中，执行菜单命令“选项”→“设置”，将在工作区显示“设置”视图。在此视图中点击左边导航区的“常规”→“脚本/文本编辑器”，即可定制 SCL 编辑窗口的外观和程序代码。以下是可以设置的对象：

（1）字体选择、字体的大小和各种对象的字体颜色。

（2）编辑器中 Tab 键生成的制表符的宽度（空格数），可选使用制表符或空格。

（3）缩进的方式，可选“无”“段落”和“智能”。

4. 对 SCL 语言的设置

在 SCL 的编辑界面中，执行菜单命令“选项”→“设置”，将在工作区显示“设置”视图。在此视图中点击左边导航区的“PLC 编程”→“SCL（结构化控制语言）”，即可设置下列参数：

（1）可以用“视图”区的“高亮显示关键字”选择框设置显示关键字的方式。可选“大写”“小写”和“像 Pascal 中定义的一样”。

（2）在“新增块的默认设置区”，可以设置 SCL 程序在编译时是否创建扩展状态信息，检查数组下标是否在声明的范围之内，是否自动置位块的使能输出 ENO。

6.4.2　SCL 编程语言基础

1. S7-SCL 基本术语

（1）字符集。S7-SCL 可以使用 ASCII 字符集的子集中的下列字符：小写字母 a～z、大写字母 A～Z、数字 0～9、空格和换行符等。此外，还可以使用其他有特定意义的字符，如表 6-23 所示。

表 6-23　　S7-SCL 的特殊字符

+	-	*	/	=	<	>	[	]	(	)
:	;	$	#	“	‘	{	}	%	,	.

（2）保留字。保留字又称为关键字，只能用于特定用途，不区分大小写。保留字在编写程序中要用到，不能作为变量使用。S7-SCL 中的保留字如表 6-24 所示。

表 6-24　　S7-SCL 中的保留字

AND	END_CASE	ORGANIZATION_BLOCK
ANY	END_CONST	POINTER
ARRAY	END_DATA_BLOCK	PROGRAM
AT	END_FOR	REAL
BEGIN	END_FUNCTION	REPEAT
BLOCI_DB	END_FUNCTION_BLOCK	RETURN
BLOCK_FB	END_IF	S5TIME
BLOCK_FC	END_LABLE	STRING
BLOCK_SDB	END_TYPE	STRUCT
BLOCK_SFB	END_ORGANIZATION_BLOCK	THEN
BLOCK_SFC	END_REPEAT	TIME
BOOL	END_STRUCT	TIMER
BY	END_VAR	TIME_OF_DAY
BYTE	END_WHILE	TO
CASE	ENO	TOD
CHAR	EXIT	TRUE
CONST	FALSE	TYPE

续表

CONTINUE	FOR	VAR
COUNTER	FUNCTION	VAR _ TEMP
DATA _ BLOCK	FUNCTION _ BLOCK	UNTIL
DATE	GOTO	VAR _ INPUT
DATE _ AND _ TIME	IF	VAR _ IN _ OUT
DINT	INT	VAR _ OUTPUT
DIV	LABEL	VOID
DO	MOD	WHILE
DT	NIL	WORD
DWORD	NOT	XOR
ELSE	OF	Names of the standard functions

(3) 标识符。标识符是分配给 S7-SCL 语言对象的名称，即给常量、变量或块等分配的名称。标识符最多可以由 24 个字母或者数字组成，其首字符必须是字母或者下划线，不区分大小写，但标识符不能为关键字或者标准标识符。

例如：X、 _ 001、Sum、Name 都是合法标识符，而 001X（首字符为数字）、void（void 即 VOID，为关键字）、X@12（含有@）、X and Y（字符间含有空格）是非法标识符。

S7-SCL 有些标识符是预定义的，这些标识符称为标准标识符。标准标识符主要包含 4 类：块标识符、地址标识符、定时器标识符和计数器标识符。

1）块标识符（Block Identifiers）。块标识符是用作单独块的称呼的标准标识符，S7-SCL 中的标准标识符如表 6-25 所示。

表 6-25　　S7-SCL 的块标识符

SIMATIC 标识符	IEC 标识符	含义
DBx	DBx	数据块，DB0 为 S7-SCL 保留
FBx	FBx	函数块
FCx	FCx	函数
OBx	OBx	组织块
SDBx	SDBx	系统数据块
SFCx	SFCx	系统函数
SFBx	SFBx	系统函数块
Tx	Tx	定时器
UDTx	UDTx	自定义数据类型
Zx	Cx	计数器

2）地址标识符（Address Identifiers）。在程序中任意处，能够用地址标识符称呼一个 CPU 的内存区域，如%I0.0、%Q0.1、%M0.2、%DB0、%PQB0 等。

3）定时器标识符（Timer Identifies）和计数器标识符（Counter Identifiers）都与 STEP 7 中基本一致，其表示方法为“标识符+编号”，如 T0、C1 等。

(4) 数字。在 SCL 中，有多种表达数字的方法，其表达规则如下：

1）一个数字可以有正负号、小数点或者指数表达。

2）一个数字不能包含逗号和空格。

3）为便于阅读，可以使用下划线分隔符，如 16#AB12_234C（其值与 16#AB12234C 相等）。

4）数字前面可以有正号（＋）和负号（－），没有正负号，默认为正数。

5）数字不能超出表示范围，如整数的范围是－32768～＋32767。

(5) 字符串。字符串就是按照一定顺序排列的字符和数字，字符串用单引号标注，如‘SIMATIC S7-1500’。

(6) 注释。注释用于解释程序，帮助读者理解程序，不影响程序的执行。下载程序时，注释部分不会下载到 CPU 中去。注释分为多行注释和单行注释，多行注释从“(*”开始，到“*)”结束；单行注释由“//”引出，直到行结束。

(7) 变量。其值在程序执行期间能够改变的标识符称为变量。在 S7-SCL 中，每个变量在逻辑块或数据块中使用前必须区分其变量的类型。根据不同区域将变量分为：局部变量、全局变量和允许预定义的变量。

全局变量是指可以在程序中任意位置进行访问的数据或数据域。局部变量在逻辑块中（如 FC、FB、OB）中定义，只能在块内有效访问，如表 6-26 所示。

表 6-26　局部变量

变量	说　明
静态变量	静态变量是变量值在块执行期间和执行后保留在背景数据块中，用于保存函数块值
临时变量	临时变量属于逻辑块，不占用静态内存，其值只在执行期间保留，可以同时作为输入变量和输出变量使用
块参数	块参数是函数块和函数的形式参数，用于在块被调用时传递实际参数，包括输入参数、输出参数和输入/输出参数

2. 运算符

大多数 S7-SCL 运算符由两个地址组成，所以称为二元操作，另一些仅包含一个地址，称为一元操作。运算符具有优先级，遵循一般算术运算的规律。S7-SCL 中常见的运算符如表 6-27 所示。

表 6-27　S7-SCL 的运算符

类别	名称	运算符	优先级
赋值	赋值	:=	11
算术运算	幂	**	2
	一元加	＋	3
	一元减	－	3
	乘法	*	4
	除法	/	4
	取模	MOD	4
	整除	DIV	4
	加法	＋	5
	减法	－	5

续表

类别	名称	运算符	优先级
比较运算	小于	＜	6
	大于	＞	6
	小于或等于	＜＝	6
	大于或等于	＞＝	6
	等于	＝	7
	不等于	＜＞	7
逻辑运算	非	NOT	3
	与	AND	8
	异或	XOR	9
	或	OR	10
其他运算	括号	( )	1

3. 表达式

表达式表示在编译或运行期间计算出来的一个值，由地址（如常量、变量或函数调用）和运算符（如＊、/、＋或－）组成。地址的数据类型和所用的运算符决定了表达式的类型。表达式的规则如下：

· 两个运算符之间的地址（变量）与优先级高的运算结合。

· 按照运算符优先级进行运算。

· 具有相同的运算级别，从左到右运算。

· 表达式前的减号表示该标识符乘－1。

· 算术运算符不能相互紧跟，即不能两个或者两个以上连用，如 a＊－b 是无效的，反过来 a＊（－b）是允许的。

· 括号能够用来超越运算符的优先级。

· 算术运算符不能用于连接字符或逻辑运算。

· 左右圆括号的数量必须匹配，即左圆括号与右圆括号的个数应相等。

在 S7-SCL 中的表达式主要包括简单表达式、算术运算表达式、比较运算表达式和逻辑运算表达式。

（1）简单表达式。在 S7-SCL 中，简单表达式就是简单的加减乘除的算式，例如：ex：＝A＊B－C＋D＊M。

（2）算术运算表达式。算术运算表达式是由算术运算符构成的，允许处理数值数据类型。S7-SCL 的算术运算符及其地址和结果的数据类型如表 6-28 所示。表中的 ANY _ INT 是指 INT 和 DINT；ANY _ NUM 是指 INT、DINT 和 REAL 的数据类型。

表 6-28　　S7-SCL 的算术运算符及其地址和结果的数据类型

运算	标识符	第一地址	第二地址	结果	优先级
幂	＊＊	ANY _ NUM	ANY _ NUM	REAL	3
一元加	＋	ANY _ NUM	—	ANY _ NUM	2
		TIME	—	TIME	2

续表

运算	标识符	第一地址	第二地址	结果	优先级
一元减	—	ANY_NUM	—	ANY_NUM	2
		TIME	—	TIME	2
乘法	*	ANY_NUM	ANY_NUM	ANY_NUM	4
		TIME	ANY_INT	TIME	4
除法	/	ANY_NUM	ANY_NUM	ANY_NUM	4
		TIME	ANY_INT	TIME	4
整除	DIV	ANY_INT	ANY_INT	ANY_INT	4
		TIME	ANY_INT	TIME	4
取模	MOD	ANY_INT	ANY_INT	ANY_INT	4
加法	+	ANY_NUM	ANY_NUM	ANY_NUM	5
		TIME	TIME	TIME	5
		TOD	TIME	TIME	5
		DT	TIME	DT	5
减法	—	ANY_NUM	ANY_NUM	ANY_NUM	5
		TIME	TIME	TIME	5
		TOD	TIME	TIME	5
		DATE	DATE	TIME	5
		TOD	TOD	TIME	5
		DT	TIME	DT	5
		DT	DT	TIME	5

（3）比较运算表达式。比较运算表达式就是比较两个地址中的数值，结果为布尔数据类型。如果比较条件是真，则结果为 TRUE，否则为 FALSE。比较运算表达式的规则如下：

1）可以进行比较的数据类型有 INT、DINT、REAL、BOOL、BYTE、WORD、DWORD、CHAR、STRING 等。

2）对于 DATE、TIME、DT、TOD 等时间数据类型，只能进行同数据类型的比较。

3）不允许 S5TIME 型的比较，如果进行比较，必须使用 IEC 的时间。

4）比较表达式可以与布尔规则相结合，形成语句。例如“if a＜b and b＞c then ……”。

（4）逻辑运算表达式。逻辑运算表达式是指逻辑运算符 AND、NOT、XOR 和 OR 与逻辑地址（布尔型）或数据类型为 BYTE、WORD、DWORD 型的变量结合而构成的逻辑表达式。S7-SCL 的逻辑运算符及其地址和结果的数据类型如表 6-29 所示。

表 6-29　　S7-SCL 的逻辑运算符及其地址和结果的数据类型

运算	标识符	第一地址	第二地址	结果	优先级
非	NOT	ANY _ BIT	—	ANY _ BIT	3
与	AND	ANY _ BIT	ANY _ BIT	ANY _ BIT	8
异或	XOR	ANY _ BIT	ANY _ BIT	ANY _ BIT	9
或	OR	ANY _ BIT	ANY _ BIT	ANY _ BIT	10

4. 赋值

通过赋值，一个变量接受另一个变量或者表达式的值。在赋值运算符“:=”左边的是变量，该变量接受右边的地址或者表达式的值。

(1) 基本数据类型的赋值。每个变量、每个地址或者表达式都可以赋值给一个变量或者地址。赋值示例如下：

```
FUNCTION_ BLOCK  FB1
VAR
    SWITCH_ 1    : INT;
    SWITCH_ 2   : INT;
    SETPOINT_ 1  : REAL;
    SETPOINT_ 2  : REAL;
    QUERY_ 1     : BOOL;
    TIME_ 1       : S5TIME;
    TIME_ 2       : TIME;
    DATE_ 1       : DATE;
    TIMEOFDAY_ 1: TIME_ OF_ DAY;
END_ VAR;
BEGIN
    //给变量赋予常数
    SWITCH_ 1    := 2;
    SETPOINT_ 1  := 23.5;
    QUERY_ 1     := TRUE;
    TIME_ 1       := T# 1H_ 25M_ 18S_ 32MS;
    TIME_ 2       := T# 3D_ 2H_ 24M_ 10S_ 28MS;
    DATE_ 1       := D# 2021-09-25;
    //给变量赋予变量值
    SETPOINT_ 1  :=  SETPOINT_ 2;
    SWITCH_ 2    :=  SWITCH_ 1;
    //给变量赋予表达式
    SWITCH_ 2     :=  SWITCH_ 1* 2;
END_ FUNCTION_ BLOCK
```

(2) 结构和 UDT 的赋值。结构和 UDT 是复杂的数据类型，但很常用。可以对其赋值同样的数据类型变量、同样数据类型的表达式、同样的结构或者结构内的元素。应用示例如下：

```
FUNCTION_ BLOCK FB1
VAR
  AUXVAR : REAL ;
  MEASVAL : STRUCT  //目标结构
                      VOLTAGE   : REAL ;
                      RESISTANCE : REAL ;
                      SIMPLEARR : ARRAY [1..2, 1..2] OF INT ;
              END_ STRUCT ;
  PROCVAL : STRUCT  //源结构
                      VOLTAGE   : REAL ;
                      RESISTANCE : REAL ;
                      SIMPLEARR : ARRAY [1..2, 1..2] OF INT ;
              END_ STRUCT ;
END_ VAR
BEGIN
//将一个完整的结构赋值给另一个结构
  MEASVAL := PROCVAL ;
//结构的一个元素赋值给另一个结构的元素
  MEASVAL.VOLTAGE := PROCVAL.VOLTAGE ;
//将结构元素赋值给变量
  AUXVAR := PROCVAL.RESISTANCE ;
//将一个常量赋值给结构元素
  MEASVAL.RESISTANCE := 3.52;
//将一个常量赋值给一维数组元素
  MEASVAL.SIMPLEARR [1, 2] := 5;
END_ FUNCTION_ BLOCK
```

（3）数组的赋值。数组的赋值类似于结构的赋值，数组元素的赋值和完整数组赋值。数组元素赋值就是对单个数组元素进行赋值。当数组元素的数据类型、数组下标、数组上标都相同时，一个数组可以赋值给另一个数组，这就是完整数组赋值。应用示例如下：

```
FUNCTION_ BLOCK FB3
VAR
      SETPOINTS : ARRAY [0..127] OF INT ;
      PROCVALS : ARRAY [0..127] OF INT ;
      CRTLLR   : ARRAY [1..3, 1..4] OF INT ; // 声明一个有 3 行 4 列的矩阵（二维数组）
      CRTLLR_ 1 : ARRAY [1..4] OF INT ;        // 声明一个有 4 个元素的向量（一维数组）
END_ VAR
BEGIN
     //将一个数组赋值给另一个数组
      SETPOINTS   := PROCVALS ;
```

```
    //数组元素赋值
     CRTLLR [2]    := CRTLLR_ 1 ;
    //数组元素的赋值
     CRTLLR [1, 4] := CRTLLR_ 1 [4] ;
END_ FUNCTION_ BLOCK
```

6.4.3 SCL 的寻址

S7-SCL 的寻址可分为直接寻址和间接寻址。

1. 直接寻址

直接寻址就是操作数的地址直接给出，而不需要经过某种变换，图 6-74 所示就是直接寻址的实例。

```
IF "长动按钮" = 1 AND "停止按钮" = 0 THEN
    "辅助触点" := 1;
END_IF;
IF "辅助触点" = 1 OR "点动按钮"=1 THEN
    "M电动机":= 0;
END_IF;
```

▶	"长动按钮"	%I0.2
	"辅助触点"	%M0.0
▶	"辅助触点"	%M0.0
	"M电动机"	%Q0.0

图 6-74　直接寻址实例

2. 间接寻址

间接寻址提供寻址在运行之前，不计算地址的操作数的选项。使用间接寻址，可以多次执行程序部分，且在每次运行时可以使用不同的操作数。当执行 S7-SCL 间接寻址时，需使用相应的指令进行，如 PEEK _ BOOL、PEEK、POKE _ BOOL、POKE 等。这些指令在 S7-SCL 的“指令树”→“基本指令”→“移动操作”→“读/写存储器”中。

(1) PEEK _ BOOL 指令。PEEK _ BOOL 为“读取存储位”指令，用于在不指定数据类型的情况下从标准存储区读取存储位，其指令参数含义如表 6-30 所示。

表 6-30　　PEEK _ BOOL 指令的参数含义

参数	声明	数据类型	存储区	说明
AREA	Input	BYTE	I、Q、M、D	可以选择以下区域： 16#81：输入 16#82：输出 16#83：位存储区 16#84：DB 16#1：外设输入
DBNUMBER	Input	DINT、DB _ ANY	D	如果 AREA＝DB，则为数据块数量，否则为 0

续表

参数	声明	数据类型	存储区	说明
BYTEOFFSET	Input	DINT	I、Q、M、D	待读取的地址，仅使用 16 个最低有效位
BITOFFSET	Input	INT	I、Q、M、D	待读取的位
RET _ VAL	Output	BOOL	I、Q、M、D	指令的结果

AREA 为地址区；DBNUMBER 为数据块的编号，不是数据块中的地址则为 0；BYTEOFFSET 为地址的字节编号；BITOFFSET 为地址的位编号；RET _ VAL 为返回值。如果要读取输入、输出或位存储区中的存储位，则必须将参数 DBNUMBER 的值设置为 0，否则指令无效。

【例 6-10】 PEEK _ BOOL 指令实现位存储区间接寻址，以读取 MW2 中第 3 位（M2.3）的值。其使用步骤如下。

1）在 TIA Portal 中双击项目树的“程序块”中的“添加新块”，将弹出“添加新块”对话框，在此对话框中选择添加函数块，语言选择“SCL”。

2）在 FB1 的接口区生成输入参数“地址区”“数据块号”“字节偏移”和“位偏移”，以及输出参数“位地址值”，如图 6-75 所示。

块_1

	名称	数据类型	默认值
1	▼ Input		
2	■ 地址区	Byte	16#0
3	■ 数据块号	DInt	0
4	■ 字节偏移	DInt	0
5	■ 位偏移	Int	0
6	■ <新增>		
7	▼ Output		
8	■ 位地址值	Bool	false

图 6-75　FB1 中接口区的定义

3）在 FB1 中输入下列 S7-SCL 程序。

```
# 位地址值 : = PEEK_ BOOL (area := # 地址区,
                          dbNumber := # 数据块号,
                          byteOffset := # 字节偏移,
                           bitOffset := # 位偏移);
"MW2" := 16# 9D3C;
```

4）OB1 程序段的编写。将 FB1 拖曳到 OB1 中，并进行相应参数设置，如表 6-31 所示。将“地址区”设置为 16＃83，代表位存储区的间接寻址，这种情况下“数据块号”设置为 0，“字节偏移”设置为 2，“位偏移”设置为 3，以寻址 MW2 的第 3 位（即 M2.3）的值。

表 6-31　　　　例 6-10 中 OB1 程序

程序段	LAD
程序段 1	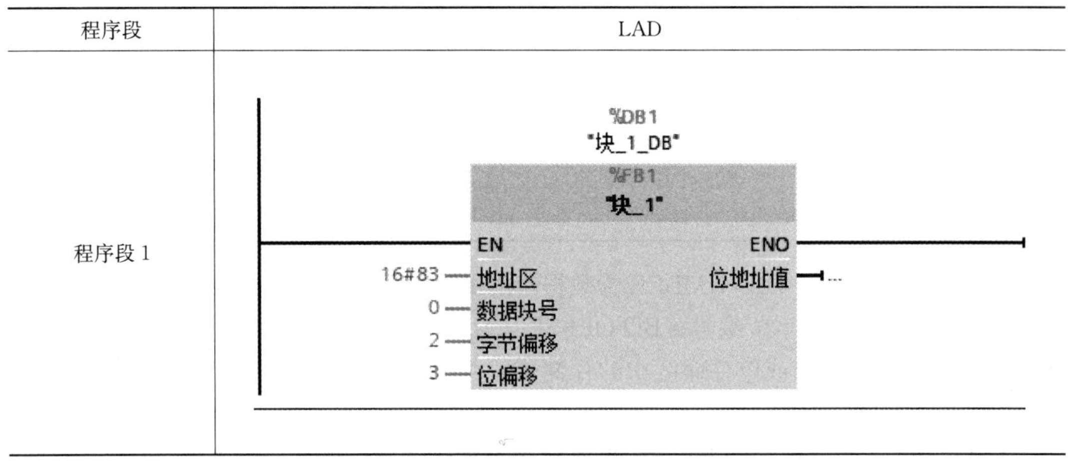

5）执行菜单命令“在线”→“仿真”→“启动”，即可开启 S7-PLCSIM 仿真。由于 MW2 的第 3 位（M2.3）为 TRUE，所以“位地址值”为 TRUE，在 FB1 中的运行结果如图 6-76 所示。

```
#位地址值 := PEEK_BOOL(area := #地址区,
                      dbNumber := #数据块号,
                      byteOffset := #字节偏移,
                      bitOffset := #位偏移);
"MW2" := 16#9D3C;
```

▶	#位地址值		TRUE
	#数据块号		0
	#字节偏移		2
	#位偏移		3
	"MW2"	%MW2	16#9D3C

图 6-76　位存储区的间接寻址运行结果

（2）PEEK 指令。PEEK 指令为“读取存储地址”指令，用于在不指定数据类型的情况下从存储区读取存储地址，可以读取字节、字和 64 位的位字符串（LWORD）。

PEEK 指令比 PEEK _ BOOL 指令少了一个输入参数 BITOFFSET，但是返回的地址值可以是字节（BYTE），也可以是字（WORD）、双字（DWORD）和长字（LWORD）。使用 S7-SCL 调用 PEEK 指令时，将 PEEK 指令的名称改为“PEEK _”，将出现指令类型的选择，如图 6-77 所示。选择了指令类型，其返回的地址值即为对应的类型。

```
#返回地址值:=PEEK_(area:=#地址区,
    dbNumber:=#数
    byteOffset:=#
```

PEEK_BYTE	库
PEEK_DWORD	库
PEEK_LWORD	库
PEEK_WORD	库

图 6-77　选择 PEEK 指令类型

【例 6-11】 PEEK 指令实现存储区间接寻址。使用 PEEK _ BYTE 指令，读取 QB2 的值，存储到 MB0 中；使用 PEEK _ WORD 指令，读取 IW0 的值，存储到 MW2 中。其使用步骤如下。

1）在 TIA Portal 中双击项目树的“程序块”中的“添加新块”，将弹出“添加新块”对话框，在此对话框中选择添加函数块 FB1，语言选择“SCL”。依此方法，添加函数块 FB2。

2）在 FB1 的接口区生成输入参数“地址区”“数据块号”“字节偏移”，以及输出参数“字节地址值”；在 FB2 的接口区生成输入参数“地址区”“数据块号”“字节偏移”，以及输出参数“字地址值”，如图 6-78 所示。

块_1

		名称	数据类型	默认值
1		▼ Input		
2		■ 地址区	Byte	16#0
3		■ 数据块号	DInt	0
4		■ 字节偏移	DInt	0
5		▼ Output		
6		■ 字节地址值	Byte	16#0

块_2

		名称	数据类型	默认值
1		▼ Input		
2		■ 地址区	Byte	16#0
3		■ 数据块号	DInt	0
4		■ 字节偏移	DInt	0
5		▼ Output		
6		■ 字地址值	Word	16#0

图 6-78　FB1 和 FB2 中接口区的定义

3）在两个函数块中输入 S7-SCL 程序。

①在 FB1 中输入下列 S7-SCL 程序。

```
# 字节地址值 : = PEEK_ BYTE (area := # 地址区,
                    dbNumber := # 数据块号,
                    byteOffset := # 字节偏移);
```

②在 FB2 中输入下列 S7-SCL 程序。

```
# 字地址值 : = PEEK_ WORD (area := # 地址区,
                    dbNumber := # 数据块号,
                    byteOffset := # 字节偏移);
```

4）OB1 程序段的编写如表 6-32 所示。在程序段 1 中，将 QB2 赋值为 16＃F3，在程序段 2 中，FB1 的地址区设置为 16＃82，以实现输出地址 QBx 中的值，由于字节偏移为 2，字节地址值为 MB0，则 FB1 将读取 QB2 中的字节值，存储到 MB0 中。在程序段 3 中，FB2 的地址区设置为 16＃81，以实现输入地址 IWx 中的值，由于字节偏移为 0，字地址值为 MW2，则 FB2 将读取 IW0 中的字值，存储到 MW2 中。

5）执行菜单命令“在线”→“仿真”→“启动”，即可开启 S7-PLCSIM 仿真。在 FB1 和 FB2 中的运行结果如图 6-79 所示。

表 6-32　　　　　例 6-10 中 OB1 程序

程序段	LAD
程序段 1	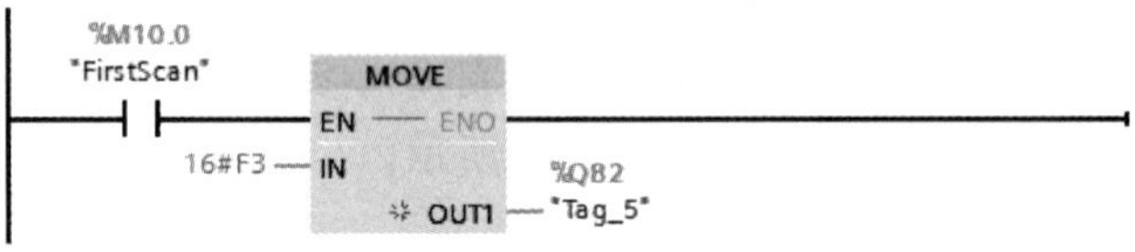 %M10.0 "FirstScan" ── MOVE：EN ── ENO；16#F3 ── IN；OUT1 ── %QB2 "Tag_5"
程序段 2	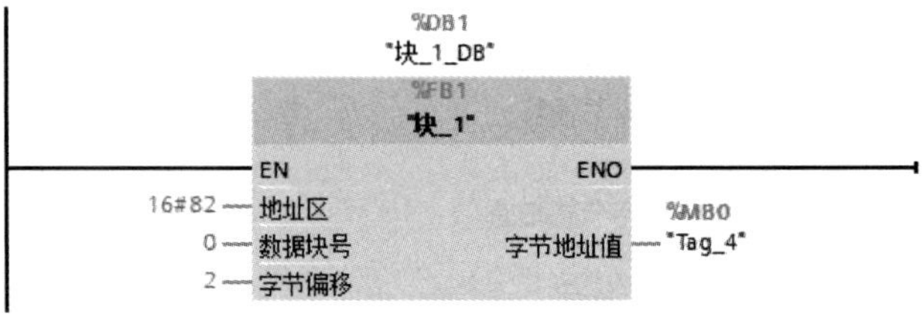 %DB1 "块_1_DB"，%FB1 "块_1"：EN ── ENO；16#82 ── 地址区；0 ── 数据块号；2 ── 字节偏移；字节地址值 ── %MB0 "Tag_4"
程序段 3	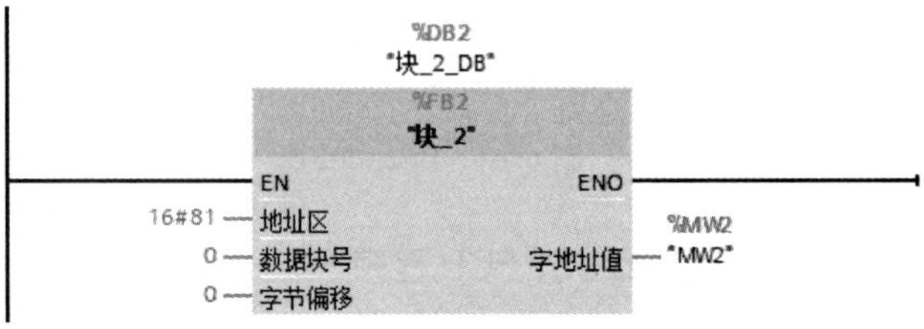 %DB2 "块_2_DB"，%FB2 "块_2"：EN ── ENO；16#81 ── 地址区；0 ── 数据块号；0 ── 字节偏移；字地址值 ── %MW2 "MW2"

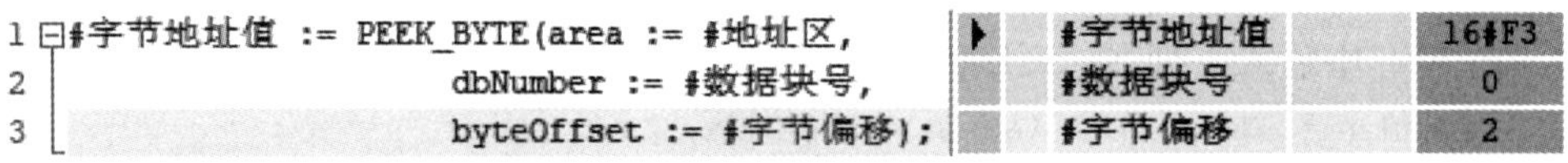

```
#字节地址值 := PEEK_BYTE(area := #地址区,
                        dbNumber := #数据块号,
                        byteOffset := #字节偏移);
```

#字节地址值	16#F3
#数据块号	0
#字节偏移	2

(a) FB1间接寻址运行结果

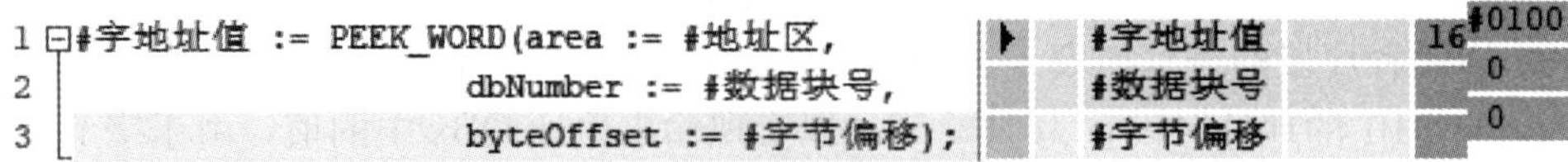

```
#字地址值 := PEEK_WORD(area := #地址区,
                      dbNumber := #数据块号,
                      byteOffset := #字节偏移);
```

#字地址值	16#0100
#数据块号	0
#字节偏移	0

(b) FB2间接寻址运行结果

图 6-79　FB1 和 FB2 间接寻址运行结果

（3）POKE _ BOOL 指令。POKE _ BOOL 是“写入存储位”指令，用于在不指定数据类型的情况下将存储位写入存储区，其指令参数含义如表 6-33 所示。

表 6-33　　POKE _ BOOL 指令的参数含义

参数	声明	数据类型	存储区	说　明
AREA	Input	BYTE	I、Q、M、D	可以选择以下区域： 16＃81：输入 16＃82：输出 16＃83：位存储区 16＃84：DB 16＃1：外设输出
DBNUMBER	Input	DINT、DB _ ANY	D	如果 AREA＝DB，则为数据块数量，否则为 0
BYTEOFFSET	Input	DINT	I、Q、M、D	待读取的地址，仅使用 16 个最低有效位
BITOFFSET	Input	INT	I、Q、M、D	待写入的位
VAL	Input	BOOL	I、Q、M、D	指令的结果

(4) POKE 指令。POKE 是“写入存储地址”指令，用于不指定数据类型的情况下将数据值写入存储区。可以将数值写入字节、字和双字。

POKE 指令的输入参数 AREA、DBNUMBER、BYTEOFFSET、BITOFFSET、RET _ VAL 的含义与 POKE _ BOOL 的相同。

6.4.4　SCL 程序控制语句

S7-SCL 程序控制语句可分为 3 类：选择语句、循环语句和跳转语句。各类语句均有相应的控制指令，如表 6-34 所示。

表 6-34　　程序控制语句

语句类别	语句指令	说　明
选择语句	IF	选择分支指令，根据条件真假决定是否执行后续语句
	CASE	多分支选择指令，根据数字表达式的值决定执行哪个程序分支
循环语句	FOR	根据指定循环次数执行程序循环体
	WHILE	根据指定循环条件执行程序循环体
	REPEAT	不满足条件时执行程序循环体
跳转语句	CONTINUE	中止当前程序循环
	EXIT	退出程序循环体
	GOTO	使程序跳转到指定位置开始执行
	RETURN	退出当前块的程序执行，返回

1. 选择语句

(1) IF 语句。IF 语句有 3 种表达形式：IF 分支，IF 和 ELSE 分支，IF、ELSEIF 和 ELSE 分支。

1）IF 分支。

语句格式：

```
IF< 条件> THEN < 指令> ;
END_ IF;
```

如果满足指令中的条件，将执行 THEN 后面的指令；如果不满足该条件，程序将从 END _ IF 的下一条指令开始继续执行。

2）IF 和 ELSE 分支。

语句格式：

```
IF< 条件> THEN < 指令 1> ;
ELSE< 指令 2> ;
END_ IF;
```

如果满足指令中的条件，将执行 THEN 后面的指令 1；如果不满足该条件，程序将执行 ELSE 后面的指令 2。然后，程序将从 END _ IF 后的下一条指令开始继续执行。

3）IF、ELSEIF 和 ELSE 分支。

语句格式：

```
IF< 条件 1> THEN < 指令 1> ;
ELSIF< 条件 2> THEN < 指令 2> ;
……
ELSE< 指令 n> ;
END_ IF;
```

如果满足指令中的条件 1，将执行 THEN 后面的指令 1；如果不满足条件 1，而满足条件 2，将执行 THEN 后面的指令 2……如果前述条件均不满足，程序将执行 ELSE 后面的指令 n。然后，程序将从 END _ IF 后的下一条指令开始继续执行。

【例 6-12】 S7-SCL 的 IF 指令在电动机的 3 地启停控制的应用。其使用步骤如下。

1）在 TIA Portal 中双击项目树的“程序块”中的“添加新块”，将弹出“添加新块”对话框，在此对话框中选择添加函数块 FB1，语言选择“SCL”。

2）在 FB1 的接口区按图 6-80 所示进行定义。

块_1

	名称	数据类型	默认值
1	▼ Input		
2	■ 甲地启动	Bool	false
3	■ 甲地停止	Bool	false
4	■ 乙地启动	Bool	false
5	■ 乙地停止	Bool	false
6	■ 丙地启动	Bool	false
7	■ 丙地停止	Bool	false
8	■ <新增>		
9	▼ Output		
10	■ 电动机运行	Bool	false
11	■ <新增>		
12	▼ InOut		
13	■ 暂存状态	Bool	false

图 6-80 例 6-12 的 FB1 接口区的定义

3）在函数块 FB1 中输入 S7-SCL 程序。

```
IF # 甲地停止 = 1 OR # 乙地停止 = 1 OR # 丙地停止 = 1 THEN
    # 暂存状态 : = 0;
ELSIF # 甲地启动 = 1 OR # 乙地启动 = 1 OR # 丙地启动 = 1 THEN
    # 暂存状态 : = 1;
ELSE
    # 暂存状态 : = 0;
END_ IF;
IF # 暂存状态 = 1 THEN
    # 电动机运行 : = 1;
ELSE
    # 电动机运行 : = 0;
END_ IF;
```

4）按图 6-81 所示定义 PLC 全局变量表。

5）OB1 程序段的编写如表 6-35 所示。

默认变量表

		名称	数据类型	地址
1		System_Byte	Byte	%MB10
2		FirstScan	Bool	%M10.0
3		DiagStatusUpdate	Bool	%M10.1
4		AlwaysTRUE	Bool	%M10.2
5		AlwaysFALSE	Bool	%M10.3
6		Clock_Byte	Byte	%MB20
7		Clock_10Hz	Bool	%M20.0
8		Clock_5Hz	Bool	%M20.1
9		Clock_2.5Hz	Bool	%M20.2
10		Clock_2Hz	Bool	%M20.3
11		Clock_1.25Hz	Bool	%M20.4
12		Clock_1Hz	Bool	%M20.5
13		Clock_0.625Hz	Bool	%M20.6
14		Clock_0.5Hz	Bool	%M20.7
15		SB1甲地停止	Bool	%I0.0
16		SB2甲地启动	Bool	%I0.1
17		SB3乙地停止	Bool	%I0.2
18		SB4乙地启动	Bool	%I0.3
19		SB5丙地停止	Bool	%I0.4
20		SB6丙地启动	Bool	%I0.5
21		自锁	Bool	%M0.0
22		电动机运行	Bool	%Q0.0

图 6-81　例 6-12 的全局变量表的定义

表 6-35　　　　例 6-12 中 OB1 程序

程序段	LAD
程序段 1	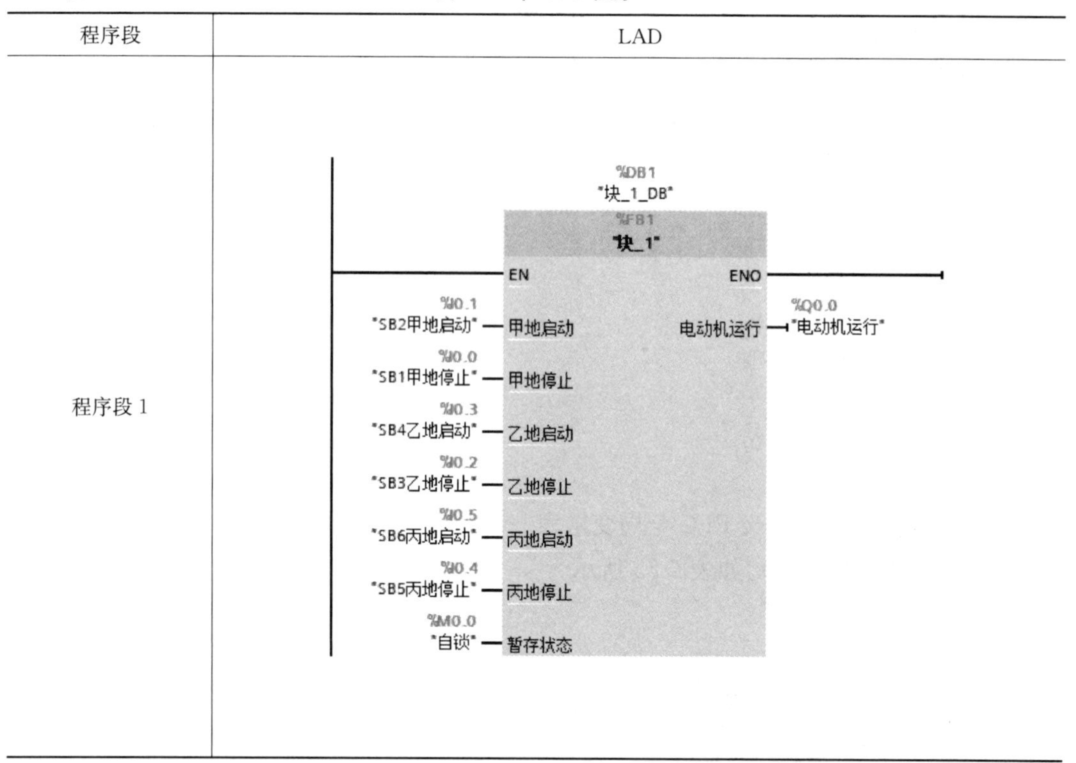

6）执行菜单命令“在线”→“仿真”→“启动”，即可开启 S7-PLCSIM 仿真。只要按下 3 地的某个启动按钮，电动机将启动运行；只要按下 3 地的任意停止按钮，电动机将立即停止运行。例如将 I0.3 强制为 ON，则电动机将启动运行，其运行效果如图 6-82 所示。

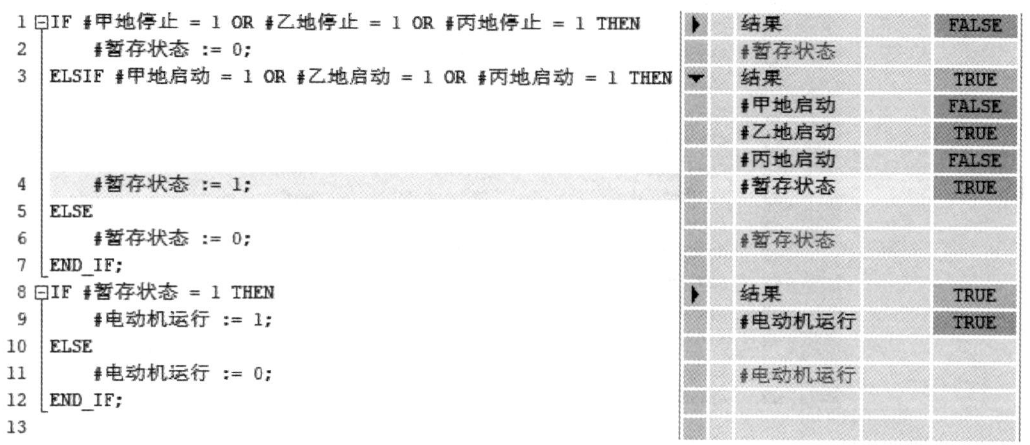

图 6-82　电动机 3 地启停控制的运行效果

（2）CASE 语句。在 S7-SCL 中，使用 CASE 语句可以根据数字表达式的值执行多个指令序列中的一个。表达式的值必须为整数。执行该指令时，会将表达式的值与多个常数的值进行比较。如果表达式的值等于某个常数的值，则将执行紧跟在该常数后的指令。

语句格式：

```
CASE< 表达式> OF
  < 常数 1> : < 指令 1> ;
  < 常数 2> : < 指令 2> ;
  ……;
ELSE < 指令 n> ;
END_ CASE;
```

【例 6-13】 S7-SCL 的 CASE 指令在某电动机控制系统中的应用。要求根据 I0.0～I0.3 的状态来控制 4 台电动机的运行情况，当未按下任意一个按钮（SB4～SB1）时，LED 指示灯点亮；当按下某个按钮时，相应的电动机按表 6-36 所示运行。

表 6-36　4 台电动机的运行控制

序号	输入				输出				
	SB4	SB3	SB2	SB1	M4	M3	M2	M1	LED
0	0	0	0	0	0	0	0	0	1
1	0	0	0	1	0	0	0	1	0
2	0	0	1	0	0	0	1	1	0
3	0	0	1	1	0	0	1	1	0
4	0	1	0	0	0	1	0	0	0
5	0	1	0	1	0	0	1	1	0
6	0	1	1	0	0	1	0	0	0
7	0	1	1	1	0	0	1	1	0
8	1	0	0	0	0	1	0	0	0
9	1	0	0	1	0	1	0	0	0
10	1	0	1	0	0	1	0	0	0
11	1	0	1	0	0	1	0	0	0
12	1	1	0	0	1	0	1	0	0
13	1	1	0	1	1	0	1	0	0
14	1	1	1	0	1	0	1	0	0
15	1	1	1	1	0	0	0	0	1

【分析】 从表中可以看出，每个序号实质对应着一种状态，例如序号 1 对应状态 1，即 SB1 按下，其余按钮未按下，此时 M1 电动机运行；序号 11 对应状态 11，即 SB4、SB2 和 SB1 按下，而 SB3 未按钮，此时 M3 电动机运行。所以，在状态 1 时，M1 电动机运行；在状态 2、3、5、7 时，M1 和 M2 电动机运行；在状态 4、6、8～11 时，M3 电动机运行；在状态 13～14 时，M2 和 M4 电动机运行；在其余状态时，LED 指示灯点亮。具体实现步骤如下。

1）在 TIA Portal 中双击项目树的“程序块”中的“添加新块”，将弹出“添加新块”

对话框，在此对话框中选择添加函数块 FB1，语言选择“SCL”。

2）在 FB1 的接口区按图 6-83 所示进行定义。

块_1				
		名称	数据类型	默认值
1		▼ Input		
2		■ 输入值	Int	0
3		▼ Output		
4		■ 驱动1	Bool	false
5		■ 驱动2	Bool	false
6		■ 驱动3	Bool	false
7		■ 驱动4	Bool	false
8		■ 驱动5	Bool	false

图 6-83　例 6-13 的 FB1 接口区的定义

3）在函数块 FB1 中输入 S7-SCL 程序。程序中，“2，3，5，7”表示输入常数为 2、3、5 或 7；“12..14”表示输入常数为 12～14。

```
CASE # 输入值 OF
    1:
        # 驱动 1 := 1;    # 驱动 2 := 0;
        # 驱动 3 := 0;    # 驱动 4 := 0;
        # 驱动 5 := 0;
    2, 3, 5, 7:
        # 驱动 1 := 1;    # 驱动 2 := 1;
        # 驱动 3 := 0;    # 驱动 4 := 0;
        # 驱动 5 := 0;
    4, 6, 8..11:
        # 驱动 1 := 0;    # 驱动 2 := 0;
        # 驱动 3 := 1;    # 驱动 4 := 0;
        # 驱动 5 := 0;
    12..14:
        # 驱动 1 := 0;    # 驱动 2 := 1;
        # 驱动 3 := 0;    # 驱动 4 := 1;
        # 驱动 5 := 0;
    ELSE
        # 驱动 1 := 0;    # 驱动 2 := 0;
        # 驱动 3 := 0;    # 驱动 4 := 0;
        # 驱动 5 := 1;
END_ CASE;
```

4）OB1 程序段的编写。SB4～SB1 分别与 I0.3～I0.0 进行连接，所以按钮的状态可用 IB0 输入。LED、M4～M1 分别与 Q0.4～Q0.0 进行连接，在 OB1 中编写的程序如表 6-37 所示。

表 6-37　　例 6-13 中 OB1 程序

程序段	LAD
程序段 1	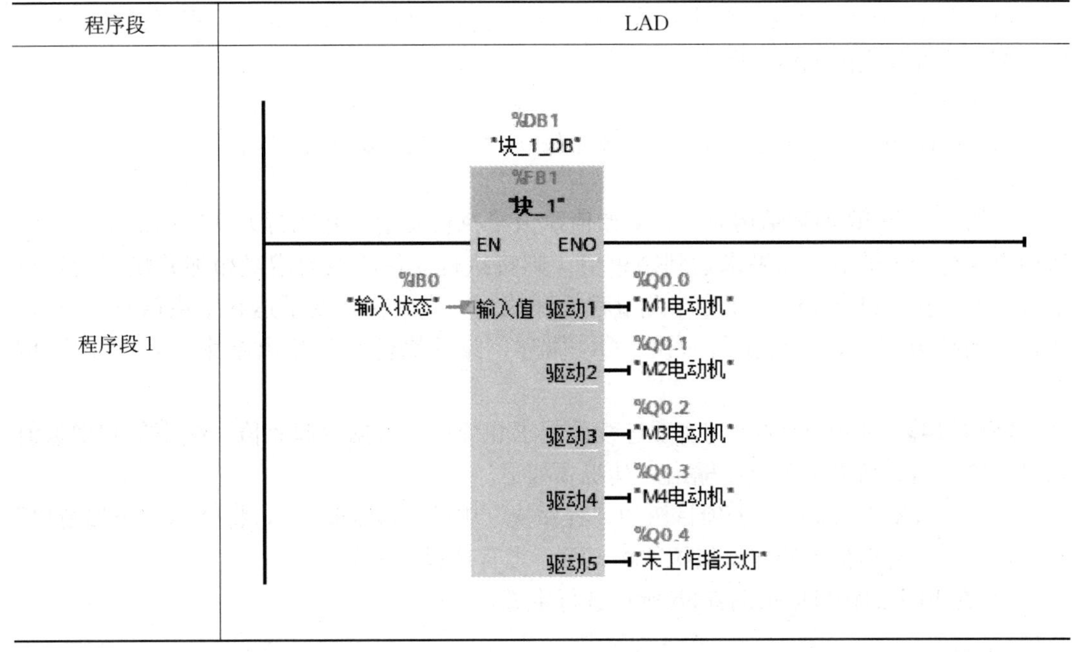

5）执行菜单命令“在线”→“仿真”→“启动”，即可开启 S7-PLCSIM 仿真。只要按下 SB4～SB1 中的某些按钮，相应的电动机将启动运行；若未按下按钮，电动机处于停止状态。例如将 I0.3 和 I0.0 强制为 ON，则 M3 电动机将启动运行，其仿真效果如图 6-84 所示。

```
CASE #输入值 OF
    1:
        #驱动1 := 1;    #驱动2 := 0;
        #驱动3 := 0;    #驱动4 := 0;
        #驱动5 := 0;
    2,3,5,7:
        #驱动1 := 1;    #驱动2 := 1;
        #驱动3 := 0;    #驱动4 := 0;
        #驱动5 := 0;
    4,6,8..11:
        #驱动1 := 0;    #驱动2 := 0;
        #驱动3 := 1;    #驱动4 := 0;
        #驱动5 := 0;
    12..14:
        #驱动1 := 0;    #驱动2 := 1;
        #驱动3 := 0;    #驱动4 := 1;
        #驱动5 := 0;
    ELSE
        #驱动1 := 0;    #驱动2 := 0;
        #驱动3 := 0;    #驱动4 := 0;
        #驱动5 := 1;
END_CASE;
```

图 6-84　CASE 指令在某电动机控制系统中的仿真效果

2. 循环语句

（1）FOR 语句。使用“在计数循环中执行”指令 FOR，可重复执行程序循环，直到运行变量不在指定的取值范围内。

语句格式：

```
FOR< 执行变量> := < 起始值> TO < 结束值> BY < 增量> DO < 指令> ;
END_ FOR;
```

开始运行 FOR 循环结构时，将起始值赋值给执行变量，并执行 DO 后面的指令；然后检查执行变量的值，如果未达到结束值，则将执行变量的值与增量相加并赋值给执行变量，继续执行符合 DO 的指令（此过程循环执行，直到执行变量达到结束值）；当执行变量达到结束值时，最后执行一次 FOR 循环，此后执行变量超出结束值，退出 FOR 循环。

【例 6-14】 使用 FOR 语句实现连续数据求和统计，数据的起始值、结束值和增量值均可设置，运算结果由 MD30 输出，其步骤如下。

1）在 TIA Portal 中双击项目树的“程序块”中的“添加新块”，将弹出“添加新块”对话框，在此对话框中选择添加函数块 FB1，语言选择“SCL”。

2）在 FB1 的接口区按图 6-85 所示进行定义。

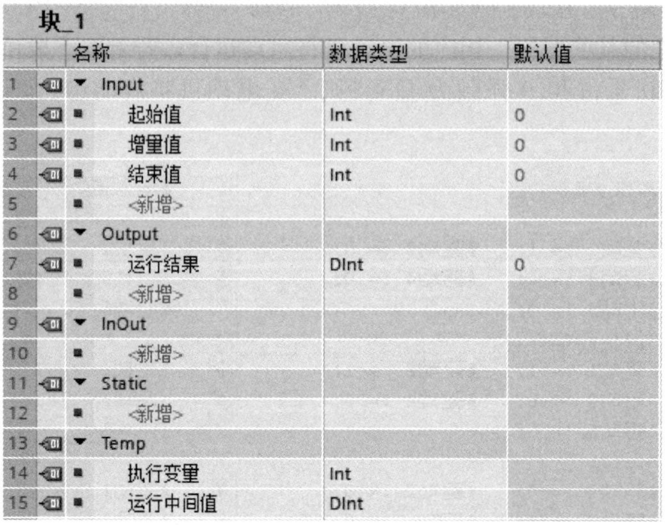

块_1

	名称	数据类型	默认值
1	▼ Input		
2	起始值	Int	0
3	增量值	Int	0
4	结束值	Int	0
5	<新增>		
6	▼ Output		
7	运行结果	DInt	0
8	<新增>		
9	▼ InOut		
10	<新增>		
11	▼ Static		
12	<新增>		
13	▼ Temp		
14	执行变量	Int	
15	运行中间值	DInt	

图 6-85　例 6-14 的 FB1 接口区的定义

3）在函数块 FB1 中输入 S7-SCL 程序。

```
FOR # 执行变量 := # 起始值 TO # 结束值 BY # 增量值 DO
    # 运行中间值 := # 执行变量 + # 运行中间值;
END_ FOR;
# 运行结果 := # 运行中间值;
```

4）OB1 程序段的编写。假设起始值由 MW0 输入，增量值由 MW2 输入，结束值由 MW4 输入，运算结果由 MD30 输出，在 OB1 中编写的程序如表 6-38 所示。

表 6-38　　　　　　　　　　　　例 6-14 中 OB1 程序

程序段	LAD
程序段 1	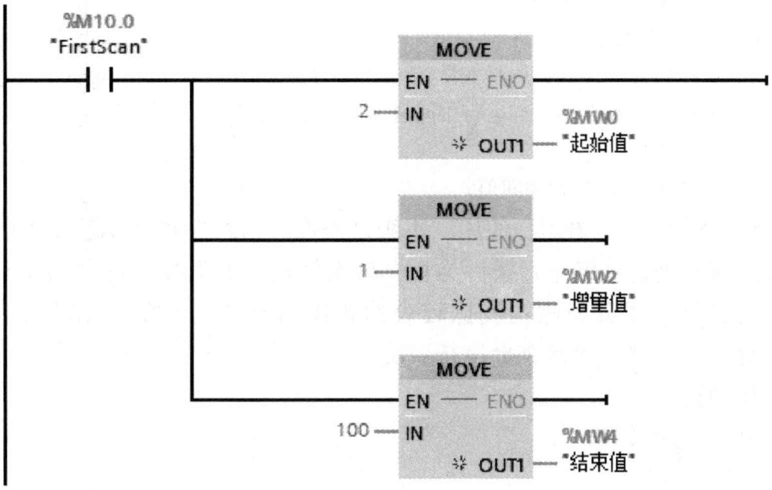 %M10.0 "FirstScan" MOVE EN ENO; 2 — IN; OUT1 — %MW0 "起始值" MOVE EN ENO; 1 — IN; OUT1 — %MW2 "增量值" MOVE EN ENO; 100 — IN; OUT1 — %MW4 "结束值"
程序段 2	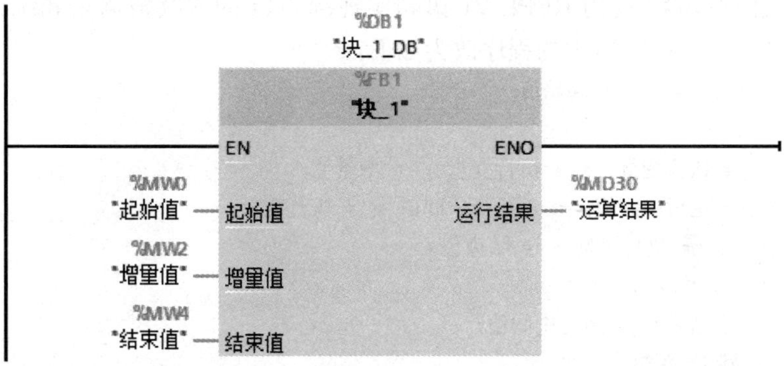 %DB1 "块_1_DB" %FB1 "块_1" EN ENO %MW0 "起始值" — 起始值; 运行结果 — %MD30 "运算结果" %MW2 "增量值" — 增量值 %MW4 "结束值" — 结束值

5）执行菜单命令“在线”→“仿真”→“启动”，即可开启 S7-PLCSIM 仿真，其仿真结果如图 6-86 所示。

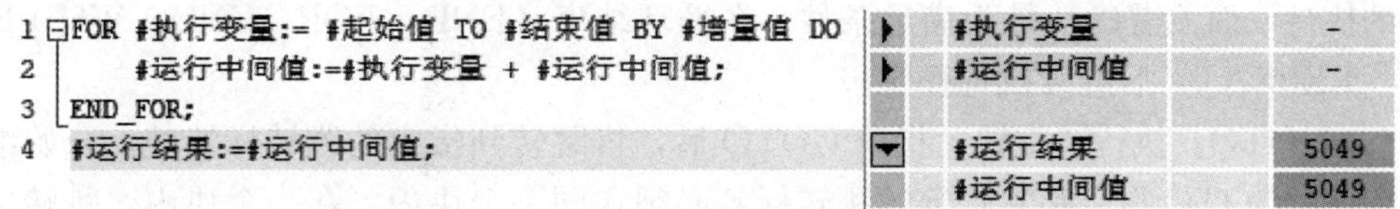

图 6-86　FOR 语句实现连续数据求和统计的仿真结果

（2）WHILE 语句。使用“满足条件时执行”指令 WHILE，可以重复执行程序循环，直到不满足执行条件为止。该条件是结果为布尔值（TRUE 或 FALSE）的表达式，可以使用逻辑表达式或比较表达式作为条件。

语句格式：

```
WHILE< 条件>   DO < 指令> ;
END_ WHILE;
```

【例 6-15】 使用 WHILE 语句实现例 6-14 的连续数据求和统计。其步骤与例 6-14 的相同，只不过 FB 中的程序改为如下：

```
# 执行变量 := # 起始值;
WHILE (# 执行变量 < # 结束值) DO
    # 执行变量 := # 执行变量 + # 增量值;
    # 运行中间值 := # 运行中间值 + # 执行变量;
END_ WHILE;
# 运行结果:= # 运行中间值;
```

(3) REPEAT 语句。使用“不满足条件时执行”指令 REPEAT，可以重复执行程序循环，直到满足（终止）条件为止。该条件是结果为布尔值（TRUE 或 FALSE）的表达式，可以使用逻辑表达式或比较表达式作为条件。该循环结构在首次执行时，即使满足（终止）条件，此指令也执行一次。

语句格式：

```
REPEAT< 指令> ;
UNTIL< 条件> ;
END_ REPEAT;
```

【例 6-16】 使用 REPEAT 语句实现例 6-14 的连续数据求和统计。其步骤与例 6-14 的相同，只不过 FB 中的程序改为如下：

```
# 执行变量 := # 起始值;
REPEAT
    # 执行变量 := # 执行变量 + # 增量值;
    # 运行中间值 := # 运行中间值 + # 执行变量;
UNTIL (# 执行变量 > # 结束值)
END_ REPEAT;
# 运行结果:= # 运行中间值;
```

3. 跳转语句

(1) CONTINUE。“复查循环条件”指令 CONTINUE 用于结束 FOR、WHILE 或 REPEAT 循环的当前程序运行。执行该指令后，将再次计算继续执行程序循环的条件。

(2) EXIT。“立即退出循环”指令 EXIT 可以随时取消 FOR、WHILE 或 REPEAT 循环的执行，而无需确认是否满足条件。在循环结束（END _ FOR、END _ WHILE 或 END _ REPEAT）后继续执行程序。

(3) GOTO。执行“跳转”指令 GOTO 后，将跳转到指定的跳转标签处，开始继续执行程序。GOTO 指令和它指定的跳转标签必须在同一个块内。在一个块内，跳转标签的名称只能指定一次。多个跳转指令可以跳转到同一个跳转标签处。不允许从外部跳转到程序循环内，但是允许从循环内跳转到外部。

(4) RETURN。使用“退出块”指令 RETURN，可以终止当前被处理的块中程序的执行，返回调用它的块继续执行。如果该指令出现在块结尾处，则被忽略。

第 7 章　S7-1500 PLC 的模拟量功能与 PID 控制

生产过程中有许多电压、电流信号是用连续变化的形式来表示温度、流量、压力、物位等工艺参数的大小，这就是模拟量信号。这些信号在一定范围内连续变化，如 0～10V 电压或 0～20mA 电流。在工程实践中，应用最为广泛的调节器控制规律为比例、积分、微分控制，简称为 PID 控制。当今第五代 PLC 已增加了许多模拟量处理功能，具有较强的 PID 控制能力，完全可以胜任各种较复杂的模拟控制。

7.1　模拟量控制概述

通常 CPU 模块要处理模拟量信号时，必须连接相应的模拟量扩展模块。模拟量扩展模块的任务就是实现 A/D 转换或 D/A 转换，使 CPU 模块能够接受、处理和输出模拟量信号。

7.1.1　模拟量控制简介

在 S7-1500 PLC 系统中，CPU 只能处理“0”和“1”这样的数字量，所以需要进行模-数转换或数-模转换。模拟量输入模块 AI 用于将输入的模拟量信号转换成为 CPU 内部处理的数字信号；模拟量输出模块 AO 用于将 CPU 送给它的数字信号转换为成比例的电压信号或电流信号，对执行机构进行调节或控制。模拟量处理流程如图 7-1 所示。

当需将外界信号传送到 CPU 时，首先通过传感器采集所需的外界信号并将其转换为电信号，该电信号可能是离散性的电信号，需通过变送器将它转换为标准的模拟量电压或电流信号。模拟量输入模拟接收到这些标准模拟量信号后，通过 ADC 转换为与模拟量成比例的数字量信号，并存放在缓冲器中（PIW）。CPU 通过“L PIWx”指令读取模拟量输入模块缓冲器中的数字量信号，并传送到 CPU 指定的存储区中。

当 CPU 需控制外部相关设备时，首先 CPU 通过“T PQWx”指令将指定的数字量信号传送到模拟量输出模块的缓冲器中（PQW）。这些数字量信号在模拟量输出模块中通过 DAC 转换后，转换为成比例的标准模拟电压或电流信号。标准模块电压或电流信号驱动相应的模拟量执行器进行相应动作，从而实现了 PLC 的模拟量输出控制。

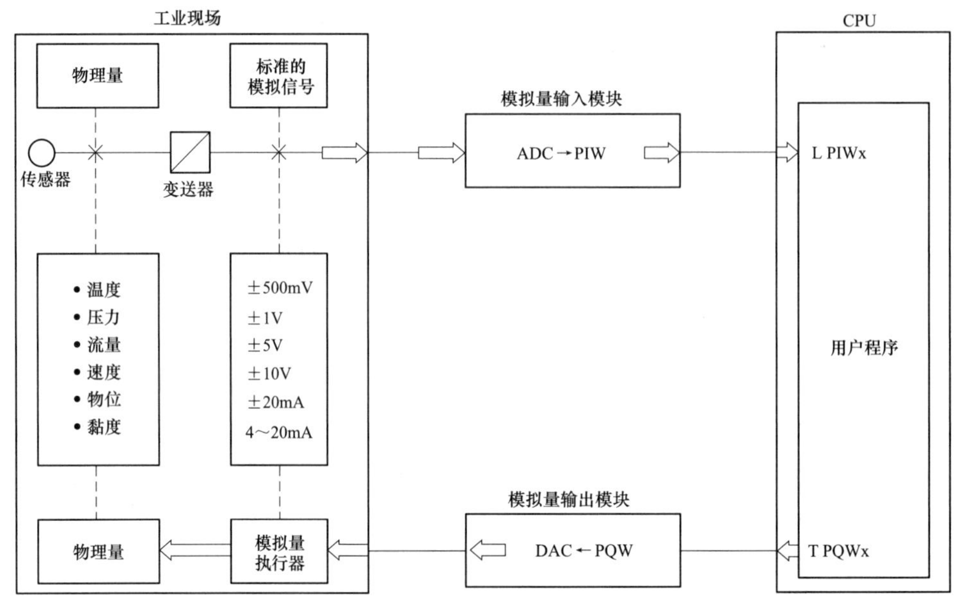

图 7-1　模拟量处理流程

7.1.2　模拟值的表示及精度

1. 模拟值的精度

CPU 只能以二进制处理模拟值。对于具有相同标称范围的输入和输出值来说，数字化的模拟值都相同。模拟值用一个由二进制补码定点数来表示，第 15 位为符号位。符号位为 0 表示正数，1 表示负数。

模拟值的精度如表 7-1 所示，表中以符号位对齐，未用的低位则用“0”来填补，表中的“×”表示未用的位。

表 7-1　　模拟值的精度

精度（位数）	分辨率		模拟值	
	十进制	十六进制	高 8 位字节	低 8 位字节
8	128	80H	符号 0 0 0 0 0 0 0	1 ×××××××
9	64	40H	符号 0 0 0 0 0 0 0	0 1 ××××××
10	32	20H	符号 0 0 0 0 0 0 0	0 0 1 ×××××
11	16	10H	符号 0 0 0 0 0 0 0	0 0 0 1 ××××
12	8	8H	符号 0 0 0 0 0 0 0	0 0 0 0 1 ×××
13	4	4H	符号 0 0 0 0 0 0 0	0 0 0 0 0 1 ××
14	2	2H	符号 0 0 0 0 0 0 0	0 0 0 0 0 0 1 ×
15	1	1H	符号 0 0 0 0 0 0 0	0 0 0 0 0 0 0 1

2. 输入量程的模拟值表示

（1）电压测量范围为±1～±10V 的模拟值表示如表 7-2 所示。

（2）电压测量范围为±80～±500mV、1～5V 以及 0～10V 的模拟值表示如表 7-3 所示。

表 7-2　　　　　　　　电压测量范围为±1～±10V 的模拟值表示

电压测量范围					模拟值	
所测电压	±10V	±5V	±2.5V	±1V	十进制	十六进制
上溢	11.85V	5.92V	2.963V	1.185V	32 767	7FFFH
					32 512	7F00H
上溢警告	11.759V	5.879V	2.940V	1.176V	32 511	7EFFH
					27 649	6C01H
正常范围	10V	5V	2.5V	1V	27 648	6C00H
	7.5V	3.75V	1.875V	0.75V	20 736	5100H
	361.7μV	180.8μV	90.4μV	36.17μV	1	1H
	0V	0V	0V	0V	0	0H
					−1	FFFFH
	−7.5V	−3.75V	−1.875V	−0.75V	−20 736	AF00H
	−10V	−5V	−2.5V	−1V	−27 648	9400H
下溢警告					−27 649	93FFH
	−11.759V	−5.879V	−2.940V	−1.176V	−32 512	8100H
下溢					−32 513	80FFH
	−11.85V	−5.92V	−2.963V	−1.185V	−32 768	8000H

表 7-3　　　　电压测量范围为±80～±500mV、1～5V 以及 0～10V 的模拟值表示

电压测量范围						模拟值	
所测电压	±500mV	±250mV	±80mV	1～5V	0～10V	十进制	十六进制
上溢	592.6mV	296.3mV	94.8mV	5.741V	11.852V	32 767	7FFF
						32 512	7F00
上溢警告	587.9mV	294.0mV	94.1mV	5.704V	11.759V	32 511	7EFF
						27 649	6C01
正常范围	500mV	250mV	80mV	5V	10V	27 648	6C00
	375mV	187.5mV	60mV	4V	7.5V	20 736	5100
	18.08μV	9.04μV	2.89μV	1V+144.7μV	0V+361.7μV	1	1
	0mV	0mV	0mV	1V	0V	0	0
					不支持负值	−1	FFFF
	−375mV	−187.5mV	−60mV			−20 736	AF00
	−500mV	−250mV	−80mV			−27 648	9400
下溢警告						−27 649	93FF
	−587.9mV	−294.0mV	−94.1mV			−32 512	8100
				0.296V		−4864	ED00
下溢						−32 513	80FF
	−592.6mV	−296.3mV	−94.8mV			−32 768	8000

（3）电流测量范围为±3.2～±20mA、0～20mA 以及 4～20mA 的模拟值表示如表 7-4 所示。

表 7-4　　电流测量范围为±3.2～±20mA、0～20mA 以及 4～20mA 的模拟值表示

电流测量范围						模拟值	
所测电流	±20mA	±10mA	±3.2mA	0～20mA	4～20mA	十进制	十六进制
上溢	23.7mA	11.85mA	3.79mA	23.7mA	22.96mA	32 767	7FFF
						32 512	7F00
上溢警告	23.52mA	11.76mA	3.76mA	23.52mA	22.81mA	32 511	7EFF
						27 649	6C01
正常范围	20mA	10mA	3.2mA	20mA	20mA	27 648	6C00
	15mA	7.5mA	2.4mA	15mA	16mA	20 736	5100
	723.4nA	361.7nA	115.7nA	723.4nA	4mA+578.7nA	1	1
	0mA	0mA	0mA	0mA	4mA	0	0
						−1	FFFF
	−15mA	−7.5mA	−2.4mA			−20 736	AF00
	−20mA	−10mA	−3.2mA			−27 648	9400
下溢警告						−27 649	93FF
	−23.52mA	−11.76mA	−3.76mA			−32 512	8100
				−3.52mA	1.185mA	−4864	ED00
下溢						−32 513	80FF
	−23.7mA	−11.85mA	−3.79mA			−32 768	8000

3. 输出量程的模拟值表示

（1）电压输出范围为−10～10V、0～10V 以及 1～5V 的模拟值表示如表 7-5 所示。

表 7-5　　电压输出范围为−10～10V、0～10V 以及 1～5V 的模拟值表示

数字量			输出电压范围			
百分比	十进制	十六进制	−10V～10V	0～10V	1～5V	输出电压
118.5149%	32 767	7FFFH	0.00V	0.00V	0.00V	上溢，断路和去电
	32 512	7F00H				
117.589%	32 511	7EFFH	11.76V	11.76V	5.70V	上溢警告
	27 649	6C01H				
100%	27 648	6C00H	10V	10V	5V	正常范围
75%	20 736	5100H	7.5V	7.5V	3.75V	
0.003617%	1	1H	361.7μV	361.7μV	1V+144.7μV	
0%	0	0H	0V	0V	0V	
	−1	FFFFH	−361.7μV			
−75%	−20 736	AF00H	−7.5V			
−100%	−27 648	9400H	−10V			

续表

数字量			输出电压范围			
百分比	十进制	十六进制	－10V～10V	0～10V	1～5V	输出电压
	－27 649	93FFH				下溢警告
－25%	－6912	E500H			0V	
	－6913	E4FFH		输出值限制在 0V 或空闲状态		
－117.593%	－32 512	8100H	－11.76V			
	－32 513	80FFH				下溢，断路和去电
－118.519%	－32 768	8000H	0.00V	0.00V	0.00V	

（2）电流输出范围为－20～20mA、0～20mA 以及 4～20mA 的模拟值表示如表 7-6 所示。

表 7-6　　电流输出范围为－20～20mA、0～20mA 以及 4～20mA 的模拟值表示

数字量			输出电压范围			
百分比	十进制	十六进制	－20～20mA	0～20mA	4～20mA	输出电流
118.5149%	32 767	7FFFH	0.00mA	0.00mA	0.00mA	上溢
	32 512	7F00H				
117.589%	32 511	7EFFH	23.52mA	23.52mA	22.81mA	上溢警告
	27 649	6C01H				
100%	27 648	6C00H	20mA	20mA	20mA	正常范围
75%	20 736	5100H	15mA	15mA	16mA	
0.003617%	1	1H	723.4nA	723.4nA	4mA＋578.7nA	
0%	0	0H	0mA	0mA	4mA	
	－1	FFFFH	－723.4nA			
－75%	－20 736	AF00H	－15mA			
－100%	－27 648	9400H	－20mA			
	－27 649	93FFH				下溢警告
－25%	－6912	E500H			0mA	
	－6913	E4FFH		输出值限制在 0mA 或空闲状态		
－117.593%	－32 512	8100H	－23.52mA			
	－32 513	80FFH				下溢
－118.519%	－32 768	8000H	0.00mA	0.00mA	0.00mA	

7.1.3　模拟量的输入/输出方法

1. 模拟量的输入方法

模拟量的输入有两种方法：用模拟量输入模块输入模拟量、用采集脉冲输入模拟量。

（1）用模拟量输入模块输入模拟量。模拟量输入模块是将模拟过程信号转换为数字格式，其处理流程可参见图 7-1。使用模拟量输入模块时，要了解其性能，主要的性能如下：

1）模拟量规格：指可接受或可输出的标准电流或标准电压的规格，一般多些好，便于选用。

2）数字量位数：指转换后的数字量，用多少位二进制数表达。位越多，精度越高。

3）转换时间：指实现一次模拟量转换的时间，越短越好。

4）转换路数：指可实现多少路的模拟量的转换，路数越多越好，可处理多路信号。

5）功能：指除了实现数模转换时的一些附加功能，如有些还有标定、平均峰值及开方功能。

（2）用采集脉冲输入模拟量。PLC可采集脉冲信号，可用于高速计数单元或特定输入点采集。也可用输入中断的方法采集。把物理量转换为电脉冲信号也方便。

2. 模拟量输出方法

模拟量输出的方法有3种：用模拟量输出模块控制输出、用开关量ON/OFF比值控制输出、用可调制脉冲宽度的脉冲量控制输出。

（1）用模拟量输出模块控制输出。为使控制的模拟量能连续、无波动地变化，最好采用模拟量输出模块。模拟量输出模块是将数字输出值转换为模拟信号，其处理流程可参见图7-1。模拟量输出模拟的参数包括诊断中断、组诊断、输出类型选择（电压、电流或禁用）、输出范围选择及对CPU STOP模式的响应。使用模拟量输出模块时应按以下步骤进行：

1）选用。确定是选用CPU单元的内置模拟量输入/输出模块，还是选用外扩大的模拟量输出模块。在选择外扩时，要选性能合适的模块输出模块，既要与PLC型号相当，规格、功能也要一致，而且配套的附件或装置也要选好。

2）接线。模拟量输出模块可为负载和执行器提供电源。模拟量输出模块使用屏蔽双绞线电缆连接模拟量信号至执行器。电缆两端的任何电位差都可能导致在屏蔽层产生等电位电流，进而干扰模拟信号。为防止发生这种情况，应只将电缆的一端的屏蔽层接地。

3）设定。有硬设定及软设定。硬设定用DIP开关，软设定用存储区或运行相当的初始化PLC程序。做了设定，才能确定要使用哪些功能、选用什么样的数据转换、数据存储于什么单元等。总之，没有进行必要的设定，如同没有接好线一样，模块也是不能使用的。

（2）用开关量ON/OFF比值控制输出。改变开关量ON/OFF比例，进而用这个开关量去控制模拟量，是模拟量控制输出最简单的方法。这个方法不用模拟量输出模块，即可实现模拟量控制输出。其缺点是，这个方法的控制输出是断续的，系统接收的功率有波动，不是很均匀。如果系统惯性较大，或要求不高，允许不大的波动时可用。为了减少波动，可缩短工作周期。

（3）用可调制脉冲宽度的脉冲量控制输出。有的PLC有半导体输出的输出点，可缩短工作周期，提高模拟量输出的平稳性。用其控制模拟量，既简单又平稳。

7.2　S7-1500 系列的模拟量功能

在 S7-1500 PLC 系统中，有些型号的 CPU 本身集成了 AI/AQ（如 CPU 1511C-1 PN、CPU 1512C-1 PN），具有模拟量输入/输出功能，而没有集成 AI/AQ 的 CPU 需通过配置相应的模拟量输入/输出模块就可以很好地实现模拟量输入/输出控制。

7.2.1　S7-1500 系列 PLC 模拟量扩展模块

S7-1500 系列 PLC 的模拟量扩展模块包括模拟量输入扩展模块、模拟量输出扩展模块和模拟量输入/输出扩展模块。

1. 模拟量输入扩展模块

模拟量输入模块可以测量电压类型、电流类型、电阻类型和热电偶类型的模拟量信号。目前，S7-1500 PLC 的模拟量输入模块型号有：AI 4×U/I/RTD/TC ST（6SE7 531-7QD00-0AB0）、AI 8×U/I/RTD/TC ST（6SE7 531-7KF00-0AB0）、AI 8×U/R/RTD/TC HF（6SE7 531-7PF00-0AB0）、AI 8×U/I/HF（6SE7 531-7NF00-0AB0）、AI 8×U/I/HS（6SE7 531-7NF10-0AB0。

模拟量输入模块用于将输入的模拟量信号转换成为 CPU 内部处理的数字信号，其内部主要由内部电源、多路开关、ADC（A/D 转换器）、光电隔离和逻辑电路等部分组成，如图 7-2 所示。输入的模拟量信号一般是模拟量变送器输出的标准直流电压、电流信号。

模拟量输入通道共用一个 ADC，通过多路开关切换被转换通道。模拟量输入模块的各个通道（CH）可以分别使用电流输入或电压输入，并选用不同的量程。各输入通道的 A/D 转换和转换结果的存储与传送是顺序进行的，每个模拟量通道的输入信号是依次被转换的。各个通道的转换结果被保存到各自的存储器，直到被下一次的转换值覆盖。

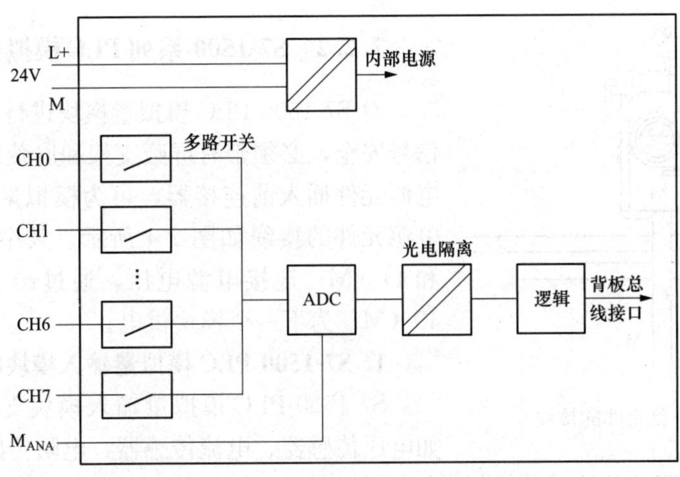

图 7-2　模拟量输入模块内部结构图

2. 模拟量输出扩展模块

模拟量输出模块可以输出电压或电流类型的模拟量信号，所以可以连接电压类型或电流类型的模拟量输出设备。目前，S7-1500 PLC 的模拟量输出模块型号有：AQ 2×U/I ST（6SE7 532-5NB00-0AB0）、AQ 4×U/I ST（6SE7 532-5HD00-0AB0）、AQ 4×U/I HF（6SE7 532-5ND00-0AB0）、AQ 8×U/I HS（6SE7 532-5HF00-0AB0）。

模拟量输出模块用于将 CPU 送给它的数字信号转换为成比例的电压信号或电流信号，对执行机构进行调节或控制。它的内部主要由内部电源、光电隔离、DAC（A/D 转换器）等部分组成，如图 7-3 所示。

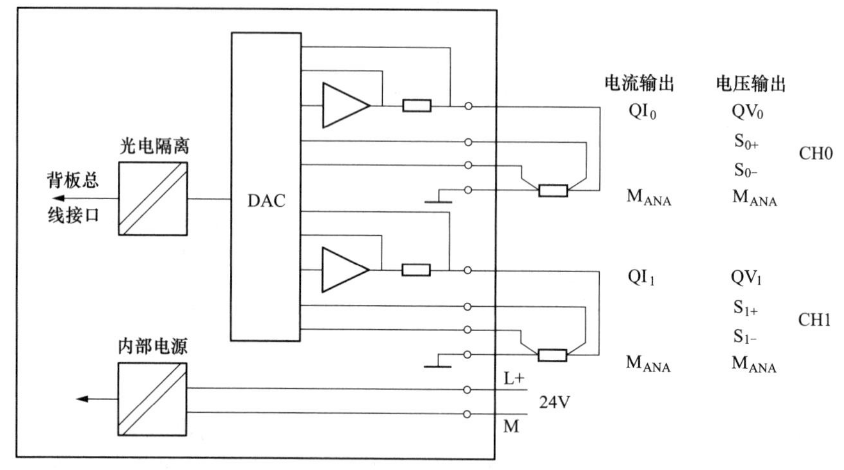

图 7-3　模拟量输出模块内部结构图

3. 模拟量输入/输出扩展模块

模拟量输入/输出扩展模块就是在一个模块上既有模拟量输入通道，又有模拟量输出通道。目前，S7-1500 PLC 的模拟量输入/输出混合模块仅有 AI/AQ 4×U/I /RTD /TC/ 2×U/I ST（6SE7 534-7QE00-0AB0）一款产品。

7.2.2　S7-1500 系列 PLC 模拟量模块的接线

对 S7-1500 PLC 模拟量模块进行接线时，为保证信号安全，必须带有屏蔽支架和屏蔽线夹。此外，将电源元件插入前连接器，可为模拟量模块进行供电。电源元件的接线如图 7-4 所示，其中端子 41（L+）和 44（M）连接电源电压，通过端子 42（L+）和 43（M）为下一个模块供电。

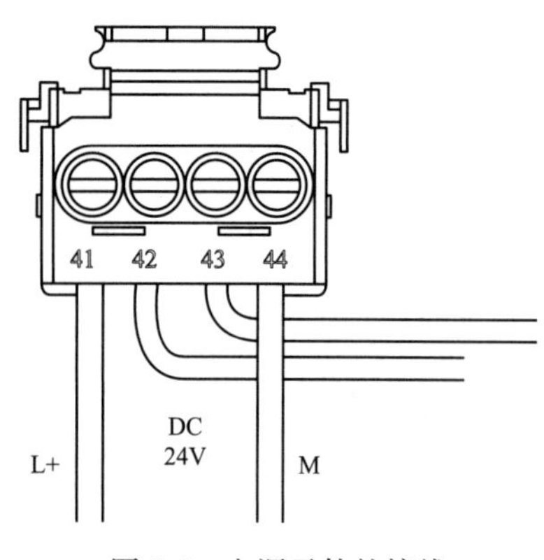

图 7-4　电源元件的接线

1. S7-1500 PLC 模拟量输入模块的接线

S7-1500 PLC 模拟量输入模块支持各种传感器，如电压传感器、电流传感器、电阻传感器等，用户可以根据需要将不同的传感器连接到模拟量输入模块。

为了减少电子干扰，传感器与模拟量输入模块的连接应使用双绞屏蔽电缆，且模拟信号电缆的屏蔽层应两端接地。如果电缆两端存在电位差，将会在屏蔽层中产生等电位电流，从而产生干扰模块信号。为防止这种情况的发生，应将电缆一端的屏蔽层接地。

为叙述方便，图 7-5～图 7-14 中的 L＋表示 DC 24V 电源端子；M 表示接地端子；M＋表示测量导线的负极；MANA 表示模拟测量电路的参考点；U_{CM}为 MANA 和输入之间的电位差；U_{ISO}为 MANA 和 CPU 的 M 端子之间的电位差；IC＋为恒定电流导线（正极）；IC－为恒定电流导线（负极）。

对于带隔离的模拟量输入模块，在 CPU 的 M 端和测量电路参考点 MANA 之间没有电气连接。如果参考点 MANA 和 CPU 的 M 端存在一个电位差 U_{ISO}，必须选用隔离模拟输入模块。通过在 MANA 端子和 CPU 的 M 端子之间使用一根等电位连接导线，可以确保 U_{ISO}不会超过允许值。

对于不带隔离的模拟量输入模块，在 CPU 的 M 端和测量电路参考点 MANA 之间，必须建立电气连接，否则这些端子之间的电位差会破坏模拟量信号。在输入通道的测量线负端 M－和模拟量测量电路的参考点 MANA 端之间只会发生有限的电位差 U_{CM}（共模电压）。为了防止超过允许值，应根据传感器的连线情况，采取不同的措施，例如连接 MANA 端子与 CPU 的 M 端子。

当连接的是带隔离的传感器时，带隔离的传感器没有与本地接地电位连接（M 为本地接地端子），在不同的带隔离的传感器之间会引起电位差，这些电位差可能是干扰或传感器的布局造成的，因此在具有强烈电磁干扰的环境运行时，为防止超过 U_{CM}的允许值，可将地测量线的负端 M－与 MANA 连接。在连接用于电流测量的两线式变送器、阻性传感器和未使用的输入通道时，禁止将 M－连接至 MANA。

当连接的是不带隔离的传感器时，在输入通道的测量线 M－和测量电路的参考点 MANA 之间会发生有限电位差 U_{CM}（共模电压）。为了防止超过允许值，在测量点之间必须使用等电动势连接导线。

（1）连接传感器与模拟量输入模块的连接方式。图 7-5 所示为连接传感器与模拟量输入模块的连接方式，其中图 7-5（a）为带隔离的传感器连接到带隔离的模拟量输入模块；图 7-5（b）为带隔离的传感器连接到不带隔离的模拟量输入模块；图 7-5（c）为不带隔离的传感器连接到带隔离的模拟量输入模块；图 7-5（d）为连接不带隔离的传感器至不带隔离的模拟量输入模块。

（2）电压传感器与模拟量输入模块的连接。电压传感器与模拟量输入模块的连接如图 7-6 所示，图中的模拟量输入模块带有电气隔离，而电压传感器和模拟量输入模块的连接电缆在图中并没有画出。例如模拟量输入模块 AI 8×U/I/RTD/TC ST（6SE7 531-7KF00-0AB0）与电压传感器的实际连接如图 7-7 所示。

（3）电流传感器与模拟量输入模块的连接。电流传感器分 2 线式和 4 线式。2 线变送器通过模拟量输入模块的端子进行短路保护供电，然后该变送器将所测得的变量转换为电流。2 线式变送器必须是一个带隔离的传感器，如压力计等，它与模拟量输入模块的连接如图 7-8 所示。例如模拟量输入模块 AI 8×U/I/RTD/TC ST（6SE7 531-7KF00-0AB0）与 2 线式电流传感器的实际连接如图 7-9 所示。

2 线变送器还可以由 L＋电源直接供电，其连接方法如图 7-10 所示。采用这种连接方法要注意：电源电压 L＋从模块供电时，在 TIA Portal 中将 2 线传感器组态为 4 线传感器。

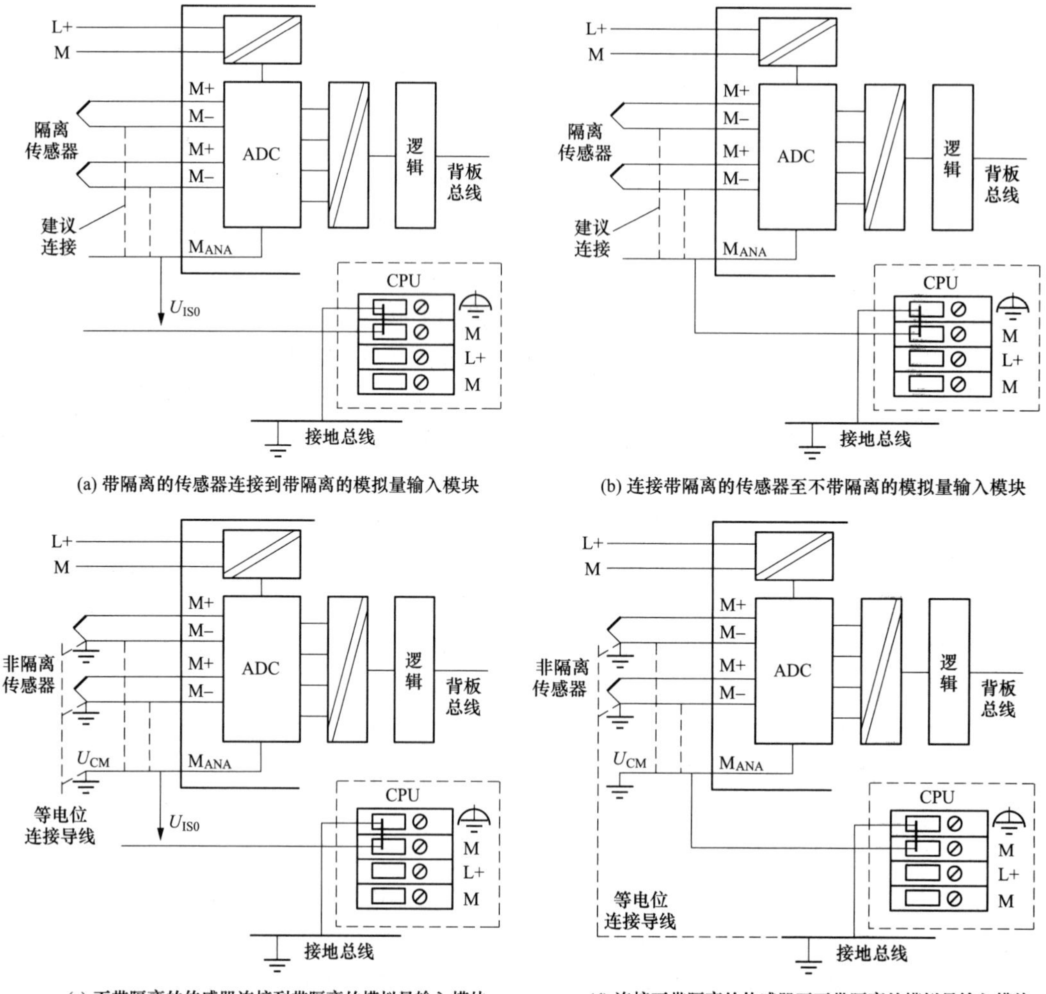

(a) 带隔离的传感器连接到带隔离的模拟量输入模块

(b) 连接带隔离的传感器至不带隔离的模拟量输入模块

(c) 不带隔离的传感器连接到带隔离的模拟量输入模块

(d) 连接不带隔离的传感器至不带隔离的模拟量输入模块

图 7-5　连接传感器至模拟量输入模块的连接方式

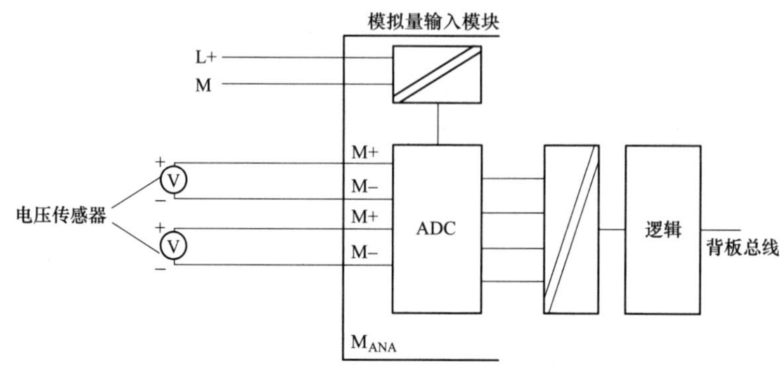

图 7-6　电压传感器与模拟量输入模块的连接

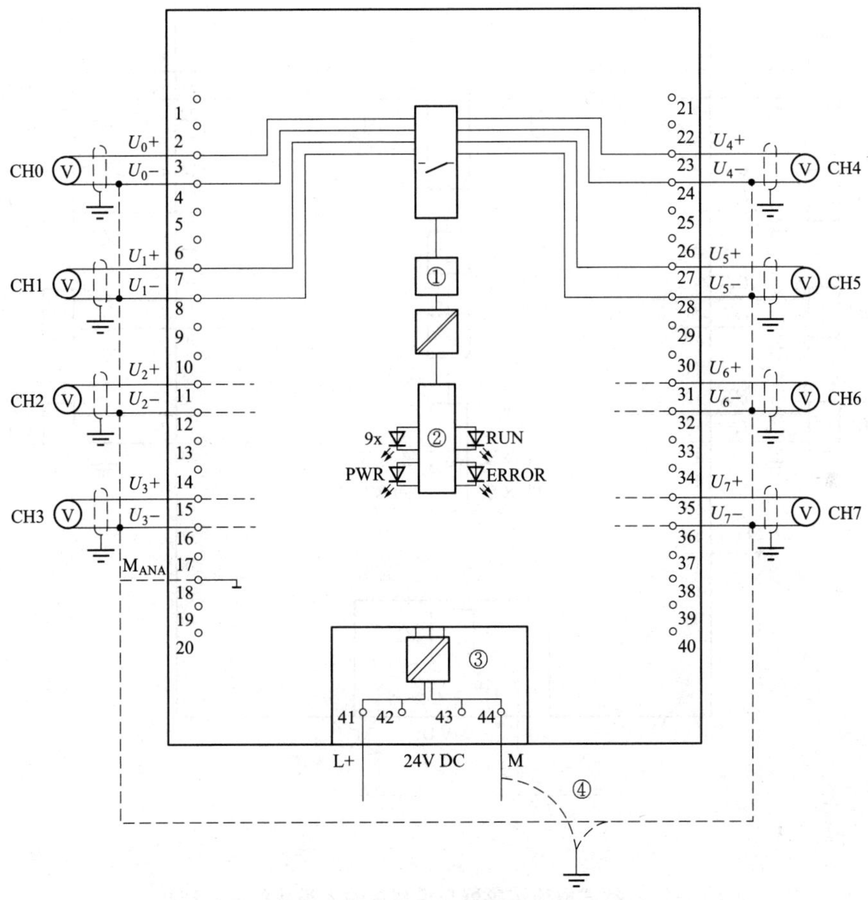

图 7-7　电压传感器与模拟量输入模块的实际连接

①—模数转换器 ADC；②—背板总线接口；③—通过电源元件进行供电；

④—等电位连接电缆（可选）

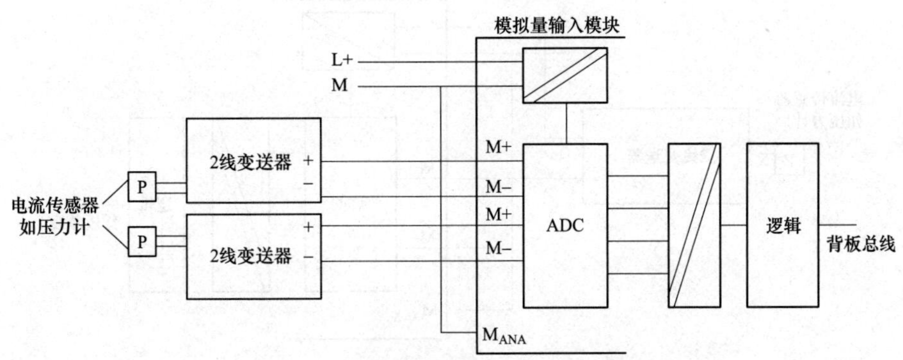

图 7-8　2 线式电流传感器与模拟量输入模块的连接

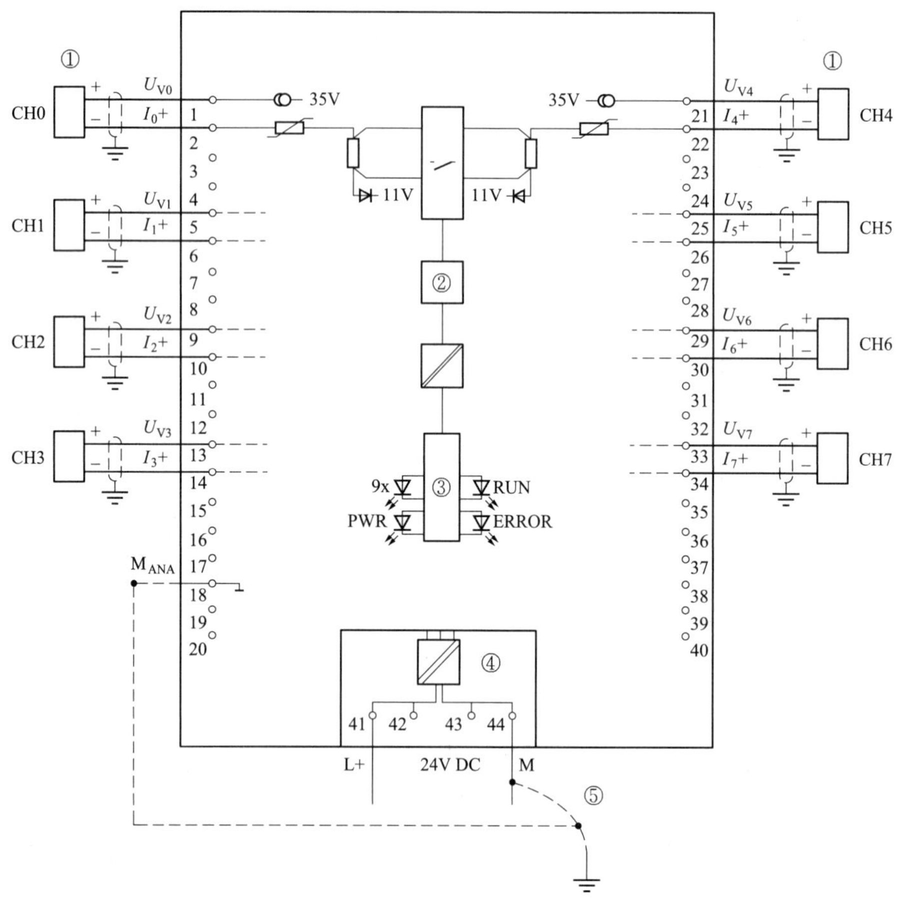

图 7-9　2 线式电流传感器与模拟量输入模块的实际连接

①—连接 2 线式变送器；②—模数转换器（ADC）；③—背板总线接口；④—通过电源元件进行供电；⑤—等电位连接电缆（可选）

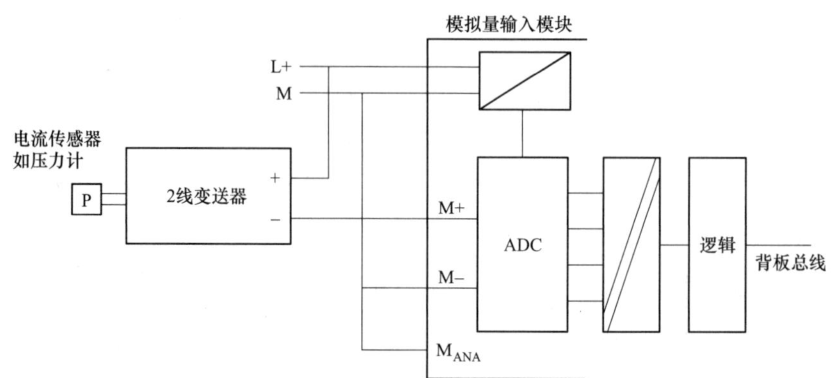

图 7-10　由 L＋直接供电的 2 线式电流传感器与模拟量输入模块的连接

4 线变送器通常使用单独电源供电，其连接方法如图 7-11 所示。例如模拟量输入模块 AI 8×U/I/RTD/TC ST（6SE7 531-7KF00-0AB0）与 4 线式电流传感器的实际连接如图 7-12 所示。

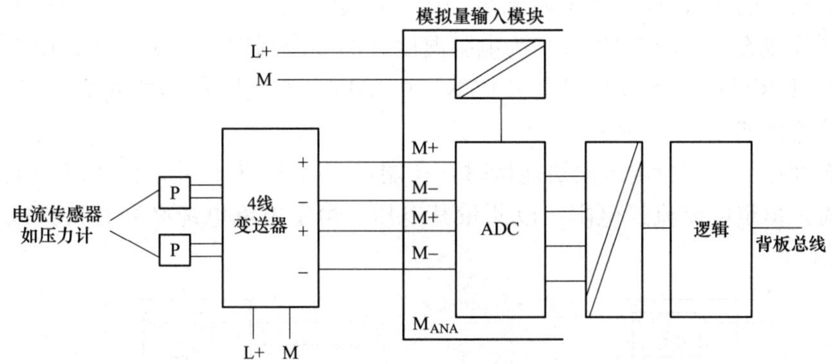

图 7-11　4 线式电流传感器与模拟量输入模块的连接

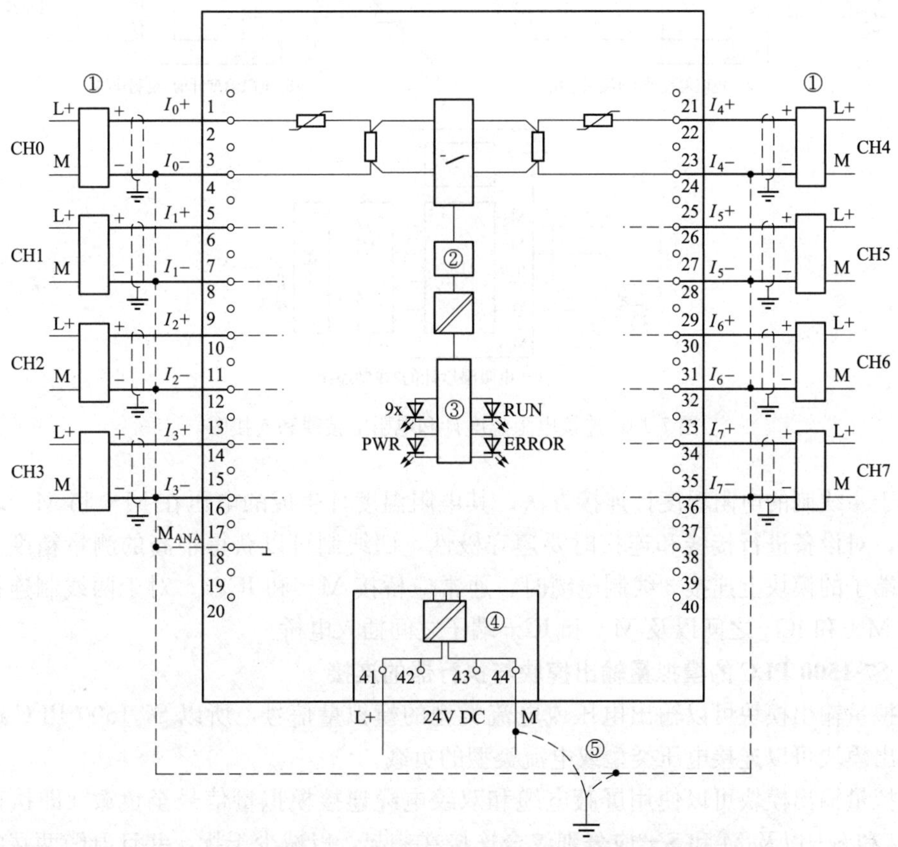

图 7-12　4 线式电流传感器与模拟量输入模块的实际连接

①—连接 4 线式变送器；②—模数转换器（ADC）；③—背板总线接口；
④—通过电源元件进行供电；⑤—等电位连接电缆（可选）

图 7-6～图 7-12 中，模拟量输入模块带有电气隔离，而电流传感器和模拟量输入模块的连接电缆在图中均没画出。

(4) 电阻温度计与模拟量输入模块的连接。图 7-13 为连接电阻温度计和电阻的接线和连接图，其中图 7-13 (a) 为电阻温度计的 4 线制连接方法；图 7-13 (b) 为电阻温度计的 3 线制连接方法；图 7-13 (c) 为电阻温度计的 2 线制连接方法。例如模拟量输入模块 AI 8×U/I/RTD/TC ST (6SE7 531-7KF00-0AB0) 与电阻传感器或 2、3 和 4 线式热电阻的实际连接如图 7-14 所示。

电阻温度计与模拟量输入模块连接时，在端口 IC+和 IC-处，模块可为电流测量提供恒定电流。恒定电流流经电阻，以测量其电压。恒定电流电缆必须直接接线到电阻温度计/电阻上。

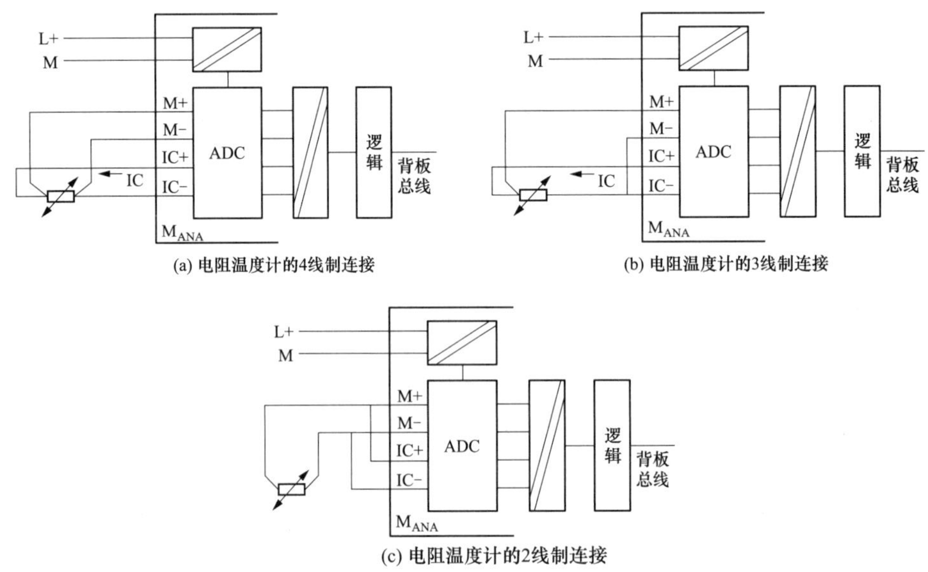

(a) 电阻温度计的4线制连接

(b) 电阻温度计的3线制连接

(c) 电阻温度计的2线制连接

图 7-13　连接电阻温度计和电阻的接线和连接图

对于 4 线制的电阻温度计连接方法，其电阻温度计生成的电压在 M+和 M-端子之间测得，对设备进行接线和连接时要遵守极性，四线制可以获得很高的测量精度。在带有四个端子的模块上连接 3 线制电缆时，通常应桥接 M-和 IC-。对于两线制连接，在模块的 M+和 IC+之间以及 M-和 IC-端子之间插入电桥。

2. S7-1500 PLC 的模拟量输出模块与执行器的连接

模拟量输出模块可以输出电压或电流类型的模拟量信号，所以 S7-1500 PLC 通过模拟量输出模块可以连接电压类型或电流类型的负载。

模拟量输出模块可以使用屏蔽电缆和双绞电缆连接模拟量信号至负载（即执行器）。敷设 Q_V和 S+以及 M 和 S-应分别绞合连接在一起，以减少干扰，并且电缆两端的模拟电缆屏蔽层应接地。如果电缆两端存在电位差，将会在屏蔽层中产生等电位电流，从而对造成模拟信号的干扰。为防止这种情况的发生，应将电缆一端的屏蔽层接地。

为叙述方便，图 7-15～图 7-18 中的 Q_V表示模拟量输出电压；S+为探测器导线（正极）；S-为探测器导线（负极）；L+表示 DC 24V 电源端子；M 表示接地端子；MANA

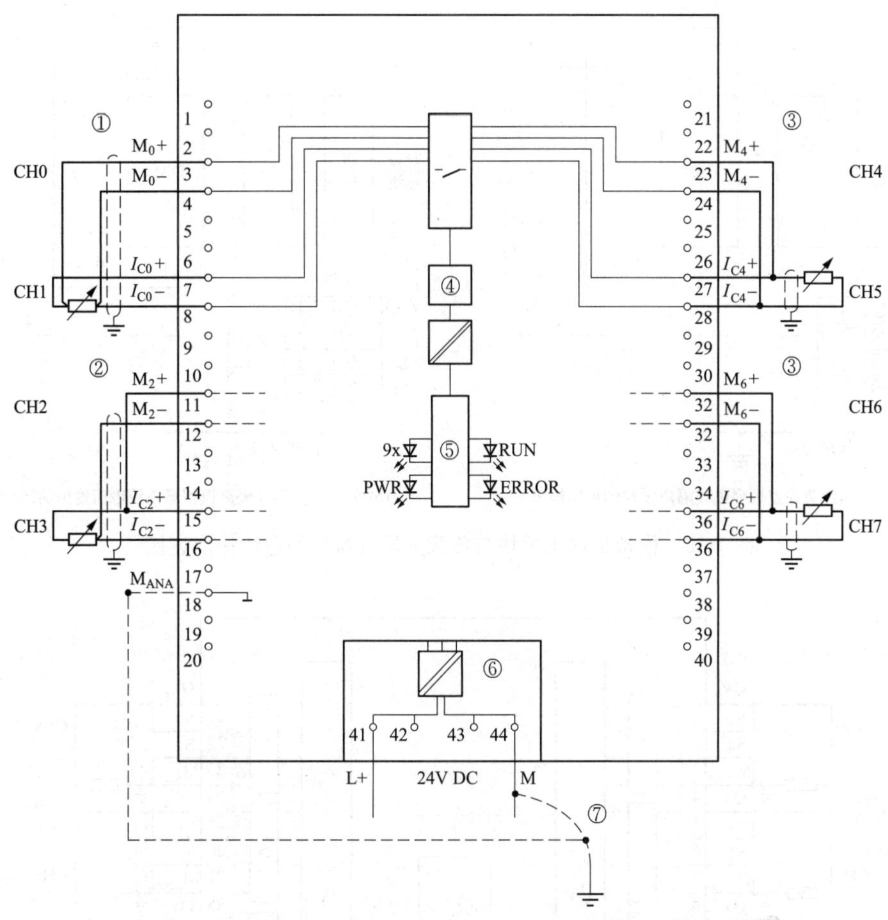

图 7-14　电阻传感器或热电阻的 2、3 和 4 线式的实际连接

①—4 线式连接；②—3 线式连接；③—2 线式连接；④—模数转换器（ADC）；⑤—背板总线接口；⑥—通过电源元件进行供电；⑦—等电位连接电缆（可选）

表示模拟测量电路的参考点；R_L为负载阻抗；U_{ISO}为 MANA 和 CPU 的 M 端子之间的电位差。

(1) 模拟量输出模块与负载（执行器）的电压输出连接。连接负载至电压输出可以采用 2 线制和 4 线制电路；其中 4 线负载电路可获得更高的精度，S－和 S＋传感器线路直接接线并连接到负载，这样可直接测量和修正负载电压；而 2 线电路不提供线路阻抗的补偿。图 7-15 为模拟量输出模块与负载（执行器）的电压输出连接，其中图 7-15（a）为 4 线负载连接到电气隔离模块的电压输出；图 7-15（b）为负载连接到非隔离模拟量模块电压输出的 2 线连接。模拟量输出模块 AQ 8×U/I HS（6SE7 532-5HF00-0AB0）与负载的电压输出 2 线和 4 线式的实际连接如图 7-16 所示。

对于带隔离的模拟量输出模块，测量电路 MANA 的参考点和 CPU 的 M 端子间没有电气连接。如果测量电路 MANA 的参考点和 CPU 的 M 端子间可能产生电位差 U_{ISO}，则必须使用隔离型的模拟量输出模块，用等电位连接导线连接 MANA 端子和 CPU 的 M 端子，以防 U_{ISO}超出限值。

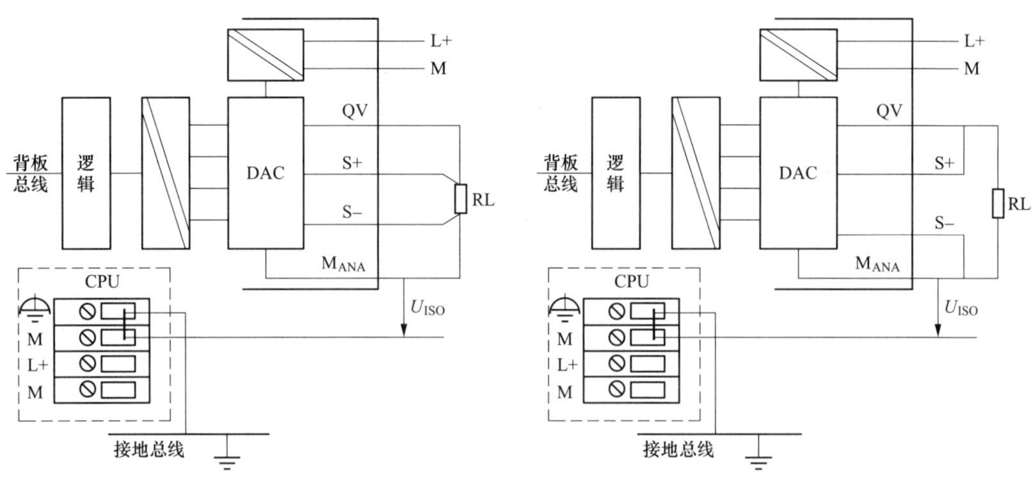

(a) 4线负载连接到电气隔离模块的电压输出

(b) 负载连接到非隔离模拟量模块电压输出的2线连接

图 7-15　模拟量输出模块与负载（执行器）的电压输出连接

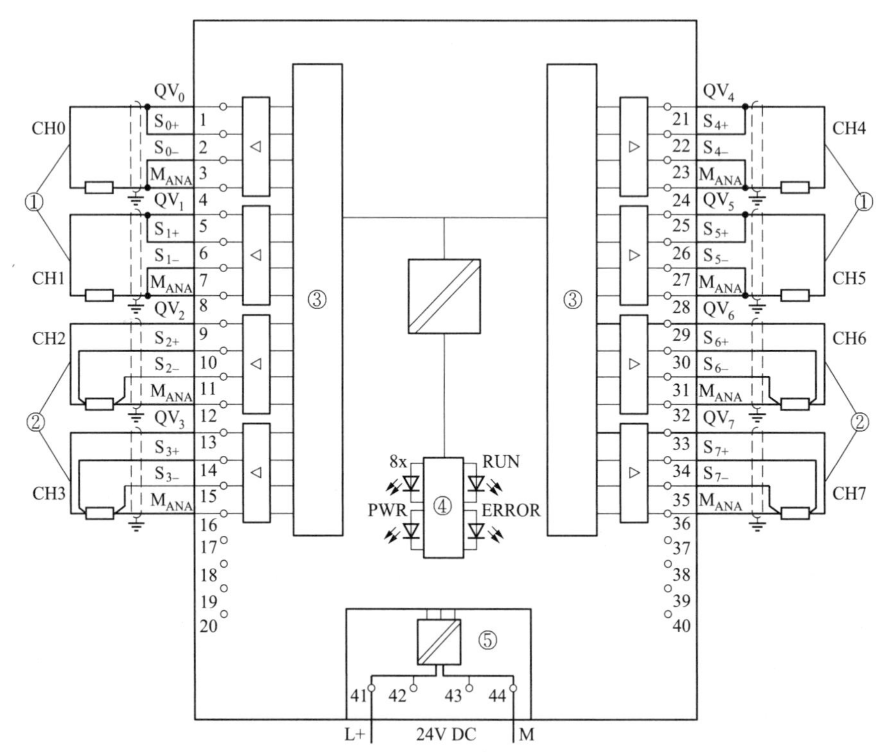

图 7-16　负载的电压输出 2 线和 4 线式的实际连接

①—2 线式连接；②—4 线式连接；③—数模转换器（DAC）；④—背板总线接口；⑤—通过电源元件进行供电

（2）模拟量输出模块与负载（执行器）的电压输出连接。对负载进行接线，并连接到电流输出时，其接线如图 7-17 所示。其中图 7-17（a）为负载连接到电气隔离模块的电流输出；图 7-17（b）为负载连接到非隔离模拟量模块的电流输出。模拟量输出模块 AQ 8×U/I HS（6SE7 532-5HF00-0AB0）与负载的电流输出实际连接如图 7-18 所示。

对于非隔离的模拟量输出模块，必须将测量电路的参考点 MANA 和 CPU 的 M 端子互连，即将 MANA 端子连接到 CPU 的 M 端子。

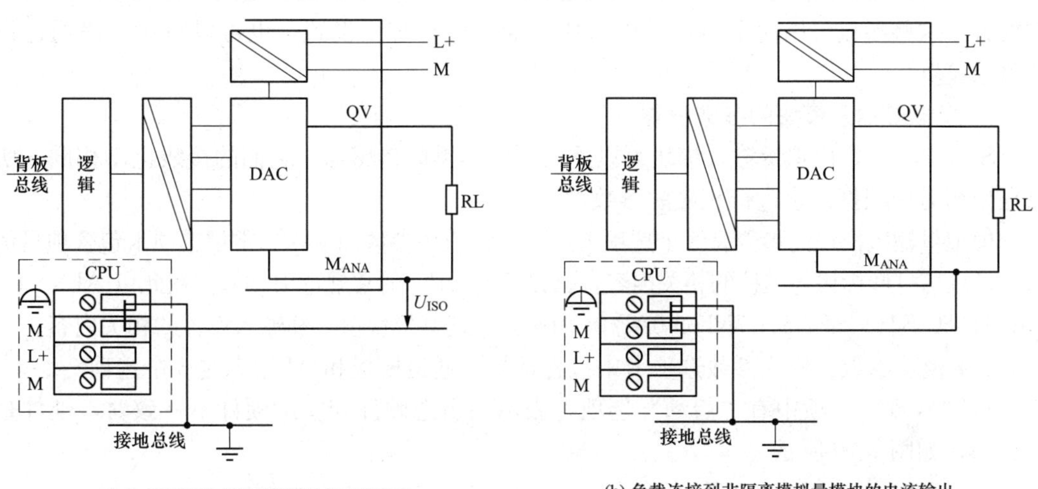

(a) 负载连接到电气隔离模块的电流输出　　(b) 负载连接到非隔离模拟量模块的电流输出

图 7-17　模拟量输出模块与负载（执行器）的电流输出连接

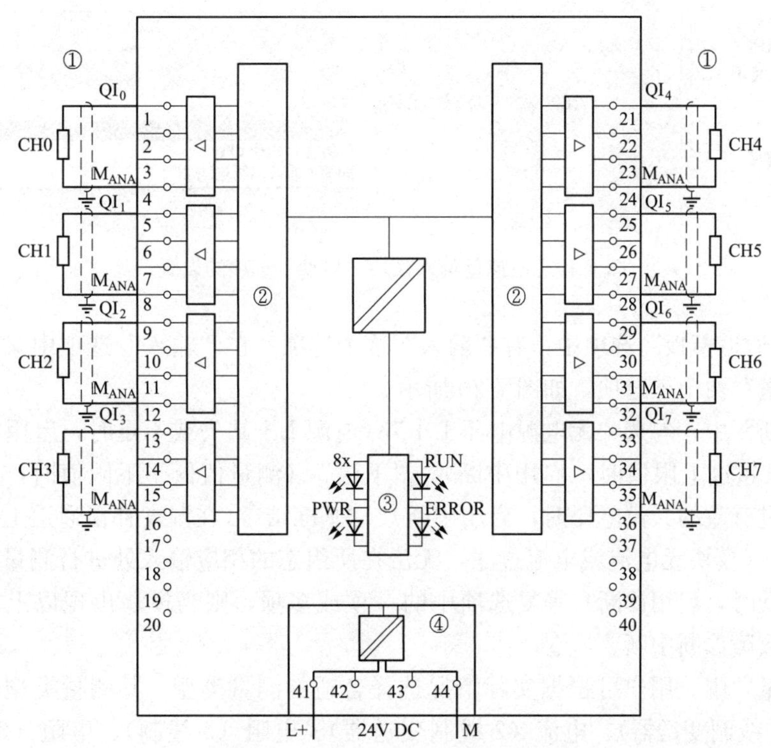

图 7-18　负载的电流输出实际连接

①—电流输出的负载；②—数模转换器（DAC）；③—背板总线接口；

④—通过电源元件进行供电

7.2.3 S7-1500 系列 PLC 模拟量模块的参数设置

S7-1500 PLC 模拟量模块的参数设置主要包括测量类型、测量范围和通道诊断等参数的设置。这些参数可以使用通道模板对所有通道进行统一设置，也可以对每一路通道进行单独设置。

1. 模拟量输入模块的参数设置

S7-1500 PLC 模拟量输入模块可以连接不同类型的传感器，它们的接线也不相同，所以在使用时应根据需求进行相应的参数设置。

模拟量输入模块的参数有 3 个选项卡：常规、模块参数和输入。常规选项卡包含项目信息、目录信息和标识与维护的相关内容，其设置与 CPU 的常规选项类似。在此以 AI 8×U/I/RTD/TC ST（6SE7 531-7KF00-0AB0）为例，讲述其模块参数和输入设置的相关内容。

（1）模块参数。模块参数选项卡中包含常规、通道模板和 AI 组态这 3 个选项。

1）“常规”选项中有“启动”选项，表示当组态硬件和实际硬件不一致时，硬件是否启动，如图 7-19 所示。

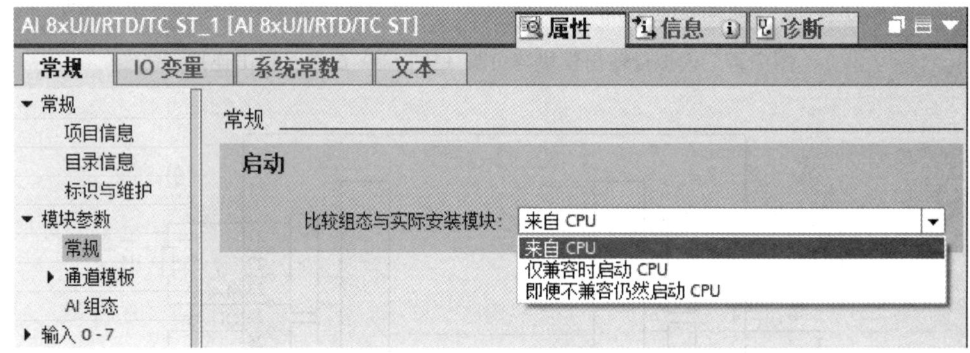

图 7-19 模拟量输入模块“启动”选项的设置

2）在“通道模板”选项中，有“输入”这个选项。在“输入”选项中又包含了“诊断”和“测量”两个子选项，如图 7-20 所示。

在“诊断”中，勾选“无电源电压 L+”（电源 L+缺失或不足时，启用中断）、“上溢”（测量值超过上限值时，启用中断）、“下溢”（测量值低于下限值时，启用中断）、“共模”（超过有效的共模电压时，启用中断）、“基准结”（在湿度补偿通道上启用错误诊断）、“断路”（模块无电流或电流过滤，无法在所组态的相应输入处进行测量，或者所加载的电压过低时，启用诊断）等复选项中的一项或多项，则当模块出现以上描述的故障时，会激活故障诊断中断。

在”测量”中，用户可根据实际情况选择合适的测量类型，其测量类型包含了：电压、电流（4 线制变送器）、电流（2 线制变送器）、电阻（4 线制）、电阻（3 线制）、电阻（2 线制）、热敏电阻（4 线制）、热敏电阻（3 线制）、热电偶和已禁用等选项。“测量范围”参数实际就是对传感器量程的选择。“干扰频率抑制”参数可以抑制由交流电频率产生的干扰。交流电源网络的频率会使得测量值不可靠，尤其是在低压范围内和正在使用热电偶时，因此可将此参数设置为系统的电源频率。“滤波”参数包括在 4 个级别：无、

AI 8xU/I/RTD/TC ST_1 [AI 8xU/I/RTD/TC ST]
属性
信息
诊断
常规
IO 变量
系统常数
文本
常规
项目信息
目录信息
标识与维护
模块参数
常规
通道模板
输入
AI 组态
输入 0-7
输入
应用到使用模板的所有通道
诊断
无电源电压 L+
上溢
下溢
共模
基准结
断路
用于断路诊断的电流限制:
测量
测量类型:
电压
测量范围:
+/- 10V
温度系数:
温度单位:
基准结:
固定参考温度:
干扰频率抑制:
50
Hz
滤波:
无

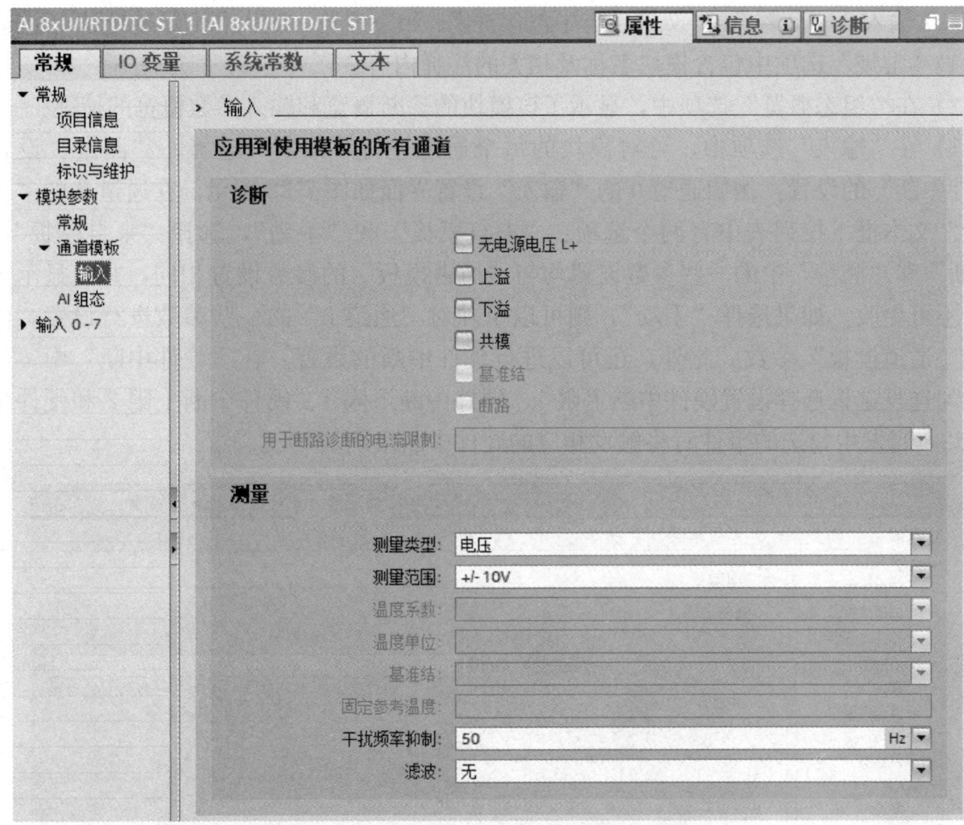

图 7-20　模拟量输入模块通道模板的设置

弱、中和强，设备根据指定数量的已转换（数字化）模拟值生成平均值来实现滤波处理。滤波级别越高，对应生成平均值基于的模块周期数越大，经滤波处理的模拟值就越稳定，但获得经滤波处理的模拟值所需的时间也越长。

3）在“AI 组态”选项卡中可以对模拟量输入模块进行硬件设置，如图 7-21 所示。

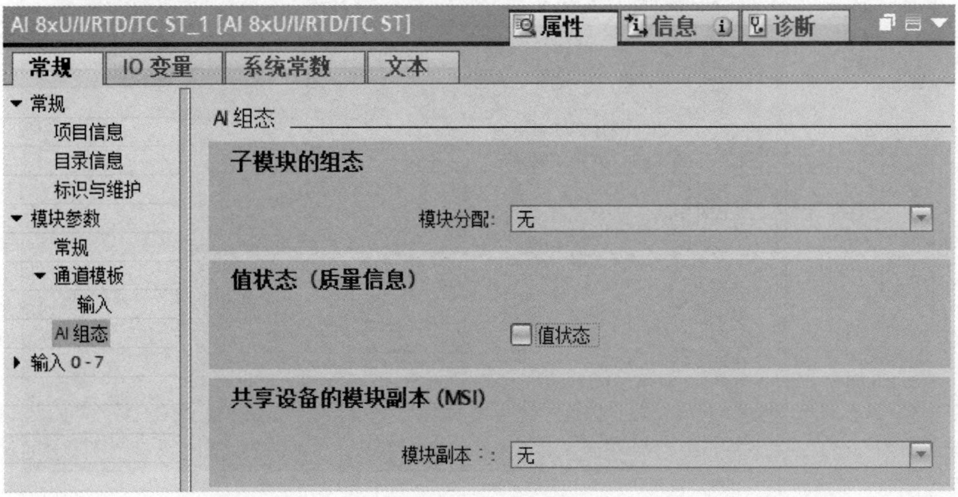

AI 8xU/I/RTD/TC ST_1 [AI 8xU/I/RTD/TC ST]
属性
信息
诊断
常规
IO 变量
系统常数
文本
常规
项目信息
目录信息
标识与维护
模块参数
常规
通道模板
输入
AI 组态
输入 0-7
AI 组态
子模块的组态
模块分配:
无
值状态（质量信息）
值状态
共享设备的模块副本 (MSI)
模块副本：:
无

图 7-21　AI 组态的设置

(2) 输入 0~7。输入 0~7 选项卡中包含常规、组态概览、输入和 I/O 地址这 4 个选项。

1)“常规”选项中包含模块名称及相关的注释内容。

2) 在“组态概览”选项中，显示了该模块的诊断概览和输入参数概览的情况。

3) 在“输入”选项中，可对模块的每个通道进行“诊断”选择、“测量”设置与“硬件中断”的设置，例如通道 0 的“输入”设置界面如图 7-22 所示。在通道 0 的“参数设置”文本框下拉列表中有两个选项：“来自模板”和“手动”，选择“来自模板”，则“诊断”和“测量”中的一些参数设置均与“通道模板”的参数设置相同，并且显示为灰色，不可更改。如果选择“手动”，则可以单独对“通道 0”的一些参数进行设置，而不影响“通道模板”参数。此外，还可以进行硬件中断的设置。在“硬件中断”中，可以通过勾选复选框选择设置硬件中断上限 1、硬件中断下限 1、硬件中断上限 2 和硬件中断下限 2，当发生勾选的事件时将触发相应的硬件中断组织块 OB。

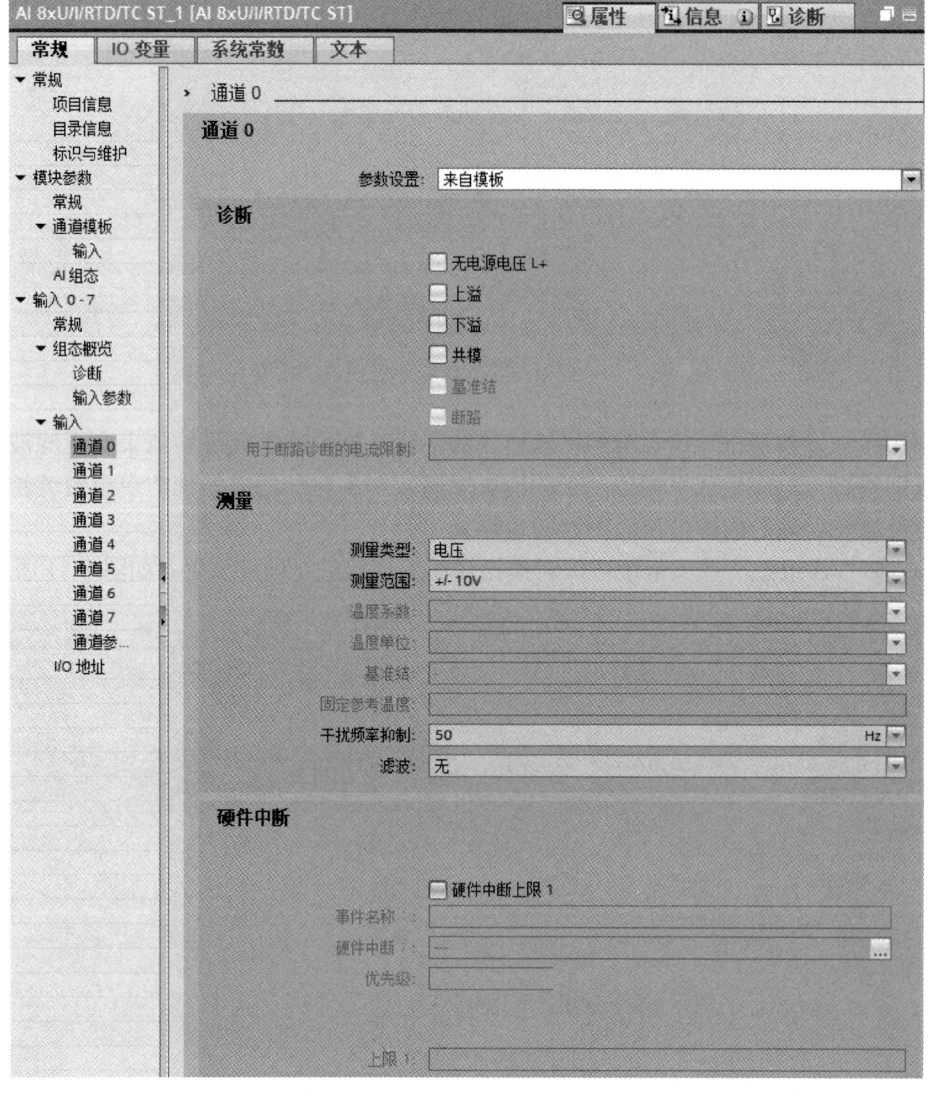

图 7-22 通道 0 的“输入”设置界面

4）在“I/O 地址”选项中，可以修改模拟量输入模块的地址，其设置界面如图 7-23 所示。在“起始地址”中输入希望修改的地址，然后单击“回车”键即可，结束地址是系统自动计算生成的。如果输入的起始地址和系统有冲突，则系统会弹出提示信息。

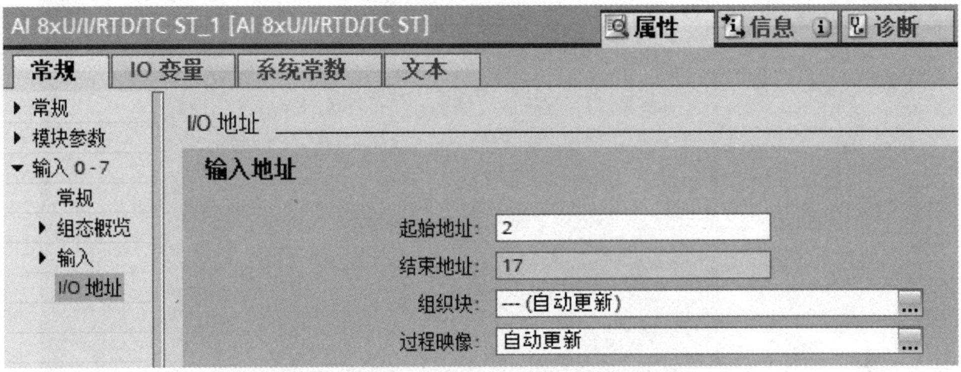

图 7-23　模拟量输入模块的地址设置

2. 模拟量输出模块的参数设置

模拟量输出模块在使用前一定要根据输出信号的类型、量值大小以及诊断中断等要求进行设置。

模拟量输出模块的参数有 3 个选项卡：常规、模块参数和输出。常规选项卡包含项目信息、目录信息和标识与维护的相关内容，其设置与 CPU 的常规选项类似。在此以 AQ 8×U/I HS（6SE7 532-5HF00-0AB0）为例，讲述其模块参数和输出设置的相关内容。

（1）模块参数。模块参数选项卡中包含常规、通道模板和 AQ 组态这 3 个选项。

1）“常规”选项中有“启动”选项，表示当组态硬件和实际硬件不一致时，硬件是否启动。

2）在“通道模板”选项中，有“输出”这个选项。在“输出”选项中又包含了“诊断”和“输出参数”两个子选项，如图 7-24 所示。

在“诊断”中，可以通过勾选复选框激活“无电源电压 L+”“断路”“接地短路”“上溢”“下溢”等诊断中断。“无电源电压 L+”启用电源电压 L+缺失或不足的诊断；“断路”启用对执行器的线路诊断；“接地短路”启用 MANA 的输出短路诊断；“上溢”启用输出值超出上限诊断；“下溢”启用输出值低于下限诊断。

在“输出参数”中，输出类型包括：电流、电压和已禁用选项。输出类型由模块所连接负载的类型决定，如果选择电压输出类型，可选的“输出范围”如图 7-25（a）所示；如果选择电流输出类型，可选的“输出范围”如图 7-25（b）所示。“对 CPU STOP 模式的响应”参数用来设置当 CPU 转入 STOP 状态时该输出的响应，该参数有 3 个选项：“关断”“保持上一个值”和“输出替换值”。如果选择“关断”，则 CPU 进入到 STOP 模式时，模拟量模块输出通道无输出；如果选择“保持上一个值”，则模拟量模块输出通道在 CPU 进入到 STOP 模式时保持 STOP 前的最终值；如果选择“输出替换值”，则“替换值”参数设置有效，且模拟量模拟输出通道在 CPU 进入到 STOP 模式时输出在“替换值”参数所设置的值。

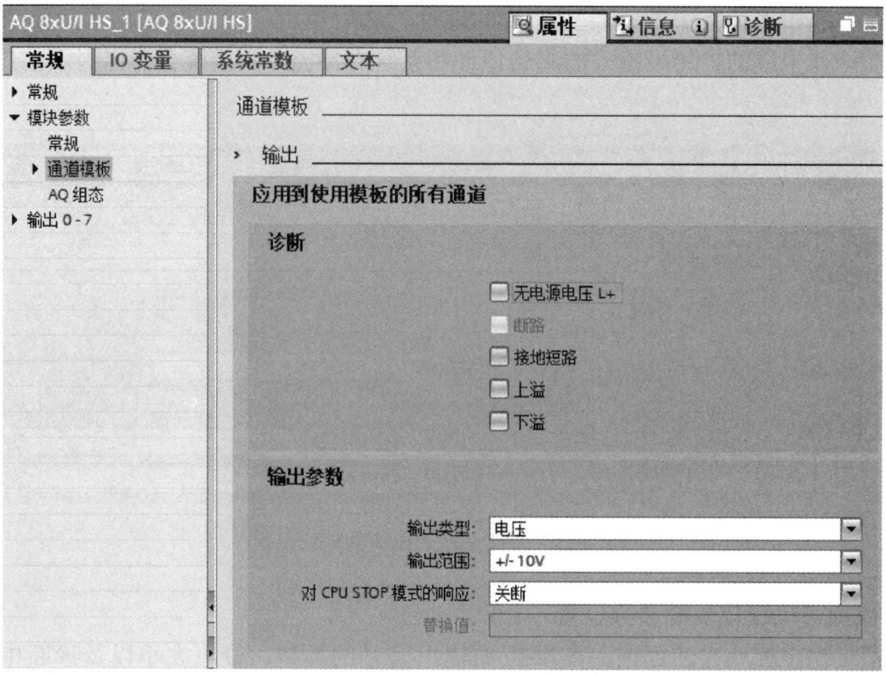

图 7-24　模拟量输出模块通道模板的设置

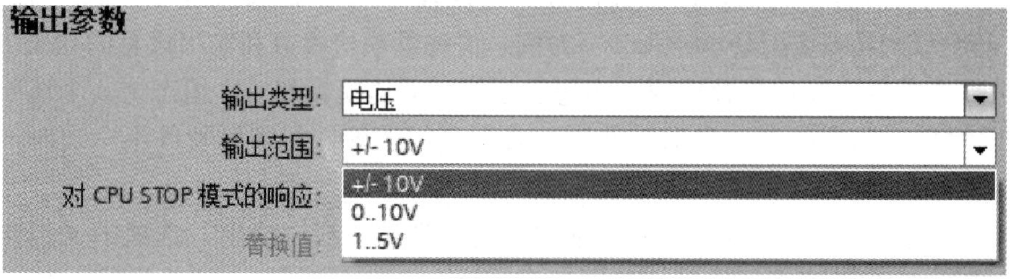

(a) 电压输出类型，可选的“输出范围”

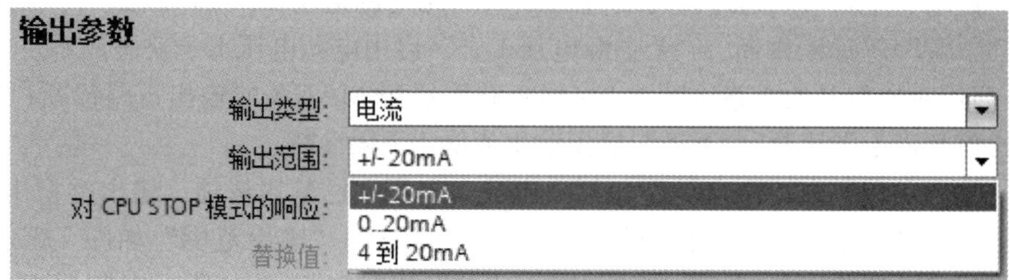

(b) 电流输出类型，可选的“输出范围”

图 7-25　模拟量输出模块的输出范围的设置

3）在“AQ 组态”选项卡中可以对模拟量输出模块进行硬件设置，如图 7-26 所示。

(2) 输出 0～7。输出 0～7 选项卡中包含常规、组态概览、输出和 I/O 地址这 4 个选项。

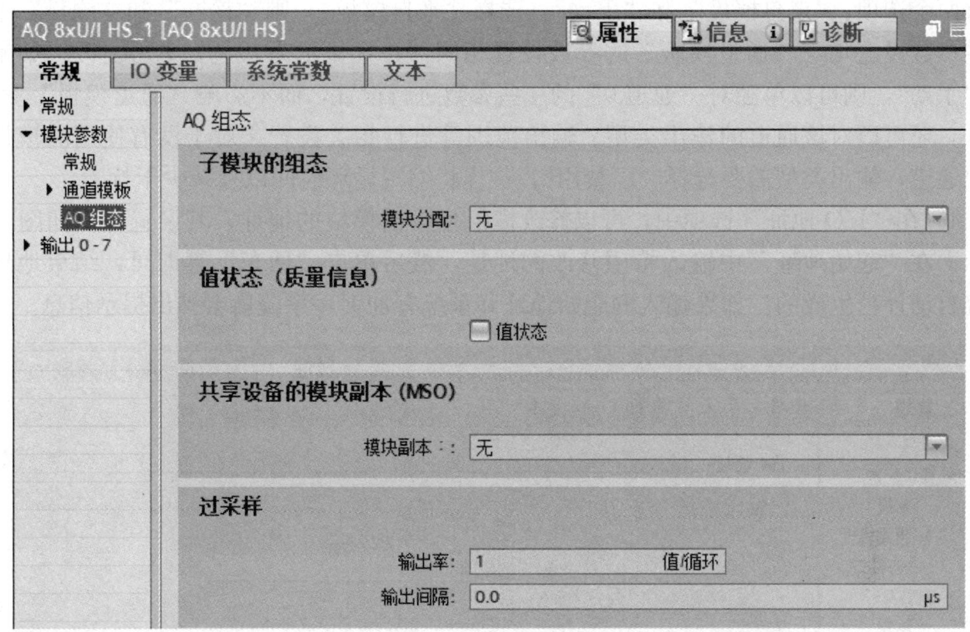

图 7-26　AQ 组态的设置

1）“常规”选项中包含和模块名称及相关的注释内容。

2）在“组态概览”选项中，显示了该模块的诊断概览和输出参数概览的情况。

3）在“输出”选项中，可对模块的每个通道进行“诊断”选择、“输出”设置，例如通道 0 的“输出”设置界面如图 7-27 所示。在通道 0 的“参数设置”文本框下拉列表

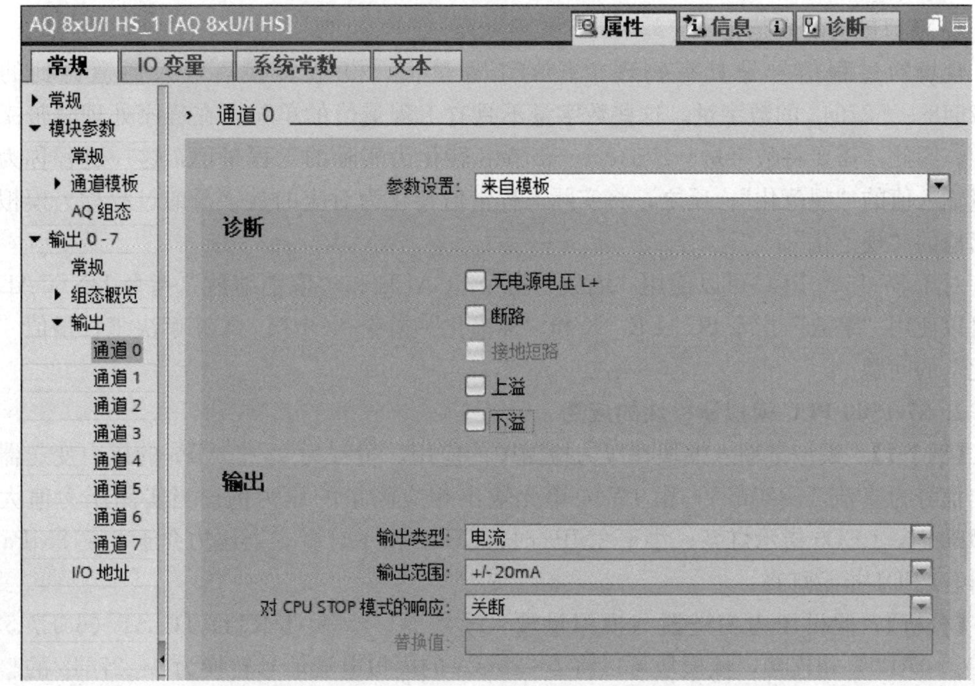

图 7-27　通道 0 的“输出”设置界面

中有两个选项："来自模板"和"手动"，选择"来自模板"，则"诊断"和"测量"中的一些参数设置均与"通道模板"的参数设置相同，并且显示为灰色，不可更改。如果选择"手动"，则可以单独对"通道 0"的一些参数进行设置，而不影响"通道模板"参数。此外，还可以对该通道的输出类型、输出范围等进行相关设置。对于没有使用的模拟量输出通道，输出类型需要选择"已禁用"，这样将缩短循环时间以及减少干扰。

4）在"I/O 地址"选项中，可以修改模拟量输出模块的地址，其设置界面如图 7-28 所示。在"起始地址"中输入希望修改的地址，然后单击"回车"键即可，结束地址是系统自动计算生成的。如果输入的起始地址和系统有冲突，系统就会弹出提示信息。

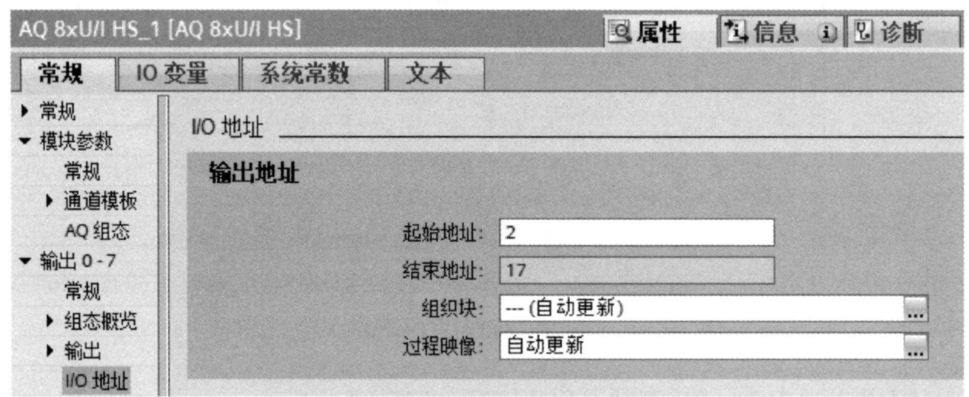

图 7-28　模拟量输出模块的地址设置

7.2.4　S7-1500 系列 PLC 模拟量模块的应用

1. 模拟量值的规范化

现场的过程信号是具有物理单位的工程量值，模-数转换后输入通道得到的是 −27648～+27648 的数字量，这些数字量不具有工程量值的单位，在程序处理时带来不方便。因此，需要将数字量 −27648～+27648 转化为实际的工程量值，这一过程称为模拟量输入值的"规范化"；反之，将实际工程量值转化为对应的数字量的过程称为模拟量输出值的"规范化"。

对于 S7-1500 PLC 可以使用"缩放"指令 SCALE 和"取消缩放"指令 UNSCALE，也可以使用"缩放"指令 SCALE _ X 和"标准化"指令 NORM _ X 来解决工程量值"规范化"的问题。

2. S7-1500 PLC 模拟量模块的应用

【例 7-1】 模拟量输入模块在压力检测中的应用。量程为 0～20MPa 的压力变送器的输出信号为直流 4～20mA，由 IW64 单元输出相应测量的压力值。当实测压力值大于 18MPa 时，LED0 指示灯亮；小于 2MPa 时，LED2 指示灯亮；当压力介于 2～18MPa 区间时，LED1 指示灯亮。

【分析】 假设压力变送器与模拟量输入模块 AI 4×U/I/RTD/TC ST（6SE7 531-7QD00-0AB0）相连接，该模块可以将 4～20mA 的模拟电流信号转换为 0～27648 的整数送入 CPU 中。CPU 首先使用 SCALE 将模拟量输入模块转换的整形数转换为相应的电流值，然后通过每 1mA 的电流所对应的压力值即可计算压力检测中每个模拟值的压力值，最后根据所测压力值的大小与设定值进行比较从而控制相应的指示灯是否点亮。

压力变送器每 1mA 对应的压力值$=20\times10^3\div(20-4)$(kPa)

每个模拟值的压力值$=20\times10^3\div(20-4)\times$(转换电流值$-4$)(kPa)

在 TIA Portal 中进行硬件组态及编写相关程序即可，具体操作步骤如下。

(1) 建立项目，设置模拟量输入模块。

1) 启动 TIA 博途软件，创建一个新的项目，并添加相应的硬件模块。

2) 双击 AI 4×U/I/RTD/TC ST（6SE7 531-7QD00-0AB0）模块，进行相应的模拟量输入设置。在“通道模板”中将其测量类型设置为“电流（2 线制变送器）”，测量范围为 4～20mA，如图 7-29（a）所示；在“I/O 地址”中将起始地址设置为 2，组织块选择为 Main，如图 7-29（b）所示。

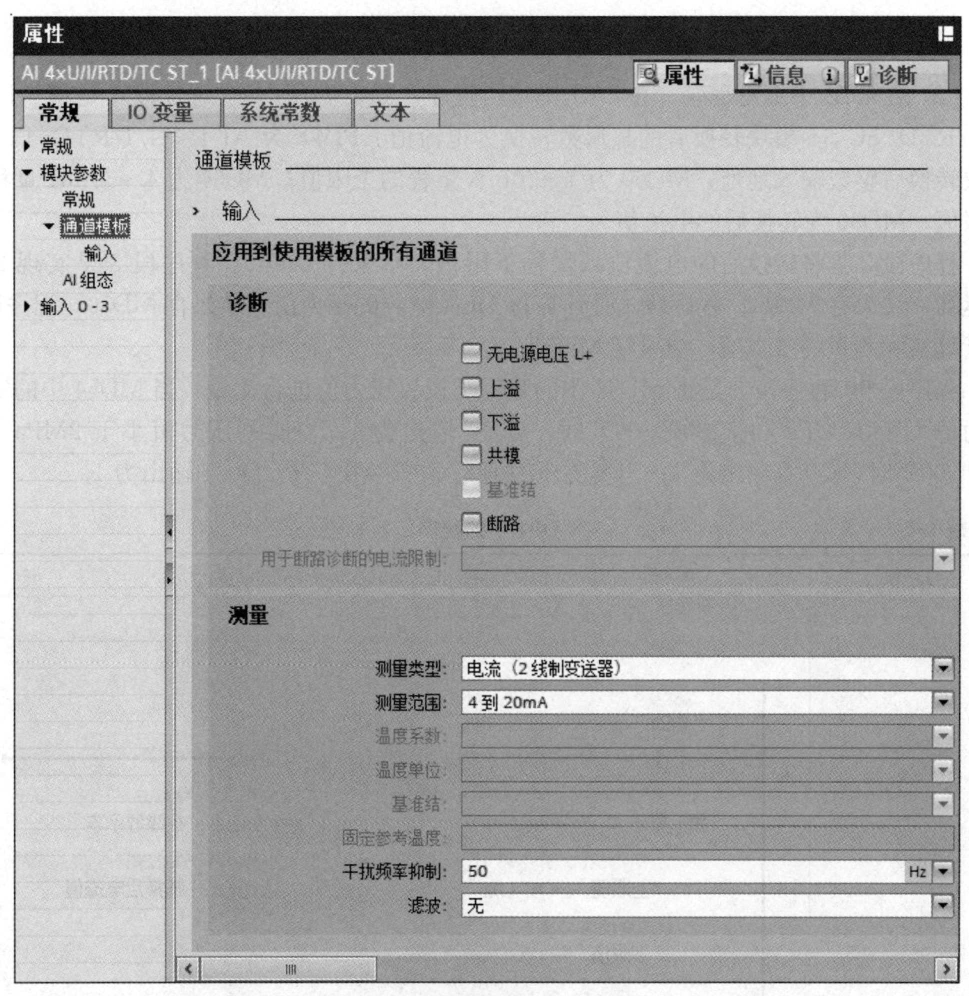

(a) 通道模板的设置

图 7-29　AI 4×U/I/RTD/TC ST 模块的设置（一）

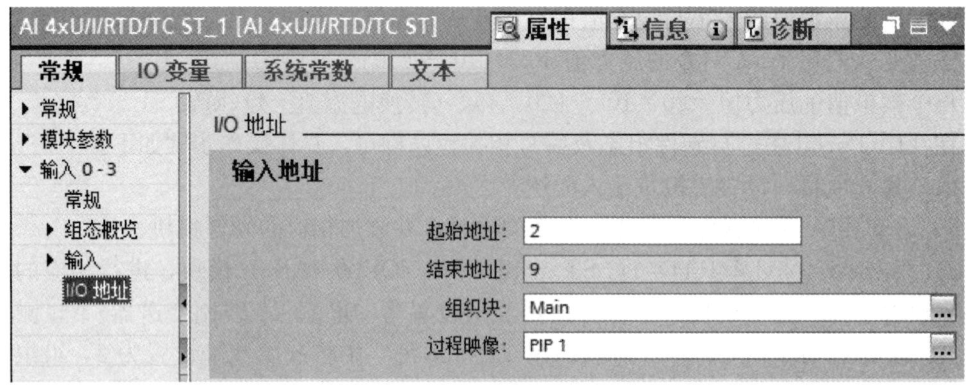

(b) I/O地址设置

图 7-29 AI 4×U/I/RTD/TC ST 模块的设置（二）

（2）在 OB1 中编写程序。在 OB1 中编写程序，如表 7-7 所示，程序段 1 是将 AI 4×U/I/RTD/TC ST 模块转换后的整形数转换为电流值。PIW2 为 AI 4×U/I/RTD/TC ST 模块转换后整数输入地址；MD60 为 4～20mA 量程的上限值；MD64 为 4～20mA 量程的下限值；MD30 为转换后的电流值。

程序段 2 是将转换后的电流值减量程下限值，结果存 MD40。程序段 3 是实现 20-4 的运算，结果存 MD44。程序段 4 是计算每 1mA 对应的压力值，结果存 MD50。程序段 5 是计算实际测量的压力值，结果存 MD54。

程序段 6～程序段 8 是将 MD54 中的数值与设置压力值进行比较，当 MD54 中的实测压力值大于 18MPa（即 18000.00）时，Q0.0 输出为 1；当实测压力值小于 2MPa（即 2000.00）时，Q0.2 输出为 1；当实测压力值是 2～18MPa 时，Q0.1 输出为 1。

表 7-7　　　　OB1 中的程序

程序段	LAD
程序段 1	%I0.0 “启动” SCALE EN　ENO %IW2:P “模拟量输入”:P — IN　RET_VAL — %MW0 “故障显示字” %MD60 “上限值” — HI_LIM　OUT — %MD30 “转换后电流值” %MD64 “下限值” — LO_LIM %I0.1 “极性选择” — BIPOLAR

续表

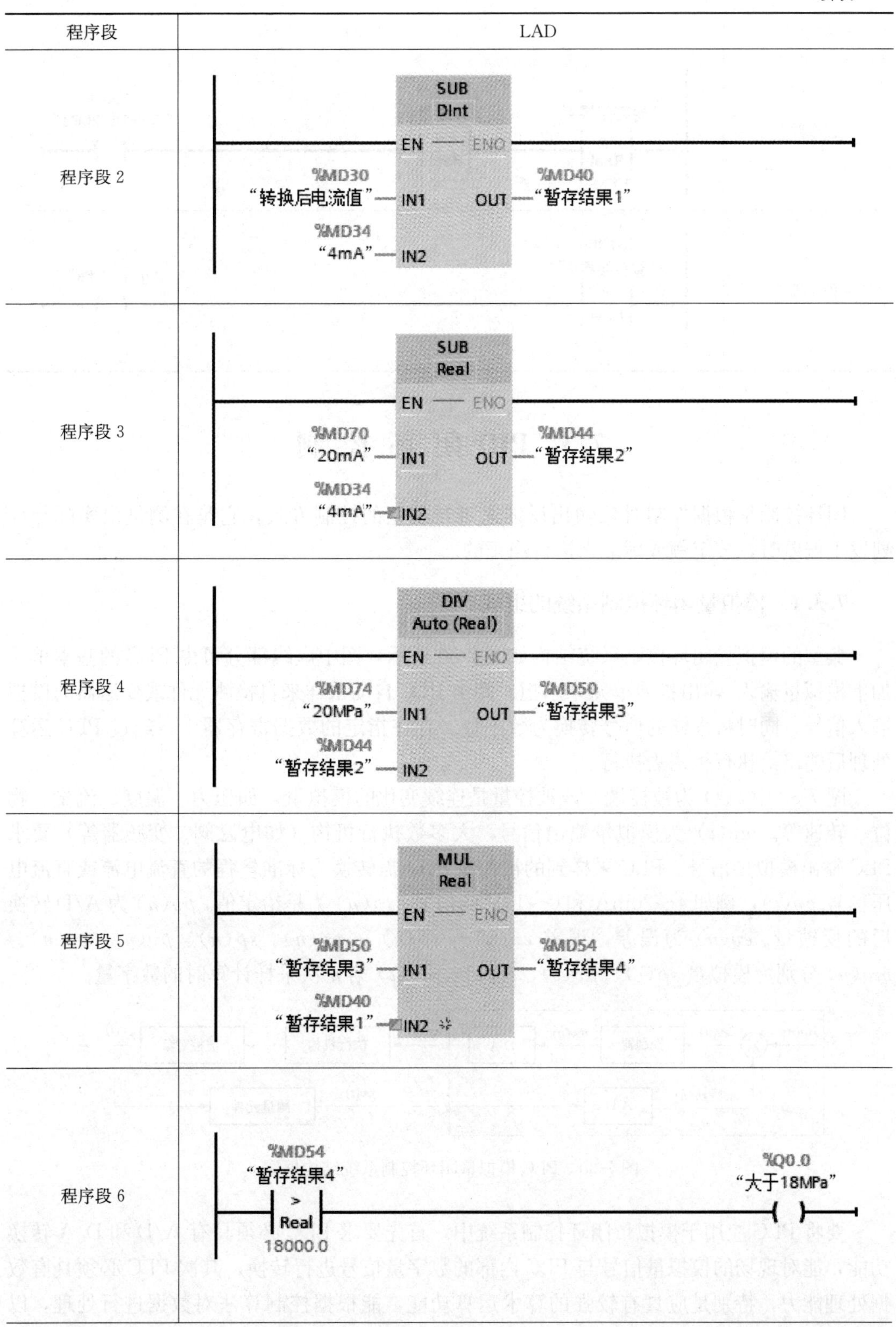
程序段
LAD
程序段 2
SUB
DInt
EN
ENO
%MD30
“转换后电流值”
IN1
OUT
%MD40
“暂存结果1”
%MD34
“4mA”
IN2
程序段 3
SUB
Real
EN
ENO
%MD70
“20mA”
IN1
OUT
%MD44
“暂存结果2”
%MD34
“4mA”
IN2
程序段 4
DIV
Auto (Real)
EN
ENO
%MD74
“20MPa”
IN1
OUT
%MD50
“暂存结果3”
%MD44
“暂存结果2”
IN2
程序段 5
MUL
Real
EN
ENO
%MD50
“暂存结果3”
IN1
OUT
%MD54
“暂存结果4”
%MD40
“暂存结果1”
IN2
程序段 6
%MD54
“暂存结果4”
>
Real
18000.0
%Q0.0
“大于18MPa”

续表

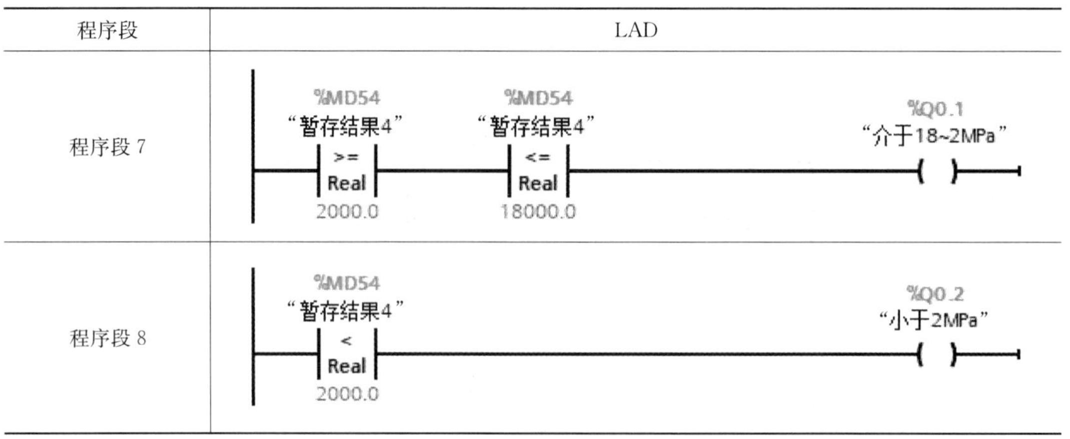

程序段	LAD
程序段 7	%MD54 "暂存结果4" >= Real 2000.0；%MD54 "暂存结果4" <= Real 18000.0；%Q0.1 "介于18~2MPa" ( )
程序段 8	%MD54 "暂存结果4" < Real 2000.0；%Q0.2 "小于2MPa" ( )

7.3 PID 闭环控制

闭环控制是根据控制对象输出反馈来进行校正的控制方式，它是在测量出实际与计划发生偏差时，按定额或标准来进行纠正的。

7.3.1 模拟量闭环控制系统的组成

典型的模拟量闭环控制系统结构如图 7-30 所示，图中虚线部分可由 PLC 的基本单元加上模拟量输入/输出扩展单元来承担。即由 PLC 自动采样来自检测元件或变送器的模拟输入信号，同时将采样的信号转换为数字量，存在指定的数据寄存器中，经过 PLC 运算处理后输出给执行机构去执行。

图 7-30 中 $c(t)$ 为被控量，该被控量是连续变化的模拟量，如压力、温度、流量、物位、转速等。$mv(t)$ 为模拟量输出信号，大多数执行机构（如电磁阀、变频器等）要求 PLC 输出模拟量信号。PLC 采样到的被控量 $c(t)$ 需转换为标准量程的直流电流或直流电压信号 $pv(t)$，例如 4～20mA 和 0～10V 的信号。$sp(n)$ 为是给定值，$pv(n)$ 为 A/D 转换后的反馈量。$ev(n)$ 为误差，误差 $ev(n)=sp(n)-pv(n)$。$sp(n)$、$pv(n)$、$ev(n)$、$mv(n)$ 分别为模拟量 $sp(t)$、$pv(t)$、$ev(t)$、$mv(t)$ 第 n 次采样计算时的数字量。

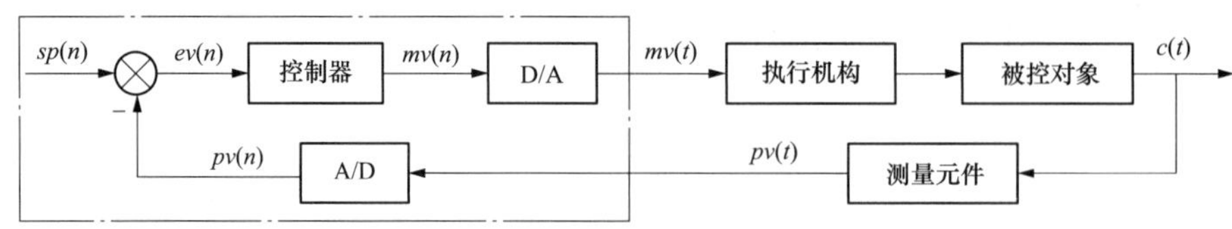

图 7-30　PLC 模拟量闭环控制系统结构框图

要将 PLC 应用于模拟量闭环控制系统中，首先要求 PLC 必须具有 A/D 和 D/A 转换功能，能对现场的模拟量信号与 PLC 内部的数字量信号进行转换；其次 PLC 必须具有数据处理能力，特别是应具有较强的算术运算功能，能根据控制算法对数据进行处理，以实现控制目的；同时还要求 PLC 有较高的运行速度和较大的用户程序存储容量。现在的

PLC 一般都有 A/D 和 D/A 模块，许多 PLC 还设有 PID 功能指令，在一些 PLC 中还配有专门的 PID 控制器。

7.3.2　PID 控制器

1. PID 控制的基本概念

比例-积分-微分（Proportional Integral Derivative，PID）的功能是实现有模拟量的自动控制领域中需要按照 PID 控制规律进行自动调节的控制任务，如温度、压力、流量等。PID 是根据被控制输入的模拟物理量的实际数值与用户设定的调节目标值的相对差值，按照 PID 算法计算出结果，输出到执行机构进行调节，以达到自动维持被控制的量跟随用户设定的调节目标值变化的目的。

当不能完全掌握被控对象的结构和参数，或者得不到精确的数学模型，并且难以采用控制理论的其他技术时，系统控制器的结构和参数必须依靠经验和现场调试来确定，在这种情况下，可以使用 PID 控制技术。PID 控制技术包含了比例控制、微分控制和积分控制等。

（1）比例控制。比例控制是一种最简单的控制方式。其控制器的输出与输入误差信号成比例关系，如果增大比例系数，可以使系统反应灵敏，调节速度加快，并且可以减小稳态误差。但是，比例系数过大会使超调量增大，振荡次数增加，调节时间加长，动态性能变坏，比例系数太大甚至会使闭环系统不稳定。当仅有比例控制时，系统输出存在稳态误差（Steady-state Error）。

（2）积分控制。在 PID 中的积分对应于图 7-31 中的误差曲线 $ev(t)$ 与坐标轴包围的面积，图中的 T_S 为采样周期。通常情况下，用图中各矩形面积之和来近似精确积分。

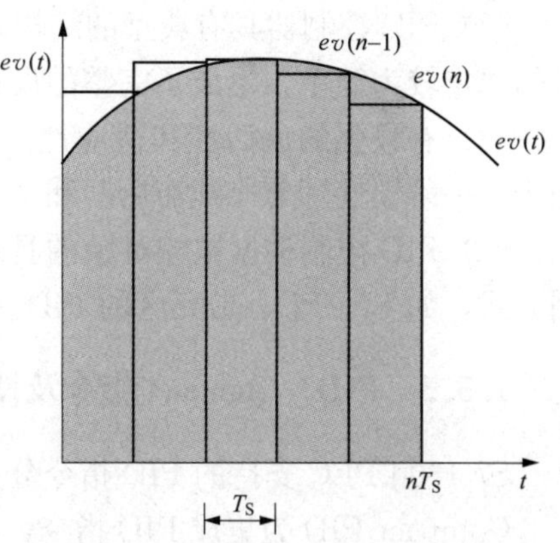

图 7-31　积分的近似计算

在积分控制中，PID 的输出与输入误差信号的积分成正比关系。每次 PID 运算时，在原来的积分值基础上，增加一个与当前的误差值 $ev(n)$ 成正比的微小部分。误差为负值时，积分的增量为负。

对一个自动控制系统，如果在进入稳态后存在稳态误差，则称这个控制系统为有稳态误差系统，或简称有差系统（System with Steady-state Error）。为了消除稳态误差，在控制器中必须引入“积分项”。积分项对误差的运算取决于积分时间 T_I，T_I在积分项的分母中。T_I越小，积分项变化的速度越快，积分作用越强。

（3）比例积分控制。PID 输出中的积分项与输入误差的积分成正比。输入误差包含当前误差及以前的误差，它会随时间而累积，因此积分作用本身具有严重的滞后特性，对系统的稳定性不利。如果积分项的系数设置得不好，其负面作用很难通过积分作用本身迅速修正。而比例项没有延迟，只要误差一出现，比例部分就会立即起作用。因此积分作用很少单独使用，它一般与比例和微分联合使用，组成 PI 或 PID 控制器。

PI 和 PID 控制器既克服了单纯的比例调节的稳态误差的缺点，又避免了单纯的积分调节的响应慢、动态性能不好的缺点，因此被广泛使用。

如果控制器有积分作用（例如采用 PI 或 PID 控制），积分能消除阶跃输入的稳态误差，这时可以将比例系数调得小一些。如果积分作用太强（即积分时间太小），其累积的作用会使系统输出的动态性能变差，有可能使系统不稳定。如果积分作用太弱（即积分时间太长），则消除稳态误差的速度太慢，所以要取合适的积分时间值。

（4）微分控制。在微分控制中，控制器的输出与输入误差信号的微分（即误差的变化率）成正比关系，误差变化越快，其微分绝对值越大。误差增大时，其微分为正；误差减小时，其微分为负。在自动控制系统中存在较大的惯性组件（环节）或有滞后（Delay）组件，具有抑制误差的作用，其变化总是落后于误差的变化。因此，自动控制系统在克服误差的调节过程中可能会出现振荡甚至失稳。在这种情况下，可以使抑制误差的作用的变化“超前”，即在误差接近零时，抑制误差的作用就应该是零。也就是说，在控制器中仅引入“比例”项往往是不够的，比例项的作用仅是放大误差的幅值，而目前需要增加的是“微分项”，它能预测误差变化的趋势，这样，具有比例＋微分的控制器就能够提前使抑制误差的控制作用等于零，甚至为负值，从而避免被控量的严重超调。所以对有较大惯性或滞后的被控对象，比例＋微分（PD）控制器能改善系统在调节过程中的动态特性。

2. PID 控制器的主要优点

PID 控制器作为最实用化的控制器已有近百年的历史，现在仍然是应用最广泛的工业控制器，它具有以下优点：

（1）不需要知道被控对象的数学模型。实际上大多数工业对象准确的数学模型是无法获得的，对于这一类系统，使用 PID 控制可以得到比较满意的效果。

（2）PID 控制器具有典型的结构，其算法简单明了，各个控制参数相对较为独立，参数的选定较为简单，形成了完整的设计参数调整方法，很容易为工程技术人员所掌握。

（3）有较强的灵活性和适应性，在不同程度上可应用于各种工业应用场合，特别适用于“一阶惯性环节＋纯滞后”和“二阶惯性环节＋纯滞后”的过程控制对象。

（4）PID 控制根据被控对象的具体情况，可以采用各种 PID 控制的变种和改进的控制方式，如 PI、PD、带死区的 PID、积分分离式 PID、变速积分 PID 等。

7.3.3 PID _ Compact 指令及使用

S7-1500 PLC 支持的 PID 指令分为两大类：Compact PID 和 PID 基本函数。

Compact PID 为集成 PID 指令，包括集成了调节功能的通用 PID 控制器指令 PID _ Compact 和集成了阀门调节功能的 PID 控制指令 PID _ 3Step 以及集成了对湿度过程进行调节的 PID 控制指令 PID _ Temp。

PID 基本函数包括连续控制器指令 CONT _ C、用于带积分特性执行器的步进控制器指令 CONT _ S、用于带比例特性执行器的脉冲发生器指令 PULSEGEN、带有脉冲发生器的连续温度控制器指令 TCONT _ CP 和用于带积分特性执行器的温度控制器指令 TCONT _ S。PID 基本函数中的指令类似于 STEP 7 为 S7-300/400 PLC 所提供的 PID 函数块。在此，以 PID _ Compact 指令为例，讲解其指令的功能、算法及使用。

1. PID _ Compact 指令参数

PID _ Compact 指令提供了一种可对具有比例作用的执行器进行集成调节的 PID 控制器。该指令存在多种工作模式，如未激活、预调节、精确调节、自动模式、手动模式和带错误监视的替代输出值等。

PID _ Compact 的指令参数如表 7-8 所示，该指令分为输入参数和输出参数，其中梯形图指令的左侧为输入参数，右侧为输出参数。指令的视图分为扩展视图和集成视图，单击指令框底部的▲或▼，可以进行选择。不同的视图中所看到的参数不一样，表 7-8 中的 PID _ Compact 指令为扩展视图，在该视图中所展示的参数多，它包含了亮色和灰色字迹的所有参数，而集成视图中可见的参数较少，只能看到亮色的参数，灰色的参数不可见。

表 7-8　　　　**PID _ Compact 的指令参数**

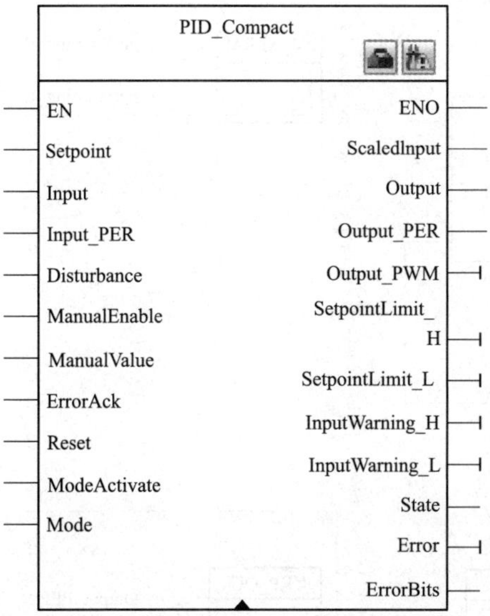

LAD	参数	数据类型	说明
PID_Compact EN　ENO Setpoint　ScaledInput Input　Output Input_PER　Output_PER Disturbance　Output_PWM ManualEnable　SetpointLimit_H ManualValue　SetpointLimit_L ErrorAck　InputWarning_H Reset　InputWarning_L ModeActivate　State Mode　Error ErrorBits	EN	BOOL	允许输入
	Setpoint	REAL	自动模式下的给定值
	Input	REAL	实数类型反馈
	Input _ PER	INT	整数类型反馈
	Disturbance	REAL	扰动变量或预控制值
	ManualEnable	BOOL	上升沿为手动模式； 下降沿为自动模式
	ManualValue	REAL	手动模式下的输出值
	ErrorAck	BOOL	上升沿复位 ErrorBits 和 Warrings
	Reset	BOOL	重新启动控制器
	ModeActivate	BOOL	上升沿时，切换到保存在 Mode 参数中的工作模式
	Mode	INT	指定 PID _ Compact 将 转换到的工作模式
	SecaledInput	REAL	标定的过程值
	Output	REAL	实数类型的输出值
	Output _ PER	INT	模拟量输出值
	Output _ PWM	BOOL	脉宽调制输出值
	SetpointLimit _ H	BOOL	等于 1 表示已达设定值上限
	SetpointLimit _ L	BOOL	等于 1 表示已达设定值下限
	InputWarning _ H	BOOL	等于 1 表示过程值已达到 或超出警告上限
	InputWarning _ L	BOOL	等于 1 表示过程值已达到 或低于警告下限
	State	INT	PID 控制器的当前工作模式
	Error	BOOL	等于 1 表示有错误 信息处于未决状态
	ErrorBits	DWORD	显示处于未决 状态的错误消息

2. PID _ Compact 指令算法

PID _ Compact 指令算法是一种具有抗积分饱和功能且能够对比例作用和微分作用进

行加权运算的 PID 控制器，算法公式如式（7-1）所示。

$$y = Kp\left[(bwx) + \frac{1}{T_{L}s}(W - x) + \frac{T_{D}s}{\alpha T_{D}s}(cw - x)\right] \tag{7-1}$$

式（7-1）中的符号及说明如表 7-9 所示。

表 7-9　**PID _ Compact 指令算法公式中的符号及含义**

符号	说明	符号	说明
y	PID 算法的输出值	x	过程值
Kp	比例增益	T_L	积分作用时间
s	拉普拉斯运算符	T_D	微分作用时间
b	比例作用权重	a	微分延迟系数（微分延迟 $T_L=\alpha T_D$）
w	设定值	c	微分作用权重

PID _ Compact 指令算法的框图表示如图 7-32 所示，带抗积分饱和的 PIDTI 方框图如图 7-33 所示。

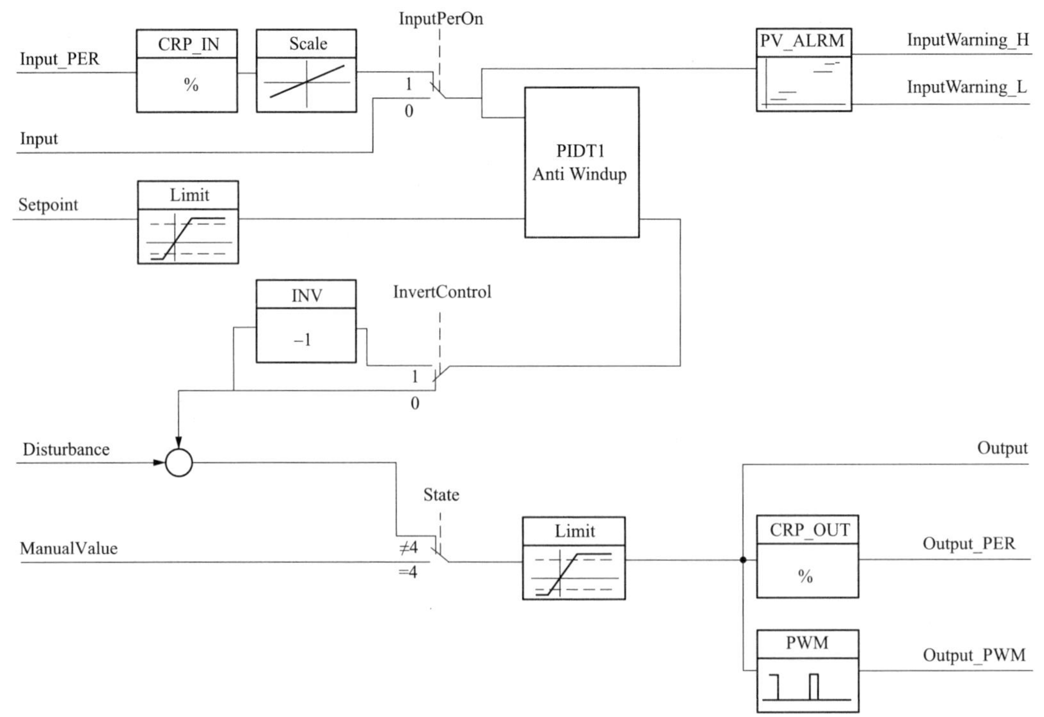

图 7-32　PID _ Compact 指令算法框图

所谓抗饱和现象是指如果 PID 控制系统误差的符号不变，PID 控制器的输出 y 和绝对值由于积分作用的不断累加而增大，从而导致执行机构达到极限位置。若控制器输出 y 继续增大，执行器开度不可能再增大，此时 PID 控制器的输出量 y 超出了正常运行的范围而进入饱和区。一旦系统出现反向偏差，y 逐渐从饱和区退出。进入饱和区越深，则退

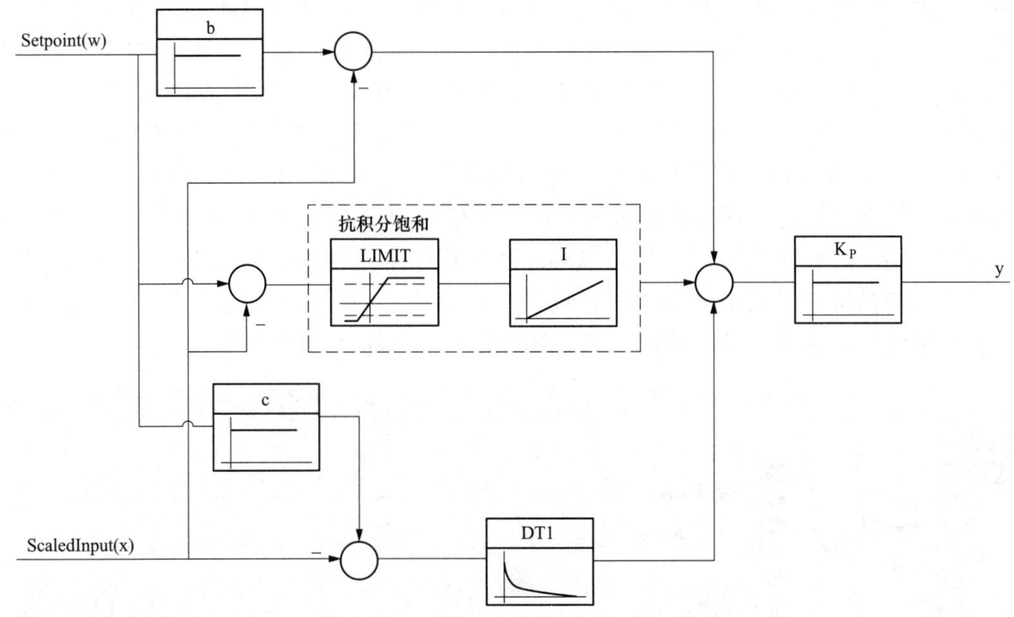

图 7-33　带抗积分饱和的 PIDTI 方框图

出饱和区的时间越长。在这段时间里，执行机构仍然停留在极限位置，而不是随偏差反向立即做出相应的改变。所以系统处于失控状态，造成控制性能恶化，响应曲线的超调量增大，这种现象称为积分饱和现象。

防止积分的方法之一是抗积分饱和法，其思路是在计算控制器输出 $y(n)$ 时，首先判断上一时刻的控制器输出 $y(n-1)$ 的绝对值是否已经超出了极限范围。如果 $y(n-1)$ 大于上限值 y_{max}，则只累加负偏差；如果 $y(n-1)$ 小于下限值 y_{min}，则只累加正偏差。从而避免了控制器输出长时间停留在饱和区造成的滞后的负面影响。

注意，PID 控制指令需要固定的采样周期，所以指令调用时，需要在循环中断 OB 中进行调用。该 OB 的循环中断时间就是采样周期。此外，若将 PID _ Compact 作为多重背景数据块调用，将没有参数分配接口或调试接口可用，必须直接在多重背景数据块中为 PID _ Compact 分配参数，并通过监视表格进行调试。

3. PID 组态

若为 PID _ Compact 指令分配了背景数据块后，单击指令框右上角的图标，即可打开 PID _ Compact 指令的组态编辑器。组态编辑器有两种视图：功能视图（在 TIA Portal 中称为功能视野）和参数视图。

在 PID _ Compact 指令组态编辑器的参数视图中，用户可以对当前 PID 指令的所有参数进行查看，并根据需要直接对部分参数的起始值等离线数据进行修改，也可以对在线的参数数据进行监视和修改。

PID _ Compact 指令组态编辑器的功能视图包括基本设置、过程值设置和高级设置等内容。在该视图中，采用向导的方式对 PID 控制器进行设置。

（1）基本设置。“基本设置”选项页面如图 7-34 所示，主要包括控制器类型和输入/输出参数的设置。在“控制器类型”中可以通过下拉列表选择常规、温度、压力、长度、流量、亮度、照明度、力、力矩、质量、电流、电压等。如果希望随着控制偏差的增大而输出值减小，可在该页面中勾选“反转控制逻辑”复选框。如果勾选了“CPU 重启激活 Mode”复选框，则在 CPU 重启后将 Mode 设置为该复选框下方的设置选项。在“Input/Output 参数”中，可以组态设定值、过程值和输出值的源值。例如 Input 过程值中的“Input”项表示过程值来自程序中经过处理的变量；而“Input _ PER（模拟量）”项表示过程值来自未经处理的模拟量输入值。同样，Output 输出值的“Output”项表示输出值需使用用户程序来进行处理，也可以用于程序中其他地方作为参考，如串级 PID 等；输出值与模拟量转换值相匹配时，选择“Output _ PER（模拟量）”项，可以直接连接模拟量输出；输出也可以是脉冲宽度调制信号“Output _ PWM”。

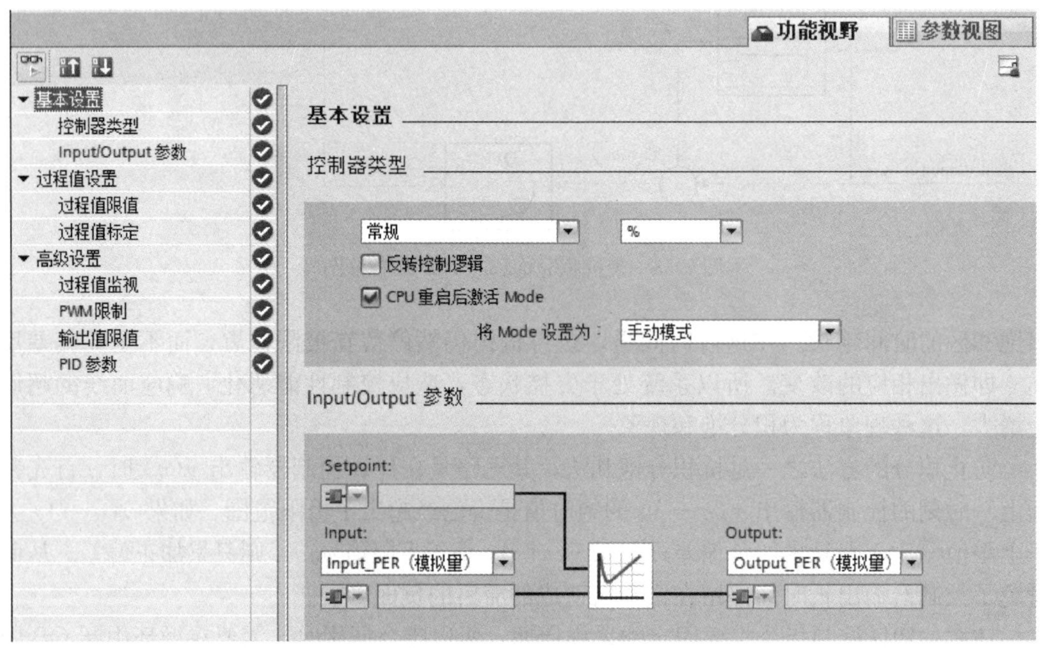

图 7-34　功能视图下的“基本设置”界面

“过程值设置”包括过程值限值的设置和过程值标定（规范化）的量程设置，如图 7-35 所示。如果过程值超出了这些限值，PID _ Compact 指令将立即报错（ErrorBits＝0001H），并取消调节操作。如果在“基本设置”中将过程值设置为“Input _ PER（模拟量）”，由于它来自一个模拟量输入地址，必须将模拟量值转换为过程值的物理量。

（2）高级设置。“高级设置”包括过程值监视、PWM 限制、输出值限值和 PID 参数的设置。在“过程值监视”中，可以设置过程值的警告上限和警告下限。如果过程值超出警告上限，PID _ Compact 指令的输出参数 InputWarring _ H 为 TURE；如果过程值低于警告下限，PID _ Compact 指令的输出参数 InputWarring _ L 为 TURE；警告限值必须处于过程值的限值范围内。如果没有输入警告限值，将使用过程值的上限和下限。

在“PWM 限制”中，可以设置 PID _ Compact 控制器脉冲输出 Output _ PWM 的最短接通时间和最短关闭时间。如果已选择 Output _ PWM 作为输出值，则将执行器的最小开启时间和最小关闭时间作为 Output _ PWM 的最短接通时间和最短关闭时间；如果

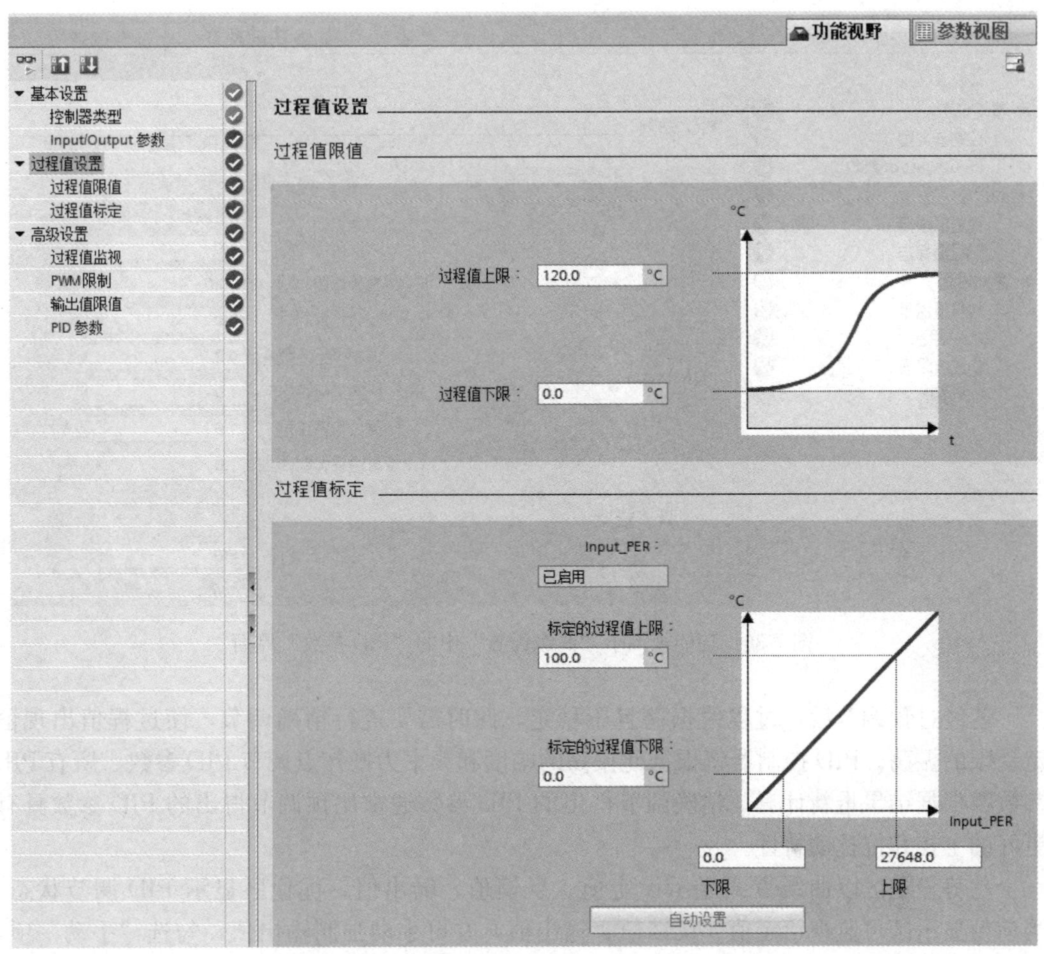

图 7-35　功能视图下的“过程值设置”界面

已选择 Output 或 Output _ PER 作为输出值，则必须将最短接通时间和最短关闭时间设置为 0.0s。

在“输出值限值”中，以百分比形式组态输出值的限值，无论是在手动模式还是自动模式下，输出值都不会超出该限值。如果在手动模式下，指定了一个超出限值范围的输出值，则 CPU 会将有效值限制为组态的限值。

在“PID 参数”中，如果不想通过控制器自动调节得出 PID 参数，可以勾选“启用手动输入”，通过手动方式输入适用于受控系统的 PID 参数，如图 7-36 所示。

4. PID 调试

将项目下载到 CPU 后，就可以开始对 PID 控制器进行优化调试。单击 PID _ Compact 指令框右上角的图标，即可进入如图 7-37 所示调试界面。调试界面的控制区包含了测量的启动（Start）和采样时间的设置、调试模式的设置及启动。调试分为预调节和精确调节两种模式，通常 PID 调试时先进行预调节，然后再根据需要进行精确调节。

预调节可确定输出值对阶跃的过程响应，并搜索拐点。根据受控系统的最大上升速率与死区时间计算 PID 参数。过程值越稳定，PID 参数就越容易计算。

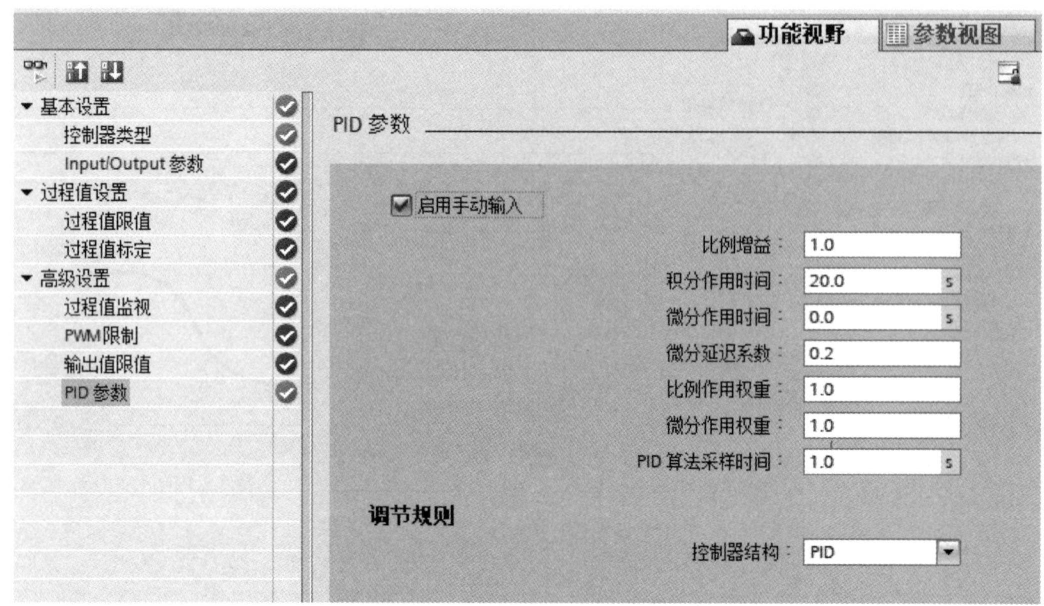

图 7-36　功能视图下“高级设置”中的“PID 参数”界面

若经过预调节后，过程值振荡且不稳定，此时需要进行精确调节，使过程值出现恒定受限的振荡。PID 控制器将根据此振荡的幅度和频率为操作点调节 PID 参数。所有 PID 参数都根据结果重新计算。精确调节得出的 PID 参数通常比预调节得出的 PID 参数具有更好的主控和抗扰动特性。

趋势显示区以曲线方式显示设定值、反馈值、输出值。优化区显示 PID 调节状态。当前值显示区可监视给定值、反馈值、输出值，并可手动强制输出值，勾选“手动”项，可以在“Output”栏内输入百分比形式的输出值。

7.3.4　PID 控制的应用

【例 7-2】 PID 控制在马弗炉中的应用。某马弗炉（即电炉），由电热丝加热，干扰源采用电位计控制的风扇，使用温度传感器测量系统的温度。其控制要求是：设定马弗炉的温度后，PLC 经过 PID 运算后由 Q0.0 端口输出一个脉冲控制信号送到固态继电器，固态继电器根据信号（弱电信号）的大小控制电热丝的加热电压（强电信号）的大小（甚至断开）。风扇运转时，可给传感器周围降温，设定值为 0～10V 的电压信号送入 PLC。温度传感器作为反馈接入到 PLC 中，干扰源给定直接输出至风扇。

【分析】 首先添加相应的模拟量输入模块和模拟量输出模块，进行硬件组态，然后编写程序，并进行 PID 调试即可，具体步骤如下。

（1）建立项目，设置模拟量模块。

1）启动 TIA 博途软件，创建一个新的项目，并添加相应的硬件模块。

2）双击模拟量输入模块，进行相应的模拟量输入设置。在“通道模板”中将其测量类型设置为“电压”，测量范围为+/－10V；在“I/O 地址”中将起始地址设置为 2。

3）双击模拟量输出模块，进行相应的模拟量输出设置。在“通道模板”中将其输出

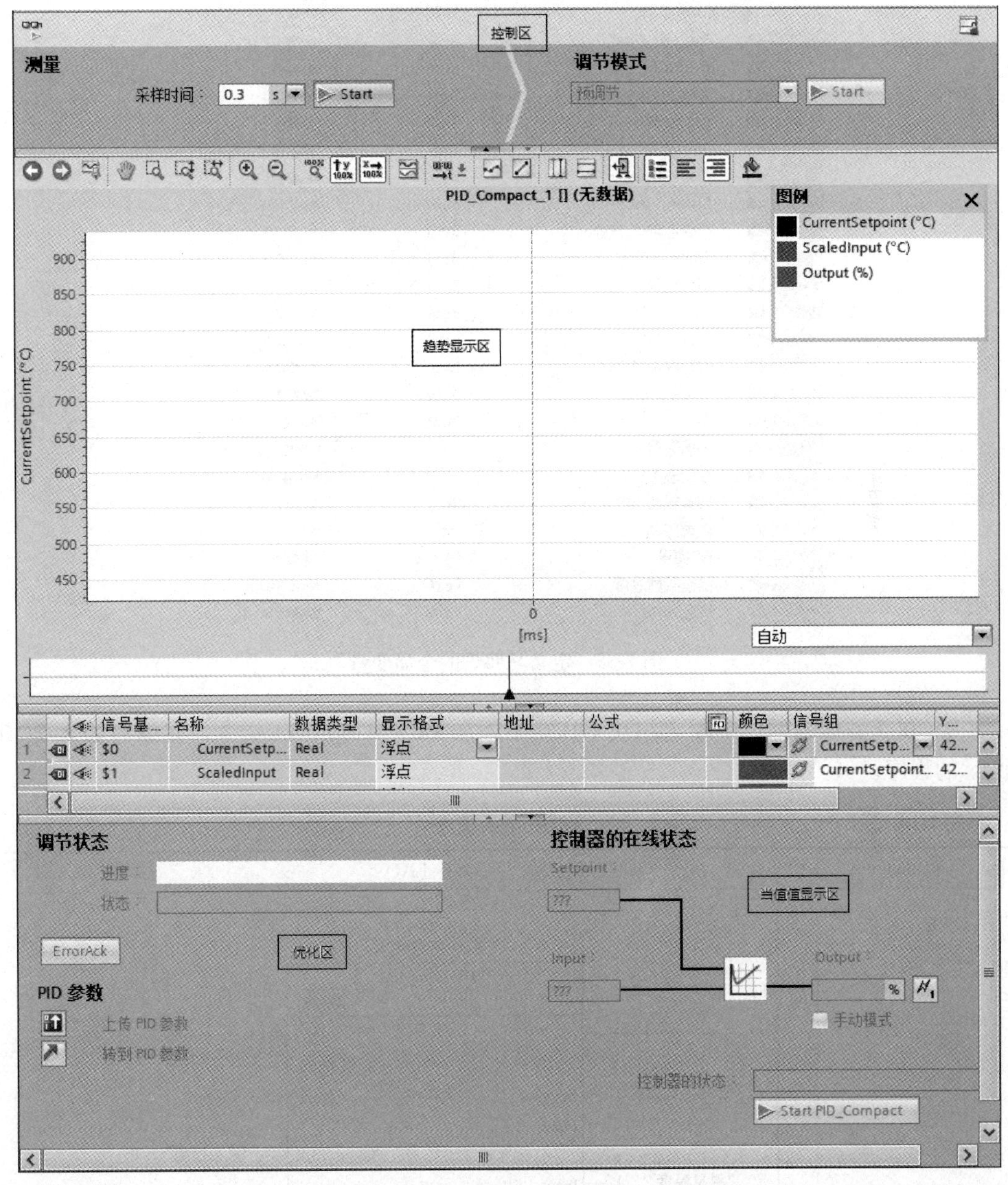

图 7-37　调试界面

类型设置为“电流”，输出范围为 4～20mA；在“I/O 地址”中将起始地址设置为 2。

（2）定义全局变量。在 TIA Portal 项目结构窗口的“PLC 变量”中双击“默认变量表”，进行全局变量表的定义，如图 7-38 所示。

（3）PID 组态。

1）添加循环中断组织块 OB30。在 TIA Portal 项目结构窗口的“程序块”中双击“添加新块”，在弹出的添加新块中点击“组织块”，然后选择“Cyclic interrupt”，设置循环时间为 20ms，并按下“确定”键。

默认变量表

		名称	数据类型	地址
1		System_Byte	Byte	%MB10
2		FirstScan	Bool	%M10.0
3		DiagStatusUpdate	Bool	%M10.1
4		AlwaysTRUE	Bool	%M10.2
5		AlwaysFALSE	Bool	%M10.3
6		Clock_Byte	Byte	%MB20
7		Clock_10Hz	Bool	%M20.0
8		Clock_5Hz	Bool	%M20.1
9		Clock_2.5Hz	Bool	%M20.2
10		Clock_2Hz	Bool	%M20.3
11		Clock_1.25Hz	Bool	%M20.4
12		Clock_1Hz	Bool	%M20.5
13		Clock_0.625Hz	Bool	%M20.6
14		Clock_0.5Hz	Bool	%M20.7
15		手动	Bool	%I0.0
16		测量温度	Int	%IW2
17		给定温度	Int	%IW4
18		PWM输出	Bool	%Q0.0
19		风扇控制	Int	%QW2
20		PID错误	DWord	%MD30
21		给定实数温度	Real	%MD34
22		PID_state	Word	%MW38

图 7-38　定义马弗炉的全局变量

2）在新添加的循环中断组织块 OB30 中添加 PID _ Compact 指令，并编写如表 7-10 所示的程序。

表 7-10　　OB30 中的程序

程序段	LAD
程序段 1	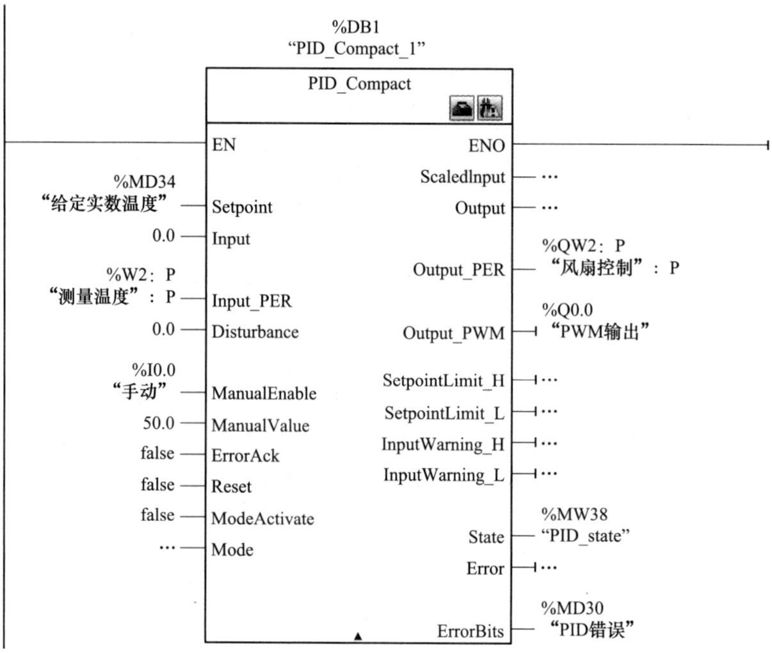 %DB1 "PID_Compact_1" PID_Compact EN — ENO %MD34 "给定实数温度" — Setpoint — ScaledInput — … 0.0 — Input — Output — … %W2：P "测量温度"：P — Input_PER — Output_PER — %QW2：P "风扇控制"：P 0.0 — Disturbance — Output_PWM — %Q0.0 "PWM输出" %I0.0 "手动" — ManualEnable — SetpointLimit_H — … 50.0 — ManualValue — SetpointLimit_L — … false — ErrorAck — InputWarning_H — … false — Reset — InputWarning_L — … false — ModeActivate — State — %MW38 "PID_state" … — Mode — Error — … ErrorBits — %MD30 "PID错误"

续表

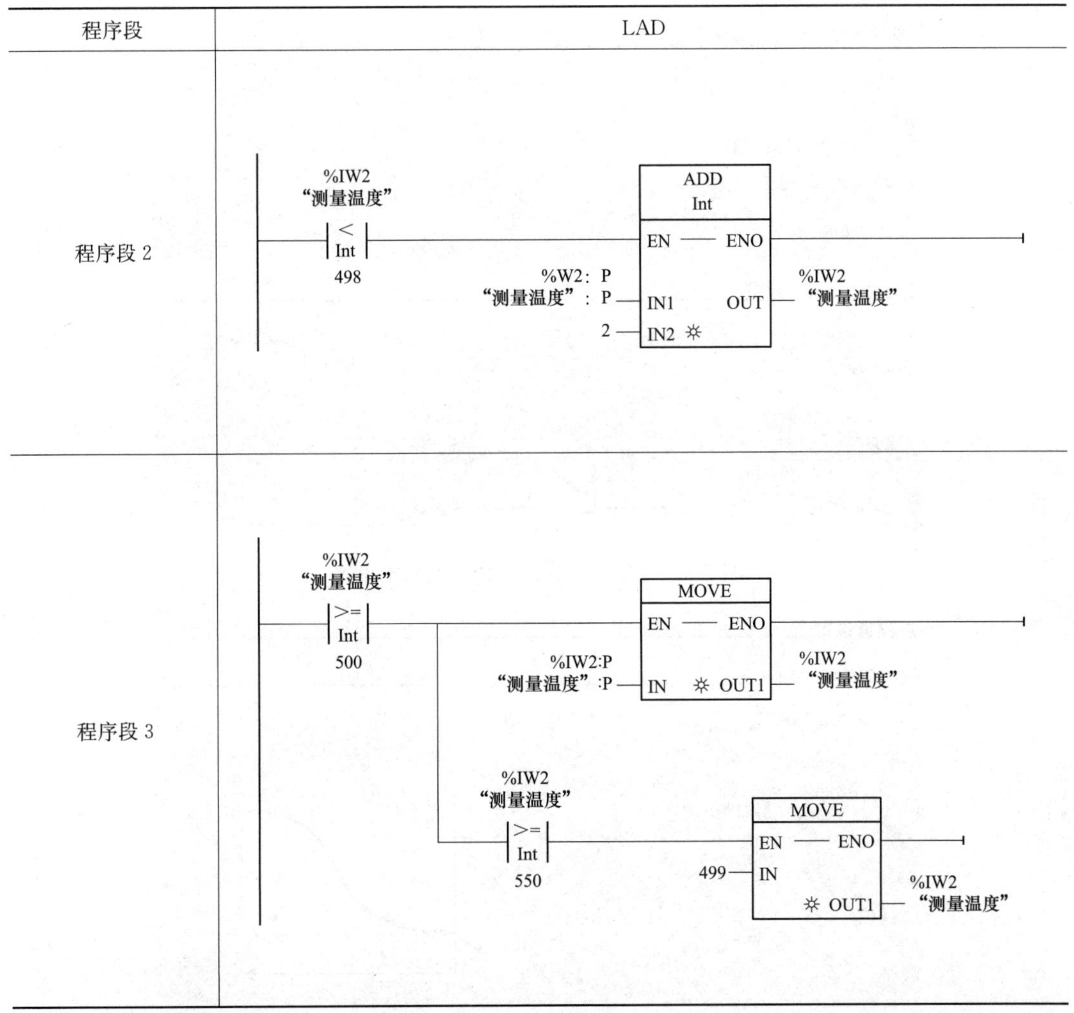

程序段	LAD
程序段 2	%IW2 “测量温度” < Int 498 ADD Int EN — ENO %W2：P “测量温度”：P — IN1　OUT — %IW2 “测量温度” 2 — IN2 ✲
程序段 3	%IW2 “测量温度” >= Int 500 MOVE EN — ENO %IW2:P “测量温度”:P — IN　✲ OUT1 — %IW2 “测量温度” %IW2 “测量温度” >= Int 550 MOVE EN — ENO 499 — IN　✲ OUT1 — %IW2 “测量温度”

3）单击 PID _ Compact 指令框右上角的▣图标，打开 PID _ Compact 指令的组态编辑器，在“功能视野”视图下进行 PID 组态。基本设置如图 7-39 所示，将控制器类型选择为“温度”，在输入值（即反馈值 IW2）中选择为“Input _ PER（模拟量）”，输出值（即脉宽调制输出值 Q0.0）中选择为“ Output _ PWM”。过程值即反馈值量程化的设置如图 7-40 所示，将过程值的下限值设置为 0.0，上限设置为传感器的上限值 500.0，此为温度传感器的量程。在高级设置中，将过程值监视设置如图 7-41 所示，当测量值高于此数值时，会产生报警。在高级设置中，将 PWM 设置如图 7-42 所示，代表输出接通和断开的最短时间，如固态继电器的导通和断开切换时间为 0.5s。在高级设置中，将“输出值限值”采用默认值，不进行修改，如图 7-42 所示。在高级设置中，将 PID 参数的“启用手动输入”不勾选，使用系统自整定参数；调节规则使用“PID”控制器，如图 7-43 所示。

（4）在 OB1 中编写程序。在主程序 Main（OB1）中将给定值模拟量输入，量程化为 0.0～100.0 之间的实数，并将量程化后的数值赋给 MD34，其程序如表 7-11 所示。

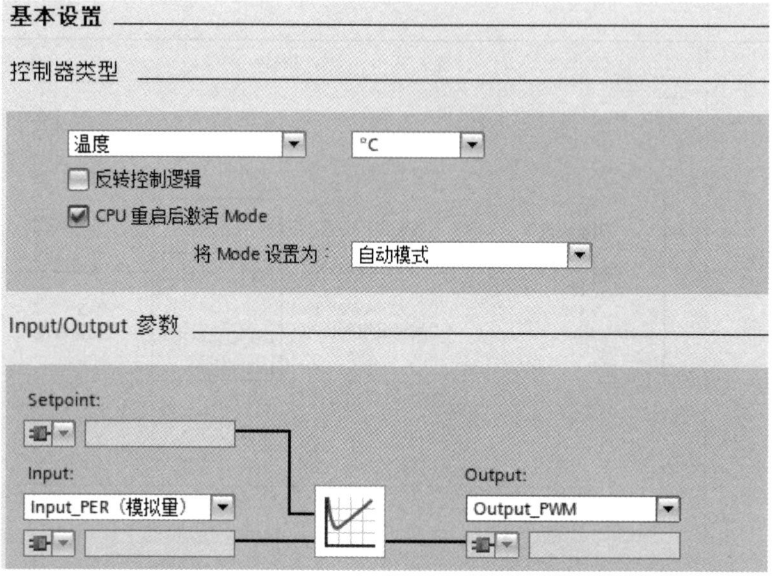

图 7-39　PID _ Compact 指令的基本设置

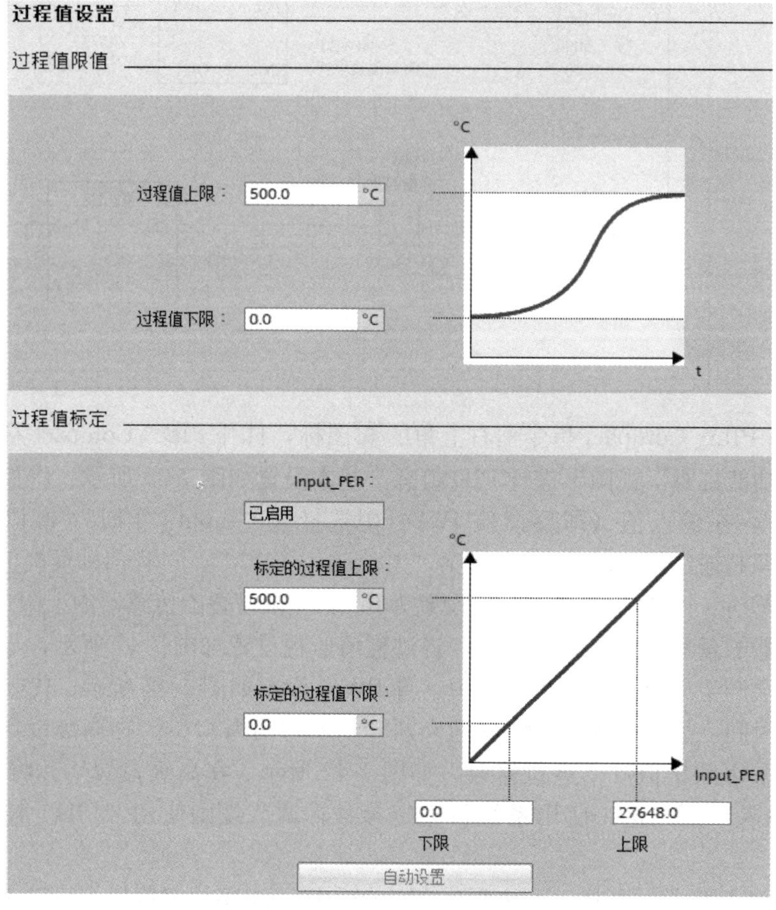

图 7-40　PID _ Compact 指令的过程值设置

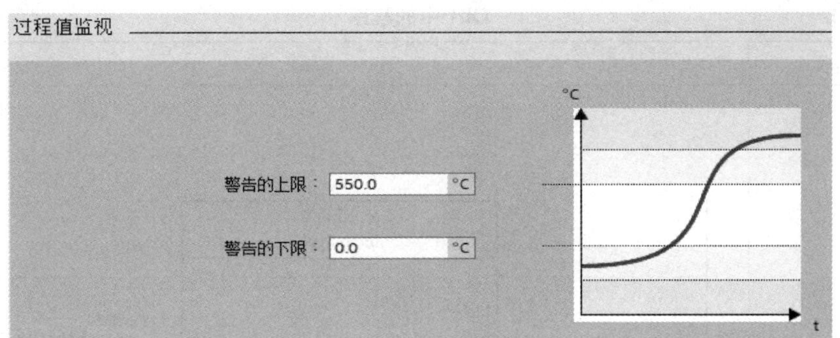

图 7-41　过程值监视的设置

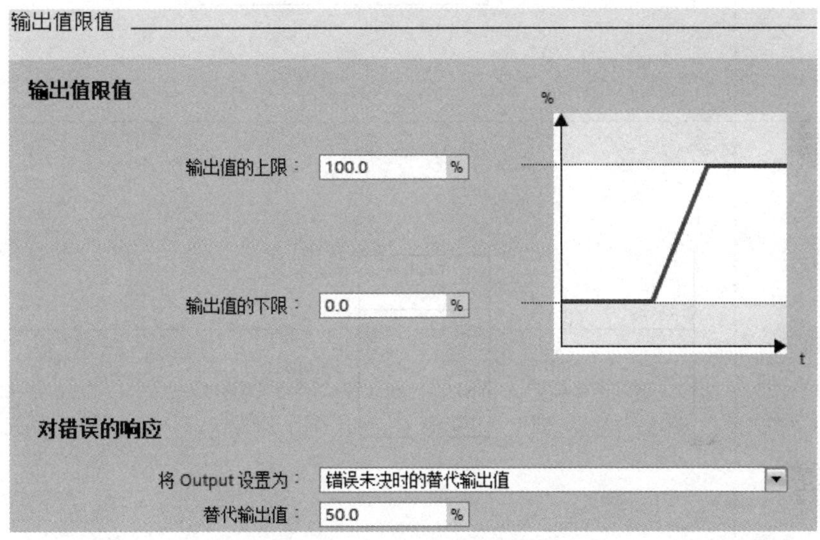

图 7-42　输出值限值的设置

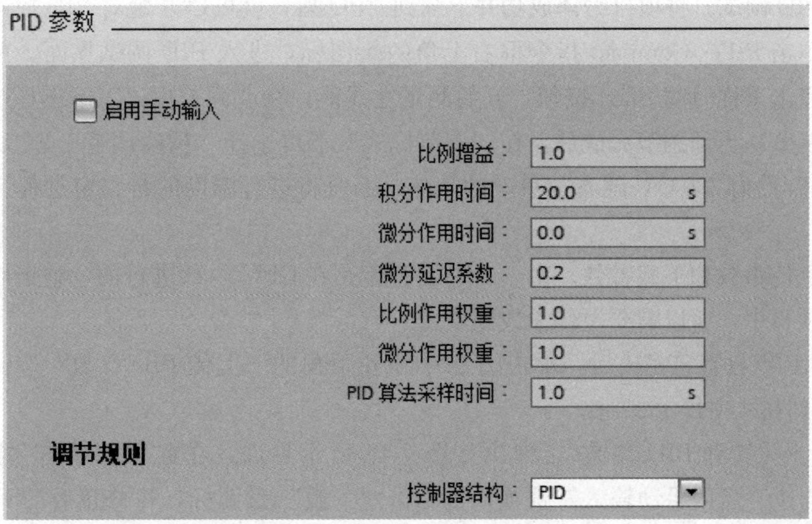

PID 参数

启用手动输入

比例增益：1.0

积分作用时间：20.0 s

微分作用时间：0.0 s

微分延迟系数：0.2

比例作用权重：1.0

微分作用权重：1.0

PID 算法采样时间：1.0 s

调节规则

控制器结构：PID

图 7-43　PID 参数的设置

表 7-11　　OB1 中的程序

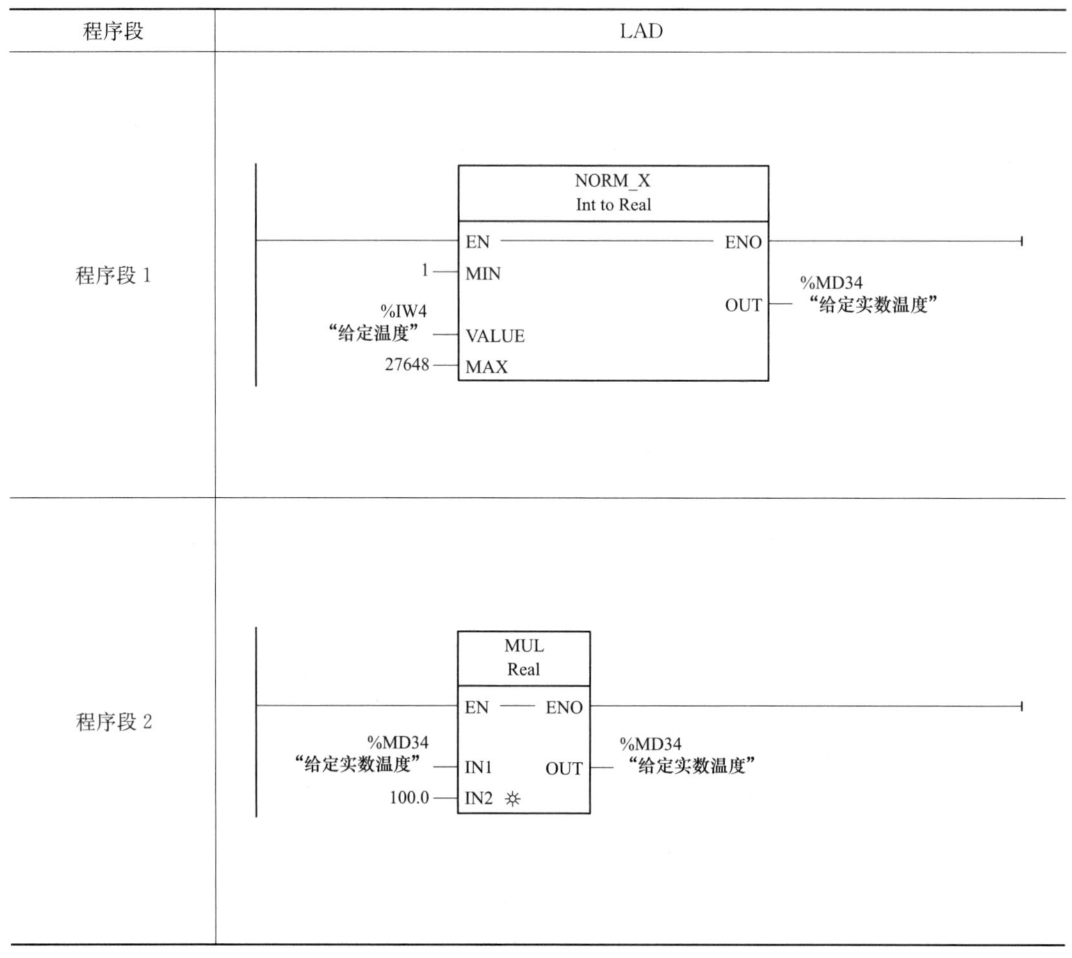

（5）PID 调试。将项目编译成功并下载到 CPU 后，就可以开始对 PID 控制器进行优化调试。单击 PID_Compact 指令框右上角的图标，进入 PID 调试界面。在此界面的控制区，点击采样时间 Start 按钮，开始测量在线值，在“调节模式”下选择“预调节”，先进行预调节。当预调节完成后，在“调节模式”下再选择“精确调节”。之后将设定值“给定温度”设为 250℃，随着加热丝的加热，系统将进行温度的自整定过程，如图 7-44 所示。

（6）上传参数和下载参数。由于 PID 自整定是在 CPU 内部进行的，整定后的参数并不一定在项目中，所以需要上传参数到项目。

1）当 PID 自整定完成后，单击图 7-44 中左下角的“上传 PID 参数”按钮，参数从 CPU 上传到在线项目中。

2）单击“转到 PID 参数”，弹出如图 7-45 所示界面，在此界面单击“监控所有”图标，勾选“启用手动输入”选项，再单击“下载”图标，将修正后的 PID 参数下载到 CPU 中去。

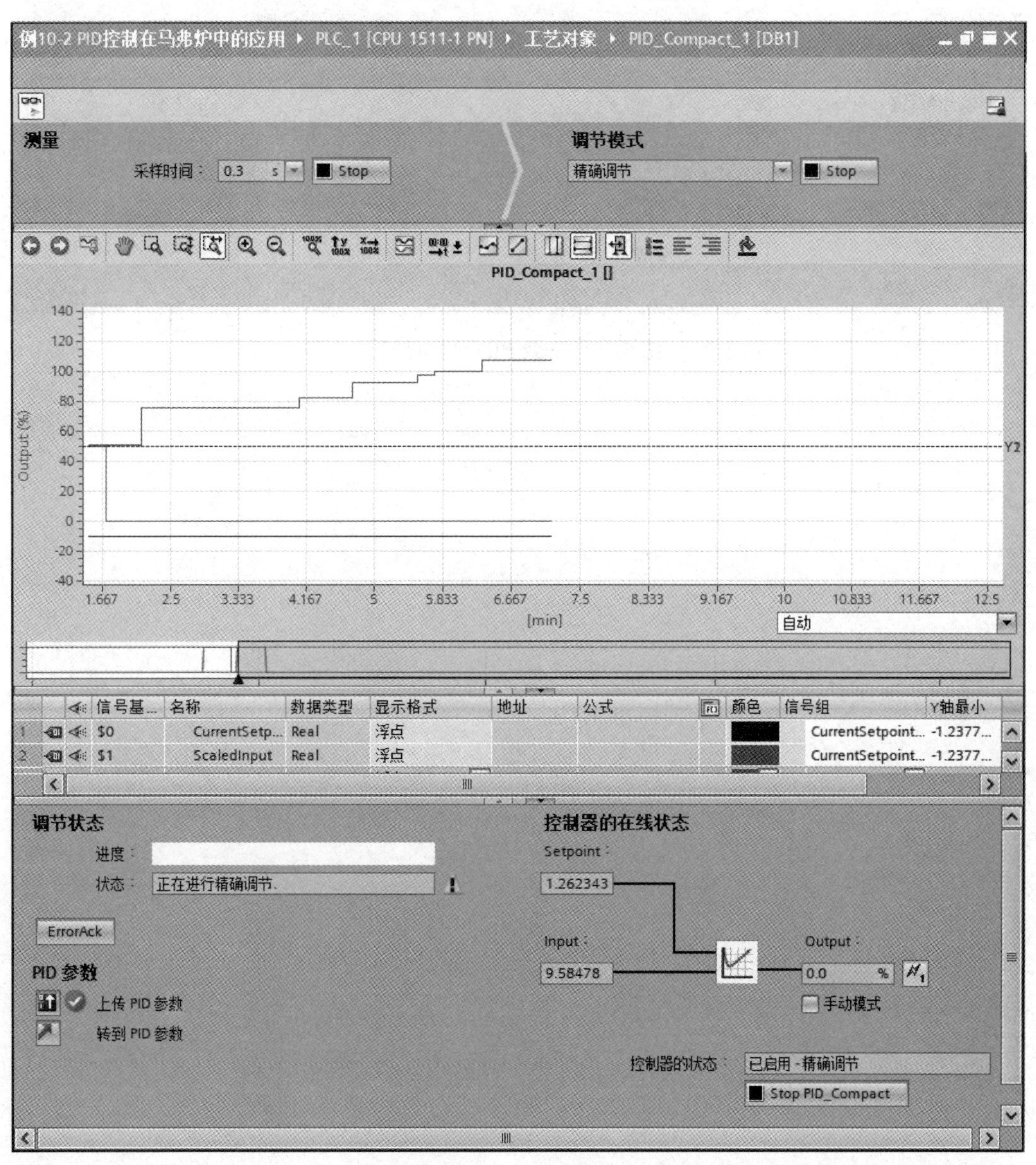
例10-2 PID控制在马弗炉中的应用 ▸ PLC_1 [CPU 1511-1 PN] ▸ 工艺对象 ▸ PID_Compact_1 [DB1]
测量
采样时间：0.3 s
Stop
调节模式
精确调节
Stop
PID_Compact_1 []
Output (%)
Y2
[min]
自动
信号基... 名称 数据类型 显示格式 地址 公式 颜色 信号组 Y轴最小
1 $0 CurrentSetp... Real 浮点 CurrentSetpoint... -1.2377...
2 $1 ScaledInput Real 浮点 CurrentSetpoint... -1.2377...
调节状态
进度：
状态：正在进行精确调节.
ErrorAck
PID 参数
上传 PID 参数
转到 PID 参数
控制器的在线状态
Setpoint：
1.262343
Input：
9.58478
Output：
0.0 %
手动模式
控制器的状态：已启用 - 精确调节
Stop PID_Compact

图 7-44　PID 自整定

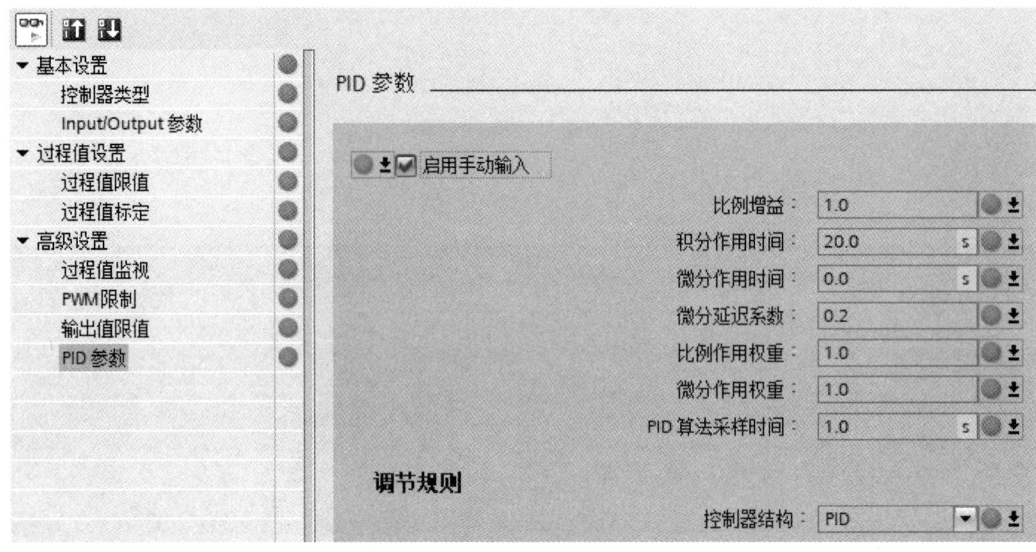

图 7-45 下载 PID 参数界面

第 8 章　S7-1500 PLC 的通信功能

随着计算机网络技术的发展以及工业自动化程度的不断提高，自动控制也从传统的集中式向多级分布式方向发展。为了适应这种形势的发展，各 PLC 厂商加强了 PLC 的网络通信能力。

8.1　通信基础知识

通信是计算机网络的基础，没有通信技术的发展，就没有计算机网络的今天，也就没有 PLC 的应用基础。PLC 的通信包括 PLC 与 PLC 之间的通信、PLC 与上位计算机之间的通信以及 PLC 与其他智能设备之间的通信。PLC 与 PLC 之间的通信实质就是计算机的通信，使得众多独立的控制任务构成一个控制工程整体，形成模块控制体系。

8.1.1　通信的基本概念

1. 串行通信与并行通信

通常将 CPU 与外部数据的传送称为通信。通信方式分为并行通信和串行通信，如图 8-1 所示。并行数据通信是以字节或字为单位的数据传输方式，除了 8 根或 16 根数据线和 1 根公共线外，还需要双方联络用的控制线。串行数据通信是以二进制的位为单位进行数据传输，每次只传送 1 位。串行通信适用于传输距离较远的场合，所以在工业控制领域中 PLC 一般采用串行通信。

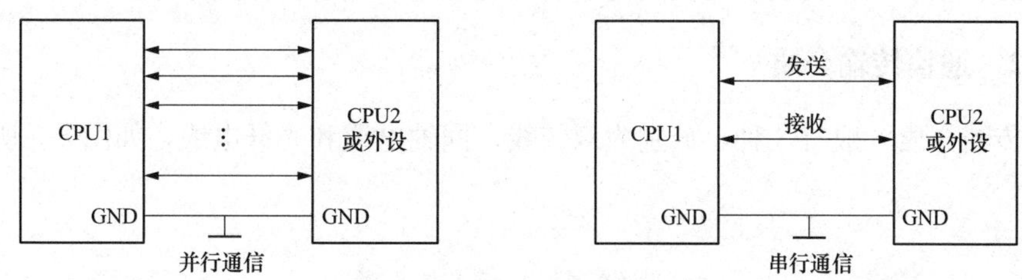

图 8-1　数据传输方式示意图

2. 异步通信与同步通信

按照串行数据的时钟控制方式，将串行通信分为异步通信和同步通信两种方式。

异步通信中的数据是以字符（或字节）为单位组成字符帧（Character Frame）进行传送的。这些字符帧在发送端是一帧一帧地发送，在接收端通过数据线一帧一帧地接收字符或字节。发送端和接收端可以由各自的时钟控制数据的发送和接收，这两个时钟彼此独立，互不同步。异步通信方式具有硬件简单、成本低的特点，主要用于传输低于 19.2kbit/s 以下的数据通信。

同步通信是一种连续串行传送数据的通信方式，一次通信可传送若干个字符信息。同步通信的数据传输速率较高，通常可达 56000bit/s 或更高。但是，同步通信要求发送时钟和接收时钟必须保持严格同步，发送时钟除应和发送波特率一致外，还要求把它同时传送到接收端。

3. 串行通信的数据通路形式

在串行通信中，数据的传输是在两个站之间进行的，按照数据传送方向的不同，串行通信的数据通路有单工、半双工和全双工等三种形式。

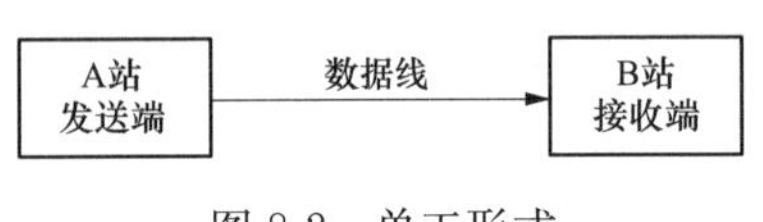

图 8-2 单工形式

在单工形式下，数据传送是单向的。通信双方中一方固定为发送端，另一方固定为接收端，数据只能从发送端传送到接收端，因此只需一根数据线，如图 8-2 所示。

在半双工形式下数据传送是双向的，但任何时刻只能由其中的一方发送数据，另一方接收数据。即数据从 A 站发送到 B 站时，B 站只能接收数据；数据从 B 站发送到 A 站时，A 站只能接收数据，如图 8-3 所示。通常需要一对双绞线连接，与全双工相比，通信线路成本低。例如，RS-485 只用一对双绞线时就是半双工通信方式。

在全双工形式下数据传送也是双向的，允许双方同时进行数据双向传送，即可以同时发送和接收数据，如图 8-4 所示。通常需要两对双绞线连接，通信线路成本高。例如，RS-422 就是全双工通信方式。

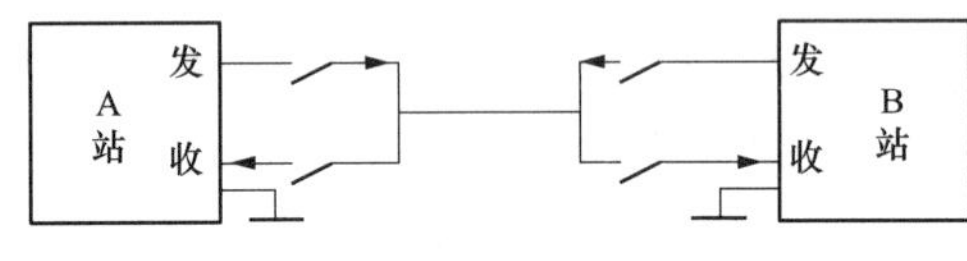

图 8-3 半双工形式

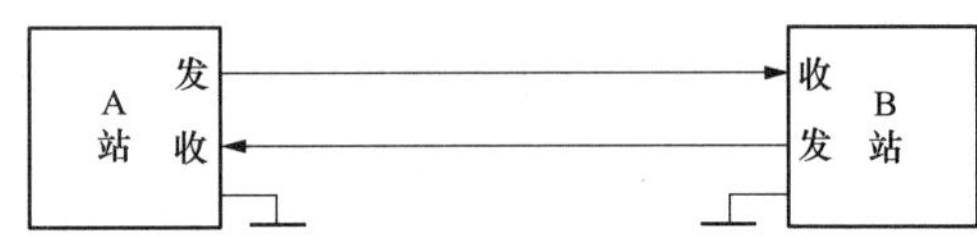

图 8-4 全双工形式

半双工和全双工可实现双向数据传输，因此在 PLC 中使用比较广泛。

8.1.2 通信传输介质

通信传输介质一般有 3 种，分别为双绞线、同轴电缆和光纤电缆，如图 8-5 所示。

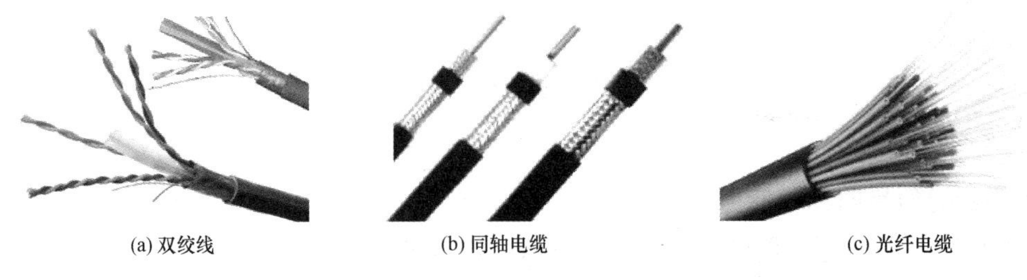

(a) 双绞线　(b) 同轴电缆　(c) 光纤电缆

图 8-5 通信传输介质

双绞线是将两根导线扭绞在一起，以减少外部电磁干扰。如果使用金属网加以屏蔽时，其抗干扰能力更强。双绞线具有成本低、安装简单等特点，RS-485 接口通常采用双绞线进行通信。

同轴电缆有 4 层，最内层为中心导体，中心导体的外层为绝缘层，包着中心体。绝缘外层为屏蔽层，同轴电缆的最外层为表面的保护皮。同轴电缆可用于基带传输，也可用于宽带数据传输，与双绞线相比，具有传输速率高、距离远、抗干扰能力强等优点，但是其成本比双绞线要高。

光纤电缆有全塑光纤电缆、塑料护套光纤电缆、硬塑料护套光纤电缆等类型，其中硬塑料护套光纤电缆的数据传输距离最远，全塑料光纤电缆的数据传输距离最短。光纤电缆与同轴电缆相比具有抗干扰能力强、传输距离远等优点，但是其价格高、维修复杂。同轴电缆、双绞线和光纤电缆的性能比较如表 8-1 所示。

表 8-1　　同轴电缆、双绞线和光纤电缆的性能比较

性能	双绞线	同轴电缆	光纤电缆
传输速率	9.6k～2Mbit/s	1～450Mbit/s	10～500Mbit/s
连接方法	点到点 多点 1.5km 不用中继器	点到点 多点 10km 不用中继器（宽带） 1～3km 不用中继器（宽带）	点到点 50km 不用中继器
传送信号	数字、调制信号、纯模拟信号（基带）	调制信号、数字（基带）、数字、声音、图像（宽带）	调制信号（基带）、数字、声音、图像（宽带）
支持网络	星形、环形、小型交换机	总线形、环形	总线形、环形
抗干扰	好（需要屏蔽）	很好	极好
抗恶劣环境	好	好，但必须将同轴电缆与腐蚀物隔开	极好，耐高温与其他恶劣环境

8.1.3　网络拓扑结构

网络结构又称为网络拓扑结构，它是指网络中通信线路和节点间的几何连接结构。网络中通过传输线连接的点称为节点或站点。网络结构反映了各个站点间的结构关系，对整个网络的设计、功能、可靠性和成本都有影响。按照网络中的通信线路和节点间的连接方式不同，可分为星形结构、总线形结构、环形结构、树形结构、网状结构等，其中星形结构、总线形结构和环形结构为最常见的拓扑结构形式，如图 8-6 所示。

1. 星形结构

星形拓扑结构是以中央节点为中心节点，网络上其他节点都与中心节点相连接。通信功能由中心节点进行管理，并通过中心节点实现数据交换。通信由中心节点管理，任何两个节点之间通信都要通过中心节点中继转发。星形网络的结构简单，便于管理控制，建网容易，网络延迟时间短，误码率较低，便于集中开发和资源共享。但系统花费大，网络共享能力差，负责通信协调工作的上位计算机负荷大，通信线路利用率不高，且系统可靠性不高，对上位计算机的依赖性也很强，一旦上位机发生故障，整个网络通信就

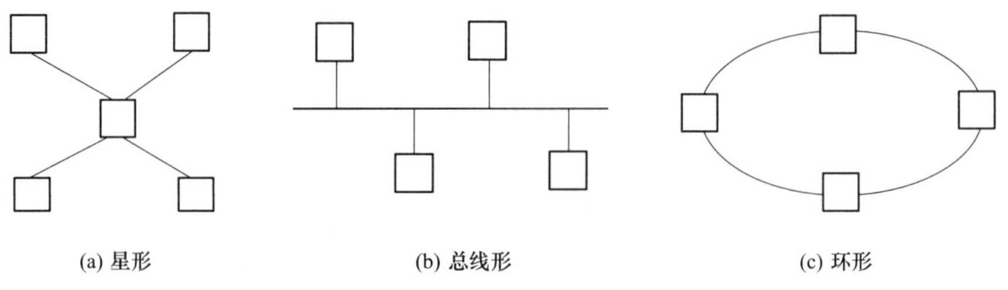

图 8-6 常见网络拓扑结构

会瘫痪。星形网络常用双绞线作为通信介质。

2. 总线形结构

总线形结构是将所有节点接到一条公共通信总线上，任何节点都可以在总线上进行数据的传送，并且能被总线上任一节点所接收。在总线形网络中，所有节点共享一条通信传输线路，在同一时刻网络上只允许一个节点发送信息。一旦两个或两个以上节点同时传送信息，总线上的传送的信息就会发生冲突和碰撞，出现总线竞争现象，因此必须采用网络协议来防止冲突。这种网络结构简单灵活，容易加扩新的节点，甚至可用中继器连接多个总线。节点间可直接通信，速度快、延时小。

3. 环形结构

环形结构中的各节点通过有源接口连接在一条闭合的环形通信线路上，环路上任何节点均可以请求发送信息。请求一旦批准，信息按事先规定好的方向从源节点传送到目的节点。信息传送的方向可以是单向也可以是双向，但由于环线是公用的，传送一个节点信息时，该信息有可能需穿过多个节点，因此如果某个节点出现故障，将阻碍信息的传输。

8.1.4 网络通信标准

在工业局域网中，各节点的设备型号、通信线路类型、连接方式、同步方式、通信方式有可能不同，这样会给网络中各节点的通信带来不便，有时会影响整个网络的正常运行，因此在网络系统中，必须有相应通信标准来规定各部件在通信过程中的操作。

1. OSI 参考模型

国际标准化组织（International Standard Organization，ISO）于1978 年提出了开放式系统互联模型（Open System Interconnection，OSI）作为通信网络国际标准化的参考模型。该模型所用的通信协议一般为 7 层，如图 8-7 所示。

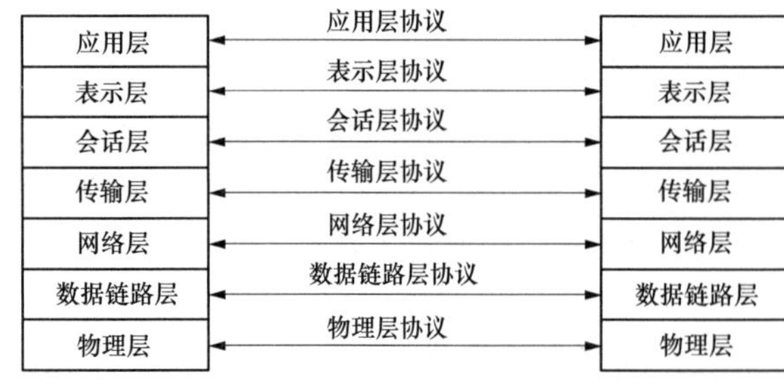

图 8-7 OSI 开放式系统互联模型

在 OSI 模型中，最底层为物理层，物理层的下面是物理互联媒介，如双绞线、同轴电缆等。实际通信就是通过物理层在物理互联媒介上进行的，如 RS-232C、RS-422/485 就是在物理层进行通信的。通信过程中 OSI 模型其余层都以物理层为基础，对等层之间可以实现开放系统互联。

在通信过程中，数据是以帧为单位进行传送，每一帧包含一定数量的数据和必要的控制信息，如同步信息、地址信息、差错控制和流量控制等。数据链路层就是在两个相邻节点间进行差错控制、数据成帧、同步控制等操作。

网络层用来对报文包进行分段，在报文包阻塞时进行相关处理，在通信子网中选择合适的路径。

传输层用来对报文进行流量控制、差错控制，还向上一层提供一个可靠的端到端的数据传输服务。

会话层的功能是运行通信管理和实现最终用户与应用之间的同步，按正确的顺序收发数据，进行各种对话。

表示层用于应用层信息内容的形式变换，如数据加密/触密、信息压缩/解压和数据兼容，把应用层提供的信息变成能够共同理解的形式。

应用层为用户的应用服务提供信息交换，为应用接口提供操作标准。

2. IEEE 802 通信标准

国际电工与电子工程师学会（Institute of Electrical and Electronics Engineers，IEEE）的 802 委员会成立于 1980 年初，专门从事局域网标准的制定工作，于 1982 颁布了一系列计算机局域网分层通信协议标准草案，总称为 IEEE 802 标准。

IEEE 802 是一个局域网标准系列，其现有标准包括：IEEE 802.1A（局域网体系结构)、IEEE 802.1B（寻址、网络互联与网络管理)、IEEE 802.2（逻辑链路控制 LLC)、IEEE 802.3（CSMA/CD 访问控制方法与物理层规范，CSMA 为载波监听多路访问冲突检测的简称)、IEEE 802.3i（10Base-T 访问控制方法与物理层规范)、IEEE 802.3u（100Base-T 访问控制方法与物理层规范)、IEEE 802.3ab（1000Base-T 访问控制方法与物理层规范)、IEEE 802.3z（1000Base-SX 和 1000Base-LX 访问控制方法与物理层规范)、IEEE 802.4（Token-Bus 访问控制方法与物理层规范)、IEEE 802.5（oken-Ring 访问控制方法）IEEE 802.6（城域网访问控制方法与物理层规范)、IEEE 802.7（宽带局域网访问控制方法与物理层规范)、IEEE 802.8（FDDI 访问控制方法与物理层规范)、IEEE 802.9（合数据话音网络)、IEEE 802.10（网络安全与保密)、IEEE 802.11（无线局域网访问控制方法与物理层规范)、IEEE 802.12（100VG-AnyLAN 访问控制方法与物理层规范)。

IEEE 802 标准定义了 ISO/OSI 的物理层和数据链路层，它将 OSI 参考模型的底部两层（物理层、数据链路层）分解为介质访问控制子层（MAC-Media Access Control，MAC）和逻辑链路控制子层（Logic Link Control Layer，LLC)。

介质访问控制子层 MAC 的主要功能是控制对传输介质的访问，实现帧的寻址和识别，并检测传输媒体的异常情况。逻辑链路控制子层 LLC 用于在节点间对帧的发送、接收信号进行控制，同时检验传输中的差错。MAC 层包括带冲突检测的载波侦听多路访问（CSMA/CD）通信协议、令牌总线（Token Bus）和令牌环（Token Ring)。

(1) CSMA/CD。CSMA/CD 通信协议的基础是美国施乐公司（Xerox）等公司研制的以太网（Ethernet)，早期的 IEEE 802.3 标准规定的传输速率为 10Mbit/s，后来发布了 100Mbit/s 的快速以太网 IEEE 802.3u、1000Mbit/s 的千兆以太网 IEEE 802.3z，以及 10Gbit/s 的 IEEE 802ae。

CSMA/CD 各站共享一条广播式的传输总线，每个站都是平等的，采用竞争方式发送信息到传输线上，也就是说，任何一个站都可以随时发送广播报文，并被其他各站接收。当某个站识别到报文中的接收站名与本站名相同时，便将报文接收下来。由于没有专门的控制站，两个或多个站可能会因为同时发送信息而发生冲突，造成报文作废。

为了防止冲突，发送站在发送报文之前，先监听一下总线是否处于空闲状态。如果空闲，则发送报文到总线上，即“先听后讲”。但是，这样仍然有可能发生冲突，因为从组织报文到报文在总线上传输需要一定的时间，在这段时间内，另一个站通过监听也可能会认为总线处于空闲，并将报文发送到总线上，这样就造成了两个站因同时发送数据而产生冲突。

为了解决这一问题，在发送报文开始的一段时间，仍然监听总线，采用边发送边接收的方法，将接收到的信息与自己发送的信息进行比较，如果相同则继续发送，即“边听边讲”；如果不相同，则说明发生了冲突，立即停止发送报文，并发送一段简短的冲突标志（阻塞码序列），来通知总线上的其他站点。为了避免产生冲突的站同时重发他们的帧，采用专门的算法来计算重发的延迟时间，通常将这种“先听后讲”和“边听边讲”相结合的方法称为 CSMA/CD（带冲突检测的载波侦听多路访问技术），其控制策略是竞争发害、广播式传送、载体监听、冲突检测、冲突后退和再试发送。

以太网首先在个人计算机网络系统，例如办公自动化系统和管理信息系统（MIS）中得到了极为广泛的应用。在以太网发展的初期，通信速率较低。如果网络中的设备较多，信息交换比较频繁，可能会经常现出竞争和冲突，影响信息传输的实时性。随着以太网传输速率的提高（100～1000Mbit/s）和采用相应的措施，这一问题已经解决。大型工业控制系统最上层的网络几乎全部采用以太网，使用以太网很容易实现管理网络和控制网络的一体化。以太网已经越来越多地在控制网络的底层使用。

以太网仅仅是一个通信平台，它包括 OSI 的 7 层模块模型中的底部两层，即物理层和数据链路层，即使增加上面两层的 TCP 和 IP，也不是可以互操作的通信协议。

（2）令牌总线。IEEE 802 标准的工厂媒体访问技术是令牌总线，其编号为 802.4。在令牌总线中，媒体访问控制是通过传输一种称为令牌的控制帧来实现的。按照逻辑顺序，令牌从一个装置传递到另一个装置，传递到最后一个装置后，再传递给第一个装置，如此周而复始，形成一个逻辑环。令牌有“空”和“忙”两个状态，令牌网开始运行时，由指定的站产生一个空令牌沿逻辑环传送。任何一个要发送信息的站都要等到令牌传给自己，判断为空令牌时才能发送信息。发送站首先把令牌置为“忙”，并写入要传送的信息，发送站名和接收站名，然后将载有信息的令牌送入环网传输。令牌沿环网循环一周后返回发送站时，如果信息已经被接收站复制，发送站将令牌置为“空”，送上环网继续传送，以供其他站使用。如果在传送过程中令牌丢失，则由监控站向网内注入一个新的令牌。

令牌传递式总线能在很重的负荷下提供实时同步操作，传输效率高，适用于频繁、少量的数据传送，因此它最适合需要实时通信和工业控制网络系统。例如 PROFIBUS-DP 主站之间的通信就采用令牌方式。

3. 现场总线及其国际标准

在传统的自动化控制中，生产现场的许多设备和装置（如传感器、调节器、变送器、执行器等）都是通过信号电缆与计算机、PLC 相联的。当这些装置和设备相隔距离较远且分布较广时，就会使电缆线的用量和铺设费用大大增加，造成了整个项目的投资成本增加、系统连线复杂、可靠性下降、维护工作量增大、系统进一步扩展困难等问题。因此人们迫切需要一种可靠、快速、能经受工业现场环境、成本低廉的通信总线，通过这种总线将分散的设备连接起来，对其实施监控。基于此，现场总线（Field Bus）产生了。

现场总线始于 20 世纪 80 年代，20 世纪 90 年代技术日趋成熟。国际电工委员会 IEC 对现场总线的定义是"安装在制造和过程区域的现场设备、仪表与控制室内的自动控制装置系统之间的一种串行、数字式、多点通信的数据总线"。随着计算机技术、通信技术、集成电路技术的发展，以标准、开放、独立、全数字式现场总线为代表的互联规范，正在迅猛发展和扩大。现场总线 I/O 集检测、数据处理、通信为一体，可以代替变送器、调节器、记录仪等模拟仪表，它不需要框架、机柜，能够直接安装在现场导轨槽上。现场总线 I/O 的连线极为简单，只需要一根电缆，从主机开始沿数据链从一个现场总线 I/O 连接到下一个现场总线 I/O。这样使用现场总线后，还可以减少自动控制系统的配线、安装、调试等方面的费用。

采用现场总线将使控制系统结构简单，因此系统安装费用减少且易于维护。用户可以自由选择不同厂商、不同品牌的现场设备达到最佳的系统集成等一系列的优点，现场总线技术正越来越受到人们的重视。各个国家、各个公司为了各自的利益，推出其各自的现场总线技术。经过多方的争执和妥协，1999 年底现场总线国际标准 IEC 61158《工业通信网络　数据总线规范（Industrial communication networks-Fieldbus specifications)》通过了 8 种互不兼容的协议，这 8 种协议在 IEC 61158 中分别为 8 种现场总线类型：TS61158、ControlNet、PROFIBUS、P-Net、FF-HSE、SwiftNet、WoldFIP 和 INTERBUS。IEC 61158 国际标准只是一种模式，它不改变各组织专有的行规，各种类型都是平等的，其中 Type2～Type8 需要对 Type1 提供接口，而标准本身不要求 Type2～Type8 之间提供接口，目的就是保护各自的利益。2001 年 8 月制定出由 10 种类型现场总线组成的第 2 版现场总线标准，在原来 8 种现场总线的基础上增加 FF H1 和 PROFInet。

2007 年 4 月，IEC 61158 Ed. 4 现场总线标准第 4 版正式成为国际标准。IEC 61158 Ed. 4 现场总线采纳了经过市场考验的 20 种主要类型的现场总线、工业以太网和实时以太网，具体类型如表 8-2 所示。

表 8-2　　IEC 61158 Ed. 4 现场总线类型

类型编号	技术名称	发起的公司
Type1	TS61158 现场总线	原来的技术报告
Type2	ControlNet 和 Ethernet/IP 现场总线	美国罗克韦尔公司（Rockwell）
Type3	PROFIBUS 现场总线	德国西门子公司（SIEMENS）
Type4	P-NET 现场总线	丹麦 Proces-Data 公司
Type5	FF HSE 现场总线	美国费希尔罗斯蒙特公司（Fisher Rosermount）
Type6	SwiftNet 现场总线	美国波音公司
Type7	WorldFIP 现场总线	法国阿尔斯通公司（Alstom）

续表

类型编号	技术名称	发起的公司
Type8	INTERBUS 现场总线	德国菲尼克斯电气公司（Phenix Contact）
Type9	FF H1 现场总线	基金会现场总线
Type10	PROFINET 现场总线	德国西门子公司（SIEMENS）
Type11	Tcnet 实时以太网	—
Type12	EtherCAT 实时以太网	德国倍福自动化有限公司（Beckhoff）
Type13	Ethernet Powerlink 实时以太网	最大的贡献来自于法国阿尔斯通公司（Alstom）
Type14	EPA 实时以太网	浙江大学、中国科学院沈阳自动化研究所等
Type15	Modbus RTPS 实时以太网	美国施耐德公司（Schneider）
Type16	SERCOSI、Ⅱ现场总线	数字伺服和传动系统数据通信
Type17	VNET/IP 实时以太网	法国阿尔斯通公司（Alstom）
Type18	CC_Link 现场总线	日本三菱公司（MITSUBISHI）
Type19	SERCOS Ⅲ现场总线	数字伺服和传动系统数据通信
Type20	HART 现场总线	美国费希尔罗斯蒙特公司（Fisher Rosermount）

现场总线发展的种类较多，当前已有 40 余种，但主要有基金会现场总线（Foundation Field Bus，FF）；过程现场总线（Process Field Bus，PROFIBUS）；WorldFIP；ControlNet/DeviveNet；CAN；PROFINET 等。下面简单介绍部分现场总线。

（1）基金会现场总线（Foundation Field Bus，FF）。现场总线基金会包含 100 多个成员单位，负责制定一个综合 IEC/ISA 标准的国际现场总线。它的前身是基于德国的 ProfiBis 标准的可互操作系统协议（Interperable System Protocol，ISP）和基于法国的 FIP 标准的工厂仪表世界协议（World Factory Instrumentation Protocol，WorldFIP）。ISP 和 WorldFIP 于 1994 年 6 月合并成立了现场总线基金会。

基金会现场总线 FF 采用国际标准化组织 ISO 的开放化系统互联 OSI 的简化模型（物理层、数据链路层和应用层），另外增加了用户层。基金会现场总线 FF 标准无专利许可要求，可供所有的生产厂家使用。

（2）过程现场总线（Process Field Bus，PROFIBUS）。PROFIBUS 是一种国际化、开放式、不依赖于设备生产商的现场总线标准，广泛适用于制造业自动化、流程工业自动化和楼宇、交通、电力等其他领域自动化。

（3）WorldFIP 。WorldFIP（World Factory Instrumentation Protocol）协会成立于 1987 年 3 月，以法国 CEGELEC、施耐德等公司为基础开发了 FIP（工厂仪表协议）现场总线系列产品。产品适用于发电与输配电、加工自动化、铁路运输、地铁和过程自动化等领域。1996 年 6 月 WorldFIP 被采纳为欧洲标准 EN50170。WorldFIP 是一个开放系统，不同系统、不同厂家生产的装置都可以使用 WorldFIP，应用结构可以是集中型、分散型和主站一从站型。WorldFIP 现场总线构成的系统可分为三级：过程级、控制级和监控级，这样用单一的 WorldFIP 总线就可以满足过程控制、工厂制造加工系统和各种驱动系统的需要了。

WorldFIP 协议由物理层、数据链路层和应用层组成。应用层定义为两种：MPS 定义和 SubMMS 定义。MPS 是工厂周期/非周期服务，SubMMS 是工厂报文的子集。

物理层能够确保连接到总线上的装置间进行位信息的传递。介质是屏蔽双绞线或光纤。传输速度有 31.25kbit/s、1Mbit/s 和 2.5Mbit/s，标准速度是 1Mbit/s，使用光纤时最高可达 5Mbit/s。

WorldFIP 的帧由三部分组成：帧起始定界符（FSS）、数据和检验字段及帧结束定界符。

应用层服务有三个不同的组：BAAS（Bus Arbitrator Application Services），MPS（Manufacturing Periodical/a Periodical Services），SubMMS（Subset of Messaging Services）。MPS 服务提供给用户本地读/写服务、远方读/写服务、参数传输/接收指示、使用信息的刷新等。

处理单元通过 WorldFIP 的通信装置（通信数据库和通信芯片组成）挂到现场总线上。通信芯片包括通信控制器和线驱动，通信控制器有 FIPIU2、FIPCO1、FULLFIP2、MICROFIP 等，线驱动器用于连接电缆（FIELDRIVE、CREOL）或光纤（FIPOPTIC/FIPOPTIC-TS）。通信数据库用于在通信控制器和用户应用之间建立连接。

（4）ControlNet/DeviveNet。ControlNet 的基础技术是 Rockwell 于 1995 年 10 月公布。1997 年 7 月成立了 ControlNet International 组织，Rockwell 转让此项技术给该组织。组织成员有 50 多个，如 ABBRoboties、HoneywellInc、YokogawaCorp、ToshibaInternational、Procter&Gamble、OmronElectronicsInc 等。

传统的工厂级的控制体系结构有五层，即工厂层、车间层、单元层、工作站层、设备层。而 Rockwell 自动化系统简化为三层结构模式：信息层（Ethernet 以太网）、控制层（ControlNet 控制网）、设备层（DeviceNet 设备网）。ControlNet 通常传输大量的 I/O 和对等通信信息，具有确定性和可重复性，紧密联系控制器和 I/O 设备。ControlNet 应用于过程控制、自动化制造等领域。

（5）CAN。控制局域网（Controller Area Network，CAN）属于总线式通信网络。CAN 总线规范了任意两个 CAN 节点之间的兼容性，包括电气特性及数据解释协议，CAN 协议分为两层：物理层和数据链路层。物理层决定了实际位传送过程中的电气特性，在同一网络中，所有节点的物理层必须保持一致，但可以采用不同方式的物理层。CAN 的数据链路层功能包括帧组织形式、总线仲裁和检错、错误报告及处理等。CAN 网络具有如下特点：CANBUS 网络上任意一个节点均可在任意时刻主动向网络上的其他节点发送信息，而不分主从。通信灵活，可方便地构成多机备份系统及分布式监测、控制系统。网络上的节点可分成不同的优先级，以满足不同的实时要求。采用非破坏性总线裁决技术，当两个节点同时向网络上传送信息时，优先级低的节点主动停止数据发送，而优先级高的节点可不受影响地继续传输数据。具有点对点、一点对多点及全局广播传送接收数据的功能。通信距离最远可达 10km（速率低于 5kbit/s），通信速率最高可达 1Mbit/s（此时通信距离最长为 40m）。网络节点数实际可达 110 个。每一帧的有效字节数为 8 个，这样传输时间短，受干扰的概率低。每帧信息都有 CRC 校验及其他检错措施，数据出错率极低，可靠性极高。通信介质采用廉价的双绞线即可，无特殊要求。在传输信息出错严重时，节点可自动切断它与总线的联系，以使总线上的其他操作不受影响。

8.1.5 SIMATIC 通信网络概述

SIEMENS 按照相应的行业标准，以 ISO/OSI 为参考模型，提供了各种开放的、应用不同控制级别的、支持现场总线或以太网的工业通信网络系统，统称为 SIMATIC NET。

1. SIMATIC 的网络层次

PLC 的网络技术实质上是计算机网络技术在工业控制领域的应用，系统硬件一般为 3～4 级结构。西门子 S7-1500 的 SIMATIC NET 总体结构如图 8-8 所示。

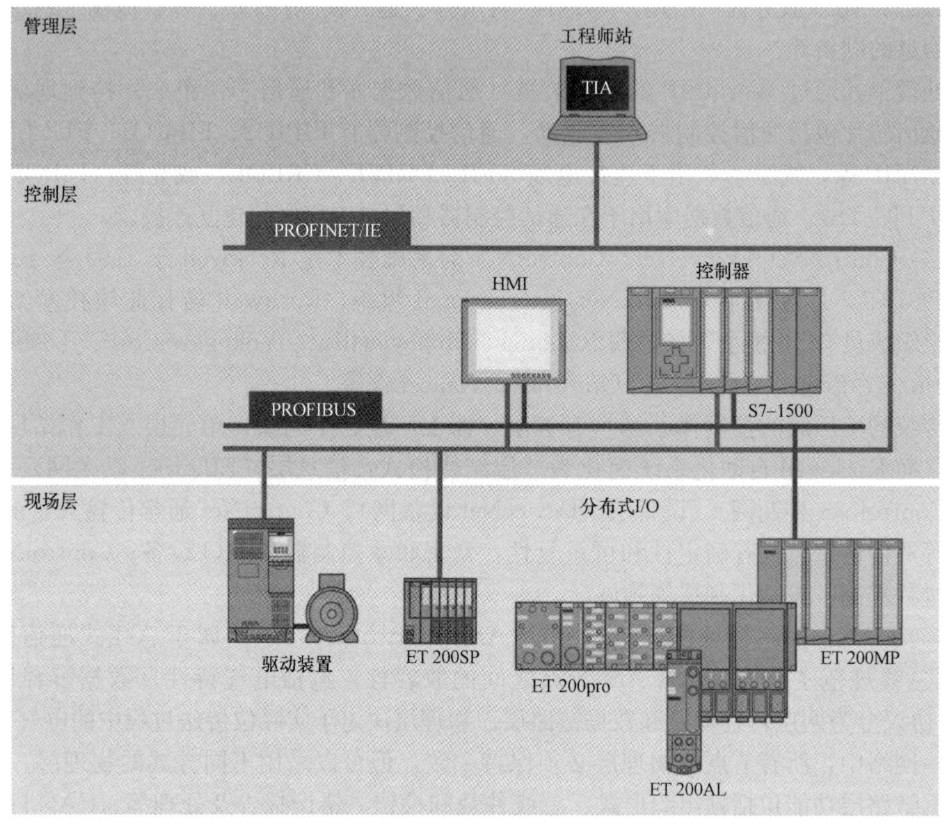

图 8-8 SIMATIC NET 的组成

从信息管理的角度看，SIMATIC NET 可以分为 4 级网络结构：执行器/传感器层（图 8-8 未绘制）、现场层、控制层和管理层。这些网络结构组成了图 8-9 所示的“金字塔”形状。

执行器/传感器层处于 SIMATIC NET 的最底层，可直接与设备中的执行元件、检测元件（通常为数字量输入/输出）进行连接，通过专用的连接器（Actuator—Sensor Interface，AS-I）从站进行汇总，并且通过总线与 SIMATIC NET 的接口模块（AS-I 主站模块）相连接，以实现对 I/O 的控制。

现场层的主要功能是连接现场设备，如分布式 I/O、传感器、驱动器、执行机构和开关设备等，完成现场设备控制及设备连锁控制。现场层是通过 PROFIBUS 或 MPI 总线来

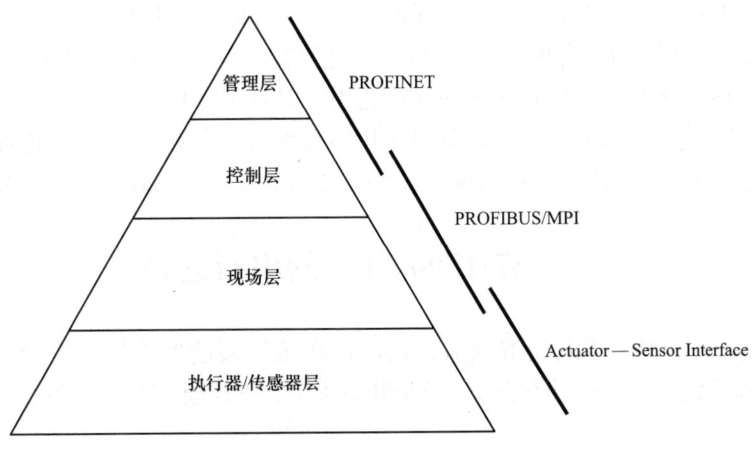

图 8-9　SIMATIC NET 网络结构

进行控制的，可以用开放的、可扩展的、全数字的双向多变量通信与高速、高可靠性的应答来代替传统的设备间所需要的复杂连线，以拓展 PLC 的应用范围。

控制层又称为车间监控层，它是用于完成车间生产设备（如各种 PLC、上位控制机等）之间的连接，实现车间设备的监控。单元级监控包括生产设备状态的在线监控、设备故障报警及维护等。

管理层为 SIMATIC NET 的最高层，通常采用符合 IEEE 802.3 标准的 Industrial Ethernet（工业以太网）局域网来传送工厂的生产管理信息，以对工厂各生产现场的数据进行收集、整理，使用户能对生产计划进行统一的管理与调度。

2. SIMATIC 的通信网络

从图 8-9 中可以看出，SIMATIC NET 主要采用了 AS-I、PROFIBUS/MPI 和 PROFINET 这几种通信网络形式。

（1）AS-I。执行器一传感器接口（Actuator—Sensor Interface，AS-I）位于 SIMATIC NET 的最底层，通过 AS-I 总线电缆连接最底层的现场二进制设备，将信号传输到控制器。

（2）PROFIBUS。工业现场总线（Process Field Bus，PROFIBUS）是依据 EN 50170-1-2 或 IEC 61158-2 标准建立的、应用于控制层和现场层的控制网络。它应用了混合介质传输技术以及令牌和主从的逻辑拓扑，可以同时在双绞线或光纤上进行传输。

（3）MPI。多点接口（Multi Point Interface，MPI）是一种适用于小范围、少数站点间通信的网络，主要应用于单元级和现场级。S7-300/400CPU 都集成了 MPI 通信协议，MPI 的物理层是 RS-485，最大传输速率为 12Mbit/s。PLC 通过 MPI 能同时连接运行 STEP7 的编程器、计算机、人机界面（HMI）以及 SIMATIC S7、M7 和 C7。

（4）PROFINET。工业以太网也可简称为 IE 网络，它是依据 IEEE 802.3 标准建立的单元级和管理级的控制网络。PROFINET 是基于工业以太网的开放的现场总线，可以将分布式 I/O 设备直接连接到工业以太网，实现从公司管理层到现场层的直接的、透明的访问。

通过代理服务器（例如 IE/PB 链接器），PROFINET 可以透明地集成现有的 PROFI-

BUS 设备，保护对现有系统的投资，实现现场总线系统的无缝集成。

使用 PROFINET IO，现场设备可以直接连接到以太网，与 PLC 进行高速数据交换。PROFIBUS 各种丰富的设备诊断功能同样也适用于 PROFINET。

PROFINET 使用以太网和 TCP/IP/UDP 协议作为通信基础，对快速性没有严格要求的数据使用 TCP/IP 协议，响应时间在 100ms 数量级，可以满足工厂控制层的应用。

8.2 S7-1500 PLC 的串行通信

串行通信主要用于连接调制解调器、扫描仪和条形阅读器等带有串行通信接口的设备。西门子传动装置的 USS 协议通信、Modbus RTU 协议通信和自由口协议通信等属于串行通信。

8.2.1 串行通信接口类型及连接方式

点对点通信属于串行通信，SIMATIC S7-1500 可以通过点对点连接通信模块实现自由口通信或 Modbus RTU 通信。

点对点通信模块有 CM PtP RS-232 BA/HF、CM PtP RS-422/485 BA/HF。BA 为基本类型，HF 类型的模块支持 Modbus RTU 主站、从站，不需要额外的协议转换设备。

CM PtP RS-232 BA 和 CM PtP RS-232 HF 具有相同的通信接口，使用的是 RS-232C 接口标准。RS-232C 标准总线有 25 根和 9 根两种 D 形插头，在 PLC 中通常为 Sub-D9（9 根）针形连接器，其引脚定义如表 8-3 所示。

表 8-3　Sub-D9 的 RS-232C 引脚定义

引脚	连接器	名称	输入/输出	说明
1	6• •1 •2 7• •3 8• •4 9• •5	DCD 载波检测	输入	接收的信号电平
2		RXD 接收数据	输入	接收数据
3		TXD 发送数据	输出	发送数据
4		DTR 数据终端准备好	输出	数据终端准备好
5		GND 接地	—	功能地（隔离）
6		DSR 数据准备好	输入	数据准备好
7		RTS 请求发送	输出	请求发送
8		CTS 清除以发送	输入	允许发送
9		RI 振铃提示	输入	呼入

RS-232C 接口标准的最大通信距离为 15m，通过屏蔽电缆可实现两个设备的连接，其连接方式如图 8-10 所示。如果没有数据流等控制，通常只使用引脚 2、3 和 5 即可。

CM PtP RS-422/485 BA/HF 采用的是 RS-422/485 接口标准，该标准是在 RS-232 的基础上发展起来的，最大通信距离可达 1200m。RS-422/485 为非标准串行接口，有的使用 9 针接口，有的使用 15 针接口，每个设备接口引脚定义不同。RS-422/485（X27）是一个 15 针的串行接口，其引脚定义如表 8-4 所示。在 TIA 博途软件中对 RS-422/485 串行接口进行配置，可以选择该接口作为 RS-422 接口或者 RS-485 接口使用，每种接口分

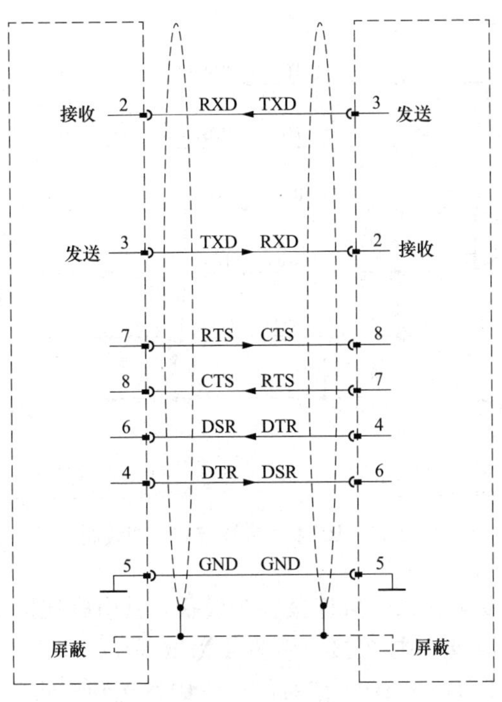

图 8-10　RS-232C 电缆连接方式

别对应不同的接线方式。

表 8-4　RS-422/485 引脚定义

引脚	连接器	名称	输入/输出	说明
1		—	—	—
2		T(A)	输出	发送数据（四线模式）
3		—	—	—
4		R(A)/T(A)	输入 输入/输出	接收数据（四线模式） 接收/发送数据（两线模式）
5		—	—	—
6		—	—	—
7		—	—	—
8		GND	—	功能地（隔离）
9		T(B)	输出	发送数据（四线模式）
10		—	—	—
11		R(B)/T(B)	输入 输入/输出	接收数据（四线模式） 接收/发送数据（两线模式）

RS-422 为四线制全双工模式，其引脚连接如图 8-11 所示。引脚 2、9 为发送端，连接通信方的接收端即 T(A)-R(A)、T(B)-R(B)；引脚 4、11 为接收端，连接通信方的发送端即 R(A)-T(A)、R(B)-T(B)。

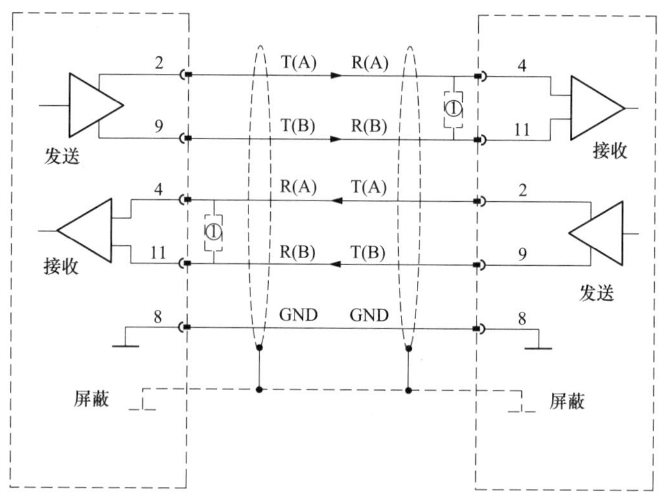

图 8-11 RS-422 接线方式（四线制）

RS-485 为两线制半双工模式，可连接多个设备，其引脚连接如图 8-12 所示。引脚 2、9 与 4、11 内部短接，不需要外接短接。引脚 4 为 R（A），引脚 11 为 R（B）。通信双方的连线为 R(A)-R(A)，R(B)-R(B)。在通信过程中发送和接收工作不可以同时进行，为半双通信制。

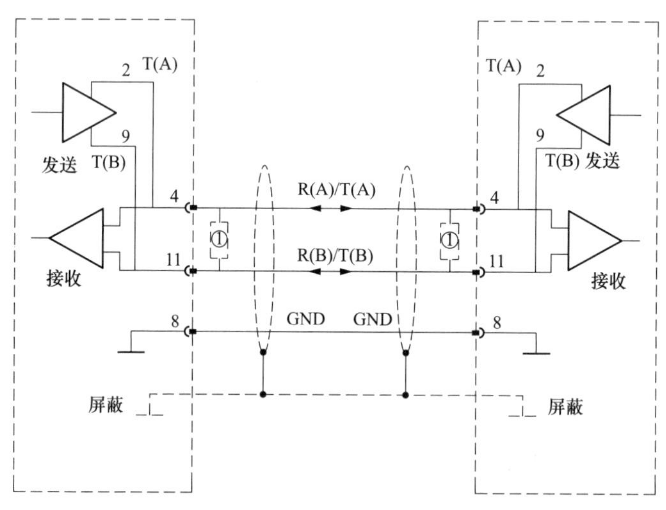

图 8-12 RS-485 接线方式（两线制）

注意，有些厂商在串行通信接口引脚没有使用 T（A）、R（A）、T（B）、R（B）进行标注，而是使用 T−、R−、T+、R+。实质上 T−为 T(A)、R−为 R(A)、T+为 T(A)、R+为 R(A)。

8.2.2 自由口协议通信

自由口（Freeport Mode）协议通信是西门子 PLC 一个很有特色的点对点（Point-to-Point，PtP）通信，它是没有标准的通信协议，用户通过用户程序对通信口进行操作，自己定义通信协议（如 ASCII 协议）。

用户自行定义协议使 PLC 可通信的范围增大，控制系统的配置更加灵活、方便。应用此种通信协议，使 S7-1500 系列 PLC 可以与任何通信协议兼容，并使串口的智能设备和控制器进行通信，如打印机、条形码阅读器、调制解调器、变频器和上位 PC 机等。当然这种协议也可以使两个 CPU 之间进行简单的数据交换。当连接的智能设备具有 RS-485 接口时，可以通过双绞线进行连接；当连接的智能设备具有 RS-232C 接口时，可以通过 RS-232C/PPI 电缆连接起来进行自由口通信，此时通信口支持的速率为 1200～115200bit/s。

下面，以 CM PtP RS-422/485 HF 为例，介绍该串行通信模块自由口协议参数的设置、通信函数以及自由口协议通信的应用实例。

1. 自由口协议参数设置

启动 TIA 博途软件，创建“自由口协议通信”项目，并添加点到点通信模块“CM PtP RS-422/485 HF”（6ES7 541-1AB00-0AB0）到机架上，然后双击该通信模块，即可进行自由口协议的参数设置。

在“属性”→“常规”选项卡中，点击“RS422/485 接口”下的“操作模式”标签栏，可以设置接口的工作模式，如图 8-13 所示。“指定工作模式”可以选择 RS-422/485 接口工作在全双工的 RS-422 模式下或者工作在半双工的 RS-485 模式下。“接收线路的初始状态”可选择接收引脚的初始状态，在 RS-422 模式下可选择断路检测。

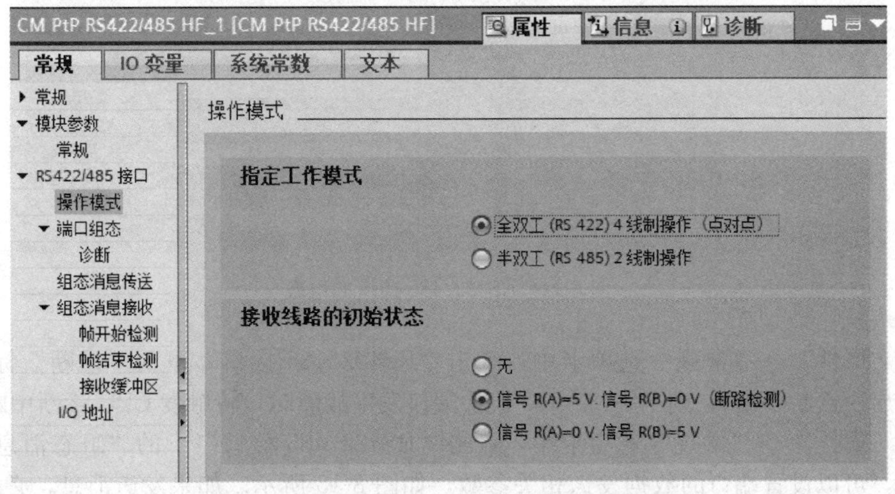

图 8-13　RS-422/485 接口操作模式的设置

在“属性”→“常规”选项卡中，点击“RS422/485 接口”下的“端口组态”标签栏，可以对端口进行设置，如端口的协议、端口参数等，如图 8-14 所示。点击“协议”的下拉列表，可以选择 RS-422/485 接口使用自由口/Modbus 协议或者 3964(R) 协议，选择相应协议后，商品参数会随协议的选择而发生变化，在此选择“自由口/Modbus”。在端口参数中的“传输率”也就是传输速率，双方应根据实际情况设置相同的传输速率，通常传输距离越远，传输率应设置越低。“奇偶校验”“数据位”“结束位”这些属于字符帧的设置，通信双方字符帧的设置应也一致。进行串行通信时，串行通信模块接收数据并将其传送到 CPU 中。如果串行通信模块接收数据的速度快于将接收数据传送到 CPU 的速度，将会出现数据溢出的现象。为了防止数据溢出，在串行通信中可以使用数据流控制。数据流控制可以分为软件流控制和硬件流控制，软件流控制是通过特殊字符 XON/XOFF 来控制串行口之间的通信；硬件流控制是使用信号线传送控制命令。软件流控制中，XOFF 表示传输结束，当串行口在发送期间收到 XOFF 字符时，将取消当前的发送，直到它从通信伙伴再次得到 XON 字符才允许再次发送。硬件流控制比软件流控制的速率快，RS-232 接口支持硬件流控制，RS-422 支持软件流控制。

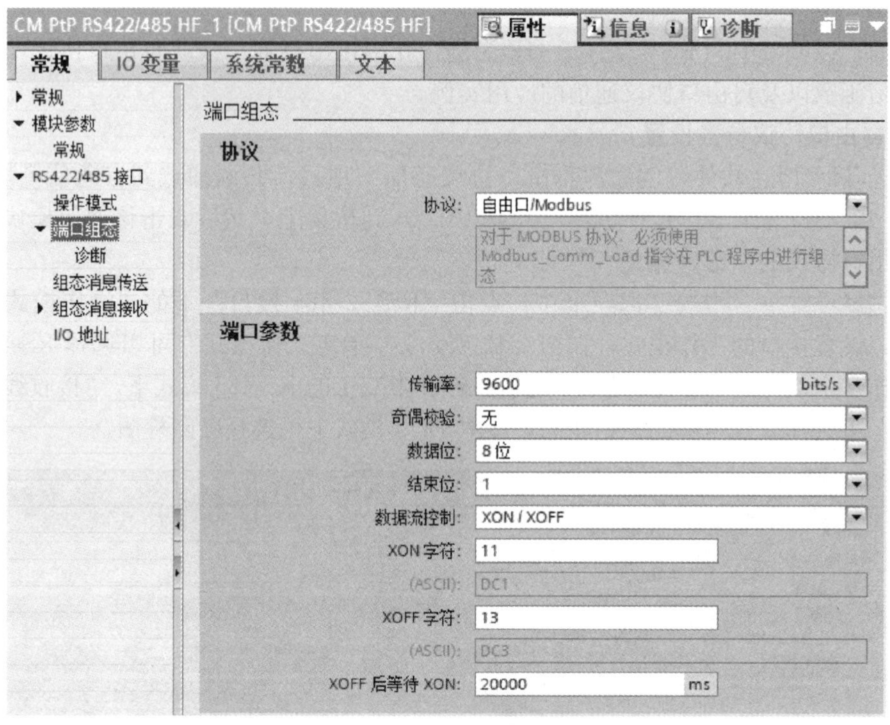

图 8-14　RS422/485 接口的组态

在“属性”→“常规”选项卡中，点击“RS422/485 接口”下的“诊断”标签栏，勾选“启用诊断中断”，则 RS-422/485 模块端口发生故障时，将触发 CPU 诊断中断。

在“属性”→“常规”选项卡中，点击“RS422/485 接口”下的“组态消息传送”标签栏，可以设置端口的数据发送相关参数，如图 8-15 所示。如果发送消息，必须通知通信伙伴消息发送的开始和结束情况。这些设置可以在硬件配置中设置，也可以通过组态消息传送属性并使用指令“Send _ CFG”在运行期间进行调整。“帧默认设置”可以定义在消息发送前的间断时间和空闲线时间。“RTS 延时”为 RS-232 参数，用于配置发送请求 RTS 接通和断开的延时时间。“结尾分隔符”可以定义两个结束分隔符。“已添加字符”最多可以在消息后面添加 5 个附加字符。

在“属性”→“常规”选项卡中，点击“RS422/485 接口”→“组态消息接收”下的“帧开始检测”标签，可以设置接口的接收数据开始条件的检测参数，如图 8-16 所示。对于使用自由口的数据传输，可以选择多种不同的帧开始条件。如果符合条件，接收端将开始接收数据。在图 8-16 的“帧默认设置”中，如果选择“以任意字符开始”，则通信

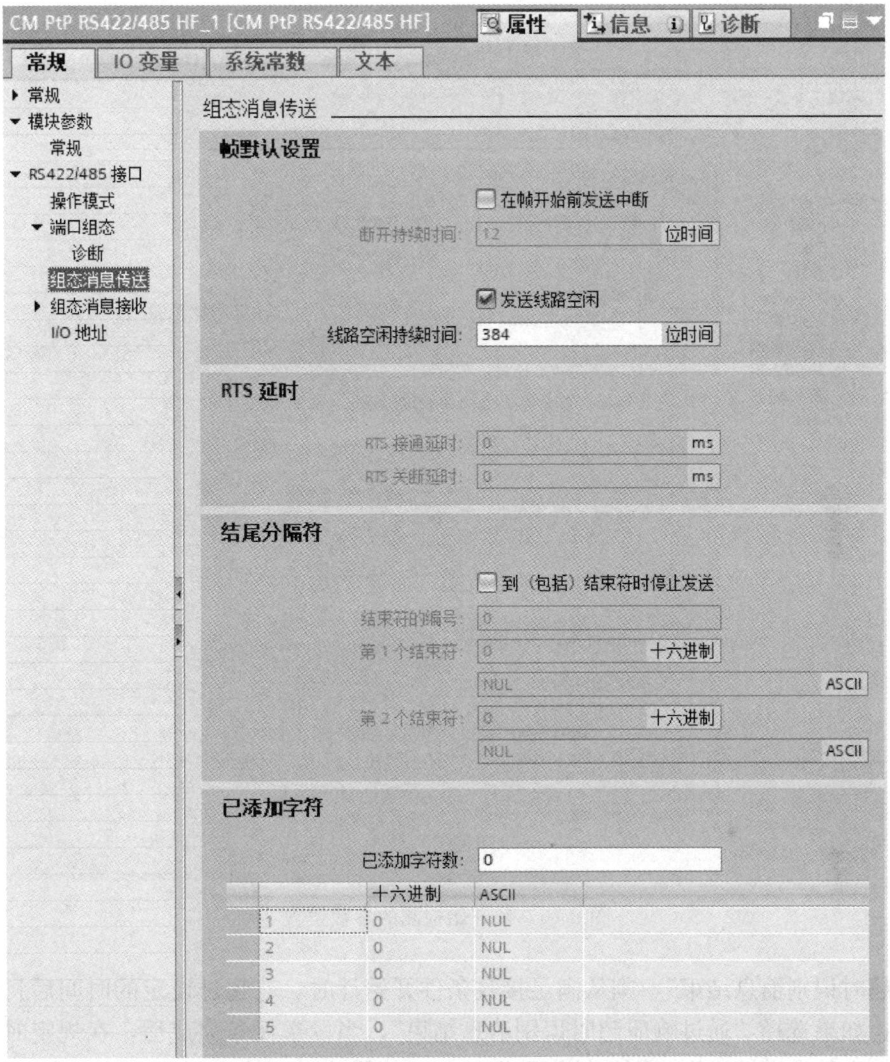

图 8-15　RS422/485 接口的组态消息传送设置

伙伴发送的第一个字符将作为接收的第一个字符；如果选择“以特殊条件开始”，则需要在“设置帧开始条件”中进一步设置接收条件。在“设置帧开始条件”中，选择“检测到线路中断之后”，则检测到通信伙伴发送的线路间断后开始接收数据；选择“检测到线路空闲之后”，则检测到组态的空闲线路持续时间后开始接收数据；选择“检测到开始字符之后”，则检测到经组态的开始字符后开始接收数据；选择“检测到开始序列之后”，则检测到一个或多个字符序列后开始接收消息，最多可设置 4 个序列，且每个序列最多 5 个字符。

在“属性”→“常规”选项卡中，点击“RS422/485 接口”→“组态消息接收”下的“帧结束检测”标签，可以设置接口的接收数据结束条件的检测参数，如图 8-17 所示。对于使用自由口的数据传输，可以选择多种不同的帧结束条件。如果符合结束条件，接收端的数据接收任务完成。在图 8-17 的“对接收帧的末尾检测模式”中，如果选择“通

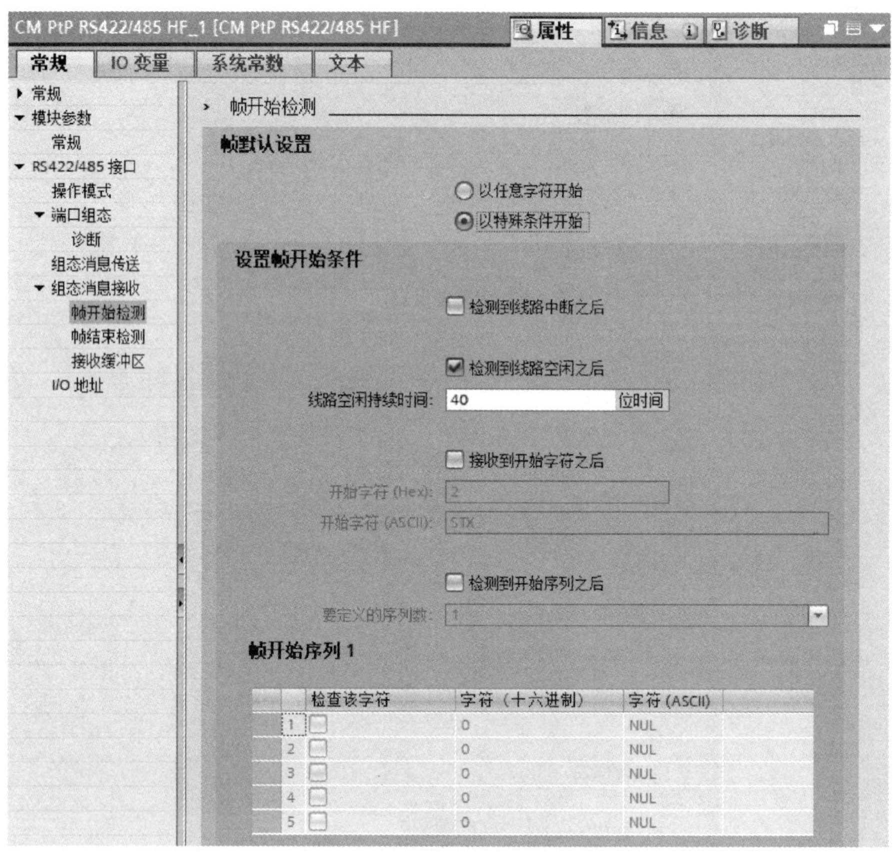

图 8-16　帧开始检测的参数设置

过消息超时识别消息结束”，则从满足接收条件开始计时，若超过设定的时间后将结束数据接收；如果选择“通过响应超时识别消息结束”，当发送任务完成后，在规定时间内有效的开始字符没有被识别，则将结束数据接收；如果选择“接收到固定帧长度之后”，将以固定的消息长度判断数据是否结束；如果选择“接收到最大数量的字符之后”，则达到所设定的接收字符数之后将结束数据接收；如果选择“从消息读取消息长度”，则根据接收消息帧中指定长度的字符数量判断数据是否结束；选择“接收到结束序列之后”，则接收到设定的字符序列后判断为帧结束，每个字符序列最多 5 个字符。

在“属性”→“常规”选项卡中，点击“RS422/485 接口”→“组态消息接收”下的“接收缓冲区”标签，可以设置接收缓冲区的相关参数，如图 8-17 所示。点到点通信模块“CM PtP RS-422/485 HF”的接收缓冲区为 8KB、255 帧消息，最大一帧消息为 4KB。接收缓冲区是一个环形缓冲区，默认设置为阻止数据的覆盖，缓存区设置为 255 帧消息。这样 CPU 接收的消息是缓冲区最早进入到的一帧，如果 CPU 总是需要接收最新的消息，必须将缓冲区设置为 1 帧消息，并去掉防止数据覆盖选项。

2. 串行通信模块的通信函数

串行通信模块支持的点到点通信函数如表 8-5 所示。

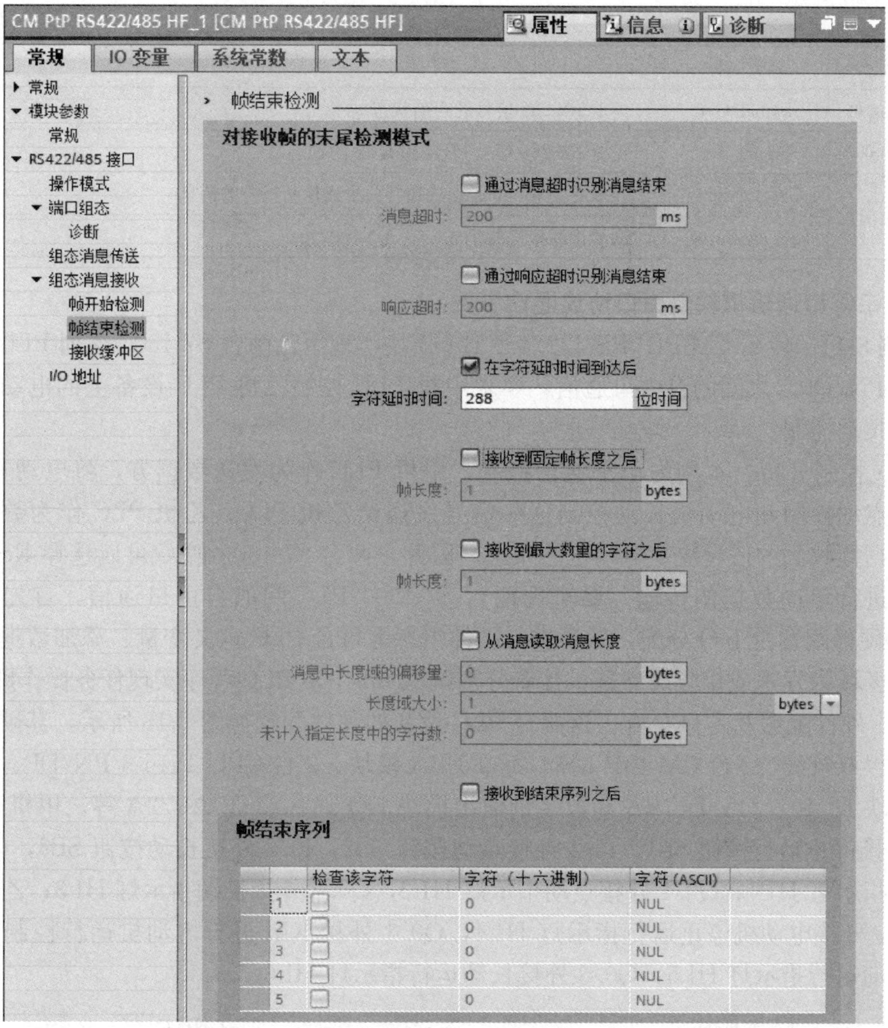

图 8-17　帧结束检测的参数设置

表 8-5　　　　　　　　**串行通信模块支持的点到点通信函数**

函数	函数名称	功能描述
动态参数分配函数	Port_Config	通过用户程序动态设置“端口组态”中的参数，例如传输率、奇偶校验和数据流控制，参考图 8-13 中的参数
	Send_Config	通过用户程序动态设置“组态消息传送”中的参数，例如 RTS 接通延时、RTS 关断延时等，参考图 8-14 中的参数
	Receive_Config	通过用户程序动态设置“组态消息接收”中的参数，参考图 8-15～图 8-17
	P3964_Config	通过用户程序动态设置 3964（R）协议的参数，例如字符延迟时间、优先级和块校验
通信函数	Send_P2P	发送数据
	Receive_P2P	接收数据
	Receive_Reset	消除通信模块的接收缓冲区

续表

函数	函数名称	功能描述
RS-232 信号操作函数	Signal_Get	读取 RS-232 信号的当前状态
	Signal_Set	设置 RS-232 信号 DTR 和 RTS 的状态
高级功能函数	Get_Features	获取有关 Modbus 支持和有关生成诊断报警的信息
	Set_Features	激活诊断报警的生成

3. 串行口通信模块自由口协议通信举例

【例 8-1】 使用 CM PtP RS-422/485 BA 模块实现甲乙两台 S7-1500 系列 PLC（CPU 1516-3 PN/DP）之间的自由口通信，要求甲机 PLC 控制乙机 PLC 设备上的电动机进行点动与长动控制。

（1）控制分析。本例为单工通信控制，甲机 PLC 作为发送数据方，将电动机停止、电动机点动控制和电动机长动控制这些信号发送给乙机 PLC；乙机 PLC 作为数据接收方，根据接收到的信号决定电动机的状态。因此，两台 S7-1500 PLC 可以选择 RS-485 通信方式进行单向数据的传输。要实现两台 S7-1500 PLC 间的自由口通信，首先应进行 PLC 的硬件配置及 I/O 分配，然后进行硬件组态为每台 PLC 定义变量、添加数据块并划定某些区域为发送或接收缓冲区，接着分别编写 S7-1500 PLC 程序实现任务操作即可。

（2）硬件配置及 I/O 分配。这两台 PLC 设备的硬件配置如图 8-18 所示，其硬件主要包括 1 根双绞线、2 台 CM PtP RS-422/485 BA 模块、2 台 CPU 1516-3 PN/DP、数字量输入模块 DI 16×24V DC BA 和数字量输出模块 DQ 16×230V AC/2A 等。甲机 PLC 的 I0.0 外接停止运行按钮 SB1，I0.1 外接点动按钮 SB2，I0.2 外接长动按钮 SB3，Q0.0 外接停止指示灯 HL1，Q0.1 外接点动指示灯 HL2，Q0.2 外接长动指示灯 HL3；乙机 PLC 的 Q0.0 外接电动机停止运行指示灯 HL4，Q0.1 外接 KM 进行电动机运行控制，Q0.2 外接点动运行指示灯 HL5，Q0.3 外接长动运行指示灯 HL6。

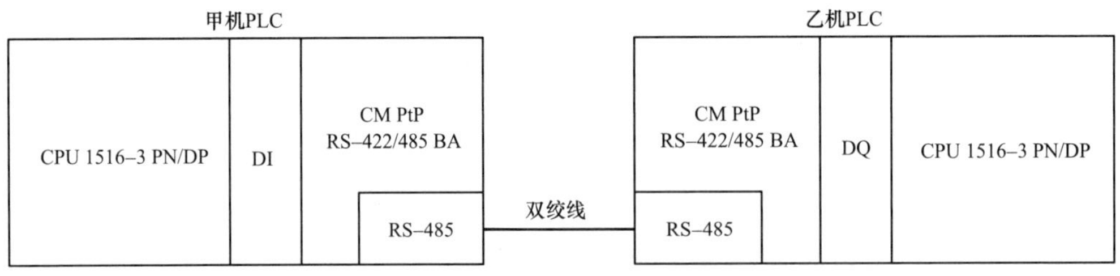

图 8-18　两台 CPU 1516-3 PN/DP 之间的自由口通信配置图

（3）硬件组态。

1）新建项目。在 TIA Portal 中新建项目，添加两台 CPU 模块、CM PtP RS-422/485 BA 通信模块等，如图 8-19 所示。

2）CM PtP RS-422/485 BA 模块的设置。双击甲机 PLC 中的 CM PtP RS-422/485 BA 模块，将 RS-422/485 接口的操作模式指定为“半双工（RS 485）2 线制操作”，端口组态中的协议选择“自由口/Modbus”，用同样的方法对乙机 PLC 中的 CM PtP RS-422/485 BA 模块进行设置。

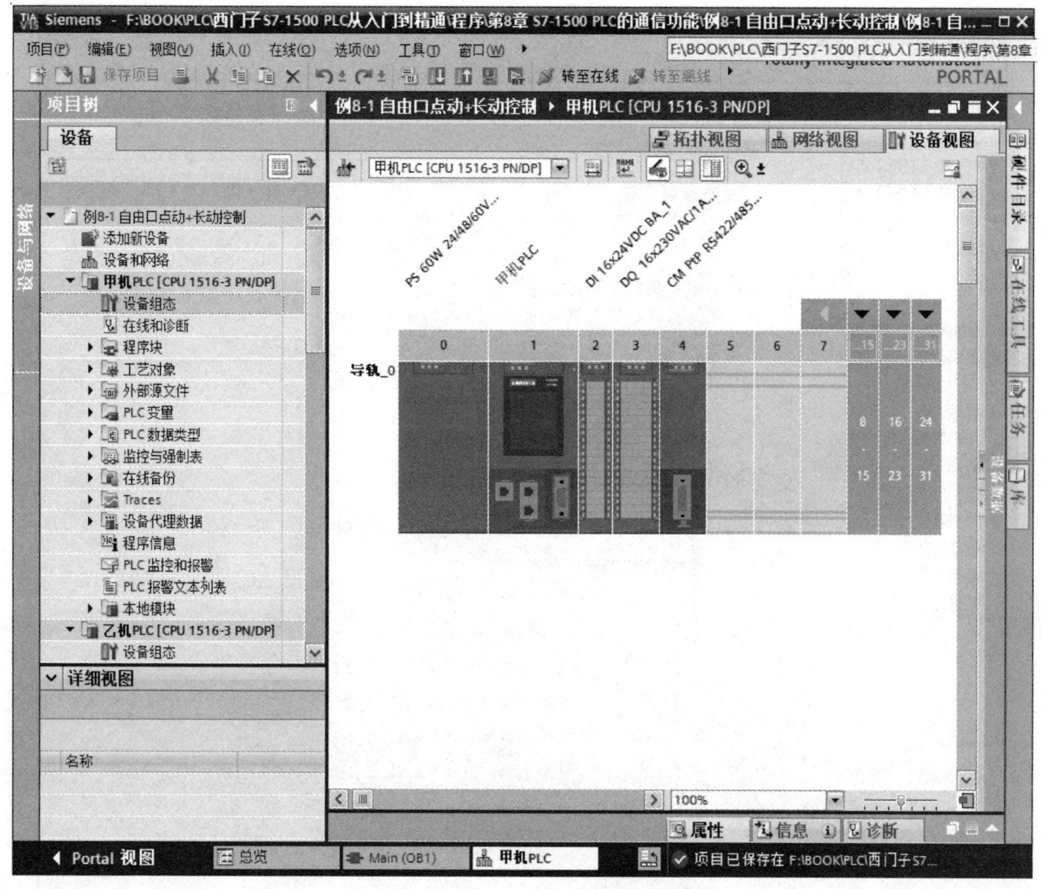

图 8-19　新建项目

3）启用系统时钟。双击甲机 PLC 中的 CPU 模块，在其“属性”→“常规”选项卡中选择“系统和时钟存储器”，勾选“启用系统存储器字节”，在后面的方框中输入 20，则 CPU 上电后，M20.2 位始终处于闭合状态，相当于 S7-200 SMART 中的 SM0.0；勾选“启用时钟存储器字节”，在后面的方框中输入 10，将 M10.5 设置成 1Hz 的周期脉冲，如图 8-20 所示。用同样的方法，双击乙机 PLC 中的 CPU 模块，勾选“启用系统存储器字节”，在后面的方框中输入 20。

4）定义变量。在 TIA Portal 项目树中，选择“甲机 PLC”→“PLC 变量”下的“默认变量表”，定义甲机 PLC 的默认变量表，如图 8-21 所示；同样的方法，定义乙机 PLC 的默认变量表，如图 8-22 所示。

5）添加数据块。在 TIA Portal 项目树中，双击“甲机 PLC”→“程序块”下的“添加新块”，弹出“添加新块”界面，在此选择“数据块”，类型为“全局 DB”，以添加甲机 PLC 的数据块。用同样的方法，在乙机 PLC 中添加数据块。

6）创建数组。在 TIA Portal 项目树中，双击“甲机 PLC”→“程序块”下的“DB1”数据块，创建甲机 PLC 的数组 Send，其类型为“Array [0..2] of Bool”，数组 Send 中有 3 个位，如图 8-23 所示。用同样的方法，创建乙机 PLC 的数组 Receive，如图 8-24 所示。

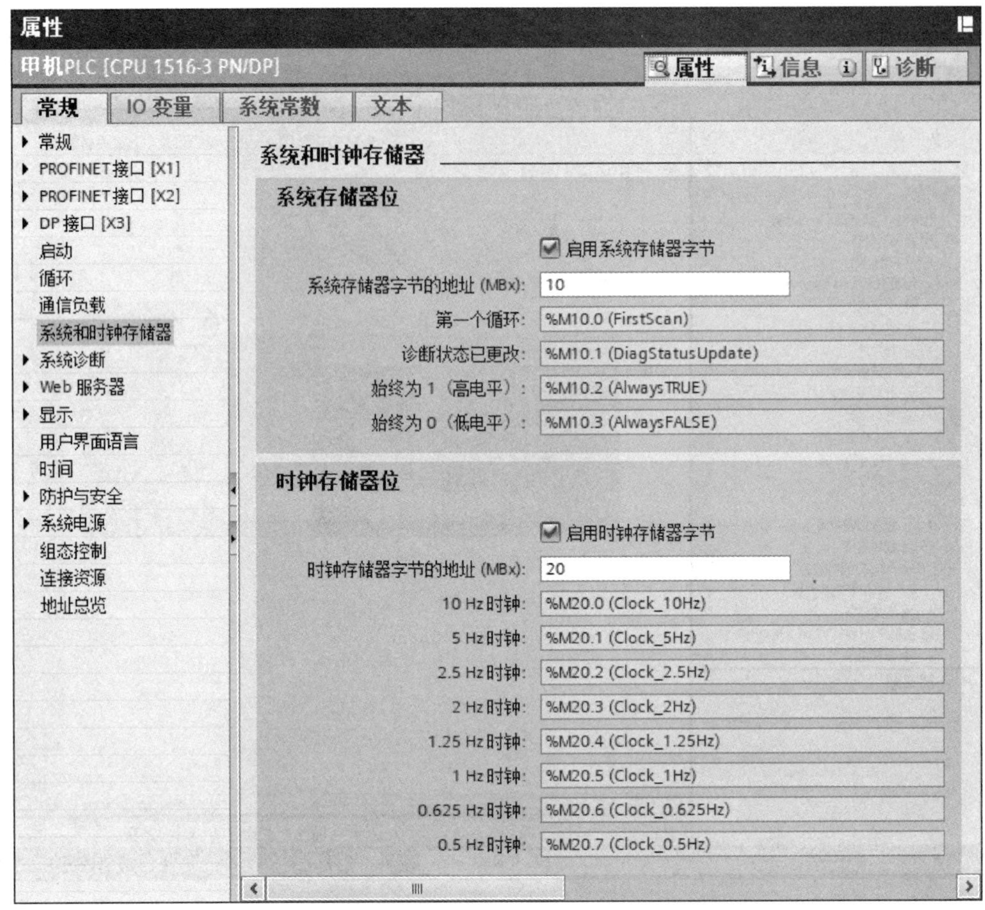

图 8-20 启用系统和时钟

默认变量表

	名称	数据类型	地址
1	System_Byte	Byte	%MB10
2	FirstScan	Bool	%M10.0
3	DiagStatusUpdate	Bool	%M10.1
4	AlwaysTRUE	Bool	%M10.2
5	AlwaysFALSE	Bool	%M10.3
6	Clock_Byte	Byte	%MB20
7	Clock_10Hz	Bool	%M20.0
8	Clock_5Hz	Bool	%M20.1
9	Clock_2.5Hz	Bool	%M20.2
10	Clock_2Hz	Bool	%M20.3
11	Clock_1.25Hz	Bool	%M20.4
12	Clock_1Hz	Bool	%M20.5
13	Clock_0.625Hz	Bool	%M20.6
14	Clock_0.5Hz	Bool	%M20.7
15	停止运行	Bool	%I0.0
16	点动运行	Bool	%I0.1
17	长动运行	Bool	%I0.2
18	停止指示	Bool	%Q0.0
19	点动指示	Bool	%Q0.1
20	长动指示	Bool	%Q0.2

图 8-21 自由口通信甲机 PLC 默认变量表的定义

默认变量表

		名称	数据类型	地址
1		System_Byte	Byte	%MB10
2		FirstScan	Bool	%M10.0
3		DiagStatusUpdate	Bool	%M10.1
4		AlwaysTRUE	Bool	%M10.2
5		AlwaysFALSE	Bool	%M10.3
6		Clock_Byte	Byte	%MB20
7		Clock_10Hz	Bool	%M20.0
8		Clock_5Hz	Bool	%M20.1
9		Clock_2.5Hz	Bool	%M20.2
10		Clock_2Hz	Bool	%M20.3
11		Clock_1.25Hz	Bool	%M20.4
12		Clock_1Hz	Bool	%M20.5
13		Clock_0.625Hz	Bool	%M20.6
14		Clock_0.5Hz	Bool	%M20.7
15		电动机停止指示	Bool	%Q0.0
16		电动机控制	Bool	%Q0.1
17		电动机点动指示	Bool	%Q0.2
18		电动机长动指示	Bool	%Q0.3

图 8-22　自由口通信乙机 PLC 默认变量表的定义

DB1

		名称	数据类型	起始值
1		▼ Static		
2		■ ▼ Send	Array[0..2] of Bool	
3		■ Send[0]	Bool	false
4		■ Send[1]	Bool	false
5		■ Send[2]	Bool	false

图 8-23　甲机 PLC 数组的创建

DB1

		名称	数据类型	起始值
1		▼ Static		
2		■ ▼ Reseive	Array[0..2] of Bool	
3		■ Reseive[0]	Bool	false
4		■ Reseive[1]	Bool	false
5		■ Reseive[2]	Bool	false

图 8-24　乙机 PLC 数组的创建

（4）编写 S7-1500 PLC 程序。

1）指令简介。在本项目中，两台 PLC 进行自由口通信时，甲机 PLC 主要负责数据的发送，乙机 PLC 主要负责数据的接收。Send_P2P 为自由口通信的发送指令，Receive_P2P 为自由口通信的接收指令。Send_P2P 指令参数如表 8-6 所示，当 REQ 端为上升沿时，通信模块发送数据，数据传送到数据存储区 BUFFER 中，PORT 中指定通信模块的地址。Receive_P2P 指令参数如表 8-7 所示，PORT 中指定通信模块的地址，BUFFER 为接收数据缓冲区，NDR 为帧错误检测。

表 8-6 **Send_P2P 指令参数**

LAD	参数	数据类型	说明
“Send_P2P_DB” Send_P2P EN ENO REQ DONE PORT ERROR BUFFER STATUS LENGTH	EN	BOOL	使能
	REQ	BOOL	发送请求信号，每次上升沿发送一帧数据
	PORT	端口（UInt）	通信模块的标识符，符号端口名称可在 PLC 变量表的“系统常数”选项卡中指定
	BUFFER	Variant	发送缓冲区的存储区
	LENGTH	UInt	要发送的数据字长（字节）
	ENO	BOOL	输出使能
	DONE	BOOL	如果上一个请求无错完成，将变为一个 TRUE 并保持一个周期
	ERROR	BOOL	如果上一个请求有错完成，将变为一个 TRUE 并保持一个周期
	STATUS	Word	错误代码

表 8-7 **Receive_P2P 指令参数**

LAD	参数	数据类型	说明
“Receive_P2P_DB” Receive_P2P EN ENO PORT NDR BUFFER ERROR STATUS LENGTH	EN	BOOL	使能
	PORT	端口（UInt）	通信模块的标识符，符号端口名称可在 PLC 变量表的“系统常数”选项卡中指定
	BUFFER	Variant	接收缓冲区的存储区
	ENO	BOOL	输出使能
	NDR	BOOL	如果新数据可用且指令无错完成，则为 TRUE 并保持一个周期
	ERROR	BOOL	如果指令完成但出现错误，将变为一个 TRUE 并保持一个周期
	STATUS	Word	错误代码
	LENGTH	UInt	要接收的数据字长（字节）

2）编写程序。甲机 PLC 程序编写如表 8-8 所示，乙机 PLC 程序编写如表 8-9 所示。

表 8-8　　自由口通信甲机 PLC 程序

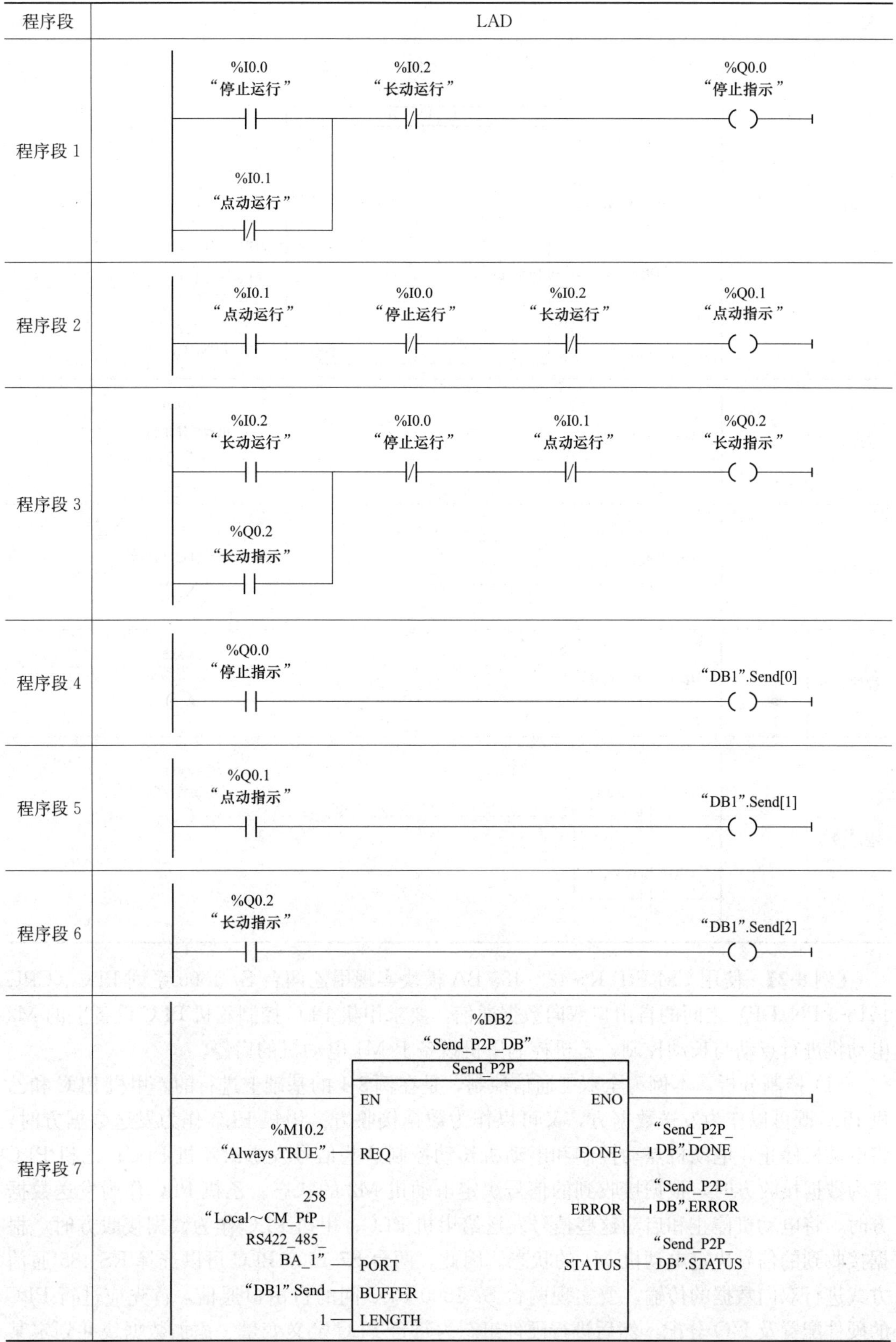

表 8-9　　　　　　　　　自由口通信乙机 PLC 程序

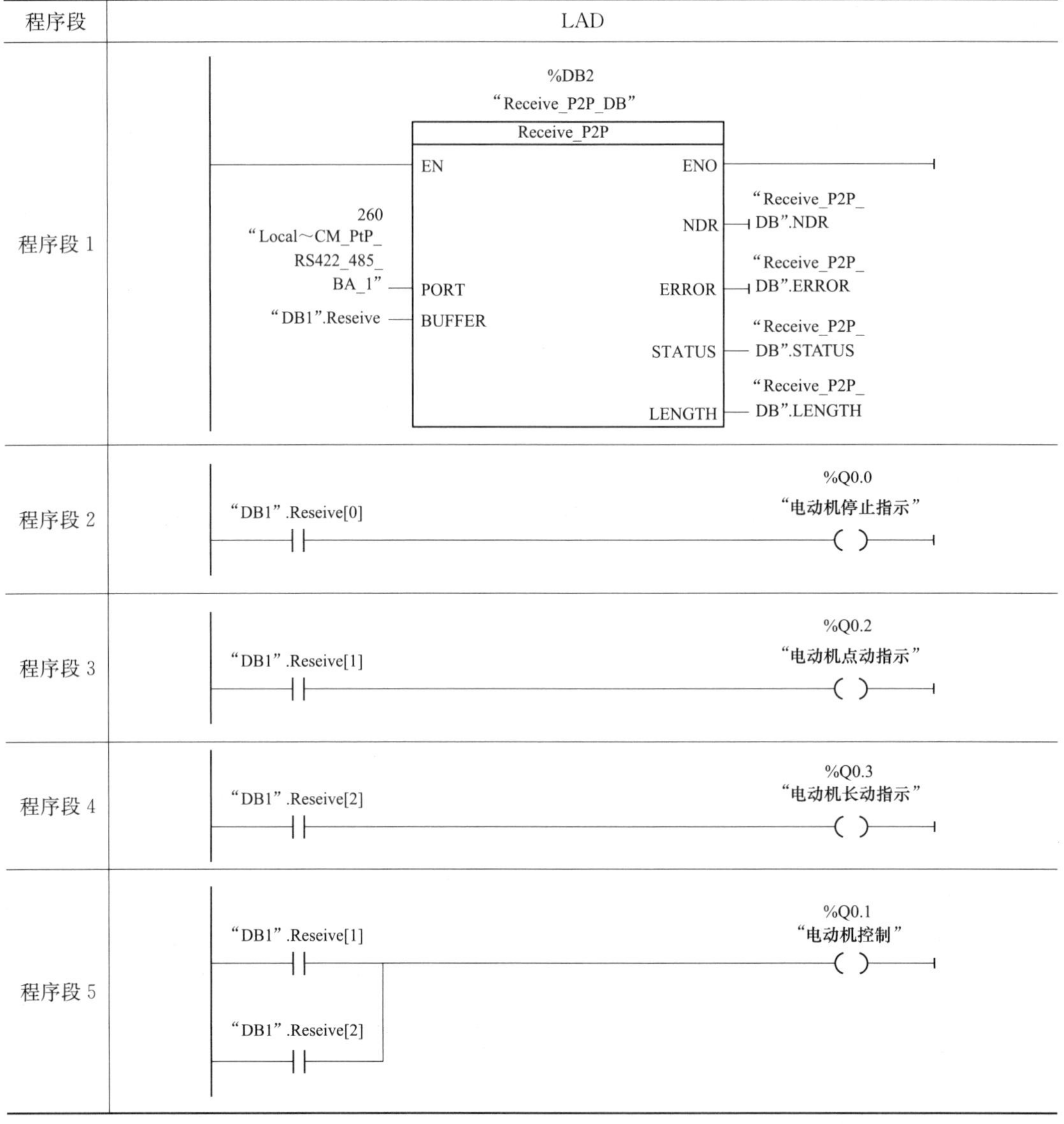

【例 8-2】 使用 CM PtP RS-422/485 BA 模块实现甲乙两台 S7-1500 系列 PLC（CPU 1516-3 PN/DP）之间的自由口双向数据通信，要求甲机 PLC 控制乙机 PLC 设备上的 M2 电动机进行点动与长动控制，乙机控制甲机设备上 M1 电动机的启停。

（1）控制分析。本例为全双工通信控制，是在例 8-1 的基础上进行的。甲机 PLC 和乙机 PLC 既可以作为发送数据方，又可以作为数据接收方。甲机 PLC 作为发送数据方时，将电动机停止、电动机点动控制和电动机长动控制这些信号发送给乙机 PLC；乙机 PLC 作为数据接收方时，根据接收到的信号决定电动机 M2 的状态。乙机 PLC 作为发送数据方时，将电动机停止和启动这些信号发送给甲机 PLC；甲机 PLC 作为数据接收方时，根据接收到的信号决定电动机 M1 的状态。因此，两台 S7-1500 PLC 可以选择 RS-485 通信方式进行双向数据的传输。要实现两台 S7-1500 PLC 间的自由口通信，首先应进行 PLC 的硬件配置及 I/O 分配，然后进行硬件组态为每台 PLC 定义变量、添加数据块并划定某些区域为发送或接收缓冲区，接着分别编写 S7-1500 PLC 程序实现任务操作即可。

（2）硬件配置及 I/O 分配。这两台 PLC 设备的硬件主要包括 1 根双绞线、2 台 CM PtP RS-422/485 BA 模块、2 台 CPU 1516-3 PN/DP、数字量输入模块 DI 16×24V DC BA 和数字量输出模块 DQ 16×230V AC/2A 等。甲机 PLC 的 I0.0 外接停止运行按钮 SB1，I0.1 外接点动按钮 SB2，I0.2 外接长动按钮 SB3，Q0.0 外接停止运行指示灯 HL1，Q0.1 外接点动指示灯 HL2，Q0.2 外接长动指示灯 HL3，Q1.0 外接 M1 电动机停止指示灯 HL4，Q1.1 外接 M1 电动机运行指示灯 HL5，Q1.2 外接 KM1 进行 M1 电动机的运行控制；乙机 PLC 的 I1.0 外接 M1 停止按钮 SB4，I1.1 外接 M1 启动按钮 SB5，Q0.0 外接 M2 电动机停止指示灯 HL6，Q0.1 外接 KM 进行 M2 电动机运行控制，Q0.2 外接点动运行指示灯 HL7，Q0.3 外接长动运行指示灯 HL8，Q1.0 外接 M1 停止指示灯，Q1.1 外接 M1 运行指示灯。

（3）硬件组态。

1）新建项目。在 TIA Portal 中新建项目，添加两台 CPU 模块、CM PtP RS-422/485 BA 通信模块等。

2）CM PtP RS-422/485 BA 模块的设置。双击甲机 PLC 中的 CM PtP RS-422/485 BA 模块，将 RS-422/485 接口的操作模式指定为“全双工（RS 485）2 线制操作”，端口组态中的协议选择“自由口/Modbus”，用同样的方法对乙机 PLC 中的 CM PtP RS-422/485 BA 模块进行设置。

3）定义变量。在 TIA Portal 项目树中，选择“甲机 PLC”→“PLC 变量”下的“默认变量表”，定义甲机 PLC 的默认变量表，如图8-25 所示；同样的方法，定义乙机 PLC

默认变量表

		名称	数据类型	地址
1	◀	System_Byte	Byte	%MB10
2	◀	FirstScan	Bool	%M10.0
3	◀	DiagStatusUpdate	Bool	%M10.1
4	◀	AlwaysTRUE	Bool	%M10.2
5	◀	AlwaysFALSE	Bool	%M10.3
6	◀	Clock_Byte	Byte	%MB20
7	◀	Clock_10Hz	Bool	%M20.0
8	◀	Clock_5Hz	Bool	%M20.1
9	◀	Clock_2.5Hz	Bool	%M20.2
10	◀	Clock_2Hz	Bool	%M20.3
11	◀	Clock_1.25Hz	Bool	%M20.4
12	◀	Clock_1Hz	Bool	%M20.5
13	◀	Clock_0.625Hz	Bool	%M20.6
14	◀	Clock_0.5Hz	Bool	%M20.7
15	◀	SB1停止	Bool	%I0.0
16	◀	SB2点动	Bool	%I0.1
17	◀	HL1停止指示	Bool	%Q0.0
18	◀	HL2点动指示	Bool	%Q0.1
19	◀	HL3长动指示	Bool	%Q0.2
20	◀	SB3长动	Bool	%I0.2
21	◀	HL4停止指示	Bool	%Q1.0
22	◀	HL5运行指示	Bool	%Q1.1
23	◀	M1运行控制	Bool	%Q1.2
24	◀	启动发送数据	Bool	%M0.0
25	◀	数据发送完成	Bool	%M0.1
26	◀	启动数据接收	Bool	%M0.2
27	◀	数据接收完成	Bool	%M0.3
28	◀	重启发送数据	Bool	%M0.4

图 8-25　自由口双向通信甲机 PLC 默认变量表的定义

的默认变量表，如图 8-26 所示。

默认变量表				
		名称	数据类型	地址
1		System_Byte	Byte	%MB10
2		FirstScan	Bool	%M10.0
3		DiagStatusUpdate	Bool	%M10.1
4		AlwaysTRUE	Bool	%M10.2
5		AlwaysFALSE	Bool	%M10.3
6		Clock_Byte	Byte	%MB20
7		Clock_10Hz	Bool	%M20.0
8		Clock_5Hz	Bool	%M20.1
9		Clock_2.5Hz	Bool	%M20.2
10		Clock_2Hz	Bool	%M20.3
11		Clock_1.25Hz	Bool	%M20.4
12		Clock_1Hz	Bool	%M20.5
13		Clock_0.625Hz	Bool	%M20.6
14		Clock_0.5Hz	Bool	%M20.7
15		HL6停止指示	Bool	%Q0.0
16		M2运行控制	Bool	%Q0.1
17		HL7点动指示	Bool	%Q0.2
18		HL8长动指示	Bool	%Q0.3
19		SB4停止按钮	Bool	%I1.0
20		SB5启动按钮	Bool	%I1.1
21		启动接收数据	Bool	%M0.0
22		接收数据完成	Bool	%M0.1
23		发送数据完成	Bool	%M0.2
24		Tag_1	Bool	%M2.0
25		Tag_2	Bool	%M2.1
26		Tag_3	Bool	%M2.2
27		HL9停止指示	Bool	%Q1.0
28		HL10启动指示	Bool	%Q1.1

图 8-26　自由口双向通信乙机 PLC 默认变量表的定义

4）添加数据块。在 TIA Portal 项目树中，双击“甲机 PLC”→“程序块”下的“添加新块”，弹出“添加新块”界面，在此选择“数据块”，类型为“全局 DB”，以添加甲机 PLC 的数据块 DB1（作为数据发送）和 DB2（作为数据接收）。用同样的方法，在乙机 PLC 中添加数据块 DB1（作为数据发送）和 DB2（作为数据发送）。

5）创建数组。在 TIA Portal 项目树中，双击“甲机 PLC”→“程序块”下的“DB1”数据块，创建甲机 PLC 的数组 Send1，其类型为“Array [0..2] of Bool”，然后在甲机 PLC 的“DB2”数据块中创建数组 Receive1，其类型为“Array [0..1] of Bool”。用同样的方法，在乙机 PLC 的“DB1”数据块中创建数组 Receive2，其类型为“Array [0..2] of Bool”，然后在乙机 PLC 的“DB2”数据块中创建数组 Send2，其类型为“Array [0..2] of Bool”。

（4）编写 S7-1500 PLC 程序。甲机 PLC 程序编写如表 8-10 所示，乙机 PLC 程序编写如表 8-11 所示。

8.2.3　Modbus RTU 协议通信

Modbus 是一种应用于电子控制器上的通信协议，于 1979 年由莫迪康公司（现为施耐德公司旗下品牌）发明、公开、推向市场。由于 Modbus 是制造业、基础设施环境下真正的开放协议，得到了工业界的广泛支持，是事实上的工业标准。还由于其协议简单、

表 8-10　自由口双向通信甲机 PLC 程序

续表

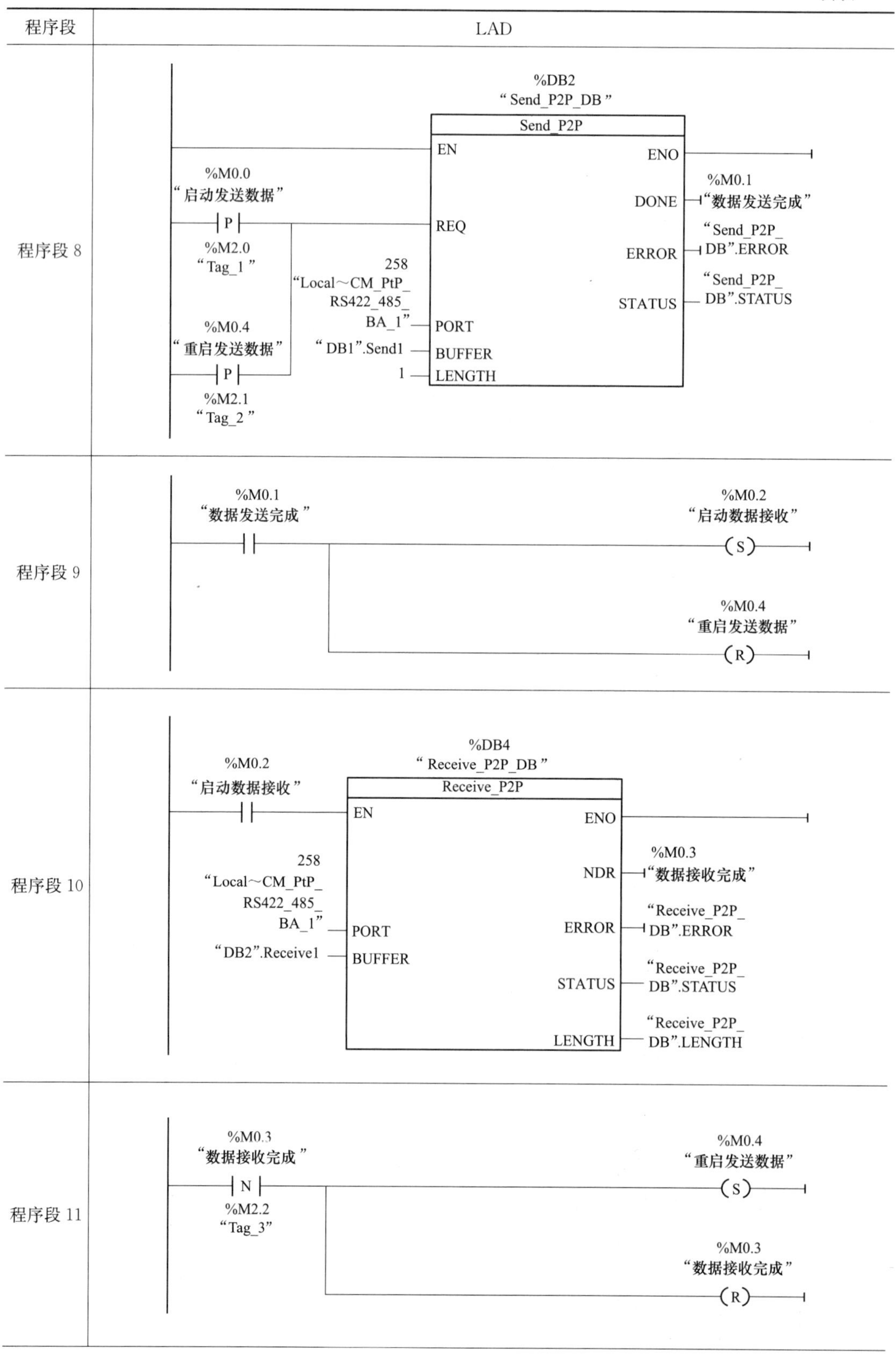
程序段
LAD
程序段 8
%DB2
"Send_P2P_DB"
Send_P2P
EN
ENO
%M0.0
"启动发送数据"
P
%M2.0
"Tag_1"
REQ
DONE
%M0.1
"数据发送完成"
"Send_P2P_DB".ERROR
ERROR
"Send_P2P_DB".STATUS
STATUS
258
"Local~CM_PtP_RS422_485_BA_1"
PORT
%M0.4
"重启发送数据"
"DB1".Send1
BUFFER
1
LENGTH
%M2.1
"Tag_2"
程序段 9
%M0.1
"数据发送完成"
%M0.2
"启动数据接收"
S
%M0.4
"重启发送数据"
R
程序段 10
%DB4
"Receive_P2P_DB"
Receive_P2P
%M0.2
"启动数据接收"
EN
ENO
258
"Local~CM_PtP_RS422_485_BA_1"
PORT
NDR
%M0.3
"数据接收完成"
ERROR
"Receive_P2P_DB".ERROR
"DB2".Receive1
BUFFER
STATUS
"Receive_P2P_DB".STATUS
LENGTH
"Receive_P2P_DB".LENGTH
程序段 11
%M0.3
"数据接收完成"
N
%M2.2
"Tag_3"
%M0.4
"重启发送数据"
S
%M0.3
"数据接收完成"
R

续表

程序段	LAD
程序段 12	"DB2".Receive1[0] %Q1.0 "HL4停止指示"
程序段 13	"DB2".Receive1[1] %Q1.1 "HL5运行指示" %Q1.2 "M1运行控制"

表 8-11　　自由口双向通信乙机 PLC 程序

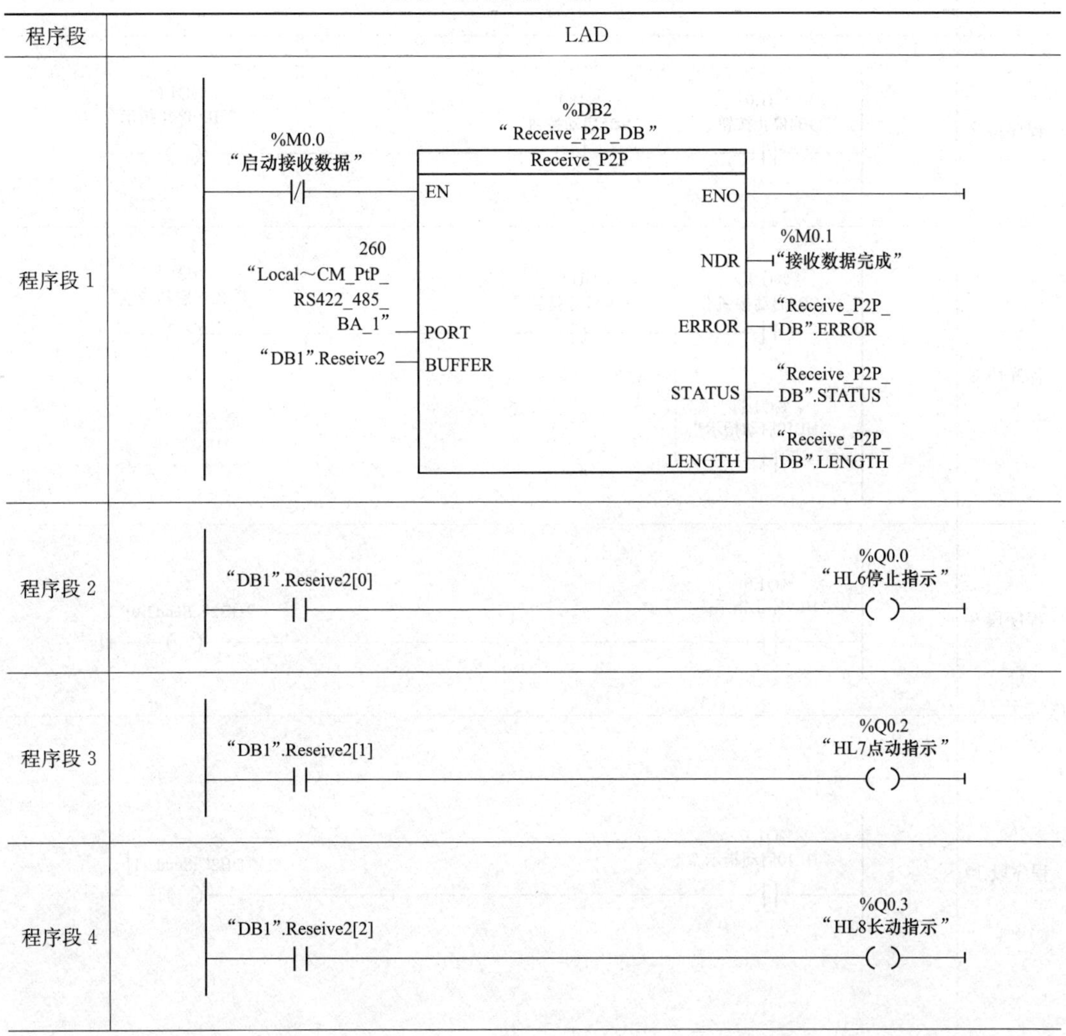

程序段	LAD
程序段 1	%DB2 "Receive_P2P_DB" Receive_P2P %M0.0 "启动接收数据" — EN　ENO 260 "Local~CM_PtP_RS422_485_BA_1" — PORT "DB1".Reseive2 — BUFFER NDR — %M0.1 "接收数据完成" ERROR — "Receive_P2P_DB".ERROR STATUS — "Receive_P2P_DB".STATUS LENGTH — "Receive_P2P_DB".LENGTH
程序段 2	"DB1".Reseive2[0] %Q0.0 "HL6停止指示"
程序段 3	"DB1".Reseive2[1] %Q0.2 "HL7点动指示"
程序段 4	"DB1".Reseive2[2] %Q0.3 "HL8长动指示"

续表

程序段	LAD
程序段 5	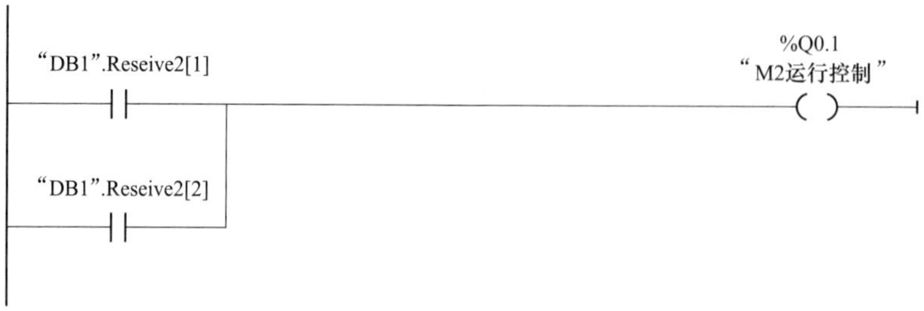 "DB1".Reseive2[1] "DB1".Reseive2[2] %Q0.1 "M2运行控制"
程序段 6	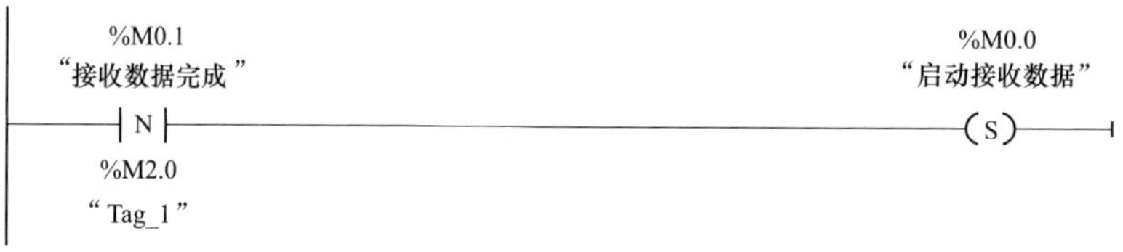 %M0.1 "接收数据完成" N %M2.0 "Tag_1" %M0.0 "启动接收数据" S
程序段 7	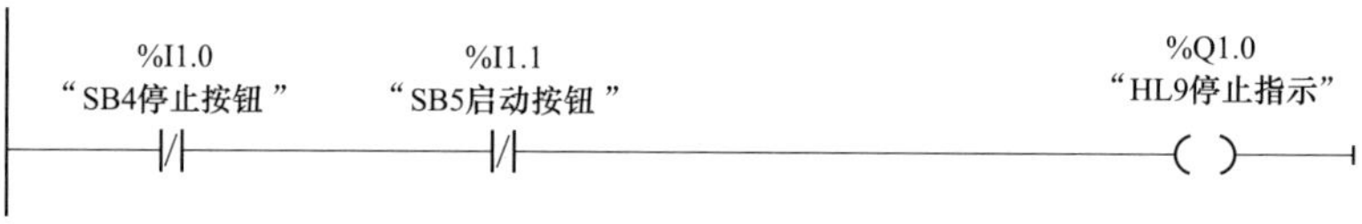 %I1.0 "SB4停止按钮" %I1.1 "SB5启动按钮" %Q1.0 "HL9停止指示"
程序段 8	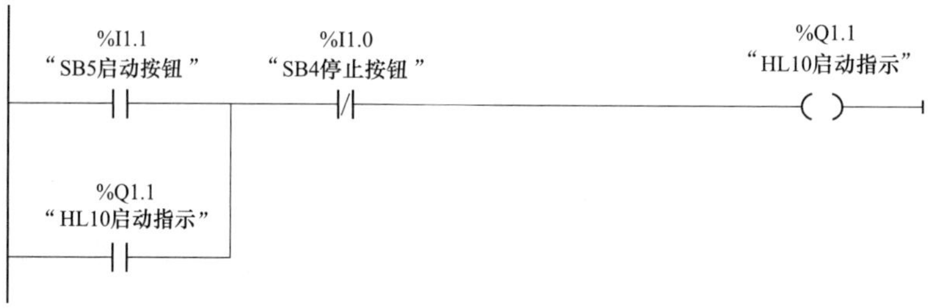 %I1.1 "SB5启动按钮" %I1.0 "SB4停止按钮" %Q1.1 "HL10启动指示" %Q1.1 "HL10启动指示"
程序段 9	 %Q1.0 "HL9停止指示" "DB2".Send2[0]
程序段 10	 %Q1.1 "HL10启动指示" "DB2".Send2[1]

续表

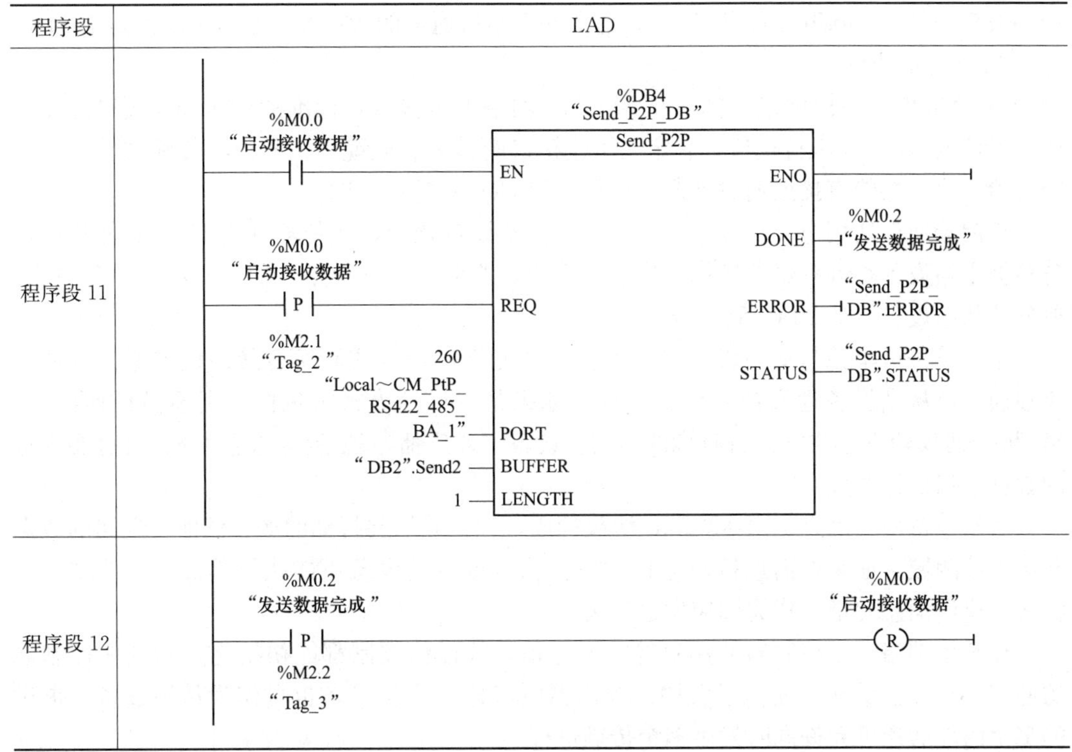

容易实施和高性价比等特点，得到全球超过 400 个厂家的支持，使用的设备节点超过 700 万个，有多达 250 个硬件厂商提供 Modbus 的兼容产品，如 PLC、变频器、人机界面、DCS 和自动化仪表等都广泛使用 Modbus 协议。

1. Modbus 通信协议

Modbus 协议现为一通用工业标准协议，通过此协议，控制器相互之间、控制器通过网络（如以太网）和其他设备之间可以通信。有了它，不同厂商生产的控制设备可以连成工业网络，进行集中监控。

Modbus 协议定义了一个控制器能认识使用的消息结构，而不管它们是经过何种网络进行通信的。它描述了控制器请求访问其他设备的过程，如何回应来自其他设备的请求，以及怎样侦测错误并记录。它制定了消息域格式和内容的公共格式。

在 Modbus 网络上通信时，协议规定对于每个控制器必须要知道它们的设备地址，能够识别按地址发来的消息及决定要采取何种操作。如果需要回应，控制器将生成反馈信息并用 Modbus 协议发出。在其他网络上，包含了 Modbus 协议的消息转换为在此网络上使用的帧或包结构。这种转换也扩展了根据具体的网络解决节地址、路由路径及错误检测的方法。

Modbus 通信协议具有多个变种，具有支持串口和以太网多个版本，其中最著名的是 Modbus RTU、Modbus ASCII 和 Modbus TCP 三种。其中 Modbus RTU 与 Modbus ASCII 均为支持 RS-485 总线的通信协议。Modbus RTU 由于采用二进制表现形式以及紧凑数据结构，通信效率较高，应用比较广泛。Modbus ASCII 由于采用 ASCII 码传输，并且利用特殊字符作为其字节的开始与结束标识，其传输效率要远远低于 Modbus RTU 协议，一般只有在通信数据量较小的情况下才考虑使用 Modbus ASCII 通信协议，在工业现场一般都是采用 Modbus RTU 协议。通常基于串口通信的 Modbus 通信协议都是指 Modbus RTU 通信协议。

（1）Modbus 协议网络选择。在 Modbus 网络上传输时，标准的 Modbus 接口是使用 RS-232C 或 RS-485 串行接口，它定义了连接口的针脚、电缆、信号位、传输波特率、奇偶校验。控制器能直接或通过调制解调器（Modem）进行组网。

控制器通信使用主一从技术，即仅一个主站设备能初始化传输（查询）。其他从站设备根据主站设备查询提供的数据做出相应反应。典型的主站设备，如主机和可编程仪表。典型的从站设备，如 PLC 等。

主站设备可单独与从站设备进行通信，也能以广播方式和所有从站设备通信。如果单独通信，从站设备返回消息作为回应；如果是以广播方式查询的，则不做任何回应。Modbus 协议建立了主站设备查询的格式：设备（或广播）地址、功能代码、所有要发送的数据、错误检测域。

从站设备回应消息也由 Modbus 协议构成，包括确认要行动的域、任何要返回的数据和错误检测域。如果在消息接收过程中发生错误或从站设备不能执行其命令，从站设备将建立错误消息并把它作为回应发送出去。

在其他网络上，控制器使用对等技术通信，故任何控制都能初始化并和其他控制器的通信。这样在单独的通信过程中，控制器既可作为主站设备也可作为从站设备。提供的多个内部通道可允许同时发生多个传输进程。

在消息位，Modbus 协议仍提供了主-从原则，尽管网络通信方法是“对等”。如果控制器发送消息，它只是作为主站设备，并期望从从站设备得到回应。同样，当控制器接收到消息，它将建立从站设备回应格式并返回给发送的控制器。

（2）Modbus 协议的查询-回应周期。Modbus 协议的主-从式查询-回应周期如图 8-27 所示。

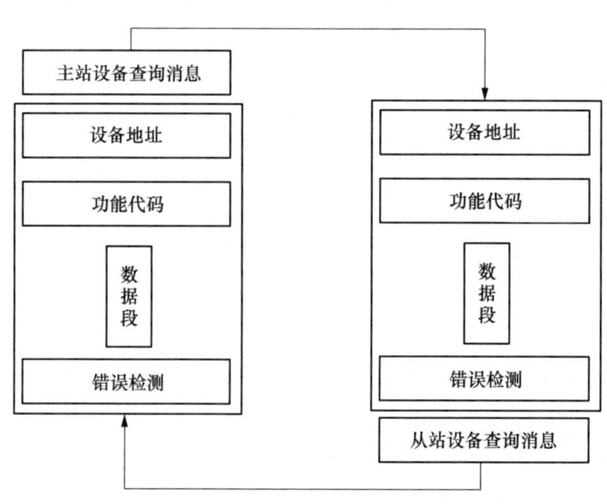

图 8-27　主-从式查询-回应周期

查询消息中的功能代码告知被选中的从站设备要执行何种功能。数据段包含了从站设备要执行功能的任何附加信息。例如，功能代码 03 是要求从站设备读保持寄存器并返回它们的内容。数据段必须包含要告知从站设备的信息：从何寄存器开始读及要读的寄存器数量。错误检测域为从站设备提供了一种验证消息内容是否正确的方法。

如果从站设备产生正常的回应，在回应消息中的功能代码是在查询消息中的功能代码的回应。数据段包括了从站设备收集的数据。如果有错误发生，功能代码将被修改并指出回应消息是错误的，同时数据段包含了描述此错误信息的代码。错误检测域允许主站设备确认消息内容是否可用。

（3）Modbus 的报文传输方式。Modbus 网络通信协议有两种报文传输方式：ASCII（美国标准交换信息码）和 RTU（远程终端单元）。Modbus 网络上以 ASCII 模式通信，在消息中的每 8 位字符都作为两个 ASCII 字符发送。这种方式的主要优点是字符发送的时间间隔可达 1s 而不产生错误。

Modbus 网络上以 RTU 模式通信，在消息中的每 8 位字符包含两个 4 位字符的十六进制字符。这种方式的主要优点是：在同样的波特率下，其传输的字符的密度高于 ASCII 模式，每个信息必须连续传输。

2. Modbus 通信帧结构

在 Modbus 网络通信中，无论是 ASCII 模式还是 RTU 模式，Modbus 信息都是以帧的方式传输，每帧有确定的起始位和停止位，使接收设备在信息的起始位开始读地址，并确定要寻址的设备以及信息传输的结束时间。

（1）Modbus ASCII 通信帧结构。在 ASCII 模式中，以“:”号（ASCII 的 3AH）表示信息开始，以换行键（CRLF）（ASCII 的 OD 和 OAH）表示信息结束。

对其他的区，允许发送的字符为 16 进制字符 0～9 和 A～F。网络中设备连续检测并接收一个冒号（：）时，每台设备对地址区解码，找出要寻址的设备。

（2）Modbus RTU 通信帧结构。Modbus RTU 通信帧结构如图 8-28 所示，从站地址为 0～247，它和功能码各占一个字节，命令帧中 PLC 地址区的起始地址和 CRC 各占一个字，数据以字或字节为单位，以字为单位时高字节在前，低字节在后。但是发送时 CRC 的低字节在前，高字节在后，帧中的数据将为十六进制数。

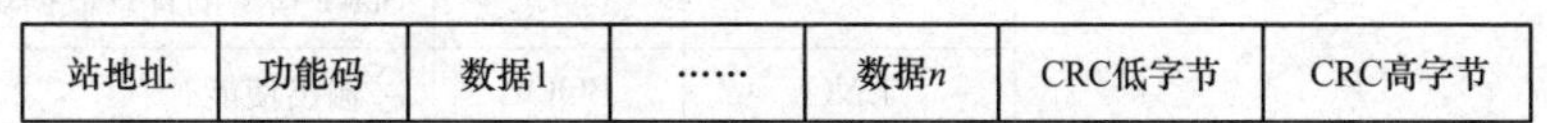

图 8-28　Modbus RTU 通信帧结构

3. Modbus RTU 通信指令

Modbus RTU 通信的指令有 3 条，分别是 Modbus_Comm_Load（Modbus 通信模块组态指令）、Modbus_Master（作为 Modbus 主站进行通信指令）和 Modbus_Slave（作为 Modbus 从站进行通信指令）。

（1）Modbus_Comm_Load 指令。Modbus_Comm_Load 指令是将通信模块（CM PtP RS-422/485 HF）的端口配置成 Modbus 通信协议的 RTU 模式，其指令参数如表 8-12 所示。表中参数 FLOW_CTRL、RTS_ON_DLY 和 RTS_OFF_DLY 用于 RS-232 接口通信，不适用于 RS-422/485 接口通信。

表 8-12　　Modbus_Comm_Load 指令参数

LAD	参数	数据类型	说明
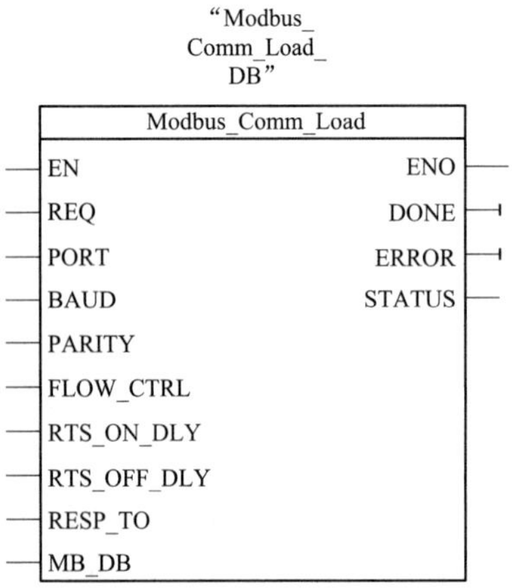 "Modbus_ Comm_Load_ DB" Modbus_Comm_Load EN　ENO REQ　DONE PORT　ERROR BAUD　STATUS PARITY FLOW_CTRL RTS_ON_DLY RTS_OFF_DLY RESP_TO MB_DB	EN	BOOL	使能
	REQ	BOOL	发送请求信号，每次上升沿发送一帧数据
	PORT	端口（UInt）	通信模块的标识符，符号端口名称可在 PLC 变量表的“系统常数”选项卡中指定
	BAUD	UDInt	传输速率，可选 300～115200bit/s
	PARITY	UInt	奇偶校验，0 表示无校验；1 表示奇校验；2 表示偶校验
	FLOW_CTRL	UInt	选择流控制，0 表示无流控制；1 表示硬件流控制，RTS 始终开启；2 表示硬件流控制，RTS 切换
	RTS_ON_DLY	UInt	RTS 接通延迟选择，0 表示从 RTS 激活直到发送帧的第 1 个字符之前无延迟；1～65535 表示从 RTS 激活一直到发送帧的第 1 个字符之前的延迟
	RTS_OFF_DLY	UInt	RTS 关断延迟选择，0 表示从上一个字符一直到 RTS 未激活之前无延迟；1～65535 表示从传送上一字符直到 RTS 未激活之前的延迟
	RESP_TO	UInt	响应超时，默认值为 1000ms
	MB_DB	Variant	对 Modbus_Master 或 Modbus_Slave 指令的背景数据块的引用
	ENO	BOOL	输出使能
	DONE	BOOL	如果上一个请求无错完成，将变为一个 TRUE 并保持一个周期
	ERROR	BOOL	如果上一个请求有错完成，将变为一个 TRUE 并保持一个周期
	STATUS	Word	错误代码

（2）Modbus_Master 指令。Modbus_Master 指令参数如表 8-13 所示，该指令可通过由 Modbus_Comm_Load 指令组态的端口作为 Modbus 主站进行通信。当在程序中添加 Modbus_Master 指令时，将自动分配背景数据块。

表 8-13　　　　　　　　Modbus_Master 指令参数

LAD	参数	数据类型	说明
"Modbus_Master_DB" Modbus_Master EN　ENO REQ　DONE MB_ADDR　BUSY MODE　ERROR DATA_ADDR　STATUS DATA_LEN DATA_PTR	EN	BOOL	使能
	REQ	BOOL	通信请求，0 表示无请求；1 表示有请求，上升沿有效
	MB_ADDR	UInt	Modbus RTU 从站地址（0～247）
	MODE	USInt	选择 Modbus 功能类型，见表 8-14
	DATA_ADDR	UDInt	指定要访问的从站中数据的 Modbus 起始地址
	DATA_LEN	UInt	用于指定要访问的数据长度
	DATA_PTR	Variant	指向要进行数据写入或数据读取的标记或数据块地址
	ENO	BOOL	输出使能
	DONE	BOOL	如果上一个请求无错完成，将变为一个 TRUE 并保持一个周期
	BUSY	BOOL	0 表示 Modbus_Master 无激活命令；1 表示 Modbus_Master 命令执行中
	ERROR	BOOL	如果上一个请求有错完成，将变为一个 TRUE 并保持一个周期
	STATUS	Word	错误代码

表 8-14　　　　　　　　Modbus 模式与功能

Mode	Modbus 功能	操作	数据长度（DATA_LEN）	Modbus 地址（DATA_ADDR）
0	01H	读取输出位	1～2000 或 1～1992 个位	1～9999
0	02H	读取输入位	1～2000 或 1～1992 个位	10001～19999
0	03H	读取保持寄存器	1～125 或 1～124 个字	40001～49999 或 400001～465535
0	04H	读取输入字	1～125 或 1～124 个字	30001～39999
1	05H	写入一个输出位	1（单个位）	1～9999
1	06H	写入一个保持寄存器	1（单个字）	40001～49999 或 400001～465535
1	15H	写入多个输出位	2～1968 或 1960 个位	1～9999
1	16H	写入多个保持寄存器	2～123 或 1～122 个字	40001～49999 或 400001～465535
2	15H	写一个或多个输出位	2～1968 或 1960 个位	1～9999
2	16H	写一个或多个保持寄存器	2～123 或 1～122 个字	40001～49999 或 400001～465535
11	读取从站通信状态字和事件计数器，状态字为 0 表示指令未执行，为 0xFFFF 表示正在执行。每次成功传送一条消息时，事件计数器的值加 1。该功能忽略 Modbus_Master 指令的 DATA _ADDR 和 DATA _LEN 参数			
80	通过数据诊断代码 0x0000 检查从站状态，每个请求 1 个字			
81	通过数据诊断代码 0x000A 复位从站的事件计数器，每个请求 1 个字			

（3）Modbus_ Slave 指令。Modbus_ Slave 指令的功能是将串口作为 Modbus 从站，响应 Modbus 主站的请求，其指令参数如表 8-15 所示。当在程序中添加 Modbus_Slave 指令时，将自动分配背景数据块。

表 8-15　　Modbus_Master 指令参数

<table>
<tr><th>LAD</th><th>参数</th><th>数据类型</th><th>说明</th></tr>
<tr><td rowspan="8">“Modbus_Slave_
DB”
Modbus_Slave
EN　ENO
MB_ADDR　NDR
MB_HOLD_REG　DR
ERROR
STATUS</td><td>EN</td><td>BOOL</td><td>使能</td></tr>
<tr><td>MB_ADDR</td><td>UInt</td><td>Modbus RTU 从站地址（0～247）</td></tr>
<tr><td>MB_HOLD_REG</td><td>Variant</td><td>Modbus 保持存储器数据块的指针</td></tr>
<tr><td>ENO</td><td>BOOL</td><td>输出使能</td></tr>
<tr><td>NDR</td><td>BOOL</td><td>0 表示无新数据；1 表示新数据已由 Modbus 主站写入</td></tr>
<tr><td>DR</td><td>BOOL</td><td>0 表示未读取数据；1 表示该指令已将 Modbus 主站接收到的数据存储在目标区域中</td></tr>
<tr><td>ERROR</td><td>BOOL</td><td>如果上一个请求有错完成，将变为一个 TRUE 并保持一个周期</td></tr>
<tr><td>STATUS</td><td>Word</td><td>错误代码</td></tr>
</table>

4. 串行口通信模块 Modbus RTU 协议通信举例

【例 8-3】 使用 CM PtP RS-422/485 HF 模块实现甲乙两台 S7-1500 系列 PLC（CPU 1516-3 PN/DP）之间的 Modbus RTU 通信，要求甲机 PLC 控制乙机 PLC 设备上的电动机正反转。

（1）控制分析。两台 S7-1500 PLC 间进行 Modbus RTU 通信时，甲机 PLC 作为发送数据方（主站），将电动机停止、电动机正转、电动机反转这些信号发送给乙机 PLC；乙机 PLC 作为数据接收方（从站），根据接收到的信号决定电动机的状态。因此，两台 S7-1500 PLC 可以选择 RS-485 通信方式进行数据的传输。要实现 Modbus RTU 通信，首先应进行硬件配置及 I/O 分配，然后进行硬件组态为每台 PLC 定义变量、添加数据块并划定某些区域为发送或接收缓冲区，接着分别编写 S7-1500 PLC 程序实现任务操作即可。

（2）硬件配置及 I/O 分配。这两台 PLC 设备的硬件配置如图 8-29 所示，其硬件主要包括 1 根双绞线、2 台 CM PtP RS-422/485 HF 模块、2 台 CPU 1516-3 PN/DP、数字量输入模块 DI 16×24V DC BA 和数字量输出模块 DQ 16×230V AC/2A 等。甲机 PLC 的 I0. 0 外接停止运行按钮 SB1，I0. 1 外接正转启动按钮 SB2，I0. 2 外接反转启动按钮 SB3，Q0. 0 外接停止指示 HL1，Q0. 1 外接正向运行指示 HL2，Q0. 2 外接反向运行指示 HL3；乙机 PLC 的 Q0. 0 外接电动机停止运行指示灯 HL4，Q0. 1 外接 KM1 以实现电动机正向运行控制，Q0. 2 外接 KM2 以实现电动机反向运行控制。

（3）硬件组态。

1）新建项目。在 TIA Portal 中新建项目，添加两台 CPU 模块、CM PtP RS-422/485 HF 通信模块等。

2）CM PtP RS-422/485 HF 模块的设置。双击甲机 PLC 中的 CM PtP RS-422/485

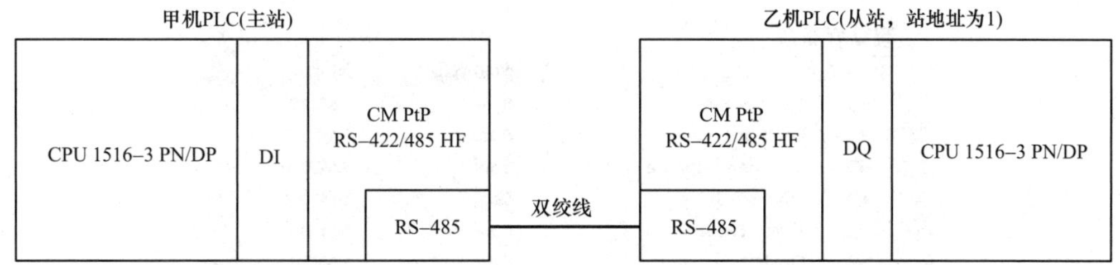

图 8-29　两台 CPU 1516-3 PN/DP 之间的 Modbus RTU 通信配置图

HF 模块，将 RS-422/485 接口的操作模式指定为“半双工（RS 485）2 线制操作”，端口组态中的协议选择“自由口/Modbus”，用同样的方法对乙机 PLC 中的 CM PtP RS-422/485 HF 模块进行设置。

3）启用系统时钟。双击甲机 PLC 中的 CPU 模块，在其“属性”→“常规”选项卡中选择“系统和时钟存储器”，勾选“启用系统存储器字节”，在后面的方框中输入 10，则 CPU 上电后，M10.2 位始终处于闭合状态；勾选“启用时钟存储器字节”，在后面的方框中输入 20，将 M20.5 设置成 1Hz 的周期脉冲。用同样的方法，双击乙机 PLC 中的 CPU 模块，勾选“启用系统存储器字节”，在后面的方框中输入 10。

4）定义变量。在 TIA Portal 项目树中，选择“甲机 PLC”→“PLC 变量”下的“默认变量表”，定义甲机 PLC 的默认变量表，如图 8-30 所示；同样的方法，定义乙机 PLC 的默认变量表，如图 8-31 所示。

默认变量表

		名称	数据类型	地址
1		System_Byte	Byte	%MB10
2		FirstScan	Bool	%M10.0
3		DiagStatusUpdate	Bool	%M10.1
4		AlwaysTRUE	Bool	%M10.2
5		AlwaysFALSE	Bool	%M10.3
6		Clock_Byte	Byte	%MB20
7		Clock_10Hz	Bool	%M20.0
8		Clock_5Hz	Bool	%M20.1
9		Clock_2.5Hz	Bool	%M20.2
10		Clock_2Hz	Bool	%M20.3
11		Clock_1.25Hz	Bool	%M20.4
12		Clock_1Hz	Bool	%M20.5
13		Clock_0.625Hz	Bool	%M20.6
14		Clock_0.5Hz	Bool	%M20.7
15		停止按钮	Bool	%I0.0
16		正向启动	Bool	%I0.1
17		反向启动	Bool	%I0.2
18		停止指示HL1	Bool	%Q0.0
19		正向运行HL2	Bool	%Q0.1
20		反向运行HL3	Bool	%Q0.2

图 8-30　Modbus RTU 通信甲机 PLC 默认变量表的定义

5）添加数据块。在 TIA Portal 项目树中，双击“甲机 PLC”→“程序块”下的“添加新块”，弹出“添加新块”界面，在此选择“数据块”，类型为“全局 DB”，以添加甲机 PLC 的数据块。用同样的方法，在乙机 PLC 中添加数据块。

默认变量表

		名称	数据类型	地址
1		System_Byte	Byte	%MB10
2		FirstScan	Bool	%M10.0
3		DiagStatusUpdate	Bool	%M10.1
4		AlwaysTRUE	Bool	%M10.2
5		AlwaysFALSE	Bool	%M10.3
6		Clock_Byte	Byte	%MB20
7		Clock_10Hz	Bool	%M20.0
8		Clock_5Hz	Bool	%M20.1
9		Clock_2.5Hz	Bool	%M20.2
10		Clock_2Hz	Bool	%M20.3
11		Clock_1.25Hz	Bool	%M20.4
12		Clock_1Hz	Bool	%M20.5
13		Clock_0.625Hz	Bool	%M20.6
14		Clock_0.5Hz	Bool	%M20.7
15		M1停止HL4	Bool	%Q0.0
16		M1正向运行	Bool	%Q0.1
17		M1反向运行	Bool	%Q0.2

图 8-31　Modbus RTU 通信乙机 PLC 默认变量表的定义

6）创建数组。在 TIA Portal 项目树中，双击“甲机 PLC”→“程序块”下的“DB1”数据块，创建甲机 PLC 的数组 Send，其类型为“Array [0..2] of Bool”，数组 A 中有 3 个位。用同样的方法，创建乙机 PLC 的数组 Receive，其类型为“Array [0..2] of Bool”，数组 Receive 中有 3 个位。

(4) 编写 S7-1500 PLC 程序。

1）主站程序的编写。首先在甲机 PLC 的主程序块 OB1 中编写程序通过 Modbus_Master 指令将按钮状态发送给乙机 PLC，然后添加启动组织块 OB100，并在此块中使用 Modbus_Comm_Load 指令，对主站（甲机 PLC）进行初始化操作，程序编写如表 8-16 所示。

2）从站程序的编写。首先在乙机 PLC 的主程序块 OB1 中编写程序通过 Modbus_Slave 指令接收甲机发送过来的按钮状态，并根据按钮状态控制电动机是否启动，然后添加启动组织块 OB100，并在此块中使用 Modbus_Comm_Load 指令，对从站（乙机 PLC）进行初始化操作，程序编写如表 8-17 所示。

表 8-16　主站（甲机 PLC）程序

程序段		LAD
OB1	程序段 1	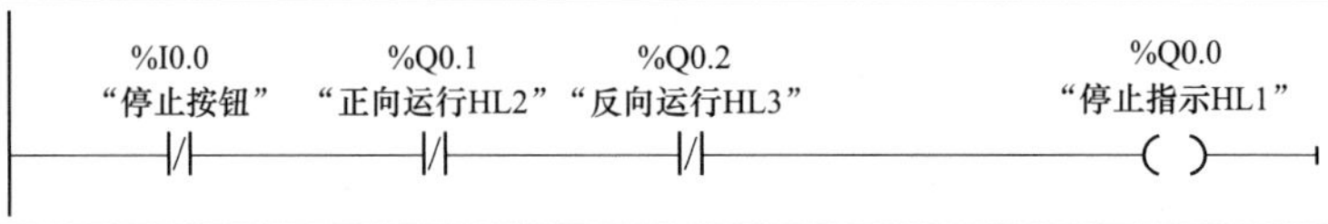 %I0.0 “停止按钮” (常闭) — %Q0.1 “正向运行HL2” (常闭) — %Q0.2 “反向运行HL3” (常闭) — ( ) %Q0.0 “停止指示HL1”
	程序段 2	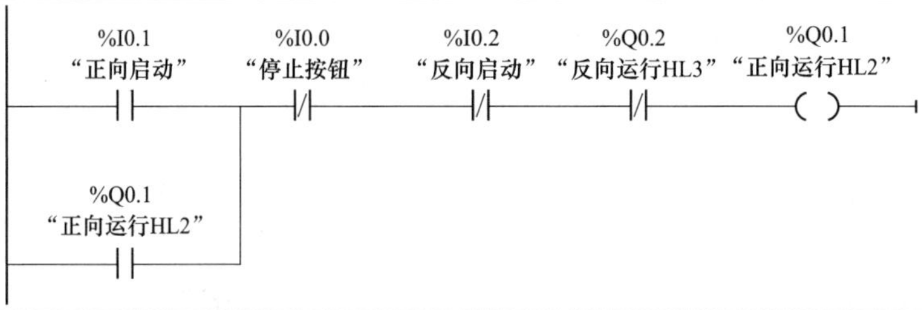 %I0.1 “正向启动” (常开)，并联 %Q0.1 “正向运行HL2” (常开) — %I0.0 “停止按钮” (常闭) — %I0.2 “反向启动” (常闭) — %Q0.2 “反向运行HL3” (常闭) — ( ) %Q0.1 “正向运行HL2”

续表

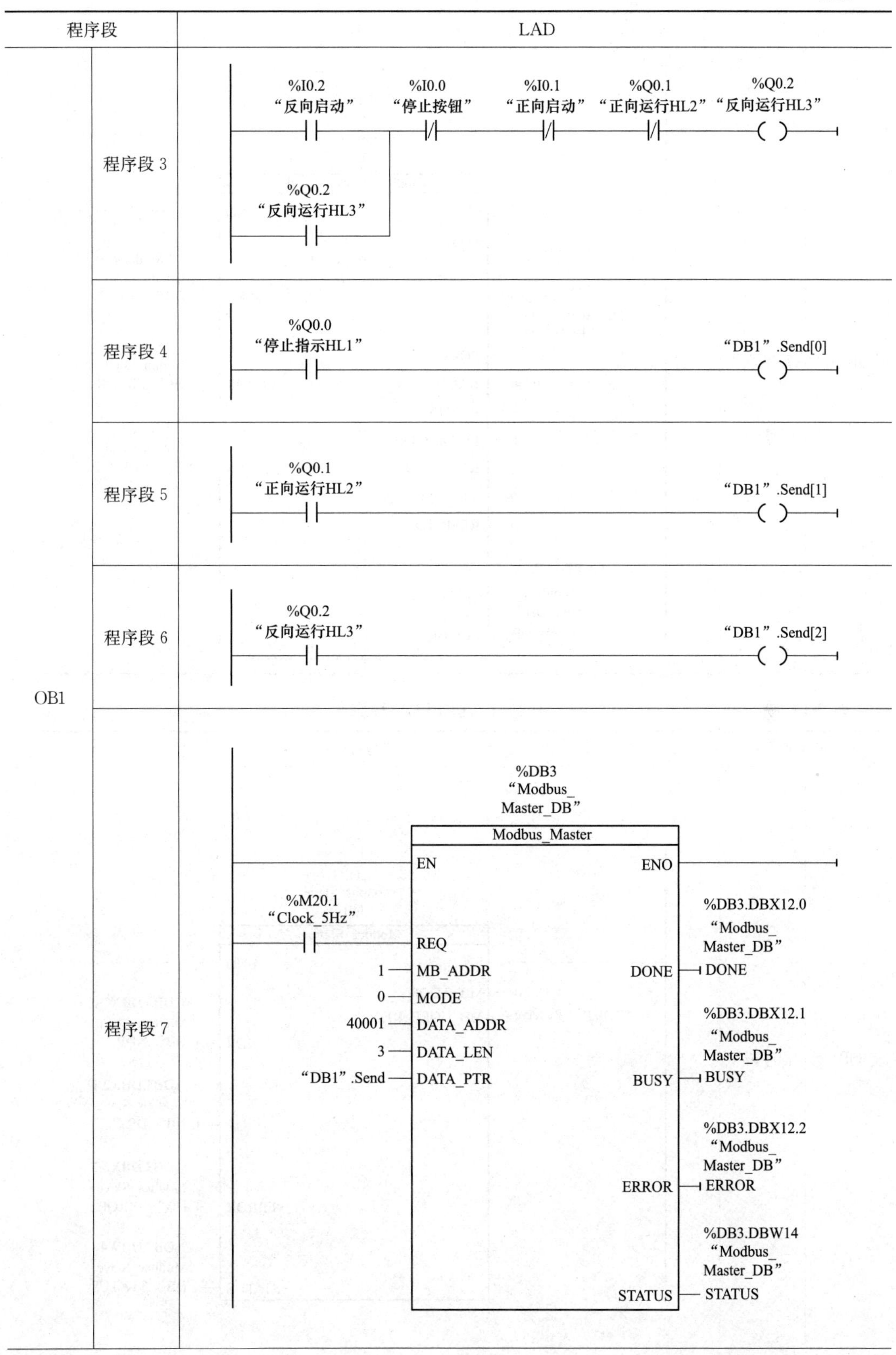
程序段
LAD
OB1
程序段 3
%I0.2
“反向启动”
%I0.0
“停止按钮”
%I0.1
“正向启动”
%Q0.1
“正向运行HL2”
%Q0.2
“反向运行HL3”
%Q0.2
“反向运行HL3”
程序段 4
%Q0.0
“停止指示HL1”
“DB1” .Send[0]
程序段 5
%Q0.1
“正向运行HL2”
“DB1” .Send[1]
程序段 6
%Q0.2
“反向运行HL3”
“DB1” .Send[2]
程序段 7
%DB3
“Modbus_
Master_DB”
Modbus_Master
EN
ENO
%M20.1
“Clock_5Hz”
REQ
1
MB_ADDR
0
MODE
40001
DATA_ADDR
3
DATA_LEN
“DB1” .Send
DATA_PTR
%DB3.DBX12.0
“Modbus_
Master_DB”
DONE
DONE
%DB3.DBX12.1
“Modbus_
Master_DB”
BUSY
BUSY
%DB3.DBX12.2
“Modbus_
Master_DB”
ERROR
ERROR
%DB3.DBW14
“Modbus_
Master_DB”
STATUS
STATUS

续表

程序段		LAD
OB100	程序段 1	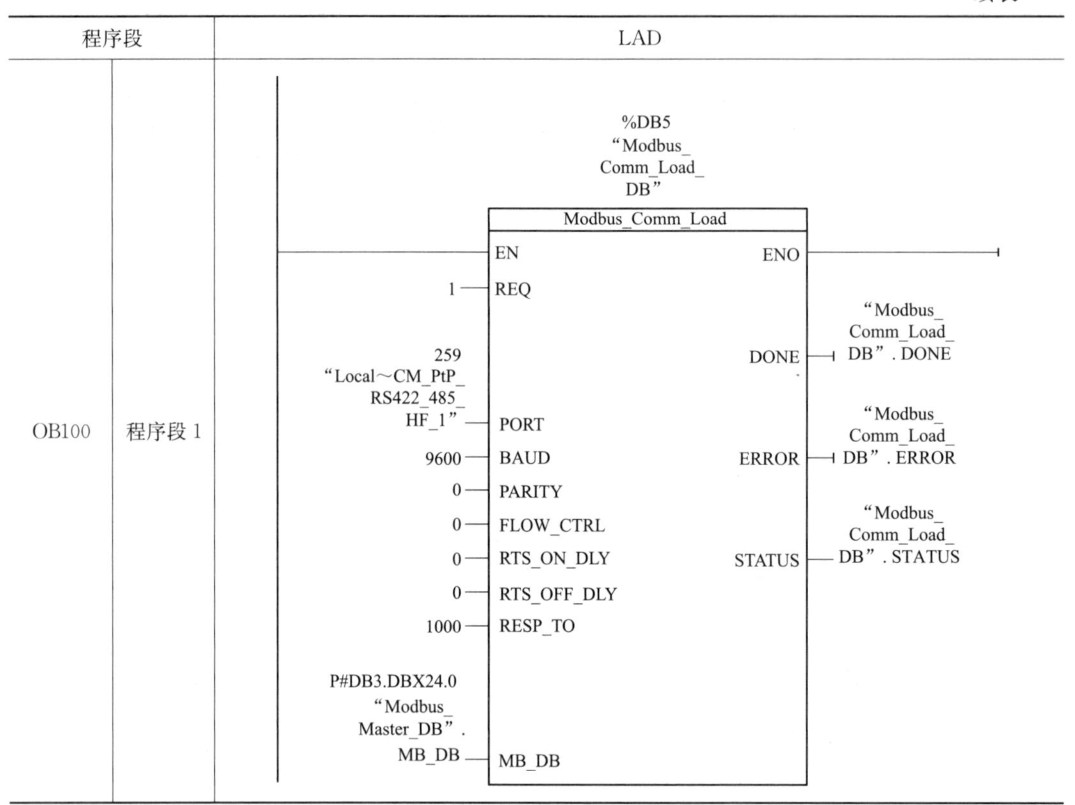

表 8-17　　从站（乙机 PLC）程序

程序段		LAD
OB1	程序段 1	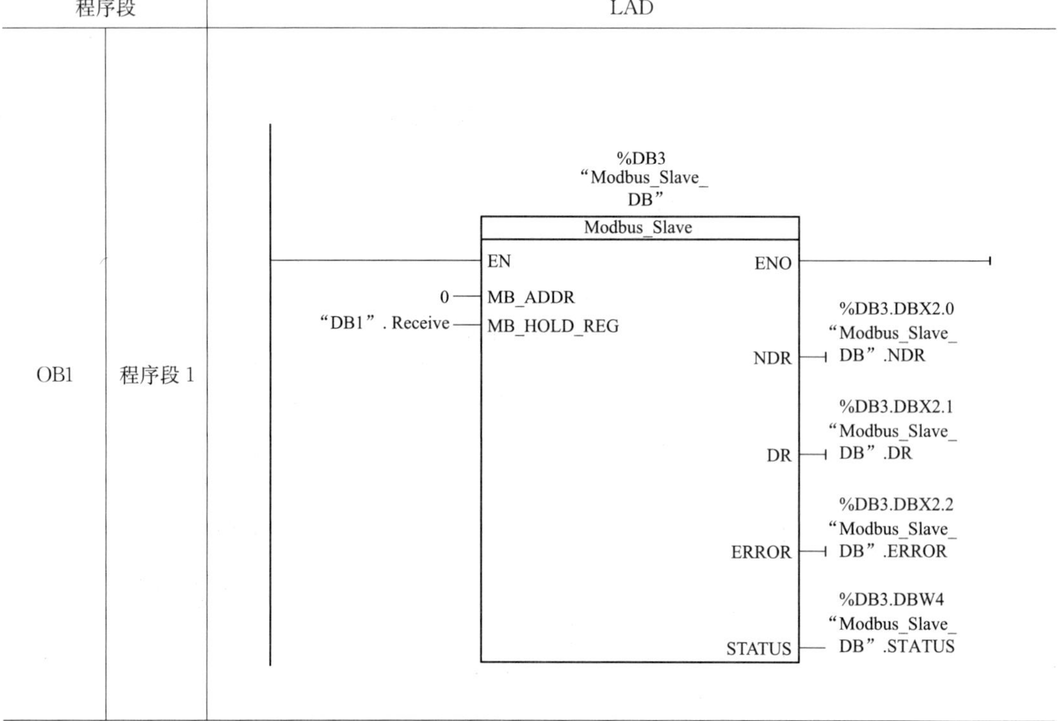

续表

程序段		LAD
OB1	程序段 2	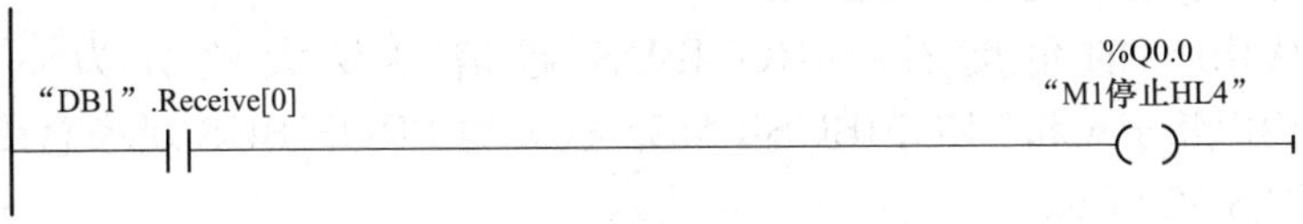 “DB1”.Receive[0] %Q0.0 “M1停止HL4” ( )
	程序段 3	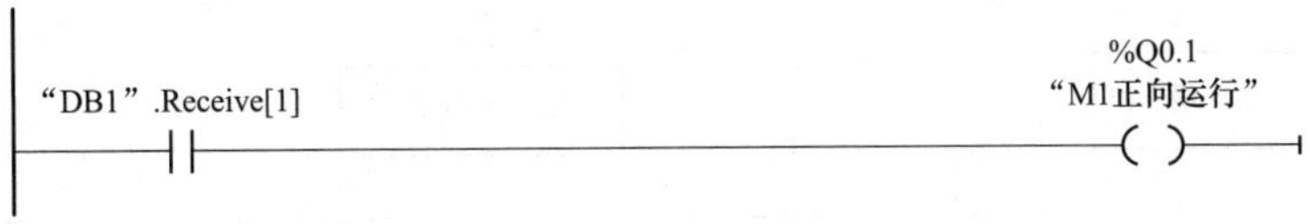 “DB1”.Receive[1] %Q0.1 “M1正向运行” ( )
	程序段 4	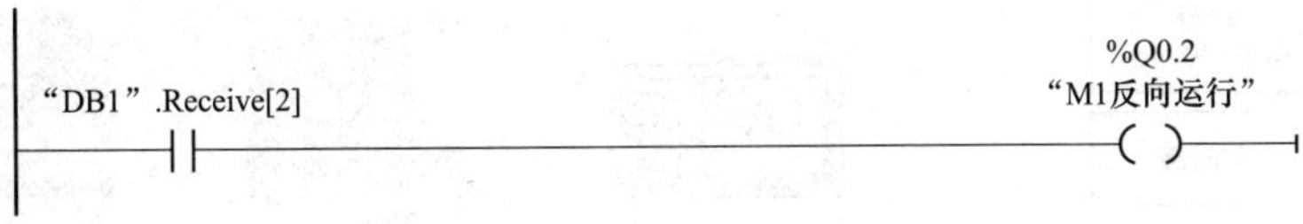 “DB1”.Receive[2] %Q0.2 “M1反向运行” ( )
OB100	程序段 1	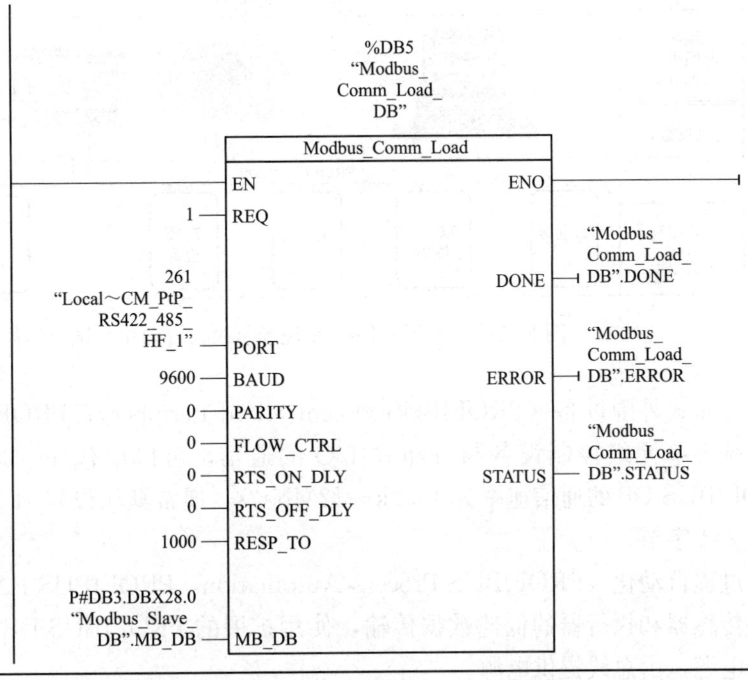 %DB5 “Modbus_Comm_Load_DB” Modbus_Comm_Load EN — ENO 1 — REQ DONE — “Modbus_Comm_Load_DB”.DONE 261 “Local~CM_PtP_RS422_485_HF_1” — PORT 9600 — BAUD ERROR — “Modbus_Comm_Load_DB”.ERROR 0 — PARITY 0 — FLOW_CTRL 0 — RTS_ON_DLY STATUS — “Modbus_Comm_Load_DB”.STATUS 0 — RTS_OFF_DLY 1000 — RESP_TO P#DB3.DBX28.0 “Modbus_Slave_DB”.MB_DB — MB_DB

8.3 PROFIBUS 通信

PROFIBUS（Process Field Bus）是 SIEMENS 推出的现场总线通信协议，也是 IEC 61158 国际标准中的现场总线标准之一。

8.3.1 PROFIBUS 现场总线概述

PROFIBUS 是属于单元级和现场级的 SIMATIC 网络，适用于传输中、小量的数据。

其开放性可以允许众多厂商开发各自的符合 PROFIBUS 协议的产品，这些产品可以连接在同一个 PROFIBUS 网络上。可以使用屏蔽双绞线、光纤或无线传输将分布式 I/O 设备、传动装置等设备连接起来。

从用户的角度看，PROFIBUS 通信协议大致分为 3 类：PROFIBUS-DP、PROFIBUS-PA 和 PROFIBUS-FMS。这 3 类 PROFIBUS 现场总线在自动化系统中的位置如图 8-32 所示。

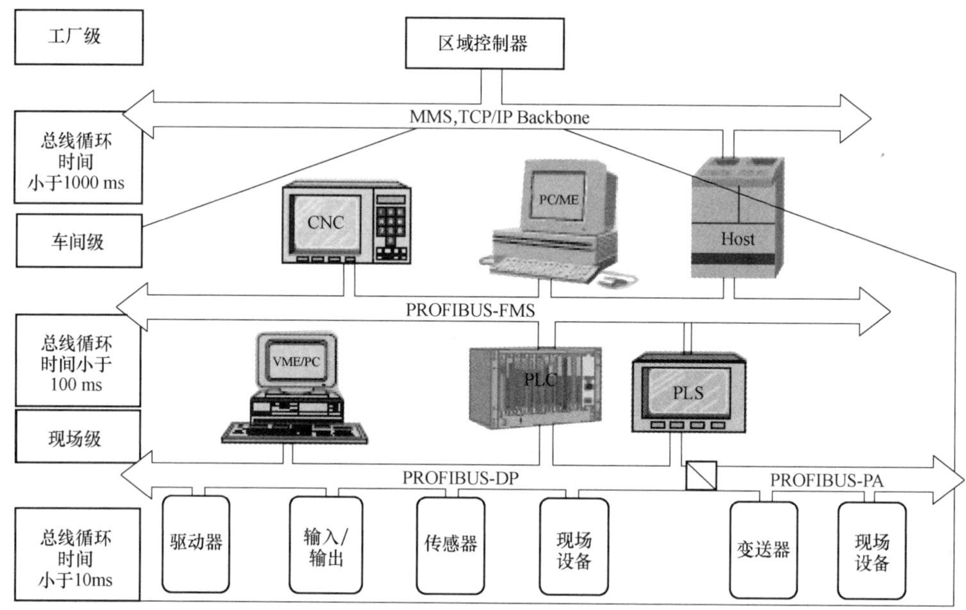

图 8-32　3 类 PROFIBUS 现场总线在自动化系统中的位置

分布式外围设备（PROFIBUS Decentralized Periphery，PROFIBUS-DP）用于自动化系统中单元级控制设备与分布式 I/O 的通信，可以取代 4～20mA 模拟信号传输。PROFIBUS-DP 的通信速率为 19.2k～12Mbit/s，通常默认设置为 1.5Mbit/s，通信数据包为 244 字节。

过程自动化（PROFIBUS Process Automation，PROFIBUS-PA）用于过程自动化的现场传感器和执行器的低速数据传输，使用扩展的 PROFIBUS-DP 协议。它使用屏蔽双绞线电缆，由总线提供电源。

现场总线报文规范（PROFIBUS Fieldbus Message Specification，PROFIBUS-FMS）使用了 ISO/OSI 网络模型的第二层、第四层和第七层，主要用于现场级和车间级不同供应商的自动化系统之间传输数据，处理单元级的多主站数据通信。由于配置和编程比较烦琐，目前应用较少。

8.3.2　PROFIBUS-DP 网络的主站与从站

PROFIBUS 网络系统由 PROFIBUS 主站、从站、网络部件等部分组成。PROFIBUS-DP 网络最重要的组件如图 8-33 所示，各组件的名称及功能如表 8-18 所示。

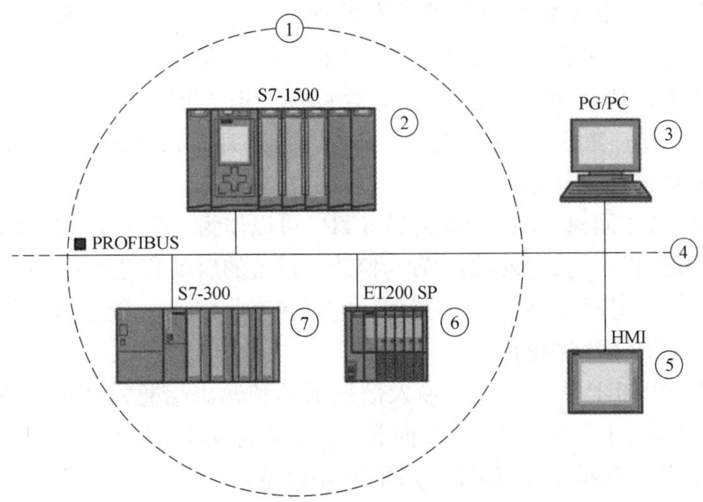

图 8-33　PROFIBUS-DP 网络最重要的组件

表 8-18　　PROFIBUS-DP 网络最重要的组件名称及功能

编号	组件名称	功能说明
①	DP 主站系统	—
②	DP 主站	用于连接的 DP 从站进行寻址的设备。DP 主站与现场设备交换输入和输出信号。DP 主站通常是运行自动化程序的控制器
③	PG/PC	PG/PC/HMI 设备用于调试和诊断，属于 2 类 DP 主站
④	PROFIBUS	PROFIBUS-DP 网络通信基础结构
⑤	HMI	用于操作和监视功能的设备
⑥	DP 从站	分配给 DP 主站和分布式现场设备，如阀门终端、变频器等
⑦	智能从站	智能 DP 从站

1. PROFIBUS-DP 网络中的主站

根据作用与功能的不同，PROFIBUS 主站通常分为 1 类主站和 2 类主站。

（1）1 类 DP 主站是 PROFIBUS 网络系统中的中央处理器，它可以在预定的周期内读取从站工作信息或向从站发送参数，并负责对总线通信进行控制与管理。无论 PROFIBUS 网络采用何种结构，1 类主站是系统所必需的。在 PROFIBUS 网络中，下列设备可作为 1 类 DP 主站的设备：

1）带有 PROFIBUS-DP 集成通信接口的 S7-1500 系列 PLC，例如 CPU 1516-3 PN/DP 等。

2）没有集成 PROFIBUS-DP 集成通信接口，但加上支持 PROFIBUS-DP 通信处理器模块（CP）的 S7-1500 系列 PLC。

3）插有 PROFIBUS 网卡的 PC，例如 WinAC 控制器，用软件功能选择 PC 作为 1 类主站或作为编程监控的 2 类主站。

（2）2 类 DP 主站是 PROFIBUS 网络系统的辅助控制器，它可以对网络系统中的站进行编程、诊断和管理。2 类主站能够与 1 类主站进行友好通信，在进行通信的同时，可以读取从站的输入/输出数据和当前的组态数据，还可以给从站分配新的总线地址。在PROFIBUS 网络中，下列设备可以作为 2 类 DP 主站的设备：

1）PC 加 PROFIBUS 网卡可以作为 2 类主站。SIEMENS 为其自动化产品设计了专用的编程设备，不过一般都用通用的 PC 和 STEP 7 编程软件来作编程设备，用 PC 和 WinCC 组态软件作监控操作站。

2）SIMATIC 操作面板（OP）/触摸屏（TP）可以作为 2 类主站。操作面板用于操作人员对系统的控制和操作，例如参数的设置与修改、设备的启动和停止及在线监视设备的运行状态等。有触摸按键的操作面板俗称触摸屏，它们在工业控制中得到了广泛的应用。

2. PROFIBUS-DP 网络中的从站

PROFIBUS 中的 DP 从站是进行输入信息采集和输出信息发送的外围设备，它只与组态它的主站交换用户数据，可以向该主站报告本地诊断中断的过程中断。在PROFIBUS 网络中，下列设备可以作为 DP 从站设备：

（1）ET200MP 分布式 I/O 系统。ET200MP 是一个灵活的可扩展分布式 I/O 系统，通过现场总线将过程信号连接到 CPU。ET200MP 带有 S7-1500 自动化系统的 I/O 模块，其结构紧凑，具有很高的通道密度；每个站可以扩展多达 30 个 I/O 模块，灵活性很高。ET200MP 支持 PROFINET、PROFIBUS-DP 和点对点的通信协议，其 PROFINET 接口模块符合 PROFINET IEC 61158 标准，PROFIBUS 接口符合 PROFIBUS IEC 61784 标准。

（2）ET200SP 分布式 I/O 系统。ET200SP 是 ET200 分布式 I/O 家庭的新成员，是一款面向过程自动化和工厂自动化的创新产品，具有体积小、使用灵活和性能突出等特点。ET200SP 带有 S7-1500 自动化系统的 I/O 模块，采用了更加紧凑的设计，单个模块最多支持 16 通道，每个站可以扩展 32 或 64 个 I/O 模块。ET200SP 支持 PROFINET、PROFIBUS 通信协议，由于其功能强大，适应于各种应用领域。

8.3.3 PROFIBUS 网络配置方案

根据实际需求，在 PROFIBUS 网络中，对于简单系统，可以采用单主站结构和多主站结构这两种网络配置方案。

1. 单主站结构

单主站结构是由 1 个主站和多个从站所组成的 PROFIBUS 网络系统。在单主站结构中，网络主站必须是 1 类主站。根据主站的不同，单主站系统又分为以下三种基本方案。

（1）PLC 作为 1 类主站，不设监控站。1 类主站负责对网络进行通信管理，由 PLC 完成总线的通信管理、从站数据读/写和从站远程参数设置。在调试阶段配置一台编程设备对网络进行设定和监控操作。

（2）PLC 作为 1 类主站，监控站（系统操作/监控的编程器）通过串口与 PLC 连接。1 类主站负责对网络进行通信管理，由 PLC 完成总线的通信管理、从站数据读/写和从站远程参数设置。监控站通过串口从 PLC 中获取所需数据，从而实现对网络的操作/监控。

（3）以配有 PROFIBUS 接口（网卡）的 PC（个人计算机）作为 1 类主站，监控站与 1 类主站合并于一体。此方案的成本较低，但是 PC 应选用具有高可靠性、能长时间连续运行的工业级 PC，并且使用者必须花费大量的时间认真地开发总线程序和监控程序，否则若 PC 在运行过程中发生软、硬件故障，将会导致整个系统瘫痪。

2. 多主站结构

多主站结构是由多个主站和多个从站所组成的 PROFIBUS 网络系统，该网络结构能够进行远程编程和远程监控。在多主站结构中，网络主站可以是 1 类主站，也可以是 2 类主站，常见的多主站结构有以下两种基本方案。

（1）多主站，单总线系统。该系统由若干个使用同一 PROFIBUS 总线与使用同一通信协议的 PROFIBUS 子网构成，各子网相对独立但可以相互通信。

（2）多主站混合系统。该系统由若干使用同一 PROFIBUS 总线，但使用不同通信协议的 PROFIBUS 子网构成，各子网相对独立但可以相互通信。

8.3.4　PROFIBUS-DP 接口

一个 PROFIBUS 设备至少具有一个 PROFIBUS 接口，带有一个电气（RS-485）接口或一个光纤（Polymer Optical Fiber，POF）接口，PROFIBUS-DP 接口的属性如表 8-19 所示。

表 8-19　　PROFIBUS-DP 接口的属性

标准	PROFIBUS：IEC 61158/61784
物理总线/介质	PROFIBUS 电缆（双绞线 RS-485 或光缆）
传输速率	9.6k～12Mbit/s

在 TIA Portal 的设备视图中，DP 主站和 DP 从站的 PROFIBUS-DP 接口用一个带紫色的矩形突出显示，如图 8-34 所示。

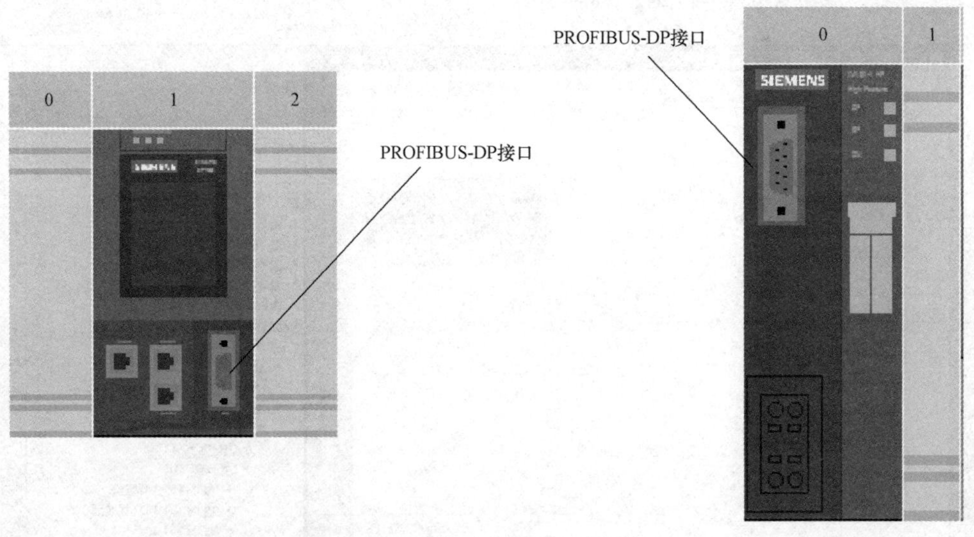

图 8-34　PROFIBUS-DP 接口在 TIA Portal 中的标识

8.3.5　PROFIBUS 网络的参数分配

参数分配就是在组态 S7-1500 自动化系统的过程中设置所用的系统组件以及通信连接的属性，设置的参数下载到 CPU 并在 CPU 启动时传送到相应的组件。对于 S7-1500 的自动化系统来说，S7-1500 CPU 在每次启动过程中会自动将设置的参数下载到新的组件中，所以更换组件十分方便。

1. 组态 PROFIBUS-DP 系统的步骤

组态一个 PROFIBUS-DP 系统可按以下步骤进行：

（1）在 TIA Portal 中创建 PROFIBUS 设备和模块，以及向 DP 主站分配 DP 从站。

（2）参数分配，包括分配 PROFIBUS 地址、网络设置、组态电缆、附加的网络设置、总线参数（创建用户定义的配置文件）、组态恒定总线循环时间。

在创建 PROFIBUS 组件和模块的过程中，组件和模块的属性已经过预设，所以在很多情况下不需再次分配参数，只是在需要更改模块的预设参数或需要使用特殊功能或需要组态通信连接的情况下才再次分配参数。

2. 向 DP 主站分配 DP 从站

一个 PROFIBUS-DP 系统由一个 PROFIBUS-DP 主站及其分配的 PROFIBUS-DP 从站组成，若 PROFIBUS-DP 主站为 CPU 1516-3 PN/DP（6ES7 516-3AN00-0AB0），向其分配一个 PROFIBUS-DP 从站（IM151-1 HF）的步骤如下：

（1）在 TIA Portal 的 Portal 视图的硬件目录中，添加 CPU 1516-3 PN/DP，并组态相应的模块，如 DI、DO 等。

（2）在 TIA Portal 的 Portal 视图的“项目树”中，双击“设备和网络”，可以看到网络视图中已有主站 CPU 1516-3 PN/DP，然后在 TIA Portal 的 Portal 视图右侧的“硬件目录”中，选择“分布式 I/O”→“ET 200S”→“接口模块”→“PROFIBUS”→“IM 151-1 HF”，将 IM 151-1 HF 拖到网络视图的空白处，如图 8-35 所示。

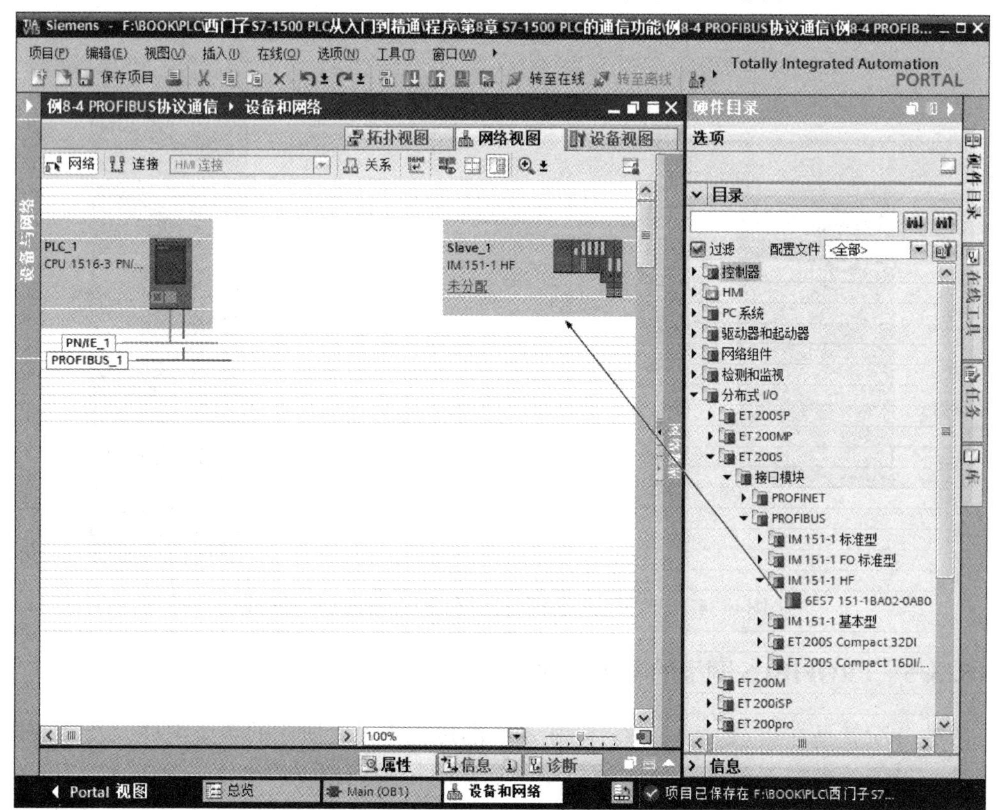

图 8-35 添加从站 IM 151-1 HF

（3）选中添加的 IM 151-1 HF，切换到设备视图，在硬件目录中根据实际需求添加相应的 DI、DO 等模块到 IM 151-1 HF 对应的插槽中。

（4）切换到网络视图，在从站 IM 151-1 HF 上，用鼠标左键单击“未分配”链接，随即打开“选择主站”菜单。在菜单中选择要向其分配的 DP 主站 CPU 1516-3 PN/DP，此时在 IM 151-1 HF 与 CPU 1516-3 PN/DP 间就创建了一个带有 DP 系统的子网，如图 8-36 所示。

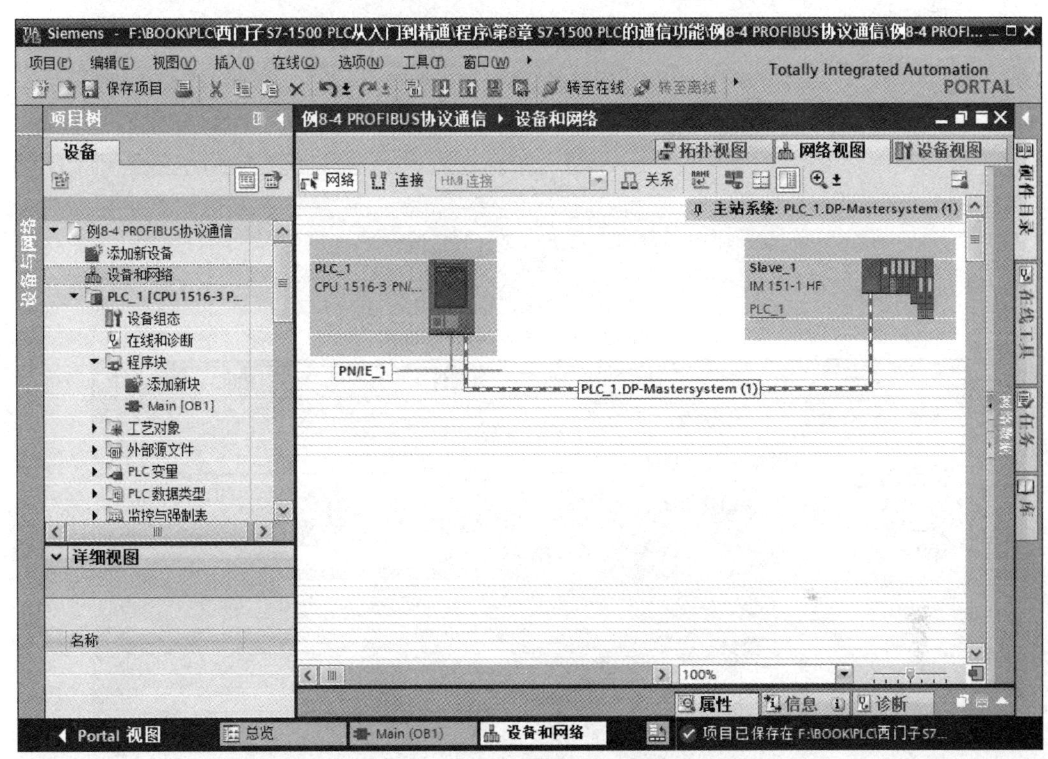

图 8-36　创建带有 DP 系统的子网

3. PROFIBUS 地址设置

连接到 PROFIBUS 子网中的设备，可通过所组态的连接进行通信，也可以作为一个 PROFIBUS-DP 主站系统的一部分。如果将 DP 从站分配给 DP 主站，则将在“接口的链接对象”下自动显示该设备所连接到的 PROFIBUS 子网。

在“监视”窗口的“PROFIBUS 地址”下面，选择该接口所连接到的子网，或者添加新的子网。在一个子网中，所有设备必须具有不同的 PROFIBUS 地址。在图 8-36 中，分别右击主站和从站的紫色 PROFIBUS-DP 接口，在弹出的“属性”→“常规”→“PROFIBUS 地址”中可以查看各自的 PROFIBUS 地址，例如主站 CPU 1516-3 PN/DP 的 PROFIBUS 地址如图 8-37（a）所示，从站 IM 151-1 HF 的 PROFIBUS 地址如图 8-37（b）所示。

通常，TIA Portal 自动为 PROFIBUS 网络中的设备分配地址，用户可以根据实际情况更改地址，但是必须保证为 PROFIBUS 网络中的每个 DP 主站和 DP 从站分配一个唯一的 PROFIBUS 地址。不是所有允许的 PROFIBUS 地址都可以使用，具体取决于 DP 从站，对应带有 BCD 开关的设备，通常只能使用 PROFIBUS 地址 1～99。

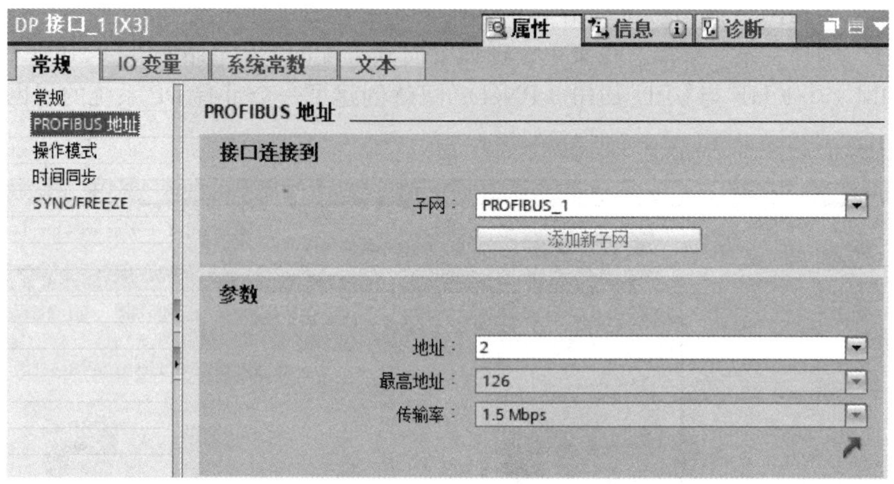

(a) 主站CPU 1516-3 PN/DP的PROFIBUS地址

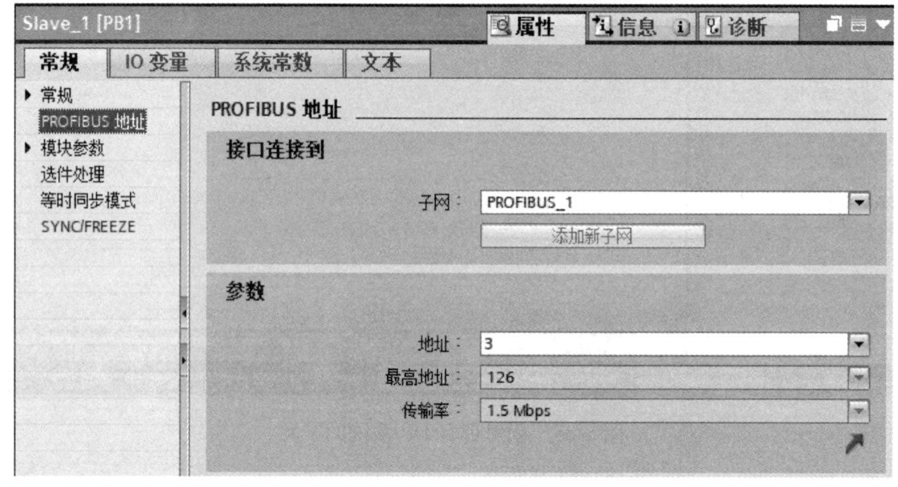

(b) 从站IM 151-1 HF的PROFIBUS地址

图 8-37　PROFIBUS 地址

4. 网络设置

网络设置主要设置 PROFIBUS 网络主动设备的最高 PROFIBUS 地址（HSA）、网络的数据传输率和 PROFIBUS 使用的配置文件。在图 8-36 中，右击紫色 PROFIBUS-1 总线，在弹出的“属性”→“常规”→“网络设置”中可以进行相应设置，如图 8-38 所示。

主动设备的 PROFIBUS 地址不能大于最高 PROFIBUS 地址，被动设备则使用大于 HAS 的 PROFIBUS 地址。

根据所连接的设备类型和所用的协议，可在 PROFIBUS 上使用不同的配置文件。这些配置文件在设置选项和总线参数的计算方面有所不同。只有当所有设备的总线参数都相同时，PROFIBUS 子网才能正常运行。PROFIBUS 使用不同的配置文件，可支持的数据传输率的选择范围也有所不同，具体如表 8-20 所示。

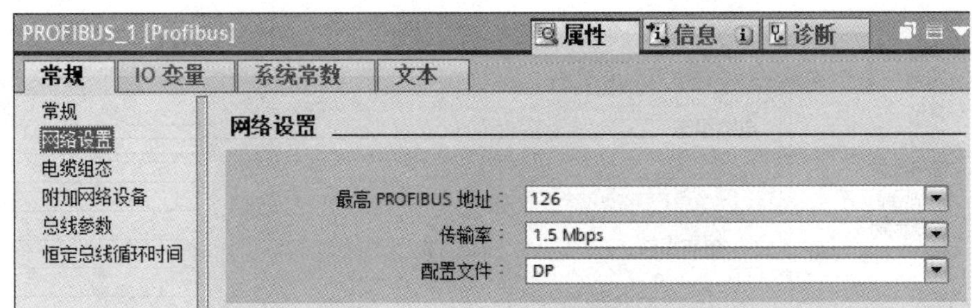

图 8-38　PROFIBUS 网络设置

表 8-20　　PROFIBUS 配置文件和传输率

配置文件	支持的传输率	配置文件	支持的传输率
DP	9.6k～12Mbit/s	通用（DP/FMS）	9.6k～1.5Mbit/s
标准	9.6k～12Mbit/s	用户自定义	9.6k～12Mbit/s

DP 是推荐用于组态恒定总线循环时间和等时同步模式的配置文件。如果仅将满足标准 EN 61158-6-3 要求的设备连接到 PROFIBUS 子网，则选择“DP”配置文件。总线参数的设置已针对这些设备进行优化。其中包括带有 SIMATIC S7 的 DP 主站和 DP 从站接口的设备以及第三方分布式 I/O 设备。

与“DP”配置文件相比，“标准”配置文件在进行总线参数计算时可以包含其他项目中的设备或在项目中尚未组态的设备。随后将通过一种未进行优化的简单算法对总线参数进行计算。

如果 PROFIBUS 子网中的各个设备都使用 FMS 服务（如 CP 343-5、PROFIBUS FMS 设备），则需选择“通用（DP/FMS）”配置文件。与“标准”配置文件相同，在计算总线参数时将包含其他设备。

如果已经对配置文件的参数进行同步，则 PROFIBUS 子网的功能将正常运行。如果其他配置文件都与 PROFIBUS 设备的运行“不匹配”，并且必须针对特殊布局来调整总线参数，则选择“用户自定义”配置文件。使用用户自定义配置文件也无法组态所有理论上可以进行的组合。PROFIBUS 标准规定了一些取决于其他参数的参数限制。例如，在发起方能够接收之前，不允许响应方做出响应。在“用户自定义”配置文件中，也将对这些标准规范进行检查。只有在熟悉 PROFIBUS 参数的情况下，才建议用户使用自定义设置。

5. 电缆组态

计算总线参数时，可以将电缆组态信息考虑进来。为此，在图 8-36 中右击紫色 PROFIBUS-1 总线，在弹出的“属性”→“常规”→“电缆组态”中勾选“考虑下列电缆组态”，如图 8-39 所示。

光纤环网是一种冗余结构，即使两个设备之间的连接发生中断，也可以通过环网结构对所有站进行寻址。光纤环网必须满足以下组态条件：

（1）低于 HSA 的一个空闲地址。

（2）将重试值增加到至少为 3（“网络设置”中选配置文件为用户自定义配置文件）。

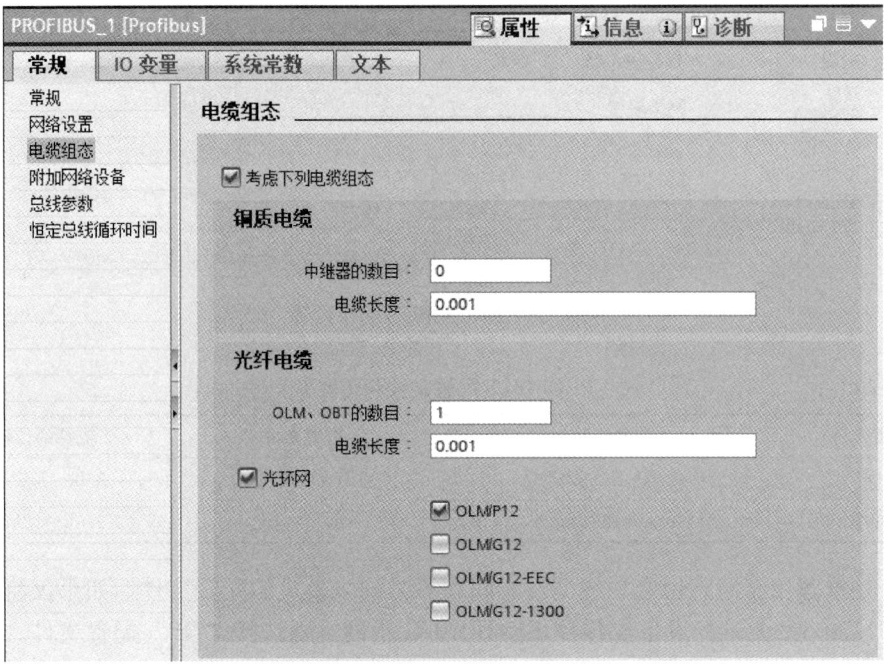

图 8-39　电缆组态

（3）检查和调整时隙时间（“网络设置”中选配置文件为用户自定义配置文件；“总线参数”选 Tslot 参数；需要针对 OLM/P12 采用较低时隙时间值，针对 OLM/G12 和 OLM/G12-EEC 采用中等时隙时间值，针对 OLM/G12-1300 采用较高时隙时间值。这样，小型网络就会取得高性能，中到大型网络就会取得中低性能）。

8.3.6　PROFIBUS 网络诊断

当自动化系统发生故障或错误需确定自动化系统的当前状态时，可以通过使用 PROFIBUS 组件进行相关的诊断和中断分析，然后做出特定的响应。

1. 使用 S7-1500 的显示屏进行诊断

每个标准的 S7-1500 CPU 模块都具有一个前盖，上面带有一块彩色显示屏和操作按钮，通过此显示屏，可以查看 PLC 的诊断缓冲区，也可以查看模块和分布式 I/O 模块的当前状态，如图 8-40 所示。

在 CPU 模块中可以使用操作按钮通过菜单导航方式进行诊断操作，其方法是先通过显示屏下方的方向按钮，把光标移到诊断菜单上，然后单击显示屏下方的“OK”按钮，即可进入诊断界面，如图 8-41 所示。点击显示屏下方的方向按钮，将光标移到子菜单“诊断缓冲区”，浅颜色代表光标已经移到此处。之后，单击显示屏下方的“OK”按钮，弹出如图 8-42 所示的界面，显示了诊断缓冲区的信息。

2. 使用诊断中断器进行诊断

诊断中继器可以在自动化系统运行期间监视 RS-485 PROFIBUS 子网（铜缆）的两个网段，并通过发送诊断帧向 DP 主站发出电缆故障信号。借助 TIA Portal 以及操作员控制与监视设备（SIMATIC HMI），故障信号可以以普通文本的形式显示故障位置和故障原

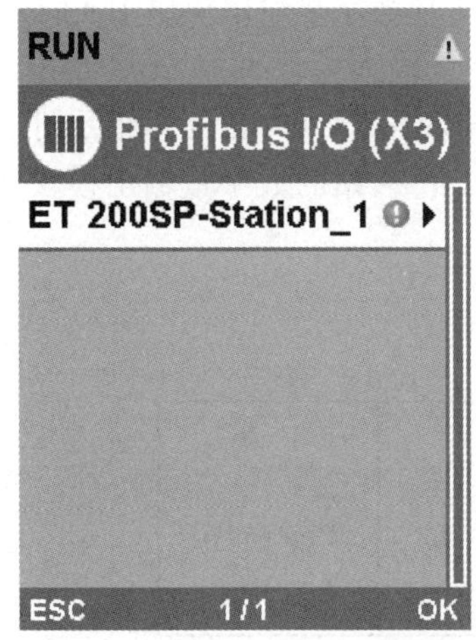

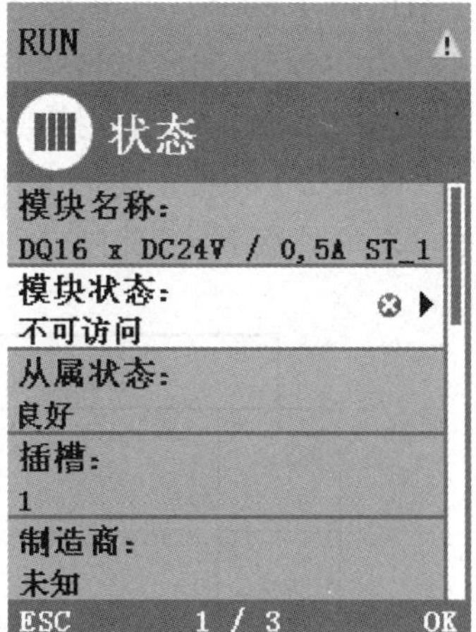

图 8-40　站概览、模块概览和模块状态

图 8-41　诊断界面

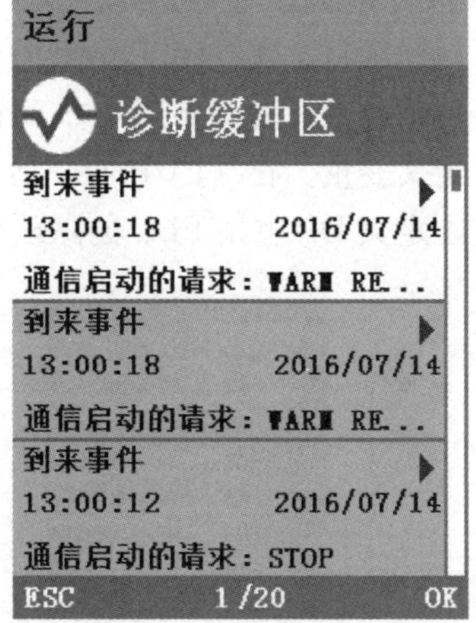

图 8-42　诊断缓冲区界面

因。诊断中继器可以在操作过程中进行电缆诊断，所以能够提前检测和定位电缆故障，这意味着可提前检测到设备故障。

8.3.7　PROFIBUS 通信应用举例

【例 8-4】 CPU 集成 DP 口与 ET200S 间的 PROFIBUS 通信。在某 S7-1500 PLC 的 PROFIBUS 通信网络系统中，带集成 DP 口的 CPU 1516-3 PN/DP 作为主站，从站为 ET 200S。要求通过主站上的按钮控制从站上的电动机进行点动与长动控制。

（1）控制分析。将 CPU 1516-3 PN/DP 作为主站，而 ET 200S 作为从站，通过 PROFIBUS 现场总线，可以实现两者进行通信。在此设置主站地址为 2，从站地址为 3。要实现任务控制时，只需在主站中编写相应程序即可。

（2）硬件配置及 I/O 分配。本例的硬件配置如图 8-43 所示，其硬件主要包括 1 根 PROFIBUS 网络电缆（含两个网络总线连接器）、1 台 CPU 1516-3 PN/DP、1 台 IM 151-

1 HF（ET 200S）、1 块数字量输入模块 DI 16×24V DC BA、1 块数字量输出模块 4DO×24V DC/0.5A HF（6ES7 132-4BD00-0AB0）等。主站的数字量输入模块 I0.0 外接停止运行按钮 SB1，I0.1 外接点动按钮 SB2，I0.2 外接长动按钮 SB3，Q0.0 外接停止指示灯 HL1，Q0.1 外接点动指示灯 HL2，Q0.2 外接长动指示灯 HL3；从站的数字量输出模块的 Q2.0 外接 KM1 控制电动机的运行。

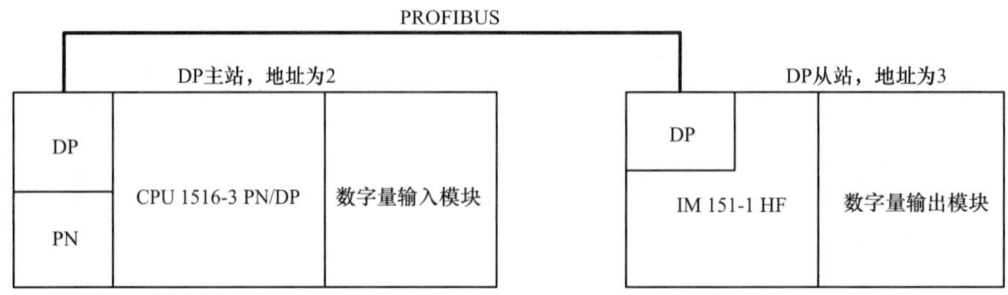

图 8-43　PROFIBUS 通信硬件配置图

（3）硬件组态。

1）新建项目。在 TIA Portal 中新建项目，添加 CPU 模块和数字量输入模块。

2）网络参数设置。参照 8.3.5 节所述内容进行 PROFIBUS 网络的参数设置。

3）定义变量。在 TIA Portal 项目树中，选择“PLC_1”→“PLC 变量”下的“默认变量表”，定义 DP 主站 PLC 的默认变量表，如图 8-44 所示。

默认变量表

	名称	数据类型	地址
1	System_Byte	Byte	%MB10
2	FirstScan	Bool	%M10.0
3	DiagStatusUpdate	Bool	%M10.1
4	AlwaysTRUE	Bool	%M10.2
5	AlwaysFALSE	Bool	%M10.3
6	Clock_Byte	Byte	%MB20
7	Clock_10Hz	Bool	%M20.0
8	Clock_5Hz	Bool	%M20.1
9	Clock_2.5Hz	Bool	%M20.2
10	Clock_2Hz	Bool	%M20.3
11	Clock_1.25Hz	Bool	%M20.4
12	Clock_1Hz	Bool	%M20.5
13	Clock_0.625Hz	Bool	%M20.6
14	Clock_0.5Hz	Bool	%M20.7
15	SB1停止	Bool	%I0.0
16	SB2点动	Bool	%I0.1
17	SB3长动	Bool	%I0.2
18	KM1控制电动机	Bool	%Q2.0
19	停止指示	Bool	%Q0.0
20	点动指示	Bool	%Q0.1
21	长动指示	Bool	%Q0.2

图 8-44　DP 主站默认变量表的定义

（4）编写 S7-1500 PLC 程序。只需对 DP 主站编写程序即可，DP 从站不需编写程序，DP 主站的梯形图程序编写如表 8-21 所示。程序段 1 为停止指示控制，在初始状态下 Q0.0 线圈闭合，表明电动机处于停止状态；程序段 2 为点动指示，当按下点动按钮 SB2

时，I0.1 动合触点闭合，Q0.1 线圈得电，HL2 指示灯亮；程序段 3 为长动指示，只要按下 1 次 SB3，I0.2 动合触点闭合，Q0.2 线圈得电，HL3 指示灯亮，同时 Q0.2 动合触点自锁；程序段 4 为电动机的运行控制，由于 DP 从站数字量输出模块 4DO×24V DC/0.5A HF 在组态时其默认的起始地址为 Q2.0，所以在程序段 4 中，Q2.0 线圈可直接通过 KM 来控制电动机的运行状态。

表 8-21　　DP 主站程序

程序段	LAD
程序段 1	%I0.0 "SB1停止" 动合触点（并联 %Q0.1 "点动指示" 动断触点）— %I0.2 "SB3长动" 动断触点 — %Q0.0 "停止指示" 线圈
程序段 2	%I0.1 "SB2点动" 动合触点 — %I0.0 "SB1停止" 动断触点 — %I0.2 "SB3长动" 动断触点 — %Q0.1 "点动指示" 线圈
程序段 3	%I0.2 "SB3长动" 动合触点（并联 %Q0.2 "长动指示" 动合触点）— %I0.0 "SB1停止" 动断触点 — %I0.1 "SB2点动" 动断触点 — %Q0.2 "长动指示" 线圈
程序段 4	%Q0.1 "点动指示" 动合触点（并联 %Q0.2 "长动指示" 动合触点）— %Q2.0 "KM1控制电动机" 线圈

8.4　PROFINET 通信

PROFINET 是继 PROFIBUS 之后，由 SIEMENS 开发并由 PROFIBUS 国际组织（PROFIBUS International，PI）支持的一种基于以太网的、开放的、用于自动化的工业以太网标准。

8.4.1　PROFINET 简介

1. PROFINET 版本介绍

目前 PROFINET 有 3 个版本，第一个版本定义了基于 TCP/UDP/IP 的自动化组件。采用标准 TCP/IP＋以太网作为连接介质，采用标准 TCP/IP 协议加上应用层的 RPC/DCOM 来完成节点之间的通信和网络寻址。它可以同时挂接传统 PROFIBUS 系统和新型的智能现场设备。现有的 PROFIBUS 网段可以通过一个代理设备（Proxy）连接到 PROFINET 网络当中，使整套 PROFIBUS 设备和协议能够原封不动地在 PROFINET 中使用。传统的 PROFIBUS 设备可通过代理与 PROFINET 上面的 COM 对象进行通信，并通过 OLE 自动化接口实现 COM 对象之间的调用。它将以太网技术应用于高层设备和 PROFIBUS-DP 现场设备技术之间的通信，以便将实时控制域通过代理集成到一个高层的水平上。

第二个版本中，PROFINET 在以太网上开辟了两个通道：一个是标准的使用 TCP/IP 协议的非实时通信通道；另一个是实时通道，旁路第三层和第四层，提供精确通信能力。该协议减少了数据长度，以减小通信栈的吞吐量。为优化通信功能，PROFINET 根据 IEEE 802.p 定义了报文的优先级。

PROFINET 第三版采用了硬件方案以缩小基于软件的通道，以进一步缩短通信栈软件的处理时间。为连接到集成的以太网交换机，PROFINET 第三版还开始采用基于 IEEE 1588 同步数据传输的运动控制解决方案。

2. PROFINET 的通信结构模型

PROFINET 只应用了 OSI 的物理层、数据链路层、网络层、传送层和应用层，如表 8-22 所示。

表 8-22　　PROFINET 的通信结构模型

<table>
<tr><th colspan="2">ISO OSI</th><th colspan="4">PROFINET</th></tr>
<tr><td>7b</td><td>应用层</td><td colspan="2">PROFINET IO 服务、PROFINET IO 协议（对应于 IEC 61158 和 IEC 61784）</td><td colspan="2">PROFINET CBA（对应于 IEC 61158 总线类型 10）</td></tr>
<tr><td>7a</td><td>应用层</td><td rowspan="5"></td><td>无连接 RPC</td><td>DCOM 面向连接的 RPC</td><td rowspan="5"></td></tr>
<tr><td>6</td><td>表示层</td><td rowspan="2">未使用</td><td rowspan="2">未使用</td></tr>
<tr><td>5</td><td>会话层</td></tr>
<tr><td>4</td><td>传送层</td><td>UDP（RFC 768）</td><td>TCP（RFC 793）</td></tr>
<tr><td>3</td><td>网络层</td><td>IP（RFC 791）</td><td></td></tr>
<tr><td>2</td><td>数据链路层</td><td colspan="4">符合 IEC 61784-2 的增强型实时（在准备中）、IEEE 802.3 全双工、IEEE 802.1Q 优先权标签</td></tr>
<tr><td>1</td><td>物理层</td><td colspan="4">IEEE 803.2 100Base-TX，100Base-FX</td></tr>
</table>

表中 DCOM 为分布式组件对象模型，也是 COM 的扩展，它通过网络进行通信；RPC 为远程程序调用；UDP 为用户数据报文协议；TCP 为传输控制协议；IP 为互联网协议；RFC 为一种事实上的标准。

3. PROFINET 的基本通信方式

PROFINET 根据不同的应用场合定义了三种不同的通信方式：TCP/IP 的标准通信、实时（Real Time，RT）通信和同步实时（Isochronous Real Time，IRT）通信。PROFINET 设备能够根据通信要求选择合适的通信方式。

（1）TCP/IP 的标准通信。PROFINET 使用以太网和 TCP/IP 协议作为通信基础，在任何场合下都提供对 TCP/IP 通信的绝对支持。TCP/IP 是 IT 领域关于通信协议方面事实上的标准，尽管响应时间大概在 100ms 量级，不过，对于工厂控制级的应用来说，该响应时间足够了。

（2）实时（RT）通信。由于绝大多数工厂自动化应用场合（例如传感器和执行器设备之间的数据交换）对实时响应时间要求较高，为了能够满足自动化中的实时要求，PROFINET 中规定了基于以太网层第二层（Layer 2）的优化实时通信通道，该方案极大减少了通信栈上占用的时间，提高了自动化数据刷新方面的性能。PROFINET 不仅最小化了 PLC 中的通信栈，而且对网络中传输数据也进行了优化。采用 PROFINET 通信标准，系统对实时应用的响应时间可以缩短到 5～10ms。

（3）同步实时（IRT）通信。在现场级通信中，对通信实时性要求最高的是运动控制（Motion Control），PROFINET 同时还支持高性能同步运动控制应用，在该应用场合 PROFINET 提供对 100 个节点响应时间低于 1ms、抖动误差小于 1μs 的同步实时通信。

4. PROFINET I/O 设备

在 PROFINET 环境中，“设备”是自动化系统、分布式 I/O 系统、现场设备、有源网络组件、PROFINET 的网关、AS-Interface 或其他现场总线系统的统称。PROFINET 网络中最重要的 I/O 设备如图 8-45 所示，表 8-23 列出了 PROFINET 网络中最重要的 I/O 设备名称和功能。

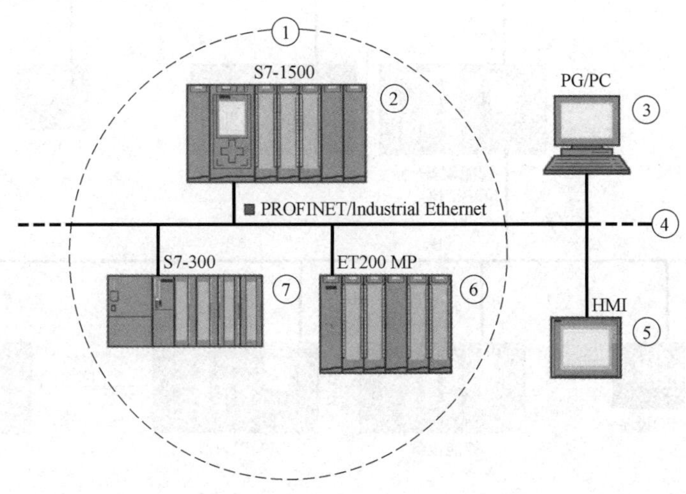

图 8-45　PROFINET I/O 设备

5. 经由 PROFINET I/O 的通信

通过 I/O 通信，经由 PROFINET I/O 来读取和写入分布式 I/O 设备的输入和输出数

表 8-23 **PROFINET I/O 设备及功能**

编号	设备名称	功能说明
①	PROFINET I/O 系统	—
②	I/O 控制器	用于连接的 I/O 设备进行寻址的设备。这意味着 I/O 控制器与现场设备交换输入和输出信号
③	PG/PC（PROFINET I/O 监控器）	用于调试和诊断 PG/PC/HMI 设备
④	PROFINET/工业以太网	网络通信基础结构
⑤	HMI	用于操作和监视功能的设备
⑥	I/O 设备	分配给其中一个 I/O 控制器（例如，具有集成 PROFINET I/O 功能的 Distributed I/O，阀终端、变频器和交换机）的分布式现场设备
⑦	智能设备	智能 I/O 设备

据。图 8-46 所示为经由 PROFINET I/O 的 I/O 通信，表 8-24 对这些 I/O 通信进行了详细的介绍。图 8-46 中的 A 表示 I/O 控制器与 I/O 控制器之间经由 PN/PN 耦合器的通信；B 表示 I/O 控制器与智能设备之间的通信；C 表示 I/O 控制器与 I/O 设备之间的通信；D 表示 S7-1500 CPU 之间的直接数据交换。

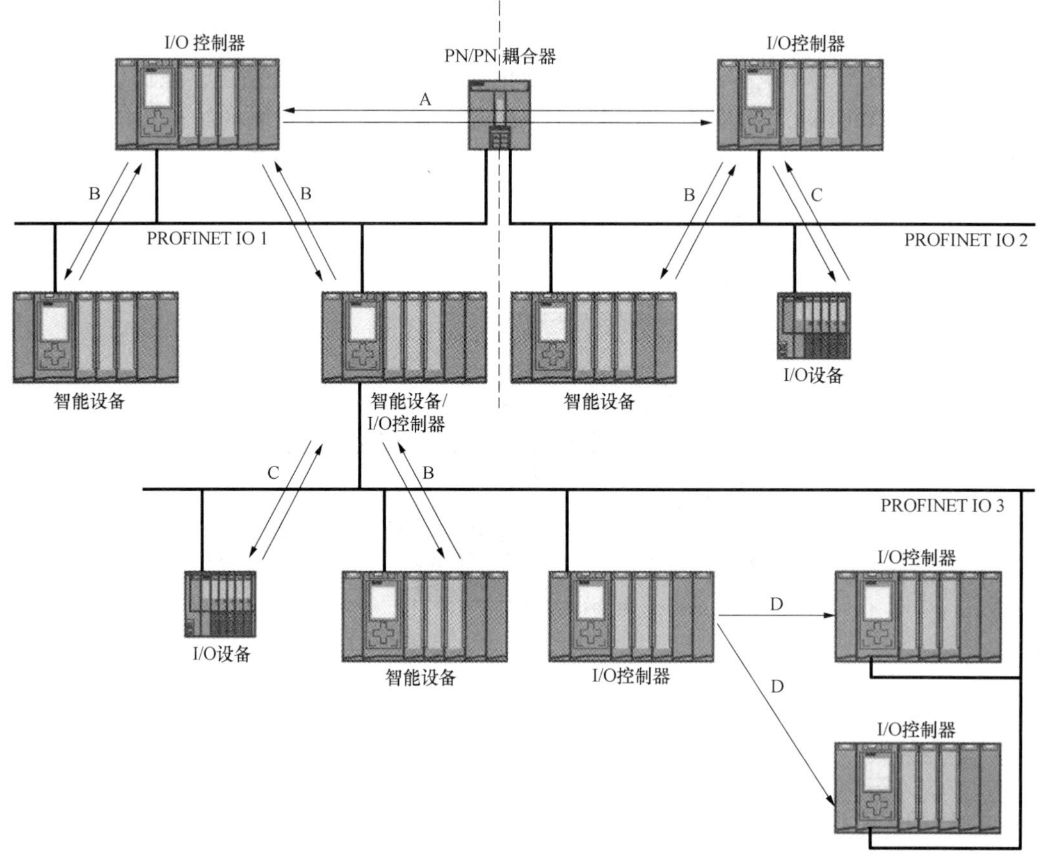

图 8-46 经由 PROFINET I/O 的 I/O 通信

表 8-24　　经由 PROFINET I/O 的 I/O 通信

通信类型	说明
I/O 控制器和 I/O 设备之间	I/O 控制器循环地将数据发送到 PROFINET I/O 系统的 I/O 设备，并从这些设备接收数据
I/O 控制器和智能设备之间	在 I/O 控制器和智能设备的 CPU 中的用户程序之间循环传输固定数量的数据。I/O 控制器不会访问智能设备的 I/O 模块，但会访问已组态的地址范围（即传输范围），这可能在智能设备的 CPU 的过程映像内或外。如果将过程映像的某些部分用作传输范围，就不能将这些范围用于实际 I/O 模块。通过过程映像或通过直接访问，使用加载操作和传输操作可进行数据传输
I/O 控制器和 I/O 控制器之间（PN/PN 耦合器）	在 I/O 控制器的 CPU 中的用户程序之间循环传输固定数量的数据，需要将一个 PN/PN 耦合器作为附加硬件使用。I/O 控制器共同访问已组态的地址范围（即传输范围），这可能在 CPU 的过程映像内或外。如果将过程映像的某些部分用作传输范围，就不能将这些范围用于实际 I/O 模块。通过过程映像或通过直接访问，使用加载操作和传输操作可进行数据传输。可在两个 PROFINET I/O 系统之间通过 PN/PN 耦合器进行 I/O 通信
S7-1500 CPU 和 S7-1500 CPU（直接数据交换）	在直接数据交换的情况下，S7-1500 CPU 将 I/O 区域中的循环用户数据提供给一个或多个伙伴。直接数据交换是基于 IRT 和等时同步模式下的 PROFINET

6. PROFINET 接口

SIMATIC 产品系列的 PROFINET 设备具有一个或多个 PROFINET 接口（以太网控制器/接口），PROFINET 接口具有一个或多个端口（物理连接器件）。如果 PROFINET 接口具有多个端口，则设备具有集成交换机。对于其某个接口上具有两个端口的 PROFINET 设备，可以将系统组态为线形或环形拓扑结构；具有 3 个或更多端口的 PROFINET 设备也很适合设置为树形拓扑结构。

网络中每个 PROFINET 设备均通过其 PROFINET 接口进行唯一标识。为此，每个 PROFINET 接口具有一个 MAC 地址（工厂默认值）、一个 IP 地址和 PROFINET 设备名称。表 8-25 说明了 TIA Portal 中 PROFINET 接口的命名属性和规则以及表示方式。若 PROFINET 接口标签为 X2P1，则表示接口编号为 2，端口编号为 1；PROFINET 接口标签为 X1P2，则表示接口编号为 1，端口编号为 2；PROFINET 接口标签为 X1P1R，则表示接口编号为 1，端口编号为 1（环形端口）。

表 8-25　　PROFINET 设备的接口和端口的标识

元素	符号	接口编号
接口	X	按升序从数字 1 开始
端口	P	按升序从数字 1 开始（对于每个接口）
环网端口	R	—

8.4.2　构建 PROFINET 网络

可以通过有线连接和无线连接两种不同的物理连接方式在工业系统中对 PROFINET

设备进行联网。有线连接是通过铜质电缆使用电子脉冲，或通过光纤使用光纤脉冲进行有线连接；无线连接是使用电磁波通过无线网线进行无线连接。

SIMATIC 中的 PROFINET 设备是基于快速以太网和工业以太网，所以它的布线技术十分适用于工业用途。快速以太网的传输速率为 100Mbit/s，其传输技术使用 100 Base-T 标准。工业以太网适用于工业环境，与标准以太网的区别主要是在于各个组件的机械载流能力和抗干扰性。

1. 有源网络组件

交换机和路由器属于有源网络组件，可用于构建 PROFINET 网络。

(1) 交换式以太网。基于交换式以太网的 PROFINET I/O 支持全双工操作且传输带宽高达 100Mbit/s，通过多个设备的并行数据传输，且以高优先级对 PROFINET I/O 数据帧进行处理，这样将大大提高网络的使用效率。

交换机是用于连接局域网中多个终端设备或网段的网络组件。设备要与 PROFINET 网络上的多个其他设备通信，则需将该设备连接到交换机的端口上，然后将其他设备（包括交换机）连接到该交换机的其他端口。通信设备与交换机之间的连接是点对点连接，交换机负责接收和分发帧。交换机“记住”所连接的 PROFINET 设备或其他交换机的以太网地址，并且只转发那些用于连接的 PROFINET 设备或交换机的帧。

PROFINET 网络上可以使用的交换机有两种型号：集成到 PROFINET 设备的交换机和独立交换机（如 SCALANCE 系列交换机）。对于带有多个端口的 PROFINET 设备，可以使用集成交换机（如 CPU 1516-3 PN/DP）来连接设备。

(2) 路由器。路由器将独立的网段（例如管理层和控制层）彼此连接，其数据必须根据各网段的服务来协调。路由器还负责分隔两个网络并充当网络间的中介，从而减轻网络负荷。SCALANCE X300 以及 SCALANCE-X 以上型号都提供了路由功能。

路由器两端的通信设备仅在前台启用它们之前通过路由器进行通信时才能互相通信。例如，要直接从 SAP 访问生产数据，应使用路由器将工厂中的工业以太网和办公区域中的以太网连接。

2. 有线连接的 PROFINET 网络

电气电缆和光纤都可用于构建有线 PROFINET 网络，电缆类型的选择取决于数据传输需求和网络所处的环境。表 8-26 汇总了带有集成交换机及可能传输介质的 PROFINET 接口的技术规范。

表 8-26　　PROFINET 的传输介质

物理属性	连接方法	电缆类型/传输介质标准	传输速率/模式	更大分段长度（两个设备间）	优势
电气	RJ45 连接器 ISO 60603-7	100Base-TX 2x2 双绞对称屏蔽铜质电缆，满足 CAT 5 传输要求 IEEE 802.3	100Mbit/s，全双工	100m	简单经济

续表

<table>
<tr><th>物理属性</th><th>连接方法</th><th>电缆类型/传输介质标准</th><th>传输速率/模式</th><th>更大分段长度（两个设备间）</th><th>优势</th></tr>
<tr><td rowspan="4">光学</td><td rowspan="2">SCRJ45
ISO/IEC 61754-24</td><td>100Base-FX POF 光纤电缆
ISO/IEC 60793-2</td><td rowspan="2">100Mbit/s，全双工</td><td>50m</td><td rowspan="4">电位存在较大差异时使用对电磁辐射不敏感线路衰减低，可将网段的长度显著延长（仅适用于光缆）</td></tr>
<tr><td>PCF 覆膜玻璃光纤
ISO/IEC 60793-2</td><td>100m</td></tr>
<tr><td rowspan="2">BFOC（Bayonet 光纤连接器）及 SC（用户连接器）
ISO/IEC 60874</td><td>单模玻璃纤维光纤电缆
ISO/IEC 60793-2</td><td rowspan="2">100Mbit/s，全双工</td><td>26km</td></tr>
<tr><td>多模玻璃纤维光纤电缆
ISO/IEC 9314-4</td><td>3km</td></tr>
<tr><td>电磁波</td><td>—</td><td>IEEE 802.11x</td><td>取决于所用的扩展符号（a、g、h 等）</td><td>100m</td><td>灵活性更高，联网到远程或难以访问的设备时成本较低</td></tr>
</table>

3. 无线连接的 PROFINET 网络

无线数据传输已经实现了通过无线接口将 PROFINET 设备无缝集成到现有总线系统中，可以灵活使用 PROFINET 设备完成各种与生产相关的任务，并根据客户要求灵活组态系统组件以进行快速开发，通过节省电缆来最大限度节约成本。

图 8-47 所示为 SIMATIC 无线网络系列设备的多种可能的应用和组态。在不允许全双工的情况下，工业无线网络的总数据传输速率为 11 或 54Mbit/s。使用 SCALANCE W（接入点）可以在室内或室外建立无线网络。可以安装多个接入点以创建大型无线网络，在该大型网络中，可以将移动用户从一个接入点无缝地传送到另一个接入点（漫游）。除无线网络外，也可以跨越远距离（数百米）建立工业以太网网段的点对点连接。在这种情况下，射频场的范围和特性取决于所使用的天线。

通过 PROFINET，还可以使用工业无线局域网（IWLAN）技术建立无线网络。所以，建议在构建 PROFINET 网络时使用 ACALANCE W 系列设备。

如果使用工业无线局域网建立 PROFINET，则必须为无线设备增加更新时间。IW-LAN 接口的性能低于有线数据网络的性能，多个通信站必须共享有限的传输带宽。

8.4.3　PROFINET 网络参数分配

“分配参数”指设置所用组件的属性，将同时组态硬件组件和数据通信的设置。在 TIA Portal 中可以为 PRORINET 网络设置设备名称、IP 地址、端口互联和拓扑、模块属性等参数。

这些参数将加载到 CPU 并在 CPU 启动期间传送给相应的模块。使用备件就可以更

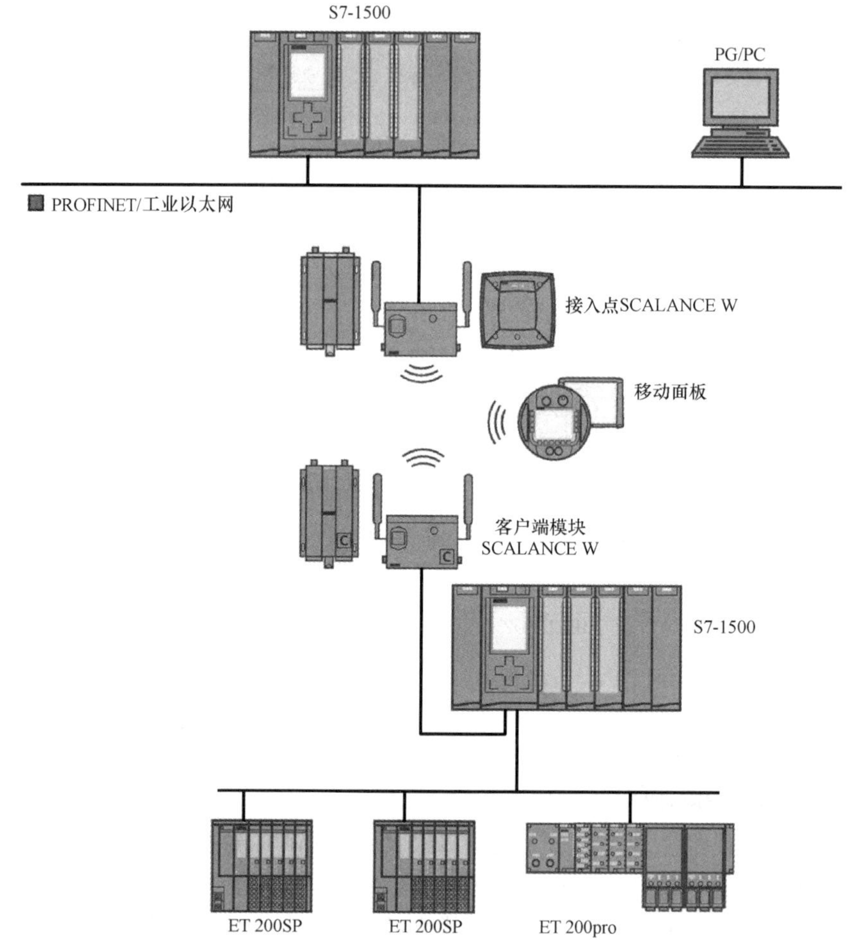

图 8-47　SIMATIC 工业无线网络的应用示例

换模块，这是因为针对 SIMATIC CPU 分配的参数在每次启动时会自动加载到新模块中。

如果想要设置、扩展或更改自动化项目，则需要组态硬件。为此，需要向结构中添加硬件组件，将它们与现有组件相连并根据任务要求修改硬件属性。自动化系统和模块的属性是预设的，所以在很多情况下，不需要再为其分配参数，但是在需要更改模块的默认参数设置、想要使用特殊功能及组态通信连接等情况下，需要进行参数分配。

1. 将 I/O 设备分配给 I/O 控制器

PROFINET I/O 系统由一个 PROFINET I/O 控制器和其分配的 PROFINET I/O 设备组成，这些设备在网络或拓扑视图中就位后，TIA Portal 会为其分配默认值。最初只需考虑将 I/O 设备分配给 I/O 控制器。

下面，以 I/O 设备 IM 155-6 PN ST（6ES7 155-6AU00-0BN0）分配给 I/O 控制器 CPU 1516-3 PN/DP（6ES7 516-3AN00-0AB0）为例讲述其操作步骤。

（1）在 TIA Portal 的 Portal 视图的硬件目录中，添加 CPU 1516-3 PN/DP，并组态相应的模块，如 DI、DO 等。

（2）在 TIA Portal 的 Portal 视图的“项目树”中，双击“设备和网络”，可以看到网络视图中已有主站 CPU 1516-3 PN/DP，然后在 TIA Portal 的 Portal 视图右侧的“硬件目录”中，选择“分布式 I/O”→“ET200SP”→“接口模块”→“PROFINET”→“IM 155-6 PN ST”，将 IM 155-6 PN ST 拖到网络视图的空白处，如图 8-48所示。

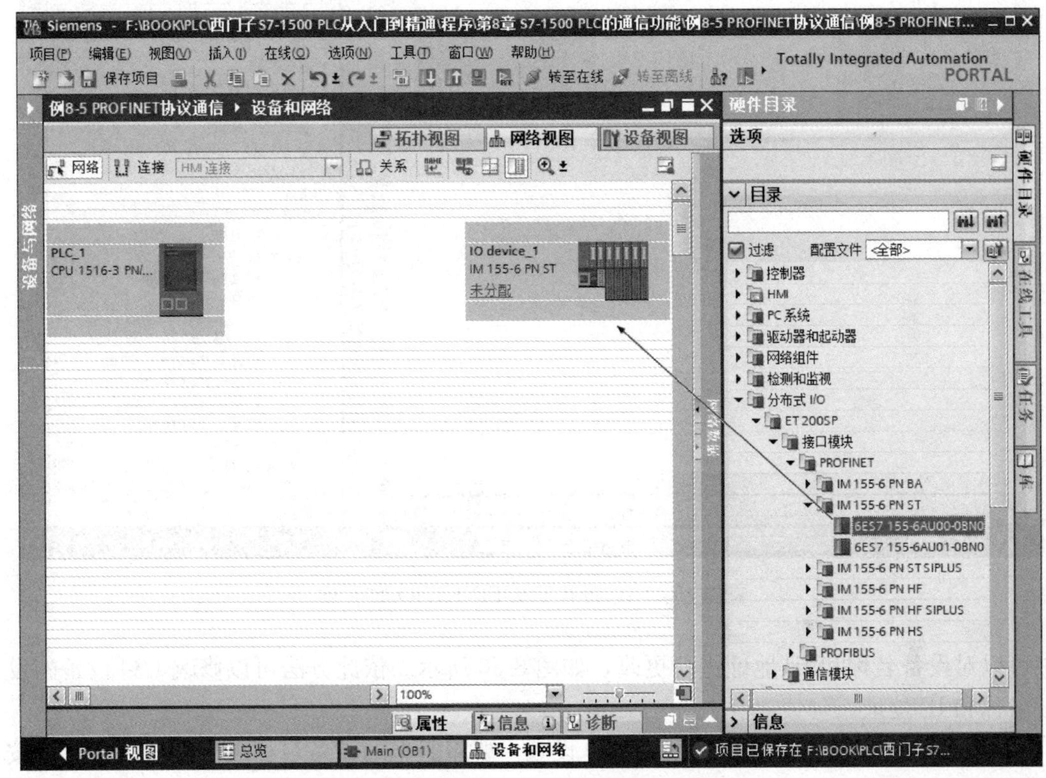

图 8-48　创建带有 PROFINET IO 的子网

（3）选中添加的 IM 155-6 PN ST，切换到设备视图，在硬件目录中根据实际需求添加相应的 DI、DO 等模块到 IM 155-6 PN ST 对应的插槽中。

（4）在 I/O 设备 IM 155-6 PN ST 上，用鼠标左键单击“未分配”链接，随即打开“选择 IO 控制器”菜单。在菜单中选择要向其分配的 I/O 控制器 CPU 1516-3 PN/DP，此时在 IM 155-6 PN ST 与 CPU 1516-3 PN/DP 间就创建了一个带有 PROFINET IO 的子网，如图 8-49 所示。

2. 设备名称和 IP 地址

为了使 PROFINET 设备可作为 PROFINET 上的节点进行寻址，必须满足唯一的 PROFINET 设备名称和相关 IP 子网中的唯一 IP 地址。

（1）设备名称和 IP 地址的修改。TIA Portal 在硬件和网络编辑器中排列 PROFINET 设备期间分配设备名称。IP 地址通常由 TIA Portal 自动分配，并根据设备名称分配给设备，也可以根据实际需求手动更改设备名称和 IP 地址。其操作方法是：在图 8-49 中，右击 CPU 1516-3 PN/DP 绿色的 PN 端口，在弹出的“属性”→“常规”→“以太网地址”

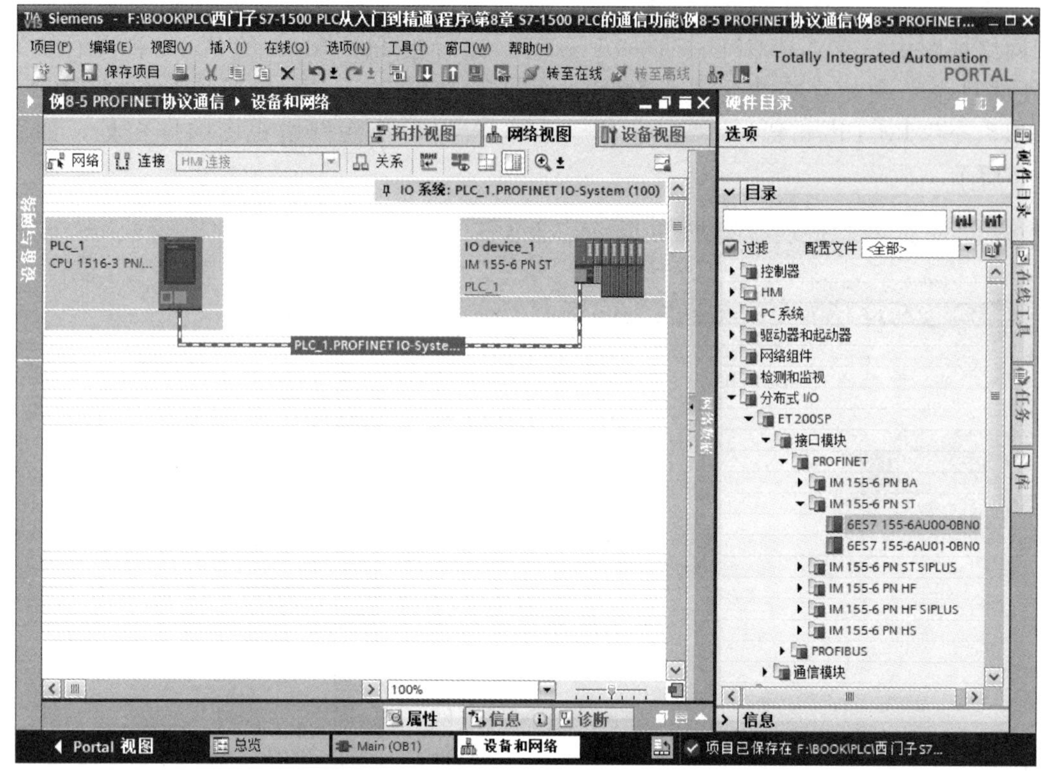

图 8-49 创建带有 PROFINET IO 的子网

中可以对设备名称和 IP 地址进行更改，如图 8-50 所示。依此方法可以修改 I/O 设备的设备名称和 IP 地址。

(2) 将已组态的设备名称下载到 I/O 设备。要将组态的设备名称放入 I/O 设备，可按以下步骤进行：

1) 将 PG/PC 连接至相关 I/O 设备所在的网络，PG/PC 的接口必须设置为 TCP/IP 模式；

2) 在 TIA Portal 中，根据 MAC 地址在“可访问设备”对话框中选择相应的 I/O 设备；

3) 单击“分配名称”，将已组态设备名称下载至 I/O 设备。I/O 控制器将根据其设备名称识别 I/O 设备，并自动为其分配组态的 I/O 地址。

(3) 识别 PROFINET 设备。要从控制柜中的若干相同设备中清楚地识别出某个设备，可以使 PROFINET 设备连接的 LED 指示灯闪烁。要执行此操作，可以在 TIA Portal 中选择菜单命令“在线”→“可访问的设备……”，打开“可访问设备”对话框，如图 8-51 所示。在“可访问设备”对话框中，设置用于连接设备的 PG/PC 接口，TIA Portal 将自动搜索可访问设备并将其显示在“目标子网中的可访问设备”表中。选择所需的 PROFINET 设备并单击“闪烁 LED”按钮，将根据 MAC 地址来识别 PROFINET 设备。

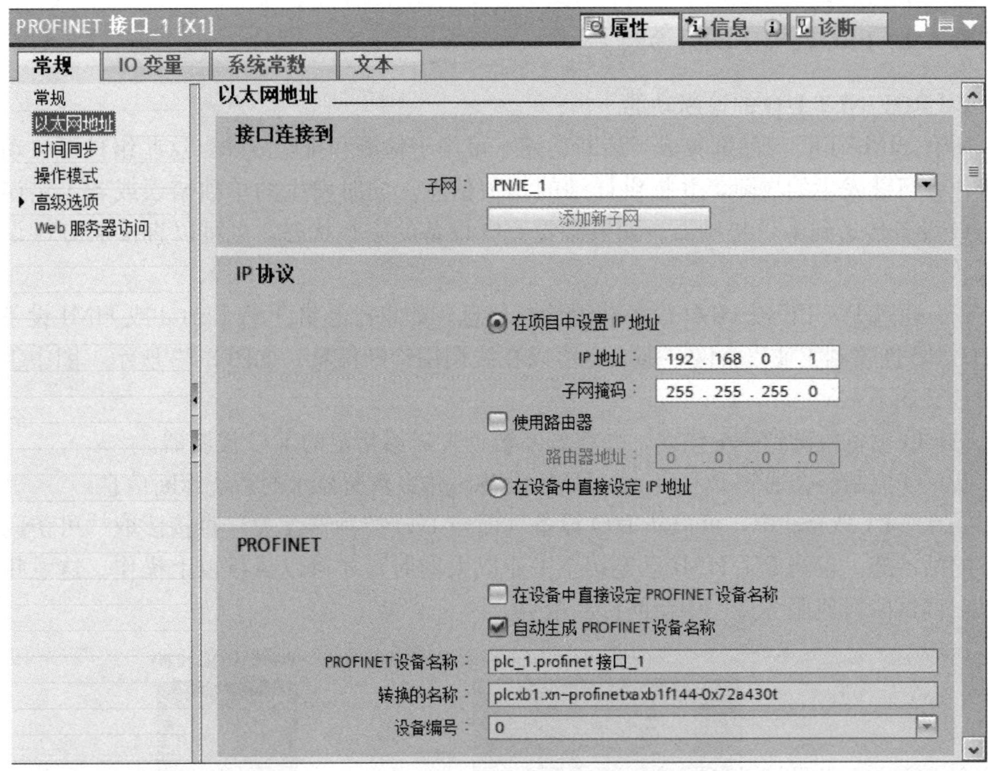

图 8-50　设备名称和 IP 地址

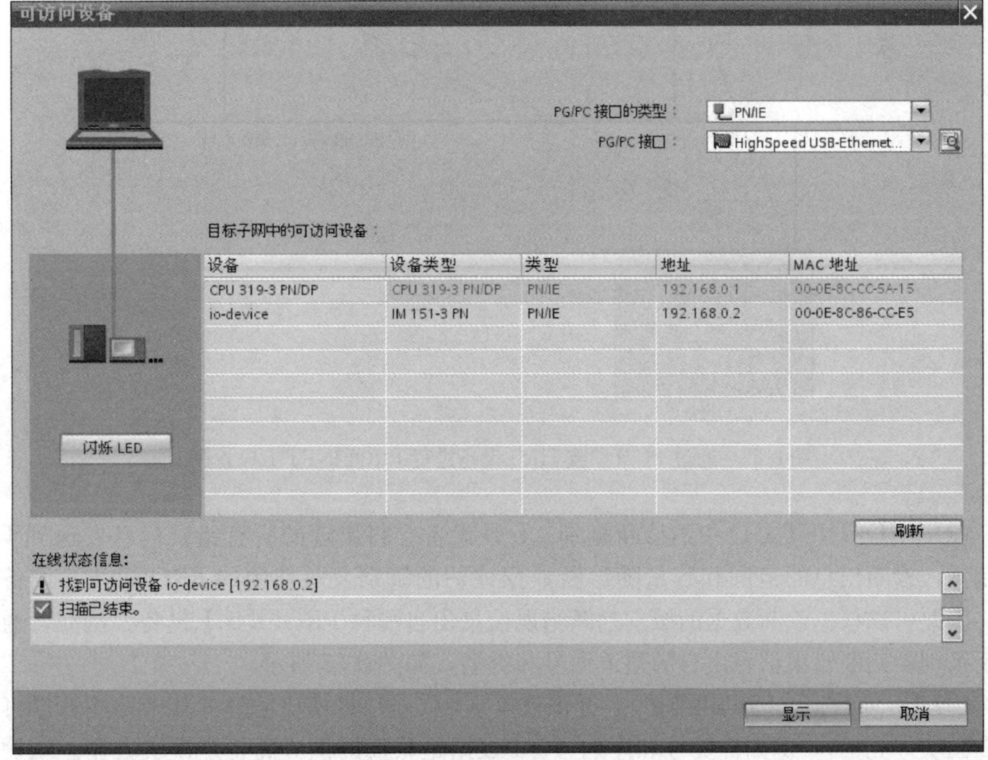

图 8-51　“可访问设备”对话框

8.4.4 PROFINET 网络诊断

1. PROFINET I/O 的诊断功能

所有 SIMATIC 产品都集成了诊断功能，可用于检测和排除故障。这些组件可自动指出操作中可能发生的故障，并提供详细的相关信息。同时发生的单独错误或若干错误将从 I/O 设备传送到 I/O 控制器。如果需要 I/O 设备的完整状态，也可以直接从 I/O 设备读取状态。

(1) 通过 PG/PC 或 HMI 设备获得诊断信息。如果已经将 TIA Portal 或 HMI 设备通过 PG/PC 连接到工业以太网，那么也可以在线调用诊断信息，如图 8-52 所示，图中①～③的含义如下：

①I/O 设备检测到一个错误，并将诊断数据发送给指定的 I/O 控制器。

②I/O 控制器会通知 PG/PC 或/HMI 设备，并更新所显示的系统诊断信息。

③在 TIA Portal 中，可以从 I/O 设备（而与 I/O 控制器无关）直接读取“可访问设备”的站状态。仅当 PG/HMI 已连接至工业以太网时，才可以执行以上操作。这意味着可以在调试阶段或服务过程中访问诊断信息。

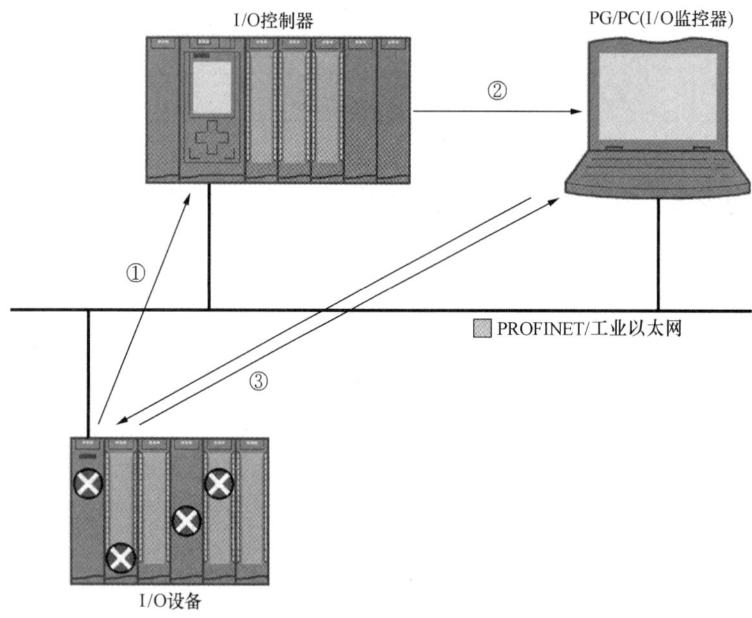

图 8-52 通过 PG/PC 或 HMI 设备进行 PROFINET I/O 诊断

(2) PROFINET I/O 中的诊断级别。I/O 设备会将出现的所有错误信息发送到 I/O 控制器，诊断信息的范围和容量随诊断数据评估的级别及所使用的 PROFINET 设备而异，因此可以根据诊断数据的级别判断错误信息出自哪种 PROFINET 设备。例如，通过诊断级别 4 判断错误信息出自的通道编号和类型，如图 8-53 所示。

(3) I&M 数据（标识和维护）。标识数据（I 数据）是模块信息（其中某些数据可能印在模块外壳上），例如订货号和序列号。I 数据是只读的供应商特定模块数据。维护数据（M 数据）是设备特定信息，例如位置标识符和安装日期。M 数据是在组态期间创建

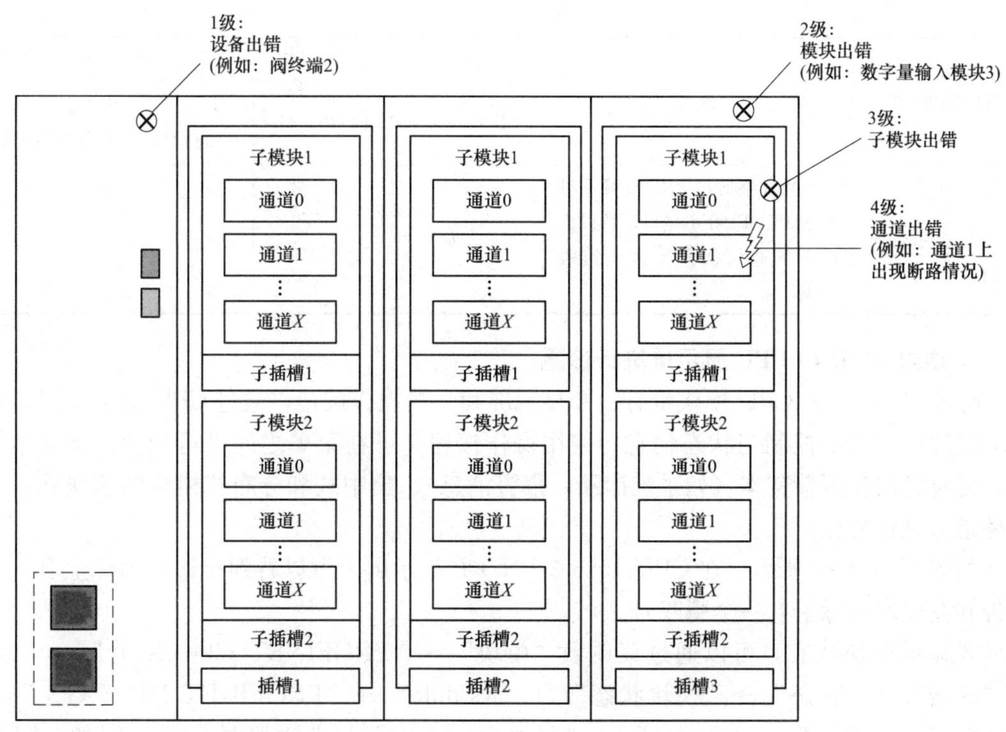

图 8-53　PROFINET I/O 的诊断级别

的。这些模块可在在线模式下通过 I&M 数据唯一地标识。

2. 通过 PROFINET 接口的 LED 灯进行诊断

SIMATIC 设备 PROFINET 接口的每个端口都有一个 LED 指示灯，通过这些指示灯可以进行故障的诊断。表 8-27 汇总了 S7-1500、ET 200MP、ET 200SP 和 ET 200AL 系统中这些 LED 指示灯的含义。

表 8-27　　SIMATIC 设备 PROFINET 接口的 LED 指示灯含义

LED 指示灯图形	含义	S7-1500	ET 200MP	ET 200SP	ET 200AL
		LINK/TX/RX LED 指示灯		LK LED 指示灯	P1、P2 Link LED 指示灯
□ LED 指示灯熄灭	PROFINET 设备的 PROFINET 接口与通信伙伴之间没有以太网连接。当前未通过 PROFINET 接口收发任何数据	√	√	√	√
■ LED 指示灯绿色点亮	PROFINET 设备的 PROFINET 接口与通信伙伴之间存在以太网连接	√	√	√	√
LED 指示灯绿色闪烁	正在执行“LED 指示灯闪烁测试”	√	√	√	√

续表

LED 指示灯图形	含义	S7-1500	ET 200MP	ET 200SP	ET 200AL
		LINK/TX/RX LED 指示灯		LK LED 指示灯	P1、P2 Link LED 指示灯
LED 指示灯黄色闪烁	当前正在通过 PROFINET 设备的 PROFINET 接口，从以太网上的通信伙伴发送或接收数据	√	√	—	—

3. 通过 S7-1500 CPU 显示屏进行诊断

标准的 S7-1500 CPU 模块带有一个显示屏和一些操作按钮，通过 CPU 的显示屏，可在不同菜单中显示控制与状态信息；使用操作按钮，可在菜单之间进行切换。在显示屏上，可对错误和报警文本（如系统诊断，报警消息）、集中式和分布式模块的模块状态等各种指示进行分析。

如图 8-54（a）所示，在 CPU 1516-3 PN/DP 显示屏上可以看到在诊断图标上有一条警告并在模块图标上有一个感叹号。

要显示模块状态，可以通过菜单项“模块”→“PROFINET I/O（X1）”→“站”→“插槽”→“状态”→“模块状态”［“Module”→“PROFINET I/O（X1）”→“Station”→“Slot”→“Status”→“Module status”］来浏览显示屏。例如，图 8-54（b）指示模块状态不可访问，“从属状态”为良好，表示故障不在较低级别子模块或通道中，而是在模块中。

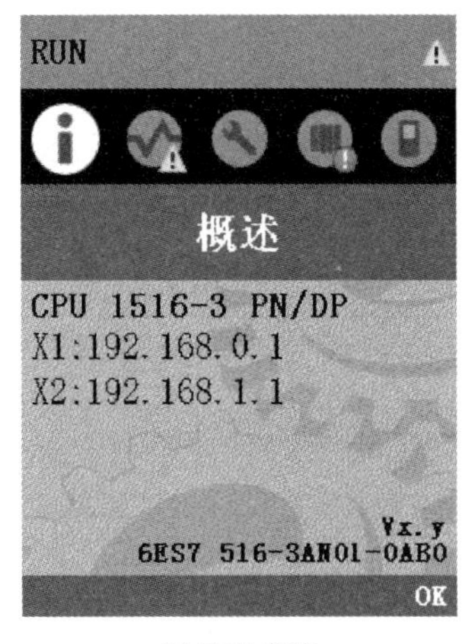

(a) 显示屏概览

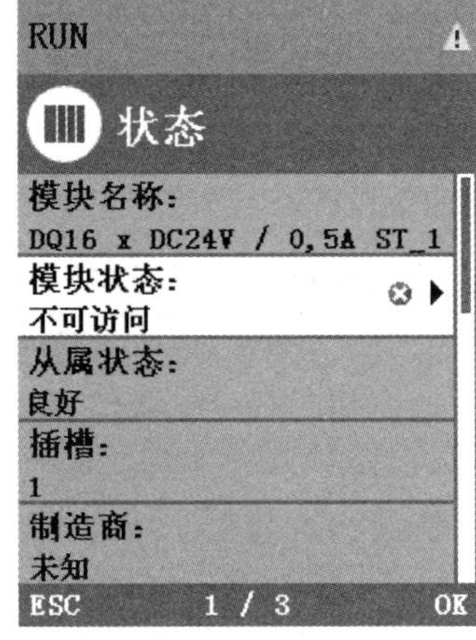

(b) 显示模块状态

图 8-54　S7-1500 显示屏

还可以在显示屏上显示相关自动化的诊断缓冲区条目和报警消息。要显示 CPU 的诊断缓冲区条目，可以在显示屏上通过菜单项“诊断”→“诊断缓冲区”（“Diagnostics”→“Diagnostics buffer”）进行浏览。

4. 通过 Web 服务器进行诊断

S7 系列 CPU 中自带有集成的 Web 服务器，该服务器具有很多的功能。例如，在诊断方面，Web 服务器就可以提供一些信息，如诊断信息、诊断缓冲区的内容、模块信息、通信相关信息、PROFINET 系统的实际拓扑、PROFINET 系统的设定拓扑（组态方面）等。

在 Web 服务器显示的图形视图中提供 PROFINET 系统的设定拓扑和实际拓扑必须满足以下要求：

（1）在 TIA Portal 硬件和网络编辑器的拓扑编辑器中已组态 PROFINET 端口；

（2）已通过 TIA Portal 将整个项目加载到 CPU 中。

通过 Web 服务器显示的图形视图如图 8-55 所示，表 8-28 列出了设定/实际拓扑有色连接的含义。

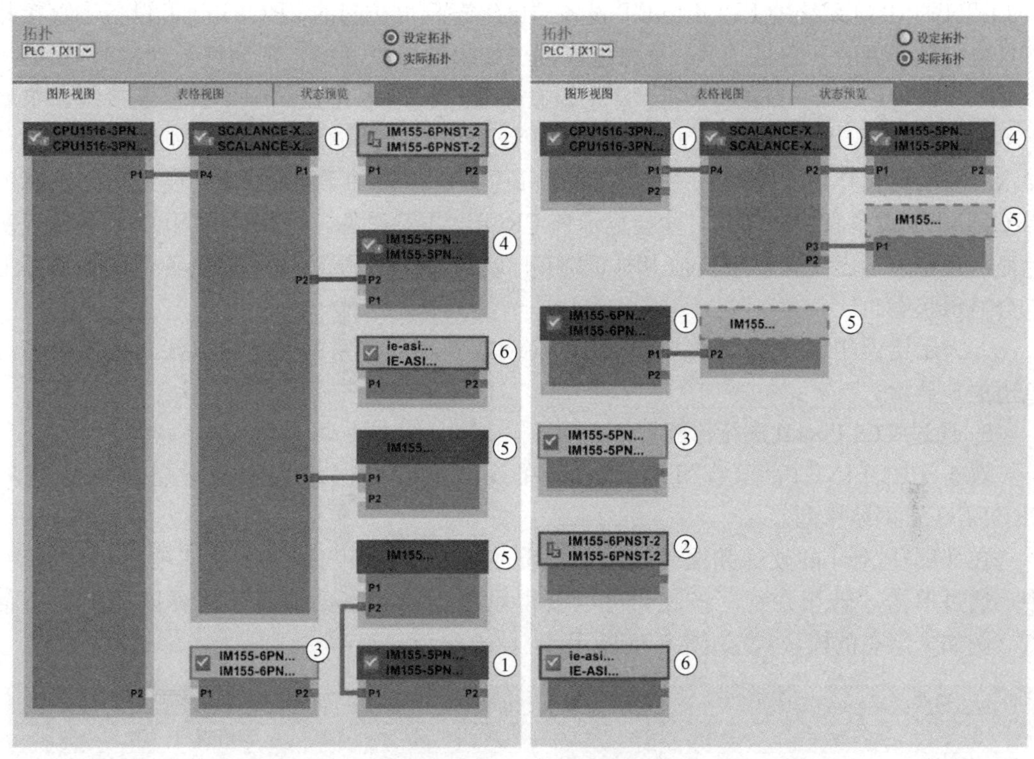

图 8-55　通过 Web 服务器显示的图形视图

表 8-28　　设定/实际拓扑中有色连接的含义

<table>
<tr><th rowspan="2">连接</th><th colspan="2">含　义</th></tr>
<tr><th>设定拓扑</th><th>实际拓扑</th></tr>
<tr><td>绿色</td><td>当前实际连接与已组态的设定连接匹配</td><td>检测到的连接</td></tr>
<tr><td>红色</td><td>当前实际连接与组态的设定连接不匹配（如端口已互换）</td><td>—</td></tr>
<tr><td>蓝色</td><td>无法对连接进行诊断，原因：
1）与 I/O 设备的通信已中断（如拔下了电缆）；
2）连接到无源组件；
3）连接到其他 I/O 控制器或 PROFINET 系统的 PROFINET 设备</td><td>—</td></tr>
</table>

图 8-55 中①～⑥的含义如下：

①为已组态且可访问的 PROFINET 设备，以暗灰色显示。连接将显示用于连接站 PROFINET 设备的端口。

②为已组态且不可访问的 PROFINET 设备，以粉色（带红色边框）显示，例如设备发生故障、电缆断开连接。

③为全部取消激活且已组态的 PROFINET 设备，以浅灰色显示。

④为已互换的端口，在设定的拓扑视图中标记为红色。当前连接的端口显示在实际拓扑中，已组态的设定连接显示在设定拓扑中。

⑤为其他 PROFINET I/O 系统的 PROFINET 设备。在设定拓扑中，当另一个 PROFINET I/O 系统的 PROFINET 设备与已组态且可访问的 PROFINET 设备①直接相邻且也可供访问时，它将显示一个绿色连接（如果端口已互换，则为红色连接）。当另一个 PROFINET I/O 系统的 PROFINET 设备不可访问时，将显示一个黄色连接线。隶属于不同 PRORINET I/O 系统的两个 PROFINET 设备之间的连接无法识别且始终以黄色显示。在实际拓扑中，仅当另一个 PROFINET I/O 系统的 PROFINET 设备与已组态的 PROFINET 设备直接相邻时，才会显示该 PROFINET 设备。该 PROFINET 设备以浅灰色显示且将显示虚线。对于其他 PROFINET I/O 系统的 PROFINET 设备，设备顶部上不会显示状态。

⑥表示错误相邻关系，无法完全或正确读取其相邻关系的设备将以浅灰色（带有红色边框）显示。

5. 通过 TIA Portal 进行诊断

对于 PROFINET，可在 TIA Portal 在线与诊断的网络视图或设备视图中进行 PROFINET 网络诊断。

在 TIA Portal 的硬件和网络编辑器（通过双击“设备与网络”从“项目树”启动）中，通过单击“转至在线”按钮，可以获得系统当前状态的情况，还可以显示组态信息（例如未组态的模块），如图 8-56 所示。

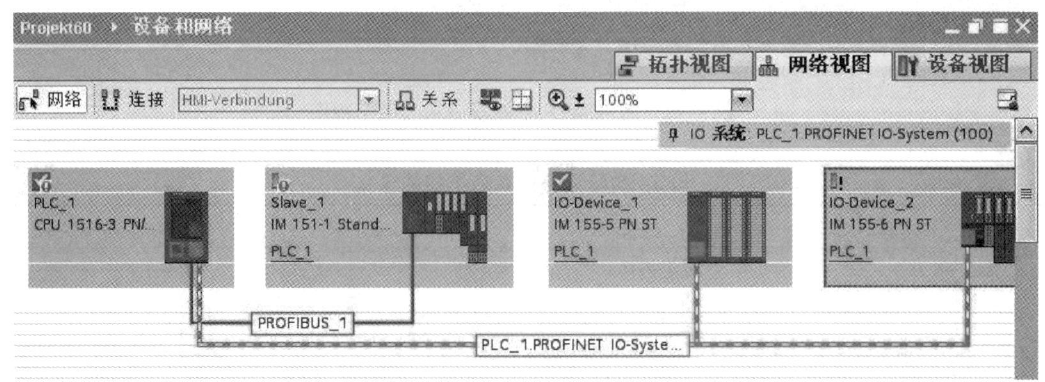

图 8-56　在线与诊断网络视图

在 TIA Portal 中，可以显示发生故障的模块情况。要执行此操作，需执行菜单命令“在线”→“在线与诊断”。连接后，可以在项目树中看到可访问设备的状态。双击显示有报警消息的设备，直接访问故障模块，将在工作区中打开设备视图。在报告故障的设备视图中，可以直接查看哪些模块发生了故障，如图 8-57 所示。

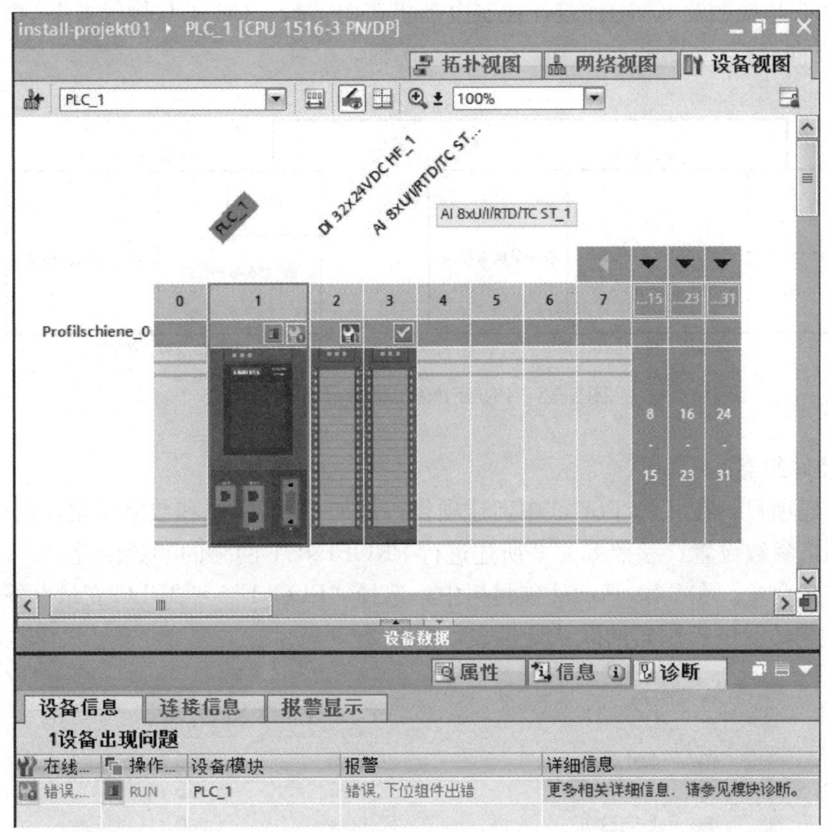

图 8-57　在线与诊断网络视图

8.4.5　PROFINET 通信应用举例

【例 8-5】 CPU 1516-3 PN/DP 与 ET 200SP 间的 PROFINET 通信。在某 S7-1500 PLC 的 PROFINET 通信网络系统中，带集成 DP 口的 CPU 1516-3 PN/DP 作为 I/O 控制器，ET 200SP 作为 I/O 设备。要求 I/O 控制器上的按钮 I0.1 按下时，I/O 设备 ET 200SP 上的电动机正向运行；I/O 控制器上的按钮 I0.2 按下时，I/O 设备 ET 200SP 上的电动机反向运行；I/O 控制器上的按钮 I0.0 按下时，I/O 设备 ET 200SP 上的电动机停止运行。

(1) 控制分析。将 CPU 1516-3 PN/DP 作为 I/O 控制器，而 ET 200SP 作为 I/O 设备，使用 PROFINET 可以实现两者进行通信。在此 I/O 控制器的 IP 地址设为 192.168.0.1，I/O 设备的 IP 地址设为 192.168.0.2。要实现任务控制时，只需在主站中编写相应程序即可。

(2) 硬件配置及 I/O 分配。本例的硬件配置如图 8-58 所示，其硬件主要包括 2 根 RJ45 接头的屏蔽双绞线、1 台 CPU 1516-3 PN/DP、1 台 IM 155-6 PN ST（ET 200SP）、1 块数字量输入模块 DI 16×24V DC BA、1 块数字量输出模块 4DQ×24V DC/2A

ST（6ES7 132-6BD20-0BA0）等。I/O 控制器的数字量输入模块 I0.0 外接停止运行按钮 SB1，I0.1 外接正向启动按钮 SB2，I0.2 外接反向启动按钮 SB3；I/O 设备的数字量输出模块的 Q2.0 与接触器 KM1 连接，控制电动机正向运行；Q2.1 与接触器 KM2 连接，控制电动机反向运行。

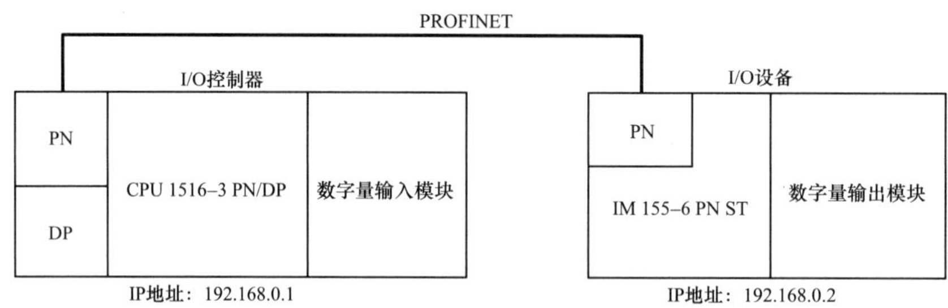

图 8-58　PROFINET 通信硬件配置图

（3）硬件组态。

1）新建项目。在 TIA Portal 中新建项目，添加 CPU 模块和数字量输入模块。

2）网络参数设置。参照 8.4.3 所述进行 PROFINET 网络的参数设置。

3）定义变量。在 TIA Portal 项目树中，选择“PLC_1”→“PLC 变量”下的“默认变量表”，定义 I/O 控制器的默认变量表，如图 8-59 所示。

默认变量表

	名称	数据类型	地址 ▲
1	停止按钮	Bool	%I0.0
2	正向启动	Bool	%I0.1
3	反向启动	Bool	%I0.2
4	正向运行	Bool	%Q2.0
5	反向运行	Bool	%Q2.1

图 8-59　I/O 控制器默认变量表的定义

（4）编写 S7-1500 PLC 程序。只需对 I/O 控制器编写程序即可，I/O 设备不需编写程序，I/O 控制器的梯形图程序编写如表 8-29 所示。I/O 设备数字量输出模块 4DQ×24V DC/2A ST 在组态时其默认的起始地址为 Q2.0。在程序段 1 中，当 I/O 控制器的正向启动按钮 SB2 按下时，I0.1 触点闭合，I/O 设备 ET 200SP 控制 Q2.0 线圈得电并进行，从而使电动机正向启动运行；在程序段 2 中，当反向启动按钮 SB3 按下时，I0.2 触

表 8-29　　　　**DP 主站程序**

程序段	LAD
程序段 1	%I0.1 “正向启动” —‖— ；%I0.0 “停止按钮” —|/|— ；%I0.2 “反向启动” —|/|— ；%Q2.1 “反向运行” —|/|— ；%Q2.0 “正常运行” —( )— 并联：%Q2.0 “正向运行” —‖—

续表

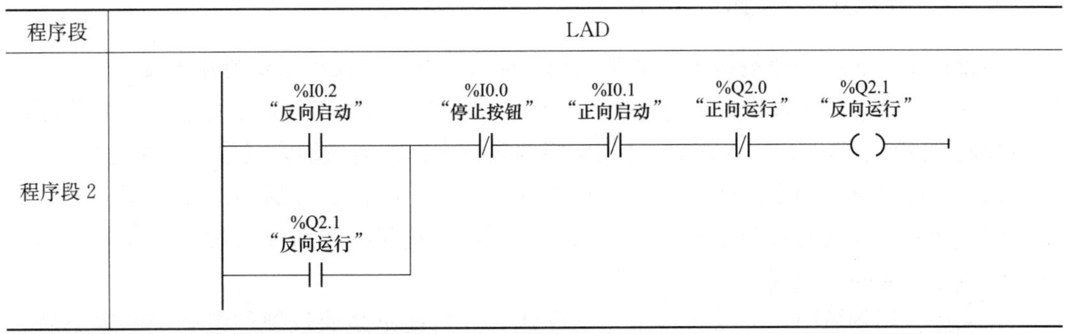

程序段	LAD
程序段 2	

点闭合，I/O 设备 ET 200SP 控制 Q2.1 线圈得电，从而使电动机反向启动运行。当 I/O 控制器的停止按钮 SB1 按下时，I0.0 触点断开，使 I/O 设备 ET 200SP 的输出线圈 Q0.0 和 A0.1 均失电，电动机将停止运行。

8.5　开放式用户通信

通过开放式用户通信（Open User Communication，OUC），可以使具有 PROFINET 接口或以太网接口的 CPU 模块与同一子网中具有通信能力的其他模块进行数据交换。这种通信只受用户程序的控制，可以用程序建立和断开事件驱动的通信连接，在运行期间也可修改连接。

8.5.1　开放式用户通信概述

开放式用户通信的主要特点是在所传送的数据结构方面具有高度的灵活性，可以允许 CPU 模块与任何通信设备进行开放式数据交换，通信伙伴可以是两个 SIMATIC PLC，也可以是 SIMATIC PLC 和相应的第三方设备，只要这些设备支持该集成接口可用的连接类型即可。

SIMATIC S7-1200 的 CPU 集成的以太网接口和 S7-1500 的 CPU 集成的第 1 个以太网接口为 PROFINET 接口，有的 S7-1500 CPU 模块有第 2 个以太网接口 X2，甚至有的 S7-1500 CPU 模块还有第 3 个以太网接口 X3。最新版的 CPU 模块的 X2 也是 PROFINET 接口。

S7-1200/1500 的 PROFINET 接口和所有以太网接口都采用 RJ45 接口，支持开放式用户通信、Web 服务器、Modbus TCP 协议和 S7 通信。可使用 TCP/IP（传输控制协议/网际协议）、UDP（用户数据报协议）和 ISO-on-TCP 连接类型进行开放式用户通信。

在进行数据传输之前，TCP、ISO-on-TCP 这些协议首先会建立与通信伙伴的传输连接。如果要防止数据丢失，则可以使用面向连接的协议。

采用 UDP 协议时，可以通过 CPU 集成的 PROFINET 接口或以太网接口向 PROFINET 上的一个设备进行单播或向所有设备进行广播。

在 Modbus TCP 协议中，数据作为 TCP/IP 数据包进行传输。只有用户程序中的相关指令才能进行控制。

8.5.2 开放式用户通信的指令

开放式用户通信一般包括 3 个步骤：建立连接、发送接收数据和断开连接。

在 S7-1500 自动化系统中要进行开放式用户通信时，可通过对通信伙伴的用户程序进行编程的方式或在 TIA Portal 的硬件和网络编辑器中组态连接的方式建立相关连接。

无论是通过编程建立连接还是通过组态建立连接，都需要在通信双方的用户程序中使用相应的指令发送和接收数据。如果通过编程建立连接，则需要在用户程序中使用相应的指令建立和终止连接。

在某些应用领域中，可以通过用户程序建立连接而不是通过硬件组态中的组态静态建立。这样，在需要建立连接时，只需要通过一个特定的应用程序指令即可建立连接。如果选择通过编程建立连接，则将在数据传输结束后释放连接资源。

在开放式用户通信中，S7-300/400/1200/1500 可以使用指令 TCON 来建立连接，用指令 TDISCON 来断开连接。指令 TSEND 和 TRCV 用于通过 TCP 和 ISO-on-TCP 协议发送和接收数据；指令 TUSEND 和 TURCV 用于通过 UDP 协议发送和接收数据。

S7-1200/1500 除了使用上述指令实现开放式用户通信，还可以使用指令 TSEND_C 和 TRCV_C，通过 TCP 和 ISO-on-TCP 协议发送和接收数据。这两条指令有建立和断开连接的功能，使用它们以后不需要调用 TCON 和 TDSICON 指令。以上指令均为函数块，下面简单介绍 TCON、TDISCON、TSEND、TSEND_C、TRCV 和 TRCV_C 指令的相关知识。

1. TCON 指令（建立通信连接）

TCON 为异步执行指令，可设置并建立开放式用户通信连接。使用 TCON 指令设置并建立连接后，CPU 将自动持续监视该连接。TCON 的指令参数如表 8-30 所示，点击指

表 8-30　　TCON 指令参数

梯形图指令符号	参数	数据类型	说明
"TCON_DB" TCON EN　ENO REQ　DONE ID　BUSY CONNECT　ERROR STATUS	REQ	BOOL	在上升沿时，启动相应作业建立 ID 所指定的连接
	ID	CONN_OUC	指向已分配连接的引用，范围为 W#16#0001～W#16#0FFF
	CONNECT	TCON_Param	指向连接描述的指针
	DONE	BOOL	状态参数，为 0 表示作业尚未启动或仍在执行；为 1 表示作业已执行，且无任何错误
	BUSY	BOOL	状态参数，为 0 表示作业尚未启动或已完成；为 1 表示作业尚未完成，无法启动新作业
	ERROR	BOOL	状态参数，为 0 表示无错误；为 1 表示出现错误
	STATUS	WORD	指令的状态

令右上角的图标，可进行网络的组态；点击图标，可进行网络诊断。参数 CONNECT 和 ID 指定的连接数据用于通信连接，若要建立该连接，必须检测到 REQ 端发生上升沿跳变。成功建立连接后，参数 DONE 将被设置为“1”。进行 TCP 或 ISO-on-TCP 连接时，通信伙伴应都调用“TCON”指令，以设置和建立通信连接。参数分配期间，用户需要指定哪个是主动通信端点或哪个是被动通信端点。执行“TDISCON”指令或 CPU 切换到 STOP 模式时，会终止现有连接并删除所设置的相应连接。要再次设置并建立连接，需要再次执行“TCON”指令。

2. TDISCON 指令（终止通信连接）

TDISCON 也为异步执行指令，可终止 CPU 与某个连接伙伴之间的开放式用户通信连接，其指令参数如表 8-31 所示。成功执行 TDISCON 指令后，为 TCON 指定的 ID 不再有效，且不能用于进行发送或接收。

表 8-31　　　　TDISCON 指令参数

<table>
<tr><th>梯形图指令符号</th><th>参数</th><th>数据类型</th><th>说明</th></tr>
<tr><td rowspan="6">“TDISCON_DB”
TDISCON
EN　ENO
REQ　DONE
ID　BUSY
ERROR
STATUS</td><td>REQ</td><td>BOOL</td><td>在上升沿时启动该作业，终止 ID 所指定的连接</td></tr>
<tr><td>ID</td><td>CONN_OUC</td><td>指向要终止连接的引用，范围为 W#16#0001～W#16#0FFF</td></tr>
<tr><td>DONE</td><td>BOOL</td><td>状态参数，为 0 表示作业尚未启动或仍在执行；为 1 表示作业已执行，且无任何错误</td></tr>
<tr><td>BUSY</td><td>BOOL</td><td>状态参数，为 0 表示作业尚未完成；为 1 表示作业已完成或尚未启动</td></tr>
<tr><td>ERROR</td><td>BOOL</td><td>状态参数，为 0 表示无错误；为 1 表示执行过程中出现错误</td></tr>
<tr><td>STATUS</td><td>WORD</td><td>指令的状态</td></tr>
</table>

3. TSEND 指令（通过通信连接发送数据）

使用 TSEND 指令，可以通过现有通信连接发送数据，其指令参数如表 8-32 所示。指令中显示灰色的为可选参数（下同），用户根据实际需求进行设置。参数 DATA 指定发送区，待发送的数据可以使用除 BOOL 和 Array of BOOL 外的所有数据类型。LEN 可指定发送数据的长度，使用 TCP 传送数据时，TSEND 指令不提供有关发送到 TRCV 的数据长度信息。使用 ISO-on-TCP 传送数据时，所发送数据的长度传递给 TRCV。还必须在 TRCV 接收结束时再次接收通过 TSEND 以数据包形式发送的数据量，如果接收缓冲区对于待发送数据而言过小，那么在接收结束时会发生错误；如果接收缓冲区足够大，那么在接收数据包后 TRCV 会立即返回 DONE=1。在发送作业完成前不允许编辑要发送的数据。如果成功发送完作业，则参数 DONE 将设置为“1”。参数 DONE 的信号状态“1”并不能确定通信伙伴已读取所发送的数据。

表 8-32　　　　TSEND 指令参数

梯形图指令符号	参数	数据类型	说明
"TSEND_DB" TSEND EN　ENO REQ　DONE ID　BUSY LEN　ERROR DATA　STATUS	REQ	BOOL	在上升沿时启动发送作业
	ID	CONN_OUC	引用由 TCON 建立的连接，范围为 W#16#0001～W#16#0FFF
	LEN	UINT	要通过作业发送的最大字节数
	DATA	VARIANT	指向发送区的指针，该发送区包含要发送数据的地址和长度
	DONE	BOOL	状态参数，为 0 表示发送尚未启动或仍在执行；为 1 表示发送已成功完成
	BUSY	BOOL	状态参数，为 0 表示发送尚未启动或已完成；为 1 表示发送未完成，无法启动新作业
	ERROR	BOOL	状态参数，为 0 表示无错误；为 1 表示执行过程中出现错误
	STATUS	WORD	指令的状态

4. TRCV 指令（通过通信连接接收数据）

使用 TRCV 指令，可以通过现有通信连接接收数据，其指令参数如表 8-33 所示。参

表 8-33　　　　TRCV 指令参数

梯形图指令符号	参数	数据类型	说明
"TRCV_DB" TRCV EN　ENO EN_R　NDR ID　BUSY LEN　ERROR ADHOC　STATUS DATA　RCVD_LEN	EN_R	BOOL	启用接收功能
	ID	CONN_OUC	引用由 TCON 建立的连接，范围为 W#16#0001～W#16#0FFF
	LEN	UDINT	接收区长度（以字节为单位），如果在 DATA 参数中使用具有优化访问权限的接收区，LEN 参数必须为 0
	ADHOC	BOOL	TCP 协议选项使用 Ad-hoc 模式
	DATA	VARIANT	指向接收区的指针，传送结构时，发送端和接收端的结构必须相同
	NDR	BOOL	状态参数，为 0 表示作业尚未启动或仍在执行过程中；为 1 表示接收到新数据
	BUSY	BOOL	状态参数，为 0 表示接收尚未启动或已完成；为 1 表示接收未完成，无法启动新作业
	ERROR	BOOL	状态参数，为 0 表示无错误；为 1 表示执行过程中出现错误
	STATUS	WORD	指令的状态
	RCVD_LEN	UDINT	实际接收到的数据量（以字节为单位）

数 EN_R 设置为“1”时，启用数据接收，而接收到的数据将输入到接收区中。根据所用的协议选项，接收区长度由参数 LEN 指令，或者通过参数 DATA 的长度信息来指定。接收数据时，不能更改 DATA 参数或定义的接收区以确保接收到的数据一致。成功接收数据后，参数 NDR 设置为值“1”。

5. TSEND_C（通过以太网发送数据）

在 S7-1500 中，使用 TSEND_C 指令可以设置和建立通信连接，并通过现有的以太网通信连接发送数据，CPU 会自动保持和监视该通信连接，其指令参数如表 8-34 所示。CONT 为 1 时设置并建立通信连接。CPU 进入 STOP 模式后，将终止现有连接并移除已设置的连接，要再次设置并建立该连接，需再次执行 TSEND_C 指令。在参数 REQ 中检测到上升沿时执行发送作业，使用参数 DATA 指定发送区（包括要发送数据的地址和长度）。使用参数 LEN 可指定通过一个发送作业发送的最大字节数。如果在 DATA 参数中使用具有优化访问权限的发送区，LEN 参数值必须为 0。参数 CONT 置为 0 时，即使当前进行的数据传送尚未完成，也将终止通信连接。但如果对 TSEND_C 使用了组态连接，将不会终止连接，可随时通过将参数 CON_RST 设置为 1 来重置连接。

表 8-34　TSEND_C 指令参数

梯形图指令符号	参数	数据类型	说明
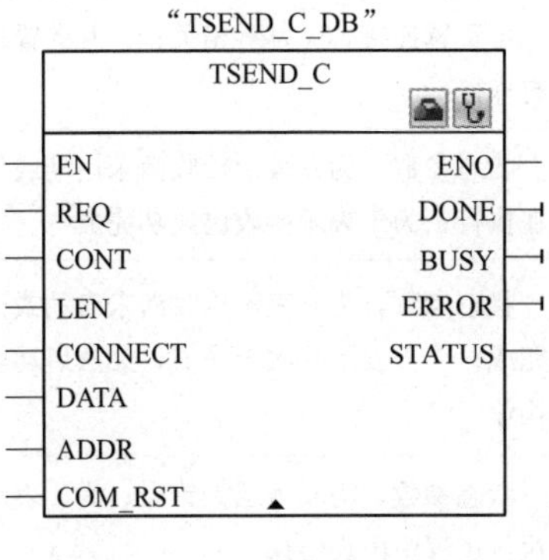 “TSEND_C_DB” TSEND_C EN　ENO REQ　DONE CONT　BUSY LEN　ERROR CONNECT　STATUS DATA ADDR COM_RST	REQ	BOOL	在上升沿时启动发送作业
	CONT	BOOL	控制通信连接，0 为断开通信连接；1 为建立并保持通信连接
	LEN	UINT	要通过作业发送的最大字节数
	CONNECT	VARIANT	指向连接描述结构的指针
	DATA	VARIANT	指向发送区的指针，该发送区包含要发送数据的地址和长度
	ADDR	VARIANT	UDP 需使用的隐藏参数，包含指向系统数据类型 TADDR_Param 的指针。接收方的地址信息（IP 地址和端口号）存储在 TADDR_Param 的数据块中
	COM_RST	BOOL	可重置连接，0 为不相关；1 为重置现有连接
	DONE	BOOL	状态参数，为 0 表示发送尚未启动或仍在执行；为 1 表示发送已成功完成
	BUSY	BOOL	状态参数，为 0 表示发送尚未启动或已完成；为 1 表示发送未完成，无法启动新作业
	ERROR	BOOL	状态参数，为 0 表示无错误；为 1 表示建立连接、传送数据或终止连接时出错
	STATUS	WORD	指令的状态

6. TRCV_C（通过以太网接收数据）

在 S7-1500 中，使用 TRCV_C 指令可以设置和建立通信连接，并通过现有的以太网通信连接接收数据，CPU 会自动保持和监视该通信连接，其指令参数如表 8-35 所示。CONT 为 1 时设置并建立通信连接。CPU 进入 STOP 模式后，将终止现有连接并移除已设置的连接，要再次设置并建立该连接，需再次执行 TRCV_C 指令。参数 CONT 置为 0 时，即使当前进行的数据传送尚未完成，也将终止通信连接。但如果使用了组态连接，将不会终止连接，可随时通过将参数 CON_RST 设置为 1 来重置连接。

表 8-35　　　　TRCV_C 指令参数

梯形图指令符号	参数	数据类型	说明
"TRCV_C_DB" TRCV_C EN　ENO EN_R　DONE CONT　BUSY LEN　ERROR ADHOC　STATUS CONNECT　RCVD_LEN DATA ADDR COM_RST	EN_R	BOOL	启用接收功能
	CONT	BOOL	控制通信连接，0 为断开通信连接；1 为建立并保持通信连接
	LEN	UDINT	接收区长度（以字节为单位），如果在 DATA 参数中使用具有优化访问权限的接收区，LEN 参数必须为 0
	ADHOC	BOOL	TCP 协议选项使用 Ad-hoc 模式
	CONNECT	VARIANT	指向连接描述结构的指针
	DATA	VARIANT	指向接收区的指针，传送结构时，发送端和接收端的结构必须相同
	ADDR	VARIANT	UDP 需使用的隐藏参数，包含指向系统数据类型 TADDR_Param 的指针。发送方的地址信息（IP 地址和端口号）存储在 TADDR_Param 的数据块中
	COM_RST	BOOL	可重置连接，0 为不相关；1 为重置现有连接
	DONE	BOOL	状态参数，为 0 表示接收尚未启动或仍在执行；为 1 表示接收已成功完成
	BUSY	BOOL	状态参数，为 0 表示接收尚未启动或已完成；为 1 表示接收未完成，无法启动新作业
	ERROR	BOOL	状态参数，为 0 表示无错误；为 1 表示执行过程中出现错误
	STATUS	WORD	指令的状态
	RCVD_LEN	UDINT	实际接收到的数据量（以字节为单位）

8.5.3　开放式用户通信应用举例

【例 8-6】　两台 S7-1500 PLC 之间的 OUC 通信。在某 PLC 控制系统中有两台 CPU 1516-3 设备采用 OUC 通信实现控制，要求设备 1 的按钮 I0.1 按下时，设备 2 的电动机正向运行；设备 1 的按钮 I0.2 按下时，设备 2 的电动机反向运行；设备 1 的按钮 I0.0 按下时，设备 2 的电动机停止运行。

(1) 控制分析。S7-1500 PLC 之间的 OUC 通信可以采用多种连接方式，如 TCP/IP、UDP 和 ISO-on-TCP 等，在此使用 ISO-on-TCP 连接方式。设备 1 的 IP 地址设为 192.168.0.1，设备 2 的 IP 地址设为 192.168.0.2，两台设备使用双绞线通过交换机进行连接。要实现任务操作，设备 1 作为数据发送方，使用 TSEND_C 指令发送相应的数据；设备 2 作为数据发送方，使用 TRCV_C 指令接收相应的数据。

(2) 硬件配置及 I/O 分配。本例的硬件配置如图 8-60 所示，其硬件主要包括 2 根 RJ45 接头的屏蔽双绞线、2 台 CPU 1516-3 PN/DP、1 台交换机、1 块数字量输入模块、2 块数字量输出模块等。设备 1 的数字量输入模块 I0.0 外接停止运行按钮 SB1，I0.1 外接正向启动按钮 SB2，I0.2 外接反向启动按钮 SB3，Q0.0 外接停止指示灯 HL1，Q0.1 外接正向运行指示灯 HL2，Q0.2 外接反向运行指示灯 HL3；设备 2 的数字量输出模块的 Q0.0 与接触器 KM1 连接，控制电动机正向运行；Q0.1 与接触器 KM2 连接，控制电动机反向运行。

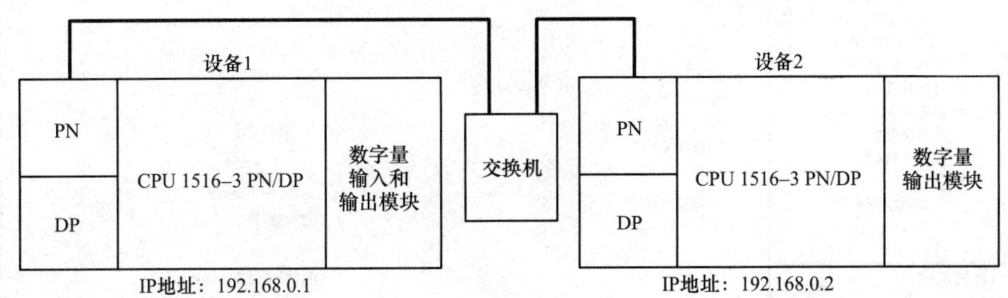

图 8-60　S7-1500 PLC 之间的 OUC 通信硬件配置图

(3) 硬件组态。

1) 新建项目。在 TIA Portal 中新建项目，添加两台 CPU 模块，分别命名为设备 1 和设备 2。在设备 1 中添加数字量输入模块和数字量输出模块；在设备 2 中添加数字量输出模块。

2) IP 地址设置。点击“项目树”中选择“设备 1”，在“设备视图”下，选择 CPU 1516-3 PN/DP 模块绿色的 PN 端口，在其“属性”选项卡中选择“以太网地址”选项，接口连接到的“子网”设置为“PN/IE_1,”设置其 IP 地址为“192.168.0.1”，如图 8-61 所示。使用同样的方法，将“设备 2”的“子网”设置为“PN/IE_1,” IP 地址设置为“192.168.0.2”。

3) 启用系统时钟。双击“设备 1” PLC 中的 CPU 模块，在其“属性”→“常规”选项卡中选择“系统和时钟存储器”，勾选“启用系统存储器字节”，在后面的方框中输入 10；勾选“启用时钟存储器字节”，在后面的方框中输入 20。用同样的方法，双击“设备 2” PLC 中的 CPU 模块，勾选“启用系统存储器字节”，在后面的方框中输入 10；勾选“启用时钟存储器字节”，在后面的方框中输入 20。

4) 创建数据块并进行定义。在 TIA Portal 项目树中，选择“设备 1”→“程序块”下的“添加新块”，在弹出的添加新块中点击“数据块”，输入数据块名称，然后在接口

图 8-61　设备 1 的 IP 地址设置

数据区中输入相应的变量及其参数，如图 8-62 所示。依此方法，创建设备 2 的数据块，并输入相应的变量及其参数，如图 8-63 所示。

设备1数据块

	名称	数据类型	起始值
1	▼ Static		
2	▼ send	Array[0..2] of Bool	
3	send[0]	Bool	false
4	send[1]	Bool	false
5	send[2]	Bool	false

图 8-62　定义设备 1 的数据块

5）定义变量。在 TIA Portal 项目树中，选择“设备 1”→“PLC 变量”下的“默认变量表”，定义设备 1 的默认变量表，如图 8-64 所示。依此方法，定义设备 2 的默认变量表，如图 8-65 所示。

设备2数据块

		名称	数据类型	起始值
1		▼ Static		
2		▪ ▼ receive	Array[0..2] of Bool	
3		▪ receive[0]	Bool	false
4		▪ receive[1]	Bool	false
5		▪ receive[2]	Bool	false

图 8-63　定义设备 2 的数据块

默认变量表

		名称	数据类型	地址 ▲
1		停止按钮	Bool	%I0.0
2		正向启动	Bool	%I0.1
3		反向启动	Bool	%I0.2
4		停止运行指示HL1	Bool	%Q0.0
5		正向运行指示HL2	Bool	%Q0.1
6		反向运行指示HL3	Bool	%Q0.2
7		System_Byte	Byte	%MB10
8		FirstScan	Bool	%M10.0
9		DiagStatusUpdate	Bool	%M10.1
10		AlwaysTRUE	Bool	%M10.2
11		AlwaysFALSE	Bool	%M10.3
12		Clock_Byte	Byte	%MB20
13		Clock_10Hz	Bool	%M20.0
14		Clock_5Hz	Bool	%M20.1
15		Clock_2.5Hz	Bool	%M20.2
16		Clock_2Hz	Bool	%M20.3
17		Clock_1.25Hz	Bool	%M20.4
18		Clock_1Hz	Bool	%M20.5
19		Clock_0.625Hz	Bool	%M20.6
20		Clock_0.5Hz	Bool	%M20.7

图 8-64　定义设备 1 的变量

默认变量表

		名称	数据类型	地址
1		System_Byte	Byte	%MB10
2		FirstScan	Bool	%M10.0
3		DiagStatusUpdate	Bool	%M10.1
4		AlwaysTRUE	Bool	%M10.2
5		AlwaysFALSE	Bool	%M10.3
6		Clock_Byte	Byte	%MB20
7		Clock_10Hz	Bool	%M20.0
8		Clock_5Hz	Bool	%M20.1
9		Clock_2.5Hz	Bool	%M20.2
10		Clock_2Hz	Bool	%M20.3
11		Clock_1.25Hz	Bool	%M20.4
12		Clock_1Hz	Bool	%M20.5
13		Clock_0.625Hz	Bool	%M20.6
14		Clock_0.5Hz	Bool	%M20.7
15		停止运行	Bool	%Q0.0
16		M1正向运行	Bool	%Q0.1
17		M1反向运行	Bool	%Q0.2

图 8-65　定义设备 2 的变量

（4）编写 S7-1500 PLC 程序。

1）设备 1 程序的编写。在 TIA Porta 项目树中，选择“设备 1”→“程序块”下的“Main”，编写如表 8-36 所示的程序。输入程序段 4 时，需要对“TSEND_C”指令进行相应的设置。

表 8-36　　设备 1 的程序

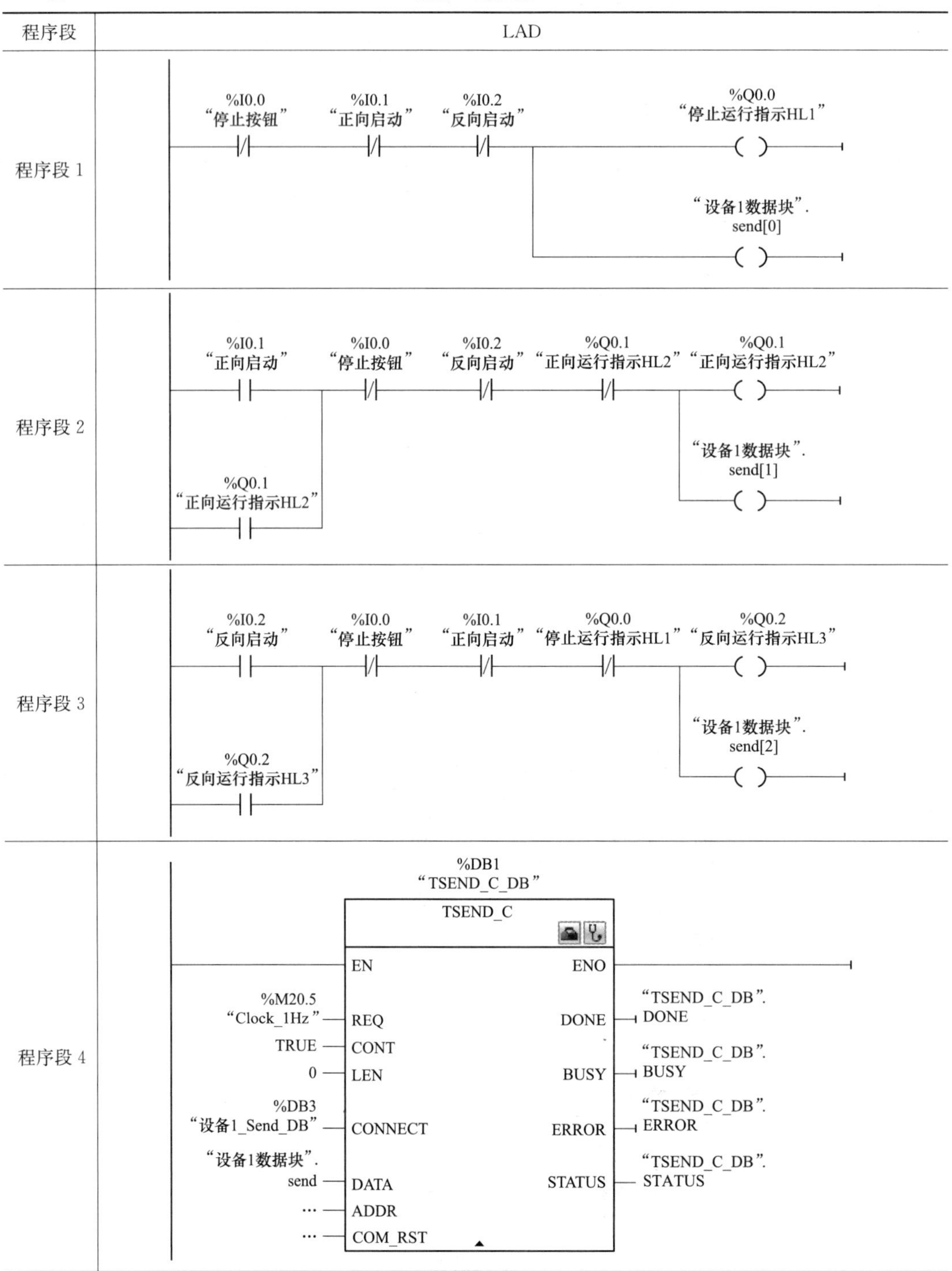

首先选中“TSEND_C”指令，右击鼠标并选择“属性”。在弹出的对话框中选择“属性”→“组态”下的“连接参数”，如图 8-66 所示。在右边窗口中，单击“伙伴”的“端点右边的按钮，用出现的下拉式列表”选择通信伙伴为“设备 2 [CPU 1516-3 PN/DP]”，两台 PLC 图标之间出现绿色连接。“连接 ID”（连接标识符，即连接的编号）的默认值为 1。

在“连接类型”选择框中设置连接类型为“ISO-on-TCP”，“组态模式选择”选择“使用程序块”。单击“本地”的“连接数据”选择框右边的按钮，单击出现的“＜新建＞”，自动生成连接描述数据块“设备 1_Send_DB”，用同样方法生成设备 2 的连接描述数据块“设备 2_Receive_DB”。

通信的一方作为主动的伙伴，启动通信连接的建立；另一方作为被动的伙伴，对启动的连接做出响应。图 8-66 用单选框设置由设备 1 主动建立连接。

设置连接参数时，检查各连接的连接 ID、TCP 连接的端口编号和 ISO-on-TCP 连接的传输服务访问点（Transport Service Access Point，TSAP）是否分别重叠。应保证这些参数在网络中是唯一的。

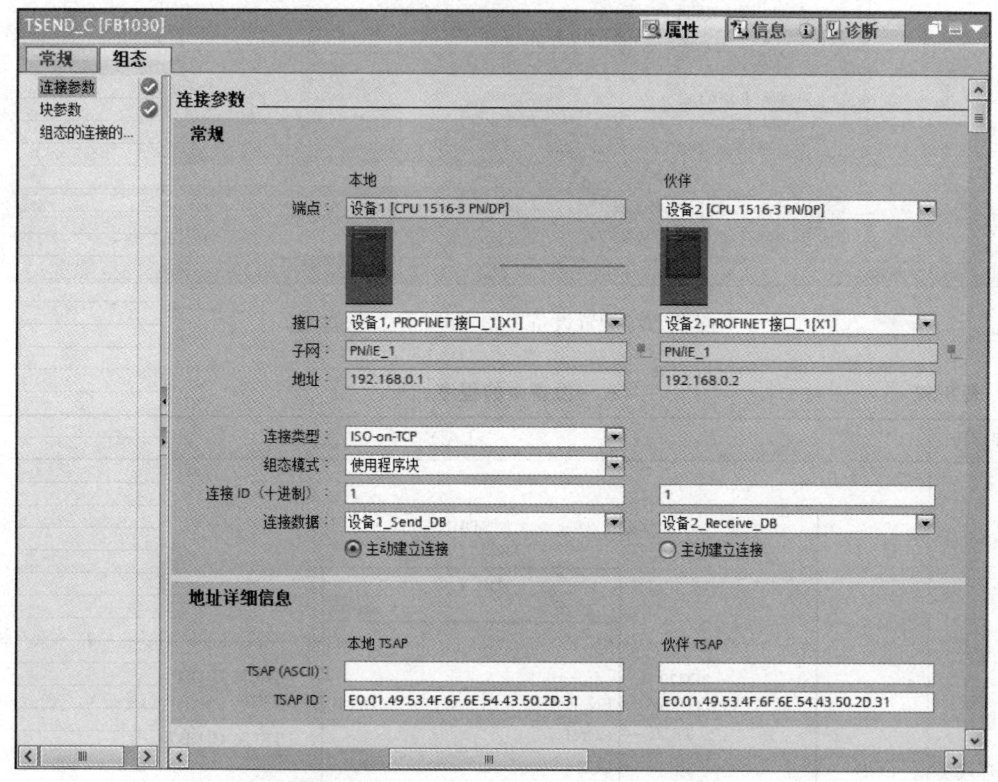

图 8-66　配置设备 1 的 TSEND_C 连接参数

在“块参数”中按照图 8-67 所示对设备 1 的 TSEND_C 块参数进行配置，使得 TSEND_C 指令每隔 1s 发送 1 次数据，将“设备 1 数据块”. send 中的信息发送出去。

2）设备 2 程序的编写。在 TIA Porta 项目树中，选择“设备 2”→“程序块”下的“Main”，编写如表 8-37 所示的程序。输入程序段 1 时，需要对“TRCV_C”指令进行相应的设置。

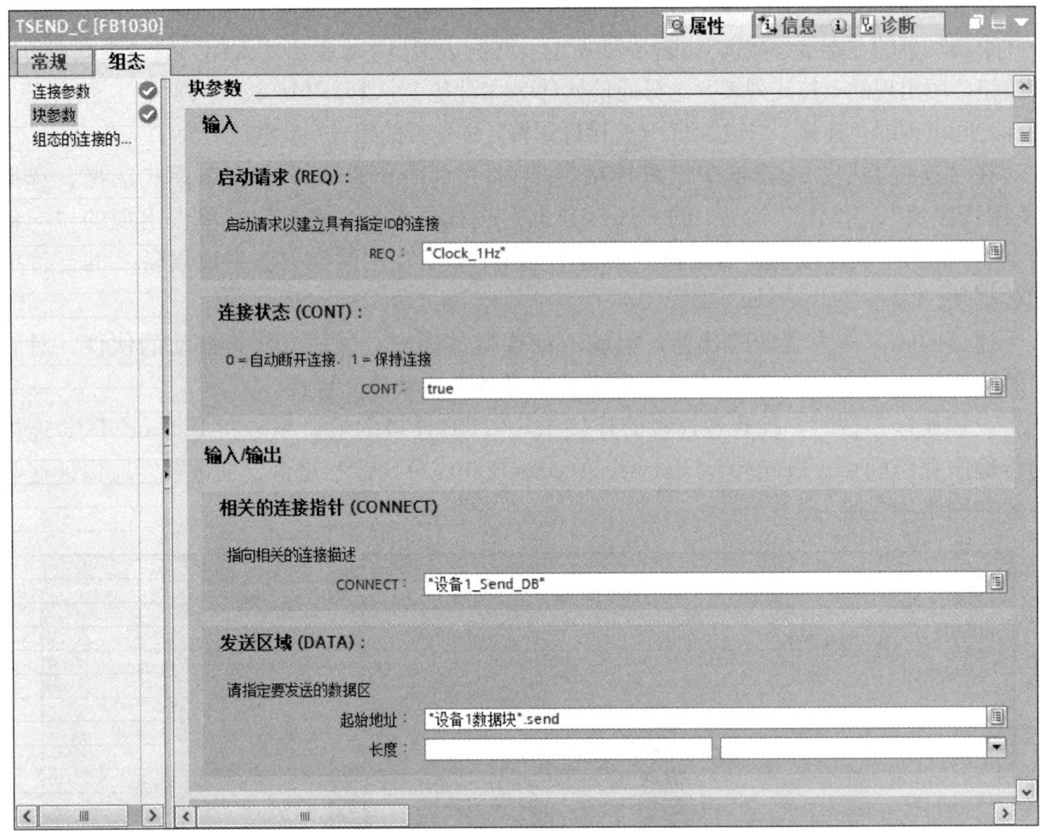

图 8-67 配置设备 1 的 TSEND_C 块参数

表 8-37 设备 2 的程序

程序段	LAD
程序段 1	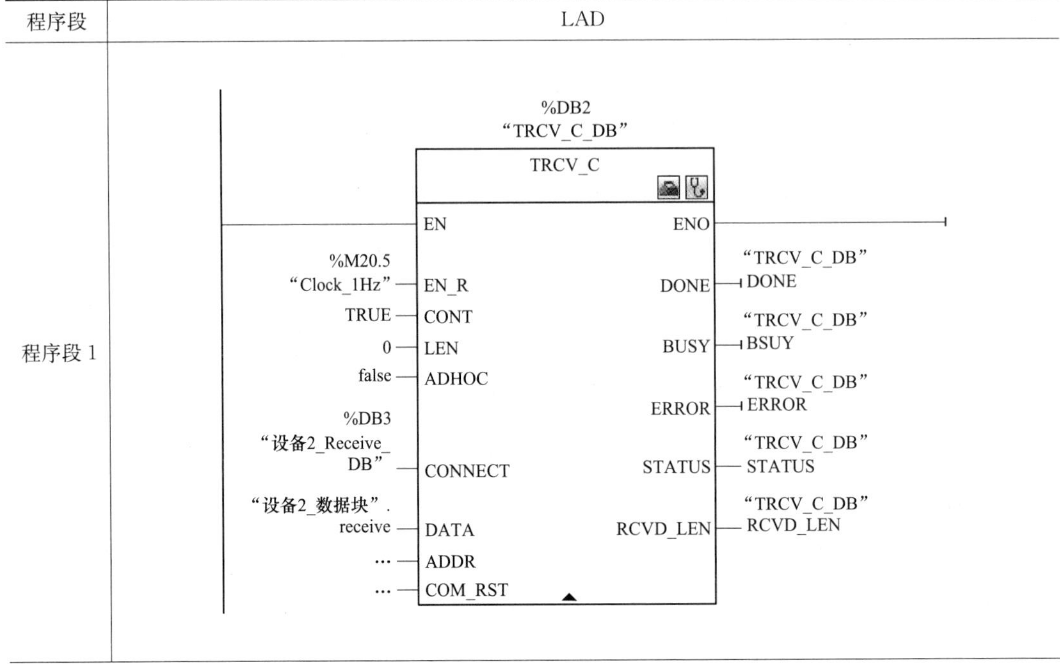

续表

程序段	LAD
程序段 2	"设备2数据块".receive[0] ─┤ ├─ %Q0.0 "停止运行" ─( )─
程序段 3	"设备2数据块".receive[1] ─┤ ├─ %Q0.1 "M1正向运行" ─( )─
程序段 4	"设备2数据块".receive[2] ─┤ ├─ %Q0.2 "M1反向运行" ─( )─

首先选中"TRCV_C"指令，右击鼠标并选择"属性"。在弹出的对话框中选择"属性"→"组态"下的"连接参数"，如图 8-68 所示。在"伙伴"的"端点"中选择通信伙伴为"设备 1［CPU 1516-3 PN/DP］"。在"连接类型"中选择"ISO-on-TCP"，"组态模式选择"选择"使用程序块"，在"连接数据"中，分别选择"设备 2_Receive_DB"和"设备 1_Send_DB"。

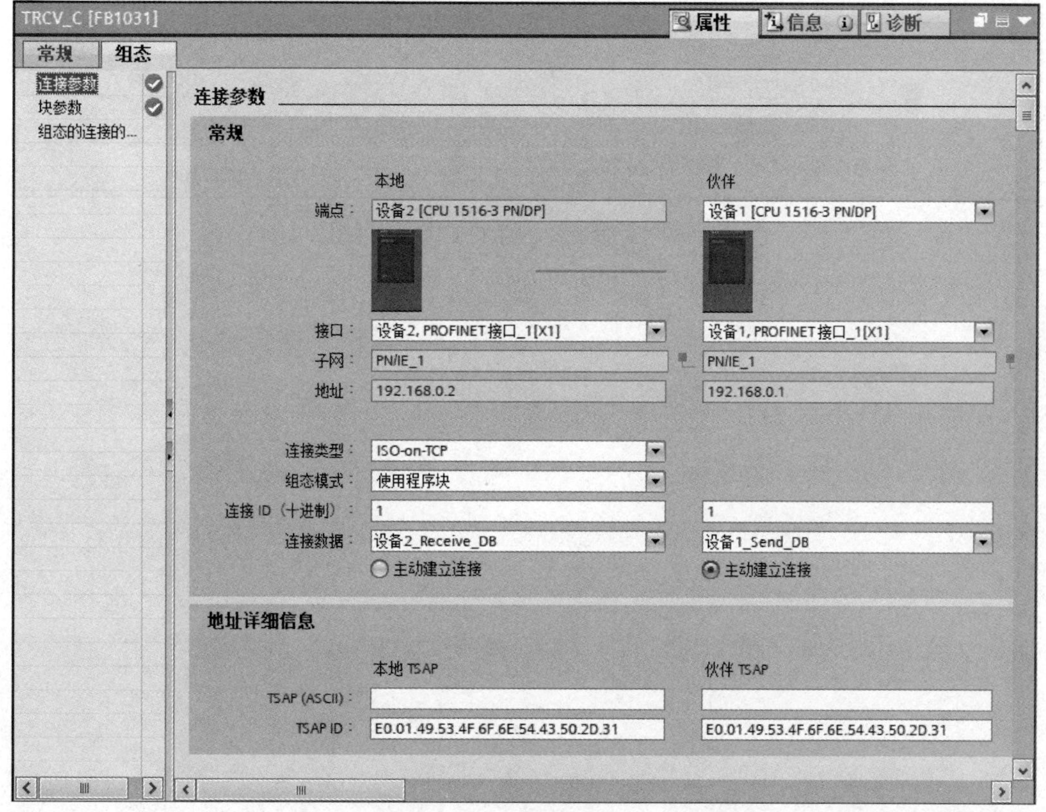

图 8-68　配置设备 2 的 TRCV_C 连接参数

在"块参数"中按照图 8-69 所示对设备 1 的 TRCV_C 块参数进行配置，使得 TRCV_C 指令每隔 1s 接收 1 次数据，接收"设备 1 数据块".send 发送过来的信息，并存储到"设备 2 数据块".receive。

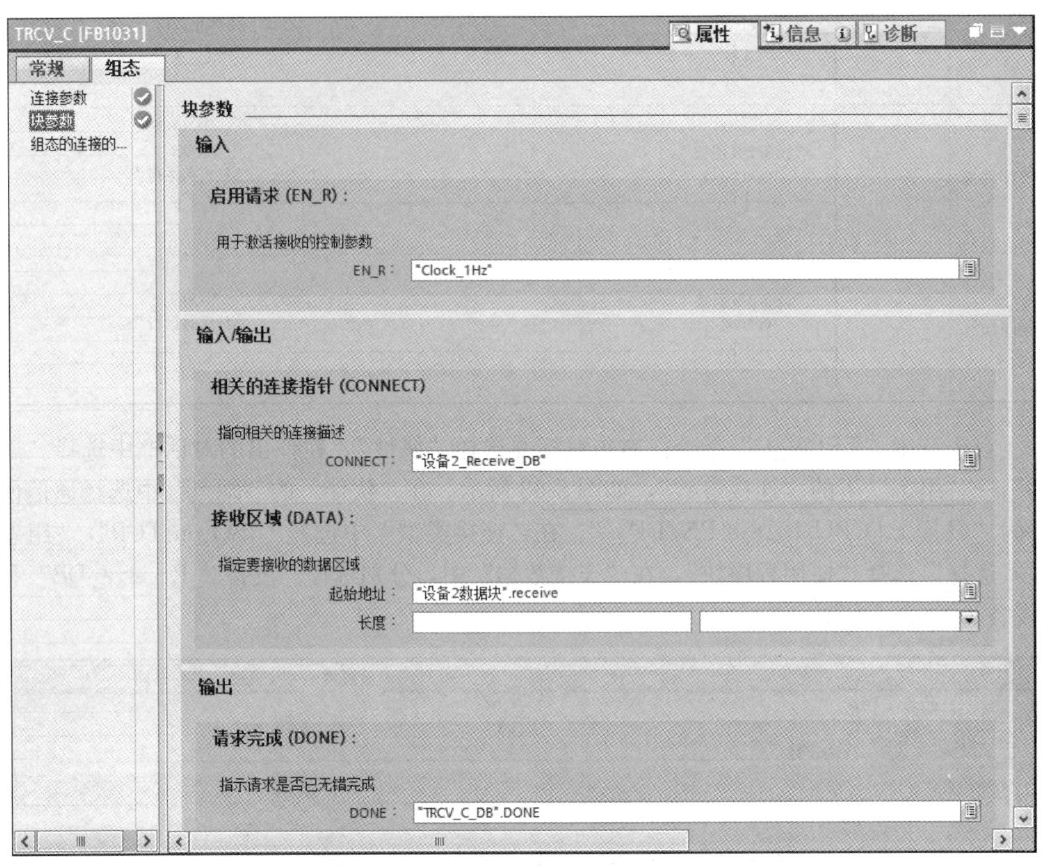

图 8-69　配置设备 2 的 TRCV_C 块参数

第 9 章　PLC 控制系统设计及实例

PLC 的内部结构虽与计算机、微机相类似，但其接口电路不相同，编程语言也不一致。因此，PLC 控制系统与微机控制系统的开发过程也不完全相同，需要根据 PLC 本身特点、性能进行系统设计。

9.1　PLC 控制系统的设计

PLC 应用方便、可靠性高，被大量地应用于各个行业、各个领域，随着 PLC 功能的不断拓宽与增强，它已经从完成复杂的顺序逻辑控制的继电器控制系统的替代物，逐渐进入到过程控制和闭环控制等领域，它所能控制的系统越来越复杂，控制规模越来宏大，因此如何用 PLC 完成实际控制系统应用设计，是每个从事电气控制技术人员所面临的实际问题。

9.1.1　PLC 控制系统的设计原则和内容

1. 设计原则

任何一种电气控制系统都是为了实现生产设备或生产过程的控制要求和工艺需求，以提高生产效率和产品质量。因此，在设计 PLC 控制系统时，应遵循以下基本原则：

(1) 最大限度地满足被控对象提出的各项性能指标。设计前，设计人员除了理解被控对象的技术要求外，还应深入现场进行实地的调查研究，收集资料，访问有关的技术人员和实际操作人员，共同拟定设计方案，协同解决设计中出现的各种问题。

(2) 在满足控制要求的前提下，力求使控制系统简单、经济、使用及维修方便。

(3) 保证控制系统的安全、可靠。

(4) 考虑到生产的发展和工艺的改进，在选择 PLC 容量时，应适当留有裕量。

2. 设计内容

PLC 控制系统是由 PLC 与用户输入、输出设备连接而成的，因此，PLC 控制系统设计的基本内容如下：

(1) 明确设计任务和技术条件。设计任务和技术条件一般以设计任务的方式给出，在设计任务中，应明确各项设计要求、约束条件及控制方式。

(2) 确定用户输入设备和输出设备。在构成 PLC 控制系统时，除了作为控制器的 PLC，用户的 I/O 设备是进行机型选择和软件设计的依据，因此要明确输入设备的类型（如控制按钮、操作开关、限位开关、传感器等）和数量，输出设备的类型（如信号灯、接触器、继电器等）和数量，以及由输出设备驱动的负载（如电动机、电磁阀等），并进行分类、汇总。

（3）选择合适的 CPU 模块。CPU 模块是整个控制系统的核心部件，正确、合理选择型号对于保证整个系统技术经济性能指标起重要的作用。选择 CPU 模块，应包括输出类型的选择、容量选择、I/O 模块的选择、电源模块的选择等。

（4）合理分配 I/O 端口，绘制 I/O 接线图。通过对用户 I/O 设备的分析、分类和整理，进行相应的 I/O 地址分配，并据此绘制 I/O 接线图。

（5）设计控制程序。根据控制任务、所选择的机型及 I/O 接线图，一般采用梯形图语言（LAD）或语句表（STL）设计系统控制程序。控制程序是控制整个系统工作的软件，是保证系统工作正常、安全、可靠的关键。

（6）必要时设计非标准设备。在进行设备选型时，应尽量选用标准设备，如果无标准设备可选，还可能需要设计操作台、控制柜、模拟显示屏等非标准设备。

（7）编制控制系统的技术文件。在设计任务完成后，要编制系统技术文件。技术文件一般应包括设计说明书、使用说明书、I/O 接线图和控制程序（如梯形图、语句表等）。

9.1.2 PLC 控制系统的设计步骤

设计一个 PLC 控制系统需要以下 8 个步骤：

（1）分析被控对象并提出控制要求。详细分析被控对象的工艺过程及工作特点，了解被控对象机、电、液之间的配合，提出被控对象对 PLC 控制系统的控制要求，确定控制方案，拟定设计任务书。被控对象就是受控的机械、电气设备、生产线或生产过程。控制要求主要指控制的基本方式、应完成的动作、自动工作循环的组成、必要的保护和联锁等。

（2）确定 I/O 设备。根据系统的控制要求，确定系统所需的全部输入设备（如按钮、位置开关、转换开关及各种传感器等）和输出设备（如接触器、电磁阀、信号指示灯及其他执行器等），从而确定与 PLC 有关的 I/O 设备，以确定 PLC 的 I/O 点数。

（3）选择合适的 PLC 模块。根据已确定的用户 I/O 设备，统计所需的输入信号和输出信号的点数，选择合适的 PLC 模块，包括 CPU 模块的选择、I/O 模块的选择、电源模块的选择等。

（4）分配 I/O 点并设计 PLC 外围硬件线路。

1）分配 I/O 点。画出 PLC 的 I/O 点与 I/O 设备的连接图或对应关系表，该部分也可在（2）中进行。

2）设计 PLC 外围硬件线路。画出系统其他部分的电气线路图，包括主电路和未进入 PLC 的控制电路等。由 PLC 的 I/O 连接图和 PLC 外围电气线路图组成系统的电气原理图。至此，系统的硬件电气线路已经确定。

（5）程序设计。

1）程序设计。根据系统的控制要求，采用合适的设计方法来设计 PLC 程序。程序要以满足系统控制要求为主线，逐一编写实现各控制功能或各子任务的程序，逐步完善系统指定的功能。除此之外，程序通常还应包括以下内容：

① 初始化程序。在 PLC 上电后，一般都要做一些初始化的操作，为启动做必要的准

备，避免系统发生误动作。初始化程序的主要内容有：对某些数据区、计数器等进行清零，对某些数据区所需数据进行恢复，对某些继电器进行置位或复位，对某些初始状态进行显示等。

② 检测、故障诊断和显示等程序。这些程序相对独立，一般在程序设计基本完成时再添加。

③ 保护和连锁程序。保护和连锁是程序中不可缺少的部分，必须认真考虑。它可以避免由于非法操作而引起的控制逻辑混乱。

2）程序模拟调试。程序模拟调试的基本思想是，以方便的形式模拟产生现场实际状态，为程序的运行创造必要的环境条件。根据产生现场信号的方式不同，模拟调试有硬件模拟法和软件模拟法两种形式。

① 硬件模拟法是使用一些硬件设备（如用另一台 PLC 或一些输入器件等）模拟产生现场的信号，并将这些信号以硬接线的方式连到 PLC 系统的输入端，其时效性较强。

② 软件模拟法是在 PLC 中另外编写一套模拟程序，模拟提供现场信号，其简单易行，但时效性不易保证。模拟调试过程中，可采用分段调试的方法，并利用编程器的监控功能。

（6）硬件实施。硬件实施方面主要是进行控制柜（台）等硬件的设计及现场施工。主要内容有：

1）设计控制柜和操作台等部分的电器布置图及安装接线图。

2）设计系统各部分之间的电气互联图。

3）根据施工图纸进行现场接线，并进行详细检查。

程序设计与硬件实施可同时进行，因此 PLC 控制系统的设计周期可大大缩短。

（7）联机调试。联机调试是将通过模拟调试的程序进一步进行在线统调。联机调试过程应循序渐进，从 PLC 只连接输入设备、再连接输出设备、再接上实际负载等逐步进行调试。如不符合要求，则对硬件和程序作调整。通常只需修改部分程序即可。

全部调试完毕后，交付试运行。经过一段时间运行，如果工作正常、程序不需要修改，应将程序固化到 EPROM 中，以防程序丢失。

（8）编制技术文件。系统调试好后，应根据调试的最终结果，整理出完整的系统技术文件。系统技术文件包括说明书、电气原理图、电器布置图、电气元件明细表、PLC 梯形图。

9.1.3　PLC 硬件系统设计

PLC 硬件系统设计主要包括：CPU 模块的选择、I/O 模块的选择、I/O 点数的选择、可靠性的设计等内容。

1. CPU 模块的选择

做出系统控制方案的决策之前，要详细了解被控对象的控制要求，从而决定是否选用 PLC 进行控制。

随着 PLC 技术的发展，PLC 产品的种类也越来越多。不同型号的 CPU 模块，其结构形式、指令系统、编程方式、价格等也各有不同，适用的场合也各有侧重。因此，合理选用 CPU 模块，对于提高 PLC 控制系统的技术经济指标有着重要意义。

2. I/O 模块的选择

在 PLC 控制系统中，为了实现对生产机械的控制，需将对象的各种测量参数，按要求的方式送入 PLC。PLC 经过运算、处理后再将结果以数字量的形式输出，此时也是把该输出变换为适合于对生产机械控制的量。因此在 PLC 和生产机械中必须设置信息传递和变换的装置，即 I/O 模块。

由于输入和输出信号的不同，I/O 模块有数字量输入模块、数字量输出模块、模拟量输入模块和模拟量输出模块共 4 大类。不同的 I/O 模块，其电路及功能也不同，直接影响 PLC 的应用范围和价格，因此必须根据实际需求合理选择 I/O 模块。

选择 I/O 模块之前，应确定哪些信号是输入信号，哪些信号是输出信号，输入信号由输入模块进行传递和变换，输出信号由输出模块进行传递和变换。

对于输入模块的选择要从 3 个方面进行考虑。

（1）根据输入信号的不同进行选择，输入信号为开关量即数字量时，应选择数字量输入模块；输入信号为模拟量时，应选择模拟量输入模块。

（2）根据现场设备与模块之间的距离进行选择，一般 5、12、24V 属于低电平，其传输出距离不宜太远，如 12V 电压模块的传输距离一般不超过 12m。对于传输距离较远的设备应选用电压较高或电压范围较宽的模块。

（3）根据同时接通的点数多少进行选择，对于高密度的输入模块，如 32 点和 64 点输入模块，能允许同时接通的点数取决于输入电压的高低和环境温度，不宜过多。一般同时接通的点数不得超过总输入点数的 60%，但对于控制过程，比如自动/手动、启动/停止等输入点同时接通的概率不大，所以不需考虑。

输出模块有继电器、晶体管和晶闸管三种工作方式。继电器输出适用于交、直流负载，其特点是带负载能力强，但动作频率与响应速度慢。晶体管输出适用于直流负载，其特点是动作频率高，响应速度快，但带负载能力小。晶闸管输出适用于交流负载，响应速度快，带负载能力不大。因此，对于开关频繁、功率因数低的感性负载，可选用晶闸管（交流）和晶体管（直流）输出；在输出变化不太快、开关要求不频繁的场合应选用继电器输出。在选用输出模块时，不单是看一个点的驱动能力，还是看整个模块的满负荷能力，即输出模块同时接通点数的总电流值不得超过模块规定的最大允许电流。对于功率较小的集中设备，如普通机床，可选用低电压高密度的基本 I/O 模块；对功率较大的分散设备，可选用高电压低密度的基本 I/O 模块。

3. 输入/输出点数的选择

一般输入点和输入信号、输出点和输出控制是一一对应的。

分配好后，按系统配置的通道与接点号，分配给每一个输入信号和输出信号，即进行编号。在个别情况下，也有两个信号用一个输入点的，那样就应在接入输入点前，按逻辑关系接好线（如两个触点先串联或并联），然后再接到输入点。

（1）确定 I/O 通道范围。不同型号的 CPU 模块，其输入/输出通道的范围是不一样的，应根据所选 CPU 模块型号，查阅相应的编程手册，决不可“张冠李戴”。

（2）内部辅助继电器。内部辅助继电器不对外输出，不能直接连接外部器件，而是在控制其他继电器、定时器/计数器时做数据存储或数据处理用。

从功能上讲，内部辅助继电器相当于传统电控柜中的中间继电器。未分配模块的输入/输出继电器区及未使用 1∶1 链接时的链接继电器区等均可作为内部辅助继电器使用。根据程序设计的需要，应合理安排 PLC 的内部辅助继电器，在设计说明书中应详细列出各内部辅助继电器在程序中的用途，避免重复使用。

4. 可靠性的设计

PLC 控制系统的可靠性设计主要包括供电系统设计、接地设计和冗余设计。

(1) 供电系统设计。通常 PLC 供电系统设计是指 CPU 工作电源、I/O 模板工作电源的设计。

1) CPU 工作电源的设计。PLC 的正常供电电源一般由电网供电（交流 220V，50Hz)，由于电网覆盖范围广，它将受到所有空间电磁干扰而在线路上感应电压和电流。尤其是电网内部的变化，开关操作浪涌、大型电力设备的启停、交直流传动装置引起的谐波、电网短路暂态冲击等，都通过输电线路传到电源中，从而影响 PLC 的可靠运行。在 CPU 工作电源的设计中，一般可采取隔离变压器、交流稳压器、UPS 电源、晶体管开关电源等措施。

PLC 的电源模板可能包括多种输入电压：交流 220V、交流 110V 和直流 24V，而 CPU 电源模板所需要的工作电源一般是 5V 直流电源，在实际应用中要注意电源模板输入电压的选择。在选择电源模板的输出功率时，要保证其输出功率大于 CPU 模板、所有 I/O 模板及各种智能模板总的消耗功率，并且要考虑 30%左右的裕量。

2) I/O 模板工作电源的设计。I/O 模板工作电源是为系统中的传感器、执行机构、各种负载与 I/O 模板之间供电的电源。在实际应用中，基本上采用 24V 直流供电电源或 220V 交流供电电源。

(2) 接地设计。为了安全和抑制干扰，系统一般要正确接地。系统接地方式一般有浮地方式、直接接地方式和电容接地三种方式。对 PLC 控制系统而言，它属于高速低电平控制装置，应采用直接接地方式。由于信号电缆分布电容和输入装置滤波等的影响，装置之间的信号交换频率一般都低于 1MHz，PLC 控制系统接地线采用一点接地和串联一点接地方式。集中布置的 PLC 系统适用于并联一点接地方式，各装置的柜体中心接地点以单独的接地线引向接地极。如果装置间距较大，应采用串联一点接地方式。用一根大截面积铜母线（或绝缘电缆）连接各装置的柜体中心接地点，然后将接地母线直接连接接地极。接地线采用截面积大于 $20mm^2$ 的铜导线，总母线使用截面积大于 $60mm^2$ 的铜排。接地极的接地电阻小于 2Ω，接地极最好埋在距建筑物 10～15m 远处，而且 PLC 系统接地点必须与强电设备接地点相距 10m 以上。信号源接地时，屏蔽层应在信号侧接地；不接地时，应在 PLC 侧接地；信号线中间有接头时，屏蔽层应牢固连接并进行绝缘处理，一定要避免多点接地；多个测点信号的屏蔽双绞线与多芯对绞总屏电缆连接时，各屏蔽层应相互连接好，并经绝缘处理。选择适当的接地处单点接点。PLC 电源线，I/O 电源线，输入、输出信号线，交流线，直流线都应尽量分开布线。开关量信号线与模拟量信号线也应分开布线，而且后者应采用屏蔽线，并且将屏蔽层接地。数字传输线也要采用屏蔽线，并且要将屏蔽层接地。PLC 系统最好单独接地，也可以与其他设备公共接地，但严禁与其他设备串联接地。连接接地线时，应注意以下几点：

1) PLC 控制系统单独接地。

2) PLC 系统接地端子是抗干扰的中性端子，应与接地端子连接，其正确接地可以有效消除电源系统的共模干扰。

3）PLC 系统的接地电阻应小于 100Ω，接地线至少用 20mm^{2}的专用接地线，以防止感应电的产生。

4）输入/输出信号电缆的屏蔽线应与接地端子端连接，且接地良好。

（3）冗余设计。冗余设计是指在系统中人为地设计某些“多余”的部分，冗余配置代表 PLC 适应特殊需要的能力，是高性能 PLC 的体现。冗余设计的目的是在 PLC 已经可靠工作的基础上，再进一步提高其可靠性，减少出现故障的概率，减少出现故障后修复的时间。

9.1.4 PLC 软件系统设计

1. PLC 软件系统设计方法

PLC 软件系统设计就是根据控制系统的硬件结构和工艺要求，使用相应的编程语言，编制用户控制程序和形成相应文件的过程。编制 PLC 控制程序的方法很多，这里主要介绍几种典型的编程方法。

（1）图解法编程。图解法是靠画图进行 PLC 程序设计。常见的主要有梯形图法、逻辑流程图法、时序流程图法和步进顺控法。

1）梯形图法：梯形图法是用梯形图语言去编制 PLC 程序。这是一种模仿继电器控制系统的编程方法。其图形甚至元件名称都与继电器控制电路十分相近。这种方法很容易地就可以把原继电器控制电路转换植成 PLC 的梯形图语言。这对于熟悉继电器控制的人来说，是最方便的编程方法。

2）逻辑流程图法：逻辑流程图法是用逻辑框图表示 PLC 程序的执行过程，反映输入与输出的关系。逻辑流程图法是把系统的工艺流程，用逻辑框图表示出来，形成系统的逻辑流程图。这种方法编制的 PLC 控制程序逻辑思路清晰、输入与输出的因果关系及联锁条件明确。逻辑流程图会使整个程序脉络清楚，便于分析控制程序，便于查找故障点，便于调试程序和维修程序。有时对一个复杂的程序，直接用语句表和用梯形图编程可能觉得难以下手，那么可以先画出逻辑流程图，再为逻辑流程图的各个部分用语句表和梯形图编制 PLC 应用程序。

3）时序流程图法：时序流程图法是首先画出控制系统的时序图（即到某一个时间应该进行哪项控制的控制时序图），再根据时序关系画出对应的控制任务的程序框图，最后把程序框图写成 PLC 程序。时序流程图法很适合于以时间为基准的控制系统的编程方法。

4）步进顺控法：步进顺控法是在顺控指令的配合下设计复杂的控制程序。一般比较复杂的程序，都可以分成若干个功能比较简单的程序段，一个程序段可以看成整个控制过程中的一步。从整体角度去看，一个复杂系统的控制过程是由若干个这样的步组成的。系统控制的任务，实际上可以认为是在不同时刻或者在不同进程中去完成对各个步的控制。为此，不少 PLC 生产厂家在自己的 PLC 中增加了步进顺控指令。在画完各个步进的状态流程图之后，可以利用步进顺控指令方便地编写控制程序。

（2）经验法编程。经验法是运用自己的或别人的经验进行设计。多数是设计前先选择与自己工艺要求相近的程序，把这些程序看成是自己的“试验程序”。结合自己工程的情况，对这些“试验程序”逐一修改，使之适合自己的工程要求。这里所说的经验，有的是来自自己的经验总结，有的可能是别人的设计经验。这种方法就需要日积月累，善于总结。

（3）计算机辅助设计编程。计算机辅助设计是通过 PLC 编程软件在计算机上进行程序设计、离线或在线编程、离线仿真和在线调试等。使用编程软件可以十分方便地在计算机上离线或在线编程、在线调试，使用编程软件可以十分方便地在计算机上进行程序的存取、加密及形成 EXE 运行文件。

2. PLC 软件系统设计步骤

在了解了程序结构和编程方法的基础上，就要实际地编写 PLC 程序了。编写 PLC 程序和编写其他计算机程序一样，都需要经历如下过程。

（1）对系统任务分块。分块的目的就是把一个复杂的工程分解成多个比较简单的小任务。这样可便于编制程序。

（2）编制控制系统的逻辑关系图。从逻辑控制关系图上，可以反映出某一逻辑关系的结果是什么，这一结果又应该导出哪些动作。这个逻辑关系可以是以各个控制活动顺序的基准，也可能是以整个活动的时间节拍为基准。逻辑关系图反映了控制过程中控制作用与被控对象的活动，也反映了输入与输出的关系。

（3）绘制各种电路图。绘制各种电路的目的，是把系统的输入/输出所设计的地址和名称联系起来，这是关键的一步。在绘制 PLC 的输入电路时，不仅要考虑到信号的连接点是否与命名一致，还要考虑到输入端的电压和电流是否合适，也要考虑到在特殊条件下运行的可靠性与稳定条件等问题。特别要考虑到能否把高压引导到 PLC 的输入端，当将高压引入 PLC 的输入端时，有可能对 PLC 造成比较大的伤害。在绘制 PLC 输出电路时，不仅要考虑到输出信号连接点是否与命名一致，还要考虑到 PLC 输出模块的带负载能力和耐电压能力。此外还要考虑到电源输出功率和极性问题。在整个电路的绘制过程中，还要考虑设计原则，努力提高其稳定性和可靠性。虽然用 PLC 进行控制方便、灵活，但是在电路的设计中仍然需要谨慎、全面。因此，在绘制电路图时要考虑周全，何处该装按钮，何处该装开关都要一丝不苟。

（4）编制 PLC 程序并进行模拟调试。在绘制完电路图后，就可以着手编制 PLC 程序了。在编程时，除了要注意程序正确、可靠之外，还要考虑程序简捷、省时、便于阅读、便于修改。编好一个程序块要进行模拟实验，这样便于查找问题，便于及时修改程序。

9.2　PLC 在传统继电控制中的应用

9.2.1　PLC 在异步电动机降压启动控制中的应用

对于 10kW 及以下容量的三相异步电动机，通常采用全压起动，但对于 10kW 以上容量的电动机一般采用降压启动。鼠笼式异步电动机的降压启动控制方法有多种：定子电路串电阻降压启动、自耦变压器降压启动、星形-三角形降压启动、延边三角形降压启动和软启动（固态降压启动器启动）等。在此，以星形-三角形降压启动为例，讲述 PLC 在异步电动机降压启动控制中的应用。

1. 星形-三角形降压启动控制线路分析

星形-三角形降压启动又称为Y-△降压启动，简称星三角降压启动。启动时，定子绕组先接成星形，待电动机转速上升到接近额定转速时，将定子绕组接成三角形，电动机进入全电压运行状态。传统继电器-接触器的星形-三角形降压启动控制线路如图 9-1 所示。

电路的工作原理：合上电源开关 QS，按下启动按钮 SB2，KM1、KT、KM3 线圈得电。KM1 线圈得电，辅助动合触头闭合，形成自锁，KM1 主触头闭合，为电动机的启动做好准备。KM3 线圈得电，主触头闭合，使电动机定子绕组接成星形，进行降压启动，KM3 的辅助动断触头断开对 KM2 进行联锁，防止电动机在启动过程中由于误操作而发生短路故障。当电动机转速接近额定转速时，KT 的延时断开动断触头 KT 断开，使 KM3 线圈失电，而 KT 的延时闭合动合触头 KT 闭合。当 KM3 线圈断电时，主触头断开，同时辅助动断触头闭合，使 KM2 线圈得电。KM2 线圈得电，辅助动合触头闭合自锁，辅助动断触头断开，切断 KT 和 KM3 线圈的电源，主触头闭合使电动机定子绕组接成三角形而全电压运行。KM2、KM3 动断触头为互锁触头，可防止 KM2、KM3 线圈同时得电，造成电源短接。

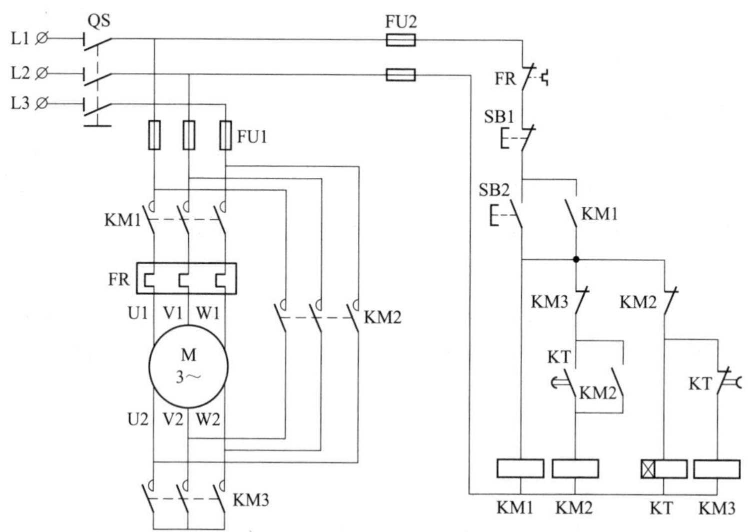

图 9-1 传统继电器-接触器星形-三角形降压启动控制线路原理图

2. 星形-三角形降压启动的 PLC 控制

(1) 使用 PLC 实现星形-三角形降压启动的 I/O 分配。根据星形-三角形降压启动控制线路的分析可知，使用 PLC 控制时需要 2 个输入点和 3 个输出点，输入/输出分配如表 9-1 所示，因此 CPU 模块可选用 CPU 1513-1 PN，数字量输入模块为 DI 16×24V DC BA，数字量输出模块为 DQ 8×230V AC/5A ST，所使用的 PLC 硬件配置如表 9-2 所示。

(2) 使用 PLC 实现星形-三角形降压启动的 I/O 接线图。DI 16×24V DC BA 为基本型数字量直流输入模块，它有 20 个接线端子，编号从 1 到 20，其模块输入点数共 16 点，位地址为 0～7 共两个字节，其地址编址由模块的安装位置决定；或者如果 CPU 模块支持地址修改，可在硬件组态工具中进行地址编址设置。DQ 8×230V AC/5A ST 为继电器输出方式的数字量输出模块，可直接驱动交流或直流负载，它有 8 个输出点，位地址为 0～7。数字量输入模块和数字量输出模块的 I/O 接线图如图 9-2 所示。注意，图中所示的是接线端子编号，而不是位地址编号。

表 9-1　　星形-三角形降压启动控制线路的 I/O 分配表

输　入			输　出		
功能	元件	PLC 地址	功能	元件	PLC 地址
停止按钮	SB1	I0.0	接触器 1	KM1	Q0.0
启动按钮	SB2	I0.1	接触器 2	KM2	Q0.1
			接触器 3	KM3	Q0.2

表 9-2　　星形-三角形降压启动的 PLC 硬件配置表

序号	名称	型号说明	数量
1	CPU	CPU 1516-3 PN/DP（6ES7 516-3AN00-0AB0）	1
2	电源模块	PS 60W 24/48/60V DC（6ES7 505-0RA00-0AB0）	1
3	数字量输入模块	DI 16×24V DC BA（6ES7 521-1BH10-0AA0）	1
4	数字量输出模块	DQ 8×230V AC/5A ST（6ES7 522-5HF00-0AB0）	1

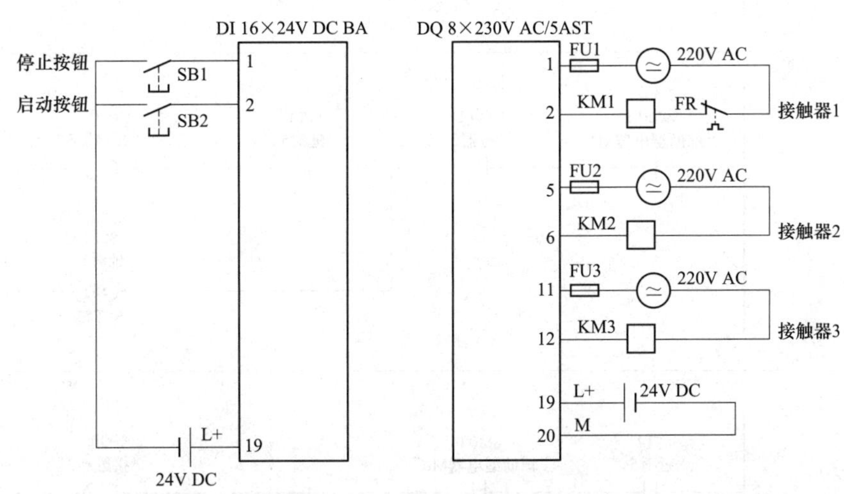

图 9-2　星形-三角形降压启动的 I/O 接线图

（3）星形-三角形降压启动控制 PLC 程序。根据三相交流异步电动机星-三角启动的控制分析和 PLC 的 I/O 分配，设计出 PLC 控制三相交流异步电动机星形-三角形降压启动程序如表 9-3 所示。

表 9-3　　星形-三角形降压启动控制 PLC 程序

程序段	LAD
程序段 1	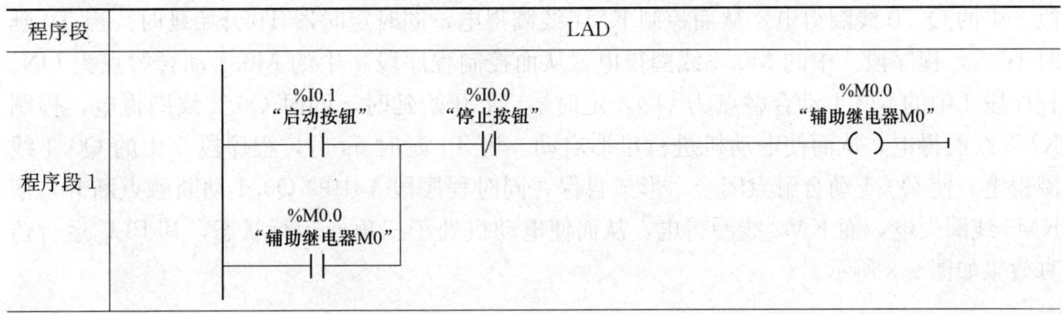

续表

程序段	LAD
程序段 2	 %M0.0 “辅助继电器M0” —| |— %Q0.0 “接触器1” —( )— %T0 “延时1s” —(SD)— S5T#1s
程序段 3	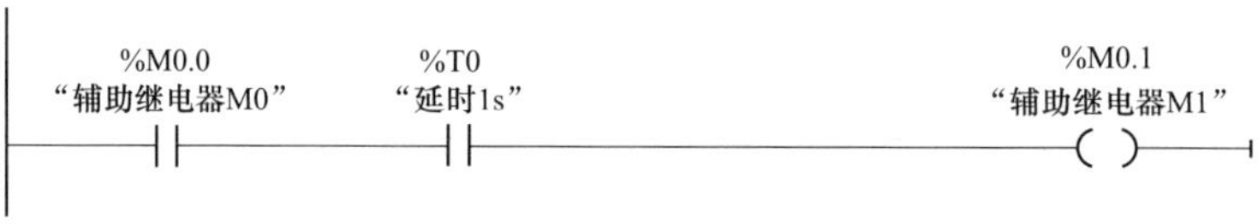 %M0.0 “辅助继电器M0” —| |— %T0 “延时1s” —| |— %M0.1 “辅助继电器M1” —( )—
程序段 4	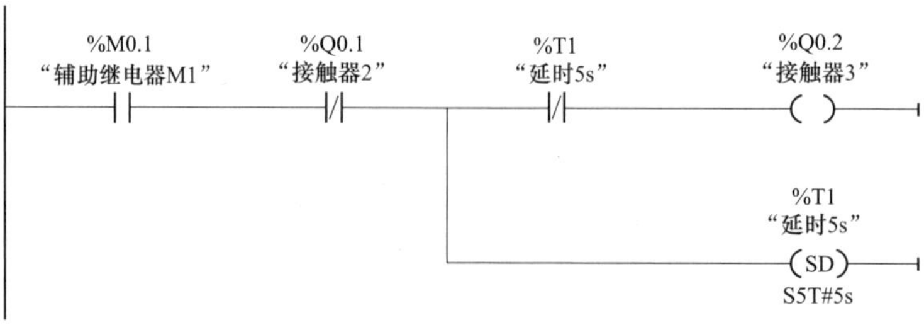 %M0.1 “辅助继电器M1” —| |— %Q0.1 “接触器2” —|/|— %T1 “延时5s” —|/|— %Q0.2 “接触器3” —( )— %T1 “延时5s” —(SD)— S5T#5s
程序段 5	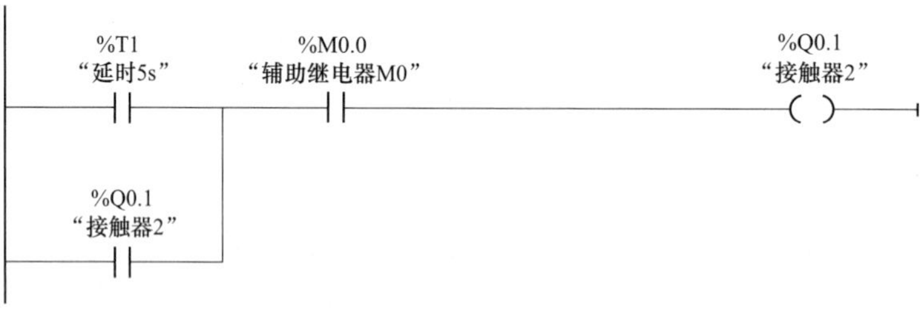 %T1 “延时5s” —| |— %M0.0 “辅助继电器M0” —| |— %Q0.1 “接触器2” —( )— %Q0.1 “接触器2” —| |—

（4）PLC 程序说明。按下启动按钮 SB2 时，程序段 1 中的 M0.0 线圈得电，使得程序段 2 中的 Q0.0 线圈得电，从而控制 KM1 线圈得电，同时定时器 T0 开始延时。当 T0 延时 1s 后，程序段 3 中的 M0.1 线圈得电，从而控制程序段 4 中的 M0.1 动合触点为 ON。程序段 4 中的 M0.1 动合触点为 ON，定时器 T1 开始延时，同时 Q0.2 线圈得电，控制 KM3 线圈得电，从而使电动机进行星形启动。当 T1 延时 5s 后，程序段 5 中的 Q0.1 线圈得电，使 Q0.1 动合触点闭合，形成自保，同时程序段 4 中的 Q0.1 动断触点断开，使 KM3 线圈失电，而 KM2 线圈得电，从而使电动机处于三角形运行状态，其 PLC 运行仿真效果如图 9-3 所示。

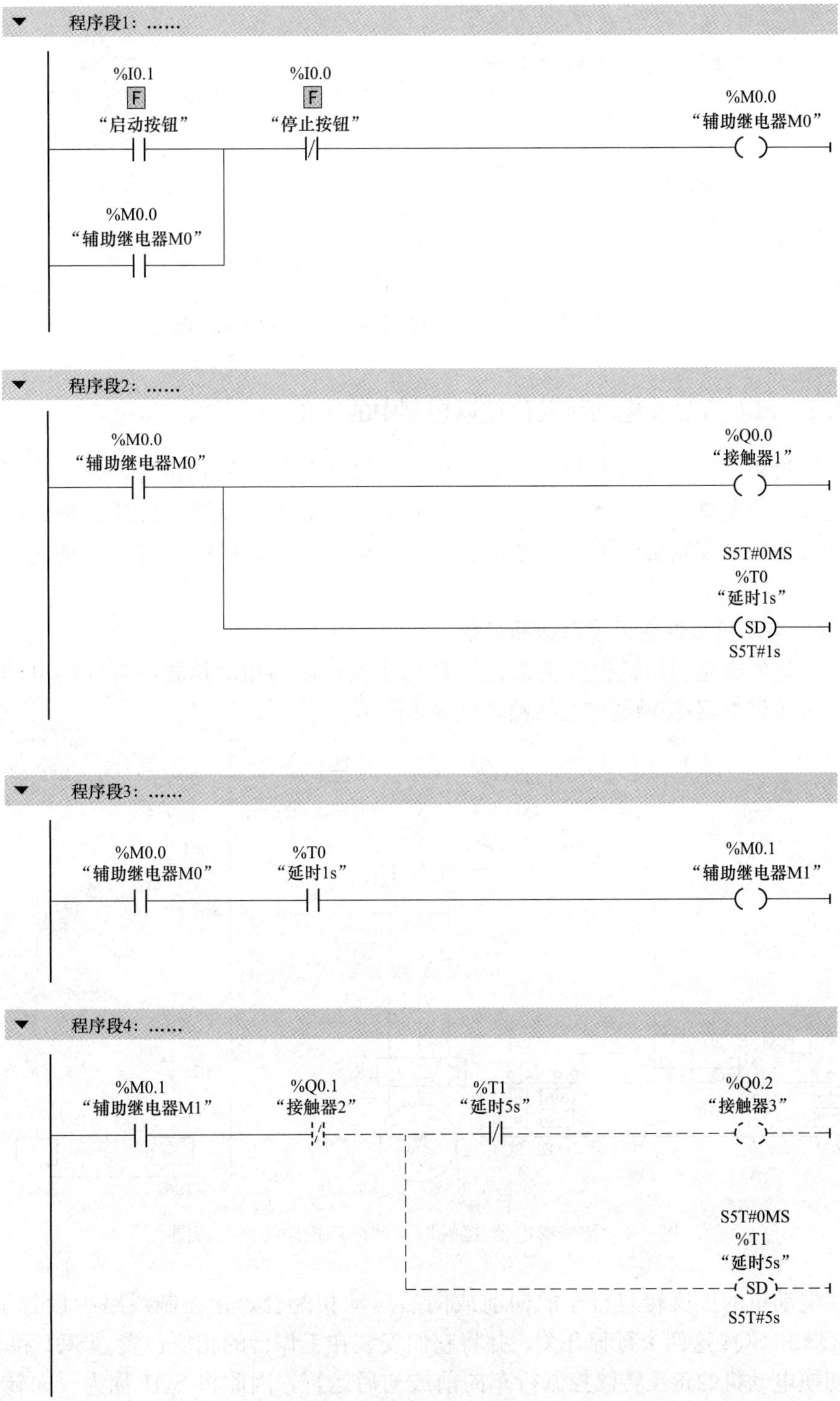

▼ 程序段1：……

%I0.1
F
“启动按钮”

%I0.0
F
“停止按钮”

%M0.0
“辅助继电器M0”

%M0.0
“辅助继电器M0”

▼ 程序段2：……

%M0.0
“辅助继电器M0”

%Q0.0
“接触器1”

S5T#0MS
%T0
“延时1s”
SD
S5T#1s

▼ 程序段3：……

%M0.0
“辅助继电器M0”

%T0
“延时1s”

%M0.1
“辅助继电器M1”

▼ 程序段4：……

%M0.1
“辅助继电器M1”

%Q0.1
“接触器2”

%T1
“延时5s”

%Q0.2
“接触器3”

S5T#0MS
%T1
“延时5s”
SD
S5T#5s

图 9-3　PLC 控制星形-三角形降压启动的运行仿真效果图（一）

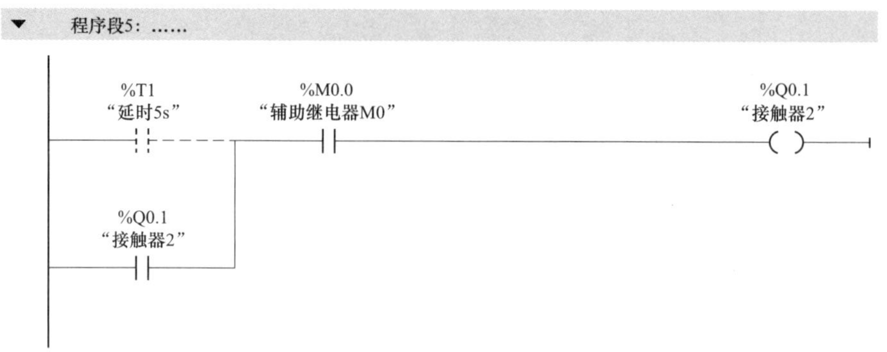

图 9-3　PLC 控制星形-三角形降压启动的运行仿真效果图（二）

9.2.2　PLC 在异步电动机限位往返控制中的应用

在生产过程中，有时需控制一些生产机械运动部件的行程和位置，或允许某些运动部件只能在一定范围内自动循环往返。如在摇臂钻床、万能铣床、镗床、桥式起重机及各种自动或半自动控制机床设计中经常遇到机械运动部件需进行位置与自动循环控制的要求。

1. 异步电动机限位往返控制线路分析

自动往返通常是利用行程开关来控制自动往返运动的相对位置，再控制电动机的正反转，其传统继电器-接触器控制线路如图 9-4 所示。

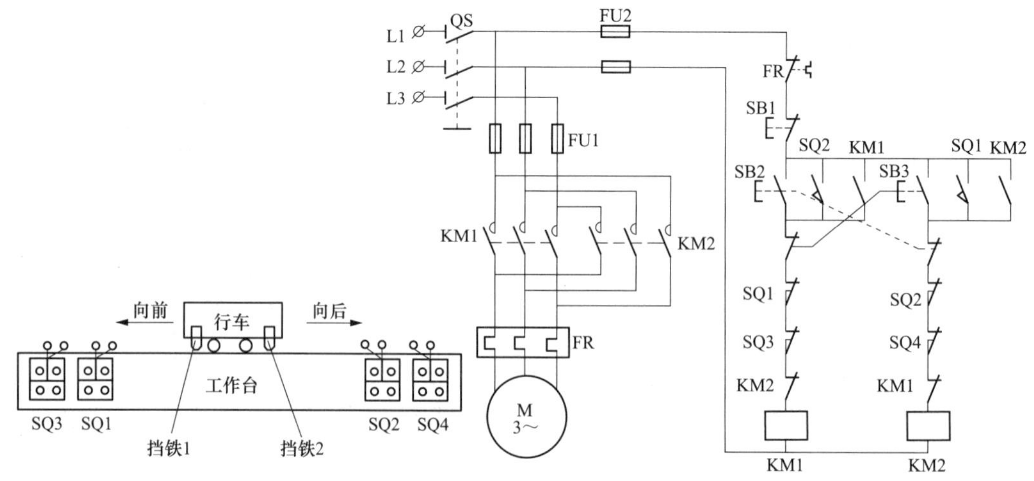

图 9-4　传统继电器-接触器自动循环控制线路原理图

为使电动机的正反转与行车的向前或向后运动相配合，在控制线路中设置了 SQ1、SQ2、SQ3 和 SQ4 这四个行程开关，并将它们安装在工作台的相应位置。SQ1 和 SQ2 用来自动切换电动机的正反转以控制行车向前或向后运行，因此将 SQ1 称为反向转正向行程开关，将 SQ2 称为正向转反向行程开关。为防止工作台越过限定位置，在工作台的两端还安装 SQ3 和 SQ4，因此 SQ3 称为正向限位开关，SQ4 称为反向限位开关。行车的挡铁 1 只能碰撞 SQ1、SQ3，挡铁 2 只能碰撞 SQ2、SQ4。

电路的工作原理：合上电源开关 QS，按下正转启动按钮 SB2，KM1 线圈得电，KM1 动合辅助触头闭合，形成自锁；KM1 动断辅助触头打开，对 KM2 进行联锁；KM1 主触头闭合，电动机启动，行车向前运行。当行车向前运行到限定位置时，挡铁 1 碰撞行程开关 SQ1，SQ1 动断触头打开，切断 KM1 线圈电源，使 KM1 线圈失电，触头释放，电动机停止向前运行，同时 SQ1 的动合触头闭合，使 KM2 线圈得电。KM2 线圈得电，KM2 动断辅助触头打开，对 KM1 进行联锁；KM2 主触头闭合，电动机启动，行车向后运行。当行车向后运行到限定位置时，挡铁 2 碰撞行程开关 SQ2，SQ2 动断触头打开，切断 KM2 线圈电源，使 KM2 线圈失电，触头释放，电动机停止向前运行，同时 SQ2 的动合触头闭合，使 KM1 线圈得电，电动机再次得电，行车又改为向前运行，实现了自动循环往返转控制。电动机运行过程中，按下停止按钮 SB1 时，行车将停止运行。当 SQ1（或 SQ2）失灵时，行车向前（或向后）碰撞 SQ3（或 SQ4）时，强行停止行车运行。启动行车时，如果行车已在工作台的最前端应按下 SB3 进行启动。

2. 异步电动机限位往返的 PLC 控制

（1）使用 PLC 实现异步电动机限位往返的 I/O 分配。根据异步电动机限位往返控制线路的分析可知，使用 PLC 控制时需要 7 个输入点和 2 个输出点，输入/输出分配如表 9-4所示。CPU 模块可选用 CPU 1513-1 PN，数字量输入模块为 DI 16×24V DC BA，数字量输出模块为 DQ 8×230V AC/5A ST。

表 9-4　　异步电动机限位往返的 I/O 分配表

输　入			输　出		
功能	元件	PLC 地址	功能	元件	PLC 地址
停止按钮	SB1	I0.0	正向控制接触器	KM1	Q0.0
正向启动按钮	SB2	I0.1	反向控制接触器	KM2	Q0.1
反向启动按钮	SB3	I0.2			
正向转反向行程开关	SQ1	I0.3			
反向转正向行程开关	SQ2	I0.4			
正向限位开关	SQ3	I0.5			
反向限位开关	SQ4	I0.6			

（2）使用 PLC 实现异步电动机限位往返的 I/O 接线图。异步电动机限位往返控制的 PLC 接线如图 9-5 所示。

（3）异步电动机限位往返控制 PLC 程序。根据异步电动机限位往返控制分析和 PLC 的 I/O 分配，设计出 PLC 控制异步电动机限位往返控制的程序如表 9-5 所示。

（4）PLC 程序说明。程序段 1、程序段 3、程序段 4 为正向运行控制，按下正向启动按钮 SB2 时，I0.1 动合触点闭合，延时 2s 后 Q0.0 输出线圈有效，控制 KM1 主触头闭合，行车正向前进，其 PLC 运行仿真效果如图 9-6 所示。当行车行进中碰到反向转正向限位开关 SQ1 时，I0.3 动断触点打开，Q0.0 输出线圈无效，KM1 主触头断开，从而使行车停止前进，同时 I0.3 动合触点闭合，延时 2s 后 Q0.1 输出线圈得电并自保，使行车反向运行。

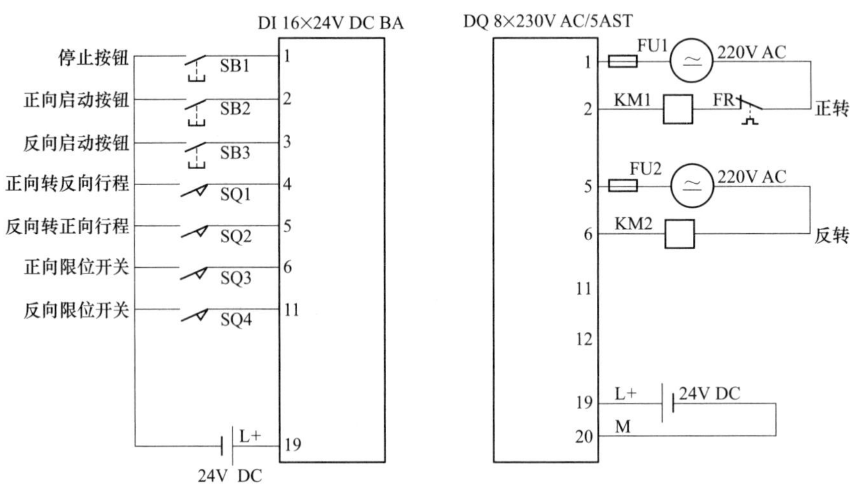

图 9-5　异步电动机限位往返的 I/O 接线图

表 9-5　　异步电动机限位往返控制 PLC 程序

程序段	LAD
程序段 1	%I0.1 “正向启动按钮” ─┤ ├─ ; %I0.0 “停止按钮” ─┤/├─ ; %I0.3 “正向转反向行程” ─┤/├─ ; %I0.2 “反向启动按钮” ─┤/├─ ; %I0.5 “正向限位” ─┤/├─ ; %Q0.1 “反转” ─┤/├─ ; %M0.0 “辅助继电器M0” ─( )─ 并联：%I0.4 “反向转正向行程” ─┤ ├─ 并联：%M0.0 “辅助继电器M0” ─┤ ├─
程序段 2	%I0.2 “反向启动按钮” ─┤ ├─ ; %I0.0 “停止按钮” ─┤/├─ ; %I0.4 “反向转正向行程” ─┤/├─ ; %I0.1 “正向启动按钮” ─┤/├─ ; %I0.6 “反向限位” ─┤/├─ ; %Q0.0 “正转” ─┤/├─ ; %M0.1 “辅助继电器M1” ─( )─ 并联：%I0.3 “正向转反向行程” ─┤ ├─ 并联：%M0.1 “辅助继电器M1” ─┤ ├─
程序段 3	%M0.0 “辅助继电器M0” ─┤ ├─ ; %Q0.0 “正转” ─┤/├─ ; %T0 “延时2s” ─(SD)─ S5T#2s

续表

程序段	LAD
程序段 4	%T0 "延时2s" —‖— %M0.0 "辅助继电器M0" —‖— %Q0.0 "正转" —( )— %Q0.0 "正转" —‖—（与 %T0 并联）
程序段 5	%M0.1 "辅助继电器M1" —‖— %Q0.1 "反转" —|/|— %T1 "延时2s(1)" —(SD)— S5T#2s
程序段 6	%T1 "延时2s(1)" —‖— %M0.1 "辅助继电器M1" —‖— %Q0.1 "反转" —( )— %Q0.1 "反转" —‖—（与 %T1 并联）

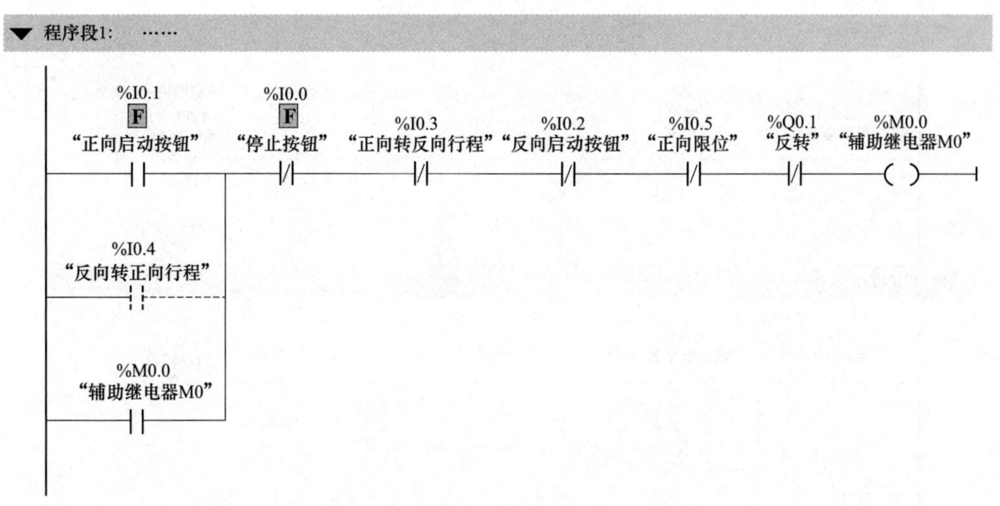

图 9-6　PLC 控制异步电动机限位往返运行仿真效果图（一）

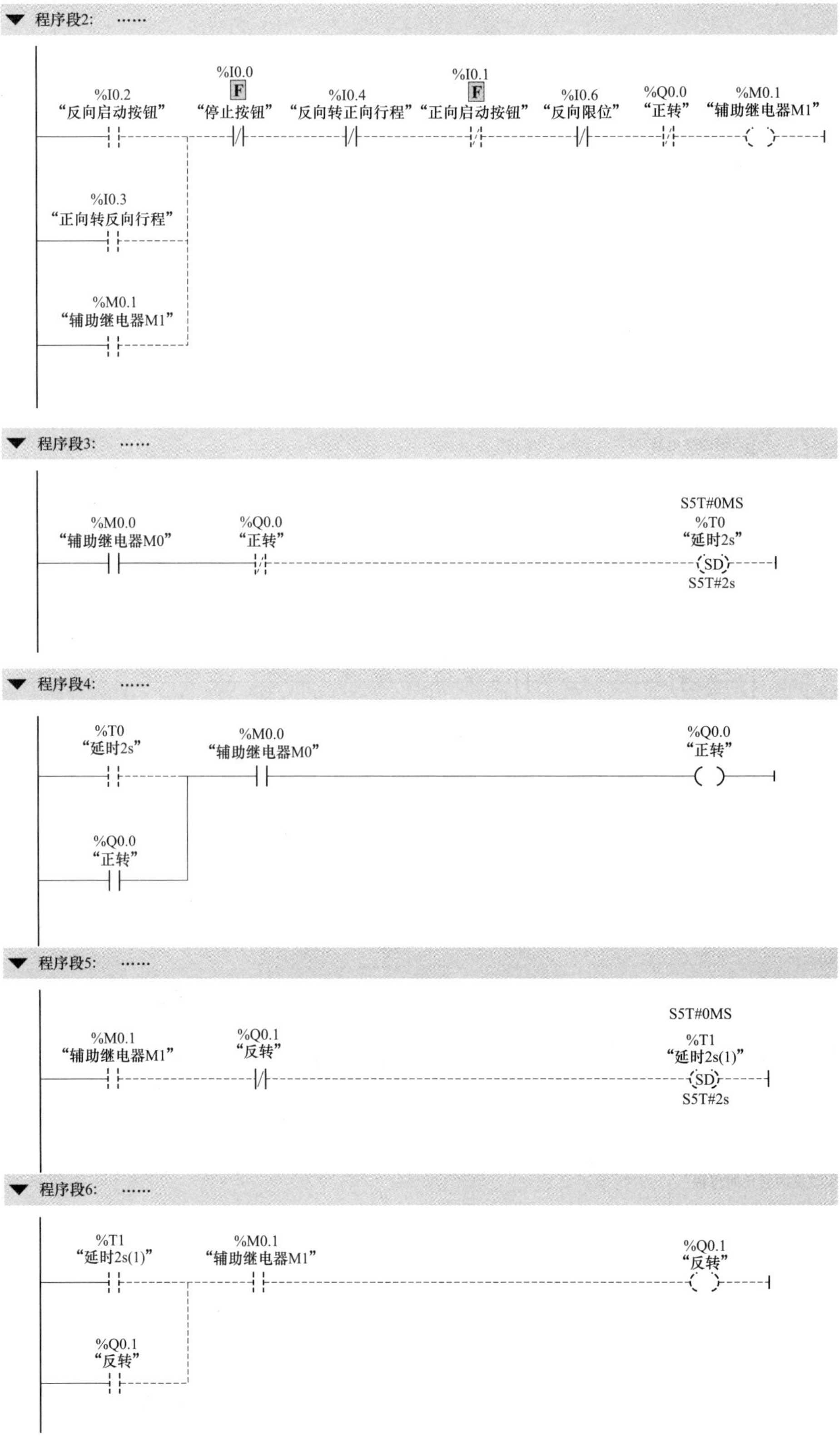

▼ 程序段2: ……

%I0.2 “反向启动按钮”
%I0.0 F “停止按钮”
%I0.4 “反向转正向行程”
%I0.1 F “正向启动按钮”
%I0.6 “反向限位”
%Q0.0 “正转”
%M0.1 “辅助继电器M1”
%I0.3 “正向转反向行程”
%M0.1 “辅助继电器M1”

▼ 程序段3: ……

%M0.0 “辅助继电器M0”
%Q0.0 “正转”
S5T#0MS
%T0 “延时2s”
SD
S5T#2s

▼ 程序段4: ……

%T0 “延时2s”
%M0.0 “辅助继电器M0”
%Q0.0 “正转”
%Q0.0 “正转”

▼ 程序段5: ……

%M0.1 “辅助继电器M1”
%Q0.1 “反转”
S5T#0MS
%T1 “延时2s(1)”
SD
S5T#2s

▼ 程序段6: ……

%T1 “延时2s(1)”
%M0.1 “辅助继电器M1”
%Q0.1 “反转”
%Q0.1 “反转”

图 9-6　PLC 控制异步电动机限位往返运行仿真效果图（二）

程序段 2、程序段 5、程序段 6 为反向运行控制，按下反向启动按钮 SB3 时，I0.2 动合触点闭合，延时 2s 后 Q0.1 输出线圈有效，控制 KM2 主触头闭合，行车反向后退。当行车行进中碰到反向限位开关 SQ2 时，I0.4 动断触点打开，Q0.1 输出线圈无效，KM2 主触头断开，从而使行车停止后退，同时 I0.4 动合触点闭合，延时 2s 后 Q0.0 输出线圈得电并自保，使行车正向运行。

行车在行进过程中，按下停止按钮 SB1 时，I0.0 动断触头断开，从而控制行车停止运行。

当电动机由正转切换到反转时，KM1 的断电和 KM2 的得电同时进行。这样，对于功率较大且为感性的负载，有可能在 KM1 断开其触头，电弧尚未熄灭时，KM2 的触头已闭合，使电源相间瞬时短路。解决的办法是在程序中加入两个定时器（如 T37 和 T38），使正、反向切换时，被切断的接触器瞬时动作，被接通的接触器延时一段时间才动作（如延时 2s），避免了 2 个接触器同时切换造成的电源相间短路。

9.2.3　PLC 在异步电动机制动控制中的应用

交流异步电动机的制动方法有机械制动和电气制动两种。机械制动是用机械装置来强迫电动机迅速停转，如电磁抱闸制动、电磁离合器制动等。电气制动是使电动机的电磁转矩方向与电动机旋转方向相反以达到制动，如反接制动、能耗制动、回馈制动等。在此，以电动机能耗制动为例，讲述 PLC 在异步电动机制动控制中的应用。

1. 异步电动机制动控制线路分析

能耗制动是一种应用广泛的电气制动方法，它是在电动机切断交流电源后，立即向电动机定子绕组通入直流电源，定子绕组中流过直流电流，产生一个静止不动的直流磁场，而此时电动机的转子由于惯性仍按原来方向旋转，转子导体切割直流磁通，产生感生电流，在感生电流和静止磁场的作用下，产生一个阻碍转子转动的制动力矩，使电动机转速迅速下降，当转速下降到零时，转子导体与磁场之间无相对运动，感生电流消失，制动力矩变为零，电动机停止转动，从而达到制动的目的。传统继电器-接触器能耗制动线路如图 9-7 所示。

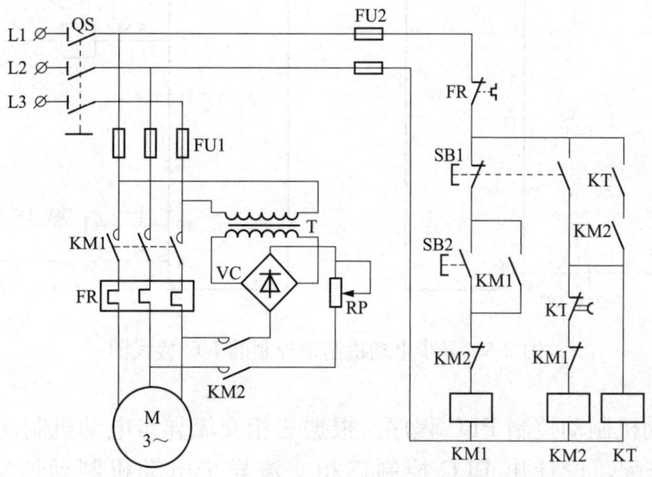

图 9-7　传统继电器-接触器能耗制动控制线路

电路的工作原理：合上电源开关 QS，按下启动按钮 SB2，KM1 线圈得电，动合辅助触头自锁，动断辅助触头互锁，主触头闭合，电动机全电压启动运行。需要电动机停止时，按下停止按钮 SB1，KM1 线圈失电，释放触头，电动机定子绕组失去交流电源，由于惯性转子仍高速旋转。同时 KM2、KT 线圈得电形成自锁，KM2 主触头闭合，使电动机定子绕组接入直流电源进行能耗制动，电动机转速迅速下降，当转速接近零时，时间继电器 KT 的延时时间到，KT 动断触头延时打开，切断 KM2 线圈的电源，KM2、KT 的相应触头释放，从而断开了电动机定子绕组的直流电源，使电动机停止转动，以达到能耗制动的目的。

2. 异步电动机制动控制线路的 PLC 控制

(1) 使用 PLC 实现异步电动机制动控制的 I/O 分配。根据异步电动机制动控制线路的分析可知，使用 PLC 控制时需要 2 个输入点和 2 个输出点，I/O 分配如表 9-6 所示。

表 9-6　异步电动机制动控制线路的 I/O 分配表

输入			输出		
功能	元件	PLC 地址	功能	元件	PLC 地址
停止按钮	SB1	I0.0	启动运行控制	KM1	Q0.0
启动按钮	SB2	I0.1	能耗制动控制	KM2	Q0.1

(2) 使用 PLC 实现异步电动机制动控制的 I/O 接线图。异步电动机制动控制的 PLC 接线如图 9-8 所示。

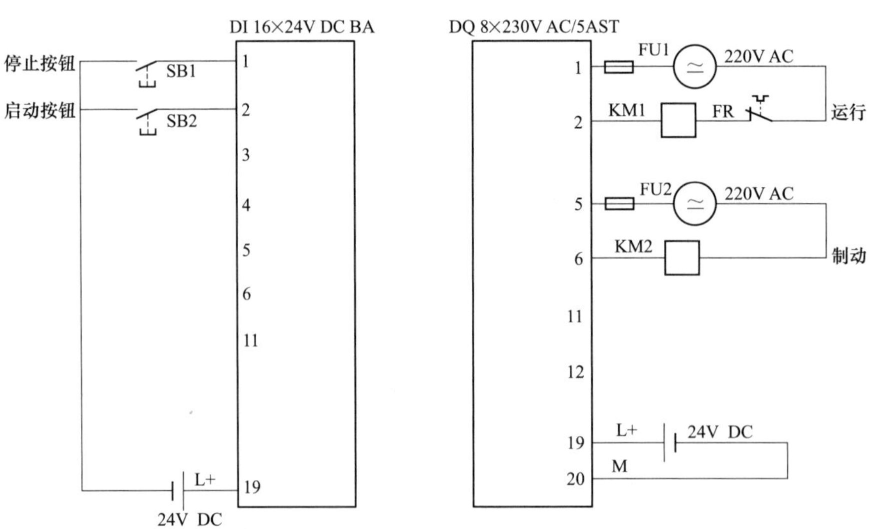

图 9-8　异步电动机制动控制的 I/O 接线图

(3) 异步电动机制动控制 PLC 程序。根据三相交流异步电动机制动控制的控制分析和 PLC 的 I/O 分配，设计出 PLC 控制三相交流异步电动机制动控制程序，如表 9-7 所示。

表 9-7　　　　　　　　　　异步电动机制动控制 PLC 程序

程序段	LAD
程序段 1	%I0.1 "启动按钮" %I0.0 "停止按钮" %M0.0 "辅助继电器M0" %Q0.0 "运行" %Q0.0 "运行"
程序段 2	%I0.0 "停止按钮" P %M0.1 "辅助继电器M1" %Q0.0 "运行" %T1 "延时3s" %M0.0 "辅助继电器M0" %T0 "延时1s" SD S5T#1s %M0.0 "辅助继电器M0"
程序段 3	%T0 "延时1s" %M0.0 "辅助继电器M0" %Q0.1 "制动" %Q0.1 "制动" %T1 "延时3s" SD S5T#3s

(4) PLC 程序说明。按下启动按钮，KM1 线圈（Q0.0）得电。按下停止按钮时（I0.0），KM1 线圈失电，T0 延时 1s 后 KM2 线圈（Q0.1）得电，使电机反接制动，同时定时器 T1 进行延时，其 PLC 运行仿真效果如图 9-9 所示。当 T1 延时达 3s 后，KM2 线圈失电，能耗制动过程结束。程序段 2 中的上升沿检测指令是确保按下停止按钮且未松开时，电动机反接制动工作完成后，KM2 线圈不再重新上电。

9.2.4　PLC 在异步电动机多速控制中的应用

改变异步电动机磁极对数来调速电动机转速称为变极调速，变极调速是通过接触器触头改变电动机绕组的外部接线方式，改变电动机的极对数，从而达到调速目的。改变鼠笼式异步电动机定子绕组的极数以后，转子绕组的极数能够随之变化，而改变绕线式异步电动机定子绕组的极数以后，它的转子绕组必须进行相应的重新组合，无法满足极数能够随之变化的要求，因此变极调速只适用于鼠笼式异步电动机。凡磁极对数可以改变的电动机称为多速电动机，常见的多速电动机有双速、三速、四速等。

1. 异步电动机多速控制线路分析

三速异步电动机有两套绕组和低速、中速、高速这三种不同的转速。其中一套绕组

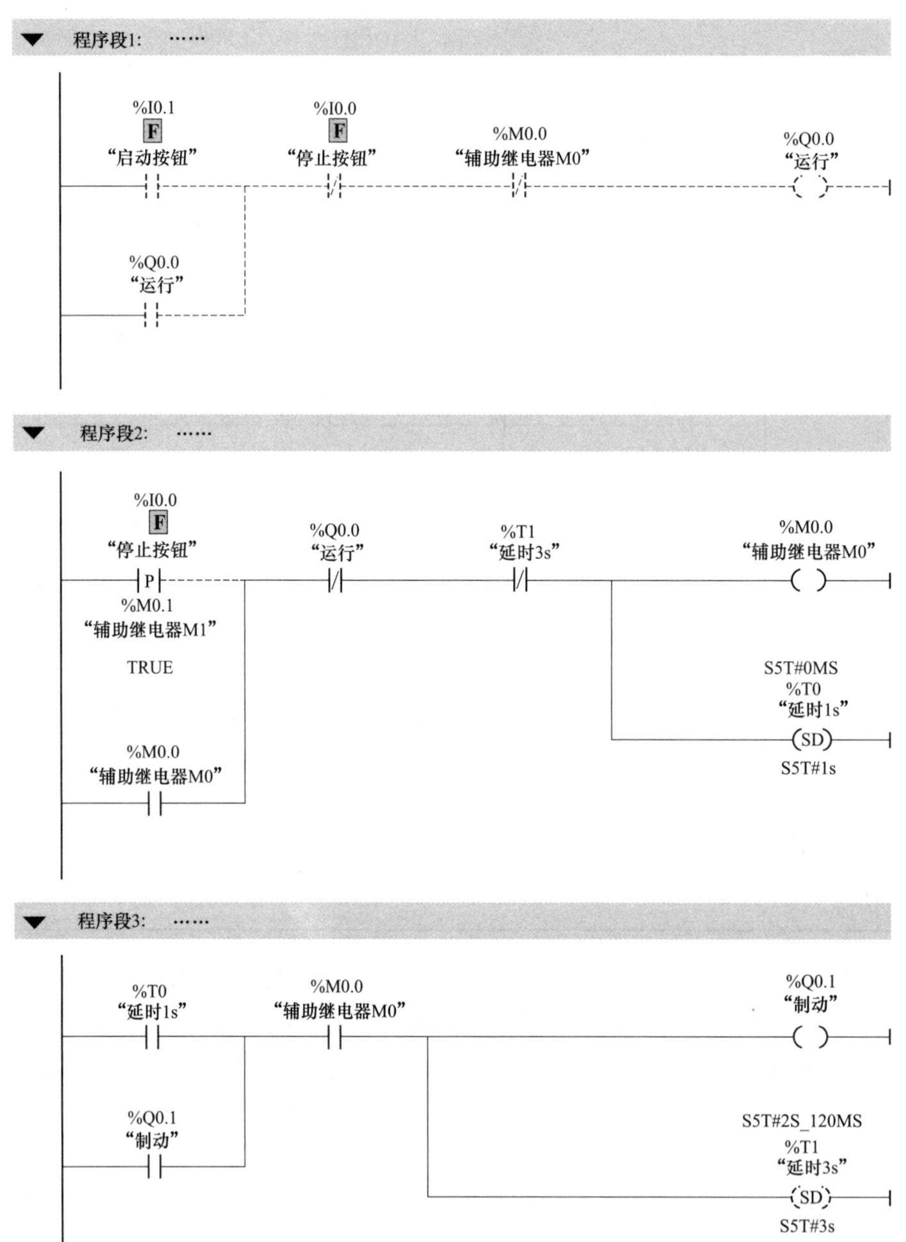

图 9-9　PLC 控制异步电动机制动控制运行仿真效果图

同双速电动机一样，当电动机定子绕组接成△形接法时，电动机低速运行；当电动机定子绕组接成Y-Y形接法时，电动机高速运行。另一套绕组接成Y形接法，电动机中速运行。

传统继电器-接触器三速异步电动机的调速控制线路如图 9-10 所示，其中 SB1、KM1 控制电动机△形接法下低速运行；SB2、KT1、KT2 控制电动机从△形接法下低速启动到Y形接法下中速运行的自动转换；SB3、KT1、KT2、KM3 控制电动机从△形接法下低速启动到Y形中速过渡到Y-Y接法下高速运行的自动转换。

合上电流开关 QS，按下 SB1，KM1 线圈得电，KM1 主触头闭合，动合辅助触头闭合自锁，电动机 M 接成△形接法低速运行，动断辅助触头打开对 KM2、KM3 联锁。

按下 SB2，SB2 的动断触头先断开，动合触头后闭合，使 KT1 线圈得电延时。KT1-1 瞬时闭合，使 KM1 线圈得电，KM1 主触头闭合，电动机 M 接成△形接法低速启动，KT1 延时片刻后，KT1-2 先断开，使 KM1 线圈失电，KM1 触头复位，KT1-3 后闭合使 KM2 线圈得电。KM2 线圈得电，KM2 的两对动合触头闭合，KM2 的主触头闭合，使电动机接成 Y 形中速运行，KM2 两对联锁触头断开对 KM1、KM3 进行联锁。

按下 SB3，SB3 的动断触头先断开，动合触头后闭合，使 KT2 线圈电，KT2-1 瞬时闭合，这样 KT1 线圈得电。KT1 线圈得电，KT1-1 瞬时闭合，KM1 线圈得电，KM1 主触头动作，电动机接成△形接法低速启动，经 KT1 整定时间，KT1-2 先分断，KM1 线圈失电，KM1 主触头复位，而 KM1-3 后闭合使 KM2 线圈得电，KM2 主触头闭合，电动机接成Y形中速过渡。经 KT2 整定时间后，KT2-2 先分断，KM2 线圈失电，KM2 主触头复位，KT2-3 后闭合，KM3 线圈得电。KM3 线圈得电，其主触头和两对动合辅助触头闭合，使电动机 M 接成Y-Y形高速运行，同时 KM3 两对动断辅助触头分断，对 KM1 联锁，而使 KT1 线圈失电，KT1 触头复位。

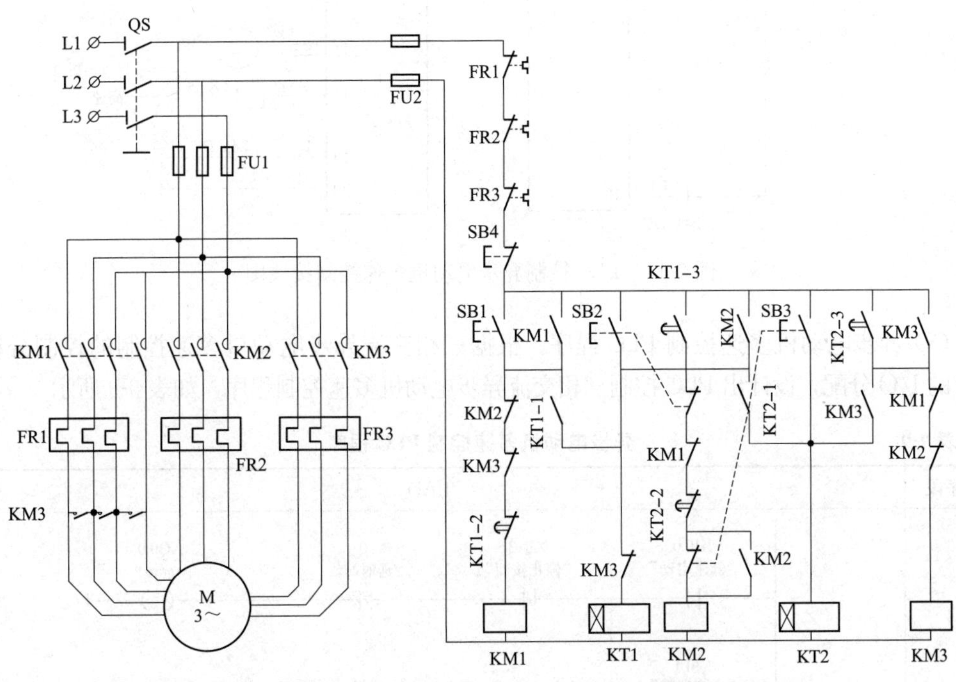

图 9-10　传统继电器-接触器三速电动机变极调速控制

不管电动机在低速、中速还是高速下运行，只要按下停止按钮 SB4，电动机就会停止运行。

2. 异步电动机多速控制线路的 PLC 控制

(1) 使用 PLC 实现异步电动机多速控制的 I/O 分配。根据异步电动机多速控制线路的分析可知，使用 PLC 控制时需要 4 个输入点和 3 个输出点，I/O 分配如表 9-8 所示。

表 9-8　　　　异步电动机多速控制线路的 I/O 分配表

输入			输出		
功能	元件	PLC 地址	功能	元件	PLC 地址
低速启动按钮	SB1	I0.0	低速运行控制	KM1	Q0.0
中速启动按钮	SB2	I0.1	中速运行控制	KM2	Q0.1
高速启动按钮	SB3	I0.2	高速运行控制	KM3	Q0.2
停止按钮	SB4	I0.3			

（2）使用 PLC 实现异步电动机制动控制的 I/O 接线图。异步电动机制动控制的 PLC 接线如图 9-11 所示。

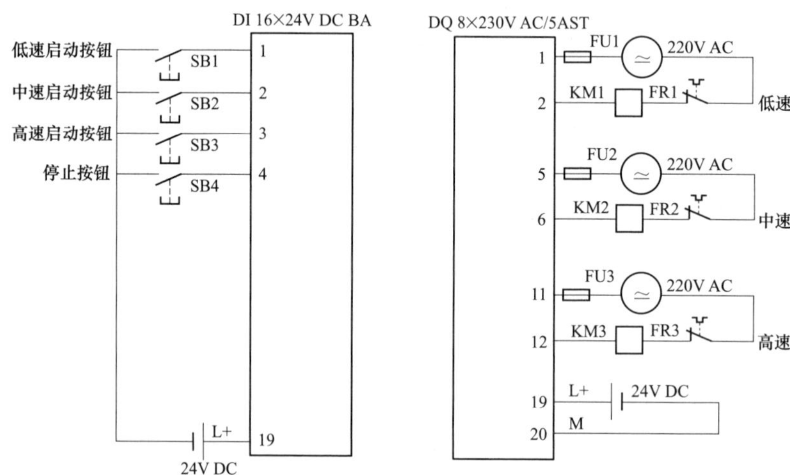

图 9-11　PLC 控制异步电动机多速控制接线图

（3）异步电动机多速控制 PLC 程序。根据三相交流异步电动机多速控制的控制分析和 PLC 的 I/O 分配，设计出 PLC 控制三相交流异步电动机多速控制程序，如表 9-9 所示。

表 9-9　　　　异步电动机多速控制 PLC 程序

程序段	LAD
程序段 1	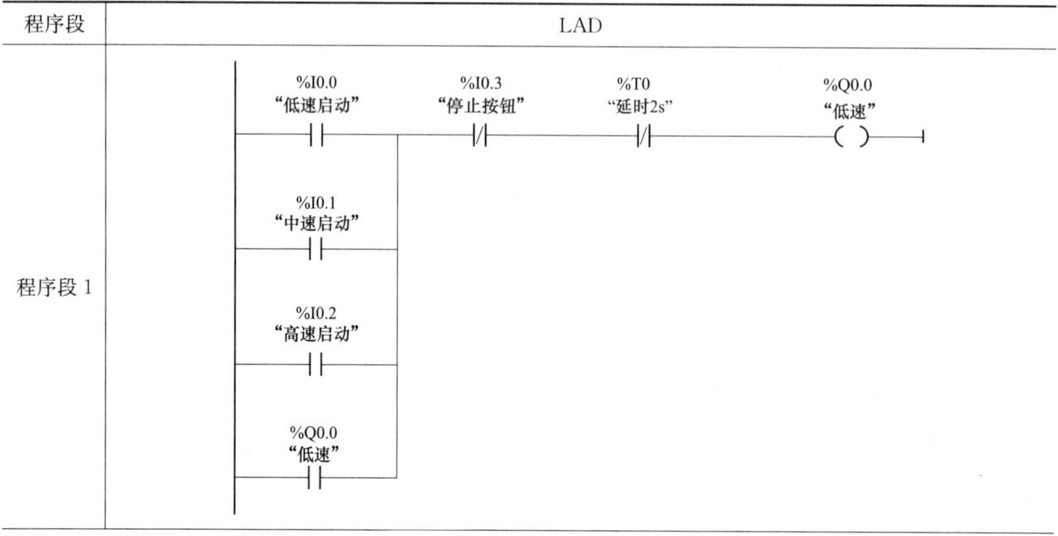

续表

程序段	LAD
程序段 2	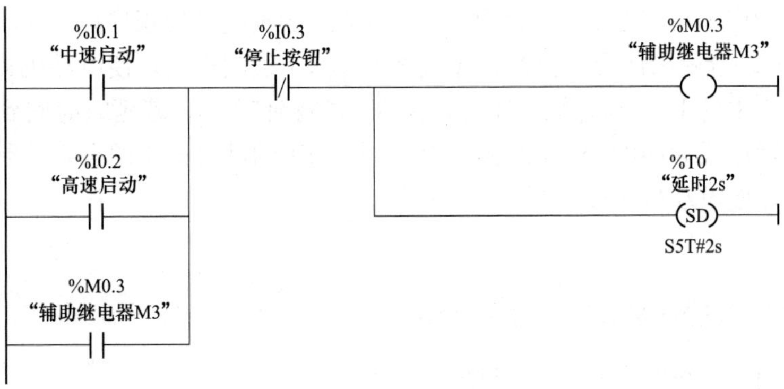 %I0.1 “中速启动”　%I0.3 “停止按钮”　%M0.3 “辅助继电器M3”　%I0.2 “高速启动”　%T0 “延时2s” (SD) S5T#2s　%M0.3 “辅助继电器M3”
程序段 3	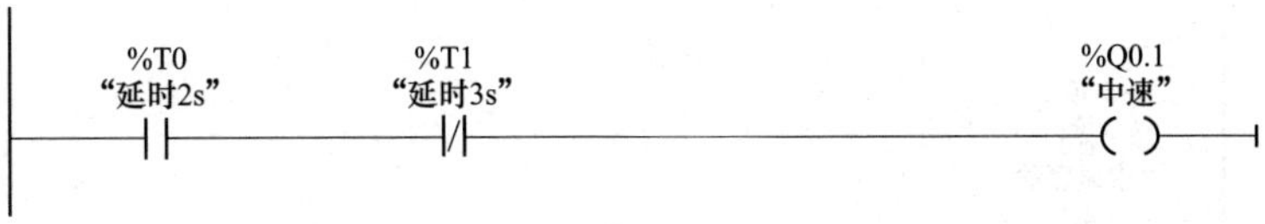 %T0 “延时2s”　%T1 “延时3s”　%Q0.1 “中速”
程序段 4	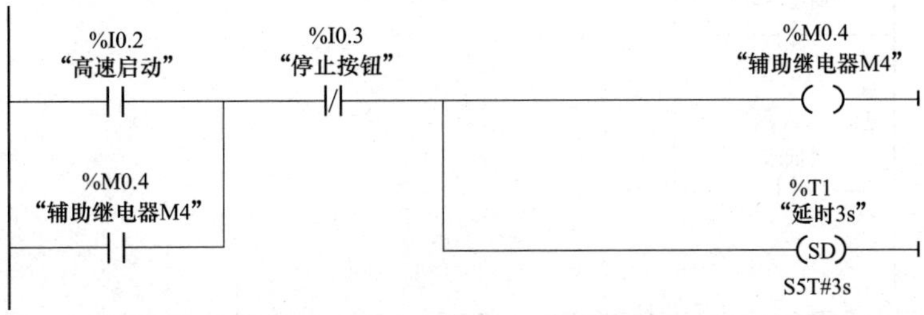 %I0.2 “高速启动”　%I0.3 “停止按钮”　%M0.4 “辅助继电器M4”　%M0.4 “辅助继电器M4”　%T1 “延时3s” (SD) S5T#3s
程序段 5	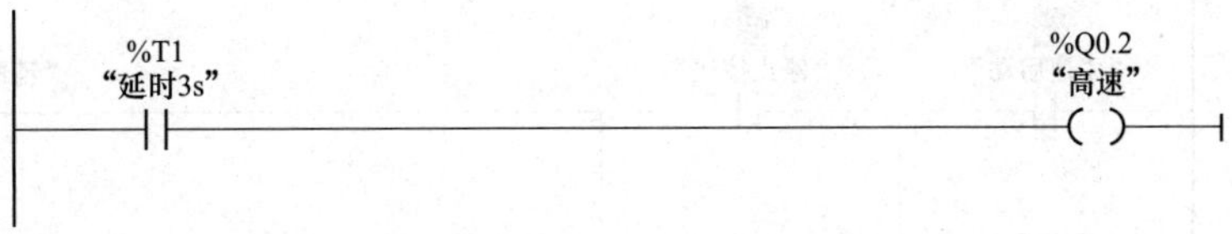 %T1 “延时3s”　%Q0.2 “高速”

(4) PLC 程序说明。按下低速启动按钮 SB1 时，程序段 1 中的 I0.0 动合触点闭合，使 Q0.0 线圈得电控制 KM1 主触头闭合，电动机接成△形低速运行。

按下中速启动按钮 SB2 时，程序段 1 中的 I0.1 动合触点闭合，使 Q0.0 线圈得电控制 KM1 主触头闭合，电动机△形接法低速启动。同时程序段 2 中的 I0.1 动合触点，使 T0 进行延时，其 PLC 运行仿真效果如图 9-12 所示。若延时时间到，T0 的动断触头断开，使程序段 1 中的 Q0.0 线圈失电，同时 T0 的动合触头闭合，控制程序段 3 的 Q0.1

线圈得电，使电动机接成Y形中速运行。

按下高速启动按钮 SB3 时，程序段 1 中的 I0.2 动合触点闭合，使 Q0.0 线圈得电控制 KM1 主触头闭合，电动机△形接法低速启动。同时程序段 2 中的 I0.2 动合触点闭合，使 T0 进行延时 2s。若延时时间到，T0 的动断触头断开使程序段 1 中的 Q0.0 线圈失电，同时 T0 的动合触头闭合，控制程序段 3 的 Q0.1 线圈得电，使电动机接成Y形中速过渡。而程序段 4 中的 I0.2 动合触点闭合，使 T1 进行延时 3s。若延时时间到，T1 的动断触头断开，使程序段 3 中的 Q0.1 线圈失电，同时 T1 的动合触头闭合，控制程序段 5 的 Q0.2 线圈得电，使电动机接成Y-Y形高速运行。

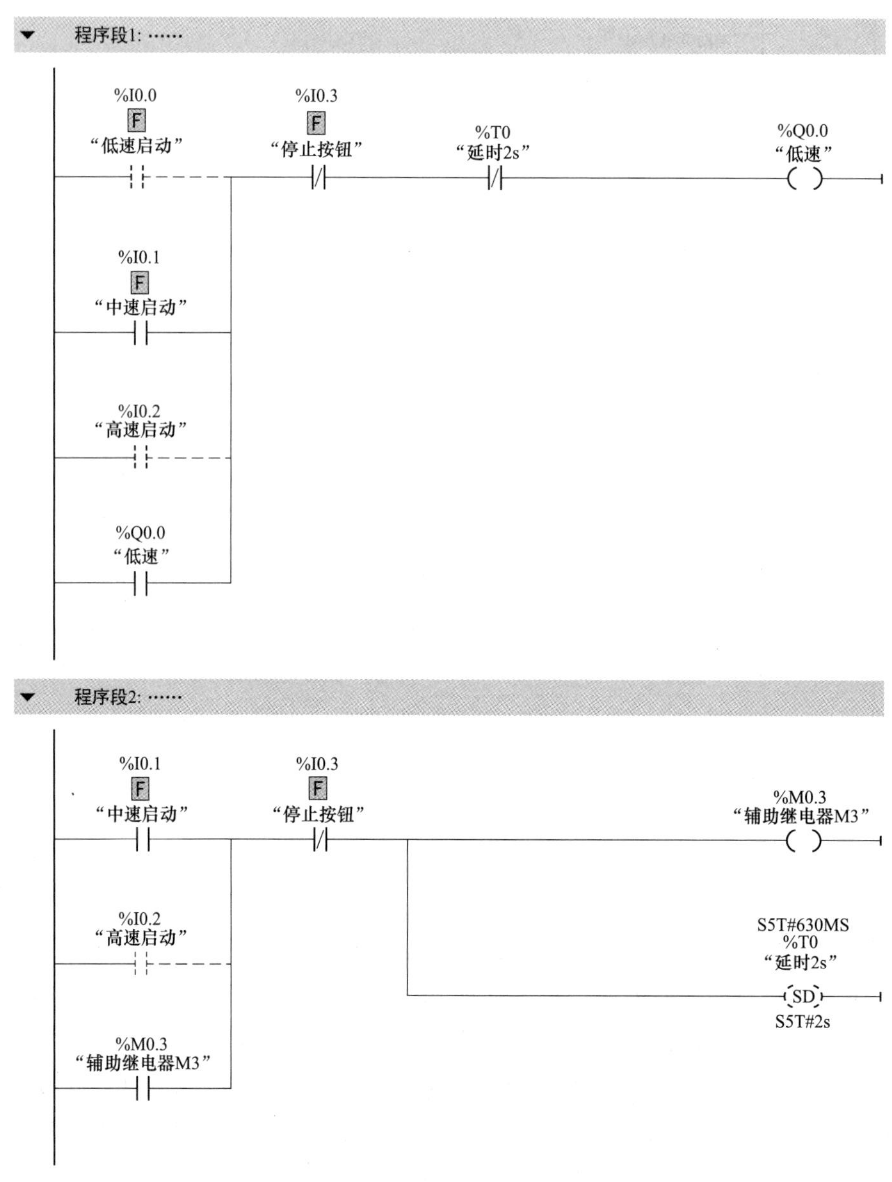

图 9-12　PLC 控制异步电动机多速控制运行仿真效果图（一）

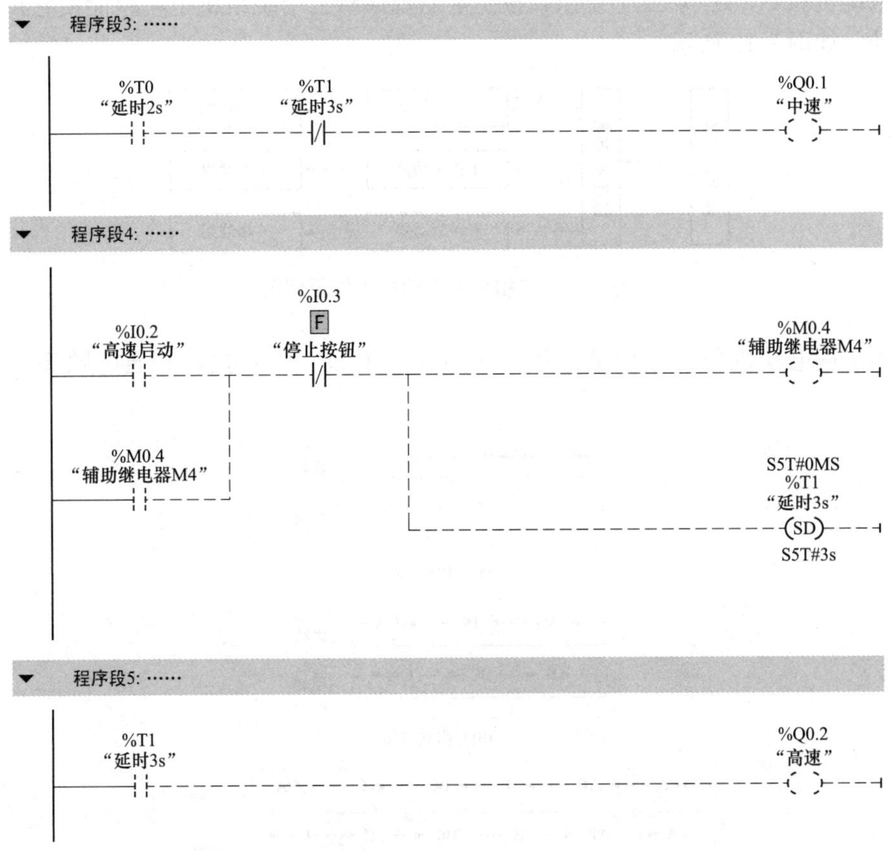

图 9-12　PLC 控制异步电动机多速控制运行仿真效果图（二）

9.3　PLC 控制的应用设计实例

9.3.1　PLC 在三相步进电动机控制中的应用设计

步进电动机（Stepping Motor）又称为脉冲电动机或阶跃电动机。步进电动机是根据输入的脉冲信号，每改变一次励磁状态就前进一定角度（或长度），若不改变励磁状态则保持一定位置而静止的电动机。

步进电动机可以对旋转角度和转动速度进行高精度的控制，所以它的应用十分广泛。例如在仪器仪表、机床等设备中都是以步进电动机作为其传动核心。

步进电动机如同普通电动机一样，也有转子、定子和定子绕组。定子绕组分若干相，每相的磁极上有极齿，转子在轴上也有若干个齿。当某相定子绕组通电时，相应的两个磁极就分别形成 N-S 极，产生磁场，并与转子形成磁路。如果这时定子的小齿与转子的小齿没有对齐，则在磁场的作用下转子将转动一定的角度，使转子上的齿与定子的极齿对齐。因此它是按电磁铁的作用原理进行工作的，在外加电脉冲信号作用下，一步一步地运转，是一种将电脉冲信号转换成相应角位移动的机电元件。

步进电动机的种类较多，如单相、双相、三相、四相、五相及六相等多种类型。三相步进电动机有 A、B、C 三个绕组，按一定的规律给三个绕组供电，就能使它按要求的规律转动，如图 9-13 所示。

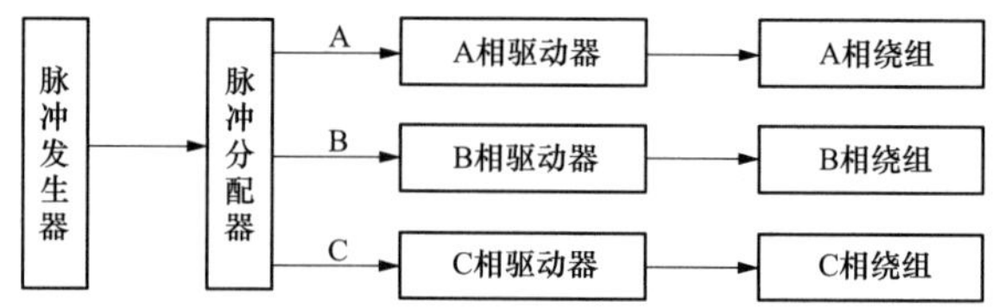

图 9-13　三相步进电动机工作原理图

三相步进电动机分为三相单三拍、三相双三拍和三相六拍，其通电顺序如图 9-14 所示。

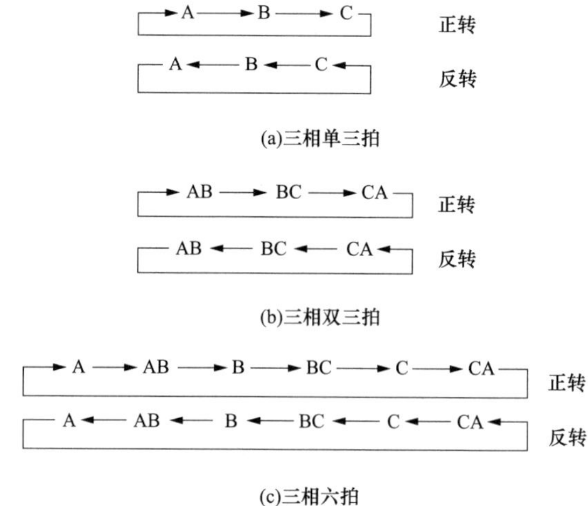

图 9-14　三相步进电动机通电顺序

1. 控制要求

使用 PLC 控制一个三相六拍的步进电动机的运行，当按下正转启动时，步进电动机进行正转，当按下反转按钮时，步进电动机进行反转。步进电动机有快速和慢速两种情况，快速为 10 步/s，慢速为 1 步/s。

2. 控制分析

三相六拍步进电动机转动一圈时，需执行 6 步操作，因此可以使用移位寄存器 ROL_DW 和 ROR_DW 实现三相六拍的步进移位控制，其中 ROL_DW 为步进电动机正转移位控制；ROR_DW 为步进电动机反转移位控制。步进电动机的正反转选择可通过两个按钮进行。通过选择不同的系统时钟可改变步进电动机的转速，转速的选择使用 SA 可实现。

3. PLC 实现三相六拍步进电动机控制

（1）PLC 控制三相六拍步进电动机的 I/O 分配。根据控制要求分析可知，使用 PLC 控制三相六拍步进电动机时需要 4 个输入点和 3 个输出点，I/O 分配如表 9-10 所示。

（2）使用 PLC 实现三相六拍步进电动机的 I/O 接线图。三相六拍步进电动机的 PLC 接线如图 9-15 所示。

表 9-10　　　　　　　　　　　三相六拍步进电机的 I/O 分配表

输　入			输　出		
功能	元件	PLC 地址	功能	元件	PLC 地址
停止按钮	SB1	I0.0	A 相输入端	KM1	Q0.0
正向启动按钮	SB2	I0.1	B 相输入端	KM2	Q0.1
反向启动按钮	SB3	I0.2	C 相输入端	KM3	Q0.2
速度选择按钮	SA	I0.3			

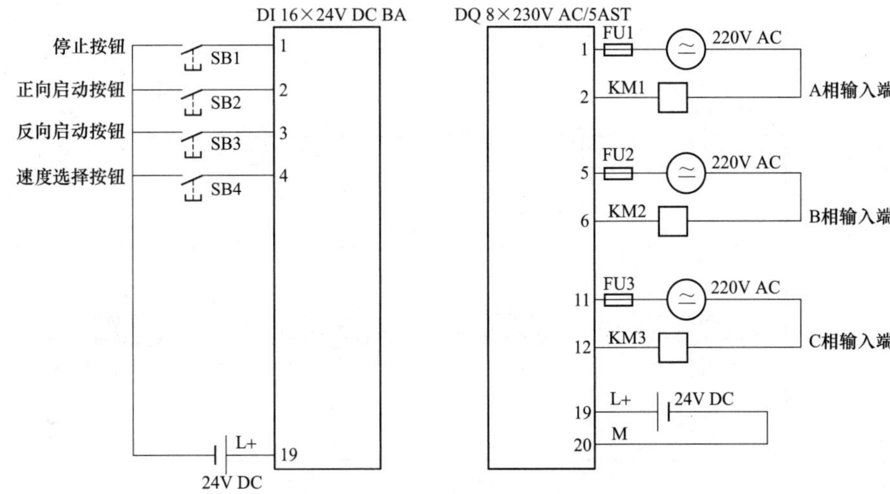

图 9-15　三相六拍步进电动机的 PLC 接线图

(3) 三相六拍步进电动机控制的 PLC 程序。根据三相六拍步进电动机的控制分析和 PLC 的 I/O 分配，设计出程序，如表 9-11 所示。

表 9-11　　　　　　　　　　三相六拍步进电动机控制的 PLC 程序

程序段	LAD
程序段 1	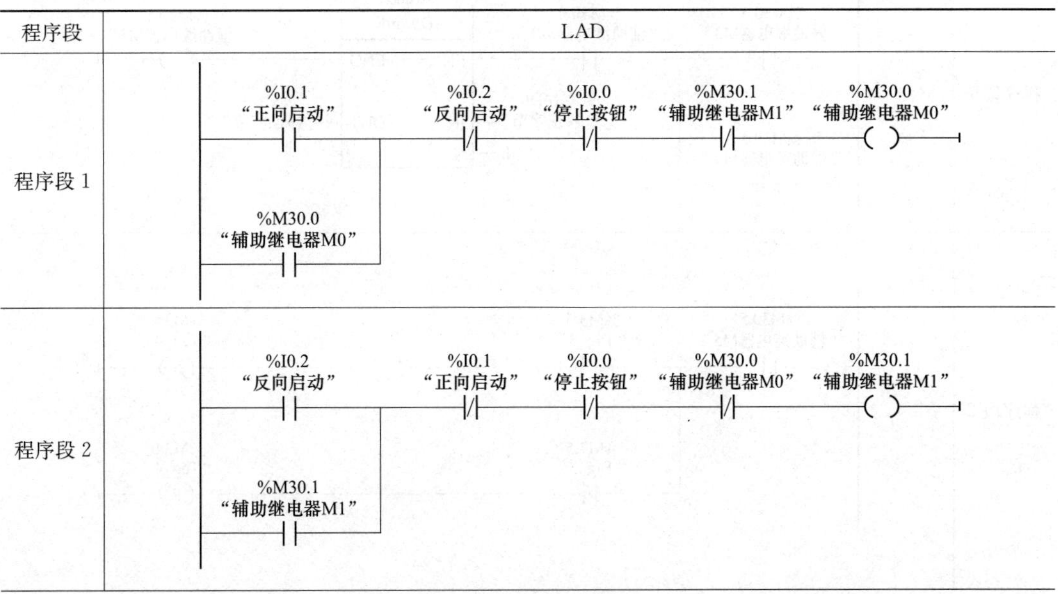
程序段 2	

续表

程序段	LAD
程序段 3	%M30.0 “辅助继电器M0” %M30.1 “辅助继电器M1” %M30.2 “辅助继电器M2” ( )
程序段 4	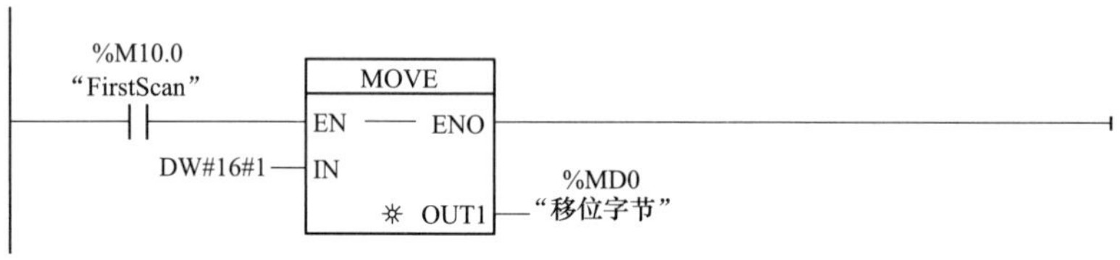 %M10.0 “FirstScan” MOVE EN ENO DW#16#1 IN ※ OUT1 %MD0 “移位字节”
程序段 5	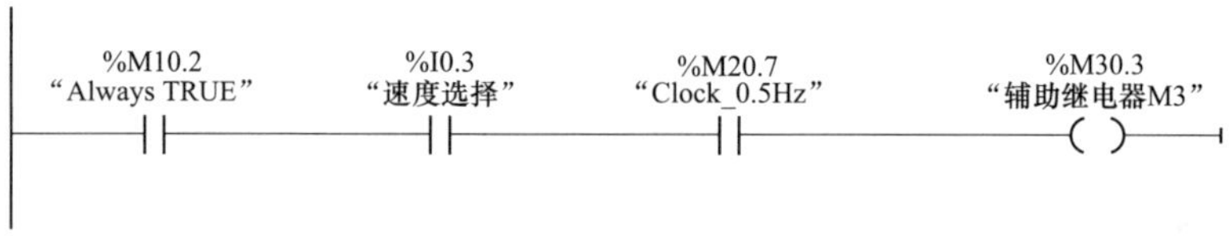 %M10.2 “Always TRUE” %I0.3 “速度选择” %M20.7 “Clock_0.5Hz” %M30.3 “辅助继电器M3” ( )
程序段 6	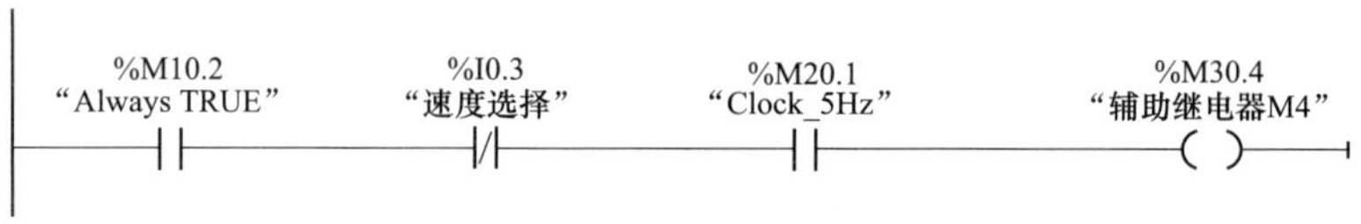 %M10.2 “Always TRUE” %I0.3 “速度选择” %M20.1 “Clock_5Hz” %M30.4 “辅助继电器M4” ( )
程序段 7	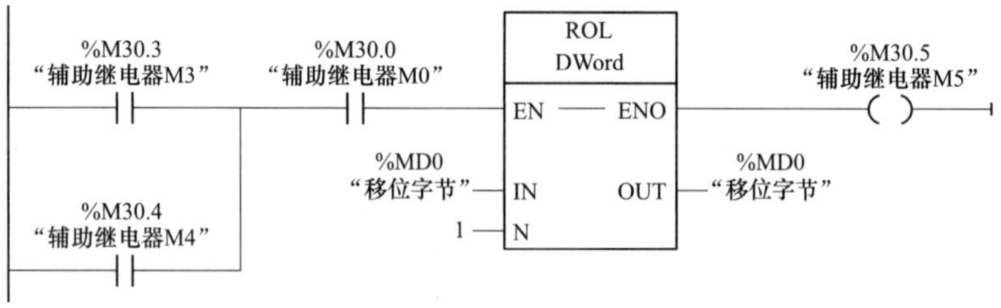 %M30.3 “辅助继电器M3” %M30.4 “辅助继电器M4” %M30.0 “辅助继电器M0” ROL DWord EN ENO %MD0 “移位字节” IN OUT %MD0 “移位字节” 1 N %M30.5 “辅助继电器M5” ( )
程序段 8	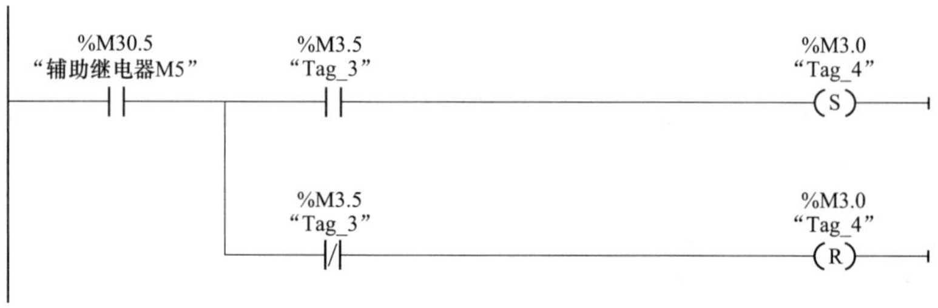 %M30.5 “辅助继电器M5” %M3.5 “Tag_3” %M3.0 “Tag_4” (S) %M3.5 “Tag_3” %M3.0 “Tag_4” (R)

续表

程序段	LAD
程序段 9	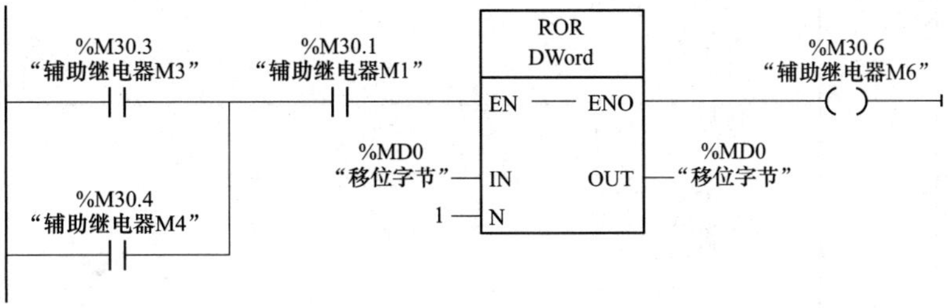 %M30.3 "辅助继电器M3"; %M30.4 "辅助继电器M4"; %M30.1 "辅助继电器M1"; ROR DWord: EN — ENO, %MD0 "移位字节" — IN, OUT — %MD0 "移位字节", 1 — N; %M30.6 "辅助继电器M6" ( )
程序段 10	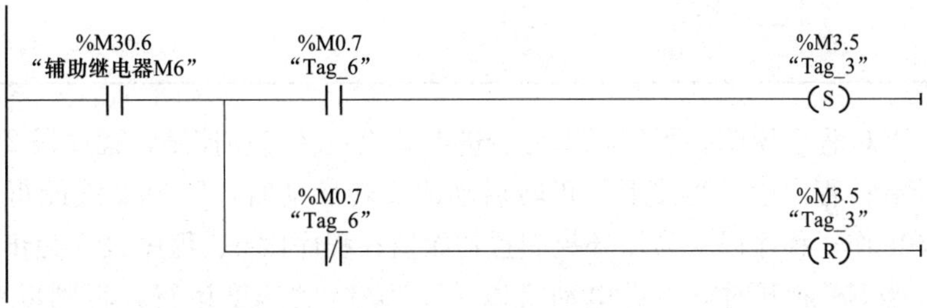 %M30.6 "辅助继电器M6"; %M0.7 "Tag_6"; %M3.5 "Tag_3" (S); %M0.7 "Tag_6" (常闭); %M3.5 "Tag_3" (R)
程序段 11	%M3.0 "Tag_4"; %M3.1 "Tag_7"; %M3.5 "Tag_3"; %Q0.0 "A相输入端" ( )
程序段 12	%M3.1 "Tag_7"; %M3.2 "Tag_8"; %M3.3 "Tag_9"; %Q0.1 "B相输入端" ( )

续表

程序段	LAD
程序段 13	%M3.3 “Tag_9” %M3.4 “Tag_10” %M3.5 “Tag_3” %Q0.2 “C相输入端”

（4）PLC 程序说明。程序段 1 为步进电动机正转启动控制；程序段 2 为步进电动机反转启动控制；程序段 3 为按下了正转启动或反转启动时，M30.2 线圈得电，表示步进电动机准备工作；程序段 4 为循环控制置初始值；程序段 5、程序段 6 为步进电动机速度控制程序，当 SA 断开时，步进电动机以 1 步/0.1s 的速度运行，否则以 1 步/s 的速度运行；程序段 7 和程序段 8 控制循环左移 6 位；程序段 9 和程序段 10 控制循环右移 6 位；程序段 10、程序段 11 和程序段 12 为 PLC 按移位规律控制步进电动机按三相六拍进行运行。图 9-16 表示步进电动机为正转，其转速为 1 步/s，即慢速转动。

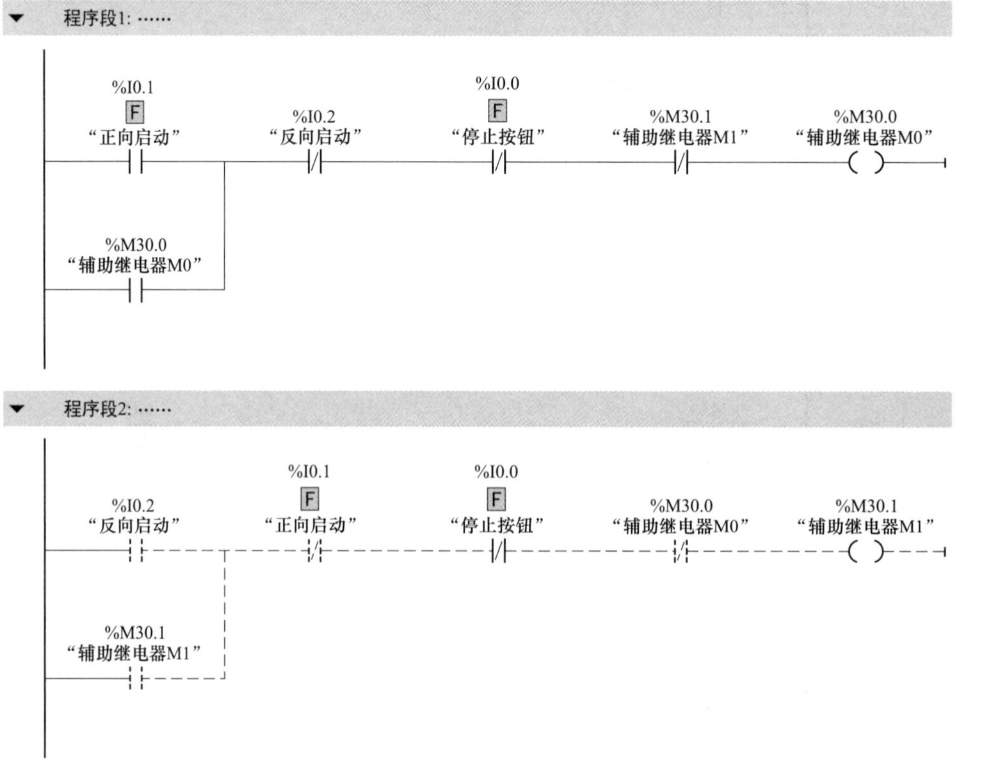

图 9-16　三相六拍步进电动机运行仿真效果图（一）

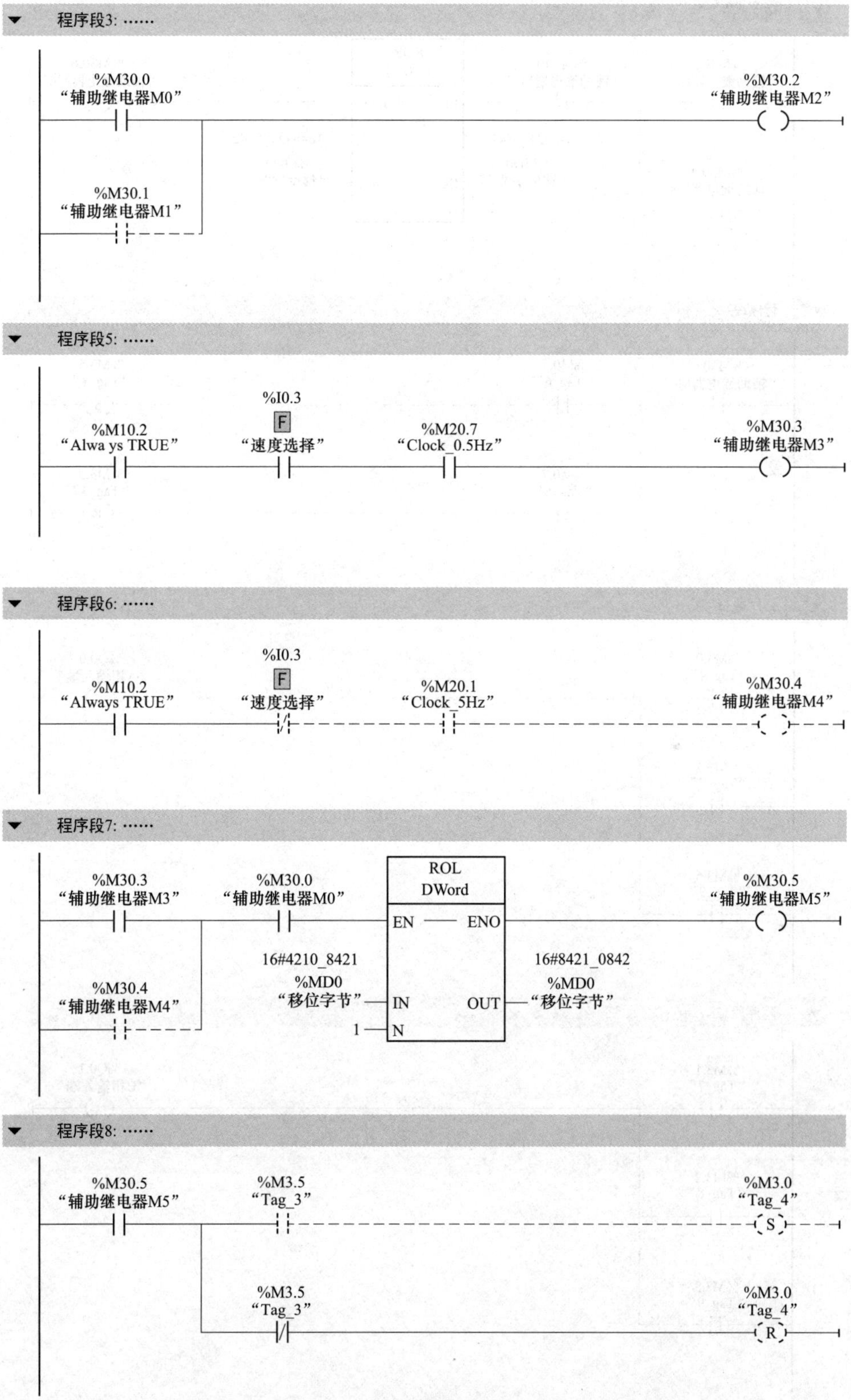

程序段3: ……

%M30.0 “辅助继电器M0”
%M30.1 “辅助继电器M1”
%M30.2 “辅助继电器M2”

程序段5: ……

%M10.2 “Alwa ys TRUE”
%I0.3 F “速度选择”
%M20.7 “Clock_0.5Hz”
%M30.3 “辅助继电器M3”

程序段6: ……

%M10.2 “Always TRUE”
%I0.3 F “速度选择”
%M20.1 “Clock_5Hz”
%M30.4 “辅助继电器M4”

程序段7: ……

%M30.3 “辅助继电器M3”
%M30.0 “辅助继电器M0”
ROL DWord
EN ENO
16#4210_8421 %MD0 “移位字节” IN
1 N
OUT 16#8421_0842 %MD0 “移位字节”
%M30.4 “辅助继电器M4”
%M30.5 “辅助继电器M5”

程序段8: ……

%M30.5 “辅助继电器M5”
%M3.5 “Tag_3”
%M3.0 “Tag_4” S
%M3.5 “Tag_3”
%M3.0 “Tag_4” R

图 9-16　三相六拍步进电动机运行仿真效果图（二）

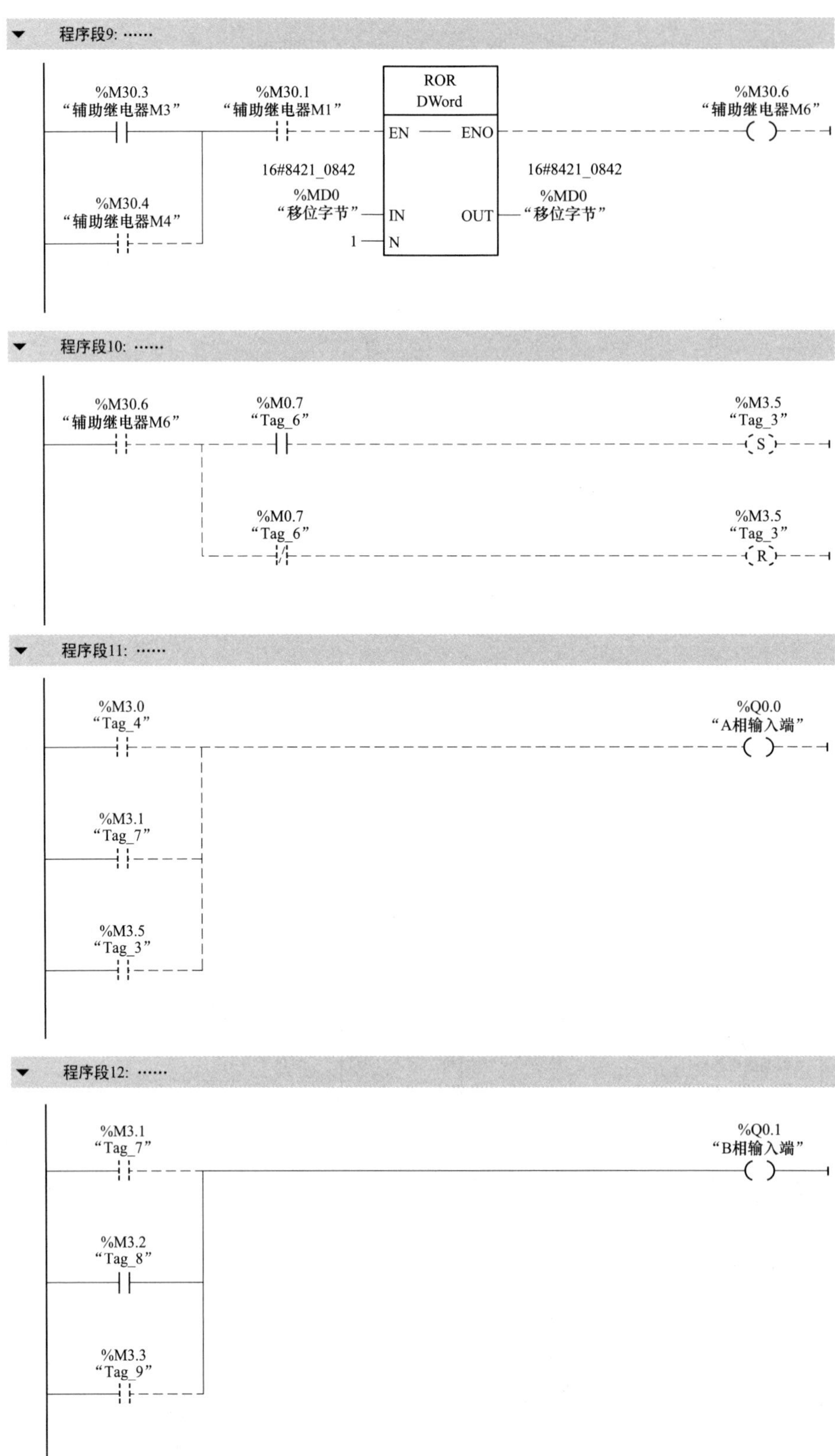

图 9-16　三相六拍步进电动机运行仿真效果图（三）

图 9-16　三相六拍步进电动机运行仿真效果图（四）

9.3.2　PLC 在多台电动机的顺启逆停控制中的应用设计

1. 控制要求

有 4 台电动机 M1～M4，当按下启动按钮时，首先 M4 电动机得电启动，经过 10s 后，再启动 M3 电动机。M3 运行 12s 后，再启动 M2，M2 启动后延时 15s 启动 M1 电动机。按下停止按钮时，先停止 M1 电动机，延时 5s 后再停止 M2 电动机，M2 停止后延时 7s 停止 M3 电动机，M3 电动机停止后延时 9s 停止 M4 电动机。

2. 控制分析

根据控制要求，画出时序电路图，如图 9-17 所示。

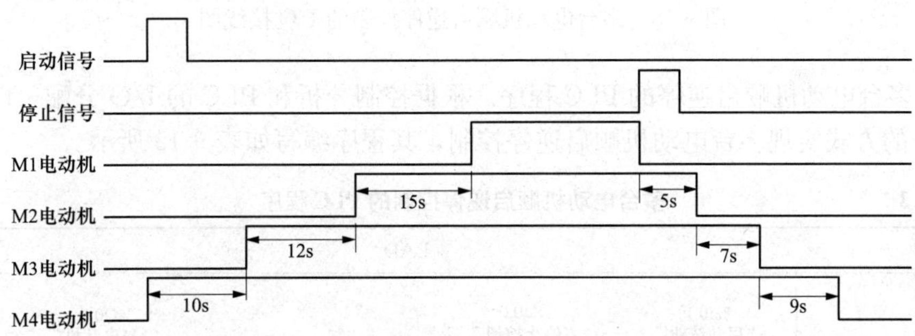

图 9-17　多台电动机顺序控制时序图

3. PLC 实现多台电动机顺启逆停控制

(1) PLC 实现多台电动机顺启逆停控制的 I/O 分配。根据控制要求分析可知，该设计需要 2 个输入点和 4 个输出点，PLC 控制多台电动机顺启逆停的 I/O 分配表如表 9-12 所示。

(2) 使用 PLC 实现多台电动机顺启逆停的 I/O 接线图。多台电动机顺启逆停的 PLC 接线如图 9-18 所示。

表 9-12　　　　多台电动机顺启逆停控制的 I/O 分配表

输　入			输　出		
功能	元件	PLC 地址	功能	元件	PLC 地址
停止按钮	SB1	I0.0	控制 M1 电动机	KM1	Q0.0
启动按钮	SB2	I0.1	控制 M2 电动机	KM2	Q0.1
			控制 M3 电动机	KM3	Q0.2
			控制 M4 电动机	KM4	Q0.3

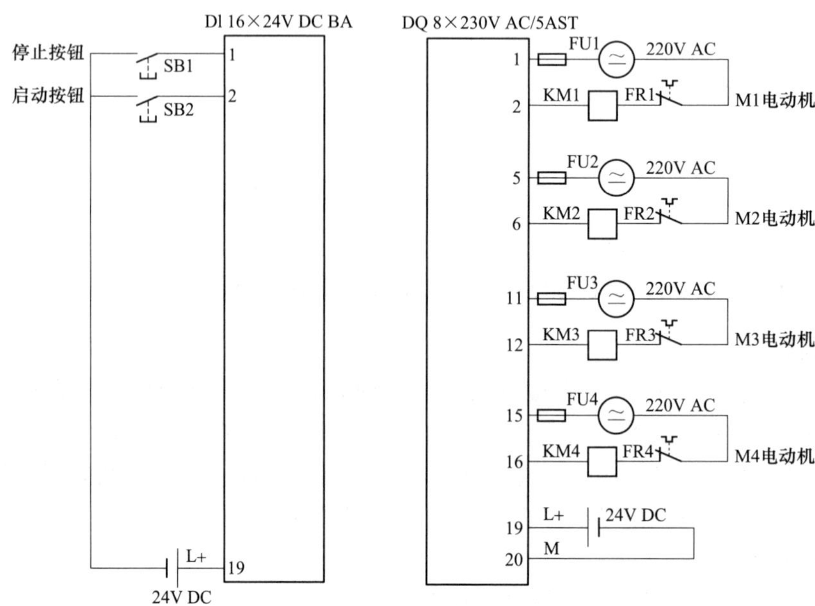

图 9-18　多台电动机顺启逆停控制的 I/O 接线图

(3) 多台电动机顺启逆停的 PLC 程序。根据控制分析和 PLC 的 I/O 分配，以置位和复位指令的方式实现多台电动机顺启逆停控制，其程序编写如表 9-13 所示。

表 9-13　　　　多台电动机顺启逆停控制的 PLC 程序

程序段	LAD
程序段 1	%I0.1 “启动按钮”（常开触点） %M0.0 “辅助继电器M0”（常开触点，与%I0.1并联） %I0.0 “停止按钮”（常闭触点） %Q0.3 “M4电动机”（S） %M0.0 “辅助继电器M0”（ ）
程序段 2	%M0.0 “辅助继电器M0”（常开触点） %T0 “延时10s”（SD） S5T#10s

续表

程序段	LAD
程序段 3	%T0 “延时10s” —| |— → %Q0.2 “M3电动机” —(S)—；%M0.1 “辅助继电器M1” —( )—
程序段 4	%M0.1 “辅助继电器M1” —| |— → %T1 “延时12s” —(SD)— S5T#12s
程序段 5	%T1 “延时12s” —| |— → %Q0.1 “M2电动机” —(S)—；%M0.2 “辅助继电器M2” —( )—
程序段 6	%M0.2 “辅助继电器M2” —| |— → %T2 “延时15s” —(SD)— S5T#12s
程序段 7	%T2 “延时15s” —| |— → %Q0.0 “M1电动机” —(S)—
程序段 8	%I0.0 “停止按钮” —| |— 并联 %M0.3 “辅助继电器M3” —| |— → %Q0.0 “M1电动机” —(R)—；%M0.3 “辅助继电器M3” —( )—
程序段 9	%M0.3 “辅助继电器M3” —| |— → %T3 “延时5s” —(SD)— S5T#5s

续表

程序段	LAD
程序段 10	 %T3 "延时5s" ─┤ ├─ %Q0.1 "M2电动机" ─(R)─ ; %M0.4 "辅助继电器M4" ─( )─
程序段 11	 %M0.4 "辅助继电器M4" ─┤ ├─ %T4 "延时7s" ─(SD)─ S5T#7s
程序段 12	 %T4 "延时7s" ─┤ ├─ %Q0.2 "M3电动机" ─(R)─ ; %M0.5 "辅助继电器M5" ─( )─
程序段 13	 %M0.5 "辅助继电器M5" ─┤ ├─ %T5 "延时9s" ─(SD)─ S5T#9s
程序段 14	 %T5 "延时9s" ─┤ ├─ %Q0.3 "M4电动机" ─(R)─ ; %M0.3 "辅助继电器M3" ─(R)─

（4）PLC 程序说明。程序段 1 为启动 M4 电动机；程序段 2、程序段 3 为延时 10s 后启动 M3 电动机，其仿真效果如图 9-19 所示；程序段 4、程序段 5 为延时 12s 后启动 M2 电动机，程序段 6、程序段 7 为延时 15s 后启动 M1 电动机；程序段 8 为按下停止按钮时 M1 电动机停止；程序段 9、程序段 10 为延时 5s 后停止 M2 电动机；程序段 11、程序段 12 为延时 7s 后停止 M3 电动机；程序段 13、程序段 14 为延时 9s 后停止 M4 电动机。

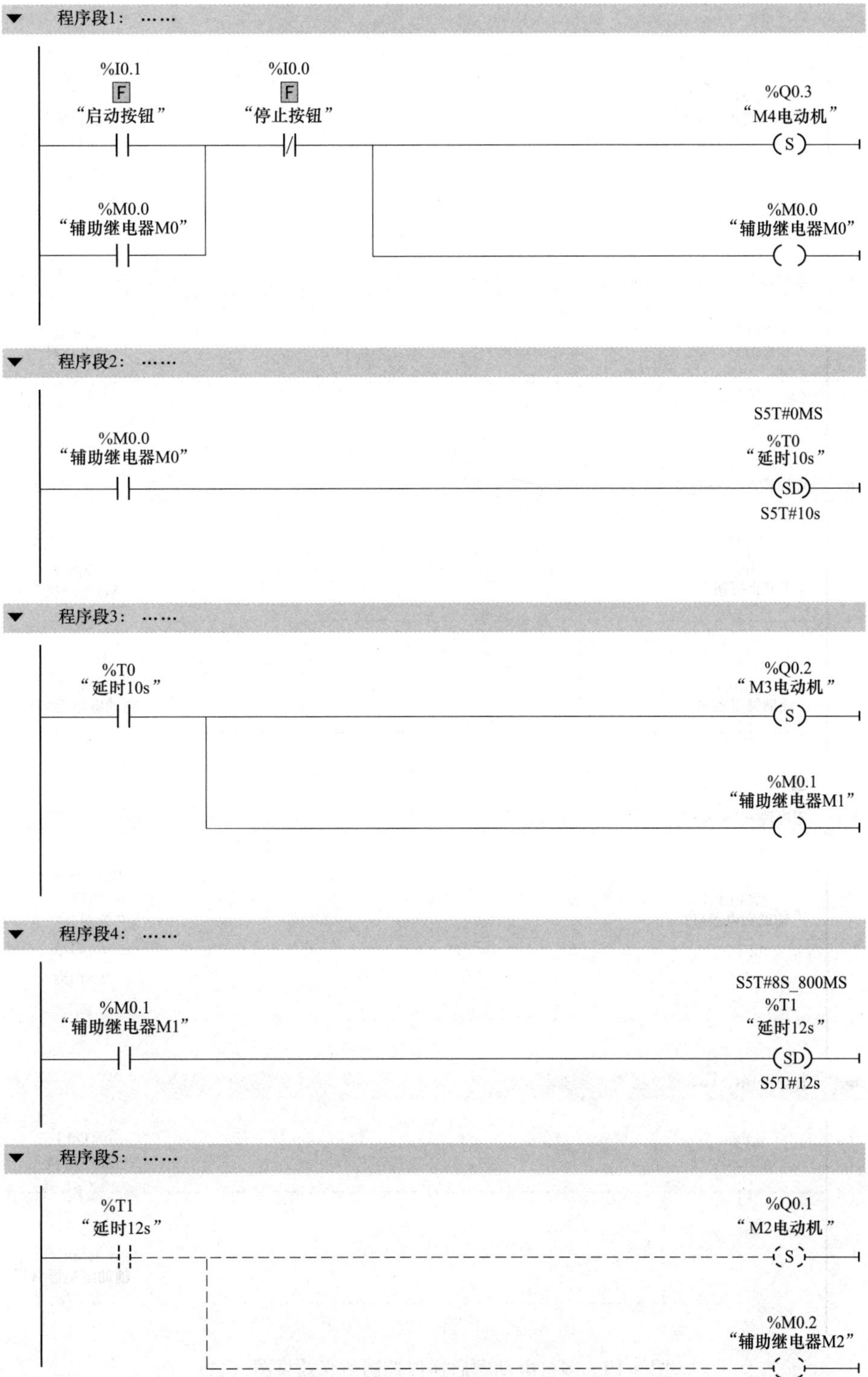

图 9-19　多台电动顺启逆停控制仿真效果图（一）

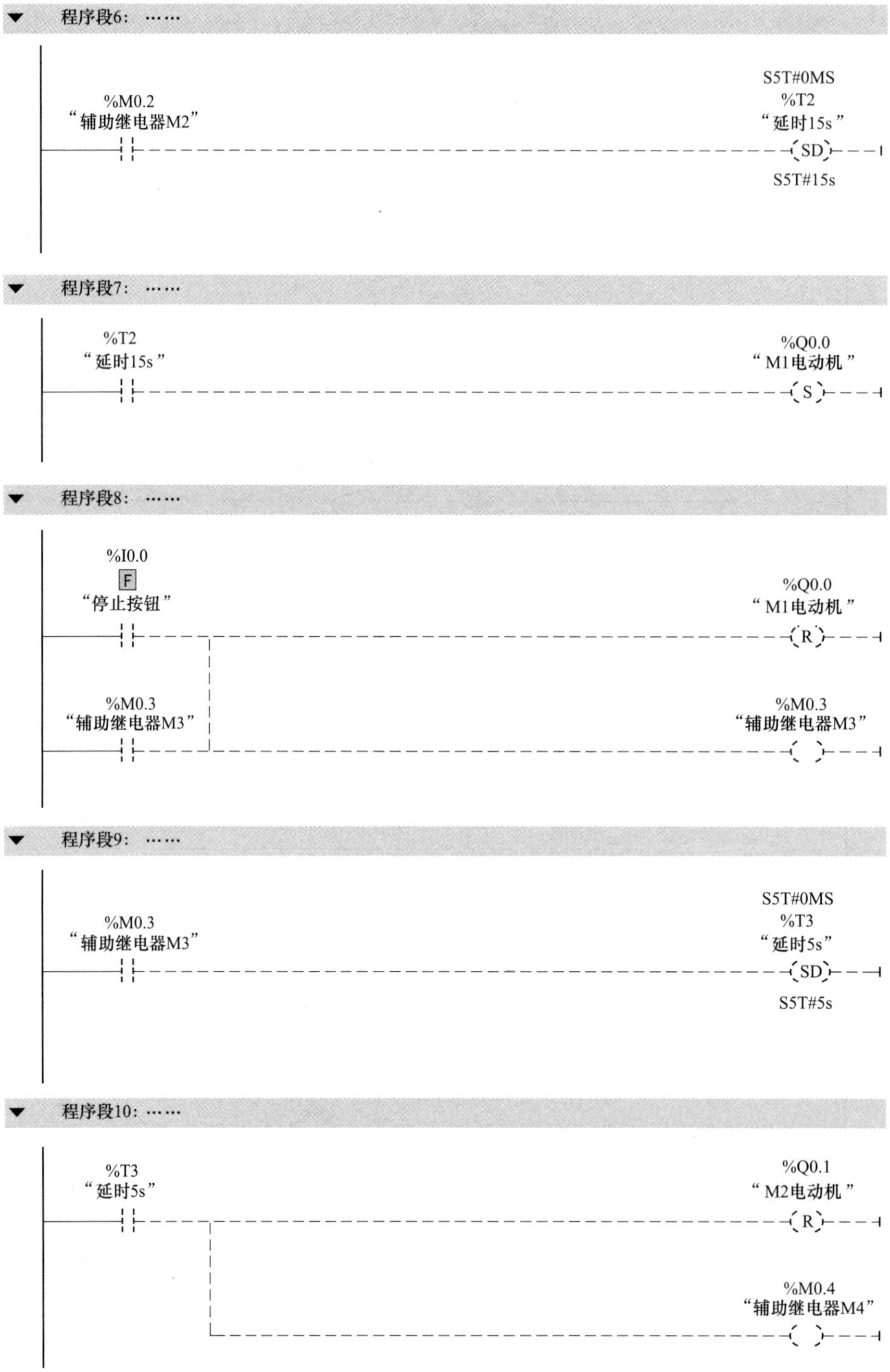

图 9-19　多台电动顺启逆停控制仿真效果图（二）

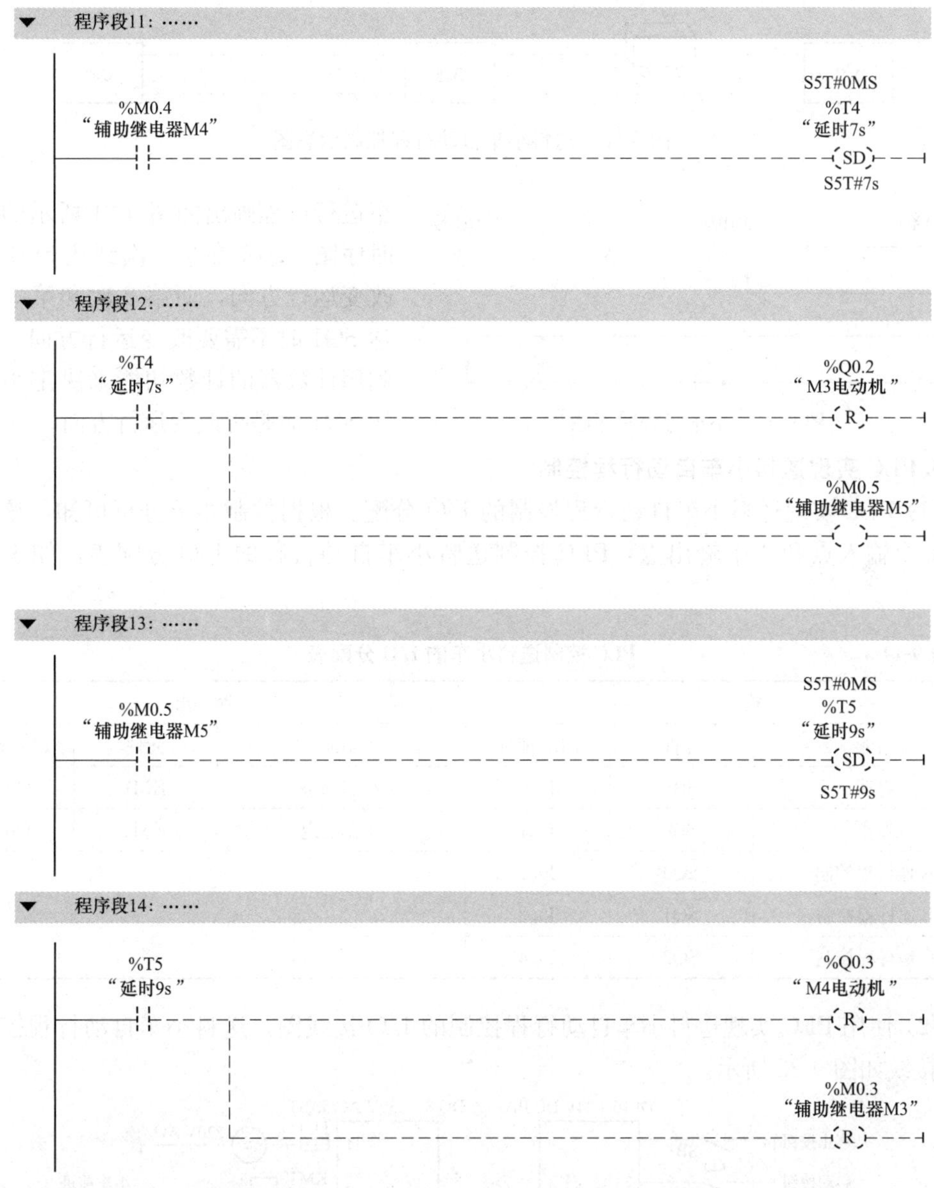

图 9-19　多台电动顺启逆停控制仿真效果图（三）

9.3.3　PLC 在送料小车自动行程控制中的应用设计

1. 控制要求

送料小车自动行程控制示意图如图 9-20 所示，初始状态时，小车处于起始位置 A 地。当按下启动按钮后，小车在 A 地等待 1min 进行装料，然后向 B 地前进。到达 B 地时小车等待 2min 卸料后再返回 A 地。返回 A 地等待 1min 又进行装料后，向 C 地运行。直接到达 C 地（途经 B 地时小车不停，继续运行），小车等待 4min 卸完料后，返回 A 地。

2. 控制分析

小车到达 A、B、C 地位置时，可分别用 SQ0、SQ1、SQ2 来进行控制，因此根据小

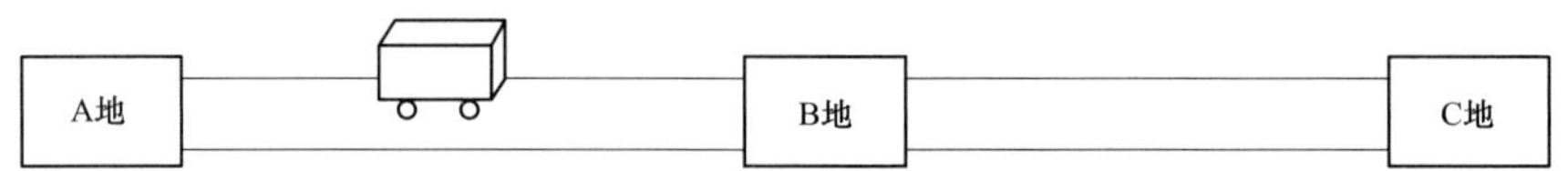

图 9-20　送料小车自动行程控制示意图

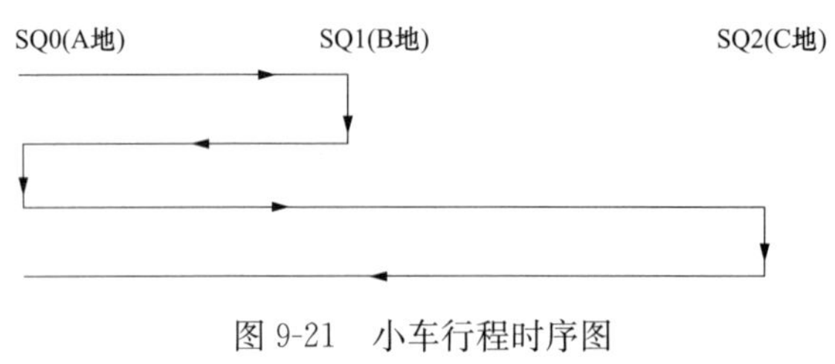

图 9-21　小车行程时序图

车运行过程画出如图 9-21 所示的行程时序图。小车在第 1 次到达 SQ1 时要改变运行方向，而第 2 次和第 3 次到达 SQ1 时不需要改变运行方向，所以利用计数器的计数功能来决定小车到达 SQ1 时是否改变运行方向。

3. PLC 实现送料小车自动行程控制

(1) PLC 实现送料小车自动行程控制的 I/O 分配。根据控制要求分析可知，该设计需要 5 个输入点和 4 个输出点，PLC 控制送料小车自动行程的 I/O 分配表，如表 9-14 所示。

表 9-14　　PLC 控制送料小车的 I/O 分配表

输　入			输　出		
功能	元件	PLC 地址	功能	元件	PLC 地址
启动	SB1	I0.0	小车前进	KM1	Q0.0
停止	SB2	I0.1	小车后退	KM2	Q0.1
A 地行程控制	SQ0	I0.2			
B 地行程控制	SQ1	I0.3			
C 地行程控制	SQ2	I0.4			

(2) 使用 PLC 实现送料小车自动行程控制的 I/O 接线图。送料小车自动行程控制的 PLC 接线如图 9-22 所示。

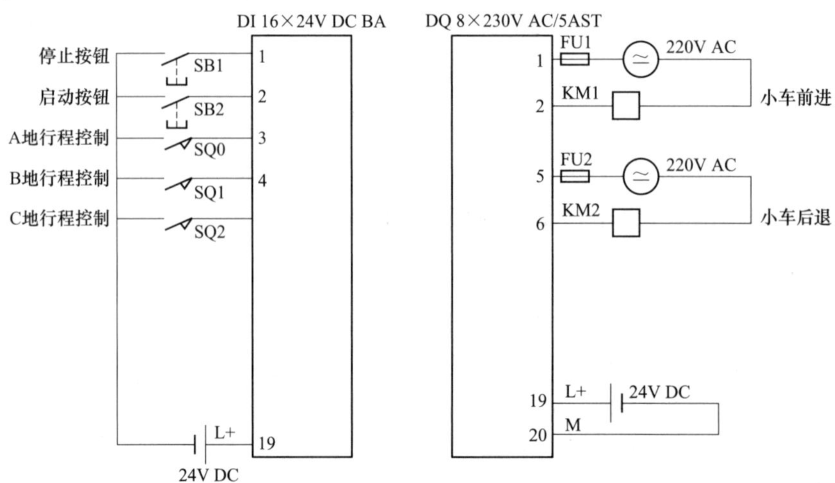

图 9-22　送料小车自动行程控制的 I/O 接线图

(3) 送料小车自动行程控制的 PLC 程序。根据送料小车自动行程的控制分析和 PLC 的 I/O 分配，设计出程序如表 9-15 所示。

表 9-15　送料小车自动行程控制的 PLC 程序

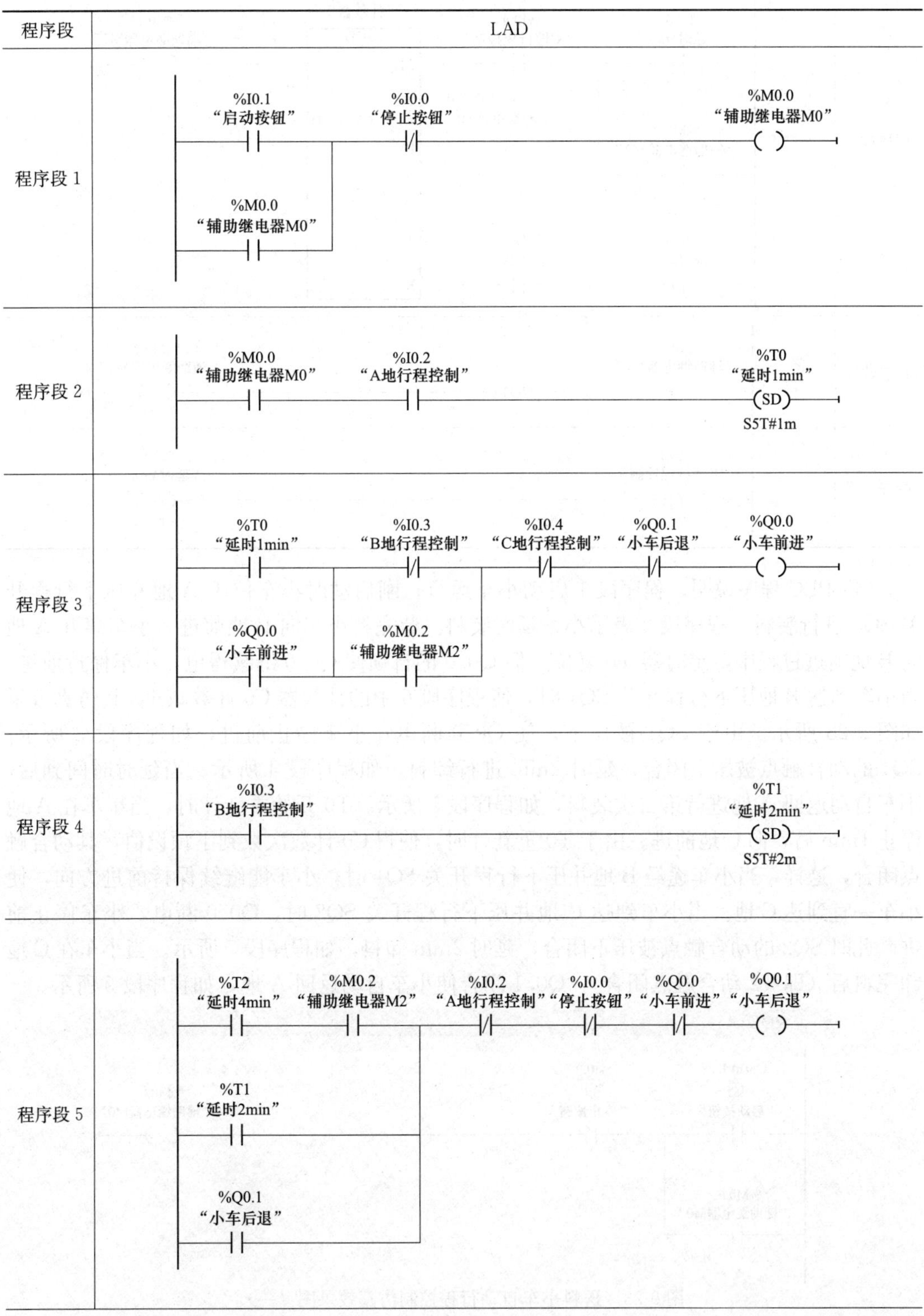

续表

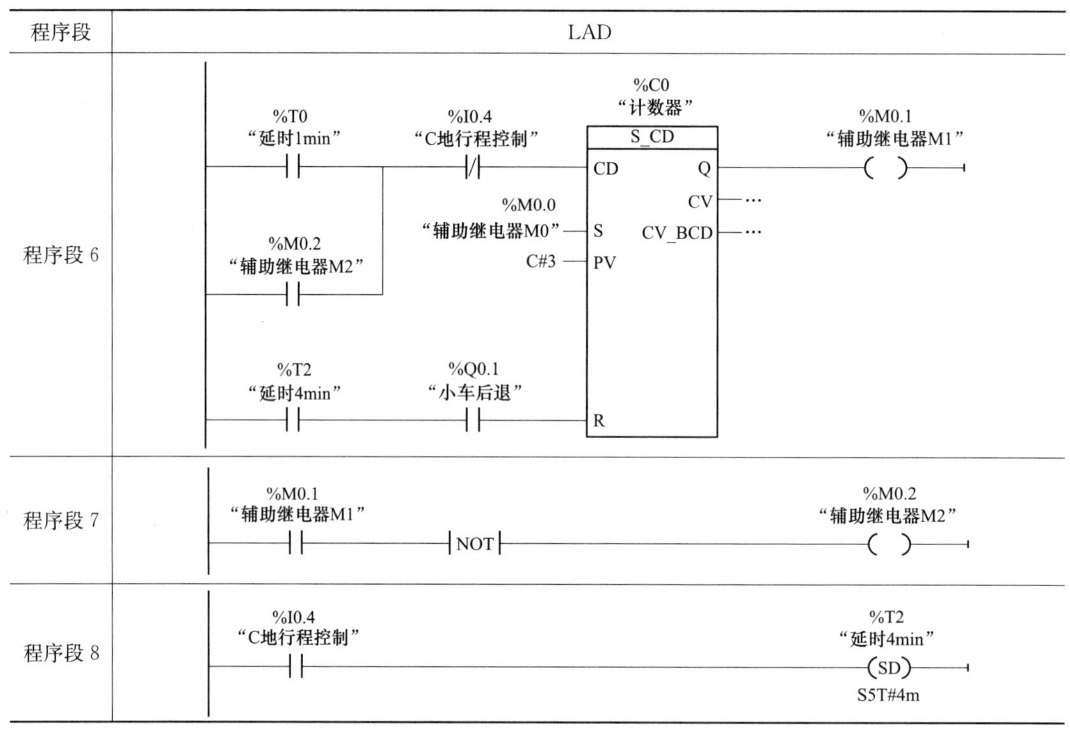

(4) PLC 程序说明。程序段 1 启动小车运行；刚启动时小车位于 A 地并压下行程开关 SQ0 进行装料，程序段 2 表示小车延时装料。装完料小车向 B 地前进。小车离开 A 地向 B 地前进过程中，定时器 T0 复位，但 Q0.0 的自锁使 Q0.0 继续得电，小车保持前进。当小车到达 B 地压下行程开关 SQ1 时，使程序段 6 中的计数器 C0 计数减 1，其仿真效果如图 9-23 所示。由于 SQ1 被压下，使 Q0.0 断电，小车停止前进，如程序段 3 所示。SQ1 的动合触点被压下闭合，延时 2min 进行卸料，如程序段 4 所示。当延时时间到后，小车自动返回 A 地进行第二次装料，如程序段 5 所示。T0 开始重新计时，当小车在 A 地停止 1min 后，向 C 地前进。由于 T0 重新计时，使得 C0 计数次数到了预设值，其动合触点闭合，这样，当小车途经 B 地并压下行程开关 SQ1 时，小车能继续保持前进方向，使小车一直到达 C 地。当小车到达 C 地并压下行程开关 SQ2 时，Q0.0 断电，小车停止前进。此时 SQ2 的动合触点被压下闭合，延时 2min 卸料，如程序段 7 所示。当小车在 C 地卸完料后（即 T2 动合触点闭合），Q0.1 闭合使小车自动返回 A 地，如程序段 5 所示。

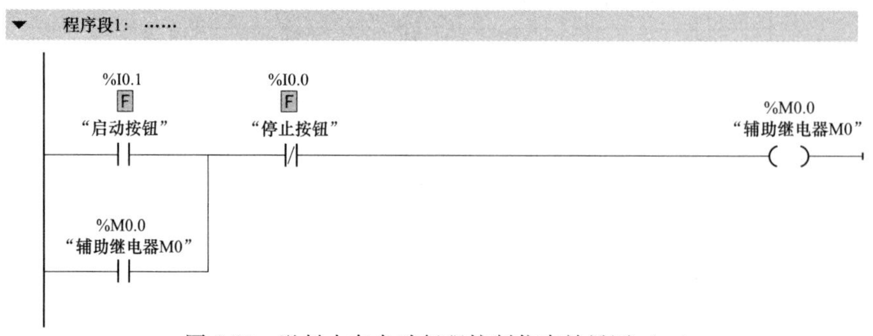

图 9-23　送料小车自动行程控制仿真效果图（一）

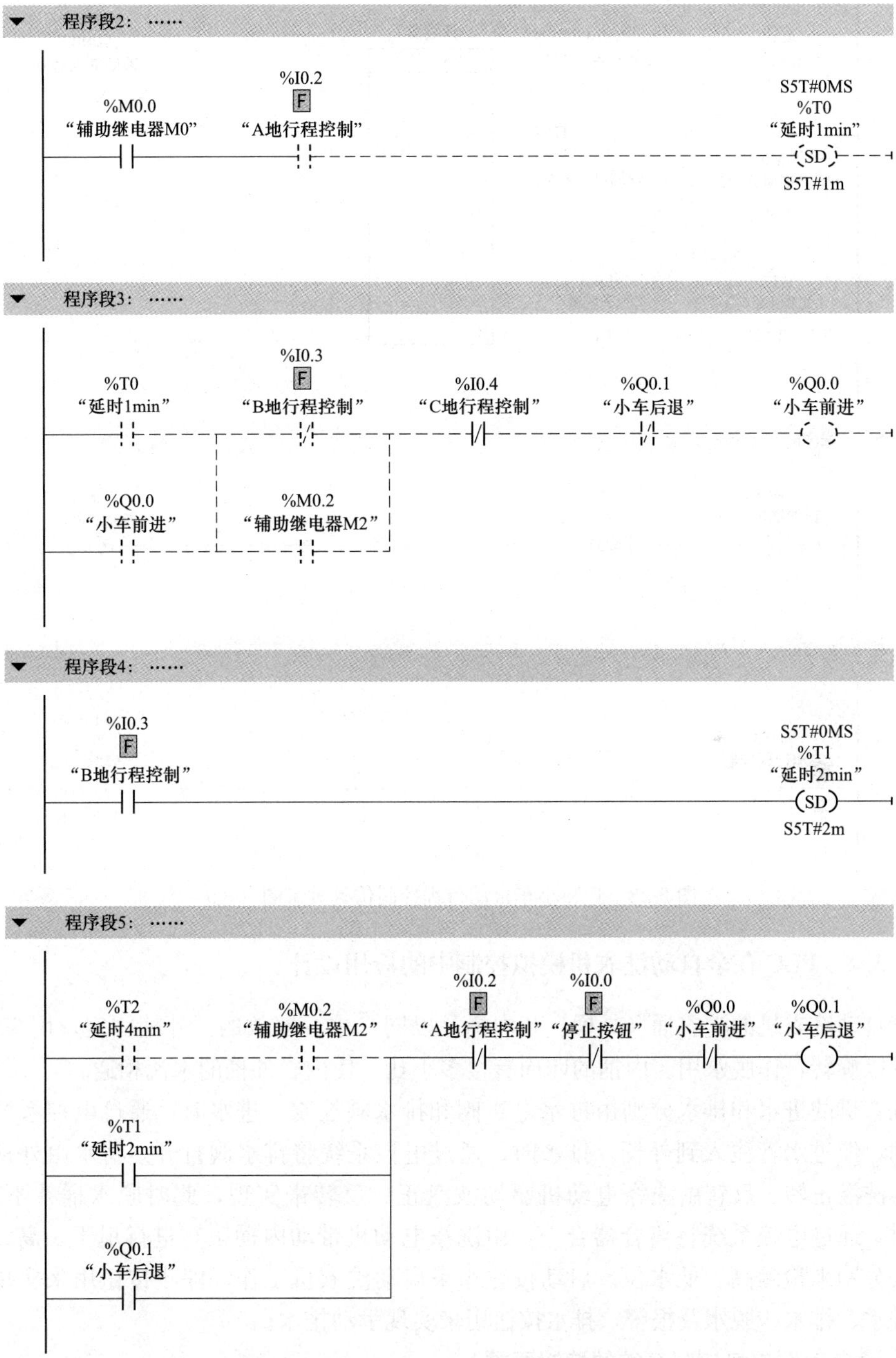

程序段2：……

%M0.0 “辅助继电器M0”
%I0.2 F “A地行程控制”
S5T#0MS %T0 “延时1min” (SD) S5T#1m

程序段3：……

%T0 “延时1min”
%I0.3 F “B地行程控制”
%I0.4 “C地行程控制”
%Q0.1 “小车后退”
%Q0.0 “小车前进” ( )
%Q0.0 “小车前进”
%M0.2 “辅助继电器M2”

程序段4：……

%I0.3 F “B地行程控制”
S5T#0MS %T1 “延时2min” (SD) S5T#2m

程序段5：……

%T2 “延时4min”
%M0.2 “辅助继电器M2”
%I0.2 F “A地行程控制”
%I0.0 F “停止按钮”
%Q0.0 “小车前进”
%Q0.1 “小车后退” ( )
%T1 “延时2min”
%Q0.1 “小车后退”

图 9-23　送料小车自动行程控制仿真效果图（二）

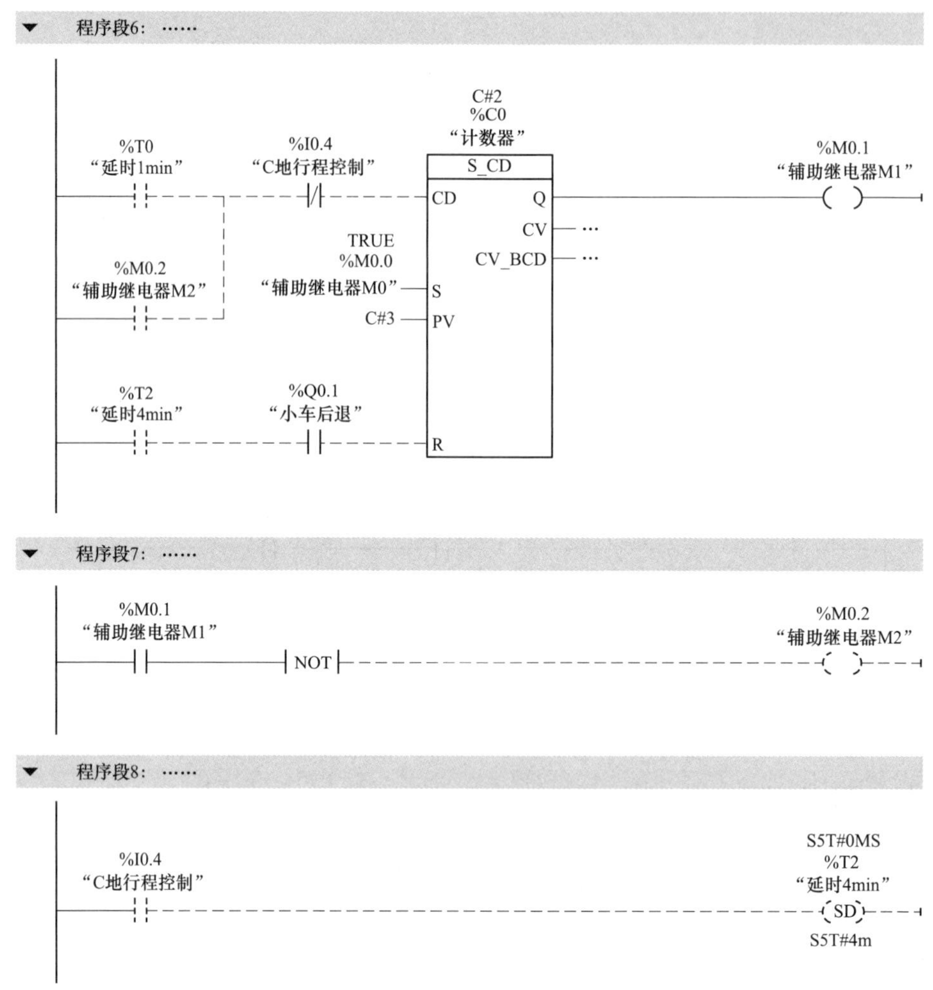

图 9-23 送料小车自动行程控制仿真效果图（三）

9.3.4 PLC 在全自动洗衣机模拟控制中的应用设计

全自动洗衣机的洗衣桶（外桶）和内桶是以同一中心安放的。外桶固定，用来盛水；内桶可以旋转，作脱水用。内桶的四周有很多小孔，使内、外桶的水流相通。

洗衣机的进水和排水分别由进水电磁阀和排水阀控制。进水时，通过电控系统打开进水阀，经进水管注入到外桶。排水时，通过电控系统将排水阀打开，将水由外桶排到机外。洗涤正转、反转由洗涤电动机驱动波盘正、反转来实现，此时脱水桶并不旋转。脱水时，通过电控系统将离合器合上，由洗涤电动机带动内桶正转进行甩干。高、低水位开关分别来检测高、低水位。启动按钮用来启动洗衣机工作。停止按钮用来实现手动停止进水、排水、脱水及报警。排水按钮用来实现手动排水。

1. 全自动洗衣机控制系统的控制要求

PLC 投入运行，系统处于初始状态，准备好启动。选择水位，按下启动按钮电控系统打开进水阀，自来水经进水管注入到外桶。当水到达预设位置时，停止进水并启动洗涤电动机开始洗涤正转。正转洗涤 15s 后洗涤电动机暂停。暂停 3s 后开始洗涤反转。洗涤反转15s后暂停3s，又开始洗涤正转……如此循环，当正、反转洗涤达到3次时，开始排水。

水位下降到低水位时，启动洗涤电动机带动内桶正转开始进行脱水并继续排水。脱水10s就完成一次从进水到脱水的大循环。然后再启动进水进行洗涤，如此进行3次大循环。如果完成了3次大循环，则进行洗完报警。报警10s后结束全过程，自动停机。

此外，还要求可以按下排水按钮以实现手动排水，按停止按钮可实现手动停止进水、排水、脱水及报警。

2. 控制分析

由控制要求可知，全自动洗衣机的工作流程如图9-24所示。首先打开电源，用户根据衣物的多少进行水位的选择，并有相应信号灯指示。再按下启动按钮，开始注水洗涤衣物。

使用PLC控制时，输入设备主要有电源按钮、启动按钮、水位选择按钮（高水位选择按钮、中水位选择按钮、低水位选择按钮）、水位开关（高水位开关、中水位开关、低水位开关）、排水按钮等。输出设备主要有电源指示灯、水位选择按钮信号灯（高水位选择信号灯、中水位选择信号灯、低水位选择信号灯）、进水电磁阀、洗涤电动机正转接触器、洗涤电动机反转接触器、排水电磁阀、脱水电磁离合器、报警蜂鸣器等。

3. PLC实现全自动洗衣机模拟控制

(1) PLC实现全自动洗衣机的I/O分配。根据控制要求及控制分析，该系统需要10个输入和10个输出点，水位开关在此使用行程开关代替，I/O分配如表9-16所示。因此CPU模块可选用CPU 1513-1 PN，数字量输入模块为DI 16×24V DC BA，数字量输出模块为DQ 16×230V AC/2A ST，所使用的PLC硬件配置如表9-17所示。

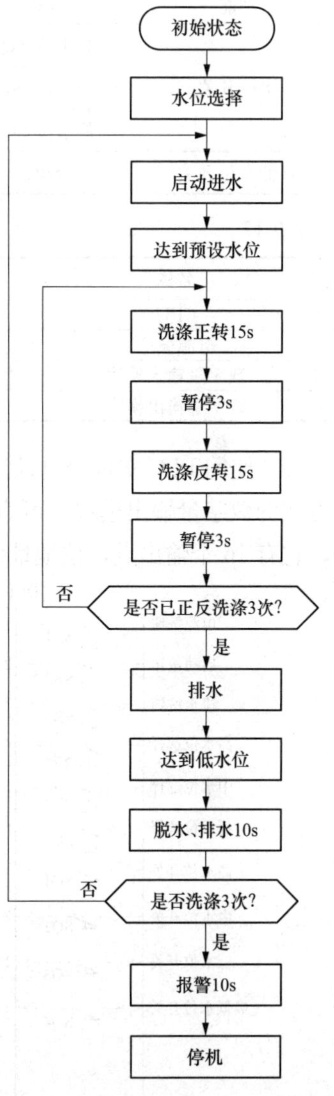

图9-24 全自动洗衣机工作流程图

表9-16 全自动洗衣机的I/O分配表

输入			输出		
功能	元件	PLC地址	功能	元件	PLC地址
电源按钮	SB0	I0.0	进水电磁阀	YV1	Q0.0
启动按钮	SB1	I0.1	排水电磁阀	YV2	Q0.1
排水按钮	SB2	I0.2	洗涤电动机正转接触器	KM1	Q0.2
水位选择按钮	高水位 SB3	I0.3	洗涤电动机反转接触器	KM2	Q0.3
	中水位 SB4	I0.4	脱水电磁离合器	YC	Q0.4
	低水位 SB5	I0.5	报警蜂鸣器	HA	Q0.5

续表

输入			输出		
功能	元件	PLC 地址	功能	元件	PLC 地址
水位开关	高水位 SQ1	I0.6	电源指示	HL1	Q0.6
	中水位 SQ2	I0.7	水位指示	HL2	Q0.7
	低水位 SQ3	I1.0		HL3	Q1.0
最低水位开关	SQ4	I1.1		HL4	Q1.1

表 9-17　　全自动洗衣机的 PLC 硬件配置表

序号	名称	型号说明	数量
1	CPU	CPU 1516-3 PN/DP（6ES7 516-3AN00-0AB0）	1
2	电源模块	PS 60W 24/48/60V DC（6ES7 505-0RA00-0AB0）	1
3	数字量输入模块	DI 16×24V DC BA（6ES7 521-1BH10-0AA0）	1
4	数字量输出模块	DQ 16×230V AC/2A ST（6ES7 522-5HH00-0AB0）	1

（2）使用 PLC 实现全自动洗衣机的 I/O 接线图。DQ 16×230V AC/5A ST 为继电器输出方式的数字量输出模块，可直接驱动交流或直流负载，它有 20 个接线端子，编号从 1 到 40，它有 16 个输出点，位地址为 0～7 共两个字节。本例的 I/O 接线如图 9-25 所示。

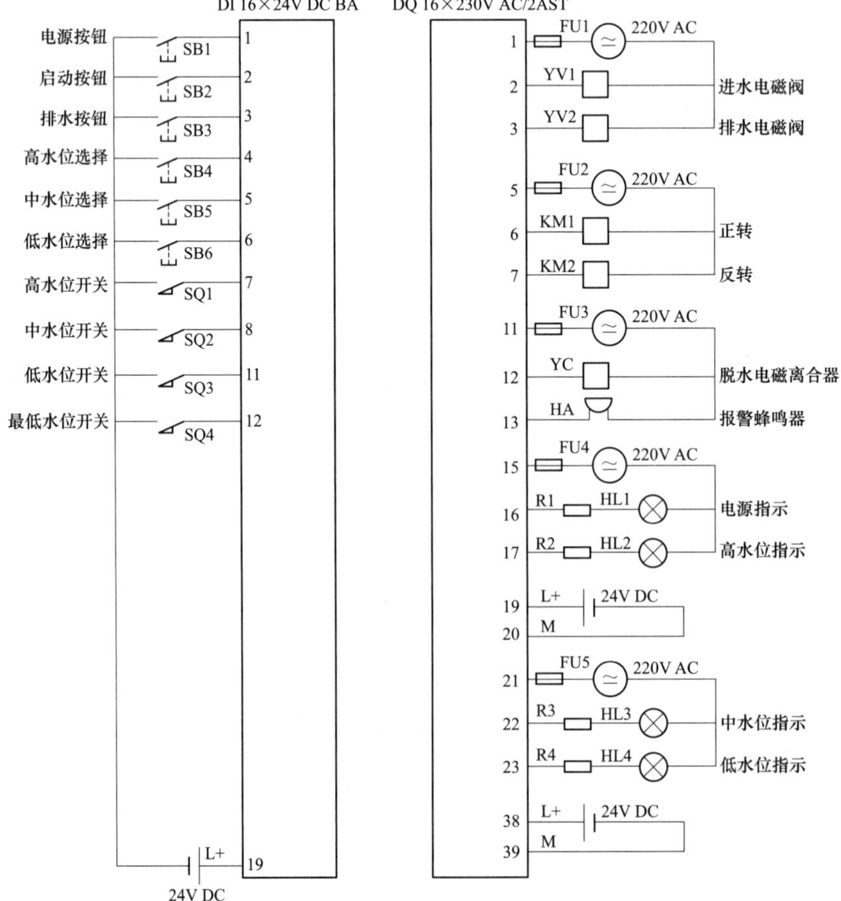

图 9-25　全自动洗衣机的 I/O 接线图

（3）全自动洗衣机的 PLC 程序。为实现自动控制，需设置 6 个定时器和 2 个计数器。其中，T0 用于正洗定时，定时预置值为 S5T＃15s；T1 用于正洗暂停定时，定时预置值为 S5T＃3s；T2 用于反洗定时，定时预置值为 S5T＃15s；T3 用于反洗暂停定时，定时预置值为 S5T＃3s；T4 用于脱水定时，定时预置值为 S5T＃103s；T5 用于报警定时，定时预置值为 S5T＃10s；C0 用于正、反洗循环计数，计数预置值为 C＃3；C1 用于洗涤次数计数，计数预置为 C＃3。根据全自动洗衣机的控制分析和 PLC 的 I/O 分配，设计出程序，如表 9-18 所示。

表 9-18　　全自动洗衣机控制的 PLC 程序

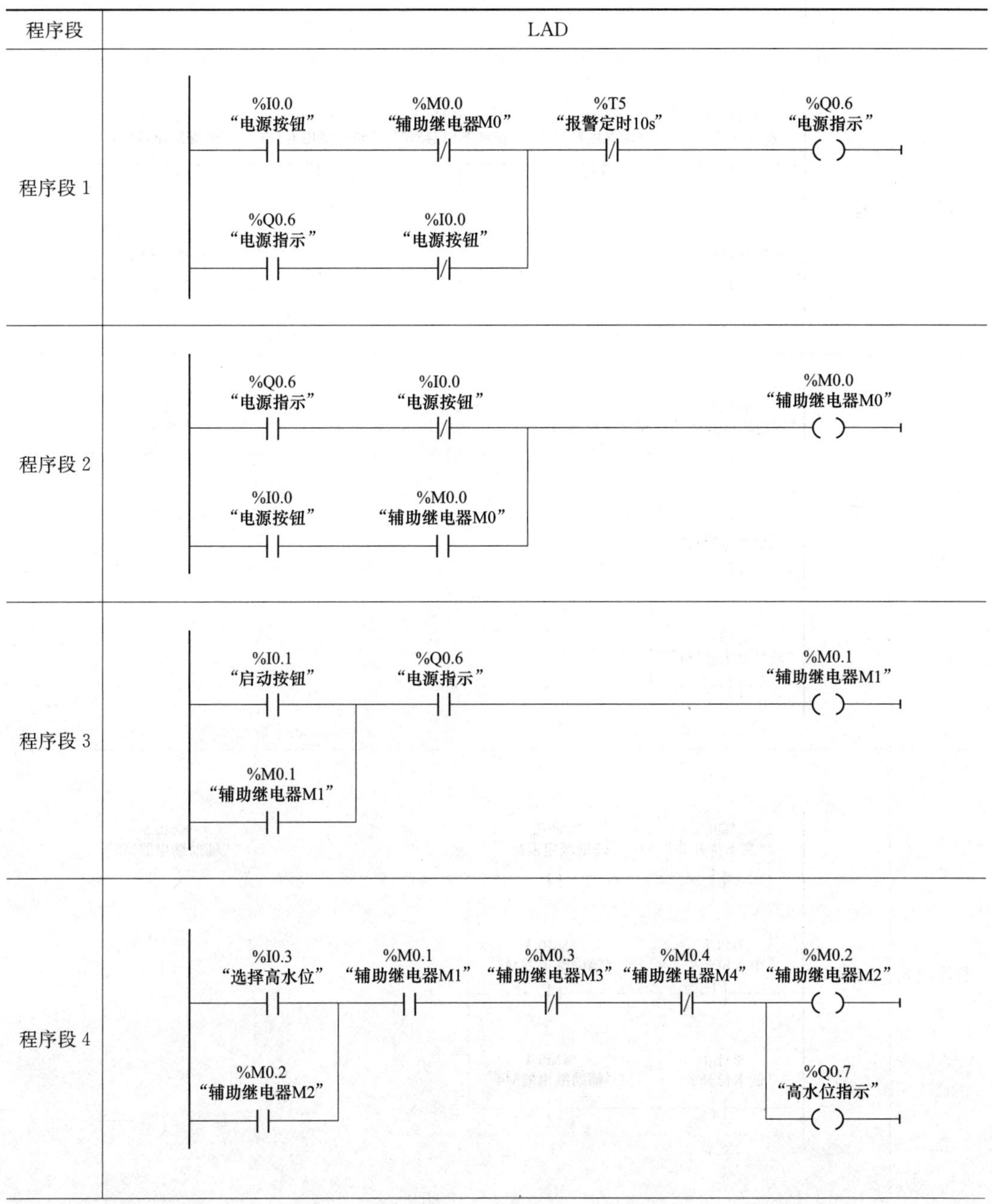

续表

程序段	LAD
程序段 5	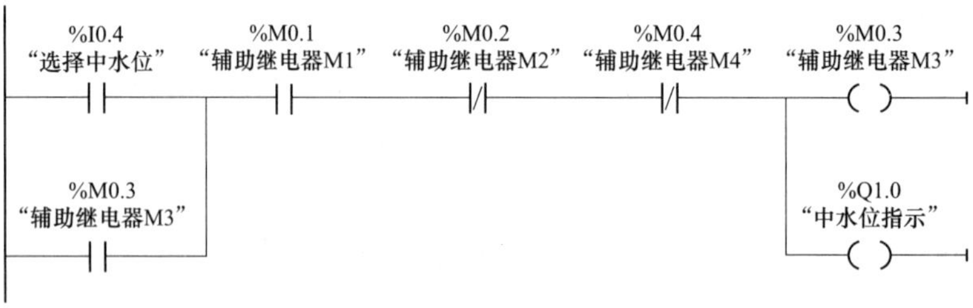 %I0.4 "选择中水位"；%M0.1 "辅助继电器M1"；%M0.2 "辅助继电器M2"；%M0.4 "辅助继电器M4"；%M0.3 "辅助继电器M3"；%M0.3 "辅助继电器M3"；%Q1.0 "中水位指示"
程序段 6	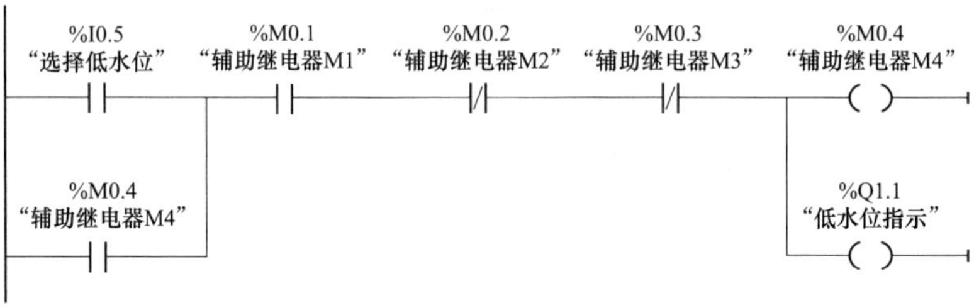 %I0.5 "选择低水位"；%M0.1 "辅助继电器M1"；%M0.2 "辅助继电器M2"；%M0.3 "辅助继电器M3"；%M0.4 "辅助继电器M4"；%M0.4 "辅助继电器M4"；%Q1.1 "低水位指示"
程序段 7	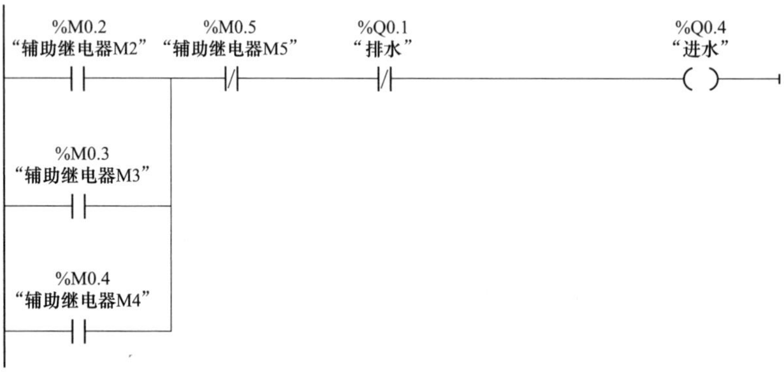 %M0.2 "辅助继电器M2"；%M0.5 "辅助继电器M5"；%Q0.1 "排水"；%Q0.4 "进水"；%M0.3 "辅助继电器M3"；%M0.4 "辅助继电器M4"
程序段 8	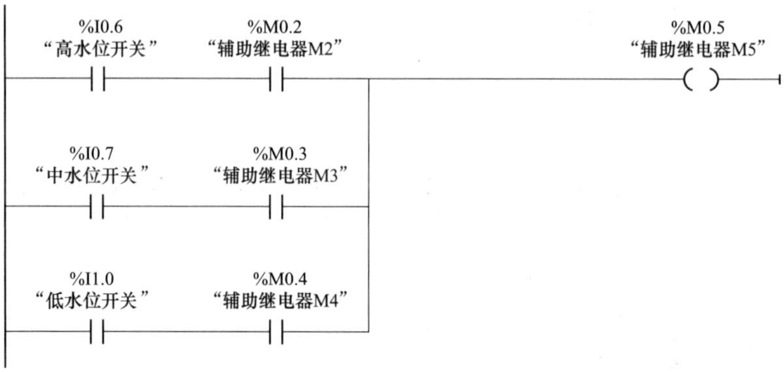 %I0.6 "高水位开关"；%M0.2 "辅助继电器M2"；%M0.5 "辅助继电器M5"；%I0.7 "中水位开关"；%M0.3 "辅助继电器M3"；%I1.0 "低水位开关"；%M0.4 "辅助继电器M4"

续表

程序段	LAD
程序段 9	%T0 "正洗定时15s"；%M0.5 "辅助继电器M5"；%Q0.3 "洗涤反转"；%M1.3 "辅助继电器M13"；%Q0.2 "洗涤正转"；%M1.2 "辅助继电器M12"；%Q1.1 "低水位指示"；%I1.1 "最低水位开关"
程序段 10	%Q0.2 "洗涤正转"；%T3 "反洗暂停3s"；%M1.3 "辅助继电器M13"；%T0 "正洗定时15s" (SD) S5T#15s；%T0 "正洗定时15s"
程序段 11	%T0 "正洗定时15s"；%M1.3 "辅助继电器M13"；%T1 "正洗暂停3s" (SD) S5T#3s
程序段 12	%T1 "正洗暂停3s"；%T2 "反洗定时15s"；%M1.3 "辅助继电器M13"；%Q0.3 "洗涤反转"
程序段 13	%Q0.3 "洗涤反转"；%T3 "反洗暂停3s"；%M1.3 "辅助继电器M13"；%T2 "反洗定时15s" (SD) S5T#3s；%T2 "反洗定时15s"
程序段 14	%T2 "反洗定时15s"；%M1.3 "辅助继电器M13"；%T3 "反洗暂停3s" (SD) S5T#3s

续表

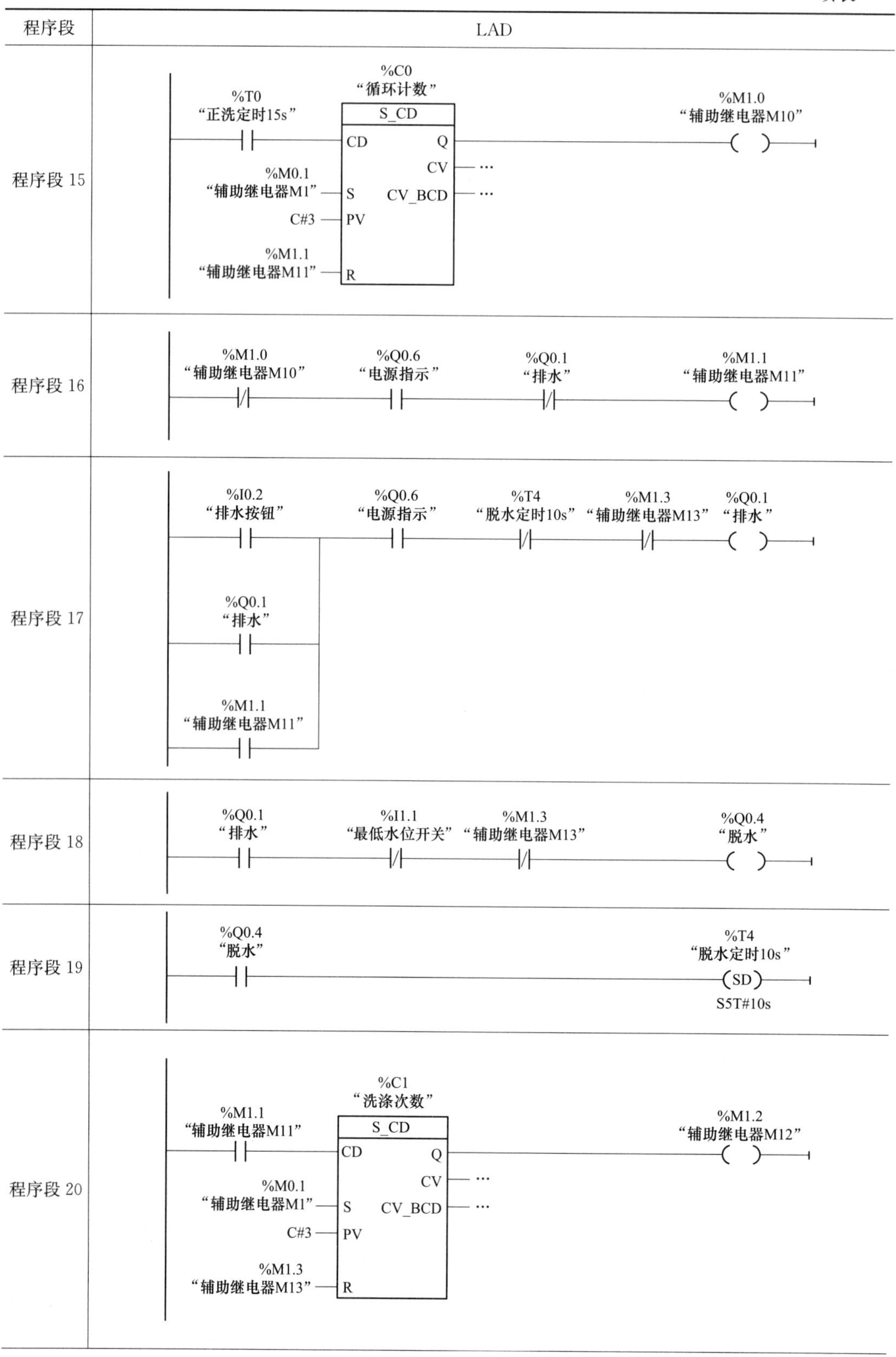

程序段
LAD
程序段 15
%T0
“正洗定时15s”
%C0
“循环计数”
S_CD
CD
Q
CV
CV_BCD
%M0.1
“辅助继电器M1”
S
C#3
PV
%M1.1
“辅助继电器M11”
R
%M1.0
“辅助继电器M10”
程序段 16
%M1.0
“辅助继电器M10”
%Q0.6
“电源指示”
%Q0.1
“排水”
%M1.1
“辅助继电器M11”
程序段 17
%I0.2
“排水按钮”
%Q0.6
“电源指示”
%T4
“脱水定时10s”
%M1.3
“辅助继电器M13”
%Q0.1
“排水”
%Q0.1
“排水”
%M1.1
“辅助继电器M11”
程序段 18
%Q0.1
“排水”
%I1.1
“最低水位开关”
%M1.3
“辅助继电器M13”
%Q0.4
“脱水”
程序段 19
%Q0.4
“脱水”
%T4
“脱水定时10s”
SD
S5T#10s
程序段 20
%M1.1
“辅助继电器M11”
%C1
“洗涤次数”
S_CD
CD
Q
CV
CV_BCD
%M0.1
“辅助继电器M1”
S
C#3
PV
%M1.3
“辅助继电器M13”
R
%M1.2
“辅助继电器M12”

续表

程序段	LAD
程序段 21	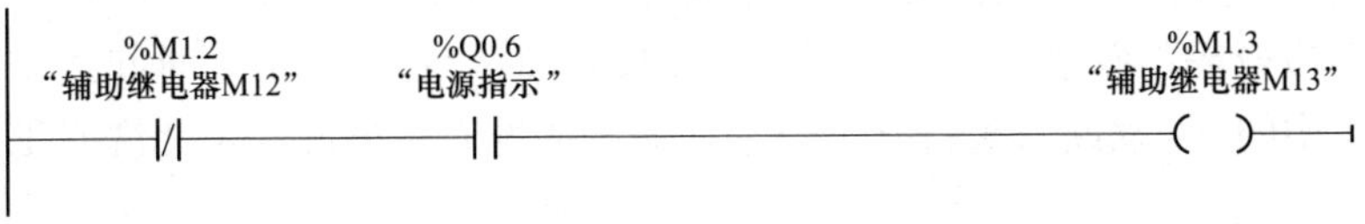 %M1.2 “辅助继电器M12” ─┤/├─ %Q0.6 “电源指示” ─┤ ├─ %M1.3 “辅助继电器M13” ─( )─
程序段 22	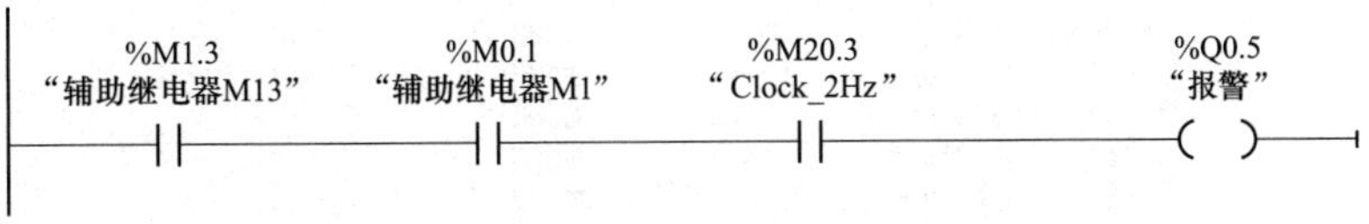 %M1.3 “辅助继电器M13” ─┤ ├─ %M0.1 “辅助继电器M1” ─┤ ├─ %M20.3 “Clock_2Hz” ─┤ ├─ %Q0.5 “报警” ─( )─
程序段 23	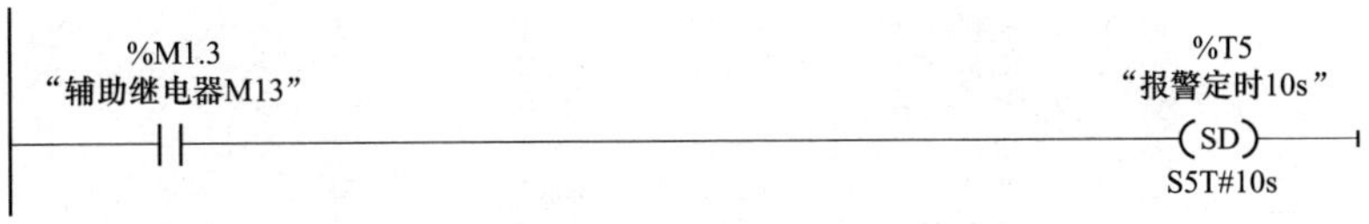 %M1.3 “辅助继电器M13” ─┤ ├─ %T5 “报警定时10s” ─(SD)─ S5T#10s

(4) PLC 程序说明。程序段 1 和程序段 2 用来接通和断开电源，当按下奇数次时，表示接通电源；按下偶数次时，切断电源。接通电源时，Q0.6 输出线圈有效，控制电源指示灯亮。程序段 3 为洗衣机启动控制。用户根据衣物的多少可设置水位的高低，程序段 4 用来设置高水位；程序段 5 用来设置中水位；程序段 6 用来设置低水位。选择不同的水位均有相应的指示灯发亮，Q0.7 指示高水位；Q1.0 指示中水位，Q1.1 用来指示低水位。水位设置好后，程序段 7 中的 Q0.0 输出线圈有效，控制进水电磁阀打开，自来水流入洗衣机内。当洗衣机内的水位达到设置水位时，程序段 8 中的相应支路有效，以控制程序段 7 中的电磁阀关闭，停止进水。进完水后，程序段 9 中的 M0.5 动合触点闭合，输出线圈 Q0.2 有效，控制洗涤电动机正转，开始洗衣。程序段 10 用来计时洗涤电动机正转的时间，当洗涤电动机正转持续 15s 时，控制程序段 9 的 Q0.2 输出线圈暂时失效，使洗涤电动机停止正转，同时程序段 11 中的 T1 也开始计时。暂停 3s 后，程序段 12 中的 T1 动合触头闭合，使 Q0.3 输出线圈有效，控制洗涤电动机反转。程序段 13 用来计时洗涤电动机反转的时间，当洗涤电动机反转持续 15s 时，控制程序段 12 的 Q0.3 输出线圈暂时失效，使洗涤电动机停止反转，同时程序段 14 中的 T3 也开始计时。暂停 3s 后，使程序段 15 中的 C0 进行减 1 计数。当 C0 中的当前计数值小于 3 时，表示洗涤电动机正反转没有进行 3 次，此时程序段 16 中的 M1.1 输出线圈为断电状态。此时程序段 9 仍有效，以控制洗涤电动机正转，然后再反转，重复程序段 9 至程序段 15 的运行过程，其程序运行监控效果如图 9-26 所示。当 C0 中的当前计数值等于 0 时，程序段 15 中的计数器 C0 有效，计数器复位，程序段 16 中的 M1.1 线圈得电，同时控制程序段 17 中的 M1.1 动合触头闭合。程序段 17 中的 I0.2 表示手动排水，当 M1.1 动合触头闭合，或按下了手动排水按钮时（即 I0.2 动合触头闭合），Q0.1 输出线圈有效，控制排水电磁阀打开，水从洗衣机中流出。同时程序段 18 中的 Q0.2 和 Q0.4 输出线圈有效，以控制洗涤电动机正转和脱水电磁离合器有效，对衣物进行脱水。当水位降到最低水位时，Q0.2 和 Q0.4 输出线圈无效，停止脱水。程序段 19 用于脱水计时。脱水时间到，使程序段 20 中的 C1 减 1，当 C1 的当

前计数值小于 0 时，又重复程序段 7 至程序段 21 中的工作。当程序段 20 中 C1 的当前计数值为 0 时表示洗衣达 3 次，此时 C1 自动复位，程序段 21 中的 M1.3 线圈得电，同时触发程序段 21 进行工作。当 M1.3 动合触头闭合时，程序段 22 中的 Q0.5 输出线圈有效，控制蜂鸣器报警。程序段 23 用于报警时间的计时，若持续报警时间达 10s，T5 有效，使程序段 1 中的 T5 动断触头打开，自动切断电源洗衣机电源，至此洗衣工作结束。

	i	名称	地址	显示格式	监视值
1		"电源按钮"	%I0.0	布尔型	TRUE
2		"启动按钮"	%I0.1	布尔型	TRUE
3		"排水按钮"	%I0.2	布尔型	FALSE
4		"选择高水位"	%I0.3	布尔型	TRUE
5		"选择中水位"	%I0.4	布尔型	FALSE
6		"选择低水位"	%I0.5	布尔型	FALSE
7		"高水位开关"	%I0.6	布尔型	TRUE
8		"中水位开关"	%I0.7	布尔型	FALSE
9		"低水位开关"	%I1.0	布尔型	FALSE
10		"最低水位开关"	%I1.1	布尔型	FALSE
11		"进水"	%Q0.0	布尔型	FALSE
12		"排水"	%Q0.1	布尔型	FALSE
13		"洗涤正转"	%Q0.2	布尔型	TRUE
14		"洗涤反转"	%Q0.3	布尔型	FALSE
15		"脱水"	%Q0.4	布尔型	FALSE
16		"报警"	%Q0.5	布尔型	FALSE
17		"电源指示"	%Q0.6	布尔型	TRUE
18		"高水位指示"	%Q0.7	布尔型	TRUE
19		"中水位指示"	%Q1.0	布尔型	FALSE
20		"低水位指示"	%Q1.1	布尔型	FALSE
21		"Clock_2Hz"	%M20.3	布尔型	TRUE
22		"洗涤正转"	%Q0.2	布尔型	TRUE
23		"循环计数"	%C0	计数器	C#1
24		"洗涤次数"	%C1	计数器	C#3
25		"正洗定时15s"	%T0	SIMATIC时间	S5T#0MS
26		"正洗暂停3s"	%T1	SIMATIC时间	S5T#430MS
27		"反洗定时15s"	%T2	SIMATIC时间	S5T#0MS
28		"反洗暂停3s"	%T3	SIMATIC时间	S5T#0MS
29		"脱水定时10s"	%T4	SIMATIC时间	S5T#10S
30		"报警定时10s"	%T5	SIMATIC时间	S5T#0MS

图 9-26　全自动洗衣机的运行监控效果图

参 考 文 献

[1] 陈忠平 . 西门子 S7-200 SMART PLC 从入门到精通 [M]. 北京：中国电力出版社，2020.
[2] 陈忠平 . 西门子 S7-200 SMART 完全自学手册 [M]. 北京：化学工业出版社，2020.
[3] 陈忠平 . 欧姆龙 CP1H 系列 PLC 完全自学手册 [M]. 2 版 . 北京：化学工业出版社，2018.
[4] 陈忠平 . 西门子 S7-300/400PLC 从入门到精通 [M]. 北京：中国电力出版社，2019.
[5] 陈忠平 . 西门子 S7-300/400 快速入门 [M]. 北京：人民邮电出版社，2012.
[6] 陈忠平 . 西门子 S7-300/400 快速应用 [M]. 北京：人民邮电出版社，2012.
[7] 陈忠平 . 西门子 S7-300/400 PLC 从入门到精通 [M]. 北京：中国电力出版社，2018.
[8] 廖常初 . S7-1200/1500 PLC 应用技术 [M]. 北京：机械工业出版社，2018.
[9] 刘华波，刘丹，赵岩岭，等 . 西门子 S7-1200 PLC 编程与应用 [M]. 北京：机械工业出版社，2011.
[10] 崔坚 . SIMATIC S7-1500 与 TIA 博途软件使用指南 [M]. 北京：机械工业出版社，2016.
[11] 刘长青 . S7-1500 PLC 项目设计与实践 [M]. 北京：机械工业出版社，2016.